ISBN 978-3-663-19382-1   ISBN 978-3-663-19520-7 (eBook)
DOI 10.1007/978-3-663-19520-7

Vorrede zur ersten Auflage.

Das Buch, dessen erster Band hiermit an die Öffentlichkeit tritt,
soll kein Schulbuch im eigentlichen Sinne des Wortes sein. Die Leser,
an die wir uns wenden, sind einerseits die Lehrer, die, wie wir hoffen,
darin Anregung finden mögen, ihren Unterrichtsstoff sachgemäß aus-
zuwählen und, namentlich in den höheren Klassen, zu vertiefen; andererseits Studierende, die bei ihren Berufsstudien die höhere Mathematik
betreiben und dabei eine Anlehnung an die Elemente und Auffrischung
und Ergänzung früher erworbener Kenntnisse suchen.

Es ist unmöglich, nach einem wissenschaftlichen Gesichtspunkt den
Begriff der Elementarmathematik scharf abzugrenzen. Wenn man, wie
wohl versucht worden ist, die Elementarmathematik da aufhören läßt,
wo der Grenzbegriff einsetzt, so erhält man zwar in der Arithmetik
ein gut abgegrenztes Gebiet, das so ziemlich die ganze Zahlentheorie
enthalten könnte, das sogar, konsequent weitergebildet, zu alle dem
führen könnte, was nach Kroneckers Ansicht in der Mathematik überhaupt legitim ist. Aber bereits die Irrationalzahlen, also schon Quadratwurzeln und Logarithmen, müßten davon ausgeschlossen werden. Andererseits muß man aber in der Geometrie noch alles das zu den Elementen rechnen, was der Konstruktion mit Lineal und Zirkel zugänglich ist, und da läßt sich, wenn man eine Verbindung zwischen Arithmetik und Geometrie anstrebt, die Quadratwurzel nicht vermeiden.

Es wird also die Abgrenzung des Stoffes der Elementarmathematik
durch äußere Gründe, besonders auch durch pädagogische Rücksichten
bestimmt werden, und wir sind sicher, daß darin jeder erfahrene Lehrer
mit uns übereinstimmen wird.

Weniger leicht aber ist eine Übereinstimmung der Meinungen über
die beste Auswahl und Begrenzung des Stoffes zu erwarten. Diese werden
und müssen von der Individualität und wissenschaftlichen Neigung des
Lehrers, von der Beschaffenheit des Schülermaterials, vor allem aber
auch von den Zielen und Aufgaben abhängen, die sich der Unterricht
stellt.

Sieht man es als die vornehmste Aufgabe der wissenschaftlichen Er-
ziehung an, dem Geiste eine allseitig harmonische Ausbildung zu geben,
die in ihm schlummernden Kräfte zu wecken und zu üben und ihn zu
einer höheren Auffassung des Lebens zu befähigen, so wird die Einrichtung des Unterrichts eine andere sein müssen, als wenn es sich darum handelt, eine gewisse Summe nützlicher Kenntnisse und Fertigkeiten

auszubilden, die den Jüngling so früh wie nur möglich gerüstet und kampfbereit der harten Notwendigkeit des Lebens gegenüberstellen.

Der zuletzt genannte Zweck drängt dahin, den Stoff des Unterrichts auszudehnen, möglichst viel den Elementen zuzuweisen, damit das spätere Fachstudium sich nicht bei den vorbereitenden Disziplinen aufzuhalten braucht und gleich bei seinem speziellen Gegenstand einsetzen kann.

Es liegt aber auf der Hand, daß dies nur auf Kosten der Tiefe und Gründlichkeit möglich ist, und die Gefahr besteht, daß dabei der eigentliche Bildungswert des mathematischen Unterrichts nicht voll zur Geltung kommt.

Dieser letztere ist zudem für die verschiedenen Individualitäten ein sehr verschiedener. Die mathematische Produktion hat etwas von künstlerischer Tätigkeit an sich, und zwar nicht bloß die eigentliche schöpferische Tätigkeit, sondern auch die Produktion im kleinen, die sich in der Lösung von Aufgaben oder auch nur beim genauen Verstehen mathematischer Gedankenfolgen zeigt. Sie kann durch ihre Anschaulichkeit den Geist vollständig gefangennehmen und ist dem dafür Organisierten eine Quelle reichsten Genusses. Und dies gilt nicht minder von der abstrakten Anschauung im Reiche der Zahlen als von den Raumanschauungen der Geometrie.

Es ist mir daher auch nicht zweifelhaft, daß für einen im höchsten Sinne erfolgreichen mathematischen Unterricht eine gewisse spezifische Begabung erforderlich ist, womit nicht bestritten werden soll, daß es sehr wohl möglich und für die logische Zucht des Denkens notwendig ist, einem jeden normal begabten Schüler ein mathematisches Wissen und Verstehen in gewissem Umfang zu gewähren, die ihm bei jedem künftigen ·Studium von Nutzen sind.

In dem Zwiespalt dieser doppelten Aufgabe liegt wohl die größte Schwierigkeit, mit der der mathematische Unterricht zu kämpfen hat, und dem Lehrer, der diese beiden Aufgaben in richtiger Weise vereinigen soll, müssen nicht nur gründliche Kenntnisse, sondern tiefere mathematische Bildung und feines Gefühl für die Schönheit der Mathematik zu Gebote stehen....

Es soll hier dem Lehrer vollkommene Freiheit gelassen werden, unter dieser Fülle je nach seiner wissenschaftlichen Neigung die Auswahl zu treffen. Denn nur da kann eine fruchtbare Einwirkung auf den Schüler erwartet werden, wo auf der Seite des Lehrers selbst noch Interesse an dem Gegenstand des Unterrichts lebendig ist.

Es ist bei der Bearbeitung unseres Buches Gewicht auf eine strenge Entwicklung der logischen Voraussetzungen gelegt, in deren Erkenntnis, sowohl für die Arithmetik als für die Geometrie, uns die Forschung der letzten Jahrzehnte wesentlich gefördert hat. Für eine strenge und einfache Auffassung des Zahlbegriffes ist besonders von den Schriften von Dedekind, Was sind und was sollen die Zahlen (Braunschweig 1888), Stetigkeit und irrationale Zahlen (Ebda. 1872) eine fruchtbare

Anregung ausgegangen. Auf diese Schriften stützen sich auch die Betrachtungen der ersten Abschnitte. Diese Partien, die sich nur an den gesunden Menschenverstand wenden und zum Verständnis keinerlei mathematische oder philosophische Spezialkenntnisse verlangen, finden ihre Stelle sachgemäß am Eingang. Gleichwohl wird zu ihrer richtigen Auffassung eine gewisse Reife des Urteils vorausgesetzt, und daher dürfte dem noch nicht vollständig Eingeweihten zu raten sein, das Studium des Buches mit den späteren Kapiteln zu beginnen, die den eigentlich mathematischen Stoff enthalten.

Es dürfte wohl möglich sein, in einer gut vorgebildeten Prima einige dieser prinzipiellen Fragen in der Form einer philosophischen Propädeutik zu behandeln. Doch ist dabei Vorsicht anzuraten, denn ein halbes Verständnis ist hierbei so gut oder schlimmer wie gar keines.

Für die Mehrzahl der Schüler wird es weit nützlicher und anregender sein, wenn der Unterricht nach der Seite der Anwendungen hin ausgebildet wird, wozu ja durch die jetzt wohl überall angenommene Prüfungsordnung für Oberlehrer ein erfreulicher Anstoß gegeben ist. Diese Anwendungen können zur Belebung des mathematischen Unterrichts viel beitragen, fördern das Interesse und können auch durch Pflege des Zeichnens und die der Mathematik so wohl anstehende Genauigkeit und Sorgfalt in der Ausführung des Kleinen und Einzelnen den erzieherischen Wert dieses Unterrichtszweiges steigern. ...

Straßburg, im Juli 1903.

H. Weber.

Vorrede zur vierten Auflage.

Am 27. Mai 1913 ist Heinrich Weber, der große mathematische Forscher, der vorbildliche Lehrer und unerreichte Meister schlichter und klarer Darstellung dahingegangen. Als dann auch sein treuer Mitarbeiter Josef Wellstein am 24. Juni 1919 wenige Wochen nach seiner Vertreibung aus dem Lande, dem er seine besten Kräfte gewidmet hatte, gestorben war, habe ich es für eine Ehrenpflicht erachtet, der Aufforderung der Firma B. G. Teubner nachzukommen und eine neue Auflage des ersten Bandes der Enzyklopädie der Elementarmathematik zu veranstalten. Es ist vor allem mein Bestreben gewesen, das Werk meiner ehemaligen hochverehrten Kollegen an der deutschen Universität Straßburg, denen ich in jahrelangem persönlichem und wissenschaftlichem Verkehr nahegestanden habe, in ihrem Sinn zu erhalten und weiterzuführen, und dem Buch die hervorragende Stellung, die es unter den wissenschaftlichen Darstellungen der Elementarmathematik unbestritten einnimmt, auch in seiner neuen Gestalt zu wahren.

Immerhin bin ich an diese Aufgabe nur nach sehr reiflicher Überlegung und nicht ohne Bedenken herangetreten, denn ich war mir bewußt, daß grade der vorliegende erste Band erhebliche Änderungen und

Zusätze erfahren mußte, die zum Teil schon Weber, wie er mir wiederholt geäußert hat, für notwendig gehalten hatte. Zunächst wurde in der Anordnung des Stoffes besonderes Gewicht auf einen lückenlosen systematischen Aufbau gelegt. Unter diesem Gesichtspunkt bedarf es kaum einer Rechtfertigung, daß die Gleichungen ersten und zweiten Grades sowie die Determinanten aus der Arithmetik in die Algebra, dagegen die zahlentheoretischen Abschnitte aus der Algebra in die Arithmetik verwiesen wurden. Aus demselben Grunde wurden die komplexen Zahlen von den quadratischen Gleichungen losgelöst und im Anschluß an Hamilton und Weierstraß rein arithmetisch in einem besonderen Abschnitt behandelt, mit dem dann die Darstellung der Entwicklung und allmählichen Erweiterung des Zahlbegriffs abgeschlossen ist.

Weiter aber hat der Inhalt des Werkes, ohne den bisherigen Rahmen zu überschreiten, eine bedeutende Vermehrung erfahren, so daß sein Umfang von 31 Bogen auf 35 Bogen angewachsen ist. Von den zahlreichen Zusätzen seien als die wichtigsten die folgenden hervorgehoben:[1])

In der Lehre von den irrationalen Zahlen, welche bisher allein auf den Dedekindschen Schnitt gegründet war, wurde eine Darstellung auf Grund der Zahlenfolgen hinzugefügt. An sie schließt sich die Erörterung des Grenzbegriffes und die mengentheoretische Betrachtung der reellen Zahlen.

Die Theorie der quadratischen Reste, die in den früheren Auflagen bis zum Gaußschen Lemma geführt worden war, hat durch Aufnahme des schönen Beweises von Frobenius für das Reziprozitätsgesetz ihren Abschluß erhalten. Bei den quadratischen Formen wurde an Stelle der Zerlegung einer Zahl in eine Summe von zwei Quadraten allgemeiner die Darstellung durch die Formen $x^2 + my^2$, welche keine neuen Hilfsmittel erfordert, behandelt. Die Theorie der periodischen Kettenbrüche wurde im Zusammenhang mit den quadratischen Irrationalzahlen vereinfacht und erweitert.

In der Algebra wurden die Elemente der Theorie der linearen Substitutionen und Matrizen hinzugefügt, welche die natürliche Quelle für das Multiplikationsgesetz der Determinanten bilden. Ferner wurde die Interpolation nach Lagrange und Newton, der Begriff der Stetigkeit (Rollesches Theorem) und die Elemente der Galoisschen Theorie entwickelt, an die sich die Auflösung der kubischen und biquadratischen Gleichungen sowie die Gaußsche Methode zur Lösung der Kreisteilungsgleichungen anschließt. Der schöne Abschnitt über Unmöglichkeitsbeweise blieb fast gänzlich unverändert, nur habe ich geglaubt, den klassischen Ruffini-Abelschen Beweis nicht übergehen zu dürfen, weil er besonders deutlich den Grund für die Auflösbarkeit der Gleichungen bis zum vierten Grad erkennen läßt.

---

1) Die neu bearbeiteten oder neu hinzugekommenen Paragraphen sind im Inhaltsverzeichnis und im Text durch einen Stern gekennzeichnet.

Das dritte Buch, Analysis, wurde völlig neu bearbeitet. Von Einzelheiten, die hier anders als in den früheren Auflagen dargestellt oder neu hinzugekommen sind, möge auf die systematische Behandlung der unendlichen Reihen, auf die Einführung der Exponentialfunktion, die Reihenentwicklungen der trigonometrischen und zyklometrischen Funktionen und die Erläuterung des Begriffes der allgemeinen Potenz hingewiesen werden.

Besonderes Gewicht wurde auf die Ergänzung der historischen und literarischen Hinweise gelegt. Ohne darin die Vollständigkeit anzustreben, wie man sie von Spezialwerken verlangen darf, sind sie doch so vermehrt worden, daß sie ein Bild der geschichtlichen Entwicklung gewähren und die Kenntnis der wichtigsten Quellen vermitteln können.

Nachdem ich so die wesentlichsten Zusätze, die das Werk erfahren hat, angedeutet habe, muß ich über eine bedeutsame Weglassung Rechenschaft ablegen: Der kurze Abschnitt über Infinitesimalrechnung, den Weber bei der zweiten Auflage unter dem Einfluß der damals einsetzenden Bewegung für die Aufnahme der Differential- und Integralrechnung in den Schulunterricht hinzugefügt hatte, ist in der vorliegenden Auflage wieder fortgeblieben. Nicht etwa als ob damit irgendwie eine Gegnerschaft gegen die Behandlung der Infinitesimalrechnung im Unterricht zum Ausdruck kommen soll. Diese Frage ist seit mehr als zehn Jahren entschieden, und es gibt wohl keinen in lebendiger Fühlung mit der Schule stehenden Mathematiker, der nicht in der Hinleitung zu den Elementen der Infinitesimalrechnung im Zusammenhang mit der Ausgestaltung des Funktionsbegriffs das Ziel des mathematischen Unterrichts erblickte. Trotzdem habe ich geglaubt, von einer Aufnahme dieses Gegenstandes absehen zu müssen, denn eine Darstellung, die der Wichtigkeit des Stoffes und der Behandlung der übrigen Teile des Werkes entsprechen würde, hätte den mir zur Verfügung stehenden Rahmen bei weitem überschritten, und auf der anderen Seite widerstrebte es mir, den Gegenstand nur in einem Anhang darzustellen, der die Bedeutung und den Umfang des Gebietes nicht ahnen läßt und nach Webers eigenen Worten nicht ausreicht, den Leser auch nur in die Anfangsgründe der Differentialrechnung einzuführen. Eine solche skizzenhafte Darstellung würde den Bedürfnissen des Leserkreises, für den das Buch in erster Linie bestimmt ist, in keiner Weise genügen und würde die Anschaffung eines besonderen Werkes über Differential- und Integralrechnung, das wohl jeder Mathematiker besitzen muß, nicht überflüssig machen. Grade für dieses Gebiet stehen ja auch vorzügliche Darstellungen kleineren und mittleren Umfangs zu Gebote, von denen nur die von Bieberbach und von Fricke genannt seien.

Aber auch gewichtige innere Gründe sprachen gegen die Aufnahme der Infinitesimalrechnung. Wenn sie auch Gegenstand des Schulunterrichts ist, so kann ich sie doch nicht mehr zur Elementarmathematik rechnen. Die Begriffe Elementarmathematik und Schulmathematik decken

sich nicht. Wie die Elementarmathematik viele Gebiete umfaßt, die
nicht Gegenstand des Schulunterrichts sind, wofür sich genügend Beispiele in allen Teilen dieses Werkes finden, so mag auch die Schulmathematik durch Behandlung der Differential- und Integralrechnung
die Grenzen der Elementarmathematik überschreiten. Gewiß gibt es
keine genaue festbegrenzte Begriffsbestimmung, was man unter Elementarmathematik zu verstehen hat, denn man kann eben das Wort
„elementar" in verschiedener Weise deuten, aber grade deshalb darf man
sehr wohl derjenigen Auffassung — ich möchte sie die pädagogischhistorische nennen —, die das Wesen der Elementarmathematik in der
relativen Einfachheit und Leichtverständlichkeit erblickt und ihren
Umfang von dem jeweiligen Stande der Wissenschaft abhängig macht,
eine andere, die wissenschaftlich-systematische gegenüberstellen, wonach die Elementarmathematik die Grundbegriffe entwickeln und die
Kenntnisse verschaffen soll, die die Vorbedingung zum Verständnis der
übrigen Teile der Mathematik bilden. Diese Auffassung bedeutet gegenüber der ersten ebensowohl eine Erweiterung, wie auch eine Einschränkung des Gebietes der Elementarmathematik. Sie umschließt die Untersuchung der axiomatischen Grundlagen sowie die Erörterung der grundlegenden Begriffe, wie Grenzbegriff, Stetigkeit, Konvergenz, Funktion,
Gruppenbegriff, Invariante; auf der anderen Seite aber sucht sie die
Grenzen des Gesamtgebietes abzustecken und verzichtet darauf, immer
neue Gebiete in den Bereich der Elementarmathematik einzubeziehen.
In diesem Sinne habe ich versucht, die Elementarmathematik als Grundlage der Gesamtmathematik und in lebendiger Beziehung mit den übrigen
Teilen der Wissenschaft darzustellen, nicht als eine Darstellung vom
höheren Standpunkt aus, sondern — wenn man so sagen darf — zum
höheren Standpunkt hin.[1]) Das Werk in seiner jetzigen Gestalt will
den Leser in allen Teilen bis an die Schwelle der höheren Mathematik
führen, aber nicht an eine verschlossene Tür, sondern es entläßt ihn
überall mit einem Ausblick auf weite Gebiete, zu denen es ihm den Zugang eröffnet hat. So führt die Arithmetik bis an die Theorie der
Zahlenkörper, die Algebra bis zur algebraischen Gruppentheorie heran,
und in der Analysis sind durch die ausführliche Behandlung des Grenzbegriffs und die Theorie der elementaren Funktionen alle Grundlagen

---

1) Hiermit ist gleichzeitig das Verhältnis des vorliegenden Werkes zu den
bekannten Vorlesungen von F. Klein, Elementarmathematik vom höheren Standpunkt aus, 2. Aufl. Leipzig 1911 angedeutet. In diesen wird, nicht in Form einer
systematisch geordneten Entwicklung, sondern in freien Exkursen der Unterrichtsstoff der Elementarmathematik vom Standpunkt der heutigen Wissenschaft rückschauend dargestellt und in umfassender Synthese gezeigt, wie sich die Schulmathematik in das Gesamtgebäude der Wissenschaft einordnet. Es wird daher
nicht nur die Kenntnis der Elementarmathematik, sondern überhaupt der wichtigsten mathematischen Disziplinen vorausgesetzt und so erscheinen diese Vorlesungen als Abschluß und Krönung des Lehrgebäudes, dessen Aufbau in dem
vorliegenden Werk dargestellt ist.

gegeben, um unmittelbar die Infinitesimalrechnung anzuschließen. Hiermit scheint mir ein besserer und natürlicherer Abschluß erreicht, als wenn man die Grenze mitten durch die Differentialrechnung legt und etwa die gewöhnlichen Differentialquotienten noch zur Elementarmathematik, die partiellen zur höheren Mathematik rechnet.

In manchen Besprechungen der früheren Auflagen war die Bezeichnung des Werkes als Enzyklopädie beanstandet worden. Weber hatte diesen Titel im Anschluß an eine Vorlesung über Elementarmathematik gewählt, die er unter der gleichen Bezeichnung zu halten pflegte, und er verstand darunter eine übersichtliche, alle Gebiete berührende Darstellung. Wenn man aber nach dem üblichen Sprachgebrauch unter einer Enzyklopädie eine vollständige Aufzählung aller Einzeluntersuchungen versteht, wobei die methodische Entwicklung und Begründung in den Hintergrund tritt, so trifft dies allerdings für das vorliegende Werk nicht zu, welches grade auf die systematische Darstellung das Hauptgewicht legt und die Einzelergebnisse unter dem Gesichtspunkt ihres inneren Zusammenhangs und ihrer Bedeutung für die Gesamtwissenschaft auswählt. Dennoch habe ich es nicht für ratsam gehalten, den bisherigen Titel fallen zu lassen, denn unter ihm hat sich das Werk eingebürgert und einen festen Platz in der Literatur errungen.

Schließlich ist es mir eine angenehme Pflicht, den Herren Bieberbach und Hellinger für manchen Rat und manche fördernde Anregung, die ich bereits bei der Fertigstellung des Werkes von ihnen erhalten habe, meinen herzlichen Dank auszusprechen. In gleicher Weise bin ich den Herren W. Jacobsthal, Loèwy und Szász zu großem Dank verpflichtet. Sie haben sich mit vieler Mühe und Sorgfalt an der Korrektur beteiligt und das Werk durch viele wertvolle Bemerkungen bereichert.

Frankfurt a. M., im Dezember 1920.

Paul Epstein.

Inhaltsverzeichnis.

Erstes Buch.

Arithmetik.

Erster Abschnitt.

Elementare Mengenlehre. Natürliche Zahlen.

§ 1. Einleitung 1
§ 2. Geordnete Mengen. 4
§ 3. Endliche Mengen 6
§ 4. Vollständige Induktion 9
§ 5. Abbildung. Äquivalenz 10
§ 6. Zahlen 13
§ 7. Geschichtliches zum ersten Abschnitt 16

Zweiter Abschnitt.

Addition, Multiplikation, Subtraktion. Die ganzen Zahlen.

§ 8. Addition 21
§ 9. Multiplikation. 23
§ 10. Produkte von Summen. 26
§ 11. Potenzierung 28
§ 12. Subtraktion. 30
§ 13*. Negative Zahlen. Die ganzen Zahlen 33
§ 14. Addition und Subtraktion im Bereich der ganzen Zahlen 37
§ 15. Multiplikation im Bereich der ganzen Zahlen 40

Dritter Abschnitt.

Division. Rationale Zahlen.

§ 16. Division und Teilbarkeit der Zahlen 42
§ 17. Größter gemeinschaftlicher Teiler. Euklidischer Algorithmus 44
§ 18. Primzahlen und zusammengesetzte Zahlen. 48
§ 19. Brüche. 53
§ 20. Rechnen mit Brüchen 57
§ 21. Endliche Dezimalbrüche 64
§ 22*. Endliche Kettenbrüche. 67

Vierter Abschnitt.

Irrationale Zahlen.

§ 23. Quadratwurzeln 75
§ 24. Irrationalzahlen 80
§ 25*. Beschränkte Zahlenmengen. Obere und untere Schranke 86
§ 26. Rechnen mit Irrationalzahlen 87
§ 27*. Definition der irrationalen Zahlen durch Paare verbundener Folgen . 93
§ 28*. Begriff des Grenzwertes 96

Seite

§ 29*. Rechnen mit Grenzwerten 103
§ 30. Unendliche Dezimalbrüche 106
§ 31.. Verwandlung gewöhnlicher Brüche in Dezimalbrüche 108
§ 32*. Unendliche Kettenbrüche 112
§ 33*. Mengentheoretische Betrachtung der reellen Zahlen 114
§ 34*. Geschichtliches zum vierten Abschnitt 121

Fünfter Abschnitt.
Meßbare Größen. Verhältnisse und Proportionen.

§ 35. Meßbarkeit 124
§ 36. Kommensurable Größen 125
§ 37. Inkommensurable Größen 126
§ 38. Proportionen 129

Sechster Abschnitt.
Potenzen und Logarithmen.

§ 39. Wurzeln 132
§ 40. Potenzen mit beliebigen reellen Exponenten 135
§ 41. Logarithmen 139
§ 42*. Elementare Berechnung der Logarithmen 143
§ 43. Historisches über die Logarithmen 145

Siebenter Abschnitt.
Komplexe Zahlen.

§ 44*. Komplexe Zahlen mit zwei Einheiten 151
§ 45*. Geometrische Darstellung der komplexen Zahlen 163
§ 46*. Potenzen und Wurzeln von komplexen Zahlen 174
§ 47*. Geschichtliches zum siebenten Abschnitt 179

Achter Abschnitt.
Kombinatorik.

§ 48. Permutationen 182
§ 49. Grade und ungrade Permutationen 185
§ 50. Zusammensetzung der Permutationen 187
§ 51. Darstellung der Permutationen durch Zyklen 191
§ 52. Permutationsgruppen 194
§ 53. Kombinationen und Variationen ohne Wiederholung. Binomialkoeffi-
      zienten 200
§ 54. Kombinationen und Variationen mit Wiederholung 204

Neunter Abschnitt.
Binomischer und polynomischer Lehrsatz. Arithmetische Reihen.

§ 55. Der binomische und polynomische Lehrsatz 207
§ 56. Arithmetische Reihen 210
§ 57. Arithmetische Reihen höherer Ordnung 213

Zehnter Abschnitt.
Zahlenkongruenzen. Potenzreste. Quadratische Reste.

§ 58*. Kongruente Zahlen. Vollständiges Restesystem 217
§ 59*. Rechnen mit Kongruenzen 219
§ 60*. Reduziertes Restesystem. Satz von Fermat 220

Seite
§ 61. Kongruenzen ersten Grades 224
§ 62. Der Satz von Wilson 231
§ 63*. Kongruenzen höheren Grades. 234
§ 64*. Die Potenzreste 239
§ 65*. Potenzreste für einen Primzahlmodul. Primitive Wurzeln 242
§ 66. Periodische Dezimalbrüche. 246
§ 67*. Quadratische Reste 251

Elfter Abschnitt.

Quadratische Formen. Quadratische Irrationalzahlen. Periodische Kettenbrüche.

§ 68*. Aus der Lehre von den quadratischen Formen 263
§ 69. Die Pythagoreischen Dreiecke. Rationale Dreiecke 272
§ 70. Das Fermatsche Problem 277
§ 71*. Quadratische Irrationalzahlen. 280
§ 72*. Periodische Kettenbrüche 286
§ 73*. Quadratwurzeln aus ganzen Zahlen. Die Fermatsche Gleichung . . . 289

Zweites Buch.

Algebra.

Zwölfter Abschnitt.

Gleichungen ersten Grades. Determinanten.

§ 74. Gleichungen ersten Grades mit einer und mit zwei Unbekannten . . . 295
§ 75*. Gleichungen ersten Grades mit drei Unbekannten 300
§ 76*. Determinanten n^{ten} Grades. Gleichungen ersten Grades mit n Unbekannten 303
§ 77*. Lineare Substitutionen und Matrizen. Multiplikation der Determinanten 309

Dreizehnter Abschnitt.

Quadratische, kubische und biquadratische Gleichungen.

§ 78*. Quadratische Gleichungen mit reellen Koeffizienten 316
§ 79*. Quadratische Gleichungen mit komplexen Koeffizienten 319
§ 80*. Quadratische Funktionen 320
§ 81*. Allgemeine Auflösung der kubischen Gleichungen 322
§ 82*. Kubische Gleichungen mit drei reellen Lösungen. 327
§ 83*. Funktionen dritten Grades. 330
§ 84*. Eine wichtige kubische Gleichung 332
§ 85*. Auflösung der biquadratischen Gleichung 334
§ 86*. Die Diskriminante der biquadratischen Gleichung 336

Vierzehnter Abschnitt.

Ganze Funktionen.

§ 87. Definition der ganzen Funktionen und ihrer Wurzeln 337
§ 88. Division ganzer Funktionen. Die Derivierten 339
§ 89. Größter gemeinschaftlicher Teiler. 347
§ 90. Reduzible und irreduzible Funktionen. 350

Seite

§ 91*. Interpolationsformeln von Lagrange und Newton 356
§ 92*. Stetigkeit 362
§ 93*. Der Satz von Rolle 365
§ 94. Der Fundamentalsatz der Algebra 368

Fünfzehnter Abschnitt.
Symmetrische Funktionen. Invarianten von Permutationsgruppen.

§ 95*. Symmetrische Funktionen 373
§ 96*. Diskriminanten 378
§ 97. Potenzsummen der Wurzeln 382
§ 98*. Invarianten einer Permutationsgruppe. Elemente der Galoisschen
      Theorie 383
§ 99*. Anwendung der Permutationsgruppen auf die Auflösung der kubi-
      schen und biquadratischen Gleichungen 388

Sechzehnter Abschnitt.
Auflösung numerischer Gleichungen durch Näherung.

§ 100*. Berechnung der Funktionswerte einer ganzen Funktion. Obere und
      untere Grenzen für die reellen Wurzeln 394
§ 101*. Die Zeichenregel von Descartes 397
§ 102. Der Sturmsche Lehrsatz 400
§ 103*. Regula falsi 403
§ 104*. Das Näherungsverfahren von Newton 405

Siebzehnter Abschnitt.
Kreisteilung.

§ 105*. Begriff und geometrische Bedeutung der Kreisteilungsgleichungen . 409
§ 106*. Die Kreisteilungsgleichungen bis zum elften Grad 412
§ 107*. Methode von Gauß zur Lösung der Kreisteilungsgleichungen 416
§ 108*. Die Kreisteilungsgleichungen dreizehnten und siebzehnten Grades . 423

Achtzehnter Abschnitt.
Unmöglichkeitsbeweise.

§ 109. Durch Quadratwurzeln auflösbare Gleichungen 428
§ 110. Eine kubische Gleichung ist nicht durch Quadratwurzeln lösbar . . 431
§ 111. Reduktion einer irreduziblen Funktion durch Adjunktion 433
§ 112. Kubische Gleichungen mit drei reellen Wurzeln 436
§ 113. Darstellung der Einheitswurzeln durch Radikale 437
§ 114. Die Gleichung fünften Grades ist im allgemeinen nicht algebraisch
      auflösbar. Erster Beweis 440
§ 115*. Zweiter Beweis 444

Drittes Buch.

Analysis.

Neunzehnter Abschnitt.
Unendliche Reihen.

§ 116*. Begriff der Konvergenz und Divergenz 450
§ 117*. Kennzeichen der Konvergenz 458
§ 118*. Bedingte und unbedingte Konvergenz 466

Seite

§ 119*. Reihen mit komplexen Gliedern 470
§ 120. Rechnen mit unendlichen Reihen 473

Zwanzigster Abschnitt.
Potenzreihen. Die Binomialreihe.

§ 121*. Konvergenz einer Potenzreihe 476
§ 122*. Stetigkeit einer Potenzreihe 479
§ 123*. Methode der unbestimmten Koeffizienten. Grade und ungrade Funktionen 484
§ 124*. Die Binomialreihe 485

Einundzwanzigster Abschnitt.
Die Exponentialfunktion und die trigonometrischen Funktionen.

§ 125*. Die Zahl e 491
§ 126*. Die Exponentialfunktion 494
§ 127*. Die Funktionen $\sin x$ und $\cos x$ 498
§ 128*. Die Bernoullischen Zahlen. Die Reihen für $\operatorname{tg} x$ und $\operatorname{ctg} x$ 504
§ 129. Darstellung des Sinus und Kosinus durch unendliche Produkte . . 508

Zweiundzwanzigster Abschnitt.
Der natürliche Logarithmus und die zyklometrischen Funktionen.
Trigonometrische Reihen.

§ 130*. Der natürliche Logarithmus und die allgemeine Potenz 515
§ 131*. Die logarithmische Reihe 519
§ 132*. Die zyklometrischen Funktionen 524
§ 133*. Die Arc tg Reihe und die Berechnung der Zahl π 526
§ 134. Trigonometrische Reihen 529

Dreiundzwanzigster Abschnitt.
Produktdarstellung für π. Die Potenzsummen $\zeta(2n)$.
Die Eulersche Konstante.

§ 135*. Produktdarstellung für π. Die Stirlingsche Formel 536
§ 136*. Die Potenzsummen $\zeta(2n)$ 539
§ 137*. Die Eulersche Konstante 543

Vierundzwanzigster Abschnitt.
Transzendenz von e und π.

§ 138*. Problemstellung. Geschichtliches 546
§ 139. Eigenschaften der Exponentialfunktion 548
§ 140. Transzendenz von e 549
§ 141. Transzendenz von π 553

Register 559
Ergänzungen und Zusätze 567

Erstes Buch

Arithmetik.

Erster Abschnitt.

Elementare Mengenlehre. Natürliche Zahlen.

§ 1. Einleitung.

1. In dem Buche von Nesselmann, Kritische Geschichte der Algebra, Berlin 1842, findet sich der Ausspruch:

„Der Begriff der Zahl ist ein einfacher und dem Geist ursprünglich gegebener; deshalb sind alle Versuche, denselben wissenschaftlich zu definieren, ebensowohl gescheitert, wie die Bemühungen, die Euklidischen Grundsätze zu beweisen."

In der Tat sind uns weder aus dem Altertum noch aus dem Mittelalter glückliche Versuche bekannt, in den dunklen Ursprung des Zahlbegriffs Licht zu werfen. Was uns von Pythagoras und den Pythagoreern überliefert wird, sind mystische Spiele mit Zahlen, die zwar arithmetische Wahrheiten enthalten, nicht aber zur Aufhellung des Zahlbegriffs an sich beitragen. Und die Definitionen, die Euklid gibt, sind ähnlich wie seine geometrischen Definitionen nur Worterklärungen, die den Begriff schon voraussetzen.

Der denkende Geist aber erkennt keine Schranke an, und wo eine offene Frage ist, da muß er weiter grübeln. So hat sich auch die neuere Forschung nicht mit dem ein für allemal gegebenen Zahlbegriff beruhigt, sondern hat nicht ohne Erfolg versucht, in die Entstehung dieses Begriffs weiter einzudringen. Bei Kant findet sich wenig über den Zahlbegriff.[1]) Ihm ist Mathematik, die in seinem System eine große Rolle spielt, in erster Linie Geometrie. Er setzt die Arithmetik in eine analoge Beziehung zur Zeit, wie die Geometrie zum Raum[2]), und dies ist auch sonst eine verbreitete Meinung.[3]) Obwohl diese Anschauung in gewissem Sinne ihre Berechtigung hat, faßt sie den Zahlbegriff doch nach unserer Auffassung nicht in seiner Reinheit und Allgemeinheit. Darauf hat bereits Herbart 1824 hingewiesen.

---

1) Vgl. Michaelis, Über Kants Zahlbegriff. Progr. Charlottenburg 1884.

2) Vgl. Kant, Prolegomena. § 10.

3) Auch Sir W. R. Hamilton (Dublin Transactions **17**, 1837) hat den Ursprung des Zahlbegriffs in der Zeitvorstellung gesehen. Vgl. Hankel, Vorlesungen über die komplexen Zahlen, Leipzig 1867, S. 17. Cayley, British Assoc. 1883 (Works **11**. Bull. des sciences mathém. (2), 8 (1884)). Voß, Über das Wesen der Mathematik. Zweite Aufl. Leipzig 1913, S. 33.

Die neuere Mathematik hat die Untersuchungen über den Zahlbegriff von sich aus aufgenommen. Gauß hat in einem Briefe an Bessel vom 9. April 1830 ausgesprochen, daß er die Zahl, im Gegensatz zum Raum, für ein Produkt unseres Geistes halte, und man hat versucht, die Erzeugung dieses Begriffes auf noch fundamentalere Vorgänge unseres Denkens, die Verknüpfung von Dingen untereinander und die Bildung von Gattungsbegriffen, Klassen (Ideen im Sinne Platons) zurückzuführen. Die Erforschung dieser Zusammenhänge, soweit sie mathematischer Natur ist, ist ein Zweig der Mengenlehre, der sich mit den Grundfragen der Größenlehre beschäftigt und die gewöhnliche Zahl als einen besonderen Fall eines allgemeineren Begriffs auffaßt.

2*. Gegen die Versuche, den Begriff der natürlichen Zahlen mengentheoretisch zu begründen, bestehen gewichtige Bedenken. Man hat eingewendet, daß die Grundbegriffe der Mengenlehre bereits die Anschauung der Iteration und der natürlichen Zahlenreihe voraussetzen, daß man in diesen beiden Vorstellungen ein letztes Fundament des mathematischen Denkens zu erblicken habe.[1]) Tatsächlich gehen auch die meisten neueren Darstellungen der Grundlagen der Arithmetik sogleich von der natürlichen Zahlenreihe aus. Immerhin ist doch zuzugeben, daß die Vorstellung der endlichen Menge dem Begriff der Anzahl vorhergeht. Schon die Tiere haben die Fähigkeit, einzelne Mengen aufzufassen und Veränderungen an ihnen wahrzunehmen (die Ente und ihre Jungen, der Schäferhund und seine Herde), und auch in der Entwicklung des einzelnen Menschen ist schon im ersten Lebensjahr ein Gesamteindruck einer Menge von gleichartigen Objekten und eine Vergleichung bestimmter Mengeneindrücke zu beobachten.[2]) Aber auch selbst von den ersten Zahlenvorstellungen[3]) 2, 3, 4 .. ist es noch ein weiter Weg bis zur Erfassung der Zahlenreihe. Die Schöpfung einer universellen, von Raum und Zeit unabhängigen Vergleichsmenge, deren Elemente alle individuellen Qualitäten bis auf die eine der Stellung innerhalb der Reihe abgestreift haben, setzt ein hochentwickeltes Abstraktionsvermögen voraus. Aber man kann wohl die Entwicklung bis zu diesem Punkte als vormathematisch bezeichnen und ihre Betrachtung der Philosophie und Psychologie zuweisen.

3. Um uns in der Welt zurechtzufinden und mit anderen zu verständigen ist uns die Fähigkeit gegeben, unter der Flut ineinanderspielender Eindrücke, Empfindungen, Gedanken gewisse Gruppen herauszuheben und als „Dinge", „Einheiten", „Objekte unseres Denkens" aufzufassen. Es ist niemals möglich, sämtliche Merkmale eines einzelnen

---

1) H. Weyl, Das Kontinuum. Leipzig 1918. S. 19, 37. Vgl. auch Poincaré, L'enseignement math. 1 (1899), 160.

2) Vgl. D. Katz, Psychologie und mathematischer Unterricht. Abhandlungen über den mathem. Unterricht in Deutschland 3, 8. Leipzig 1913. E. Mach, Erkenntnis u. Irrtum. Leipzig 1906. S. 323.

3) Die Eins wird ursprünglich nicht als Zahl aufgefaßt. Der Ausspruch des Theon von Smyrna (um 130 n. Chr.), οὔτε δὲ ἡ μονὰς ἀριθμός, wird von den Verfassern von Rechenbüchern bis ins 16. Jahrhundert wiederholt, ja noch 1740 schreibt Buffon in einer französischen Übersetzung von Newtons Fluxionsrechnung: L'unité n'est point un nombre.

Objekts genau anzugeben. Die „Dinge" sind gewissermaßen Maxima (Verdichtungsstellen) in unserem Empfinden und Denken. Eine Vielheit von Dingen fügen wir zu einem neuen Ding zusammen und nennen dieses eine „Menge", z. B. eine Schulklasse als Menge ihrer Schüler, eine Stadt als Menge ihrer Einwohner oder als Menge ihrer Häuser, ein Regiment Soldaten, einen Wald.

4. In den beiden ersten Auflagen dieses Werkes waren die Betrachtungen über das Wesen und den Zweck der Zahlen auf den allgemeinen Mengenbegriff gegründet und dabei nach der Definition von Dedekind zwischen endlichen und unendlichen Mengen unterschieden. So unverfänglich dieser Weg auch auf den ersten Blick erscheint, so zeigt sich doch eine gewisse Schwierigkeit in dem dabei benutzten Satze, daß es immer noch Dinge gibt, die nicht in einer gegebenen Menge enthalten sind. Diese Eigenschaft kommt offenbar der Menge aller Dinge nicht zu, auf die Dedekind[1]) den Nachweis der Existenz unendlicher Mengen gründet.

Diese und ähnliche Widersprüche, die in dem allgemeinen Mengenbegriff liegen, sind unauflöslich, sofern man die Menge als den Inbegriff aller ihrer Elemente auffaßt. Am handgreiflichsten sieht man dies bei dem sogenannten Russellschen Widerspruch.[2]) Er besteht in folgendem:

Es gibt Mengen, die sich selbst nicht enthalten, und das sind die gewöhnlichen, bei denen die Menge selbst als etwas von ihren Bestandteilen Unterschiedenes aufgefaßt wird; andererseits gibt es auch Mengen, die sich selbst enthalten, z. B. die Menge aller Dinge, und besonders die durch negative Prädikate bestimmten Begriffe, z. B. der Begriff Nicht-Mensch. Versuchen wir nun die Menge M aller Mengen m zu bilden, die sich selbst nicht enthalten. Wenn die Menge M sich selbst nicht enthält, so ist sie ein m und muß als solches in M aufgenommen werden, d. h. wenn M sich selbst nicht enthält, so muß M sich selbst enthalten; ebenso: wenn M sich selbst enthält, so kann M sich selbst nicht enthalten.

Aus der allgemeinen Definition der Mengen kann man also sich selbst widersprechende Begriffe ableiten, zu denen vor allem der Begriff der Menge aller Dinge gehört.

Wenn Kant unter den „Antinomien der reinen Vernunft" den Begriff der Welt als widersprechend nachweist, so hat er diese Tatsache wohl erkannt; denn was ist die Welt anderes als die Menge aller Dinge?

Die Elementarmathematik kann sich aber mit diesen bei den unendlichen Mengen auftretenden Schwierigkeiten nicht befassen, kann aber auf der andern Seite nicht ganz auf die Erörterung des Ursprungs ihrer Grundlagen verzichten. Ich stelle daher an die Spitze der elementaren Mathematik eine elementare Mengenlehre, die von vornherein darauf verzichtet, den Begriff des Unendlichen zu erfassen, und nur endliche Mengen[3]) in Betracht zieht. Man gelangt auf diesem Wege, von

---

1) R. Dedekind, Was sind und was sollen die Zahlen. Braunschweig 1888. No. 66.
2) B. Russell, The principles of Mathematics. Cambridge 1903.
3) Vgl. E. Zermelo, Über die Grundlagen der Arithmetik. Atti del IV. congresso intern. dei matematici. Rom 1909. Acta math. **32** (1909). A. Schoenflies, Akad. Amsterdam 1920. Math. Ann. **83** (1921).

dem Standpunkt der Empirie ausgehend, zu einer Erklärung des allgemeinen Zahlbegriffs.

5*. In neuerer Zeit macht sich immer mehr das Bestreben geltend, die einzelnen Gebiete der Mathematik axiomatisch zu begründen, ohne ihre Objekte zu definieren, d. h. man fragt nicht, was sind diese Objekte, sondern man postuliert nur ihre Existenz und stellt ein System von Axiomen für die zwischen ihnen bestehenden Beziehungen und Verknüpfungen auf, von dem aus das ganze Gebiet rein begrifflich durch logische Schlüsse aufgebaut wird.[1]) In dieser Weise wurde zuerst die Geometrie vor allem durch Hilbert begründet und man hat dann auch für die Arithmetik Axiomensysteme aufgestellt, welche sofort den Inbegriff aller reellen Zahlen und die für sie geltenden Gesetze der Addition und Multiplikation liefern.[2]) Andere, vor allem Peano[3]), haben nur für die natürlichen Zahlen ein System von Axiomen entwickelt. Aus ihnen hat man dann in üblicher Weise durch allmähliche Erweiterung die übrigen Zahlenarten abzuleiten.

§ 2. Geordnete Mengen.

1. Eine Menge heißt geordnet, wenn durch irgendeine Festsetzung bestimmt ist, welches von zwei verschiedenen Elementen dieser Menge das kleinere sein soll, und wenn diese Ordnung für drei Elemente α, α', α'' der Menge zur Folge hat, daß, wenn α kleiner als α', α' kleiner als α'' ist, auch α kleiner als α'' ist.

Eine Menge, die so geordnet werden kann, heißt ordnungsfähig.

Ist das Element α kleiner als α', so sagt man auch: α' ist größer als α.

Zur Erläuterung dieser Definition bemerke ich folgendes:

Die Worte „größer" und „kleiner" sind nur der Kürze wegen gewählt; man könnte ebensogut „früher" und „später", „höher" und „tiefer", „weiter rechts" und „weiter links" oder irgend ähnliche Ausdrücke brauchen. An ein physisches Größer und Kleiner braucht dabei nicht gedacht zu werden.

Zur Bezeichnung der Größenordnung dient folgendes Zeichen:

Bedeutet A eine Menge und α, α' zwei ihrer Elemente, so bedeuten

$$(1) \qquad \alpha < \alpha', \quad \alpha' > \alpha$$

---

1) Vgl. A. Schoenflies, Jahresb. d. Deutsch. Math.-Ver. **20** (1911).

2) D. Hilbert, Jahresb. d. Deutsch. Math.-Ver. **8** (1900), wieder abgedruckt in dess. Verf. Grundlagen d. Geometrie, 2. Aufl. Leipzig 1903. E. V. Huntington, A set of postulates of real algebra. Trans. Amer. Math. Soc. **6** (1905). Vgl. die eingehenden Untersuchungen bei A. Loewy, Lehrb. d. Algebra **1**. Leipzig 1915.

3) G. Peano, Arithmetices principia. Turin 1889. K. Grelling, Die Axiome der Arithmetik, Diss. Göttingen 1910. K. Boehm, Heidelberg. Akad. 1911. Vgl. Hilbert, Über die Grundlagen der Logik und Arithmetik. Verhandl. des III. Internat. Mathematikerkongresses Heidelberg 1904 (Grundlagen d. Geometrie 4. Aufl. 1913, VII. Anhang). C. Carathéodory, Vorl. über reelle Funktionen. Leipzig 1918.

dasselbe, nämlich α ist kleiner als α', α' ist größer α. Ist α'' ein drittes Element von A, so sollen

$$\alpha < \alpha', \quad \alpha' < \alpha'' \qquad \text{die Beziehung} \qquad \alpha < \alpha''$$

zur Folge haben. Wir sagen dann, das Element α' liegt zwischen α und α''. In diesen Formeln ist das, was man Größencharakter der Ordnung nennt, enthalten.

Ist A eine Menge ohne Rücksicht auf eine Ordnung, so wollen wir unter $\bar{A}$ dieselbe Menge mit einer bestimmten Ordnung verstehen.

Daß es Mengen gibt, die geordnet werden können, und auf mehrfache Weise, zeigt die Erfahrung, z. B. die fünf Finger der Hand, Punkte einer geradlinigen Strecke usw. Damit begnügen wir uns. Die Frage, ob es auch Mengen gibt, die nicht geordnet werden können, gehört der transzendenten Mengenlehre an und wird hier nicht erörtert.

2. Eine Menge B heißt ein Teil einer Menge A, wenn jedes Element β von B zugleich ein Element von A ist; B heißt ein echter Teil von A, wenn wenigstens ein Element in A existiert, das nicht in B enthalten ist.

Eine Menge, die nur aus einem einzigen Element besteht, hat keinen echten Teil. Jede andere Menge aber besitzt echte Teile.

Ist A' ein Teil von A und A'' ein Teil von A', so ist auch A'' ein Teil von A. Wenn A' ein echter Teil von A, oder A'' ein echter Teil von A' (oder beides) ist, so ist auch A'' ein echter Teil von A.

Ist B ein echter Teil von A, so gehören die Elemente, die in A, aber nicht in B enthalten sind und nur diese, einer Menge C an, die wir die Ergänzung von B zu A nennen. Wir schreiben, um dies Verhältnis anzudeuten:

$$A = B + C \quad \text{oder} \quad A = C + B.$$

Es ist auch C ein echter Teil von A, und B ist die Ergänzung von C.

Sind B und C zwei Mengen, so können wir eine mit $A = B + C$ zu bezeichnende Menge bilden, in die wir ein Element dann und nur dann aufnehmen, wenn es entweder in B oder in C (oder auch in beiden) vorkommt. Gibt es kein Element, das zugleich in B und in C enthalten ist, so sind B und C echte Teile von A und die Ergänzungen voneinander.

3. Jeder Teil einer ordnungsfähigen Menge ist ordnungsfähig.

Ist nämlich $\bar{A}$ eine geordnete Menge und B ein Teil von A, so ist auch B geordnet, wenn wir festsetzen, daß irgend zwei Elemente β, β' von B dieselbe Größenbeziehung zueinander haben, die ihnen in $\bar{A}$ zukommt. Wir sagen dann, B ist nach $\bar{A}$ geordnet.

4. Sind $\bar{B}$ und $\bar{C}$ geordnete Mengen, die keine gemeinschaftlichen Elemente haben, so ist auch $A = B + C$ ordnungsfähig.

Gehören nämlich zwei verschiedene Elemente α und α' von A zu demselben Teil, z. B. zu B, so sollen sie in A ebenso wie in $\bar{B}$ geordnet sein (Fall a).

Gehört aber α zu B und α' zu C, so soll $\alpha < \alpha'$ sein (Fall b).

Um nachzuweisen, daß bei dieser Anordnung von A der Größencharakter gewahrt bleibt, seien α, α', α'' drei verschiedene Elemente von A, und es sei nach der getroffenen Ordnung in $\bar{A}$

$$(2) \qquad \alpha < \alpha', \quad \alpha' < \alpha''.$$

Es ist zu beweisen, daß daraus

$$(3) \qquad \alpha < \alpha''$$

folgt. Wir haben hierbei vier Fälle zu unterscheiden:

1. α gehört zu C; dann gehören auch α' und α'' zu C (wegen (b)) und daraus folgt (3) nach der in $\bar{C}$ festgesetzten Ordnung.

2. α gehört zu B, α' zu C; dann gehört wieder α'' (wegen (2) und (b)) zu C und folglich ist (3) nach (b) befriedigt.

3. α gehört zu B, α' zu B, α'' zu C; dann folgt wieder (3) aus (b).

4. α'' gehört zu B; dann müssen α und α' ebenfalls zu B gehören, und (3) folgt aus der Ordnung in $\bar{B}$.

§ 3. Endliche Mengen.

1. Eine **Teilung** einer geordneten Menge $\bar{A}$ in zwei Teile $B + C$ heißt ein **Schnitt**, wenn jedes Element von B kleiner ist als jedes Element von C. Die beiden Teile B, C, heißen der **untere** und der **obere Abschnitt** von $\bar{A}$. Wir bezeichnen einen Schnitt durch

$$(1) \qquad A = B \mid C.$$

2. Wenn in einer geordneten Menge $\bar{A}$ ein Element α_0 vorkommt, das die Eigenschaft hat, daß für jedes von α_0 verschiedene Element α aus A

$$(2) \qquad \alpha_0 < \alpha$$

ist, so heißt α_0 das **kleinste Element** in $\bar{A}$. Es kann nicht mehr als ein kleinstes Element geben; denn wäre α_0' ein zweites, so wäre nach (2) $\alpha_0 < \alpha_0'$, und es könnte nicht zugleich $\alpha_0' < \alpha_0$ sein.

Ebenso heißt ein Element α_1 aus $\bar{A}$ das **größte Element**, wenn für jedes von α_1 verschiedene Element α

$$\alpha < \alpha_1$$

ist. Es gibt auch nicht mehr als ein größtes Element.

Eine geordnete Menge $\bar{A}$ heißt **geschlossen**, wenn es in ihr ein größtes und ein kleinstes Element gibt.

3. Eine Menge A heißt **endlich**, wenn sie so geordnet werden kann, daß $\bar{A}$ selbst und jeder Abschnitt von $\bar{A}$ geschlossen ist.[1])

---

[1]) Diese Definition einer endlichen Menge ist von Stäckel, Jahresb. d. Deutsch. Math.-Vereinigung **16**, 425 (1907) gegeben worden.

Daß der so definierte Begriff der endlichen Menge nichts Widersprechendes hat, lehrt die Erfahrung.

Eine Menge, die nur aus einem einzigen Element besteht, ist an sich schon geordnet, und da das eine Element zugleich größtes und kleinstes ist, auch geschlossen. Eine solche Menge hat außer sich selbst keine Abschnitte und ist also endlich.

Eine aus zwei Elementen bestehende Menge hat außer sich selbst noch einen unteren und einen oberen Abschnitt von je einem Element und ist also endlich.

Wenn eine geschlossene Menge $\bar{A}$ aus mehr als zwei Elementen besteht, so gibt es außer dem kleinsten α_0 und dem größten α_1 noch wenigstens ein inneres Element, d. h. ein Element α, das den Bedingungen $\alpha_0 < \alpha < \alpha_1$ genügt.

4. Jedes innere Element α einer geordneten Menge $\bar{A}$ erzeugt zwei Schnitte in folgender Weise. Man nehme in B alle Elemente von A auf, die kleiner sind als α, in C alle Elemente, die größer sind als α, und α selbst nehme man entweder zu B oder zu C. Je nachdem man α zu B oder zu C nimmt, wählen wir die Bezeichnung:

$$(3) \qquad A = B_\alpha + C \quad \text{oder} \quad A = B + C_\alpha . \qquad (4)$$

Ist die Menge $\bar{A}$ geschlossen, so können wir durch das kleinste Element α_0 einen Schnitt erzeugen, bei dem der untere Abschnitt B nur aus dem einen Element α_0, der obere aus den anderen Elementen besteht. Nehmen wir aber hier α_0 zu C, so ist C die ganze Menge A, und für B bleibt nichts übrig. Trotzdem sprechen wir auch dann noch von der Menge B; wir nennen sie die Nullmenge und bezeichnen sie durch 0. Entsprechendes gilt für das letzte Element α_1 von A. Um die Bezeichnung (3), (4) auch für diese Fälle anzuwenden, müssen wir setzen:

$$(5) \qquad \begin{aligned} B_{\alpha_0} &= \alpha_0 \ \text{oder} \ B = 0, \quad C_{\alpha_0} = A, \\ B_{\alpha_1} &= A, \quad C = 0 \ \text{oder} \ C_{\alpha_1} = \alpha_1 . \end{aligned}$$

Es ist also das eine oder das andere Mal:

$$(6) \qquad A = 0 + A \quad \text{und} \quad A = A + 0.$$

Besteht A nur aus einem Element α, das zugleich größtes und kleinstes ist, so ist zu setzen:

$$B_{\alpha_0} = B_{\alpha_1} = \alpha, \quad C_{\alpha_0} = C_{\alpha_1} = \alpha,$$

5. Ist die Menge $\bar{A}$ endlich, so sind alle ihre Abschnitte endlich. Wenn wir dann in der Bezeichnung (3), (4) das größte Element von B mit β, das kleinste Element von C mit γ bezeichnen, so ist für das den Schnitt erzeugende Element α

$$\beta < \alpha < \gamma,$$

und es gibt kein Element in $\bar{A}$, das zwischen β und α oder zwischen α und γ läge; denn jedes etwa vorhandene von α, β, γ verschiedene

Element von $\bar{A}$ ist entweder kleiner als β (wenn es zu B gehört) oder größer als γ (wenn es zu C gehört). Damit ist bewiesen:

In jeder endlichen Menge $\bar{A}$ von mehr als zwei Elementen gibt es zu jedem inneren Element α ein zunächst gelegenes kleineres Element β und ein zunächst gelegenes größeres Element γ. Diese Elemente β und γ heißen die Nachbarelemente von α.

Zu dem kleinsten Element α_0 von $\bar{A}$ gibt es nur ein größeres und zu dem größten Element α_1 nur ein kleineres Nachbarelement.

Sind β und γ die Nachbarelemente von α, so ist α das größere Nachbarelement von β und das kleinere Nachbarelement von γ.

In einer endlichen Menge A wird jeder Schnitt $B\,|\,C$ durch das größte Element von B oder durch das kleinste Element von C erzeugt.

6. Jeder Teil einer endlichen Menge ist selbst eine endliche Menge.

Um diesen Satz zu beweisen sei $\bar{A}$ eine geordnete endliche Menge und $\bar{A}'$ ein nach $\bar{A}$ geordneter Teil von $\bar{A}$.

Ist $B'\,|\,C'$ irgendein Schnitt in $\bar{A}'$, so kann man erstens einen Schnitt $B\,|\,C$ in $\bar{A}$ in der Weise herleiten, daß man in B jedes Element von B' aufnimmt und außerdem die Elemente α, die kleiner sind als ein Element in B'. Die Ergänzung von B ist dann C.

Der Abschnitt $\bar{B}$ von $\bar{A}$ hat dann ein größtes Element β und dieses ist zugleich das größte Element von B'. Denn β muß gewiß zu B' gehören, denn sonst müßte nach der Definition von B ein größeres Element in B' enthalten sein, und β wäre nicht das größte Element von B; und es kann kein größeres Element als β zu B' gehören, weil sonst β nicht das größte Element von B wäre.

Zweitens bilden wir einen Schnitt $B_0\,|\,C_0$ in $\bar{A}$, indem wir in B_0 nur die Elemente aufnehmen, die kleiner sind als ein Element in B'. Die Ergänzung von B_0 ist C_0. Dann besitzt der Abschnitt $\bar{C}_0$ von $\bar{A}$ ein kleinstes Element γ und dieses ist zugleich das kleinste Element von B'.

Ebenso beweist man, daß C' ein kleinstes und ein größtes Element hat, und damit ist gezeigt, daß sowohl die ganze Menge A' wie auch jeder Abschnitt von A' geschlossen ist. Es ist demnach A' nach **3.** eine endliche Menge.

7. Sind $\bar{B}$ und $\bar{C}$ endliche Mengen ohne gemeinsames Element, so ist auch die aus beiden zusammengesetzte Menge $A = B + C$ endlich.

Denn zunächst ist $\bar{A}$ geordnet, wenn wir festsetzen, daß jedes Element von B kleiner sein soll als jedes Element von C, und daß innerhalb B und C die Ordnung von $\bar{B}$ und $\bar{C}$ auch in $\bar{A}$ beibehalten werden soll.

Ein unterer Abschnitt von $\bar{A}$ ist dann entweder $\bar{B}$ selbst oder ein unterer Abschnitt von $\bar{B}$ oder ein unterer Abschnitt von $\bar{C}$ verbunden mit der ganzen Menge $\bar{B}$ und hat daher ein größtes und kleinstes Element. Ebenso zeigt man, daß jeder obere Abschnitt von $\bar{A}$ eine geschlossene Menge ist, und daß folglich $\bar{A}$ endlich ist.

§ 4. Vollständige Induktion.

1. Ein allgemeiner Satz $\mathfrak{A}$, der von jedem Element einer endlichen Menge $\bar{A}$ etwas aussagt, ist vollständig bewiesen, wenn es gelingt, die beiden folgenden Punkte darzutun:

1. Der Satz $\mathfrak{A}$ gilt für das kleinste Element α_0 von $\bar{A}$.

2. Wenn $\mathfrak{A}$ für irgendein Element α von $\bar{A}$ gilt, und es gibt zu α ein größeres Nachbarelement α', so gilt $\mathfrak{A}$ auch für α'.

Angenommen, es sei $\mathfrak{A}$ nicht für alle Elemente von A richtig, so bilden wir eine Teilmenge $\bar{C}$ von $\bar{A}$, in die wir alle Elemente von A aufnehmen, für die $\mathfrak{A}$ nicht gilt. Nach § 3, **6.** hat $\bar{C}$ ein kleinstes Element γ, und nach der Voraussetzung 1. ist γ von α_0 verschieden. Folglich hat γ ein kleineres Nachbarelement α, für das $\mathfrak{A}$ gilt, da γ das kleinste Element ist, für das $\mathfrak{A}$ nicht gilt. Dann ist aber $\mathfrak{A}$ nach 2. auch richtig für γ. Folglich kann die Menge $\bar{C}$ nicht existieren und der Satz ist bewiesen. Man nennt ihn den Satz von der vollständigen Induktion.

Wir machen sogleich eine Anwendung auf den Beweis des folgenden Satzes:

2. Ist A eine Menge, die sich bei irgendeiner Anordnung $\bar{A}$ als endlich erwiesen hat, so treffen die Kriterien der Endlichkeit (§ 3, **3.**) auch dann noch zu, wenn eine beliebige mögliche Ordnung $\bar{\bar{A}}$ von A zugrunde gelegt wird.

Die Behauptung ist offenbar richtig, wenn die Menge A aus einem einzigen Element α_0 besteht, weil es dann nur eine Ordnung gibt.

Besteht A nicht aus einem einzigen Element und ist β das kleinste oder ein inneres Element von A, so teilen wir A nach § 3, **4.** so ab:

$$A = B_\beta + C$$

und nehmen an, der Satz 2 sei richtig für die Menge B_β.

Ist α das größere Nachbarelement von β in $\bar{A}$, so ist **2.** nach **1.** bewiesen, wenn seine Richtigkeit nach dieser Voraussetzung für die Menge $B_\alpha = B_\beta + \alpha$ dargetan ist.

Nehmen wir zunächst eine Ordnung $\bar{\bar{B}}_\alpha$ von B_α, bei der α das größte Element ist, so ist $\bar{\bar{B}}_\alpha$ geschlossen, und jeder Schnitt ist entweder $\bar{\bar{B}}_\beta \,|\, \alpha$ oder ein Schnitt in $\bar{\bar{B}}_\beta$; die Abschnitte von $\bar{\bar{B}}_\alpha$ sind also nach Voraussetzung geschlossen. Ebenso schließt man, wenn α das kleinste Element von $\bar{\bar{B}}_\alpha$ ist.

Ist α ein inneres Element von $\bar{\bar{B}}_\alpha$, so ist $\bar{\bar{B}}_\alpha$ geschlossen, und α ist auch ein inneres Element für einen der beiden Abschnitte eines nicht durch α erzeugten Schnittes, und beide sind folglich geschlossen. Wird aber ein Schnitt in $\overline{\overline{B}}_\alpha$ durch α so erzeugt, daß α zum unteren Abschnitt gehört, so ist der obere Abschnitt zugleich ein Abschnitt in $\overline{\overline{B}}_\beta$, und wiederum sind beide Abschnitte geschlossen. Ebenso wird gefolgert, wenn α zum oberen Abschnitt gehört. Damit ist der Beweis des Satzes 2 vollendet und zugleich gezeigt, daß die Definition § 3, 3. einer endlichen Menge unabhängig ist von der Art, wie die Menge geordnet ist.

3*. Der Satz von der vollständigen Induktion ist eines der wichtigsten und häufigst angewandten ·Mittel mathematischer Beweisführung. Schon Euklid (Elemente IX, 8) macht stillschweigend von ihm Gebrauch.[1]) Um 1654 wurde er von Pascal unter Hinweis auf Maurolycus[2]) ausgesprochen. Früher hat man ihn gewöhnlich auf Jakob Bernoulli[3]) zurückgeführt und als Schluß von n auf $n+1$ bezeichnet. Den ersten Beweis des Satzes hat Dedekind[4]) gegeben, doch hat Poincaré[5]) gegenüber allen Beweisen hervorgehoben, daß sie auf einem rekurrenten Verfahren beruhen und den zu beweisenden Satz benutzen, so daß in Wirklichkeit der Satz ein unbeweisbares fundamentales Prinzip vorstelle, das man nicht auf einfachere logische Begriffe zurückführen könne.

§ 5. Abbildung, Äquivalenz.

1. Wenn ich in der Folge von zwei endlichen Mengen A und B spreche, soll immer darunter verstanden sein, daß sie keine gemeinschaftlichen Elemente haben. Es ist dadurch nicht ausgeschlossen, daß in A und B Elemente vorkommen, die objektiv identisch sind; wir wollen nur übereinkommen, sie als verschieden zu bezeichnen, je nachdem sie zu A oder zu B gehören. Es könnte in diesem Sinne selbst B ein Teil von A oder mit A dem tatsächlichen Inhalte nach identisch sein.

2. Zwei endliche Mengen A und A' heißen äquivalent, wenn sie so miteinander in Verbindung gebracht werden können, daß jedes Element α von A mit einem Element α' von A' ein Paar bildet, und daß jedes Element α' von A' in einem und nur in einem dieser Paare vorkommt (z. B. die Finger der rechten und linken Hand). Die Äquivalenz ist also gegenseitig. Wir drücken sie in Zeichen so aus:

$$A \sim A', \quad A' \sim A.$$

Sind die die Äquivalenz begründenden Verbindungen zwischen den Ele-

---

1) Vgl. W. Lorey, Unterrichtsbl. f. Math. u. Naturw. **27** (1921).

2) Maurolycus von Messina, Arithmeticorum libri duo 1537 (veröffentlicht 1575). Vgl. G. Vacca, Amer. Math. Soc. Bull. (2), **16** (1909). M. Cantor, Ztschr. f. math. u. naturw. Unt. **33** (1902), 536.

3) Acta Eruditorum 1686; Opera, Genevae 1744; **1**, 282.

4) Dedekind, Was sind und was sollen die Zahlen? Braunschweig 1888. Vgl. Zermelo, Atti del IV. congresso internat. dei matematici. Rom 1909. Acta math. **32** (1909).

5) Poincaré, Revue de métaphysique et de morale **2** (1891), **13** (1905/6). Wissenschaft u. Hypothese. Leipzig 1904. Vgl. Couturat, Les principes des mathématiques. Paris 1905. Weyl, Das Kontinuum. Leipzig 1918.

menten von A und A' hergestellt, so sagen wir, A' sei auf A abgebildet, und nennen zwei verbundene Elemente auch **entsprechende Elemente**.

3. Sind zwei Mengen A' und A'' mit einer dritten A äquivalent, so sind sie auch untereinander äquivalent. Denn ist in der Äquivalenz $A' \sim A$ das Element α' mit α verbunden und in $A'' \sim A$ das Element α'' mit α, so ist dadurch auch α' mit diesem bestimmten α'' verbunden und ebenso umgekehrt irgendein α'' mit einem bestimmten α'.

Denken wir uns im Sinne von **1.** eine Menge A zweimal gesetzt, so können wir sagen, daß jede Menge sich selbst äquivalent ist.

Ist die Menge $\bar{A}$ geordnet, so kann jede äquivalente Menge A' gleichfalls geordnet werden, indem man, wenn $\alpha < \beta$ Elemente von $\bar{A}$ sind, den entsprechenden Elementen α' und β' in A' dieselbe Größenbeziehung gibt. Dem kleinsten und größten Element α_0 und α_1 von $\bar{A}$ entsprechen dann das kleinste und größte Element α_0' und α_1' von $\bar{A}'$. Daraus folgt:

4. Ist A eine endliche Menge, so ist jede mit A äquivalente Menge gleichfalls endlich.

Wenn irgendeine Menge M mit einer Menge A und zugleich mit einem Teil A' von A äquivalent wäre, so wäre nach **3.** A mit einem Teil A' von sich selbst äquivalent. Es gilt aber der **Hauptsatz**:

5. Eine endliche Menge A kann nicht mit einem echten Teil von A äquivalent sein.

Zum Beweise wenden wir die vollständige Induktion an. Sei also $\bar{A}$ irgendwie geordnet, und wir behalten die Bezeichnung von § 3, 4. bei. Der zu beweisende Satz ist dann richtig für die Menge $B_{\alpha_0} = \alpha_0$, denn diese Menge besteht nur aus einem Element und hat keinen echten Teil, ist also auch nicht einem echten Teil von sich selbst äquivalent.

Sei β irgendein Element von $\bar{A}$ und $\beta < \alpha_1$, und es sei unser Satz als richtig erkannt für die Menge B_β, d. h. es sei B_β nicht einem echten Teil von sich selbst äquivalent. Es sei α das größere Nachbarelement von β. Ist dann B_α einem echten Teil B_α' von sich selbst äquivalent, so sind drei Fälle möglich:

1. B_α' enthält nicht das Element α. Das Element α in B_α wird dann einem anderen Element α' in B_α' entsprechen, das zu B_β gehört. Ist dann $B_\alpha' = B_\beta' + \alpha'$, so ist B_β' ein echter Teil von B_β, und da $B_\alpha = B_\beta + \alpha$ ist, so ist, wenn wir die verbundenen Elemente α, α' aus B_α und B_α' entfernen, eine Abbildung von B_β auf B_β' hergestellt, die nach Voraussetzung nicht möglich ist.

2. B_α' enthält das Element α, und dieses Element entspricht sich selbst in der Abbildung von B_α und B_α'. Dann ist $B_\alpha' = B_\beta' + \alpha$ und B_β' ist wieder ein echter Teil von B_β, da B_α' ein echter Teil von B_α sein soll. Durch Entfernung des mit sich selbst verbundenen Elementes

α ist also wieder eine Abbildung von B_β und B_β' hergestellt, die nicht möglich sein soll.

3. B_α' enthält das Element α, aber in der Abbildung von B_α auf B_α' entspricht dem α, als Element von B_α aufgefaßt, das Element α' von B_β, und als Element von B_α' aufgefaßt, das Element α'' von B_β (α' und α'' können identisch sein, sind aber von α verschieden und daher in B_β enthalten). Ich lasse nun alle Verbindungen in der Abbildung von B_α auf B_α' bestehen mit Ausnahme der Verbindungen $\alpha\alpha'$ und $\alpha''\alpha$. Diese löse ich und verbinde α mit α und α' mit α''. Dann ist wiederum B_α auf B_α' abgebildet, und ich bin auf den Fall 2. zurückgekommen.

Hiermit ist die Aussage über das Element α, nämlich „B_α ist nicht mit einem echten Teil seiner selbst äquivalent", erwiesen für das kleinste Element α_0, ferner für irgendein Element α, unter der Voraussetzung, daß sie für das kleinere Nachbarelement β gilt. Es sind also die Voraussetzungen der vollständigen Induktion erfüllt, und der Satz ist demnach auch richtig für das größte Element α_1, d. h. für die Menge A selbst.

6. Es seien nun A und M irgend zwei endliche Mengen. Dann sind vier Möglichkeiten denkbar:

1. A äquivalent mit M,

2. A äquivalent mit einem echten Teil M' von M,

3. M äquivalent mit einem echten Teil A' von A,

4. weder A noch ein echter Teil von A mit M oder einem echten Teil von M äquivalent.

Wir wollen nachweisen, daß von diesen vier Möglichkeiten immer nur eine der drei ersten zutreffen kann, daß aber auch eine immer zutreffen muß.

Das erste folgt aus dem Satz **5.**, denn wäre gleichzeitig $A \sim M$ und $A' \sim M$, so wäre auch $A \sim A'$, was nach **5.** unmöglich ist, also können **3.** und **1.** und ebenso **2.** und **1.** nicht gleichzeitig bestehen.

Daß aber auch **2.** und **3.** nicht zusammen bestehen können, sieht man so ein: Es sei A auf M' abgebildet; dann ist zugleich A' auf einen Teil M'' von M' abgebildet, also $A' \sim M''$, und M'' ist ein echter Teil von M. Wäre nun zugleich $A' \sim M$, so wäre $M \sim M''$, entgegen dem Satze **5.**

Schließlich ist klar, daß **4.** weder mit **1.** noch mit **2.** noch mit **3.** zusammen bestehen kann.

Um nachzuweisen, daß immer eine der drei Möglichkeiten **1. 2. 3.** eintreten muß, daß also der vierte Fall ausgeschlossen ist, nehmen wir an, es treffen **1.** und **3.** nicht zu, es sei also M weder mit A noch mit einem Teil von A äquivalent, und es ist zu zeigen, daß dann A mit einem Teil von M äquivalent sein muß.

Dazu hilft uns wieder die vollständige Induktion. Es seien $\bar{A}$ und $\bar{M}$ irgendwie geordnet, und es werden die Bezeichnungen von § 3, **4.**, beibehalten.

Es ist dann zunächst klar, daß $\overline{B}_{\alpha_0} = \alpha_0$ auf einen Teil von M, etwa auf das kleinste Element μ_0 von $\overline{M}$, abbildbar ist.

Es sei B_β auf einen Teil M' von M abgebildet. Es muß dann M' von M verschieden sein, weil nach Voraussetzung M mit keinem Teil von A äquivalent sein soll. Demnach gibt es ein Element μ von M, das nicht in M' enthalten ist. Wir verbinden α mit μ und haben $B_\alpha = B_\beta + \alpha$ auf $M' + \mu$ abgebildet. $M' + \mu$ ist aber wieder ein Teil von M, und zwar ein echter (nach der Voraussetzung). Es ist also B_α auf einen echten Teil von M abgebildet, und damit sind die Voraussetzungen der vollständigen Induktion erfüllt. Setzen wir also $\alpha = \alpha_1$, so folgt, daß A mit einem Teil von M äquivalent ist.

Wir wählen zur Bezeichnung von 1., 2., 3. die Zeichen

$$1.\ A \sim M, \quad 2.\ A < M, \quad 3.\ M < A$$

oder

$$1.\ M \sim A, \quad 2.\ M > A, \quad 3.\ A > M.$$

Es ergibt sich unmittelbar, wenn A, B und C endliche Mengen sind:

Ist $\ A < B\ $ und $\ B < C,\ $ so ist auch $\ A < C$.

Ist $\ A > B\ $ „ $\ B > C,\ $ „ „ „ $\ A > C$.

Ist $\ A > B,\ $ so ist auch $\ A + C > B + C$.

§ 6. Zahlen.

1. Bei der Schaffung des Zahlbegriffs gehe ich von einer beliebigen endlichen Menge A aus und gebe ihr durch ein bestimmtes Wort ein Merkmal a, das ich ihre Zahl nenne, und setze dabei fest, daß jede mit A äquivalente Menge dasselbe Merkmal a haben soll, daß aber dieses Merkmal keiner anderen als den mit A äquivalenten Mengen zukommen soll. Es gehört also zu allen mit A äquivalenten Mengen dieselbe Zahl a.

Gehe ich statt von A von einer mit A äquivalenten Menge A' aus und gebe dieser das Merkmal a, so erhält A dasselbe Merkmal. Bezeichnet man irgend zwei äquivalente Mengen als zur selben Klasse gehörig, so kann man sagen:

Die Zahl a ist das Merkmal oder der Gattungscharakter der durch A bestimmten Klasse. Ordne ich die in irgendeiner Reihenfolge genommenen Elemente einer Menge A in anderer Weise an, so ist die neue aus denselben Elementen gebildete Menge der Menge A äquivalent, folglich ist die zur Menge gehörige Zahl unabhängig von der Anordnung.

Die hiermit erklärten Zahlen heißen, zum Unterschied von anderen später auftretenden Zahlen, auch natürliche Zahlen oder Anzahlen (Kardinalzahlen).

2. Sind A und B irgend zwei endliche Mengen, und a, b ihre Zahlen, so schreiben wir:

$$1.\ a = b\ (a\ \text{gleich}\ b), \quad\quad \text{wenn}\ \ A \sim B$$
$$2.\ a < b\ (a\ \text{kleiner als}\ b), \quad\quad \text{„}\ \ A < B$$
$$3.\ a > b\ (a\ \text{größer als}\ b), \quad\quad \text{„}\ \ A > B.$$

Will man nur ausdrücken, daß zwei Zahlen a und b nicht gleich sind, ohne anzugeben, welche die größere ist, so schreibt man wohl auch $a \neq b$.

Aus § 5, 3. folgt:

$$\text{Ist } a = c \text{ und } b = c, \text{ so ist auch } a = b,$$

ferner aus § 5, 6., daß zwischen zwei Zahlen a und b immer eine und nur eine der drei Beziehungen

$$a < b, \quad a = b, \quad a > b$$

besteht, und endlich aus dem Schluß von § 5:

$$\text{Ist } a < b \text{ und } b < c, \text{ so ist auch } a < c.$$

Die Zahlen sind hierdurch der Größe nach geordnet, und zwar mit Größencharakter (§ 2).

3. Ist a irgend eine Zahl, so bilden die Zahlen, die kleiner als a oder gleich a sind, eine endliche Menge von der Zahl a.

Dies ergibt sich wieder aus der vollständigen Induktion. Wir nehmen eine geordnete endliche Menge $\bar{A}$ und benutzen die frühere Bezeichnung. Der Satz ist dann richtig für B_{α_0}; ihr wird die Zahl 1 zugeordnet.

Es sei α ein beliebiges, von α_0 verschiedenes Element, und β sein kleineres Nachbarelement. Die Zahlen von B_α und B_β seien a und b. Unser Satz sei richtig für B_β; dann hat die Menge der Zahlen, die kleiner als b oder gleich b sind, dieselbe Zahl wie B_β, also b, und wir können diese Zahlen auf die Elemente von B_β beziehen. Beziehen wir noch die Zahl a auf das Element α, so ergibt sich die Richtigkeit des Satzes für B_α und damit also auch für A selbst.

Wir nennen das Element α nach der Zahl a der Menge B_α das a^{te} Element und erhalten so die Ordinalzahlen.[1]

4. Wenn man zwei endliche Mengen B und C ohne gemeinsames Element mit den Zahlen b und c zu einer neuen Menge A vereinigt, die dann nach § 3, 7. gleichfalls endlich ist, und die Zahl a haben möge, so ist a durch b und c vollständig bestimmt, und man setzt $a = b + c$ oder $= c + b$. Zugleich ist a größer als b und größer als c.

Besteht C nur aus einem Element, so hat es die Zahl $c = 1$ und $a = b + 1$ ist die größere Nachbarzahl zu b.

---

[1] In unserer Darstellung erscheint also die Kardinalzahl als der ursprüngliche, die Ordinalzahl als ein abgeleiteter Begriff. Eine andere Auffassung, die von der Ordinalzahl ausgeht und die Kardinalzahl durch die letzte bei einer Abzählung auftretende Zahl gewinnt, ist namentlich von Helmholtz und Kronecker vertreten worden (Festschrift für Ed. Zeller 1887). Vgl. hiergegen E. G. Husserl, Philosophie der Arithmetik, Halle 1891, Capelli, Giorn. di mat. **39** (1901). Eine ausführliche Darlegung der Bedeutung der Ordinalzahlen und Kardinalzahlen für den mathematischen Anfangsunterricht bei W. Jacobsthal, Das Lyzeum **1** (1914).

5. Ist α ein inneres Element der Menge $\bar{A}$ und β das kleinere, γ das größere Nachbarelement, sind b, a, c die Zahlen von B_β, B_α, B_γ, so ist nach 2.

$$b < a < c$$

und weder zwischen b und a noch zwischen a und c liegt eine weitere Zahl. Es hat also jede Zahl, mit Ausnahme von 1, eine **kleinere Nachbarzahl**, und solange eine endliche Menge als Teil einer umfassenderen Menge betrachtet werden kann, hat auch jede Zahl eine **größere Nachbarzahl**. Man bezeichnet die beiden Nachbarzahlen von a mit $a-1$ und $a+1$.

6*. Man kann die Elemente einer Menge paarweise miteinander verbinden. Dabei können zwei Fälle eintreten: Entweder lassen sich die Elemente ohne Rest paaren; dann heißt die Menge **paarig**, ihre zugehörige Zahl **grade**. Oder es bleibt bei der Paarung ein Element übrig, dann heißt die Menge **unpaarig**, ihre Zahl **ungrade**. Durch Hinzufügung eines Elements wird aus einer paarigen Menge eine unpaarige und umgekehrt, es wechseln also in der Zahlenreihe grade und ungrade Zahlen miteinander ab. 1 ist eine ungrade Zahl, und damit ist von jeder Zahl festgelegt, ob sie grade oder ungrade ist.

7. Nach 2. lassen sich die Zahlen zwar mit Größencharakter ordnen, da von irgend zwei verschiedenen Zahlen stets entschieden ist, welche die größere ist. Sie bilden aber **keine endliche Menge**; denn es ist mir keine endliche Menge bekannt, aus der ich nicht durch Hinzufügung eines weiteren Elementes eine neue Menge bilden könnte, die dann eine größere Zahl hat.[1]) Hiernach gibt es **keine größte Zahl**.

8. Die natürlichen Zahlen, wenigstens die kleineren, haben in allen Sprachen bestimmte Namen und außer den Namen noch abkürzende Zeichen 1, 2, 3, ..., und von einer zweckmäßigen Wahl dieser Zeichen ist der Fortschritt in der Rechenkunst und damit die Mathematik sehr wesentlich abhängig. Bei der Zählung reichhaltiger Mengen bedient man sich des Hilfsmittels, daß man gewisse Gruppen von Zahlen zu neuen Einheiten zusammenfaßt, und nicht mehr die Einzeldinge, sondern diese Gruppen zählt. Dies tut schon die Sprache in den Wortbildungen wie zehn, zwanzig, dreißig, hundert, zweihundert usw., vollkommener aber noch unser dezimales Ziffernsystem. Dabei muß, wenn irgendeine Ziffer a geschrieben wird, durch irgendein Merkmal angedeutet werden, welches die Einheit der gezählten Dinge ist. In einem primitiven Zustand der Rechenkunst geschah dies dadurch, daß die Ziffern, je nach der Einheit, in verschiedenen Rubriken einer Tabelle oder eines Rechenbrettes (Abacus) verzeichnet wurden. Demgegenüber war es ein unvergleichlicher Fort-

---

1) Die Aussage, daß zu jeder endlichen Menge ein Element hinzugefügt werden kann, ist als ein Axiom anzusehen. (Vgl. Hölder, Die Arithmetik in strenger Begründung, Leipzig 1914, S. 5.) Auf ihr beruht die unbegrenzte Fortsetzbarkeit der Zahlenreihe.

schritt, daß durch ein besonderes Zeichen, die Null, „0", angedeutet wurde, daß eine der Rubriken nicht ausgefüllt sei, also gar keine Einheit enthielt. Dadurch wurde der ganze Apparat der Rubriken überflüssig, da durch den Stellenwert der Ziffern die Art der Einheiten, die gemeint sind, hinlänglich bezeichnet wird. Dies ist der einfache Grundgedanke, auf dem unser heutiges so vollkommenes Ziffernsystem beruht, demgegenüber es eine auffallende und sehr unbequeme Disharmonie der deutschen Sprache ist, daß wir im Sprechen die Ziffern in anderer Reihenfolge nennen, als wir sie schreiben[1]), z. B. dreihundert fünf und sechzig = 365.

In theoretischen Untersuchungen brauchen wir häufig Buchstaben für Zahlen, wie wir es in den vorangehenden Betrachtungen bereits mehrfach getan haben, um kürzer und präziser als durch Worte ausdrücken zu können, daß gewisse Aussagen nicht nur für bestimmte, sondern für beliebige Zahlen gelten. Diese Buchstaben bedeuten aber nicht, wie etwa im Griechischen, bestimmte Zahlen, sondern es soll gestattet sein, für solche Buchstaben jede beliebige Zahl zu setzen. Die Operation mit solchen allgemeinen Zeichen oder Symbolen wird Buchstabenrechnung oder Algebra (im weiteren Sinne) genannt.[2])

§ 7. Geschichtliches zum ersten Abschnitt.

1. Mehr als früher wird in unseren Tagen der Geschichte der Mathematik Interesse entgegengebracht; besonders im Unterricht sollte das geschichtliche Moment betont werden, um die Mathematik aus ihrer isolierten Stellung gegenüber den anderen Fächern herauszuheben und als wichtiges, nicht zu entbehrendes Glied in der allgemeinen Kulturentwicklung erkennen zu lassen.[3]) Es gibt eine Reihe vortrefflicher Werke sowohl über das Gesamtgebiet der Geschichte der Mathematik wie über die Mathematik einzelner Zeitalter und Völker sowie auch über die Geschichte bestimmter mathematischer Disziplinen. Wir machen hier einige der wichtigsten namhaft.

J. Tropfke, Geschichte der Elementar-Mathematik. 2 Bände. Leipzig 1902, 1903. — M. Cantor, Vorlesungen über die Geschichte der Mathematik. 4 Bände. Leipzig 1901—1908. Das grundlegende Werk zur Geschichte der Mathematik, bis 1799 reichend, von erstaunlicher Gründlichkeit und Reichhaltigkeit, wenn auch natürlich manche Urteile durch die fortschreitende historische Forschung modifiziert worden sind. Zahlreiche Bemerkungen und Berichtigungen von Einzelheiten in der von Eneström herausgegebenen Zeitschrift Bibliotheca mathematica, Leipzig. — J. E. Montucla, Histoire des mathématiques. 2me édit. 3 Bde. Paris 1799—1802. — A. Arneth, Geschichte der reinen Mathematik. Stuttgart 1852. — S. Günther und H. Wieleitner, Geschichte der Mathematik. (Sammlung Schubert.) 3 Bände. Leipzig 1908—1921. — J. L. Heiberg, Naturwissenschaften und Mathematik im klassischen Altertum. (Aus Natur u. Geisteswelt,

---

1) W. Förster, Zeitschr. für math. u. naturw. Unterr. **31** (1900), A. Schülke, Ebda. **46** (1915).

2) Algebra im engeren Sinne ist die Lehre von den Gleichungen.

3) Vgl. M. Gebhardt, Die Geschichte der Mathematik im mathematischen Unterricht. (Abhandlungen üb. d. math. Unterr. in Deutschland **3**, 6). Leipzig 1912.

Bd. 370.) Leipzig 1912. — G. Loria, Le scienze esatte nell'antica Grecia. Modena 1893—1902. — C. A. Bretschneider, Geometrie und Geometer vor Euklid. Leipzig 1870. — H. G. Zeuthen, Die Lehre von der Kegelschnitten im Altertum. Kopenhagen 1886. — F. Nesselmann, Die Algebra der Griechen, nach den Quellen bearbeitet. Berlin 1842. — M. Schmidt, Zur Entstehung und Terminologie der elementaren Mathematik. Leipzig 1914. — H. Hankel, Zur Geschichte der Mathematik im Altertum und Mittelalter. Leipzig 1874. — H. Suter, Die Mathematiker und Astronomen der Araber. Abh. z. Gesch. d. Math. 10 (1900), 14 (1902). — H. G. Zeuthen, Geschichte der Mathematik im Altertum und Mittelalter. Kopenhagen 1896. — H. G. Zeuthen, Geschichte der Mathematik im XVI. und XVII. Jahrhundert. Leipzig 1903. — G. J. Gerhard, Geschichte der Mathematik in Deutschland. München 1877. — M. Chasles, Aperçu historique sur l'origine et le développement des méthodes en Géométrie. 3. Aufl. Paris 1889. — G. Loria, Die hauptsächlichsten Theorien der Geometrie in ihrer früheren und jetzigen Entwicklung. Leipzig 1888. — A. v. Braunmühl, Vorlesungen über Geschichte der Trigonometrie. 2 Bände. Leipzig 1900—1903. — M. Simon, Die Entwicklung der Elementargeometrie im 19. Jahrhundert. Leipzig 1906. Interessant und temperamentvoll, aber recht subjektiv; reichhaltig, aber nicht in allen Teilen gleichmäßig, und nur unter vorsichtiger Nachprüfung zu benutzen. — F. Rudio, Geschichte des Problems von der Quadratur des Zirkels. Leipzig 1892. — A. Mitzscherling, Das Problem der Kreisteilung. Leipzig 1913. — F. Engel u. P. Stäckel, Die Theorie der Parallellinien von Euklid bis Gauß. Leipzig 1895. — Viele Angaben zur Geschichte der Mathematik auch in R. Baltzer, Die Elemente der Mathematik. 2 Bände. Leipzig 1885. — L. Matthiessen, Schlüssel zur Sammlung von Heis. 2 Bände. Köln 1872. — R. Wolf, Geschichte der Astronomie. München 1877. — R. Wolf, Handbuch der Astronomie. 2 Bände. Zürich 1890—1892.

Schließlich sei noch auf den der Mathematik gewidmeten Band in dem großen Sammelwerk „Die Kultur der Gegenwart" III, 1, Leipzig, hingewiesen, der sich vor allem die Darlegung der kulturellen Bedeutung der Mathematik, ihrer Stellung innerhalb der Geistesgeschichte sowie ihrer erkenntnistheoretischen Grundlagen zur Aufgabe gemacht hat. Bis jetzt sind folgende Teile erschienen: H. G. Zeuthen, Die Mathematik im Altertum und im Mittelalter. — A. Voß, Die Beziehungen der Mathematik zur Kultur der Gegenwart. — H. E. Timerding, Die Verbreitung mathematischen Wissens und mathematischer Auffassung. — A. Voß, Über mathematische Erkenntnis.

2. Die auf den allgemeinen Mengenbegriff gegründeten Betrachtungen über das Wesen der Zahlen gehen in erster Linie auf die Untersuchungen von Dedekind zurück, die er in seiner kleinen Schrift: Was sind und was sollen die Zahlen?, Braunschweig 1888, in klassischer Vollendung dargestellt hat. Daneben seien die folgenden Werke über den Zahlbegriff und die Grundlagen der Arithmetik genannt:

E. G. Husserl, Philosophie der Arithmetik. Halle 1891. — G. Frege, Die Grundlagen der Arithmetik. Breslau 1884. — G. Frege, Grundgesetze der Arithmetik. Jena 1893/1903. — M. Pasch, Grundlagen der Analysis. Leipzig 1909. — M. Pasch, Der Ursprung des Zahlbegriffs, Arch. d. Math. u. Phys. (3) 28 (1919). — L. Couturat, De l'infini mathématique. Paris 1896. — H. Weyl, Das Kontinuum. Leipzig 1918. — J. H. T. Müller, Lehrbuch der allgemeinen Arithmetik. Halle 1855. — H. Graßmann, Lehrbuch der Arithmetik. Berlin 1861. — E. Schröder, Lehrbuch der Arithmetik. Leipzig 1873. — O. Hölder, Die Arithmetik in strenger Begründung. Leipzig 1914. — H. Burkhardt, Algebraische Analysis (Funktionentheor. Vorlesungen 1, 1). Leipzig 1908. — Stolz-Gmeiner, Theoretische Arithmetik, 2 Bände. Leipzig 1911/15. — A. Loewy,

Lehrbuch der Algebra 1. Leipzig 1915. — A. Pringsheim, Vorlesungen über Zahlen- und Funktionenlehre 1, 1. Leipzig 1916.

3. Ein Versuch, das Zusammenfassen von Zahlengruppen zu höheren Einheiten wissenschaftlich durchzubilden, findet sich bei dem großen griechischen Mathematiker Archimedes in einer verloren gegangenen Schrift an Zeuxippus und in einer sehr merkwürdigen uns erhaltenen Schrift, die den Namen $\psi\alpha\mu\mu\iota\tau\eta\varsigma$ (der Sandrechner) führt[1]) und auch darum bemerkenswert ist, weil sie Nachrichten über die kosmologischen Anschauungen und Kenntnisse der Alten enthält.

Interessante Mitteilungen über die bei verschiedenen Völkern und zu verschiedenen Zeiten üblichen Zahlwörter und Zahlbezeichnungen findet man in dem schönen nachgelassenen Werke von H. Hankel, Zur Geschichte der Mathematik im Altertum und im Mittelalter, Leipzig 1874, sowie in der sehr lesenswerten kleinen Schrift von E. Löffler, Ziffern und Ziffernsysteme der Kulturvölker in alter und neuer Zeit. (Mathem.-phys. Bibliothek, Bd. 1), Leipzig 1912.

Aus neuerer Zeit haben wir zwei Beispiele der Bildung von Zahlwörtern, die aus dem praktischen Bedürfnis hervorgegangen sind; nämlich das Wort „Million", das etwa von 1500 an in Italien aufkam, und „Milliarde" für Tausendmillion, das, ebenfalls bereits im 16. Jahrhundert vorkommend, erst in unseren Tagen zu einem allgemein gebrauchten Ausdruck wurde. Beide Wörter sind italienische Vergrößerungsformen von mille, tausend.

4. Unser heutiges Ziffernsystem stammt unzweifelhaft aus Indien.[2]) Allerdings findet sich das Positionsprinzip, wenn auch noch in unvollkommener Gestalt, bereits im dritten Jahrtausend v. Chr. bei den Babyloniern. Indisch aber ist einmal die Bezeichnung der Zahlen von 1 bis 9 durch je ein Zeichen, dann aber vor allem die Erfindung der Null, deren Gebrauch erst die Schreibung von Zahlen von beliebiger Größe ermöglicht. Vor kurzem hat man die erstaunliche Entdeckung gemacht, daß in einem ganz anderen Teile der Erde, bei den Maya-Indianern in Yukatan lange vor der Entdeckung Amerikas das Positionsprinzip mit Einschluß der Null in Gebrauch war.[3]) Es hatten jedoch die Mayas nicht ein Dezimal-, sondern ein Vigesimalsystem (mit der Grundzahl 20), für die Zahlen 1 bis 19 hatten sie sehr einfache

---

1) Archimedis opera omnia, ed. Heiberg, Leipzig 2, 242; deutsch von F. Kliem, Berlin 1914, S. 343. Archimedes stellt sich die Aufgabe, sehr große Zahlen zu benennen, und kleidet sie in die Frage nach einer Zahl, die größer ist als die Anzahl der Sandkörner in einer Kugel von der Größe des Weltalls.

2) Der russische Forscher N. Bubnow (Arithm. Selbständigkeit d. europ. Kultur, Berlin 1914) tritt sehr lebhaft für den griechischen Ursprung unseres Ziffernsystems ein.

3) Vgl. F. Cajori, The Zero and Principle of Local Value used by the Maya. Science (2) **44** (1915). S. Günther, Münch. Sitzungsber. 1917. Über vigesimale Systeme vgl. A. v Humboldt, Journ. f. Math. **4** (1829); A. F. Pott, Die quinare und vigesimale Zählmethode, Halle 1847 u. 1868.

nur aus Punkten und Strichen zusammengesetzte Zeichen[1]) und sie setzten die Ziffern einer Zahl vertikal untereinander. Angesichts dieser Eigentümlichkeiten erscheint ein Zusammenhang mit Indien ausgeschlossen, wenn auch die Mayakultur in anderer Beziehung manche Berührungspunkte mit asiatischen Kulturen aufweist.[2]) — Die Geschichte der wunderbar vollkommenen und nicht mehr zu übertreffenden Erfindung des indischen Ziffernsystems verliert sich im Dunkel der Vorzeit; sie ist aber im siebenten Jahrhundert unserer Zeitrechnung bereits in vollendeter Gestalt nachweisbar.[3]) Daß gerade von Indien eine solche Schöpfung ausging, erklärt Hankel daraus, daß die Phantasie der Inder den Ausdruck des religiös Erhabenen und unfaßbar Großen in übermäßig großen Zahlen findet.[4]) (Es gibt sechshunderttausend Millionen Söhne der Buddhas, d. h. der verschiedenen Inkarnationen Buddhas, vierundzwanzigtausend Billionen Gottheiten und ähnliche noch abenteuerlichere Zahlen.)

Ins Abendland kam die neue Rechenkunst durch die Araber, die in Spanien und Nordafrika ihre Sitze hatten, und verdrängte die wohl von den Römern überlieferte unvollkommene Form des Rechnens mit dem Rechenbrett (Abacus), die den Gebrauch der Null noch nicht kannte. Die neue Rechenart wurde als „Algorithmus" bezeichnet und die sich ihrer bedienten, hießen „Algorithmiker", zum Unterschied von den „Abacisten", mit denen sie zuzeiten in schroffem Gegensatz standen.[5]) Über den Ursprung des Namens „Algorithmus" war man lange im Zweifel, bis neuere Forschungen es außer Zweifel gesetzt haben, daß das Wort die Entstellung des Namens eines arabischen Mathematikers Muhammed ibn Mûsâ Alchwarizmî ist[6].) Das weitverbreitete und hochgeschätzte Werk dieses Gelehrten über die Rechenkunst

---

1) Die Null wurde durch ein muschelförmiges Zeichen angegeben.

2) Vgl. Wieleitner, Ztschr. f. math. Unterr. 49 (1918).

3) Vgl. Löffler, Zur Geschichte der indischen Ziffern. Arch. f. Math. u. Phys. (3), 19 (1912).

4) Vgl. des jungen Buddha Rechenstunde in Edwin Arnolds schöner Dichtung „Die Leuchte Asiens", Leipzig, Reclam S. 18. Sie beruht auf uralten buddhistischen Überlieferungen.

5) Vgl. Friedlein, Die Zahlzeichen und das elementare Rechnen der Griechen und Römer und des christlichen Abendlandes vom VII. bis XIII. Jahrhundert. Erlangen 1869.

6) Der Name Alchwarizmî ist ein Gentilname „der Mann aus Chwarezm", worunter das Land am unteren Oxus (das heutigen Chiwa) verstanden wird. Demnach war Alchwarizmî, obwohl er in arabischer Sprache schrieb, ein Perser. Auf ihn ist auch die Bezeichnung Algebra zurückzuführen, denn sein Hauptwerk, das bedeutendste arabische mathematische Lehrbuch, hat den Titel Aldschebr walmukâbala. Darin bedeutet dschebr (al ist Artikel) das „Einrichten" einer Gleichung, so daß auf beiden Seiten nur positive Glieder stehen, mukâbala dagegen die Vereinigung gleichartiger Glieder zu einem Glied. Ruska, Zur ältesten arabischen Algebra und Rechenkunst, Heidelb. Akad. 1917, übersetzt diese Worte mit „Ergänzung und Ausgleichung".

stammt aus dem ersten Viertel des 9. Jahrhunderts, ist aber nur in einer erst 1857 aufgefundenen lateinischen Übersetzung auf uns gekommen. Heutzutage versteht man unter Algorithmus eine Rechenvorschrift, die ein gesuchtes allgemeines Resultat für jeden besonderen Fall finden lehrt, ohne doch das Endresultat in einer abgeschlossenen Gestalt zu geben. (Vgl. Euklidischer Algorithmus § 17.)

Der bedeutendste Vertreter der Abacisten ist der berühmte Gerbert (Papst Silvester II). Zur Verbreitung des Algorithmus im Abendland haben am meisten zwei Mathematiker des 13. Jahrhunderts beigetragen: Leonardo von Pisa, genannt Fibonacci (Filius Bonacii) (Liber Abaci) und der aus Deutschland stammende Jordanus Nemorarius (Algorithmus demonstratus). Der letztere verwendet für die Null die Bezeichnung cifra[1]), entstanden aus dem arabischen as-sifr, welches seinerseits eine Übersetzung der indischen Bezeichnung sunya (leer) für Null ist. Hieraus ist weiterhin unser Wort „Ziffer" für jedes der zehn Grundzeichen und das französische chiffre und zéro abgeleitet.

Es dauerte noch lange, bis die indischen Ziffern in den Gebrauch des täglichen Lebens übergingen. Noch 1299 wurde in Florenz den Kaufleuten ihre Benutzung untersagt. Bei uns finden sie sich erst um die Mitte des 16. Jahrhunderts allgemein angewendet, wozu das berühmte Rechenbuch des Adam Riese (1522) nicht wenig beigetragen hat.

5*. Als Erfinder der Buchstabenrechnung ist Vieta anzusehen, der in seiner „In artem analyticam Isagoge", Tours 1591, als Erster allgemeine durch Buchstaben ausgedrückte Größen mit Operationssymbolen untereinander verknüpfte. Im Laufe des 17. Jahrhunderts von Oughtred, Harriot, Descartes weiter ausgebildet, hat sie dann unter den Händen von Leibniz und Euler im wesentlichen ihre heutige vollendete Gestalt erhalten. Die Bedeutung der Buchstabenrechnung liegt vor allem darin, daß sie eine internationale Zeichensprache darstellt, durch die man jeden algebraischen Satz ohne ein verbindendes Wort in der kürzesten Form und in eindeutiger, jedes Mißverständnis ausschließender Weise aussprechen kann. Ferner aber bildet sie ein mächtiges Instrument der mathematischen Forschung. Ohne sie wäre die wunderbare Entwicklung der Mathematik seit dem Beginn des 17. Jahrhunderts nicht möglich gewesen. Jeder Fortschritt in der Bezeichnung eröffnet zugleich der Forschung neue Wege und ermöglicht die Erschließung von Gebieten, die vorher nicht zugänglich waren (Differential- und Integralrechnung, Determinanten, Matrizenrechnung). Dies hat schon Vieta erkannt, indem er die Möglichkeit voraussah, mit Hilfe der Buchstabenrechnung „nullum non solvere problema", vor allem hat aber Leibniz bei vielen Gelegenheiten auf die Wichtigkeit einer richtig gewählten Bezeichnung hingewiesen.

---

1) So noch bei Euler und Gauß.

Zweiter Abschnitt.

Addition, Multiplikation, Subtraktion.
Die ganzen Zahlen.

§ 8. Addition.

1. Die Addition der Zahlen ist durch den Satz § 6, 4. eingeführt. Um zwei Zahlen a, b zu addieren, vereinigt man zwei Mengen A, B mit den Zahlen a, b zu einer einzigen Menge $A + B$ und versteht unter $a + b$ die Zahl dieser Menge $A + B$. Das in der Formel

$$(1) \qquad a + b = b + a$$

ausgedrückte Gesetz heißt das **kommutative Gesetz der Addition**.

Um die Addition praktisch auszuführen, bleibt nichts übrig, als zwei Repräsentanten der Zahlen a, b, z. B. die Finger oder Rechenpfennige an den Werten der auswendig gelernten Zahlenreihe abzuzählen, d. h. also, die fundamentale Tätigkeit, auf der alles Rechnen beruht, ist das Zählen.[1]) a und b werden addiert, indem man von der Zahl a aus um b Anzahlen weiterzählt. Hat man die Resultate der Addition der kleineren Zahlen, etwa von 1 bis 9, dem Gedächtnis eingeprägt, so geben die unserem dekadischen Ziffernsystem angepaßten bekannten Regeln ein Verfahren, um das Resultat in allen Fällen verhältnismäßig leicht zu finden.

2. Es seien A, B, C drei Mengen mit den Zahlen a, b, c. Man kann sie zu einer einzigen Menge vereinigen, und zwar **entweder** indem man zunächst A und B vereinigt und die so erhaltene Menge mit C **oder** indem man A mit der Vereinigungsmenge von B und C vereinigt. Auf beide Arten erhält man dieselbe Menge, d. h. es ist

$$(A + B) + C = A + (B + C).$$

Auf die Zahlen übertragen gibt dies das **assoziative Gesetz der Addition**:

$$(2) \qquad (a + b) + c = a + (b + c).$$

Verbindet man dieses Gesetz mit dem kommutativen, so kann man zwölf verschiedene Ausdrücke für dieselbe Summe erhalten und hat folgende Vorschrift, um die Summe zu bilden:

Man vereinige irgend zwei der drei Zahlen a, b, c zu einer Summe und vereinige dann diese Summe mit der übrig gebliebenen dritten Zahl zu einer neuen Summe. Das Resultat ist unabhängig von der Auswahl der beiden ersten Zahlen; die Klammern sind dann nicht mehr erforderlich und man schreibt:

$$s = a + b + c.$$

---

[1]) Vgl. M. Simon, Methodik der elementaren Arithmetik, Leipzig 1906, S. 6.

3. Auf Grund des assoziativen Gesetzes können wir nun die Summe von beliebig vielen Summanden bilden.

Es sei eine Menge R von Zahlen

$$(R) \qquad\qquad a,\ b,\ c,\ d,\ \ldots,\ n$$

gegeben. Ihre Anzahl möge r sein. Man greife zwei beliebige von ihnen heraus und vereinige sie zu einer Summe. Dadurch entsteht eine Menge von $r-1$ Zahlen, in der man wieder zwei beliebige Zahlen zu einer Summe vereinigt, und so fährt man fort, bis man nur noch eine Zahl hat. Diese Zahl ist unabhängig von der Art, wie man jedesmal die zwei Zahlen herausgegriffen hat, also unabhängig von der Anordnung der Rechnung. Wir nennen sie die Summe der Zahlen $a, b, c, \ldots, n$ und setzen, wenn wir sie mit s bezeichnen,

$$s = a + b + c + d + \cdots + n.$$

Zum Beweis nehmen wir die vollständige Induktion zu Hilfe. Der Satz ist, wie wir in **1.** und **2.** gesehen haben, richtig, wenn $r = 2$ oder $r = 3$ ist. ($r = 2$ allein würde hier nicht genügen, da bei zwei Summanden das assoziative Gesetz noch nicht zur Geltung kommt.) Wir nehmen also seine Richtigkeit an für die Summe von $r-1$ Summanden und beweisen ihn unter dieser Voraussetzung für r Summanden ($r > 3$). Wir vereinigen also in dem System R zunächst irgend zwei Summanden zu einer Summe, und es ist offenbar nur Sache der Bezeichnung, wenn wir diese a und b nennen. Wir kommen also zu einer Menge R' von $r-1$ Zahlen:

$$(R') \qquad\qquad (a+b),\ c,\ d,\ \ldots,\ n.$$

Ebenso können wir zuerst b und c vereinigen, also eine Menge R'', gleichfalls von $r-1$ Zahlen bilden:

$$(R'') \qquad\qquad a,\ (b+c),\ d,\ \ldots,\ n,$$

oder wir können zuerst c und d vereinigen und erhalten die Menge

$$(R''') \qquad\qquad a,\ b,\ (c+d),\ \ldots,\ n.$$

Nach der Voraussetzung sind nun in R', R'', R''' die Summen der Zahlen von der Anordnung der Rechnung unabhängig, und es läßt sich diese weitere Rechnung so führen, daß nach dem nächsten Schritt R' und R'' sowohl als R' und R''' identische Systeme ergeben, nämlich

$$R' \text{ und } R'': \qquad\qquad (a+b+c),\ d,\ \ldots,\ n,$$

$$R' \text{ und } R''': \qquad\qquad (a+b),\ (c+d)\ \ldots,\ n.$$

Es geben also R', R'' und R''' dieselben Summen, wie bewiesen werden sollte.

Bei der Berechnung verfährt man bekanntlich so, daß man die Summanden in einer beliebigen Reihenfolge untereinander schreibt, und dann, von unten oder von oben anfangend jede folgende Zahl zu der be-

reits gebildeten Summe addiert. Das Ergebnis dieser Rechnung ist von
der Reihenfolge unabhängig, in der die Addition vorgenommen wird.

4. Die Addition enthält als besonderen Fall die Vorschrift, nach der
wir aus einer Zahl m die nächst größere $m + 1$ definiert haben, und es
läßt sich die Addition auch allein aus den beiden Relationen: $m + 1$
ist die nächste Zahl nach m und $a + (b + 1) = (a + b) + 1$ erklären.[1])
Es ergibt sich ferner leicht aus den letzten Sätzen in § 5 und aus den in
§ 6, 2. gegebenen Bestimmungen über größer und kleiner, daß die Summe
eines Teiles der Zahlen $a, b, c, \ldots$ kleiner ist als die Summe aller; ferner
daß die Summe größer wird, wenn einer oder einige der Summanden
vergrößert werden, d. h. also:

$$(3) \qquad \text{Ist} \quad a > b, \quad \text{so ist} \quad a + c > b + c.$$

Man bezeichnet dies als die Monotonieeigenschaft der Addition.
Ein Ausdruck von der Form $a + b$, worin a und b unbestimmte Zahlen
bedeuten, wird auch ein Binom genannt. Ebenso heißt $a + b + c$ ein
Trinom und allgemein eine Summe aus mehreren unbestimmten Summanden ein Polynom. Die einzelnen Summanden heißen die Glieder
des Polynoms.[2])

§ 9. Multiplikation.

1. Anstatt eine endliche Menge A nach den Einzeldingen in ihr abzuzählen, kann man sie auch nach bestimmten äquivalenten Teilmengen
abzählen, indem man etwa immer je fünf Dinge zusammennimmt. Sei B
eine solche Teilmenge, b ihre Zahl, so daß durch wiederholtes Herausgreifen von je b Dingen endlich die ganze Menge A erschöpft werde;
dann ist also die Zahl der Menge A:

$$b + b + b + \cdots + b.$$

Man hat also eine Summe aus lauter gleichen Summanden zu
bilden. Hierfür hat man eine eigne Bezeichnung eingeführt. Es seien
a Summanden vorhanden, die alle gleich b sind, und es sei die Summe
aller dieser Zahlen zu bilden, also z. B.

$$b + b + b \qquad \text{für} \quad a = 3,$$
$$b + b + b + b \quad \text{für} \quad a = 4.$$

Die Summe dieser a Zahlen b bezeichnet man mit $a \cdot b$ oder auch nur
mit ab (spr. a mal b), und nennt diese Bildung die Multiplikation

---

1) So bei H. Graßmann, Lehrb. d. Arithmetik, Berlin 1861. Vgl. O. Hölder,
Die Arithmetik in strenger Begründung, Leipzig 1914, oder A. Loewy, Lehrbuch
d. Algebra, 1, Leipzig 1915.

2) Bei Euklid, El. X, 36 kommt der Ausdruck ἐκ δύο ὀνομάτων (ex duobus
nominibus) für eine aus zwei inkommensurablen Teilen zusammengesetzte Strecke
vor. Daraus ist Binom und weiterhin Trinom, Polynom abgeleitet; der letzte
Ausdruck, als aus einem lateinischen und einem griechischen Wortstamm zusammengesetzt, ist sprachlich nicht richtig gebildet. Vgl. Stäckel, Bibl. Math.
(3), 4 (1903).

oder das Multiplizieren (Vervielfältigen) der Zahl b mit der Zahl a.

Die Zahl b heißt der Multiplikand, die Zahl a der Multiplikator, das Resultat der Multiplikation ab heißt das Produkt von a und b.

Nach der Definition ist $a \cdot 1 = a$, und wir wollen auch, was in dem Vorigen noch nicht enthalten war, $1 \cdot b = b$ setzen. Man bildet von dieser Formel ausgehend das Produkt für höhere Multiplikatoren aus dem für niedrigere, also durch Rekursion, nach der Formel

$$(1) \qquad (a + 1)b = ab + b,$$

die unmittelbar aus der Definition der Multiplikation folgt. ·

2. Das kommutative Gesetz.

Der erste Hauptsatz über die Multiplikation ist das kommutative Gesetz, welches darin besteht, daß das Resultat der Multiplikation das gleiche bleibt, wenn man den Multiplikator mit dem Multiplikanden vertauscht; es läßt sich durch die Formel

$$(2) \qquad ab = ba$$

ausdrücken.

Der Beweis dieses Satzes läßt sich durch vollständige Induktion führen. Wir denken uns a endliche Mengen B, die wir, um sie voneinander zu unterscheiden, mit $B_1, B_2, \ldots, B_a$ bezeichnen wollen. Keine zwei dieser Mengen sollen ein gemeinsames Element haben, dagegen sollen sie alle von gleicher Zahl b sein. Das Produkt ab ist dann die Zahl der Menge M, die man erhält, wenn man alle diese $B_1, B_2, \ldots, B_a$ zu einer einzigen Menge vereinigt.

Wir fügen nun zu jeder der Mengen $B_1, B_2, \ldots, B_a$ noch ein neues Element hinzu, so daß b in $b + 1$ übergeht, also zu der Menge M noch a neue Elemente. Geht dadurch M in M' über, so ist die Zahl von M' gleich $ab + a$. Auf der anderen Seite ist diese Zahl aber auch gleich $a(b + 1)$, woraus sich

$$(3) \qquad ab + a = a(b + 1)$$

ergibt, und diese Formel gilt auch für $b = 1$. Für $b = 1$ ist aber nach der Definition $ab = ba$. Nehmen wir also an, es sei für irgendein b die Formel (2) bewiesen, so folgt aus (3):

$$a(b + 1) = ba + a,$$

und wenn man in (1) a durch b und b durch a ersetzt, so folgt:

$$ba + a = (b + 1)a, \quad \text{also} \quad a(b + 1) = (b + 1)a,$$

d. h. die Richtigkeit der Formel (2) für das nächst größere b. Damit sind aber die Grundlagen für die vollständige Induktion gewonnen und ist also das kommutative Gesetz allgemein bewiesen.

Hiernach ist es nicht mehr notwendig beim Produkt zwischen Multiplikator und Multiplikand zu unterscheiden. Man nennt sie daher beide unterschiedslos die Faktoren des Produktes.

3. Das assoziative Gesetz.

Ich denke mir jedes Element der sämtlichen Mengen $B_1, B_2, \ldots, B_\alpha$ durch eine Menge C ersetzt. Alle diese Mengen C sollen von der gleichen Zahl c sein, aber keine zwei sollen ein gemeinschaftliches Element enthalten. Ich vereinige nun alle Elemente dieser Mengen C zu einer einzigen Menge P, deren Zahl zu bestimmen ist.

Die Anzahl der Mengen C ist aber ab, und folglich ist die Anzahl der Elemente von P gleich
$$(ab)c.$$

Andererseits ist die Anzahl der in jedem B enthaltenen Elemente gleich bc, und da die Anzahl der Mengen B gleich a ist, so ist die Anzahl der Elemente in P auch gleich
$$a(bc).$$

Daraus ergibt sich die Formel:

(4)
$$(ab)c = a(bc),$$

in der das assoziative Gesetz enthalten ist.

Verbindet man dieses Gesetz mit dem kommutativen, so kann man zwölf verschiedene Ausdrücke für dasselbe Produkt erhalten.

Die Rechenregel läßt sich dann in folgende Vorschrift zusammenfassen. Man vereinige irgend zwei der drei Zahlen a, b, c zu einem Produkt und vereinige dann dieses Produkt mit der übrig gebliebenen dritten Zahl zu einem neuen Produkt. Das Resultat ist unabhängig von der Auswahl der beiden ersten Zahlen und wird, da die Klammern nun nicht mehr erforderlich sind, mit
$$m = abc$$
bezeichnet. m heißt das Produkt der drei Zahlen a, b, c, und diese heißen die Faktoren des Produktes. Ein Zahlenfaktor in einem Produkt, welches außerdem noch Buchstabenfaktoren enthält, wie z. B. der Faktor 3 in $3ab$, heißt Koeffizient.

Man kann sich diesen Beweis des kommutativen und assoziativen Gesetzes dadurch anschaulich machen, daß man sich die Elemente der Menge C etwa als Kugeln denkt, die in Reihen von je a angeordnet sind; b dieser Reihen werden zu einem Rechteck angeordnet, und c dieser Rechtecke werden dann noch übereinander geschichtet. Die ganze Anordnung hat dann die Gestalt eines rechtwinkligen Prismas, bei dem auf drei in einer Ecke zusammenstoßenden Kanten a, b und c Kugeln angeordnet sind. Man kann dann diese Kugeln auf drei verschiedene Arten zu Rechtecken schichten und in jedem Rechteck auf zwei verschiedene Arten zu Reihen anordnen.

4. Ganz entsprechend wie bei der Addition kann man das Produkt aus beliebig vielen Faktoren bilden. Man habe irgend eine Menge von Zahlen
$$a, b, c, d, \ldots, n.$$

Ihre Anzahl sei r. Man greife zwei beliebige von ihnen heraus und vereinige sie zu einem Produkt. Dann bleibt eine Menge von $r-1$ Zahlen, in der man wieder zwei beliebige Zahlen zu einem Produkt vereinigt, und so fährt man fort, bis man nur noch eine Zahl hat. Diese Zahl ist unabhängig von der Art, wie man jedesmal die zwei Zahlen herausgegriffen hat, also unabhängig von der Anordnung der Rechnung. Sie heißt das **Produkt der Faktoren** $a, b, c, \ldots, n$, und wenn wir sie mit P bezeichnen, so schreibt man:

$$P = abcd \ldots n.$$

Der Beweis wird genau wie bei der Addition (§ 8, **3.**) durch vollständige Induktion geführt, indem man dort nur anstatt der Summen die Produkte bildet.

5. Aus den entsprechenden Sätzen für die Addition (§ 8) ergibt sich sofort das **Monotoniegesetz** der Multiplikation:

$$\text{Ist} \quad a > b, \quad \text{so ist auch} \quad ac > bc.$$

Um so mehr folgt aus $a > b, \; c > d$:

$$ac > bd.$$

Durch vollständige Induktion leitet man daraus den Satz ab, daß ein Produkt von beliebig vielen Faktoren vergrößert wird, wenn irgend welche dieser Faktoren vergrößert werden und die übrigen ungeändert bleiben. Als Korollar ergibt sich noch, daß ein Produkt ac nur dann gleich bc sein kann, wenn $a = b$ ist.

§ 10. Produkte von Summen.

1. Das distributive Gesetz der Multiplikation.

Wenn von den beiden Faktoren eines Produktes der eine als Summe von mehreren Summanden gegeben ist, so läßt sich das Produkt als Summe einer gleichen Anzahl von Summanden darstellen, ohne daß man erst die Summanden zu einer einzigen Zahl zu vereinigen braucht.

Nehmen wir nämlich an, es sei eine Summe

$$s = a + b + c + \cdots + k$$

mit einer Zahl m zu multiplizieren, so ist dieses Produkt nach der Definition der Multiplikation gleich einer Summe, in der m Summanden gleich a, ebenso m Summanden gleich b usf., endlich m Summanden gleich k sind. Da wir die Summanden in beliebiger Reihenfolge addieren können, so können wir zunächst alle a vereinigen, d. h. das Produkt ma bilden, sodann alle b, also das Produkt mb, zuletzt das Produkt mk bilden. Man erhält hiernach:

$$ms = ma + mb + mc + \cdots + mk.$$

Um anzudeuten, daß man die ganze Summe $a + b + \cdots + k$ mit der Zahl m zu multiplizieren hat, bedient man sich einer Klammer und schreibt:

$$(1) \qquad m(a + b + c + \cdots + k) = ma + mb + mc + \cdots + mk.$$

Nach dem kommutativen Gesetz der Multiplikation hat man aber auch

$$(2) \quad (a + b + c + \cdots + k)\, m = am + bm + cm + \cdots + km.$$

Die Formeln (1), (2) stellen das **distributive Gesetz der Multiplikation** dar. Hiervon macht man im elementaren Rechnen Gebrauch, wenn man z. B. im Kopf $53 \cdot 7 = 50 \cdot 7 + 3 \cdot 7$ ausrechnet. Auch das Multiplizieren beliebig großer Zahlen im dekadischen Zahlensystem mit Hilfe des „kleinen Einmaleins" beruht auf dem distributiven Gesetz.

Es kommt oft vor, daß eine Summe in der Form

$$ma + mb + mc + \cdots + mk$$

gegeben ist, also alle Glieder einen gemeinsamen Faktor besitzen. Man kann dann **die Summe in ein Produkt**

$$m(a + b + c + \cdots + k) \quad \text{oder} \quad (a + b + c + \cdots + k)m$$

verwandeln. Diese Operation nennt man das **Ausklammern** des Faktors m.

2. Wenn der zweite Faktor m selbst wieder als Summe gegeben ist:

$$m = a' + b' + c' + \cdots + h',$$

so kann man auf die rechte Seite von (1) oder (2) dieselbe Regel nochmals anwenden und erhält so den Satz:

Um das Produkt der beiden Summen

$$(a + b + c + \cdots + k)(a' + b' + c' + \cdots h')$$

zu bilden, multipliziert man jeden Summanden der einen Summe mit jedem Summanden der anderen und nimmt die Summe aller so gebildeten Produkte.

Enthält die erste Summe r, die zweite r' Summanden, so enthält das Produkt rr' Summanden. Denn jeder der r Summanden am, bm, cm, $\ldots$, km auf der rechten Seite von (2) ist in r' Summanden zerlegt.

3. Statt eine Reihe von Zahlen durch die aufeinanderfolgenden Buchstaben a, b, c, $\ldots$ zu bezeichnen, benutzt man bisweilen auch einen und denselben Buchstaben, etwa a, und fügt zur Unterscheidung der Zahlen noch eine Marke, einen „**Index**", bei[1]), also a_1, a_2, $\ldots$, a_r. Der Index selbst wird häufig wieder durch einen Buchstaben bezeichnet, der dann die Zahlen 1, 2, $\ldots$, r bedeuten kann, etwa

$$a_\alpha, \quad \alpha = 1, 2, 3, \ldots, r.$$

Die Summe s der Zahlen a_1, a_2, $\ldots$, a_r kann dann so dargestellt werden:

$$s = \sum_{\alpha = 1}^{r} a_\alpha$$

---

1) Die Einführung der Indizes geht auf Leibniz zurück.

wo das Zeichen Σ (griechisch sigma) als Abkürzung für das Wort Summe anzusehen ist; 1 und r heißen die Grenzen für α. Wenn die Angabe dieser Grenzen nicht nötig erscheint, so schreibt man auch wohl:

$$s = \sum_\alpha a_\alpha.$$

Der Inhalt des Satzes 2. kann nach dieser Bezeichnung in der Formel zusammengefaßt werden:

$$(3) \qquad \left(\sum_{\alpha=1}^{r} a_\alpha\right)\left(\sum_{\beta=1}^{r'} b_\beta\right) = \sum_{\alpha,\beta} a_\alpha b_\beta,$$

und dieser Satz läßt sich dann auch auf Produkte aus mehreren Faktoren ausdehnen, z. B.

$$(4) \qquad \left(\sum_{\alpha=1}^{r} a_\alpha\right)\left(\sum_{\beta=1}^{r'} b_\beta\right)\left(\sum_{\gamma=1}^{r''} c_\gamma\right) = \sum_{\alpha,\beta,\gamma} a_\alpha b_\beta c_\gamma.$$

Man kann in diesen Formeln auch die Klammern weglassen.

§ 11. Potenzierung.

1. Ebenso wie man aus der Addition gleicher Summanden auf die Multiplikation geführt wurde, so führt die Betrachtung der Multiplikation gleicher Faktoren auf eine neue Rechenoperation, das Potenzieren.

Es soll ein Produkt aus n Faktoren gebildet werden, die alle einander gleich, etwa gleich a sind. Das Resultat dieser Rechnung heißt die n^{te} Potenz von a. Man schreibt:

$$(1) \qquad aa\ldots a = a^n,$$

wo man sich auf der linken Seite die n Faktoren a zu denken hat; a heißt die Grundzahl oder Basis, n der Exponent der Potenz; man sagt dafür auch „a zur n^{ten} Potenz" oder kürzer „a zur n^{ten}" oder „a hoch n". Die n^{te} Potenz einer Zahl a nehmen, heißt auch „die Zahl a in die n^{te} Potenz erheben".

Wegen der Anwendung in der Geometrie wird insbesondere die zweite Potenz von a, also a^2, auch das „Quadrat von a" oder „a-Quadrat", die dritte Potenz a^3 der „Kubus von a" genannt.

Als erste Potenz von a wird a selbst genommen:

$$(2) \qquad a^1 = a.$$

Da die Multiplikation einer jeden Zahl mit dem Multiplikator 1 den Multiplikanden selbst wieder ergibt, so folgt für jeden Exponenten n:

$$(3) \qquad 1^n = 1.$$

Der Hauptsatz über die Potenzen, dessen Beweis sich unmittelbar aus der Definition ergibt, lautet:

2. Zwei Potenzen von derselben Grundzahl werden miteinander multipliziert, indem man die Exponenten addiert und die Grundzahl beibehält. In Zeichen also:

$$(4) \qquad a^m a^n = a^{m+n}.$$

Rechts und links steht nämlich ein Produkt aus $m + n$ Faktoren a. Der Satz läßt sich ohne weiteres durch vollständige Induktion auf ein Produkt von beliebig viel Faktoren übertragen und lautet dann:

$$(5) \qquad a^m a^n \ldots a^q = a^{m+n+\cdots+q},$$

worin $m, n, \ldots, q$ beliebige Zahlen sind.

3. Wenn man in (5) die Exponenten $m, n, \ldots, q$ alle einander gleich annimmt, so ergibt sich der zweite Satz über die Potenzen:

Eine Potenz wird potenziert, indem man die Exponenten multipliziert und die Grundzahl beibehält. In Zeichen:

$$(6) \qquad (a^m)^r = a^{mr}.$$

4. Infolge des kommutativen Gesetzes der Multiplikation kann ein Produkt von mehreren Faktoren dadurch mit n potenziert werden, daß man jeden einzelnen Faktor in die n^{te} Potenz erhebt und das Produkt dieser Potenzen nimmt, also:

$$(7) \qquad (abc\cdots)^n = a^n b^n c^n \cdots.$$

Wenn man hierin die Basiszahlen alle einander gleich nimmt, so erhält man nach (5) wieder den Satz **3**.

5. Unser dekadisches Zahlensystem beruht auf den Potenzen der Zahl 10. Die n^{te} Potenz von 10 wird mit einer 1 und n Nullen geschrieben, und diese Potenzen bilden die Einheiten der verschiedenen Ordnungen. Eine r-stellige Zahl $\{abc\ldots mn\}$ hat die Bedeutung

$$(8) \qquad a10^r + b10^{r-1} + c10^{r-2} + \cdots + m10 + n.$$

Die Faktoren $1, 10, 10^2, \ldots 10^r$ heißen der Stellenwert der Ziffern $n, m, \ldots a$. Um aber den Stellenwert der Ziffern unzweideutig zu erkennen, muß man auch andeuten, welche Potenzen etwa in der Reihe fehlen, und dafür ist das Zeichen 0 (Null) erfunden, das in die Reihe der Ziffern aufgenommen werden muß. Demnach hat man in (8) unter $a, b, c, \ldots, m, n$ Zeichen aus der Reihe

$$0, 1, 2, 3, 4, 5, 6, 7, 8, 9$$

zu verstehen. Wenn eine Ziffer beim Rechnen darüber hinausgeht, so hat man die Formel anzuwenden:

$$(a + 10)10^r = 10^{r+1} + a10^r.$$

Die Vorschriften für die Multiplikation dekadischer Zahlen beruhen, wie man sieht, auf dem Satze § 10, **2**.

Mit Ausnahme von 1 kann man jede Zahl g als Grundzahl eines Zahlensystems mit g Ziffern 0, 1, 2, ... $(g-1)$ nehmen. Das theoretisch einfachste ist das dyadische System mit der Grundzahl 2, welches mit nur zwei Ziffern 0 und 1 auskommt (Leibniz, Math. Schriften, herausg. von C. J. Gerhardt 7, 223).

Die Babylonier benutzten ein von den Sumerern (den Ureinwohnern von Babylonien) überkommenes Sexagesimalsystem mit der Grundzahl 60, in dem jedoch die Zahlen unter 60 dekadisch geschrieben wurden.[1])

Bei den Potenzen gilt weder das kommutative noch das assoziative Gesetz, denn a^b ist etwas anderes als b^a, z. B. $2^5 = 32$, $5^2 = 25$, und ebenso ist $a^{(m^n)}$ etwas anderes als $(a^m)^n$, z. B. $2^{(2^3)} = 2^8 = 256, (2^2)^3 = 2^6 = 64$. Aus diesem Grunde hat man, abgesehen von einzelnen Versuchen, die Bildung neuer Rechenoperationen auf dem Wege, wie man aus der Addition die Multiplikation abgeleitet hat, nicht weiter fortgesetzt, obwohl sie an sich möglich wäre, indem man für Basis und Exponenten dieselbe Zahl setzt. Die Gesetze dieser Operationen sind nicht einfach, und das praktische Bedürfnis im Leben und in der Wissenschaft hat eine solche Verallgemeinerung noch nie notwendig gemacht.

6*. Schon die Babylonier kannten Quadrat- und Kubikzahlen (Tafeln von Senkereh ca. 2000 v. Chr.). Höhere Potenzen treten erst bei Diophant ca. 250 n. Chr. auf. Um die Ausbildung der Potenzrechnung machten sich vor allem die deutschen Cossisten[2]) verdient (Rechenbücher von Adam Riese 1524, Christoph Rudolff 1525, Michael Stifel 1544). Die heutige Schreibweise der Potenzen geht auf Descartes (Géométrie 1637) zurück.

Das Wort Potenz tritt als Übersetzung von $\delta\acute{v}\nu\alpha\mu\iota\varsigma$, womit die griechischen Mathematiker das Quadrat einer Zahl bezeichneten, zuerst bei Bombelli, Algebra 1572, auf und bedeutet zunächst auch nur die zweite Potenz. In allgemeiner Bedeutung wird es erst im 18. Jahrhundert üblich, doch wurden bis zum Ende dieses Jahrhunderts daneben noch die Bezeichnungen Dignität (Tartaglia 1556) und Potestät (Vieta 1591) gebraucht.

Die Bezeichnung Exponent ist von Michael Stifel, Arithmetica integra 1544, eingeführt worden.

§ 12. Subtraktion.

1. Wenn wir aus einer endlichen Menge A einen echten Teil B ausscheiden, so bleibt eine endliche Menge übrig, die wir mit $A - B$ bezeichnen. Ihre Zahl c ist durch die Zahlen a und b von A und B vollständig bestimmt. Wir schreiben:

$$c = a - b$$

und nennen $a - b$, gelesen „a minus b", die Differenz oder den Unterschied von a und b und die Operation, durch die diese Differenz

---

1) Vgl. E. Löffler, Die arithm. Kenntnisse d. Babylonier u. das Sexagesimalsystem. Arch. d. Math. u. Phys. (3) 17 (1911).

2) „Coß" gleichbedeutend mit Algebra, vom italienischen cosa, womit man (als Übersetzung für die von Leonardo Pisano um 1200 eingeführte Benennung res) im 15. Jahrhundert die Unbekannte bezeichnete.

gefunden wird, die Subtraktion. a heißt der Minuend, b der Subtrahend.

Da B ein echter Teil von A ist, so folgt, daß der Minuend stets größer sein muß als der Subtrahend.

2*. Zu einer allgemeineren Auffassung der Subtraktion gelangt man auf folgendem Wege:

Die bisher betrachteten Operationen Addition, Multiplikation und Potenzierung heißen direkte Operationen. Bei ihnen sind jedesmal zwei Zahlen a und b gegeben und es wird nach bestimmter Rechenvorschrift eine dritte Zahl c gefunden. Ist aber bei einer solchen Operation, die wir $\mathfrak{A}$ nennen wollen, das Resultat c und eine der beiden Zahlen, etwa a, gegeben, so wird die andere Zahl b durch eine neue Operation $\mathfrak{A}'$ gefunden, welche man die zu $\mathfrak{A}$ inverse Operation nennt. Da für die Addition und Multiplikation das kommutative Gesetz gilt, macht es keinen Unterschied, ob von den Zahlen a und b die eine oder die andere gegeben ist, also gibt es für diese Operationen nur je eine inverse Operation.

Die inverse Operation der Addition ist die Subtraktion. Bei ihr ist also die Aufgabe:

Es soll eine Zahl gefunden werden, die, zu einer gegebenen Zahl addiert, eine gegebene Summe ergibt.

Eine zu bestimmende Zahl wird gewöhnlich durch einen der letzten Buchstaben des Alphabets bezeichnet. Ist a der gegebene Summand, c die gegebene Summe, wobei also $c > a$ sein muß, so wird die Aufgabe der Subtraktion durch die Formel

$$(1) \qquad\qquad a + x = c$$

ausgedrückt. Eine solche Gleichheit von zwei Ausdrücken, welche die Aufgabe der Ermittlung einer bestimmten Zahl in sich schließt, heißt eine Gleichung.

Man schreibt nun die gesuchte Zahl x in der Form

$$(2) \qquad\qquad x = c - a,$$

d. h. man versteht unter $c - a$ diejenige Zahl, die zu a addiert die Zahl c ergibt:

$$(3) \qquad\qquad a + (c - a) = c.$$

Wegen des kommutativen Gesetzes der Addition ist dann auch

$$(3)' \qquad\qquad (c - a) + a = c.$$

3*. Das Bestehen der Gleichung (1) bedingt auch die Richtigkeit der Gleichung

$$(a + x) + b = c + b$$

für irgendeine Zahl b, oder infolge des assoziativen und kommutativen Gesetzes der Addition:

$$(a + b) + x = c + b.$$

Hieraus folgt aber $x = (c + b) - (a + b)$, d. h. es ist

$$(4) \qquad c - a = (c + b) - (a + b).$$

Setzt man hier auf der rechten Seite c an Stelle von $(c + b)$ und a an Stelle von $(a + b)$, so ist links $(c - b)$ an Stelle von c und $(a - b)$ an Stelle von a zu setzen, wobei aber jetzt für die drei Größen a, b, c die Größenbeziehung $b < a < c$ bestehen muß. Gleichung (4) ergibt dann nach Vertauschung der beiden Seiten:

$$(5) \qquad c - a = (c - b) - (a - b),$$

und wir haben in (4) und (5) den Satz:

Eine Differenz bleibt ungeändert, wenn man Minuend und Subtrahend gleichzeitig um dieselbe Zahl vermehrt oder vermindert.

4*. Es sei

$$(6) \qquad x = a + (b - c),$$

also zu einer Zahl a das Ergebnis der Subtraktion $(b - c)$ zu addieren, so ist

$$x + c = a + (b - c) + c$$

oder nach (3)'

$$x + c = a + b$$

folglich

$$x = (a + b) - c.$$

Hierin kann man noch a und b vertauschen, ohne daß x sich ändert, ferner kann man auf (6) das kommutative Gesetz der Addition anwenden, also folgt:

$$(7) \quad a + (b - c) = (a + b) - c = (b - c) + a = b + (a - c) = (a - c) + b.$$

Man sieht hieraus, daß man, ohne Mißverständnis befürchten zu müssen, die Klammer weglassen kann und hat dann

$$(8) \qquad a + b - c = b + a - c = b - c + a = a - c + b,$$

welches das assoziative Gesetz für Addition und Subtraktion ausspricht.

5. Es sei

$$x = a - (b + c),$$

so folgt

$$x + (b + c) = a = (x + c) + b,$$

hieraus

$$x + c = a - b \quad \text{und} \quad x = a - b - c, \quad \text{mithin}$$

$$(9) \qquad a - (b + c) = a - b - c.$$

Ist aber

$$x = a - (b - c),$$

so folgt mit Benutzung von (7)

$$x + (b - c) = a = (x - c) + b,$$

hieraus

$$x - c = a - b \quad \text{und} \quad x = a - b + c, \quad \text{folglich}$$

$$(10) \qquad a - (b - c) = a - b + c.$$

(9) und (10) enthalten die oft gebrauchte Regel der Subtraktion von Klammerausdrücken:

Anstatt einen Klammerausdruck als Ganzes zu subtrahieren, kann man die Klammer weglassen und hat dann jedes Additionszeichen in ein Subtraktionszeichen zu verwandeln und umgekehrt.

Die Monotonieeigenschaft der Subtraktion, die sich leicht aus den Sätzen des § 5 über die Äquivalenz endlicher Mengen ergibt, drückt sich in dem Satz aus:

$$\text{Ist} \quad a > b > c, \quad \text{so ist} \quad a - c > b - c.$$

§ 13*. Negative Zahlen. Die ganzen Zahlen.

1. Innerhalb der natürlichen Zahlen ist jede Addition ausführbar, d. h. eine Addition von irgendwelchen natürlichen Zahlen führt immer wieder zu einer bestimmten natürlichen Zahl. Man sagt, die natürlichen Zahlen bilden einen geschlossenen Bereich in bezug auf die Addition. Sie bilden damit auch in bezug auf Multiplikation und Potenzieren einen geschlossenen Bereich, denn diese Operationen sind nur als Additionen von besonderer Art aufzufassen. Ebenso ist der Bereich der Vielfachen einer Zahl geschlossen in bezug auf die drei direkten Operationen, dagegen ist der Bereich der ungraden Zahlen oder der Bereich der Potenzen einer Zahl nur in bezug auf Multiplikation und Potenzieren geschlossen, nicht aber in bezug auf die Addition.

In bezug auf die Subtraktion ist der Bereich der natürlichen Zahlen nicht geschlossen, denn es sind innerhalb der natürlichen Zahlen nur solche Subtraktionen ausführbar, bei denen der Minuend größer als der Subtrahend ist. Will man sich nicht auf Subtraktionen dieser Art beschränken, so muß man den Bereich der bisher bekannten Zahlen erweitern, indem man neue Zahlen erfindet. Diese Zahlen sind „freie Schöpfungen unseres Geistes"[1]), um aber mit ihnen rechnen zu können, muß man ihnen Gesetze vorschreiben, durch die sie dem vorhandenen Lehrgebäude eingefügt werden, und hierbei läßt man sich von dem Prinzip der Permanenz leiten, welches — schon von jeher stillschweigend angewendet — zum erstenmal von Hankel[2]) in seiner Bedeutung für den systematischen Aufbau der Arithmetik erkannt und formuliert worden ist. Es fordert, daß die schon bekannten Rechenregeln für die bisherigen Zahlen als besondere Fälle in den Regeln für die neuen Zahlen

---

1) Dedekind, Was sind und was sollen die Zahlen? Braunschweig 1872. Vgl. Gauß an Bessel 21. XI. 1811 (Gauß' Werke **10**, 1, 363): „Man sollte nie vergessen, daß die Funktionen, wie alle mathematischen Begriffszusammensetzungen, nur unsere eignen Geschöpfe sind und daß, wo die Definition, von der man ausging, aufhört einen Sinn zu haben, man eigentlich nicht fragen soll, was ist, sondern was conveniert anzunehmen, damit ich immer consequent bleiben kann. So z. B. das Produkt aus Minus × Minus." Vgl. § 47, 2.

2) H. Hankel, Vorlesungen üb. d. komplexen Zahlen. Leipzig 1867.

enthalten sein sollen und daß die für die bisherigen Zahlen geltenden Gesetze nach Möglichkeit für die neuen Zahlen aufrecht erhalten werden. Es ist aber dieses Prinzip nicht etwa als ein Beweismittel anzusehen[1]), wie überhaupt die Regeln für die neuen Zahlen nicht bewiesen, sondern festgesetzt werden, vielmehr muß man bei Anwendung des Prinzips der Permanenz noch nachweisen, daß die Übertragung der Rechenvorschriften auf das erweiterte Zahlengebiet nicht zu Widersprüchen führt.

2. Betrachten wir nun zunächst Subtraktionen, bei denen der Minuend gleich dem Subtrahend ist, so handelt es sich um die Erfindung einer Zahl x, der man die Eigenschaft

$$a + x = a$$

zuschreibt. Für die Addition dieser Zahl x soll das assoziative Gesetz gültig bleiben. Dann ergibt sich genau wie in § 12, **3.**, daß die Formeln (4) und (5) für $c = a$ bestehen bleiben, d. h. es ist

$$a - a = (a + b) - (a + b) = (a - b) - (a - b),$$

und dies bedeutet, daß die Zahl x vom Wert der Zahl a unabhängig ist. Wir bezeichnen sie durch 0 und haben, welches auch der Wert von a sein mag, wenn wir noch für die neue Zahl das kommutative Gesetz als gültig annehmen:

$$a - a = 0$$
(1)
$$a + 0 = 0 + a = a.$$

Damit ist die Null, die bis jetzt die Bedeutung einer Ziffer hatte, als Zahl eingeführt. Sie entspricht der Nullmenge in § 3, **4.**

3. Ist jetzt der Minuend kleiner als der Subtrahend, also z. B. die Subtraktion $3 - 7$ auszuführen, so schreibt man:

$$3 - 7 = 3 - (3 + 4)$$

und hat, indem man die Formel § 12, (9) für gültig erklärt:

$$3 - 7 = 3 - 3 - 4 = 0 - 4.$$

Man führt also die Subtraktion zunächst so weit aus, als es möglich ist, indem man 3 subtrahiert, erhält damit 0 und hat dann noch 4 zu subtrahieren.

So kann man jede derartige Subtraktion in eine andere mit dem Minuenden 0 verwandeln. Allgemein

$$a \div b = 0 - (b - a). \qquad a < b$$

Diese Subtraktionen mit dem Minuenden 0 führt man nun als neue Zahl ein, und da der Minuend bei ihnen immer derselbe ist,

---

[1]) **Hankel** bezeichnet das Prinzip als einen **hodegetischen** (d. i. wegweisenden) Grundsatz, der uns zur Festsetzung der an sich willkürlichen Verknüpfungsgesetze für die neuen Zahlen einen Leitfaden liefert.

kann man ihn weglassen und schreibt einfach -4 an Stelle von $0-4$. Allgemein ist also

$$(2) \qquad -a = 0 - a,$$

d. h. die im Bereich der natürlichen Zahlen nicht ausführbare Subtraktion $0-a$ wird selbst als die neue Zahl $-a$ eingeführt und auf Grund der Definition der Subtraktion schreibt man dieser Zahl die Eigenschaft zu, daß sie zu a addiert 0 ergibt; in Zeichen

$$(3) \qquad a + (-a) = 0.$$

4. Die hiermit eingeführten Zahlen nennt man **negative Zahlen** und entsprechend werden dann die bisherigen Zahlen **positive Zahlen** genannt. Das Minuszeichen bei den negativen Zahlen hat den Charakter als Operationssymbol, den es ursprünglich gemäß der Definition (2) hatte, verloren und dient zur Kennzeichnung der Zahl als negativer Zahl. Es heißt das **Vorzeichen** der Zahl. Ebenso gibt man einer positiven Zahl, wenn es darauf ankommt, sie als solche zu kennzeichnen, das Vorzeichen $+$. Die positiven und negativen Zahlen, einschließlich der Null, faßt man unter der gemeinsamen Bezeichnung **ganze Zahlen** zusammen. Die beiden Zahlen $+a$ und $-a$, deren Summe gleich 0 ist, heißen **entgegengesetzte Zahlen.** Diese Bezeichnung ist gegenseitig, sobald man in (3) für die Addition der beiden Zahlen das kommutative Gesetz als gültig annimmt. Die 0 ist sich selbst entgegengesetzt: $+0$ und -0 sind identisch. Die entgegengesetzte zur entgegengesetzten ist wieder die ursprüngliche Zahl, d. h. es ist

$$(4) \qquad -(-a) = +a,$$

denn es ist nach (3) und (2)

$$a = 0 - (-a) = -(-a).$$

Damit sind zugleich die Formeln (1) auch für negative a als gültig erklärt.

Bedeutet a eine positive oder negative Zahl, so wird von den beiden entgegengesetzten Zahlen $+a$ und $-a$ die positive Zahl der **absolute Wert** oder der **absolute Betrag** von a genannt und mit $|a|$ bezeichnet. Es ist also beispielsweise $|-5| = 5$.

5. Für die ganzen Zahlen stellen wir durch folgende Vorschriften eine **Größenordnung** her:

1. Sind a und b positive Zahlen und ist a größer als b, so soll $-a$ kleiner als $-b$ heißen.

Dies soll auch noch für $b = 0$ gelten, also folgt:

2. Die positiven Zahlen sind größer als Null, die negativen kleiner als Null.

3. Jede positive Zahl soll größer sein als jede negative.

Hierdurch ist erreicht, daß für irgend zwei ganze Zahlen a und b immer eine und nur eine der drei Beziehungen

$$a < b, \quad a = b, \quad a > b$$

stattfindet und daß ferner für irgend drei ganze Zahlen a, b, c, wenn

$$a < b \quad \text{und} \quad b < c \quad \text{ist, auch} \quad a < c \quad \text{folgt.}$$

Durch diese Festsetzungen ist jeder ganzen Zahl ein bestimmter Wert beigelegt. Man nennt ihn zum Unterschied vom absoluten Wert auch wohl den relativen Wert der Zahl. Es sind hiermit die ganzen Zahlen in eine bestimmte, auf doppelte Weise unbegrenzt fortschreitende Reihe gebracht:

$$\cdots -4, \; -3, \; -2, \; -1, \; 0, \; +1, \; +2, \; +3, \; +4, \; \cdots$$

Hierin ist jede Zahl größer, als jede links von ihr stehende, und kleiner, als jede rechts von ihr stehende Zahl.

6. Um die Reihe der positiven und negativen Zahlen mit konkreten Dingen in Beziehung zu setzen und damit dem Verständnis näher zu bringen, hat man sich unter der „Null" nicht soviel wie „Nichts" vorzustellen, sondern eine gewisse unbestimmt gelassene, aber feste Anzahl von Dingen, mit der als Normalzahl die jeweilig betrachtete Anzahl verglichen wird. Eine positive Zahl bedeutet dann einen Überschuß, eine negative Zahl einen Fehlbetrag gegenüber dieser Normalzahl. Auf Grund dieser Auffassung ist es möglich, die Reihe der ganzen Zahlen zur Abzählung von Dingen zu benutzen, die quantitativ in einer gegensätzlichen Beziehung stehen, wie etwa Einnahmen und Ausgaben, Thermometergrade über und unter dem Gefrierpunkt, nördliche und südliche geographische Breite, positive und negative Elektrizität.

Diese Auffassung liegt auch der geometrischen Veranschaulichung der Zahlenreihe durch die Punkte einer graden Linie zugrunde. Sie ist von ganz besonderer Bedeutung, denn auf ihr beruht die für den Unterricht sehr wichtige anschauliche Ableitung der arithmetischen Gesetze, ferner aber bildet sie die Grundlage für jede Anwendung der Algebra auf die Geometrie, vor allem für die analytische Geometrie und die geometrischen Anwendungen der Infinitesimalrechnung.

Auf einer geraden Linie wählen wir einen Punkt P_0, den Nullpunkt. Von ihm aus können wir in zwei Richtungen auf der Geraden fortschreiten und es ist zwischen den Punkten in der einen und der andern Richtung eine gewisse gegensätzliche Beziehung hergestellt. Eine von diesen Richtungen nennen wir die positive, die andere die nega-

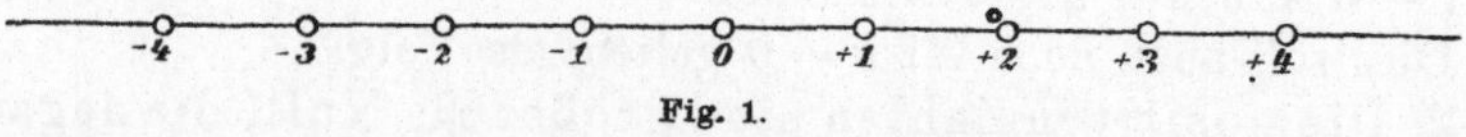

Fig. 1.

tive Richtung. In der positiven Richtung nehmen wir einen weiteren Punkt P_1 und tragen dann die Strecke P_0P_1 von P_1 aus in positiver Richtung, von P_0 aus in negativer Richtung beliebig oft auf der Geraden ab. So erhalten wir eine nach beiden Seiten unbegrenzte Reihe äquidistanter Punkte, P_2, P_3, P_4 ... in positiver Richtung von P_1 aus und P_{-1}, P_{-2}, P_{-3}, ... in negativer Richtung von P_0 aus. Und nun veranschaulichen wir uns irgendeine ganze Zahl a durch den Punkt P_a, dessen Index gleich der Zahl ist; wir nennen den Punkt P_a das Bild der Zahl a und bezeichnen ihn auch kurz als den „Punkt a". Der absolute Betrag $|a|$ wird durch den Abstand des Punktes a vom Nullpunkt dargestellt.

7. Die negativen Zahlen treten zum ersten Mal bei den Indern auf; sie müssen zur Zeit von Bhâskara (geb. 1114 n. Chr.) bereits ganz bekannt gewesen sein. Im Abendland haben sie erst seit der Entstehung der analytischen Geometrie volles Bürgerrecht erlangt, wenn sich auch schon bei Leonardo Pisano (um 1225), bei Nicolas Chuquet (1484), Michael Stifel (1544) u. a. richtige Anschauungen finden.

Über die Geschichte der geometrischen Veranschaulichung der Zahlen, vor allem über den Anteil des Bischofs Nicolas Oresme (um 1350) vgl. Krazer, Zur Gesch. d. graphischen Darstellung, Jahresb. d. Deutsch. Math.-Ver. **24** (1915) und Wieleitner, Bibl. Math. **14** (1915).

§ 14. Addition und Subtraktion im Bereich der ganzen Zahlen.

Für das Rechnen mit den ganzen Zahlen geben wir nun aus eigener Machtvollkommenheit Vorschriften, wobei wir uns von dem oben ausgesprochenen Permanenzprinzip leiten lassen.

1. Addition. Es seien a, b zwei ganze Zahlen mit den absoluten Werten α, β, und es sei $\alpha \leq \beta$.

Dann setzen wir, falls

$$
\begin{array}{ccl}
a & b & \\
+ & + & a + b = \alpha + \beta \\
- & + & a + b = \beta - \alpha \\
+ & - & a + b = -(\beta - \alpha) \\
- & - & a + b = -(\alpha + \beta)
\end{array}
$$

(1)

$$
(2) \qquad a + b = b + a.
$$

Hierbei kann die 0 sowohl den positiven als den negativen Zahlen zugezählt werden.

Mit Hilfe der Punktreihe (Fig. 1) läßt sich die Addition auf folgende Art veranschaulichen:

Um zu einer Zahl a eine Zahl b mit dem absoluten Werte β zu addieren, zählt man, je nachdem b positiv oder negativ ist, von dem Punkte a aus β Punkte nach vorwärts oder rückwärts weiter. Der Endpunkt, auf den man dabei kommt, ist das Bild der Zahl $a + b$.

2. Subtraktion. Unter derselben Voraussetzung $\alpha \leq \beta$ setzen wir, falls

$$
(3) \qquad
\begin{array}{ccl}
a & b & \\
+ & + & a-b = -(\beta - \alpha) \\
- & + & a-b = -(\alpha + \beta) \\
+ & - & a-b = \alpha + \beta \\
- & - & a-b = \beta - \alpha
\end{array}
$$

$$
(4) \qquad b - a = -(a - b).
$$

Man sieht, daß in (1) und (3) die Addition und Subtraktion der natürlichen Zahlen und der Null enthalten ist und daß sich hiernach beliebige Zahlen, welche Größenbeziehung sie auch haben mögen, addieren und subtrahieren lassen. Immer ist das Resultat eine ganz bestimmte Zahl der Reihe.

3. Die Formeln (3) in Verbindung mit (1) zeigen, daß für irgend zwei ganze Zahlen

$$
(5) \qquad a - b = a + (-b).
$$

ist. In Worten: **Die Subtraktion irgendeiner Zahl ist gleichbedeutend mit der Addition der entgegengesetzten Zahl.**

Hierdurch sind die beiden Operationen zu einer einzigen verschmolzen und die Monotonieeigenschaft spricht sich in dem einen Satz aus:

Sind a, b, c irgend drei ganze Zahlen und ist $a > b$, so ist auch $a + c > b + c$.

Aus den Formeln (1) und (3) folgt der Satz:

Der absolute Betrag einer Summe ist höchstens gleich der Summe der absoluten Beträge der einzelnen Summanden.

Er läßt sich sogleich auf mehr als zwei Summanden ausdehnen[1]), also:

$$
(6) \qquad |a + b + c + \cdots| \leqq |a| + |b| + |c| + \cdots,
$$

und es findet dabei Gleichheit nur statt, wenn die Summanden gleiche Vorzeichen besitzen.

4. Das assoziative Gesetz der Addition. Das kommutative Gesetz der Addition haben wir in der Formel (2) bereits angenommen. Das assoziative Gesetz würde sich in der Formel

$$
(7) \qquad (a + b) + c = a + (b + c)
$$

aussprechen, worin a, b, c irgend drei Zahlen sind, deren absolute Werte wir mit α, β, γ bezeichnen wollen.

Dieses Gesetz folgt aus den Definitionen (1), (2). Die Zahl der Fälle, die man nach den Vorzeichen und der Größe der Zahlen a, b, c zu unterscheiden hat, vermindert sich durch die Bemerkung, daß die Formel (7), wenn sie für irgendein Zahlensystem a, b, c als richtig angenommen wird, auch richtig bleibt, wenn a mit b oder b mit c oder c mit a ver-

---

1) Man mache sich den Satz mit Hilfe der geometrischen Darstellung der Zahlen anschaulich klar. Dann erscheint er so gut wie „selbstverständlich“.

tauscht wird, oder wenn a, b, c durch $-a, -b, -c$ ersetzt wird. Demnach genügt es, wenn wir die Formel (7) als richtig erweisen unter der Voraussetzung $\alpha \gtreqless \beta \gtreqless \gamma$ und c positiv (also $\gamma = c$).

Es bleiben also nur noch vier Fälle zu berücksichtigen, je nach den Vorzeichen von a und b. Nach (7) und (1) wäre für diese vier Fälle zu beweisen:

1. a und b positiv:

$$(\alpha + \beta) + \gamma = \alpha + (\beta + \gamma)$$

2. a negativ, b positiv:

$$(\beta - \alpha) + \gamma = (\beta + \gamma) - \alpha$$

3. a positiv, b negativ:

$$\gamma - (\beta - \alpha) = \alpha + (\gamma - \beta)$$

4. a und b negativ:

$$\gamma - (\alpha + \beta) = (\gamma - \alpha) - \beta, \quad \gamma > \alpha + \beta,$$
$$(\alpha + \beta) - \gamma = \alpha - (\gamma - \beta), \quad \gamma < \alpha + \beta.$$

Die Richtigkeit dieser Formeln weist man in jedem dieser Fälle leicht nach. Um sich z. B. von der Richtigkeit von 2. zu überzeugen, nehme man eine Menge B von der Zahl β, entferne daraus eine Menge A von der Zahl α, und füge eine Menge C von der Zahl γ hinzu; die hierdurch sich ergebende Menge kann mit $(B - A) + C$ oder mit $(B + C) - A$ bezeichnet werden.

5. Wenn man nun genau das Verfahren beobachtet, das wir in § 8, **3.** angewandt haben, so ergibt sich das allgemeinere Gesetz:

Wenn man die Summe einer beliebigen Menge ganzer Zahlen (Summanden) zu bestimmen hat, so vereinige man zunächst zwei beliebige dieser Summanden zu einer Summe; von dem so gebildeten neuen System von weniger Elementen vereinige man wieder zwei und fahre so fort, bis eine einzige Zahl übrig geblieben ist. Diese Zahl ist unabhängig von der Reihenfolge, in der die einzelnen Rechenoperationen vorgenommen waren, und heißt die Summe der sämtlichen Zahlen.

6. Das kommutative und assoziative Gesetz nimmt für die Subtraktion eine andere Form an, die sich aber aus der für die Addition leicht ergibt, wenn man die Subtraktion als Addition der entgegengesetzten Zahlen ansieht. Die betreffenden Formeln lauten, wenn a, b, c irgendwelche Zahlen sind,

$$
\begin{aligned}
a - b &= -(b - a) \quad \text{(wie (4))},\\
(a + b) - c &= a + (b - c),\\
(a - b) + c &= a - (b - c) = a + (c - b),\\
(a - b) - c &= a - (b + c) = (a - c) - b.
\end{aligned}
$$

(8)

Durch diese Formeln wird die bereits in § 12 für den Bereich der natürlichen Zahlen ausgesprochene Regel über die Subtraktion von Klammern auf beliebige ganze Zahlen ausgedehnt. Es ist danach

$$(9) \qquad a - (b + c + \cdots + n) = a - b - c - \cdots - n.$$

Ein aus Additionen und Subtraktionen zusammengesetzter Ausdruck heißt ein **Aggregat**, die einzelnen Zahlen, die zu addieren oder zu subtrahieren sind, heißen die **Glieder** des Aggregats.

§ 15. Multiplikation im Bereich der ganzen Zahlen.

1. Wenn wir die Multiplikation wie in § 9 als eine wiederholte Addition derselben Zahl erklären, so können wir den Begriff auch auf den Fall ausdehnen, daß der Multiplikand negativ oder Null ist. Es ist dann, wie sich aus der Formel (9) des vorigen Paragraphen sofort ergibt, wenn a und b natürliche Zahlen sind:

$$(1) \qquad a(-b) = -(ab),$$
$$(2) \qquad a \cdot 0 \ \ = 0.$$

Für einen negativen Multiplikator aber gibt diese Definition der Multiplikation keinen Sinn, und es steht noch bei uns, welche Bedeutung wir diesen Zeichen geben wollen. Wir setzen also als Definition dieser Multiplikation:

$$(3) \qquad (-a) \cdot b = -(ab),$$
$$(4) \qquad (-a)(-b) = \ \ ab,$$
$$(5) \qquad 0 \cdot b = \ \ 0.$$

Die Formel (3) ergibt sich aus (1), wenn man das kommutative Gesetz voraussetzt, und die Formel (4) folgt aus der Annahme, daß (3) auch noch für negative b gelte, und aus § 13 (4). Die Formel (5) endlich folgt nach dem kommutativen Gesetz aus (2).[1])

2. Auf Grund dieser Formeln und der Festsetzungen über die Größenanordnung der ganzen Zahlen ergibt sich aus dem Monotoniegesetz der Addition das **Monotoniegesetz der Multiplikation**:

Ist $a > b$, so ist

$$\text{für irgendeine positive Zahl } c: \quad ac > bc$$
$$\text{,,} \qquad \text{,,} \quad \text{negative ,, } \ c: \quad ac < bc$$
$$\text{dagegen ist für} \qquad c = 0: \quad ac = bc.$$

In den Formeln (1) bis (5) ist für die Multiplikation beliebiger ganzer Zahlen a, b das kommutative Gesetz

$$(6) \qquad ab = ba$$

enthalten, und wir ersehen aus ihnen:

---

1) A. Loewy, Lehrb. d. Algebra, Leipzig 1915, S. 388 gründet die Multiplikation der ganzen Zahlen auf die zwei Formeln $a \cdot 1 = a$ und $a(b+1) = ab + a$. indem er festsetzt, daß sie für alle positiven und negativen Zahlen gelten sollen, Hiermit lassen sich die obigen Regeln für die Multiplikation beweisen.

Ein Produkt aus zwei Zahlen ist dann und nur dann gleich Null, wenn mindestens ein Faktor gleich Null ist.

Die Multiplikation zweier positiver oder zweier negativer Zahlen gibt eine positive Zahl.

Die Multiplikation einer positiven und einer negativen Zahl gibt eine negative Zahl.

3. Das assoziative Gesetz für die Multiplikation lautet:

$$(7) \qquad (ab)c = a(bc)$$

und läßt sich, indem man die einzelnen Fälle der Vorzeichen durchgeht, aus dem Gesetz für positive Zahlen und den obigen Bestimmungen ableiten. Damit ist dann aber auch der allgemeine Satz über ein Produkt aus beliebig vielen Faktoren:

$$P = abc \cdots k,$$

wie in § 9, **4.** bewiesen, wonach man bei der Bildung dieser Größe erst zwei beliebige Faktoren vereinigen kann, und dann wieder zwei usf., bis man auf eine Zahl gekommen ist, und diese Zahl ist unabhängig von der Anordnung der Rechnung.

Man kann hiernach über das Vorzeichen eines Produktes den folgenden Satz aussprechen:

Ein Produkt ist positiv oder negativ, je nachdem die Anzahl der negativen Faktoren grade oder ungrade ist.

4*. Auch das distributive Gesetz bleibt für die Multiplikation der ganzen Zahlen gültig und damit behält auch der Satz § 10, **2.** über das Produkt von zwei Summen für beliebige ganzzahlige Summanden seine Gültigkeit. Als besonders wichtige Beispiele dieses Satzes mögen die drei folgenden hervorgehoben werden:

$$(a + b)(a + b) \quad \text{oder} \quad (a + b)^2 = a^2 + 2ab + b^2$$
$$(8) \qquad (a - b)(a - b) \quad \text{oder} \quad (a - b)^2 = a^2 - 2ab + b^2$$
$$(a + b)(a - b) = a^2 - b^2.$$

5. Nachdem das Produkt aus einer beliebigen Anzahl von Faktoren erklärt ist ergibt sich von selbst der Begriff der Potenz einer negativen Zahl; eine solche Potenz ist positiv, wenn der Exponent eine grade Zahl ist, und negativ, wenn der Exponent eine ungrade Zahl ist:

$$(9) \qquad (-a)^n = a^n, \quad \text{wenn } n \text{ grade,}$$
$$= -a^n, \quad \text{wenn } n \text{ ungrade.}$$

Im besondern ist also das Quadrat einer negativen Zahl immer positiv.

Als besonderen Fall heben wir noch hervor:

$$(10) \qquad (-1)^n = +1, \quad \text{wenn } n \text{ grade,}$$
$$= -1, \quad \text{wenn } n \text{ ungrade.}$$

Diese Formel wird häufig angewandt, um kurz auszudrücken, daß eine von n abhängige Zahl bei gradem n positiv, bei ungradem n negativ ist. Z. B. kann man danach die Formeln (9) so darstellen:

$$(-a)^n = (-1)^n a^n.$$

6*. Nach Festsetzung der Rechenvorschriften sind die Operationen der Addition, Subtraktion und Multiplikation im Bereich der ganzen Zahlen eindeutig und unbeschränkt ausführbar, d. h. jede dieser Operationen zwischen ganzen Zahlen führt wieder zu einer bestimmten ganzen Zahl. Die ganzen Zahlen bilden einen geschlossenen Bereich in bezug auf die Addition, Subtraktion und Multiplikation (nicht aber in bezug auf Potenzierung, da wir Potenzen mit negativen Exponenten nicht erklärt haben).

Dritter Abschnitt.

Division. Rationale Zahlen.

§ 16. Division und Teilbarkeit der Zahlen.

1. Wenn a und b natürliche Zahlen sind, so läßt sich der positive Multiplikator m immer so bestimmen, daß mb größer als a ist.

Wenn nämlich $a = 1$ ist, so ist der Satz offenbar für jedes b richtig; denn da $b \gtreqless 1$ ist, so braucht man nur $n > 1$ anzunehmen, um $nb > 1$ zu erhalten. Daraus folgt aber, wenn a eine beliebige Zahl ist, $nab > a$, also $mb > a$, wenn $m \gtreqless na$ ist.

Wenn $b < a$ ist, so wird es unter allen Zahlen, für die $mb > a$ ist, eine **kleinste** geben. Diese ist größer als 1 und soll mit $q + 1$ bezeichnet werden, so daß

$$qb \leqq a < (q + 1)b$$

ist. Setzen wir also

$$a - qb = r,$$

so wird $r = 0$, falls $qb = a$ ist, sonst positiv und kleiner als b. Daraus ergibt sich:

Sind a, b zwei gegebene natürliche Zahlen und $b < a$, so kann man eine positive Zahl q und eine Zahl r, die gleich 0 oder größer als 0, aber kleiner als b ist, so bestimmen, daß

$$(1) \qquad a = qb + r$$

wird, und die Zahlen q, r sind durch a und b eindeutig bestimmt.

Die Aufgabe, die Zahlen q und r aus gegebenen a und b zu bestimmen, heißt die **Division** von a durch b; a heißt der **Dividendus**, b der **Divisor**. Die Zahl q heißt der **Quotient**, r der **Rest** der Division. Man sagt, b ist q mal in a enthalten und der Rest ist r.

Diese Aufgabe ist z. B. zu lösen, wenn es sich, wie häufig im Leben, darum handelt, eine Menge von a unteilbaren Dingen in b gleiche Teile zu teilen. Im allgemeinen wird dies nicht ohne Rest möglich sein.

Wie die Zahlen q und r gefunden werden, wenn a und b in dekadischer Schreibweise gegeben sind, wird im elementaren Rechenunterricht gelehrt.

2. Wenn der Rest gleich Null ist, so sagt man auch: b geht in a auf, oder a ist durch b teilbar, oder b ist ein Divisor oder Teiler oder ein Faktor von a, die Division von a durch b geht auf, oder endlich a ist ein Vielfaches oder Multiplum·von b.

Es ist also a durch b teilbar, wenn es eine ganze Zahl m gibt, durch die die Gleichung

$$(2) \qquad\qquad a = mb$$

erfüllt wird. Hier ist also von einer Multiplikation das Produkt a und ein Faktor b gegeben, und es soll der andere Faktor m gefunden werden. Mithin ist die Operation, durch die m bestimmt wird, die inverse Operation zur Multiplikation. m heißt der Quotient von a und b. Man schreibt auch, um dies anzudeuten:

$$m = a : b \quad \text{oder} \quad m = \frac{a}{b} \quad \text{oder} \quad m = {}^a\!/_b.$$

in Worten: m ist gleich a geteilt durch b.

Wenn man die Definition der Teilbarkeit verallgemeinert, kann man sagen:

Die Zahl 0 ist durch jede positive oder negative Zahl teilbar. Denn die Gleichung (2) ist für jedes b befriedigt, wenn $a = 0$ und $m = 0$ ist. Ist a durch b teilbar, so ist a auch durch $-b$, sowie $-a$ durch $+b$ und durch $-b$ teilbar. Der Quotient von zwei Zahlen mit gleichem Vorzeichen ist positiv, von zwei Zahlen mit verschiedenen Vorzeichen negativ. Unter den Teilern einer Zahl verstehen wir aber immer nur die natürlichen (positiven) Zahlen, welche in der gegebenen Zahl aufgehen.

Jede Zahl ist durch sich selbst und durch die Zahl 1 teilbar. Denn (2) ist befriedigt, wenn $a = b$ und $m = 1$, und wenn $b = 1$, $a = m$ ist, d. h. es ist

$$\frac{a}{a} = 1 \quad \text{und} \quad \frac{a}{1} = a.$$

Keine von Null verschiedene Zahl ist durch Null teilbar. Denn die Gleichung (2) ist für $b = 0$ nur dann erfüllt, wenn $a = 0$ ist. Sind aber a und b gleich Null, so kann m jede Zahl sein.

3. Ferner ergeben sich aus der Definition folgende Sätze:

Ist ein Faktor eines Produktes durch b teilbar, so ist das ganze Produkt durch b teilbar. Es kann aber auch das Produkt durch b teilbar sein, ohne daß einer der Faktoren durch b teilbar ist; $3 \cdot 4$ ist z. B. durch 6 teilbar, ohne daß 3 oder 4 durch 6 teilbar wäre.

Sind zwei Zahlen a und b durch eine dritte c teilbar, so ist auch $a+b$ und $a-b$ durch c teilbar, und dies ist als besonderer Fall in dem allgemeineren Satz enthalten:

Sind mehrere Zahlen a_1, a_2, a_3, ... alle durch b teilbar, und sind c_1, c_2, c_3, ... beliebige Zahlen, so ist auch die Zahl

$$a_1 c_1 + a_2 c_2 + a_3 c_3 + \cdots$$

durch b teilbar.

Nach (2) gibt es nämlich Zahlen m_1, m_2, m_3, ..., so daß

$$a_1 = m_1 b, \quad a_2 = m_2 b, \quad a_3 = m_3 b, \quad \ldots,$$

folglich ist

$$a_1 c_1 + a_2 c_2 + a_3 c_3 + \cdots = b(m_1 c_1 + m_2 c_2 + m_3 c_3 + \cdots) = b \cdot M.$$

§ 17. Größter gemeinschaftlicher Teiler. Euklidischer Algorithmus.

1. Wenn zwei natürliche Zahlen a, b durch eine dritte c teilbar sind, so heißt c ein **gemeinschaftlicher Teiler** von a und b. Da ein Teiler einer Zahl nicht größer als diese Zahl selbst sein kann, so muß es unter allen Teilern zweier Zahlen a, b einen größten geben. Dieser heißt der **größte gemeinschaftliche Teiler** oder auch das **größte gemeinschaftliche Maß** der beiden Zahlen a, b, und es ist eine fundamentale Aufgabe der Arithmetik, dieses größte gemeinschaftliche Maß zweier gegebener Zahlen zu finden. Diese Aufgabe löst ein schon bei **Euklid** angegebenes Verfahren, das darum der **Euklidische Algorithmus**[1]) oder der Algorithmus des größten gemeinschaftlichen Teilers heißt, den wir jetzt darlegen wollen.

2. Es seien a und a_1 die beiden gegebenen Zahlen, deren größter gemeinschaftlicher Teiler gesucht ist, die wir als positiv voraussetzen. Sind sie einander gleich, so ist ihr Wert zugleich ihr größter gemeinschaftlicher Teiler. Wir nehmen sie also ungleich an und setzen demnach $a > a_1$. Wir dividieren a durch a_1 und bekommen, wenn die Division nicht aufgeht, einen Rest, der kleiner als a_1 ist, und den wir mit a_2 bezeichnen; nun dividieren wir a_1 durch a_2 und bekommen, wenn auch diese Division nicht aufgeht, einen Rest a_3, der kleiner als a_2 ist. Wenn wir so fortfahren, so erhalten wir stets kleinere Reste, und es muß daher nach einer bestimmten Anzahl solcher Divisionen endlich eine Division kommen, die aufgeht. Denn die aufeinanderfolgenden Zahlen $a_1, a_2, a_3, \ldots$ bilden als Teil der endlichen Menge der Zahlen, die gleich a_1 oder kleiner als a_1 sind (§ 6, **3.**) selbst eine geordnete endliche Menge und müssen folglich ein letztes Element haben. Ist man bis zu diesem letzten Rest gekommen, so muß die Division aufgehen, und die Rechnung ist beendet. Das Verfahren wird in den nachstehenden Formeln

---

1) Euklid, El. VII, 2.

ausgedrückt, in denen die Quotienten der Divisionen mit $q, q_1, \ldots, q_{n-1}$ bezeichnet sind:

$$
\begin{aligned}
a &= q \cdot a_1 + a_2, \\
a_1 &= q_1 \cdot a_2 + a_3, \\
&\cdot \quad \cdot \quad \cdot \quad \cdot \quad \cdot \quad \cdot \quad \cdot \quad \cdot \\
a_{n-2} &= q_{n-2} \cdot a_{n-1} + a_n, \\
a_{n-1} &= q_{n-1} \cdot a_n.
\end{aligned}
$$

(1)

Wir behaupten:

a_n **ist der größte gemeinschaftliche Teiler von** a **und** a_1.

Geht man nämlich die Gleichungen rückwärts von der letzten zur ersten durch, so folgt aus der letzten Gleichung, daß a_n ein Teiler von a_{n-1}, damit aus der vorletzten, daß a_n auch Teiler von a_{n-2}, weiterhin von a_{n-3} usf., schließlich von a_1 und a ist. Andererseits ist nach der ersten Gleichung jeder gemeinsame Teiler von a und a_1 auch Teiler von a_2, also nach der zweiten auch Teiler von a_3 usf., schließlich von a_n. Man sieht also:

1. a_n ist ein Teiler von a und a_1.

2. Jeder gemeinsame Teiler von a und a_1 ist ein Teiler von a_n.

Ist nun d der größte gemeinsame Teiler von a und a_1, so folgt

aus 1.: $\qquad a_n \lessgtr d,$ $\qquad$ aus 2. $\qquad a_n \geqq d,$

folglich muß

$$a_n = d$$

sein. Als Korollar ergibt sich daraus noch:

Jeder Teiler zweier Zahlen ist auch Teiler ihres größten gemeinschaftlichen Maßes.

Als Beispiel für diesen Algorithmus mag gelten:

$$
\begin{aligned}
6552 &= 14 \cdot 448 + 280, \\
448 &= 1 \cdot 280 + 168, \\
280 &= 1 \cdot 168 + 112, \\
168 &= 1 \cdot 112 + 56, \\
112 &= 2 \cdot 56
\end{aligned}
$$

oder in übersichtlicher und leicht verständlicher Anordnung:

$$
\begin{array}{ccccc}
14 & 1 & 1 & 1 & 2 \\
6552 : 448 & : 280 & : 168 & : 112 & : 56 \\
6272 \quad 280 & 168 & 112 & 112 & \\
\hline
280 \quad 168 & 112 & 56 & 0 &
\end{array}
$$

Es ist also 56 der größte gemeinschaftliche Teiler von 6552 und 448.

3. An Stelle der Gleichung

$$a = qb + r$$

kann man bei der Aufsuchung des größten gemeinschaftlichen Teilers auch die Gleichung $\qquad a = (q+1)b - (b-r)$

benutzen, und dies wird dann vorteilhaft sein, wenn $b - r$ kleiner als r, also $2r$ größer als b ist; in diesem Fall nennt man die negative Zahl $-(b - r)$ den **absolut kleinsten Rest** der Division von a durch b. Setzt man die Rechnung in dem Algorithmus (1) mit diesem absolut kleinsten Reste fort, so kommt man schneller zum Ziel.

In unserem Beispiel würde die Rechnung auch so geführt werden können:

$$6552 = 15 \cdot 448 - 168,$$
$$448 = 3 \cdot 168 - 56,$$
$$168 = 3 \cdot 56$$

oder

$$\begin{array}{cccc} & 15 & 3 & 3 \\ 6552 & : 448 & : 168 & : 56 \\ \underline{6720} & \underline{504} & \underline{168} & \\ -168 & -56 & 0 & \end{array}$$

also wesentlich kürzer.

4. Ebenso kann man auch bei mehr als zwei Zahlen nach dem größten gemeinschaftlichen Teiler fragen, worunter die größte unter den Zahlen verstanden wird, die in allen diesen Zahlen enthalten sind. Die Aufgabe, diesen zu finden, kann auf die vorige zurückgeführt werden durch die folgende Bemerkung:

Ist d der größte gemeinschaftliche Teiler zweier Zahlen a, b, so ist jeder Teiler der drei Zahlen a, b, c auch Teiler von d und c, und jeder Teiler von d und c ist auch Teiler von a, b, c. Demnach ist auch der größte gemeinschaftliche Teiler von d und c zugleich der größte gemeinschaftliche Teiler von a, b, c.

5. Zwei Zahlen, deren größter gemeinschaftlicher Teiler gleich 1 ist, die also außer der Einheit keinen gemeinsamen Teiler haben, heißen **relativ prime Zahlen** (die eine ist relativ prim zur anderen) oder **teilerfremde Zahlen.**[1]) Man sagt wohl auch, indem man den selbstverständlichen Teiler 1 nicht mitrechnet, **Zahlen ohne gemeinsamen Teiler.**

Solche teilerfremde Zahlen sind z. B. 3 und 7, 15 und 49, 105 und 128. Ob zwei vorgelegte Zahlen a, b teilerfremd sind oder nicht, kann man immer, und zwar auch bei großen Zahlen, durch eine verhältnismäßig einfache Rechnung nach dem Euklidischen Algorithmus entscheiden, bei dem sich, wenn a und b relativ prim sind, der größte gemeinschaftliche Teiler $a_n = 1$ ergeben muß.

6. Es gilt nun der folgende **Fundamentalsatz:**

Ist ein Produkt ab durch m teilbar, und sind a und m teilerfremd, so ist b durch m teilbar.

Man erkennt die Richtigkeit dieses Satzes aus dem Algorithmus

---

1) Euklid, El. VII, Def. 12.

(1), wenn man annimmt, daß a und $a_1 = m$ relativ prim sind. Dann muß sich $a_n = 1$ ergeben, also:

$$a \quad = q \quad \cdot a_1 \quad + a_2,$$
$$(2) \qquad a_1 \quad = q_1 \quad \cdot a_2 \quad + a_3,$$
$$\cdots\cdots\cdots\cdots$$
$$a_{n-2} = q_{n-2} \cdot a_{n-1} + 1,$$

und durch Multiplikation aller dieser Formeln mit b:

$$b a \quad = q \quad \cdot b a_1 \quad + b a_2,$$
$$(3) \qquad b a_1 \quad = q_1 \quad \cdot b a_2 \quad + b a_3,$$
$$\cdots\cdots\cdots\cdots$$
$$b a_{n-2} = q_{n-2} \cdot b a_{n-1} + b.$$

Ist nun ba durch a_1 teilbar, so folgt aus der ersten Gleichung, daß auch ba_2 durch a_1 teilbar ist, ferner aus der zweiten, daß auch ba_3 durch a_1 teilbar ist usw. (vollständige Induktion), daß also alle ba_1, ba_2, ba_3, ..., ba_{n-1}, b durch $a_1 = m$ teilbar sein müssen. Darin ist aber der zu beweisende Satz enthalten.

Sind a und b zwei Zahlen mit dem größten gemeinschaftlichen Teiler d, und ist

$$(4) \qquad\qquad a = da', \quad b = db',$$

so sind a' und b' teilerfremd. Denn hätten diese beiden Zahlen noch einen gemeinschaftlichen Teiler $e > 1$, so wäre ja a und b durch de teilbar, und d wäre nicht der größte gemeinschaftliche Teiler.

7. Eine Zahl, die durch jede der beiden Zahlen a, b teilbar ist, heißt ein **gemeinschaftliches Vielfaches** (Multiplum) der beiden Zahlen a und b. Unter allen gemeinschaftlichen Vielfachen dieser beiden Zahlen muß eines das kleinste sein, und alle anderen sind durch dieses kleinste teilbar.

Denn ist eine Zahl m durch a und durch b teilbar, so ist sie auch (in der Bezeichnung (4)) durch da' teilbar, hat also die Form

$$m = d a' n.$$

Soll diese Zahl noch durch db' teilbar sein, so muß $a'n$ durch b' und folglich, da a' und b' relativ prim sind (nach **6.**), n durch b' teilbar sein. Ist $n = b'e$, so ist

$$m = d a' b' e.$$

Es ist also jede durch a und durch b teilbare Zahl durch $d a' b' = ab/d$ teilbar, und ab/d ist daher das **kleinste gemeinschaftliche Vielfache**[1]) der beiden Zahlen a und b.

Dieses kleinste gemeinschaftliche Vielfache ist also bekannt, sobald der größte gemeinschaftliche Teiler von a und b ermittelt ist.

8. Ebenso wie beim größten gemeinschaftlichen Teiler können wir auch den Begriff des kleinsten gemeinschaftlichen Vielfachen auf ein System von mehr als zwei Zahlen übertragen. Man erhält das kleinste

---

1) Euklid, El. VII, 34.

gemeinschaftliche Vielfache einer Anzahl von Zahlen a, b, c, d, ... dadurch, daß man irgend zwei dieser Zahlen, etwa a, b, herausgreift und durch ihr kleinstes gemeinschaftliches Vielfaches ersetzt. Dadurch hat man eine Zahl weniger und man fährt dann in derselben Weise so lange fort, bis nur eine einzige Zahl übrig geblieben ist.

§ 18. Primzahlen und zusammengesetzte Zahlen.

Eine natürliche Zahl, die außer sich selbst und der Einheit keinen Teiler hat, heißt eine Primzahl. Zahlen, die mehr Faktoren haben, heißen zusammengesetzte Zahlen. Die Zahl 1 nimmt eine Ausnahmestellung ein; sie ist die einzige, die nur einen Divisor hat, während alle anderen mindestens zwei Teiler haben. Es ist in mancher Hinsicht zweckmäßig, die Zahl 1 nicht mit zu den Primzahlen zu rechnen, so daß man dreierlei Arten von Zahlen zu unterscheiden hat: die Einheit, die Primzahlen und die zusammengesetzten Zahlen. Es ist dies natürlich eine reine Zweckmäßigkeitsfrage, und es wird auch in der Tat häufig die Einheit mit zu den Primzahlen gerechnet, wie es auf den ersten Blick natürlicher erscheint. Wir wollen aber die Unterscheidung zwischen der Einheit und den Primzahlen machen, weil sich dann manche Sätze kürzer aussprechen lassen.

Von den Primzahlen gelten folgende Sätze:

1. Wenn ein Produkt zweier Zahlen ab durch eine Primzahl p teilbar ist, so muß wenigstens der eine der Faktoren a, b durch p teilbar sein.[1]

Denn wenn a nicht durch p teilbar ist, so sind a und p relativ prim, weil p eben keinen anderen Teiler als p und 1 hat. Wenn daher ab durch p teilbar ist, so ist b nach § 17, 6. durch p teilbar.

Der Satz läßt sich ohne weiteres dahin verallgemeinern:

Ist ein Produkt aus mehreren Faktoren a, b, c, d, ... durch eine Primzahl p teilbar, so ist wenigstens einer der Faktoren durch p teilbar.

2. Jede zusammengesetzte Zahl m ist auf eine und nur auf eine Weise als ein Produkt aus Primzahlen darstellbar oder, wie man sich ausdrückt, in Primfaktoren zerlegbar.

Um diesen Satz zu beweisen, bemerken wir zunächst, daß jede zusammengesetzte Zahl m wenigstens durch eine Primzahl teilbar ist. Denn ist m zusammengesetzt, so hat es einen Teiler m_1, der kleiner als m und größer als 1 ist. Ist m_1 selbst noch zusammengesetzt, so muß es wieder einen kleineren Teiler m_2 haben, und wir kommen also, wenn wir diesen Schluß fortsetzen, endlich zu einem Teiler, der eine Primzahl sein muß. Ist also p_1 ein Primteiler von m und

$$(1) \qquad m = p_1 m_1,$$

---

1) Euklid, El. VII, 30.

so ist m_1 kleiner als m, und muß, wenn es keine Primzahl ist, wieder einen Primteiler p_2 haben. Ist dann

$$(2) \qquad m = p_1 p_2 m_2,$$

so können wir ebenso weiter schließen, und gelangen wiederum dazu, daß endlich einer der Faktoren m_1, m_2, ... eine Primzahl sein muß, da es nicht ohne Ende natürliche Zahlen gibt, die kleiner als eine gegebene Zahl m sind. Demnach gibt es eine Zerlegung von m in Primfaktoren, deren Anzahl n sei:

$$(3) \qquad m = p_1 p_2 p_3 \cdots p_n.$$

Unter den Primzahlen p_1, p_2, ..., p_n kann natürlich auch dieselbe mehrmals vorkommen, und gleiche Primfaktoren lassen sich zu einer Potenz zusammenfassen. Wir können dann, wenn π mal die Primzahl p, $\varkappa$ mal die Primzahl q, ϱ mal die Primzahl r usf. vorkommt, schreiben:

$$(4) \qquad m = p^\pi q^\varkappa r^\varrho \ldots,$$

worin jetzt die Primzahlen p, q, r, ... voneinander verschieden sind, $\pi + \varkappa + \varrho + \cdots = n$ ist.

Daraus folgt dann auch leicht, daß diese Zerlegung nur auf eine Weise möglich ist. Denn nach 1. kann in der durch die Formel (4) zerlegten Zahl m keine andere Primzahl aufgehen, als p, q, r, ..., und die Primzahl p kann nicht öfter als π mal, q nicht öfter als $\varkappa$ mal darin aufgehen usf.

3. Die Menge der Primzahlen ist unendlich.[1]

Sei nämlich $\alpha, \beta, \gamma, \ldots, \omega$ die Reihe der Primzahlen von der ersten an bis zu einer bestimmten Primzahl ω und bilden wir das um 1 vermehrte Produkt dieser Zahlen:

$$(5) \qquad \Omega = \alpha\beta\gamma \ldots \omega + 1,$$

so ist diese Zahl Ω größer als ω und kann doch durch keine Primzahl der Reihe α, β, γ, ..., ω teilbar sein; denn bei der Division von Ω durch jede dieser Primzahlen bleibt der Rest 1. Es muß also Ω entweder selbst eine Primzahl sein oder durch eine Primzahl über ω teilbar sein. Folglich gibt es, wie groß auch die Primzahl ω ist, immer noch Primzahlen $> \omega$.

Man kann auch, wenn n irgendeine natürliche Zahl ist, das um 1 vermehrte Produkt aller Zahlen von 1 bis n, also die Zahl

$$N = (1 \cdot 2 \cdot 3 \cdots n) + 1$$

betrachten. Sie ist durch keine der Zahlen 2, 3, ... n teilbar, folglich muß es, wie groß man auch n annimmt, immer noch Primzahlen $> n$ geben, oder genauer, es muß Primzahlen geben, die zwischen n und N liegen. (Mündliche Mitteilung von O. Szász.)

---

1) Euklid, El IX, 20. Einen zweiten sehr einfachen Beweis dieses Satzes von E. Kummer werden wir in § 60 kennen lernen.

Die Auffindung der Primteiler einer zusammengesetzten Zahl oder die Entscheidung darüber, ob eine vorgelegte Zahl Primzahl sei oder nicht, ist weit schwieriger als etwa die Auffindung des größten gemeinschaftlichen Teilers zweier gegebenen Zahlen. Eine allgemeine direkte Methode zur Lösung dieser Aufgabe besitzen wir nicht, wie denn überhaupt die Erforschung der Verteilungsgesetze der Primzahlen zu den tiefsten Problemen der Arithmetik gehört. Hier mag noch folgendes bemerkt werden.

4. Es gibt einfache Kennzeichen dafür, ob eine gegebene dekadisch geschriebene Zahl N durch die ersten Primzahlen 2, 3, 5 teilbar ist. Es sei nämlich, wenn die Zahl N mit n Ziffern geschrieben wird,

$$N = \{a_1 a_2 \ldots a_n\} = a_1 \cdot 10^{n-1} + a_2 \cdot 10^{n-2} + \cdots + a_{n-1} \cdot 10 + a_n.$$

Da nun 10 und alle seine Potenzen durch 2 und durch 5 teilbar sind, so wird N durch 2 oder durch 5 teilbar sein, wenn a_n, d. h. die letzte Ziffer von N, durch 2 oder durch 5 teilbar ist.

Zur Vervollständigung können wir noch beifügen, da 100 durch 4 und durch 25 teilbar ist, daß N durch 4 oder durch 25 teilbar sein wird, wenn $a_{n-1} 10 + a_n$, d. h. die aus den beiden letzten Ziffern $\{a_{n-1} a_n\}$ von N dekadisch geschriebene Zahl durch 4 oder durch 25 teilbar ist. Und auf dieselbe Weise lassen sich Kriterien der Teilbarkeit durch 8 oder durch 125 angeben und ähnlich mit höheren Potenzen von 2 oder von 5.

Bezeichnen wir ferner mit q die sogenannte Quersumme von N, d. h. die Summe der Ziffern ohne Rücksicht auf ihren Stellenwert:

$$q = a_1 + a_2 + \cdots + a_n,$$

so ist

$$N - q = a_1(10^{n-1} - 1) + a_2(10^{n-2} - 1) + \cdots + a_{n-1}(10 - 1),$$

und da nun $10 - 1 = 9$, $10^2 - 1 = 99$, $10^3 - 1 = 999$, $\ldots$ alle durch 9 teilbar sind, so ist auch $N - q$ durch 9 teilbar. Wenn also von den beiden Zahlen N, q die eine durch 3 oder durch 9 teilbar ist, so gilt das gleiche von der anderen, und wir erhalten die Regel:

Eine Zahl N ist durch 3 oder durch 9 teilbar, wenn ihre Quersumme durch 3 oder durch 9 teilbar ist.

Ähnlich ergibt sich, wenn wir mit q' die Summe

$$q' = a_n - a_{n-1} + a_{n-2} - a_{n-3} + \cdots \pm a_1 \quad \text{bezeichnen,}$$

$$N - q' = a_{n-1}(10 + 1) + a_{n-2}(10^2 - 1) + a_{n-3}(10^3 + 1) + \cdots$$

und da nun $10 + 1 = 11$, $10^2 - 1 = 99$, $10^3 + 1 = 1001$, $\ldots$ durch 11 teilbar sind, so folgt, daß N gleichzeitig mit q' durch 11 teilbar ist oder nicht.

5*. Eine recht einfache Teilbarkeitsregel, die für viele Divisoren anwendbar ist, ist die folgende[1]):

Es sei m nicht durch 2 oder 5 teilbar und $10\mu + 1$ das kleinste mit 1 endigende Vielfache von m. (Ein solches gibt es, wie man leicht sieht, immer.) Die nach Wegstreichung der Ziffer 1 übrig bleibende Zahl μ heiße die Teilbarkeitszahl von m. Um die Teilbarkeit irgend einer Zahl $n = 10a + \alpha$ durch m zu untersuchen, multipliziere man die Einer α mit der Teilbarkeitszahl μ und ziehe das Produkt von der·nach Streichung der Einer übrig bleibenden Zahl a ab. Man erhält dann eine Zahl $n' = a - \alpha\mu$, und nur wenn diese durch m teilbar ist, ist es auch n. Ist $n' = 10a' + \alpha'$, so berechnet man ebenso $n'' = a' - \alpha'\mu$, und in dieser Weise fortfahrend gelangt man schließlich zu einer genügend kleinen Zahl, deren Teilbarkeit durch m man sofort beurteilen kann.

Ist die Teilbarkeitszahl $\mu > \dfrac{m}{2}$, so kann man dafür die komplementäre Teilbarkeitszahl $\bar{\mu} = m - \mu$ nehmen und hat dann das Produkt der Einer α mit $\bar{\mu}$ zu der Zahl a zu addieren.

Beweis. Es ist $\quad n' = a - \alpha\mu,\quad$ also

$$10n' = 10a - 10\alpha\mu = 10a + \alpha - \alpha(10\mu + 1)$$
$$= n - \alpha(10\mu + 1).$$

Nach Voraussetzung ist $10\mu + 1$ durch m teilbar, also ist n nur durch m teilbar, wenn n' es ist, weil m zu 10 teilerfremd ist.

Nimmt man die komplementäre Teilbarkeitszahl, so ist

$$n' = a + \alpha\bar{\mu} = a + \alpha(m - \mu)$$

und
$$10n' = 10a + 10\alpha(m - \mu)$$
$$= 10a + \alpha + 10\alpha m - \alpha(10\mu + 1)$$
$$= n + 10\alpha m - \alpha(10\mu + 1),$$

woraus ebenso wie oben zu schließen ist, daß n nur gleichzeitig mit n' durch m teilbar ist.

Für $m = 3, 9, 11$ gibt der Satz, wie man leicht sieht, die bekannten oben angegebenen Teilbarkeitsregeln.

Für $m = 7$ ist $\mu = 2$, man hat also das Doppelte der Einer von der nach Streichung der Einer übrig bleibenden Zahl abzuziehen.

Beispiel: $n = 588152243$

$$
\begin{array}{r}
588152243 \\
6 \\
\hline
218 \\
16 \\
\hline
505 \\
10 \\
\hline
588140 \\
16 \\
\hline
42 \;\text{durch 7 teilbar, also auch } n.
\end{array}
$$

---

1) Vgl. Züge, Arch. d. Math. u. Phys. (3) **4** (1903) mit Hinweisen auf ältere Literatur.

Für $m = 13$ ist $\mu = 9$, also $\overline{\mu} = 4$ und man hat das 4fache der Einer zu der nach Streichung der Einer übrig bleibenden Zahl zu addieren.

Beispiel: $n = 74546589$

$$\begin{array}{r} 36 \\ \hline 694 \\ 16 \\ \hline 485 \\ 20 \\ \hline 568 \\ 32 \\ \hline 488 \\ 32 \\ \hline 780 \end{array}$$

780 durch 13 teilbar, also auch n.

Für $m = 19$ ist $\mu = 17$, also $\overline{\mu} = 2$; man hat das Doppelte der Einer zu der nach Streichung der Einer übrig bleibenden Zahl zu addieren.

6. Wenn die Zahl m keine Primzahl ist, so kann sie in zwei Faktoren zerlegt werden, deren jeder größer als 1 ist. Ist also $m = ab$ und $a \gtrless b$, so ist $a^2 \lessgtr m$, und es muß also unter den Faktoren von m wenigstens einen geben, dessen Quadrat nicht größer ist als m. Um also festzustellen, ob eine vorgelegte Zahl m eine Primzahl ist oder nicht, wird man zunächst nach **4.** untersuchen, ob sie durch 2, 3, 5, 11 teilbar ist. Ist das nicht der Fall, so dividiert man weiter durch alle Primzahlen, deren Quadrat nicht größer ist als m, die man als bekannt voraussetzen muß, und wenn alle diese Divisionen nicht aufgehen, so ist sie gewiß eine Primzahl. Wenn also z. B. eine Zahl unter 100 durch 2, 3, 5, 7 nicht teilbar ist, so ist sie eine Primzahl. Desgleichen hat man bei Zahlen bis zu 10000 nur die Divisionen mit den Primzahlen unter 100 zu versuchen usf.

7. Die Frage nach der Ermittlung der Primzahlen hat schon die Mathematiker des Altertums beschäftigt. Von Eratosthenes ist uns unter dem Namen „Sieb" ($\varkappa\acute{o}\sigma\varkappa\iota\nu o\nu$ cribrum Eratosthenis) ein Bruchstück erhalten, in dem eine einfache Methode gelehrt wird, um alle Primzahlen bis zu einer gegebenen Grenze zu ermitteln. Sie besteht in folgendem:

Man schreibe alle Zahlen bis zu der vorgeschriebenen Grenze der Reihe nach auf und beginne dann von der ersten Primzahl 2 an jede zweite Zahl durchzustreichen. Dann sind alle Vielfachen von 2 (nicht aber 2 selbst) durchgestrichen. Hierauf zähle man von der nächsten stehen gebliebenen Zahl, also von 3 an weiter, die bereits durchstrichenen Zahlen mitzählend, und durchstreiche jede dritte Zahl, und so fahre man fort, immer von der nächstfolgenden nicht durchstrichenen Zahl an so viel weiter zu zählen und durchzustreichen, als diese Zahl angibt. Was schließlich noch stehen geblieben ist, sind allein die Primzahlen. Nach **6.** braucht man damit aber nur so lange fortzufahren, als das Quadrat der Ausgangszahl einer Zählung nicht größer ist als die größte Zahl der Reihe. So hätte man z. B. bei der Ermittlung der Primzahlen unter $121 = 11^2$ nur die Vielfachen von 2, 3, 5, 7 zu durchstreichen.[1])

---

1) P. Stäckel (Heidelb. Akad. 1917) hat das Verfahren des Eratosthenes zum Ausgangspunkt für tiefere zahlentheoretische Untersuchungen genommen.

Die Anwendung des Siebes sowohl wie die unmittelbare Division durch die bekannten Primzahlen erreicht natürlich bei großen Zahlen bald eine Grenze, über die sie der allzugroßen Rechnungen wegen nicht mehr zum Ziele führen können. Die Ermittlung der Teiler sehr großer Zahlen oder die Entscheidung darüber, ob sie Primzahlen sind, gehört zu den schwierigsten Aufgaben der Mathematik. Man hat sich darum bemüht, die Faktoren der Zahlen und die Primzahlen unter einer gewissen Grenze in Tabellen zusammenzustellen. Man hat jetzt solche Faktorentafeln[1]) bis 10^7 und kennt dadurch alle Primzahlen unter 10000000. Ihre Anzahl beträgt 664579. Unter hundert gibt es 25, unter tausend 168, unter zweitausend 303 Primzahlen. Meissel (Math. Ann. **2** (1870), **3** (1871)) hat ein sinnreiches Verfahren angegeben, um die Zählung der Primzahlen in einem Gebiet auf die Zählung in einem kleineren Gebiet zurückzuführen. So fand er (Math. Ann. **21** (1883)), daß es unter 100 Millionen 5761455 Primzahlen gibt. Die größte bekannte Primzahl ist[2])

$$2^{61} - 1 = 2305843009213693951.$$

Zur Zerlegung sehr großer Zahlen hat man die Hilfsmittel der höheren Arithmetik herangezogen, im besonderen die Theorie der quadratischen Formen.

§ 19. Brüche.

1*. Wir haben § 16, **2.** gesehen, daß die Division einer Zahl a durch eine andere Zahl b, wenn a durch b teilbar ist, als die inverse Operation zur Multiplikation aufgefaßt werden kann. Die Aufgabe der Division lautet hiernach:

Es soll eine Zahl bestimmt werden, die mit einer gegebenen Zahl multipliziert, ein gegebenes Produkt ergibt. Oder anders ausgedrückt: Es soll eine Zahl x aus der Gleichung

$$bx = a$$

bestimmt werden. Die gesuchte Zahl x schreibt sich in der Form

$$x = a : b \quad \text{oder} \quad x = \frac{a}{b},$$

d. h. man versteht unter $\frac{a}{b}$ diejenige Zahl, die mit b multipliziert, die Zahl a ergibt:

$$\frac{a}{b} \cdot b = a.$$

---

1) Solche Tafeln sind von L. Chernac berechnet bis 1020000, von J. Ch. Burckhardt bis 3036000, von Z. Dase für die 7te bis 9te Million, von Glaisher für die 4te bis 6te Million, die umfangreichste von Lehmer, Factor tables for the first ten millions. Publications of the Carnegie Instit. Washington 1910. Eine kleinere Tafel für den Handgebrauch (bis zu 400000) findet sich in der „Sammlung mathematischer Tafeln" nach Vega, herausgegeben von Hülsse. Berlin 1865, ein Bericht über solche Tafeln in Gauß' Werken 2, 181 f. Eine Tafel aller Primzahlen bis 10006721 hat Lehmer, Publ. of Carnegie Instit. Washington 1914, herausgegeben.

2) Dies ist zuerst von Seelhoff konstatiert und später von anderen bestätigt worden (Ztschr. f. Math. u. Phys. **31** (1886)). Nach Powers, Am. Math. Monthly **18** (1911) ist auch $2^{89}-1$ Primzahl.

Das Zeichen $\frac{a}{b}$ hat zunächst für uns nur einen Sinn, wenn a ein Vielfaches von b ist. Wie wir aber früher die Umkehrung der Addition verallgemeinert haben und dadurch zur Einführung einer neuen Zahlenart, der negativen Zahlen, veranlaßt wurden, so können wir auch die Aufgabe der Division verallgemeinern, aber nur wenn wir das Reich der Zahlen abermals erweitern und neben den bisher benutzten **ganzen Zahlen** neue Zahlen, die **gebrochenen Zahlen oder Brüche,** einführen. Dies geschieht, indem wir uns zunächst in formaler Weise ein Begriffssystem bilden und eine Vorschrift des Rechnens feststellen. Aber dieses neue Zahlensystem ist dann wiederum geeignet, um gewisse Beziehungen der Dinge der Außenwelt darzustellen oder abzubilden.

2. Zu dem Begriff eines Bruches gelangen wir am einfachsten auf folgendem Wege. Es sei m ein Zeichen, das jede Zahl der ganzen Zahlenreihe bedeuten kann (Null, positiv, negativ) und n ein Zeichen für eine **positive** Zahl. Das aus diesen beiden Zeichen zusammengesetzte Zeichen $m/_n$ oder $\frac{m}{n}$, gesprochen: m (geteilt) durch n oder m n^{tel}, ist also durch irgend zwei Zahlen m und n vollständig bestimmt. Man nennt es eine **gebrochene Zahl** oder einen **Bruch;** m heißt der **Zähler,** n der **Nenner** des Bruches.[1]

Es werden nun folgende Festsetzungen getroffen:

1. **Der Wert eines Bruches soll ungeändert bleiben, wenn man Zähler und Nenner mit derselben (positiven) Zahl multipliziert,** d. h. es soll

$$(1) \qquad \frac{m}{n} = \frac{q\,m}{q\,n}$$

sein.

Danach kann ein gemeinsamer Teiler im Zähler und Nenner eines Bruches weggelassen werden, ohne daß der Bruch in seinem Wert geändert wird, z. B. $\frac{2}{3} = \frac{4}{6} = \frac{10}{15}$ usf.

Die Unterdrückung eines gemeinschaftlichen Teilers, also das Ersetzen von $\frac{q\,m}{q\,n}$ durch $\frac{m}{n}$, heißt **den Bruch mit q heben oder kürzen.**

Die umgekehrte Operation, d. h. das Ersetzen von $\frac{m}{n}$ durch $\frac{q\,m}{q\,n}$ heißt **den Bruch mit q erweitern.**

Es gibt nach dieser Festsetzung für jeden Bruch beliebig viele verschiedene Formen, die alle denselben Wert bezeichnen; unter diesen gibt es eine gewisse einfachste Form, die man auch die **reduzierte Form** nennt; man erhält sie, wenn man mit dem größten gemeinschaftlichen Teiler von Zähler und Nenner hebt. In einem reduzierten Bruch sind Zähler und Nenner **relativ prime** Zahlen.

---

[1] Die Bezeichnung „Bruch" ist eine Übersetzung des Ausdrucks numerus ruptus bei Leonardo von Pisa (in späteren mittelalterlichen Schriften fractio) und dieses ist wiederum eine wörtliche Übersetzung des arabischen al-kasr.

Wir können mehrere Brüche immer so darstellen, daß der Nenner in allen derselbe wird. Wir brauchen nur als gemeinschaftlichen Nenner irgendein gemeinschaftliches Vielfaches m der einzelnen Nenner zu nehmen und dann durch Erweitern die gegebenen Brüche alle auf diesen Nenner zu bringen. Z. B. können wir drei beliebige Brüche $\dfrac{a}{a_1}, \dfrac{b}{b_1}, \dfrac{c}{c_1}$ so darstellen, wenn wir $n = a_1 b_1 c_1$ setzen:

$$\frac{a}{a_1} = \frac{a b_1 c_1}{n}, \quad \frac{b}{b_1} = \frac{b c_1 a_1}{n}, \quad \frac{c}{c_1} = \frac{c a_1 b_1}{n}.$$

Das kleinste gemeinschaftliche Vielfache aller Nenner einer Anzahl von Brüchen heißt der Hauptnenner dieser Brüche.

2. Zwei Brüche mit demselben Nenner sollen dann und nur dann einander gleich sein, wenn sie auch denselben Zähler haben. Andernfalls soll der der größere sein, der den größeren Zähler hat.

Diese Festsetzung ist infolge des Monotoniegesetzes der Multiplikation verträglich mit der Bestimmung 1. Auch ist die Grundvoraussetzung für jede Größenfestsetzung befriedigt: Sind α, β, γ drei Brüche und $\alpha > \beta, \beta > \gamma$, so ist auch $\alpha > \gamma$. Wir können die Größenbestimmung auch in die Formel zusammenfassen:

Sind $\alpha = \dfrac{a}{a_1}, \beta = \dfrac{b}{b_1}$ zwei Brüche, so ist

$$(2) \qquad\qquad \alpha \lesseqgtr \beta, \quad \text{je nachdem} \quad a b_1 \lesseqgtr b a_1.$$

Dies ergibt sich, wenn man die beiden Brüche mit dem gemeinsamen Nenner $a_1 b_1$ darstellt:

$$\alpha = \frac{a b_1}{a_1 b_1}, \qquad \beta = \frac{b a_1}{a_1 b_1}.$$

Sind zwei reduzierte Brüche einander gleich: $\dfrac{a}{a_1} = \dfrac{b}{b_1}$, also nach (2) $a b_1 = b a_1$, so folgt nach § 17, 6., da a und a_1 und ebenso b und b_1 relativ prim sind, daß a ein Teiler von b, aber auch b ein Teiler von a sein muß und ebenso a_1 ein Teiler von b_1, aber auch b_1 ein Teiler von a_1. Das ist aber nur möglich, wenn $a_1 = b_1$ (weil a_1 und b_1 positiv sind) und $a = b$ ist. Es besteht also der Satz:

Es gibt für jeden Bruch nur eine reduzierte Form. Weiß man von zwei Brüchen $\dfrac{a}{a_1}$ und $\dfrac{b}{b_1}$, daß sie reduziert und einander gleich sind, so müssen die Brüche identisch, d. h. $a = b$ und $a_1 = b_1$ sein.

3. Das Zeichen $\dfrac{a}{1}$ soll wie früher die Bedeutung

$$(3) \qquad\qquad \frac{a}{1} = a$$

haben, d. h. ein Bruch mit dem Nenner 1 soll gleich der ganzen Zahl sein, die den Zähler bildet. Es ist also $\frac{1}{1} = 1$, folglich nach (1) auch

$$(4) \qquad\qquad \frac{a}{a} = 1.$$

Ferner ist, wenn $a = mb$ ist, nach (1)

$$\frac{a}{b} = \frac{mb}{b} = \frac{m}{1} = m.$$

Es hat also, sobald a ein Vielfaches von b ist, das Zeichen $\frac{a}{b}$ dieselbe Bedeutung wie früher (§ 16).

Durch (3) sind die ganzen Zahlen unter die Reihe der gebrochenen Zahlen eingeordnet. Die früher festgesetzte Größenordnung der ganzen Zahlen ist in der für die Brüche geltenden enthalten. Ein Bruch mit den Zähler 0 hat den Wert 0, Brüche mit positivem Zähler sind positiv, mit negativem Zähler negativ.

Hierdurch ist die Gesamtheit der gebrochenen Zahlen mit Einschluß der ganzen positiven und negativen Zahlen in eine Reihe geordnet, die wir die Reihe der rationalen Zahlen nennen. Ebenso wie bei den ganzen Zahlen unterscheiden wir auch bei den rationalen Zahlen den absoluten Wert von dem relativen Wert. Bei dem absoluten Werte werden nur die absoluten oder positiven Werte miteinander verglichen, während bei der relativen Anordnung die negativen Zahlen immer kleiner sind als die positiven, und von zwei negativen die die größere ist, die den kleineren absoluten Wert hat. Ein Bruch, dessen absoluter Wert kleiner als 1 ist, heißt ein echter Bruch. Ein echter Bruch ist also nach (2) ein solcher, dessen Zähler dem absoluten Werte nach kleiner als der Nenner ist.

3. Um ein anschauliches Bild und zugleich eine wichtige Anwendung der Brüche auf reale Dinge zu erhalten, teilen wir auf der Geraden, die uns die ganzen Zahlen veranschaulicht hat (Fig. 1), jedes Intervall in eine bestimmte Anzahl, etwa n gleiche Teile und zählen auf den so gewonnenen Teilpunkten (mit Einschluß der schon in Fig. 1 vorhandenen) vom Nullpunkt aus in positiver Richtung die Zahlen $\frac{+1}{n}, \frac{+2}{n}, \frac{+3}{n}, \ldots,$ in negativer Richtung die Zahlen $\frac{-1}{n}, \frac{-2}{n}, \frac{-3}{n}, \ldots$ Diese Punkte geben dann ein Bild der Größenordnung aller der Brüche, die den Nenner n haben oder durch Heben oder Erweitern auf den Nenner n gebracht werden können. In den Anwendungen, etwa bei Maßstäben, wird gewöhnlich n gleich 10 oder gleich einer Potenz von 10 angenommen.

4. Aus (2) folgt, daß von zwei positiven Brüchen mit demselben Zähler der der kleinere ist, der den größeren Nenner hat. Denn wenn $a = b$ und $a_1 > b_1$, so ist $ab_1 < ba_1$. Man kann daher beliebig viele Brüche finden, deren absoluter Wert kleiner ist als der eines gegebenen Bruches. So wird der Bruch $^1/_n$ um so kleiner, je größer n ist, und man kann, wenn $^a/_b$ ein beliebig gegebener positiver Bruch ist, n so groß annehmen, daß $^1/_n < ^a/_b$. Dieser Satz ist ein besonderer Fall des allgemeineren:

Sind α, β zwei beliebige ungleiche rationale Zahlen, so kann man beliebig viele rationale Zahlen finden, die der Größe nach zwischen α und β liegen.

Es sei nämlich $\alpha = \dfrac{a}{a_1}$, $\beta = \dfrac{b}{b_1}$ und $\alpha < \beta$, also $ab_1 < ba_1$ und folglich $ba_1 - ab_1$, eine positive ganze Zahl. Man kann daher den Multiplikator q so bestimmen, daß $q(ba_1 - ab_1)$ größer als eine beliebige Zahl r wird (§ 16, 1), daß also beliebig viele ganze Zahlen zwischen qab_1 und qba_1 liegen. Ist x eine solche Zahl, so ist

$$qab_1 < x < qba_1$$

und folglich

$$\frac{a}{a_1} < \frac{x}{qa_1b_1} < \frac{b}{b_1}.$$

5*. Nach diesem Satz ist es nicht möglich, die rationalen Zahlen, wie die ganzen Zahlen, ihrer Größe nach derart in eine bestimmte Reihenfolge zu bringen, daß man zu einer rationalen Zahl eine unmittelbar benachbarte kleinere oder größere rationale Zahl angeben kann.

Geometrisch bedeutet der Satz, daß man zwischen zwei rationalen Punkten der Geraden beliebig viel neue rationale Punkte einschalten kann. Das ist anschaulich evident; es heißt nichts anderes, als daß man jede Strecke in eine beliebige Anzahl gleich großer Teile teilen kann. Man sagt, die rationalen Punkte liegen **überall dicht**.

Bei der Darstellung der rationalen Zahlen durch die Teilpunkte eines Maßstabes verbindet sich mit dem Begriff des Abnehmens der absoluten Werte die Vorstellung von einer immer kleiner werdenden Strecke, und ähnlich ist es bei allen Anwendungen der gebrochenen Zahlen auf reale Dinge. Begrifflich liegt aber in der getroffenen Festsetzung über die Größenordnung nichts von einer objektiven Kleinheit oder Größe.

6. Wir haben bisher den Bruch $\dfrac{m}{n}$ nur für positive Nenner n erklärt, und im Grunde genommen ist dies auch ausreichend. Manchmal ist es aber zweckmäßig, auch negative Nenner zuzulassen. **Nur die Zahl Null wollen wir als Nenner nicht benutzen.** Wir erklären diese Brüche mit negativem Nenner durch die Gleichung:

$$(5) \qquad \frac{m}{-n} = \frac{-m}{n} = -\frac{m}{n}.$$

Damit ist dann die Beschränkung der Formel (1) auf positive Zahlen q aufgehoben. Man kann dafür irgendeine ganze Zahl (außer 0) nehmen.

§ 20. Rechnen mit Brüchen.

1. Um Brüche zu **addieren** oder zu **subtrahieren**, bringt man sie nach § 19 auf denselben Nenner, am besten auf den **Hauptnenner**. Diese Operation heißt auch das **Einrichten** oder **Gleichnamigmachen** der Brüche.

Wenn dann
$$\alpha = \frac{a}{n}, \qquad \beta = \frac{b}{n}$$
ist, so definieren wir als Summe und als Differenz:

(1)
$$\alpha + \beta = \frac{a+b}{n}, \qquad \alpha - \beta = \frac{a-b}{n}.$$

Haben α und β nicht denselben Nenner, sei also $\alpha = \dfrac{a}{a_1}, \beta = \dfrac{b}{b_1}$, so werden sie gleichnamig, wenn man den ersten Bruch mit b_1, den zweiten mit a_1 erweitert. Dann wird

(2)
$$\alpha + \beta = \frac{a b_1 + b a_1}{a_1 b_1}, \qquad \alpha - \beta = \frac{a b_1 - b a_1}{a_1 b_1}.$$

So erhält man als Summe und als Differenz von irgend zwei Brüchen wieder einen Bruch, aber nicht immer in reduzierter Form (z. B. $\frac{1}{3} + \frac{5}{12} = \frac{4}{12} + \frac{5}{12} = \frac{9}{12} = \frac{3}{4}$). Das Resultat ist unabhängig von der besonderen Form, in der α, β angenommen sind; denn wenn wir α und β mit q erweitern, so erscheint auch $\alpha \pm \beta$ in einer durch q erweiterten Form.

Hiernach ist die Bildung von Summen aus beliebig vielen gebrochenen Zahlen von selbst klar, und auch die Gesetze, die wir in § 8 und § 14 für das Rechnen mit ganzen Zahlen kennen gelernt haben, gelten hier unverändert. Es ist überhaupt das Rechnen mit Brüchen, sofern es sich nur um Addition und Subtraktion einer bestimmten Anzahl von Brüchen handelt, nichts anderes als das Rechnen mit ganzen Zahlen, angewandt auf eine bestimmte Art von Dingen, deren Einheit $\frac{1}{n}$ heißt. Was dem Bruchrechnen eigentümlich ist, ist nur das vorläufige Einrichten der Brüche und zuletzt im Endresultat das Heben überflüssiger Faktoren.

2. Multiplikation. Unter dem Produkt zweier Brüche $\dfrac{a}{a_1}$ und $\dfrac{b}{b_1}$ verstehen wir den Bruch $\dfrac{ab}{a_1 b_1}$. Es ergibt sich daraus also die Vorschrift, die wir gleich auf das Produkt aus beliebig vielen Faktoren ausdehnen können:

Um Brüche zu multiplizieren, multipliziert man sämtliche Zähler und sämtliche Nenner miteinander. Das Produkt der Brüche ist ein Bruch, der zum Zähler das Produkt der Zähler und zum Nenner das Produkt der Nenner hat.

Im Resultat kann man natürlich unter Umständen gemeinsame Faktoren im Zähler und im Nenner heben. Die Multiplikation ganzer Zahlen ist als Spezialfall in dieser Multiplikation enthalten. Daß das kommutative und das assoziative Gesetz auch für diese Art der Multiplikation gilt, ist eine unmittelbare Folge der Definition, weil diese Gesetze im Zähler und im Nenner des Produktes gelten. Aber auch das distributive Gesetz bleibt nach den Festsetzungen über die Addition und Multiplikation bestehen und damit gelten auch für die Multiplikation der rationalen Zahlen dieselben Gesetze wie bei den ganzen Zahlen.

So gilt auch für die Zeichenbestimmung dieselbe Regel, wie früher, nämlich, daß das Produkt positiv oder negativ ist, je nachdem die Anzahl der negativen Faktoren gerade oder ungerade ist.

Ein Produkt ist auch hier dann und nur dann $= 0$, wenn mindestens ein Faktor $= 0$ ist.

Eine Abweichung findet aber in bezug auf die Ordnung der absoluten Größe statt. Es gilt nämlich jetzt der Satz:

Das Produkt $\alpha\beta$ ist dem absoluten Werte nach kleiner oder größer als α, je nachdem β ein echter oder ein unechter Bruch ist. Denn setzen wir $\alpha = \dfrac{a}{a_1}$, $\beta = \dfrac{b}{b_1}$, so ist $\alpha\beta$ nach § 19 (2) kleiner oder größer als α, je nachdem $a a_1 b$ kleiner oder größer als $a a_1 b_1$, also, wenn a, a_1 positiv vorausgesetzt werden, je nachdem $b < b_1$ oder $b > b_1$, d. h. je nachdem β ein echter oder ein unechter Bruch ist.

3. Sind α, β, γ Brüche, so kann, wenn γ von Null verschieden ist, nur dann $\alpha\gamma = \beta\gamma$ sein, wenn $\alpha = \beta$ ist. Dies ergibt sich aus § 19, (2). Denn ist $\alpha = \dfrac{a}{a_1}$, $\beta = \dfrac{b}{b_1}$, $\gamma = \dfrac{c}{c_1}$, so ist, wenn $\alpha\gamma = \beta\gamma$ ist:

$$\frac{ac}{a_1 c_1} = \frac{bc}{b_1 c_1}$$

oder, wenn man den ersten Bruch mit b_1, den zweiten mit a_1 erweitert:

$$a c b_1 = b c a_1$$

und da c von Null verschieden ist, so folgt hieraus nach dem Schlußsatz von § 9:

$$a b_1 = b a_1$$

oder $\alpha = \beta$.

4. Division. Nun können wir im Bereich der rationalen Zahlen auch die Aufgabe der Division allgemein stellen und lösen.

Es seien α, β zwei gegebene rationale Zahlen. **Es wird eine Zahl ξ gesucht, mit der man β multiplizieren muß, um α zu erhalten,** also eine Zahl, die der Bedingung

$$(2) \qquad\qquad \alpha = \xi\beta$$

genügt. Die Aufgabe hat offenbar keine Lösung, wenn $\beta = 0$ und α nicht $= 0$ ist, weil dann das Produkt $\xi\beta$ für jedes ξ den Wert 0 hat. Sind aber α und β beide $= 0$, so ist jede beliebige Zahl ξ eine Lösung der Aufgabe. Ist aber β nicht $= 0$, so kann die Aufgabe nur eine Lösung haben. Denn angenommen, sie hätte zwei Lösungen ξ und ξ', so müßte $\xi\beta = \xi'\beta$ sein, was nach **3.** nicht möglich ist, wenn ξ von ξ' verschieden ist.

Es handelt sich also nur noch darum, irgendeine Lösung von (2) zu ermitteln. Eine solche ist aber, wenn $\alpha = \dfrac{a}{a_1}$, $\beta = \dfrac{b}{b_1}$ ist:

$$(3) \qquad\qquad \xi = \frac{a b_1}{b a_1},$$

denn dann ist

$$\xi\beta = \frac{a b_1 b}{b a_1 b_1} = \frac{a}{a_1} = \alpha.$$

Wir nennen die Bildung der Zahl ξ die Division von α durch β und α den Dividendus, β den Divisor, ξ den Quotienten und schreiben

$$(4) \qquad \xi = \alpha : \beta \quad \text{oder} \quad \frac{\alpha}{\beta}.$$

Für den Fall, daß α und β ganze Zahlen sind, $\alpha = a$, $\beta = b$, erhalten wir für ξ den Bruch $\frac{a}{b}$, und wenn b in a aufgeht, eine ganze Zahl. Die Aufgabe, ganze Zahlen ohne Rest zu dividieren, kann also im allgemeinen nur durch Brüche gelöst werden und ist als Spezialfall in der Division von Brüchen enthalten.

5*. Nach 2. können wir die Lösung (3) auch schreiben:

$$(5) \qquad \xi = \frac{a}{a_1} \cdot \frac{b_1}{b}.$$

Ist $\alpha = \beta$, also $\frac{a}{a_1} = \frac{b}{b_1}$, so wird $\xi = 1$, also

$$\frac{b}{b_1} \cdot \frac{b_1}{b} = 1.$$

Solche rationalen Zahlen $\frac{b}{b_1}$ und $\frac{b_1}{b}$, deren Produkt gleich 1 ist, heißen reziproke Zahlen. Ist $\frac{b}{b_1} = \beta$, so ist nach (4) die reziproke Zahl mit $\frac{1}{\beta}$ zu bezeichnen und man erhält sie, indem man in β Zähler und Nenner miteinander vertauscht. Nach (4) und (5) kann man nunmehr schreiben:

$$(6) \qquad \alpha : \beta = \alpha \cdot \frac{1}{\beta}$$

und hat daher den Satz:

Um einen Bruch α durch einen Bruch β zu dividieren, hat man α mit dem reziproken Werte von β zu multiplizieren.

Daß die Gleichung (2) für $\beta = 0$ entweder gar keine oder eine ganz unbestimmte Lösung hat, ist der Grund, warum man in der Arithmetik die Division durch Null und damit Brüche mit dem Nenner Null ein für allemal ausschließt. In gewissen Teilen der höheren Analysis ist es dagegen zweckmäßig, auch dem Zeichen $\frac{1}{0}$ eine Bedeutung beizulegen.

6*. Nach den hiermit getroffenen Festsetzungen über das Rechnen mit Brüchen sind die Operationen der Addition, Subtraktion, Multiplikation und Division im Bereich der rationalen Zahlen eindeutig und unbeschränkt ausführbar. Jede solche Operation zwischen rationalen Zahlen führt wieder zu einer bestimmten rationalen Zahl. Man nennt daher diese Operationen die rationalen Operationen und einen Bereich von Zahlen, der in bezug auf die rationalen Operationen geschlossen ist, einen Rationalitätsbereich oder einen Zahlenkörper. Wir können also sagen:

Die rationalen Zahlen bilden einen Zahlenkörper.

7. Potenzierung. Nachdem der Begriff der Multiplikation festgestellt ist, ergibt sich die Potenzierung von selbst. Es ist, wenn α ein Bruch und n eine natürliche Zahl ist, α^n ein Produkt aus n Faktoren, die alle gleich α sind. α heißt die **Basis**, n der **Exponent**, α^n die n^{te} **Potenz** von α. Ist $\alpha = \dfrac{a}{b}$, so ist $\alpha^n = \left(\dfrac{a}{b}\right)^n = \dfrac{a^n}{b^n}$.

Diese Ausdrücke sind zunächst nur erklärt, solange der Exponent eine positive ganze Zahl ist. Wir erweitern aber jetzt den Begriff, indem wir ihn auf **negative** Exponenten und auf den Exponenten 0 ausdehnen. Dies gelingt, wenn wir der fundamentalen Gleichung

$$(7) \qquad \alpha^m \alpha^n = \alpha^{m+n},$$

die sich für positive ganzzahlige m und n aus der Definition ergibt, allgemeine Gültigkeit für beliebige ganzzahlige Exponenten zuschreiben.

Setzen wir demnach in (7) $n = 0$, so folgt $\alpha^m \alpha^0 = \alpha^m$ und daraus, wenn α und folglich α^m von Null verschieden ist, was wir jetzt voraussetzen wollen,

$$(8) \qquad \alpha^0 = 1 .$$

Setzen wir dann aber in (7) $n = -m$, so folgt:

$$\alpha^m \alpha^{-m} = \alpha^0 = 1 ,$$

also

$$(9) \qquad \alpha^{-m} = \frac{1}{\alpha^m} = \left(\frac{1}{\alpha}\right)^m.$$

Wenn also Formel (7) für alle ganzzahligen Exponenten Gültigkeit haben soll, so muß $\alpha^0 = 1$ und α^{-m} als der reziproke Wert von α^m angenommen werden.

Auf Grund dieser Festsetzungen erstreckt sich nun die Reihe der Potenzen einer Zahl nach beiden Seiten ins Unendliche:

$$\ldots \alpha^{-4}, \quad \alpha^{-3}, \quad \alpha^{-2}, \quad \alpha^{-1}, \quad \alpha^0, \quad \alpha, \quad \alpha^2, \quad \alpha^3, \quad \alpha^4 \ldots$$

und es entsteht darin jede Potenz aus der links benachbarten durch Multiplikation mit α oder aus der rechts benachbarten durch Division mit α.

8*. Ist α ein positiver **unechter** Bruch, also $\alpha > 1$, so wächst α^n zugleich mit n, wie sich aus der Erklärung der Potenz durch wiederholte Multiplikation ergibt.

Sei $\alpha = 1 + \gamma$, also γ eine positive Zahl, so ist

$$\alpha^2 = \alpha + \alpha\gamma > 1 + 2\gamma$$
$$\alpha^3 > \alpha + 2\alpha\gamma > 1 + 3\gamma,$$

und durch vollständige Induktion folgt für jede ganze positive Zahl m:

$$\alpha^m > 1 + m\gamma$$

oder, da $\gamma = \alpha - 1$ ist:

$$(10) \qquad \alpha^m > 1 + m(\alpha - 1). \qquad\qquad \alpha > 1$$

Man kann, wenn man m genügend groß nimmt, erreichen, daß $1 + m(\alpha - 1)$ größer wird als eine beliebig gegebene Größe c. Daraus ergibt sich:

Wenn $\alpha > 1$ ist und c eine beliebig gegebene positive Zahl, so gibt es einen positiven Wert m, so daß $\alpha^n > c$ für jeden Exponenten $n \geq m$.

Durch den Übergang zu dem reziproken Wert folgt daraus, daß man, wenn $\alpha < 1$ ist, m so groß nehmen kann, daß α^n für jeden Exponenten $n \geq m$ unter einen beliebig gegebenen positiven Wert c heruntersinkt.

9*. Kehren wir zu dem Fall $\alpha > 1$ zurück, so können wir das Wachsen der Potenz α^n mit wachsendem n noch etwas genauer verfolgen. Nach (10) ist um so mehr

$$(11) \qquad \alpha^m > \gamma \cdot m,$$

worin $\gamma = \alpha - 1$ eine von m unabhängige positive Zahl ist.

Ist $k + 1$ eine beliebig gegebene positive ganze Zahl, so kann man, wie groß auch die ganze Zahl n sei, immer zwei aufeinander folgende Vielfache von $k + 1$ angeben, zwischen denen n liegt, also:

$$(12) \qquad (k + 1)\,m \gtreqless n < (k + 1)\,(m + 1),$$

und wenn man also beide Seiten der Ungleichung (11) zur Potenz $k+1$ erhebt, so ergibt sich, da $\alpha^n \geq \alpha^{(k+1)m}$ ist:

$$(13) \qquad \alpha^n > \gamma^{k+1} m^{k+1}.$$

Es ist ferner nach (12)

$$m > \frac{n}{k+1} - 1 = \frac{n}{k+1}\left(1 - \frac{k+1}{n}\right).$$

Sei nun ε ein positiver echter Bruch, also $0 < \varepsilon < 1$, und $n > \dfrac{k+1}{1-\varepsilon}$ angenommen, dann ist $1 - \dfrac{k+1}{n} > \varepsilon$, mithin $m > \dfrac{n\varepsilon}{k+1}$, folglich nach (13)

$$\alpha^n > \left(\frac{\gamma\varepsilon}{k+1}\right)^{k+1} \cdot n^{k+1}.$$

Ist nun c eine beliebig gegebene Größe, so kann man n so groß annehmen, daß

$$n \cdot \left(\frac{\gamma\varepsilon}{k+1}\right)^{k+1} > c$$

wird, und dann ist

$$(14) \qquad \alpha^n > c \cdot n^k.$$

Hiermit ist bewiesen:

Ist $\alpha > 1$, k eine beliebig gegebene natürliche Zahl, c eine beliebig große positive Zahl, so ist, wenn n einen hinlänglich großen Zahlenwert überschritten hat, $\alpha^n > cn^k$.

Man drückt dies auch so aus, daß man sagt, α^n wachse mit dem Exponenten n stärker als jede noch so hohe Potenz von n.

10*. In § 15, 4. haben wir die wichtige Formel

$$(15) \qquad a^2 - b^2 = (a + b)\,(a - b)$$

erwähnt, durch die eine Differenz von zwei Quadraten in ein Produkt verwandelt wird. Wir wollen diese Formel allgemein auf eine Differenz von zwei Potenzen mit gleichen Exponenten ausdehnen, indem wir den folgenden Satz beweisen:

Es ist für jeden positiven ganzzahligen Exponenten n

$$(16) \quad a^n - b^n = (a^{n-1} + a^{n-2}b + a^{n-3}b^2 + \cdots + ab^{n-2} + b^{n-1})(a - b).$$

Wir führen den Beweis durch vollständige Induktion. Für $n = 2$ stimmt Formel (16) mit (15) überein. Sei sie nun bis zu einem bestimmten Exponenten n als richtig erkannt, so ist zu zeigen, daß sie auch für den Exponenten $n + 1$ richtig ist. Es müßte dann also

$$(17) \quad a^{n+1} - b^{n+1} = (a^n + a^{n-1}b + a^{n-2}b^2 + \cdots + ab^{n-1} + b^n)(a - b)$$

sein. Wir bezeichnen die erste Klammer in (16) kurz mit F_n, die entsprechende in (17) mit F_{n+1}. Dann ist, wie man leicht sieht,

$$F_{n+1} = a^n + b \cdot F_n,$$

also

$$F_{n+1} \cdot (a - b) = (a^n + b \cdot F_n)(a - b) = a^{n+1} - a^n b + b \cdot F_n \cdot (a - b).$$

Nach Voraussetzung ist aber $F_n \cdot (a - b) = a^n - b^n$, folglich

$$F_{n+1} \cdot (a - b) = a^{n+1} - a^n b + b(a^n - b^n) = a^{n+1} - b^{n+1},$$

womit (17) und unser Satz bewiesen ist.

Man kann den Satz auch in folgender Form aussprechen:

Eine Differenz von zwei gleich hohen Potenzen ist immer durch die Differenz der Grundzahlen teilbar und der Quotient ist:

$$(18) \quad \frac{a^n - b^n}{a - b} = a^{n-1} + a^{n-2}b + a^{n-3}b^2 + \cdots + ab^{n-2} + b^{n-1}.$$

Diese Formel gilt für positive und negative Werte von a und b; nur der Fall $a = b$ ist auszuschließen. Schreiben wir $-b$ an Stelle von b, so ist zu unterscheiden zwischen graden und ungraden Exponenten n. Sei

1. n grade $= 2m$, so folgt nach 2.:

$$(19) \quad \frac{a^{2m} - b^{2m}}{a + b} = a^{2m-1} - a^{2m-2}b + a^{2m-3}b^2 - \cdots + ab^{2m-2} - b^{2m-1},$$

d. h. die Differenz von zwei Potenzen mit gleich hohen graden Exponenten ist durch die Summe der Grundzahlen teilbar. Da sie nach dem vorigen Satz auch durch die Differenz der Grundzahlen teilbar ist, so muß sie nach (15) durch die Differenz der Quadrate der Grundzahlen teilbar sein. Dies folgt auch unmittelbar aus (18), da $a^{2m} - b^{2m} = (a^2)^m - (b^2)^m$ ist.

2. n ungrade $= 2m + 1$. Dann ist nach (18), wenn dort $-b$ an Stelle von b gesetzt wird:

$$(20) \quad \frac{a^{2m+1} + b^{2m+1}}{a + b} = a^{2m} - a^{2m-1}b + a^{2m-2}b^2 - \cdots - ab^{2m-1} + b^{2m},$$

d. h. die Summe von zwei Potenzen mit gleich hohen ungraden Exponenten ist durch die Summe der Grundzahlen teilbar.

So ist z. B. nach (18) und (20) für den Exponenten 3:

$$(21) \qquad \frac{a^3 - b^3}{a - b} = a^2 + ab + b^2, \qquad \frac{a^3 + b^3}{a + b} = a^2 - ab + b^2.$$

11*. Nehmen wir in (18) $a = 1$ und schreiben q an Stelle von b, so erhalten wir:

$$(22\,\text{a}) \qquad 1 + q + q^2 + \cdots + q^{n-1} = \frac{1 - q^n}{1 - q}$$

oder auch, wenn wir den Bruch mit -1 erweitern:

$$(22\,\text{b}) \qquad 1 + q + q^2 + \cdots + q^{n-1} = \frac{q^n - 1}{q - 1}.$$

Die erste Formel wird man für $q < 1$, die zweite für $q > 1$ anwenden. Für $q = 1$ versagen diese Formeln (ebenso wie (18) für $a = b$), man erhält aber dann direkt für die Summe auf der linken Seite den Wert **n**.

Als Beispiele führen wir an:

1. $q = 2$:
$$1 + 2 + 2^2 + 2^3 + \cdots + 2^{n-1} = 2^n - 1.$$

2. $q = \frac{1}{2}$, wobei wir gleichzeitig in (22a) $n + 1$ an Stelle von **n** schreiben:
$$1 + \frac{1}{2} + \frac{1}{2^2} + \frac{1}{2^3} + \cdots + \frac{1}{2^n} = 2 - \frac{1}{2^n}.$$

Die Glieder $1, q, q^2, q^3, \ldots q^{n-1}$ der Summe (22) bilden eine sogenannte **geometrische Reihe**. Sie haben die Eigenschaft, daß jedes Glied aus dem vorhergehenden durch Multiplikation mit demselben Faktor q hervorgeht, oder daß der Quotient aus je zwei aufeinanderfolgenden Gliedern konstant $= q$ ist. Das Anfangsglied der Reihe ist hier $= 1$; allgemeiner lautet die geometrische Reihe von n Gliedern mit dem Anfangsglied a und dem Quotienten q:

$$a, \quad aq, \quad aq^2, \quad aq^3, \ldots aq^{n-1}.$$

Sie entsteht aus der Reihe mit dem Anfangsglied 1 durch Multiplikation jedes Gliedes mit a; wir können daher auch sofort die Summe S der n ersten Glieder angeben und haben nach (22)

$$(23\,\text{a}) \qquad S = a\,\frac{1 - q^n}{1 - q} = a\,\frac{q^n - 1}{q - 1}$$

oder auch

$$(23\,\text{b}) \qquad S = \frac{a q^n - a}{q - 1}.$$

§ 21. Endliche Dezimalbrüche.

1*. Die am häufigsten vorkommenden Rechnungen mit Brüchen, nämlich Additionen und Subtraktionen erfordern das Aufsuchen des gemeinsamen Nenners und das Gleichnamigmachen der Brüche. Sie werden also sehr erleichtert, wenn alle Brüche von vornherein denselben

Nenner besitzen. Diesen Zweck erfüllen die **Dezimalbrüche**, die man — besonders seit der Einführung des dezimalen Maßsystems — im gewöhnlichen Leben, aber auch beim wissenschaftlichen Rechnen (Astronomie, Geodäsie) fast aussschließlich verwendet.[1]) Sie bedeuten im Grunde nur eine konsequente Fortbildung des dekadischen Ziffernsystems. Bei einer dekadisch geschriebenen Zahl

$$\{a_n a_{n-1} \cdots a_1 a_0\} = a_n \cdot 10^n + a_{n-1} \cdot 10^{n-1} + \cdots + a_1 \cdot 10 + a_0$$

ist der Stellenwert jeder Ziffer der 10. Teil vom Stellenwert der links benachbarten Ziffer. Man kann daher die Schreibweise nach rechts fortsetzen und Ziffern mit dem Stellenwert $\frac{1}{10} = 10^{-1}$, $\frac{1}{10^2} = 10^{-2}$, $\frac{1}{10^3} = 10^{-3} \ldots$ anfügen, wenn man nur andeutet, wo die Potenzen mit negativen Exponenten beginnen. Das geschieht durch das **Komma**. So erhält man einen Dezimalbruch:

$$\{a_n a_{n-1} \cdots a_1 a_0, \alpha_1 \alpha_2 \ldots \alpha_m\}$$

und dieser bedeutet die Zahl

$$a_n \cdot 10^n + a_{n-1} \cdot 10^{n-1} + \cdots + a_1 \cdot 10 + a_0 + \frac{\alpha_1}{10} + \frac{\alpha_2}{10^2} + \cdots + \frac{\alpha_m}{10^m}.$$

Es wird also durch das Komma der **ganzzahlige** Teil der Zahl von dem **gebrochenen** Teil getrennt. Besitzt die Zahl keinen ganzzahligen Teil, d. h. ist es eine Zahl zwischen 0 und 1, so schreibt man eine Null vor das Komma.

Ein Hauptvorzug der Dezimalbrüche gegenüber den gewöhnlichen Brüchen besteht darin, daß man an ihnen sofort die Größenordnung der betreffenden Zahl erkennt, so daß man ohne weiteres mehrere Zahlen der Größe nach miteinander vergleichen kann. Ein Nachteil dagegen ist es, daß auch ganz einfache Brüche, wie $\frac{1}{3}$, $\frac{5}{6}$, $\frac{3}{7}$, sich nicht durch endliche Dezimalbrüche darstellen lassen. (Vgl. § 31 und § 66.)

2. Man rechnet mit den Dezimalbrüchen nach denselben Methoden wie mit ganzen Zahlen.

---

1) Schon die **Babylonier** verwendeten entsprechend ihrem Ziffernsystem Sexagesimalbrüche mit den Nennern 60, 60^2, ... (Tafeln von Senkereh um 2000 v. Chr.), während um dieselbe Zeit die **Ägypter** merkwürdigerweise Brüche mit demselben **Zähler** 1 (Stammbrüche) benutzten, was eine viel größere Rechenfertigkeit erfordert (Rechenbuch des Ahmes). Auch die wichtigste Zahlentabelle des Altertums, die Sehnentafel des **Ptolemäus** ('H μεγάλη σύνταξις um 150 n. Chr.) gibt die Länge der Sehnen zu gegebenen Zentriwinkeln in Sexagesimalbrüchen. Als Erfinder der Dezimalbrüche ist **Vieta** (Canon mathematicus 1579) anzusehen. Unabhängig von ihm sind der Holländer **Simon Stevin** (1585) und der Schweizer **Jobst Bürgi** (1592) auf sie gekommen. Die Verbreitung der Dezimalbruchrechnung geht Hand in Hand mit der Verwendung der Zahlentabellen (trigonometrische und Logarithmentafeln), deren mühsame und außerordentlich sorgfältige Berechnung das Verdienst der Mathematiker des ausgehenden 16. und beginnenden 17. Jahrhunderts ist. Näheres darüber wird im Abschnitt über die Logarithmen gesagt werden.

Beim Addieren und beim Subtrahieren muß man die Zahlen so schreiben, daß die Kommata in allen Zahlen, also die Ziffern von gleichem Stellenwerte, untereinander stehen. Hängt man dann am Ende Nullen an, bis alle Zahlen die gleiche Stellenzahl nach dem Komma haben, so kann man ganz so rechnen, als ob kein Komma vorhanden wäre, hat aber im Resultat das Komma wieder an die gleiche Stelle zu setzen, die es in den einzelnen Zahlen innehat.

3. Ist ein Dezimalbruch mit 10 zu multiplizieren, so rückt man das Komma um eine Stelle nach rechts, und wenn mit 10^h zu multiplizieren ist, um h Stellen nach rechts. Hat man durch 10 oder durch 10^h zu dividieren, so rückt das Komma um eine oder um h Stellen nach links. Diese Operation ist immer ausführbar, wenn man am Anfang oder am Ende die nötige Anzahl von Nullen anhängt.

4. Wenn man zwei Dezimalbrüche α und β zu multiplizieren hat, von denen der erste μ, der zweite ν Stellen nach dem Komma hat, so läßt man zunächst die beiden Kommata weg, d. h. man multipliziert die ganzen Zahlen $10^\mu \alpha$ und $10^\nu \beta$. Das Produkt ist $10^{\mu+\nu}\alpha\beta$, und man muß also, um $\alpha\beta$ zu erhalten, noch mit $10^{\mu+\nu}$ dividieren, d. h. man muß $\mu + \nu$ Stellen des gefundenen Resultates hinter das Komma setzen. Hierdurch ist die Multiplikation von Dezimalbrüchen auf die Multiplikation ganzer Zahlen zurückgeführt.

5*. Hat man einen Dezimalbruch α mit μ Stellen durch einen Dezimalbruch β mit ν Stellen nach dem Komma zu dividieren, so führt man statt dessen die gleichwertige Division $10^\nu \alpha : 10^\nu \beta$ aus, d. h. man läßt im Divisor das Komma weg und rückt im Dividenden das Komma um die Anzahl der Stellen, die der Divisor hatte, nach rechts. Dann wird wie beim Rechnen mit ganzen Zahlen dividiert und im Quotienten wird das Komma gesetzt, sobald beim Dividieren die letzte Ziffer des ganzzahligen Teils heruntergeholt ist.

6. Abgekürzte Dezimalbrüche. Der Stellenwert einer Ziffer eines Dezimalbruches wird um so kleiner, je weiter rechts die Ziffer steht. Es kommt nun oft vor, daß man bei Zahlenangaben oder Rechnungen die am weitesten rechts stehenden Ziffern von einer gewissen Stelle an nicht mehr berücksichtigt („vernachlässigt"), sei es, weil sie nicht bekannt sind, sei es, weil bei der Natur der besonderen Aufgabe nichts darauf ankommt. Das Weglassen dieser Ziffern heißt Abkürzen des Dezimalbruches. So muß man z. B. bei allen mathematischen Tabellen (Logarithmentafeln, trigonometrischen Tafeln usw.) die Tafelwerte nach einer bestimmten Anzahl (3-, 5-, 7-) Stellen abbrechen. Bei der Kreisberechnung rechnet man mit der bekannten Zahl $\pi = 3,14\ldots$ oder vielmehr man ersetzt sie durch einen abgekürzten Dezimalbruch; die Anzahl der Stellen, die man beibehält, richtet sich nach der Genauigkeit, die man erreichen will oder kann. Wenn z. B. der Radius bis auf $\frac{1}{1000}$ seiner Länge genau gemessen ist, hat es keinen Zweck, mehr als vier Dezimalstellen der Zahl π zu berücksichtigen.

Das Abkürzen eines Dezimalbruchs wird nach folgender Regel vorgenommen, die sich unmittelbar aus dem Begriff des Dezimalbruchs ergibt:

Ist die erste der weggelassenen Ziffern größer als 4, so erhöht man die letzte der beibehaltenen Ziffern um 1; andernfalls läßt man sie unverändert.

Der Fehler, den man dabei begeht, beträgt höchstens eine halbe Einheit der letzten beibehaltenen Stelle. Wird der Dezimalbruch nur um eine Stelle verkürzt und ist diese gleich 5, so ist der Fehler der gleiche, ob man nun die letzte Stelle um 1 erhöht oder nicht. In diesem Falle empfiehlt es sich zur Ausgleichung der Fehler bei einer größeren Anzahl von Dezimalbrüchen die letzte Stelle, wenn sie eine grade Zahl ist, zu erhöhen, wenn ungrade, beizubehalten.

Über das Rechnen mit abgekürzten Dezimalbrüchen vgl. Lüroth, Vorlesungen über numerisches Rechnen, Leipzig 1900; Möller, Die abgekürzte Dezimalbruchrechnung, Wien 1906; Neuendorff, Praktische Mathematik (Aus Natur u. Geisteswelt Nr. 341), Leipzig 1917.

§ 22*. Endliche Kettenbrüche.

1. Es seien a und a_1 zwei positive teilerfremde Zahlen und $a > a_1$. Wir wenden auf sie den **Euklidischen Algorithmus** an und erhalten eine Kette von Gleichungen (§ 17, **6.**):

$$(1) \quad \begin{aligned} a &= q\ \ a_1 + a_2 \\ a_1 &= q_1\ \ a_2 + a_3 \\ &\cdot \quad \cdot \quad \cdot \quad \cdot \quad \cdot \quad \cdot \quad \cdot \\ a_{n-1} &= q_{n-1} a_n + 1 \\ a_n &= q_n \cdot 1 \end{aligned}$$

mit abnehmenden Resten $a_2, a_3, \ldots$, so daß

$$a > a_1 > a_2 > \cdots > a_n > 1$$

ist. Betrachten wir nun die rationalen Zahlen

$$(2) \quad \frac{a}{a_1} = x, \quad \frac{a_1}{a_2} = x_1, \quad \frac{a_2}{a_3} = x_2, \quad \ldots, \quad \frac{a_{n-1}}{a_n} = x_{n-1},$$

so ist nach (1)

$$(3) \quad \begin{aligned} x &= q\ \ + \frac{1}{x_1} \\ x_1 &= q_1\ \ + \frac{1}{x_2} \\ x_2 &= q_2\ \ + \frac{1}{x_3} \\ &\cdot \quad \cdot \quad \cdot \quad \cdot \quad \cdot \quad \cdot \\ x_{n-1} &= q_{n-1} + \frac{1}{x_n} \\ x_n &= q_n, \end{aligned}$$

und hierin bedeutet allgemein q_i den Quotienten der Division $\dfrac{a_i}{a_{i+1}}$, also die größte in x_i enthaltene ganze Zahl. Es ist daher

$$q_i \leqq x_i < q_i + 1,$$

wobei das Gleichheitszeichen nur für $i = n$ besteht.

2. Man kann die Gleichungen (3) unabhängig von den Gleichungen (1) auch so erklären, daß man einen gegebenen unechten Bruch x als gemischten Bruch schreibt; der ganzzahlige Bestandteil ist q, der übrig bleibende echte Bruch ist $\dfrac{1}{x_1}$, also x_1 wiederum ein unechter Bruch, mit dem man ebenso verfährt usf. Im Grunde stimmt das natürlich mit dem Euklidischen Algorithmus überein, und nur auf Grund dieses Algorithmus erkennt man, daß für irgendeine rationale Zahl x die Kette der Gleichungen (3) stets abbricht, d. h. daß sich schließlich ein ganzzahliges $x_n = q_n$ einstellt.

Nehmen wir z. B. $a = 480$, $a_1 = 139$, so erhalten wir durch den Euklidischen Algorithmus:

$$
\begin{array}{ccccccc}
\mathbf{3} & \mathbf{2} & \mathbf{4} & \mathbf{1} & \mathbf{5} & \mathbf{2} & \\
480 : & 139 : & 63 : & 13 : & 11 : & 2 : & 1 \\
417 & 126 & 52 & 11 & 10 & & \\
\hline
63 & 13 & 11 & 2 & 1 & &
\end{array}
$$

(4)

Die Gleichungen (3) dagegen haben die Form:

$$
\begin{aligned}
x &= \frac{480}{139} = 3\,\frac{63}{139} = 3 + \frac{1}{x_1} \\[2mm]
x_1 &= \frac{139}{63} = 2\,\frac{13}{63} = 2 + \frac{1}{x_2} \\[2mm]
x_2 &= \frac{63}{13} = 4\,\frac{11}{13} = 4 + \frac{1}{x_3} \\[2mm]
x_3 &= \frac{13}{11} = 1\,\frac{2}{11} = 1 + \frac{1}{x_4} \\[2mm]
x_4 &= \frac{11}{2} = 5\,\frac{1}{2} = 5 + \frac{1}{x_5} \\[2mm]
x_5 &\qquad\qquad = 2.
\end{aligned}
$$

(5)

3. Setzen wir in der ersten Gleichung von (3) für x_1 seinen Ausdruck aus der zweiten Gleichung, dann für x_2 seinen Ausdruck aus der dritten Gleichung usf., für x_{n-1} seinen Ausdruck aus der vorletzten Gleichung ein, so erhalten wir nacheinander:

$$
\text{(6)}\qquad x = q + \frac{1}{x_1} = q + \cfrac{1}{q_1 + \cfrac{1}{x_2}} = \cdots = q + \cfrac{1}{q_1 + \cdots + \cfrac{1}{q_{n-1} + \cfrac{1}{x_n}}},
$$

und wenn wir schließlich für x_n seinen Wert q_n einführen, so wird x oder

$$
\text{(7)}\qquad \frac{a}{a_1} = q + \cfrac{1}{q_1 + \cfrac{1}{q_2 + \cdots + \cfrac{1}{q_{n-1} + \cfrac{1}{q_n}}}}.
$$

Ein solcher Ausdruck heißt ein (endlicher) Kettenbruch.[1]) Die ganzen positiven Zahlen q, q_1, ..., q_n heißen die Teilnenner, die rationalen Zahlen x_1, x_2, ..., x_n die vollständigen Quotienten des Kettenbruchs. Wir benutzen an Stelle von (7) die bequemere Schreibweise:

$$(8) \qquad \frac{a}{a_1} = (q, q_1, \ldots, q_{n-1}, q_n).$$

So liefert also das obige Beispiel den Kettenbruch

$$\tfrac{480}{139} = (3, 2, 4, 1, 5, 2).$$

Man kann diese Schreibweise auch auf die Gleichungen (6) anwenden und irgendeine von ihnen in der Form

$$(9) \qquad x = (q, q_1, \ldots, q_{\nu-1}, x_\nu)$$

ausdrücken, wo dann allerdings die x_ν nicht ganze Zahlen, sondern, wie man aus (6) und (7) erkennt, gleich den Kettenbrüchen

$$(10) \qquad x_\nu = (q_\nu, q_{\nu+1}, \ldots, q_n)$$

sind. Man kann sagen, der vollständige Quotient x_ν ist der Restkettenbruch, wenn man den Kettenbruch (8) mit dem Teilnenner $q_{\nu-1}$ abbricht.

Wir können nun auch die Beschränkung, daß $a > a_1$ sein soll, fallen lassen. Ist $\frac{a}{a_1}$ ein positiver echter Bruch, so wird lediglich der erste Teilnenner $q = 0$; er kann dann in (7) weggelassen werden, nicht aber in der Schreibweise (8). So ist z. B.

$$\tfrac{139}{480} = (0, 3, 2, 4, 1, 5, 2).$$

Sogar negative Werte könnten wir für a zulassen; dann würde q als nächste ganze Zahl $< \frac{a}{a_1}$ negativ, die übrigen Teilnenner dagegen blieben positive ganze Zahlen. Wo nichts anderes bemerkt ist, wollen wir aber immer auch q als nicht negativ voraussetzen.

4. Wir können den Kettenbruch (8) noch etwas modifizieren. Es ist nämlich im Algorithmus (1) der Rest $a_n > 1$, also auch $q_n > 1$. Schreiben wir nun

$$q_n = q_n - 1 + \tfrac{1}{1},$$

so haben wir in (7) den letzten Teilnenner q_n durch die beiden Teilnenner $q_n - 1$ und 1 ersetzt. Es ist also auch

$$(8\,\mathrm{a}) \qquad \frac{a}{a_1} = (q, q_1, \ldots, q_{n-1}, q_n - 1, 1),$$

so daß wir für jede rationale Zahl zwei Kettenbruchentwicklungen haben, von denen die eine mit einem Teilnenner > 1, die andere mit dem Teilnenner 1 schließt. Man hat es also in der Hand, eine

---

[1]) Genauer bezeichnet man ihn als regulären Kettenbruch zum Unterschied von den allgemeinen Kettenbrüchen, bei denen an Stelle der Zähler 1 irgendwelche Zahlen stehen und auch die Teilnenner q, ..., q_n nicht ganze Zahlen zu sein brauchen.

grade oder ungrade Anzahl von Teilnennern zu erhalten. In unserm Beispiel haben wir als zweite Entwicklung

$$\tfrac{480}{139} = (3,\ 2,\ 4,\ 1,\ 5,\ 1,\ 1).$$

5. Durch den Euklidischen Algorithmus wird die Aufgabe gelöst, eine gegebene rationale Zahl in einen Kettenbruch zu verwandeln. Umgekehrt ist natürlich jeder endliche Kettenbruch eine **rationale Zahl** und es erwächst die Aufgabe, einen gegebenen Kettenbruch als rationale Zahl $\frac{a}{a_1}$ darzustellen. Ihre Lösung wird sich von selbst ergeben, wenn wir den Zusammenhang des Wertes x des Kettenbruchs mit den vollständigen Quotienten $x_1, x_2, \ldots$ näher untersuchen. Es ist nach (3)

$$(11) \qquad x = \frac{q\,x_1 + 1}{x_1}$$

und, wenn wir hierin $x_1 = q_1 + \dfrac{1}{x_2}$ einsetzen,

$$x = \frac{(q\,q_1 + 1)\,x_2 + q}{q_1\,x_2 + 1}.$$

Hier kann man wieder x_2 durch $q_2 + \dfrac{1}{x_3}$ ersetzen usf. und erhält so einen Ausdruck von der Form

$$(12) \qquad x = \frac{A_\nu x_\nu + A_\nu'}{B_\nu x_\nu + B_\nu'}.$$

Daß dies allgemein richtig ist, beweist man durch vollständige Induktion. Führt man nämlich $x_\nu = q_\nu + \dfrac{1}{x_{\nu+1}}$ ein, so ergibt sich:

$$x = \frac{(q_\nu A_\nu + A_\nu')\,x_{\nu+1} + A_\nu}{(q_\nu B_\nu + B_\nu')\,x_{\nu+1} + B_\nu},$$

also ein Ausdruck von derselben Form wie in (12). Er muß in der dort benutzten Schreibweise identisch sein mit

$$x = \frac{A_{\nu+1}\,x_{\nu+1} + A_{\nu+1}'}{B_{\nu+1}\,x_{\nu+1} + B_{\nu+1}'};$$

folglich ergibt sich zunächst: $\quad A_{\nu+1}' = A_\nu, \quad B_{\nu+1}' = B_\nu, \quad$ also auch

$$(13) \qquad A_\nu' = A_{\nu-1}, \quad B_\nu' = B_{\nu-1}$$

und damit

$$(14) \qquad A_{\nu+1} = q_\nu A_\nu + A_{\nu-1}, \quad B_{\nu+1} = q_\nu B_\nu + B_{\nu-1}.$$

Mit Rücksicht auf (13) haben wir nun für den Zusammenhang zwischen x und irgendeinem vollständigen Quotienten x_ν:

$$(15) \qquad x = \frac{A_\nu x_\nu + A_{\nu-1}}{B_\nu x_\nu + B_{\nu-1}}.$$

6. Durch die Formeln (14) ist in den beiden Reihen von Zahlen:

$$(16) \qquad \begin{aligned} &A_0,\ A_1,\ A_2,\ A_3,\ \ldots,\ A_{n+1}\\ &B_0,\ B_1,\ B_2,\ B_3,\ \ldots,\ B_{n+1} \end{aligned}$$

jede Zahl durch die beiden vorhergehenden Zahlen bestimmt und man braucht nur die beiden ersten Zahlen A_0, A_1 bzw. B_0, B_1 zu kennen, um nacheinander alle Zahlen der beiden Reihen berechnen zu können. Setzt man aber in (15) für ν den Wert 1 und vergleicht mit (11), so findet man:

$$(17) \qquad A_0 = 1, \quad A_1 = q; \quad B_0 = 0, \quad B_1 = 1.$$

Solche Ausdrücke wie in den Formeln (14), welche jede Zahl einer Reihe durch eine Anzahl vorangehender Zahlen bestimmen, nennt man **Rekursionsformeln**. Die in (17) gegebenen Werte der Zahlen, die als bekannt vorauszusetzen sind, um alle übrigen Zahlen der Reihe berechnen zu können, heißen die Anfangsbedingungen der Rekursion. Wir können also sagen: **Für die Zahlen der beiden Reihen (16) gelten dieselben Rekursionsformeln mit verschiedenen Anfangsbedingungen.**

In unserem Beispiel aus **2.** haben wir

$$(18)$$

q_ν	3	2	4	1	5	2
A_ν	1	3	7	31	38	221	480
B_ν	0	1	2	9	11	64	139

Für die zweite Kettenbruchentwicklung desselben Bruches schließt dieses Täfelchen mit

$$(18\,a)$$

	5	1	1
38	221	259	480
11	64	75	139

7. Führt man in (15) an Stelle des vollständigen Quotienten x_ν den Teilnenner q_ν ein, so erhält man damit, wie sich aus (9) erweist, an Stelle von x den Wert des Kettenbruchs $(q, q_1, q_2, \ldots, q_\nu)$. Andererseits wird aber nach (14) die rechte Seite von (15) gleich $\frac{A_{\nu+1}}{B_{\nu+1}}$, folglich ist

$$(19) \qquad \frac{A_{\nu+1}}{B_{\nu+1}} = (q, q_1, q_2, \ldots, q_\nu).$$

Diese Brüche heißen für $\nu = 0, 1, 2, \ldots, n$ die **Näherungsbrüche** des Kettenbruchs (8). Ihre Zähler und Nenner werden durch die Rekursionsformeln (14) berechnet. Der letzte Näherungsbruch $\frac{A_{n+1}}{B_{n+1}}$ gibt den Wert des Kettenbruchs (8). So sind nach (18) die Näherungsbrüche des Kettenbruchs $(3, 2, 4, 1, 5, 2)$:

$$\tfrac{3}{1}, \tfrac{7}{2}, \tfrac{31}{9}, \tfrac{38}{11}, \tfrac{221}{64}, \tfrac{480}{139}.$$

Aus (14) ergibt sich, da alle q_ν positive ganze Zahlen sind, daß

$$A_{\nu+1} > A_\nu, \quad B_{\nu+1} > B_\nu$$

ist, d. h.:

Die Zähler und Nenner der aufeinanderfolgenden Näherungsbrüche wachsen ununterbrochen.[1]

---

[1] Nur in dem besonderen Fall, daß $q_1 = 1$ ist, ist $B_1 = B_2$ und die Nenner wachsen erst von B_2 an.

8. Wir multiplizieren die erste Formel in (14) mit B_ν, die zweite mit A_ν und subtrahieren dann die beiden Formeln. Es folgt:

$$A_{\nu+1}B_\nu - B_{\nu+1}A_\nu = A_{\nu-1}B_\nu - B_{\nu-1}A_\nu$$

oder, wenn man beiderseits mit $(-1)^{\nu+1} = (-1)^\nu \cdot (-1)$ multipliziert:

$$(-1)^{\nu+1}(A_{\nu+1}B_\nu - B_{\nu+1}A_\nu) = (-1)^\nu(A_\nu B_{\nu-1} - B_\nu A_{\nu-1}).$$

Es hat also der Ausdruck $(-1)^\nu(A_\nu B_{\nu-1} - B_\nu A_{\nu-1})$ für alle Werte von ν denselben Wert; nimmt man aber $\nu = 1$, so wird nach (17) dieser Wert $(-1) \cdot (-1) = 1$ und es folgt der Satz:

Zwischen den Zählern und Nennern von irgend zwei aufeinanderfolgenden Näherungsbrüchen besteht die Beziehung

$$(20) \qquad A_\nu B_{\nu-1} - B_\nu A_{\nu-1} = (-1)^\nu.$$

9. Hieraus ergeben sich wichtige Folgerungen. Zunächst schließt man, daß die Zahlen A_ν und B_ν keinen gemeinsamen Teiler haben können, denn ein solcher müßte auch Teiler von ± 1 sein, also:

Sämtliche Näherungsbrüche sind reduzierte Brüche.

Ebenso müssen auch A_ν und $A_{\nu-1}$ sowie B_ν und $B_{\nu-1}$ relativ prim sein, also:

Die Zähler und ebenso die Nenner von je zwei aufeinanderfolgenden Näherungsbrüchen sind teilerfremde Zahlen.

10. Wir betrachten die Differenz zwischen irgendeinem Näherungsbruch und dem Wert x des ganzen Kettenbruchs und haben nach (15)

$$\text{oder} \qquad \frac{A_\nu}{B_\nu} - x = \frac{A_\nu}{B_\nu} - \frac{A_\nu x_\nu + A_{\nu-1}}{B_\nu x_\nu + B_{\nu-1}} = \frac{A_\nu B_{\nu-1} - B_\nu A_{\nu-1}}{B_\nu(B_\nu x_\nu + B_{\nu-1})}$$

$$(21) \qquad \frac{A_\nu}{B_\nu} - x = \frac{(-1)^\nu}{B_\nu(B_\nu x_\nu + B_{\nu-1})}.$$

Diese Differenzen sind für $\nu = 1, 2, 3, \ldots$ abwechselnd negativ und positiv und der Nenner auf der rechten Seite wird nach **7.** immer größer. Daraus folgt:

Die Näherungsbrüche sind abwechselnd kleiner und größer als der Wert x des Kettenbruchs und nähern sich ihm von beiden Seiten immer mehr, bis schließlich der Näherungsbruch $\frac{A_{n+1}}{B_{n+1}}$ mit x zusammenfällt.[1])

Es bilden also die Näherungsbrüche mit ungradem Index

$$\frac{A_1}{B_1}, \ \frac{A_3}{B_3}, \ \frac{A_5}{B_5}, \ \ldots$$

eine aufsteigende, die Näherungsbrüche mit gradem Index

$$\frac{A_2}{B_2}, \ \frac{A_4}{B_4}, \ \frac{A_6}{B_6}, \ \ldots$$

---

[1]) Man mache sich diese Art der Annäherung geometrisch auf der Zahlengeraden klar.

eine absteigende Zahlenreihe, aber so, daß jede Zahl der ersten Reihe kleiner bleibt als jede der zweiten Reihe. Die Differenz zwischen zwei entsprechenden Brüchen der beiden Reihen, also zwischen zwei aufeinanderfolgenden Näherungsbrüchen wird mithin, absolut genommen, immer kleiner und ist nach (20)

$$(22) \qquad \frac{A_\nu}{B_\nu} - \frac{A_{\nu-1}}{B_{\nu-1}} = \frac{(-1)^\nu}{B_\nu B_{\nu-1}}.$$

11. Die Näherungsbrüche dienen dazu, eine gegebene rationale Zahl angenähert durch einfachere Brüche zu ersetzen. Wir nennen dabei von zwei reduzierten Brüchen den mit dem kleineren Nenner den einfacheren. Es besteht nun der Satz:

Jeder zwischen zwei aufeinanderfolgenden Näherungsbrüchen gelegene Bruch ist weniger einfach als jeder der beiden Näherungsbrüche.

Wenn nämlich der Bruch $\frac{A}{B}$ zwischen den beiden Näherungsbrüchen $\frac{A_{\nu-1}}{B_{\nu-1}}$ und $\frac{A_\nu}{B_\nu}$ liegt, so haben die beiden Differenzen

$$\frac{A_\nu}{B_\nu} - \frac{A_{\nu-1}}{B_{\nu-1}} \quad \text{und} \quad \frac{A}{B} - \frac{A_{\nu-1}}{B_{\nu-1}}$$

dasselbe Vorzeichen (positiv oder negativ, je nachdem ν grade oder ungrade ist), und der absolute Wert der ersten Differenz ist größer als der der zweiten:

$$\left| \frac{A_\nu}{B_\nu} - \frac{A_{\nu-1}}{B_{\nu-1}} \right| > \left| \frac{A}{B} - \frac{A_{\nu-1}}{B_{\nu-1}} \right| > 0$$

oder nach (22):

$$\frac{1}{B_\nu B_{\nu-1}} > \frac{|A B_{\nu-1} - B A_{\nu-1}|}{B B_{\nu-1}} > 0.$$

Hieraus folgt: $B > B_\nu \cdot | A B_{\nu-1} - B A_{\nu-1} | > 0,$

und da der zweite Faktor rechts eine positive ganze Zahl, also mindestens gleich 1 ist, so ist

$$B > B_\nu,$$

also in der Tat $\frac{A}{B}$ weniger einfach als $\frac{A_\nu}{B_\nu}$ und erst recht als $\frac{A_{\nu-1}}{B_{\nu-1}}.$

12. Formel (21) läßt die Genauigkeit erkennen, mit der die Zahl x durch die Näherungsbrüche ihres Kettenbruchs angenähert dargestellt wird. Es ist $x_\nu \geqq q_\nu$ (das Gleichheitszeichen nur für $\nu = n$), mithin $B_\nu x_\nu + B_{\nu-1} \geqq B_{\nu+1}$ und daher

$$(23) \qquad \left| \frac{A_\nu}{B_\nu} - x \right| \leqq \frac{1}{B_\nu B_{\nu+1}},$$

wo das Gleichheitszeichen nur für $\nu = n$ gilt.

Mithin ist um so mehr

$$(24) \qquad \left| \frac{A_\nu}{B_\nu} - x \right| < \frac{1}{B_\nu^2}.$$

Es ist also der Unterschied eines Näherungsbruches gegen den wahren Wert des Kettenbruches kleiner als das reziproke Quadrat vom Nenner des Näherungsbruches.

Weiter zeigt der in **11.** bewiesene Satz, daß jeder Näherungsbruch $\frac{A_\nu}{B_\nu}$ die beste Näherung darstellt, die man mit Brüchen von nicht größerem Nenner erreichen kann, indem jeder Bruch, der näher am wahren Wert des Kettenbruchs liegt, notwendig einen größeren Nenner haben muß.

Auf dieser Eigenschaft der Näherungsbrüche beruht die Verwendung der Kettenbrüche, um Brüche mit großen Zahlen möglichst angenähert durch einfachere Brüche zu ersetzen.[1]) So ist z. B. der Kettenbruch für den auf 11 Dezimalstellen abgekürzten Wert von $\pi = 3{,}14159265359$

$$(3,\ 7,\ 15,\ 1,\ 292,\ 1,\ 1,\ \ldots)$$

mit den Näherungsbrüchen

$$\frac{3}{1},\ \frac{22}{7},\ \frac{333}{106},\ \frac{355}{113},\ \frac{103\,993}{33\,102},\ \ldots$$

Der zweite Bruch ist der schon von Archimedes[2]) angegebene, im elementaren Rechnen meist benutzte Näherungswert $3\frac{1}{7}$; der vierte Bruch, der durch die Aufeinanderfolge der Zahlen 113355 leicht zu merken ist, stammt von Adriaen Metius (dem Älteren[3]), gest. 1607). Er unterscheidet sich nach (23) von dem wahren Wert um weniger als $\frac{1}{113\cdot 33102} = \frac{1}{3\,740\,526}$, stimmt also in den ersten sechs Dezimalstellen mit dem Wert von π überein.[4])

---

1) Zuerst bei Daniel Schwenter, Geometriae practicae tractatus (1618), dann bei Huygens, Descriptio automati planetarii (1698). In diesem Werke wird ein Planetarium mit Zahnrädern beschrieben, bei denen die Anzahl der Zähne sich möglichst genau wie die Umlaufszeiten der Planeten verhalten müssen. Huygens kannte bereits den Satz **11.**

2) Die Bedeutung der Leistung von Archimedes liegt vor allem darin, daß er π in zwei Grenzen, nämlich $3\frac{10}{71} < \pi < 3\frac{1}{7}$ einschließt.

3) Zum Unterschied von dem Sohn gleichen Namens. Dieser Näherungswert soll schon vor Metius von Valentin Otho 1573 dem Wittenberger Mathematiker Praetorius mitgeteilt worden sein.

4) J. Wallis (Algebra 1685) hat den Kettenbruch für π bis auf 34 Teilnenner entwickelt und die Näherungsbrüche berechnet. Vgl. Lagrange, Zusätze zu Eulers Algebra (1774) (Ostwalds Klassiker Nr. 103).   P. Harzer, Jahresb. d. Deutsch. Math. Ver. **14** (1905), 324.

Vierter Abschnitt.

Irrationale Zahlen.

§ 23. Quadratwurzeln.

1. In der Reihe der natürlichen Zahlen sind die zweiten Potenzen (Quadrate) von anderen natürlichen Zahlen enthalten, z. B.

$$(1) \qquad 1 = 1^2, \quad 4 = 2^2, \quad 9 = 3^2, \quad 16 = 4^2, \quad 25 = 5^2,$$
$$36 = 6^2, \quad 49 = 7^2, \quad 64 = 8^2, \quad 81 = 9^2, \quad 100 = 10^2;$$

diese Zahlen 1, 4, 9, 16, ... nennt man **Quadratzahlen** und die Zahlen 1, 2, 3, 4, ..., deren zweite Potenzen sie sind, ihre **Wurzeln** (genauer **Quadratwurzeln**). Man schreibt, um dies Verhältnis anzudeuten:

$$1 = \sqrt{1}, \quad 2 = \sqrt{4}, \quad 3 = \sqrt{9}, \quad 4 = \sqrt{16} \quad \text{usf.}$$

2*. Es bedeutet also das Zeichen $\sqrt{D}$ eine Zahl, deren Quadrat gleich der positiven Zahl D ist. Ist

$$x = \sqrt{D}, \quad \text{so ist} \quad x^2 = D,$$

und umgekehrt. Die Berechnung einer Quadratwurzel ist also die inverse Operation einer Potenzrechnung, wobei der Wert der Potenz ($= D$) und der Exponent ($= 2$) gegeben ist und die **Grundzahl** gesucht wird. Diese Aufgabe hat zunächst nur dann eine Lösung, wenn D das Quadrat einer Zahl ist, z. B.

$$\sqrt{\frac{25}{9}} = \frac{5}{3}, \quad \text{denn} \quad \frac{25}{9} = \frac{5^2}{3^2} = \left(\frac{5}{3}\right)^2.$$

Man bemerkt zugleich, daß für $\sqrt{9}$ mit demselben Recht wie $+3$ auch -3 genommen werden kann, denn das Quadrat von -3 ist ebenfalls gleich 9; man schreibt $\sqrt{9} = \pm 3$. Allgemein hat man, wenn $x^2 = D$ ist, für $\sqrt{D}$ sowohl $+x$ wie $-x$, die Quadratwurzel hat zwei entgegengesetzte Werte, sie ist **zweiwertig**. Wenn nichts anderes gesagt ist, wollen wir aber unter $\sqrt{D}$ immer den **positiven** Wert verstehen.

3. Wir stellen uns die folgende Aufgabe:

Es ist eine dekadisch geschriebene ganze Zahl a gegeben; es soll entschieden werden, ob a eine Quadratzahl ist oder nicht und im ersten Fall ihre Wurzel, im zweiten die größte in a enthaltene Quadratzahl und deren Wurzel bestimmt werden.

Die Rechnung, die zur Lösung dieser Aufgabe führt, wird das **Wurzelziehen** oder **Radizieren** genannt und durch das vor die Zahl a gesetzte Zeichen $\sqrt{}$ angedeutet. Die Zahl a heißt der **Radikand**. Wenn a im ersten Hundert liegt, so kann die Aufgabe durch die Zusammenstellung (1) als unmittelbar gelöst betrachtet werden.

Wir nehmen an, sie sei gelöst für eine gewisse Zahl a, d. h. es sei eine Zahl α gefunden, die der Bedingung

$$(2) \qquad \alpha^2 \lesseqgtr a < (\alpha + 1)^2$$

genügt. Wir wollen daraus die Lösung für eine Zahl

$$(3) \qquad a_1 = 100\,a + 10\,b + c$$

ableiten, in der b, c Ziffern bedeuten. Es entsteht dann a_1 aus a durch Anhängen der beiden Ziffern bc, und a_1 wird also mit zwei Ziffern mehr geschrieben als a. Wir suchen also eine Zahl α_1, die der Bedingung

$$\alpha_1{}^2 \leq a_1 < (\alpha_1 + 1)^2$$

genügt. Wir setzen

$$(4) \qquad \alpha_1 = 10\,\alpha + \beta$$

und haben also β so zu bestimmen, daß

$$(5) \qquad (10\,\alpha + \beta)^2 \lesseqgtr a_1 < (10\,\alpha + \beta + 1)^2.$$

Hierin muß nun β ebenfalls eine einziffrige Zahl sein; denn wäre $\beta \gtreqless 10$, so würde hieraus in Verbindung mit (3) und (5) folgen:

$$100\,(\alpha + 1)^2 \lesseqgtr (10\,\alpha + \beta)^2 \lesseqgtr 100\,a + 10\,b + c,$$

also

$$(\alpha + 1)^2 \lesseqgtr a + \frac{b}{10} + \frac{c}{10^2}$$

oder, da $\frac{b}{10} + \frac{c}{10^2}$ kleiner als 1 und $(\alpha + 1)^2$ eine ganze Zahl ist:

$$(\alpha + 1)^2 \lesseqgtr a,$$

was der Voraussetzung (2) widerspricht.

Demnach verlangt (5), wenn man darin nach der ersten Formel (8) in § 15

$$(10\,\alpha + \beta)^2 = 100\,\alpha^2 + 20\,\alpha\beta + \beta^2$$

einführt, daß die größtmögliche Zahl β bestimmt werde, die der Bedingung

$$(6) \qquad \beta\,(20\,\alpha + \beta) \lesseqgtr 100\,(a - \alpha^2) + 10\,b + c$$

genügt, und da β nur einen der Werte 0, 1, 2, ... 9 haben kann, so wird diese Bestimmung bald gelingen. Um einen Anhalt dafür zu gewinnen, dividiert man die Zahl $10\,(a - \alpha^2) + b$ durch $2\,\alpha$ und erhält in dem Quotienten einen vorläufigen Wert von β, der aber unter Umständen noch um eine oder mehrere Einheiten verkleinert werden muß; bei einiger Übung ist die Rechnung leicht und schnell zu führen. Hierauf beruht der bekannte Algorithmus des Wurzelziehens[1]), von dem wir hier nur ein Beispiel anführen wollen:

---

1) Die Abteilung des Radikanden zu je zwei Ziffern findet sich schon bei den Indern (Aryabhatta um 450 n. Chr.) Wesentlich in der heutigen Form erscheint der Algorithmus in dem zu seiner Zeit sehr verbreiteten Rechenbuch des Gemma Frisius 1540.

$$\sqrt{7\,|\,64\,|\,00\,|\,00} = 2764$$

$$
\begin{array}{r|l}
 & 4 \\
\hline
47 & 364 \\
7 & 329 \\
\hline
546 & 3500 \\
6 & 3276 \\
\hline
5524 & 22400 \\
4 & 22096 \\
\hline
 & 304
\end{array}
$$

Zu der zweiten Ziffer 7 führt die Division $36:4$, die eigentlich 9 ergeben würde, was aber auf $\beta = 7$ gemindert werden muß, damit $\beta(20\,a + \beta)$ die Zahl 364 nicht übersteigt.

Es ist also 2764^2 oder 7639696 die größte in 7640000 enthaltene Quadratzahl und
$$7640000 = 2764^2 + 304.$$

4. Durch dasselbe Verfahren kann man einen Dezimalbruch bestimmen, dessen Quadrat sich so wenig als man will von der gegebenen Zahl a unterscheidet.

Zu diesem Zwecke sucht man die größte ganze Quadratzahl α^2, die in $10^{2n}a$ enthalten ist. Dann ist

$$(7) \qquad\qquad \alpha^2 \lessgtr 10^{2n}a < (\alpha + 1)^2,$$

und wenn man dann $\alpha_n = \dfrac{\alpha}{10^n}$ setzt, so ist

$$(8) \qquad\qquad \alpha_n^2 \lessgtr a < \left(\alpha_n + \dfrac{1}{10^n}\right)^2.$$

Man erhält die Zahl $10^{2n}a$ aus a, indem man $2n$ Nullen anhängt, und dann α_n aus α, indem man die letzten n Ziffern von α hinter ein Komma setzt. Wenn man dann die letzte Ziffer von α_n um eine Einheit erhöht, so erhält man bereits einen zu großen Wert.

Diese Zahlen α_n heißen die zu dem Zeichen $\sqrt{a}$ gehörigen Näherungswerte oder kurz die **Näherungswerte** für $\sqrt{a}$, ohne daß damit $\sqrt{a}$ als Zahl eingeführt ist. So ist in obigem Beispiel 27,64 ein Näherungswert der Quadratwurzel aus 764, d. h. es ist

$$27{,}64^2 < 764 < 27{,}65^2.$$

Ebenso kann man aber auch verfahren, um die genäherten Werte der Quadratwurzeln aus Dezimalbrüchen zu erhalten. Man hat nur die Stellen vom Komma aus nach beiden Seiten paarweise abzuschneiden, nötigenfalls nach Anhängen einer Null am Ende.

5*. Durch Fortsetzung dieses Verfahrens erhält man eine Reihe von Dezimalbrüchen, die mit immer größerer Annäherung den Wert der Quadratwurzel aus a angeben, d. h. deren Quadrate sich immer weniger von a unterscheiden. So erhält man für $\sqrt{2}$ der Reihe nach die Näherungswerte

(9)　　　1,4;　1,41;　1,414;　1,4142;　1,41421;　1,414213 ...

Diese Werte bilden eine aufsteigende Reihe. Ihre Quadrate sind (auf 7 Stellen verkürzt)

1,96;　1,9881;　1,999396;　1,9999616;　1,9999899;　1,9999984; ...,

sie nähern sich also immer mehr dem Wert 2, bleiben aber sämtlich kleiner, als dieser. Wir bilden eine zweite Reihe von Werten, indem wir bei jedem Wert der Reihe (9) die letzte Dezimalstelle um 1 erhöhen, also

(10)　　　1,5;　1,42;　1,415;　1,4143;　1,41422;　1,414214 ...

Dies ist eine absteigende Reihe. Die Quadrate dieser Zahlen sind

2,25;　2,0164;　2,002225;　2,0002102;　2,0000182;　2,0000012 ...,

sie nähern sich von oben her immer mehr dem Wert 2.

6*. An Stelle von Dezimalbrüchen können wir auch Reihen von gewöhnlichen Brüchen bilden, welche mit steigender Annäherung den Wert einer Quadratwurzel darstellen. Betrachten wir z. B. die Reihe

(11)　　　$\frac{1}{1}$;　$\frac{3}{2}$;　$\frac{7}{5}$;　$\frac{17}{12}$;　$\frac{41}{29}$;　$\frac{99}{70}$;　$\frac{239}{169}$;　...,

so erkennen wir zunächst das folgende Bildungsgesetz:

Der Zähler eines jeden Bruches ist gleich der Summe aus dem Zähler und dem doppelten Nenner des vorhergehenden Bruches, der Nenner eines jeden Bruches ist gleich der Summe von Zähler und Nenner des vorhergehenden Bruches. Ist also p_n der Zähler, q_n der Nenner des n^{ten} Bruches, so ist

(12)　　　$$p_n = p_{n-1} + 2q_{n-1}; \quad q_n = p_{n-1} + q_{n-1}.$$

Durch diese Rekursionsformeln kann man, ausgehend von $p_1 = 1$, $q_1 = 1$, der Reihe nach Zähler und Nenner der aufeinanderfolgenden Brüche so weit man will berechnen. Aus den Formeln (12) findet man leicht, daß $p_n^2 - 2q_n^2 = -(p_{n-1}^2 - 2q_{n-1}^2)$ ist, mithin

$$(-1)^n(p_n^2 - 2q_n^2) = (-1)^{n-1}(p_{n-1}^2 - 2q_{n-1}^2).$$

Es hat also dieser Ausdruck für alle Indizes n denselben Wert, und da $-(p_1^2 - 2q_1^2) = 1$ ist, so sieht man, daß allgemein

(13)　　　$$p_n^2 - 2q_n^2 = (-1)^n$$

ist. Hieraus folgt aber:

(14)　　　$$\frac{p_n^2}{q_n^2} = 2 + \frac{(-1)^n}{q_n^2}.$$

In der Tat ist

$$\left(\frac{1}{1}\right)^2 = 1 = 2 - \frac{1}{1^2},$$

$$\left(\frac{3}{2}\right)^2 = \frac{9}{4} = 2 + \frac{1}{2^2},$$

$$\left(\frac{7}{5}\right)^2 = \frac{49}{25} = 2 - \frac{1}{5^2},$$

$$\left(\frac{17}{12}\right)^2 = \frac{289}{154} = 2 + \frac{1}{12^2},$$

$$\left(\frac{41}{29}\right)^2 = \frac{1681}{841} = 2 - \frac{1}{29^2}$$

. . . .

Nun nehmen die Nenner q_n, wie die Rekursionsformeln (12) zeigen, mit wachsendem n zu, und da sie ganze positive Zahlen sind, so überschreiten sie schließlich jeden vorgegebenen Wert. Folglich nähern sich nach (14) die Quadrate der Brüche $\frac{p_n}{q_n}$ mit wachsendem n immer mehr dem Wert 2 und unterscheiden sich von ihm schließlich so wenig, wie man nur will, d. h. die Brüche stellen Näherungswerte für $\sqrt{2}$ mit steigender Annäherung vor. Man sieht noch aus (14), daß die Quadrate der Brüche abwechselnd kleiner und größer als 2 sind. Wir können daher die Reihe (11) in zwei Reihen scheiden:

$$(15) \qquad \begin{array}{l} 1; \quad \frac{7}{5}; \quad \frac{41}{29}; \quad \frac{239}{169}; \quad \cdots \\[6pt] \frac{3}{2}; \quad \frac{17}{12}; \quad \frac{99}{70}; \quad \frac{577}{408}; \quad \cdots \end{array}$$

Von diesen Reihen ist die erste aufsteigend, die zweite absteigend. Es bleiben dabei die Zahlen der ersten Reihe sämtlich kleiner als irgendeine Zahl der zweiten Reihe, aber der Unterschied zwischen je zwei übereinanderstehenden Zahlen in beiden Reihen wird immer kleiner und sinkt schließlich, wenn man weit genug geht, unter jeden noch so kleinen vorgegebenen Betrag. Das letztere ist leicht zu zeigen. Es ist nach (12), wenn man die erste Gleichung mit q_{n-1}, die zweite mit p_{n-1} multipliziert und die beiden Gleichungen voneinander subtrahiert:

$$p_n q_{n-1} - q_n p_{n-1} = - (p_{n-1}^2 - 2 q_{n-1}^2) \quad \text{oder nach (13):}$$

$$p_n q_{n-1} - q_n p_{n-1} = (-1)^n,$$

folglich:

$$\frac{p_n}{q_n} - \frac{p_{n-1}}{q_{n-1}} = \frac{(-1)^n}{q_n q_{n-1}},$$

woraus sofort die obige Behauptung folgt.

7*. Schließlich sei noch ein Verfahren zur Berechnung von Näherungswerten für eine Quadratwurzel erwähnt, welches bereits von Heron von Alexandria (um 120 v. Chr.) angegeben worden ist. Es sei $\sqrt{D}$ zu berechnen und D keine Quadratzahl, aber a^2 die kleinste Quadratzahl $> D$, so daß $(a-1)^2 < D < a^2$.

Wir berechnen eine Reihe von Zahlen:

$$(16) \quad a_1 = \frac{1}{2}\left(a + \frac{D}{a}\right); \quad a_2 = \frac{1}{2}\left(a_1 + \frac{D}{a_1}\right); \quad a_3 = \frac{1}{2}\left(a_2 + \frac{D}{a_2}\right); \quad \cdots$$

und werden später (§ 104, 4.) zeigen, daß sie mit wachsender Annäherung Näherungswerte für $\sqrt{D}$ darstellen. Wir wollen dies nur für den Fall $D = 2$ genauer betrachten. Hier ist $a = 2$, also erhalten wir die Brüche (wenn wir $a = 2$ als 0ten Bruch hinzunehmen)

$$(17) \qquad 2; \quad \tfrac{3}{2}; \quad \tfrac{17}{12}; \quad \tfrac{577}{408}; \quad \tfrac{665857}{470832}; \quad \ldots$$

Ist $a_n = \dfrac{P_n}{Q_n}$ der n^{te} Bruch, so findet man aus (16) leicht die Rekursionsformeln (für $n = 2, 3, \ldots$)

$$P_n = P_{n-1}^2 + D\,Q_{n-1}^2; \quad Q_n = 2\,P_{n-1}\,Q_{n-1},$$

und hieraus folgt: $P_n^2 - D\,Q_n^2 = (P_{n-1}^2 - D\,Q_{n-1}^2)^2$, also, wenn man in der Reihe der Indizes zurückgeht:

$$P_n^2 - D\,Q_n^2 = (P_1^2 - D\,Q_1^2)^{2n-1}.$$

In unserem Fall $(D = 2)$ wird also (außer für $n = 0$) $P_2^n - 2\,Q_n^2 = 1$, folglich $\qquad \dfrac{P_n^2}{Q_n^2} = 2 + \dfrac{1}{Q_n^2}.$

Es bilden also die Zahlen (17) eine absteigende Reihe und ihre Quadrate nähern sich von oben her außerordentlich rasch dem Wert 2. Das Quadrat des letzten Bruches in (17) unterscheidet sich von 2 um weniger als $5 \cdot 10^{-12}$. Die Zahlen der Reihe (17) stimmen, wie man sieht, von der zweiten an mit gewissen Zahlen der Reihe (11), und zwar mit der 2., 4., 8., 16., ... allgemein mit der 2^n-ten Zahl überein.

Die aus gewöhnlichen Brüchen gebildeten Reihen (11) und (17) lassen — zum Unterschied von der Dezimalbruchreihe (9) — sofort ein Gesetz erkennen, nach dem sie unbegrenzt fortsetzbar sind.

§ 24. Irrationalzahlen.

1. Ob eine natürliche Zahl Quadratzahl sei oder nicht, läßt sich leicht entscheiden, wenn die Zerlegung dieser Zahl in ihre Primfaktoren bekannt ist. Sind nämlich $a, b, c, \ldots$ voneinander verschiedene Primzahlen, $\alpha, \beta, \gamma, \ldots$ positive Exponenten, und ist

$$m = a^{\alpha} b^{\beta} c^{\gamma} \ldots,$$

so ist m dann und nur dann eine Quadratzahl, wenn die Exponenten $\alpha, \beta, \gamma, \ldots$ sämtlich grade Zahlen sind.

Es folgt dies aus dem Satze, daß sich eine natürliche Zahl nur auf eine Art in Primfaktoren zerlegen läßt.

Ist diese Bedingung erfüllt, und also $\alpha = 2\alpha'$, $\beta = 2\beta'$, $\gamma = 2\gamma'$, ..., so erhält man die Wurzel aus m in der Form

$$\sqrt{m} = a^{\alpha'} b^{\beta'} c^{\gamma'} \ldots.$$

Ist aber m keine Quadratzahl, so gibt es auch keinen Bruch $\dfrac{p}{q}$, dessen Quadrat gleich m wäre, denn das Quadrat $\dfrac{p^2}{q^2}$ eines jeden nicht ganzzahligen reduzierten Bruches ist stets wieder ein solcher Bruch (Eutokios, Kommentar zu Archimedes, um 500 n. Chr.).

Ebenso kann ein reduzierter Bruch $\frac{m}{n}$ nur dann das Quadrat eines anderen reduzierten Bruches $\frac{p}{q}$ sein, wenn m und n beide Quadratzahlen sind. Denn aus der Gleichheit der reduzierten Brüche $\frac{m}{n} = \frac{p^2}{q^2}$ folgt $m = p^2$, $n = q^2$ (vgl. § 19, 2.)[1])

2. Es stößt also hier die Aufgabe, die Operation des Potenzierens umzukehren (schon des Potenzierens mit 2), auf eine Schranke. Die Aufgabe ist ebensowenig lösbar wie die Aufgabe der Division beliebiger ganzer Zahlen vor der Einführung der Brüche.

Will man diese Lösung trotzdem erzwingen, so bleibt nichts übrig, als eine abermalige Erweiterung des Zahlbegriffs durch die Einführung neuer Zahlen, die man im Gegensatz zu den rationalen Zahlen Irrationalzahlen nennt. Diese neuen Zahlen sind, wie die Zahlen überhaupt, freie Schöpfungen unseres Geistes, und es ist lediglich eine Zweckmäßigkeitsfrage, ob wir diesen erweiterten Begriff benutzen und Namen dafür gebrauchen wollen oder nicht. Für den praktischen Rechner, der seine Operationen doch nur an rationalen Zahlen ausführen kann, ist diese Frage allerdings ziemlich gleichgültig. Aber nicht nur die innere Harmonie des Gebäudes der Arithmetik fordert eine solche Erweiterung des Zahlbegriffs, ohne die die Ausdrucksweise und die Formulierung vieler Sätze äußerst schwerfällig und weitläufig werden würde, sondern auch die Geometrie führt mit Notwendigkeit dazu.

3*. Wir haben gesehen, daß jeder rationalen Zahl ein bestimmter Punkt auf einer Graden entspricht; aber es entspricht nicht umgekehrt jedem Punkt der Graden eine rationale Zahl. Konstruieren wir z. B. die Hypotenuse in einem rechtwinkligen Dreieck, dessen beide Katheten gleich der Einheitsstrecke sind, und tragen sie vom Nullpunkt aus in positiver Richtung auf der Geraden ab, so erhalten wir einen Punkt, der dem Zeichen $\sqrt{2}$ entspricht, für den es also keine entsprechende rationale Zahl gibt. So kann man alle Quadratwurzeln aus positiven rationalen Zahlen mit Zirkel und Lineal konstruieren und sieht jedenfalls, daß, obgleich in jedem noch so kleinen Stück der Graden unendlich viele rationale Punkte liegen, es noch unzählig viele Punkte gibt, denen keine rationale Zahl zugeordnet ist. Mit diesen Punkten kann man genau dieselben Konstruktionen vornehmen, die man an den rationalen Punkten zur Veranschaulichung der arithmetischen Operationen ausführt, also wird man naturgemäß darauf geführt, auch den nicht rationalen Punkten „Zahlen", d. h. bestimmt definierte arithmetische

---

1) Einen anderen Beweis, bei dem die Sätze über Zerlegbarkeit einer Zahl in Primfaktoren nicht vorausgesetzt werden, gibt Dedekind in der Schrift „Stetigkeit und irrationale Zahlen", Braunschweig 1872.

Gebilde zuzuordnen. Dies ist der Weg, der historisch zu den irrationalen Zahlen geführt hat.

Der Versuch, sich allgemein für die Begriffsbildung der irrationalen Zahlen auf die Raumanschauung zu berufen und Zahlen gradezu als Punkte auf einer Geraden zu erklären, so daß also jedem Punkt eine bestimmte Zahl entspricht, bietet für eine strenge Behandlung beträchtliche Schwierigkeiten. Zunächst erhält man so nur die irrationalen Zahlen, welche genau konstruierbaren Punkten der Geraden entsprechen. Um dann auch anderen auf arithmetischem Weg sich darbietenden irrationalen Zahlen, höheren Wurzeln, Logarithmen usw. Punkte zuzuordnen, muß man ein Axiom über die grade Linie voranstellen, daß auch umgekehrt einer jeden Zahl ein bestimmter Punkt der Geraden entspricht (Axiom von G. Cantor, Math. Ann. 5 (1872), 128). Das gleiche leistet das zuerst von Dedekind formulierte Stetigkeitsaxiom über die grade Linie[1]), welches folgendermaßen lautet:

Wenn die Gesamtheit der Punkte einer (etwa horizontal gerichteten) Geraden derart in zwei Klassen A und A' zerfällt, daß jeder Punkt aus A links liegt von jedem Punkt aus A', so gibt es einen bestimmten Punkt α, der die Gerade so in zwei Teile zerschneidet, daß der eine Teil alle Punkte aus A, der andere alle Punkte aus A' enthält.

Diese Axiome über die gerade Linie stammen aber aus der Natur unserer Raumanschauung und lassen sich rein begrifflich in keiner Weise bestimmen. Die Annahme eines solchen Axioms genügt also einer rein arithmetischen Auffassung des Zahlenbegriffes nicht, so sehr sie sich durch die Anschaulichkeit empfiehlt. Wir werden uns ihrer daher auch im folgenden zwar nicht zur Beweisführung, wohl aber zur Erleichterung des Verständnisses und zur Fixierung der Gedanken, gleichsam wie einer Zeichensprache, bedienen, und wollen die Lehre von den irrationalen Zahlen rein arithmetisch begründen. Wir stützen uns dabei auf den von Dedekind[2]) geschaffenen Begriff des „Schnittes".

4. Eine Einteilung der (positiven und negativen) rationalen Zahlen in zwei Klassen A, A' von der Art, daß jede Zahl von A kleiner ist als jede Zahl von A', heißt ein Schnitt im Gebiete der rationalen Zahlen.

Einen solchen Schnitt bezeichnen wir durch $(A|A')$; die rationalen Zahlen aus A sollen mit a, die aus A' mit a' bezeichnet sein. In der-

---

1) Auch das Axiom der Intervallschachtelung (Ascoli, Rend. Ist. Lomb. (2) **28** (1895), vgl. Bieberbach, Differentialrechnung, Leipzig 1917) erfüllt denselben Zweck. Vgl. § 28, **3**. Über die geometrischen Postulate, welche gemacht werden müssen, um die Punkte der Graden den Zahlen der Zahlenreihe zuordnen zu können, vgl. auch Hilbert, Grundlagen der Geometrie, 3. Aufl. Leipzig 1909. F. Schur, Grundlagen der Geometrie, Leipzig 1909.

2) Dedekind, Stetigkeit und irrationale Zahlen, Braunschweig 1872.

selben Weise brauchen wir die anderen Buchstaben. Wir nennen A die linke, A' die rechte Seite des Schnittes.

Eine rationale Zahl r erzeugt zwei Schnitte $(R|R')$.

Wenn wir nämlich alle Zahlen, die kleiner als r sind, zu R, alle Zahlen, die größer als r sind, zu R', und r selbst entweder zu R oder zu R' zählen, dann ist r selbst die größte Zahl von R oder die kleinste von R'. Schnitte, die auf diese Weise entstehen, nennen wir rationale Schnitte.

Es gibt aber auch Schnitte, die nicht so durch rationale Zahlen erzeugt werden können: diese nennen wir dann irrationale Schnitte. Wir sehen dies an folgendem Beispiel:

Man nehme in A alle Zahlen a auf, deren Quadrat kleiner als 2, in A' alle Zahlen, deren Quadrat größer als 2 ist. Dann sind alle rationalen Zahlen untergebracht, da es keine Zahl gibt, deren Quadrat gleich 2 ist, und jede Zahl a ist kleiner als jede Zahl a' Es gibt aber keine größte Zahl in A und keine kleinste in A'; denn ist $a^2 < 2$, so können wir eine natürliche Zahl n so annehmen, daß

$$\left(a + \frac{1}{n}\right)^2 = a^2 + \frac{2a}{n} + \frac{1}{n^2} < 2$$

wird, und dann ist zwar $a + \frac{1}{n} > a$, aber doch noch $\left(a + \frac{1}{n}\right)^2 < 2$; und ebenso läßt sich zeigen, daß es keine kleinste Zahl a' gibt.

5. Es ist also $(A|A')$ ein rationaler Schnitt, wenn es entweder ein größtes a oder ein kleinstes a' gibt, dagegen ein irrationaler Schnitt, wenn es weder ein größtes a noch ein kleinstes a' gibt.

Man kann also, wenn $(A|A')$ irrational ist, zu jedem a noch größere a und zu jedem a' noch kleinere a' finden.

In jedem Schnitt $(A|A')$ gibt es beliebig viele Zahlenpaare a, a', deren Unterschied $a' - a$ kleiner ist als eine beliebig gegebene positive Zahl d.

Um dies zu beweisen, nehmen wir eine Zahl a_0' aus A' und eine a_0 aus A und wählen eine natürliche Zahl n so, daß der Bruch

$$\delta = \frac{a_0' - a_0}{n} < d$$

wird. In der Reihe der Zahlen

$$a_0, \ a_0 + \delta, \ a_0 + 2\delta, \ \ldots, \ a_0 + n\delta = a_0'$$

wird dann eine letzte $a_0 + k\delta$ in A enthalten sein, die wir mit a bezeichnen; die darauf folgende Zahl $a' = a_0 + (k + 1)\delta$ gehört zu A'. Dann ist also

$$a' - a = \delta < d.$$

Bei einem irrationalen Schnitt gibt es zwischen diesen beiden Zahlen a, a' noch beliebig viele andere sowohl in A als in A', bei einem rationalen Schnitt wenigstens in einem der beiden Teile.

Den beiden durch eine rationale Zahl r erzeugten rationalen Schnitten ordnen wir nun eben diese Zahl r zu.

Einem irrationalen Schnitt ordnen wir ein Individuum einer neuen Zahlenart, eine Irrationalzahl zu, die wir mit α bezeichnen. Wir sagen, der Schnitt $(A|A')$ definiert oder erzeugt die Zahl α; man kann sogar sagen, der Schnitt $(A|A')$ ist die Zahl α, und kann schreiben:

$$(A|A') = \alpha.$$

Für die nächsten Betrachtungen soll daran festgehalten werden, daß die kleinen lateinischen Buchstaben rationale, die griechischen Buchstaben irrationale Zahlen bedeuten.

6*. Es sei g eine feste Zahl der linken Seite, g' eine feste Zahl der rechten Seite des Schnittes $(A|A')$, so ändert es nichts am Wesen des Schnittes und der durch ihn erzeugten Zahl, wenn wir von A alle Zahlen $< g$ oder von A' alle Zahlen $> g'$ fortlassen. Je nachdem wir das eine oder das andere tun, nennen wir den Schnitt **linksseitig** oder **rechtsseitig begrenzt**, tun wir beides, so soll er **beiderseits begrenzt** heißen. Wir bezeichnen den Schnitt in diesen drei Fällen durch $_g(A|A')$ oder $(A|A')_{g'}$ oder $_g(A|A')_{g'}$.

7. Es kommt jetzt darauf an, die Irrationalzahlen in eine **Größenordnung** zu bringen, in der auch die rationalen Zahlen, und zwar ihrer Größe nach, eine Stelle finden.

Wir betrachten zwei verschiedene Schnitte $(A|A')$ und $(B|B')$. Wenn es nur eine Zahl a' gibt, die zugleich ein b ist, so ist dies die kleinste aller a' und zugleich die größte aller b; die Schnitte sind rational und haben denselben Zahlenwert $(\alpha = \beta)$. Wir definieren also folgendermaßen:

Die Zahl α heißt kleiner als β, wenn es wenigstens zwei Zahlen a' gibt, die zugleich Zahlen b sind.

Es gibt dann auch unendlich viele solche Zahlen $a' = b$. Die Figur 2 veranschaulicht dies Verhältnis, und ein Blick auf sie beweist zugleich den Satz:

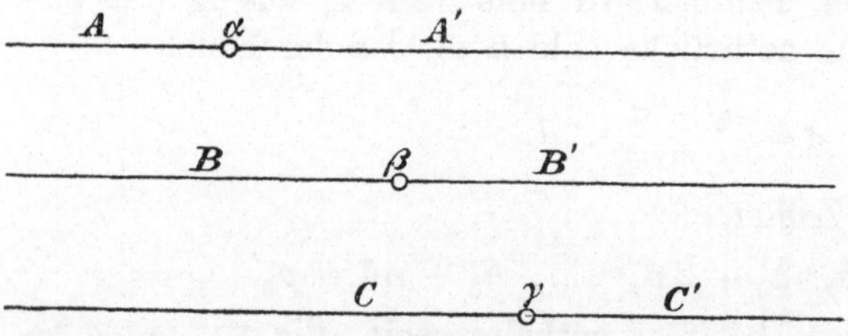

Ist $\alpha < \beta$ und $\beta < \gamma$, so ist auch $\alpha < \gamma$.

Fig. 2

Diese Größenbestimmung stimmt für die rationalen Zahlen mit der gewöhnlichen überein, wenn man den rationalen Schnitten die sie erzeugenden rationalen Zahlen als Werte beilegt, denn von zwei rationalen Zahlen ist die erste kleiner als die zweite, wenn eine dritte rationale Zahl existiert, die größer ist als die erste und kleiner als die zweite.

Ist $(A|A')$ ein Schnitt, so ist jede Zahl $-a'$ kleiner als jede Zahl $-a$. Bezeichnen wir also die Inbegriffe der Zahlen $-a$, $-a'$ mit $-A$ und $-A'$, so ist auch $(-A'|-A)$ ein Schnitt. Die durch ihn erzeugte Zahl wird mit $-\alpha$ bezeichnet und heißt die zu α **entgegengesetzte irrationale Zahl**.

8. Man könnte versuchen, durch weitere Anwendung des Prinzips der Schnitte noch zu neuen Zahlenarten zu gelangen. Daß dies nicht möglich ist, ergibt sich durch folgende Betrachtung: Es sei $(A|A')$ ein Schnitt im Gebiete der rationalen und irrationalen Zahlen, so daß also jede Zahl α aus A kleiner ist als jede Zahl α' aus A'. Ein solcher Schnitt wird aber immer durch eine bestimmte rationale oder irrationale Zahl erzeugt, in der Weise, daß sie entweder die größte Zahl in A oder die kleinste in A' ist. Irgendeine rationale Zahl r ist nämlich entweder in A oder in A' enthalten. Bezeichnet man die ersten rationalen Zahlen mit a, die zweiten mit a', so ist ein Schnitt $(A|A')$ und dadurch eine rationale oder irrationale Zahl σ erklärt. Ist α in A enthalten, aber nicht die größte Zahl in A, so gibt es in A auch rationale Zahlen a, die größer sind als α, und mithin ist auch σ größer als α, und ebenso sieht man, daß, wenn α' in A' aber nicht die kleinste Zahl in A' ist, $\sigma < \alpha'$ ist. Es bleibt also für σ nur noch die Möglichkeit übrig, daß es die größte Zahl in A oder die kleinste Zahl in A' ist. Der Schnitt $(A|A')$ erzeugt also keine andere Zahl als $(A|A')$.

Die Gesamtheit der rationalen und irrationalen Zahlen nennt man **reelle Zahlen** und nach dem eben Gesagten kann man irgendeine Zahl auch durch einen Schnitt im Gebiete aller reellen Zahlen bestimmen.

9*. Wir definieren nun:

Eine Gesamtheit (Menge) von Zahlen heißt **stetig**, wenn sie überall dicht ist[1]) und wenn in jedem Schnitt $(A|A')$ entweder A' eine größte oder A' eine kleinste Zahl besitzt.

Danach können wir also sagen:

Die Menge der reellen Zahlen ist stetig.

Dagegen ist die Menge der **rationalen** Zahlen nicht stetig. Bei einer stetigen Menge ist durch jeden Schnitt eine zur Menge gehörige Zahl bestimmt, und umgekehrt, sobald dies bei einer überall dichten Menge der Fall ist, ist die Menge stetig.

Man kann den Begriff der Stetigkeit auf **geordnete** Mengen überhaupt übertragen, d. h. auf Mengen, bei denen nach einer bestimmten Vorschrift von je zwei Elementen a und b das eine als das frühere, das andere als das spätere gekennzeichnet ist. Dies trifft z. B. für die Punkte auf einer Geraden zu und es wird also eine überall dichte Punktmenge stetig sein, wenn durch jede Zerlegung in zwei Teilmengen ein Punkt

---

1) Vgl. § 19, 5.

der Menge bestimmt wird. Dies ist aber grade die Eigenschaft, die das Axiom von De de kind der graden Linie zuschreibt, folglich ist dieses Axiom gleichbedeutend mit der Aussage:

Die Menge aller Punkte auf einer Geraden ist stetig.

§ 25*. Beschränkte Zahlenmengen. Obere und untere Schranke.

1. Eine Menge von reellen Zahlen kann auf Grund des Cantorschen Axioms über die grade Linie immer in Beziehung gesetzt werden zu einer Menge von Punkten auf einer Geraden, dergestalt, daß jeder Zahl der Zahlenmenge ein Punkt der Punktmenge entspricht und umgekehrt. Es entspricht daher jeder Aussage über die Zahlenmenge eine solche über die Punktmenge, mit der einen Menge hat man auch die andere erforscht. Deshalb kann man Zahlen und Punkte, sowie Zahlenmenge und Punktmenge geradezu als synonyme Begriffe ansehen, und man gebraucht für Zahlenmenge sehr häufig die Bezeichnung (lineare) Punktmenge.

Eine Punktmenge $\mathfrak{T}$ heißt nach oben beschränkt, wenn es eine Zahl T giebt, die größer ist als jede Zahl von $\mathfrak{T}$. Eine solche Zahl T nennen wir eine obere Außenzahl für die Menge. Mit T zugleich ist auch jede Zahl $> T$ eine obere Außenzahl.

Ebenso heißt eine Punktmenge nach unten beschränkt, wenn es eine Zahl t gibt, die kleiner ist als jede Zahl der Menge. t heißt eine untere Außenzahl für die Menge und jede Zahl $< t$ ist ebenfalls eine untere Außenzahl.

Ist eine Punktmenge sowohl nach oben wie nach unten beschränkt, so heißt sie einfach eine beschränkte Punktmenge. Zwischen jeder unteren und jeder oberen Außenzahl liegen dann sämtliche Zahlen der Menge.

2. Es liege eine nach oben beschränkte Menge $\mathfrak{T}$ vor. Irgendeine Zahl von $\mathfrak{T}$ heiße τ. Dann kann man eine Einteilung sämtlicher reeller Zahlen in zwei Klassen vornehmen: in die eine Klasse A' nimmt man alle oberen Außenzahlen für die Menge $\mathfrak{T}$ auf, in die andere Klasse A alle übrigen Zahlen. Damit hat man einen Schnitt $(A \,|\, A')$ im Gebiete aller reellen Zahlen bewirkt. Er bestimmt eine rationale oder irrationale Zahl γ und diese heißt die obere Schranke[1]) von $\mathfrak{T}$.

---

1) Den hier gebrauchten Bezeichnungen stellen wir diejenigen gegenüber, die man meistens in der Literatur vorfindet:

obere untere	Außenzahl	obere untere	Schranke
obere untere	Schranke	obere untere	Grenze.

Wir haben uns in der Benennung „obere (untere) Schranke" in der hier gebrauchten Bedeutung an M. Pasch, Math. Ann. **30** (1887), 122; Monatsh. f. Math. u. Phys. **26** (1915), 303 angeschlossen, denn einmal versteht man nach dem gewöhnlichen Sprachgebrauch unter einer Schranke einen Gebietsabschluß, dem

Nach § 24, 5. gibt es in (A|A′) beliebig viele Zahlenpaare r, $r′$, deren Unterschied kleiner ist als eine beliebig gegebene positive Zahl; andererseits gibt es mindestens eine Zahl τ der Menge, die kleiner ist als $r′$, aber nicht kleiner als r, und keine Zahl τ kann größer als γ sein, denn jede Zahl $> \gamma$ ist obere Außenzahl für die Menge $\mathfrak{T}$. Es muß also sein:

$$r \leqq \tau \leqq \gamma \leqq r′,$$

worin die Gleichheitszeichen nicht alle zu gleicher Zeit bestehen können. Es ergibt sich daraus der Satz, der zugleich die obere Schranke eindeutig bestimmt:

Die obere Schranke einer Menge $\mathfrak{T}$ ist eine Zahl, die durch keine der Zahlen τ übertroffen wird, der aber doch Zahlen τ bis auf jeden Grad nahe kommen.

Ebenso gibt es für eine nach unten beschränkte Punktmenge eine untere Schranke. Sie wird durch keine Zahl der Menge unterschritten, es kommen ihr aber doch Zahlen der Menge beliebig nahe.

Dle Menge der positiven Zahlen ist nach unten beschränkt und hat die Null zur unteren Schranke. Die Menge der echten Brüche ist beschränkt; die untere Schranke ist $- 1$, die obere Schranke $+ 1$.

3. Bei einer endlichen Menge ist die untere Schranke gleich der kleinsten, die obere Schranke gleich der größten Zahl der Menge. Bei einer unendlichen Menge brauchen, wie grade die Beispiele eben zeigen, die obere und die untere Schranke nicht zur Menge zu gehören. Wenn sie dazu gehört, so nennt man die obere Schranke das Maximum, die untere Schranke das Minimum der Menge. Es ist also die obere Schranke entweder das Maximum der Menge oder das Minimum aller oberen Außenzahlen, ebenso die untere Schranke entweder das Minimum der Menge oder das Maximum der unteren Außenzahlen.

Ist (A|A′) ein Schnitt, der die Zahl α erzeugt, so ist α gleichzeitig die obere Schranke aller Zahlen a und die untere Schranke aller Zahlen $a′$.

§ 26. Rechnen mit Irrationalzahlen.

1*. Wir haben nun die fundamentalen Rechenoperationen im Gebiete der Irrationalzahlen zu erklären.

Sind α und β irgend zwei durch die Schnitte $(A|A′)$ und $(B|B′)$

---

man von einer Seite her beliebig nahe kommen kann, ferner aber sind, die Ausdrücke obere (untere) Grenze die genaue Übersetzung von limes superior und limes inferior und sollen doch etwas ganz anderes bedeuten. Gauß hat bereits um 1800 diese Begriffsbestimmungen besessen, wie aus einem in seinem Nachlaß gefundenen Manuskript zur Reihenlehre hervorgeht (Werke 10_1, 391, vgl. auch die Dissertation, Werke 3, 10). Später ist dann Bolzano selbständig zu ihnen gekommen und auf ihn geht die erste Veröffentlichung hierüber zurück (Rein analytischer Beweis d. Lehrsatzes usw., Prag 1817, auch in Ostwalds Klassikern Nr. 153). Aber auch sie blieb damals fast völlig unbekannt, und so war es Cauchy (Cours d'analyse 1821) vorbehalten, diese Begriffe zu allgemeiner Anerkennung zu bringen.

definierte Zahlen, so verstehen wir unter $A + B$ die Gesamtheit der Zahlen $a + b$, unter $A' + B'$ die Gesamtheit der Zahlen $a' + b'$. Dann ist stets $a + b < a' + b'$, folglich ist die Menge $A + B$ nach oben, die Menge $A' + B'$ nach unten beschränkt. Es habe die Zahlenmenge $A + B$ die obere Schranke γ, die Menge $A' + B'$ die untere Schranke γ'. Ist r eine Zahl aus $A + B$, so gehört jede kleinere rationale Zahl ebenfalls zur Menge, folglich muß jede nicht zu $A + B$ gehörende rationale Zahl größer sein als jede Zahl der Menge, d. h. sie muß eine obere Außenzahl für die Menge sein. Daraus folgt aber, daß jede rationale Zahl $\leq \gamma$ zu $A + B$ gehört. Ebenso schließt man, daß jede rationale Zahl $\geq \gamma'$ zu $A' + B'$ gehören muß.

Die beiden Schranken γ und γ' können aber nicht voneinander verschieden sein.

Denn es gibt in beliebiger Nähe von γ' und größer als γ' eine Zahl $a' + b'$ und in beliebiger Nähe von γ und kleiner als γ eine Zahl $a + b$, und es ist $a' + b' > a + b$. Daher ist zunächst $\gamma' \geq \gamma$. Es kann aber nicht $\gamma' > \gamma$ sein, da es Zahlen a, a'; b, b' geben muß, deren positive Differenzen $a' - a$ und $b' - b$ unter jede Grenze heruntersinken, womit dann auch die Differenz $(a' + b') - (a + b)$ unter jede Grenze herabsinkt. Die beiden Zahlen γ und γ' sind also nicht voneinander verschieden. Damit ergibt sich aber:

Die Mengen $A + B$ und $A' + B'$ erzeugen einen Schnitt $(A + B \mid A' + B')$, und die durch ihn definierte Zahl ist γ. Wir nennen diesen Schnitt die Summe der Schnitte $(A \mid A')$ und $(B \mid B')$ oder damit gleichbedeutend die Summe der Zahlen α und β und schreiben:

$$(1) \qquad (A \mid A') + (B \mid B') = (A + B \mid A' + B')$$

oder
$$\gamma = \alpha + \beta,$$

definieren also:

Unter der Summe $\alpha + \beta$ zweier Zahlen α und β versteht man die gemeinsame (obere und untere) Schranke aller Summen $a + b$ und $a' + b'$.

2*. Die Subtraktion einer Zahl β von einer Zahl α definiert man am einfachsten als die Addition der entgegengesetzten Zahl. Ist

$$\beta = (B \mid B'),$$

so ist die entgegengesetzte Zahl (§ 24, 7.)

$$-\beta = (-B' \mid -B),$$

also ist nach (1) als Differenz der Schnitte zu schreiben:

$$(2) \qquad (A \mid A') - (B \mid B') = (A - B' \mid A' - B)$$

und man hat als Definition:

Unter der Differenz von zwei Zahlen α und β versteht man die gemeinsame (obere und untere) Schranke der Zahlen $a - b'$ und $a' - b$.

3*. Die Multiplikation erklären wir zunächst für positive Zahlen α, β. Dabei nehmen wir für eine der Zahlen, etwa β, einen durch eine positive Zahl h linksseitig begrenzten Schnitt. Sei also

$$\alpha = (A \mid A'), \quad \beta = {}_h(B \mid B'),$$

so verstehen wir unter AB die Gesamtheit der Zahlen ab, unter $A'B'$ die Gesamtheit der Zahlen $a'b'$. Die Zahlenmenge AB ist nach oben beschränkt und habe die obere Schranke γ, die Menge $A'B'$ ist nach unten beschränkt, die untere Schranke sei γ'. Dann ist jede rationale Zahl $\leq \gamma$ eine Zahl aus AB, jede rationale Zahl $\geq \gamma'$ eine Zahl aus $A'B'$. Man zeigt aber wieder, daß die beiden Schranken γ und γ' zusammenfallen[1]), und damit ergibt sich, daß die Mengen AB und $A'B'$ einen Schnitt

$$(AB \mid A'B') = \gamma$$

erzeugen, welcher von h unabhängig ist (weil jedenfalls γ' von h unabhängig ist). Wir nennen ihn das Produkt von α und β, also:

Unter dem Produkt $\alpha\beta$ der positiven Zahlen α und β verstehen wir die gemeinsame (obere und untere) Schranke der Zahlen ab und $a'b'$.

Diese Überlegungen bleiben gültig, wenn ein Faktor null ist. Für $\alpha = 0$ kann man einen Schnitt annehmen, dessen linke Seite durch alle negativen rationalen Zahlen und 0, die rechte Seite durch alle positiven rationalen Zahlen gebildet wird. Dann wird, wenn wieder $\beta = {}_h(B \mid B')$ ist $(AB \mid A'B')$ ein ebensolcher Schnitt wie α, also auch $\gamma = 0$.

Die Multiplikation negativer Zahlen kann in derselben Weise durch einseitig begrenzte Schnitte erklärt werden. Einfacher ist es, wenn wir dieselben Regeln wie bei den rationalen Zahlen gelten lassen, wonach

$$(-\alpha) \cdot \beta = \alpha \cdot (-\beta) = -\alpha\beta; \quad (-\alpha) \cdot (-\beta) = \alpha\beta.$$

4*. Ein durch zwei positive Zahlen h, h' beiderseits begrenzter Schnitt ${}_h(B \mid B')_{h'}$ definiert eine positive Zahl β. Dabei durchlaufen die Zahlen b von B und b' von B' alle rationalen Zahlen zwischen h und h', mithin $\frac{1}{b'}$ und $\frac{1}{b}$ alle rationalen Zahlen zwischen $\frac{1}{h'}$ und $\frac{1}{h}$, und es ist jedes $\frac{1}{b'}$ kleiner als jedes $\frac{1}{b}$. Diese Zahlen erzeugen also einen beiderseits begrenzten Schnitt ${}_{\frac{1}{h'}}\!\left(\frac{1}{B'} \,\Big|\, \frac{1}{B}\right)_{\frac{1}{h}}$. Die durch ihn definierte Zahl heißt die reziproke Zahl von β und wird mit $\frac{1}{\beta}$ bezeichnet.

Das Produkt der beiden Zahlen β und $\frac{1}{\beta}$ ist nach **3.** gleich der ge-

---

1) Es muß nämlich, wenn man genau so schließt wie in **1**, zunächst $\gamma' \geq \gamma$ sein, aber es kann nicht $\gamma' > \gamma$ sein, da die Differenz

$$a'b' - ab = \tfrac{1}{2}[(a' - a)(b' + b) + (b' - b)(a' + a)]$$

zugleich mit $a' - a$ und $b' - b$ unter jede Größe herabsinkt.

meinsamen (oberen und unteren) Schranke der Zahlen $\dfrac{b}{b'}$ und $\dfrac{b'}{b}$. Diese ist aber gleich 1, denn es ist für alle b, b':

$$\frac{b}{b'} < 1 < \frac{b'}{b},$$

also gilt für die obere Schranke γ der $\dfrac{b}{b'}$ und die untere Schranke γ' der $\dfrac{b'}{b}$

$$\frac{b}{b'} \leqq \gamma \leqq 1 \leqq \gamma' \leqq \frac{b'}{b}.$$

Da aber γ und γ' zusammenfallen, so muß $\gamma = \gamma' = 1$ sein, und es folgt:

$$\beta \cdot \frac{1}{\beta} = 1.$$

Hiermit definiert man die Division $\alpha : \beta$ von zwei positiven Zahlen als die Multiplikation von α mit der reziproken Zahl $\dfrac{1}{\beta}$. Nach 3. ist also als Quotient der beiden Zahlen der Schnitt

$$\left(\frac{A}{B'} \,\middle|\, \frac{A'}{B} \right) = \gamma$$

anzunehmen, so daß man sagen kann:

Unter dem Quotienten $\alpha : \beta$ zweier positiver Zahlen versteht man die gemeinsame (obere und untere) Schranke der Zahlen $\dfrac{a}{b'}$ und $\dfrac{a'}{b}$.

Für die Division negativer Zahlen sollen die Regeln wie bei den rationalen Zahlen gültig bleiben, also

$$\frac{-\alpha}{\beta} = \frac{\alpha}{-\beta} = -\frac{\alpha}{\beta}; \quad \frac{-\alpha}{-\beta} = \frac{\alpha}{\beta}.$$

Der Divisor muß immer von Null verschieden sein.

5. Diese Definitionen der vier Grundoperationen erlangen erst praktischen Wert durch den folgenden wichtigen Satz, den wir den Satz von der Stetigkeit nennen wollen.

Es seien α, β zwei beliebige Zahlen, immer mit der Beschränkung, daß bei der Division α/β der Wert $\beta = 0$ ausgeschlossen ist, und es bedeute $f(\alpha, \beta) = \varrho$ das Resultat einer der vier mit diesen Zahlen vorzunehmenden Grundoperationen $\alpha + \beta$, $\alpha - \beta$, $\alpha\beta$, α/β, ferner $f(a, b) = r$ das Resultat der mit den rationalen Zahlen a, b ausgeführten nämlichen Rechenoperation. Es seien dann zwei rationale oder auch irrationale Zahlen h, h' von der Art, daß

$$h < \varrho < h'$$

ist, beliebig gegeben. Man kann sie so annehmen, daß die Differenz $h' - h$ beliebig klein wird. Dann lassen sich die Zahlen a_1, a_1', b_1, b_1' so bestimmen, daß

$$a_1 < \alpha < a_1', \quad b_1 < \beta < b_1',$$

und daß für jedes rationale Zahlenpaar a, b, das der Bedingung genügt

(3) $$a_1 < a < a_1', \quad b_1 < b < b_1',$$

die Ungleichung

$$h < r < h'$$

besteht. Oder in Worten ausgedrückt:

Man kann dem Resultat einer Rechnung $f(\alpha, \beta)$ mit Irrationalzahlen durch die gleiche Rechnung mit rationalen Zahlen $f(a, b)$ beliebig nahe kommen, wenn man nur die Zahlen a, b den Zahlen α, β genügend nahe annimmt.

Solche Zahlen a, b heißen Näherungswerte der Zahlen α, β.

Der Beweis dieses Satzes ergibt sich unmittelbar aus der Definition der Rechenoperationen mit irrationalen Zahlen, und es wird genügen, auf eine derselben etwas genauer einzugehen. Nehmen wir also die Addition $\alpha + \beta$; da ϱ die obere Schranke der $a + b$ und die untere Schranke der $a' + b'$ ist, so kann man, wenn c, c' in dem ϱ erzeugenden Schnitt $(C \mid C')$ beliebig gegeben sind, zwischen c und ϱ ein $a + b$, das wir mit $a_1 + b_1$ bezeichnen, einschieben, und ebenso zwischen ϱ und c' ein $a_1' + b_1'$, so daß die Differenz $(a_1' + b_1') - (a_1 + b_1)$ beliebig klein wird. Es ist also $$c < a_1 + b_1 < \varrho < a_1' + b_1' < c'.$$

Wenn aber nun a und b den Ungleichungen (3) genügen, so ist

$$a_1 + b_1 < a + b < a_1' + b_1',$$

und damit ist der Beweis geführt.

6. Dieser Satz gestattet nun eine Verallgemeinerung:

Fundamentalsatz der Stetigkeit. Ist ϱ das Ergebnis einer durch beliebige Wiederholung der vier Grundrechnungsarten aus den Zahlen α, β, γ, ... zusammengesetzten Rechnung $F(\alpha, \beta, \gamma, \ldots)$, werden ferner zwei Zahlen h, h' so angenommen, daß $$h < \varrho < h',$$

wobei die Differenz $h' - h$ beliebig klein werden kann, so kann man die Zahlen a_1, a_1'; b_1, b_1'; c_1, c_1'; ... so bestimmen, daß

$$a_1 < \alpha < a_1'; \quad b_1 < \beta < b_1'; \quad c_1 < \gamma < c_1', \ldots,$$

und daß, wenn die rationalen Zahlen $a, b, c, \ldots$ den Bedingungen

(4) $$a_1 < a < a_1'; \quad b_1 < b < b_1'; \quad c_1 < c < c_1'; \ldots$$

genügen, auch $r = F(a, b, c, \ldots)$ der Ungleichung

$$h < r < h' \quad \text{genügt.}$$

Wir beweisen diesen Satz leicht aus dem speziellen Fall 5. durch vollständige Induktion.

Wir nehmen den Satz als bewiesen an für ein Zahlensystem α, β, γ, ... und die Rechenoperation $$f(\alpha, \beta, \gamma, \ldots) = \varrho$$

und für ein zweites Zahlensystem $\mu, \nu, \ldots$ und die Rechenoperation

$$\varphi(\mu, \nu, \ldots) = \sigma;$$

wir wollen ihn daraus ableiten für eine zusammengesetzte Rechenoperation:
$$F(f, \varphi) = \tau.$$

Wir nehmen also die zwei Zahlen h, h' so an, daß

$$h < \tau < h'$$

ist. Nach dem Satze 5. können wir dann für ϱ und σ Werte k, l, k', l' so bestimmen, daß

$$(5) \qquad k < \varrho < k', \quad l < \sigma < l',$$

und daß $F(r, s)$ auch zwischen den Grenzen h und h' liegt, wo r und s Näherungswerte von ϱ, σ zwischen den Grenzen (5) bedeuten, also:

$$(6) \qquad k < r < k'; \quad l < s < l'.$$

Dann aber können wir nach der Voraussetzung, daß der Satz für die Operationen f, φ bereits bewiesen sei, für die Zahlen $\alpha, \beta, \gamma, \ldots, \mu, \nu, \ldots$ wieder rationale Näherungswerte $a, b, c, \ldots, m, n, \ldots$ innerhalb hinlänglich enger Grenzen setzen, so daß die dadurch entstehenden Zahlen

$$f(a, b, c, \ldots) = r, \quad \varphi(m, n, \ldots) = s$$

in den Intervallen (6) liegen, und damit ist der Beweis des Satzes allgemein geführt.

7. Diese Sätze geben nicht nur dem praktischen Rechner die Gewißheit, daß er durch seine Rechnungen, die der Natur der Sache nach nur mit Näherungswerten geschehen können, jeden vorgeschriebenen Grad der Genauigkeit erreichen kann; sie geben uns auch das theoretisch wichtige Resultat, daß eine Gleichung oder eine Ungleichung, die für alle rationalen Zahlen als richtig erkannt ist, auch für irrationale Zahlen richtig bleibt.

Jede Gleichung zwischen rationalen Zahlen kann in die Form gebracht werden:

$$(7) \qquad f(a, b, c, \ldots) = 0,$$

wo f irgendeine wiederholte Anwendung der vier Grundrechnungsarten bedeutet. Ist nun eine solche Gleichung richtig für alle möglichen rationalen Zahlen $a, b, c, \ldots$, so muß sie auch für irrationale $\alpha, \beta, \gamma, \ldots$ richtig bleiben, d. h. es ist auch

$$f(\alpha, \beta, \gamma, \ldots) = 0.$$

Wäre nämlich einmal $f(\alpha, \beta, \gamma, \ldots)$ nicht Null, sondern z. B. positiv, so nehme man zwei positive Zahlen h, h' so an, daß

$$h < f(\alpha, \beta, \gamma, \ldots) < h';$$

dann wäre aber auch für gewisse rationale Näherungswerte $f(a, b, c, \ldots)$ zwischen h und h' enthalten, also positiv, entgegen der Annahme (7).

Ebenso verhält es sich mit Ungleichungen. Wenn z. B. f und φ zwei

Rechenverbindungen sind, und es gilt für alle rationalen Zahlen a, b, ...,
die der Bedingung $\varphi(a, b, \ldots) > 0$ genügen, der Satz, daß auch
$f(a, b, \ldots) > 0$ ist, so ist für alle irrationalen Zahlen, die der Bedingung
$\varphi(\alpha, \beta, \ldots) > 0$ genügen, $f(\alpha, \beta, \ldots) \geq 0$. Denn wäre $\varphi(\alpha, \beta, \ldots) > 0$,
aber $f(\alpha, \beta, \ldots) < 0$, so nehme man zwei negative Zahlen h, h' und
zwei positive Zahlen k, k' so an, daß

$$h < f(\alpha, \beta, \ldots) < h', \quad k < \varphi(\alpha, \beta, \ldots) < k'$$

ist. Dann kann man für die α, β, ... solche Näherungswerte a, b, ...
annehmen, daß $\varphi(a, b, \ldots)$ noch positiv und $f(a, b, \ldots)$ negativ bleibt,
was der Annahme widerspricht.

§ 27*. Definition der irrationalen Zahlen durch Paare verbundener Folgen.

1. Durch den Fundamentalsatz der Stetigkeit ist die Ersetzung der
irrationalen Zahlen durch rationale für das praktische Rechnen als berechtigt erwiesen, es gibt uns aber die Begriffsbestimmung der irrationalen Zahlen durch die Dedekindschen Schnitte nicht sogleich ein
Mittel an die Hand, solche rationalen Näherungswerte zu finden. Nun
sind wir aber schon in den Beispielen des § 23 von den Näherungswerten ausgegangen, um eine Vorstellung von den irrationalen Zahlen
zu gewinnen, und wir brauchen nur für die Beispiele in § 23, **5.** und **6.**
die gemeinsamen Merkmale hervorzuheben und auf allgemeine Zahlen
zu übertragen, um eine andere Definition der irrationalen Zahlen zu haben.

Wir schicken voraus: Unter einer Folge von Zahlen versteht man eine
unendliche Menge von Zahlen, in der jede nach einem vorgeschriebenen
Rechenverfahren zu bildende Zahl ihren bestimmten Platz hat, so daß
man die Zahlen der Reihe nach numerieren und durch Indizes unterscheiden kann. Eine Folge heißt monoton, wenn entweder jede Zahl
nicht kleiner oder jede Zahl nicht größer als die vorhergehende
Zahl ist. Im ersten Fall heißt die Folge monoton aufsteigend, im
zweiten Fall monoton absteigend.[1])

Es möge eine Rechenvorschrift vorliegen, nach der man zwei
Folgen von rationalen Zahlen

$$a_1, \quad a_2, \quad a_3, \quad a_4 \ldots$$
$$a_1', \quad a_2', \quad a_3', \quad a_4' \ldots$$

erhält mit den folgenden Eigenschaften:

1. Die erste Folge sei monoton aufsteigend, also:

$$a_1 \leqq a_2 \leqq a_3 \leqq a_4 \ldots$$

2. Die zweite Folge sei monoton absteigend, also:

$$a_1' \geqq a_2' \geqq a_3' \geqq a_4' \ldots$$

---

1) Man mache sich das nicht nur begrifflich, sondern durch die geometrische
Darstellung auch anschaulich klar.

3. Keine Zahl der ersten Folge sei größer als die entsprechende der zweiten Folge, also:

$$a_1 \leqq a_1'; \quad a_2 \leqq a_2'; \quad a_3 \leqq a_3' \ldots$$

4. Die Differenz von je zwei entsprechenden Zahlen der beiden Folgen soll schließlich beliebig klein werden, d. h. es soll zu jeder beliebig gegebenen positiven Zahl ε einen Index n geben (der von ε abhängen wird), so daß alle folgenden Differenzen

$$a_{n+v}' - a_{n+v} < \varepsilon \quad \text{für} \quad v = 1, 2, 3, \ldots$$

Gebraucht man mit G. Kowalewski[1]) den Ausdruck fast alle für „alle mit Ausnahme einer endlichen Anzahl", so kann man auch sagen:

Es sollen fast alle Differenzen von je zwei entsprechenden Zahlen der beiden Folgen kleiner als eine beliebig gegebene positive Zahl ε sein.

Sind diese vier Bedingungen erfüllt, so wollen wir die beiden Folgen verbundene Folgen nennen.

Aus 1. 2. 3 folgt leicht: keine Zahl der ersten Folge ist größer als irgendeine Zahl der zweiten Folge. Denn wäre $a_i > a_k'$; so wäre, wenn $i < k$ ist, nach 1. $a_k' < a_i \leqq a_k$, was 3. widerspricht, dagegen wenn $k < i$ ist, nach 2. $a_i > a_k' \geqq a_i'$, ebenfalls im Widerspruch zu 3.

2. Es können nun zwei Fälle eintreten:

I. Es gibt eine rationale Zahl r, welche zwischen je zwei entsprechenden Zahlen liegt, so daß für jedes n

$$a_n \leqq r \leqq a_n'.$$

Wir behaupten, es gibt dann auch nur eine solche rationale Zahl, denn gäbe es eine zweite s, die wir größer als r annehmen können, so wäre $s - r = d$ eine bestimmte positive Zahl und es wäre

$$a_n \leqq r < s \leqq a_n'.$$

Dann wäre aber $a_n' - a_n \geqq d$ für jeden Index n und das widerspricht der Bedingung 4., wonach von einem bestimmten Index an $a_n' - a_n$ kleiner als eine beliebig gegebene positive Zahl, also auch kleiner als d werden soll.

Man sagt in diesem Fall, die beiden Folgen bestimmen die Zahl r. Ein Beispiel werden wir im nächsten Paragraphen kennen lernen.

II. Es gibt keine rationale Zahl, welche beständig zwischen zwei entsprechenden Zahlen der beiden Folgen liegt. Dies ist z. B. in dem Beispiel § 23, **6.** der Fall. Man sieht nämlich leicht, daß die Quadrate der dort in (15) angegebenen Zahlen zwei Folgen von der in I betrachteten Art bilden, indem je zwei entsprechende Quadrate die rationale

---

1) G. Kowalewski, Grundzüge der Differential- und Integralrechnung, Leipzig 1909.

Zahl 2 einschließen. Würden nun die beiden Folgen (15) eine rationale Zahl bestimmen, so wäre das Quadrat dieser Zahl gleich 2, und das ist, wie wir gesehen haben, unmöglich.

In diesem Falle sagt man, die beiden Zahlenfolgen bestimmen eine neue, irrationale Zahl α.

Die a_1, a_2, $a_3 \ldots$ heißen die unteren, die a_1', a_2', $a_3' \ldots$ die oberen Näherungswerte von α.

Von dieser Definition ausgehend trifft man nun Festsetzungen über die Größenbeziehungen und über die fundamentalen Rechenoperationen mit diesen Zahlen und baut die Lehre von den irrationalen Zahlen ganz entsprechend so auf, wie wir es auf Grund der Dedekindschen Definition getan haben. Wir wollen dies hier nicht näher ausführen[1]), sondern nur zeigen, wie man die Dedekindsche Theorie mit der vorliegenden in Verbindung setzen kann.

3. Sei $(A \mid A')$ ein Schnitt im Gebiete der rationalen Zahlen, so kann man auf beliebig viel Arten aus A eine aufsteigende, aus A' eine absteigende Folge von Zahlen auswählen, so daß die Bedingung 4. erfüllt ist. Sind $\begin{matrix} a_1 & a_2 & a_3 \ldots \\ a_1' & a_2' & a_3' \ldots \end{matrix}$ zwei solche Folgen und ist ε eine beliebig gegebene positive Zahl, so wird von einem bestimmten Index m ab

$$(1) \qquad\qquad a_m' - a_m < \varepsilon.$$

Die beiden Folgen sind also verbundene Folgen und bestimmen eine Zahl α, deren Wert nach den in dieser Theorie getroffenen Größenfestsetzungen immer zwischen einem unteren und einem oberen Näherungswert liegt, so daß für jedes m

$$(2) \qquad\qquad a_m \leqq \alpha \leqq a_m' \quad \text{ist.}$$

Sei nun $\begin{matrix} \bar{a}_1 & \bar{a}_2 & \bar{a}_3 \ldots \\ \bar{a}_1' & \bar{a}_2' & \bar{a}_3' \ldots \end{matrix}$ ein zweites aus dem Schnitt herstellbares Paar verbundener Folgen, so ist von einem bestimmten Index n ab

$$(3) \qquad\qquad \bar{a}_n' - \bar{a}_n < \bar{\varepsilon},$$

wo wieder $\bar{\varepsilon}$ eine beliebig gegebene positive Zahl bedeutet. Es läßt sich zeigen, daß die durch dieses Paar von Zahlenfolgen definierte Zahl $\bar{\alpha}$ mit α zusammenfallen muß.

Für jeden Index n ist

$$(4) \qquad\qquad \bar{a}_n \leqq \bar{\alpha} \leqq \bar{a}_n'.$$

---

1) Es sei auf die eingehende Darstellung bei A. Loewy, Lehrbuch der Algebra, Leipzig 1915, S. 60 ff., verwiesen. Die Definition der irrationalen Zahlen durch verbundene Folgen, die sich, wie wir sehen, eng an die gebräuchlichen Näherungsverfahren anschließt, ist zuerst von P. Bachmann, Vorlesungen über die Natur der Irrationalzahlen, Leipzig 1892, entwickelt worden. Sie ist verwandt mit der Cantorschen Definition, Math. Ann. 5 (1872), 123 und ausführlicher 21 (1883), 564, doch geht Cantor nur von einer nicht notwendig monotonen Folge aus. Dies entspricht unserem dritten Beispiel in § 23, 7.

Wären nun α und $\bar{\alpha}$ verschieden und etwa $\alpha > \bar{\alpha}$, so daß $\alpha - \bar{\alpha} = d$ einen bestimmten positiven Wert besitzt, so wäre nach (2) und (4)

$$d \leq a'_m - \bar{a}_n.$$

Nach (1) und (3) ist aber

$$(a'_m - \bar{a}_n) + (\bar{a}_n{}' - a_m) < \varepsilon + \bar{\varepsilon} = \eta.$$

Hier sind die eingeklammerten Differenzen positiv, also ist um so mehr $a'_m - \bar{a}_n < \eta$ und es wäre also $d < \eta$.

Es ist aber η eine beliebig gegebene positive Zahl, könnte also kleiner als d angenommen werden, folglich muß $d = 0$ und $\alpha = \bar{\alpha}$ sein. Man sieht also:

Wie man auch in einem Schnitt zwei verbundene Zahlenfolgen auswählt, so gehört zu ihnen stets dieselbe reelle Zahl.

Man kann nicht sagen, daß eine irrationale Zahl im Sinne Dedekinds und eine durch Paare verbundener Folgen definierte Zahl dasselbe ist. Es handelt sich ja bei diesen Definitionen nicht um etwas objektiv Existierendes, so daß es etwa nur zwei verschiedene Betrachtungsweisen desselben Gegenstands wären, sondern es sind zwei selbständige Gedankenschöpfungen. Aber infolge der Festsetzungen über die Größenbeziehungen und die fundamentalen Operationen ist ein vollständiges gegenseitiges Entsprechen hergestellt. Jede Aussage über die einen Zahlen läßt sich wörtlich auf die anderen Zahlen übertragen, es ist daher für jeden arithmetischen Satz gleichgültig, ob man sich dabei unter den Zahlen Schöpfungen im Sinne Dedekinds oder im obigen Sinne vorstellt.[1]

§ 28*. Begriff des Grenzwertes.

1. Wir können die Begriffsbestimmung einer reellen Zahl durch verbundene Zahlenfolgen auch noch unter einem anderen Gesichtspunkt auffassen. Betrachten wir die verbundenen Folgen

$$0{,}3 \quad 0{,}33 \quad 0{,}333 \quad 0{,}3333 \ \ldots$$
$$0{,}4 \quad 0{,}34 \quad 0{,}334 \quad 0{,}3334 \ \ldots,$$

so bestimmen sie die rationale Zahl $\tfrac{1}{3}$, denn jede der oberen Zahlen ist $< \tfrac{1}{3}$, jede der unteren $> \tfrac{1}{3}$. Wir sehen das sofort, wenn wir die Unterschiede der einzelnen Zahlen gegen die Zahl $\tfrac{1}{3}$ berechnen. Es ist

---

1) Vgl. Perron, Was sind und was sollen die irrationalen Zahlen? Jahresb. d. Deutsch. Math. Ver. **16** (1907). Eingehende Besprechung der verschiedenen Einführungen der Irrationalzahlen und des Nachweises, daß sie sich gleichwertig vertreten können bei A. Loewy, Lehrb. d. Algebra S. 257 und 284.

$$\frac{1}{3} - 0{,}3 \;\; = \frac{1}{3\cdot 10}; \quad 0{,}4 \;\;\; - \frac{1}{3} = \frac{2}{3\cdot 10}$$

$$\frac{1}{3} - 0{,}33 \;\; = \frac{1}{3\cdot 10^2}; \quad 0{,}34 - \frac{1}{3} = \frac{2}{3\cdot 10^2}$$

$$\frac{1}{3} - 0{,}333 = \frac{1}{3\cdot 10^3}; \quad 0{,}334 - \frac{1}{3} = \frac{2}{3\cdot 10^3} \;\; \text{usf.}$$

Es haben also die oberen wie die unteren Zahlen die Eigenschaft, daß ihre (positiv genommenen) Unterschiede gegen eine bestimmte rationale Zahl schließlich kleiner werden als jeder noch so kleine positive Wert. Man sagt in diesem Fall, die Zahlen der einen wie der andern Folge nähern sich dem Grenzwert $\tfrac{1}{3}$ oder haben die Zahl $\tfrac{1}{3}$ als Grenze. Allgemein definiert man[1]):

Es liege eine Zahlenfolge c_1, c_2, c_3 ... vor (die nicht monoton zu sein braucht). Gibt es dann eine Zahl γ von der Art, daß die Differenzen der Zahlen c gegen γ, absolut genommen, schließlich kleiner werden als eine beliebig gegebene positive Zahl, so sagt man, die Folge der c ist konvergent und besitzt γ zum Grenzwert oder sie konvergiert gegen den Grenzwert γ, und man schreibt:

$$(1) \qquad\qquad \gamma = \lim_{n \to \infty} c_n,$$

gelesen: „limes von c_n, wenn n gegen Unendlich geht". Die Angabe $n \to \infty$ kann man, wo kein Mißverständnis zu befürchten ist, auch weglassen.

Die Folge c_1, c_2, c_3, ... besitzt also einen Grenzwert γ, wenn es zu jeder gegebenen positiven Zahl ε einen Index n gibt, so daß[2])

$$(2) \qquad\qquad |\gamma - c_{n+\nu}| < \varepsilon \quad \text{für} \quad \nu = 1, 2, 3, \ldots$$

Insbesondere hat man für $\gamma = 0$ die Begriffsbestimmung:

Eine Folge von Zahlen besitzt den Grenzwert Null, wenn die absoluten Werte der Zahlen schließlich kleiner werden als eine beliebig gegebene positive Zahl, wenn es also zu jedem (noch so kleinen) positiven ε einen Index n gibt, so daß

$$|c_{n+\nu}| < \varepsilon \quad \text{für} \quad \nu = 1, 2, 3, \ldots$$

2. Der Begriff des Grenzwertes ist von fundamentaler Wichtigkeit. Er gehört zu den Grundbegriffen der Analysis, d. h. desjenigen Teils der Mathematik, der sich mit unendlichen Prozessen (Reihen, Produkte, Kettenbrüche, Differential- und Integralrechnung) beschäftigt. Es sei deshalb eine zweite Fassung für die Definition gegeben, die ihrer Ausdrucksweise nach der geometrischen Anschauung entlehnt ist, aber auch ganz unabhängig davon formuliert werden kann.

---

1) Diese Definition bezieht sich vorläufig, d. h. vor der Schöpfung der irrationalen Zahlen, nur auf rationale Zahlen, insbesondere auf rationale Grenzwerte.

2) W a l l i s, Arithmetica infinitorum, 1655.

Denken wir uns die Zahlen $c_1, c_2, c_3 \ldots$ der Folge sowie die Zahl γ als Punkte der Zahlengeraden dargestellt, so bedeutet die Bedingung (2), daß alle Punkte $c_{n+\nu}$ vom Punkt γ eine Entfernung besitzen, die kleiner ist als ε. Man sagt dann, die Punkte $c_{n+\nu}$ liegen in einer (durch die Größe ε bestimmten) **Umgebung** des Punktes γ. Um dies arithmetisch auszudrücken, definieren wir zunächst:

Die Gesamtheit der Zahlen z zwischen zwei Zahlen a und b, für die also

$$a < z < b$$

ist, heißt das **Intervall** (a, b). Die Zahlen a und b heißen die **Endpunkte** des Intervalls; sie werden, wenn nichts anderes gesagt ist, nicht zum Intervall gerechnet. Die Differenz $b - a$ heißt die **Länge** des Intervalls.

Sei nun ε irgendeine positive Zahl, so nennen wir das Intervall $(\gamma - \varepsilon, \gamma + \varepsilon)$ eine **Umgebung** der Zahl γ. Und nun können wir die Definition des Grenzwertes sehr einfach so aussprechen:

Eine Folge von unendlich vielen Zahlen $c_1, c_2, c_3 \ldots$ **besitzt einen Grenzwert** γ**, wenn in jeder**[1]**) Umgebung von** γ **fast alle Zahlen der Folge liegen.**

3. Kehren wir zu unserem Beispiel zurück und sei also eine rationale Zahl r durch die Folgen $\dfrac{a_1}{a_1{'}}\ \dfrac{a_2}{a_2{'}}\ \dfrac{a_3}{a_3{'}} \ldots$ bestimmt, so ist beständig

$$a_m \leqq r \leqq a_m{'},$$

also für irgendeinen Index $n + \nu$:

$$r - a_{n+\nu} \leqq a_{n+\nu}' - a_{n+\nu}; \quad a_{n+\nu}' - r \leqq a_{n+\nu}' - a_{n+\nu},$$

und es gibt daher nach der Grundeigenschaft 4. der verbundenen Folgen (§ 27, 1.) zu jeder positiven Zahl ε einen Index n, so daß für alle größeren Indizes $n + \nu$

$$|r - a_{n+\nu}| < \varepsilon \quad \text{und} \quad |r - a_{n+\nu}'| < \varepsilon.$$

Dies bedeutet aber:

Ist eine rationale Zahl r **durch die Folgen** $\dfrac{a_1}{a_1{'}}\ \dfrac{a_2}{a_2{'}}\ \dfrac{a_3}{a_3{'}} \ldots$ **bestimmt, so ist**

$$(3) \qquad\qquad r = \lim a_n = \lim a_n{'}.$$

Betrachten wir die durch je zwei entsprechende Zahlen gebildeten Intervalle

$$(a_1, a_1{'}); \quad (a_2, a_2{'}); \quad (a_3, a_3{'}) \ldots,$$

so sehen wir, daß ihre Länge immer kleiner wird und schließlich unter jeden angebbaren positiven Betrag sinkt und daß jedes Intervall vollständig innerhalb des vorhergehenden Intervalls liegt, d. h. jede Zahl eines Intervalls gehört auch zu dem unmittelbar vorangehenden Inter-

---

1) Also auch in jeder noch so kleinen Umgebung.

vall, die Intervalle sind ineinander geschachtelt.[1]) Der Grenzwert r erscheint dann als die einzige Zahl, die allen Intervallen gemeinsam ist. In ihr kommt begrifflich der Prozeß der Intervallschachtelung, wenn auch nach unendlich vielen Schritten, zum Abschluß, er ist vollendet.[2])

4. Hat man aber zwei verbundene Folgen $\begin{matrix} a_1 & a_2 & a_3 \cdots \\ a_1' & a_2' & a_3' \cdots \end{matrix}$, die keine rationale Zahl bestimmen, so liegt auch hier eine Intervallschachtelung vor, aber jetzt gibt es keine rationale Zahl, die allen Intervallen gemeinsam ist, der Prozeß der Intervallschachtelung ist im Gebiete der rationalen Zahlen unvollendbar. Hier greift nun die Schöpfung der **irrationalen Zahl** ein. Sie postuliert die Existenz einer Zahl, die den unendlichen Prozeß begrifflich zum Abschluß bringt. Für diese Zahl α werden solche Größenfestsetzungen getroffen, daß beständig

$$a_m < \alpha < a_m'$$

ist und daraus folgt wie oben (wenn wir mit c_n die Elemente der einen oder der anderen Folge bezeichnen), daß für jede gegebene positive Zahl ε von einem bestimmtem Index n ab

$$|\alpha - c_{n+\nu}| < \varepsilon \quad \text{für} \quad \nu = 1, 2, 3, \ldots$$

ist und infolge dieser mit (2) übereinstimmenden Eigenschaft wird jetzt die irrationale Zahl α als der gemeinsame Grenzwert der a_n und a_n' bezeichnet:

$$(4) \qquad\qquad \alpha = \lim a_n = \lim a_n'.$$

Es ist also nicht so, daß die irrationale Zahl als ein Grenzwert definiert wird, sondern auf Grund ihrer Definition durch die beiden Zahlenfolgen und der Festsetzungen über ihren Größencharakter und die fundamentalen Rechenoperationen zeigt sich, daß sie die Eigenschaft besitzt, die wir bei den rationalen Zahlen als charakteristisch für einen Grenzwert angesehen haben.

Wir können nun bei der Definition des Grenzwertes durch die Ungleichungen (2) die Beschränkung auf rationale Zahlen fallen lassen und sie überhaupt auf Folgen von **reellen** Zahlen ausdehnen. Wir können dann auch verbundene Folgen von reellen (nicht nur rationalen) Zahlen betrachten; sie ergeben eine Intervallschachtelung und es bleibt die Eigenschaft bestehen, daß die beiden Folgen einen gemeinsamen Grenzwert besitzen.

5. Wir betrachten das folgende Beispiel. Es seien a und b positive Zahlen und $a < b$. Wir berechnen aus ihnen eine Folge von arithmetischen und geometrischen Mitteln (vgl. § 38, 4.):

---

1) **Bieberbach**, Differentialrechnung, Leipzig 1917.
2) Vgl. B. **Kerry**, System einer Theorie der Grenzbegriffe, Leipzig und Wien 1890, worin die erkenntnistheoretischen und psychologischen Grundlagen des Grenzbegriffes sehr scharfsinnig untersucht werden.

$$a_1 = \frac{a+b}{2}, \quad b_1 = \sqrt{b\,a_1},$$

(5)
$$a_2 = \frac{a_1+b_1}{2}, \quad b_2 = \sqrt{b_1 a_2},$$

$$\cdots\cdots\cdots\cdots$$

allgemein
$$a_{n+1} = \frac{a_n+b_n}{2}, \quad b_{n+1} = \sqrt{b_n a_{n+1}}.$$

Es ist dann

(6)
$$b_1{}^2 - a_1{}^2 = b\,a_1 - a_1\frac{a+b}{2} = a_1\frac{b-a}{2} > 0,$$

mithin $a_1 < b_1$. Ebenso $a_2 < b_2$, $a_3 < b_3$, $\ldots$ Damit ergibt sich, daß

$$a < a_1 < a_2 < a_3, \ldots$$

und
$$b > b_1 > b_2 > b_3, \ldots$$

ist, d. h. die $\{a_n\}$ bilden eine monoton aufsteigende, die $\{b_n\}$ eine monoton absteigende Folge, und jede Zahl der ersten Folge ist kleiner als die entsprechende Zahl der zweiten Folge. Weiter folgt aus (6), da

$$b_1{}^2 - a_1{}^2 = (b_1 + a_1)(b_1 - a_1) = 2a_2(b_1 - a_1)$$

und $a_1 < a_2$ ist:
$$b_1 - a_1 < \tfrac{1}{4}(b-a),$$

ebenso:
$$b_2 - a_2 < \tfrac{1}{4}(b_1 - a_1)$$

$$\cdots\cdots\cdots\cdots$$

allgemein
$$b_n - a_n < \tfrac{1}{4}(b_{n-1} - a_{n-1})$$

und wenn man alle diese Ungleichungen multipliziert und die gemeinsamen Faktoren auf beiden Seiten, welche sämtlich positiv sind, fortläßt:

$$b_n - a_n < \frac{1}{4^n}(b-a).$$

Es wird mithin die Differenz von je zwei entsprechenden Zahlen schließlich beliebig klein. Aus alledem ergibt sich jetzt:

Die Zahlen $\begin{array}{cccc} a & a_1 & a_2 & \cdots \\ b & b_1 & b_2 & \cdots \end{array}$ bilden zwei verbundene Folgen und besitzen einen gemeinsamen Grenzwert.[1]

Diese beiden konvergenten Folgen sind für die Kreisberechnung von großer Bedeutung. Auf ihnen beruht die Methode des Archimedes zur Berechnung des Kreisumfangs mit Hilfe der ein- und umgeschriebenen Vielecke. Ist u_m der Umfang des eingeschriebenen, U_m der des umbeschriebenen regelmäßigen m-Ecks, so bestehen die Formeln

$$\frac{1}{U_{2m}} = \frac{1}{2}\left(\frac{1}{U_m} + \frac{1}{u_m}\right); \quad u_{2m} = \sqrt{u_m U_{2m}}.$$

Setzen wir
$$a = \frac{1}{U_m}, \quad b = \frac{1}{u_m}, \qquad \text{so werden also}$$

a_1, b_1 die entsprechenden Zahlen für das ein- und umbeschriebene $2m$-Eck.

---

1) Die Existenz dieses Grenzwertes hat zuerst J. Gregory, Exercitationes geometricae, London 1668 bewiesen.

Der Grenzwert der Folgen ist der reziproke Wert des Kreisumfangs, also[1])
(beim Radius 1)

$$\lim a_n = \lim b_n = \frac{1}{2\pi}.$$

6. Durch die Ungleichungen (2) kann man zwar entscheiden, ob eine
Zahl γ Grenzwert einer Folge ist, sie geben aber kein Mittel an die
Hand, um ohne Kenntnis von γ bei einer vorgelegten Folge von Zahlen
zu erkennen, ob sie einen Grenzwert besitzt. Dies wird durch den
folgenden Satz geleistet[2]):

Eine Folge von Zahlen $c_1, c_2, c_3 \ldots$ ist dann und nur dann
konvergent, wenn es zu jeder positiven Zahl ε einen Index n
gibt, so daß alle auf c_n folgenden Zahlen innerhalb des Intervalls $(c_n - \varepsilon, c_n + \varepsilon)$ liegen, daß also

$$(7) \qquad\qquad | c_n - c_{n+\nu} | < \varepsilon \quad \text{für} \quad \nu = 1, 2, 3, \ldots$$

ist. Zunächst ist leicht zu zeigen, daß, wenn die Folge einen Grenzwert
γ besitzt, dann die Ungleichungen (7) bestehen. Es gibt nämlich dann
zu einer vorgegebenen positiven Zahl, die wir mit $\frac{\varepsilon}{2}$ bezeichnen, eine
Zahl m, so daß für jeden Index $n > m$:

$$| \gamma - c_n | < \frac{\varepsilon}{2}.$$

Nun ist $c_n - c_{n+\nu} = (c_n - \gamma) + (\gamma - c_{n+\nu})$, folglich nach § 14, (6):

$$| c_n - c_{n+\nu} | \leqq | c_n - \gamma | + | \gamma - c_{n+\nu} | < \varepsilon.$$

Daß aber umgekehrt bei Erfüllung der Bedingungen (7) die Folge
konvergiert, zeigt man so:

Wir scheiden sämtliche reelle Zahlen in zwei Klassen. In die eine
Klasse A nehmen wir jede Zahl auf, die von fast allen Zahlen der
Folge übertroffen wird, d. h. zu jeder Zahl α aus A gibt es einen
Index m, so daß alle $c_{m+\mu} > \alpha$ sind. Alle übrigen reellen Zahlen bilden
die Klasse A'. Dann ist jede Zahl aus A kleiner als jede Zahl aus A',

---

1) Bezeichnet man allgemein den Grenzwert für irgendwelche Anfangswerte
a, b mit $M(a, b)$, so ist $M(a, b) = b \cdot M\left(\frac{a}{b}, 1\right)$ und wenn man $\frac{a}{b} = \cos x$ setzt,
so kann man zeigen, daß

$$M(\cos x, 1) = \frac{\sin x}{x}$$

ist. Geht man für die Kreisberechnung nach Archimedes vom regelmäßigen
Sechseck aus, so ist

$$\frac{a}{b} = \frac{1}{2}\sqrt{3}, \text{ also } x = \frac{\pi}{6}, \sin x = \frac{1}{2} \text{ und}$$

$$M(a, b) = \frac{1}{6} \cdot \frac{1/2}{\pi/6} = \frac{1}{2\pi}.$$

2) Bolzano, Rein analytischer Beweis des Lehrsatzes usw. (1817), S. 35
(Ostwalds Klassiker Nr. 153, S. 21). Cauchy, Cours d'analyse (1821), S. 125.

also ist $(A\,|\,A')$ ein Schnitt im Gebiete aller reellen Zahlen und bestimmt nach § 24, 8. eine Zahl γ.

Sei nun c_n eine Zahl aus A, so ist, da nach (7) alle übrigen $c_{n+\nu}$ im Intervall $(c_n - \varepsilon, c_n + \varepsilon)$ liegen, $c_n + \varepsilon$ eine Zahl aus A' und γ sowie fast alle c liegen im Intervall $(c_n, c_n + \varepsilon)$, d. h. es muß zu der vorgegebenen Zahl ε einen Index m geben, so daß alle $c_{m+\mu}$ innerhalb $(c_n, c_n + \varepsilon)$ liegen, und dann ist sicher

$$(8) \qquad |\gamma - c_{m+\mu}| < \varepsilon \quad \text{für} \quad \mu = 1, 2, 3, \ldots$$

Ist aber c_n eine Zahl aus A', so ist $c_n - \varepsilon$ eine Zahl aus A, und γ sowie fast alle c liegen im Intervall $(c_n - \varepsilon, c_n)$. Daraus folgt wiederum das Vorhandensein einer Zahl m zu der vorgegebenen Zahl ε, so daß die Ungleichungen (8) bestehen. Damit ist aber die Zahl γ als Grenzwert der Folge nachgewiesen.

7. Eine jede konvergente Folge muß natürlich beschränkt sein. Für die besonders wichtige Klasse der monotonen Folgen genügt diese Eigenschaft zur Konvergenz und es besteht der Satz:

Eine beschränkte monotone Folge ist immer konvergent und besitzt, je nachdem sie aufsteigend oder absteigend monoton ist, die obere oder untere Schranke als Grenzwert.

Dies ergibt sich unmittelbar aus der Definition des Grenzwertes in **2.**, denn in jeder Umgebung der Schranke liegen fast alle Zahlen der Folge.

8. Der Begriff des Grenzwertes kann einem allgemeineren Begriff untergeordnet werden.

Es liege irgendeine unendliche[1]) Punktmenge vor. Eine Zahl heiße Häufungswert oder Häufungspunkt der Menge, wenn sich in jeder[2]) Umgebung der Zahl Zahlen der Menge befinden.

Ein Häufungspunkt braucht nicht selbst zur Menge zu gehören. So hat z. B. die Punktmenge[3])

$$1, 0, \tfrac{1}{2}, \tfrac{1}{4}, \tfrac{3}{4}, \tfrac{3}{8}, \tfrac{5}{8}, \tfrac{7}{16}, \tfrac{11}{16}, \tfrac{15}{32}, \tfrac{21}{32}, \tfrac{31}{64}, \tfrac{43}{64}, \ldots$$

die zwei Häufungspunkte $\tfrac{1}{2}$ und $\tfrac{2}{3}$, von denen der erste der Menge angehört, der zweite nicht.

Es besteht nun der wichtige Satz von Bolzano-Weierstraß:

Jede beschränkte Punktmenge hat mindestens einen Häufungswert.

Der Satz ist für die Anschauung beinahe selbstverständlich, denn wenn sich auf einer begrenzten Strecke unendlich viel Punkte befinden

---

1) Wenn nichts anderes gesagt ist, verstehen wir von jetzt ab unter einer Menge immer eine unendliche Menge.

2) Also auch in jeder noch so kleinen Umgebung.

3) Bezeichnet man die Elemente der Menge der Reihe nach mit a_1, b_1, a_2, b_2, ..., so ist allgemein $a_n = \tfrac{1}{2}(a_{n-1} + a_{n-2})$ und $b_n = \tfrac{1}{2}(b_{n-1} + \tfrac{1}{2})$. Man mache sich die Lage der Punkte geometrisch auf der in großem Maßstab gezeichneten Strecke $\overline{01}$ klar. Die oben angegebenen Häufungspunkte sind arithmetisch leicht nachzuweisen.

sollen, so müssen sie sich notwendig an mindestens einer Stelle in unendlicher Anzahl anhäufen. Arithmetisch wird er so bewiesen:

Es sei $\mathfrak{C}$ eine beschränkte Punktmenge. Dann lassen sich immer Zahlen a_1, b_1 angeben, so daß innerhalb des Intervalls (a_1, b_1) sämtliche Zahlen der Menge liegen. Wir halbieren das Intervall durch den Punkt $c_1 = \frac{1}{2}(a_1 + b_1)$; dann liegen mindestens in einem der beiden Intervalle (a_1, c_1) und (c_1, b_1) noch unendlich viel Zahlen der Menge, z. B. im Intervall (a_1, c_1). Wir schreiben dann $a_1 = a_2$, $c_1 = b_2$, teilen das Intervall (a_2, b_2) durch den Punkt $c_2 = \frac{1}{2}(a_2 + b_2)$ und bezeichnen eines der beiden entstehenden Teilintervalle, welches noch unendlich viel Zahlen der Menge enthält (mindestens ein solches ist immer vorhanden) mit (a_3, b_3). So kann man unbegrenzt fortfahren und erhält eine Intervallschachtelung, bei der jedes Intervall halb so groß, wie das vorhergehende ist. Die Endpunkte $\begin{matrix} a_1 & a_2 & a_3 & \cdots \\ b_1 & b_2 & b_3 & \cdots \end{matrix}$ der Intervalle bilden ein Paar verbundener Folgen und die durch sie bestimmte Zahl γ ist ein Häufungspunkt der Menge, denn γ ist ein innerer Punkt aller Intervalle (a_1, b_1), $(a_2, b_2) \ldots$ und jedes Intervall enthält unendlich viel Zahlen der Menge.[1])

9. Die obere Schranke aller Häufungswerte einer Menge nennt man den limes superior, die untere Schranke aller Häufungswerte den limes inferior der Menge.

Die obere und ebenso die untere Schranke aller Häufungswerte sind aber, wie man unmittelbar einsieht, selbst Häufungswerte, d. h. es gibt einen größten und einen kleinsten Häufungswert und man kann sagen:

Der limes superior ist der größte, der limes inferior der kleinste aller Häufungswerte.

In dem obigen Beispiel ist, wenn wir die Elemente der Menge mit c_1, c_2, c_3, $\ldots$ bezeichnen[2]):

$$\lim \sup c_n = \tfrac{2}{3}, \quad \lim \inf c_n = \tfrac{1}{2}.$$

Gemäß der Definition am Schluß von 2. ist der Grenzwert einer Folge zugleich ein Häufungswert, und zwar muß er der einzige Häufungswert sein, denn wenn es noch andere gäbe, so könnten nicht in jeder Umgebung des Grenzwertes fast alle Zahlen der Folge liegen. Es ergibt sich daraus:

Bei einer konvergenten Folge fallen der lim sup und der lim inf mit dem Grenzwert der Folge zusammen:

$$\lim c_n = \lim \sup c_n = \lim \inf c_n.$$

§ 29*. Rechnen mit Grenzwerten.

1. Im folgenden werden wir eine Zahlenfolge a_1, a_2, a_3, $\ldots$ einfach mit $\{a_n\}$ bezeichnen.

Es sei $\{a_n\}$ eine konvergente Folge und $\lim a_n = \alpha$. Multipliziert

---

1) Anstatt die Intervalle jedesmal zu halbieren, kann man irgendwelche Teilpunkte nehmen, wenn nur $\lim (a_n - b_n) = 0$ ist.

2) Man schreibt für $\lim \sup c_n$ und $\lim \inf c_n$ auch $\overline{\lim} \, c_n$ und $\underline{\lim} \, c_n$.

man jede Zahl der Folge mit einer festen Zahl c, so bleibt die Folge konvergent und es multipliziert sich der Grenzwert der Folge ebenfalls mit c, d. h. es ist

$$(1) \qquad \lim ca_n = c \lim a_n.$$

Es gibt nämlich wegen der Konvergenz von $\{a_n\}$ zu jeder positiven Zahl $\frac{\varepsilon}{|c|}$ einen Index n, so daß

$$|\alpha - a_{n+\nu}| < \frac{\varepsilon}{|c|} \quad \text{für} \quad \nu = 1, 2, 3, \ldots$$

Hieraus folgt:

$$|c\alpha - ca_{n+\nu}| < \varepsilon \quad \text{für} \quad \nu = 1, 2, 3, \ldots$$

und darin ist der Satz enthalten.

2. Es seien $\{a_n\}$ und $\{b_n\}$ zwei konvergente Folgen und
$$\lim a_n = \alpha; \quad \lim b_n = \beta.$$

Dann bestehen die Sätze:

Die durch Addition von je zwei entsprechenden Zahlen der beiden Folgen gebildete Folge $\{a_n + b_n\}$ ist konvergent und ihre Grenze ist $\alpha + \beta$, also:

$$(2) \qquad \lim (a_n + b_n) = \lim a_n + \lim b_n.$$

Beweis: Zu jeder positiven Zahl $\frac{\varepsilon}{2}$ gibt es einen[1]) Index n, so daß für alle $\nu = 1, 2, 3, \ldots$

$$|a_{n+\nu} - \alpha| < \frac{\varepsilon}{2} \quad \text{und} \quad |b_{n+\nu} - \beta| < \frac{\varepsilon}{2}.$$

Dann ist nach § 14, (6):

$$|(a_{n+\nu} + b_{n+\nu}) - (\alpha + \beta)| \leqq |a_{n+\nu} - \alpha| + |b_{n+\nu} - \beta| < \varepsilon,$$

und darin liegt der obige Satz.

Ganz entsprechend beweist man den Satz:

Die durch Subtraktion von je zwei entsprechenden Zahlen der beiden Folgen gebildete Folge $\{a_n - b_n\}$ ist konvergent, und es ist

$$(3) \qquad \lim (a_n - b_n) = \lim a_n - \lim b_n.$$

Diese Sätze kann man sogleich auf beliebig viele Folgen und die durch Addition oder Subtraktion ihrer entsprechenden Elemente entstehenden Folgen ausdehnen.

3. Die durch Multiplikation von je zwei entsprechenden Zahlen der beiden Folgen gebildete Folge $\{a_n b_n\}$ ist konvergent und ihre Grenze ist $\alpha\beta$, also:

$$(4) \qquad \lim (a_n b_n) = \lim a_n \cdot \lim b_n.$$

Beweis: Setzt man

$$a_{n+\nu} = \alpha + \varrho_{n+\nu}, \quad b_{n+\nu} = \beta + \sigma_{n+\nu},$$

---

[1]) Man kann für beide Folgen denselben Index annehmen, denn wenn schon $|a_{m+\mu} - \alpha| < \frac{\varepsilon}{2}$ für $\mu = 1, 2, 3, \ldots$ und $m < n$ ist, so braucht man nur die Ungleichungen für $\mu = 1, 2, 3 \ldots (n - m)$ wegzulassen.

so gibt es zu jeder positiven Zahl δ einen Index n, so daß für alle $\nu = 1, 2, 3, \ldots$
$$|\varrho_{n+\nu}| < \delta, \quad |\sigma_{n+\nu}| < \delta.$$

Es wird nun
$$|a_{n+\nu} b_{n+\nu} - \alpha\beta| = |\alpha\sigma_{n+\nu} + \beta\varrho_{n+\nu} + \varrho_{n+\nu}\sigma_{n+\nu}| < (|\alpha| + |\beta| + \delta)\delta.$$

Nehmen wir $\delta < 1$ und $\varepsilon > (|\alpha| + |\beta| + 1)\delta$ an, so wird
$$|a_{n+\nu} b_{n+\nu} - \alpha\beta| < \varepsilon \quad \text{für} \quad \nu = 1, 2, 3, \ldots$$

4. Ist keine Zahl der Folge $\{b_n\}$ gleich Null und auch $\beta = \lim b_n$ von Null verschieden, so ist die durch Division von je zwei entsprechenden Zahlen der beiden Folgen gebildete Folge $\left\{\dfrac{a_n}{b_n}\right\}$ konvergent und ihre Grenze ist $\dfrac{\alpha}{\beta}$, also:

$$(5) \qquad\qquad \lim\left(\frac{a_n}{b_n}\right) = \frac{\lim a_n}{\lim b_n}.$$

Beweis: Es ist bei Anwendung derselben Bezeichnungen wie beim vorigen Beweis:

$$\left|\frac{a_{n+\nu}}{b_{n+\nu}} - \frac{\alpha}{\beta}\right| = \frac{|\beta a_{n+\nu} - \alpha b_{n+\nu}|}{|\beta b_{n+\nu}|} = \frac{|\beta\varrho_{n+\nu} - \alpha\sigma_{n+\nu}|}{|\beta b_{n+\nu}|} < \left(1 + \left|\frac{\alpha}{\beta}\right|\right)\frac{\delta}{|b_{n+\nu}|}.$$

Da keine Zahl b_n Null ist, so besitzt die Folge der $|b_n|$ eine positive untere Schranke B und es ist $|b_{n+\nu}| \geqq B$, und wenn man jetzt $\varepsilon > \left(1 + \left|\frac{\alpha}{\beta}\right|\right)\frac{\delta}{B}$ annimmt, so folgt:

$$\left|\frac{a_{n+\nu}}{b_{n+\nu}} - \frac{\alpha}{\beta}\right| < \varepsilon \quad \text{für} \quad \nu = 1, 2, 3, \ldots$$

5. Aus dem letzten Satz ergibt sich:

Ist die durch Multiplikation von je zwei entsprechenden Zahlen gebildete Folge $\{a_n b_n\}$ sowie die Folge $\{b_n\}$ konvergent und ist $\lim(a_n b_n) = \gamma$, $\lim b_n = \beta$ und letzteres von Null verschieden, so konvergiert auch die Folge $\{a_n\}$ und es ist $\lim a_n = \dfrac{\gamma}{\beta}$.

Es ist nämlich nach **4.**
$$\frac{\lim(a_n b_n)}{\lim b_n} = \lim a_n = \frac{\gamma}{\beta}.$$

6. Wir können nun die Sätze **1.** bis **4.** auf mehrere konvergente Folgen bei wiederholter Anwendung der vier Grundoperationen ausdehnen und erhalten damit den folgenden allgemeinen Satz: Es möge eine endliche Anzahl von konvergenten Folgen $\{a_n\}$, $\{b_n\}$, $\{c_n\}\ldots$ vorliegen, und es sei

$$(6) \qquad\qquad \lim a_n = \alpha, \quad \lim b_n = \beta, \quad \lim c_n = \gamma, \ldots,$$

ferner bedeute $F(a, b, c, \ldots)$ das Ergebnis einer durch eine endliche Anzahl von rationalen Operationen aus den Zahlen $a, b, c, \ldots$ zusammengesetzten Rechnung, bei der jedoch kein Nenner Null ist oder den Grenzwert Null besitzt, so erhält man durch $F(a_n, b_n, c_n, \ldots)$ wieder eine konvergente Folge mit dem Grenzwert

$$(7) \qquad \lim F(a_n, b_n, c_n, \ldots) = F(\alpha, \beta, \gamma, \ldots).$$

Dieser Satz entspricht, wie man sieht, dem Fundamentalsatz der Stetigkeit in § 26, er besagt aber mehr als dieser, da die Zahlen a_n, b_n, $c_n \ldots$ nicht wie dort rational zu sein brauchen.

§ 30. Unendliche Dezimalbrüche.

1*. Die hier besprochenen Erzeugungsweisen der irrationalen Zahlen geben noch keinen Aufschluß darüber, wie nun die irrationalen Zahlen in der Gesamtheit der reellen Zahlen verteilt sind, ja sie lassen für sich allein gar nicht erkennen, ob es überhaupt irrationale Zahlen gibt. Wir haben kein allgemeines Kennzeichen dafür, ob ein Schnitt oder ein Paar verbundener Zahlenfolgen eine rationale oder irrationale Zahl liefert. Zwar kennen wir durch das Beispiel der Quadratwurzeln rationaler Zahlen unendlich viele irrationale Zahlen, es ist aber doch von großer Bedeutung, eine Darstellung aller reellen Zahlen zu besitzen, welche in jedem Fall erkennen läßt, ob eine rationale oder eine irrationale Zahl vorliegt. Solcher Darstellungen gibt es mehrere. Eine der einfachsten und für das gewöhnliche Rechnen die wichtigste ist die Darstellung einer jeden reellen Zahl durch einen (endlichen oder unendlichen) Dezimalbruch.

2. Es sei A_n ein Dezimalbruch mit n Stellen nach dem Komma und es sei eine Rechenvorschrift, eine Formel oder ein Algorithmus gegeben, durch den man aus A_n in eindeutiger Weise einen Dezimalbruch A_{n+1} gewinnen kann, der eine Stelle mehr enthält als A_n, in allen früheren Stellen aber mit A_n übereinstimmt. Dieser Algorithmus soll so beschaffen sein, daß er ohne Ende fortsetzbar ist. Ein solcher Algorithmus ist z. B. die genäherte Berechnung der Quadratwurzel aus einer nicht quadratischen Zahl nach § 23. Wir nennen die durch den Algorithmus erzeugte Ziffernreihe mit dem Komma an einer bestimmten Stelle einen **unendlichen Dezimalbruch**.

Jedem unendlichen Dezimalbruch läßt sich eine bestimmte Zahl in folgender Weile zuordnen: Setzt man

$$(1) \qquad A_n' = A_n + \frac{1}{10^n},$$

so ist, wenn $n > 0$ ist, A_n' ein Dezimalbruch, der aus A_n entsteht, wenn man die letzte Ziffer um eine Einheit erhöht (wobei, wenn die letzte Ziffer von A_n gleich 9 ist, 0 dafür gesetzt und die vorangegangene Ziffer um 1 erhöht wird). A_{n+1} entsteht aus A_n durch Anhängen einer $(n+1)^{\text{ten}}$ Ziffer z und es ist

$$A_{n+1} = A_n + \frac{z}{10^{n+1}}, \qquad A_{n+1}' = A_n + \frac{z+1}{10^{n+1}},$$

woraus hervorgeht:

$$(2) \qquad A_n \leqq A_{n+1} < A'_{n+1} \leqq A'_n.$$

Die Zahlen A_1, A_2, A_3, ... bilden also eine monoton aufsteigende, die Zahlen A'_1, A'_2, A'_3, ... eine monoton absteigende Folge, und da jedes $A_n < A'_n$ ist und die Differenz $A'_n - A_n = \dfrac{1}{10^n}$ für ein genügend großes n unter jeden beliebigen positiven Wert heruntersinkt, so sind $\{A_n\}$ und $\{A'_n\}$ zwei verbundene Folgen.[1]) Die durch sie definierte Zahl α heißt der **Zahlenwert des unendlichen Dezimalbruchs**. Die A_n sind die unteren, die A'_n die oberen Näherungswerte. Ersetzt man beim Rechnen die Zahl α durch A_n, so sagt man, es ist **mit einer n-stelligen Genauigkeit** (oder auf n Stellen genau) $\alpha = A_n$. Ist die $(n+1)^{\text{te}}$ Stelle $\geqq 5$, so nimmt man statt A_n besser den oberen Näherungswert A'_n.

3. Umgekehrt können wir jeder positiven Zahl α einen unendlichen Dezimalbruch zuordnen, wobei wir einen endlichen Dezimalbruch durch Hinzufügung von Nullen auch als unendlichen Dezimalbruch auffassen. Wir ordnen die rationalen Brüche mit dem Nenner 10^n der Größe nach und bezeichnen den größten unter ihnen, der nicht größer als α ist, mit A_n, setzen also

$$(3) \qquad A_n \gtreqless \alpha < A'_n.$$

Es gibt dann eine und nur eine Ziffer z, für die

$$(4) \qquad A_{n+1} \gtreqless \alpha < A'_{n+1},$$

und wir können also den Dezimalbruch A_n in eindeutiger Weise so fortsetzen, daß α als die obere Schranke der A_n erscheint. Man sagt dann, die Zahl α ist durch den unendlichen Dezimalbruch dargestellt.

4*. Es ist noch die Frage zu beantworten, ob zwei verschiedene unendliche Dezimalbrüche denselben Zahlenwert haben können.

Nehmen wir an, es haben zwei verschiedene Dezimalbrüche mit den unteren Näherungswerten A_n und B_n denselben Zahlenwert α, so müssen, wenn man n groß genug wählt, A_n und B_n an irgendeiner Stelle voneinander verschieden sein. Seien a_k und b_k die ersten Ziffern, die in A_n und B_n nicht übereinstimmen, und sei etwa $a_k < b_k$. Dann ist

$$(5) \qquad B_k - A_k = \frac{b_k - a_k}{10^k}, \qquad B_k - A'_k = \frac{b_k - a_k - 1}{10^k}.$$

Nach (2) ist, sobald $n \geqq m$ ist, $B_n \geqq B_m$, $A'_n \leqq A'_m$, mithin

$$B_n - A'_n \geqq B_m - A'_m$$

oder, wenn wir $\qquad B_n - A'_n = \varDelta_n \qquad$ setzen:

$$(6) \qquad \varDelta_n \geqq \varDelta_m \quad \text{für} \quad n \geqq m.$$

Nach (5) ist also für jedes $n \geqq k$

$$(7) \qquad \varDelta_n \geqq \frac{b_k - a_k - 1}{10^k}.$$

---

1) Vgl. das Beispiel § 23, **5**.

Haben nun die beiden Dezimalbrüche denselben Wert, so muß

$$(8) \qquad \lim \varDelta_n = 0$$

sein, also $\varDelta_n$ mit wachsendem n unter jeden Betrag sinken, folglich muß nach (7): $b_k - a_k - 1 = 0$ und daher nach (5): $\varDelta_k = 0$ und nach (6): $\varDelta_n \geq 0$ für jedes $n \geq k$ sein. Damit ergibt sich aber, daß jedes dieser $\varDelta_n = 0$ sein muß, denn nach (6) bilden die $\varDelta_n$ eine monoton aufsteigende Folge und wenn eine von diesen Zahlen > 0 wäre, könnte nicht $\lim \varDelta_n = 0$ sein. Es folgt also für jedes $n \geq k$:

$$(9) \qquad B_n = A_n' = A_n + \frac{1}{10^n}.$$

Wenn nun die $(n+1)^{\text{ten}}$ Ziffern der beiden Dezimalbrüche mit a_{n+1}, b_{n+1} bezeichnet werden, so ist

$$B_{n+1} = B_n + \frac{b_{n+1}}{10^{n+1}}, \qquad A_{n+1}' = A_n + \frac{a_{n+1}+1}{10^{n+1}}$$

und da diese beiden Zahlen nach (9) einander gleich sein müssen:

$$B_n + \frac{b_{n+1}}{10^{n+1}} = A_n + \frac{a_{n+1}+1}{10^{n+1}},$$

also nach (9):

$$\frac{1}{10^n} + \frac{b_{n+1}}{10^{n+1}} = \frac{a_{n+1}+1}{10^{n+1}},$$

d. h.

$$a_{n+1} = b_{n+1} + 9 \quad \text{für} \quad n \geq k.$$

Da aber a_{n+1} nicht größer als 9 sein kann, so muß $b_{n+1} = 0$, $a_{n+1} = 9$ sein, sobald $n \gtreqless k$ ist; und dann haben auch in der Tat die beiden Dezimalbrüche A_n und B_n denselben Grenzwert, nämlich den **endlichen Dezimalbruch** B_k. Zwei Dezimalbrüche wie z. B. 2,42999 ... und 2,43000 ... haben denselben Zahlenwert 2,43, ebenso $1 = 0,999 ...$

§ 31. Verwandlung gewöhnlicher Brüche in Dezimalbrüche.

1. Ein gewöhnlicher Bruch kann nur dann als endlicher Dezimalbruch geschrieben werden, wenn er durch Multiplikation mit einer Potenz von 10 in eine ganze Zahl verwandelt werden kann. Dies ist dann und nur dann möglich, wenn in der reduzierten Form des Bruches m/n der Nenner n **keine anderen Primfaktoren enthält als 2 und 5,** wenn also $n = 2^a 5^b$ ist, wo a und b ganze Zahlen sind; denn dann ist, wenn c ganzzahlig und nicht kleiner als die größere der beiden Zahlen a und b ist, $m/n \, 10^c$ eine ganze Zahl.

Haben wir aber irgendeinen positiven Bruch m/n, so können wir diesen auf folgendem Wege mit Dezimalbrüchen in Beziehung setzen.

Nach dem Verfahren der Division können wir einen Quotienten z und einen Rest m_1 so bestimmen, daß

$$(1) \qquad m = zn + m_1$$

wird. Darin ist z eine ganze Zahl, die positiv oder auch Null ist. Ebenso ist m_1 positiv und kleiner als n und nur dann gleich Null, wenn m durch n teilbar, also $m/_n$ eine ganze Zahl ist.

Wir verfahren nun ebenso mit $10 m_1$, setzen also

$$(2) \qquad\qquad 10 m_1 = z_1 n + m_2,$$

und somit ist $\qquad\qquad 10 m_1 \gtreqless z_1 n,$

also $z_1 < 10$. Es ist also z_1 eine Ziffer $(0, 1, 2, \ldots, 9)$. Ist $m_2 = 0$, so ist $m/_n$ gleich dem Dezimalbruch $\{z, z_1\}$, ist aber m_2 positiv, so ist es kleiner als n, und wir können nach derselben Regel fortfahren:

$$(3) \qquad \begin{aligned} 10 m_2 &= z_2 n + m_3 \\ 10 m_3 &= z_3 n + m_4 \\ \cdot\ \cdot\ \cdot\ \cdot\ &\cdot\ \cdot\ \cdot\ \cdot\ \cdot\ \cdot \\ 10 m_s &= z_s n + m_{s+1}, \end{aligned}$$

solange keine der Größen $m_1, m_2, \ldots, m_s$, die sämtlich kleiner als n sind, Null geworden ist. Die $z_1, z_2, \ldots, z_s$ sind Ziffern, während z auch eine größere ganze Zahl sein kann. Es folgt nun aus (1), (2), (3):

$$\frac{m}{n} = z + \frac{m_1}{n},$$

$$\frac{m_1}{n} = \frac{z_1}{10} + \frac{m_2}{10 n},$$

$$\frac{m_2}{n} = \frac{z_2}{10} + \frac{m_3}{10 n}, \quad \text{usf.}$$

und hieraus:

$$\frac{m}{n} = z + \frac{z_1}{10} + \frac{z_2}{10^2} + \cdots + \frac{z_s}{10^s} + \frac{m_{s+1}}{n \cdot 10^s},$$

oder als Dezimalbruch geschrieben:

$$(4) \qquad\qquad \frac{m}{n} = \{z, z_1 z_2 \ldots z_s\} + \frac{m_{s+1}}{n \cdot 10^s}.$$

Ist $m_{s+1} = 0$, so ist damit $m/_n$ in einen Dezimalbruch verwandelt, und dies kann also nur in dem vorher erwähnten Falle eintreten, wenn n (bei reduzierter Darstellung des Bruches) die Form $2^a 5^b$ hat. In anderen Fällen kann der Algorithmus, welcher, wie man sieht, nichts anderes als die gewöhnliche Division des elementaren Rechnens ist, unbegrenzt fortgesetzt, also in (4) die Zahl s beliebig groß angenommen werden. Der Dezimalbruch

$$(5) \qquad\qquad A_s = \{z, z_1 z_2 \ldots z_s\}$$

ist dann immer kleiner als der gemeine Bruch

$$(6) \qquad\qquad \gamma = \frac{m}{n},$$

und da $m_{s+1} < n$ ist, so ist der Unterschied $\gamma - A_s$ kleiner als $\frac{1}{10^s}$, wird also um so kleiner, je größer die Stellenzahl des Bruches A_s ist, und sinkt, wenn s groß genug ist, unter jeden vorgeschriebenen Zahlenwert herab; mithin ist die Folge $\{A_s\}$ konvergent und ihr Grenzwert

$$\gamma = \lim_{s \to \infty} A_s.$$

Die Ermittelung des Dezimalbruches A_s aus γ heißt (wenn auch uneigentlich) die **Verwandlung** des gemeinen Bruches in einen Dezimalbruch. Man schreibt dann auch die Gleichung (4), indem man den Rest $m_{s+1}/10^s n$ nicht mit in die Bezeichnung aufnimmt und die unbegrenzte Fortsetzbarkeit durch Punkte andeutet:

$$(7) \qquad \frac{m}{n} = \{z, z_1 z_2 z_3 \ldots\}.$$

Bei der Berechnung der Ziffern z_1, z_2, ... ist es gleichgültig, ob der Bruch m/n zuvor in die reduzierte Form gebracht ist oder nicht, ob also m und n einen gemeinschaftlichen Teiler haben oder nicht.

2*. Enthält der Nenner n außer 2 und 5 noch andere Primfaktoren, so ist das durch die Gleichungen (1), (2), (3) angedeutete Divisionsverfahren unbegrenzt fortsetzbar. Nun sind aber die positiven ganzen Zahlen m_1, m_2, m_3, ... sämtlich kleiner als n, es kann also nur höchstens $n - 1$ verschiedene unter ihnen geben, folglich muß einmal eine Zahl m_β auftreten, die gleich einer früheren Zahl m_α ist. Ist $\beta = \alpha + f$, so ist also $m_{\alpha+f} = m_\alpha$. Dann zeigen aber die Gleichungen (3), daß auch $z_{\alpha+f} = z_\alpha$, ferner $m_{\alpha+f+1} = m_{\alpha+1}$, $z_{\alpha+f+1} = z_{\alpha+1}$; $m_{\alpha+f+2} = m_{\alpha+2}$, $z_{\alpha+f+2} = z_{\alpha+2}$; ... schließlich $m_{\alpha+2f-1} = m_{\alpha+f-1}$, $z_{\alpha+2f-1} = z_{\alpha+f-1}$ und darauf wieder $m_{\alpha+2f} = m_{\alpha+f} = m_\alpha$, $z_{\alpha+2f} = z_{\alpha+f} = z_\alpha$ ist, und nun wiederholen sich die Ziffern

$$(8) \qquad z_\alpha\, z_{\alpha+1}\, z_{\alpha+2}\, \cdots\, z_{\alpha+f-1}$$

unbegrenzt in der nämlichen Reihenfolge, der Dezimalbruch wird **periodisch** mit der Ziffernfolge (8) als **Periode.** Wir können auch die endlichen Dezimalbrüche zu den periodischen rechnen mit der Periode 0 (oder 9) und haben damit den Satz:

Jede rationale Zahl läßt sich in einen periodischen Dezimalbruch verwandeln.

Ist $\alpha = 1$, so beginnt die Periode sogleich nach dem Komma und der Dezimalbruch heißt **rein periodisch.** Ist $\alpha > 1$, so gehen der Periode noch Ziffern hinter dem Komma voran, die sich später nicht mehr in derselben Reihenfolge wiederholen, der Dezimalbruch heißt **gemischt periodisch.**

Die Periode des Dezimalbruchs, der zu einer rationalen Zahl mit dem Nenner n gehört, besteht höchstens aus $n - 1$ Ziffern. Wir werden später (§ 66) Genaueres hierüber aussagen können.

3*. Wir beweisen nun die Umkehrung des vorigen Satzes:

Jeder periodische Dezimalbruch ist gleich einer rationalen Zahl.

Beim Beweis können wir von der Periode 0 (oder 9) absehen, denn dann ist der Dezimalbruch endlich und **gewiß gleich** einer rationalen Zahl.

Es sei m eine dekadisch geschriebene f-stellige ganze Zahl:

$$(9) \qquad m = \{z_1 z_2 \ldots z_f\},$$

und wir nehmen an, daß nicht alle Ziffern z gleich 0 oder 9 seien.

Wir bilden nacheinander Zahlen $m_1 = m$, $m_2, m_3, m_4, \ldots$ indem wir jedesmal die erste Ziffer links wegnehmen und rechts ansetzen, also:

$$
\begin{aligned}
m_1 &= \{z_1 z_2 \cdots z_{f-1} z_f\} &&= z_1 \cdot 10^{f-1} + z_2 \cdot 10^{f-2} + \cdots + z_f \\
m_2 &= \{z_2 z_3 \cdots z_f z_1\} &&= z_2 \cdot 10^{f-1} + z_3 \cdot 10^{f-2} + \cdots + z_1 \\
m_3 &= \{z_3 z_4 \cdots z_1 z_2\} &&= z_3 \cdot 10^{f-1} + z_4 \cdot 10^{f-2} + \cdots + z_2 \\
&\;\cdot\;\cdot\;\cdot\;\cdot\;\cdot\;\cdot\;\cdot\;\cdot\;\cdot\;\cdot\;\cdot \\
m_f &= \{z_f z_1 \cdots z_{f-2} z_{f-1}\} &&= z_f \cdot 10^{f-1} + z_1 \cdot 10^{f-2} + \cdots + z_{f-1}.
\end{aligned}
$$

Die folgende Zahl m_{f+1} stimmt wieder mit m_1 überein, und so wiederholen sich die f Zahlen $m_1 \ldots m_f$ unbegrenzt in derselben Reihenfolge. Diese Zahlen sind sämtlich kleiner als $10^f - 1$.

Es bestehen nun, wie man leicht sieht, zwischen je zwei aufeinander folgenden Zahlen die Gleichungen:

$$
\begin{aligned}
10\,m_1 &= z_1(10^f - 1) + m_2 \\
10\,m_2 &= z_2(10^f - 1) + m_3 \\
&\;\cdot\;\cdot\;\cdot\;\cdot\;\cdot\;\cdot\;\cdot\;\cdot \\
10\,m_f &= z_f(10^f - 1) + m_1
\end{aligned}
$$

und diese Gleichungen wiederholen sich unbegrenzt in der nämlichen Reihenfolge. Fügen wir zu ihnen als erste Gleichung:

$$m = 0 \cdot (10^f - 1) + m_1,$$

so haben wir ein System von Gleichungen, wie in (1), (2), (3), durch welches der echte Bruch $\dfrac{m}{10^f - 1}$ in einen Dezimalbruch entwickelt wird. Dieser wird, wie man sieht, **rein periodisch** mit der Periode $\overline{z_1 z_2 \ldots z_f}$ nämlich

$$(10) \qquad \frac{m}{10^f - 1} = \{0, \overline{z_1 z_2 \ldots z_f} \ldots\}$$

Fügt man hier eine beliebige ganze Zahl a hinzu, so ist damit der obige Satz für jeden rein periodischen Dezimalbruch bewiesen. Es wird

$$(11) \qquad \{a, \overline{z_1 z_2 \ldots z_f} \ldots\} = a + \frac{\{z_1 z_2 \ldots z_f\}}{10^f - 1} = \frac{\{a z_1 z_2 \ldots z_f\} - a}{10^f - 1}.$$

Liegt aber ein gemischt periodischer Dezimalbruch < 1 vor, bei dem der Periode k Dezimalstellen vorausgehen, so daß diese nicht periodischen Stellen für sich eine k-stellige Zahl a bilden, so verwandelt sich der Dezimalbruch durch Multiplikation mit 10^k in einen rein periodischen Dezimalbruch von der Form (11), folglich ist der gemischt periodische Dezimalbruch

$$(12) \qquad \{0, a\,\overline{z_1 z_2 \ldots z_f} \ldots\} = \frac{\{a z_1 z_2 \ldots z_f\} - a}{10^k(10^f - 1)},$$

und wenn noch eine beliebige ganze Zahl hinzugefügt wird, ist sodann jeder periodische Dezimalbruch als eine rationale Zahl dargestellt und damit der obige Satz vollständig bewiesen.

Wir sehen zugleich:

Der Dezimalbruch für eine rationale Zahl $\frac{m}{n}$ ist rein periodisch oder gemischt periodisch, je nachdem der Nenner n relativ prim zu 10 ist oder nicht.

4*. Hiermit haben wir nun ein sehr einfaches Mittel zur Unterscheidung der rationalen und irrationalen Zahlen gewonnen. Nach § 30, **3.** läßt sich jede reelle Zahl durch einen Dezimalbruch darstellen, und nun sehen wir:

Jeder periodische Dezimalbruch stellt eine rationale Zahl, jeder nichtperiodische unendliche Dezimalbruch eine irrationale Zahl dar.

§ 32*. Unendliche Kettenbrüche.

1. Während die Darstellung der reellen Zahlen durch Dezimalbrüche in erster Linie für das praktische Rechnen von Wichtigkeit ist, ist für die Wissenschaft die Darstellung durch Kettenbrüche von größerer Bedeutung.

Wir haben in § 22 die Kettenbruchentwickelung einer rationalen Zahl x aus einer Kette von Gleichungen

$$(1) \qquad x = q + \frac{1}{x_1}, \quad x_1 = q_1 + \frac{1}{x_2}, \quad x_2 = q_2 + \frac{1}{x_3}, \quad \cdots$$

abgeleitet, worin allgemein q_i die größte in x_i enthaltene ganze Zahl bedeutet, also

$$(2) \qquad q_i \leq x_i < q_i + 1.$$

Für jede rationale Zahl x bricht diese Kette von Gleichungen ab; man gelangt schließlich immer zu einer ganzen Zahl $x_n = q_n$ und x wird durch den endlichen Kettenbruch

$$(3) \qquad x = (q, q_1, q_2, \ldots q_n)$$

dargestellt. Ist aber x eine **irrationale** Zahl, so bricht die Kette der Gleichungen (1) nicht ab. Sämtliche Zahlen $x_1, x_2, x_3, \ldots$ sind irrational und es besteht in (2) niemals das Gleichheitszeichen. Man kann nun aus dem Algorithmus (1) ebenfalls einen Kettenbruch ableiten:

$$(4) \qquad (q, q_1, q_2, \ldots),$$

aber dieser bricht nicht ab, es ist ein **unendlicher Kettenbruch,** und man hat zu fragen, was man darunter verstehen soll. Bei einem solchen Kettenbruch kann man aber nach den Rekursionsformeln § 22, (14) und (17) eine unbegrenzte Reihe von Näherungsbrüchen $\frac{A_\nu}{B_\nu}$ berechnen, deren Nenner mit ν über alle Grenzen wachsen, und auf Grund von § 22, **10.** können wir jetzt sagen:

Die Näherungsbrüche eines unendlichen Kettenbruchs

$$(5)\qquad \frac{A_1}{B_1},\ \frac{A_3}{B_3},\ \frac{A_5}{B_5},\ \ldots\quad \text{und}\quad \frac{A_2}{B_2},\ \frac{A_4}{B_4},\ \frac{A_6}{B_6},\ \ldots$$

bilden ein Paar verbundener Folgen, sie definieren also eine bestimmte reelle Zahl, und diese nennt man den Wert des unendlichen Kettenbruchs. Man sagt, der unendliche Kettenbruch konvergiert gegen diesen Wert.

2. Wir beweisen den Satz:

Jeder unendliche Kettenbruch hat einen irrationalen Wert.

Es muß nämlich der Wert des Kettenbruchs zwischen je zwei entsprechenden Zahlen der beiden verbundenen Folgen (5), also zwischen je zwei aufeinanderfolgenden Näherungsbrüchen liegen. Wäre der Wert eine rationale Zahl $\frac{A}{B}$, so wäre also für jedes k

$$\frac{A_{2k-1}}{B_{2k-1}} < \frac{A}{B} < \frac{A_{2k}}{B_{2k}}.$$

Nach § 22, 11. müßte dann aber $B > B_{2k}$, also größer als jeder Nenner irgendeines Näherungsbruches sein, und das ist unmöglich, da die Nenner B_ν mit ν über jede Grenze wachsen.

3. Man sieht nun leicht, daß der Wert des unendlichen Kettenbruchs $(q, q_1, q_2, \ldots)$ mit der irrationalen Zahl x übereinstimmt, die durch den Algorithmus (1) zu diesem Kettenbruch führt. Nach § 22, (24) ist nämlich:

$$(6)\qquad \left|\frac{A_\nu}{B_\nu} - x\right| < \frac{1}{B_\nu^2},$$

es gibt also, da die B_ν mit ν unbegrenzt wachsen, zu jeder (noch so kleinen) positiven Zahl ε einen Index n, so daß

$$\left|\frac{A_{n+\nu}}{B_{n+\nu}} - x\right| < \varepsilon\quad \text{für}\quad \nu = 1, 2, 3, \ldots$$

Dies bedeutet aber nach § 28, 1., daß die Folge der Näherungsbrüche gegen den Grenzwert x konvergiert, also

$$x = \lim_{\nu \to \infty} \frac{A_\nu}{B_\nu},$$

und das ist gleichbedeutend mit der Aussage, daß x die durch die verbundenen Folgen (5) definierte reelle Zahl ist. Wir schreiben:

$$x = (q, q_1, q_2, \ldots)$$

und erhalten für irgendeine vorgegebene Irrationalzahl x durch den Algorithmus (1) einen bestimmten unendlichen Kettenbruch.

4. Es wäre aber denkbar, daß zwei irgendwie gegebene unendliche Kettenbrüche

$$(7)\qquad (q, q_1, q_2, \ldots)\quad \text{und}\quad (r, r_1, r_2, \ldots),$$

die nicht in allen Teilnennern übereinstimmen, denselben Wert besitzen. Wir zeigen, daß dies nicht der Fall ist.

Seien q_k und r_k die ersten voneinander verschiedenen Teilnenner der beiden Kettenbrüche und

$$\xi = (q_k, q_{k+1}, ..); \quad \eta = (r_k, r_{k+1}, ...).$$

Dann stimmen die Näherungsbrüche der Kettenbrüche (7) bis zum k^{ten} Näherungsbruch $\frac{A_k}{B_k}$ überein und die Werte dieser Kettenbrüche sind nach § 22, (15):

$$\frac{A_k\xi + A_{k-1}}{B_k\xi + B_{k-1}} \quad \text{und} \quad \frac{A_k\eta + A_{k-1}}{B_k\eta + B_{k-1}}.$$

Diese Werte sind dann und nur dann einander gleich, von $\xi = \eta$ ist. Nun ist aber

$$q_k < \xi < q_k + 1; \quad r_k < \eta < r_k + 1,$$

d. h. ξ und η liegen in verschiedenen Intervallen in der Reihe der ganzen Zahlen, können also nicht einander gleich sein und folglich haben auch die Kettenbrüche (17) verschiedene Werte.

Zusammenfassend haben wir also hiermit den Satz:

Jede irrationale Zahl läßt sich auf eine einzige Art in einen Kettenbruch entwickeln und dieser ist notwendig unendlich.

§ 33*. Mengentheoretische Betrachtung der reellen Zahlen.

1. Bei der allmählichen Erweiterung des Zahlengebiets, die uns von den natürlichen Zahlen der Reihe nach zu den ganzen, den rationalen und schließlich zu der Gesamtheit der reellen Zahlen geführt hat, haben wir jedesmal zu den vorhandenen Zahlen eine unendliche Menge von neuen Zahlen hinzugefügt. Von einem naiven Standpunkt aus könnte man versucht sein, die „Anzahlen" dieser unendlichen Mengen zu vergleichen, und man würde etwa urteilen, daß die Anzahl der negativen ganzen Zahlen ebenso groß sei wie die der positiven, dagegen die Anzahl der rationalen Zahlen unendlich mal größer, da ja schon in jedem noch so kleinen Intervall unendlich viele rationale Zahlen liegen, daß aber wiederum die Anzahl der irrationalen Zahlen unendlich mal größer sei als die der rationalen Zahlen, da man z. B. schon durch beliebige rationale Operationen mit der Quadratwurzel aus einer einzigen rationalen Zahl unendlich viel irrationale Zahlen erhält. Einige einfache Beispiele aber zeigen, daß diese gefühlsmäßige Übertragung des Anzahlbegriffes auf unendliche Mengen zu merkwürdigen Folgerungen führt.

1. Betrachtet man die Menge der graden Zahlen

$$1 \cdot 2, \quad 2 \cdot 2, \quad 3 \cdot 2, \quad 4 \cdot 2, \quad ...$$

oder allgemein die Menge der Vielfachen einer Zahl n, so erscheint ihre Anzahl ebenso groß wie die der natürlichen Zahlen.

2. AB und $A'B'$ seien zwei Strecken von verschiedener Länge auf zwei Graden. Vom Schnittpunkt S der Graden AA' und BB' projizieren wir alle Punkte der einen Strecke auf die andere. Dann entspricht jedem Punkt P von AB ein Punkt P' von $A'B'$, also müßte man

schließen, daß die Strecke $A'B'$ ebensoviel Punkte enthält, wie die längere Strecke AB.[1]) Es würde daraus folgen, daß es in jedem Intervall gleich viel reelle Zahlen gibt.

Dasselbe kann man arithmetisch so zeigen:

Es seien a und b reelle Zahlen und $a < b$. Läßt man in dem Ausdruck $a + \lambda(b - a)$ die Zahl λ alle positiven reellen Werte < 1 durchlaufen, so erhält man alle reellen Zahlen in dem Intervall (a, b). Es gibt also in jedem Intervall ebensoviel reelle Zahlen, wie es Werte λ gibt,

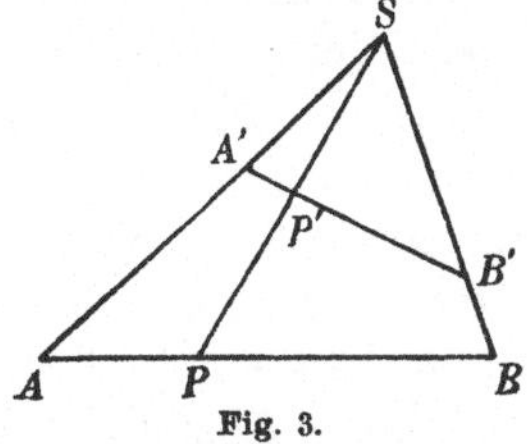

Fig. 3.

d. h. ebensoviele Zahlen wie im Intervall $(0, 1)$. Sind a und b rationale Zahlen und nimmt man für λ auch nur die rationalen Werte im Intervall $(0, 1)$, so würde folgen, daß auch die Anzahl der rationalen Zahlen in jedem beliebigen Intervall dieselbe ist.

Diese merkwürdigen Erscheinungen, die offenbar dem Grundsatz, daß das Ganze größer ist als jeder (echte) Teil, widersprechen, gehören zu den **Paradoxien des Unendlichen**.[2])

2. Aber mit der Feststellung solcher Paradoxien kann sich die Wissenschaft nicht beruhigen. Sie sind ein Zeichen dafür, daß man mit Begriffen operiert hat, die nicht genügend geklärt sind, sei es, daß sie nicht scharf genug definiert sind oder daß ihre Definition in dem Bereich, in dem man sie angewandt hat, nicht gültig ist. Das letztere ist hier der Fall, indem wir den Begriff der **Anzahl**, der nur für **endliche** Mengen definiert ist, nicht sinngemäß auf unendliche Mengen übertragen haben.[3]) Man muß also entweder auf derartige Versuche, unendliche Mengen zu vergleichen, verzichten oder man muß von einem umfassenderen Begriff ausgehen, der den Begriff der Anzahl bei endlichen Mengen in sich schließt und auf unendliche Mengen anwendbar bleibt. Dies hat **Georg**

---

1) Ist M der Mittelpunkt von $A'B'$ und führt man dieselbe Zuordnung einmal für die Strecken $A'M$ und AB, sodann für MB' und AB aus, so würde folgen, daß die Strecke $A'B'$ doppelt so viel Punkte enthält wie die längere Strecke AB.

2) B. **Bolzano**, Paradoxien des Unendlichen, Leipzig 1851. Neu herausgegeben von A. Höfler und H. Hahn. Leipzig 1921. Schon **Galilei**, Discorsi 1638 (Oswalds Klassiker No. 11) bringt zur Erläuterung der Unbegreiflichkeit des Unendlichen das Beispiel, daß die Anzahl aller Quadratzahlen ebenso groß sei, wie die ihrer Grundzahlen, also wie die Anzahl aller natürlichen Zahlen. Das erscheine um so merkwürdiger, als die Quadratzahlen in der Reihe der Zahlen immer seltener auftreten, ihre Zwischenräume immer größer werden, so daß man also auch meinen könne, daß die Anzahl aller Quadratzahlen gegenüber der Anzahl aller natürlichen Zahlen verschwindend klein sei.

3) **Galilei** sagt, die Attribute „gleich", „größer", „kleiner" haben für das Unendliche keine Bedeutung, sondern gelten nur für endliche Größen. — Auch der Grundsatz, daß das Ganze größer ist als jeder Teil, bezieht sich nur auf endliche Mengen und man ist nicht berechtigt, ihn auf unendliche Mengen anzuwenden. Vgl. G. **Cantor**, Zeitschr. für Philosophie u. philos. Kritik **91** (1886), Abschnitt VIII, 7.

Cantor getan, und er ging dabei von dem Begriff der gegenseitigen Zuordnung der Elemente von zwei Mengen aus.

3. Eine endliche Menge $\mathfrak{A}$ wird abgezählt, indem man jedem Element der Menge eine bestimmte Zahl der Zahlenreihe 1, 2, 3 ... zuordnet. Ist die Abzählung vollendet, so hat man der Menge $\mathfrak{A}$ eine gewisse Teilmenge $\{1, 2, 3, \ldots N\}$ der Menge aller natürlichen Zahlen zugeordnet, die wir mit $\mathfrak{N}$ bezeichnen wollen. Diese Zuordnung ist eindeutig umkehrbar oder eineindeutig, d. h. jedem Element a von $\mathfrak{A}$ entspricht ein bestimmtes Element n von $\mathfrak{N}$ und umgekehrt entspricht bei dieser Abzählung dem Element n von $\mathfrak{N}$ das eine Element a von $\mathfrak{A}$. Eine solche eindeutig umkehrbare Beziehung zwischen zwei Mengen haben wir schon in § 5 betrachtet; man nennt sie Äquivalenz und schreibt:

$$\mathfrak{A} \sim \mathfrak{N},$$

gelesen: $\mathfrak{A}$ äquivalent $\mathfrak{N}$. Man kann also sagen:

Eine endliche Menge abzählen bedeutet eine Äquivalenz herstellen zwischen der Menge und einer Teilmenge der Menge aller natürlichen Zahlen.

Nennen wir diese Teilmenge $\mathfrak{N}$ die Abzählungsmenge der Menge $\mathfrak{A}$ und ist $\mathfrak{B}$ eine mit $\mathfrak{A}$ äquivalente Menge, so ist auch $\mathfrak{B} \sim \mathfrak{N}$, also:

Äquivalente endliche Mengen besitzen dieselbe Abzählungsmenge.

Durch die Abzählungsmenge ist als gemeinsamer quantitativer Begriff für alle äquivalenten endlichen Mengen die Anzahl der Elemente bestimmt. Man gebraucht hierfür auch die Bezeichnung Kardinalzahl oder Mächtigkeit und kann mithin sagen:

Jede endliche Menge hat die Mächtigkeit ihrer Abzählungsmenge.

4. Den Begriff der Äquivalenz kann man nun auf unendliche Mengen übertragen. So ist z. B. nach dem Cantorschen Axiom über die gerade Linie (§ 24, **3.**) die Menge der Punkte auf einer Strecke äquivalent der Menge der reellen Zahlen in einem bestimmten Intervall. So haben wir ferner in Fig. 3 eine eindeutig umkehrbare Zuordnung der Punkte der Strecken AB und $A'B'$, es sind also die beiden unendlichen Punktmengen äquivalent. Ebenso ist durch eine Kurve 2. Ordnung auf Grund der Polarenverwandtschaft eine eindeutig umkehrbare Beziehung zwischen den Punkten und den Geraden der Ebene, also eine Äquivalenz zwischen zwei unendlichen ·Mengen hergestellt.

Kehren wir zu den Beispielen in **1.** zurück, so sehen wir nun, daß die dort bemerkten Paradoxien jedesmal darin bestehen, daß eine Menge auftritt, welche einer echten Teilmenge von ihr selbst äquivalent ist. Dies kann bei einer endlichen Menge niemals eintreten (§ 5, **5.**), andererseits aber ist eben diese Eigenschaft ein Kennzeichen für unendliche Mengen überhaupt, so daß sie von Dedekind gradezu als Definition für eine unendliche Menge benutzt worden ist.[1]) Wir

---

1) **Dedekind,** Was sind und was sollen die Zahlen? Braunschweig 1872.

wollen das nicht tun, sondern betrachten als Kennzeichen für eine unendliche Menge, daß keine aus ihr herausgegriffene endliche Teilmenge die Menge erschöpft, und wollen die in der Dedekindschen Definition ausgesprochene Eigenschaft beweisen.

5. Zuvor definieren wir:

Eine zur Menge der natürlichen Zahlen äquivalente Menge heißt abzählbar.

Es ist also eine Menge abzählbar, wenn sie ebenso aufgebaut werden kann, wie die Reihe der natürlichen Zahlen, d. h. wenn man ihre Elemente in eine bestimmte Reihenfolge bringen kann, so daß jedes Element eine ihm allein zukommende Nummer erhält. Die Gesamtheit der Elemente oder die ganze Menge stellt sich dann als eine Folge $a_1, a_2, a_3 \ldots$ dar.

Dasselbe, was für die endlichen Mengen die Abzählungsmenge bedeutet, ist für die abzählbaren Mengen die Menge der natürlichen Zahlen. Wir übertragen auch auf sie den Begriff der Mächtigkeit und sagen:

Eine abzählbare Menge hat die Mächtigkeit der Menge der natürlichen Zahlen.

6. Man sieht nun leicht:

Jede unendliche Teilmenge einer abzählbaren Menge ist abzählbar.

Greift man nämlich aus einer abzählbaren Menge $a_1, a_2, a_3 \ldots$ unendlich viel Elemente heraus, so werden diese die Indizes $n_1, n_2, n_3 \ldots$ besitzen, die der Reihe der natürlichen Zahlen eineindeutig zugeordnet sind, d. h. die Indizes werden wiederum eine abzählbare Menge bilden. Die Menge der herausgegriffenen Elemente $a_{n_1}, a_{n_2}, a_{n_3} \ldots$ ist aber zur Menge der Indizes äquivalent, also ist sie ebenfalls abzählbar.

Hieraus folgt nun unmittelbar:

Jede unendliche Teilmenge einer abzählbaren Menge ist der ganzen Menge äquivalent.

Weiter ist leicht zu sehen:

Jede unendliche Menge besitzt abzählbare Teilmengen.

Greift man nämlich irgendeine endliche Teilmenge $a_1, a_2, \ldots a_n$ aus der Menge heraus, so kann sie die Menge nicht erschöpfen, und man kann für jedes n zu dem Element a_n ein folgendes Element a_{n+1} herausgreifen.

7. Hiermit können wir nun die oben angeführte charakteristische Eigenschaft aller unendlichen Mengen beweisen, nämlich:

Jede unendliche Menge besitzt Teilmengen, die der ganzen Menge äquivalent sind.

Sei nämlich $\mathfrak{M}$ eine unendliche Menge, so besitzt sie sicher eine abzählbare Teilmenge $\mathfrak{A}$. Ist $\mathfrak{B}$ die Menge aller übrigen Elemente, so kann man schreiben:

$$\mathfrak{M} = \mathfrak{A} + \mathfrak{B}.$$

Irgendeine unendliche Teilmenge $\mathfrak{A}'$ von $\mathfrak{A}$ ist aber, wie gezeigt worden ist, zu $\mathfrak{A}$ äquivalent. Vereinigt man sie mit $\mathfrak{B}$, so ist $\mathfrak{A}' + \mathfrak{B} \sim \mathfrak{A} + \mathfrak{B}$, aber $\mathfrak{A}' + \mathfrak{B} = \mathfrak{M}'$ ist eine Teilmenge von $\mathfrak{M}$ und es ist also in der Tat $\mathfrak{M}' \sim \mathfrak{M}$.

8. Die Bedeutung des Begriffs der abzählbaren Menge tritt klar hervor, wenn wir uns jetzt den schönen Sätzen zuwenden, welche die Natur der reellen Zahlen auf das merkwürdigste erhellen und die Grundlage für die große Schöpfung Georg Cantors, die allgemeine Mengenlehre bilden.[1]

Wir wollen die Sätze, um sie hervorzuheben, numerieren.

I. Die Menge der rationalen Zahlen ist abzählbar.

Der Satz ist bewiesen, wenn es gelingt, die rationalen Zahlen in einer Folge $r_1, r_2, r_3 \ldots$ anzuordnen.

Wir nehmen die positiven rationalen Zahlen $\frac{a}{b}$ in reduzierter Form an und suchen alle diejenigen aus, deren Zähler und Nenner dieselbe Summe $N = a + b$ ergeben; es gibt davon nur eine endliche Anzahl, die wir nach steigenden Zählern ordnen. Dann schieben wir noch neben jede Zahl die entgegengesetzte ein. So haben wir z. B. für $N = 12$ die rationalen Zahlen

$$\tfrac{1}{11}, \; -\tfrac{1}{11}, \; \tfrac{5}{7}, \; -\tfrac{5}{7}, \; \tfrac{7}{5}, \; -\tfrac{7}{5}, \; \tfrac{11}{1}, \; -\tfrac{11}{1}.$$

Schreiben wir nun die Zahlen für $N = 1, 2, 3, 4, \ldots$ nebeneinander, so erhalten wir eine Folge:

$$\tfrac{0}{1}, \; \tfrac{1}{1}, \; -\tfrac{1}{1}; \; \tfrac{1}{2}, \; -\tfrac{1}{2}, \; \tfrac{2}{1}, \; -\tfrac{2}{1}; \; \tfrac{1}{3}, \; -\tfrac{1}{3}, \; \tfrac{3}{1}, \; -\tfrac{3}{1}; \; \tfrac{1}{4}, \; -\tfrac{1}{4}, \; \tfrac{2}{3}, \; -\tfrac{2}{3},$$
$$\tfrac{3}{2}, \; -\tfrac{3}{2}, \; \tfrac{4}{1}, \; -\tfrac{4}{1}; \; \ldots,$$

in der jede rationale Zahl und jede nur einmal an einer ganz bestimmten Stelle auftritt. Damit ist aber der Satz bewiesen.

Wir haben früher (§ 19, **5.**) die Menge der rationalen Zahlen überall dicht genannt, weil sich überall, d. h. in jedem noch so kleinen Intervall rationale Zahlen befinden. Dem gegenüber ist die Menge der natürlichen Zahlen nirgends dicht, d. h. zu jeder Zahl a der Menge gibt es eine zweite natürliche Zahl b, so daß in dem Intervall (a, b) keine Zahl der Menge liegt. Und nun haben wir die merkwürdige Tatsache, daß die überall dichte Menge der rationalen Zahlen die gleiche Mächtigkeit besitzt wie die nirgends dichte Menge der natürlichen Zahlen. Es ist eben die Menge der rationalen Zahlen nur bei einer bestimmten Anordnung, nämlich nach der Größe, überall dicht; dadurch, daß wir diese Anordnung zerstört haben, ist die Menge in eine nirgends dichte verwandelt.

Mit der Gesamtheit aller rationalen Zahlen ist auch die Menge der rationalen Zahlen in irgendeinem Intervall abzählbar.

9. Es erhebt sich jetzt die Frage, ob man auch über die Menge der irrationalen Zahlen eine entsprechende Aussage machen kann. Da gibt es zunächst über eine ausgedehnte Klasse von irrationalen Zahlen einen Satz von Cantor, der allerdings einige Kenntnisse in der Algebra voraussetzt.

Eine Gleichung n^{ten} Grades

$$a_0 x^n + a_1 x^{n-1} + \cdots + a_{n-1} x + a_n = 0,$$

____

[1] G. Cantor, Journ. f. Math. 77 (1874). Vgl. auch Jahresb. d. Deutsch. Math. Ver. 1 (1892).

bei der a_0 positiv und von Null verschieden vorausgesetzt werden kann, hat nicht mehr als n Lösungen.[1]) Sind die Koeffizienten $a_0, a_1, \ldots a_n$ ganze Zahlen, so nennt man jede Lösung eine **algebraische Zahl**. Sobald $n > 1$ ist und nicht besondere Bedingungen zwischen den Koeffizienten erfüllt sind, ist jede algebraische Zahl eine irrationale Zahl, aber auch jede rationale Zahl $\frac{a}{b}$ gehört als Lösung der Gleichung $bx - a = 0$ zu den algebraischen Zahlen. Es gehören ferner zu ihnen alle beliebig hohen Wurzeln (Quadratwurzeln, Kubikwurzeln usw.) aus rationalen Zahlen und irgendwelche algebraische Verbindungen solcher Wurzeln, dann aber auch unendlich viele Zahlen, die sich gar nicht durch eine endliche Anzahl von rationalen Operationen und Wurzeln berechnen lassen. Von jedem Grad gibt es unendlich viele Gleichungen mit ganzzahligen Koeffizienten und reellen Lösungen. Es erscheint deshalb die Menge der algebraischen Zahlen unfaßbar viel größer als die Menge der rationalen Zahlen, und bei der geometrischen Darstellung erfüllen die algebraischen Punkte die Zahlengrade unendlich viel dichter als die rationalen Punkte. Trotzdem gilt der Satz:

II. **Die Menge der algebraischen Zahlen ist abzählbar.**

Zum Beweis bildet man den Ausdruck

$$N = n - 1 + |a_0| + |a_1| + \cdots + |a_n|.$$

Zu jedem positiven ganzen Wert von N gibt es nur endlich viele Werte für n, und zwar kann n, da $|a_0|$ mindestens 1 ist, nur die Werte 1, 2, … N haben. Nimmt man für n einen dieser Werte an, so gibt es dann nur endlich viele Werte für die Koeffizienten $a_0, a_1, \ldots a_n$. Folglich gibt es auch zu jedem gegebenen Wert von N nur endlich viele Gleichungen. Bei der Bildung dieser Gleichungen kann man außer a_0 auch a_n als von Null verschieden voraussetzen, denn für $a_n = 0$ kann die Gleichung nach Division durch x auf eine Gleichung mit kleinerem N zurückgeführt werden. So gibt es z. B. für $N = 4$ die folgenden Möglichkeiten:

$$
\begin{array}{lll}
n = 1 & |a_0| + |a_1| = 4; & a_0 = 1, \ a_1 = \pm 3 \\
 & & 2 \pm 2 \\
 & & 3 \pm 1 \\[4pt]
n = 2 & |a_0| + |a_1| + |a_2| = 3; & a_0 = 1, \ a_1 = \pm 1, \ a_2 = \pm 1 \\
 & & 1 0 \pm 2 \\
 & & 2 0 \pm 1 \\
\end{array}
$$

$$n = 3 \quad |a_0| + |a_1| + |a_2| + |a_3| = 2; \quad a_0 = 1, \ a_1 = 0, \ a_2 = 0, \ a_3 = \pm 1.$$

Dies sind 16 verschiedene Gleichungen.

Denken wir uns so für $N = 1, 2, 3, \ldots$ die zugehörigen Gleichungen aufgeschrieben und die zum gleichen N gehörigen in eine bestimmte Reihenfolge gebracht, so wird jede mögliche Gleichung mit ganzzahligen Koeffizienten an einer ganz bestimmten Stelle stehen, also folgt zunächst:

---

[1]) Es handelt sich hier nur um reelle Lösungen.

Die Gesamtheit der algebraischen Gleichungen mit ganzzahligen Koeffizienten bildet eine abzählbare Menge. Denken wir uns weiter zu jeder Gleichung die reellen Lösungen aufgeschrieben und die zum gleichen N gehörigen auch in eine bestimmte Reihenfolge, z. B. der Größe nach, gebracht, wobei wir die Lösungen, die vorher (bei kleineren N) schon einmal dagewesen sind, weglassen, so erhalten wir eine **Folge**, in der jede algebraische Zahl und jede nur einmal an einer ganz bestimmten Stelle auftritt. Damit ist Satz II bewiesen: **Auch die Gesamtheit der reellen algebraischen Zahlen hat nur die Mächtigkeit der Menge der natürlichen Zahlen.**

10. Angesichts der ungeheuren Erweiterung der Zahlenmenge durch die algebraischen Zahlen liegt die Vermutung nahe, daß damit die Gesamtheit aller reellen Zahlen erschöpft sei. Dann wäre jede reelle Zahl eine algebraische und es gäbe für die Menge der reellen Zahlen keine andere Art des unendlich vielen als die Mächtigkeit der natürlichen Zahlen. Dann wäre es aber zwecklos, einen besonderen Begriff des abzählbar Unendlichen einzuführen, solange man kein Beispiel einer anderen Art aufweisen kann. Nun hat zwar schon 1844 der französische Mathematiker **Liouville** (Journ. de math. **16** (1851)) nachgewiesen, daß es unendlich viele **nicht** algebraische Zahlen gibt, also Zahlen, die keiner algebraischen Gleichung mit ganzzahligen Koeffizienten genügen, aber über ihre Mächtigkeit gibt erst der III. Satz von **Cantor** Aufschluß und er zeigt zugleich, daß es tatsächlich noch andere als nur abzählbare Mengen gibt. Der Satz lautet nämlich:

III. **Die Menge aller reellen Zahlen ist nicht abzählbar.**

Beim Beweise machen wir davon Gebrauch, daß man jede reelle Zahl durch einen unendlichen Dezimalbruch darstellen kann.[1]) Wäre nun die Menge aller reellen Zahlen abzählbar, so wäre es auch die Menge der Zahlen im Intervall $(0, 1)$ und es wäre denkbar, diese Zahlen in einer Folge z_1, z_2, z_3 ... von Dezimalbrüchen anzuordnen. Sei dies die Folge:

$$z_1 = 0, \alpha_1 \alpha_2 \alpha_3 \ldots$$
$$z_2 = 0, \beta_1 \beta_2 \beta_3 \ldots$$
$$z_3 = 0, \gamma_1 \gamma_2 \gamma_3 \ldots$$
$$\cdots \cdots \cdots$$

so kann man leicht eine reelle Zahl bilden, die dem Intervall angehört und sicher in dieser Folge nicht vorkommt. Ändert man nämlich irgendwie die erste Dezimalstelle des ersten Bruches, die zweite des zweiten, allgemein die n^{te} Dezimalstelle des n^{ten} Bruches, wählt also an Stelle von α_1, β_2, γ_3, δ_4 ... andere Ziffern:

$$\alpha \neq \alpha_1, \quad \beta \neq \beta_2, \quad \gamma \neq \gamma_3, \quad \delta \neq \delta_4 \ldots$$

und vermeidet nur, daß von einer gewissen Ziffer an lauter Nullen oder lauter 9 auftreten, so ist der Dezimalbruch

---

1) Man kann dabei die endlichen Dezimalbrüche auch als unendliche entweder mit der Periode 0 oder der Periode 9 auffassen.

$$z = 0,_\lambda \, \alpha \beta \gamma \delta \ldots$$

sicher von jedem der Dezimalbrüche z_1, z_2, z_3 ... verschieden.[1]) Es umfaßt also, entgegen der Annahme, die Folge z_1, z_2, z_3, ... nicht sämtliche Zahlen des Intervalls $(0, 1)$, die Menge dieser Zahlen und damit auch die Menge aller reellen Zahlen ist nicht abzählbar.[2])

Die Menge der reellen Zahlen besitzt also eine andere Mächtigkeit als die Menge der natürlichen Zahlen. Man nennt sie die Mächtigkeit des Kontinuums.

Die Menge aller reellen Zahlen ist äquivalent der Menge der Zahlen im Intervall $(0, 1)$.[3]) Diese wiederum ist, wie wir in 1. gesehen haben, äquivalent der Menge der Zahlen in einem beliebigen Intervall (a, b). Hieraus folgt also:

Die Menge der reellen Zahlen in irgendeinem Intervall hat die Mächtigkeit des Kontinuums.

Es bilden also in jedem Intervall die reellen Zahlen eine nicht abzählbare, dagegen die algebraischen Zahlen eine abzählbare Menge, so daß die algebraischen Zahlen sozusagen nur einen verschwindenden Teil der reellen Zahlen darstellen. Das Reich der nicht algebraischen oder transzendenten Zahlen[4]), das sich hier eröffnet, ist noch fast gänzlich unerforscht. Schon die Entscheidung, ob eine vorgelegte Zahl algebraisch oder transzendent ist, bietet derartige Schwierigkeiten, daß sie bis jetzt nur bei einer einzigen Klasse von Zahlen[5]), zu denen auch die aus der Kreismessung bekannte Zahl π gehört, gelungen ist. Wir werden hierauf im letzten Abschnitt näher eingehen.

§ 34*. Geschichtliches zum vierten Abschnitt.

1. Die Entdeckung des Irrationalen ist eine der größten Leistungen der griechischen Mathematik. Es war der Satz des Pythagoras, der notwendig auf die Quadratwurzeln aus rationalen Zahlen führen mußte, und es waren zunächst einzelne Beispiele, wie $\sqrt{2}$, $\sqrt{3}$, $\sqrt{5}$ bis $\sqrt{17}$ (Theodor von Ky-

---

1) Man nennt dieses in der Mengenlehre häufig angewendete Beweisverfahren das Diagonalverfahren.

2) Einen anderen sehr einfachen Beweis hat H. Poincaré, Mathem. Vorlesungen an der Univers. Göttingen 4., Leipzig 1910, S. 15 gegeben.

3) Man sieht dies, wenn man z. B. die Zahlen im Intervall $\left(0, \frac{1}{2}\right)$ durch $x' = \frac{1}{4x}$ auf die Zahlen $> \frac{1}{2}$ und die Zahlen $\left(\frac{1}{2}, 1\right)$ durch $x' = 1 - \frac{1}{4(1-x)}$ auf die Zahlen $< \frac{1}{2}$ abbildet. Man kann auch leicht die Zahlen in einem beliebigen Intervall (a, b) auf die Gesamtheit der reellen Zahlen abbilden.

4) Die Bezeichnung „transzendent" für nichtalgebraische Gebilde (Zahlen, Funktionen, Kurven) geht auf Leibniz (1686) zurück. Er spricht von Größen (quantitates), die jede algebraische Gleichung irgendwelchen Grades übersteigen, hat also schon den Begriff der transzendenten Zahl, ohne jedoch ihre Existenz nachzuweisen. Dies hat erst Liouville, Journ. de math. **16** (1851) getan.

5) Wir sehen dabei ab von Zahlen, wie die von Liouville (a. a. O.) und Maillet (Introduction à la théorie des nombres transcendants. Paris 1906), welche ad hoc konstruiert sind, so daß sie transzendent sind.

rene), deren irrationaler Charakter nachgewiesen wurde[1]); das eigentlich Bedeutsame aber und für die Geschichte der Mathematik Entscheidende war die Erfassung der **Idee des Irrationalen**, nämlich die rein begrifflich gewonnene, durch keine sinnliche Anschauung unterstützte Erkenntnis, daß die Diagonale des Quadrats über der Einheitsstrecke oder die Hypotenuse eines rechtwinkligen Dreiecks mit den Katheten 1 und 2 Strecken von gänzlich anderer Natur darstellen als alle bis dahin betrachteten Strecken.

Die erste systematische Theorie der Irrationalzahlen hat **Euklid** im X. Buch seiner Elemente gegeben. Sie tritt in vollständig geometrischem Gewand auf; es werden nicht rationale und irrationale Zahlen, sondern kommensurable und inkommensurable Strecken betrachtet.[2]) Diese geometrische Darstellung bildete über 2000 Jahre die Grundlage der Lehre von den reellen Zahlen. Man identifizierte sie direkt mit den Strecken einer Geraden und erklärte eine Zahl durch das Verhältnis irgendeiner Strecke zur Einheitsstrecke.[3]) Daneben aber machte sich doch seit **Michael Stifel (1545)** Hand in Hand mit der Entwicklung der Algebra und der Reihenlehre und durch den Gebrauch der Dezimalbrüche immer mehr der arithmetische Charakter der irrationalen Größen geltend, aber erst dem 19. Jahrhundert war es vorbehalten, den Begriff der reellen Zahl vollständig losgelöst von geometrischen Vorstellungen rein arithmetisch zu begründen. Außer **Dedekind** und **Cantor** ist hier vor allem **Weierstraß** zu nennen, der in seinen Vorlesungen seit den 60er Jahren die irrationalen Zahlen durch beschränkte monotone Folgen von Partialsummen unendlicher Reihen definierte. Mit der **Cantorschen** Definition durch Zahlenfolgen berührt sich eng die Darstellung von **Méray**.[4])

---

1) **Platon**, Theaetet 147. Die Entdeckungsgeschichte des Irrationalen vor **Euklid** ist dunkel. Man hat **Pythagoras** selbst (um 550 v. Chr.) als Entdecker bezeichnet, doch kann wohl nur der Beweis der Irrationalität von $\sqrt{2}$ den jüngeren Pythagoreern (um 450) zugeschrieben werden; sicher bezeugt ist die Einsicht in die Natur des Irrationalen erst für die Zeit **Platons** (um 400). Vgl. G. **Junge**, Wann haben die Griechen das Irrationale entdeckt? Progr. Berlin 1907. H. **Vogt**, Die Entdeckungsgeschichte des Irrationalen. Bibl. Math. (3) **10** (1909/10). H. G. **Zeuthen**, Sur l'origine de la connaissance des quantités irrationelles. Akad. Kopenhagen 1915.

2) **Euklid** kennt nur die natürlichen Zahlen. Kommensurable Größen (vgl. § 36) verhalten sich zueinander wie Zahlen (X, 5), inkommensurable Größen dagegen nicht (X, 7). Die Begriffe **kommensurabel** ($\sigma\acute{\upsilon}\mu\mu\varepsilon\tau\rho\alpha$ $\mu\varepsilon\gamma\acute{\varepsilon}\vartheta\eta$) und **inkommensurabel** ($\mathrm{\mathring{\alpha}}\sigma\acute{\upsilon}\mu\mu\varepsilon\tau\rho\alpha$ μ.) decken sich vollkommen mit **rational** und **irrational**, nicht aber die Bezeichnungen $\dot{\varrho}\eta\tau\acute{o}\varsigma$ und $\ddot{\alpha}\lambda o\gamma o\varsigma$. **Euklid** nennt $\dot{\varrho}\eta\tau\acute{o}\varsigma$ eine Strecke, von der entweder die Länge kommensurabel zur Länge der Einheitsstrecke oder das Quadrat kommensurabel zum Quadrat der Einheitsstrecke ist, so daß also die Quadratwurzel aus einer rationalen Zahl, obgleich inkommensurabel zur Einheitsstrecke, als $\dot{\varrho}\eta\tau\acute{o}\varsigma$ bezeichnet wird. Dagegen heißt jede Zusammensetzung von solchen Quadratwurzeln $\ddot{\alpha}\lambda o\gamma o\varsigma$ (X, 21, 36, 55—66). Andere Irrationalitäten kommen nicht vor, es handelt sich also immer nur um Strecken, die mit Lineal und Zirkel konstruierbar sind. Streng genommen ist mithin die Euklidische Geometrie nicht eine Geometrie im Kontinuum, sondern in einer unstetigen Mannigfaltigkeit, in der jedoch sämtliche Axiome mit Ausnahme des Vollständigkeitsaxioms (vgl. **Hilbert**, Grundlagen der Geometrie) erfüllt sind.

3) **Newton** 1685 (Arithmetica universalis 1707).

4) **Dedekind**, Stetigkeit und irrationale Zahlen. Braunschweig 1872. **Cantor**, Math. Ann. **5** (1872), ausführlicher **21** (1883) mit einer sehr interessanten

2. Die **Mengenlehre**, welche die beinahe zweieinhalbtausendjährige Geschichte der irrationalen Zahlen zum Abschluß gebracht hat, ist eine der jüngsten mathematischen Disziplinen. Den Anstoß zu ihrer Entwicklung gaben teils Fragen, wie sie **Bernhard Bolzano** in seinen **Paradoxien des Unendlichen** (nachgelassenes Werk 1851) beschäftigt haben, teils funktionentheoretische Probleme (trigonometrische Reihen), aber weit darüber hinaus ist sie in Arithmetik, Analysis und Geometrie von größter Bedeutung für die Klärung und scharfe Erfassung der Grundbegriffe geworden. Ihr eigentlicher Begründer ist **Georg Cantor**, der sie seit 1873 (Journ. f. Math. **77**) in einer großen Reihe von Abhandlungen[1]) ausgebaut hat. Einen sehr eingehenden zusammenfassenden Bericht über die Entwicklung der Mengenlehre hat A. **Schoenflies**, Jahresb. d. Deutsch. Math. Ver. **8** (1900), neu bearb. 1913, zweiter Teil 1908, gegeben. Zur ersten Einführung eignet sich die Darstellung von A. **Fraenkel**, Einleitung in die Mengenlehre, Berlin 1919. Zu eindringenderem Studium sei verwiesen auf: G. **Hessenberg**, Grundbegriffe der Mengenlehre, Göttingen 1906; B. **Russel**, The principles of Mathematics, Cambridge 1903/12; F. **Hausdorff**, Grundzüge der Mengenlehre, Leipzig 1914.

Zu Beginn dieses Jahrhunderts hatte die Mengenlehre durch die Aufstellung der schon in § 1 erwähnten Paradoxien[2]) eine ernsthafte Krisis durchzumachen. Es wurde dadurch das Vertrauen zu den logischen Grundlagen der Lehre erschüttert und es machte sich sogar bei Mathematikern, die die Mengenlehre durch wichtige Untersuchungen gefördert hatten (**Poincaré**, **Borel**) eine weitgehende Skepsis geltend. Daher war es von der größten Bedeutung, daß E. **Zermelo** (Untersuchungen über die Grundlagen der Mengenlehre, Math. Ann. **65** (1908)) die Mengenlehre axiomatisch so begründete, daß die Paradoxien ausgeschlossen wurden.[3])

Besprechung der Theorien von **Dedekind** und **Weierstraß**. Eine eingehende Darstellung der Theorie von **Weierstraß** mit vielen historischen und literarischen Hinweisen hat G. **Mittag-Leffler**, Tohoku math. Journ. **17** (1920) gegeben. **Méray**, Revue des sociétés savantes: sciences mathém. 1869. Leçons nouvelles sur l'analyse infinitésimale Paris 1894. Eine vergleichende Betrachtung der verschiedenen Begriffsbestimmungen der Irrationalzahlen bei **Loewy**, Lehrbuch der Algebra 1, 254ff., 284. Zur Begründung des Rechnens mit den Irrationalzahlen und zur Theorie der Grenzwerte vgl. R. **Baire**, Théorie des nombres irrationels, des limites et de la continuité. Paris 1905. Schließlich sei auf O. **Perron**, Irrationalzahlen, Berlin 1921, hingewiesen.

1) Math. Ann. von Bd. **15** (1879) an; Acta Math. **2** (1883); Grundlagen einer allgem. Mannigfaltigkeitslehre, Leipzig 1883; Zur Lehre vom Transfiniten, Halle 1890.

2) **Russel**, The principles of Mathematics 1, 366. **Richard**, Acta Math. **30** (1906). H. **Poincaré**, Revue de Métaphys. et de morale **13** (1905), **14** (1906). **Schoenflies**, Jahresb. d. Deutsch. Math. Ver. **15** (1906), **20** (1911). F. **Bernstein**, Jahresb. d. Deutsch. Math. Ver. **28** (1919).

3) Zur axiomatischen Begründung der Mengenlehre vgl. **Brouwer**, N. Arch. f. Wisk. (2) **12** (1917); Jahresber. d. deutsch. Math. Ver. **28** (1919). **Schoenflies**, Akad. d. Wiss. Amsterdam 1920. Math. Ann. **83** (1921).

Fünfter Abschnitt.

Meßbare Größen. Verhältnisse und Proportionen.

§ 35. Meßbarkeit.

1. Wir haben nun die Frage zu erörtern, in welcher Weise der Zahlbegriff, der, wie schon mehrfach hervorgehoben ist, ein rein geistiger ist, auf die Dinge der Außenwelt angewandt wird. Die Anwendung der natürlichen Zahlen geschieht einfach durch das Zählen, wie schon im ersten Abschnitt auseinandergesetzt ist, worauf wir hier nicht noch einmal zurückkommen wollen. Die gebrochenen rationalen und die irrationalen Zahlen werden durch die Tätigkeit des Messens auf die Außenwelt angewandt.

Da keine Messung mit absoluter Genauigkeit ausgeführt werden kann, auch unsere geometrischen Konstruktionen uns keine wirklichen Punkte, Linien oder Flächen liefern, so genügen zur Darstellung empirisch gegebener Größenverhältnisse die rationalen Zahlen; nirgends ist hier eine Nötigung zu weitergehenden Zahlenbildungen.

Gleichwohl können wir uns nicht wohl des Gedankens entschlagen, daß z. B. die Diagonale eines Quadrates oder die Kreisperipherie eine ganz bestimmte Länge haben, die durch Zahlen ausdrückbar sind; und ähnlich ist es bei Zeiträumen oder Gewichten; und wir sind geneigt anzunehmen, daß das ganze Zahlenreich in den meßbaren Dingen sein Äquivalent findet.[1])

2. Wir erblicken das Wesen der Meßbarkeit einer Menge (z. B. Längen, Zeiträume, Massen) in folgenden Bestimmungen:

1. Zwei Elemente a, b der Menge können einander gleich sein, und wenn sie es nicht sind, ist eine von ihnen die größere, die andere die kleinere.

2. Ist a irgendein Element der Menge, so gibt es Elemente, die kleiner sind als a (unbegrenzte Teilbarkeit).

3. Sind a, b zwei (gleiche oder verschiedene) Elemente, so gibt es ein drittes Element $c = a + b$ der Menge, das der Summe der beiden Elemente gleich ist. Die Summe ist größer als jeder der Summanden.

Für die Summenbildung gelten das **kommutative** und das **assoziative** Gesetz der Addition.

4. Ist b kleiner als c, so gibt es ein bestimmtes Element $a = c - b$ von der Beschaffenheit, daß $a + b = c$ ist.

---

1) So klar und einfach der Stetigkeitsbegriff im Gebiete der reinen Zahlen uns vor Augen liegt, so schwer — vielleicht unmöglich — ist es, zu einem Verständnis der Stetigkeit bei den meßbaren Größen, also bei den Objekten der Außenwelt, zu gelangen.

Paul du Bois-Reymond hat in dem Buch über „Allgemeine Funktionentheorie" (Tübingen 1882) diese Frage studiert und kommt zu dem Ergebnis, daß zwei verschiedene einander ausschließende Standpunkte, der idealistische und der empiristische, gleich möglich und gleich berechtigt sind.

5. Durch Wiederholung der Summenbildung aus mehreren gleichen Elementen a gelangt man zu dem Begriff des Vielfachen ma, worin m eine natürliche Zahl ist. Für die Vielfachen gilt das Axiom des Archimedes[1]), das sich aber schon bei Euklid V, 8 findet und wahrscheinlich von Eudoxus herrührt:

Sind a und b irgend zwei Elemente der Menge, so gibt es immer ein Vielfaches ma von a, das größer ist als b. Es gibt also in einer meßbaren Menge weder ein kleinstes noch ein größtes Element, und aus 2., 3., 4. folgt, daß es zwischen irgend zwei verschiedenen Elementen noch andere Elemente gibt, daß also die Menge überall dicht ist.

6. Ist a ein beliebiges Element der Menge und n eine natürliche Zahl, so existiert ein Element b von der Beschaffenheit, daß $nb = a$ ist. Dieses Element b heißt der n^{te} Teil von a und wird mit $b = \dfrac{a}{n}$ bezeichnet. Daß es nicht zwei verschiedene solche Elemente b geben kann, ist eine leicht zu ziehende Folgerung aus den anderen Voraussetzungen. Denn ist $b' > b$, so ist $nb' = nb + n(b' - b)$ größer als nb.

Wir bezeichnen der Kürze wegen bisweilen die Gesamtheit der untereinander gleichen Elemente auch als ein Element.

§ 36. Kommensurable Größen.

1. Zwei Elemente a, b einer meßbaren Menge heißen kommensurabel, wenn zwei natürliche Zahlen p, q angegeben werden können, so daß

$$(1) \qquad qa = pb$$

ist. Die Gleichung (1) besagt, daß, wenn wir a in p Teile, b in q Teile teilen (nach § 35, 6.), diese Teile einander gleich sind:

$$(2) \qquad \frac{a}{p} = \frac{b}{q} = d,$$

und daß dann $a = pd$, $b = qd$ ist. Es ist also d ein gemeinschaftliches Maß von a und b (daher „kommensurabel"). Man sagt in diesem Falle, die Elemente a und b verhalten sich wie die beiden Zahlen p und q.

2. Die Gleichung (1) bleibt bestehen, wenn die Elemente a, b mit demselben Multiplikator vervielfältigt oder durch denselben Teiler geteilt werden, und dasselbe gilt, wenn die Zahlen p, q mit einem gemeinschaftlichen Faktor multipliziert, oder wenn ein gemeinschaftlicher Teiler weggehoben wird. Das Verhältnis der Zahlen p, q bleibt daher ungeändert, wenn der numerische Wert des Bruches $\dfrac{p}{q}$ ungeändert bleibt,

---

1) Archimedes, Über die Kugel und den Zylinder, 5. Postulat. Das Axiom ist in der Arithmetik beweisbar auf Grund des Stetigkeitsaxioms. Vgl. O. Stolz, Math. Ann. **22** (1883) u. **39** (1891). O. Hölder, Ber. d. Sächs. Gesellsch. d. Wiss. **53** (1901). Hilbert, Grundlagen der Geometrie.

und man kann also die Verhältnisse zweier Zahlen und folglich auch die Verhältnisse irgend zweier kommensurablen Elemente der meßbaren Menge den rationalen Brüchen eindeutig zuordnen. Man deutet dann die Gleichheit des Verhältnisses statt durch (1) auch durch die Gleichung

$$a : b = p : q \quad \text{oder} \quad \frac{a}{b} = \frac{p}{q}$$

an, und man nennt das Verhältnis $\frac{a}{b}$ größer als ein anderes $\frac{a'}{b'} = \frac{p'}{q'}$, wenn der Bruch $\frac{p}{q}$ größer ist als $\frac{p'}{q'}$.

3. Man nennt a und b Zähler und Nenner des Verhältnisses. Ist $a = b$, so ist ihr Verhältnis $= 1$. Ist das Verhältnis $\frac{p}{q}$ gegeben, so kann man von den beiden Elementen a, b eines noch beliebig annehmen. Denn ist z. B. p, q und b gegeben, so teile man das Element pb in q Teile, um das Element a zu erhalten, das der Gleichung (1) genügt. Hält man dieses eine Element b fest, so erhält jedes andere Element a der Menge, das mit b kommensurabel ist, eine bestimmte Zahl $\frac{p}{q}$ zugeordnet, und das Element b selbst erhält die Zahl 1. Es heißt darum die Einheit einer Maßbestimmung. Die Wahl der Einheit steht in unserer Willkür und wird durch Zweckmäßigkeitsgründe bestimmt. Von größter Wichtigkeit aber ist es, namentlich für wissenschaftlichen Gebrauch, daß die Einheit unzweideutig definiert sei und zu jeder Zeit unverändert wieder aufgefunden werden kann. Freilich kann diese Forderung niemals mit absoluter Strenge erfüllt werden, aber es sind große Mittel aufgewandt worden, um ihr nach Möglichkeit zu genügen.

§ 37. Inkommensurable Größen.

1. Für praktische Zwecke ist die Annahme, daß die zueinander in ein Verhältnis gesetzten Größen kommensurabel, und ihre Verhältnisse daher rational seien, ausreichend. Um aber vollständige Äquivalenz zwischen den Zahlen und meßbaren Größen herzustellen, müssen wir noch einen Schritt weiter gehen und auch irrationale Verhältnisse betrachten.

Nach dem Begriff der Meßbarkeit ist, wenn e, irgendein Element einer meßbaren Menge und r eine positive rationale Zahl ist, re gleichfalls ein bestimmtes Element derselben Menge. Ist nun a irgendein Element dieser Menge, so erhalten wir einen Schnitt $(R|R')$ wenn wir alle Zahlen r, für die $re < a$ ist, zu R und alle Zahlen r', für die $r'e > a$ ist, zu R' rechnen, wobei eine Zahl r, für die $re = a$ ist, wenn sie existiert, nach Belieben zu R oder zu R' gerechnet werden kann. Durch diesen Schnitt $(R|R')$ ist eine reelle Zahl α definiert, und diese Zahl ordnen wir dem Element a zu. Wir setzen $\alpha e = a$, und nennen α die Maßzahl des Elementes a. Diese Zahl ändert sich natürlich, wenn das Element e, das die Einheit dieser Maßbestimmung darstellt, geändert wird. Ist $\beta e = b$ ein anderes Element derselben Menge, und ist $a < b$, so ist auch $\alpha < \beta$.

Daß es zu jedem Paar a, e einer meßbaren Menge eine bestimmte Maßzahl α gibt, ist hiernach eine Folgerung aus den Voraussetzungen, durch die wir die Meßbarkeit definiert haben; daß es aber auch umgekehrt bei gegebenem e zu jeder Zahl α ein bestimmtes Element a gibt, dessen Maßzahl α ist, ist eine Voraussetzung über die meßbare Menge, die wir, vermöge einer Art innerer Anschauung, zu machen geneigt sind, und die wir von jetzt an machen wollen. In dieser Eigenschaft besteht das, was wir die Stetigkeit der Menge nennen. Für die Längenmessungen ist diese Voraussetzung durch die Axiome über die gerade Linie von Cantor oder von Dedekind oder durch das Axiom der Intervallschachtelung gegeben (§ 24, 3.). Diese Axiome werden sinngemäß auf den Raum und auf andere meßbare Mengen übertragen und sprechen damit auch diesen die Eigenschaft der Stetigkeit zu.

Eine sinnliche Vorstellung kann mit diesem Begriff der Stetigkeit nicht verbunden werden, und keine äußere Erfahrung kann sie uns jemals bestätigen oder widerlegen.

2. Hiernach gehen wir zu einer allgemeinen Definition der Verhältnisse über.

Euklid (El. V, Def. 5) gibt folgende Definition[1]): Wenn a, b zwei Elemente einer meßbaren Menge sind und A, B zwei Elemente einer zweiten oder auch derselben meßbaren Menge, so nehme man irgend zwei natürliche Zahlen m und n. Es tritt dann von den folgenden drei Fällen immer einer und nur einer ein:

$$(1) \qquad ma < nb, \quad ma = nb, \quad ma > nb.$$

Wenn nun immer, welche Zahlen m, n man auch nehmen mag, gleichzeitig auch

$$(2) \qquad mA < nB, \quad mA = nB, \quad mA > nB$$

ist, so verhält sich a zu b wie A zu B.

Wir bezeichnen dies durch die Gleichung

$$(3) \qquad a : b = A : B.$$

Wir bemerken noch, daß hierbei die Elemente der meßbaren Menge im absoluten Sinn (als positive Größen) zu verstehen sind. Es ergibt sich hieraus:

Das Verhältnis zweier positiver Zahlen α und β ist gleich dem Verhältnis der Zahl $\frac{\alpha}{\beta}$ zu der Zahl 1, also

$$(4) \qquad \alpha : \beta = \frac{\alpha}{\beta} : 1.$$

---

[1]) Man nimmt an, daß die Lehre von den Proportionen in der euklidischen Darstellung bereits auf Eudoxus zurückgeht.

Denn aus
$$m\alpha \gtreqless n\beta$$

folgt durch Division mit β: $\quad m\dfrac{\alpha}{\beta} \lesseqgtr n \cdot 1$.

Wir betrachten also die Zahl $\dfrac{\alpha}{\beta}$ als **Maß** für das Verhältnis der Zahlen α und β und für alle diesem gleichen Verhältnisse.

3. Das Verhältnis zweier Elemente a, b einer meßbaren Menge ist gleich dem Verhältnis ihrer Maßzahlen α, β. Wenn nämlich

$$(5) \qquad m\alpha < n\beta$$

ist, so kann man zwischen $m\alpha$ und $n\beta$ zwei rationale Zahlen einschieben, die man in der Form mr, ns annehmen kann, und zwar so, daß

$$(6) \qquad m\alpha < mr < ns < n\beta.$$

Es ist dann $\alpha < r$ und $s < \beta$, und folglich ist, wenn e die Einheit bedeutet,

$$a < er, \quad es < b$$

und mithin nach (6)

$$(7) \qquad ma < nb.$$

Ebenso kann man, wenn die Ungleichheit (7) vorausgesetzt wird, zwei rationale Vielfache er, es der Einheit e so annehmen, daß

$$(8) \qquad ma < mer < nes < nb$$

wird, und daraus folgt: $\quad \alpha < r, \quad s < \beta, \qquad\qquad$ also:

$$(9) \qquad m\alpha < n\beta.$$

Ebenso kann man zeigen, daß die beiden Ungleichungen $ma > nb$ und $m\alpha > n\beta$ stets miteinander verbunden sind, woraus dann weiter folgt, daß auch $ma = nb$ immer $m\alpha = n\beta$ zur Folge hat und umgekehrt.

Hiernach ist der Quotient $\dfrac{\alpha}{\beta}$ auch das Maß für das Verhältnis von a zu b und ist von der Wahl der Einheit e unabhängig. Mit den Maßzahlen kann man rechnen wie mit allen Zahlen; es frägt sich aber, welche Bedeutung man den Ergebnissen dieser Rechnung beizulegen hat.

Der Addition und der Subtraktion pflegt man nur dann eine Bedeutung beizulegen, wenn die Maßzahlen derselben meßbaren Menge angehören; man wird z. B. nicht Zeiträume und Längen addieren oder subtrahieren. Beziehen sich aber beide Maßzahlen auf dieselbe Einheit, z. B. die Längeneinheit, so gibt ihre Summe und ihre Differenz die Maßzahl für die Summe und Differenz der gemessenen Größen in der gleichen Einheit.

Dies folgt bei rationalen Maßzahlen aus den Bestimmungen des § 36 und für irrationale aus der vorausgesetzten Stetigkeit.

Das Produkt von Maßzahlen gibt die Maßzahlen in einer neuen Menge, deren Einheit als das Produkt der Einheiten der beiden Faktoren definiert wird, und ebenso ist es bei den Quotienten. So ist das Produkt zweier Längen ein Flächenmaß, das Produkt dreier Längen ein Körpermaß, der Quotient einer Länge durch eine Zeit ist eine Geschwindigkeit. Der Quotient zweier Maßzahlen derselben Menge ist aber ein Verhältnis und als solches eine reine Zahl.

§ 38. Proportionen.

1. Eine Gleichung der Form

$$(1) \qquad a : b = c : d,$$

in der a, b, c, d Elemente meßbarer Mengen sind, heißt eine Proportion. Die Gleichung hat nur dann einen Sinn, wenn sowohl a zu b als c zu d ein Verhältnis hat, d. h. wenn a und b einerseits, c und d andererseits derselben meßbaren Menge angehören. Es können aber wohl die Mengen, der die beiden Paare a, b und c, d angehören, voneinander verschieden sein, z. B. die eine das System von Kräften, die andere das System von Längen sein, und hierauf beruht die zur Versinnlichung oft gebrauchte „Darstellung" der Größen irgendeiner Menge durch Strecken.

a, b, c, d heißen die Elemente der Proportion[1]), a die erste, b die zweite, c die dritte, d die vierte Proportionale.

Sind $\alpha, \beta, \gamma, \delta$ die Maßzahlen von a, b, c, d, so ergibt sich aus (1) eine Zahlenproportion oder eine Gleichheit von zwei Quotienten:

$$(2) \qquad \alpha : \beta = \gamma : \delta \cdot \text{ oder } \frac{\alpha}{\beta} = \frac{\gamma}{\delta},$$

und aus den arithmetischen Folgerungen aus dieser Gleichung kann man entsprechende Folgerungen über die a, b, c, d ziehen.

Wenn von den vier Zahlen $\alpha, \beta, \gamma, \delta$ drei beliebig gegeben sind, so ist die vierte eindeutig bestimmt. Daraus folgt, da nach unserer Voraussetzung zu jeder Maßzahl eine bestimmte meßbare Größe gehört:

Wenn von den vier Elementen einer Proportion drei beliebig gegeben sind, so ist das vierte dadurch eindeutig bestimmt.

2. Aus (2) folgt $\frac{\alpha}{\gamma} = \frac{\beta}{\delta}$ sowie $\frac{\delta}{\beta} = \frac{\gamma}{\alpha}$. Hieraus läßt sich aber nur dann ein Schluß über die a, b, c, d ziehen, wenn a und c ein Verhältnis zueinander haben, d. h. wenn die vier Elemente a, b, c, d derselben Menge angehören. Unter dieser Voraussetzung aber ergibt sich:

Man kann in einer Proportion sowohl die beiden mittleren

---

1) Den oft gebrauchten Ausdruck „Glieder der Proportion" möchten wir lieber vermeiden, weil wir unter „Gliedern" nur die einzelnen Bestandteile eines Aggregats verstehen wollen.

Elemente wie auch die beiden äußeren Elemente miteinander vertauschen. Aus $a : b = c : d$ folgt

$$a : c = b : d \quad \text{und} \quad d : b = c : a.$$

3. Mittlere Proportionale.

Wenn in der Proportion (1) die zweite und die dritte Proportionale einander gleich sind, so nennt man sie die **mittlere Proportionale** zwischen dem ersten und vierten Element. Kann man, wenn a, b beliebig gegeben sind, ihre mittlere Proportionale immer bestimmen? Kann man also ein Element x finden, das der Proportion

$$(3) \qquad\qquad a : x = x : b$$

genügt? Selbstverständlich ist das nur möglich, wenn a und b derselben Menge angehören. Dann aber ergibt sich, wenn α, β, ξ die Maßzahlen von a, b, x sind, aus (3):

$$\alpha : \xi = \xi : \beta,$$

$$\xi^2 = \alpha\beta,$$

folglich
$$\xi = \sqrt{\alpha\beta}.$$

Die Bestimmung der mittleren Proportionale führt also auf eine Quadratwurzel.

Wenn a und b Längen sind, so ist die mittlere Proportionale die Seite eines Quadrates, das dem aus den Seiten a und b konstruierten Rechteck flächengleich ist.

4*. Die mittlere Proportionale von zwei positiven Zahlen α und β, also $\xi = \sqrt{\alpha\beta}$, nennt man auch das **geometrische Mittel** der beiden Zahlen. Ist $\alpha < \beta$, so ist $\alpha^2 < \alpha\beta < \beta^2$, folglich

$$\alpha < \sqrt{\alpha\beta} < \beta.$$

Zum Unterschied hiervon heißt die **halbe Summe** der beiden Zahlen, also $\mu = \dfrac{\alpha + \beta}{2}$ das **arithmetische Mittel**[1]) von α und β, und es ist auch (für positive α und β):

$$\alpha < \frac{\alpha + \beta}{2} < \beta.$$

Es besteht der Satz:

Das arithmetische Mittel von zwei positiven Zahlen ist immer größer als das geometrische Mittel.

Es ist nämlich $(\alpha + \beta)^2 = (\alpha - \beta)^2 + 4\alpha\beta$, folglich $\dfrac{(\alpha + \beta)^2}{4} > \alpha\beta$ und $\dfrac{\alpha + \beta}{2} > \sqrt{\alpha\beta}$.

---

1) Allgemein ist $M = \dfrac{a_1 + a_2 + \cdots + a_n}{n}$ das arithmetische Mittel der n Zahlen $a_1, a_2, \ldots a_n$.

5. Die Aufgabe 3. läßt sich folgendermaßen erweitern: Es sollen zwischen zwei Größen a und b **zwei mittlere Proportionalen** eingeschaltet werden, d. h. es sollen zwei Größen x, y so bestimmt werden, daß

$$(4) \qquad a : x = x : y = y : b.$$

Nennen wir die Maßzahlen α, ξ, η, β, so ergibt sich:

$$(5) \qquad \alpha : \xi = \xi : \eta = \eta : \beta,$$

und aus dieser Proportion folgt:

$$\alpha\eta = \xi^2, \quad \beta\xi = \eta^2, \quad \alpha\beta = \xi\eta,$$

also:
$$\alpha^2\beta = \xi^3, \quad \alpha\beta^2 = \eta^3, \qquad\qquad \text{mithin}[1)]$$

$$\xi = \sqrt[3]{\alpha^2\beta}, \quad \eta = \sqrt[3]{\alpha\beta^2},$$

und hierdurch ist die Proportion (5) und folglich auch (4) erfüllt. Es ist aber $\alpha^2\beta$ die Maßzahl für den körperlichen Inhalt einer quadratischen Säule, deren Grundfläche ein Quadrat von der Seite a und deren Höhe b ist, und ξ ist die Maßzahl für die Seite eines Würfels, dessen Kubikinhalt $\alpha^2\beta$ ist. Die Proportion (4) löst uns also die Aufgabe, eine quadratische Säule in einen inhaltsgleichen Würfel zu verwandeln, und durch Kombination mit der Aufgabe 3. erhalten wir dann die Verwandlung eines beliebigen Parallelepipedons in einen Würfel.

Die Annahme $b = 2a$ führt auf das berühmte **Delische Problem** der Würfelverdoppelung.[2)]

6. Der goldene Schnitt. Eine gegebene Strecke a soll so in zwei Teile x und $a - x$ geteilt werden, daß der größere Teil x die mittlere Proportionale ist zwischen der ganzen Strecke a und dem kleineren Teil $a - x$. Es soll also die Proportion

$$(6) \qquad a : x = x : (a - x)$$

oder, wenn α, ξ die Maßzahlen von a und x sind, die Gleichung $\xi^2 = \alpha(\alpha - \xi)$ oder

$$\xi(\xi + \alpha) = \alpha^2$$

bestehen. Schreibt man dies:

$$\left(\xi + \frac{\alpha}{2} - \frac{\alpha}{2}\right)\left(\xi + \frac{\alpha}{2} + \frac{\alpha}{2}\right) = \alpha^2,$$

so folgt nach der Formel $(a - b)(a + b) = a^2 - b^2$:

$$\left(\xi + \frac{\alpha}{2}\right)^2 - \frac{\alpha^2}{4} = \alpha^2$$

$$\left(\xi + \frac{\alpha}{2}\right)^2 = \frac{5}{4}\alpha^2$$

und daraus:
$$\xi + \frac{\alpha}{2} = \frac{\alpha\sqrt{5}}{2}$$

---

1) Wir nehmen hier den Begriff der Kubikwurzel, der erst im nächsten Abschnitt näher erläutert wird, vorweg.

2) Die Delier sollen, als eine Krankheit bei ihnen wütete, durch das Orakel angewiesen worden sein, einen Altar des Apollo, der Würfelgestalt hatte, zu

folglich:[1]
$$\xi = \frac{\alpha}{2}\left(\sqrt{5} - 1\right) \approx 0{,}618\,\alpha.$$

Es ist also der größere Abschnitt $0{,}618\,a$, der kleinere $0{,}382\,a$. (Vgl. hierzu § 103, **2.**)

Der „goldene Schnitt", wie ihn eine spätere Zeit genannt hat, hatte bei den Pythagoreern eine mystische Bedeutung. In der griechischen Baukunst soll er als dem Auge besonders wohlgefälliges Verhältnis vielfache Verwendung gefunden haben. Eingehend ist die ästhetische Bedeutung des goldenen Schnittes in dem unter Leonardo da Vincis Einfluß und Mitwirkung entstandenen Werke „Divina Proporzione" von Luca Paciuolo (1509) behandelt. Zur neueren Literatur über den goldenen Schnitt ist zu erwähnen: A. Zeising, Neue Lehre von den Proportionen des menschlichen Körpers aus einem bisher unbekannt gebliebenen, die ganze Natur und Kunst durchdringenden, morphologischen Grundgesetz entwickelt, Leipzig 1845. Dieses Grundgesetz ist der goldene Schnitt, dessen Vorkommen Zeising nicht nur beim menschlichen Körper, sondern überall in Natur und Kunst nachzuweisen versucht. Ferner F. X. Pfeifer, Der goldene Schnitt. Augsburg 1885; H. E. Timerding, Der goldene Schnitt (Math. Bibl. Bd. 32), Leipzig 1918.

Sechster Abschnitt.

Potenzen und Logarithmen.

§ 39. Wurzeln.

1*. Zur Potenzrechnung gibt es **zwei inverse Operationen**. Sie entspringen aus den folgenden beiden Aufgaben:

I. Gegeben **der Wert der Potenz c und der Exponent n. Gesucht die Grundzahl x.** Es soll also
$$x^n = c$$
sein. Diese Aufgabe führt auf das **Radizieren** oder die **Wurzelrechnung**.

II. Gegeben **der Wert der Potenz c und die Grundzahl a. Gesucht der Exponent z.** Es soll also
$$a^z = c$$
sein. Diese Aufgabe führt auf die **Logarithmenrechnung**. Wir behandeln zunächst die Wurzelrechnung.

2. Ist **n eine natürliche Zahl und c eine beliebige positive Zahl oder Null, so gibt es eine und nur eine positive Zahl x und für $c = 0$ nur die Zahl $x = 0$, die der Bedingung**
$$x^n = c$$

---

verdoppeln. Eine geometrische Lösung des Problems wird Platon zugeschrieben. Über die Geschichte und die Lösungen des Problems vgl. Enriques, Fragen der Elementargeometrie 2. Leipzig 1907. Th. Vahlen, Konstruktionen und Approximationen Leipzig 1911.

1) Das Zeichen $\approx$ möge „angenähert gleich" bedeuten.

genügt. Daß es nicht mehr als eine solche Zahl geben kann, ist eine Folge des Satzes, daß x^n für positive x mit x zugleich wächst. Es kann also, wenn x von y verschieden ist, nicht $x^n = y^n$ sein.

Um bei positivem c die Existenz einer Zahl x nachzuweisen, bilden wir einen linksseitig begrenzten Schnitt $_0(X|X')$, indem wir alle positiven Zahlen, deren n^{te} Potenz kleiner als c oder gleich c ist, zu X, die, deren n^{te} Potenz größer als c ist, zu X' rechnen. Es sind dann alle positiven Zahlen in X oder in X' untergebracht, und wenn x die durch diesen Schnitt erzeugte Zahl ist, so ist $x^n = c$.

Denn wäre $x^n < c$, so müßte es nach dem Satze von der Stetigkeit (§ 26, 6.) auch Zahlen in X' geben, deren n^{te} Potenz kleiner als c wäre, was der Definition von X' widerspricht, und aus dem gleichen Grunde kann auch nicht $x^n > c$ sein.

Die so bestimmte Zahl x heißt die n^{te} Wurzel aus c, und man bezeichnet sie:

$$x = \sqrt[n]{c}.$$

Sie ist immer irrational, außer wenn c die n^{te} Potenz einer rationalen Zahl ist. n heißt der Wurzelexponent. Die positive Zahl c, die auch selbst eine irrationale Zahl sein kann, heißt der Radikand. Der Fall $n = 1$ bietet kein Interesse, da in diesem Falle $x = c$ wäre. Die zweite Wurzel, die am häufigsten vorkommt, heißt auch die Quadratwurzel, und bei dieser wird der Wurzelexponent 2 oft weggelassen, so daß $\sqrt{c}$ so viel bedeutet wie $\sqrt[2]{c}$. Die dritte Wurzel wird Kubikwurzel genannt. Allgemein heißen die Zahlen $\sqrt[n]{c}$ auch Radikale. Es ist

$$\sqrt[n]{0} = 0; \quad \sqrt[n]{1} = 1.$$

3. Für das Rechnen mit Radikalen gelten die Formeln

$$(1) \qquad \sqrt[n]{a}\,\sqrt[n]{b} = \sqrt[n]{ab}, \quad \frac{\sqrt[n]{a}}{\sqrt[n]{b}} = \sqrt[n]{\frac{a}{b}}$$

oder in Worten:

Um zwei Radikale von gleichem Exponenten n zu multiplizieren oder zu dividieren, nimmt man die n^{te} Wurzel aus dem Produkt oder dem Quotienten der Radikanden.

Es ergibt sich dies einfach aus dem kommutativen Gesetz der Multiplikation, wonach $(\sqrt[n]{a}\,\sqrt[n]{b})^n = (\sqrt[n]{a})^n\,(\sqrt[n]{b})^n = ab$.

Der Satz läßt sich sogleich auf ein Produkt von mehr als zwei Radikalen ausdehnen und liefert für den Fall, daß die Radikale alle einander gleich sind

$$(2) \qquad (\sqrt[n]{a})^m = \sqrt[n]{a^m}.$$

Aus $(x^p)^q = (x^q)^p = x^{pq} = a$ folgt $x^p = \sqrt[q]{a}$ und $x = \sqrt[p]{\sqrt[q]{a}}$, aber auch $x^q = \sqrt[p]{a}$ und $x = \sqrt[q]{\sqrt[p]{a}}$ und schließlich auch $x = \sqrt[pq]{a}$. Es ist also

$$(3) \qquad \sqrt[p]{\sqrt[q]{a}} = \sqrt[q]{\sqrt[p]{a}} = \sqrt[pq]{a}$$

4. Über die Größenbeziehungen der Wurzeln, gelten die folgenden Sätze:

1. Ist $a > b$, so ist $\sqrt[n]{a} > \sqrt[n]{b}$, oder in Worten:

Eine Wurzel wächst mit dem Radikanden.

Denn wäre $\sqrt[n]{a} \gtreqless \sqrt[n]{b}$, so wäre auch $\sqrt[n]{a^n} \gtreqless \sqrt[n]{b^n}$, d. h. $a \gtreqless b$.

Es ist $\sqrt[n]{1} = 1$, folglich, wenn $a > 1$ ist, auch $\sqrt[n]{a} > 1$.

2. Ist $a > 1$ und $p > q$, so ist $1 < \sqrt[p]{a} < \sqrt[q]{a}$, d. h.:

Ist der Radikand größer als 1, so ist auch die Wurzel größer als 1, nimmt aber mit wachsendem Wurzelexponenten ab.

3. Ist $a < 1$ und $p > q$, so ist $1 > \sqrt[p]{a} > \sqrt[q]{a}$, d. h.:

Ist der Radikand kleiner als 1, so ist auch die Wurzel kleiner als 1, nimmt aber mit wachsendem Wurzelexponenten zu.

Diese drei letzten Sätze fassen wir in den einen noch genaueren zusammen:

4. Ist a ein beliebiger positiver Radikand und sind α, α' irgend zwei Zahlen, die der Ungleichung

$$\alpha < 1 < \alpha'$$

genügen, so ist immer

$$\alpha < \sqrt[n]{a} < \alpha',$$

wenn n eine gewisse von a, α, α' abhängige Grenze überschritten hat.

Alle diese Sätze sind leicht aus § 20, 8. zu beweisen. Es ist nämlich, wenn a und folglich nach 1. auch $\sqrt[p]{a}$ größer als 1 und $p > q$ ist, $(\sqrt[p]{a})^p > (\sqrt[p]{a})^q$, d. h. $a > (\sqrt[p]{a})^q$ und folglich $\sqrt[q]{a} > \sqrt[p]{a}$, wie der Satz 2. behauptet, und dies braucht man nur auf den reziproken Wert von a anzuwenden, um den Satz 3. zu erhalten.

Ferner ist, wenn $\alpha < 1 < \alpha'$ ist, für jeden hinlänglich großen Exponenten n, was auch a sein mag

$$\alpha^n < a < \alpha'^n,$$

und daraus ergibt sich 4. nach 1.

5*. Man kann den Satz 4. auch in folgender Form aussprechen:

Betrachtet man für ein positives a die Folge von Zahlen

$$(4) \qquad \sqrt{a}, \sqrt[3]{a}, \sqrt[4]{a}, \ldots, \sqrt[n]{a}, \ldots,$$

so liegen in jeder Umgebung der Zahl 1 fast alle Zahlen der Folge. Hieraus folgt aber nach § 28, 2.:

Ist a eine beliebige positive Zahl, so ist

$$\lim_{n \to \infty} \sqrt[n]{a} = 1.$$

Nach **4.**, 2. und 3. ist die Folge (4) für $a > 1$ monoton abnehmend, für $0 < a < 1$ monoton wachsend.

6.* Die Gesamtheit der bisher betrachteten Operationen, also die rationalen Operationen und die Rechnungen mit beliebig hohen Wurzeln, faßt man unter dem Namen algebraische Operationen zusammen.

§ 40. Potenzen mit beliebigen reellen Exponenten.

1. Der Nachweis der Existenz der Wurzeln eröffnet uns nun den Weg, die Potenzen, die wir in § 20 für positive und negative ganzzahlige Exponenten erklärt haben, auch für gebrochene und selbst irrationale Exponenten zu definieren.

Aus dem Begriff der Potenz war die Formel

$$(1) \qquad (\alpha^m)^n = \alpha^{mn}$$

abgeleitet und es war immer

$$(2) \qquad \alpha^{-m} = 1 : \alpha^m, \quad \alpha^0 = 1,$$

worin m und n positive oder negative ganze Zahlen sein konnten und α eine beliebige Zahl war, die wir jetzt, um anzudeuten, daß sie auch irrational sein kann, mit griechischem Buchstaben bezeichnen.

Es fragt sich nun, können wir mit dem Zeichen α^μ einen Begriff verbinden, wenn μ eine gebrochene Zahl, $\mu = \dfrac{p}{q}$ ist?

Wollen wir hierbei große Komplikationen vermeiden, so müssen wir an der Voraussetzung festhalten, daß die Basis α eine positive Zahl sei.[1]) Die Formel (1) gibt uns dann durch das Prinzip der Permanenz Antwort auf unsere Frage. Wir erklären die Formel für gebrochene Exponenten $m = \mu = \dfrac{p}{q}$ als gültig, setzen $n = q$ und haben

$$(3) \qquad (\alpha^\mu)^q = \alpha^p,$$

und es ist also[2])

$$(4) \qquad \alpha^{p/q} = \sqrt[q]{\alpha^p} = (\sqrt[q]{\alpha})^p,$$

und wenn die Formel (3) auch für negative μ gültig bleiben soll, so ergibt sich, indem man p in $-p$ verwandelt:

$$(5) \qquad \alpha^\mu = 1 : \alpha^{-\mu}.$$

Nach dieser Definition ist

$$(6) \qquad \sqrt[n]{\alpha} = \alpha^{\frac{1}{n}},$$

---

[1]) Die allgemeinste Begriffsbestimmung einer Potenz kann erst viel später (§ 130) gegeben werden.

[2]) Potenzen mit gebrochenen Exponenten treten zuerst (natürlich nicht in der modernen Bezeichnungsweise) bei Nicolas Oresme (um 1350) auf, doch blieb dies ganz vereinzelt. Man begegnet ihnen wieder im Laufe des 16. Jahrhunderts, aber erst Newton (Binomischer Lehrsatz 1666, Philosophiae naturalis principia 1687) hat die Bedeutung der verallgemeinerten Potenzen erkannt und systematisch mit ihnen gerechnet.

d. h. jede **Wurzel kann aufgefaßt werden als eine Potenz mit
dem reziproken Exponenten.** Es geht, damit die Wurzelrechnung
ebenso in der Potenzrechnung auf wie die Subtraktion in der Addition
und die Division in der Multiplikation.

Nach (4) ist für jeden Exponenten μ

$$1^{\mu} = 1.$$

Für die verallgemeinerten Potenzen haben wir nun die folgenden Sätze.

2. Es ist

$$(7) \qquad \alpha^{\mu+\nu} = \alpha^{\mu}\alpha^{\nu}, \qquad (\alpha^{\mu})^{\nu} = \alpha^{\mu\nu}. \qquad (8)$$

Setzen wir nämlich $\quad \mu = \dfrac{m}{p}, \quad \nu = \dfrac{n}{q},$

so ist, wenn p, q positiv angenommen werden,

$$(\alpha^{\mu+\nu})^{pq} = \alpha^{mq+np} = \alpha^{mq}\alpha^{np},$$

und folglich, indem man die pq^{te} Wurzel zieht,

$$\alpha^{\mu+\nu} = \sqrt[pq]{\alpha^{mq}\alpha^{np}} = \sqrt[pq]{\alpha^{mq}}\,\sqrt[pq]{\alpha^{np}} = \alpha^{\mu}\alpha^{\nu}.$$

Ebenso ist $\qquad ((\alpha^{\mu})^{\nu})^{q} = (\alpha^{\mu})^{n} = \alpha^{n\mu} = \sqrt[p]{\alpha^{mn}}$

und nach § 39, (3):

$$(\alpha^{\mu})^{\nu} = \sqrt[q]{\sqrt[p]{\alpha^{mn}}} = \sqrt[pq]{\alpha^{mn}} = \alpha^{\frac{mn}{pq}} = \alpha^{\mu\nu}.$$

3. Ist $\alpha > 1$ und $\mu > \nu$, so ist

$$(9) \qquad \alpha^{\mu} > \alpha^{\nu}.$$

Denn es ist $\qquad (\alpha^{\mu})^{pq} = \alpha^{mq}, \quad (\alpha^{\nu})^{pq} = \alpha^{np},$

und wenn $\mu > \nu$ ist, so ist $mq > np$, folglich

$$(\alpha^{\mu})^{pq} > (\alpha^{\nu})^{pq},$$

und daraus die Formel (9).

4. Ist $\alpha > 1$ und c irgendeine Zahl > 1, so ist für jedes positive μ,
das unter einer hinlänglich kleinen Zahl μ_0 liegt,

$$(10) \qquad 1 < \alpha^{\mu} < c.$$

Bestimmen wir nämlich p so, daß $c^p > \alpha$ ist, so ist $c > \alpha^{\frac{1}{p}} > \alpha^{\mu}$, wenn
$\mu < \dfrac{1}{p}$ ist. Die Ungleichung (10) ist also befriedigt für jedes μ, das
der Bedingung

$$0 < \mu < \frac{1}{p}$$

genügt. In dem Falle, daß $0 < \alpha < 1$ ist, gelten die Formeln, die
man aus (9) und (10) durch Vertauschung des Zeichens $<$ mit $>$ erhält.

5. Ist $\alpha > 1$, und sind a, a' untere und obere Näherungswerte von α,
sind ferner c und c' zwei der Bedingung

$$(11) \qquad c < \alpha^{\mu} < c'$$

genügende Zahlen, so ist, wenn $a' - a$ hinlänglich klein ist,

$$(12) \qquad c < a^{\mu} < a'^{\mu} < c'.$$

Man hat nämlich, um dies zu erreichen, a und a' nur so anzunehmen, daß

$$c^{\frac{1}{\mu}} < a < \alpha < a' < c'^{\frac{1}{\mu}} \quad \text{wird.}$$

6. Nun läßt sich auch leicht eine Potenz mit irrationalem Exponenten erklären. Es sei ξ eine Irrationalzahl, die durch den Schnitt $(X|X')$ erzeugt wird, und x, x' seien Zahlen aus X, X'. Es sei ferner α eine positive Zahl, die wir größer als 1 voraussetzen wollen. Dann ist immer $x < x'$ und folglich

$$(13) \qquad\qquad \alpha^x < \alpha^{x'}.$$

Daraus folgt, daß die Zahlenmengen α^x eine obere, $\alpha^{x'}$ eine untere Schranke haben, und diese beiden Schranken können nicht verschieden sein. Bezeichnen wir sie nämlich mit β und β', so kann β' nicht kleiner als β sein. Denn es gibt immer Zahlen x, für die α^x der Schranke β, und Zahlen x', für die $\alpha^{x'}$ der Schranke β' beliebig nahe kommt. Wäre also $\beta > \beta'$, so könnte man x, x' so annehmen, daß $\alpha^x > \alpha^{x'}$ wäre, was der Formel (13) widerspricht. Wäre aber $\beta < \beta'$, also $\dfrac{\beta'}{\beta}$ ein unechter Bruch, so wäre

$$1 < \frac{\beta'}{\beta} < \alpha^{x'-x},$$

wie auch x, x' gewählt sind. Das aber ist nach **4.** unmöglich, da $x' - x$ beliebig klein werden kann.

Wir verstehen nun, wenn $\alpha > 1$ ist, unter

$$\beta = \alpha^\xi$$

die gemeinsame (obere und untere) Schranke von $\alpha^x, \alpha^{x'}$.

Ist aber $0 < \alpha < 1$, so ist $\dfrac{1}{\alpha} = \alpha' > 1$ und wir verstehen unter α^ξ den reziproken Wert von α'^ξ:

$$\alpha^\xi = \frac{1}{\alpha'^\xi}.$$

Damit haben wir die Potenz für jede positive Grundzahl und jeden reellen Exponenten erklärt.

7. Wir beweisen nun den Satz:

Ist $\beta = \alpha^\xi$ und berechnet man mit Näherungswerten a, a' und x, x', welche α und ξ einschließen, die Potenzen $b = a^x$, $b' = a'^{x'}$, sind endlich c, c' zwei Zahlen, die der Bedingung

$$c < \alpha^\xi < c'$$

genügen, so kann man, wenn man $a' - a$ und $x' - x$ hinlänglich klein wählt, erreichen, daß auch die Zahlen b und b' in dem Intervall (c, c') liegen.

Zunächst ist nämlich $c < \alpha^x < \alpha^\xi < \alpha^{x'} < c'$, sobald $x' - x$ unter eine hinlänglich kleine Zahl heruntergesunken ist. Dann aber kann man nach 5. $a' - a$ so klein annehmen, daß

$$c < a^x < \alpha^x < \alpha^\xi < \alpha^{x'} < a'^{x'} < c',$$

und hierin ist der Beweis des Satzes enthalten.

8*. Wir wollen den hier gewonnenen allgemeinen Potenzbegriff auch auf das Rechnen mit Grenzwerten (§ 29) übertragen.

Durch wiederholte Anwendung von § 29, 3. ergibt sich:

Ist $\lim a_n = \alpha$ und p eine ganze positive Zahl, so ist

$$(14) \qquad\qquad \lim (a_n^p) = \alpha^p.$$

Da nach § 29, 4.: $\lim (a_n^{-p}) = \lim \left(\dfrac{1}{a_n^p}\right) = \dfrac{1}{\lim (a_n^p)} = \alpha^{-p}$ ist, so gilt dieser Satz auch, wenn p eine ganze negative Zahl und $\alpha \neq 0$ ist.

Wir beweisen jetzt die Umkehrung dieses Satzes, nämlich:

Hat man eine konvergente Folge $\{a_n^q\}$ von q^{ten} Potenzen mit positiven Grundzahlen a_n und positivem ganzzahligen Exponenten q und ist $\lim (a_n^q) = \beta$, so konvergiert auch die Folge $\{a_n\}$ und es ist $\lim a_n = \sqrt[q]{\beta}$.

Sei zunächst β nicht Null. Nach § 28, 6. gibt es zu jeder positiven Zahl ε einen Index n, so daß

$$|a_{n+\nu}^q - a_n^q| < \varepsilon \quad \text{für} \quad \nu = 1, 2, 3, \ldots$$

Nach § 20, 10. kann man hierfür schreiben:

$$\varepsilon > |a_{n+\nu} - a_n| \cdot |a_{n+\nu}^{q-1} + a_{n+\nu}^{q-2} a_n + \cdots + a_n^{q-1}|.$$

Für die Werte, die der zweite Faktor bei $\nu = 1, 2, 3, \ldots$ annimmt, gibt es, da alle a_n positiv sind und da $\lim a_n^q \neq 0$ ist, eine positive von Null verschiedene, von n unabhängige untere Schranke M, also ist um so mehr

$$\varepsilon > |a_{n+\nu} - a_n| \cdot M \quad \text{und} \quad |a_{n+\nu} - a_n| < \frac{\varepsilon}{M}.$$

Hieraus folgt aber wiederum nach § 28, 6., daß die Folge $\{a_n\}$ konvergiert. Ist dann $\lim a_n = \alpha$, so ist nach (14) $\lim (a_n^q) = \alpha^q$ oder $\beta = \alpha^q$ und folglich $\alpha = \sqrt[q]{\beta}$.

Ist aber $\beta = 0$ oder $\lim (a_n^q) = 0$, so gibt es zu jedem positiven ε einen Index n, so daß

$$|a_{n+\nu}^q| < \varepsilon \quad \text{für} \quad \nu = 1, 2, 3, \ldots$$

Es ist aber $|a_{n+\nu}^q| = |a_{n+\nu}|^q$, also folgt:

$$|a_{n+\nu}| < \sqrt[q]{\varepsilon}$$

und daraus folgt, daß auch die Folge $\{a_n\}$ gegen Null konvergiert.

9*. Hiermit können wir nun weiter zeigen:

Ist p irgendeine ganze Zahl, q eine ganze positive Zahl und ist $\{a_n\}$ eine konvergente Folge positiver Zahlen mit $\lim a_n = \alpha$, so ist

$$\lim \left(a_n^{\frac{p}{q}}\right) = \alpha^{\frac{p}{q}}.$$

Sei nämlich $a_n^{\frac{p}{q}} = b_n$, so ist $a_n^p = b_n^q$ und nach (14) $\lim b_n^q = \alpha^p$, und hieraus folgt nach dem eben bewiesenen Satz:

$$\lim b_n = \lim \left(a_n^{\frac{p}{q}} \right) = \sqrt[q]{\alpha^p} = \alpha^{\frac{p}{q}}.$$

Es ist also jetzt bewiesen:

Ist $\{a_n\}$ eine konvergente Folge positiver Zahlen und $\lim a_n = \alpha$, so ist für jeden rationalen Exponenten x

$$(15) \qquad \lim (a_n^x) = \alpha^x$$

Damit gilt aber der Satz auch für jeden reellen Exponenten.

Ist nämlich ξ irgendeine reelle Zahl und sind x_1, x_2 zwei rationale Zahlen, welche ξ einschließen: $x_1 < \xi < x_2$, so ist[1])

$$a_n^{x_1} < a_n^{\xi} < a_n^{x_2} \quad \text{und} \quad \alpha^{x_1} < \alpha^{\xi} < \alpha^{x_2}.$$

Nimmt man nun irgendeine Umgebung $\mathfrak{U}$ von α^{ξ}, so kann man nach 7. das Intervall (x_1, x_2) so klein wählen, daß α^{x_1} und α^{x_2} innerhalb $\mathfrak{U}$ liegen, dann liegen aber nach dem Begriff des Grenzwerts (§ 28, 2.) fast alle $a_n^{x_1}$ und fast alle $a_n^{x_2}$, mithin auch fast alle a_n^{ξ} in $\mathfrak{U}$, d. h. α^{ξ} ist der Grenzwert der a_n^{ξ}.

Hiernach läßt sich der Fundamentalsatz von der Stetigkeit (§ 29, 6.) dahin erweitern, daß in der Rechenvorschrift $F(\alpha, \beta, \gamma, \ldots)$ auch Potenzen von positiver Basis mit irrationalen Exponenten vorkommen dürfen, und hieraus folgt weiter, daß alle Sätze über Potenzen mit rationalen Exponenten auch für irrationale Exponenten richtig bleiben.

§ 41. Logarithmen.

1. Nach dem, was wir im vorigen Paragraphen bewiesen haben, ist, wenn a eine positive und x eine beliebige Zahl ist, die positive Zahl c durch die Gleichung

$$c = a^x$$

eindeutig definiert.

Wir können nun an die zu Beginn von § 39 gestellte Aufgabe II. herantreten, indem wir fragen:

Wenn c und a irgendwie gegebene positive Zahlen sind, gibt es dann immer einen Exponenten x? Oder: Zu welcher Potenz muß man die positive Zahl a erheben, um die gegebene positive Zahl c zu erhalten?

Diese Zahl x wird der Logarithmus von c für die Basis a genannt, und man schreibt:

$$x = \overset{a}{\log} c.$$

---

1) Es sind hier die Zahlen $a_n > 1$ vorausgesetzt. Ist $0 < a_n < 1$, so hat man nur $a_n^{x_1}$ und $a_n^{x_2}$ zu vertauschen, sonst ändert sich nichts an der Betrachtung.

So ist 2 der Logarithmus von 4 für die Basis 2; 6 der Logarithmus von 64 für die Basis 2; 3 der Logarithmus von 1000 für die Basis 10 usf. Der Logarithmus von 1 für jede Basis ist Null, weil a^0 immer gleich 1 ist.

Da auch 1^x für jedes x gleich 1 ist, so gibt es zur Basis 1 nur für die Zahl 1 einen Logarithmus, und dieser ist vollständig unbestimmt. Die Basis 1 ist daher für praktische Zwecke nicht verwendbar. Wir nehmen, was an sich nicht nötig wäre, die Basis größer als 1 an. Da unter dieser Voraussetzung a^x für positive x größer, für negative x kleiner als 1 ist, und da überdies $a^{-x} = \dfrac{1}{a^x}$ ist, so folgt, daß Zahlen > 1 positive, Zahlen < 1 negative Logarithmen haben, und daß zwei zueinander reziproke Zahlen c und $\dfrac{1}{c}$ entgegengesetzt gleiche Logarithmen haben.

2. Daß aber für gegebene c und a immer ein Logarithmus existiert, können wir wieder mit Hilfe des Schnittes nachweisen. Wir vereinigen alle Zahlen x, für die $a^x < c$ ist, in ein System X, und die Zahlen x', für die $a^{x'} > c$, in ein System X'. Dann ist jedes x' größer als jedes x, und wir haben einen Schnitt $(X \,|\, X')$, der eine Zahl ξ definiert. Wäre nun a^ξ größer als c, so müßte es ein x geben, für das $c < a^x < a^\xi$ wäre, was der Definition des x widerspricht, und ebenso kann a^ξ nicht kleiner als c sein und muß folglich gleich c sein. Wir sehen also:

Jede positive Zahl c hat für eine von 1 verschiedene positive Basis einen und nur einen Logarithmus.

Ist $x = \overset{a}{\log} c$, so wird c der Numerus von x für die Basis a genannt, so daß jede der beiden Gleichungen

$$x = \overset{a}{\log} c, \quad c = \overset{a}{\mathrm{num}}\, x$$

nur eine andere Schreibweise derselben Tatsache ist.

3. Die Grundformeln für die Rechnung mit Logarithmen ergeben sich aus den entsprechenden Formeln für die Potenzen. Diese setzen wir in die Form

$$(1) \qquad a^{x_1 + x_2} = a^{x_1} a^{x_2}, \quad a^{x_1 - x_2} = a^{x_1} : a^{x_2}, \quad a^{\mu x} = (a^x)^\mu,$$

worin x, x_1, x_2, μ beliebige reelle Zahlen bedeuten können. Setzen wir

$$a^x = y, \quad a^{x_1} = y_1, \quad a^{x_2} = y_2,$$

so können auch y, y_1, y_2 beliebige, aber nur positive Zahlen sein, und wir haben

$$x = \log y, \quad x_1 = \log y_1, \quad x_2 = \log y_2,$$

worin der Einfachheit halber die Basis a in die Bezeichnung nicht mit aufgenommen ist. Die Formeln (1) schreiben sich jetzt:

$$a^{x_1 + x_2} = y_1 y_2, \quad a^{x_1 - x_2} = y_1 : y_2, \quad a^{\mu x} = y^\mu.$$

Daraus ergibt sich:

$$x_1 + x_2 = \log(y_1 y_2), \quad x_1 - x_2 = \log\frac{y_1}{y_2}, \quad \mu x = \log(y^\mu),$$

oder für beliebige positive Zahlen y, y_1, y_2 und ein beliebiges positives oder negatives μ:

$$\log(y_1 y_2) = \log y_1 + \log y_2,$$

$$(2) \qquad \log\frac{y_1}{y_2} = \log y_1 - \log y_2,$$

$$\log(y^\mu) = \mu \log y.$$

Es bestehen also die Sätze:

Der Logarithmus eines Produktes ist gleich der Summe der Logarithmen der Faktoren.

Der Logarithmus eines Quotienten ist gleich der Differenz des Logarithmus des Dividenden und des Logarithmus des Divisors.

Der Logarithmus einer Potenz ist gleich dem Produkte des Exponenten mit dem Logarithmus der Basis.

4. Sind a und b zwei positive Zahlen, so ist nach der Definition des Logarithmus

$$a = b^{\overset{b}{\log} a},$$

folglich, wenn x beliebig ist:

$$a^x = b^{x\,\overset{b}{\log} a} = y.$$

Daraus folgt: $\qquad x = \overset{a}{\log} y, \quad x\,\overset{b}{\log} a = \overset{b}{\log} y,$ $\qquad\qquad$ oder

$$(3) \qquad \overset{b}{\log} y = \overset{b}{\log} a \cdot \overset{a}{\log} y.$$

Diese Formel vermittelt den Übergang von einer Basis a zu einer anderen Basis b. Man sieht:

Aus den Logarithmen für eine Basis a erhält man die Logarithmen für eine andere Basis b, indem man die ersten Logarithmen mit der festen Zahl $\overset{b}{\log} a$ multipliziert.

5*. Man braucht daher nur die Logarithmen für eine bestimmte Basis zu berechnen, und als solche tritt zuerst in der Logarithmentafel von Henry Briggs[1]) 1617 die Basis 10 auf. Die Logarithmen mit dieser Basis heißen daher auch Briggssche, besser aber gewöhnliche Logarithmen, und wir verstehen von jetzt ab unter dem Zeichen $\log a$

---

1) Logarithmorum Chilias prima, London 1617, die 8-stelligen Logarithmen der Zahlen bis 1000 enthaltend. Bereits 1624 ließ Briggs die Arithmetica logarithmica mit den 14-stelligen Logarithmen der Zahlen von 1 bis 20000 und 90000 bis 100000 folgen. Übrigens hat, nach dem Zeugnis von Briggs selbst, schon Neper die Wahl der Basis 10 empfohlen. (Brief von Briggs an Kepler vom 19. 2. 1625, abgedruckt in Kepleri Opera omnia 7, 311; Neper, Constructio (vgl. § 42, 1), Appendix.)

(ohne Angabe einer Grundzahl) immer einen derartigen Logarithmus. Die Vorzüge der Basis 10 bestehen in folgendem:

1. Eine dekadisch geschriebene Zahl mit m Ziffern vor dem Komma liegt zwischen 10^{m-1} und 10^m, folglich liegt ihr gewöhnlicher Logarithmus zwischen $m-1$ und m (mit Ausschluß der oberen Zahl m); d. h. der ganzzahlige Teil des Logarithmus ist gleich $m-1$. Man nennt ihn die **Charakteristik** oder **Kennzahl** und hat also die Regel:

Die Kennzahl eines gewöhnlichen Logarithmus ist um 1 kleiner als die Anzahl der Ziffern im ganzzahligen Teil des Numerus.

2. Man kann jede Zahl in der Form

$$z = \{a, a_1 a_2 a_3 \ldots\} \cdot 10^k$$

schreiben, worin a eine der Ziffern 1, 2, ... 9 und k eine positive oder negative ganze Zahl (oder Null) bedeutet. Es ist dann

$$(4) \qquad \log z = \{0, \alpha_1 \alpha_2 \alpha_3 \ldots\} + k,$$

also k die Kennzahl des Logarithmus.

Die Dezimalstellen des Logarithmus, also die Ziffernfolge $\alpha_1 \alpha_2 \alpha_3 \ldots$ nennt man die **Mantisse**[1]), und man sieht:

Die Logarithmen von allen Zahlen, die sich nur durch die Stellung des Kommas (und durch eine Anzahl Nullen am Anfang oder Ende) unterscheiden, haben dieselbe Mantisse. So ist[2])

$$\log 58{,}07 = 1.763\,9518$$
$$\log 580\,700 = 5.763\,9518$$
$$\log 0{,}05807 = 0.763\,9518 - 2.$$

Die Logarithmentafeln enthalten nur die Mantissen der Logarithmen; die Kennzahl ist in jedem Fall leicht zu bestimmen. Zahlen zwischen 0 und 1, die also mit 0,... beginnen, haben negative Logarithmen; man schreibt sie aber immer wie in (4) mit positiver Mantisse und negativer Kennzahl k und hat dann nur mit positiven Dezimalbrüchen zu rechnen. Sehr häufig, vor allem bei den Logarithmen der trigonometrischen Funktionen nimmt man statt k die feste Zahl -10, schreibt also z. B. $\log 0{,}05807 = 8.763\,9518 - 10$.

---

1) mantissa = Zugabe. Wallis (1685) benutzt dieses Wort zur Bezeichnung der Dezimalstellen bei irgendeinem Dezimalbruch und ihm ist Gauß, Disquisitiones arithmeticae (1801) Art. 312 gefolgt, während die übliche Beschränkung auf die Dezimalstellen eines Logarithmus auf Euler, Introductio (1748) § 112, zurückgeht; daneben wird das Wort von Euler auch in der Bedeutung des Restes einer unendlichen Reihe gebraucht (vgl. Burkhardt, Math. Ann. **70**, 170 (1911)).

2) Im praktischen Rechnen gebraucht man bei Logarithmen gewöhnlich den Punkt an Stelle des Kommas.

§ 42*. Elementare Berechnung der Logarithmen.

1. Schon in der ältesten Schrift über Logarithmen[1]), in John Nepers Mirifici Logarithmorum canonis constructio (Appendix) ist ein einfaches Verfahren angegeben, welches dann von Briggs zur Berechnung seiner Tafeln benutzt worden ist. Es beruht auf der Formel

$$\log \sqrt{ab} = \tfrac{1}{2}(\log a + \log b),$$

d. h. der Logarithmus des geometrischen Mittels von zwei Zahlen ist gleich dem arithmetischen Mittel der Logarithmen der beiden Zahlen. Es genügt nun zur Bestimmung aller Logarithmen die Logarithmen der Zahlen zwischen 1 und 10 zu kennen. Sei also $1 < z < 10$, so nehmen wir $a = 1$, $b = 10$, also $\log a = 0$, $\log b = 1$, berechnen $\sqrt{ab} = \sqrt{10} = m$ und haben $\log m = 0{,}5$. Es liegt dann die Zahl z (wenn sie nicht gerade gleich $\sqrt{10}$ ist) entweder im Intervall $(1, m)$ oder $(m, 10)$. Im einen wie im andern Falle bezeichnen wir den unteren Endpunkt des Intervalls mit a_1, den oberen mit b_1, also $a_1 < z < b_1$, berechnen $\sqrt{a_1 b_1} = m_1$ und $\log m_1 = \tfrac{1}{2}(\log a_1 + \log b_1)$. Damit haben wir ein neues Intervall (a_2, b_2), in dem z liegt, nämlich entweder (a_1, m_1) oder (m_1, b_1) und für $m_2 = \sqrt{a_2 b_2}$ ist $\log m_2 = \tfrac{1}{2}(\log a_2 + \log b_2)$. In dieser Weise fortfahrend stellen wir sowohl für z wie für $\log z$ eine Intervallschachtelung her, durch die wir den gesuchten Logarithmus mit jeder beliebigen Annäherung finden. Ein Beispiel (Berechnung von $\log 5$) ist in L. Eulers Introductio in analysin infinitorum[2]) (1748) § 106 vollständig durchgeführt. Es erfordert 20 Quadratwurzelausziehungen, um $\log 5$ auf 7 Dezimalstellen zu finden. Angesichts dessen steht man staunend vor der ungeheuren Rechenarbeit, die Briggs und sein Nachfolger Adriaen Vlacq geleistet haben, um die Logarithmen aller Zahlen von 1 bis 100000 auf 10 und 14 Dezimalstellen zu berechnen.[3]) Sie haben damit die Grundlage für fast alle folgenden Logarithmentafeln geschaffen.

2. Von den zahlreichen anderen elementaren Methoden zur Berechnung der Logarithmen erwähnen wir nur noch eine, ebenfalls schon von Briggs benutzte Methode, die sich durch besondere Einfachheit auszeichnet.[4]) Es sei

$$\log a = x, \quad \text{also} \quad a = 10^x.$$

Durch fortgesetztes Quadrieren berechnen wir a^2, a^4, a^8, $a^{16} \ldots$ und zerlegen dabei jede Potenz in einen Faktor zwischen 1 und 10 und eine Potenz von 10, also z. B. für $a = 2$:

---

1) Dem Erscheinungsjahr (1619) nach allerdings die zweite Veröffentlichung; sie ist aber früher verfaßt als Nepers erste Schrift: Mirifici Logarithmorum canonis descriptio 1614. Die Constructio wurde 1889 von W. R. Macdonald in englischer Übersetzung neu herausgegeben.

2) Übersetzung von Maser, Berlin 1885, S. 77. Dasselbe Beispiel bei Tropfke, Gesch. d. Elementarmath. 2, 168 und Loewy, Lehrbuch d. Algebra 1, 224.

3) H. Briggs, Logarithmorum Chilias prima, London 1617; Arithmetica logarithmica, 1624 (14-stellig), vervollständigt in der von A. Vlacq besorgten 2. Aufl., Gouda 1628 (10-stellig).

4) Vgl. K. Kommerell, Arch. d. Math. u. Phys. (3) **28** (1920).

$$2^8 = 2{,}56 \cdot 10^2; \qquad 2^{16} = 6{,}554 \cdot 10^4; \qquad 2^{32} = 4{,}295 \cdot 10^9;$$

$$2^{64} = 1{,}845 \cdot 10^{19}; \qquad 2^{128} = 3{,}403 \cdot 10^{38}; \qquad 2^{256} = 1{,}158 \cdot 10^{77};$$

$$2^{512} = 1{,}341 \cdot 10^{154}; \qquad 2^{1024} = 1{,}798 \cdot 10^{308}; \qquad 2^{2048} = 3{,}232 \cdot 10^{616};$$

$$2^{4096} = 1{,}044 \cdot 10^{1233}.$$

Hat man so

(1) $$a^{2^n} = m \cdot 10^{\alpha}, \qquad\qquad 1 < m < 10$$

berechnet, so ist $\qquad 10^{\alpha} < a^{2^n} < 10^{\alpha+1} \qquad\qquad$ folglich

(2) $$\frac{\alpha}{2^n} < \log a < \frac{\alpha+1}{2^n}.$$

Man erhält also ein Paar verbundener Folgen $\left(\dfrac{\alpha}{2^n}, \dfrac{\alpha+1}{2^n} \right)$, durch die $\log a$ mit beliebiger Annäherung ermittelt werden kann.

Wenn, wie bei der letzten Potenz im obigen Beispiel, worin $n = 12$ ist, m nahe an 1 liegt, so erhält man mit $\dfrac{\alpha}{2^n}$ einen sehr guten Näherungswert für $\log a$. So ergibt sich nahezu

$$\log 2 = \tfrac{1233}{4096} = 0{,}301025.$$

Mit Hilfe einer Tabelle[1]) für die Wurzeln $10^{\frac{1}{2^n}}$ (die sich allein durch Quadratwurzeln berechnen lassen) und für die Brüche $\dfrac{1}{2^n}$ läßt sich die Genauigkeit sehr vergrößern. In der ersten Tabelle findet man zu der Zahl m (s. (1)) zwei Tafelwerte, so daß

$$10^{\frac{1}{2^{\nu+1}}} < m < 10^{\frac{1}{2^{\nu}}}$$

und dann ist $\qquad 10^{\alpha+\frac{1}{2^{\nu+1}}} < a^{2^n} < 10^{\alpha+\frac{1}{2^{\nu}}}, \qquad$ folglich

$$\frac{\alpha}{2^n} + \frac{1}{2^{n+\nu+1}} < \log a < \frac{\alpha}{2^n} + \frac{1}{2^{n+\nu}}.$$

Es ist also das Intervall für $\log a$, welches in (2) die Länge $\dfrac{1}{2^n}$ hat, auf $\dfrac{1}{2^{n+\nu+1}}$ verkleinert.

In unserm Beispiel $(m = 1{,}044)$ ist $10^{\frac{1}{2^6}} < m < 10^{\frac{1}{2^5}}$, also $\nu = 5$ und $\dfrac{1}{2^{n+\nu+1}} = \dfrac{1}{2^{18}} = 0{,}000004$, $\dfrac{1}{2^{n+\nu}} = 0{,}000008$, folglich

$$0{,}301029 < \log 2 < 0{,}301033,$$

so daß auf 5 Dezimalstellen $\qquad \log 2 = 0{,}30103.$

---

1) Eine solche Tabelle findet sich bei Callet, Tables portatives de logarithmes bis $n = 60$ auf 30 Dezimalstellen, in verkürzter Form (bis $n = 20$ auf 10 Dezimalstellen) wiedergegeben bei Loewy, Lehrb. d. Algebra.

§ 43. Historisches über die Logarithmen.

1. Als mit dem Aufleben der Wissenschaften im 15. und 16. Jahrhundert die Astronomie wieder lebhafter betrieben wurde, da erwachte mächtig das Bedürfnis nach neuen wirksameren Hilfsmitteln zur Erleichterung der vielen numerischen Rechnungen und zur Bewältigung der großen durch die Beobachtungen gelieferten Zahlenmengen.

Besonders beschwerlich und zeitraubend war immer die Ausführung der Multiplikation, und daher war man bestrebt, sie durch Addition zu ersetzen. Daß die ersten Versuche, dies zu erreichen, nicht zu den Logarithmen führten, sondern an die trigonometrischen Funktionen anknüpften, war natürlich, da die trigonometrischen Funktionen schon vom Altertum her ein bekanntes und vertrautes Hilfsmittel waren, das durch die geometrische Anschauung leicht verständlich schien, während der Begriff der Exponentialfunktion, also der Potenzen mit gebrochenen Exponenten der damaligen Mathematik ganz fern lag. Dazu kam, daß in den trigonometrischen Tafeln, vor allem in dem berühmten Opus Palatinum (1596) des Georg Joachim Rhaeticus bereits ein vortreffliches Hilfsmittel für den Rechner vorlag. So entstand die Methode, die unter dem eigentümlichen Namen der Prosthaphaeresis bekannt ist (von $\pi\varrho\acute{o}\sigma\vartheta\varepsilon\sigma\iota\varsigma$ und $\dot{\alpha}\varphi\varepsilon\acute{\iota}\varrho\varepsilon\sigma\iota\varsigma$, Hinzufügung und Wegnahme); ihr Wesen bestand in der Benutzung der trigonometrischen Formeln:

$$\sin \alpha \sin \beta = \tfrac{1}{2} \left(\cos (\alpha - \beta) - \cos (\alpha + \beta)\right),$$

$$\cos \alpha \cos \beta = \tfrac{1}{2} \left(\cos (\alpha - \beta) + \cos (\alpha + \beta)\right).$$

Sollte also das Produkt zweier Zahlen (kleiner als 1) gefunden werden, so konnte man aus den Tafeln zu diesen Zahlen Winkel α, β finden, deren Kosinus oder Sinus sie waren. Dann hatte man von der Summe und der Differenz dieser Winkel wieder die Kosinus zu suchen und die Summe bzw. Differenz durch 2 zu dividieren.

Das Verfahren ist zwar viel umständlicher als die logarithmische Rechnung und gestattet z. B. nicht eine so unmittelbare Anwendung auf Division, Potenzieren, Radizieren, es beruht aber doch auf demselben Grundgedanken und wird durch die moderne Auffassung der trigonometrischen Funktionen als Exponentialfunktionen mit imaginären Exponenten mit den Logarithmen in eine unmittelbare Beziehung gesetzt.

Erfunden wurde diese Methode von dem Nürnberger Pfarrer Johannes Werner, sie geriet aber wieder in Vergessenheit und wurde erst wieder aufgefunden und weiter ausgebaut auf der Sternwarte Uranienburg des Tycho Brahe (seit 1580) und am Hofe des um die Astronomie hochverdienten Kurfürsten Wilhelm IV. in Kassel von Paul Wittich und Jobst Bürgi.[1]

2. Alle diese Versuche wurden aber durch die Logarithmen weit überflügelt. Wie die meisten großen Kulturfortschritte ist auch die Erfindung der Logarithmen nicht ohne Vorläufer und unvollkommene Versuche, und

---

1) Vgl. v. Braunmühl, Vorlesungen über die Geschichte der Trigonometrie, Leipzig 1903.

die Frage der Priorität läßt sich nicht absolut sicher entscheiden.[1]) Schon
in der Sandrechnung des Archimedes[2]) findet sich eine Stelle, in der
gezeigt ist, daß in einer Reihe von Zahlen, die, von der Einheit anfangend, in geometrischer Proportion stehen, das Produkt zweier Zahlen erhalten wird, wenn man in der Reihe die Zahl sucht, die von der ersten so
weit absteht wie die zweite von der Einheit. Das ist, wie man sieht, der
Grundsatz des logarithmischen Rechnens. Aber erst in dem Zeitalter der
Wiedergeburt der Wissenschaft nimmt auch dieser Gedanke in der Praxis
des Rechnens einen Platz ein.

Der merkwürdigste unter den Vorläufern ist Michael Stifel. In seiner
im Jahre 1545 in Nürnberg gedruckten Arithmetica integra setzt er die
Zahlen einer arithmetischen Reihe mit denen einer geometrischen[3])
durch die folgende Zusammenstellung in Beziehung:

$$-3 \quad -2 \quad -1 \quad 0 \quad 1 \quad 2 \quad 3 \quad 4 \quad 5 \quad 6$$
$$\tfrac{1}{8} \quad \tfrac{1}{4} \quad \tfrac{1}{2} \quad 1 \quad 2 \quad 4 \quad 8 \quad 16 \quad 32 \quad 64$$

Die Zahlen der oberen Reihe nennt er die Exponenten.[4]) Er weiß, daß
die beiden Reihen nach beiden Seiten hin fortgesetzt werden können, daß der
Addition, Subtraktion, Multiplikation, Division in der ersten Reihe Multiplikation, Division, Potenzieren, Radizieren in der zweiten entspricht, und
kennt also die fundamentalen Eigenschaften der Logarithmen. Daß aber für
alle zwischenliegenden Zahlen der zweiten Reihe Zahlen in der ersten Reihe
eingeschaltet werden können, wodurch die Logarithmen erst zu einem stets
anwendbaren praktischen Hilfsmittel des Rechnens werden, davon findet
sich bei Stifel keine Spur. Aber die von ihm gegebene Anregung hat weiter
gewirkt und sie läßt sich auch bei den beiden Männern nachweisen, denen
wir die ersten wirklichen Logarithmentafeln verdanken. Es waren Jobst
Bürgi und John Neper, die ungefähr gleichzeitig und unabhängig voneinander auf den Gedanken kamen, die geometrische Reihe dadurch zu verdichten, daß sie den Quotienten von je zwei aufeinanderfolgenden
Gliedern sehr nahe an 1 annahmen.

Jobst Bürgi, aus Lichtensteig in Toggenburg, wirkte die längste Zeit
seines Lebens in Kassel und in Diensten des Landgrafen Wilhelm IV., der
ihn seiner mechanischen Geschicklichkeit wegen besonders schätzte, da-
zwischen auch in Prag, wo er mit Kepler in Verbindung stand. Seine
„Arithmetische und Geometrische Progreß-Tabuln" sind zwischen 1603 und
1611 entstanden, aber erst 1620 im Druck erschienen. Die Einrichtung
dieser Tafeln ist die folgende: Zu der Reihe der Zahlen $x_n = 10n$, worin

---

1) Über die Geschichte und die Bedeutung der Einführung der Logarithmen
vgl. Gutzmer, Zum Jubiläum der Logarithmen, Jahresb. d. Deutsch. Math.-Ver.
23 (1914).

2) Archimedis opera ed. Heiberg 2, 271.

3) Bei einer arithmetischen Reihe sind die Differenzen, bei einer
geometrischen Reihe die Quotienten von je zwei aufeinanderfolgenden
Zahlen konstant.

4) Für positive Exponenten findet sich diese Zusammenstellung und der
Multiplikationssatz bereits in dem sehr bedeutenden Werk von N. Chuquet, Le
Triparty en la science des nombres 1484, welches allerdings bis 1880 Manuskript
geblieben ist.

n die Zahlen 0, 1, 2, 3, ... durchläuft, bildet er eine Reihe von Zahlen y_n, indem er $y_0 = 10^8$ annimmt und jedesmal zu dem letzten berechneten y den zehntausendsten Teil addiert. Es ist also

$$y_{n+1} = y_n + \frac{y_n}{10000} = y_n \left(1 + \frac{1}{10^4}\right).$$

Die Zahlen x_n durchlaufen also eine arithmetische, die Zahlen y_n eine **geometrische** Reihe mit dem Quotienten 1,0001, und es ist

$$y_n = 10^8 \left(1 + \frac{1}{10^4}\right)^n = 10^8 \left(1 + \frac{1}{10^4}\right)^{\frac{1}{10} x_n}$$

oder, wenn wir
$$\left(1 + \frac{1}{10^4}\right)^{10^4} = 1,0001^{10\,000} = \beta$$

setzen,
$$y_n = 10^8 \cdot \beta^{\frac{x_n}{10^5}}.$$

Folglich ist
$$x_n = 10^5 \, \overset{\beta}{\log}\left(\frac{y_n}{10^8}\right).$$

Es stellt also die Tafel von Bürgi eine Logarithmentafel vor mit der Basis[1])

$$\beta = 2{,}718\,145\,926\ldots$$

3.* Infolge der Verzögerung des Druckes der Bürgischen Tafel hat John Neper, Baron von Merchiston, geb. 1550 in der Nähe von Edinburg, gest. 1617, den Ruhm, die erste Logarithmentafel herausgegeben zu haben. Es war die 1614 im Druck erschienene Mirifici logarithmorum canonis descriptio.

In einer sehr sinnreichen Weise macht sich Neper zu einer Zeit, da unser heutiger Funktionsbegriff noch nicht ausgebildet war, die stetige Folge von Logarithmen und Zahlen anschaulich.[2]) Er denkt sich zwei Punkte gleichzeitig in Bewegung. Der eine bewegt sich gleichförmig mit der Geschwindigkeit c auf einer geradlinigen Bahn. Der andere bewegt sich auf einer Strecke von der Länge eins;[3]) er geht vom Anfangspunkt ebenfalls mit der Geschwindigkeit c aus, aber seine Geschwindigkeit nimmt ab, so daß sie in jedem Augenblick proportional der noch zu durchlaufenden Strecke ist. Neper nennt dann den in einer bestimmten Zeit zurückgelegten Weg des ersten Punktes den Logarithmus des Weges, den der zweite Punkt in diesem

---

1) Man findet diese Zahl am besten durch Reihenentwicklung von $\log \beta = 10^4 \log\left(1 + \frac{1}{10^4}\right)$. Um dann β aufzuschlagen, ist die 12-stellige Tafel von Namur, Brüssel 1877, benutzt worden.

2) Unsere Darstellung gibt den gedanklichen Inhalt der Neperschen Überlegung in der heutigen Ausdrucksweise wieder.

3) Bei Neper hat diese Strecke (Radius oder Sinus totus) die Länge 10^7. Ihm kam es nämlich vor allem auf die Erleichterung der trigonometrischen Rechnungen an, deshalb enthält seine Tafel in Wirklichkeit die Logarithmen der Sinuswerte für die Winkel von 0° bis 90°, und es war seit Rhaeticus üblich, die Sinus als Strecken in einem Kreis mit dem Radius 10^7 aufzufassen. Deshalb treten bei Neper nur ganze Zahlen auf, wo wir siebenstellige Dezimalbrüche schreiben würden.

Augenblick noch vor sich hat. Diese Begriffsbestimmung hätte 60 Jahre später, nach Erfindung der Differentialrechnung, unmittelbar zu den natürlichen Logarithmen geführt.[1]) Wir wollen den Neperschen Gedanken noch etwas weiter verfolgen. Wir zerlegen die ganze Zeit t in n Zeitelemente τ; in jedem Zeitelement lege der erste Punkt den Weg σ zurück, dann ist sein Weg in der Zeit t:

$$(1) \qquad x_n = n\sigma.$$

Der zweite Punkt macht im ersten Zeitelement ebenfalls den Weg $\sigma = \sigma_1$. Das Verhältnis dieses Weges zum ganzen noch zu durchlaufenden Weg ist $\sigma : 1 = \sigma$ und dieses soll an jeder Stelle des Weges unverändert bleiben, d. h. es ist der Weg im zweiten Zeitelement $\sigma_2 = \sigma(1 - \sigma)$. Der noch übrige Weg ist $1 - \sigma - \sigma(1 - \sigma) = (1 - \sigma)^2$ und daher der Weg im dritten Zeitelement $\sigma_3 = \sigma(1 - \sigma)^2$, der dann noch übrige Weg $(1 - \sigma)^2 - \sigma(1 - \sigma)^2 = (1 - \sigma)^3$. Allgemein ist nach Verlauf von n Zeitelementen, also nach der Zeit t der noch zu durchlaufende Weg des zweiten Punktes

$$(2) \qquad y_n = (1 - \sigma)^n.$$

Es bilden also die x_n (die Logarithmen) eine arithmetische, die y_n (die Numeri) eine geometrische Reihe und die Zahlen in beiden Reihen folgen um so dichter aufeinander, je kleiner man σ nimmt. Nach (1) und (2) ist

$$y_n = (1 - \sigma)^{\frac{x_n}{\sigma}}, \qquad \text{folglich, wenn man}$$

$$(3) \qquad (1 - \sigma)^{1/\sigma} = \varepsilon$$

setzt:

$$x_n = \overset{\varepsilon}{\log}\, y_n.$$

Eine konsequente Durchführung des Neperschen Gedankens erfordert, daß man in (3) zum Grenzwert für $\sigma \to 0$ übergeht; dann wird ε gleich dem reziproken Wert von e, der Basis der natürlichen Logarithmen. Diesen Übergang konnte Neper noch nicht machen, aber er bringt es doch durch sehr kunstvolle Berechnungsweisen fertig, daß seine (auf 7 Stellen berech-

---

1) Der Weg des ersten Punktes in der Zeit t ist $c \cdot t$.
Ist v die Geschwindigkeit des zweiten Punktes zur Zeit t und s der bis dahin zurückgelegte Weg, so soll

$$v = \frac{ds}{dt} = c(1 - s)$$

sein mit der Anfangsbedingung $s = 0$ für $t = 0$, und daraus folgt:

$$ct = -\,ln\,(1 - s).$$

Es ist also $\qquad \log \text{nep}\,(1 - s) = -\,ln\,(1 - s) = \overset{e^{-1}}{\log}(1 - s),$

d. h. der Nepersche Logarithmus einer Zahl hat den entgegengesetzten Wert des natürlichen Logarithmus, oder er ist der Logarithmus zur Basis $1/e$. Diese Basis ist kleiner als 1; deshalb werden die Logarithmen der Zahlen < 1 positiv. Dies hat Neper mit Absicht so gemacht; er sagt (Descriptio S. 5): Da man besonders häufig mit Sinuswerten und mit Zahlen kleiner als eins zu tun hat, richtet man es ein, daß ihre Logarithmen positiv werden.

neten) Logarithmen weiter fortgesetzt bis auf 14 Stellen mit den Logarithmen zur Basis $\frac{1}{e}$ übereinstimmen würden.[1])

4.* Der leitende Gedanke bei Bürgi und Neper ist, wie wir gesehen haben, wie bei Stifel die Vergleichung einer **arithmetischen** und einer **geometrischen** Reihe. Die heute in der Elementarmathematik und im Unterricht allein gebräuchliche Auffassung des Logarithmus als Exponenten einer Potenz mit gegebener Basis und der Logarithmenrechnung als einer inversen Operation zur Potenzrechnung findet sich erst um die Mitte des 18. Jahrhunderts und ist vornehmlich durch Leonhard Eulers Schriften[2]) Gemeingut der Mathematiker geworden. Immerhin stecken in dieser üblichen Definition des Logarithmus Schwierigkeiten (Beschränkung auf positive Basen und Numeri), über die man im Unterricht stillschweigend hinweggeht, weil sie nur durch eine tiefere funktionentheoretische Betrachtungsweise geklärt werden können.[3]) Demgegenüber weist F. Klein darauf hin, daß die Auffassung von Bürgi und Neper mehr dem modernen *Standpunkt* entspricht und bei konsequenter Weiterbildung ungezwungen zu ·der wissenschaftlich besten Definition des Logarithmus durch das Integral $\int \frac{dx}{x}$ oder durch die Hyperbelquadratur führt.[4])

5.* Durch die Einführung der dekadischen Logarithmen und das Erscheinen der ersten vollständigen Logarithmentafel (Arithmetica logarithmica ed. H. Vlacq, Gouda 1628) wurden die Logarithmen von Bürgi und Neper sogleich völlig verdrängt. Die Tafeln von Vlacq enthalten die 10-stelligen Logarithmen der Zahlen von 1 bis 100000 und bilden die Grundlage für fast alle späteren Tafeln. Sie sind 1794 von Vega unter dem Titel Thesaurus logarithmorum[5]) neu herausgegeben worden. Die ursprünglich vorhandenen Fehler (ungefähr 6 ‰) hat man im Laufe der Zeiten ausgemerzt und heutzutage können die gebräuchlichen Tafeln als völlig fehlerfrei gelten.

Man hat im praktischen Gebrauch erkannt, daß für die meisten Anwendungen der Logarithmen 10 stellige Tafeln nicht notwendig sind, und so sind

---

1) Vgl. die englische Ausgabe von Nepers Constructio, Edinburg 1889, S. 92. Ferner M. Koppe, Progr. d. Andreas-Realgymn., Berlin 1893. Sitzungsb. d. Berl. Math. Ges. 3 (1904), 48. Ein Rechenfehler, der Nepers Logarithmen um $3,7 \cdot 10^{-7}$ ihres Wertes zu klein gemacht hat, ist bereits 1624 in der Nachberechnung des Benjamin Ursinus, Magnus Canon triangulorum, Kölln (= Berlin), verbessert worden.

2) Introductio in analysin infinitorum, Lausanne 1748. Vollständige Anleitung zur Algebra, Petersburg 1770.

3) Vgl. F. Klein, Elementarmathematik vom höheren Standpunkt aus. I. Teil. Leipzig 1911, S. 323.

4) E. Borel, Die Elemente der Mathematik, deutsch von Stäckel, Leipzig 1919, behandelt die Logarithmen vom Standpunkt Bürgis und Nepers. Vgl. auch M. Koppe, Progr. Berlin 1893. Eine schöne elementare Darstellung des Zusammenhangs der Hyperbelquadratur mit den Logarithmen findet sich bei Hadamard, Leçons de géométrie élémentaire 2, chap. VIII. Paris 1901.

5) Photozinkographische Reproduktion Florenz 1895. Die Tafel von Vega enthält auch die Wolframsche 48 stellige Tafel der natürlichen Logarithmen für die Zahlen bis 2200 und für die Primzahlen bis 10 009 (neu herausgegeben von W. Thiele, Dessau 1908). Wichtige Bemerkungen zum Thesaurus und über die noch in ihm enthaltenen Fehler bei Gauß, Werke 3, 257.

vor allem für astronomische und geodätische Rechnungen die siebenstelligen
Tafeln die verbreitetsten geworden. Für viele Zwecke, besonders im Schulunterricht, aber auch in naturwissenschaftlichen Anwendungen, die keine
große Genauigkeit gestatten, sind selbst sieben Stellen noch zu viel und zu
unhandlich, und man hat Tafeln mit 6, mit 5 und selbst mit 4 Stellen
herausgegeben.[1])

Es kommen aber in den Naturwissenschaften, besonders der Astronomie, und auch in zahlentheoretischen Untersuchungen[2]) Fälle vor, in
denen selbst die siebenstelligen Tafeln nicht ausreichen, und es ist darum
für den Mathematiker notwendig, sich auch einige Übung in dem Gebrauch
mehrstelliger Tafeln zu erwerben. Vollständige Tafeln von größerer Stellenzahl sind nicht in Gebrauch; sie müßten, um ausführlich genug zu sein,
außerordentlichen Umfang haben oder würden sehr umständliche Inter-
polationsrechnung erfordern.[3]) Schon der 10 stellige Thesaurus umfaßt 300
Seiten in folio und erfordert bei der Interpolation die Berücksichtigung der
zweiten Differenzen. Es gibt verschiedene sinnreiche Verfahren, um das Aufsuchen vielstelliger Logarithmen auf die Benutzung weniger Tafeln von ge-
ringem Umfang zu reduzieren. Eins davon ist bereits von Briggs in seiner
Arithmetica logarithmica 1624 angegeben und später oftmals wieder entdeckt
worden. Es beruht darauf, daß man jede positive Zahl zwischen 1 und 10
mit Hilfe leicht ausführbarer Divisionen in der Form

$$z = a \left(1 + \frac{a_1}{10} \right) \left(1 + \frac{a_2}{10^2} \right) \ldots$$

darstellen kann, worin die a, a_1, a_2, $\ldots$ einziffrige ganze Zahlen bedeuten,
von denen auch — abgesehen von der ersten — einige Null sein können.[4])
Hat man nun Tafeln der Logarithmen von $1, 2, \ldots 9$; $1,1, \ldots 1,9$; $1,01, \ldots 1,09$;
allgemein von $1,0_m 1, \ldots 1,0_m 9$, worin 0_m für m aufeinanderfolgende Nullen
steht, so findet man $\log z$ durch Addition der Tafelwerte, die den einzelnen
Faktoren in der obigen Darstellung von z entsprechen. Solche Tafeln hat

---

1) Einen ausführlichen Bericht über alle wichtigeren Logarithmentafeln hat
Glaisher erstattet (Report on mathematical tables. 43. Meeting of the British
Association, London 1874). Vgl. auch Enzyklopädie d. math. Wiss. 1, 985 mit
zahlreichen Nachträgen in der französischen Ausgabe. Die neueste mehr als
7 stellige Tafel ist die von J. Bauschinger und J. Peters, Tafel der 8 stelli-
gen Logarithmen der Zahlen von 1 − 200000. Leipzig 1910.

2) Tiefgehende arithmetische Untersuchungen, die der Theorie der elliptischen
Funktionen angehören, haben gezeigt, daß für bestimmte ganzzahlige Werte von
Δ, nämlich für $\Delta = 19, 43, 67, 163$ die Zahlen $z = e^{\pi \sqrt{\Delta}}$ gewissen ganzen Zahlen A sehr nahe kommen. So ist z. B. für $\Delta = 67$, $A = 147\,197\,952\,744$, für
$\Delta = 163$, $A = 262\,537\,412\,640\,768\,744$; und im letzteren Fall unterscheidet sich z
von A um weniger als 10^{-12}. Die direkte Berechnung dieser Zahl A würde
etwa 18 stellige Logarithmen erfordern. Vgl. Hermite, Théorie des équations
modulaires, S. 48. H. Weber, Lehrbuch der Algebra 3 (Elliptische Funktionen),
Braunschweig 1908, § 69, 125, 134, 405.

3) Über das Interpolieren vgl. § 91.

4) Man kann auch negative Werte für die Zahlen a_1, a_2, $\ldots$ zulassen und
dadurch oft eine schnellere Annäherung erreichen, muß aber dann natürlich eine
Tafel für die Logarithmen der betreffenden Faktoren besitzen.

Briggs auf 15 Stellen bis $m = 8$ berechnet.[1]) Die im Unterricht ziemlich verbreitete 5stellige Tafel von Greve enthält die betreffenden Logarithmen auf 12 Stellen bis $m = 12$, die Tafel von Schrön auf 16 Stellen bis $m = 9$, die Tafel von Peters und Stein auf 52 Stellen bis $m = 25$.

Siebenter Abschnitt.
Komplexe Zahlen.
§ 44*. Komplexe Zahlen mit zwei Einheiten.[2])

1. Überblicken wir noch einmal die einzelnen Stufen der Entwicklung des Zahlbegriffs, so haben wir nach Schöpfung der ganzen positiven und negativen Zahlen zuerst die rationalen, dann die irrationalen Zahlen eingeführt und konnten ihnen jedesmal einen Größencharakter solcherart beilegen, daß die neuen Zahlen zwischen die alten eingeschaltet werden. Dieses Verfahren hat in dem Gesamtbegriff der reellen Zahlen seinen Abschluß gefunden; er ist nicht mehr erweiterungsfähig in dem Sinn, daß zwischen irgend zwei reelle Zahlen neue Zahlen eingeschaltet werden können (§ 24, 8). Trotzdem sind selbst in diesem umfassenden Zahlengebiet noch nicht alle Rechnungen unbeschränkt ausführbar. So gibt es unter den reellen Zahlen keine Quadratwurzel aus einer negativen Zahl, ebenso keinen Logarithmus einer negativen Zahl (bei positiver Basis). Man sieht sich daher wiederum vor die Notwendigkeit gestellt, den Zahlbegriff zu erweitern, und man wird zu neuen Zahlen geführt, die nicht in die Reihe der bisherigen Zahlen eingeordnet werden können.

2. Wir kombinieren je zwei reelle Zahlen a, b zu einem Zahlenpaar (a, b) und betrachten dies als ein neues Zahlengebilde[3]); wir

---

1) Von anderen vielstelligen Logarithmentafeln seien genannt:

A. Steinhauser, Hülfstafeln zur präzisen Rechnung 20stelliger Logarithmen. Wien 1880.

R. Hoppe, Tafeln zur 30stelligen logarithm. Rechnung. Leipzig 1876.

C. Börgen, Logarithmisch-trigonom. Tafel auf 11 Stellen (Publikationen d. Astr. Gesellsch. XII). Leipzig 1903.

J. Peters u. J. Stein, 52stellige Logarithmen. (Veröff. d. astron. Recheninst. Nr. 43). Berlin 1919.

Eine eingehende Besprechung derartiger Tafeln hat A. J. Ellis, Proc. of the Royal Society of London **31** (1881), 401 gegeben.

Vgl. auch J. Lüroth, Vorlesungen über numerisches Rechnen. Leipzig 1900. M. Koppe, Berechnung der Logarithmen auf viele Stellen. Sitzungsber. Berl. Math. Ges. 16 (Arch. d. Math. u. Phys. (3) **26** (1917)).

2) In diesem Paragraphen wird die Theorie der Gleichungen ersten und zweiten Grades vorausgesetzt.

3) Die Einführung der Zahlenpaare zur Begründung der Lehre von den komplexen Zahlen geht auf W. R. Hamilton (Dublin Transact. **17** (1835)) zurück. Man kann aber überhaupt die Zahlenpaare benutzen, um neue Zahlen zu erklären. Die Natur dieser Zahlen hängt dann von den Festsetzungen ab, die für das Rechnen mit ihnen getroffen werden. So hat Weierstraß (vgl. H. Padé,

nennen es eine **komplexe Zahl** und bezeichnen sie auch wohl durch einen Buchstaben $u = (a, b)$. Die reellen Zahlen a und b heißen die **Komponenten von** u.

Für diese neuen Zahlen setzen wir solche Rechenregeln fest, daß die für die bisherigen Zahlen geltenden Gesetze nach Möglichkeit bestehen bleiben und daß die reellen Zahlen als besondere Zahlenpaare unter den komplexen Zahlen enthalten sind. Wir definieren zunächst die **Addition** und **Subtraktion** durch[1])

$$(1) \qquad (a, b) \pm (c, d) = (a \pm c, b \pm d). \qquad\qquad \text{I}$$

Für $c = 0$, $d = 0$ ist also

$$(a, b) + (0,0) = (a, b),$$

d. h. es gibt ein Zahlenpaar $(0,0)$, welches, zu einem beliebigen Zahlenpaar addiert, dieses nicht ändert. Wir bezeichnen es, wie bei den reellen Zahlen mit 0, also

$$(2) \qquad\qquad (0, 0) = 0, \qquad\qquad\qquad \text{II}$$

und es soll auch umgekehrt nur dann $(a, b) = 0$ sein, wenn $a = 0$ und $b = 0$ ist. Dann ist nach (1) auch für eine komplexe Zahl:

$$(3) \qquad\qquad u - u = 0$$

und wir nennen zwei komplexe Zahlen dann und nur dann einander gleich:

$$(a, b) = (c, d), \qquad \text{wenn}$$
$$(a, b) - (c, d) = 0,$$

also wenn $\qquad\qquad a = c$ und $b = d \qquad$ ist.

Wir schreiben ferner, wie bei reellen Zahlen,

$$0 - u = - u$$

und haben nach (1) und (2)

$$(4) \qquad\qquad -(a, b) = (-a, -b) \qquad\qquad \text{III}$$

Nach diesen Festsetzungen besteht für die Addition der komplexen Zahlen das **kommutative** und **assoziative** Gesetz und es ist die Subtraktion die Umkehrung der Addition. Jedoch gibt es für die Addition der komplexen Zahlen kein Monotoniegesetz (§ 8, **4**), weil wir für die komplexen Zahlen keine Größenfestsetzungen getroffen haben.

3. Ist n eine positive ganze Zahl, so bezeichnen wir eine Summe von n gleichen Zahlenpaaren (a, b) mit $n (a, b)$ und betrachten dies als

---

Premières leçons d'algébre élém., Paris 1892) die negativen Zahlen, J. **Tannery** (Leçons d'arithm. Paris 1894) die Brüche als Zahlenpaare (vgl. § 19) eingeführt. Vgl. L. **Couturat**, De l'infini mathématique, Paris 1896. **Hölder**, Die Arithm. in strenger Begründung, Leipzig 1914.

1) Um die Festsetzungen, auf denen die Theorie der komplexen Zahlen beruht, deutlich hervortreten zu lassen, haben wir sie durch römische Ziffern gekennzeichnet.

das Produkt der Zahl n mit dem Zahlenpaar (a, b). Nach (1) haben wir dann

$$n\,(a, b) = (na, nb).$$

Schreiben wir hier, unter m ebenfalls eine positive ganze Zahl verstanden, $\dfrac{m}{n}\,a$ und $\dfrac{m}{n}\,b$ an Stelle von a und b, so wird

$$n\left(\frac{m}{n}\,a,\ \frac{m}{n}\,b\right) = (ma, mb) = m\,(a, b).$$

Es ist aber

$$m\,(a, b) = \left(n \cdot \frac{m}{n}\right)(a,b),$$

und, wenn wir für das Produkt auf der rechten Seite das assoziative Gesetz als gültig erklären,

$$m\,(a, b) = n \cdot \left[\frac{m}{n}\,(a, b)\right],$$

also

$$n\left(\frac{m}{n}\,a,\ \frac{m}{n}\,b\right) = n \cdot \left[\frac{m}{n}\,(a, b)\right],$$

folglich haben wir

$$\frac{m}{n}\,(a, b) = \left(\frac{m}{n}\,a,\ \frac{m}{n}\,b\right) \qquad \text{anzusetzen.}$$

Dies gibt die Multiplikation eines Zahlenpaars mit einer beliebigen positiven rationalen Zahl, und wenn wir noch für jede negative rationale Zahl $-r$:

$$(-r)\,(a, b) = -\,[r(a, b)]$$

festsetzen, so führt die Forderung der Stetigkeit (§ 26, 7) dazu, daß für jede reelle Zahl ϱ

(5) $$\qquad\qquad \varrho\,(a, b) = (\varrho a, \varrho b) \qquad\qquad\qquad \text{IV}$$

sein soll. Es ist also für $\varrho = 0$ und $(a, b) = u$:

(6) $$0 \cdot u = 0.$$

Sind ferner ϱ, σ irgendwelche reellen Zahlen, so folgt aus

$$\varrho u = (\varrho a, \varrho b), \qquad \sigma u = (\sigma a, \sigma b)$$

nach (1) und (5):

$$\varrho u + \sigma u = ((\varrho + \sigma)\,a,\ (\varrho + \sigma)\,b) = (\varrho + \sigma)\,(a, b) \qquad \text{oder}$$

(7) $$\varrho u + \sigma u = (\varrho + \sigma)\,u,$$

d. h. für die Multiplikation einer komplexen Zahl mit reellen Zahlen gilt das distributive Gesetz.

    4. Wir führen nun zwei besondere Zahlenpaare

(8) $$(1,0) = e_1, \qquad (0,1) = e_2$$

ein und nennen sie die **komplexen Einheiten.**

    Dann ist nach (5)

$$(a, 0) = a e_1, \qquad (0, b) = b e_2,$$

ferner nach (1) $$(a, b) = (a, 0) + (0, b),$$

also folgt:

Die komplexe Zahl (a, b) stellt sich mit Hilfe der komplexen Einheiten in der Form

$$(9) \qquad (a, b) = a e_1 + b e_2$$

dar.[1]) Die Natur der komplexen Zahlen hängt hiernach allein von der Natur der Einheiten ab. Je nach den Gesetzen, die man für die Einheiten vorschreiben kann, gibt es verschiedene Arten von komplexen Zahlen.

Setzt man
$$e_1 = 1,$$
so wird
$$(10) \qquad (a, 0) = a,$$

es sind also in der Tat die reellen Zahlen als besondere Fälle unter den komplexen Zahlen enthalten.

5. Die Gesamtheit der mit zwei bestimmten Einheiten e_1, e_2 gebildeten komplexen Zahlen soll ein **System komplexer Zahlen** heißen. Man erhält sie, indem man in (9) für a und b alle möglichen reellen Zahlen annimmt.

Zwei Zahlen u_1, u_2 eines Systems komplexer Zahlen heißen (linear) **unabhängig**, wenn zwischen ihnen **keine Beziehung von der Form**

$$c_1 u_1 + c_2 u_2 = 0$$

mit reellen Koeffizienten c_1, c_2 stattfindet.

Es besteht nun der Satz:

Alle Zahlen eines Systems komplexer Zahlen lassen sich linear und homogen durch zwei unabhängige Zahlen des Systems darstellen.

Seien nämlich
$$(11) \qquad \begin{aligned} \omega_1 &= \alpha_1 e_1 + \alpha_2 e_2 \\ \omega_2 &= \beta_1 e_1 + \beta_2 e_2 \end{aligned}$$

zwei unabhängige Zahlen des Systems. Dann kann man diese Gleichungen nach e_1 und e_2 auflösen und findet (vgl. § 74, 5.)

$$\delta e_1 = \beta_2 \omega_1 - \alpha_2 \omega_2, \qquad \delta e_2 = - \beta_1 \omega_1 + \alpha_1 \omega_2,$$

worin
$$(12) \qquad \delta = \alpha_1 \beta_2 - \alpha_2 \beta_1.$$

---

1) Die Darstellung einer jeden komplexen Zahl in der Form (9) beruht, wie man sieht, unmittelbar auf der Festsetzung I für die Addition. Wir können also auch sagen, wir haben für die komplexen Zahlen vorausgesetzt, daß sie sich in der Form (9) darstellen lassen. Man kann nun anstatt dieser speziellen Festsetzungen für die Addition und späterhin für die Multiplikation allgemein fragen: wie muß man Summe und Produkt von zwei Zahlenpaaren erklären, wenn für sie die Axiome der Arithmetik bestehen bleiben sollen. Bieberbach, Math. Zeitschr. 2 (1918) hat gezeigt, daß es genügt, Summe und Produkt als stetige Funktionen der Komponenten vorauszusetzen und daß alsdann nur auf die Zahlen von der Form (9) ein System aufgebaut werden kann, das allen zu stellenden Bedingungen genügt.

Wäre $\delta = 0$, so wäre nach (6) $\beta_2 \omega_1 - \alpha_2 \omega_2 = 0$ und $-\beta_1 \omega_1 + \alpha_1 \omega_2 = 0$, also ω_1 und ω_2 nicht unabhängig, also muß δ von Null verschieden sein und es folgt:

$$(13) \qquad e_1 = \frac{\beta_2}{\delta}\,\omega_1 - \frac{\alpha_2}{\delta}\,\omega_2\,, \qquad e_2 = -\frac{\beta_1}{\delta}\,\omega_1 + \frac{\alpha_1}{\delta}\,\omega_2\,.$$

Irgendeine Zahl des Systems ist

$$u = a e_1 + b e_2\,.$$

Führt man hier für e_1 und e_2 die Ausdrücke (13) ein, so folgt:

$$(14) \qquad u = \frac{a\beta_2 - b\beta_1}{\delta}\,\omega_1 + \frac{-a\alpha_2 + b\alpha_1}{\delta}\,\omega_2\,,$$

und damit ist der Satz bewiesen. Man kann ihn auch in folgender Form aussprechen:

An Stelle eines Paares e_1, e_2 von Einheiten kann man irgend zwei unabhängige Zahlen des Systems als Einheiten wählen.

6. Wir kommen zur Multiplikation und stellen die Forderung:

V. Das Produkt von zwei Zahlen des Systems soll wiederum eine Zahl desselben Systems sein.

Wir betrachten zunächst nur Produkte von Einheiten und fordern für sie sogleich die Erfüllung des kommutativen Gesetzes. Dann können wir sagen:

VI. Es muß drei Paare reeller Zahlen λ_1, λ_2; μ_1, μ_2; ν_1, ν_2 geben, so daß

$$
\begin{aligned}
e_1 e_1 &= (\lambda_1, \lambda_2) = \lambda_1 e_1 + \lambda_2 e_2, \\
(15) \qquad e_1 e_2 &= e_2 e_1 = (\mu_1, \mu_2) = \mu_1 e_1 + \mu_2 e_2, \\
e_2 e_2 &= (\nu_1, \nu_2) = \nu_1 e_1 + \nu_2 e_2.
\end{aligned}
$$

Diese Gleichungen nennen wir die Grundformeln des Systems komplexer Zahlen. Durch sie ist die Natur des Systems bedingt.

Sind nun $u = a e_1 + b e_2$, $v = c e_1 + d e_2$ irgend zwei Zahlen des Systems, so setzen wir fest, daß ihr Produkt nach den Regeln zu bilden ist, die für die Multiplikation von Aggregaten reeller Zahlen gelten, also

$$(16) \quad uv = (a e_1 + b e_2)(c e_1 + d e_2) = ac\,e_1 e_1 + (ad + bc)\,e_1 e_2 + bd\,e_2 e_2. \quad \text{VII}$$

Hierdurch ist auch für die Multiplikation dieser beliebigen komplexen Zahlen das kommutative Gesetz gewährleistet. Es gilt aber für sie, wie man leicht sieht, auch das distributive Gesetz.

Denn sind

$$u = (a, b); \quad v = (c, d); \quad w = (f, g)$$

drei komplexe Zahlen, so ist

$$u + v = (a + c, b + d)$$

und

$$uw = af\,e_1 e_1 + (ag + bf)\,e_1 e_2 + bg\,e_2 e_2$$

$$vw = cf\,e_1 e_1 + (cg + df)\,e_1 e_2 + dg\,e_2 e_2,$$

folglich nach (7), da e_1e_1, e_1e_2, e_2e_2 wiederum Zahlen des Systems sind:

$$uw + vw = (a + c)fe_1e_1 + [(a + c)g + (b + d)f]\,e_1e_2 + (b + d)\,ge_2e_2$$
$$= [(a + c)e_1 + (b + d)e_2](fe_1 + ge_2) \qquad \text{oder}$$
$$uw + vw = (u + v)\,w.$$

Führen wir nun in (16) für die Produkte der Einheiten die Ausdrücke (15) ein, so folgt:

Das Produkt von zwei komplexen Zahlen ist wiederum eine komplexe Zahl desselben Systems:

$$(17) \qquad\qquad (a,\, b)(c,\, d) = (p,\, q)$$

und es ist darin

$$(18) \qquad \begin{aligned} p &= ac\lambda_1 + (ad + bc)\mu_1 + bd\nu_1 \\ q &= ac\lambda_2 + (ad + bc)\mu_2 + bd\nu_2. \end{aligned}$$

7. Weiterhin soll nun auch das assoziative Gesetz der Multiplikation erfüllt sein, also für drei Zahlen $u = (a, b)$; $v = (c, d)$, $w = (f, g)$:

$$(uv)w = u(vw).$$

Dies muß zunächst für die Einheiten gelten, also

$$(19) \qquad (e_1 e_1)e_2 = e_1(e_1 e_2); \quad (e_1 e_2)e_2 = e_1(e_2 e_2). \qquad\qquad \text{VIII}$$

Setzt man hier für die Produkte in den Klammern die Ausdrücke aus (15) ein, so folgt:

$$\begin{aligned} (e_1 e_1)e_2 &= \lambda_1 e_1 e_2 + \lambda_2 e_2 e_2 = (\lambda_1\mu_1 + \lambda_2\nu_1)e_1 + (\lambda_1\mu_2 + \lambda_2\nu_2)e_2, \\ e_1(e_1 e_2) &= \mu_1 e_1 e_1 + \mu_2 e_1 e_2 = (\lambda_1\mu_1 + \mu_1\mu_2)e_1 + (\lambda_2\mu_1 + \mu_2\mu_2)e_2, \\ (e_1 e_2)e_2 &= \mu_1 e_1 e_2 + \mu_2 e_2 e_2 = (\mu_1\mu_1 + \mu_2\nu_1)e_1 + (\mu_1\mu_2 + \mu_2\nu_2)e_2, \\ e_1(e_2 e_2) &= \nu_1 e_1 e_1 + \nu_2 e_1 e_2 = (\lambda_1\nu_1 + \mu_1\nu_2)e_1 + (\lambda_2\nu_1 + \mu_2\nu_2)e_2. \end{aligned}$$

Es erfordern also die Gleichungen (19), daß zwischen den reellen Zahlen λ_1, λ_2; μ_1, μ_2; ν_1, ν_2 die Bedingungen

$$(20) \qquad \begin{aligned} \lambda_2\nu_1 &= \mu_1\mu_2, \\ \lambda_1\mu_2 + \lambda_2\nu_2 &= \lambda_2\mu_1 + \mu_2\mu_2, \\ \mu_1\mu_1 + \mu_2\nu_1 &= \lambda_1\nu_1 + \mu_1\nu_2 \end{aligned}$$

erfüllt sind. Weiter aber sieht man leicht, daß, sobald für die Einheiten das assoziative Gesetz gilt, es auch für irgend drei komplexe Zahlen u, v, w besteht, also folgt:

Die Gleichungen (15) und (20) sind die notwendigen und hinreichenden Bedingungen für die Gültigkeit des kommutativen, distributiven und assoziativen Gesetzes der Multiplikation komplexer Zahlen.

8. Wir schreiben die Gleichungen (20) in der Form

$$\begin{aligned} \lambda_2\nu_1 &= \mu_1\mu_2, \\ \lambda_2(\mu_1 - \nu_2) &= \mu_2(\lambda_1 - \mu_2), \\ \mu_1(\mu_1 - \nu_2) &= \nu_1(\lambda_1 - \mu_2). \end{aligned}$$

Man sieht, daß wenn nicht gleichzeitig $\lambda_1 = \mu_2$ und $\mu_1 = \nu_2$ ist, die erste Gleichung aus den beiden andern folgt.

Diese Gleichungen werden befriedigt, wenn wir

$$\lambda_1 - \mu_2 = \beta\varrho, \quad \mu_1 - \nu_2 = \beta\sigma, \quad \lambda_2 = \gamma\varrho, \quad \mu_2 = \gamma\sigma, \quad \mu_1 = -\alpha\varrho, \quad \nu_1 = -\alpha\sigma$$

mit beliebigen reellen Zahlen $\alpha, \beta, \gamma, \varrho, \sigma$ annehmen, also

$$(21) \qquad \begin{aligned} \lambda_1 &= \beta\varrho + \gamma\sigma, & \lambda_2 &= \gamma\varrho, \\ \mu_1 &= -\alpha\varrho, & \mu_2 &= \gamma\sigma, \\ \nu_1 &= -\alpha\sigma, & \nu_2 &= -\alpha\varrho - \beta\sigma, \end{aligned}$$

und hiermit erhält man alle Lösungen der Gleichungen (20). Durch die Wahl dieser fünf Zahlen $\alpha, \beta, \gamma, \varrho, \sigma$ ist das Verhalten der Einheiten nach (15) und damit das System der komplexen Zahlen bestimmt.

Aus den Gleichungen (21) ergeben sich sogleich die Beziehungen:

$$(22) \qquad \begin{aligned} \alpha\lambda_1 + \beta\mu_1 + \gamma\nu_1 &= 0, \\ \alpha\lambda_2 + \beta\mu_2 + \gamma\nu_2 &= 0. \end{aligned}$$

Diese vergleichen wir mit den Formeln (18) und finden den folgenden merkwürdigen Satz:

Wenn für zwei komplexe Zahlen (a, b) und (c, d) die Bedingungen
$$ac = \alpha t, \quad ad + bc = \beta t, \quad bd = \gamma t$$
erfüllt sind, wobei t eine beliebige nicht verschwindende reelle Zahl ist, so wird das Produkt der beiden komplexen Zahlen Null, ohne daß ein Faktor Null wird.

Setzen wir $t = abs$, so folgt aus der ersten und dritten Gleichung $c = \alpha bs$, $d = \gamma as$, und diese Werte in die zweite Gleichung eingesetzt ergeben:

$$(23) \qquad \gamma a^2 - \beta ab + \alpha b^2 = 0.$$

Dies zeigt aber, daß das Produkt $(a, b)(c, d)$ dann und nur dann verschwindet, ohne daß ein Faktor Null wird, wenn $\dfrac{b}{a} = x$ eine Lösung der quadratischen Gleichung

$$(24) \qquad \alpha x^2 - \beta x + \gamma = 0$$

und gleichzeitig $\dfrac{d}{c} = \dfrac{\gamma}{\alpha x}$ ist. Man zeigt leicht, daß $\dfrac{d}{c}$ die andere Lösung der Gleichung ist. Damit es derartige Zahlen (a, b) und (c, d) gibt, muß die Gleichung reelle Lösungen haben, und dies ist dann und nur dann der Fall, wenn die Diskriminante $\beta^2 - 4\alpha\gamma$ nicht negativ ist.[1]) Wir nennen $\beta^2 - 4\alpha\gamma$ die Diskriminante des Systems und haben den Satz:

In allen Systemen komplexer Zahlen mit negativer Dis-

---

1) Vgl. § 78.

kriminante und nur in diesen Systemen verschwindet ein Produkt nur dann, wenn ein Faktor Null ist.

IX. Da wir den Satz aus der elementaren Arithmetik über das Nullwerden eines Produkts jedenfalls beibehalten wollen, haben wir uns also im folgenden auf Systeme mit negativer Diskriminante zu beschränken.[1])

9. Für diese Systeme besteht der Satz:

Es gibt eine bestimmte komplexe Zahl

$$(26) \qquad e = \varepsilon_1 e_1 + \varepsilon_2 e_2,$$

welche, mit einer beliebigen Zahl u des Systems multipliziert, diese nicht ändert, so daß also

$$u e = u$$

ist. Diese Zahl e heißt der **Modul** des Systems komplexer Zahlen.

Man sieht zunächst, daß es nicht mehr als einen Modul geben kann. Denn wäre e' ein zweiter Modul, so wäre

$$e e' = e \quad \text{und} \quad e e' = e' e = e', \quad \text{also} \quad e = e'.$$

Ist nun $u = a e_1 + b e_2$, so ist mit Rücksicht auf (15)

$$u e = a \varepsilon_1 (\lambda_1 e_1 + \lambda_2 e_2) + a \varepsilon_2 (\mu_1 e_1 + \mu_2 e_2)$$
$$+ b \varepsilon_1 (\mu_1 e_1 + \mu_2 e_2) + b \varepsilon_2 (\nu_1 e_1 + \nu_2 e_2) = a e_1 + b e_2,$$

folglich:

---

1) Multipliziert man in (22) die erste Gleichung mit e_1, die zweite mit e_2 und addiert die beiden Gleichungen, so folgt mit Rücksicht auf (15):

$$(25) \qquad \alpha e_1^2 + \beta e_1 e_2 + \gamma e_2^2 = 0.$$

Hieraus könnte man schließen, daß (nach Division durch e_2^2) das Verhältnis $\frac{e_1}{e_2} = x$ die quadratische Gleichung

$$\alpha x^2 + \beta x + \gamma = 0$$

befriedigt, und es könnte scheinen, als ob es andere Systeme komplexer Zahlen, als solche mit negativer Diskriminante gar nicht geben könne, denn für eine nicht negative Diskriminante hätte die Gleichung reelle Lösungen und $\frac{e_1}{e_2}$ wäre reell. Diese Überlegung ist aber nicht richtig, denn wir haben noch gar nicht definiert, was wir unter der Division durch e_2^2 und unter dem Quotienten $\frac{e_1}{e_2}$ verstehen sollen. Der richtige Schluß ist folgender:

Sind ω und ω' die Lösungen der quadratischen Gleichung, so kann man an Stelle der quadratischen Form (25) auch schreiben:

$$\alpha (e_1 - \omega e_2)(e_1 - \omega' e_2) = 0,$$

und hieraus folgt im Fall einer nicht negativen Diskriminante (also ω, ω' reell) aufs neue, daß ein Produkt verschwinden kann, ohne daß ein Faktor Null ist.

Würden wir auch Systeme mit nicht negativer Diskriminante zulassen, so würden sehr wichtige Sätze der Algebra nicht bestehen bleiben. So gäbe es z. B. Gleichungen ersten Grades $a x = b$ mit nicht verschwindendem a (und überhaupt Gleichungen jeden Grades), welche unendlich viele Lösungen hätten (vgl. 12).

$$(27) \qquad \begin{aligned} a &= a(\varepsilon_1\lambda_1 + \varepsilon_2\mu_1) + b(\varepsilon_1\mu_1 + \varepsilon_2\nu_1), \\ b &= a(\varepsilon_1\lambda_2 + \varepsilon_2\mu_2) + b(\varepsilon_1\mu_2 + \varepsilon_2\nu_2). \end{aligned}$$

Diese Gleichungen sollen für alle beliebigen Werte von a und b stattfinden, also auch für $a = 1$, $b = 0$, sowie $a = 0$, $b = 1$. Damit folgt aber:

$$(28) \qquad \begin{aligned} \varepsilon_1\lambda_1 + \varepsilon_2\mu_1 &= 1 \\ \varepsilon_1\lambda_2 + \varepsilon_2\mu_2 &= 0 \\ \varepsilon_1\mu_1 + \varepsilon_2\nu_1 &= 0 \\ \varepsilon_1\mu_2 + \varepsilon_2\nu_2 &= 1, \end{aligned}$$

und sobald umgekehrt diese Gleichungen erfüllt sind, gelten die Gleichungen (27) für alle Werte von a und b.

Aus den beiden ersten Gleichungen (28) berechnen wir ε_1 und ε_2. Zunächst ist mit Benutzung von (21) die Determinante

$$\lambda_1\mu_2 - \lambda_2\mu_1 = \gamma(\alpha\varrho^2 + \beta\varrho\sigma + \gamma\sigma^2) = \gamma f,$$

wobei f die quadratische Form

$$(29) \qquad f = \alpha\varrho^2 + \beta\varrho\sigma + \gamma\sigma^2$$

bedeutet, und es wird dann

$$\varepsilon_1\gamma f = \mu_2 = \gamma\sigma, \qquad \varepsilon_2\gamma f = -\lambda_2 = -\gamma\varrho,$$

folglich, sobald f nicht Null ist[1]):

$$(30) \qquad \varepsilon_1 = \frac{\sigma}{f}, \qquad \varepsilon_2 = -\frac{\varrho}{f},$$

und diese Werte befriedigen auch, wie man leicht sieht, die beiden letzten Gleichungen (28).

Es kann aber f nur Null werden, wenn die reelle Zahl $\frac{\varrho}{\sigma} = x$ eine Lösung der quadratischen Gleichung

$$\alpha x^2 + \beta x + \gamma = 0$$

ist. Die Diskriminante $\beta^2 - 4\alpha\gamma$ dieser Gleichung ist aber nach Voraussetzung negativ, folglich hat die Gleichung keine reelle Lösung und f wird tatsächlich nicht Null.[2]) Damit ist die Existenz des Moduls e bewiesen, und zwar ist

$$(31) \qquad e = \frac{\sigma}{f} e_1 - \frac{\varrho}{f} e_2.$$

10. Wir vereinfachen die weitere Betrachtung bedeutend, wenn wir den Modul e als die eine Einheit wählen. Wir setzen daher $e_1 = e$. Dann werden die Grundformeln (15)

$$ee = e, \quad ee_2 = e_2, \quad e_2 e_2 = \nu_1 e + \nu_2 e_2,$$

mithin $\qquad \lambda_1 = 1, \quad \lambda_2 = 0; \quad \mu_1 = 0, \quad \mu_2 = 1.$

---

1) γ kann nicht Null sein, sonst wäre die Diskriminante $= \beta^2$, also nicht negativ.

2) f ist eine definite Form (§ 68).

Damit ergibt sich aus (21):

$$\varrho = 0, \quad \sigma = \frac{1}{\gamma}, \quad \nu_1 = -\frac{\alpha}{\gamma}, \quad \nu_2 = -\frac{\beta}{\gamma}.$$

Der Modul e hat genau die Eigenschaften der reellen Zahl 1, ja wir haben, da nach (5) für jede komplexe Zahl u

$$u \cdot 1 = u$$

ist und es nur einen Modul geben kann, direkt $e = 1$ zu setzen. Die zweite Einheit bezeichnen wir dann mit j und haben somit als Grundformeln des Systems:

$$1 \cdot 1 = 1; \quad 1 \cdot j = j \cdot 1 = j; \quad j^2 = -\frac{\alpha}{\gamma} - \frac{\beta}{\gamma} j.$$

Die letzte Formel ergibt nach Multiplikation mit γ die quadratische Gleichung für j:

$$\gamma j^2 + \beta j + \alpha = 0.$$

Aus ihr folgt, wenn wir sie mit 4γ multiplizieren (§ 78, **2.**):

$$(2\gamma j + \beta)^2 = \beta^2 - 4\alpha\gamma.$$

Die rechte Seite ist die Diskriminante des Systems und nach Voraussetzung negativ. Wir setzen

$$(32) \qquad \beta^2 - 4\alpha\gamma = -\varDelta,$$

also $\varDelta$ **positiv** und haben $\quad \dfrac{(2\gamma j + \beta)^2}{\varDelta} = -1.$

Nunmehr führen wir auch an Stelle von j eine neue Einheit[1]), nämlich

$$(33) \qquad \frac{2\gamma j + \beta}{\sqrt{\varDelta}} = i$$

ein und haben damit die Einheiten 1 und i mit den Grundformeln

$$(34) \qquad 1 \cdot 1 = 1; \quad 1 \cdot i = i \cdot 1 = i; \quad i \cdot i = -1.$$

Es besteht also der wichtige Satz:

Alle Systeme komplexer Zahlen mit negativer Diskriminante lassen sich auf das System mit den Einheiten 1 und i zurückführen.

11. Die mit diesen Einheiten gebildeten Zahlen

$$a + bi$$

heißen im eigentlichen Sinne **komplexe Zahlen** und wir wollen unter dieser Bezeichnung fortan auch nur diese Zahlen verstehen. i heißt die **imaginäre Einheit** oder auch entsprechend der letzten Formel (34) die Quadratwurzel aus -1. Wegen $(-i)^2 = i^2 = -1$ ist diese Quadratwurzel zweiwertig und es ist zu schreiben[2]):

$$\sqrt{-1} = \pm i.$$

---

1) Den sehr leichten Nachweis, daß die Einheiten 1 und i unabhängig sind, überlassen wir dem Leser.

2) Der Buchstabe i für $\sqrt{-1}$ tritt zuerst bei Euler in einer 1777 verfaßten,

Es wird also von den komplexen Zahlen das geleistet, was wir oben in **1.** gewünscht haben, nämlich Quadratwurzeln aus negativen Zahlen ausdrücken zu können. Es ist nämlich

$$\sqrt{-c} = \pm i \sqrt{c}.$$

a heißt der reelle Teil, bi der imaginäre Teil der komplexen Zahl $a + bi$. Eine komplexe Zahl, deren reeller Teil $= 0$ ist, also bi, heißt (rein) imaginär, und zwar positiv oder negativ imaginär, je nachdem b positiv oder negativ ist. Zwei Zahlen, die sich nur durch das Vorzeichen des imaginären Teiles unterscheiden, also $a + bi$ und $a - bi$ heißen konjugiert komplex. Die zur Zahl u konjugiert komplexe Zahl wird gewöhnlich durch $\bar{u}$ bezeichnet.

12. Für die Addition, Subtraktion und Multiplikation haben wir nach den für die allgemeinen komplexen Zahlen aufgestellten Gesetzen die Formeln

$$(35) \qquad \begin{aligned} (a + bi) \pm (c + di) &= (a \pm c) + i(b \pm d), \\ (a + bi)(c + di) &= ac - bd + i(ad + bc). \end{aligned}$$

Das Produkt von zwei konjugiert komplexen Zahlen

$$(36) \qquad u\bar{u} = (a + bi)(a - bi) = a^2 + b^2$$

ist immer reell und positiv. Nur wenn eine der Zahlen (und damit auch die andere) Null ist, wird es Null.

Es ist jetzt noch die Division der komplexen Zahlen zu erledigen. Sind also die Zahlen $u = a + bi$, $v = c + di$ gegeben, so wird eine Zahl $z = x + yi$ gesucht, so daß

$$uz = v \quad \text{oder} \quad (a + bi)(x + yi) = c + di$$

ist. Es muß also $\quad ax - by = c, \quad bx + ay = d \quad$ sein und hieraus berechnet man:

$$x = \frac{ac + bd}{a^2 + b^2}, \qquad y = \frac{ad - bc}{a^2 + b^2},$$

so daß wir schreiben können

$$(37) \qquad \frac{c + di}{a + bi} = \frac{ac + bd}{a^2 + b^2} + i\frac{ad - bc}{a^2 + b^2}.$$

Wir sehen, daß die Division immer und nur auf eine einzige Art ausführbar ist, sobald $a^2 + b^2$ und damit der Divisor $a + bi$ von Null verschieden ist. Dasselbe gilt nach dem Schlußsatz in **10** für jedes System komplexer Zahlen mit negativer Diskriminante. Es hat also eine Gleichung ersten Grades $uz = v$ mit nicht verschwin-

---

in seinen Inst. calc. integr. **4**, 184, Petersb. 1794 abgedruckten Abhandlung auf; allgemeine Verbreitung fand diese Bezeichnung durch Gauß, Disqu. arithm., Leipzig 1801, § 337.

den$\mathfrak{d}$em u immer eine und nur eine Lösung. Man überzeugt sich leicht, daß auch alle übrigen Gesetze der Division gültig bleiben. Wir wollen dies nur an dem Beispiel der **Addition von Brüchen** zeigen. Sind $z = \dfrac{v}{u}$, $z' = \dfrac{v'}{u'}$ zwei Brüche mit komplexen Zählern und Nennern, so ist

$$uz = v, \qquad u'z' = v',$$

also wenn wir die erste Gleichung mit u', die zweite mit u multiplizieren (mit Benutzung des kommutativen Gesetzes)

$$uu'z = vu', \qquad uu'z' = uv',$$

mithin wegen des distributiven Gesetzes:

$$uu'(z + z') = vu' + uv',$$

und daher $z + z'$ oder $\dfrac{v}{u} + \dfrac{v'}{u'} = \dfrac{vu' + uv'}{uu'}$, wie bei den reellen Brüchen.

Als Ergebnis unserer ganzen Untersuchung können wir nunmehr den Satz aussprechen:

Unter den komplexen Zahlen mit zwei Einheiten haben allein die Systeme mit negativer Diskriminante die Eigenschaft, daß alle Gesetze aus der Arithmetik der reellen Zahlen für sie bestehen bleiben.

13. Jede Rechnung mit komplexen Zahlen führt wieder zu einer solchen Zahl $A + Bi$. Ersetzt man in der Rechnung überall i durch $-i$ oder mit anderen Worten jede Zahl durch die konjugierte komplexe Zahl, so erhält man auch als Resultat den konjugiert komplexen Wert $A - Bi$.

14. In gleicher Weise, wie die Zahlen mit zwei Einheiten, hat man komplexe Zahlen mit drei, vier, allgemein mit n Einheiten gebildet, also Zahlen von der Form

$$u = x_1 e_1 + x_2 e_2 + \cdots + x_n e_n,$$

worin $x_1, x_2, \ldots x_n$ reelle Zahlen bedeuten, und hat untersucht, ob die Gesetze für das Rechnen mit reellen Zahlen auf sie übertragbar sind.[1]) Es hat sich gezeigt, daß dies in vollem Umfang nicht möglich ist, sondern daß man bei Zahlensystemen mit mehr als zwei Einheiten immer irgendein Gesetz preisgeben muß, z. B. das kommutative Gesetz der Multiplikation oder den Satz, daß ein Produkt nur verschwinden kann, wenn einer der Faktoren Null ist.[2]) Es besteht also der wichtige Satz, daß es außer dem System der gewöhnlichen komplexen Zahlen

---

[1]) **Hamilton**, Lectures on Quaternions, Dublin 1853. **Graßmann**, Ausdehnungslehre, Berlin 1862. Vgl. **Hankel**, Theorie der komplexen Zahlensysteme, Leipzig 1867. **Stolz** u. **Gmeiner**, Theor. Arithm. 2. Bd. Leipzig, 1915. **Study**, Theorie d. komplexen Größen (Enzykl. d. math. Wiss. **1, 1**).

[2]) Vgl. **Weierstraß**, Zur Theorie der aus n Haupteinheiten gebildeten komplexen Größen, Gött. Nachr. 1884. **Dedekind**, ebd. 1885, 1887. **Study**, ebd. 1889, 1898.

(welches die reellen Zahlen als besonderen Fall enthält), kein Zahlensystem gibt, in welchem sämtliche arithmetischen Gesetze bestehen bleiben.[1]) Trotzdem ist auch die Theorie der höheren komplexen Zahlen, vor allem der Zahlen mit drei und vier Haupteinheiten, für die das kommutative Gesetz der Multiplikation nicht gilt[2]) (Vektorenrechnung und Quaternionen), von großer Bedeutung wegen der wichtigen Anwendungen in Geometrie, Mechanik und Physik.

§ 45*. Geometrische Darstellung der komplexen Zahlen.[3])

1. So wie man die reellen Zahlen durch die Punkte einer graden Linie darstellen kann, so kann man die komplexen Zahlen durch die Punkte in einer Ebene veranschaulichen. Wir nehmen in einer Ebene zwei zueinander rechtwinklige Geraden und auf jeder von ihnen eine bestimmte Richtung an, die wir die positive Richtung nennen. Die entgegengesetzte Richtung heißt die negative Richtung. Die beiden Geraden nennt man die Koordinatenachsen, die eine die x-Achse, die andere die y-Achse. Der Schnittpunkt O dieser Achsen heißt der Nullpunkt oder Anfangspunkt. Der durch eine Drehung von 90° von der positiven x-Achse nach der positiven y-Achse hin bestimmte Drehungssinn wird als positive Drehung bezeichnet. Durch die Achsen wird die Ebene in vier Gebiete — Quadranten — zerlegt, die in der Reihenfolge numeriert werden, wie sie bei einer positiven Drehung von der positiven x-Achse aus erreicht werden.

Um nun die Lage irgendeines Punktes P in der Ebene zu bestimmen, fällt man von ihm die Senkrechten PP_x und PP_y auf die Achsen und mißt (nach Festsetzung einer Längeneinheit) die Abschnitte $OP_x = x$ und $OP_y = y$ und gibt ihnen das positive oder negative Vorzeichen, je nachdem sie, von O aus gerechnet, in die positive oder negative Richtung der Achse fallen. So erhält man zu jedem Punkt P zwei Zahlen (x, y), und diese nennt man die rechtwinkligen Koordinaten von P. Umgekehrt aber gehört zu jedem Paar reeller Zahlen (x, y) ein bestimmter Punkt[4]) und diesen Punkt betrachtet man als

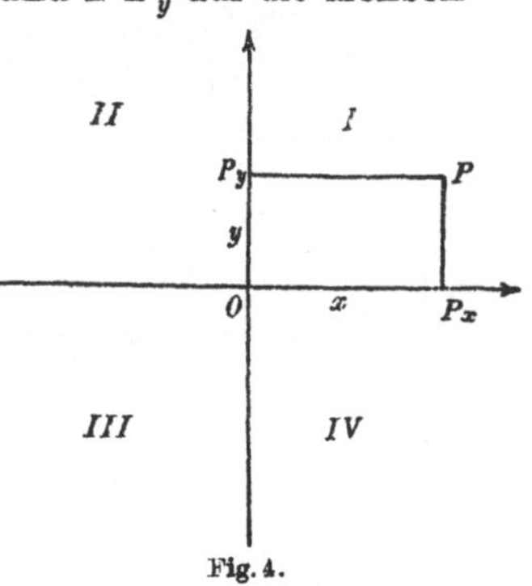

Fig. 4.

---

1) Diesen Satz hat schon Gauß in der berühmten Selbstanzeige seiner zweiten Abhandlung über die biquadratischen Reste (1831), Werke 2, 178, ohne Beweis ausgesprochen.

2) Vgl. Jahnke, Vorlesungen über die Vektorenrechnung. Leipzig 1905. Klein u. Sommerfeld, Theorie d. Kreisels 1, Leipzig 1897.

3) In diesem Paragraphen werden die Grundbegriffe der Trigonometrie vorausgesetzt.

4) Dies ist eine Folge des Cantorschen Axioms über die grade Linie (§ 24), wonach einer jeden reellen Zahl x ein Punkt P_x der x-Achse, einer Zahl y ein Punkt P_y der y-Achse zugeordnet ist.

das Bild der komplexen Zahl $z = x + yi$ und nennt ihn auch den
Punkt z. Auf diese Weise entspricht jedem Punkt der Ebene eine komplexe Zahl und jede komplexe Zahl wird durch einen und nur einen
Punkt der Ebene dargestellt. Wir gebrauchen daher die Worte Zahl z
und Punkt z in gleicher Bedeutung. Die Ebene als Träger der Zahlen
wird in diesem Zusammenhang auch die Zahlenebene, die x-Achse
als Träger der reellen Zahlen auch die reelle Achse, die y-Achse als
Träger der rein imaginären Zahlen auch die imaginäre Achse genannt.
Je nach den Vorzeichen von x und y verteilen sich die Punkte z auf
die vier Quadranten, nämlich

Quadrant	I	II	III	IV
x	+	−	−	+
y	+	+	−	−

Der zur entgegengesetzten Zahl von z gehörige Punkt $-z$ liegt
symmetrisch zum Punkt z in bezug auf den Nullpunkt, der zur

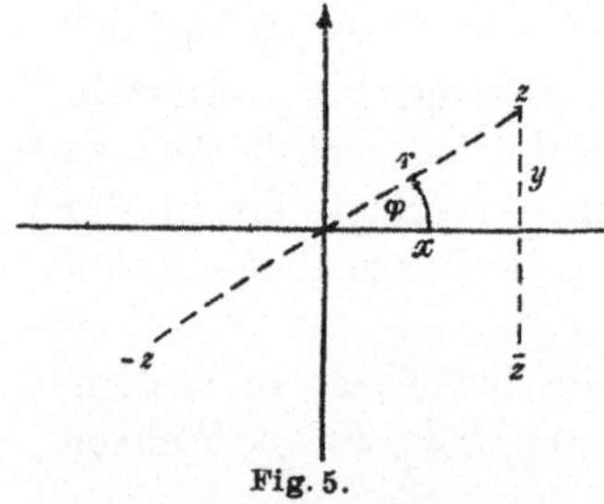

Fig. 5.

konjugiert komplexen Zahl $\bar{z} = x - yi$
gehörige Punkt liegt symmetrisch zum
Punkt z oder ist das Spiegelbild von z
in bezug auf die reelle Achse.

2. Außer durch rechtwinklige Koordinaten kann man einen Punkt P auch durch
Polarkoordinaten festlegen, und zwar
durch seine (immer positiv zu nehmende)
Entfernung $OP = r$ vom Nullpunkt und
durch den Winkel φ, den der Strahl OP mit der positiven x-Achse
bildet. Dieser Winkel wird immer im positiven Drehungssinn von der
positiven x-Achse aus und in Bogenmaß[1]) gemessen. Er ist nur bis
auf eine beliebige Anzahl von ganzen Umdrehungen bestimmt. Zu einem
gegebenen Punkt gehören alle Winkel $\varphi + 2k\pi$ $(k = 0, \pm 1, \pm 2, \ldots)$,
die man aus einem von ihnen, den man zwischen 0 und 2π annehmen
kann, durch Addition oder Subtraktion beliebiger Vielfacher von 2π
erhält. Der Zusammenhang zwischen den rechtwinkligen und den Polarkoordinaten ist durch die Formeln

$$(1) \qquad\qquad x = r \cos\varphi, \qquad y = r \sin\varphi$$

gegeben, es ist also die komplexe Zahl $z = x + yi$:

$$(2) \qquad\qquad z = r(\cos\varphi + i \sin\varphi).$$

---

[1]) D. h. der Winkel wird durch die Länge des zugehörigen Kreisbogens mit
dem Radius 1 gemessen. Die Länge dieses Kreisbogens wird auch der Arcus
des Winkels genannt und die Größe eines Winkels in Bogenmaß ist

$$\operatorname{arc}\varphi = \frac{\pi}{180}\,\varphi^0 = \frac{\varphi''}{206264{,}8},$$

wenn φ^0 die Größe des Winkels in Graden, φ'' dieselbe in Sekunden bedeutet

Diese Darstellungsform für irgendeine komplexe Zahl ist von der größten Bedeutung. Wir wollen sie die **Polarform** nennen. Sie ist durch folgende Eigenschaften gekennzeichnet:

Die Polarform für eine komplexe Zahl z ist ein Produkt einer positiven reellen Zahl r mit einer komplexen Zahl. Die Zahl r gibt den Abstand des Punktes z vom Nullpunkt an und wird der **absolute Wert** von z genannt. Man bezeichnet ihn durch $|z|$ und hat nach dem Satz des Pythagoras:

$$(3) \qquad r = |z| = \underset{+}{\sqrt{x^2 + y^2}}.$$

Nach § 44, (36) ist das Quadrat des absoluten Wertes einer Zahl gleich dem Produkt der Zahl mit der konjugiert komplexen Zahl:

$$(4) \qquad r^2 = z \cdot \bar{z}.$$

Alle Zahlen von gleichem absoluten Wert liegen auf einem Kreis um den Nullpunkt.

Der zweite Faktor der Polarform ist eine komplexe Zahl vom absoluten Wert 1, denn es ist nach einer Grundformel der Trigonometrie — die übrigens sofort aus (1) zu schließen ist —

$$(5) \qquad \cos^2 \varphi + \sin^2 \varphi = 1.$$

Er hängt nur von dem Richtungswinkel[1]) φ ab und soll deshalb die **Richtungsfunktion** von z genannt werden. Wir schreiben:

$$(6) \qquad \cos \varphi + i \sin \varphi = E(\varphi)$$

und haben also für die Polarform der komplexen Zahl

$$(7) \qquad z = r \cdot E(\varphi).$$

Jede Richtungsfunktion wird durch einen Punkt auf dem **Einheitskreis**, d. i. der Kreis mit dem Radius 1 um den Nullpunkt, dargestellt.

Alle Zahlen mit gleicher Richtungsfunktion liegen auf einem vom Nullpunkt ausgehenden Strahl.

Der Richtungswinkel ist nach (1) durch die Formeln

$$\cos \varphi = \frac{x}{r}, \qquad \sin \varphi = \frac{y}{r}$$

oder durch

$$(8) \qquad \operatorname{tg} \varphi = \frac{y}{x}$$

bestimmt. Man findet aber durch die Tangensfunktion den Winkel nur bis auf Vielfache von π, hat also zur Bestimmung des Quadranten, in dem φ liegt, zu (8) noch hinzuzunehmen, daß das Vorzeichen von $\frac{\cos \varphi}{\sin \varphi}$ mit dem Vorzeichen von $\frac{x}{y}$ übereinstimmen muß. Hierdurch

---

1) Für diesen Winkel sind auch andere Bezeichnungen, wie Neigung, Azimut, Amplitude, gebräuchlich. Die ebenfalls häufig vorkommende Bezeichnung Argument ist nicht glücklich gewählt, denn sie wird auch in ganz anderer Bedeutung für die unabhängige Variable bei einer Funktion gebraucht.

ist dann der Richtungswinkel bis auf eine beliebige Anzahl von ganzen Umdrehungen, also bis auf Vielfache von 2π bestimmt. Die Funktionen $\cos\varphi$ und $\sin\varphi$ und damit auch die Richtungsfunktion ändern sich nicht, wenn man den Winkel φ um eine beliebige Anzahl von ganzen Umdrehungen verändert, d. h. für jede ganze Zahl k ist

$$(9) \qquad E(\varphi + 2k\pi) = E(\varphi).$$

Zur konjugierten Zahl $\bar{z}$ von z gehört auch der konjugierte Wert der Richtungsfunktion $\bar{E}(\varphi) = \cos\varphi - i\sin\varphi$. Andererseits hat $\bar{z}$ den Richtungswinkel $2\pi - \varphi$ oder $-\varphi$, folglich ist $\bar{E}(\varphi) = E(-\varphi)$ und

$$(10) \qquad E(-\varphi) = \cos\varphi - i\sin\varphi$$

und nach (4)

$$(11) \qquad E(\varphi)E(-\varphi) = 1,$$

was mit (5) gleichbedeutend ist.

3. Da nach Annahme des Punktes O ein Punkt P der Ebene durch die Länge und Richtung der Strecke OP festgelegt ist, so kann man die durch den Punkt P dargestellte Zahl z auch durch die **gerichtete** Strecke $\overrightarrow{OP}$ versinnlichen. Eine solche Strecke heißt ein **Vektor** und wir wollen die Vektoren durch die den zugeordneten Zahlen entsprechenden deutschen Buchstaben bezeichnen[1]), schreiben also $\overrightarrow{OP} = \mathfrak{z}$. Ein Vektor ist allein durch Länge und Richtung einer Strecke gekennzeichnet, er ist aber nicht an einen bestimmten Punkt gebunden. Zwei Vektoren $\overrightarrow{AB}$ und $\overrightarrow{A'B'}$ sollen dann und nur dann einander gleich sein, wenn sie gleiche Länge und gleiche Richtung haben, wenn also der eine durch eine Parallelverschiebung in den andern übergeführt werden kann. Infolge dieser Festsetzung kann man sich von dem zufällig gewählten Nullpunkt freimachen und den die Zahl z darstellenden Vektor beliebig in der Ebene parallel verschieben.

Ist ϱ eine positive reelle Zahl, so versteht man unter $\varrho\,\overrightarrow{AB}$ einen mit $\overrightarrow{AB}$ gleichgerichteten Vektor, dessen Länge das ϱ-fache der Länge von $\overrightarrow{AB}$ ist. Ein Vektor von der Länge 1 heißt ein **Einheitsvektor**. Ist r die Länge von $\overrightarrow{AB} = \mathfrak{z}$, $\mathfrak{E}$ der mit $\overrightarrow{AB}$ gleichgerichtete Einheitsvektor, so ist:

$$(12) \qquad \mathfrak{z} = r\mathfrak{E}.$$

Dies entspricht der Darstellung der komplexen Zahl in der Polar-

---

1) Die Beziehung zwischen den Zahlen und den Vektoren (wie auch zwischen den Zahlen und den Punkten) ist eine **Äquivalenz** in dem bereits früher (§ 33, 3) erläuterten Sinne. Wir behandeln hier die Theorie der Vektoren nur so weit, wie es die Lehre von den komplexen Zahlen erfordert. Sie wird, zugleich mit ihren Anwendungen auf die Mechanik, in Band 3 (Abschnitt I und XIII) eingehend dargestellt.

form. Die Richtungsfunktion ist äquivalent dem mit $\mathfrak{z}$ gleichgerichteten Einheitsvektor.

4. Unter der Summe von zwei Vektoren $\overrightarrow{AB}$ und $\overrightarrow{BC}$ versteht man den Vektor $\overrightarrow{AC}$:

$$\overrightarrow{AB} + \overrightarrow{BC} = \overrightarrow{AC}.$$

Man findet die Summe als Schlußseite des durch die Vektoren $\overrightarrow{AB}$ und $\overrightarrow{BC}$ bestimmten Dreiecks. Man sieht leicht, daß diese Addition der Vektoren vollständig der früher definierten Addition der komplexen Zahlen entspricht. Die Summe von zwei komplexen Zahlen

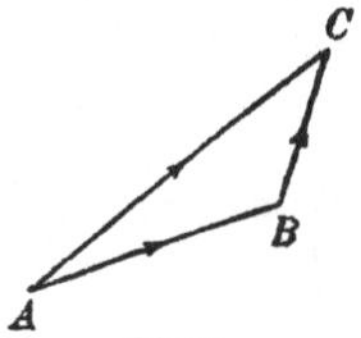

$$z_1 = x_1 + iy_1, \quad z_2 = x_2 + iy_2$$

ist
$$z_1 + z_2 = x_1 + x_2 + i(y_1 + y_2).$$

Fig. 6.

Der Punkt mit den Koordinaten $x_1 + x_2$, $y_1 + y_2$ ist die dem Nullpunkt gegenüberliegende Ecke des durch die drei Punkte $0, z_1, z_2$ bestimmten Parallelogramms. Behält man von diesem nur die Ecken $0, z_1, z_1 + z_2$ bei, so kommt man sofort auf die oben erklärte Addition der Vektoren.

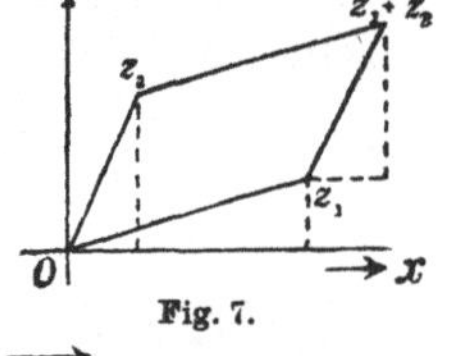

Fig. 7.

5. Einen gegebenen Vektor $\mathfrak{z} = \overrightarrow{AC}$ kann man auf unendlich viele Arten in eine Summe von zwei Vektoren zerlegen. Sei $\overrightarrow{AB} + \overrightarrow{BC}$ eine solche Zerlegung, $\mathfrak{e}_1$ der Einheitsvektor auf $\overrightarrow{AB}$, $\mathfrak{e}_2$ derjenige auf $\overrightarrow{BC}$, seien ferner a und b die Längen der beiden Vektoren, so ist $\overrightarrow{AB} = a\mathfrak{e}_1$, $\overrightarrow{BC} = b\mathfrak{e}_2$, mithin:

$$(13) \qquad\qquad \mathfrak{z} = a\mathfrak{e}_1 + b\mathfrak{e}_2.$$

Hierin kommt deutlich zum Ausdruck, daß die Menge der Vektoren in einer Ebene äquivalent ist der Menge der komplexen Zahlen mit zwei Einheiten.[1])

6. Zwei Vektoren $\overrightarrow{AB}$ und $\overrightarrow{BA}$ von gleicher Länge und entgegengesetzten Richtungen heißen entgegengesetzt. Ihre Summe ist ein Vektor der Länge Null, ein **Nullvektor**, den man einfach mit 0 bezeichnet:

$$(14) \qquad\qquad \overrightarrow{AB} + \overrightarrow{BA} = 0.$$

---

1) Zwischen den Einheiten e_1, e_2 muß nach § 44, (25) eine homogene quadratische Gleichung mit negativer Diskriminante bestehen. Ist ω der Winkel zwischen den beiden Einheitsvektoren, so lautet diese Gleichung:

$$e_1{}^2 - 2e_1 e_2 \cos \omega + e_2{}^2 = 0$$

mit der Diskriminante $4(\cos^2 \omega - 1) = -4\sin^2 \omega$. Für die gewöhnlichen komplexen Zahlen ist $e_1 = 1$, $e_2 = i$, $\omega = \dfrac{\pi}{2}$, also $\cos \omega = 0$ und die Gleichung wird $i^2 + 1 = 0$.

Unter der Differenz $\overrightarrow{AB} - \overrightarrow{BC}$ von zwei Vektoren versteht man den Vektor, der zu $\overrightarrow{BC}$ addiert den Vektor $\overrightarrow{AB}$ ergibt. Die Subtraktion von $\overrightarrow{BC}$ ist gleichbedeutend mit der Addition des entgegengesetzten Vektors $\overrightarrow{CB}$, und wenn $\overrightarrow{CB} = \overrightarrow{BC'}$ ist, so ist:

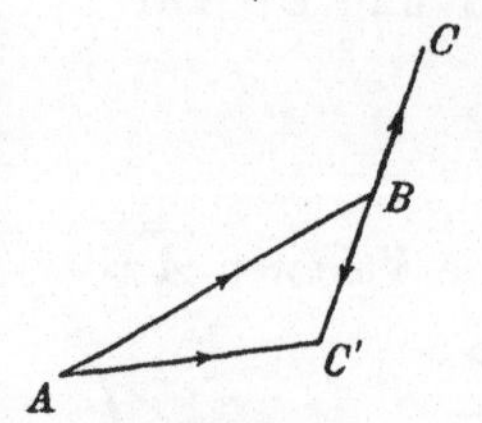

$$\overrightarrow{AB} - \overrightarrow{BC} = \overrightarrow{AB} + \overrightarrow{CB} = \overrightarrow{AB} + \overrightarrow{BC'} = \overrightarrow{AC'}.$$

In der Tat ist, wie man sofort sieht:

Fig. 8.

$$\overrightarrow{AC'} + \overrightarrow{BC} = \overrightarrow{AC'} + \overrightarrow{C'B} = \overrightarrow{AB}.$$

Damit hat man die nebenstehende Konstruktion der Differenz der beiden Vektoren.

7. Um beliebig viele Vektoren zu addieren, trägt man sie aneinander an, so daß der Anfangspunkt jedes Vektors mit dem Endpunkt des vorangehenden zusammenfällt. Man erhält so einen gebrochenen Streckenzug, und der Vektor vom Anfangspunkt nach dem Endpunkt des Zuges ist die verlangte Summe. Man zeigt leicht, daß dieser Vektor von der Reihenfolge, in der man die einzelnen Vektoren aufträgt, unabhängig ist.

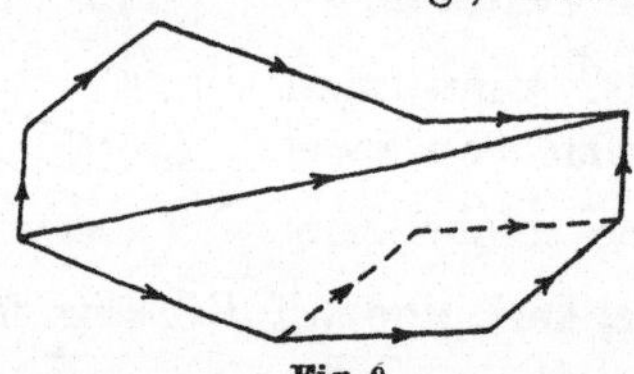

Fig. 9.

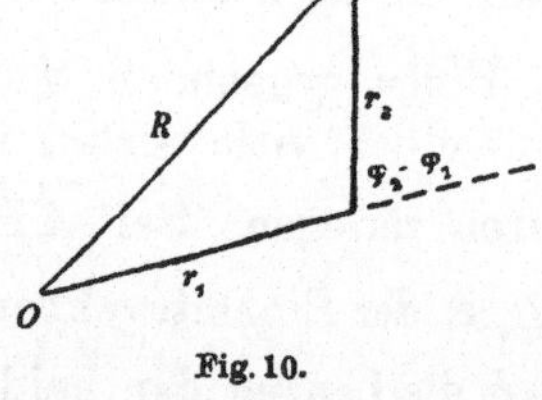

Fig. 10.

8. Es seien z_1, z_2 zwei komplexe Größen mit den absoluten Werten r_1, r_2 und den Richtungswinkeln φ_1, φ_2. Die Summe $z_1 + z_2$ habe den absoluten Wert R. Dann ist in dem Dreieck aus r_1, r_2, R der Winkel $\widehat{r_1 r_2} = \pi - (\varphi_2 - \varphi_1)$ und nach dem Kosinussatz ist:

$$R^2 = r_1^2 + r_2^2 + 2 r_1 r_2 \cos (\varphi_2 - \varphi_1).$$

Da der Kosinus immer zwischen -1 und $+1$ liegt, so ist:

$$r_1^2 + r_2^2 - 2 r_1 r_2 \leqq R^2 \leqq r_1^2 + r_2^2 + 2 r_1 r_2$$

oder $\qquad (r_1 - r_2)^2 \leqq R^2 \leqq (r_1 + r_2)^2,$ folglich:

(15) $\qquad\qquad |r_1 - r_2| \leqq R \leqq r_1 + r_2.$

Das ist der Satz:

Der absolute Wert einer Summe ist niemals größer als die Summe der absoluten Werte der Summanden und niemals kleiner als die positive Differenz dieser absoluten Werte.

Man sieht leicht, daß in (15) das Gleichheitszeichen nur stehen kann, wenn die Punkte z_1 und z_2 mit dem Nullpunkt in einer graden Linie liegen, und zwar ist $R = r_1 + r_2$, wenn die Punkte auf derselben

Seite vom Nullpunkt aus, $R = |r_1 - r_2|$, wenn sie auf verschiedenen Seiten liegen. In beiden Fällen ist der Quotient $\frac{z_1}{z_2} = \pm \frac{r_1}{r_2}$ reell.

Die zweite Ungleichung (15), welche die wichtigere ist, schreiben wir in der Form

$$|z_1 + z_2| \leq |z_1| + |z_2|$$

und können sie sofort auf eine beliebige endliche Anzahl von Summanden ausdehnen (vgl. § 14, 3):

$$(16) \qquad |z_1 + z_2 + \cdots + z_n| \leq |z_1| + |z_2| + \cdots + |z_n|,$$

wobei das Gleichheitszeichen nur gilt, wenn die Verhältnisse von je zwei Summanden reell und positiv sind.

9. Bedeutet z eine beliebige, a eine feste komplexe Zahl, so erhält man den Punkt $z' = z + a$, indem man den Punkt z um den Vektor a verschiebt. Macht man dies mit allen Punkten z der Ebene, so wird jeder Punkt in der Richtung des Vektors a um die Strecke $|a|$ verschoben, die ganze Ebene wird also in sich um ein bestimmtes Stück verschoben. Eine solche Veränderung sämtlicher Punkte der Ebene nennt man eine **Transformation** und die hier vorliegende Transformation heißt eine **Translation** oder **Parallelverschiebung**, also:

Die Transformation

$$(17) \qquad z' = z + a$$

bedeutet eine Translation der Ebene. Bei ihr bleibt kein im Endlichen gelegener Punkt der Ebene ungeändert.

10. Wir wenden uns zur **Multiplikation** der komplexen Zahlen. Seien in Polarform $\quad z_1 = r_1 E(\varphi_1), \quad z_2 = r_2 E(\varphi_2),$

so ist $\qquad\qquad z_1 z_2 = r_1 r_2 E(\varphi_1) E(\varphi_2).$

Das Produkt der beiden Richtungsfunktionen ist

$$(\cos \varphi_1 + i \sin \varphi_1)(\cos \varphi_2 + i \sin \varphi_2) = \cos \varphi_1 \cos \varphi_2 - \sin \varphi_1 \sin \varphi_2$$
$$+ i (\sin \varphi_1 \cos \varphi_2 + \cos \varphi_1 \sin \varphi_2).$$

Nach den Additionsformeln der trigonometrischen Funktionen ist aber[1]

$$\cos \varphi_1 \cos \varphi_2 - \sin \varphi_1 \sin \varphi_2 = \cos (\varphi_1 + \varphi_2),$$
$$\sin \varphi_1 \cos \varphi_2 + \cos \varphi_1 \sin \varphi_2 = \sin (\varphi_1 + \varphi_2), \qquad \text{also folgt:}$$
$$(\cos \varphi_1 + i \sin \varphi_1)(\cos \varphi_2 + i \sin \varphi_2) = \cos (\varphi_1 + \varphi_2) + i \sin (\varphi_1 + \varphi_2)$$

oder

$$(18) \qquad E(\varphi_1) E(\varphi_2) = E(\varphi_1 + \varphi_2).$$

Es besteht also der wichtige Satz:

Das Produkt von zwei Richtungsfunktionen ist wiederum eine Richtungsfunktion, deren Richtungswinkel gleich der Summe der Richtungswinkel der einzelnen Funktionen ist.

---

[1] Vgl. Bd. 2, § 31.

Das Produkt der beiden komplexen Zahlen $z_1 = r_1 E(\varphi_1)$ und $z_2 = r_2 E(\varphi_2)$ ist also

$$z_1 z_2 = r_1 r_2 E(\varphi_1 + \varphi_2)$$

und hat wiederum Polarform, mithin ist $r_1 r_2$ gleich dem absoluten Wert von $z_1 z_2$, d. h.:

Der absolute Wert eines Produkts ist gleich dem Produkt der absoluten Werte der einzelnen Faktoren und der Richtungswinkel des Produkts gleich der Summe der einzelnen Richtungswinkel.

11. Dieser Satz liefert die folgende Konstruktion des Produkts der beiden Zahlen:

Man nehme auf der reellen Achse den Punkt $+1$ und konstruiere zu dem Dreieck $O1z_1$ ein ähnliches und ähnlich gelegenes Dreieck Oz_2z.

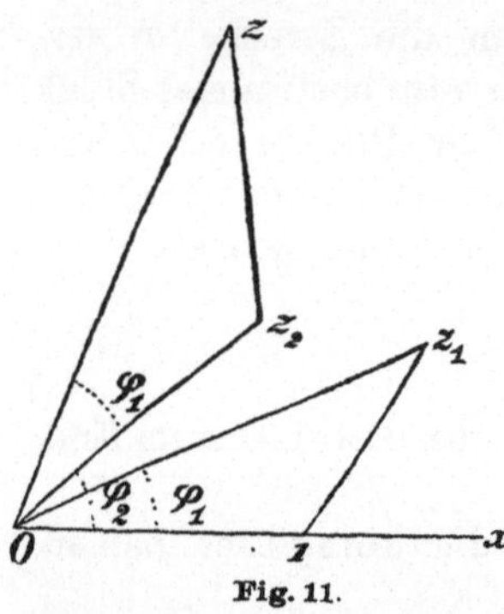

Fig. 11.

Dann ist z der Punkt, der das Produkt $z_1 z_2$ repräsentiert. Es ist nämlich der Richtungswinkel von z gleich $\varphi_1 + \varphi_2$ und für den absoluten Wert r von z folgt aus der Proportion $r : r_2 = r_1 : 1$, daß $r = r_1 r_2$ ist. Kürzer lautet die Konstruktion: Man drehe den Vektor z_1 um den Winkel φ_2 und vergrößere ihn im Verhältnis $r_2 : 1$.

Ist $a = |a| \cdot E(\alpha)$ eine feste Zahl, so besteht die Transformation $z' = az$, ausgeübt auf alle Punkte z der Ebene, in einer Drehung um den Nullpunkt um den Winkel α und einer Ähnlichkeitstransformation mit dem Nullpunkt als Ähnlichkeitspunkt, bei der alle Strecken im Verhältnis $|a| : 1$ vergrößert werden. Wir bezeichnen sie als eine Streckung vom Nullpunkt aus und nennen daher die ganze Transformation eine Drehstreckung, also:

Die Transformation

$$(19) \qquad z' = az$$

bedeutet eine Drehstreckung der Ebene um den Nullpunkt. Die feste Zahl a heißt der Parameter der Drehstreckung.

Die Verbindung der beiden Transformationen (17) und (19) gibt die allgemeine ganze lineare Transformation

$$(20) \qquad z' = az + b.$$

Sie kann so ausgeführt werden, daß man zuerst eine Drehstreckung $z_1 = az$ um den Nullpunkt und dann eine Translation $z' = z_1 + b$ vornimmt. Setzt man aber, falls, wie man annehmen darf, a von 1 verschieden ist, $z = \zeta + \dfrac{b}{1-a}$ und $z' = \zeta' + \dfrac{b}{1-a}$, so geht (20) über in $\zeta' = a\zeta$ und dies ist eine Drehstreckung um den Punkt $\zeta = 0$ oder $z = \dfrac{b}{1-a}$, d. h.:

Die allgemeine ganze lineare Transformation $z' = az + b$ **bedeutet eine Drehstreckung mit dem Parameter** a **um den Punkt** $\dfrac{b}{1-a}$.

Bei dieser Transformation geht jede Figur in eine ihr gleichsinnig ähnliche Figur über und es läßt sich leicht zeigen, daß sie die allgemeinste Ähnlichkeitstransformation in der Ebene ist.[1]) Bei ihr bleibt ein im Endlichen gelegener Punkt ungeändert.

12. Formel (18) bleibt bestehen, wenn man φ_2 durch $2\pi - \varphi_2$ oder durch $-\varphi_2$, also $E(\varphi_2)$ durch $E(-\varphi_2) = \dfrac{1}{E(\varphi_2)}$ ersetzt. Dann wird

$$(21) \qquad \frac{E(\varphi_1)}{E(\varphi_2)} = E(\varphi_1 - \varphi_2),$$

d. h.: **Der Quotient von zwei Richtungsfunktionen ist wiederum eine Richtungsfunktion, deren Richtungswinkel gleich der Differenz der Richtungswinkel der einzelnen Funktionen ist.**

Hiermit wird der Quotient der beiden komplexen Zahlen $z_1 = r_1 E(\varphi_1)$ und $z_2 = r_2 E(\varphi_2)$:

$$\frac{z_1}{z_2} = \frac{r_1}{r_2} E(\varphi_1 - \varphi_2)$$

und dies hat wiederum Polarform, mithin ist $\dfrac{r_1}{r_2}$ der absolute Wert von $\dfrac{z_1}{z_2}$. Es folgt:

Der absolute Wert eines Quotienten ist gleich dem Quotienten der absoluten Werte und der Richtungswinkel des Quotienten gleich der Differenz der Richtungswinkel.

Der Quotient $z = \dfrac{z_1}{z_2}$ wird durch den Punkt dargestellt, der zu dem Einheitspunkt ebenso liegt, wie der Punkt z_1 zum Punkt z_2, d. h. man mache das Dreieck $O 1 z$ dem Dreieck $O z_2 z_1$ gleichsinnig ähnlich.

13. Der reziproke Wert der Zahl $z = r E(\varphi)$ ist

$$(22) \qquad z' = \frac{1}{z} = \frac{1}{r} E(-\varphi).$$

Man kann z' so wie eben angegeben konstruieren. Besser führt man die Konstruktion in zwei Schritten aus, indem man zuerst den zu z' konjugierten Punkt $\zeta = \bar{z}' = \dfrac{1}{r} E(\varphi)$ sucht und diesen an der reellen Achse spiegelt. Bei der ersten Transformation wird also jeder Punkt z

---

vom absoluten Wert r übergeführt in den auf dem Strahl Oz gelegenen Punkt ζ vom absoluten Wert $\dfrac{1}{r}$; man nennt sie deshalb die Transformation durch reziproke Radien. Es ist auch die kürzere Bezeichnung **Inversion** dafür gebräuchlich.[1]) Sie ist für die Geometrie, die Funktionentheorie und die mathematische Physik von sehr großer Bedeutung. Für je zwei entsprechende Punkte ist also

$$Oz \cdot O\zeta = 1.$$

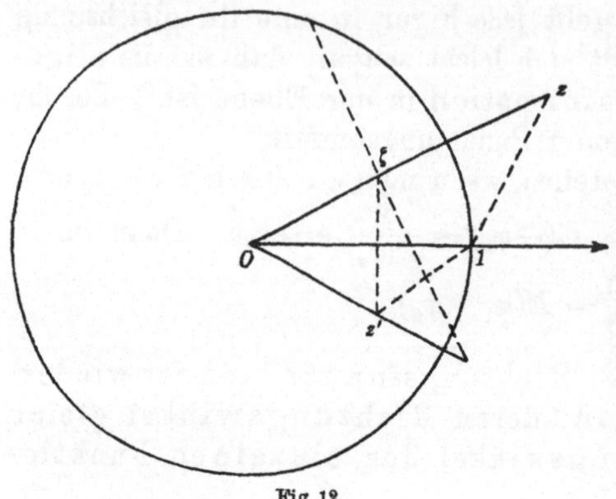
Fig. 12.

Man erkennt daraus, daß die Punkte z und ζ sich gegenseitig entsprechen; dieselbe Transformation, die z in ζ überführt, verwandelt ζ in z, und wenn man die Transformation zweimal nacheinander ausführt, so kommt jeder Punkt in seine ursprüngliche Lage zurück.

Für die Transformation durch reziproke Radien ist der Einheitskreis von fundamentaler Bedeutung. Je zwei entsprechende Punkte z und ζ werden durch den Einheitskreis harmonisch getrennt.[2]) Daher kann man ζ als Schnittpunkt der Polaren von z mit dem Strahl Oz konstruieren (Fig. 12). Jeder Punkt innerhalb des Einheitskreises geht durch die Transformation in einen Punkt außerhalb des Kreises über und umgekehrt; alle Punkte des Einheitskreises und nur diese Punkte bleiben bei der Transformation ungeändert.

Die Koordinaten aller Punkte $z = x + yi$, welche auf einem Kreis liegen, befriedigen eine Gleichung von der Form

$$a(x^2 + y^2) + 2bx + 2cy + d = 0$$

mit reellen Koeffizienten a, b, c, d oder wegen

$$x^2 + y^2 = z\bar{z}, \qquad 2x = z + \bar{z}, \qquad 2y = -i(z - \bar{z}):$$

$$(23) \qquad Az\bar{z} + Bz + \bar{B}\bar{z} + D = 0,$$

worin A und D reell, B und $\bar{B}$ konjugiert komplex sind. Bei der

---

1) Eine eingehende Darstellung der Inversion mit elementargeometrischen Mitteln wird in Bd. 2, § 8 gegeben.

2) Nimmt man an Stelle des Einheitskreises einen Kreis mit dem Radius k und läßt diesen wachsen, indem der Mittelpunkt in einer bestimmten Richtung ins Unendliche wandert, so geht für $k \to \infty$ der Kreis in eine Gerade über, und der Abstand von je zwei entsprechenden Punkten z und ζ wird durch die Gerade halbiert, d. h. die Transformation durch reziproke Radien wird zur Spiegelung an der Geraden. Man bezeichnet deshalb in der Funktionentheorie die Transformation durch reziproke Radien auch als Spiegelung am Kreis.

Transformation durch reziproke Radien ist $z = \dfrac{1}{\bar{z}'}$ und $\bar{z} = \dfrac{1}{z'}$ zu setzen und dann geht Gleichung (23) nach Weglassung der Nenner über in

$$(24) \qquad D z' \bar{z}' + \bar{B} z' + B \bar{z}' + A = 0,$$

und dies ist wiederum die Gleichung eines Kreises. Es folgt:

Bei der Transformation durch reziproke Radien geht jeder Kreis wiederum in einen Kreis über.[1])

Unter Umständen kann auch ein Kreis in eine grade Linie übergehen (die dann als besonderer Fall eines Kreises anzusehen ist), nämlich wenn $D = 0$ ist. Dann geht der durch (23) dargestellte Kreis durch den Nullpunkt, also:

Jeder Kreis durch den Nullpunkt und nur ein solcher Kreis verwandelt sich bei der Transformation durch reziproke Radien in eine Gerade, und umgekehrt verwandelt sich jede Gerade in einen Kreis durch den Nullpunkt.

Die Transformation $z' = \dfrac{1}{z}$ setzt sich zusammen aus einer Inversion und einer Spiegelung an der reellen Achse, aber die Reihenfolge, in der man die beiden Transformationen vornimmt, ist gleichgültig. Ein Punkt z wird, wenn man ihn zuerst an der reellen Achse spiegelt und dann die Inversion ausführt, in denselben Punkt $z' = \dfrac{1}{z}$ verwandelt. Bei dieser Transformation bleiben zwei Punkte der Zahlenebene, $z = +1$ und $z = -1$, und nur diese ungeändert.

14. Die bisher betrachteten Transformationen (17), (19), (20), (22) sind Sonderfälle der **allgemeinen gebrochenen linearen Transformation**

$$(25) \qquad z' = \frac{\alpha z + \beta}{\gamma z + \delta},$$

worin α, β, γ, δ feste komplexe Zahlen bedeuten. Ist $\gamma = 0$, so haben wir eine ganze lineare Transformation von der Form (20). Wir können also γ von Null verschieden voraussetzen. Dann ist, wie man leicht sieht:

$$z' = \frac{\alpha}{\gamma} - \frac{\alpha \delta - \beta \gamma}{\gamma z + \delta}.$$

Ist $\alpha \delta - \beta \gamma = 0$, so ist z' gar nicht von z abhängig und man hat keine Transformation.[2]) Wir nehmen also an, daß $\alpha \delta - \beta \gamma = \varDelta$ von Null

---

1) Eine solche Transformation nennt man nach **Möbius** (Werke 2, 213 und 245) eine **Kreisverwandtschaft**. Man sieht geometrisch unmittelbar ein, daß auch jede Ähnlichkeitstransformation und die Spiegelung an einer Geraden Kreisverwandtschaften sind.

2) Man kann sie auch eine uneigentliche Transformation nennen. Jedem Punkt z mit Ausnahme von $z = -\dfrac{\delta}{\gamma}$ entspricht der Punkt $z' = \dfrac{\alpha}{\gamma}$, dem Punkt $z = -\dfrac{\delta}{\gamma}$ entspricht jeder beliebige Punkt z'.

verschieden ist. Man kann nun z' aus z durch die folgenden nacheinander ausgeführten Transformationen erhalten:

$$z_1 = z + \frac{\delta}{\gamma}, \qquad z_2 = \frac{1}{z_1}, \quad . \quad z' = -\frac{\Delta}{\gamma} z_2 + \frac{\alpha}{\gamma},$$

und man sieht also:

Jede gebrochene lineare Transformation läßt sich zusammensetzen aus einer Translation, einer Inversion, einer Spiegelung an der reellen Achse und einer allgemeinen Ähnlichkeitstransformation.

Alle diese Transformationen sind Kreisverwandtschaften, also folgt:

Bei jeder gebrochenen linearen Transformation geht jeder Kreis wiederum in einen Kreis über.

§ 46*. Potenzen und Wurzeln von komplexen Zahlen.

1. Die einfachsten Potenzen komplexer Zahlen sind die Potenzen der imaginären Einheit:

$$i = i, \quad i^2 = -1, \quad i^3 = -i, \quad i^4 = +1.$$

Von hier ab wiederholen sich bei den weiteren Potenzen die Zahlen $i, -1, -i, +1$ in derselben Reihenfolge, also ist allgemein

$$(1) \qquad i^{4k} = +1, \quad i^{4k+1} = i, \quad i^{4k+2} = -1, \quad i^{4k+3} = -i,$$

und dieses gilt für alle ganzzahligen (auch negativen) Werte von k, wenn wir, wie bei reellen Grundzahlen, $i^{-n} = \frac{1}{i^n}$ erklären. Diese Werte der Potenzen von i sind zu benutzen, um ein Produkt von beliebig vielen komplexen Zahlen $(a_1 + b_1 i)(a_2 + b_2 i) \cdots (a_n + b_n i)$ und weiterhin, wenn alle Faktoren einander gleich werden, die n^{te} Potenz einer komplexen Zahl als eine komplexe Zahl $A + Bi$ darzustellen. So wird z. B.

$$(2) \qquad \begin{aligned} (a + bi)^2 &= a^2 - b^2 \quad\; + 2iab \\ (a + bi)^3 &= a^3 - 3ab^2 + i(3a^2 b - b^3). \end{aligned}$$

Die Ausdrücke für die höheren Potenzen kann man mit Hilfe des binomischen Lehrsatzes (§ 55) sofort hinschreiben.

2. Bei weitem einfacher wird die Berechnung der Potenzen komplexer Zahlen, wenn man von der Polarform ausgeht. Der Satz § 45, 10. über das Produkt von zwei Richtungsfunktionen läßt sich sofort auf beliebig viele Faktoren ausdehnen. Es ist

$$(3) \qquad E(\varphi_1)\, E(\varphi_2) \cdots E(\varphi_n) = E(\varphi_1 + \varphi_2 + \cdots + \varphi_n),$$

und wenn wir hier $\varphi_1 = \varphi_2 = \cdots = \varphi_n = \varphi$ setzen:

$$(4) \qquad \begin{aligned} E(\varphi)^n &= E(n\varphi) \\ (\cos\varphi + i\sin\varphi)^n &= \cos n\varphi + i\sin n\varphi. \end{aligned} \qquad\text{oder}$$

Das ist der berühmte Satz von Moivre[1]):

---

[1]) Der Satz, den Moivre wohl schon um 1707 gekannt hat, findet sich dem Inhalt nach zuerst in seinem Werk Miscellanea analytica (1730), in der obigen Form dagegen bei Euler, Introductio (1748).

Die n^{te} Potenz einer Richtungsfunktion ist wiederum eine Richtungsfunktion, deren Richtungswinkel gleich dem n-fachen des gegebenen Richtungswinkels ist.

Damit wird also die n^{te} Potenz einer komplexen Zahl $z = r\,E(\varphi)$:

$$(5) \qquad z^n = r^n(\cos n\varphi + i \sin n\varphi)$$

und dies ist wiederum eine Polarform, also folgt:

Der absolute Wert der n^{ten} Potenz einer komplexen Zahl ist gleich der n^{ten} Potenz des absoluten Wertes der Grundzahl und der Richtungswinkel der n^{ten} Potenz gleich dem n-fachen Richtungswinkel der Grundzahl.

3. Vergleicht man die durch die Moivresche Formel gegebenen Ausdrücke für die Potenzen von $\cos\varphi + i\sin\varphi$ mit denen, die man durch direkte Ausrechnung findet, so ergeben sich wichtige Beziehungen zwischen den Potenzen der trigonometrischen Funktionen und den Funktionen der Vielfachen des Winkels. Wir wollen dies nur für $n = 2$ und $n = 3$ ausführen. Nach (2) und (4) ist:

$$(\cos\varphi + i\sin\varphi)^2 = \cos^2\varphi - \sin^2\varphi + 2i\cos\varphi\sin\varphi = \cos 2\varphi + i\sin 2\varphi$$

$$(\cos\varphi + i\sin\varphi)^3 = \cos^3\varphi - 3\cos\varphi\sin^2\varphi + i\,(3\cos^2\varphi\sin\varphi - \sin^3\varphi)$$

$$= \cos 3\varphi + i\sin 3\varphi,$$

folglich:

$$(6) \qquad \begin{aligned} &\cos 2\varphi = \cos^2\varphi - \sin^2\varphi; &&\sin 2\varphi = 2\sin\varphi\cos\varphi; \\ &\cos 3\varphi = \cos^3\varphi - 3\cos\varphi\sin^2\varphi; &&\sin 3\varphi = 3\cos^2\varphi\sin\varphi - \sin^3\varphi. \end{aligned}$$

Führt man hier entweder $\sin^2\varphi = 1 - \cos^2\varphi$ oder $\cos^2\varphi = 1 - \sin^2\varphi$ ein, so folgt:

$$(7) \qquad \cos 2\varphi = 2\cos^2\varphi - 1 = 1 - 2\sin^2\varphi$$

$$(8) \qquad \cos 3\varphi = 4\cos^3\varphi - 3\cos\varphi; \quad \sin 3\varphi = 3\sin\varphi - 4\sin^3\varphi$$

und hieraus:

$$(9) \qquad \begin{aligned} &\cos^2\varphi = \tfrac{1}{2} + \tfrac{1}{2}\cos 2\varphi; &&\sin^2\varphi = \tfrac{1}{2} - \tfrac{1}{2}\cos 2\varphi; \\ &\cos^3\varphi = \tfrac{3}{4}\cos\varphi + \tfrac{1}{4}\cos 3\varphi; &&\sin^3\varphi = \tfrac{3}{4}\sin\varphi - \tfrac{1}{4}\sin 3\varphi. \end{aligned}$$

4. Wir ersetzen in der Moivreschen Formel φ durch $\dfrac{m}{n}\varphi$, worin $\dfrac{m}{n}$ irgendeine positive rationale Zahl bedeutet, und haben

$$E\!\left(\frac{m}{n}\varphi\right)^n = E(m\varphi) = E(\varphi)^m.$$

Schreiben wir nun, wie bei einer reellen Grundzahl,

$$\sqrt[n]{E(\varphi)^m} = E(\varphi)^{\frac{m}{n}},$$

so folgt:

$$E(\varphi)^{\frac{m}{n}} = E\!\left(\frac{m}{n}\varphi\right).$$

Setzen wir weiter, wie bei reellen Potenzen, $z^{-k} = \dfrac{1}{z^k}$, so wird mit Rücksicht auf § 45, (10):

$$E(\varphi)^{-\frac{m}{n}} = \frac{1}{E(\varphi)^{\frac{m}{n}}} = \frac{1}{E\left(\frac{m}{n}\varphi\right)} = E\left(-\frac{m}{n}\varphi\right).$$

Die beiden letzten Formeln besagen aber, daß Formel (4) für jeden rationalen positiven oder negativen Exponenten **n** gültig ist.[1]

5. Nehmen wir $m = 1$, so erhalten wir die n^{te} Wurzel aus einer **Richtungsfunktion**

$$(10) \qquad \sqrt[n]{\cos\varphi + i\sin\varphi} = \cos\frac{\varphi}{n} + i\sin\frac{\varphi}{n}.$$

Dies ist aber nicht der einzige Wert, den wir für die n^{te} Wurzel finden können. Sei nämlich k eine beliebige ganze Zahl und ersetzen wir in (4) φ durch $\dfrac{\varphi + 2k\pi}{n}$, so wird nach § 45, (9):

$$E\left(n\frac{\varphi + 2k\pi}{n}\right) = E(\varphi + 2k\pi) = E(\varphi),$$

also:
$$E(\varphi) = \left(E\left(\frac{\varphi + 2k\pi}{n}\right)\right)^n.$$

Es ist also jede Richtungsfunktion $E\left(\dfrac{\varphi + 2k\pi}{n}\right)$ für beliebiges ganzzahliges k eine n^{te} Wurzel von $E(\varphi)$. Dies ergibt aber n **verschiedene** Werte für die n^{te} Wurzel. Dividieren wir nämlich k durch n und sei q der Quotient, $\varkappa$ der Rest dieser Division, so ist $k = qn + \varkappa$ und darin $\varkappa$ eine der Zahlen 0, 1, 2, ... $n - 1$. Damit wird aber

$$E\left(\frac{\varphi + 2k\pi}{n}\right) = E\left(\frac{\varphi + 2\varkappa\pi}{n} + 2q\pi\right) = E\left(\frac{\varphi + 2\varkappa\pi}{n}\right),$$

d. h. für alle möglichen ganzzahligen k nimmt $E\left(\dfrac{\varphi + 2k\pi}{n}\right)$ keine anderen Werte an, als für $k = 0, 1, 2, \ldots n - 1$. Daß aber diese n Werte alle voneinander verschieden sind, sieht man am einfachsten geometrisch ein. Schreiben wir zur Abkürzung $\dfrac{2\pi}{n} = \delta$, so sind die Richtungsfunktionen $E\left(\dfrac{\varphi + 2k\pi}{n}\right)$ für $k = 0, 1, \ldots n - 1$:

$$(11) \quad E\left(\frac{\varphi}{n}\right),\ E\left(\frac{\varphi}{n} + \delta\right),\ E\left(\frac{\varphi}{n} + 2\delta\right),\ \cdots,\ E\left(\frac{\varphi}{n} + (n-1)\delta\right).$$

Ihnen entsprechen Punkte $E_0,\ E_1,\ E_2, \ldots E_{n-1}$ des Einheitskreises, und jeder Punkt entsteht aus dem vorhergehenden durch Drehung um $\delta = \dfrac{2\pi}{n}$, also folgt:

---

[1] Sie ist auch für $n = 0$ gültig, wenn für eine komplexe Grundzahl $z^0 = 1$ erklärt wird.

Die Punkte E_0, E_1, ... E_{n-1} teilen die Peripherie des Einheitskreises in n gleiche Teile.

Es sind also in der Tat die n Richtungsfunktionen (11) alle voneinander verschieden und wir haben den Satz:

Die n^{te} Wurzel aus einer Richtungsfunktion besitzt n verschiedene Werte:

$$(12) \quad \sqrt[n]{\cos\varphi + i\sin\varphi} = \cos\frac{\varphi + 2k\pi}{n} + i\sin\frac{\varphi + 2k\pi}{n}; \qquad (k = 0, 1, 2, \ldots, n-1)$$

und die entsprechenden Punkte der Zahlenebene bilden die Ecken eines dem Einheitskreis eingeschriebenen regelmäßigen n-Ecks.

6. Nach dem Satz über die Multiplikation von Richtungsfunktionen (§ 45, **10.**) ist die rechte Seite in (12) ein Produkt von zwei Richtungsfunktionen mit den Richtungswinkeln $\frac{\varphi}{n}$ und $\frac{2k\pi}{n}$ und man kann für (12) auch schreiben:

$$(13) \qquad \sqrt[n]{E(\varphi)} = E\left(\frac{\varphi}{n}\right) E\left(\frac{2k\pi}{n}\right),$$

d. h. man erhält die n Werte der n^{ten} Wurzel, indem man einen der Wurzelwerte jedesmal mit einer der n Richtungsfunktionen

$$(14) \qquad \omega_k = E\left(\frac{2k\pi}{n}\right) = \cos\frac{2k\pi}{n} + i\sin\frac{2k\pi}{n}; \qquad (k = 0, 1, 2, \ldots, n-1)$$

multipliziert. Für $\varphi = 0$, also $E(\varphi) = 1$, wird aber nach (13):

$$E\left(\frac{2k\pi}{n}\right) = \sqrt[n]{1},$$

d. h. die n Zahlen ω_0, ω_1, ... ω_{n-1} haben die Eigenschaft, daß ihre n^{te} Potenz gleich 1 ist. Man nennt sie die n^{ten} **Einheitswurzeln** und kann auch sagen:

ω_0, ω_1, ... ω_{n-1} sind die Lösungen der Gleichung n^{ten} Grades

$$(15) \qquad x^n = 1.$$

Die entsprechenden Punkte der Zahlenebene teilen den Einheitskreis vom Punkt $\omega_0 = 1$ aus in n gleiche Teile. Deshalb heißt die Gleichung (15) auch die **Kreisteilungsgleichung** n^{ten} Grades.

Auf Grund des **Moivre**schen Satzes ist

$$\omega_k = \cos\frac{2k\pi}{n} + i\sin\frac{2k\pi}{n} = \left(\cos\frac{2\pi}{n} + i\sin\frac{2\pi}{n}\right)^k.$$

Wir setzen

$$(16) \qquad \cos\frac{2\pi}{n} + i\sin\frac{2\pi}{n} = \omega$$

und haben den Satz[1]):

---

1) An Stelle von ω kann man auch andere Einheitswurzeln wählen, nämlich jede Einheitswurzel ω_ν, bei der ν zu n relativ prim ist (§ 105, **2.**).

Die n^{ten} Einheitswurzeln sind die Potenzen

$$\omega^0,\ \omega^1,\ \omega^2,\ \ldots\ \omega^{n-1}$$

der Einheitswurzel ω.

Hieraus folgt der Satz:

Die Summe aller n^{ten} Einheitswurzeln ist Null.

Es ist nämlich diese Summe (§ 20, **11**)

$$1 + \omega + \omega^2 + \cdots + \omega^{n-1} = \frac{\omega^n - 1}{\omega - 1},$$

und hier ist der Zähler Null und der Nenner von Null verschieden.

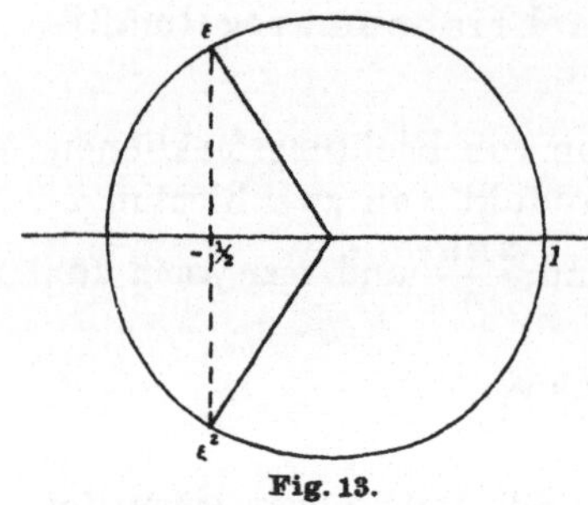

Fig. 13.

7. Für die einfachsten Fälle sind die Einheitswurzeln:

$$n = 2:\ +1,\ -1$$
$$n = 4:\ +1,\ i,\ -1,\ -i.$$

Für die dritten Einheitswurzeln schreiben wir ε an Stelle von ω, also

$$\varepsilon = \cos\frac{2\pi}{3} + i\sin\frac{2\pi}{3}.$$

Man sieht leicht geometrisch, daß der reelle Teil von ε gleich $-\tfrac{1}{2}$, der imaginäre Teil gleich $\tfrac{i}{2}\sqrt{3}$ ist, entsprechend den bekannten Werten

$$\cos\frac{2\pi}{3} = \cos 120^0 = -\frac{1}{2},\quad \sin\frac{2\pi}{3} = \sin 120^0 = \frac{1}{2}\sqrt{3}.$$

Es sind also die komplexen dritten Einheitswurzeln

$$(17)\qquad \varepsilon = -\frac{1}{2} + \frac{i}{2}\sqrt{3},\qquad \varepsilon^2 = -\frac{1}{2} - \frac{i}{2}\sqrt{3}$$

und für sie bestehen die Beziehungen

$$1 + \varepsilon + \varepsilon^2 = 0;\quad \frac{1}{\varepsilon} = \varepsilon^2;\quad \frac{1}{\varepsilon^2} = \varepsilon.$$

8. Wir betrachten nun die n^{te} Wurzel aus irgendeiner komplexen Zahl $z = r\,E(\varphi)$ und es sei in Polarform

$$\sqrt[n]{z} = \varrho\,E(\vartheta).$$

Dann ist die n^{te} Potenz

$$\varrho^n E(n\vartheta) = r\,E(\varphi) = r\,E(\varphi + 2k\pi),$$

folglich ist der absolute Wert der n^{ten} Wurzel

$$\varrho = (\sqrt[n]{r}),$$

worunter der positive reelle Wert von $\sqrt[n]{r}$ zu verstehen ist, und $\vartheta = \dfrac{\varphi + 2k\pi}{n}$, also nach (12) und (13):

$$E(\vartheta) = \sqrt[n]{E(\varphi)} = E\!\left(\frac{\varphi}{n}\right)\omega^k;\qquad (k = 0, 1, 2, \ldots, n-1)$$

Damit wird

$$(18) \qquad \sqrt[n]{z} = \left(\sqrt[n]{r}\right) E\left(\frac{\varphi}{n}\right) \omega^k, \qquad\qquad (k = 0, 1, 2, \ldots n - 1)$$

und man sieht:

Die n^{te} Wurzel aus einer komplexen Zahl hat n verschiedene Werte, die man aus einem von ihnen durch Multiplikation mit den n^{ten} Einheitswurzeln erhält. Die entsprechenden Punkte der Zahlenebene liegen auf dem Kreis um den Nullpunkt mit dem Radius $\left(\sqrt[n]{r}\right)$ und teilen die Peripherie in n gleiche Teile.

Der Richtungswinkel φ kann immer zwischen 0 und 2π (mit Ausschluß der oberen Grenze) angenommen werden:

$$0 \leqq \varphi < 2\pi.$$

Dann liegt $\dfrac{\varphi}{n}$ zwischen 0 und $\dfrac{2\pi}{n}$ und es ist $\left(\sqrt[n]{r}\right) E\left(\dfrac{\varphi}{n}\right)$ derjenige Wert von $\sqrt[n]{z}$ mit dem kleinsten positiven Richtungswinkel. Man nennt ihn den Hauptwert der n^{ten} Wurzel und schreibt:

$$(19) \qquad \left(\sqrt[n]{r}\right) E\left(\frac{\varphi}{n}\right) = \left(\sqrt[n]{z}\right).$$

Der entsprechende Punkt ist unter den n Teilpunkten des Kreises der erste, der bei einer positiven Drehung von der positiven reellen Achse aus erreicht wird. Hiermit sind nun die n Werte von $\sqrt[n]{z}$:

$$(20) \qquad \sqrt[n]{z} = \left(\sqrt[n]{z}\right) \cdot \omega^k, \qquad\qquad (k = 0, 1, \ldots, n - 1)$$

worin

$$\omega = \cos\frac{2\pi}{n} + i\sin\frac{2\pi}{n}.$$

§ 47*. Geschichtliches zum siebenten Abschnitt.

1. Auf die komplexen Zahlen wurde man durch das Problem der Quadratwurzel aus einer negativen Zahl geführt. Bhâskara (um 1150) erklärte, es gibt keine Quadratwurzel aus einer negativen Zahl, und dies war auch durch viele Jahrhunderte die Ansicht der Mathematiker.[1]) Trotzdem rechnete man seit Cardano (1545) mit diesen Quadratwurzeln nach den für die reellen Zahlen geltenden Regeln und kam niemals zu einem Widerspruch. Man hatte also den eigentümlichen Zustand, daß man mit Zahlen, die man selbst als unmögliche oder eingebildete Größen (quantitates impossibiles seu imaginariae (Leibniz)) bezeichnete[2]), wie mit „wirklichen" Zahlen rechnete, und daß, während über ihre Begründung die größte Unklarheit und Unsicherheit[3]) herrschte, ihre Verwendung immer mehr zunahm und ihre Wichtigkeit

---

1) Sie ist auch selbstverständlich richtig, sobald man genauer sagt, es gibt unter den reellen Zahlen keine Quadratwurzel aus einer negativen Zahl.

2) Vgl. Euler, Algebra (1770), 1, § 143.

3) Noch Cauchy, Cours d'analyse (1821) meint, daß ein Ausdruck mit komplexen Zahlen, wie z. B. das Multiplikationsgesetz der Richtungsfunktionen, buchstäblich genommen, unrichtig sei und keinen Sinn habe. Das hat ihn aber nicht abgehalten, mit solchen unexakten und sinnlosen Ausdrücken zu arbeiten und

und ihr Nutzen in den verschiedensten Gebieten der Mathematik immer deutlicher hervortraten. Nur mit Hilfe der komplexen Zahlen konnte man Gleichungen dritten Grades mit drei reellen Wurzeln algebraisch lösen (Bombelli 1572), konnte man den Fundamentalsatz der Algebra aussprechen (Girard 1629), ebenso den Satz, daß zwei Kurven m^{ter} und n^{ter} Ordnung sich in mn Punkten schneiden (Bézout 1779) und nur mit ihnen konnte Euler (1748) den wunderbaren Zusammenhang zwischen den trigonometrischen Funktionen und der Exponentialfunktion aufdecken. Aber in diesem entdeckungsfreudigen Zeitalter finden wir nur vereinzelte und unzureichende Bemühungen, um für die Lehre von den komplexen Zahlen eine sichere Grundlage zu schaffen, so daß noch 1831 Gauß sagen konnte, die imaginären Zahlen seien weniger eingebürgert als nur geduldet und erschienen wie ein an sich inhaltleeres Zeichenspiel.

2. Nach G. Cantor[1]) können wir in zwei Bedeutungen von der Wirklichkeit oder Existenz der Zahlen wie überhaupt irgendwelcher Begriffe und Ideen sprechen. „Einmal dürfen wir die Zahlen insofern als wirklich ansehen, als sie auf Grund von Definitionen in unserem Verstande einen ganz bestimmten Platz einnehmen, von allen übrigen Bestandteilen unseres Denkens aufs beste unterschieden werden und zu ihnen in bestimmten Beziehungen stehen". Diese Art der Realität nennt Cantor die immanente Realität. Ihr steht gegenüber die transiente Realität, bei der den Zahlen insofern Wirklichkeit zugeschrieben wird, „als sie für einen Ausdruck oder ein Abbild von Vorgängen und Beziehungen in der dem Intellekt gegenüberstehenden Außenwelt gehalten werden müssen". Cantor meint, daß diese beiden Arten der Realität stets sich zusammenfinden in dem Sinne, daß ein als immanent existierender Begriff immer in gewissen Beziehungen auch eine transiente Realität besitzt.[2])

Für die Mathematiker des 18. Jahrhunderts gab es nur die transiente Realität. Die gewöhnlichen Zahlen galten als „wirkliche" Zahlen, weil man sie mit den Punkten oder den Strecken auf einer Graden in Beziehung setzen konnte, ja indem man gradezu die Zahlen mit ihren geometrischen Bildern identifizierte[3]), schrieb man ihnen eine objektive Realität außerhalb des denkenden Subjekts zu und bezeichnete demgegenüber die komplexen Zahlen, denen keine Objekte der Außenwelt zu entsprechen schienen, als „eingebildete" Zahlen. Es blieb daher Gauß durchaus in den Anschauungen seiner Zeit, wenn er die Berechtigung der komplexen Zahlen aus ihrer geometrischen Darstellung ableitete.[4]) Er bewies ihre transiente Realität

---

die Theorie der Funktionen einer komplexen Veränderlichen zu schaffen. In späteren Veröffentlichungen (z. B. Exercices de mathématiques von 1847) hat sich Cauchy dem Standpunkt von Gauß genähert; vgl. Valson, Vie et travaux de Cauchy 2. partie (1868).

1) Math. Ann. **21** (1883), 562.

2) Cantor erinnert an Spinoza, Ethik II, prop. VII: ordo et connexio idearum idem est ac ordo et connexio rerum. Man kann auch an Hegels Lehre denken, daß alles Wirkliche vernünftig und alles Vernünftige wirklich sei. In gewissem Sinn wiederholt sich in der Gegenüberstellung von immanenter und transienter Realität der alte Gegensatz zwischen Nominalismus und Realismus.

3) Newton, Arithmetica universalis (1707).

4) Der erste, der die komplexen Zahlen durch die Punkte und Vektoren in einer Ebene dargestellt hat, war der dänische Feldmesser Caspar Wessel,

und das war eben die einzige Art der Realität, die man als solche anerkannte. Es unterliegt aber kaum einem Zweifel, daß Gauß auch die immanente Natur des Zahlbegriffs erkannt, ja in ihr das eigentliche Wesen der Zahlen erblickt hat, doch hat er diese Auffassung nur in vertrauten Briefen zum Ausdruck gebracht, wahrscheinlich weil sie der damaligen Zeit zu fremdartig erschienen wäre. So heißt es in einem Brief an Bessel[1]) vom 9. 4. 1830: „Wir müssen in Demut zugeben, daß, wenn die Zahl blos unseres Geistes Produkt ist, der Raum auch außer unserem Geist eine Realität hat." Es ist derselbe Gedanke, der 40 Jahre später von Dedekind in die Form gekleidet wurde, daß die Zahlen „freie Schöpfungen unseres Geistes" seien, und in der heutigen Mathematik ist diese Ansicht von der immanenten Natur des Zahlbegriffes die herrschende geworden. Cantor sagt, daß die Mathematik[2]) bei der Ausbildung ihres Ideenmaterials einzig und allein auf die immanente Realität ihrer Begriffe Rücksicht zu nehmen und daher keinerlei Verbindlichkeit habe, sie auch nach ihrer transienten Realität zu prüfen. Dabei sei sie nur „an die selbstredende Rücksicht gebunden, daß ihre Begriffe sowohl in sich widerspruchslos sind, als auch in festen durch Definitionen geordneten Beziehungen zu den vorher gebildeten und bewährten Begriffen stehen. Im besonderen ist sie bei der Einführung neuer Zahlen nur verpflichtet, Definitionen von ihnen zu geben, durch welche ihnen eine solche Bestimmtheit und unter Umständen eine solche Beziehung zu den älteren Zahlen verliehen wird, daß sie sich in gegebenen Fällen untereinander bestimmt unterscheiden lassen. Sobald eine Zahl allen diesen Bedingungen genügt, kann und muß sie als existent und real in der Mathematik betrachtet werden." Legt hier Cantor allein Gewicht auf die Definitionen, durch welche die neuen Zahlen geschaffen werden, so müssen wir heute hinzufügen, daß, um mit den Zahlen arbeiten zu können und sie dem Lehrgebäude

---

doch blieb seine sehr bemerkenswerte, in den Abh. d. dän. Akad. 1798 erschienene Arbeit damals gänzlich unbekannt und wurde erst 100 Jahre später wieder aufgefunden und in französischer Übersetzung (Essai sur la représentation analytique de la direction, Kopenhagen 1897) neu herausgegeben. Auch die Schrift von Argand, Essai sur une manière de représenter les quantités imaginaires dans les constructions géometriques, Paris 1806 (Neudruck 1874), wurde wenig beachtet, und so war es Gauß, der vor allem durch die schöne und lichtvolle Darstellung in seiner Selbstanzeige der zweiten Abhandlung üb. die biquadratischen Reste, Gött. Gel. Anzeigen 1831, die geometrische Versinnlichung der komplexen Zahlen zum Allgemeingut der Mathematiker gemacht hat. Er bediente sich ihrer nachweisbar bereits im Jahre 1811 (Brief an Bessel vom 18. 12. 1811), war aber höchst wahrscheinlich schon 1796 bei Abfassung der Disquisitiones arithm. und seiner Dissertation über den Fundamentalsatz der Algebra in ihrem Besitz. Vgl. A. Fränkel, Zahlbegriff u. Algebra bei Gauß. Gött. Nachr. 1920.

1) Gauß Werke 8, 201.

2) Cantor spricht also nicht nur von der Arithmetik, sondern von der Mathematik überhaupt. Der hierin liegende Gedanke, daß auch die geometrischen Begriffe, soweit sie Gegenstand der reinen (oder nach Cantor freien) Mathematik sind, immanenter Natur seien, ist von Hilbert, Grundlagen der Geometrie (1899) im einzelnen ausgeführt und zu allgemeiner Anerkennung gebracht worden. Und in unseren Tagen scheint auch die mathematische Physik in der allgemeinen Relativitätstheorie die gleiche Entwicklung zu nehmen. (Vgl. Weyl, Raum, Zeit, Materie, Berlin 1920, S. 263.)

der Mathematik einzugliedern, vor allem ein System von Axiomen[1]) aufzustellen ist, durch welche der Gebrauch der Zahlen festgesetzt wird und ihre Theorie in sich widerspruchsfrei aufgebaut werden kann.

Für die komplexen Zahlen wird die immanente Begriffsbestimmung und der axiomatische Aufbau geleistet durch die Hamiltonsche Theorie der Zahlenpaare (die wie schon § 44, **2.** erwähnt, überhaupt zur Definition neuer Zahlen benutzt werden können) und durch das System der für die reellen Zahlen geltenden Axiome.

Achter Abschnitt.

Kombinatorik.

§ 48. Permutationen.

1*. Die Kombinatorik beschäftigt sich mit der Untersuchung der verschiedenen Arten, wie man die Elemente einer gegebenen endlichen Menge anordnen oder zu Teilmengen zusammenfassen kann. Es handelt sich dabei in erster Linie um die Bestimmung der Anzahl, wie oft eine gewisse Art der Anordnung oder Zusammenfassung möglich ist.

Die Anfänge der Kombinatorik reichen bis in das griechische Altertum zurück. Im Mittelalter finden wir recht weitgehende Kenntnisse (Anzahl der Permutationen und Kombinationen ohne Wiederholung) bei den Indern (Bhâskara um 1150), in noch höherem Maße im Abendland bei Levi ben Gerson.[2]) In der jetzigen Form wurde die Kombinatorik von Pascal, Leibniz, Wallis und vor allem von Jakob Bernoulli begründet, dessen Ars conjectandi (1713) noch heute das grundlegende Werk bildet. Eine ausführliche Darstellung hat Netto, Lehrbuch der Kombinatorik, Leipzig 1901, gegeben.

2. Eine endliche Menge von Dingen, deren Anzahl wir mit n bezeichnen wollen, können wir auf mehrere verschiedene Arten abzählen, d. h. wir können diesen Dingen auf verschiedene Arten die Zahlen $1, 2, 3, \ldots, n$ zuordnen, oder wie wir auch sagen können, es lassen sich diese Dinge auf mehrere Arten anordnen.

Ein einzelnes Ding läßt sich natürlich nur auf eine Art anordnen, zwei Dinge a, b auf zwei Arten ab, ba, drei Dinge a, b, c auf sechs Arten $abc, acb, bac, bca, cab, cba$. Man erhält diese Anordnungen, wenn man jedes der drei Elemente a, b, c an die erste Stelle setzt und dann die beiden übrigen in je zwei Anordnungen folgen läßt.

Diese verschiedenen Anordnungen heißen die Permutationen der n Elemente der Menge. Die Permutationen bilden, wie die ersten Fälle zeigen, selbst eine endliche Menge; dies wollen wir nun durch vollständige Induktion allgemein beweisen, indem wir zugleich die Anzahl der Permutationen von n Elementen bestimmen.

Wir nehmen also an, daß die Anzahl der Permutationen von $n - 1$ Elementen $a_1, a_2, \ldots, a_{n-1}$ endlich sei und bezeichnen diese Zahl mit $\Pi(n-1)$. Wir fügen nun noch ein n^{tes} Element a_n hinzu, und können

---

1) Vgl. Schoenflies, Jahresb. d. Deutsch. Math.-Ver. **20** (1911).

2) Sefer maassei choscheb (die Praxis des Rechners 1321) hrsg. von G. Lange, Frankfurt 1909. J. Carlebach, Levi ben Gerson als Mathematiker. Berlin 1910.

dieses in jeder der Permutationen der $n - 1$ Elemente an die erste, die zweite, die dritte usf., zuletzt an die n^{te} Stelle setzen. Auf diese Weise erhalten wir aus jeder Permutation der $n - 1$ Elemente n Permutationen der n Elemente, und diese sind alle voneinander verschieden. Hieraus ergibt sich:

$$(1) \qquad \Pi(n) = n\,\Pi(n - 1).$$

Nun ist $\Pi(1) = 1$, $\Pi(2) = 2$, also $\Pi(3) = 2 \cdot 3$ und allgemein (nach der vollständigen Induktion)

$$(2) \qquad \Pi(n) = 1 \cdot 2 \cdot 3 \cdots n,$$

d. h.: **Die Anzahl der Permutationen von n Elementen ist gleich dem Produkt aller ganzen Zahlen von 1 bis n.**

Dieses Produkt wird auch durch

$$1 \cdot 2 \cdot 3 \cdots n = n!$$

bezeichnet und die **Fakultät** von n (n-Fakultät) genannt.

Die Formel (1) läßt sich verallgemeinern. Denn ist m eine natürliche Zahl und $m < n$, so ist

$$(3) \qquad \Pi(n) = (m + 1)(m + 2) \cdots n\,\Pi(m).$$

Die Zahl $\Pi(n)$ wächst sehr schnell mit n. Es ist

n	1	2	3	4	5	6	7	8	9	10
$\Pi(n)$	1	2	6	24	120	720	5040	40320	362880	3628800

In bezug auf das Wachsen der Fakultäten gilt der folgende allgemeine Satz:

3. Ist a eine beliebige positive Zahl, größer als 1, so kann man m so groß annehmen, daß $n! > a^n$ ist, sobald $n > m$ ist.

Um den Satz zu beweisen, nehme man eine ganze Zahl $p > a$ an. Dann ist $\dfrac{a}{p} = \vartheta$ ein positiver echter Bruch, und es ist, wenn n eine noch größere ganze Zahl als p ist, jeder der Brüche $\dfrac{a}{p + 1}$, $\dfrac{a}{p + 2}$, $\cdots$, $\dfrac{a}{n}$ kleiner als ϑ, folglich das Produkt aller dieser $n - p$ Brüche

$$\frac{a^{n-p}}{(p + 1)(p + 2) \cdots n} < \vartheta^{n-p}.$$

Multipliziert man dies mit $a^p/p!$, so folgt nach (3):

$$(4) \qquad \frac{a^n}{n!} < \frac{a^p \vartheta^n}{\vartheta^p p!}$$

Jetzt läßt sich aber nach § 20, 8. m so groß annehmen, daß für jedes $n > m$

$$\vartheta^n < \vartheta^p a^{-p} p!$$

wird, und dann ist die rechte Seite von (4) und folglich auch die linke ein echter Bruch und mithin

$$(5) \qquad n! > a^n.$$

4. Die n Elemente einer Menge wollen wir durch die Ziffern 1, 2, 3, ..., n, bezeichnen. Unter den Permutationen ist eine:

$$E = 1\ 2\ 3\ \ldots\ n$$

in der die Ziffern in ihrer natürlichen Reihenfolge angeordnet sind, und diese nennen wir die Hauptpermutation. Irgendeine andere sei

$$A = a_1 a_2 a_3 \ldots a_n,$$

worin $a_1 a_2 a_3 \ldots a_n$ dieselben Ziffern $1\ 2\ 3 \ldots n$, nur in einer anderen Reihenfolge, bedeuten.

Für $n = 3$ z. B. haben wir sechs Permutationen:

$$A_1 = 1\ 2\ 3, \qquad A_4 = 1\ 3\ 2,$$
$$A_2 = 2\ 3\ 1, \qquad A_5 = 2\ 1\ 3,$$
$$A_3 = 3\ 1\ 2, \qquad A_6 = 3\ 2\ 1.$$

Um eine Permutation A aus der Hauptpermutation E abzuleiten kann man so verfahren: Ist 1 von a_1 verschieden, so lasse man in E zunächst 1 mit a_1 den Platz tauschen. Hierdurch ist a_1 an die richtige Stelle gekommen und wird nun nicht weiter verstellt. Ist aber schon $a_1 = 1$, so lasse man das erste Element an seiner Stelle. Hat a_1 seinen Platz bekommen, so verfahre man auf dieselbe Art mit der dann an zweiter Stelle stehenden Zahl, und man gelangt so nach höchstens $n - 1$ solchen Umstellungen zu irgendeiner vorgeschriebenen Permutation A. Diese Umstellungen von nur zwei Elementen heißen **Transpositionen**, und es ergibt sich also, daß man jede Permutation durch eine Reihe nacheinander ausgeführter Transpositionen aus der Hauptpermutation ableiten kann. Ebenso kann man aber auch, von jeder anderen als der Hauptpermutation ausgehend, durch Transpositionen zu einer vorgeschriebenen Permutation gelangen. Dies kann aber auf unendlich viele verschiedene Arten geschehen, z. B. so, daß man zuerst blindlings Transpositionen in beliebiger Anzahl ausführt und dann erst planmäßig in der beschriebenen Art fortfährt.

5.* Bisher haben wir die Elemente der Menge alle als verschieden angenommen. Es mögen nun unter den n Elementen auch solche von gleicher Beschaffenheit[1]) vorhanden sein, und zwar α Elemente a, β Elemente b, γ Elemente c.... Die Gesamtzahl aller Elemente sei n. Denkt man sich zunächst die Elemente a alle verschieden, ebenso die Elemente b usw., so gibt es $n!$ Permutationen. Von diesen werden bei Aufhebung der Verschiedenheit der a je $\alpha!$ Permutationen, die in allen übrigen Elementen außer in der Stellung der a übereinstimmen, einander gleich, ebenso von den übrigbleibenden $\frac{n!}{\alpha!}$ Permutationen je $\beta!$ Permutationen, wenn die b einander gleich werden usf., also folgt:

---

[1]) Dies soll natürlich nicht bedeuten, daß diese Elemente in jeder Hinsicht übereinstimmen, sondern nur in demjenigen Merkmal, welches gerade bei der jeweilig vorliegenden Aufgabe ins Auge gefaßt wird, z. B. in der Farbe.

Die Anzahl der Permutationen von n Elementen mit α gleichen Elementen a, β gleichen b, ... ist

$$\frac{n!}{\alpha!\,\beta!\,\gamma!\ldots}.$$

§ 49. Grade und ungrade Permutationen.

1. Die $n!$ Permutationen der n Ziffern $1, 2, 3, \ldots, n$ lassen sich nach folgendem Gesichtspunkt in zwei Klassen teilen:

Wenn in einer Permutation A eine höhere Ziffer einer niedrigeren vorausgeht, so nennen wir dies eine **Inversion**. Wenn man also irgend zwei Elemente a_h, a_k aus A herausgreift und $h < k$ ist, so bilden diese eine Inversion, wenn $a_h > a_k$ ist, und keine Inversion, wenn $a_h < a_k$ ist. Jede Permutation A weist also eine bestimmte Anzahl von Inversionen auf, mit Ausnahme der Hauptpermutation E, die gar keine Inversion hat. Die Permutation $n, n-1, n-2, \ldots, 1$ z. B. hat[1])

$$(n-1) + (n-2) + (n-3) + \cdots + 1 = \tfrac{1}{2}n(n-1)$$

Inversionen, und dies ist die Maximalzahl von Inversionen, die vorkommen kann. In dem obigen Beispiel $n = 3$ ist die Anzahl der Inversionen von

$$A_1,\ A_2,\ A_3,\ A_4,\ A_5,\ A_6$$
$$0,\quad 2,\quad 2,\quad 1,\quad 1,\quad 3\,.$$

Wir teilen nun die Permutationen nach der Anzahl der Inversionen in zwei Klassen ein:

Permutationen mit einer graden Anzahl von Inversionen (einschließlich Null) heißen grade Permutationen.

Permutationen mit einer ungraden Anzahl von Inversionen heißen ungrade Permutationen.

Bei $n = 3$ sind A_1, A_2, A_3 grade, A_4, A_5, A_6 ungrade Permutationen.

2. Jede Transposition ändert die Anzahl der Inversionen um eine ungrade Zahl. Dies sieht man auf folgende Weise ein: Nehmen wir an, in einer Permutation A komme a_h vor a_k (d. h. $h < k$), und wir vertauschen a_h mit a_k, so wird in den Inversionen mit den Elementen, die vor a_h oder nach a_k stehen, nichts geändert.

Ist a_l ein Element, das in A zwischen a_h und a_k steht, so bieten die beiden Paare

$$a_h,\ a_l;\quad a_l,\ a_k$$

keine, eine oder zwei Inversionen, und die Paare

$$a_k,\ a_l;\quad a_l,\ a_h$$

zwei, eine oder keine Inversion, also hat sich durch die Vertauschung

---

1) Hier ist die bekannte Formel über die Summe einer arithmetischen Reihe vorweggenommen (vgl. § 56). Man findet sie leicht, indem man je zwei gleich weit von den Enden abstehende Summanden zusammenfaßt.

von a_h und a_k die Anzahl dieser Inversionen um zwei vermehrt, nicht geändert, oder um zwei vermindert, also jedenfalls um eine grade Zahl verändert. Endlich, wenn a_h, a_k eine Inversion bietet, so bietet a_k, a_h keine, und wenn a_h, a_k keine Inversion bietet, so bietet a_k, a_h eine Inversion, also eine Änderung um 1. Damit ist aber unsere Behauptung erwiesen.

Daraus folgt sofort:

.3. **Die Anzahl der graden Permutationen ist ebenso groß wie die der ungraden Permutationen, nämlich $\frac{1}{2}n!$** Denn wenn man in allen Permutationen A irgend zwei Elemente miteinander vertauscht, so geht jede grade Permutation in eine ungrade und jede ungrade in eine grade Permutation über und niemals zwei verschiedene Permutationen in die gleiche.

4. Wenn man alle Permutationen der n Elemente aus der Hauptpermutation durch wiederholte Transpositionen ableitet, so gilt der Satz: **Wie man die Operationen auch anordnen mag, so erhält man die graden Permutationen durch eine grade Anzahl, die ungraden durch eine ungrade Anzahl von Transpositionen aus der Hauptpermutation.**

Denn jede Transposition ändert ja die Anzahl der Inversionen um eine ungrade Zahl.

5*. Es seien x_1, x_2, ..., x_n beliebige, aber untereinander verschiedene Zahlen. Wir bilden das Produkt aller Differenzen von je zwei dieser Zahlen:

$$P_E = (x_1 - x_2)(x_1 - x_3) \dots (x_1 \quad - x_n)$$

(1)
$$(x_2 - x_3) \dots (x_2 \quad - x_n)$$
$$\vdots$$
$$(x_{n-1} - x_n)$$

und nennen es das zur Hauptpermutation E gehörige **alternierende Produkt.** Dann ist das zur Permutation A gehörige **alternierende Produkt:**

$$P_A = (x_{a_1} - x_{a_2})(x_{a_1} - x_{a_3}) \cdots (x_{a_1} \quad - x_{a_n})$$

(2)
$$(x_{a_2} - x_{a_3}) \cdots (x_{a_2} \quad - x_{a_n})$$
$$\vdots$$
$$(x_{a_{n-1}} - x_{a_n}).$$

Dieses Produkt unterscheidet sich von P_E höchstens durch das Vorzeichen, und da P_E bei jeder Transposition sein Vorzeichen ändert, so sieht man:

P_A und P_E haben gleiche Vorzeichen, wenn A eine grade Permutation, entgegengesetzte Vorzeichen, wenn A eine ungrade Permutation ist.

§ 50. Zusammensetzung der Permutationen.

1. Die Permutationen A von n Elementen sind, wenn sie auch keine Zahlgrößen sind, doch einer mathematischen Behandlung auf Grund von Rechenregeln zugänglich, die eine gewisse Analogie mit den Regeln der gemeinen Arithmetik haben, in wesentlichen Punkten aber davon abweichen. Diese Rechenoperationen im Gebiete der Permutationen sind von großer Bedeutung für die Algebra, und da sie zugleich von ganz elementarer Art sind und ein schönes Beispiel für die freie Schöpfung von solchen Operationen geben, so wollen wir sie hier in Kürze betrachten.

2. Um von der Hauptpermutation von n Elementen

$$E = 1\,2\,3\ldots n$$

zu einer anderen Permutation

$$A = a_1 a_2 a_3 \ldots a_n$$

zu gelangen, hat man das Element 1 durch a_1, das Element 2 durch $a_2, \ldots$, das Element n durch a_n zu ersetzen. Diese Operation nennt man eine **Substitution** und bezeichnet sie übersichtlich in der Weise, daß man das Element, welches für ein anderes zu setzen ist, unter dieses schreibt, also

$$(1) \qquad \begin{pmatrix} 1 & 2 & 3 \ldots n \\ a_1 & a_2 & a_3 \ldots a_n \end{pmatrix} = \begin{pmatrix} \alpha \\ a_\alpha \end{pmatrix},$$

worin α die Werte $1, 2, \ldots n$ in der natürlichen Reihenfolge annimmt.

Wir bezeichnen diese Substitution auch durch einen einzigen Buchstaben, etwa $\mathfrak{A}$, und nennen (1) die Substitution $\mathfrak{A}$. Diese Substitution $\mathfrak{A}$ führt also von der Hauptpermutation E zu der Permutation A.

Es ist nun offenbar für das Resultat gleichgültig, in welcher Reihenfolge man die alten Elemente $1, 2, 3, \ldots, n$ durch die neuen $a_1, a_2, \ldots, a_n$ ersetzt, ob man z. B. zuerst 1 durch a_1, dann 2 durch a_2 oder zuerst 2 durch a_2, dann 1 durch a_1 ersetzt, und es kann daher die Substitution $\mathfrak{A}$ auch so geschrieben werden:

$$\begin{pmatrix} 2 & 1 & 3 \ldots n \\ a_2 & a_1 & a_3 \ldots a_n \end{pmatrix}$$

oder allgemeiner, man kann die einzelnen Paare übereinander stehender Ziffern in (1) beliebig permutieren, ohne daß die Bedeutung dieses Zeichens sich ändert.

Nehmen wir irgendein Element b aus der Reihe $1, 2, 3, \ldots, n$ heraus, so geht dieses durch die Substitution $\mathfrak{A}$ in a_b über, und wenn also

$$B = b_1 b_2 b_3 \ldots b_n$$

eine beliebige Permutation der n Elemente ist, so können wir $\mathfrak{A}$ auch so darstellen:

$$(2) \qquad \mathfrak{A} = \begin{pmatrix} b_1 & b_2 & \ldots & b_n \\ a_{b_1} & a_{b_2} & \ldots & a_{b_n} \end{pmatrix} = \begin{pmatrix} b_\alpha \\ a_{b_\alpha} \end{pmatrix}.$$

Wir sagen dann, wir haben auf die Permutation B die Substitution $\mathfrak{A}$ ausgeübt. Die Substitution $\mathfrak{A}$ steht aber zu der Permutation A in einer gewissen ausgezeichneten Beziehung, insofern A die Permutation ist, die durch $\mathfrak{A}$ aus der Hauptpermutation E entsteht.

3*. Zwei Substitutionen $\mathfrak{A}$ und $\mathfrak{B}$ kann man nacheinander ausführen, indem man zuerst durch die Substitution $\mathfrak{A}$ von der Hauptpermutation zu der Permutation A übergeht und dann auf A die Substitution $\mathfrak{B}$ ausübt. Man schreibt dies:

$$(3) \qquad \mathfrak{A}\mathfrak{B} = \begin{pmatrix} 1 & 2 & \dots & n \\ a_1 & a_2 & \dots & a_n \end{pmatrix} \begin{pmatrix} a_1 & a_2 & \dots & a_n \\ b_{a_1} & b_{a_2} & \dots & b_{a_n} \end{pmatrix}.$$

Es ergibt sich also eine neue Permutation:

$$(4) \qquad M = b_{a_1} b_{a_2} \dots b_{a_n}$$

und diese hätte man auch durch eine einzige Substitution $\mathfrak{M}$ aus der Hauptsubstitution ableiten können. Es ist also

$$(5) \qquad \mathfrak{M} = \mathfrak{A}\mathfrak{B}$$

oder

$$(6) \qquad \begin{pmatrix} 1 & 2 & \dots & n \\ a_1 & a_2 & \dots & a_n \end{pmatrix} \begin{pmatrix} a_1 & a_2 & \dots & a_n \\ b_{a_1} & b_{a_2} & \dots & b_{a_n} \end{pmatrix} = \begin{pmatrix} 1 & 2 & \dots & n \\ b_{a_1} & b_{a_2} & \dots & b_{a_n} \end{pmatrix}.$$

Hiermit ist also ein bestimmtes Verfahren definiert, nach dem man aus zwei Substitutionen eine dritte ableitet, also eine Rechenvorschrift im Gebiete der Substitutionen. Sie wird in Form einer Multiplikation geschrieben, bedeutet aber natürlich keine wahre Multiplikation. Man nennt diese Operation zwischen Substitutionen Komposition oder Zusammensetzung.

Anstatt von den Substitutionen kann man auch von den entsprechenden Permutationen reden und es ist dann

$$(7) \qquad M = AB$$

die aus A und B zusammengesetzte Permutation.

Nehmen wir z. B. für $n = 4$ die Substitutionen

$$\mathfrak{A} = \begin{pmatrix} 1 & 2 & 3 & 4 \\ 1 & 3 & 4 & 2 \end{pmatrix}, \quad \mathfrak{B} = \begin{pmatrix} 1 & 2 & 3 & 4 \\ 3 & 2 & 1 & 4 \end{pmatrix},$$

so ist

$$\mathfrak{A}\mathfrak{B} = \begin{pmatrix} 1 & 2 & 3 & 4 \\ 1 & 3 & 4 & 2 \end{pmatrix} \begin{pmatrix} 1 & 3 & 4 & 2 \\ 3 & 1 & 4 & 2 \end{pmatrix} = \begin{pmatrix} 1 & 2 & 3 & 4 \\ 3 & 1 & 4 & 2 \end{pmatrix},$$

dagegen

$$\mathfrak{B}\mathfrak{A} = \begin{pmatrix} 1 & 2 & 3 & 4 \\ 3 & 2 & 1 & 4 \end{pmatrix} \begin{pmatrix} 3 & 2 & 1 & 4 \\ 4 & 3 & 1 & 2 \end{pmatrix} = \begin{pmatrix} 1 & 2 & 3 & 4 \\ 4 & 3 & 1 & 2 \end{pmatrix}.$$

Man sieht also, daß für die Komposition das kommutative Gesetz nicht allgemein gilt.

Die Zusammensetzung der entsprechenden Permutationen

$$A = 1\,3\,4\,2, \qquad B = 3\,2\,1\,4$$

ergibt:

$$AB = 3\,1\,4\,2, \qquad BA = 4\,3\,1\,2.$$

Da es ganz auf dasselbe hinausläuft, ob wir die Kompositionen an den Substitutionen oder an den Permutationen vornehmen, brauchen wir zwischen beiden nicht weiter zu unterscheiden und können unter $A, B, C \ldots$ sowohl Permutationen, wie auch die entsprechenden Substitutionen verstehen.

4. Diese Komposition läßt sich nun wiederholen. Ist C eine dritte Permutation, so können wir C mit $M = AB$ zusammensetzen, also $(AB)C$ bilden. Dies ist aber dasselbe wie $A(BC)$, und es gilt also für die Komposition der Permutationen des assoziative Gesetz.

Um sich hiervon zu überzeugen, braucht man nur die einzelnen Kompositionen nach der Vorschrift 3. zu bilden.

Es sei

$$A = a_1 a_2 \ldots a_n, \quad B = b_1 b_2 \ldots b_n, \quad C = c_1 c_2 \ldots c_n;$$

dann ist

$$(AB)C = \begin{pmatrix} 1 & 2 & \ldots \\ b_{a_1} & b_{a_2} & \ldots \end{pmatrix} \begin{pmatrix} 1 & 2 & \ldots \\ c_1 & c_2 & \ldots \end{pmatrix}$$

$$= \begin{pmatrix} 1 & 2 & \ldots \\ b_{a_1} & b_{a_2} & \ldots \end{pmatrix} \begin{pmatrix} b_{a_1} & b_{a_2} & \ldots \\ c_{b_{a_1}} & c_{b_{a_2}} & \ldots \end{pmatrix} = \begin{pmatrix} 1 & 2 & \ldots \\ c_{b_{a_1}} & c_{b_{a_2}} & \ldots \end{pmatrix}.$$

Andererseits ist

$$A(BC) = \begin{pmatrix} 1 & 2 & \ldots \\ a_1 & a_2 & \ldots \end{pmatrix} \begin{pmatrix} 1 & 2 & \ldots \\ c_{b_1} & c_{b_2} & \ldots \end{pmatrix}$$

$$= \begin{pmatrix} 1 & 2 & \ldots \\ a_1 & a_2 & \ldots \end{pmatrix} \begin{pmatrix} a_1 & a_2 & \ldots \\ c_{b_{a_1}} & c_{b_{a_2}} & \ldots \end{pmatrix} = \begin{pmatrix} 1 & 2 & \ldots \\ c_{b_{a_1}} & c_{b_{a_2}} & \ldots \end{pmatrix},$$

also

$$(AB)C = A(BC),$$

wodurch das assoziative Gesetz bewiesen ist. Wir können also in der Bezeichnung die Klammern weglassen und nun die aus A, B, C (in dieser Reihenfolge) komponierte Permutation mit ABC bezeichnen. Ebenso lassen sich Permutationen in beliebiger Zahl komponieren, wobei ein und dieselbe Permutation auch mehrmals vorkommen kann.

5. Eine Permutation A bleibt ungeändert, wenn sie mit der Hauptpermutation komponiert wird, gleichviel in welcher Reihenfolge diese Komposition stattfindet, d. h. es ist

$$(8) \qquad\qquad EA = AE = A.$$

Dies ergibt sich unmittelbar aus (6). Es spielt also E bei der Komposition dieselbe Rolle wie die Einheit bei der Multiplikation, und wenn daher bei der Komposition mehrerer Permutationen die Hauptpermutation vorkommt, so kann diese überall weggelassen werden.

6. Man kann dieselbe Permutation A mehrmals mit sich selbst komponieren und kann das Resultat dieser Kompositionen zweckmäßig nach Art der Potenzen bezeichnen:

$$A = A^1, \quad AA = A^2, \quad AAA = A^3, \quad \ldots$$

Bei diesen Potenzen gilt dann infolge des assoziativen Gesetzes, wie bei den Potenzen von Zahlen, die Beziehung

$$(9) \qquad A^\mu A^\nu = A^{\mu+\nu},$$

wo μ und ν ganze positive Zahlen sind und $A^\mu A^\nu$ die Komposition von A^μ und A^ν bedeutet. Diese Formel gilt auch noch für $\mu = 0$ und $\nu = 0$, wenn man definitionsweise

$$A^0 = E$$

setzt, was wieder durch die Analogie von E mit der Zahl 1 nahegelegt wird.

7. Zu jeder Permutation A gibt es eine und nur eine A', die der Bedingung

$$(10) \qquad AA' = E$$

genügt. Denn soll $AB = E$ sein, so muß nach **3.**

$$b_{a_1} = 1, \quad b_{a_2} = 2, \quad \ldots, \quad b_{a_n} = n$$

sein; und da nun die $a_1, a_2, \ldots, a_n$ mit den Ziffern $1, 2, \ldots, n$ in einer bestimmten Ordnung übereinstimmen, so sind hierdurch $b_1, b_2, \ldots, b_n$ eindeutig bestimmt.

Die Permutation A' heißt die zu A **entgegengesetzte** oder **reziproke** Permutation.

Reziproken Permutationen entsprechen reziproke Substitutionen. Die zur Substitution $A = \begin{pmatrix} 1 & 2 & 3 & \ldots & n \\ a_1 & a_2 & a_3 & \ldots & a_n \end{pmatrix}$ reziproke Substitution ist

$$A' = \begin{pmatrix} a_1 & a_2 & \ldots & a_n \\ 1 & 2 & \ldots & n \end{pmatrix}.$$

8. Die Reziproke von der Reziproken ist wieder die ursprüngliche Permutation A.

Aus $AA' = E$ folgt nämlich $A'AA' = A'E = A'$, und wenn A'' zu A' reziprok, also $A'A'' = E$ ist: $A'AA'A'' = A'A'' = E$, folglich auch, wenn man im ersten Gliede dieser Doppelgleichung $A'A'' = E$ setzt:

$$A'A = E,$$

d. h. A zu A' reziprok, wie bewiesen werden soll. Betrachtet man wieder E als Einheit, so bezeichnet man zweckmäßig A' als die -1te Potenz von A und setzt also $A' = A^{-1}$. Es ist dann

$$(11) \qquad AA^{-1} = A^{-1}A = E.$$

9. Danach lassen sich auch Potenzen mit negativen Exponenten erklären; denn die Gleichung (9) verlangt, wenn wir $\mu = -\nu$ setzen:

$$A^{-\nu}A^\nu = E,$$

d. h. $A^{-\nu}$ ist die reziproke Permutation von A^ν, und (9) gilt dann auch, wenn μ oder ν negativ sind.

10. Der Begriff der reziproken Permutationen gestattet nun noch die Erklärung einer Operation, die der **Division** analog ist, im Gebiete der Permutationen. Wenn nämlich in

$$AB = C$$

entweder C und A oder C und B gegeben sind, so erhält man die dritte Permutation B oder A nach den Formeln:

$$B = A^{-1}C, \quad A = CB^{-1}.$$

Hieraus schließt man:

Sind A, M, N Permutationen und ist entweder $AM = AN$ oder $MA = NA$, so müssen M und N identisch sein.

11. Komponiert man zwei grade oder zwei ungrade Permutationen, so entsteht eine grade Permutation. Komponiert man aber eine grade mit einer ungraden, so entsteht eine ungrade Permutation.

Da die Permutation E zu den graden gehört, so folgt, daß zwei entgegengesetzte Permutationen A und A^{-1} zu derselben Art gehören.

§ 51. Darstellung der Permutationen durch Zyklen.

1. Um eine Übersicht über die Mannigfaltigkeit der Permutationen gegebener n Elemente zu gewinnen und zugleich die Komposition leichter ausführen zu können, dient eine andere Darstellung der Permutation, nämlich durch ihre **Zyklen**.

Wir betrachten eine bestimmte Permutation

$$A = a_1 a_2 a_3 \ldots a_n,$$

und die Substitution $\quad \mathfrak{A} = \begin{pmatrix} 1 \; 2 \; 3 \ldots n \\ a_1 a_2 a_3 \ldots a_n \end{pmatrix}, \quad$ welche E in A überführt.

Ein beliebiges Element r von E geht durch $\mathfrak{A}$ in a_r über,

das „ a_r „ E „ „ $\mathfrak{A}$ „ a_{a_r} „ ;

wir schreiben $a_{a_r} = a_r'$

das Element a_r' „ E „ „ $\mathfrak{A}$ „ $a_{a_r'}$ „ ;

„ „ $a_{a_r'} = a_r''$; usf.

In der Reihe $\qquad r\, a_r\, a_r'\, a_r'' \ldots$

ist jedes Element sowohl durch das vorhergehende wie durch das folgende eindeutig bestimmt. Da aber die Anzahl der Elemente nicht größer als n ist, so muß in dieser Reihe ein bereits früher dagewesenes Element wiederkehren, und das erste, das zum zweitenmal wiederkehrt, muß r sein, weil eben jedes Glied der Reihe seinen Vorgänger bestimmt.

Ist $a_r^{(h-1)} = r$, so ist damit ein Zyklus von h Gliedern geschlossen, den wir so darstellen

$$\mathfrak{C}_1 = (r\,a_r\,a_r' \ldots a_r^{(h-2)}).$$

Auf das letzte Element $a_r^{(h-2)}$ muß man sich das erste, r, wieder folgend denken.

Es kann vorkommen, daß $h = 1$ ist; dann ist $a_r = r$, und das Element r steht also in A an derselben Stelle wie in E.

Wenn wir statt von r von a_r oder a_r' usw. ausgehen, so erhalten wir die Zyklen

$$(a_r\,a_r' \ldots a_r^{(h-2)}r), \quad (a_r'\,a_r'' \ldots a_r^{(h-2)}r\,a_r), \ldots,$$

die wir als **nicht wesentlich verschieden** betrachten.

2. Wenn $h < n$ ist, so sind durch $\mathfrak{C}_1$ die Elemente noch nicht erschöpft. Wir nehmen dann eine Ziffer s, die in $\mathfrak{C}_1$ noch nicht enthalten ist, und bilden einen zweiten Zyklus:

$$\mathfrak{C}_2 = (s\,a_s\,a_s' \ldots a_s^{(k-2)})$$

von k Gliedern, und fahren so fort, bis alle Ziffern erschöpft sind. Auf diese Weise kann man die ganze Permutation A in Zyklen auflösen, und diese Zyklen sind durch A vollständig bestimmt. Aber auch umgekehrt ist durch die Gesamtheit der Zyklen die Permutation A vollständig bestimmt. Denn in diesen Zyklen ist genau angegeben, welches Element an irgendeiner, etwa an s^{ter} Stelle steht. **Man kann daher die Permutation A durch die Zyklen eindeutig bezeichnen:**

$$(1) \qquad\qquad A = \mathfrak{C}_1\,\mathfrak{C}_2 \ldots,$$

wobei die Reihenfolge, in der die $\mathfrak{C}_1, \mathfrak{C}_2, \ldots$ geschrieben werden, gleichgültig ist. Jede der Ziffern $1, 2, 3, \ldots, n$ kommt bei dieser Darstellung in einem aber auch nur in einem der Zyklen vor.

Die eingliedrigen Zyklen bedeuten Elemente, die in A an ihrer natürlichen Stelle stehen, und diese werden bei der Darstellung (1) gewöhnlich nicht geschrieben, so daß in dieser Darstellung nur die gegen E veränderten Elemente vorkommen. E selbst besteht aus **lauter eingliedrigen Zyklen.**

Die zweigliedrigen Zyklen sind dasselbe, was wir in § 48 **Transpositionen** genannt haben.

Beispiel: Es sei $n = 7$ und

$$(2) \qquad\qquad A = (5\ 2\ 3)\,(4\ 1\ 7\ 6).$$

Die entsprechende Substitution ist dann

$$\begin{pmatrix} 1 & 2 & 3 & 4 & 5 & 6 & 7 \\ 7 & 3 & 5 & 1 & 2 & 4 & 6 \end{pmatrix},$$

und die Permutation A ist 7 3 5 1 2 4 6, denn (2) verlangt, daß 1 in 7, 2 in 3, 3 in 5, 4 in 1, 5 in 2, 6 in 4, 7 in 6 übergeht.

3. Bei der Darstellung der Permutationen durch Zyklen wird die Ausführung der Komposition vereinfacht. Wir setzen

$$A = a_1 a_2 a_3 \ldots a_n, \quad B = b_1 b_2 b_3 \ldots b_n,$$

und wollen $AB = b_{a_1} b_{a_2} \ldots b_{a_n}$ in seine Zyklen auflösen.

Ist r ein beliebiges Element, so kommt in A ein Zyklus $(r a_r \ldots)$ vor, ebenso kommt in B der Zyklus $(a_r b_{a_r} \ldots)$ und in AB der Zyklus $(r, b_{a_r}, \ldots)$ vor.

Daraus ergibt sich die folgende einfache Vorschrift, um die Zyklen von AB zu bilden: Wenn auf ein beliebiges Element r in den Zyklen von A das Element s folgt und auf s in den Zyklen von B das Element t so folgt auf r in den Zyklen von AB das Element t.

4. Die Übung an einigen beliebig herausgegriffenen Beispielen wird mit diesem Verfahren leicht vertraut machen. Nehmen wir etwa $n = 7$ und

$$A = (5\ 2\ 3)\ (4\ 1\ 7\ 6), \quad B = (1\ 2\ 4\ 7\ 3)\ (5\ 6),$$

so wird

$$AB = (1\ 3\ 6\ 7\ 5\ 4\ 2)$$

und es hat also AB nur einen Zyklus. Die Permutation AB ist

$$AB = 3\ 1\ 6\ 2\ 4\ 7\ 5.$$

Nehmen wir noch eine Permutation $C = (4\ 7)$ hinzu, bei der also 1 2 3 5 6 an ihrer natürlichen Stelle stehen, so ergibt sich

$$ABC = (1\ 3\ 6\ 4\ 2)\ (5\ 7)$$

und die Permutation ABC ist

$$ABC = 3\ 1\ 6\ 2\ 7\ 4\ 5.$$

5. Sehr einfach ist bei der Darstellung durch Zyklen die Bildung der Potenzen einer Substitution. Man hat, um A^2 aus A abzuleiten, in jedem Zyklus immer ein Element zu überspringen. Um A^3 zu erhalten, überspringe man zwei Elemente usf. So ist bei den oben benutzten Beispielen

$$A^2 = (5\ 3\ 2)\ (4\ 7)\ (1\cdot 6),$$
$$A^3 = (5)\ (3)\ (2)\ (4\cdot 6\ 7\ 1) = (4\ 6\ 7\ 1).$$

Wenn man A^{12} bildet, so erhält man lauter eingliedrige Zahlen, also die Hauptpermutation. Man sieht, daß bei der Potenzierung ein Zyklus in zwei oder auch in mehrere Zyklen zerfallen kann.

6. Wenn wir die Permutationen durch Zyklen in der Weise darstellen, daß wir eingliedrige Zyklen nicht schreiben, so stellt jeder Zyklus von h Gliedern für sich eine bestimmte Permutation dar; man nennt sie eine **zyklische Permutation.** So ist z. B. bei $n = 7$:

$$(5\ 3\ 2) = 1\ 5\ 2\ 4\ 3\ 6\ 7.$$

Das Nebeneinanderstellen verschiedener Zyklen hat dann genau die Bedeutung der Komposition im früheren Sinne; diese Komposition ist, sobald die Zyklen kein gemeinsames Element enthalten, kommutativ.

Wir wollen solche Zyklen voneinander unabhängig nennen, und haben den Satz:

Jede Permutation läßt sich (abgesehen von der Reihenfolge) auf eine einzige Art aus unabhängigen zyklischen Permutationen zusammensetzen.

Wenn wir den Zyklus $(1\ 2\ 3\ \ldots\ h-1)$ mit der Transposition $(h, h-1)$ komponieren, so ergibt sich:

$$(h, h-1)\,(1\ 2\ 3\ \ldots\ h-1) = (1\ 2\ 3\ldots\ h-1, h),$$

und daraus folgt, daß man einen Zyklus von h Gliedern in $h-1$ Transpositionen auflösen kann:

$$(1\ 2\ 3\ \ldots\ h) = (h, h-1)\,(h-1, h-2)\ \ldots\ (2, 1),$$

worin die Zusammenstellung auf der rechten Seite die Bedeutung der Komposition hat. Man schließt hieraus: Ein Zyklus gehört zu einer graden oder einer ungraden Permutation, je nachdem die Gliederzahl des Zyklus ungrade oder grade ist.

Hat man also irgendeine Permutation in ihre Zyklen aufgelöst, so gehört die Permutation zu den graden oder zu den ungraden, je nachdem die Anzahl der Zyklen mit grader Gliederzahl grade oder ungrade ist.

§ 52. Permutationsgruppen.

1. Ein aus der Gesamtheit der Permutationen von n Elementen herausgegriffenes System $\mathfrak{G}$

$$(\mathfrak{G})\qquad\qquad A_1, A_2, A_3, \ldots, A_g$$

heißt eine Permutationsgruppe, wenn die aus irgend zwei Permutationen A_h, A_k von $\mathfrak{G}$ nach dem Kompositionsgesetz gebildete Permutation

$$A_h A_k = A_l$$

ebenfalls zu dem System $\mathfrak{G}$ gehört.

Die Anzahl der Permutationen, die in $\mathfrak{G}$ vorkommen, heißt die Ordnung der Gruppe.

Die Gesamtheit aller Permutationen der n Elemente ist nach dieser Definition eine Gruppe $\mathfrak{P}$ von der Ordnung $n!$

In dieser umfassenden Gruppe sind aber auch noch engere Gruppen enthalten, die man Untergruppen von $\mathfrak{P}$ nennt, und die Bildung und Erforschung dieser Untergruppen ist eine besonders für die Algebra fundamentale Aufgabe.

So ist z. B. die Gesamtheit aller graden Permutationen der n Elemente eine Untergruppe von der Ordnung $\frac{1}{2} n!$ (nicht aber die Gesamtheit der ungraden Permutationen, denn die Zusammensetzung von zwei ungraden Permutationen ergibt eine grade Permutation).

2.* Zu den wichtigsten Untergruppen der Gruppe $\mathfrak{P}$ gehört die Gruppe der Potenzen einer Permutation A, also der Permutationen

$$(1)\qquad\qquad A, A^2, A^3, A^4, \ldots$$

Man sieht sofort, daß sie eine Gruppe bilden, denn nach § 50, (9) erhält man durch Zusammensetzung von irgend zwei dieser Permutationen wiederum eine Permutation derselben Reihe.

Da die Anzahl aller Permutationen von n Elementen endlich ist, so können die Permutationen (1) nicht alle verschieden sein, und es muß in der Reihe irgend einmal eine vorher schon dagewesene Permutation wiederkehren. Wenn eine der Potenzen A^k zum erstenmal mit dem Exponenten $k + \alpha$ wiederkehrt, so ist

$$A^k = A^{k + \alpha}$$

und daraus folgt: $$A^\alpha = E.$$

Es besteht also der Satz:

Für jede Permutation A gibt es einen kleinsten Exponenten α, so daß A^α die Hauptpermutation ist.

Dieser Exponent heißt die Ordnung der Permutation A. Die Reihe

$$(\mathfrak{A}) \qquad E, A, A^2, A^3, \ldots A^{\alpha-1}$$

enthält lauter verschiedene Permutationen, denn wäre $A^\beta = A^\gamma$ und $\beta < \gamma < \alpha$, so wäre $A^{\gamma-\beta} = E$ und da $\gamma - \beta < \alpha$ wäre, so wäre A^α nicht die niedrigste Potenz, die gleich der Hauptpermutation ist. Erhebt man A in eine Potenz, deren Exponent ein Vielfaches von α ist, so erhält man immer E, und wenn umgekehrt eine Potenz $A^m = E$ ist, so muß m ein Vielfaches von α sein, denn andernfalls wäre $m = \mu\alpha + \nu$ und $0 < \nu < \alpha$ und es wäre $A^m = A^\nu = E$, also wiederum A^α nicht die niedrigste Potenz, die gleich der Hauptpermutation ist. Die Gesamtheit der aufeinanderfolgenden Potenzen von A besteht aus einer unendlichen Wiederholung der Reihe $(\mathfrak{A})$, die darum die Periode von A genannt wird.

Wir haben damit den Satz:

Die Periode irgendeiner Permutation A bildet eine Untergruppe der allgemeinen Permutationsgruppe $\mathfrak{P}$, deren Ordnung gleich der Ordnung von A ist.

Aus der Bildung der Potenzen eines Zyklus (§ 51, 5.) sieht man, daß die Ordnung einer zyklischen Permutation gleich der Gliederzahl ihres Zyklus ist, und daraus folgt leicht:

Die Ordnung irgendeiner Permutation ist gleich dem kleinsten gemeinsamen Vielfachen der Gliederzahlen der einzelnen voneinander unabhängigen Zyklen, aus denen sich die Permutation zusammensetzt.

3. Wenn in einer Gruppe $\mathfrak{G}$ eine Permutation A von der Ordnung α vorkommt, so kommen auch alle Potenzen von A, zunächst die mit positiven Exponenten, darin vor, folglich auch $A^\alpha = E$. Man sieht also:

Jede Gruppe enthält als Untergruppe die Periode einer jeden zu ihr gehörigen Permutation und insbesondere die Hauptpermutation E, welche für sich eine Gruppe von der Ordnung 1 bildet.

Nach der Erklärung der Potenzen mit negativen Exponenten:

$$A^{-k} A^{k} = E = A^{\alpha},$$

ist $A^{-k} = A^{\alpha - k}$, und daraus folgt, daß, wenn A in der Gruppe $\mathfrak{G}$ vorkommt, auch A^{-1}, d. h. die zu A reziproke Permutation, darin enthalten sein muß.

4. Es besteht der wichtige Satz:

Die Ordnung einer Gruppe ist durch die Ordnung einer jeden Untergruppe teilbar.

Sei nämlich $\mathfrak{G}$ eine Gruppe von der Ordnung g und $\mathfrak{H}$ eine Untergruppe von der Ordnung h.

Die Permutationen

$$(\mathfrak{H}) \qquad B_1, B_2, \ldots, B_h$$

von $\mathfrak{H}$ sind alle in $\mathfrak{G}$ enthalten. Sie mögen die Gruppe $\mathfrak{G}$ noch nicht vollständig erschöpfen, und es sei A_1 eine in $\mathfrak{G}$, aber nicht in $\mathfrak{H}$ enthaltene Permutation. Wir bilden durch Komposition das System

$$(\mathfrak{A}_1) \qquad B_1 A_1, B_2 A_1, \ldots, B_h A_1.$$

Diese h Permutationen sind alle in $\mathfrak{G}$ enthalten, aber sie sind nicht nur untereinander, sondern auch von den h Permutationen $(\mathfrak{H})$ verschieden. Denn wäre etwa $B_r A_1 = B_s A_1$, so wäre $B_r = B_s$, und wäre $B_r A_1 = B_s$, so wäre $A_1 = B_r^{-1} B_s$, also A_1 gegen die Voraussetzung in $\mathfrak{H}$ enthalten.

Demnach enthalten $(\mathfrak{H})$ und $(\mathfrak{A}_1)$ zusammengenommen $2h$ Permutationen von $\mathfrak{G}$. Wenn damit die Gruppe $\mathfrak{G}$ nicht erschöpft ist, so kann man eine Permutation A_2 aus $\mathfrak{G}$ nehmen, die weder in $(\mathfrak{H})$ noch in $(\mathfrak{A}_1)$ vorkommt, und die Reihe

$$(\mathfrak{A}_2) \qquad B_1 A_2, B_2 A_2, \ldots, B_h A_2$$

bilden, deren sämtliche Elemente wieder 1.) zu $\mathfrak{G}$ gehören, 2.) untereinander verschieden sind, 3.) von den Permutationen $(\mathfrak{H})$ und $(\mathfrak{A}_1)$ verschieden sind. Denn wäre etwa $B_r A_2 = B_s A_1$, so würde folgen: $A_2 = B_r^{-1} B_s A_1$, und es würde also, da $B_r^{-1} B_s$ ein B ist, A_2 gegen die Voraussetzung in $(\mathfrak{A}_1)$ vorkommen. Demnach haben wir in $(\mathfrak{H})$, $(\mathfrak{A}_1)$, $(\mathfrak{A}_2)$ zusammen $3h$ Permutationen aus $\mathfrak{G}$. Und so können wir, da die Anzahl der Permutationen von $\mathfrak{G}$ endlich ist, so lange fortfahren, bis die ganze Gruppe $\mathfrak{G}$ erschöpft ist. Ist die letzte Reihe, die wir so gebildet haben,

$$(\mathfrak{A}_{k-1}) \qquad B_1 A_{k-1}, B_2 A_{k-1}, \ldots, B_h A_{k-1},$$

so ist

$$g = hk.$$

Damit ist der Satz bewiesen. Der Faktor k, welcher angibt, wie oft die Ordnung der Untergruppe in der Ordnung der Gruppe enthalten ist, heißt der Index der Untergruppe.

Als spezielle Anwendung des Satzes ergibt sich: Die Ordnung einer Permutationsgruppe und die Ordnung irgendeines

Elementes ist immer ein Teiler von $n!$. Für jede Permutation A ist $A^{n!} = E$.

5.* Die Reihen $\mathfrak{A}_1, \mathfrak{A}_2, \ldots \mathfrak{A}_{k-1}$ von je h Permutationen nennen wir die zu $\mathfrak{H}$ konjugierten Systeme.[1]) Sie sind in ihrer Gesamtheit von der Wahl der Permutationen $A_1, A_2, \ldots A_{k-1}$ unabhängig, d. h. wählt man an ihrer Stelle andere $A'_1, A'_2, \ldots A'_{k-1}$ (wobei nur an der Bedingung festzuhalten ist, daß die Permutation A'_i in den vorangehenden Systemen und in $\mathfrak{H}$ nicht vorkommt), so vertauschen sich nur die Systeme $\mathfrak{A}_1, \ldots \mathfrak{A}_{k-1}$ untereinander. Es ist nämlich, da die konjugierten Systeme alle in $\mathfrak{H}$ nicht vorkommenden Permutationen enthalten, irgendeine der Permutationen $A'_\varkappa = B_\mu A_\lambda$, also $A_\lambda = B_\mu^{-1} A'_\varkappa$ und $B_\nu A_\lambda = B_\nu B_\mu^{-1} A'_\varkappa = B_\varrho A'_\varkappa$, d. h. das ganze System $(\mathfrak{A}_\lambda)$ geht in das System $(\mathfrak{A}'_\varkappa)$ über.

Das Produkt von zwei Permutationen $B_\lambda A_i$ und $B_\mu A_i$ eines Systems gehört diesem System nicht an, denn wäre $B_\lambda A_i B_\mu A_i = B_\nu A_i$, so wäre $B_\lambda A_i B_\mu = B_\nu$ und $A_i = B_\lambda^{-1} B_\nu B_\mu^{-1}$, d. h. A_i wäre gegen die Voraussetzung eine Permutation aus $\mathfrak{H}$. Es sind also die konjugierten Systeme keine Gruppen. Wenn man aber die Permutationen irgendeines Systems $\mathfrak{A}_i$ links mit A_i^{-1} komponiert, so bilden die Permutationen

$$(\mathfrak{H}_i) \qquad A_i^{-1} B_1 A_i, \; A_i^{-1} B_2 A_i, \; \ldots A_i^{-1} B_h A_i \qquad (i = 1, 2, \ldots, k-1)$$

eine Gruppe $\mathfrak{H}_i$. Diese Gruppen zusammen mit der Gruppe $\mathfrak{H}$, also

$$\mathfrak{H}, \; \mathfrak{H}_1, \; \mathfrak{H}_2, \; \ldots \mathfrak{H}_{k-1}$$

nennt man ein System von untereinander konjugierten Untergruppen der Gesamtgruppe $\mathfrak{G}$. Sie sind alle von derselben Ordnung h und vom gleichen Index k.

6.* Während die konjugierten Systeme alle verschieden sind, ist das bei den konjugierten Untergruppen nicht immer der Fall. Nehmen wir z. B. bei den Permutationen von vier Elementen als Untergruppe $\mathfrak{H}$ die Periode eines viergliedrigen Zyklus $(1\,2\,3\,4)$, wobei wir die Hauptpermutation E, die bei der Komposition die Rolle der Einheit spielt, mit (1) bezeichnen. Die Untergruppe ist dann

$$(1\,2\,3\,4); \quad (1\,3)\,(2\,4); \quad (1\,4\,3\,2); \quad (1).$$

Sie ist von der Ordnung 4, also, da die ganze Permutationsgruppe von der Ordnung 24 ist, vom Index 6. Zur Bildung der konjugierten Systeme benutzen wir die zweigliedrigen Zyklen

$$A_1 = (12), \; A_2 = (13), \; A_3 = (14), \; A_4 = (23), \; A_5 = (34)$$

und erhalten:

$$(2\,3\,4);\quad (1\,3\,2\,4);\qquad (1\,4\,3);\quad (1\,2)$$
$$(1\,2)\,(3\,4);\qquad (2\,4);\quad (1\,4)\,(2\,3);\quad (1\,3)$$
$$(1\,2\,3);\quad (1\,3\,4\,2);\qquad (2\,4\,3);\quad (1\,4)$$
$$(1\,3\,4);\quad (1\,2\,4\,3);\qquad (1\,4\,2);\quad (2\,3)$$
$$(1\,2\,4);\quad (1\,4\,2\,3);\qquad (1\,3\,2);\quad (3\,4).$$

Komponieren wir die Permutationen jeder Reihe links mit der zu A_i reziproken Permutation, die in diesem Fall mit A_i übereinstimmt, so erhalten wir die zu $\mathfrak{H}$ konjugierten Untergruppen, und es zeigt sich, daß je zwei Untergruppen miteinander übereinstimmen. Es bleiben als konjugierte Untergruppen nur die Perioden der drei viergliedrigen Zyklen:

$$(1\,2\,3\,4);\quad (1\,3)\,(2\,4);\quad (1\,4\,3\,2);\quad (1)$$
$$(1\,2\,4\,3);\quad (1\,4)\,(2\,3);\quad (1\,3\,4\,2);\quad (1)$$
$$(1\,3\,2\,4);\quad (1\,2)\,(3\,4);\quad (1\,4\,2\,3);\quad (1).$$

Von besonderer Bedeutung für die Gruppentheorie und Algebra sind solche **Untergruppen** $\mathfrak{H}$, **für die alle konjugierten Untergruppen identisch werden.** Man nennt dann $\mathfrak{H}$ eine **ausgezeichnete oder invariante Untergruppe.** So ist z. B. die Gruppe $\mathfrak{A}$ der graden Permutationen eine ausgezeichnete Untergruppe der Gruppe $\mathfrak{P}$ aller Permutationen, denn ist A eine grade, B irgendeine ungrade Permutation, so ist $B^{-1}AB$ wiederum eine grade Permutation. Andere Beispiele ausgezeichneter Untergruppen werden wir sogleich kennen lernen.

7. Es ist leicht, für jedes n gewisse einfache Gruppen von niedriger Ordnung zu bilden, z. B. die Perioden der einzelnen Permutationen. Von weit größerem Interesse besonders für die Algebra sind die Gruppen von den höheren Ordnungen, und in der Bildung solcher Gruppen liegt ein großes wichtiges Problem, von dessen vollständiger Lösung wir noch weit entfernt sind. Verhältnismäßig einfach ist aber der Bau der Gruppen in den ersten Fällen $n = 3$, $n = 4$ zu überschauen.

Für $n = 3$ bestehen die 6 Permutationen außer der Hauptpermutation aus drei Transpositionen und zwei dreigliedrigen Zyklen:

$$(1);\quad (1\,2);\quad (1\,3);\quad (2\,3);\quad (1\,2\,3);\quad (1\,3\,2).$$

Darin ist die Gruppe der graden Permutationen

$$(1);\quad (1\,2\,3);\quad (1\,3\,2)$$

von der Ordnung 3 enthalten, die zugleich die Periode von $(1\,2\,3)$ oder von $(1\,3\,2)$ ist. Ferner drei konjugierte Untergruppen der zweiten Ordnung, die der Perioden von $(1\,2)$, $(1\,3)$, $(2\,3)$. Weitere Gruppen sind nicht darin enthalten.

8. Für $n = 4$ haben wir 24 Permutationen, die wir folgendermaßen durch die Zyklen darstellen können:

Hauptpermutation: (1)

6 zweigliedrige Zyklen: (1 2); (1 3); (1 4); (2 3); (2 4); (3 4).

3 Paare zweigliedriger Zyklen: (1 2) (3 4); (1 3) (2 4); (1 4) (2 3).

8 dreigliedrige Zyklen: (2 3 4); (2 4 3); (1 3 4); (1 4 3); (1 2 4); (1 4 2); (1 2 3); (1 3 2).

6 viergliedrige Zyklen: (1 2 3 4); (1 2 4 3); (1 3 2 4); (1 4 3 2); (1 3 4 2); (1 4 2 3).

Die Gruppe der 12 graden Permutationen ist

$$(1); \ (1\,2)\,(3\,4); \ (1\,3)\,(2\,4); \ (1\,4)\,(2\,3);$$
$$(2\,3\,4); (2\,4\,3); (1\,3\,4); (1\,4\,3); (1\,2\,4); (1\,4\,2); (1\,2\,3); (1\,3\,2).$$

Darin ist eine ausgezeichnete Untergruppe von der Ordnung 4 enthalten:

$$(1); \ (1\,2)\,(3\,4); \ (1\,3)\,(2\,4); \ (1\,4)\cdot(2\,3).$$

Diese Untergruppe heißt die Vierergruppe; sie ist von besonderer Bedeutung für die Auflösung der Gleichung vierten Grades, ebenso wie drei konjugierte Untergruppen achter Ordnung, deren eine ist:

$$(1); \ (1\,2)\,(3\,4); \ (1\,3)\,(2\,4); \ (1\,4)\,(2\,3);$$
$$(1\,2); \ (3\,4); \ (1\,4\,2\,3); \ (1\,3\,2\,4),$$

aus der man die beiden anderen durch Vertauschung von 1 mit 3 und von 1 mit 4 erhält. (Vgl. § 99, 3.)

9. Für $n = 5$ gibt es 120 Permutationen, und in dieser Gesamtheit ist eine merkwürdige Gruppe von der Ordnung 20 enthalten, die wir auf folgendem Wege bilden können:

Wir bezeichnen die Ziffern 1 2 3 4 5 mit x, und es seien a, b zwei ganze Zahlen, von denen a durch 5 nicht teilbar ist. Mit ihnen berechnen wir den Ausdruck $ax + b$ für die verschiedenen Werte von x und nehmen jedesmal den Rest nach dem Divisor 5. Dann erhalten wir eine der Zahlen 1, 2, 3, 4, 0, für welch letztere wir auch 5 nehmen können, und so stellt der Ausdruck $ax + b$ wieder dieselben Ziffern 1, 2, 3, 4, 5 in anderer Reihenfolge dar. Es ist also $ax + b$ der algebraische Ausdruck für eine Permutation, oder

$$\begin{pmatrix} x \\ ax + b \end{pmatrix}$$

für eine Substitution, aber nicht jede Permutation der fünf Elemente ist in dieser Weise darstellbar. So gibt z. B. $2x + 3$ die Permutation

$$5\,2\,4\,1\,3.$$

Wenn man zwei solcher Permutationen zusammensetzt, so erhält man:

$$\begin{pmatrix} x \\ ax + b \end{pmatrix} \begin{pmatrix} x \\ a'x + b' \end{pmatrix} = \begin{pmatrix} x \\ ax + b \end{pmatrix} \begin{pmatrix} ax + b \\ a'(ax + b) + b' \end{pmatrix} = \begin{pmatrix} x \\ aa'x + a'b + b' \end{pmatrix},$$

also eine Substitution derselben Form, z. B.

$$\begin{pmatrix} x \\ 2x+3 \end{pmatrix} \begin{pmatrix} x \\ 4x+1 \end{pmatrix} = \begin{pmatrix} x \\ 3x+3 \end{pmatrix}$$

oder ausgeführt

$$\begin{pmatrix} 1\,2\,3\,4\,5 \\ 5\,2\,4\,1\,3 \end{pmatrix} \begin{pmatrix} 1\,2\,3\,4\,5 \\ 5\,4\,3\,2\,1 \end{pmatrix} = \begin{pmatrix} 1\,2\,3\,4\,5 \\ 5\,2\,4\,1\,3 \end{pmatrix} \begin{pmatrix} 5\,2\,4\,1\,3 \\ 1\,4\,2\,5\,3 \end{pmatrix} = \begin{pmatrix} 1\,2\,3\,4\,5 \\ 1\,4\,2\,5\,3 \end{pmatrix}$$

oder durch Zyklen dargestellt:

$$(1\,5\,3\,4)\,(1\,5)\,(2\,4) = (2\,4\,5\,3).$$

Nun kann a jeden der vier Werte 1, 2, 3, 4, dagegen b jeden der fünf Werte 0, 1, 2, 3, 4 haben, und wir erhalten zwanzig verschiedene solche Ausdrücke $ax+b$, die uns eine Untergruppe der Permutationsgruppe 120. Ordnung liefern. Sie enthält die folgenden durch Zyklen dargestellten Permutationen:

	$a = 1$	2	3	4
$b = 0$	(1)	(1 2 4 3)	(1 3 4 2)	(1 4) (2 3)
1	(1 2 3 4 5)	(1 3 2 5)	(1 4 3 5)	(1 5) (2 4)
2	(1 3 5 2 4)	(1 4 5 2)	(1 5 2 3)	(2 5) (3 4)
3	(1 4 2 5 3)	(1 5 3 4)	(2 4 5 3)	(1 2) (3 5)
4	(1 5 4 3 2)	(2 3 5 4)	(1 2 5 4)	(1 3) (4 5)

10.* In derselben Weise kann man für jedes n eine Untergruppe mit den Substitutionen $\begin{pmatrix} x \\ ax+b \end{pmatrix}$ bilden, in denen man für a alle zu n relativ primen Zahlen, die kleiner als n sind, für b jede der Zahlen 0, 1, 2, ..., $n-1$ nimmt und die Zahlen $ax+b$ für $x = 1, 2, ..., n$ durch ihre Reste nach dem Divisor n ersetzt (wobei an Stelle des Restes 0 die Zahl n genommen wird). Die so gewonnene Untergruppe der Permutationen von n Elementen heißt die lineare Gruppe. Für $n = 4$ hat man $a = 1, 3$ und $b = 0, 1, 2, 3$ zu nehmen und erhält die Permutationen:

$$(1);\quad (1\,2\,3\,4);\quad (1\,3)\,(2\,4);\quad (1\,4\,3\,2)$$
$$(1\,3);\quad (1\,4)\,(2\,3);\quad (2\,4);\quad (1\,2)\,(3\,4);$$

also eine der in 8. angeführten Untergruppen achter Ordnung.

§ 53. Kombinationen und Variationen ohne Wiederholung. Binomialkoeffizienten.

1. Es sei eine Menge N von n verschiedenen Elementen gegeben. Man soll aus dieser Menge k Elemente herausgreifen. Auf wie viele verschiedene Arten ist dies möglich? Oder, etwas anders ausgedrückt, **wie viele verschiedene Teilmengen** K **von der Zahl** k **lassen sich aus den Elementen einer Menge von der Zahl** n **bilden?**

Die Mengen K heißen die Kombinationen k^{ter} Klasse der Elemente von N, und um auszudrücken, daß ein und dasselbe Element von N nicht zweimal in einer Menge M vorkommen soll, nennt man die K auch die Kombinationen ohne Wiederholung.

Es handelt sich also um die Bestimmung der Anzahl der Kombinationen k^{ter} Klasse ohne Wiederholung von n Elementen.

Wir bezeichnen diese Zahl durch das Zeichen $C_n^{(k)}$. Die Frage, die wir gestellt haben, hat nur so lange einen Sinn, als k nicht größer als n ist. Ist $k = n$, so gibt es nur eine Menge K, nämlich N selbst, und folglich ist

$$C_n^{(n)} = 1.$$

Ein anderer Fall läßt sich auch noch leicht erledigen, nämlich $k = 1$. Für diesen Fall sind die Kombinationen, die wir suchen, die einzelnen Elemente von N selbst, und folglich ist

$$C_n^{(1)} = n.$$

Nehmen wir als ein weiteres Beispiel $n = 3$, so können wir aus den Elementen a, b, c die Kombinationen bilden:

$$k = 1: \quad a, \quad b, \quad c; \quad C_3^{(1)} = 3,$$
$$k = 2: \quad bc, \quad ca, \quad ab; \quad C_3^{(2)} = 3,$$
$$k = 3: \quad abc; \quad\quad\quad\quad C_3^{(3)} = 1.$$

Auch für die nächsten Fälle $n = 4, 5, 6$ läßt sich leicht die Zahl $C_n^{(k)}$ durch wirkliche Abzählung ermitteln. Ehe wir diese Zahl allgemein bestimmen, führen wir noch einen neuen Begriff ein.

2*. Wenn wir in den Kombinationen k^{ter} Klasse von n Elementen die Elemente auf alle Weisen permutieren, so erhalten wir die Variationen k^{ter} Klasse von n Elementen. Ihre Anzahl werde mit $V_n^{(k)}$ bezeichnet. Sie läßt sich leicht ermitteln.

Man erhält die Variationen zweiter Klasse, indem man jedes der n Elemente mit jedem der $n - 1$ übrigen Elemente vereinigt, also ist

$$V_n^{(2)} = n(n - 1).$$

Die Variationen dritter Klasse erhält man, indem man die zwei Elemente einer jeden Variation zweiter Klasse mit jedem der $n - 2$ übrigen Elemente vereinigt, also ist

$$V_n^{(3)} = n(n - 1)(n - 2).$$

Hiermit ergibt sich sogleich durch vollständige Induktion: Die Anzahl der Variationen k^{ter} Klasse ohne Wiederholung von n Elementen ist

$$(1) \qquad V_n^{(k)} = n(n - 1)(n - 2) \ldots (n - k + 1).$$

3*. Damit haben wir aber zugleich auch die gesuchte Anzahl der $C_n^{(k)}$ der Kombinationen k^{ter} Klasse. Da nämlich die Variationen k^{ter}

Klasse durch Permutation der Elemente aus den Kombinationen k^{ter}
Klasse entstehen, so entstehen aus jeder Kombination $k!$ Variationen,
also muß

$$V_n^{(k)} = k!\; C_n^{(k)}$$

sein, und es folgt:

Die Anzahl der Kombinationen k^{ter} Klasse ohne Wiederholung von n Elementen ist

$$(2) \qquad C_n^{(k)} = \frac{n\,(n-1)\,(n-2)\ldots(n-k+1)}{1\cdot 2\cdot 3\ldots\qquad k}$$

Die Zahlen $C_n^{(k)}$ sind, ihrer Bedeutung entsprechend, notwendig
ganze Zahlen, folglich muß in dem Ausdruck für $C_n^{(k)}$ der Zähler durch
den Nenner teilbar sein, d. h.

Das Produkt von irgend k aufeinanderfolgenden natürlichen Zahlen ist durch das Produkt der k ersten Zahlen
teilbar.

4*. Für den in (2) gefundenen Ausdruck, der uns noch oft begeg-
nen wird, ist ein besonderes Zeichen üblich. Man schreibt:

$$(3) \qquad \frac{n\,(n-1)\,(n-2)\ldots(n-k+1)}{1\cdot 2\cdot 3\ldots\qquad k} = \binom{n}{k},$$

gelesen „n über k", und nennt diese Zahlen wegen ihrer Bedeutung für
den im nächsten Abschnitt zu behandelnden binomischen Lehrsatz die
Binomialkoeffizienten (abgekürzt $\mathfrak{BK}$). Dabei heißt n der Expo-
nent, k die Nummer des $\mathfrak{BK}$, so daß also $\binom{n}{k}$ als der k^{te} $\mathfrak{BK}$ zum Exponenten n zu bezeichnen ist.

Es kann k auch größer als n genommen werden. Dann wird aber
regelmäßig ein Faktor im Zähler von (3) Null, also

$$\binom{n}{k} = 0 \quad \text{für} \quad k > n$$

(und positive ganzzahlige n).

Erweitert man den Bruch in (3) mit den im Zähler noch fehlenden
natürlichen Zahlen bis 1 abwärts, also mit $1\cdot 2\cdot 3\ldots(n-k)$, so erhält man für den $\mathfrak{BK}$ den Ausdruck

$$(4) \qquad \binom{n}{k} = \frac{n!}{k!\,(n-k)!}.$$

5*. Zu jeder Kombination k^{ter} Klasse von n Elementen gehört eine
Kombination $(n-k)^{\text{ter}}$ Klasse, welche aus den nicht in der ersten Kombination vorhandenen Elementen gebildet ist, folglich muß

$$C_n^{(k)} = C_n^{(n-k)},$$

$$(5) \qquad \binom{n}{k} = \binom{n}{n-k}$$

sein. Dies folgt auch unmittelbar aus (4), da man darin k und $n-k$

vertauschen darf. Diese Formel erklärt man auch für $k = 0$ noch für gültig, setzt also

$$(6) \qquad \binom{n}{0} = \binom{n}{n} = 1 \, .$$

Dann muß man, wenn auch Formel (4) noch anwendbar bleiben soll,

$$(7) \qquad 0! = 1$$

setzen, was auch mit der Rekursionsformel § 48, (1) für die Fakultäten für $n = 1$ übereinstimmt.

6*. Die Formeln (5) und (6) zeigen, daß in der Reihe der zu einem bestimmten Exponenten n gehörigen (von Null verschiedenen) $\mathfrak{BK}$

$$\binom{n}{0}, \binom{n}{1}, \binom{n}{2}, \ldots, \binom{n}{n-2}, \binom{n}{n-1}, \binom{n}{n}$$

je zwei gleich weit vom Ende abstehende $\mathfrak{BK}$ denselben Wert besitzen; die Reihe ist **symmetrisch**. Für grade $n = 2m$ steht in der Mitte ein einzelner $\mathfrak{BK}$ $\binom{n}{m}$, für ungrade $n = 2m$ sind in der Mitte zwei gleiche $\mathfrak{BK}$ $\binom{n}{m} = \binom{n}{m+1}$ vorhanden. So sind z. B. die $\mathfrak{BK}$

für $n = 4$		1	4	6	4	1	
für $n = 5$	1	5	10	10	5	1	

7*. Nach der Art ihrer Entstehung aus den Anzahlen der Kombinationen sind die $\mathfrak{BK}$ zunächst nur für positive ganzzahlige Exponenten zu bilden. Nichts hindert aber in Formel (3) für n irgendeine reelle oder sogar komplexe Zahl zu nehmen. Dann sind also die $\mathfrak{BK}$ $\binom{n}{k}$ für beliebige Werte der Exponenten definiert, während k immer nur eine positive ganze Zahl (oder Null) bedeuten kann. Allerdings ist dann Formel (4) für nicht positive ganzzahlige n nicht mehr anwendbar. Man sieht leicht, daß in der Reihe der zu einem bestimmten Exponenten gehörigen $\mathfrak{BK}$, sobald n nicht eine natürliche Zahl ist, kein $\mathfrak{BK}$ Null wird, und daß die Reihe ohne Ende fortgesetzt werden kann.

8. Wir können die Zahlen $C_n^{(k)}$ noch auf einem anderen Wege bestimmen, wodurch wir noch eine wichtige Eigenschaft der $\mathfrak{BK}$ kennen lernen.

Wenn wir zu den n Elementen $a_1, a_2, \ldots a_n$ der Menge N noch ein Element a_{n+1} hinzufügen, so erhalten wir eine Menge N' von $n + 1$ Elementen:

$$N' = a_1 a_2 a_3 \ldots a_n a_{n+1} \, .$$

Unter den Kombinationen K' dieser Elemente zu je k sind zunächst die Kombinationen K der Menge N enthalten, dann aber noch die, die man erhält, wenn man zu den Kombinationen der Menge N zu $k - 1$ Elementen das eine Element a_{n+1} hinzufügt. Diese Erwägung liefert sofort die Rekursionsformel:

$(8)^a$
$$C^{(k)}_{n+1} = C^{(k)}_n + C^{(k-1)}_n \qquad \text{oder}$$

$(8)^b$
$$\binom{n+1}{k} = \binom{n}{k} + \binom{n}{k-1}.$$

Hieraus können wir, wenn die BK für alle Exponenten $\leq n$ bekannt sind, unter Benutzung von (6) die BK für den Exponenten $n+1$ berechnen. Durch die Relation $(8)^a$ und durch die Werte

(9)
$$C^{(0)}_n = 1, \; C^{(n)}_n = 1$$

ist also $C^{(k)}_n$ eindeutig bestimmt. Da nun der Ausdruck (3), wie man durch Einsetzen leicht erkennt, den Bedingungen $(8)^a$, (9) genügt, so ist die Richtigkeit damit aufs neue bewiesen.

Die Rekursionsformel $(8)^b$ gestattet noch schneller als die allgemeine Formel (3), die BK sukzessive zu berechnen; man leitet aus der Reihe der $\binom{n}{k}$ die Reihe der $\binom{n+1}{k}$ dadurch her, daß man je zwei aufeinanderfolgende Zahlen addiert[1]), z. B. für $n = 0, 1, 2, 3, 4, 5, 6, 7$:

$$
\begin{array}{ccccccccc}
 & & & & 1 & & & & \\
 & & & 1 & & 1 & & & \\
 & & 1 & & 2 & & 1 & & \\
 & 1 & & 3 & & 3 & & 1 & \\
 1 & & 4 & & 6 & & 4 & & 1 \\
\end{array}
$$

$$
\begin{array}{ccccccccccc}
1 & & 5 & & 10 & & 10 & & 5 & & 1 \\
1 & & 6 & & 15 & & 20 & & 15 & & 6 & & 1 \\
1 & & 7 & & 21 & & 35 & & 35 & & 21 & & 7 & & 1 \\
\end{array}
$$

Das Verzeichnis der BK in dieser Anordnung heißt das Pascalsche Dreieck (Pascal um 1654); es findet sich aber bereits um 1300 in einer chinesischen Schrift Tschuh schi kih; ferner in der Arithmetica integra (1544) des Michael Stifel und in der Invention nouvelle en l'algèbre (1629) von Albert Girard.

§ 54. Kombinationen und Variationen mit Wiederholung.

Wir erweitern die Aufgabe des § 53 in der Weise:

1. Es sei gegeben eine Menge N von n Elementen:

$$N = a_1 a_2 \ldots a_n;$$

es sind daraus Mengen K von je k Elementen zu bilden, wobei dasselbe Element mehrmals in einer Menge auftreten darf.

Diese Mengen M heißen die Kombinationen k^{ter} Klasse von n Elementen mit Wiederholung. — Die Anzahl dieser Kombinationen, die wir mit $\Gamma^{(k)}_n$ bezeichnen, ist zu bestimmen.

---

1) In dem hier folgenden Verzeichnis der BK ist $\binom{0}{0} = 1$ gesetzt worden.

Hier ist nun die Beschränkung nicht mehr nötig, daß k kleiner als n sei. Es können vielmehr k und n beliebige positive ganze Zahlen sein.

Setzen wir $k = 1$, so haben wir jedes Element von N einmal zu nehmen, und es folgt:

$$(1) \qquad \qquad \Gamma_n^{(1)} = n.$$

Nehmen wir $n = 1$, so haben wir nur ein K, nämlich das, welches aus der k-maligen Wiederholung des einen Elementes von N besteht, also

$$(2) \qquad \qquad \Gamma_1^{(k)} = 1.$$

Nehmen wir $n = 2$ und k beliebig, so enthält N nur zwei Elemente a, b, und wenn wir die k-malige Wiederholung eines Elementes der Kürze wegen durch eine Potenz a^k andeuten, so erhalten wir die Kombinationen:

$$a^k, \; a^{k-1}b, \;\; a^{k-2}b^2, \ldots, \;\; ab^{k-1}, \;\; b^k.$$

Es ergibt sich also

$$(3) \qquad \qquad \Gamma_2^{(k)} = k + 1.$$

Zur Bestimmung von $\Gamma_n^{(k)}$ wollen wir uns des rekurrierenden Verfahrens ähnlich wie in § 53, 8. bedienen.[1])

2. Wir fügen zu N noch ein Element a_{n+1} hinzu, leiten also aus N eine Menge N' von der Zahl $n + 1$ ab:

$$N' = a_1 a_2 \ldots a_n a_{n+1}.$$

Unter den Kombinationen K' dieser Elemente zu je k mit Wiederholung sind zunächst alle Mengen K enthalten, deren Anzahl $\Gamma_n^{(k)}$ ist. Damit sind alle die Kombinationen K' erschöpft, die das neue Element a_{n+1} nicht enthalten. Wenn man aus den übrigen, die das Element a_{n+1} ein- oder mehrmals enthalten, dieses Element einmal wegnimmt, so bleiben alle Kombinationen mit Wiederholung der Menge N' zu je $k - 1$, und nur diese übrig, deren Zahl $\Gamma_{n+1}^{(k-1)}$ beträgt. Daraus ergibt sich also die Relation:

$$(4) \qquad \qquad \Gamma_{n+1}^{(k)} = \Gamma_{n+1}^{(k-1)} + \Gamma_n^{(k)}.$$

Wenn wir in dieser Formel k durch $k - 1$, $k - 2$, $\ldots$, 2, 1 ersetzen[2]),

---

1) Zur direkten Bestimmung von $\Gamma_n^{(k)}$ vgl. H. F. Scherk, Journ. f. Math. 3 (1828), F. A. Förstemann, ebda. 13 (1835) und die Darstellung dieser Beweise bei C. Färber, Grundlehren d. Mathem. 1. Leipzig 1911; A. Loewy, Lehrbuch d. Algebra, Leipzig 1915.

2) Für $k = 1$ hat man nach (1)

$$\Gamma_{n+1}^{(1)} = n + 1 = 1 + \Gamma_n^{(1)},$$

also ist $\Gamma_{n+1}^{(0)} = 1$ zu nehmen.

so ergibt sich:

$$\Gamma^{(k)}_{n+1} = \Gamma^{(k-1)}_{n+1} + \Gamma^{(k)}_{n}$$

$$\Gamma^{(k-1)}_{n+1} = \Gamma^{(k-2)}_{n+1} + \Gamma^{(k-1)}_{n}$$

$$\cdot \quad \cdot \quad \cdot \quad \cdot \quad \cdot \quad \cdot \quad \cdot \quad \cdot \quad \cdot$$

$$\Gamma^{(2)}_{n+1} = \Gamma^{(1)}_{n+1} + \Gamma^{(2)}_{n}$$

$$\Gamma^{(1)}_{n+1} = 1 + \Gamma^{(1)}_{n}$$

und wenn wir alle diese Gleichungen addieren und dann die auf beiden Seiten auftretenden Größen $\Gamma^{(k-1)}_{n+1}, \ldots \Gamma^{(1)}_{n+1}$ weglassen:

$$(5) \qquad \Gamma^{(k)}_{n+1} = 1 + \Gamma^{(1)}_{n} + \Gamma^{(2)}_{n} + \ldots + \Gamma^{(k)}_{n}.$$

Es sind also die $\Gamma^{(k)}_{n+1}$ für ein bestimmtes n vollständig bestimmt, wenn alle $\Gamma^{(k)}_{n}$ bekannt sind. Nun sind aber die $\Gamma^{(k)}_{1}$ nach (2) alle $= 1$, und folglich sind durch die Formeln (1), (2) und (4) die $\Gamma^{(k)}_{n}$ eindeutig bestimmt.

Diesen Bedingungen genügt aber

$$(6) \qquad \Gamma^{(k)}_{n} = C^{(k)}_{n+k-1} = \binom{n+k-1}{k},$$

denn durch diese Annahme gehen die Gleichungen (1), (2) und (4) über in

$$\binom{n}{1} = n, \quad \binom{k}{k} = 1, \quad \binom{n+k}{k} = \binom{n+k-1}{k-1} + \binom{n+k-1}{k},$$

die nach § 53 erfüllt sind. Nach § 53, (3) ergibt sich also:

Die Anzahl der Kombinationen k^{ter} Klasse von n Elementen mit Wiederholung beträgt:

$$(7) \qquad \Gamma^{(k)}_{n} = \frac{n\,(n+1)\,(n+2)\,\ldots\,(n+k-1)}{1 \cdot 2 \cdot 3 \,\ldots\, k}.$$

3.* Formel (5) enthält einen Satz über eine Summe von $\mathfrak{BK}$, nämlich, wenn man darin $n+1$ an Stelle von n schreibt und das erste Glied 1 durch $\binom{n}{0}$ ersetzt:

$$(8) \qquad \binom{n}{0} + \binom{n+1}{1} + \binom{n+2}{2} + \ldots + \binom{n+k}{k} = \binom{n+k+1}{k}.$$

Die hier auf der linken Seite auftretenden $\mathfrak{BK}$ bilden im Pascalschen Dreieck die n^{te} zu einem Schenkel parallele Reihe, wenn man den Schenkel mit den Zahlen 1, 1, 1 … als nullte Reihe bezeichnet. Die Summe der Reihe, also der $\mathfrak{BK}$ $\binom{n+k+1}{k}$ findet sich im Dreieck links unterhalb der letzten Zahl der Reihe, z. B. für $n = 2$, $k = 4$.

$$1 + 3 + 6 + 10 + 15 = 35.$$

4.* Sehr leicht ist die Anzahl der Variationen k^{ter} Klasse von n Elementen mit Wiederholung zu bestimmen. Man fragt also, wie oft kann man aus n Elementen $a_1, a_2, a_3, \ldots, a_n$ jedesmal k Elemente mit Wiederholung kombinieren und danach auf alle Arten permutieren?

Die gesuchte Anzahl sei $\Phi_n^{(k)}$.

Für $k = 1$ hat man nur die n Elemente von N selber zu nehmen, also ist

$$\Phi_n^{(1)} = n.$$

Die Variationen 2ter Klasse mit Wiederholung erhält man, wenn man jedes Element von N mit sich selbst sowie mit jedem andern zusammenfügt, also

$$a_1 a_1, a_1 a_2, \ldots a_1 a_n$$
$$a_2 a_1, a_2 a_2, \ldots a_2 a_n$$
$$\cdot \quad \cdot \quad \cdot \quad \cdot \quad \cdot \quad \cdot$$
$$a_n a_1, a_n a_2, \ldots a_n a_n$$

und es ist

$$\Phi_n^{(2)} = n^2.$$

Hat man so bis zur $k-1^{\text{ten}}$ Klasse alle Variationen mit Wiederholung gebildet, so erhält man die Variationen k^{ter} Klasse, indem man jede Variation $(k-1)^{\text{ter}}$ Klasse mit jedem Element von N vereinigt, folglich ist

$$\Phi_n^{(k)} = n \cdot \Phi_n^{(k-1)},$$

und hieraus folgt mit Benutzung von $\Phi_n^{(1)} = n$ sofort:

Die Anzahl der Variationen k^{ter} Klasse von n Elementen mit Wiederholung beträgt

$$(9) \qquad \Phi_n^{(k)} = n^k.$$

Neunter Abschnitt.

Binomischer und polynomischer Lehrsatz.
Arithmetische Reihen.

§ 55. Der binomische und polynomische Lehrsatz.

1. Es mögen $x, a_1, a_2, \ldots, a_n$ irgendwelche Zahlen bedeuten, und es sei das Produkt der n Faktoren:

$$(1) \qquad F_n = (x + a_1)(x + a_2)(x + a_3) \cdots (x + a_n)$$

auszurechnen. Nach den Sätzen des § 10 ist für $n = 2$ und $n = 3$

$$F_2 = x^2 + (a_1 + a_2)x + a_1 a_2,$$
$$F_3 = x^3 + (a_1 + a_2 + a_3)x^2 + (a_1 a_2 + a_1 a_3 + a_2 a_3)x + a_1 a_2 a_3,$$

und durch vollständige Induktion beweist man, daß man für F_n allgemein einen Ausdruck von der Form

$$(2) \qquad F_n = x^n + A_1 x^{n-1} + A_2 x^{n-2} + \cdots + A_{n-1} x + A_n,$$

erhält, worin A_1 die Summe der Größen $a_1, a_2, \ldots, a_n$, A_2 die Summe der Produkte zu je zweien, A_3 die Summe der Produkte zu je dreien usf. und endlich A_n das Produkt aller $a_1, a_2, \ldots, a_n$ bedeutet. Wir wollen dies, indem wir für die Summen das Zeichen S anwenden, so darstellen:

$$(3)\quad A_1 = S(a_1),\ A_2 = S(a_1 a_2),\ A_3 = S(a_1 a_2 a_3),\ \ldots,\ A_n = a_1 a_2 \ldots a_n.$$

Denken wir uns für die $a_1, a_2, \ldots, a_n$ bestimmte gegebene Zahlen gesetzt, während x als ein Zeichen betrachtet wird, das jede beliebige Zahl bedeuten kann, so heißt der Ausdruck F_n eine **ganze Funktion von x vom Grade n**. Die Zahlen $A_1, A_2, \ldots, A_n$ sind die Koeffizienten dieser Funktion.

2. In den Ausdrücken $A_1, A_2, \ldots, A_n$ kommen in den einzelnen Summanden die **Kombinationen ohne Wiederholung** zur ersten, zweiten, dritten Klasse usw. der n Elemente $a_1, a_2, \ldots, a_n$ vor. Die Anzahlen der Glieder in diesen Summen sind daher:

$$\binom{n}{1},\ \binom{n}{2},\ \binom{n}{3},\ \ldots,\ \binom{n}{n}.$$

Von besonderem Interesse ist uns hier der Fall, daß die $a_1, a_2, \ldots, a_n$ alle einander gleich sind. Ist ihr gemeinsamer Wert a, so ergibt sich:

$$A_1 = \binom{n}{1}a,\ A_2 = \binom{n}{2}a^2,\ A_3 = \binom{n}{3}a^3,\ \ldots,\ A_n = a^n,$$

und aus (1) und (2) folgt die Formel:

$$(4)\quad (x+a)^n = x^n + \binom{n}{1}ax^{n-1} + \binom{n}{2}a^2 x^{n-2} + \cdots + \binom{n}{n-1}a^{n-1}x + a^n.$$

Diese wichtige Formel heißt der **binomische Lehrsatz**. Sie dient dazu, die n^{te} Potenz eines Binoms $(x+a)$ nach **Potenzen von x und a zu ordnen**. Sie ist nach **absteigenden Potenzen** von x und **aufsteigenden Potenzen von a** geordnet.

Wegen des Auftretens in dem binomischen Lehrsatze werden die Zahlen

$$\binom{n}{0},\ \binom{n}{1},\ \binom{n}{2},\ \ldots,\ \binom{n}{n-1},\ \binom{n}{n}$$

die **Binomialkoeffizienten** genannt.

Die Formel (4) lautet, wenn man für die $\mathfrak{B}\mathfrak{K}$ ihre Werte einsetzt:

$$(5)\quad (x+a)^n = x^n + nax^{n-1} + \frac{n(n-1)}{1 \cdot 2}a^2 x^{n-2} + \frac{n(n-1)(n-2)}{1 \cdot 2 \cdot 3}a^3 x^{n-3} + \cdots$$

und für die ersten Fälle $n = 2, 3, 4, 5$:

$$(6)\quad
\begin{aligned}
(x+a)^2 &= x^2 + 2ax + a^2,\\
(x+a)^3 &= x^3 + 3ax^2 + 3a^2x + a^3,\\
(x+a)^4 &= x^4 + 4ax^3 + 6a^2x^2 + 4a^3x + a^4,\\
(x+a)^5 &= x^5 + 5ax^4 + 10a^2x^3 + 10a^3x^2 + 5a^4x + a^5.
\end{aligned}$$

Setzt man $x = 1$, so ergibt die Formel (5):

$$(7) \quad (1+a)^n = 1 + na + \frac{n(n-1)}{1\cdot 2}a^2 + \frac{n(n-1)(n-2)}{1\cdot 2\cdot 3}a^3 + \cdots + a^n,$$

und hieraus erhält man auch wieder leicht die allgemeine Formel, weil
$(x+a)^n = x^n\left(1+\dfrac{a}{x}\right)^n$ ist.

3*. Wir setzen in Formel (7) einmal $a = 1$ und dann $a = -1$ und
erhalten:

$$(8) \quad \begin{aligned} \binom{n}{0} + \binom{n}{1} + \binom{n}{2} + \cdots + \qquad \binom{n}{n} &= 2^n \\[2mm] \binom{n}{0} - \binom{n}{1} + \binom{n}{2} - \cdots + (-1)^n\binom{n}{n} &= 0. \end{aligned}$$

Die erste Formel gibt die Summe aller $\mathfrak{BK}$ zum gleichen Exponen-
ten, also die Summe der Zahlen in irgendeiner Reihe des Pascalschen
Dreiecks. Die zweite Formel ist für ungrade Exponenten eine direkte
Folge der Symmetrieeigenschaft der $\mathfrak{BK}$. (§ 53, 6.)

Durch Addition und Subtraktion der beiden Formeln ergibt sich:

$$(9) \quad \begin{aligned} \binom{n}{0} + \binom{n}{2} + \binom{n}{4} + \cdots &= 2^{n-1} \\[2mm] \binom{n}{1} + \binom{n}{3} + \binom{n}{5} + \cdots &= 2^{n-1}. \end{aligned}$$

4. Wir wollen die beiden Formeln

$$(1+a)^m = \binom{m}{0} + \binom{m}{1}a + \binom{m}{2}a^2 + \cdots + \binom{m}{m}a^m,$$

$$(1+a)^n = \binom{n}{0} + \binom{n}{1}a + \binom{n}{2}a^2 + \cdots + \binom{n}{n}a^n,$$

in denen m und n beliebige positive ganze Zahlen sind, miteinander
multiplizieren und erhalten:

$$(1+a)^{m+n} = \binom{m}{0}\binom{n}{0} + \left[\binom{m}{0}\binom{n}{1} + \binom{m}{1}\binom{n}{0}\right]a$$

$$+ \left[\binom{m}{0}\binom{n}{2} + \binom{m}{1}\binom{n}{1} + \binom{m}{2}\binom{n}{0}\right]a^2 + \cdots.$$

Diese Summe muß aber gleich

$$\binom{m+n}{0} + \binom{m+n}{1}a + \binom{m+n}{2}a^2 + \cdots$$

sein, mithin führt die Vergleichung der beiden Ausdrücke zu folgenden
Relationen zwischen den $\mathfrak{BK}$:

$$\binom{m+n}{0} = \binom{m}{0}\binom{n}{0}; \quad \binom{m+n}{1} = \binom{m}{0}\binom{n}{1} + \binom{m}{1}\binom{n}{0}; \quad \cdots$$

oder allgemein für irgendein k:

$$(10) \quad \binom{m+n}{k} = \binom{m}{0}\binom{n}{k} + \binom{m}{1}\binom{n}{k-1} + \binom{m}{2}\binom{n}{k-2} + \cdots + \binom{m}{k}\binom{n}{0}.$$

Man nennt diese Formel auch wohl das **Additionstheorem**[1]) der $\mathfrak{BK}$.

5. In § 53, (4) sind die $\mathfrak{BK}$ in der Form

$$\binom{n}{k} = \frac{n!}{k!\,(n-k)!}$$

dargestellt. Setzen wir $k = \alpha$, $n - k = \beta$, also $\alpha + \beta = n$, und schreiben y für α, so erhalten wir aus (4) die Formel:

$$(11) \qquad (x + y)^n = \sum \frac{n!}{\alpha!\,\beta!} x^\alpha y^\beta,$$

und hierin ist die Summe Σ auf alle möglichen Zerlegungen der Zahl n in zwei Summanden, deren keiner negativ ist, zu erstrecken.

In dieser Form läßt sich der binomische Satz verallgemeinern.

Es seien $x, y, z, \ldots$ unbestimmte Größen, deren Anzahl r sei, und n eine positive ganze Zahl, die auf alle möglichen Arten in r nicht **negative ganzzahlige Summanden** $\alpha, \beta, \gamma, \ldots$ zerlegt wird:

$$(12) \qquad n = \alpha + \beta + \gamma + \cdots.$$

Dann ist

$$(13) \qquad (x + y + z + \cdots)^n = \sum \frac{n!}{\alpha!\,\beta!\,\gamma!\ldots} x^\alpha y^\beta z^\gamma \ldots,$$

worin sich die Summe auf alle Zerlegungen (12) erstreckt.

Der Beweis dieser Formel, die für $r = 2$ richtig ist, ergibt sich durch vollständige Induktion. Wir nehmen an, sie sei für $r - 1$ Summanden $y, z, \ldots$ schon bewiesen. Setzen wir dann $u = y + z + \cdots$, so ist nach (11)

$$(14) \qquad (x + u)^n = \sum \frac{n!}{\alpha!\,\nu!} x^\alpha u^\nu, \qquad (\alpha + \nu = n)$$

und nach der für $r - 1$ als richtig vorausgesetzten Formel (13)

$$u^\nu = \sum \frac{\nu!}{\beta!\,\gamma!\ldots} y^\beta z^\gamma \ldots, \qquad (\beta + \gamma + \cdots = \nu)$$

und es ergibt sich somit aus (14) die Formel (13) für r Summanden. Diese Formel wird der **polynomische Lehrsatz** genannt.

Beispielsweise ist für $r = 3$, $n = 3$

$$(x + y + z)^3 = x^3 + y^3 + z^3$$
$$+ 3(yz^2 + zy^2 + zx^2 + xz^2 + xy^2 + yx^2) + 6xyz.$$

§ 56. Arithmetische Reihen.

1. Eine geordnete Reihe von Zahlen, deren jede folgende um dieselbe Zahl größer ist als die vorhergehende, bildet eine **arithmetische Progression** oder eine **arithmetische Reihe** (§ 43, 2.).

---

[1]) Es ist zuerst von **Euler**, Novi comm. Petrop. **19** (1774) ausgesprochen und zum Beweise des binomischen Lehrsatzes benutzt worden (vgl. § 124).

Wir können die arithmetische Progression auch definieren als eine Zahlenreihe, in der die Differenz zweier aufeinanderfolgender Zahlen unveränderlich oder konstant ist. Diese konstante Differenz heißt auch die Differenz der arithmetischen Reihe.

So bilden die natürlichen Zahlen in ihrer natürlichen Ordnung eine arithmetische Reihe mit der Differenz 1, die graden oder die ungraden Zahlen für sich eine arithmetische Reihe mit der Differenz 2, die Zahlenreihe 1, 4, 7, 10, 13, . . . oder 2, 5, 8, 11, 14, . . . oder 0, 3, 6, 9, 12, . . . arithmetische Progressionen mit der Differenz 3, die Vielfachen einer Zahl b eine arithmetische Reihe mit der Differenz b usf. Die Zahlen einer solchen Reihe können auch gebrochen und negativ sein, und ebenso braucht die Differenz keine ganze Zahl zu sein. Ist die Differenz positiv, so heißt die Reihe steigend, ist sie negativ, fallend oder absteigend.

Die allgemeine Form einer arithmetischen Progression ist, wenn a und b beliebige Zahlen sind:

$$a, \ a + b, \ a + 2b, \ a + 3b, \ a + 4b, \ \ldots$$

a ist das Anfangsglied, b die Differenz.

Wenn n der Reihe nach die Werte 0, 1, 2, 3, . . . annimmt, so ist $a + nb$ das allgemeine Glied einer arithmetischen Reihe.

2*. Die wichtigste hier zu lösende Aufgabe ist die Summe von n aufeinander folgenden Gliedern einer arithmetischen Reihe zu bestimmen. Das kann kürzer als durch wirkliche Ausführung der Addition mittels einer allgemeinen Formel geschehen, die wir jetzt ableiten wollen. Handle es sich um die Summe der n ersten Zahlen einer arithmetischen Progression:

(1a) $\qquad S = a + (a + b) + (a + 2b) + \cdots + (a + (n - 1)b),$

und schreiben wir das Schlußglied:

(2) $\qquad\qquad\qquad a + (n - 1)b = t,$

so ist die gesuchte Summe mit umgekehrter Reihenfolge der Summanden auch

(1b) $\qquad S = t + (t - b) + (t - 2b) + \cdots + (t - (n - 1)b).$

Je zwei entsprechende Glieder von (1a) und (1b) ergeben die Summe $a + t$, folglich ist $2S = n(a + t)$ und

(3) $\qquad\qquad\qquad S = n \cdot \dfrac{a + t}{2}.$

Man nennt $\dfrac{a + t}{2}$ den Mittelwert der Reihenglieder und hat also:

Die Summe einer arithmetischen Reihe von n Gliedern ist gleich dem n-fachen des Mittelwerts der Reihenglieder.[1])

---

1) Von K. F. Gauß wird erzählt, daß er in seinem ersten Schuljahr, als der Lehrer die Aufgabe stellte, alle Zahlen 1 bis 100 zu addieren, blitzschnell die

Für $a = 1$, $b = 1$ hat man die Reihe der natürlichen Zahlen; es ist $t = n$ und

$$(4) \qquad 1 + 2 + 3 + \cdots + n = \frac{n(n+1)}{2}.$$

Für $a = 1$, $b = 2$ erhält man die Reihe der ungeraden Zahlen; es wird $t = 2n - 1$ und

$$(5) \qquad 1 + 3 + 5 + \cdots + (2n - 1) = n^2.$$

Diese Summe wird sehr hübsch durch die schon im Altertum bekannte Figur 14 veranschaulicht.

3. Die Zahlen $\frac{1}{2}n(n + 1)$ stellen sich z. B. bei folgender Aufgabe ein: Es sollen Kugeln in einem Dreieck so in Reihen angeordnet werden, daß die erste Reihe eine, die zweite zwei, die dritte drei, ..., die n^{te} Reihe n Kugeln enthält. Wieviel Kugeln enthält das ganze Dreieck? Die Gesammtzahl dieser Kugeln wird nach der Formel (4) durch die Zahl

$$S = \frac{n(n+1)}{2}$$

dargestellt, und aus diesem Grunde heißen diese Zahlen Dreieckszahlen oder Trigonalzahlen. Die Dreieckszahlen sind der Reihe nach

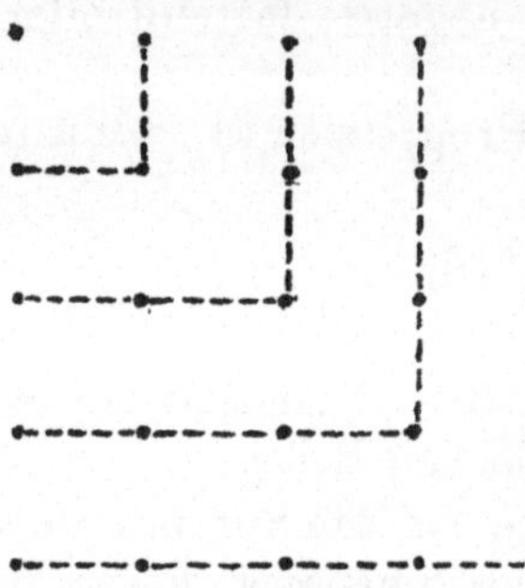

Fig. 14.

$$1, 3, 6, 10, 15, 21, 28, \ldots$$

Ebenso erhält man durch die in der obigen Figur angedeutete Anordnung von $1, 3, 5, 7, \ldots$ Kugeln Quadrate, und die Anzahl der Kugeln in den einzelnen Quadraten sind die **Viereckszahlen** oder **Quadratzahlen**

$$1, 4, 9, 16, 25, 36, 49, \ldots$$

Aus der Formel $\dfrac{n(n+1)}{2} + \dfrac{n(n-1)}{2} = n^2$ ersieht man, daß die Summe der n^{ten} und $(n - 1)^{\text{ten}}$ Dreieckszahl die n^{te} Viereckszahl ist, was auch die geometrische Anschauung zeigt.

4*. Entsprechend kann man $1, 4, 7, 10, \ldots$ allgemein $3n - 2$ Kugeln zu regelmäßigen Fünfecken anordnen, so daß das n^{te} Fünfeck

$$1 + 4 + 7 + 10 + \cdots + (3n - 2) = \frac{n(3n - 1)}{2}$$

Kugeln enthält. Diese Summen (für $n = 1, 2, 3, \ldots$):

$$1, 5, 12, 22, 35, 51, 70, \ldots$$

sind die **Fünfeckszahlen**.

In dieser Weise kann man fortfahren; man kann $1, 1 + (m - 2)$,

---

Summe (5050) niederschrieb und die Tafel mit den Worten: „da ligget se" auf den Tisch warf. Er hatte intuitiv die Formel (3) erkannt und sogleich die Summe vor sich gesehen.

$1 + 2(m-2)$, $1 + 3(m-2)$, ... Kugeln zu regelmäßigen m-Ecken zusammenlegen. Die Anzahl der Kugeln im n^{ten} Vieleck ist

$$(6) \qquad n + \frac{n(n-1)}{2}(m-2) = \frac{n}{2}[(m-2)n - (m-4)].$$

Diese Zahlen für $n = 1, 2, 3, \ldots$ sind die m-Ecks- oder Polygonalzahlen. Über sie hat Diophant eine besondere Schrift verfaßt (deutsch von G. Wertheim, Leipzig 1890), aber schon zur Zeit Platons haben sich die griechischen Mathematiker mit ihnen beschäftigt.

§ 57. Arithmetische Reihen höherer Ordnung.

1. Betrachten wir irgendeine Reihe A von Zahlen, die nach einem gegebenen Gesetz fortschreiten,

$$a_0, a_1, a_2, a_3, \ldots, \qquad (A)$$

und bilden die Differenz je zweier aufeinanderfolgender Glieder

$$b_0 = a_1 - a_0, \quad b_1 = a_2 - a_1, \quad b_2 = a_3 - a_2, \quad \ldots,$$

so heißt die Reihe der b, also

$$b_0, b_1, b_2, \ldots, \qquad (B)$$

die Reihe der ersten Differenzen von A.

Aus dieser können wir wieder die Differenzen bilden:

$$c_0 = b_1 - b_0, \quad c_1 = b_2 - b_1, \quad \ldots,$$

und erhalten eine Reihe

$$c_0, c_1, c_2, \ldots, \qquad (C)$$

die die Reihe der zweiten Differenzen von A heißt, und auf diese Weise können wir fortfahren und die Reihe der dritten, vierten, ... Differenzen bilden.

Wir nennen a_0 das nullte, a_1 das erste Glied der Reihe usf.

Durch Addition der Glieder der Reihe B ergibt sich:

$$(1) \qquad a_n - a_0 = b_0 + b_1 + b_2 + \cdots + b_{n-1},$$

und es ist also das n^{te} Glied der Reihe A gleich der Summe der n ersten Glieder der Reihe B, vermehrt um das Anfangsglied a_0.

Die Reihe A ist eine arithmetische, wenn die Glieder der Reihe B alle einander gleich (konstant) sind. Ist aber B selbst eine arithmetische Reihe, so heißt A eine arithmetische Reihe zweiter Ordnung. Allgemein definieren wir eine arithmetische Reihe k^{ter} Ordnung dadurch, daß die Reihe ihrer ersten Differenzen eine arithmetische Reihe $(k-1)^{\text{ter}}$ Ordnung ist, und daraus ergibt sich, daß bei einer arithmetischen Reihe k^{ter} Ordnung die Glieder der k^{ten} Differenzenreihe konstant sind.

So zeigt sich z. B., daß die Reihe der Quadratzahlen

$$\begin{array}{cccccc}
1 & 4 & 9 & 16 & 25 & 36 \\
& 3 & 5 & 7 & 9 & 11 \\
& & 2 & 2 & 2 & 2
\end{array}$$

eine arithmetische Reihe zweiter Ordnung, die Reihe der Kubikzahlen

$$\begin{array}{cccccc}
1 & 8 & 27 & 64 & 125 & 216 \\
& 7 & 19 & 37 & 61 & 91 \\
& & 12 & 18 & 24 & 30 \\
& & & 6 & 6 & 6
\end{array}$$

eine arithmetische Reihe dritter Ordnung ist.

Die Summen s_n der $n+1$ ersten Glieder einer arithmetischen Reihe k^{ter} Ordnung bilden eine arithmetische Reihe $(k+1)^{\text{ter}}$ Ordnung, denn die Differenzen $s_n - s_{n-1} = a_n$ bilden eine arithmetische Reihe k^{ter} Ordnung. Die Reihe der Dreieckszahlen, überhaupt jede Reihe von Polygonalzahlen ist also eine arithmetische Reihe zweiter Ordnung.

2*. Man kann die allgemeine Form der Glieder einer arithmetischen Reihe k^{ter} Ordnung durch die Binomialkoeffizienten $\binom{n}{k}$ darstellen. Es besteht nämlich der Satz:

Das n^{te} Glied einer arithmetischen Reihe k^{ter} Ordnung mit dem Anfangsglied a_0 ist

$$(2) \qquad a_n = a_0 + \binom{n}{1} b_0 + \binom{n}{2} c_0 + \cdots + \binom{n}{k} r_0$$

und darin sind $b_0, c_0, \ldots r_0$ die Anfangsglieder der ersten, zweiten, $\ldots k^{\text{ten}}$ Differenzenreihe.

Der Beweis dieses Gesetzes ergibt sich durch vollständige Induktion. Die Formel ist nämlich offenbar richtig für $k = 1$, denn die Glieder der arithmetischen Reihe erster Ordnung sind von der Form $a_n = a_0 + n b_0$. Wir nehmen also die Richtigkeit für die Reihe $(k-1)^{\text{ter}}$ Ordnung als erwiesen an.

Sei nun A die gegebene arithmetische Reihe k^{ter} Ordnung und B die Reihe ihrer ersten Differenzen, von der also $c_0, d_0, \ldots r_0$ die Anfangsglieder der verschiedenen Differenzenreihen sind, und wir nehmen an, daß ihr n^{tes} Glied b_n in der Form darstellbar sei:

$$b_n = b_0 + \binom{n}{1} c_0 + \cdots + \binom{n}{k-1} r_0.$$

Bilden wir hiernach die Ausdrücke für $b_0, b_1, b_2, \ldots$, so wird nach (1) das n^{te} Glied der Reihe A:

$$a_n = a_0 + b_0$$
$$+ \, b_0 + \binom{1}{1} c_0$$
$$+ \, b_0 + \binom{2}{1} c_0 \qquad + \binom{2}{2} d_0$$
$$\cdots \cdots \cdots \cdots \cdots \cdots$$
$$+ \, b_0 + \binom{k-1}{1} c_0 + \binom{k-1}{2} d_0 + \cdots + \binom{k-1}{k-1} r_0$$
$$+ \, b_0 + \binom{k}{1} c_0 \qquad + \binom{k}{2} d_0 \qquad + \cdots + \binom{k}{k-1} r_0.$$
$$\cdots \cdots \cdots \cdots \cdots \cdots$$
$$+ \, b_0 + \binom{n-1}{1} c_0 + \binom{n-1}{2} d_0 + \cdots + \binom{n-1}{k-1} r_0.$$

Wenn wir hier addieren, so erhält das Anfangsglied der μ^{ten} Differenzenreihe mit Benutzung von § 53, (5) den Koeffizienten:

$$\binom{\mu-1}{\mu-1} + \binom{\mu}{\mu-1} + \binom{\mu+1}{\mu-1} + \cdots + \binom{n-1}{\mu-1}$$
$$= \binom{\mu-1}{0} + \binom{\mu}{1} + \binom{\mu+1}{2} + \cdots + \binom{n-1}{n-\mu}.$$

Die Reihe auf der rechten Seite hat aber nach § 54, 3. die Summe $\binom{n}{n-\mu} = \binom{n}{\mu}$ und wir erhalten für a_n in der Tat den Ausdruck (2).

Die Summe der $n+1$ ersten Glieder der Reihe A:

$$s_n = a_0 + a_1 + a_2 + \cdots + a_n$$

ist selbst das $(n+1)^{\text{te}}$ Glied einer arithmetischen Reihe $(k+1)^{\text{ter}}$ Ordnung, deren Anfangsglied Null ist und deren erste, zweite, ... $(k+1)^{\text{te}}$ Differenzenreihe die Anfangsglieder a_0, b_0, ... r_0 haben, folglich ist

$$(3) \qquad s_n = \binom{n+1}{1} a_0 + \binom{n+1}{2} b_0 + \cdots + \binom{n+1}{k+1} r_0$$

3. Die Binomialkoeffizienten $\binom{n}{k}$ sind ganze Funktionen k^{ten} Grades von n, und man kann auch umgekehrt die Potenz n^k linear durch $\binom{n}{k}$, $\binom{n}{k-1}$, $\cdots$ $\binom{n}{1}$ ausdrücken. Hiernach ergibt sich aus (2):

Das n^{te} Glied a_n einer arithmetischen Reihe k^{ter} Ordnung ist eine ganze Funktion k^{ten} Grades von n, und jede Reihe, deren n^{tes} Glied von der Form

$$(4) \qquad a_n = \alpha_0 + \alpha_1 n + \alpha_2 n^2 + \cdots + \alpha_k n^k$$

ist, ist eine arithmetische Reihe k^{ter} Ordnung.

Aber die Bestimmung der Koeffizienten in (2) ist einfacher als in (4).

4. Nehmen wir als erstes Beispiel die Reihe der Quadratzahlen, so ist $a_0 = 0$, $b_0 = 1$, $c_0 = 2$ und wir erhalten nach (3):

$$s_n = \binom{n+1}{2} + 2\binom{n+1}{3} = \frac{(n+1)n}{2} + \frac{(n+1)n(n-1)}{3} \qquad \text{oder}$$

$$(5) \qquad 1^2 + 2^2 + 3^2 + \cdots + n^2 = \frac{n(n+1)(2n+1)}{6}.$$

Für die Reihe der Kubikzahlen ist $a_0 = 0$, $b_0 = 1$, $c_0 = 6$, $d_0 = 6$, **also**

$$s_n = \binom{n+1}{2} + 6\binom{n+1}{3} + 6\binom{n+1}{4} = \binom{n+1}{2} + 6\binom{n+2}{4} \qquad \text{oder}$$

$$(6) \qquad 1^3 + 2^3 + 3^3 + \cdots + n^3 = \left(\frac{n(n+1)}{2}\right)^2.$$

Es besteht also der hübsche, bereits den Indern (Brahmagupta um 600 n. Chr.) und Arabern (Alkarchi um 1000) bekannte Satz, daß die **Summe der n ersten Kubikzahlen gleich dem Quadrat der Summe der n ersten natürlichen Zahlen ist.** Man beweist ihn auch leicht durch die Zerlegung der Kubikzahlen in aufeinanderfolgende ungrade Zahlen (Nikomachus von Gerasa um 100 n. Chr.):

$$1^3 = 1; \quad 2^3 = 3 + 5; \quad 3^3 = 7 + 9 + 11; \quad 4^3 = 13 + 15 + 17 + 19; \quad \ldots$$

Allgemein ist die Reihe der k^{ten} Potenzen der natürlichen Zahlen eine arithmetische Reihe k^{ter} Ordnung. Über sie vgl. § 128, 6.

5*. In § 54, 3. haben wir die Zahlen in irgendeiner Reihe des Pascalschen Dreiecks parallel zum (rechten oder linken) Rande summiert. Diese Zahlen bilden arithmetische Reihen höherer Ordnung, und zwar die Zahlen der n^{ten} Reihe:

$$(7) \qquad 1, \; \binom{n+1}{1}, \; \binom{n+2}{2}, \; \binom{n+3}{3}, \; \ldots$$

eine arithmetische Reihe n^{ter} Ordnung. Die ihr vorangehenden parallelen Reihen im Pascalschen Dreieck sind die Differenzenreihen dieser n^{ten} Reihe und es sind die Anfangsglieder der nullten, ersten, zweiten, ... n^{ten} Differenzenreihe[1]) die $\mathfrak{BK}$ zum Exponenten n:

$$(8) \qquad 1, \; \binom{n}{1}, \; \binom{n}{2}, \; \ldots \binom{n}{n}.$$

Die Zahlen der Reihe (7) heißen die figurierten Zahlen n^{ter} Ordnung. Bezeichnen wir die k^{te} von ihnen mit

$$(9) \qquad F_k^{(n)} = \binom{n+k}{k} = \binom{n+k}{n},$$

so können wir die Summe § 54, (8) auch schreiben:

$$(10) \qquad \sum_{i=0}^{k} F_i^{(n)} = F_k^{(n+1)},$$

d. h. die Summe der $k+1$ ersten figurierten Zahlen n^{ter} Ordnung ist die k^{te} figurierte Zahl $(n+1)^{\text{ter}}$ Ordnung.

---

[1]) Die nullte Differenzenreihe einer Reihe A ist die Reihe selber.

Die figurierten Zahlen zweiter Ordnung:

$$1, 3, 6, 10, 15, 21, \ldots$$

sind die Dreieckszahlen. Die aus ihnen gebildeten Summen, also die figurierten Zahlen dritter Ordnung:

$$1, 4, 10, 20, 35, 56, \ldots$$

heißen Tetraederzahlen oder dreiseitige Pyramidalzahlen. Sie geben die Anzahlen von Kugeln an, die man in regelmäßigen Tetraedern aufschichten kann. Entsprechend erhält man aus den Summen der Viereckszahlen die vierseitigen Pyramidalzahlen, allgemein aus den Summen der m-Eckszahlen die m-seitigen Pyramidalzahlen. Man erhält für sie mit Benutzung von § 56, (6) den Ausdruck:

$$\binom{n+1}{2} + \binom{n+1}{3}(m-2),$$

und dies gibt für $n = 1, 2, 3, \ldots$ die Anzahl von Kugeln an, die sich zu regelmäßigen m-seitigen Pyramiden aufschichten lassen.

Zehnter Abschnitt.

Zahlenkongruenzen. Potenzreste. Quadratische Reste.

§ 58*. Kongruente Zahlen. Vollständiges Restesystem.

1. In diesem und dem folgenden Abschnitt sollen die Elemente der Zahlentheorie behandelt werden. Man versteht darunter denjenigen Teil der Arithmetik, der sich mit den besonderen Eigenschaften der ganzen Zahlen beschäftigt.[1]) Wir werden daher im folgenden, wenn nichts anderes bemerkt ist, immer nur mit ganzen Zahlen zu tun haben.

Es seien a und b positive oder negative Zahlen, m eine positive Zahl. Man definiert dann:

Die beiden Zahlen a und b heißen kongruent nach dem Modul m, wenn ihre Differenz durch m teilbar ist.

Man schreibt dies:

$$(1) \qquad\qquad a \equiv b \pmod{m}$$

und liest: „a kongruent b nach dem Modul m" oder auch „modulo m".[2]) Eine solche Formel wird eine Kongruenz genannt. So ist z. B. $53 \equiv 87 \pmod{17}$ oder $14 \equiv -12 \pmod{13}$.

Die Kongruenz (1) ist gleichbedeutend mit

$$a - b = km,$$

---

1) Während die elementare Zahlentheorie von den Eigenschaften der ganzen rationalen Zahlen handelt, erforscht die höhere Zahlentheorie die für die ganzen algebraischen Zahlen bestehenden Gesetze. Wir werden dieses Gebiet nur bei den quadratischen Irrationalzahlen (§ 71—73) berühren.

2) „modulo m" ist als Ablativus absolutus aufzufassen: „indem m Modul ist."

worin k eine ganze Zahl, also auch mit

$$(2) \qquad a = km + b,$$

und umgekehrt folgt aus dem Bestehen einer solchen Gleichung, daß a und b nach dem Modul m kongruent sind. Eine derartige Gleichung tritt aber bei der Division von a durch m auf. Es ist dann nämlich

$$(3) \qquad a = qm + r,$$

und darin ist q der Quotient, r der Rest der Division, also r immer eine der m Zahlen

$$(4) \qquad 0, 1, 2, \ldots m - 1.$$

Aus (3) ergibt sich also:

Jede Zahl ist ihrem Rest in bezug auf den Divisor als Modul kongruent.

Oder auch:

Jede Zahl ist in bezug auf einen Modul m einer bestimmten Zahl der Reihe (4) kongruent.

Die Kongruenz

$$a \equiv 0 \ (\mathrm{mod}\ m)$$

ist gleichbedeutend mit der Aussage, daß a durch m teilbar ist.

2. Durch den letzten Satz wird eine Einteilung aller ganzen Zahlen in bezug auf einen Modul m begründet. Man weist nämlich alle Zahlen, die einer bestimmten Zahl der Reihe (4) mod m kongruent sind, einer Klasse zu und nennt dies eine **Restklasse** (mod m). So verteilen sich dann alle ganzen Zahlen auf m Restklassen. Je zwei Zahlen derselben Restklasse sind mod m kongruent, sie geben bei der Division durch m denselben Rest; zwei Zahlen aus verschiedenen Restklassen sind niemals mod m kongruent, sie geben bei der Division verschiedene Reste.

Nehmen wir nun aus jeder Restklasse eine Zahl, also im ganzen m Zahlen:

$$(5) \qquad a_1, a_2, a_3, \ldots a_m,$$

so werden diese in einer gewissen Reihenfolge den Zahlen $0, 1, 2, \ldots m - 1$ kongruent sein. Ein solches System einander nicht kongruenter Zahlen, das also in bezug auf den Divisor m alle möglichen Reste und jeden nur einmal liefert, heißt ein **volles Restesystem** für den Modul m. Derartige Systeme kann man auf unendlich viele Arten bilden. Unter ihnen ist das System (4) das System der **kleinsten positiven Reste.**

Es läßt sich immer ein volles Restesystem für einen Modul m angeben, dessen sämtliche Zahlen zwischen $-\frac{m}{2}$ und $+\frac{m}{2}$ (mit Ausschluß der unteren Grenze) liegen. Man braucht nur von dem System (4) die Zahlen $\leq \frac{m}{2}$ beizubehalten und die Zahlen, welche größer als $\frac{m}{2}$ sind, um m zu vermindern. Das so erhaltene System heißt das System der absolut kleinsten Reste für den Modul m (vgl. § 17, 3.). So sind z. B. die absolut kleinsten Reste mod 8:

$$-3, -2, -1, 0, 1, 2, 3, 4.$$

§ 59*. Rechnen mit Kongruenzen.

1. Wenn der Modul im Verlauf einer Rechnung nicht geändert wird, so kann man ihn in der Bezeichnung bisweilen weglassen, ohne ein Mißverständnis befürchten zu müssen. In diesem Sinne sind die folgenden Kongruenzen zu verstehen.

Für das Rechnen mit kongruenten Zahlen sind die folgenden Sätze wichtig:

Sind zwei Zahlen einer dritten kongruent, so sind sie nach demselben Modul einander kongruent:

Ist $a \equiv c$ und $b \equiv c$, so ist $a \equiv b$.

Nach den beiden ersten Kongruenzen ist nämlich $a = c + \alpha m$ und $b = c + \beta m$ mit ganzzahligen α und β; folglich ist $a - \alpha m = b - \beta m$ oder $a = b + \gamma m$ mit ganzzahligen γ oder $a \equiv b \pmod{m}$.

Ganz entsprechend beweist man:

2. Ist $\qquad a \equiv \alpha$ und $b \equiv \beta,$ $\qquad$ so ist auch

$$a + b \equiv \alpha + \beta, \quad a - b \equiv \alpha - \beta, \quad ab \equiv \alpha\beta.$$

Auf diesen Sätzen beruht ein von den Indern erfundenes und bis in die neuere Zeit verbreitetes Probeverfahren, um die Richtigkeit weitläufiger Rechnungen zu prüfen, die aus Addition, Subtraktion und Multiplikation zusammengesetzt sind. Man wähle einen beliebigen Modul n und reduziere alle Zahlen, die in der Rechnung vorkommen, auf ihre Reste nach dem Modul n. Dann muß das Resultat der Rechnung in ihrer ursprünglichen und in der so vereinfachten Gestalt denselben Rest geben. Am besten eignen sich die Moduln $n = 9$ und $n = 11$, weil man dabei die Reste aller Zahlen nach § 18, 4. sehr leicht findet (Neunerprobe, Elferprobe).

Aus den obigen Sätzen folgt leicht:

Eine Kongruenz bleibt richtig, wenn man auf beiden Seiten mit derselben ganzen Zahl multipliziert:

Ist $a \equiv b$, so ist $na \equiv nb$.

Eine Kongruenz bleibt richtig, wenn man beide Seiten auf dieselbe Potenz erhebt:

Ist $a \equiv b$, so ist $a^h \equiv b^h$.

3. Ist $\qquad a\alpha \equiv b\beta$ und $\qquad \alpha \equiv \beta$

und zugleich α und β relativ prim zu m, so ist auch $a \equiv b$.

Es ist nämlich $a\alpha - b\beta = a(\alpha - \beta) + \beta(a - b)$, und wenn daher $a\alpha - b\beta$ und $\alpha - \beta$ durch m teilbar sind, so ist auch $\beta(a - b)$ durch

m teilbar. Ist also β (und damit auch α) relativ prim zu m, so ist $a-b$ durch m teilbar (§ 17, 6.).

Nimmt man $\alpha = \beta$, so folgt hieraus:

Haben in der Kongruenz $a \equiv b \pmod{m}$ die beiden Zahlen a und b einen gemeinsamen Teiler d, der zu m relativ prim ist, so bleibt die Kongruenz für denselben Modul richtig, wenn man sie beiderseits durch d dividiert, also $\frac{a}{d} \equiv \frac{b}{d} \pmod{m}$.

Haben aber d und m einen größten gemeinsamen Teiler D, so gilt die nach Division durch d erhaltene Kongruenz nur für den Modul $\frac{m}{D}$, also $\frac{a}{d} \equiv \frac{b}{d} \left(\bmod \frac{m}{D}\right)$.

Ist nämlich $a = da'$, $b = db'$ und $d = Dd'$, $m = Dm'$, wobei d' und m' relativ prim sind, so soll $a - b = Dd'(a' - b')$ durch m teilbar, also $d'(a' - b')$ durch m' teilbar sein und daraus folgt, daß $a' - b'$ durch m' teilbar ist.

So haben z. B. in der Kongruenz $72 \equiv 192 \pmod{60}$ beide Seiten den Faktor 24, der mit dem Modul 60 den größten gemeinsamen Teiler 12 besitzt, also folgt aus der obigen Kongruenz $3 \equiv 8 \pmod 5$.

§ 60*. Reduziertes Restesystem. Satz von Fermat.

1. Wenn m und n relativ prime Zahlen sind und $m = qn + r$ ist, so muß auch r zu n relativ prim sein, denn ein gemeinsamer Teiler von n und r wäre auch Teiler von m. Aus dem vollen Restesystem für den Modul n fallen dann, wenn man nur die zu n teilerfremden beibehält, einige aus; jedenfalls der Rest 0.

Wir bezeichnen die Anzahl der zu n relativ primen Zahlen in der Reihe $0, 1, 2, \ldots n-1$ mit ν oder, um die Abhängigkeit von n deutlicher auszudrücken, mit $\varphi(n)$, setzen also

$$(1) \qquad \nu = \varphi(n)$$

und bezeichnen die in irgendeinem vollen Restesystem enthaltenen relativen Primzahlen zu n mit

$$(2) \qquad r_1, r_2, r_3, \ldots, r_\nu.$$

Ein solches System von Zahlen heißt ein **reduziertes Reste- system für den Modul** n. Das in der Reihe der Zahlen $0, 1, 2, \ldots n-1$ enthaltene reduzierte Restesystem sei

$$(3) \qquad \varrho_1, \varrho_2, \varrho_3, \ldots \varrho_\nu.$$

Zu diesen Zahlen gehört jedenfalls die Zahl 1 sowie die Zahl $n-1$. Die Zahlen in irgendeinem reduzierten Restesystem sind in einer gewissen Reihenfolge den Zahlen (3) kongruent.

Wir geben einige Beispiele für die Reihe (3):

$$n = 6 \qquad 1, 5, \qquad\qquad\qquad\qquad \varphi(6) = 2$$
$$n = 7 \qquad 1, 2, 3, 4, 5, 6 \qquad\qquad\quad \varphi(7) = 6$$
$$n = 12 \qquad 1, 5, 7, 11 \qquad\qquad\quad\;\; \varphi(12) = 4$$
$$n = 30 \qquad 1, 7, 11, 13, 17, 19, 23, 29 \qquad \varphi(30) = 8.$$

2. Ist n eine **Primzahl** p, so sind alle Zahlen $< p$ mit Ausnahme von 0 zu p teilerfremd, folglich besteht das reduzierte Restesystem aus den Zahlen

$$(4) \qquad\qquad\qquad 1, 2, 3, \ldots, p - 1$$

und es ist $\qquad\qquad\qquad \varphi(p) = p - 1.$

Multipliziert man die Zahlen der Reihe (4) mit irgendeiner durch p nicht teilbaren, also zu p teilerfremden Zahl a, so bilden die Zahlen

$$(5) \qquad\qquad\qquad a, 2a, 3a, \ldots (p - 1)a$$

wiederum ein reduziertes Restesystem $(\bmod\, p)$, denn erstens sind diese Zahlen alle relativ prim zu p und dann sind sie alle einander $\bmod\, p$ inkongruent, denn wären zwei von ihnen kongruent $ka \equiv la\,(\bmod\, p)$, so würde daraus folgen: $k \equiv l\,(\bmod\, p)$, d. h. es wären zwei Zahlen der Reihe (4) kongruent und das ist unmöglich, da die Differenz von irgend zwei dieser Zahlen kleiner als p ist und daher nicht durch p teilbar sein kann. Die Zahlen der Reihe (5) sind also in einer gewissen Reihenfolge den Zahlen (4) $\bmod\, p$ kongruent, also ist das Produkt der Zahlen (5) dem Produkt der Zahlen (4) kongruent, d. h.

$$a^{p-1} \cdot 1 \cdot 2 \cdot 3 \ldots (p - 1) \equiv 1 \cdot 2 \cdot 3 \ldots (p - 1)\,(\bmod\, p),$$

und hier kann man nach § 59, 3. auf beiden Seiten den gemeinsamen zu p relativ primen Faktor $1 \cdot 2 \cdot 3 \ldots (p - 1)$ fortlassen und erhält den berühmten **Satz von Fermat:**[1])

Für jede durch die Primzahl p nicht teilbare ganze Zahl a ist

$$(6) \qquad\qquad\qquad a^{p-1} \equiv 1\,(\bmod\, p).$$

3. Wegen der Wichtigkeit des Satzes sei noch ein zweiter Beweis gegeben, der zugleich eine hübsche Anwendung des binomischen Lehrsatzes darstellt.[2]) Nach § 55 ist

$$(a + 1)^p = 1 + \binom{p}{1}a + \binom{p}{2}a^2 + \cdots + a^p.$$

Hier sind die BR $\binom{p}{1}, \binom{p}{2}, \ldots \binom{p}{p-1}$ durch die Primzahlen p teilbar, denn nach § 53, 4. ist

$$\binom{p}{k} k!\,(p - k)! = p!$$

---

1) In einem Briefe an **Frenicle** vom 18. Oktober 1640 ohne Beweis mitgeteilt.

2) L. **Euler**, Comm. Petrop. ad ann. 1736. Ein anderer sehr einfacher Beweis von **Gauß** (Disquisitiones arithm. § 51) mit Hilfe des polynomischen Lehrsatzes ist seinem Wesen nach bereits von **Leibniz** (um 1697) gegeben, aber erst in seinem Nachlaß gefunden worden. (**Leibniz**, Math. Schriften 7, 180.)

und für $0 < k < p$ ist weder $k!$ noch $(p - k)!$ durch p teilbar, während $p!$ durch p teilbar ist. Demnach ergibt sich, daß für jede ganze Zahl a der Ausdruck

$$(7) \qquad (a + 1)^p - a^p - 1 = [(a + 1)^p - (a + 1)] - (a^p - a)$$

durch p teilbar ist. Setzen wir $a = 1$, so folgt, daß $2^p - 2$ durch p teilbar ist, und wenn wir also annehmen, es sei bereits bewiesen, daß $a^p - a$ für irgendein a durch p teilbar ist, so folgt aus (7) das gleiche für $(a + 1)^p - (a + 1)$. Damit ist durch vollständige Induktion bewiesen, daß für jedes ganzzahlige a die Differenz $a^p - a = a(a^{p-1} - 1)$ durch p teilbar ist, und wenn nun a nicht durch p teilbar ist, so muß also $a^{p-1} - 1$ durch p teilbar sein.

4. Wir wollen nun allgemein die Anzahl $\varphi(n)$ der zu n relativ primen Zahlen, die kleiner als n sind, bestimmen.

Ist zunächst $n = p^\alpha$ eine Potenz einer Primzahl, so hat man, um die Reihe (3) zu erhalten, aus $0, 1, 2, \ldots, n - 1$ alle durch p teilbaren Zahlen

$$0, p, 2p, \ldots, \left(\frac{n}{p} - 1\right)p,$$

auszuscheiden. Das sind $\dfrac{n}{p} = p^{\alpha-1}$ Zahlen. Demnach ist für diesen Fall

$$(8) \qquad \varphi(n) = p^\alpha - p^{\alpha-1} = p^\alpha\left(1 - \frac{1}{p}\right).$$

5. Wenn sich n in zwei zueinander teilerfremde Faktoren a, b zerlegen läßt, so setzen wir

$$(9) \qquad z = ay - bx.$$

Hierin bedeute x jede der Zahlen $0, 1, 2, \ldots, a - 1$,
$\qquad\qquad\qquad\quad y\ ''\quad ''\quad '' \quad 0, 1, 2, \ldots, b - 1$.

z stellt dann im ganzen $ab = n$ Zahlen vor, unter denen keine zwei nach n denselben Rest haben. Denn wäre

$$z - z' = a(y - y') - b(x - x')$$

durch $n = ab$ teilbar, so müßte $b(x - x')$, und da b relativ prim zu a ist, auch $x - x'$ durch a teilbar sein, und da x und x' kleiner als a sind, so müßte $x - x' = 0$, also $x = x'$ sein, und ebenso schließt man, daß $y = y'$ sein müßte. Demnach erhält man, wenn man die Reste von z nach $n = ab$ sucht, aus (9) jeden der Reste

$$(10) \qquad 0, 1, 2, \ldots, n - 1$$

und jeden nur einmal.

Nun ist aber z dann und nur dann relativ prim zu n, wenn x relativ prim zu a und y relativ prim zu b ist. Denn eine Primzahl, die in a und z aufgeht, muß in x, und eine, die in b und z aufgeht, in y aufgehen. Will man also aus der Reihe (10) der Reste von z die ausscheiden, die mit n einen gemeinschaftlichen Teiler haben, so hat man aus der Reihe der Zahlen x die auszuscheiden, die mit a, und aus der

Reihe der Zahlen y die, die mit b einen gemeinschaftlichen Teiler haben. Es bleiben also $\varphi(a)$ Zahlen x und $\varphi(b)$ Zahlen y und $\varphi(n)$ Zahlen z, und es folgt, da jedes dieser x mit jedem y kombiniert werden kann:

Sind a und b relativ prime Zahlen, so ist

$$(11) \qquad\qquad \varphi(ab) = \varphi(a)\,\varphi(b).$$

So ist z. B. $\varphi(210) = \varphi(7)\,\varphi(30) = 6 \cdot 8 = 48$.

Man erklärt diesen Satz auch für $b = 1$ gültig und hat dann

$$\varphi(1) = 1.$$

6. Formel (11) läßt sich sofort auf mehrere Faktoren a, b, $c \ldots$ ausdehnen, von denen keine zwei einen Teiler gemeinsam haben; damit ergibt sich nun mit Benutzung von (8) für irgendeine Zahl n:

Sind p, q, r ... die sämtlichen voneinander verschiedenen Primzahlen, die in n aufgehen, so ist:

$$(12) \qquad \varphi(n) = n \left(1 - \frac{1}{p}\right)\left(1 - \frac{1}{q}\right)\left(1 - \frac{1}{r}\right) \ldots$$

Hiernach ist z. B.

$$\varphi(60) = 60\,(1 - \tfrac{1}{2})\,(1 - \tfrac{1}{3})\,(1 - \tfrac{1}{5}) = 16,$$
$$\varphi(210) = 210\,(1 - \tfrac{1}{2})\,(1 - \tfrac{1}{3})\,(1 - \tfrac{1}{5})\,(1 - \tfrac{1}{7}) = 48.$$

7. Auf die durch Formel (11) ausgedrückte Eigenschaft der Anzahlen $\varphi(n)$ hat Kummer[1]) einen sehr einfachen Beweis des Satzes von der unendlichen Anzahl der Primzahlen gegründet.

Gäbe es nur endlich viele Primzahlen α, β, γ, $\ldots$, ω und wäre $P = \alpha\beta\gamma \ldots \omega$ das Produkt von ihnen allen, so gäbe es mit Ausnahme der Zahl 1 überhaupt keine zu P relativ prime Zahl, also wäre $\varphi(P) = 1$.

Andererseits müßte nach (11) aber $\varphi(P) = (\alpha - 1)(\beta - 1) \ldots (\omega - 1)$ sein und dies ist sicher größer als 1. Es führt also die Annahme, daß es nur endlich viele Primzahlen gebe, zu einem Widerspruch.

8. Wir beweisen nun den folgenden Satz, der eine charakteristische Eigenschaft der Anzahlen $\varphi(n)$ ausspricht:

Sind $d_1, d_2, d_3, \ldots$ die sämtlichen Teiler von n (zu denen auch die Zahl 1 und die Zahl n selbst gerechnet werden), so ist

$$(13) \qquad \varphi(d_1) + \varphi(d_2) + \varphi(d_3) + \ldots = n.$$

Sei nämlich $\dfrac{a}{n}$ ein positiver echter Bruch und D der größte gemeinsame Teiler von a und n, so daß $a = \alpha D$, $n = dD$ und α relativ prim zu d ist, so ist $\dfrac{\alpha}{d}$ die reduzierte Form des Bruches $\dfrac{a}{n}$. Umgekehrt wird jeder reduzierte echte Bruch, dessen Nenner ein Teiler d von n, also dessen Zähler relativ prim zu d ist, wenn man ihn mit $D = \dfrac{n}{d}$ erweitert, gleich einem echten Bruch von der Form $\dfrac{a}{n}$. Es gibt also in der Reihe der

---

1) E. E. Kummer, Berl. Monatsber. 1878. Der Grundgedanke dieses Beweises findet sich bereits bei Euler, Comm. Arith. Coll. 2, 518.

echten Brüche mit dem Nenner n:

$$\frac{1}{n}, \frac{2}{n}, \frac{3}{n}, \ldots \frac{n}{n}$$

zu jedem Teiler d von n im ganzen $\varphi(d)$ Brüche, deren reduzierte Form den Nenner d besitzt, und da es insgesamt n Brüche sind, so folgt damit sogleich der Satz (13). Sei z. B. $n = 56$, so sind die sämtlichen Teiler von n:

$$1, 2, 4, 7, 8, 14, 28, 56$$

und es ist

$$\varphi(1) = 1, \varphi(2) = 1, \varphi(4) = 2, \varphi(7) = 6, \varphi(8) = 4, \varphi(14) = 6,$$
$$\varphi(28) = 12, \varphi(56) = 24.$$

Die Summe dieser Zahlen ist in der Tat $= 56$.

9. Wir machen nun für einen allgemeinen Modul n dieselbe Überlegung, die uns oben für einen Primzahlmodul zum Fermatschen Satz geführt hat. Es sei

(14)
$$\varrho_1, \varrho_2, \ldots \varrho_\nu$$

ein reduziertes Restesystem für den Modul n, also $\nu = \varphi(n)$. Multipliziert man diese Zahlen mit irgendeiner zu n relativ primen Zahl a, so bilden die Zahlen

(15)
$$a\varrho_1, a\varrho_2, \ldots a\varrho_\nu$$

wiederum ein reduziertes Restesystem (mod n), denn sie sind alle relativ prim zu n und keine zwei von ihnen sind mod n kongruent, sonst wären es auch die entsprechenden Zahlen der ersten Reihe. Folglich sind die Zahlen der Reihe (15) in einer gewissen Reihenfolge den Zahlen (14) mod n kongruent und daher ist das Produkt der Zahlen (15) kongruent dem Produkt der Zahlen (14):

$$a^\nu \cdot \varrho_1 \varrho_2 \ldots \varrho_\nu \equiv \varrho_1 \varrho_2 \ldots \varrho_\nu \ (\text{mod } n).$$

Hier kann man durch den gemeinsamen, zu n relativ primen Faktor $\varrho_1 \varrho_2 \ldots \varrho_\nu$ dividieren und erhält den verallgemeinerten Fermatschen Satz[1]):

Für jede zu n relativ prime Zahl a ist

(16)
$$a^{\varphi(n)} \equiv 1 \ (\text{mod } n).$$

§ 61. Kongruenzen ersten Grades.

1*. Eine Kongruenz

(1)
$$ax \equiv b \ (\text{mod } m),$$

in der a, b und m gegebene ganze Zahlen sind und die ganze Zahl x gesucht ist, heißt eine Kongruenz ersten Grades oder eine lineare

---

1) **Euler** Nov. Comm. Petr. 8 (1760—61). Comment. arithm. coll. 1, 274.

Kongruenz. Sie ist gleichbedeutend mit der **Aufgabe**, zwei ganze Zahlen x und k zu bestimmen, so daß

$$ax = km + b$$

ist. Für das Folgende empfiehlt es sich, andere Bezeichnungen zu wählen. Wir ersetzen x, k, m, b durch y, x, b, c und haben die Aufgabe:

Es seien a, b, c gegebene ganze Zahlen. Es werden zwei ganze Zahlen x, y gesucht, die der Gleichung

$$(2) \qquad\qquad ay - bx = c$$

genügen.

Eine solche Gleichung mit mehreren Unbekannten heißt eine unbestimmte Gleichung ersten Grades; man könnte, wenn eben nur diese Gleichung ohne jede einschränkende Voraussetzung vorliegt, für eine Unbekannte, z. B. x, jeden beliebigen Wert annehmen und erhielte zu jedem Wert von x einen gewissen Wert von y. Fügt man, wie hier, die Bedingung hinzu, daß x und y ganze Zahlen sein sollen, so nennt man die Aufgabe eine **diophantische**, obgleich sie bei Diophant nicht vorkommt, denn dieser fordert bei seinen unbestimmten Gleichungen nur Lösungen in **rationalen** (nicht notwendig ganzen) Zahlen, was im vorliegenden Fall trivial wäre.

Die Gleichung (2) bleibt ungeändert, wenn wir gleichzeitig a in $-a$ und y in $-y$ verwandeln. Ebenso wenn wir gleichzeitig b in $-b$ und x in $-x$ oder c in $-c$, x in $-x$, y in $-y$ verwandeln. Daher beschränken wir die Allgemeinheit nicht, wenn wir annehmen, a, b und c seien **positiv.** Wäre eine dieser Zahlen, etwa b, gleich Null, so käme die Aufgabe auf die Division von c durch a zurück. Wir schließen also diesen Fall aus.

2. Wenn die beiden Zahlen a, b einen gemeinschaftlichen Teiler d haben, so kann die Aufgabe gewiß nur dann Lösungen haben, wenn auch c durch d teilbar ist; es muß also der größte gemeinsame Teiler von a und b auch Teiler von c sein. Dann aber können wir in der Gleichung (2) alle Glieder durch diesen größten gemeinsamen Teiler teilen. Diese Operation denken wir uns ausgeführt, was auf die Annahme hinauskommt, die wir jetzt machen wollen, daß a und b teilerfremde Zahlen seien.

Daß unter dieser Voraussetzung die Aufgabe immer eine Lösung hat, folgt leicht aus dem Vorhergehenden. Wir haben nämlich in § 60, **5.** gesehen, daß der Ausdruck

$$z = ay - bx$$

ein volles Restesystem für den Modul ab durchläuft, wenn x und y volle Restesysteme für die Moduln a und b durchlaufen. Es muß also darunter auch eine Zahl vorkommen, die nach ab denselben Rest gibt wie c, die also gleich $c + kab$ gesetzt werden kann, wenn k eine ganze Zahl ist. Demnach gibt es drei ganze Zahlen x, y, k, die der Gleichung

$$ay - bx = c + kab$$

oder

$$a(y - kb) - bx = c$$

genügen. Hierdurch ist aber auch die Gleichung (2) befriedigt, wenn dort x, $y - kb$ für x und y gesetzt wird.

3. Wir nehmen an, es sei eine Lösung x_0, y_0 der Gleichung (2) gefunden, also

$$(3) \qquad\qquad ay_0 - bx_0 = c.$$

Aus dieser einen lassen sich dann alle übrigen leicht finden. Ziehen wir nämlich die Gleichung (3) von der Gleichung (2) ab, so folgt:

$$(4) \qquad\qquad a(y - y_0) = b(x - x_0).$$

Es muß also das Produkt $b(x - x_0)$ durch a teilbar sein, und da a und b als teilerfremd angenommen sind, so muß $x - x_0$ durch a teilbar sein. Wir bezeichnen den Quotienten, der eine ganze Zahl ist, mit t, setzen also $x - x_0 = ta$. Wenn man diesen Wert für $x - x_0$ in (4) einsetzt und durch a dividiert, so folgt $y - y_0 = tb$, also:

$$(5) \qquad\qquad x = x_0 + ta, \quad y = y_0 + tb.$$

Umgekehrt ergibt sich aus (5), was auch t sein mag:

$$ay - bx = ay_0 - bx_0,$$

und wenn also x_0, y_0 der Gleichung (2) genügen, so genügen auch x, y der Gleichung. Wenn also die Gleichung (2) überhaupt eine Lösung hat, so hat sie auch unendlich viele, die alle aus der einen Lösung durch die Formeln (5) abgeleitet werden können.

4. Wir können nun eine Vereinfachung vornehmen, wodurch die allgemeine Aufgabe 1 auf einen speziellen Fall zurückgeführt wird.

Genügen x_0, y_0 der Gleichung

$$(6) \qquad\qquad ay_0 - bx_0 = 1,$$

so geben die beiden Zahlen $x = cx_0$, $y = cy_0$ eine Lösung der Gleichung (2), wie man sofort erkennt, wenn man die beiden Seiten (6) mit c multipliziert.

Hierdurch ist die Aufgabe **1** auf die folgende einfachere zurückgeführt:

Es seien a, b zwei positive ganze Zahlen ohne gemeinschaftlichen Teiler; es wird ein Paar ganzer Zahlen x, y gesucht, das der Gleichung

$$(7) \qquad\qquad ay - bx = 1$$

genügt. Aus einer Lösung dieser Gleichung erhält man alle andern nach den Formeln (5). Man kann also immer positive Lösungen finden.

5. Ist $a = 1$, so kann man x ganz beliebig annehmen und erhält $y = bx + 1$ und ebenso wenn $b = 1$ ist, $x = ay - 1$. Sind aber a und b

größer als 1, so kann man in (5) für t den Quotienten, mithin für x_0 den Rest der Division von x durch a annehmen, so daß

$$0 < x_0 < a$$

wird. Dann aber ist

$$0 < a y_0 = 1 + b x_0 < ab + 1,$$

also, da y_0 nicht gleich b sein kann, weil sonst 1 durch b teilbar sein müßte:

$$0 < y_0 < b.$$

Sind a und b größer als 1, so gibt es eine und nur eine Lösung der Aufgabe (7), in der x und y positiv und kleiner als a und b sind, und diese Lösung nennen wir die kleinste positive Lösung.

6*. Zur Auflösung der Gleichung (7) werden vorzugsweise **zwei** Methoden angewendet. Die eine stammt von **Bachet de Méziriac**[1]) und wurde in der heute üblichen Form von **Euler**[2]) wiedergegeben. Die zweite ist die Methode von **Lagrange.**[3]) Sie beruht auf den Kettenbrüchen und war ihrem Wesen nach bereits den **Indern**[4]) bekannt. Wir wollen die beiden Methoden miteinander verbinden und werden sehen, daß sie auf dasselbe hinauslaufen.

Wir schreiben in (7) der Gleichmäßigkeit halber a_1 an Stelle von b und x_1 an Stelle von y, haben also dann die Gleichung

$$(8)_1 \qquad\qquad a x_1 - a_1 x = 1.$$

Das Verfahren von **Bachet** besteht nun darin, daß er zunächst x durch x_1 ausdrückt:

$$x = \frac{a x_1 - 1}{a_1}$$

und die Division $\dfrac{a}{a_1}$ ausführt. Sei q der Quotient, a_2 der Rest, also

$$(9)_1 \qquad\qquad a = q a_1 + a_2, \quad a_2 < a_1,$$

so wird

$$x = q x_1 + \frac{a_2 x_1 - 1}{a_1}.$$

Hier muß das zweite Glied auf der rechten Seite wieder eine ganze Zahl sein. Wir setzen sie

$$\frac{a_2 x_1 - 1}{a_1} = x_2, \qquad\qquad \text{also}$$

$$(10)_1 \qquad\qquad x = q x_1 + x_2 \qquad\qquad \text{und}$$

$$(8)_2 \qquad\qquad a_1 x_2 - a_2 x_1 = - 1,$$

<hr>

1) Problèmes plaisans et délectables qui se font par les nombres, 2me éd. 1624. Neue Ausgabe, Paris 1905.
2) Comm. Petrop. ad. ann. 1734/35, S. 46. Algebra (1771), 2, Kap. 1.
3) Mém. de Berlin 1768, S. 220.
4) Zerstäubungsmethode des **Aryabhatta** (um 500 n. Chr.). Vgl. **Colebrooke**, Algebra with Arithmetic and Mensuration from the Sanscrit of Brahmagupta and Bhascara. London 1817.

und drücken nun x_1 durch x_2 aus:

$$x_1 = \frac{a_1 x_2 + 1}{a_2}.$$

Wir verfahren hiermit wie oben, indem wir a_1 durch a_2 dividieren. Ist

$(9)_2 \qquad\qquad a_1 = q_1 a_2 + a_3, \quad a_3 < a_2,$

so wird

$$x_1 = q_1 x_2 + \frac{a_3 x_2 + 1}{a_2},$$

und wenn wir $\qquad\qquad \dfrac{a_3 x_2 + 1}{a_2} = x_3 \qquad\qquad$ einführen:

$(10)_2 \qquad\qquad x_1 = q_1 x_2 + x_3 \qquad\qquad\qquad$ und

$(8)_3 \qquad\qquad a_2 x_3 - a_3 x_2 = 1$

Fährt man so fort, indem man jedes x_ν durch das folgende $x_{\nu+1}$ ausdrückt und jedes a_ν durch $a_{\nu+1}$ dividiert[1]), so hat man in der Kette der Gleichungen $(9)_1$, $(9)_2$ ... offenbar den **Euklidischen Algorithmus** für das Zahlenpaar (a, a_1). Er möge mit den Gleichungen

$(9)_n \qquad\qquad a_{n-1} = q_{n-1} a_n + 1$

$(9)_{n+1} \qquad\qquad a_n = q_n \cdot 1$

schließen. Wir können es dann immer einrichten, daß die Anzahl der Gleichungen grade, also n **ungrade** wird (§ 22, 4.). Neben diese Gleichungen treten die Gleichungen $(8)_1$, $(8)_2, \ldots$, allgemein

$(8)_{\nu+1} \qquad\qquad a_\nu x_{\nu+1} - a_{\nu+1} x_\nu = (-1)^\nu$

und die Gleichungen $(10)_1$, $(10)_2, \ldots$, allgemein

$(10)_{\nu+1} \qquad\qquad x_\nu = q_\nu x_{\nu+1} + x_{\nu+2}.$

Die letzte der Gleichungen (8) für $\nu = n$ wird, da $a_{n+1} = 1$ ist,

$$a_n x_{n+1} - x_n = -1, \qquad \text{also}$$

$(10)_{n+1} \qquad\qquad x_n = a_n x_{n+1} + 1$

und dies ist, da $a_n = q_n$, die letzte der Gleichungen (10), so daß also $x_{n+2} = 1$ zu nehmen ist. Wir fügen aber noch eine Gleichung

$(11) \qquad\qquad x_{n+1} = t \cdot 1$

hinzu und können nun in der Reihe der Gleichungen (10) rückwärts

---

1) Das Verfahren wird abgekürzt, wenn man die Divisionen nicht nach den kleinsten **positiven**, sondern nach den **absolut** kleinsten Resten ausführt. Man hat dann einen modifizierten **Euklidischen** Algorithmus (vgl. § 17, 3.) und ihm entspricht ein Kettenbruch „nach nächsten Ganzen" von der Form:

$$q + \frac{\varepsilon_1}{q_1} + \frac{\varepsilon_2}{q_2} + \cdots,$$

worin die Teilzähler ε_1, $\varepsilon_2, \ldots$ die Werte $+1$ oder -1 haben können. Schon **Lagrange** hat derartige Kettenbrüche betrachtet. (Zusätze zu **Eulers** Algebra 1774, **Ostwalds** Klassiker Nr. 103.)

gehend nacheinander die Unbestimmten x_n, x_{n-1}, x_{n-2}, ... schließlich x_1 und x durch t ausdrücken. Das ist dann die Lösung von Bachet.

7*. Andererseits führt die Kette der Gleichungen (10), die wir hier noch einmal zusammenstellen:

$$x \quad = q\, x_1 + x_2$$
$$x_1 \quad = q_1 x_2 + x_3$$
$$\cdots \cdots \cdots$$
$$x_n \quad = q_n x_{n+1} + 1$$
$$x_{n+1} = t \cdot 1$$

naturgemäß zu der Kettenbruchentwicklung

$$(12) \qquad \frac{x}{x_1} = (q, q_1, \ldots q_n, t).$$

Hier kann t als ein vollständiger Quotient aufgefaßt werden, und da infolge der Gleichungen (9):

$$(13) \qquad (q, q_1, \ldots q_n) = \frac{a}{a_1}$$

ist, so ist nach § 22, **5.**:

$$\frac{x}{x_1} = \frac{at + \alpha}{a_1 t + \alpha_1}, \qquad \text{worin}$$

$$(14) \qquad \frac{\alpha}{\alpha_1} = (q, q_1, \ldots q_{n-1})$$

den vorletzten Näherungsbruch des Kettenbruchs (13) bedeutet. Es muß also mit einem noch zu bestimmenden Zahlenfaktor ε:

$$\varepsilon x = \alpha + at, \quad \varepsilon x_1 = \alpha_1 + a_1 t$$

sein. Hieraus folgt: $\varepsilon(a x_1 - a_1 x) = a \alpha_1 - a_1 \alpha$.

Die linke Seite hat nach $(8)_1$ den Wert ε, die rechte nach § 22, (20) (wenn man darin $\nu = n + 1$ setzt) den Wert 1, also ist $\varepsilon = 1$, und wenn wir nun wieder a_1 und x_1 durch b und y und entsprechend α_1 durch β ersetzen, so haben wir den Satz von Lagrange:

Um die diophantische Gleichung

$$ay - bx = 1$$

in ganzen Zahlen aufzulösen, entwickle man $\frac{a}{b}$ in einen Kettenbruch mit einer graden Anzahl von Teilnennern und berechne den vorletzten Näherungsbruch $\frac{\alpha}{\beta}$. Dann sind

$$x = \alpha, \quad y = \beta$$

die kleinsten positiven Lösungen der Gleichung und man erhält alle Lösungen durch

$$x = \alpha + at, \quad y = \beta + bt,$$

wenn man für t irgendwelche ganze Zahlen nimmt.

Wir hätten diese Lösung natürlich sofort aus § 22, (20) erschließen können, wie es auch **Lagrange** getan hat, dann wäre aber der Zusammenhang mit der Lösung von **Bachet** nicht hervorgetreten.

Der Vollständigkeit halber fügen wir hinzu, daß man in derselben Weise die Lösungen der Gleichung

$$(15) \qquad ay - bx = -1$$

findet, nur daß man dabei $\frac{a}{b}$ in einen Kettenbruch mit einer **ungraden** Anzahl von Teilnehmern entwickelt.

Sei z. B. die Gleichung

$$1000y - 221x = 1$$

vorgelegt, so lautet der Euklidische Algorithmus:

$$
\begin{array}{ccccccc}
4 & 1 & 1 & 9 & 1 & 1 & 5 \\
1000 : 221 : & 116 : & 105 : & 11 : & 6 : & 5 : & 1 \\
\underline{884} & \underline{116} & \underline{105} & \underline{99} & \underline{6} & \underline{5} & \underline{5} \\
116 & 105 & 11 & 6 & 5 & 1 & 0
\end{array}
$$

also $\qquad \frac{1000}{221} = (4, 1, 1, 9, 1, 1, 4, 1).$

Die Berechnung der Näherungsbrüche liefert:

q_ν	4	1	1	9	1	1	4	1
A_ν	1	4	5	9	86	95	181	819	1000
B_ν	0	1	1	2	19	21	40	181	221

folglich sind die Lösungen

$$x = 819 + 1000t, \quad y = 181 + 221t.$$

Ist aber die Gleichung

$$480x + 139y = -1$$

zu lösen, so setze man $x = -x'$. Die Gleichung wird

$$139y - 480x' = -1.$$

Es ist (§ 22, 3.) $\qquad \frac{139}{480} = (0, 3, 2, 4, 1, 5, 2).$

Der vorletzte Näherungsbruch ist (§ 22, 6.) gleich $\frac{64}{221}$, folglich ist $x' = 64 + 139t$ und

$$x = -64 - 139t, \quad y = 221 + 480\,t.$$

8*. Kehren wir nun zu der linearen Kongruenz

$$(1) \qquad ax \equiv b \;(\text{mod } m)$$

zurück, so ist zunächst klar, daß, wenn eine Zahl $x = \alpha$ die Kongruenz befriedigt, dann auch jede Zahl der zugehörigen **Restklasse** $x \equiv \alpha \,(\text{mod } m)$ eine Lösung ist. Wir betrachten die Gesamtheit dieser untereinander kongruenten Zahlen als eine Lösung der Kongruenz und aus 2 und 3 folgt nun:

Die Kongruenz (1) ist dann und nur dann lösbar, wenn der größte gemeinsame Teiler von a und m auch Teiler von b ist.

Sind a und m relativ prim, so hat die Kongruenz stets eine und nur eine Lösung.

Hiermit beweist man leicht:

Haben a und m den größten gemeinsamen Teiler d, so hat die Kongruenz d inkongruente Lösungen.

Denn ist
$$a = a'd, \quad m = m'd,$$

so muß auch b durch d teilbar, also $b = b'd$ sein und die vorgelegte Kongruenz (1) geht nach Division durch d in
$$a'x \equiv b' \ (\mathrm{mod}\ m')$$

über. Diese hat, da a' und m' relativ prim sind, nach dem Modul m' nur eine Lösung $x \equiv \alpha\ (\mathrm{mod}\ m')$, dagegen nach dem Modul m die d inkongruenten Lösungen
$$x \equiv \alpha, \quad \alpha + m', \quad \alpha + 2m', \quad \dots \alpha + (d-1)m' \ (\mathrm{mod}\ m).$$

9. Ist $b = 1$ oder $b = -1$, so müssen notwendig a und m relativ prim sein, wenn die Kongruenz lösbar sein soll, und es folgt:

Für jede zu m teilerfremde Zahl a gibt es eine bestimmte Restklasse $x \equiv \alpha\ (\mathrm{mod}\ m)$, so daß

(16)
$$a\alpha \equiv 1 \ (\mathrm{mod}\ m)$$

und eine zweite Restklasse $x \equiv \beta\ (\mathrm{mod}\ m)$, so daß

(17)
$$a\beta \equiv -1 \ (\mathrm{mod}\ m) \quad \text{ist.}$$

§ 62. Der Satz von Wilson.

1. Der soeben ausgesprochene Satz enthält, sobald der Modul eine ungrade Primzahl p ist, in seinem ersten Teil als speziellen Fall den folgenden Satz:

Zu jeder durch p nicht teilbaren Zahl a gibt es in der Reihe der Zahlen $1, 2, \dots p - 1$ eine bestimmte Zahl α, so daß die Kongruenz
$$a\alpha \equiv 1 \ (\mathrm{mod}\ p)$$
erfüllt ist.

Diese Zahl α kann unter Umständen gleich a sein, aber nur dann, wenn $a \equiv 1$ oder $a \equiv -1$ (oder, was dasselbe ist, $a \equiv p - 1$) $(\mathrm{mod}\ p)$ ist. Denn ist $\alpha = a$, so ist $a\alpha - 1 = a^2 - 1 = (a-1)(a+1)$ nur dann durch p teilbar, wenn entweder $a - 1$ oder $a + 1$ durch p teilbar ist. Für alle anderen Zahlen $a = 2, 3, \dots p - 2$ ist die zugehörige Zahl α von a verschieden und daher zerfallen die Zahlen $2, 3, \dots p - 2$ in Paare von Zahlen a, α, deren Produkt $\equiv 1$ ist. Das Produkt der beiden übrigen Zahlen ist $1 \cdot (p - 1) \equiv -1$. Folglich ist

(1)
$$1 \cdot 2 \cdot 3 \dots (p-1) \equiv -1 \ (\mathrm{mod}\ p).$$

Dies ist auch für $p = 2$ richtig, denn es ist $1 \equiv -1 \pmod 2$. Wir haben damit den wichtigen Lehrsatz von Wilson[1]:

Für jede Primzahl p ist die Zahl $(p-1)! + 1$ durch p teilbar.

Der Satz gilt aber auch **nur** für Primzahlen, denn ist p eine zusammengesetzte Zahl, so geht jeder Teiler von p in $(p-1)!$ auf, folglich ist dann $(p-1)! + 1$ durch keinen Teiler von p, mithin auch nicht durch p teilbar. Der Wilsonsche Satz enthält also ein sicheres Kennzeichen für eine Primzahl, das aber wegen der großen damit verbundenen Rechnung praktisch nicht anwendbar ist.

2*. Von dem Wilsonschen Satz machen wir eine wichtige Anwendung, indem wir von dem folgenden Satz ausgehen, der sich unmittelbar aus dem zweiten Teil des Satzes am Schluß des § 61 ergibt:

Zu jeder durch die ungrade Primzahl p nicht teilbaren Zahl a gibt es in der Reihe der Zahlen $1, 2, \ldots, p-1$ eine bestimmte Zahl β, so daß die Kongruenz

$$(2) \qquad a\beta \equiv -1 \pmod p$$

erfüllt ist.

Diese Zahl β kann unter Umständen gleich a sein. Dann ist $\beta^2 \equiv -1 \pmod p$ oder $x = \beta$ ist eine Lösung der Kongruenz

$$(3) \qquad x^2 + 1 \equiv 0 \pmod p.$$

Offenbar ist dann auch $-\beta$ eine Lösung dieser Kongruenz.

Ist ξ irgendeine andere Lösung, so muß $\xi^2 \equiv \beta^2$, also $(\xi - \beta)(\xi + \beta)$ durch p teilbar, folglich entweder $\xi \equiv \beta$ oder $\xi \equiv -\beta \pmod p$ sein.[2]) Es hat also die Kongruenz, wenn sie überhaupt lösbar ist, zwei und nur zwei Lösungen aus der Reihe $1, 2, \ldots p-1$, nämlich neben β noch $p - \beta$. Ihr Produkt ist

$$\beta(p - \beta) \equiv -\beta^2 \equiv 1 \pmod p.$$

Die übrigen Zahlen der Reihe $1, 2, \ldots p-1$ zerfallen in $\frac{1}{2}(p-3)$ Paare, deren Produkt jedesmal $\equiv -1$ ist, folglich ist

$$(p-1)! \equiv (-1)^{\frac{p-3}{2}} \equiv -(-1)^{\frac{p-1}{2}}$$

Nach dem Wilsonschen Satz muß dies aber $\equiv -1$ sein, also muß

---

1) Zuerst erwähnt in Warings Meditationes algebraicae, (1770) mit der Angabe, daß der Satz von Sir John Wilson herrühre, aber bereits 1682 war Leibniz, wie aus einem Manuskript auf der Bibliothek zu Hannover hervorgeht, im Besitz des Satzes. Vgl Mahnke, Bibl. math. (3), 13 (1912). Waring meinte, der Satz sei sehr schwer zu beweisen, da es keine Bezeichnung (notatio) gäbe, durch die man allgemein eine Primzahl ausdrücken könne. Hierzu macht Gauß (Disqu. arithm. 76) die hübsche Bemerkung: At nostro quidem iudicio huius modi veritates ex notionibus potius quam ex notationibus hauriri debebant. Den ersten Beweis des Wilsonschen Satzes hat Lagrange gegeben (Mém. de l'Ac. de Berlin 1771).

2) Beide Kongruenzen können nicht gleichzeitig bestehen, sonst müßte ihre Differenz 2β durch p teilbar sein.

$\frac{1}{2}(p-1)$ eine grade Zahl sein. Man kann sie gleich $2k$ setzen und es wird dann $p = 4k + 1$. Wir haben damit den Satz:

Ist die Kongruenz (3) lösbar, so muß p eine Primzahl von der Form $4k + 1$ sein.

3*. Nehmen wir nun an, die Kongruenz sei nicht lösbar, so ist in (2) niemals $\beta = a$ und die Zahlen $1, 2, \ldots p - 1$ zerfallen in $\frac{1}{2}(p-1)$ Paare, deren Produkt jedesmal $\equiv -1$ ist. Daher ist jetzt

$$(p - 1)! \equiv (-1)^{\frac{p-1}{2}} \pmod{p},$$

und da dies nach dem Wilsonschen Satz $\equiv -1$ sein muß, so muß $\frac{1}{2}(p-1)$ eine ungrade Zahl sein. Wir können sie gleich $2k + 1$ setzen, es wird dann $p = 4k + 3$ und wir haben den Satz:

Ist die Kongruenz (3) nicht lösbar, so muß p eine Primzahl von der Form $4k + 3$ sein.

4*. Aus den beiden letzten Sätzen ergibt sich nun der wichtige zuerst von Euler[1]) bewiesene Satz:

Die Kongruenz $x^2 + 1 \equiv 0 \pmod{p}$

ist für einen Primzahlmodul dann und nur dann lösbar, wenn p eine Primzahl von der Form $4k + 1$ ist, und sie besitzt alsdann zwei inkongruente Lösungen.

Anders ausgedrückt:

Ist p eine Primzahl von der Form $4k + 1$, so gibt es ganze Zahlen x, für die $x^2 + 1$ durch p teilbar wird. Ist aber p von der Form $4k + 3$, so ist das nicht möglich.

5. Für die Primzahlen der ersten Klasse kann man die Lösung der Kongruenz (3) leicht mit Hilfe de Wilsonschen Satzes finden. Es ist

$$p - 1 \equiv -1 \bmod p$$
$$p - 2 \equiv -2$$
$$\cdots \cdots \cdots$$
$$\frac{p+1}{2} \equiv -\frac{p-1}{2},$$

mithin $1 \cdot 2 \cdot 3 \ldots (p-1) \equiv (-1)^{\frac{p-1}{2}} \left(1 \cdot 2 \cdot 3 \ldots \frac{p-1}{2}\right)^2 \bmod p,$

und da die linke Seite nach dem Satz von Wilson kongruent -1 ist, so folgt:

$$(4) \qquad \left(1 \cdot 2 \cdot 3 \ldots \frac{p-1}{2}\right)^2 \equiv (-1)^{\frac{p+1}{2}} \bmod p.$$

Es ist also, wenn p eine Primzahl von der Form $4k + 1$ ist:

$$\left(1 \cdot 2 \cdot 3 \ldots \frac{p-1}{2}\right)^2 \equiv -1 \bmod p,$$

---

1) Opusc. anal. **1** (1783), 64, 121.

dagegen wenn p von der Form $4k + 3$ ist:

$$\left(1 \cdot 2 \cdot 3 \cdots \frac{p-1}{2}\right)^2 \equiv + 1 \bmod p.$$

Die erste Kongruenz zeigt, daß die Kongruenz (3) durch

$$(5) \qquad\qquad x \equiv \pm \left(\frac{p-1}{2}\right)! \bmod p$$

gelöst wird. Ist z. B. $p = 29$, so ist $x \equiv \pm 14! \bmod 29$. Nun findet man die folgenden Kongruenzen mod 29:

$$4! = 24 \equiv -5; \qquad 5! \equiv -25 \equiv 4; \qquad 6! \equiv 24 \equiv -5;$$
$$7! \equiv -35 \equiv -6; \qquad 8! \equiv -48 \equiv 10; \qquad 9! \equiv 90 \equiv 3;$$
$$10! \equiv 30 \equiv 1; \qquad 11! \equiv 11; \qquad 12! \equiv 132 \equiv -13;$$
$$13! \equiv -169 \equiv 5; \qquad 14! \equiv 70 \equiv 12,$$

folglich sind die Lösungen der Kongruenz

$$x^2 + 1 \equiv 0 \;(\mathrm{mod}\; 29):$$
$$x \equiv 12 \;(\mathrm{mod}\; 29) \quad \text{und} \quad x \equiv 17 \;(\mathrm{mod}\; 29).$$

In der Tat ist

$$12^2 + 1 = 145 = 5 \cdot 29; \quad 17^2 + 1 = 290 = 10 \cdot 29.$$

Bei großen Werten von p läßt sich freilich diese Methode zur Berechnung von x praktisch nicht anwenden. Für solche Zahlen hat Gauß[1]) ein auf der höheren Arithmetik beruhendes Hilfsmittel zur schnellen Berechnung angegeben.

§ 63*. Kongruenzen höheren Grades.

1. In der soeben behandelten Kongruenz $x^2 + 1 \equiv 0 \;(\mathrm{mod}\; p)$ haben wir eine Kongruenz zweiten Grades oder eine quadratische Kongruenz. Wir betrachten nun allgemein eine Kongruenz n^{ten} Grades in bezug auf einen Primzahlmodul:

$$(1) \qquad A_0 x^n + A_1 x^{n-1} + \cdots + A_{n-1} x + A_n \equiv 0 \;(\mathrm{mod}\; p).$$

Die Koeffizienten $A_0, A_1, \ldots A_n$ sind ganze Zahlen, die nur hinsichtlich des Moduls p bestimmt sind, d. h. eine jede kann durch eine zur selben Restklasse gehörige Zahl ersetzt werden. Glieder, deren Koeffizienten durch p teilbar sind, können weggelassen werden. Der erste Koeffizient kann als durch p nicht teilbar vorausgesetzt werden, da sonst die Kongruenz nicht vom n^{ten} Grad wäre. Es läßt sich also eine Zahl k bestimmen, so daß $A_0 k \equiv 1 \;(\mathrm{mod}\; p)$ ist. Mit dieser Zahl können wir die Kongruenz (1) multiplizieren und erhalten eine Kongruenz mit dem ersten Koeffizienten 1:

$$x^n + a_1 x^{n-1} + \cdots + a_{n-1} x + a_n \equiv 0 \;(\mathrm{mod}\; p).$$

2. Die linke Seite der Kongruenz (1) ist eine ganze Funktion[2]):

---

1) Disquisitiones arithmeticae § 319.

2) Im folgenden werden einige einfache Sätze über ganze Funktionen vorausgesetzt, die im zweiten Buch abgeleitet werden.

$$f(x) = A_0 x^n + A_1 x^{n-1} + \cdots + A_{n-1} x + A_n,$$

die wir aber nur für **ganzzahlige** Werte von x betrachten.

Gibt es eine ganze Zahl α, die, für x eingesetzt, $f(x)$ durch die Primzahl p teilbar macht, so heißt α eine Lösung der Kongruenz

$$(2) \qquad\qquad f(x) \equiv 0 \quad (\mathrm{mod}\; p).$$

Genügt α dieser Bedingung, so genügt ihr auch jede mit α zur gleichen Restklasse mod p gehörende Zahl und die Gesamtheit dieser untereinander kongruenten Zahlen wird als **eine** Lösung aufgefaßt.

Ist der letzte Koeffizient, das absolute Glied $A_n \equiv 0 \,(\mathrm{mod}\,p)$, so besitzt die Kongruenz die Lösung $x \equiv 0 \,(\mathrm{mod}\,p)$. Spalten wir aber die höchste allen Gliedern gemeinsame Potenz von x ab, so bleibt eine Kongruenz mit von Null verschiedenem absoluten Glied, und diese kann nur Lösungen besitzen, die **nicht durch** p teilbar sind. Dies können wir im folgenden voraussetzen, wollen also annehmen, daß außer A_0 auch A_n durch p nicht teilbar ist.

3. Daß es Kongruenzen gibt, die überhaupt keine Lösung besitzen, haben wir an dem einfachen Beispiel $x^2 + 1 \equiv 0 \,(\mathrm{mod}\,p)$, wenn p eine Primzahl der Form $4k + 3$ ist, gesehen. Hier besteht also kein dem Fundamentalsatz der Algebra entsprechendes Theorem.[1] Wohl aber gilt der Satz:

Eine Kongruenz n^{ten} Grades für einen Primzahlmodul p kann niemals mehr als n Lösungen haben.

Der Beweis wird durch vollständige Induktion geführt. Der Satz ist für $n = 1$ bereits als richtig erkannt (§ 61, **8.**). Wir setzen voraus, daß er für eine Kongruenz $(n-1)^{\mathrm{ten}}$ Grades erwiesen sei, und beweisen, daß er dann auch für eine Kongruenz n^{ten} Grades gilt.

Es seien x und α zwei unbestimmte Größen. Dann ist

$$f(x) - f(\alpha) = A_0(x^n - \alpha^n) + A_1(x^{n-1} - \alpha^{n-1}) + \cdots + A_{n-1}(x - \alpha).$$

Auf der rechten Seite ist jede Klammer durch $x - \alpha$ teilbar (§ 20, **10.**), folglich kann man schreiben:

$$f(x) - f(\alpha) = (x - \alpha)f_1(x),$$

und darin ist $f_1(x)$ eine ganze Funktion $(n-1)^{\mathrm{ten}}$ Grades mit ganzzahligen Koeffizienten. Ist nun α eine Lösung der Kongruenz (2), so ist $f(\alpha) \equiv 0 \,(\mathrm{mod}\,p)$, mithin:

$$(3) \qquad\qquad f(x) \equiv (x - \alpha)f_1(x) \;(\mathrm{mod}\,p).$$

Es ist also außer für $x = \alpha$ die Kongruenz $f(x) \equiv 0$ nur erfüllt für solche Werte von x, die auch $f_1(x) \equiv 0$ machen.[2] Setzen wir also für diese Kongruenz $(n-1)^{\mathrm{ten}}$ Grades voraus, daß sie **höchstens** $n - 1$ inkongruente Lösungen besitzt, so folgt, daß $f(x)$ nicht mehr als n Lösungen besitzen kann.

4. Aus dem eben bewiesenen Satz folgt, daß eine Kongruenz n^{ten} Grades, die für mehr als n inkongruente Werte von x erfüllt ist, eine identische Kongruenz, d. h. für **jeden** ganzzahligen Wert von x erfüllt sein muß. Jeder

---

1) Vgl. § 94.

2) Hier kommt die **Primzahleigenschaft** des Moduls zur Geltung, denn nur für einen solchen Modul folgt aus der Kongruenz $(x - \alpha)f_1(x) \equiv 0 \,(\mathrm{mod}\,p)$, daß **entweder** $(x - \alpha)$ **oder** $f_1(x)$ durch p teilbar sein muß.

Koeffizient ist dann durch den Modul p teilbar. Dies kann man benutzen, um den **Wilson**schen Satz sehr einfach zu beweisen, wobei man allerdings den **Fermat**schen Satz voraussetzt.

Nach dem Satz von **Fermat** ist die Kongruenz

$$x^{p-1} - 1 \equiv 0 \pmod{p}$$

für jede durch p nicht teilbare Zahl, also für die Zahlen $1, 2, \ldots p - 1$ erfüllt. Dieselben Zahlen erfüllen aber auch die Kongruenz

$$(x - 1)(x - 2) \ldots (x - (p - 1)) \equiv 0 \pmod{p},$$

also hat auch die Kongruenz

$$(x - 1)(x - 2) \ldots (x - (p - 1)) - (x^{p-1} - 1) \equiv 0 \pmod{p}$$

diese $p - 1$ Zahlen zu Lösungen. Dies ist aber eine Kongruenz $(p - 2)^{\text{ten}}$ Grades, denn das Glied x^{p-1} hebt sich weg; folglich ist es eine identische Kongruenz und sie muß also auch für den Wert $x \equiv 0 \pmod{p}$ erfüllt sein, d. h.

$$1 \cdot 2 \cdot 3 \ldots (p - 1) + 1 \equiv 0 \pmod{p}.$$

5. Wir können weiter den **Fermat**schen Satz benutzen, um den Grad einer Kongruenz, sobald er größer als $p - 2$ ist, zu erniedrigen. Es ist, da die Kongruenz nur Lösungen haben kann, die nicht durch p teilbar sind, infolge des **Fermat**schen Satzes für $\lambda = 1, 2, 3, \ldots$

$$x^{\lambda(p-1)} \equiv 1 \pmod{p}, \quad x^{\lambda(p-1)+\mu} \equiv x^{\mu} \pmod{p}.$$

Es kann daher jeder über $p - 2$ hinausgehende Exponent durch seinen kleinsten positiven Rest mod $(p - 1)$ ersetzt werden und es bleibt eine Kongruenz vom Grade $\leq p - 2$.

Ist z. B. die Kongruenz

$$3x^7 + 2x^6 - x^5 + 3x^4 + 2x^3 - x^2 + 3x + 4 \equiv 0 \pmod{5}$$

vorgelegt, so kann man die vier ersten Glieder durch $3x^3 + 2x^2 - x + 3$ ersetzen und erhält:

$$x^2 + 2x + 2 \equiv 0 \pmod{5}$$

oder

$$(x + 1)^2 + 1 \equiv 0 \pmod{5},$$

also die beiden Lösungen $x \equiv 1$ und $x \equiv 2 \pmod{5}$.

Bei dieser Graderniedrigung kann es vorkommen, daß das absolute Glied $\equiv 0 \pmod{p}$ wird (wenn z. B. in der obigen Kongruenz das absolute Glied nicht 4 sondern 2 wäre). Dann hat man die verbleibende Kongruenz, da die Lösung $x \equiv 0$ ausgeschlossen ist, durch die allen Gliedern gemeinsame Potenz von x zu dividieren. In dem obigen Beispiel (mit dem absoluten Glied 2) erhielte man:

$$x^2 + 2x \equiv 0 \pmod{5}$$

$$x + 2 \equiv 0,$$

also nur die eine Lösung $x \equiv 3 \pmod{5}$.

6. Die Kongruenz n^{ten} Grades $f(x) \equiv 0 \pmod{p}$ möge eine Lösung $x \equiv \alpha_1$ besitzen. Dann ist nach (3):

$$f(x) \equiv (x - \alpha_1) f_1(x) \pmod{p},$$

und darin ist $f_1(x)$ eine ganze ganzzahlige Funktion $(n - 1)^{\text{ten}}$ Grades, die man findet, indem man $f(x)$ durch $x - \alpha_1$ dividiert und alle vorkommenden

Koeffizienten nach dem Modul p reduziert. Hat auch die Kongruenz $f_1(x) \equiv 0$ eine Lösung $x \equiv \alpha_2$, so ist

$$f_1(x) \equiv (x - \alpha_2) f_2(x),$$

und so kann man weitergehen, bis man zu einer Funktion $f_\mu(x) \equiv \varphi(x)$ kommt, für die die Kongruenz $\varphi(x) \equiv 0$ keine Lösung besitzt. Dann ist

$$(4) \qquad f(x) \equiv (x - \alpha_1)(x - \alpha_2) \ldots (x - \alpha_\mu) \varphi(x).$$

Wenn eine solche Kongruenz möglich ist, also die Kongruenz $f(x) \equiv 0$ mindestens eine Lösung besitzt, wollen wir die Funktion $f(x)$ **linear zerlegbar** nach dem Modul p (oder mod p) nennen. Dagegen heiße die Funktion $\varphi(x)$ vom $(n - \mu)^{\text{ten}}$ Grade **linear unzerlegbar** mod p. Jeder Faktor auf der rechten Seite von (4) oder ein Produkt von mehreren dieser Faktoren möge ein **echter Teiler** von $f(x)$ nach dem Modul p heißen.[1]) Die Zerlegung (4) von $f(x)$ ist nur auf eine Weise möglich, denn 1. kann es keine zu den α_i inkongruente Lösung β geben, sonst würde aus $f(\beta) \equiv 0$ auch $\varphi(\beta) \equiv 0$ folgen und es wäre $\varphi(x)$ linear zerlegbar, und 2. ist $\varphi(x)$ als Quotient der mod p ausgeführten Division $f(x) : g(x)$, wo $g(x) \equiv (x - \alpha_1) \ldots (x - \alpha_\mu)$ ist, eindeutig bestimmt. Die Lösungen $\alpha_1, \ldots, \alpha_\mu$ brauchen nicht alle verschieden zu sein.[2]) Wir zählen jede so oft, wie sie in der Zerlegung (4) auftritt.

7. Wenn bei dem obigen Verfahren jede der Funktionen $f_i(x)$ linear zerlegbar ist, so erweist sich schließlich $\varphi(x)$ einer festen Zahl A kongruent und es wird

$$f(x) \equiv A(x - \alpha_1)(x - \alpha_2) \ldots (x - \alpha_n).$$

Die Funktion $f(x)$ heißt alsdann **vollständig zerlegbar** mod p und die Kongruenz $f(x) \equiv 0$ hat so viele Lösungen, wie ihr Grad anzeigt.

Man sieht sofort:

Jeder echte Teiler einer vollständig zerlegbaren Funktion ist ebenfalls vollständig zerlegbar.

Ein Beispiel einer vollständig zerlegbaren Funktion haben wir in der **Fermatschen Funktion** $F(x) = x^{p-1} - 1$.

Es ist $F(x) \equiv (x - 1)(x - 2) \ldots (x - (p - 1)) \pmod{p}$.

8. Zwei Funktionen $f(x)$, $g(x)$ können einen gemeinsamen Teiler[3]) mod p haben. Ist dann

$$f(x) \equiv D(x) \cdot f_1(x) \pmod{p}, \quad g(x) \equiv D(x) \cdot g_1(x) \pmod{p},$$

---

1) Bezeichnet man die rechte Seite von (4) mit $F(x)$ und sind $\beta_1, \beta_2 \ldots \beta_\nu$ die nach Entfernung von $\alpha_1 \ldots \alpha_\mu$ übrig bleibenden Reste des vollständigen Restesystems mod p, so kann man auf beliebig viele Weisen eine ganze Funktion $\psi(x)$ bestimmen, für die die Kongruenzen

$$\psi(\beta_i) \equiv 1 \pmod{p} \qquad\qquad i = 1, 2, \ldots \nu$$

erfüllt sind — man braucht nur $\psi(x) \equiv \vartheta(x)(x - \beta_1) \cdots (x - \beta_\nu) + 1 \bmod p$ mit einer beliebigen ganzen Funktion $\vartheta(x)$ anzunehmen — und dann ist für alle ganzzahligen Werte von x

$$f(x) \equiv F(x)\, \psi(x) \pmod{p}.$$

Diese Funktionen $\psi(x)$ sind nicht als Teiler von $f(x)$ anzusehen. Sie sind auch nicht durch Division von $f(x)$ durch $F(x)$ zu erhalten.

2) So enthält in dem Beispiel von **5.** die Funktion $3x^7 + 2x^6 - x^5 + 3x^4 + 2x^3 - x^2 + 3x + 2 \bmod 5$ den echten Teiler $(x - 3)^2$.

3) Wir verstehen jetzt unter Teiler immer einen **echten** Teiler.

und haben $f_1(x)$ und $g_1(x)$ keinen gemeinsamen Teiler, so ist $D(x)$ der größte gemeinsame Teiler von $f(x)$ und $g(x)$ nach dem Modul p. Jede Lösung von $D(x) \equiv 0$ ist eine gemeinsame Lösung der Kongruenzen $f(x) \equiv 0$ und $g(x) \equiv 0$. Aber auch umgekehrt:

Jede gemeinsame Lösung von $f(x) \equiv 0$ und $g(x) \equiv 0$ ist eine Lösung der Kongruenz $D(x) \equiv 0$.

Wäre nämlich eine solche Lösung $x \equiv \alpha$ nicht Lösung von $D(x) \equiv 0$, so wäre sie eine gemeinsame Lösung von $f_1(x) \equiv 0$ und $g_1(x) \equiv 0$. Dann hätten aber $f_1(x)$ und $g_1(x)$ den gemeinsamen Teiler $(x - \alpha) \bmod p$, und $D(x)$ wäre nicht der größte gemeinsame Teiler.

9. Wir sind jetzt imstande, die genaue Anzahl der Lösungen einer Kongruenz $f(x) \equiv 0$ zu bestimmen. Sämtliche Lösungen dieser Kongruenz sind auch Lösungen der Fermatschen Kongruenz

$$F(x) = x^{p-1} - 1 \equiv 0 \ (\mathrm{mod}\ p),$$

mithin sind sie auch Lösungen der Kongruenz $D(x) \equiv 0$, wenn $D(x)$ den größten gemeinsamen Teiler von $f(x)$ und $F(x)$ nach dem Modul p bezeichnet. Dieser ist aber als Teiler von $F(x)$ vollständig zerlegbar, also folgt:

Die Anzahl der inkongruenten Lösungen einer Kongruenz $f(x) \equiv 0 \ (\mathrm{mod}\ p)$ ist gleich dem Grad des größten gemeinsamen Teilers von $f(x)$ und der Fermatschen Funktion $x^{p-1} - 1$.

Zum Aufsuchen des größten gemeinsamen Teilers von zwei ganzen Funktionen hat man ein dem Euklidischen Algorithmus vollständig entsprechendes Verfahren.[1]) Man hat nur hier, wo man überall ganzzahlige Koeffizienten haben will, jeden Divisor, dessen erster Koeffizient c_0 von 1 verschieden ist, mit einer Zahl k zu multiplizieren, für die $c_0 k \equiv 1 \ (\mathrm{mod}\ p)$ ist. Natürlich hat man auch nur die durch p nicht teilbaren Koeffizienten auf ihre kleinsten Reste mod p reduziert beizubehalten.

Beispiel: Sei die Kongruenz

$$f(x) = x^5 - x^4 + 4x^3 + 5x^2 - 2x - 1 \equiv 0 \ (\mathrm{mod}\ 7)$$

vorgelegt, so sucht man den größten gemeinsamen Teiler von $f(x)$ und $x^6 - 1$.

$$
\begin{array}{ll}
& \qquad\quad x + 1 \qquad\qquad\qquad\qquad\qquad\qquad\quad x^2 - 4x + 1 \\
x^6 \\
\qquad\qquad\quad -1 : x^5 - x^4 + 4x^3 + 5x^2 - 2x - 1 : x^3 + 3x^2 + x - 1 \\
-x^6 + x^5 - 4x^4 - 5x^3 + 2x^2 + x \qquad -x^5 - 3x^4 - x^3 + x^2 \\
\underline{\ -x^5 + x^4 - 4x^3 - 5x^2 + 2x + 1\ } \qquad +4x^4 + 5x^3 + 4x^2 - 4x \\
\quad -3x^4 - 9x^3 - 3x^2 + 3x \qquad\qquad \underline{\ -x^3 - 3x^2 - x + 1\ } \\
= -3x(x^3 + 3x^2 + x - 1) \qquad\qquad 7x^3 + 7x^2 - 7x \equiv 0\,(\mathrm{mod}\,7)
\end{array}
$$

Es ist also

$$D(x) = x^3 + 3x^2 + x - 1$$
$$= (x + 1)^3 - 2x - 2$$
$$= (x + 1)[(x + 1)^2 - 2] \equiv (x + 1)[(x + 1)^2 - 9]$$
$$\equiv (x + 1)[(x + 1) + 3][(x + 1) - 3]$$
$$\equiv (x - 6)(x - 3)(x - 2) \ (\mathrm{mod}\ 7).$$

---

[1]) Vgl. § 89.

Die vorgelegte Kongruenz hat also die drei Lösungen

$$x \equiv 2 \ (\mathrm{mod}\ 7), \quad x \equiv 3 \ (\mathrm{mod}\ 7), \quad x \equiv 6 \ (\mathrm{mod}\ 7).$$

10. Eine quadratische Funktion $f(x) = ax^2 + bx + c$ ist entweder linear unzerlegbar oder vollständig zerlegbar, d. h. die Kongruenz $f(x) \equiv 0 \ (\mathrm{mod}\, p)$ hat entweder keine oder zwei Lösungen. Im letzteren Fall muß $f(x)$ ein echter Teiler von $x^{p-1} - 1$ sein.

Nehmen wir $f(x) = x^2 + 1$, so ist $x^{p-1} - 1$ nur für $p - 1 = 4k$ durch $x^2 + 1$ teilbar, also ergibt sich der bereits im vorigen Paragraphen bewiesene Satz:

Die Kongruenz $x^2 + 1 \equiv 0 \ (\mathrm{mod}\, p)$ ist für einen Primzahlmodul dann und nur dann lösbar, wenn p von der Form $4k + 1$ ist.

11. Es sei $f(x) = x^m - 1$ und d der größte gemeinsame Teiler von m und $p - 1$, also $m = d \cdot \mu$, $p - 1 = d \cdot \delta$ und μ und δ relativ prim. Dann haben

$$x^m - 1 = \left(x^d\right)^{\mu} - 1 \quad \text{und} \quad x^{p-1} - 1 = \left(x^d\right)^{\delta} - 1$$

den größten gemeinsamen Teiler:

$$D(x) = x^d - 1$$

und es folgt: Die Kongruenz

$$(5) \qquad\qquad x^m - 1 \equiv 0 \ (\mathrm{mod}\ p)$$

hat d inkongruente Lösungen.

Wir heben zwei Sonderfälle hervor:

Ist m relativ prim zu $p - 1$, so ist $d = 1$, der größte gemeinsame Teiler von $x^m - 1$ und $x^{p-1} - 1$ ist $x - 1$, folglich:

Ist m relativ prim zu $p - 1$, so hat die Kongruenz (5) nur die eine Lösung $x \equiv 1 \ (\mathrm{mod}\ p)$.

Ist aber $m = d$ ein Teiler von $p - 1$, so ergibt sich:

Die Kongruenz

$$(6) \qquad\qquad x^d - 1 \equiv 0 \ (\mathrm{mod}\ p),$$

worin d ein Teiler von $p - 1$ ist, hat d inkongruente Lösungen.

Die Lösungen der Kongruenz (5) stimmen mit den Lösungen der Kongruenz (6) überein.

§ 64*. Die Potenzreste.

1. Es seien a und n zwei Zahlen ohne gemeinschaftlichen Teiler. Wir bilden die aufeinanderfolgenden Potenzen von a:

$$(1) \qquad\qquad a^1, \ a^2, \ a^3, \ \ldots$$

und suchen ihre kleinsten positiven Reste nach n:

$$(2) \qquad\qquad \varrho_1, \ \varrho_2, \ \varrho_3, \ \ldots$$

Da a und alle seine Potenzen zu n teilerfremd sind, so sind auch die ϱ teilerfremd zu n, sie gehören zu einem reduzierten Restesystem mod n und es gibt unter ihnen höchstens $\nu = \varphi(n)$ voneinander verschiedene. Darin bedeutet $\varphi(n)$ die in § 60 betrachtete Anzahl der zu n relativ primen Zahlen, die kleiner als n sind.

Ist aber $\varrho_k = \varrho_{k+f}$, so ist $a^{k+f} - a^k = a^k(a^f - 1)$ durch n teilbar, und folglich ist auch $a^f - 1$ durch n teilbar. Es folgt:

Für jede zu n relativ prime Zahl a gibt es positive Exponenten f, für die

$$(3) \qquad a^f \equiv 1 \pmod n$$

ist. Den kleinsten von diesen Exponenten f wollen wir den **Minimalexponenten von a** für den Modul n nennen.

2. Aus (3) folgt, wenn q eine beliebige positive ganze Zahl ist

$$(4) \qquad a^{qf} \equiv 1 \pmod n.$$

Es gilt aber auch umgekehrt:
Jeder Exponent k, für den

$$a^k \equiv 1 \pmod n$$

ist, ist ein Vielfaches der Minimalexponenten f von a. Denn zunächst muß $k \geq f$ sein, sonst wäre f nicht der Minimalexponent. Man kann also

$$k = qf + f'$$

setzen, worin $0 \leq f' < f$ ist. Dann folgt aber

$$a^k = a^{qf} \cdot a^{f'} \equiv 1 \pmod n$$

und wegen (4) $\qquad a^{f'} \equiv 1 \pmod n.$

Wäre nun f', welches doch $< f$ ist, von Null verschieden, so wäre wiederum f nicht der Minimalexponent. Also muß notwendig $f' = 0$ und $k = qf$ sein.

3. Von den f Potenzen

$$(5) \qquad a^1, \quad a^2, \quad a^3, \ldots a^f$$

können nicht zwei denselben Rest nach n geben, denn aus $a^\mu \equiv a^\nu$ und $\mu < \nu \leq f$ würde folgen $a^{\nu-\mu} \equiv 1$ und es wäre $\nu - \mu < f$, also f nicht der Minimalexponent. Wir erhalten also f verschiedene Reste

$$(6) \qquad \varrho_1, \quad \varrho_2, \quad \varrho_3, \ldots \varrho_f,$$

worin $\varrho_f = 1$ ist. Geht man aber zu höheren Potenzen a^{f+1}, $a^{f+2}, \ldots$ weiter, so bekommt man **dieselben Reste in derselben Reihenfolge** wieder und man kommt also durch Potenzieren von a aus dem System (6) niemals heraus. Die $\varrho_1, \varrho_2, \ldots \varrho_f$ heißen die **Potenzreste von a** für den Modul n; sie sind alle relativ prim zu n. Wenn nun $f < \varphi(n)$ ist, so gibt es wenigstens noch einen zu n teilerfremden Rest r_1, der nicht unter den Potenzresten enthalten ist, und dann sind die Reste von

$$(7) \qquad r_1 a^1, \quad r_1 a^2, \ldots r_1 a^f$$

alle sowohl untereinander als auch von den Resten der Potenzen (5) verschieden. Denn wäre $r_1 a^\mu \equiv a^\nu$, so würde $r_1 \equiv a^{\nu-\mu}$ (oder wenn $\mu > \nu$ wäre, $r_1 \equiv a^{f-\mu+\nu}$) folgen und es müßte entgegen der Annahme r_1 unter den Resten von (5) vorkommen.

Demnach ergibt die Reihe (7) lauter neue und voneinander verschiedene Reste, und es ist $2f \leq \varphi(n)$. Ist $2f < \varphi(n)$, so gibt es einen zu n teilerfremden Rest r_2, der unter den Resten von (5) und von (7) nicht vorkommt. Die Zahlen

$$(8) \qquad r_2 a^1, \quad r_2 a^2, \ldots r_2 a^f$$

geben wieder lauter verschiedene Reste, die auch von den Resten der Reihen (5) und (7) verschieden sind. Denn wäre etwa $r_1 a^\mu \equiv r_2 a^\nu$, so würde $r_2 \equiv r_1 a^{\mu - \nu}$ (oder $r_2 \equiv r_1 a^{f-\nu+\mu}$) folgen und es würde r_2 gegen die Voraussetzung in der Reihe (7) vorkommen. Es ist also jetzt $3f \lessgtr \varphi(n)$.

Man sieht, wie dieser Schluß fortzusetzen ist; solange die Reihe der zu n teilerfremden Reste nicht erschöpft ist, kommen jedesmal f neue Reste zu den bisherigen hinzu. Es muß also schließlich eine letzte Reihe

$$(9) \qquad r_{e-1} a^1, \quad r_{e-1} a^2, \ldots r_{e-1} a^f$$

geben, mit der dann sämtliche zu n teilerfremden Reste erschöpft sind. Dann sind also sämtliche $\varphi(n)$ Reste auf e Reihen von je f Resten verteilt und es ist

$$(10) \qquad \varphi(n) = ef.$$

Damit ist, wenn wir noch (3) berücksichtigen, erstens der **verallgemeinerte Fermatsche Satz** (§ 60, **9.**), daß für jede zu n teilerfremde Zahl a

$$a^{\varphi(n)} \equiv 1 \ (\mathrm{mod}\ n)$$

ist, von neuem bewiesen, dann aber auch der Satz, der, wenn wir den verallgemeinerten Fermatschen Satz voraussetzen, schon aus **2.** folgt:[1])

Der Minimalexponent für irgendeine zum Modul n teilerfremde Zahl a ist immer ein Teiler von $\varphi(n)$.

4. Die e Reihen von je f Resten, in welche das reduzierte Restesystem für den Modul n nach Wahl einer Grundzahl a zerfällt, nennen wir die **Perioden der Reste** für die Grundzahl a. Die erste Periode wird durch die **Potenzreste** (6) von a gebildet, die Zahlen einer anderen Periode werden erhalten, indem man die Potenzreste mit einem in den vorangehenden Perioden noch nicht aufgetretenen Rest multipliziert. Wir wollen dies an einigen Beispielen erläutern.

1. Es sei $n = 13$, $a = 5$, so ergibt sich:

$$5^1 \equiv 5, \quad 5^2 \equiv 12, \quad 5^3 \equiv 8, \quad 5^4 \equiv 1.$$

Es ist also $f = 4$, und da $\varphi(n) = 12$ ist, so ist $e = 3$ und es gibt für die Grundzahl 5 **drei Perioden** der Reste nach 13. Die zweite Periode

---

1) Man beachte die Ähnlichkeit dieses Satzes und seines Beweises mit dem Satz § 52, **4.**, über **Permutationsgruppen.** In der Tat gehört die Lehre von den Potenzresten der Gruppentheorie, und zwar der Theorie der **Abel**schen oder kommutativen endlichen Gruppen an. Vgl. **Abel**, Journ. f. Math. 4 (1829), (Œuvres 1, 482; Ostwalds Klassiker 111, 6.).

erhält man, wenn man z. B. die Reste der ersten mit $r_1 = 2$ multipliziert, also

$$10, \quad 11, \quad 3, \quad 2,$$

und die dritte Periode, wenn man die Reste der ersten mit $r_2 = 4$ multipliziert:

$$7, \quad 9, \quad 6, \quad 4.$$

Bei anderer Wahl von r_1 und r_2 erhält man dieselben beiden Perioden, nur in anderer Anordnung.

2. Sei wieder $n = 13$, aber $a = 10$, so ist

$$10^1 \equiv 10, \quad 10^2 \equiv 9, \quad 10^3 \equiv 12, \quad 10^4 \equiv 3, \quad 10^5 \equiv 4, \quad 10^6 \equiv 1,$$

also $f = 6$ und $e = 2$; es gibt zwei Perioden. Mit $r_1 = 2$ erhält man als zweite Periode: $\quad 7, \quad 5, \quad 11, \quad 6, \quad 8, \quad 2.$

3. $n = 17$, $a = 3$

$$3^1 \equiv 3, \quad 3^2 \equiv 9, \; 3^3 \equiv 10, \; 3^4 \equiv 13, \; 3^5 \equiv 5, \; 3^6 \equiv 15, \; 3^7 \equiv 11, \; 3^8 \equiv 16,$$
$$3^9 \equiv 14, \; 3^{10} \equiv 8, \; 3^{11} \equiv 7, \quad 3^{12} \equiv 4, \; 3^{13} \equiv 12, \; 3^{14} \equiv 2, \; 3^{15} \equiv 6, \; 3^{16} \equiv 1.$$

Hier ist $f = 16 = \varphi(n)$; es gibt nur eine Periode für die Grundzahl 3. Eine solche Zahl a, welche nur eine Periode für die Reste liefert, oder deren Minimalexponent $f = \varphi(n)$ ist, heißt eine **primitive Wurzel** von n.

4. $n = 21$, $a = 4$:

$$4^1 \equiv 4, \quad 4^2 \equiv 16, \quad 4^3 \equiv 1.$$

Es ist $f = 3$, $\varphi(n) = 12$, also $e = 4$; es gibt vier Perioden.

5. Es sei der Modul n in zwei relativ prime Faktoren n_1 und n_2 zerlegbar, und es sei f_1 der Minimalexponent von a für den Modul n_1, f_2 der Minimalexponent für den Modul n_2. Dann besteht der Satz:

Der Minimalexponent f einer Zahl a für den Modul $n = n_1 n_2$ ist das kleinste gemeinschaftliche Vielfache der Minimalexponenten f_1 und f_2.

Soll nämlich $a^f \equiv 1 \pmod{n}$ sein, so muß $a^f - 1$ sowohl durch n_1 wie durch n_2 teilbar, also f ein Vielfaches von f_1 und von f_2 sein. Und umgekehrt, sobald f ein gemeinschaftliches Vielfaches von f_1 und f_2 ist, ist $a^f - 1$ durch n_1 und durch n_2, folglich auch durch n teilbar.

§ 65*. Potenzreste für einen Primzahlmodul. Primitive Wurzeln.

1. Der Modul n, über den wir bisher keine Voraussetzung gemacht haben, sei jetzt eine **ungrade Primzahl** p. Dann ist $\varphi(n) = p - 1$ und der Satz § 64, 3. lautet:

Der Minimalexponent für irgendeine durch p nicht teilbare Zahl a ist immer ein Teiler von $p - 1$.

Wir wollen nachweisen, daß es auch wirklich zu jedem Teiler d von $p - 1$ Zahlen a gibt, für die d Minimalexponent ist, und ihre Anzahl bestimmen.

Alle Zahlen mit dem Minimalexponenten d müssen sich jedenfalls unter den Lösungen der Kongruenz

$$(1) \qquad\qquad x^d - 1 \equiv 0 \ (\mathrm{mod}\ p)$$

befinden. Nehmen wir nun zunächst an, es gebe eine Zahl a mit dem Minimalexponenten d, so sind die Potenzreste

$$(2) \qquad\qquad \varrho_1, \ \varrho_2, \ \cdots \varrho_d,$$

welche nacheinander den Potenzen

$$a, \ a^2, \ \ldots a^d$$

kongruent sind, sämtlich Lösungen der Kongruenz (1) und sind untereinander inkongruent, folglich stellen sie, da die Kongruenz nicht mehr als d Lösungen haben kann (§ 63, 3), alle Lösungen dieser Kongruenz vor. Es folgt:

Alle Zahlen mit dem gleichen Minimalexponenten wie eine Zahl a finden sich unter den Potenzresten von a vor.

2. Weiter besteht der Satz:

Irgendeiner der Potenzreste $\varrho_m \equiv a^m$, dessen Exponent m mit d den größten gemeinsamen Teiler δ besitzt, hat den Minimalexponenten $\dfrac{d}{\delta}$.

Sei nämlich $\qquad\qquad m = \delta m', \quad d = \delta d'$

und m' relativ prim zu d'; dann ist

$$(a^m)^{d'} = a^{\delta m' d'} = a^{d m'} \equiv 1 \ (\mathrm{mod}\ p),$$

d. h. $\qquad\qquad\qquad\qquad \varrho_m^{\frac{d}{\delta}} \equiv 1.$

Es ist also jedenfalls der Minimalexponent d_0 von ϱ_m ein Teiler von $\dfrac{d}{\delta} = d'$.

Setzen wir daher

$$(3) \qquad\qquad\qquad d' = k d_0,$$

so wird $\qquad\qquad\qquad\qquad d = k \delta d_0.$

Andererseits folgt aus $\ \varrho_m^{d_0} \equiv 1 \equiv (a^m)^{d_0} \equiv a^{m' \delta d_0}, \quad$ daß $m' \delta d_0$ ein Vielfaches von $d = k \delta d_0$, also m' ein Vielfaches von k:

$$(4) \qquad\qquad\qquad m' = k l$$

sein muß, und aus (3) und (4) ergibt sich, da d' und m' relativ prim sind, daß nur $k = 1$ sein kann. Es ist also in der Tat der Minimalexponent von ϱ_m

$$d_0 = d' = \frac{d}{\delta}.$$

Ist $\delta = 1$, so wird $d_0 = d$, und dies zusammen mit dem Satz 1 liefert nun:

3. **Ist a eine Zahl mit dem Minimalexponenten d, so erhält man alle Zahlen mit dem gleichen Minimalexponenten durch die Potenzreste $\varrho_m \equiv a^m$ (mod p), deren Exponenten m zu d relativ prim sind.**

Gibt es also zu einem gegebenen Divisor d von $p - 1$ überhaupt eine Zahl a mit diesem Minimalexponenten, so gibt es $\varphi(d)$ solcher Zahlen, folglich gibt es entweder keine oder $\varphi(d)$ Zahlen mit dem Minimalexponenten d. Es bezeichne allgemein

$$\psi(d) = \varepsilon \cdot \varphi(d)$$

die Anzahl der Zahlen mit dem Minimalexponenten d. Dann kann ε nur entweder den Wert Null oder 1 haben.

Sind nun d_1, d_2, d_3, ... die sämtlichen Teiler von $p - 1$ und $\psi(d_i) = \varepsilon_i \varphi(d_i)$ $(i=1,2,3,...)$ die zugehörigen Anzahlen der Zahlen mit den Minimalexponenten d_i, so besitzt jede der Zahlen 1, 2, 3, ... $p - 1$ einen bestimmten Teiler zum Minimalexponenten, folglich muß

$$\psi(d_1) + \psi(d_2) + \psi(d_3) + \cdots = p - 1$$

oder $$\varepsilon_1 \varphi(d_1) + \varepsilon_2 \varphi(d_2) + \varepsilon_3 \varphi(d_3) + \cdots = p - 1$$

sein.   Andererseits ist nach dem § 60, 8. bewiesenen Satz

$$\varphi(d_1) + \varphi(d_2) + \varphi(d_3) + \cdots = p - 1,$$

also folgt: $$(1 - \varepsilon_1)\varphi(d_1) + (1 - \varepsilon_2)\varphi(d_2) + \cdots = 0.$$

Hier ist aber kein Glied auf der linken Seite negativ, folglich muß jedes einzelne Glied Null sein, und da keine der Zahlen $\varphi(d_i)$ verschwindet, so ergibt sich, daß alle Zahlen $\varepsilon = 1$ sind und allgemein $\psi(d) = \varphi(d)$. Wir haben damit den Satz:

Zu jedem Divisor d von $p - 1$ gibt es $\varphi(d)$ Zahlen, die diesen Divisor zum Minimalexponenten mod p besitzen.

So haben wir z. B. für $p = 13$ die folgende Tabelle sämtlicher Potenzreste mod 13:

	1	2	3	4	5	6	7	8	9	10	11	12
$d = 1$	1											
$d = 2$	12	1										
$d = 3$	3	9	1									
	9	3	1									
$d = 4$	5	12	8	1								
	8	12	5	1								
$d = 6$	4	3	12	9	10	1						
	10	9	12	3	4	1						
$d = 12$	2	4	8	3	6	12	11	9	5	10	7	1
	6	10	8	9	2	12	7	3	5	4	11	1
	11	4	5	3	7	12	2	9	8	10	6	1
	7	10	5	9	11	12	6	3	8	4	2	1

Hier stehen in der obersten Zeile die Exponenten, in der ersten Spalte die Teiler von 12, in der Spalte unter dem Exponenten 1 die Grundzahlen a. Es ist also z. B. $6^8 \equiv 3 \pmod{13}$.

4. Von besonderer Wichtigkeit sind die Zahlen mit dem größtmöglichen Minimalexponenten $p - 1$. Man nennt sie die primitiven Wurzeln von p. Wir sehen:

Es gibt $\varphi(p-1)$·primitive Wurzeln einer Primzahl p. Ist g eine primitive Wurzel von p, so sind die Reste der Potenzen

$$(5) \qquad g, \ g^2, \ g^3, \ \ldots g^{p-1}$$

alle mod p inkongruent und durch p nicht teilbar. Sie bilden also ein reduziertes Restesystem mod p und stimmen in einer gewissen Reihenfolge mit den Zahlen der Reihe

$$1, \ 2, \ 3, \ \ldots p-1$$

überein oder:

Jede durch p nicht teilbare Zahl a ist mod p durch eine Potenz einer primitiven Wurzel

$$a \equiv g^\alpha \ (\mathrm{mod} \ p)$$

darstellbar. Man nennt α den Index von a für die Basis g. Wegen $g^{p-1} \equiv 1 \ (\mathrm{mod} \ p)$ ist $\quad g^{\alpha+k(p-1)} \equiv g^\alpha \ (\mathrm{mod} \ p)$,

es ist also der Index α nur bis auf Vielfache von $p-1$ bestimmt und man kann schreiben: $\quad \mathrm{ind} \, (a) \equiv \alpha \ \mathrm{mod} \ (p-1)$.

Für die Potenz g^{p-1} kann man in der Reihe (5) auch $g^0 \equiv 1$ nehmen, so daß also für jede primitive Wurzel als Basis

$$\mathrm{ind} \, 1 = 0$$

ist. Ferner folgt aus

$$g^{p-1} - 1 = \left(g^{\frac{p-1}{2}} - 1\right)\left(g^{\frac{p-1}{2}} + 1\right) \equiv 0 \ (\mathrm{mod} \ p),$$

da nicht $g^{\frac{p-1}{2}} \equiv 1$ sein kann, daß für jede primitive Wurzel

$$g^{\frac{p-1}{2}} \equiv -1 \ (\mathrm{mod} \ p),$$

also $\qquad \mathrm{ind} \, (-1) = \mathrm{ind} \, (p-1) \equiv \dfrac{p-1}{2} \, \mathrm{mod} \ (p-1) \qquad$ ist.

Für $p = 13$ und $g = 2$ haben wir folgende Tabelle für die Indizes aller durch 13 nicht teilbaren Zahlen:

a	1	2	3	4	5	6	7	8	9	10	11	12
$\mathrm{ind} \, (a)$	0	1	4	2	9	5	11	3	8	10	7	6

Solche Indextafeln sind von Jacobi für die Primzahlen unter 1000 berechnet und unter dem Titel „Canon arithmeticus", Berlin 1839, veröffentlicht worden. Eine Indextafel für die Primzahlen unter 100 findet sich bei G. Wertheim, Anfangsgründe der Zahlenlehre[1]), Braunschweig 1902.

5. Man erkennt ohne weiteres die folgenden Sätze für die Indizes, die wir nicht ausdrücklich in Worten zu formulieren brauchen:

---

[1]) Dasselbe Werk enthält eine Tafel der kleinsten primitiven Wurzeln für die Primzahlen unter 6200. Sie ist von Korkine und Posse, Acta math. 35 (1912) auf alle Primzahlen < 10000 ausgedehnt worden.

$$\mathrm{ind}\,(a \cdot b) \equiv \mathrm{ind}\,(a) + \mathrm{ind}\,(b) \ \mathrm{mod}\,'(p-1)$$

$$\mathrm{ind}\,(a^n) \equiv n \cdot \mathrm{ind}\,(a) \ \mathrm{mod}\,(p-1).$$

Auf ihnen beruht die Anwendung der Indextafeln, die der Verwendung der Logarithmen vergleichbar ist. So löst man z. B. die lineare Kongruenz

$$a x \equiv b \ (\mathrm{mod}\,p),$$

indem man　　$\mathrm{ind}\,(x) \equiv \mathrm{ind}\,(b) - \mathrm{ind}\,(a) \ \mathrm{mod}\,(p-1)$

berechnet und x in der Indextafel aufsucht.

Beispiel: $p = 13;\ \ g = 2.$

$$72\,x \equiv 43 \ (\mathrm{mod}\,13)$$

$$7\,x \equiv \ 4 \ (\mathrm{mod}\,13)$$

$$\mathrm{ind}\,(x) \equiv \mathrm{ind}\,4 - \mathrm{ind}\,7 \equiv -9 \equiv 3 \ (\mathrm{mod}\,12)$$

$$x \equiv 8 \ (\mathrm{mod}\,13).$$

6. Unter einer primitiven Wurzel für einen zusammengesetzten Modul n versteht man eine Zahl mit dem Minimalexponenten $\varphi(n)$. Die Reste der Potenzen einer primitiven Wurzel

$$g, \quad g^2, \quad g^3, \ldots g^{\varphi(n)}$$

sind mod n inkongruent und relativ prim zu n, sie bilden also ein reduziertes Restesystem mod n. Wir wollen hier die Theorie dieser primitiven Wurzeln nicht entwickeln, sondern nur erwähnen, daß es nicht für jeden zusammengesetzten Modul primitive Wurzeln gibt.[1]) Es ist z. B. nach dem Fermatschen Satz $a^6 - 1$ für jedes zu 3 und 7 teilerfremde a durch 3 und durch 7, also auch durch 21 teilbar, d. h. für $n = 21$ ist der größtmögliche Wert des Minimalexponenten $= 6$, während $\varphi(n) = 12$ ist. Es besteht der Satz, daß nur die ungraden Primzahlen und ihre Potenzen sowie die mit 2 multiplizierten Potenzen von ungraden Primzahlen primitive Wurzeln haben.

§ 66. Periodische Dezimalbrüche.

1. Die Theorie der Potenzreste gestattet eine Anwendung auf die Dezimalbrüche, durch die ein gewöhnlicher Bruch dargestellt werden kann. Wir werden dabei die Ergebnisse des § 31 von neuem ableiten und erweitern.

Es seien m und n positive relativ prime Zahlen und n nicht durch 2 und nicht durch 5 teilbar, also relativ prim zu 10. Wir betrachten den reduzierten Bruch

$$\gamma = \frac{m}{n}.$$

Ein solcher Bruch läßt sich, wie wir in § 31 gesehen haben, in einen

---

1) Vgl. P. Epstein, Potenzreste für zusammengesetzte Moduln, Arch. f. Math. u. Phys. (3). **12** (1907).

unendlichen Dezimalbruch verwandeln, dessen Mantisse[1]) wir mit

$$Z(m) = \{z_1 z_2 z_3 z_4 \ldots\}$$

bezeichnen. Zwei solche Brüche $\gamma = m/n$ und $\gamma' = m'/n$ mit demselben Nenner n haben dann und nur dann dieselbe Mantisse, wenn ihr Unterschied eine ganze Zahl, also $m - m'$ durch n teilbar ist, oder:

Es ist dann und nur dann

$$Z(m) = Z(m'),$$

wenn

$$m \equiv m' \pmod{n}.$$

Da es $\varphi(n)$ verschiedene zu n teilerfremde Reste gibt, so gibt es also auch $\varphi(n)$ verschiedene Mantissen $Z(m)$ für denselben Nenner n.

2. Aus der Mantisse von γ erhält man die von 10γ dadurch, daß man die erste Stelle von $Z(m)$ wegläßt, also mit z_2 anfängt, und durch wiederholte Anwendung dieses Verfahrens ergibt sich für jeden positiven Exponenten k:

$$Z(10^k m) = \{z_{k+1} z_{k+2} z_{k+3} \ldots\}.$$

Wenn aber

$$10^f \equiv 1 \pmod{n}$$

ist, so ist $10^f m \equiv m$, folglich nach 1.

$$Z(10^f m) = Z(m),$$

d. h. es ist $\quad z_{f+1} = z_1, \quad z_{f+2} = z_2, \quad z_{f+3} = z_3, \ldots$

Die Ziffern der Mantisse wiederholen sich also von der $f+1^{\text{ten}}$ Stelle an genau in derselben Reihenfolge wieder, wie von der ersten.

Umgekehrt ist nur dann $Z(10^k m) = Z(m)$, wenn $10^k m \equiv m$, also

$$10^k \equiv 1 \pmod{n}$$

ist, d. h. wenn k ein Vielfaches des Minimalexponenten f von 10 ist. Es wird also für $k = f$ zum erstenmal $Z(10^k m) = Z(m)$.

Die Ziffern der Mantisse zerfallen in Gruppen von je f, die wir so bezeichnen:

$$P(m) = \{z_1 z_2 \ldots z_f\}.$$

Diese Gruppe wiederholt sich in $Z(m)$ immer in derselben Reihenfolge, und sie wird die Periode der Mantisse genannt. Man nennt daher auch die Mantisse $Z(m)$ und den Dezimalbruch, in den sich γ verwandeln läßt, periodisch, und die Zahl f bezeichnen wir als die Länge der Periode für den Nenner n. Wir haben also den Satz:

Ein gemeiner Bruch, dessen Nenner n relativ prim zu 10 ist, läßt sich in einen periodischen Dezimalbruch verwandeln dessen Periodenlänge gleich dem Minimalexponenten von 10 für den Modul n ist.

3. Um die übrigen Brüche gleich zu erledigen, bemerken wir, daß sich jeder Bruch β durch Multiplikation mit einer Potenz 10^k in einen solchen verwandeln läßt, der die Faktoren 2 und 5 nicht mehr im

---

1) Vgl. § 41, 5.

Nenner enthält, der also in einen periodischen Dezimalbruch verwandelbar ist. Um von $10^k \beta$ zu β zurückzukehren, hat man in diesem Dezimalbruch das Komma um k Stellen nach links zu verschieben. Dadurch treten vor die Stelle z_1, also vor den Beginn der ersten Periode, noch andere Ziffern, die die Periodizität stören. Die Periodizität beginnt dann erst nach der k^{ten} Stelle der Mantisse. Man nennt daher diese Dezimalbrüche **gemischt periodisch**, während die, bei denen die Periode gleich hinter dem Komma einsetzt, **rein periodisch** heißen.

4. Da man einen Dezimalbruch mit 10 multipliziert, indem man das Komma um eine Stelle nach rechts rückt, so erhält man die folgenden Perioden aller Brüche $\dfrac{m_i}{n}$, deren Zähler $m_i \equiv 10^i m \pmod{n}$ für $i = 0, 1, \ldots f-1$ sind:

$$P(m) = \{ z_1 z_2 z_3 \ldots z_f \},$$
$$P(10\,m) = \{ z_2 z_3 z_4 \ldots z_1 \},$$
$$P(10^2 m) = \{ z_3 z_4 z_5 \ldots \overset{.}{z}_2 \},$$
$$\cdot \quad \cdot \quad \cdot \quad \cdot \quad \cdot \quad \cdot \quad \cdot \quad \cdot \quad \cdot \quad \cdot$$
$$P(10^{f-1} m) = \{ z_f z_1 z_2 \ldots z_{f-1} \}.$$

Man nennt dies einen **Zyklus von Perioden**. Ist nun $\varphi(n) = ef$, so hat man für e verschiedene Werte von m solche Perioden zu bilden, um die Mantissen **aller Brüche** mit dem Nenner n zu erhalten; es gibt e Zyklen von Perioden. Ist $e = 1$, $f = \varphi(n)$, also **10 primitive Wurzel** von n, so gibt es nur einen Zyklus und es genügt ein einziger Wert, etwa $m = 1$, um alle echten Brüche mit dem Nenner n in Dezimalbrüche zu verwandeln.[1]) Für diese Werte von n braucht man also nur eine einzige Periode zu berechnen, die dann $\varphi(n)$ Glieder hat. Ist $e > 1$, so braucht man mehrere solche Perioden, die dafür um so kürzer sind.

5. Wir nehmen als erstes Beispiel $n = 7$. Wir dividieren in der gewöhnlichen Weise:

$$10 : 7 \text{ und erhalten } 142\,857 \ldots$$

$$\underline{\mathbf{3}0}$$
$$\underline{\mathbf{2}0}$$
$$\underline{\mathbf{6}0}$$
$$\underline{\mathbf{4}0}$$
$$\underline{\mathbf{5}0}$$
$$\mathbf{1}.$$

Die Periode ist also hier $142\,857$, und die fettgedruckten Zahlen sind die Reste der Potenzen von 10. Demnach erhält man einen Zyklus:

---

1) In der oben erwähnten Tabelle der primitiven Wurzeln von **Wertheim** sind die Primzahlen unter 10 000, für welche 10 primitive Wurzel ist, besonders hervorgehoben.

$$\tfrac{1}{7} = 0{,}142\,857 \ldots$$
$$\tfrac{3}{7} = 0{,}428\,571 \ldots$$
$$\tfrac{2}{7} = 0{,}285\,714 \ldots$$
$$\tfrac{6}{7} = 0{,}857\,142 \ldots$$
$$\tfrac{4}{7} = 0{,}571\,428 \ldots$$
$$\tfrac{5}{7} = 0{,}714\,285 \ldots,$$

und wo die Punkte stehen, wiederholen sich die voranstehenden Perioden. Hierdurch sind mit einem Schlage alle echten Brüche mit dem Nenner 7 in Dezimalbrüche verwandelt.

6. Für $n = 13$ hat man folgende Rechnung:

$$10 : 13 \text{ ergibt } 076\,923 \ldots$$
$$\overline{100}$$
$$\overline{90}$$
$$\overline{120}$$
$$\overline{30}$$
$$\overline{40}$$
$$\overline{1}.$$

Die Periode hat also hier nur sechs Glieder, weil der Minimalexponent von 10 mod 13 gleich 6 ist und man erhält den Zyklus:

$$\tfrac{1}{13} = 0{,}076\,923 \ldots$$
$$\tfrac{10}{13} = 0{,}769\,230 \ldots$$
$$\tfrac{9}{13} = 0{,}692\,307 \ldots$$
$$\tfrac{12}{13} = 0{,}923\,076 \ldots$$
$$\tfrac{3}{13} = 0{,}230\,769 \ldots$$
$$\tfrac{4}{13} = 0{,}307\,692 \ldots.$$

Um alle Brüche mit dem Nenner 13 zu erhalten, braucht man eine zweite Periode, die man aus irgendeinem der fehlenden Zähler ableiten kann. Nimmt man etwa $\tfrac{2}{13}$, so hat man:

$$20 : 13 \text{ ergibt } 153\,846$$
$$\overline{70}$$
$$\overline{50}$$
$$\overline{110}$$
$$\overline{60}$$
$$\overline{80}$$
$$\overline{2}.$$

Wir haben also den zweiten Zyklus:

$$\tfrac{2}{13} = 0{,}153\,846\ldots$$
$$\tfrac{7}{13} = 0{,}538\,461\ldots$$
$$\tfrac{5}{13} = 0{,}384\,615\ldots$$
$$\tfrac{11}{13} = 0{,}846\,153\ldots$$
$$\tfrac{6}{13} = 0{,}461\,538\ldots$$
$$\tfrac{8}{13} = 0{,}615\,384\ldots.$$

Damit sind alle Brüche mit dem Nenner 13 erledigt.

7*. In den beiden Beispielen besteht jede Periode aus zwei Hälften und die Ziffern der einen Hälfte ergänzen die der andern paarweise zu 9. Wir sagen, die zweite Hälfte bildet die dekadische Ergänzung der ersten. Man sieht sogleich, daß dieses immer dann eintritt, wenn die Perioden der Brüche $\dfrac{m}{n}$ und $1 - \dfrac{m}{n} = \dfrac{n-m}{n}$ zum gleichen Zyklus gehören. Dann muß aber $n - m \equiv m \cdot 10^{\alpha} \pmod{n}$, folglich

$$- 1 \equiv 10^{\alpha} \pmod{n}$$

sein. Wir haben also den Satz:

Die Periode des Dezimalbruchs für einen Bruch mit dem Nenner n besteht dann und nur dann aus zwei Hälften, die sich dekadisch ergänzen, wenn sich unter den Potenzresten von 10 nach dem Modul n der Rest $- 1$ vorfindet.

Dies ist, wie man leicht sieht, immer der Fall, wenn der Nenner n eine ungrade Primzahl oder eine Potenz einer solchen und der Minimalexponent von 10 (oder die Länge der Periode) eine grade Zahl ist.

8*. Wenn $n = n_1 n_2$ und n_1 relativ prim zu n_2 ist, so ergibt sich aus dem Satz § 64, 5:

Die Länge der Periode der Dezimalbrüche für einen aus relativ primen Faktoren zusammengesetzten Nenner $n = n_1 n_2 n_3 \ldots$ ist gleich dem kleinsten gemeinschaftlichen Vielfachen der Periodenlängen für alle die Brüche, deren Nenner die einzelnen Faktoren $n_1, n_2, \ldots$ sind.

9. Da, wenn f die Periodenlänge für den Nenner n ist, $10^{f} - 1$ durch n teilbar sein muß, so hat man alle Nenner n, die eine gegebene Periodenlänge f haben, unter den Teilern von $10^{f} - 1$ zu suchen. Umgekehrt ist die Periodenlänge eines Bruches, dessen Nenner ein Teiler von $10^{f} - 1$ ist, entweder gleich f oder gleich einem Teiler von f. Es gibt also nur eine bestimmte Anzahl von Nennern solcher Brüche, die eine gegebene Periodenlänge f haben.

Beispielsweise kommen eingliedrige Perioden nur bei den Nennern $n = 3$ und $n = 9$ vor:

$$\tfrac{1}{3} = 0{,}33\ldots, \quad \tfrac{1}{9} = 0{,}111\ldots.$$

Die Periodenlänge 2 kommt nur bei Brüchen vor, deren Nenner ein Teiler von 99 ist, also bei $n = 11, 33, 99$, die Periodenlänge 3 bei

Brüchen, deren Nenner Teiler von $999 = 27 \cdot 37$ sind, usf. Bei größeren Periodenlängen bietet die Zerlegung von $10^f - 1$ in seine Primfaktoren Schwierigkeiten, zu deren Überwindung, wenn man die Zerlegung nicht aus den vorhandenen Tafeln entnehmen will oder kann, besondere Kunstgriffe angewendet werden müssen.[1]) Es ist z. B.:

$$10^4 - 1 = 9 \cdot 11 \cdot 101,$$
$$10^5 - 1 = 9 \cdot 41 \cdot 271,$$
$$10^6 - 1 = 27 \cdot 7 \cdot 11 \cdot 13 \cdot 37,$$
$$10^7 - 1 = 9 \cdot 239 \cdot 4649,$$
$$10^8 - 1 = 9 \cdot 11 \cdot 73 \cdot 101 \cdot 137.$$

Alle hier vorkommenden Faktoren als Nenner ergeben höchstens achtgliedrige Perioden.

10. Gauß hat die periodischen Dezimalbrüche in den Disqu. arithm. art. 313—318 eingehend behandelt. Er gibt dort eine Tabelle, die für alle Primzahlen und Primzahlpotenzen unter 100 die Perioden vollständig enthält, und diese Tabelle ist, auf die Primzahlen und Primzahlpotenzen unter 1000 fortgesetzt, im 2. Band der Werke S. 411 aus Gauß' Nachlaß veröffentlicht. Gauß zeigt an der angeführten Stelle, wie man mit Hilfe dieser Tafeln die Dezimalbruchentwicklung der Brüche, deren Nenner mehrere verschiedene Primfaktoren enthalten, auch für sehr große Nenner ableiten kann, indem man diese Brüche als Summen von Brüchen darstellt, die die einzelnen Primfaktoren zu Nennern haben.

Zu erwähnen ist hier noch die Programmabhandlung von H. Bork, Periodische Dezimalbrüche, Berlin 1895, die außer der Entwicklung der Hauptsätze über periodische Dezimalbrüche eine Tafel nach Rechnungen von F. Keßler enthält, in der zwar nicht die Periode selbst, aber die Länge der Perioden für alle Primzahlen unter 100000 angegeben ist. Diese Tabelle ist von H. Hertzer, Arch. d. Math. u. Phys. (3) **2** (1902) bis zur Primzahl 111229 ausgedehnt worden. Ferner sei hingewiesen auf J. Mayer, Über die Größe der Periode eines unendlichen Dezimalbruches, Progr. Burghausen 1887/88. J. Sachs, Tafeln zum mathem. Unterricht, Progr. B.-Baden 1898.

§ 67*. Quadratische Reste.

1. Eine Zahl a heißt quadratischer Rest von m, wenn sie nach dem Modul m einer Quadratzahl kongruent ist, wenn also die Kongruenz

$$(1) \qquad\qquad x^2 \equiv a \pmod{m}$$

lösbar ist. Besitzt sie keine Lösung, so heißt a quadratischer **Nicht-rest** von m.

---

1) Bis $f = 46$ findet sich die Faktorenzerlegung bei C. G. Reuschle, Neue zahlentheor. Tabellen, Progr. Stuttgart 1856.

Es ist $$x^2 \equiv (m - x)^2 \,(\mathrm{mod}\, m),$$

daher geben unter den Quadraten der Zahlen eines vollständigen Reste-systems mod m:
$$0^2,\ 1^2,\ 2^2,\ \ldots (m - 1)^2$$

je zwei Zahlen x^2 und $(m - x)^2$ denselben Rest nach m, und andere Reste als diese können bei der Division von Quadratzahlen durch m nicht auftreten. Man erhält daher gewiß alle quadratischen Reste aus der Division der Zahlen x^2 durch m und braucht dabei x nicht größer als $\frac{1}{2}m$ anzunehmen. Es folgt:

Die Anzahl der quadratischen Reste von m ist höchstens gleich $\frac{1}{2}m + 1$.

Die übrigen Reste von m, die niemals Reste von Quadratzahlen sein können, sind die quadratischen **Nichtreste.** Ihre Anzahl ist mindestens gleich $\frac{1}{2}m - 1$.

So erhält man z. B. für $m = 15$ unschwer als

quadratische Reste: 0, 1, 4, 6, 9, 10

„   Nichtreste: 2, 3, 5, 7, 8, 11, 12, 13, 14.

2. Wir betrachten im folgenden nur die quadratischen Reste und Nichtreste von ungraden Primzahlen und schließen dabei ein für allemal den selbstverständlichen Rest 0 aus. Man erhält die quadratischen Reste der Primzahl p als Reste der Zahlen

$$(2) \qquad\qquad 1^2,\ 2^2,\ 3^2,\ \ldots \left(\frac{p - 1}{2}\right)^2.$$

Von diesen geben keine zwei Zahlen x^2 und y^2 nach p denselben Rest, denn sonst müßte $x^2 - y^2 = (x + y)(x - y)$ durch p teilbar sein, was nicht möglich ist, da jeder der beiden Faktoren kleiner als p ist. Es sind also die kleinsten positiven Reste der Reihe (2) sämtlich voneinander verschieden, und wir haben den Satz:

Unter den Zahlen $1, 2, 3, \ldots p - 1$ des reduzierten Reste-systems einer ungraden Primzahl p sind $\dfrac{p - 1}{2}$ quadratische Reste und ebensoviele Nichtreste.

Ist g eine primitive Wurzel von p, so bilden die Potenzen $g^0, g^1, g^2, \ldots g^{p-2}$ ein reduziertes Restesystem mod p. (§ 65, 4.) Von ihnen sind die graden Potenzen
$$g^0,\ g^2,\ g^4,\ \ldots g^{p-3}$$

offenbar quadratische Reste von p, und zwar sämtliche quadratischen Reste, da ihre Anzahl $\dfrac{p - 1}{2}$ ist; folglich stellen die ungraden Potenzen
$$g^1,\ g^3,\ g^5,\ \ldots g^{p-2}$$

die quadratischen Nichtreste von p vor.

Wo kein Mißverständnis zu befürchten ist, werden wir fortan anstatt „quadratische Reste" schlechtweg „Reste" sagen.

3. Die folgende Tabelle enthält die Reste und Nichtreste der Primzahlen bis $p = 23$, und zwar sind die Reste durch +, die Nichtreste durch — gekennzeichnet.[1]

p	1	2	3	4	5	6	7	8	9	10	11	12	13	14	15	16	17	18	19	20	21	22
3	+	—																				
5	+	—	—	+																		
7	+	+	—	+	—	—																
11	+	—	+	+	+	—	—	—	+	—												
13	+	—	+	+	—	—	—	—	+	+	—	+										
17	+	+	—	+	—	—	—	+	+	—	—	—	+	—	+	+						
19	+	—	—	+	+	+	+	—	+	—	+	—	—	—	—	+	+	—				
23	+	+	+	+	—	+	—	+	+	—	—	+	+	—	—	+	—	+	—	—	—	—

Um anzudeuten, ob eine Zahl a Rest oder Nichtrest einer Primzahl p ist, bedient man sich zweckmäßig eines von Legendre eingeführten Zeichens $\left(\dfrac{a}{p}\right)$ und versteht darunter einen der Werte $+1$ oder -1, und zwar sei

$$(3) \quad \left(\frac{a}{p}\right) = +1, \text{ wenn } a \text{ quadratischer Rest} \qquad \text{von } p,$$

$$\left(\frac{a}{p}\right) = -1, \quad \text{„} \quad a \quad \text{„} \qquad \text{Nichtrest „ } p.$$

Man nennt diesen der Zahl a in bezug auf den Modul p zugeordneten Wert des Legendreschen Symbols $\left(\dfrac{a}{p}\right)$ den (quadratischen) Restcharakter der Zahl $a \pmod p$. Die obige Tabelle gibt direkt die Restcharaktere der Zahlen in bezug auf die betreffenden Primzahlen. So ist z. B.

$$\left(\tfrac{7}{19}\right) = +1; \quad \left(\tfrac{3}{17}\right) = -1.$$

Mit a ist gleichzeitig jede zur selben Restklasse gehörige Zahl Rest oder Nichtrest von p, d. h.:

Ist $$a \equiv a' \pmod p,$$ so ist

$$(4) \quad \left(\frac{a}{p}\right) = \left(\frac{a'}{p}\right).$$

4. Wir wollen das Legendresche Symbol in Beziehung setzen mit einem von Euler angegebenen Kennzeichen, um zu entscheiden, ob eine Zahl a Rest oder Nichtrest von p ist. Man nennt es das Eulersche Kriterium.

Für jede durch p nicht teilbare Zahl x ist nach dem Fermatschen Satz

---

[1] Gauß (Werke 2, 399) hat eine Tafel der quadratischen Reste der Primzahlen bis 503 berechnet.

$$x^{p-1} - 1 = \left(x^{\frac{p-1}{2}} - 1\right)\left(x^{\frac{p-1}{2}} + 1\right) \equiv 0 \ (\mathrm{mod}\, p).$$

Es ist also für jede solche Zahl x

$$\text{entweder } x^{\frac{p-1}{2}} \equiv 1 \ (\mathrm{mod}\, p) \quad \text{oder } x^{\frac{p-1}{2}} \equiv -1 \ (\mathrm{mod}\, p).$$

Beide Kongruenzen können nicht gleichzeitig für dieselbe Zahl x bestehen, sonst müßte ihre Differenz 2 durch p teilbar sein.

Ist nun a ein quadratischer Rest von p, so gibt es eine Zahl c, so daß

$$c^2 \equiv a \ (\mathrm{mod}\, p)$$

ist, und es ist wieder nach dem Fermatschen Satz

$$a^{\frac{p-1}{2}} \equiv c^{p-1} \equiv 1 \ (\mathrm{mod}\, p),$$

folglich genügt jeder quadratische Rest der Kongruenz

$$x^{\frac{p-1}{2}} \equiv 1 \ (\mathrm{mod}\, p).$$

Dieser Kongruenz genügen alle $\dfrac{p-1}{2}$ quadratischen Reste, und weil sie nach § 63, 3. nicht mehr Lösungen haben kann, so genügt ihr kein Nichtrest. Die quadratischen Nichtreste müssen also der zweiten Kongruenz

$$x^{\frac{p-1}{2}} \equiv -1 \ (\mathrm{mod}\, p)$$

genügen. Hiermit ergibt sich das Eulersche Kriterium[1]):

Eine Zahl a ist quadratischer Rest oder Nichtrest von p, je nachdem

$$a^{\frac{p-1}{2}} \equiv +1 \text{ oder } a^{\frac{p-1}{2}} \equiv -1 \ (\mathrm{mod}\, p) \qquad \text{ist.}$$

Mit Hilfe des **Legendre**schen Symbols werden nun diese beiden Kongruenzen in eine zusammengefaßt:

Es ist für jede durch p nicht teilbare Zahl a

$$(5) \qquad a^{\frac{p-1}{2}} \equiv \left(\frac{a}{p}\right) \ (\mathrm{mod}\, p).$$

5. Aus der letzten Kongruenz entspringt ein wichtiger Satz über das Rechnen mit den **Legendre**schen Symbolen und in Verbindung damit über die quadratischen Reste und Nichtreste. Es ist für eine zweite durch p nicht teilbare Zahl b

$$b^{\frac{p-1}{2}} \equiv \left(\frac{b}{p}\right) \ (\mathrm{mod}\, p),$$

folglich:
$$a^{\frac{p-1}{2}} b^{\frac{p-1}{2}} \equiv \left(\frac{a}{p}\right)\left(\frac{b}{p}\right) \ (\mathrm{mod}\, p).$$

---

1) **Euler**, Opusc. anal. **1** (1783), 242. Der Satz läßt sich auch sehr einfach ohne Hilfe des **Fermat**schen, aber mit Benutzung des **Wilson**schen Satzes ganz analog dem Satz § 62, **2. 3.** beweisen.

Andererseits ist $a^{\frac{p-1}{2}} b^{\frac{p-1}{2}} = (ab)^{\frac{p-1}{2}} \equiv \left(\dfrac{ab}{p}\right) \pmod{p}$, also folgt:

Für irgend zwei durch p nicht teilbare Zahlen a und b ist

$$(6) \qquad \left(\frac{a}{p}\right)\left(\frac{b}{p}\right) = \left(\frac{ab}{p}\right).$$

Es wird also $\left(\dfrac{ab}{p}\right) = +1$, wenn $\left(\dfrac{a}{p}\right)$ und $\left(\dfrac{b}{p}\right)$ gleiche Vorzeichen, $\left(\dfrac{ab}{p}\right) = -1$, wenn $\left(\dfrac{a}{p}\right)$ und $\left(\dfrac{b}{p}\right)$ ungleiche Vorzeichen haben. Hieraus folgt aber:

Das Produkt von zwei Resten oder von zwei Nichtresten ist ein Rest.

Das Produkt aus einem Rest und einem Nichtrest ist ein Nichtrest.

So ist für $p = 23$

$$\left(\tfrac{8}{23}\right) = +1, \ \left(\tfrac{11}{23}\right) = -1, \ \left(\tfrac{14}{23}\right) = -1, \ \left(\tfrac{18}{23}\right) = +1$$

$$\left(\tfrac{8}{23}\right)\left(\tfrac{18}{23}\right) = \left(\tfrac{144}{23}\right) = \left(\tfrac{6}{23}\right) = +1; \ \left(\tfrac{11}{23}\right)\left(\tfrac{14}{23}\right) = \left(\tfrac{154}{23}\right) = \left(\tfrac{16}{23}\right) = +1.$$

$$\left(\tfrac{8}{23}\right)\left(\tfrac{11}{23}\right) = \left(\tfrac{88}{23}\right) = \left(\tfrac{19}{23}\right) = -1.$$

6. Nehmen wir in der Kongruenz (5) $a = -1$, so wird sie

$$\left(\frac{-1}{p}\right) \equiv (-1)^{\frac{p-1}{2}} \pmod{p}.$$

Da aber hier die rechte wie die linke Seite nur den Wert $+1$ oder -1 haben kann, so folgt an Stelle der Kongruenz die Gleichung

$$(7) \qquad \left(\frac{-1}{p}\right) = (-1)^{\frac{p-1}{2}}.$$

Die rechte Seite hat den Wert $+1$, wenn $\dfrac{p-1}{2}$ grade $= 2k$, also $p = 4k + 1$, sie hat den Wert -1, wenn $\dfrac{p-1}{2}$ ungrade $= 2k + 1$, also $p = 4k + 3$ ist. Damit haben wir den wichtigen, von Fermat[1]) aufgestellten, aber erst von Euler[2]) bewiesenen Satz:

Die Zahl -1 (oder $p-1$) ist quadratischer Rest aller Primzahlen von der Form $4k + 1$ und Nichtrest aller Primzahlen von der Form $4k + 3$.

Dieser Satz ist gleichbedeutend mit dem bereits § 62, **4.** sowie § 63, **10.** bewiesenen Satze.

---

1) **Fermat,** Varia op. math. (1679), **168.** Diese Werke wurden erst nach Fermats Tode (er starb 1665) von seinem Sohne herausgegeben. Die Entdeckung des Satzes ist etwa um 1640 anzusetzen.

2) **Euler,** Opusc. anal. 1 (1783), **64, 121.**

Nach (4) und (6) ist $\left(\dfrac{p-a}{p}\right) = \left(\dfrac{-a}{p}\right) = \left(\dfrac{-1}{p}\right) \left(\dfrac{a}{p}\right)$ und auf Grund des eben bewiesenen Satzes kann man schließen:

Ist $p = 4k + 1$, so sind in der Reihe der Zahlen

$$1, 2, 3, \ldots p - 1$$

je zwei gleichweit von den Enden abstehende Zahlen gleichzeitig Reste oder Nichtreste. Ist aber $p = 4k + 3$, so ist immer eine der beiden Zahlen ein Rest, die andere ein Nichtrest.

Die Tabelle in **3.** läßt dies deutlich erkennen.

7. Das Eulersche Kriterium liefert zwar theoretisch ein Mittel zu entscheiden, ob eine gegebene Zahl a Rest oder Nichtrest einer gegebenen Primzahl p ist, aber praktisch ist es für größere Zahlen kaum anwendbar, es beantwortet auch (außer für $a = -1$) nicht die Frage: von welchen Primzahlen ist eine gegebene Zahl a Rest, von welchen ist sie Nichtrest? Diese Frage wird allgemein durch den Reziprozitätssatz beantwortet, man kann sie aber in jedem einzelnen Fall durch einen Satz von Gauß entscheiden, der unter dem Namen Gaußsches Lemma[1]) bekannt ist.

Es sei a eine durch p nicht teilbare Zahl. Wir bilden die $\frac{1}{2}(p-1)$ Vielfachen von a:

$$(8) \qquad a, 2a, 3a, \ldots \frac{p-1}{2} a$$

und betrachten die absolut kleinsten Reste dieser Zahlen mod p. Sie werden unter den Zahlen

$$(9) \qquad \pm 1, \pm 2, \ldots \pm \frac{p-1}{2}$$

zu suchen sein und eine gewisse Anzahl μ von ihnen wird negativ sein. Unter diesen absolut kleinsten Resten kommen aber nicht zwei mit dem gleichen absoluten Wert vor, denn das könnte nur der Fall sein, wenn für zwei Zahlen ha und ka der Reihe (8) entweder $ha \equiv ka$ oder $ha \equiv -ka$ wäre, es müßte also entweder $h - k$ oder $h + k$ durch p teilbar sein und das ist nicht möglich, da jede der Zahlen h und k kleiner als $\frac{1}{2}p$ ist. Demnach stimmen die Zahlen (9) vom Vorzeichen und von der Reihenfolge abgesehen mit den Zahlen

$$1, 2, 3, \ldots \frac{p-1}{2}$$

überein, mithin besteht für ihr Produkt P die Kongruenz

$$P \equiv (-1)^{\mu} \cdot 1 \cdot 2 \cdot 3 \ldots \frac{p-1}{2} \pmod{p}.$$

____

1) Gauß (Werke 2, 51) bezeichnet den Satz als Lemma (Hilfssatz), weil er ihn bei seinem dritten und fünften Beweise des Reziprozitätsgesetzes benutzt.

Andererseits ist aber P auch dem Produkt der Zahlen (8) kongruent:

$$P \equiv a^{\frac{p-1}{2}} \cdot 1 \cdot 2 \cdot 3 \ldots \frac{p-1}{2},$$

folglich ist

$$(10) \qquad a^{\frac{p-1}{2}} \equiv (-1)^{\mu} \pmod{p}$$

und mit (5) ergibt sich jetzt:

$$(11) \qquad \left(\frac{a}{p}\right) = (-1)^{\mu}.$$

Wir haben also in der Abzählung der negativen absolut kleinsten Reste (9) ein einfaches Mittel, um in jedem Fall den Restcharakter einer Zahl zu bestimmen, und können nunmehr das Gaußsche Lemma aussprechen:

Eine durch p nicht teilbare Zahl a ist quadratischer Rest oder Nichtrest von p, je nachdem unter den absolut kleinsten Resten der Zahlen (8) eine grade oder ungrade Anzahl negativer vorkommt.

8. Wir wenden das Gaußsche Lemma an, um zu bestimmen, von welchen Primzahlen die Zahl 2 Rest, von welchen sie Nichtrest ist.

Die Reihe (8) lautet für $a = 2$

$$(12) \qquad 2, 4, 6, 8, \ldots p - 1$$

und dies sind gleichzeitig die kleinsten positiven Reste dieser Zahlen. Die Anzahl μ der negativen absolut kleinsten Reste stimmt überein mit der Anzahl unter den Resten (12), welche größer sind als $\frac{p}{2} \cdot$. Sei nun

1. $p = 4k + 1$. Dann lautet die Reihe (12):

$$2, 4, 6, \ldots 2k \mid 2k + 2, \ldots 4k.$$

Die nach dem Strich stehenden Reste sind $> \frac{p}{2}$, ihre Anzahl ist k, also ist $\mu = k$ und es folgt:

Die Zahl 2 ist Rest,   wenn k grade $= 2m$,   also $p = 8m + 1$,

„   „ 2 „ Nichtrest, „ k ungrade $= 2m + 1$, „ $p = 8m + 5$.

Ist aber

2. $p = 4k + 3$, so lautet die Reihe (12):

$$2, 4, 6, \ldots 2k \mid 2k + 2, \ldots 4k + 2$$

und die Anzahl der Reste $> \frac{p}{2}$ ist $\mu = k + 1$. Es folgt:

Die Zahl 2 ist Rest,   wenn k ungrade $= 2m + 1$, also $p = 8m + 7$,

„   „ 2 „ Nichtrest, „ k grade $= 2m$,   „ $p = 8m + 3$.

Zusammenfassend haben wir:

Die Zahl 2 ist quadratischer Rest aller Primzahlen von der Form $8m + 1$ und $8m + 7$, Nichtrest aller Primzahlen von der Form $8m + 3$ und $8m + 5$.

Mit diesem Satz kann man den Satz **6.** über den quadratischen Restcharakter von -1 verbinden und findet:

Die Zahl -2 ist quadratischer Rest aller Primzahlen von der Form $8m + 1$ und $8m + 3$, Nichtrest aller Primzahlen von der Form $8m + 5$ und $8m + 7$.

9. Wir wollen ferner das Gaußsche Lemma auf den Fall $a = 3$ anwenden. Die Reihe (8) lautet dann:

$$(13) \qquad 3, 6, 9, \ldots 3 \cdot \frac{p-1}{2}.$$

Jede ungrade Primzahl ist entweder von der Form $6k + 1$ oder $6k + 5$. Sei

1. $p = 6k + 1$. Dann lautet die Reihe:

$$3, 6, 9, \ldots 3k \mid 3(k+1), \ldots 3 \cdot 2k \mid 3(2k+1), \ldots 3 \cdot 3k.$$

Wir haben sie in drei Teile zerlegt. Die Zahlen im ersten Abschnitt sind alle $< \frac{p}{2}$, die im zweiten sind zwischen $\frac{p}{2}$ und p, die Zahlen im dritten Abschnitt sind $> p$. Ihre kleinsten positiven Reste sind

$$2, 5, 8, \ldots 3k - 1,$$

also alle $< \frac{p}{2}$, folglich ist die Anzahl μ der negativen absolut kleinsten Reste gleich der Anzahl der Zahlen des zweiten Abschnitts und es wird

$$(14)_1 \qquad \qquad \mu = k.$$

Ist aber

2. $p = 6k + 5$, so lautet die Reihe (13):

$$3, 6, 9, \ldots 3k \mid 3(k+1), \ldots 3(2k+1) \mid 3(2k+2) \ldots 3(3k+2).$$

Hier sind wieder die Zahlen des dritten Abschnitts $> p$, ihre kleinsten positiven Reste sind

$$1, 4, 7, \ldots 3k + 1,$$

also alle $< \frac{p}{2}$, ebenso wie die Zahlen des ersten Abschnitts, während die des zweiten Abschnitts zwischen $\frac{p}{2}$ und p liegen. Sie allein liefern negative absolut kleinste Reste und ihre Anzahl ist

$$(14)_2 \qquad \qquad \mu = k + 1.$$

Mit den Werten $(14)_1$ und $(14)_2$ für μ erhält man nun leicht den Satz:

Die Zahl 3 ist quadratischer Rest aller Primzahlen von der Form $12m + 1$ und $12m + 11$, Nichtrest aller Primzahlen von der Form $12m + 5$ und $12m + 7$.

Man schließt daraus sogleich, daß die Zahl -3 quadratischer Rest aller Primzahlen von der Form $12m + 1$ und $12m + 7$, Nichtrest der Primzahlen von der Form $12m + 5$ und $12m + 11$ ist und kann dafür einfacher sagen:

Die Zahl -3 ist quadratischer Rest aller Primzahlen von der Form $6k + 1$, Nichtrest aller Primzahlen von der Form $6k + 5$.

10. Wir nehmen nun die allgemeine in 7. ausgesprochene Aufgabe in Angriff. Ist a eine positive zusammengesetzte Zahl, so kann man auf Grund von (6) die Berechnung des Symbols $\left(\dfrac{a}{p}\right)$ auf die Symbole für die einzelnen Faktoren von a zurückführen. Dabei kann man von allen quadratischen Faktoren absehen, denn für jede Quadratzahl c^2 ist $\left(\dfrac{c^2}{p}\right) = +1$. Spaltet man also von a den größten darin enthaltenen quadratischen Teiler ab, so bleibt eine nur aus einfachen Primfaktoren zusammengesetzte Zahl. Sie kann die Primzahl 2 und noch eine Anzahl ungrader Primzahlen, aber jede nur einmal enthalten. Es ist also das Symbol $\left(\dfrac{a}{p}\right)$ zurückgeführt auf die Symbole $\left(\dfrac{2}{p}\right)$ und $\left(\dfrac{q}{p}\right)$, wenn q irgendeine ungrade von p verschiedene Primzahl bedeutet. Ist a eine negative Zahl, so kommt noch das Symbol $\left(\dfrac{-1}{p}\right)$ hinzu. Die Symbole $\left(\dfrac{-1}{p}\right)$ und $\left(\dfrac{2}{p}\right)$ sind mit den obigen Sätzen bestimmt, es bleibt also noch das Symbol $\left(\dfrac{q}{p}\right)$ zu ermitteln oder die folgende Aufgabe zu lösen:

Von welchen ungraden Primzahlen p ist eine gegebene ungrade Primzahl q Rest, von welchen ist sie Nichtrest?

11. Diese Aufgabe wird allgemein durch das berühmte Reziprozitätsgesetz (abgekürzt RG) gelöst, welches zuerst von Euler[1]) ausgesprochen, dann auch von Legendre durch Induktion gefunden, aber erst von Gauß bewiesen worden ist.

Der Inhalt des Gesetzes läßt sich so aussprechen:

Ist von den beiden ungraden Primzahlen p, q wenigstens eine von der Form $4k + 1$, so ist q Rest oder Nichtrest von p, je nachdem p Rest oder Nichtrest von q ist. Sind beide Primzahlen p, q von der Form $4k + 3$, so ist q Rest von p, wenn p Nichtrest von q ist und umgekehrt.

---

1) Euler, Opusc. anal. 1 (1783), 64. Legendre, Hist. de l'Ac. des Sc. (1785) 465. Gauß, Disqu. arithm. (1801) § 131 ff. Gauß hat diesen seinen ersten Beweis bereits im April 1796 nach einem Jahr des angestrengtesten Nachdenkens gefunden. (Vgl. Werke **2**, 4.)

Mit Benutzung des Legendreschen Symbols läßt sich der Satz in die eine Gleichung

$$(15) \qquad \left(\frac{p}{q}\right)\left(\frac{q}{p}\right) = (-1)^{\frac{p-1}{2}\cdot\frac{q-1}{2}}$$

zusammenfassen. Dieser Satz ist einer der wichtigsten der Zahlentheorie und es sind für ihn eine Fülle von Beweisen gegeben worden.[1]) Gauß ist immer und immer wieder auf ihn zurückgekommen; er hat bis zum Jahre 1818 sechs auf ganz verschiedenen Grundlagen beruhende Beweise gegeben und zwei weitere fanden sich noch in seinem Nachlaß.[2]) Die spätere Forschung ist auf den von ihm eröffneten Wegen weitergegangen; sie hat die verschiedensten Gebiete der höheren Mathematik, die Theorie der Potenzreste, der quadratischen Formen, der höheren Kongruenzen, der Reihen, der Kreisteilungsgleichungen zur Begründung des Satzes herangezogen, und die hiermit verknüpften Untersuchungen haben wiederum befruchtend auf jene Gebiete gewirkt und zu sehr wichtigen Fortschritten der Wissenschaft geführt. Gleichzeitig ist es gelungen, den Beweis des Satzes immer einfacher und durchsichtiger zu gestalten[3]), so daß er, um den sich zuerst ein Euler und ein Legendre vergeblich bemüht haben, jetzt mit ganz elementaren Mitteln geführt werden kann. Wir geben hier den schönen Beweis von Frobenius.[4])

12. Ehe wir an den Beweis des RG herantreten, wollen wir an einem Beispiel zeigen, daß es uns tatsächlich in den Stand setzt, die Aufgabe aus 7. zu lösen.

Es sei der Restcharakter der Zahl 5 zu bestimmen. Für jede ungrade Primzahl p können wir eine der Formen $10m + 1$, $10m + 3$, $10m + 7$, $10m + 9$ ansetzen. Nach dem RG ist immer, da 5 von der Form $4k + 1$ ist,

$$\left(\frac{5}{p}\right) = \left(\frac{p}{5}\right),$$

also ist, je nachdem p von einer der vier Formen ist,

$$\left(\frac{5}{p}\right) = \left(\frac{10m + 1}{5}\right) = \left(\frac{1}{5}\right) = 1$$

$$\left(\frac{5}{p}\right) = \left(\frac{10m + 3}{5}\right) = \left(\frac{3}{5}\right) = -1$$

$$\left(\frac{5}{p}\right) = \left(\frac{10m + 7}{5}\right) = \left(\frac{2}{5}\right) = -1$$

$$\left(\frac{5}{p}\right) = \left(\frac{10m + 9}{5}\right) = \left(\frac{4}{5}\right) = 1.$$

---

1) Einen Bericht über die wichtigsten Beweise bis 1883 hat O. Baumgart, Üb. d. quadr. Reziprozitätsgesetz, Leipzig 1885, gegeben. Er wurde in wesentlichen Teilen ergänzt und fortgeführt von P. Bachmann, Niedere Zahlenth. 1 (1902), der 52 Beweise aufzählt.

2) Die Gaußschen Beweise sind deutsch von Netto in Ostwalds Klassikern Nr. 14 herausgegeben worden.

3) Zu den einfachsten Beweisen gehört der des Pfarrers Zeller, Berl. Monatsber. 1872. (Vgl. dazu Dedekind, Festschrift f. H. Weber, Leipzig 1912.)

4) Frobenius, Üb. d. quadr. Reziprozitätsgesetz. Berl. Sitzungsb. 1914.

Es ist also die Zahl 5 quadratischer Rest aller Primzahlen von der Form $10m + 1$ und $10m + 9$, Nichtrest aller Primzahlen von der Form $10m + 3$ und $10m + 7$.

Ein zweites Beispiel möge zeigen, wie man mit Hilfe des RG den Wert eines vorgelegten Legendreschen Symbols auch für große Zahlen ermitteln kann, wo man mit dem Eulerschen Kriterium kaum zum Ziel kommt.

Es sei der Wert des Symbols $\left(\frac{1087}{1847}\right)$ zu bestimmen.

Unter wiederholter Anwendung des RG und des Restcharakters von 2 (Satz 8) erhält man:

$$\left(\tfrac{1087}{1847}\right) = - \left(\tfrac{1847}{1087}\right) = - \left(\tfrac{760}{1087}\right) = - \left(\tfrac{4}{1087}\right)\left(\tfrac{2}{1087}\right)\left(\tfrac{5}{1087}\right)\left(\tfrac{19}{1087}\right)$$
$$= + \left(\tfrac{1087}{5}\right)\left(\tfrac{1087}{19}\right) = \left(\tfrac{2}{5}\right)\left(\tfrac{4}{19}\right) = - 1.$$

Es ist also 1087 Nichtrest von 1847 und folglich nach dem RG 1847 oder 760 Rest von 1087.

13. Beim Beweise des RG gehen wir von dem Gaußschen Lemma aus. Nach ihm ist

$$(16) \qquad \left(\frac{q}{p}\right) = (- 1)^{\mu}, \quad \left(\frac{p}{q}\right) = (- 1)^{\nu},$$

wenn μ die Anzahl der negativen absolut kleinsten Reste mod p der Zahlen

$$(17) \qquad q, \, 2q, \, 3q, \, \ldots \frac{p - 1}{2}\, q,$$

ν die entsprechende Anzahl mod q der Zahlen

$$(18) \qquad p, \, 2p, \, 3p, \, \ldots \frac{q - 1}{2}\, p \quad \text{bedeutet.}$$

Wir bezeichnen die Zahlen der Reihe (17) mit qx, die der Reihe (18) mit py, verstehen also unter x eine Veränderliche, die die Werte

$$(19) \qquad 1, \, 2, \, 3, \, \ldots \frac{p - 1}{2},$$

unter y eine Veränderliche, die die Werte

$$(20) \qquad 1, \, 2, \, 3, \, \ldots \frac{q - 1}{2} \quad \text{annehmen kann.}$$

Der absolut kleinste Rest mod p einer Zahl aus (17) ist $qx - pm$, falls m so gewählt wird, daß

$$- \frac{p}{2} < qx - pm < \frac{p}{2}$$

ist. Zu jedem x gibt es nur einen solchen Wert von m. Von diesen Resten sind nur die negativen zu betrachten, für die also

$$- \frac{p}{2} < qx - pm < 0.$$

Es ist also für jedes solche m

$$0 < qx < pm < qx + \frac{p}{2} < \frac{pq}{2} + \frac{p}{2},$$

folglich ist
$$0 < m < \frac{q+1}{2},$$

d. h. die Zahlen m gehören derselben Reihe (20) an, wie die Veränderliche y. Man kann daher y an Stelle von m schreiben und findet:

Die Anzahl μ gibt an, für wieviel Wertepaare x, y

$$(21) \qquad -\frac{p}{2} < qx - py < 0$$

ist, wenn die x auf die Zahlen (19), die y auf die Zahlen (20) beschränkt werden.

Entsprechend gibt die Anzahl ν an, für wieviel Wertepaare x, y unter den gleichen Bedingungen

$$-\frac{q}{2} < py - qx < 0$$

oder
$$(22) \qquad 0 < qx - py < \frac{q}{2} \qquad \text{ist.}$$

Die Gesamtzahl der überhaupt zulässigen Wertepaare x, y ist

$$\varrho = \frac{p-1}{2} \cdot \frac{q-1}{2},$$

aber davon entsprechen nur μ Paare der Bedingung (21) und ν Paare der Bedingung (22).

14. Wir gewinnen eine anschauliche Vorstellung über diese Wertepaare x, y, wenn wir uns die Bedingungen (19), (20), (21), (22) geometrisch klarmachen.[1])

Wir deuten x, y als rechtwinklige Koordinaten und nennen die Punkte mit ganzzahligen x, y Gitterpunkte. Wir betrachten ein Rechteck, dessen eine Ecke O im Nullpunkt, die zweite A auf der x-Achse mit der Abszisse $x = \frac{p+1}{2}$, die dritte B auf der y-Achse mit der Ordinate $y = \frac{q+1}{2}$ liegt. Die vierte Ecke C hat dann die Koordinaten $\frac{p+1}{2} \mid \frac{q+1}{2}$. Innerhalb dieses Rechteckes liegen

$$(23) \qquad \varrho = \frac{p-1}{2} \cdot \frac{q-1}{2} \qquad \text{Gitterpunkte.}$$

Wir zeichnen nun drei grade Linien mit den Gleichungen

$$qx - py = -\frac{p}{2}, \quad qx - py = 0, \quad qx - py = +\frac{q}{2}.$$

---

1) Eine solche geometrische Veranschaulichung findet sich bereits in dem Beweise von Eisenstein, Journ. f. Math. **28** (1844), 246. Wir setzen hier die elementarsten Begriffe der analytischen Geometrie voraus.

Sie sind parallel. Die erste geht durch den Punkt $P(0 \mid \tfrac{1}{2})$ auf der y-Achse und durch den Punkt $P'\left(\dfrac{p}{2} \mid \dfrac{q+1}{2}\right)$ auf der Seite BC des Rechtecks; die dritte geht durch den Punkt $Q(\tfrac{1}{2} \mid 0)$ auf der x-Achse und durch den Punkt $Q'\left(\dfrac{p+1}{2} \mid \dfrac{q}{2}\right)$ auf der Seite AC des Rechtecks. Die zweite Grade verläuft parallel zu diesen beiden Graden durch den Nullpunkt. Man sieht nun sogleich, daß den μ Wertepaaren x, y, welche die Bedingung (21) erfüllen, die Gitterpunkte zwischen der ersten und zweiten Graden, dagegen den ν Wertepaaren x, y, welche die Bedingung (22) erfüllen, die Gitterpunkte zwischen der zweiten und dritten Graden entsprechen. Es liegen also zwischen der Graden PP' und der Graden QQ' im ganzen $\mu + \nu$ Gitterpunkte. Man sieht sehr leicht, daß kein Gitterpunkt auf den drei Graden im Innern des Rechteckes

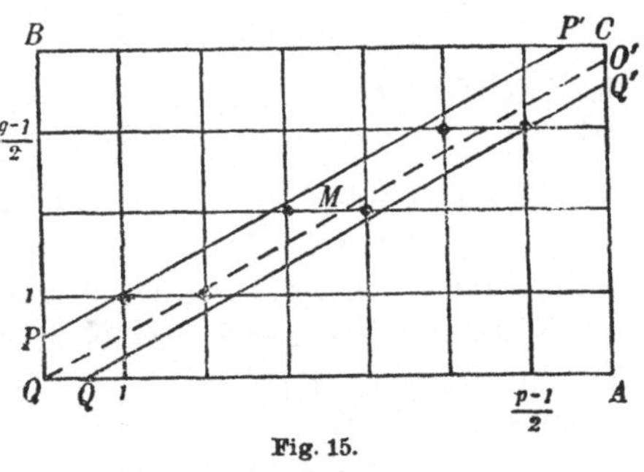

Fig. 15.

liegt. Die übrigen Gitterpunkte innerhalb des Rechtecks liegen in den Dreiecken PBP' und QAQ'. Diese sind aber kongruent und kommen durch eine halbe Umdrehung um den Mittelpunkt M des Rechtecks zur Deckung, folglich enthalten sie dieselbe Anzahl δ von Gitterpunkten.[1] Es ist daher die Gesamtzahl der Gitterpunkte

$$\varrho = \mu + \nu + 2\delta,$$

folglich:
$$(-1)^\varrho = (-1)^{\mu+\nu},$$

und mit (16) und (23) erhält man jetzt:

$$\left(\frac{p}{q}\right)\left(\frac{q}{p}\right) = (-1)^{\frac{p-1}{2} \cdot \frac{q-1}{2}},$$

womit das RG bewiesen ist.

Elfter Abschnitt.

Quadratische Formen. Quadratische Irrationalzahlen. Periodische Kettenbrüche.

§ 68*. Aus der Lehre von den quadratischen Formen.

1. Ein Ausdruck von der Form

(1)
$$f = ax^2 + bxy + cy^2,$$

in dem a, b, c gegebene feste Zahlen, x, y dagegen unbestimmte Zahlen

---

[1] Dieser Schluß kann auch leicht rein arithmetisch bewiesen und damit der ganze Beweis seines geometrischen Gewandes entkleidet werden.

bedeuten, heißt eine (binäre) quadratische Form.[1]) Es sei zunächst mindestens einer der beiden Koeffizienten a und c, etwa a von Null verschieden. Multipliziert man dann f mit $4a$, so wird

$$4af = 4a^2x^2 + 4abxy + 4acy^2$$
$$= (2ax + by)^2 - (b^2 - 4ac)y^2.$$

Der Ausdruck

(2) $$b^2 - 4ac = D$$

ist von grundlegender Bedeutung und heißt die Diskriminante[2]) der Form. Setzen wir noch:
$$2ax + by = z,$$
so ergibt sich

(3) $$4af = z^2 - Dy^2.$$

Hieraus entspringt, je nach dem Vorzeichen der Diskriminante, eine sehr wichtige Einteilung der quadratischen Formen.

1. Ist die Diskriminante negativ, also $D = -\varDelta$ und $\varDelta$ positiv, so sind sicher a und c von Null verschieden und haben gleiches Vorzeichen, und es ist
$$4af = z^2 + \varDelta y^2.$$

Hier kann die rechte Seite, was für Werte man auch für y und z, also auch für x und y annehmen mag, niemals negativ werden, und sie wird nur Null, wenn gleichzeitig $y = 0$ und $z = 0$, also auch $x = 0$ ist. Für alle sonstigen Werte von x und y wird die rechte Seite stets positiv und die Form hat stets das Vorzeichen von a (und c).

Eine solche Form, die nur Null wird, wenn die Unbestimmten x und y gleichzeitig Null sind, und sonst nur Werte eines bestimmten Vorzeichens annimmt, heißt eine definite Form. Es besteht also der Satz:

Eine quadratische Form mit negativer Diskriminante ist definit.

2. Ist aber die Diskriminante positiv, so kann die rechte Seite in (3) und damit auch f, je nach der Wahl von y und z oder von x und y sowohl positive wie negative Werte haben und kann Null werden, ohne daß y und z einzeln verschwinden. Eine solche Form heißt indefinit, also:

Eine quadratische Form mit positiver Diskriminante ist indefinit.

Hier können wir gleich den Fall erledigen, daß $a = 0$ ist (und b von Null verschieden, sonst würde die Form gar nicht von x abhängen). Dann ist $f = y(bx + cy)$ sicher indefinit, denn die beiden Faktoren können je nach Wahl von x und y sowohl gleiche wie entgegengesetzte

---

1) Die Bezeichnung **binär** (zweifach) bezieht sich auf die Anzahl der Unbestimmten.

2) **Gauß** nimmt den mittleren Koeffizienten b immer als grade Zahl an und bezeichnet den vierten Teil der Diskriminante als **Determinante** der Form.

Vorzeichen haben, und da auch die Diskriminante $D = b^2$ positiv ist, so bleibt also der obige Satz für diesen Fall gültig.

Ist die Diskrimante Null, so hat die Form zwar auch für alle von Null verschiedenen Werte von z stets das Vorzeichen von a, aber sie wird nicht nur Null, wenn x und y gleichzeitig Null sind, sondern für alle Werte, die $2ax + by = 0$ machen.

2. In der Zahlentheorie werden die Koeffizienten a, b, c und die Unbestimmten x, y als ganzzahlig vorausgesetzt. Ist dann

$$ax^2 + bxy + cy^2 = N,$$

so sagt man, die Zahl N wird durch die Form dargestellt, und man nennt ein Wertepaar (x, y), für welches die Form den Wert N besitzt, eine Darstellung von N. Es ist eine Hauptaufgabe in der Lehre von den quadratischen Formen zu untersuchen, welche Zahlen durch eine gegebene Form dargestellt werden, wenn man darin für x und y alle möglichen Werte einsetzt. Es genügt aber, solche Darstellungen (x, y) zu betrachten, in denen x und y relativ prim sind — man nennt sie eigentliche Darstellungen —, denn wir brauchen nur jede Zahl, die durch die Form eigentlich dargestellt wird, mit einer Quadratzahl d^2 zu multiplizieren, um die Zahlen zu erhalten, für welche die darstellenden Zahlen (x, y) den größten gemeinsamen Teiler d besitzen.

Wir bezeichnen jetzt die mit den Unbestimmten x, y gebildete Form

(1) genauer durch $f(x, y) = ax^2 + bxy + cy^2.$

Wird sie mit anderen Werten ξ, η der Unbestimmten gebildet, so ist zu schreiben: $f(\xi, \eta) = a\xi^2 + b\xi\eta + c\eta^2.$

Formel (3) wird, wenn wir darin für z seinen Ausdruck einsetzen:

(4) $4af(x, y) = (2ax + by)^2 - Dy^2.$

In derselben Weise wie diese Formel erhält man, wenn man (1) mit $4c$ multipliziert:

(5) $4cf(x, y) = (bx + 2cy)^2 - Dx^2.$

Hierzu kommt als dritte Formel, wenn wir (1) mit $2b$ multiplizieren:

(6) $2bf(x, y) = (2ax + by)(bx + 2cy) + Dxy.$

Multiplizieren wir nun Formel (4) mit ξ^2, Formel (5) mit η^2, Formel (6) mit $2\xi\eta$ und addieren die drei Formeln, so folgt, wie man leicht sieht:

(7) $4f(x, y)f(\xi, \eta) = [(2ax + by)\xi + (bx + 2cy)\eta]^2 - D(x\eta - y\xi)^2.$

Es seien nun x und y teilerfremde Zahlen, also $f(x, y)$ eine eigentliche Darstellung der Zahl $N = f(x, y).$

Dann lassen sich nach § 61, 5. immer zwei teilerfremde Zahlen ξ, η bestimmen, so daß $x\eta - y\xi = 1$

ist. Setzen wir dann $f(\xi, \eta) = N'$

und
$$(2ax + by)\xi + (bx + 2cy)\eta = M,$$

so ist nach (7)
$$4NN' = M^2 - D,$$

folglich muß die Kongruenz
$$D \equiv M^2 \pmod{4N}$$

bestehen. Wir haben also den Satz:

Damit eine Zahl N durch eine vorgelegte quadratische Form eigentlich darstellbar ist, muß die Diskriminante der Form quadratischer Rest von $4N$ sein.

Diese Bedingung ist notwendig für die Darstellbarkeit der Zahl N durch die Form, aber sie reicht nicht hin. Es kann D quadratischer Rest von $4N$ sein, ohne daß N durch die Form darstellbar ist. So ist z. B. die Zahl $N = 23$ nicht durch die Form $x^2 + 5y^2$ darstellbar, obgleich die Diskriminante $D = -20$ quadratischer Rest von $4N = 92$ ist.

3. Wir wollen uns hier nur mit den einfachsten definiten quadratischen Formen, und zwar mit der Darstellung von Primzahlen durch die Formen

$$(8) \qquad\qquad x^2 + my^2$$

für bestimmte einfache Werte von m beschäftigen.[1]) Es gibt darüber eine Reihe von Sätzen, die zum Teil schon auf Fermat zurückgehen und von Euler und Lagrange[2]) bewiesen worden sind. Wir können sie einheitlich und in sehr einfacher Weise auf Grund des folgenden Satzes von Eichenberg[3]) erledigen:

Ist die kleinste aller positiven ungraden Primzahlen, für die $-m$ quadratischer Rest ist, durch die Form $x^2 + my^2$ darstellbar, so ist jede Primzahl, für die $-m$ quadratischer Rest ist, auf eine und nur eine Weise durch diese Form darstellbar.

Wir schicken eine oft gebrauchte Identität voraus, durch welche das Produkt von zwei Formen der Gestalt (8) auf zwei Arten wieder als eine derartige Form dargestellt wird, nämlich:

$$(9) \qquad\qquad (a^2 + mb^2)(\alpha^2 + m\beta^2) = A^2 + mB^2,$$

worin entweder
$$A = a\alpha + mb\beta, \quad B = a\beta - b\alpha$$

oder
$$A = a\alpha - mb\beta, \quad B = a\beta + b\alpha.$$

Man bestätigt diese Identität leicht durch Ausrechnen. Besser aber leitet man sie ab, indem man die beiden Faktoren auf der linken Seite in ihre konjugiert komplexen Faktoren zerlegt, also

$$(a + i\sqrt{m}\,b)(a - i\sqrt{m}\,b)(\alpha + i\sqrt{m}\,\beta)(\alpha - i\sqrt{m}\,\beta).$$

---

1) Die Theorie der indefiniten quadratischen Formen wird in den § 71—73 berührt.

2) **Fermat**, Œuvres 1, 293.   **Euler**, Com. arithm. coll. **1,** 174, 210, 287. **Lagrange**, Nouv. Mém. Berl. **4** (1773), 265, **6** (1775), 323.

3) S. **Eichenberg**, Über das quadr. Reziprozitätsgesetz und einige quadr. Zerfällungen der Primzahlen. Diss. Göttingen 1886.

Multipliziert man den ersten mit dem letzten Faktor und den zweiten mit dem dritten, so folgt:

$$[a\alpha + mb\beta - i\sqrt{m}(a\beta - b\alpha)]\,[a\alpha + mb\beta + i\sqrt{m}(a\beta - b\alpha)]$$
$$= (a\alpha + mb\beta)^2 + m(a\beta - b\alpha)^2.$$

Multipliziert man aber den ersten Faktor mit dem dritten und den zweiten mit dem vierten (oder setzt $-b$ an Stelle von b), so erhält man für das Produkt den Wert:

$$(a\alpha - mb\beta)^2 + m(a\beta + b\alpha)^2.$$

4. Zum Beweise des Satzes von Eichenberg brauchen wir den Hilfssatz:

Ist eine durch die Form (8) darstellbare Zahl in ein Produkt zerlegbar:

$$(10) \qquad\qquad A^2 + mB^2 = p \cdot P,$$

in welchem p eine Primzahl ist, die ebenfalls durch die Form (8) darstellbar ist, so ist auch der andere Faktor P durch diese Form darstellbar.

Es sei also $\qquad\qquad p = a^2 + mb^2, \qquad\qquad$ so setzen wir:

$$(11) \qquad\qquad \alpha = \frac{aA + mbB}{a^2 + mb^2}, \qquad \beta = \frac{aB - bA}{a^2 + mb^2}.$$

Es ist $\quad (aB + bA)(aB - bA) = a^2 B^2 - b^2 A^2$
$$= B^2(a^2 + mb^2) - b^2(A^2 + mB^2)$$
$$= p(B^2 - Pb^2),$$

folglich ist eine der Zahlen $aB \pm bA$ durch $p = a^2 + mb^2$ teilbar. Wir können aber das Vorzeichen von b so wählen, daß immer $aB - bA$ die durch p teilbare Zahl ist, mithin ist β eine ganze Zahl.

Nun ist nach (9)

$$(12) \quad (aA + mbB)^2 + m(aB - bA)^2 = (a^2 + mb^2)(A^2 + mB^2),$$

also muß auch $aA + mbB$ durch p teilbar sein und folglich ist auch α eine ganze Zahl. Nach (11) und (12) ist aber

$$\alpha^2 + m\beta^2 = \frac{A^2 + mB^2}{a^2 + mb^2} = P,$$

und der Satz ist bewiesen.

5. Wir gehen jetzt an den Beweis des Satzes von Eichenberg. Es sei $-m$ quadratischer Rest einer ungraden Primzahl p, welche nur nicht die kleinste Primzahl von dieser Eigenschaft sein darf. Wir setzen zunächst voraus, alle Primzahlen $< p$, von denen $-m$ quadratischer Rest ist, seien durch die Form $x^2 + my^2$ darstellbar. Jede durch diese Form darstellbare Zahl ist $\geq m$, folglich ist die angenommene Primzahl $p > m$. Weil $-m$ quadratischer Rest von p ist, so gibt es eine Zahl z, so daß $\qquad\qquad z^2 \equiv -m \pmod{p}$

ist. Diese Kongruenz hat zwei Lösungen, die man kleiner als p annehmen kann; eine von ihnen ist grade, die andere ungrade. Man kann also immer erreichen, daß

$$(13) \qquad z^2 + m = g \cdot p$$

ungrade ist. Dann ist also auch g ungrade.

Da $z \leq p - 1$ und $m < p$ ist, so folgt:

$$z^2 + m < p^2 - 2p + 1 + p < p^2,$$

mithin ist in (13) $\qquad g < p.$

Ist γ eine in g enthaltene Primzahl, also ungrade, so folgt aus (13) daß $- m$ quadratischer Rest von γ ist, folglich ist nach Voraussetzung γ durch die Form (8) darstellbar und man kann setzen

$$\gamma = a^2 + mb^2.$$

Es sei nun

$$g \cdot p = \gamma \cdot P = (a^2 + mb^2) \cdot P,$$

so ist $g \cdot p = z^2 + m \cdot 1^2$ eine durch die Form (8) darstellbare Zahl, von der ein Primzahlenfaktor γ ebenfalls durch die Form dargestellt wird. Folglich wird nach dem obigen Hilfssatz auch P durch die Form dargestellt und man hat

$$P = \alpha^2 + m\beta^2 = \frac{g}{\gamma} \cdot p = g_1 \cdot p$$

und $\qquad g_1 < g.$

Sondert man aus g_1 wieder einen Primzahlfaktor γ_1 ab, so daß

$$P = g_1 \cdot p = \gamma_1 \cdot P_1,$$

so ist nach Voraussetzung γ_1 durch die Form (8) darstellbar, folglich nach dem Hilfssatz auch P_1, also

$$P_1 = \alpha_1{}^2 + m\beta_1{}^2 = \frac{g_1}{\gamma_1} \cdot p = g_2 \cdot p$$

und $\qquad g_2 < g_1.$

So sondert man aus dem Produkt $g \cdot p$ nach und nach alle Primfaktoren von g ab. Das reduzierte Produkt ist immer wieder durch die Form (1) darstellbar, und man erhält zuletzt p durch diese Form dargestellt:

$$p = x^2 + my^2.$$

Es folgt also jetzt, daß wenn die kleinste ungrade Primzahl, von der $- m$ quadratischer Rest ist, durch die Form darstellbar ist, auch die nächstfolgende Primzahl dieser Art es ist, und so weitergehend gelangt man zu dem Resultat, daß dann alle Primzahlen, von denen $- m$ quadratischer Rest ist, durch die Form darstellbar sind.

6. Es ist nun noch zu zeigen, daß eine Primzahl p nur auf eine Weise durch die Form $x^2 + my^2$ dargestellt werden kann. Dabei werden die vier Darstellungen $(\pm x, \pm y)$, die sich nur durch das Vorzeichen von x oder y unterscheiden, als nicht voneinander verschieden angesehen.

Wäre nun p auf zwei Weisen durch die Form darstellbar, also

$$(14) \qquad p = x^2 + my^2 = \xi^2 + m\eta^2$$

und
$$\xi \neq \pm x, \quad \eta \neq \pm y,$$

so wäre nach (9)

$$(15) \qquad p^2 = (x\xi + my\eta)^2 + m(x\eta - y\xi)^2.$$

Nun ist

$$\begin{aligned}(x\eta - y\xi)(x\eta + y\xi) &= x^2\eta^2 - y^2\xi^2 \\ &= \eta^2(x^2 + my^2) - y^2(\xi^2 + m\eta^2) \\ &= p(\eta^2 - y^2),\end{aligned}$$

folglich müßte eine der beiden Zahlen $x\eta \pm y\xi$ durch p teilbar und von Null verschieden sein. Wir können das Vorzeichen von y so wählen, daß $x\eta - y\xi$ die durch p teilbare Zahl ist. Dann wäre aber $(x\eta - y\xi)^2 \geq p^2$ und das ist nach (15) für $m > 1$ nicht möglich. Es bleibt also nur noch der Fall $m = 1$ und es müßte dann $x\eta - y\xi = \pm p$ und

$$(16) \qquad x\xi + y\eta = 0$$

sein. Es sind aber x und y, ebenso wie ξ und η jedenfalls teilerfremde Zahlen, folglich müßte nach (16) die Zahl x durch η, aber auch η durch x teilbar sein, und ebenso y durch ξ, aber auch ξ durch y, d. h. es könnte nur

$$x = \pm \eta \quad \text{und} \quad y = \pm \xi$$

sein und die beiden Darstellungen (14) (für $m = 1$) wären identisch.

Damit ist der Satz von Eichenberg vollständig bewiesen.

7. Wir wenden den Satz auf den Fall $m = 1$, also auf die Form

$$(17) \qquad x^2 + y^2$$

an. -1 ist quadratischer Rest aller Primzahlen von der Form $4k + 1$. Die kleinste von ihnen, 5 ist in der Form (17) darstellbar:

$$5 = 1^2 + 2^2,$$

und es besteht daher der berühmte Satz von Fermat:

Jede Primzahl von der Form $4k + 1$ läßt sich auf eine und nur eine Weise als Summe von zwei Quadraten darstellen.

Zur Ergänzung sei bemerkt, daß keine Primzahl von der Form $4k + 3$ sich als Summe von zwei Quadraten darstellen läßt, denn von den beiden Quadraten müßte das eine grade, also von der Form $4l$, das andere ungrade, also von der Form $4n + 1$ sein (weil die Summe von zwei graden oder von zwei ungraden Quadraten eine grade Zahl, also keine Primzahl ist), folglich die Summe der beiden Quadrate von der Form $4k + 1$.

8. Wir beweisen nun:

Jede ungrade Primzahl, die in der Summe von zwei teilerfremden Quadraten aufgeht, ist von der Form $4k + 1$, also wiederum eine Summe von zwei Quadraten.

Ist nämlich
$$x^2 + y^2 = p \cdot P,$$
so folgt:
$$x^2 \equiv -y^2 \pmod{p}.$$

Es kann aber y nicht durch die ungrade Primzahl p teilbar sein, sonst wäre es auch x und die beiden Zahlen wären nicht teilerfremd. Es läßt sich also eine Zahl y' bestimmen, so daß
$$yy' \equiv 1 \pmod{p}$$
ist (§ 61, 9.) Multipliziert man dann die obige Kongruenz mit y'^2, so folgt:
$$(xy')^2 \equiv -1 \pmod{p},$$
folglich ist -1 quadratischer Rest von p, und p muß von der Form $4k + 1$ sein.

9. Ein Produkt mehrerer Summen von je zwei Quadraten ist wiederum eine solche Summe, nämlich nach der Identität (9):
$$(18) \qquad (a^2 + b^2)(\alpha^2 + \beta^2) = (a\alpha + b\beta)^2 + (a\beta - b\alpha)^2.$$

Als besonderer Fall ist hierin enthalten, daß auch das Doppelte einer Summe von zwei Quadraten wieder eine solche Summe ist (man braucht nur $\alpha = \beta = 1$ zu setzen):
$$2(a^2 + b^2) = (a + b)^2 + (a - b)^2.$$

Nun ist eine Summe von zwei teilerfremden Quadraten entweder ungrade (wenn das eine Quadrat grade, das andere ungrade ist) oder das Doppelte einer ungraden Zahl (wenn beide Quadrate ungrade sind). Also folgt jetzt aus Satz 8:

Jeder Teiler einer Summe von zwei teilerfremden Quadraten ist wiederum eine Summe von zwei Quadraten.

10. Wir nehmen weiter in dem Satz von Eichenberg $m = 2$, betrachten also die Form
$$(19) \qquad x^2 + 2y^2.$$

Nach § 67, 8. ist -2 quadratischer Rest der Primzahlen von der Form $8k + 1$ und $8k + 3$. Die kleinste dieser Primzahlen ist:
$$3 = 1^2 + 2 \cdot 1^2,$$
also durch die Form (19) darstellbar. Es folgt der Satz:

Jede Primzahl von der Form $8k + 1$ oder $8k + 3$ ist auf eine einzige Weise als Summe eines einfachen und eines doppelten Quadrats darstellbar.

Man sieht sehr leicht, daß für die Primzahlen $8k + 1$ die Zahl x ungrade, y grade, dagegen für die Primzahlen $8k + 3$ beide Zahlen x und y ungrade sein müssen.

Die Primzahlen $8k + 1$ sind also sowohl durch die Form $x^2 + y^2$ wie durch die Form $x^2 + 2y^2$ darstellbar.

11. Nehmen wir noch $m = 3$, so haben wir die Form:
$$(20) \qquad x^2 + 3y^2,$$

und es ist nach § 67, 9. die Zahl -3 quadratischer Rest der Primzahlen von der Form $6k+1$. Die kleinste von ihnen ist

$$7 = 2^2 + 3 \cdot 1^2,$$

also durch die Form (20) darstellbar, und es folgt:

Jede Primzahl von der Form $6k+1$ ist auf eine einzige Weise als Summe eines einfachen und eines dreifachen Quadrats darstellbar.

Es sind also die Primzahlen von der Form $24k+1$ durch jede der drei Formen $x^2 + y^2$, $x^2 + 2y^2$, $x^2 + 3y^2$ darstellbar.[1])

12. Aus dem letzten Satz können wir leicht eine andere Zerlegung ableiten, die ebenso wie die übrigen hier betrachteten Zerlegungen in der Lehre von der Kreisteilung von Wichtigkeit ist. In der Darstellung einer Primzahl $p = 6k+1$:

$$p = x^2 + 3y^2$$

kann x niemals durch 3 teilbar sein, wohl aber y. In diesem Fall kann man schreiben:

$$(21\,\mathrm{a}) \qquad 4p = (2x)^2 + 3(2y)^2 = (2x)^2 + 27\left(\frac{2y}{3}\right)^2.$$

Ist aber y nicht durch 3 teilbar und eine grade Zahl, so kann y nur von der Form $6k+2$ oder $6k+4$ sein. x muß dann ungrade, also von der Form $6l+1$ oder $6l+5$ sein. In jedem Fall muß dann entweder $x+y$ oder $x-y$ durch 3 teilbar sein.

Ist y nicht durch 3 teilbar und eine ungrade Zahl, so kann y nur von der Form $6k+1$ oder $6k+5$ sein. x muß dann grade, also von der Form $6l+2$ oder $6l+4$ sein, also wieder entweder $x+y$ oder $x-y$ durch 3 teilbar.

Nun ist $\qquad 4p = (1^2 + 3 \cdot 1^2)(x^2 + 3y^2)$

und wenn $x+y \equiv 0 \pmod 3$ ist, so schreiben wir:

$$(21\,\mathrm{b}) \quad 4p = (x - 3y)^2 + 3(x+y)^2 = (x - 3y)^2 + 27\left(\frac{x+y}{3}\right)^2.$$

Ist aber $x - y \equiv 0 \pmod 3$, so ist

$$(21\,\mathrm{c}) \quad 4p = (x + 3y)^2 + 3(x-y)^2 = (x + 3y)^2 + 27\left(\frac{x-y}{3}\right)^2.$$

Die drei Formeln (21) werden in den Satz zusammengefaßt:

Das Vierfache einer jeden Primzahl von der Form $p = 6k+1$ läßt sich in der Form

$$(22) \qquad 4p = X^2 + 27\,Y^2$$

darstellen. Diese Darstellung ist nur auf eine Weise möglich. Denn wäre

---

1) Ausgedehnte Tabellen für die Darstellung von Primzahlen durch eine dieser Formen bei Jacobi, Werke 6, 295

$$4p = X^2 + 27\,Y^2 = X_1^2 + 27\,Y_1^2$$

und $X_1 \neq \pm X$, $Y_1 \neq \pm Y$, so wäre

$$(23) \qquad 16p^2 = (X^2 + 27\,Y^2)(X_1^2 + 27\,Y_1^2)$$
$$= (XX_1 + 27\,YY_1)^2 + 27(XY_1 - YX_1)^2.$$

Nun ist

$$(XY_1 - YX_1)(XY_1 + YX_1) = X^2 Y_1^2 - Y^2 X_1^2$$
$$= Y_1^2(X^2 + 27\,Y^2) - Y^2(X_1^2 + 27\,Y_1^2)$$
$$= 4p(Y_1^2 - Y^2),$$

folglich eine der Zahlen $XY_1 \pm YX_1$ durch p teilbar und von Null verschieden. Durch geeignete Verfügung über das Vorzeichen von Y kann erreicht werden, daß $XY_1 - YX_1$ durch p teilbar, also

$$|XY_1 - YX_1| \geq p$$

wird. Dann wird aber in (23) die rechte Seite $\geq 27\,p^2$ im Widerspruch mit der linken Seite.

§ 69. Pythagoreische Dreiecke. Rationale Dreiecke.

1. Es ist eine uralte Wahrnehmung, deren Geschichte sich im Dunkel der Vorzeit verliert, daß ein Dreieck mit den Seiten 3, 4, 5 (in irgendeiner Längeneinheit gemessen) ein rechtwinkliges Dreieck ist; diese drei Zahlen sind durch die arithmetische Eigenschaft ausgezeichnet, daß das Quadrat der größten unter ihnen gleich der Summe der Quadrate der beiden anderen ist ($5^2 = 3^2 + 4^2$). Diese Tatsachen enthalten den einfachsten Fall des pythagoreischen Lehrsatzes, und die Historiker sind der Meinung, daß diese arithmetische Wahrnehmung das Ursprüngliche, die Quelle für den geometrische Satz gewesen sei.

Allgemein nennt man ein rechtwinkliges Dreieck ein pythagoreisches, wenn sich seine Seiten, in irgendeiner Einheit gemessen, in ganzen Zahlen ausdrücken lassen, und um alle pythagoreischen Dreiecke zu finden, hat man also die arithmetische Aufgabe zu lösen, alle natürlichen Zahlen x, y, z zu finden, die der Bedingung

$$(1) \qquad z^2 = x^2 + y^2$$

genügen. Drei solche Zahlen nennt man pythagoreische Zahlen.

2. Um diese Aufgabe zu lösen, machen wir zunächst die Bemerkung, daß wir aus jeder Lösung von (1) beliebig viele andere ableiten können, wenn wir die drei Zahlen x, y, z mit einem und demselben Faktor multiplizieren. Ebenso können wir, wenn x, y, z den größten gemeinsamen Teiler h haben, die Gleichung (1) durch h^2 dividieren und erhalten daraus eine Lösung, in der x, y, z keinen gemeinschaftlichen Teiler haben. Hiernach können wir uns auf die Annahme beschränken, daß x, y, z keinen gemeinsamen Teiler haben. Dann können aber auch nicht zwei von diesen drei Zahlen einen gemeinsamen Teiler haben; denn sind zwei von diesen Zahlen durch irgendeine Primzahl q teilbar, so muß wegen (1) auch die dritte durch q teilbar sein.

Demnach dürfen keine zwei der Zahlen $x, y; z$ einen gemeinsamen Teiler haben.

Es können also auch nicht zwei dieser Zahlen grade sein. Andererseits können die Zahlen x, y nicht beide ungrade sein. Denn ist $x = 2h + 1$, $y = 2k + 1$, so ist

$$x^2 + y^2 = 4(h^2 + k^2) + 4(h + k) + 2,$$

und diese Zahl ist durch 2, aber nicht durch 4 teilbar. Sie kann also keine Quadratzahl sein, da jede grade Quadratzahl durch 4 teilbar sein muß. Wir beeinträchtigen daher die Allgemeinheit nicht, wenn wir x ungrade, y grade und z ungrade annehmen. Dann schreiben wir die Gleichung (1) in der Form:

$$(2) \qquad y^2 = z^2 - x^2 = (z + x)(z - x).$$

Hierin sind $z + x$ und $z - x$ grade Zahlen, wir können also

$$z + x = 2m, \quad z - x = 2n$$

setzen und es folgt: $z = m + n, \quad x = m - n,$

woraus zu schließen ist, daß m und n ungleichartige[1]), teilerfremde Zahlen sein müssen. Nun folgt aus (2)

$$(3) \qquad y^2 = 4mn,$$

und daraus ergibt sich, daß m und n Quadratzahlen sein müssen. Denn wenn m irgendeinen Primfaktor in einer ungraden Potenz enthielte, so müßte dieser wenigstens noch einmal in n enthalten sein, was der Annahme widerspricht, daß m und n relativ prim seien.

Es ist daher $m = a^2$, $n = b^2$, wobei a, b **ungleichartige Zahlen ohne gemeinschaftlichen Teiler** ($a > b$) sind, und folglich[2]):

$$(4) \qquad x = a^2 - b^2, \quad y = 2ab, \quad z = a^2 + b^2.$$

Umgekehrt genügen, wenn a, b irgend zwei Zahlen sind, diese Ausdrücke der Gleichung (1). Demnach sind durch die Formeln (4) alle möglichen pythagoreischen Dreiecke dargestellt. Man erhält beispielsweise:

$$a = 2, \quad b = 1, \quad x = 3, \quad y = 4, \quad z = 5,$$
$$a = 3, \quad b = 2, \quad x = 5, \quad y = 12, \quad z = 13,$$
$$a = 4, \quad b = 1, \quad x = 15, \quad y = 8, \quad z = 17.$$

3*. Wir wollen die Formeln (4) noch auf eine andere Weise ableiten. Zufolge der vorgelegten Gleichung (1) soll z ein Teiler einer Summe

---

1) Zwei Zahlen heißen ungleichartig, wenn die eine grade, die andere ungrade ist.

2) Diese Formeln treten zum erstenmal bei dem indischen Mathematiker Brahmagupta (um 600 n. Chr.) auf. Sie finden sich aber ihrem Wesen nach bereits bei Diophant.

von zwei teilerfremden Quadraten sein, folglich muß es nach § 68, 9. selbst eine Summe von zwei Quadraten sein, also $z = a^2 + b^2$.

Dann wird aber

$$z^2 = x^2 + y^2 = (a^2 + b^2)(a^2 + b^2)$$

oder nach § 68, (18)

$$x^2 + y^2 = (ab + ab)^2 + (aa - bb)^2 = (2ab)^2 + (a^2 - b^2)^2.$$

Es wird also Gleichung (1) durch $x = a^2 - b^2$, $y = 2ab$ befriedigt.

4*. Im folgenden betrachten wir auch pythagoreische Dreiecke mit rationalen (nicht nur ganzzahligen) Seiten. Um sie zu erhalten, hat man nur in (4) für a und b irgendwelche rationalen Zahlen anzunehmen, oder auch die nach (4) berechneten ganzen Zahlen x, y, z durch eine beliebige ganze Zahl zu dividieren.[1]

Bei einem pythagoreischen Dreieck ist auch der Inhalt

$$J = \tfrac{1}{2}xy = ab(a^2 - b^2)$$

eine rationale Zahl. Das ist bei einem beliebigen schiefwinkligen Dreieck mit rationalen Seiten a, b, c im allgemeinen nicht der Fall, denn nach der bekannten Formel des Heron ist

$$(5) \qquad\qquad J = \sqrt{s\, s_1 s_2 s_3},$$

worin s der halbe Umfang des Dreiecks:

$$s = \frac{a + b + c}{2},$$

$$s_1 = s - a, \quad s_2 = s - b, \quad s_3 = s - c$$

die durch die Berührungspunkte des einbeschriebenen Kreises erzeugten Seitenabschnitte[2] sind, und wenn man für a, b, c irgendwelche rationalen Zahlen nimmt, so wird der Inhalt im allgemeinen eine irrationale Zahl. Man kann nun aber nach schiefwinkligen Dreiecken mit rationalen Seiten fragen, bei denen der Radikand in (5) das Quadrat einer rationalen Zahl, also auch der Inhalt rational wird. Ein solches Dreieck nennt man ein rationales Dreieck. Durch Multiplikation der Seiten mit einer geeigneten Zahl (wodurch das Dreieck in ein ihm ähnliches Dreieck übergeht), kann man immer erreichen, daß die Seiten und der Inhalt ganze Zahlen werden.

Wir können nun alle rationalen Dreiecke mit Hilfe der pythago-

---

[1] Es ist kein wesentlicher Unterschied zwischen Dreiecken mit rationalen und mit ganzzahligen Seiten. Man braucht nur die Seiten eines rationalen Dreiecks in einer anderen Längeneinheit zu messen, um ein ganzzahliges Dreieck zu erhalten.

[2] Wir notieren zu sofortigem Gebrauch die Beziehungen

$$s = s_1 + s_2 + s_3, \quad a = s_2 + s_3, \quad b = s_3 + s_1, \quad c = s_1 + s_2.$$

reischen Dreiecke herstellen. Es ist nämlich eine Höhe, z. B. die Höhe auf die Seite a:

$$h = \frac{2J}{a}$$

und die durch sie bewirkten Abschnitte[1]) auf a sind

$$p = \frac{a^2 + b^2 - c^2}{2a}, \qquad q = \frac{a^2 + c^2 - b^2}{2a}.$$

Man sieht also:

In einem rationalen Dreieck sind auch die Höhen und alle Höhenabschnitte rational.

Daraus folgt aber sogleich:

Ein rationales Dreieck zerfällt durch irgendeine Höhe in zwei pythagoreische Dreiecke.

Man braucht also, um rationale Dreiecke zu erhalten, nur immer zwei pythagoreische Dreiecke mit einer gemeinsamen Kathete aneinander zu setzen, und zwar erhält man jedesmal zwei rationale Dreiecke, je nachdem man die beiden pythagoreischen Dreiecke von der gemeinsamen Kathete aus nach verschiedenen Seiten oder nach derselben Seite aneinander setzt. So kann man aus zwei beliebigen pythagoreischen Dreiecken rationale Dreiecke erzeugen, indem man die Seiten jedes Dreiecks mit geeigneten Faktoren multipliziert, so daß sie in einer Kathete übereinstimmen. Nehmen wir z. B. die beiden ersten oben angeführten pythagoreischen Dreiecke (3, 4, 5) und (5, 12, 13), so kann man aus ihnen acht rationale Dreiecke erhalten[2]):

x	y	z	a	b	c	J
15	20	25	56	25	39	420
15	36	39	16	25	39	120
12	16	20	21	20	13	126
12	5	13	11	20	13	66
20	15	25	63	25	52	630
20	48	52	33	25	52	330
12	9	15	14	13	15	84
12	5	13	4	13	15	24

Das vorletzte dieser Dreiecke findet sich bereits bei Heron.

5*. Aber auch ohne Benutzung der pythagoreischen Dreiecke kann man direkt rationale Dreiecke herstellen. Ein recht einfaches Verfahren ist das folgende, das wir mit Hilfe bekannter Sätze aus der Trigonometrie ableiten.

---

1) Diese Formeln gelten auch, wenn ein Winkel an der Seite a stumpf ist; man hat dann nur den in die Verlängerung von a fallenden Höhenabschnitt als negativ anzunehmen.

2) Sehr ausführliche Tafeln von pythagoreischen und rationalen Dreiecken bei J. Sachs, Tafeln zum mathem. Unterricht. Progr. B.-Baden 1905 u. 1908.

In einem rationalen Dreieck ist auch der Radius des einbeschriebenen Kreises

$$\varrho = \frac{J}{s}$$

rational und mit ihm auch die Kotangenten der halben Dreieckswinkel

$$\operatorname{ctg} \frac{\alpha}{2} = \frac{s_1}{\varrho}, \quad \operatorname{ctg} \frac{\beta}{2} = \frac{s_2}{\varrho}, \quad \operatorname{ctg} \frac{\gamma}{2} = \frac{s_3}{\varrho}.$$

Ihre Summe ist

$$\operatorname{ctg} \frac{\alpha}{2} + \operatorname{ctg} \frac{\beta}{2} + \operatorname{ctg} \frac{\gamma}{2} = \frac{s_1 + s_2 + s_3}{\varrho} = \frac{s}{\varrho},$$

ihr Produkt

$$\operatorname{ctg} \frac{\alpha}{2} \operatorname{ctg} \frac{\beta}{2} \operatorname{ctg} \frac{\gamma}{2} = \frac{s_1 s_2 s_3}{\varrho^3} = \frac{J^2}{s\varrho^3} = \frac{s^2 \varrho^2}{s\varrho^3} = \frac{s}{\varrho}, \qquad \text{folglich:}$$

$$\operatorname{ctg} \frac{\alpha}{2} + \operatorname{ctg} \frac{\beta}{2} + \operatorname{ctg} \frac{\gamma}{2} = \operatorname{ctg} \frac{\alpha}{2} \operatorname{ctg} \frac{\beta}{2} \operatorname{ctg} \frac{\gamma}{2}.$$

Wir nehmen nun für $\operatorname{ctg} \frac{\alpha}{2}$ und $\operatorname{ctg} \frac{\beta}{2}$ beliebige positive rationale Zahlen, deren Produkt größer als 1 ist, und berechnen aus ihnen:

$$(6) \qquad \operatorname{ctg} \frac{\gamma}{2} = \frac{\operatorname{ctg} \frac{\alpha}{2} + \operatorname{ctg} \frac{\beta}{2}}{\operatorname{ctg} \frac{\alpha}{2} \operatorname{ctg} \frac{\beta}{2} - 1}.$$

Sei n der Hauptnenner dieser drei Zahlen, so wird

$$(7) \qquad \operatorname{ctg} \frac{\alpha}{2} = \frac{m_1}{n}, \quad \operatorname{ctg} \frac{\beta}{2} = \frac{m_2}{n}, \quad \operatorname{ctg} \frac{\gamma}{2} = \frac{m_3}{n}$$

sein und wenn D den größten gemeinsamen Teiler von m_1, m_2, m_3 bedeutet, so kann man

$$(8) \qquad s_1 = \frac{m_1}{D}, \quad s_2 = \frac{m_2}{D}, \quad s_3 = \frac{m_3}{D}$$

setzen und dann werden die Seiten des rationalen Dreiecks

$$(9) \qquad a = s_2 + s_3, \quad b = s_3 + s_1, \quad c = s_1 + s_2.$$

Zur Berechnung des Inhalts hat man

$$(10) \qquad \varrho = \frac{n}{D}, \quad s = s_1 + s_2 + s_3, \quad J = \varrho s.$$

Der Radius ϱ wird nicht immer ganzzahlig ausfallen, wohl aber die Seiten und der Inhalt, weil s, s_1, s_2, s_3 und daher auch J^2 ganze Zahlen sind, und die Quadratwurzel aus einer ganzen Zahl, wenn sie rational ist, wieder eine ganze Zahl sein muß.

Nehmen wir z. B. $\operatorname{ctg} \frac{\alpha}{2} = \frac{9}{7}$, $\operatorname{ctg} \frac{\beta}{2} = \frac{3}{2}$, so wird

$$\operatorname{ctg} \frac{\gamma}{2} = \frac{39}{14} : \frac{13}{14} = 3.$$

Der Hauptnenner der drei Zahlen ist $n = 14$ und

$$\frac{m_1}{n} = \frac{18}{14}, \quad \frac{m_2}{n} = \frac{21}{14}, \quad \frac{m_3}{n} = \frac{42}{14}.$$

Der größte gemeinsame Teiler der Zähler ist $D = 3$, mithin

$$s_1 = 6, \quad s_2 = 7, \quad s_3 = 14,$$
$$a = 21, \quad b = 20, \quad c = 13,$$
$$\varrho = \tfrac{14}{3}, \quad s = 27, \quad J = \tfrac{14}{3} \cdot 27 = 126.$$

Zur Probe berechnet man

$$J = \sqrt{27 \cdot 6 \cdot 7 \cdot 14} = \sqrt{9 \cdot 36 \cdot 7^2} = 3 \cdot 6 \cdot 7 = 126.$$

6*. An die Aufgabe der Herstellung von pythagoreischen und rationalen Dreiecken schließen sich allgemeinere Aufgaben an, von denen wir nur eine kurz berühren wollen.[1]

Entsprechend der zwischen drei Zahlen x, y, z bestehenden pythagoreischen Gleichung kann man die Aufgabe stellen, vier ganze Zahlen x, y, z, t zu bestimmen, welche die Gleichung

$$x^2 + y^2 + z^2 = t^2$$

befriedigen. Geometrisch bedeutet das die Bestimmung eines rechtwinkligen Parallelepipeds mit ganzzahligen Kanten und ganzzahliger Diagonale oder die Ermittelung einer Richtung mit rationalem Richtungskosinus. Das in **3.** angegebene Verfahren führt unmittelbar zur Lösung der Gleichung in folgender Form:

Man wähle vier beliebige ganze Zahlen a, b, c, d, zwei von ihnen grade und zwei ungrade, dann wird die Gleichung durch die Werte

$$x = ac + bd, \quad y = ad - bc, \quad z = \tfrac{1}{2}(a^2 + b^2 - c^2 - d^2)$$
$$t = \tfrac{1}{2}(a^2 + b^2 + c^2 + d^2)$$

befriedigt. Nehmen wir z. B. $a = 4$, $b = 5$, $c = 2$, $d = 3$, so erhalten wir:

$$x = 23, \quad y = 2, \quad z = 14, \quad t = 27$$

und es ist

$$23^2 + 2^2 + 14^2 = 27^2.$$

§ 70. Das Fermatsche Problem.

1*. In seinem Handexemplar der Arithmetik des **Diophant**[2] macht **Fermat** zu der pythagoreischen Aufgabe, eine gegebene Quadratzahl in zwei Quadrate zu zerfällen (2. Buch, 8. Aufgabe) die Bemerkung:

---

1) Über andere, bei weitem schwierigere Aufgaben vgl. H. **Schubert**, Die Ganzzahligkeit in der algebr. Geom., Leipzig 1905. Ferner über **rationale Vierecke**: E. E. **Kummer**, Journ. f Math. **37** (1848), **Schwering**, ebenda **115** (1895), **Haentzschel**, Sitzb. Berl. Math. Ges. **13** (1914), **14** (1915); über **rationale Tetraeder**: **Schwering**, Progr. Düren 1898, **Güntsche**, Sitzb. Berl. Math. Ges. **6** (1907), **Haentzschel**, ebenda **12** (1913), **14** (1915), **17** (1918), O. **Schulz**, Tetraeder mit rationalen Maßzahlen der Kanten und des Volumens, Halle 1914, F. **Neiß**, Rationale Dreiecke, Vierecke und Tetraeder, Diss. Leipzig 1914.

2) Ausgabe von **Bachet de Méziriac**, Paris 1621. Die Randbemerkungen von **Fermat** finden sich in dem von seinem Sohn veranstalteten Abdruck der Bachetschen Ausgabe (Toulouse 1670). Sie sind außer in Fermats Werken in der Übersetzung des **Diophant** von G. **Wertheim**, Leipzig 1890, aufgenommen.

Dagegen ist es ganz unmöglich, einen Kubus in zwei Kuben, ein Biquadrat in zwei Biquadrate und allgemein irgendeine Potenz außer dem Quadrat in zwei Potenzen von demselben Exponenten zu zerfällen. Hierfür habe ich einen wahrhaft wunderbaren Beweis entdeckt, aber der Rand ist zu klein, ihn zu fassen.

Fermat behauptet also, daß es für keinen ganzzahligen Exponenten $n > 2$ ganze (von Null verschiedene) Zahlen x, y, z gibt, die der Gleichung

$$(1) \qquad x^n + y^n = z^n$$

genügen.

Von Fermats Beweis dieses Satzes ist keine Spur erhalten und es ist trotz der Bemühungen der bedeutendsten Mathematiker[1]) bis auf den heutigen Tag nicht gelungen, den Satz allgemein zu beweisen. Trotzdem ist an seiner Richtigkeit kaum zu zweifeln, denn für eine große Anzahl von Werten des Exponenten n ist der Beweis geführt. Die ersten Schritte hierin hat Euler[1]) getan, indem er den Satz für die beiden Fälle $n = 3$ und $n = 4$ bewiesen hat. Für $n = 5$ ist er von Dirichlet[2]) bewiesen worden, und Kummer[1]) hat durch die Hilfsmittel der höheren Zahlentheorie einen Beweis gegeben, der eine ganze ausgedehnte Klasse von Werten für n umfaßt; zu ihnen gehören alle Primzahlen < 100 und die aus ihnen zusammengesetzten Zahlen. Darüber hinaus ist es gelungen, für alle Primzahlen $p < 7000$ (mit einer Ausnahme) zu beweisen, daß die Fermatsche Gleichung in ganzen durch p nicht teilbaren Zahlen unlösbar ist.[3])

2. Für den Fall $n = 4$ läßt sich der Beweis ganz elementar führen.

---

1) Euler, Legendre, Abel, Cauchy, Dirichlet, Kummer, um nur die berühmtesten zu nennen. Gauß hat es abgelehnt, sich mit dem Theorem als isoliertem Satz zu beschäftigen, hat aber angedeutet, daß sich an ihn Ideen zu einer großen Erweiterung der höheren Arithmetik anknüpfen (Brief an Olbers, 21. 3. 1816). Diese Erweiterung hat Kummer in der Schöpfung der algebraischen Zahlen vorgenommen, die zu den größten mathematischen Leistungen des 19. Jahrhunderts gehört, und es waren seine Bemühungen um den Fermatschen Satz, die ihn dazu geführt haben. (Vgl. Hensel, Festschr. z. 100. Geburtstag von E. E. Kummer. Abh. z. Gesch. d. Math. **29** (1910).)

2) Euler, Comm. Acad. Petr. **10** (1738) ($n = 4$); Novi Comm. Petr. **8** (1760) ($n = 3$); Algebra II, § 204, 234.
Dirichlet, Journ. f. Math. **3** (1828); Kummer, Journ. f. Math. **40** (1850); Abh. Akad. Berlin 1857.

3) Dickson, Quart. Journ. **40** (1908).
Auf die Flut der Beweise, welche die Aussetzung des bekannten Wolfskehlpreises seit 1908 hervorgerufen hat, braucht hier nicht eingegangen zu werden. Sie haben den Fermatschen Satz nicht bewiesen, wohl aber einen beschämenden Tiefstand der allgemeinen mathematischen Bildung, und sie bieten kein mathematisches, sondern nur ein kulturgeschichtliches und psychologisches Interesse.
Eine zusammenfassende Darstellung der Untersuchungen über den Satz von Fermat hat P. Bachmann, Das Fermatproblem, Berlin 1919, gegeben. Vgl. auch desselben Verfassers Niedere Zahlentheorie **2**, Leipzig 1910.

Wenn die Gleichung

$$(2) \qquad x^4 + y^4 = z^4$$

eine Lösung in ganzen positiven Zahlen x, y, z besitzt, von denen keine verschwindet, so hat auch die Gleichung

$$(3) \qquad x^4 + y^4 = \zeta^2$$

eine solche Lösung; umgekehrt, wenn Gleichung (3) keine Lösung hat, so ist auch Gleichung (2) unlösbar. Es genügt also oder gibt sogar noch mehr, als wir verlangen, wenn wir die Unmöglichkeit von (3) beweisen. Hat aber die Gleichung (3) überhaupt Lösungen, so wird es unter diesen eine (oder vielleicht mehrere) geben, in der ζ so klein wie möglich ist. In dieser Lösung, die wir nun unter x, y, ζ verstehen, können x und y keinen gemeinsamen Teiler d haben; sonst hätte ζ den Faktor d^2 und durch Division der Gleichung durch d^4 erhielte man eine Gleichung derselben Form mit einem kleineren ζ als Lösung.

Die Gleichung (3) ist für die Zahlen x^2, y^2, ζ eine pythagoreische Gleichung, folglich gibt es nach § 69, 2. zwei teilerfremde ungleichartige Zahlen a und b, so daß

$$(4) \qquad x^2 = a^2 - b^2, \quad y^2 = 2ab, \quad \zeta = a^2 + b^2,$$

und zwar muß a die ungrade, b die grade Zahl sein, denn andernfalls wäre $x^2 \equiv 3 \pmod 4$, was unmöglich ist. Es sind dann a und $2b$ relativ prim, also muß jede der beiden Zahlen, da ihr Produkt ein Quadrat ist, selbst ein Quadrat sein; wir setzen

$$(5) \qquad a = \zeta_1{}^2, \quad 2b = 4\beta^2.$$

Nach der ersten Gleichung in (4) ist $x^2 + b^2 = a^2$, also wiederum eine pythagoreische Gleichung, so daß wir

$$(6) \qquad x = a_1{}^2 - b_1{}^2, \quad b = 2a_1 b_1, \quad a = a_1{}^2 + b_1{}^2$$

mit teilerfremden ungleichartigen Zahlen a_1, b_1 ansetzen können. **Nun folgt nach (5)**

$$\beta^2 = a_1 b_1,$$

also ist jede der Zahlen a_1 und b_1, da sie teilerfremd sind, wiederum ein Quadrat:

$$a_1 = x_1{}^2, \quad b_1 = y_1{}^2,$$

und die letzte der Gleichungen (6) zusammen mit der ersten in (5) ergibt jetzt:

$$x_1{}^4 + y_1{}^4 = \zeta_1{}^2.$$

Das ist eine Gleichung von derselben Form wie Gleichung (3), aber in ihr wäre nach der letzten Gleichung (4) $\zeta_1{}^4 < \zeta$, also um so mehr $\zeta_1 < \zeta$. und dies widerspricht der Annahme, daß ζ die kleinste Zahl ist, die die Gleichung (3) befriedigt. Es gibt folglich keine ganzen Zahlen x, y, ζ, die der Gleichung (3) und daher auch keine ganzen Zahlen x, y, z, die der Gleichung (2) genügen.

§ 71*. Quadratische Irrationalzahlen.

1. Wir haben (§ 20, 6) einen Bereich von Zahlen, der in bezug auf die rationalen Rechenoperationen geschlossen ist, in dem also irgendwelche Additionen, Subtraktionen, Multiplikationen und Divisionen immer wieder zu Zahlen des Bereichs führen, einen Rationalitätsbereich oder Zahlenkörper genannt. Der einfachste Zahlenkörper, der sich zunächst darbietet, ist der Körper der rationalen Zahlen. Er heißt auch der natürliche Rationalitätsbereich. Er ist in jedem anderen Körper enthalten, denn ist ω irgendeine von Null verschiedene Zahl eines Körpers, so gehört auch die Zahl $\omega : \omega = 1$ zu dem Körper, und von der Zahl 1 gelangt man durch rationale Operationen zu jeder anderen rationalen Zahl.

Man gewinnt nun aus dem natürlichen Rationalitätsbereich neue Zahlenkörper, indem man irgendwelche nicht im rationalen Zahlenkörper enthaltene, also irrationale Zahlen $\alpha, \beta, \gamma, \ldots$ hinzunimmt oder, wie man es nennt, adjungiert. Die Gesamtheit der aus diesen Zahlen durch rationale Operationen entstehenden Zahlen bildet einen neuen Rationalitätsbereich. Natürlich darf man voraussetzen, daß keine der Zahlen $\alpha, \beta, \gamma, \ldots$ aus den andern durch rationale Operationen berechnet werden kann. So erhält man z. B. durch Adjunktion von $\sqrt{2}$ und $\sqrt{8}$ keinen andern Rationalitätsbereich als durch Adjunktion von $\sqrt{2}$ allein, denn $\sqrt{8} = 2\sqrt{2}$.

2. Als die einfachsten irrationalen Zahlen kann man die Quadratwurzeln aus rationalen Zahlen ansehen; wir werden also den einfachsten irrationalen Zahlenkörper erhalten, wenn wir zum natürlichen Rationalitätsbereich eine solche Quadratwurzel adjungieren. Den so entstehenden Zahlenkörper nennt man einen quadratischen Zahlenkörper und jede in ihm enthaltene irrationale Zahl heißt eine quadratische Irrationalzahl.

Ist nun d eine positive rationale Zahl, so werden die graden Potenzen von $\sqrt{d}$ rationale Zahlen, die ungraden Potenzen rationale Vielfache von $\sqrt{d}$ sein, und jede Irrationalzahl des mit $\sqrt{d}$ gebildeten quadratischen Zahlenkörpers wird sich auf die Form

$$\omega = \frac{m + n\sqrt{d}}{p + q\sqrt{d}}$$

mit rationalen m, n, p, q bringen lassen. Durch Erweitern dieses Bruches mit einer geeigneten ganzen Zahl wird man aber für die hier auftretenden rationalen Zahlen lauter ganze Zahlen herstellen können und so können wir gleich d, m, n, p, q als ganze Zahlen (dabei d als positiv und nicht quadratisch) voraussetzen. Erweitern wir dann[1]) den Bruch mit $p - q\sqrt{d}$, so wird der Nenner eine ganze Zahl, und wenn wir noch

---

1) Ist $q = 0$, so ist das nicht notwendig.

einen Faktor vor der Quadratwurzel unter diese nehmen,, so erhalten wir jede (reelle) quadratische Irrationalzahl in der Form

$$(1) \qquad \omega = \frac{B + \sqrt{\Delta}}{C}$$

mit ganzen Zahlen B und C, von denen jedenfalls C nicht verschwindet und einer positiven ganzen Zahl Δ, die keine Quadratzahl ist. Unter $\sqrt{\Delta}$ verstehen wir immer den positiven Wert der Wurzel. Wir können noch annehmen, daß Δ nicht durch das Quadrat eines gemeinsamen Teilers von B und C teilbar ist, denn sonst könnte man den Bruch mit diesem Teiler kürzen.

3. Wir wollen aber an Stelle von (1) eine speziellere Form für ω, die sich immer herstellen läßt, der weiteren Betrachtung zugrunde legen. Wir behaupten:

Jede quadratische Irrationalzahl läßt sich durch Erweitern mit einer bestimmten Zahl t auf eine und nur eine Weise auf die Form

$$(2) \qquad \omega = \frac{-b + \sqrt{D}}{c}$$

bringen, worin b und c ganze Zahlen, D eine positive nicht quadratische ganze Zahl, die der Bedingung genügt, daß $b^2 - D$ durch c teilbar ist, worin ferner, wenn die ganze Zahl

$$(3) \qquad \frac{b^2 - D}{c} = a$$

gesetzt wird, die drei Zahlen a, b, c **keinen gemeinsamen Teiler** besitzen.

Erweitern wir nämlich (1) mit t und setzen

$$(4) \qquad Ct = c, \qquad Bt = -b, \qquad t^2\Delta = D,$$

so wird $\qquad b^2 - D = (B^2 - \Delta)\,t^2.$

Soll dies durch $c = Ct$ teilbar sein, so muß $(B^2 - \Delta)\,t$ durch C teilbar sein. Wir nehmen für t die kleinste positive Zahl, die dieses bewirkt. Sie ist

$$(5) \qquad t = \frac{C}{d},$$

wenn d der größte gemeinsame Teiler von $B^2 - \Delta$ und C, und zwar versehen mit dem Vorzeichen von C. Dann wird

$$(6) \qquad a = \frac{(B^2 - \Delta)\,t}{C} = \frac{B^2 - \Delta}{d}.$$

Die so bestimmten Zahlen a, b, c können keinen gemeinsamen Teiler haben, denn ein solcher Teiler δ könnte zunächst nicht Teiler von t sein, weil a und t nach (5) und (6) relativ prim sind, er müßte also nach (4) gemeinsamer Teiler von B und C sein. Ferner hätte $D = b^2 - ac = t^2\Delta$ den Teiler δ^2, also wäre Δ durch δ^2 teilbar. Dies widerspricht aber der Annahme, daß Δ nicht durch das Quadrat eines gemeinsamen

Teilers von B und C teilbar sein soll. Weiterhin ist die durch (5) bestimmte Zahl t die einzige, die die Form (1) in die Form (2) unter Erfüllung der vorgeschriebenen Bedingungen überführt, denn jede andere Zahl t', welche $(B^2 - \Delta)t'$ durch C teilbar macht, wäre ein Vielfaches nt von t und es hätten dann a, b, c den gemeinsamen Teiler n.

Wir nennen die gemäß den obigen Bedingungen bestimmte Form (2) die Normalform der quadratischen Irrationalzahl ω und

$$(7) \qquad D = b^2 - ac$$

die Determinante der Zahl ω.

Nehmen wir z. B.

$$\omega = \frac{3 + 7\sqrt{5}}{12} = \frac{3 + \sqrt{245}}{12},$$

so ist $B = 3$, $C = 12$, $\Delta = 245$, $B^2 - \Delta = -236$; der größte gemeinsame Teiler von C und $B^2 - \Delta$ ist $d = 4$, also $t = \frac{12}{4} = 3$. Damit ergibt sich:

$$a = -59, \quad b = -9, \quad c = 36,$$

$D = 9 \cdot 245 = 2205$ und in der Tat $D = b^2 - ac$. Die Normalform von ω ist

$$\omega = \frac{9 + \sqrt{2205}}{36}.$$

4. Nehmen wir in (2) die Quadratwurzel mit negativem Vorzeichen, so erhalten wir eine neue quadratische Irrationalzahl derselben Determinante:

$$\omega' = \frac{-b - \sqrt{D}}{c}$$

oder in Normalform

$$(8) \qquad \omega' = \frac{b + \sqrt{D}}{-c}.$$

Sie heißt die zu ω konjugierte Zahl; umgekehrt ist, wie man sogleich sieht, ω die zu ω' konjugierte Zahl.

Die Zahl ω ist durch die Zahlen a, b, c vollständig bestimmt. Wir schreiben, um die Abhängigkeit von diesen Zahlen anzudeuten:

$$(9) \qquad \omega = \{a, b, c\}.$$

Wechseln b und c ihr Vorzeichen, während D unverändert bleibt, so wechselt nach (3) auch a nur sein Vorzeichen, folglich ist nach (8) für die zu ω konjugierte Zahl zu schreiben:

$$(10) \qquad \omega' = \{-a, -b, -c\}.$$

Aus (2) folgt nun:

$$\sqrt{D} = b + c\omega$$

und aus (8):

$$-\sqrt{D} = b + c\omega',$$

es wird also sowohl für $z = \omega$ wie für $z = \omega'$

$$(b + cz)^2 - D = 0$$

oder

$$b^2 - D + 2bcz + c^2 z^2 = 0.$$

Setzen wir hier nach (3) $b^2 - D = ac$ und dividieren durch den nicht verschwindenden Faktor c, so folgt:

Die beiden konjugierten Irrationalzahlen ω und ω' genügen der quadratischen Gleichung mit ganzzahligen Koeffizienten[1])

$$(11)\qquad a + 2bz + cz^2 = 0.$$

In dem obigen Beispiel ist die zu ω konjugierte Zahl

$$\omega' = \frac{3 - 7\sqrt{5}}{12} = \frac{-9 + \sqrt{2205}}{-36}$$

und die beiden Zahlen ω und ω' befriedigen die Gleichung

$$36z^2 - 18z - 59 = 0.$$

Aus (8) folgt noch:

$$-\frac{1}{\omega'} = \frac{c}{b + \sqrt{D}}$$

oder, wenn wir mit $-b + \sqrt{D}$ erweitern und $D - b^2 = -ac$ einsetzen:

$$(12)\qquad -\frac{1}{\omega'} = \frac{-b + \sqrt{D}}{-a}, \qquad \text{oder auch}$$

$$(13)\qquad -\frac{1}{\omega'} = \{-c,\, b,\, -a\}.$$

5. Eine quadratische Irrationalzahl ω heißt reduziert, wenn sie selbst und gleichzeitig auch die Zahl $-\frac{1}{\omega'}$ größer als 1 ist.

Es ist also mit ω auch $-\frac{1}{\omega'}$ reduziert, dagegen ist ω' eine negative Zahl zwischen 0 und -1. Aus diesen Bedingungen

$$(14)\qquad \omega > 1; \quad -1 < \omega' < 0$$

folgt:

$$\omega + \omega' > 0; \quad \omega\omega' < 0; \quad \omega - \omega' > 1$$

oder nach (2) und (8):

$$-\frac{2b}{c} > 0; \quad \frac{a}{c} < 0; \quad \frac{2\sqrt{D}}{c} > 1.$$

Hieraus ersieht man:

Bei einer reduzierten Zahl $\omega = \{a, b, c\}$ ist immer c positiv, dagegen a und b negativ.

Wir fassen die Bedingungen (14) zusammen, indem wir schreiben:

$$(15\,\mathrm{a})\qquad 0 < -\omega' < 1 < \omega.$$

---

[1]) Setzen wir $z = \dfrac{y}{x}$ und multiplizieren mit x^2, so wird die Gleichung

$$ax^2 + 2bxy + cy^2 = 0.$$

Hier steht auf der linken Seite eine indefinite binäre quadratische Form von der positiven Diskriminante $4b^2 - 4ac = 4D$. Die Theorie der reellen quadratischen Irrationalzahlen ist identisch mit der Theorie dieser quadratischen Formen.

Führen wir aber $\dfrac{1}{\omega}$ und $-\dfrac{1}{\omega'}$ sein, so folgt

(15b)
$$0 < \frac{1}{\omega} < 1 < -\frac{1}{\omega'},$$

und sowohl (15a) wie (15b) enthalten die notwendigen und hinreichenden Bedingungen, damit ω eine reduzierte Zahl ist. Auf Grund der Formeln (2), (8), (12) ist dies gleichbedeutend mit

$$0 < \frac{\sqrt{D} + b}{c} < 1 < \frac{\sqrt{D} - b}{c}$$

und

$$0 < \frac{\sqrt{D} + b}{-a} < 1 < \frac{\sqrt{D} - b}{-a},$$

und da c und $-a$ positiv sind, so folgt:

Die notwendigen und hinreichenden Bedingungen dafür, daß $\omega = \{a, b, c\}$ eine reduzierte Zahl ist, lauten:

(16a)
$$0 < \sqrt{D} + b < c < \sqrt{D} - b$$

oder auch

(16b)
$$0 < \sqrt{D} + b < -a < \sqrt{D} - b.$$

Sei z. B. die Determinante D gegeben und $c = 1$, so folgt aus (16a):

$$-b < \sqrt{D} < -b + 1,$$

also ist $-b$ die größte ganze Zahl $< \sqrt{D}$. Nennen wir sie r, so wird $a = b^2 - D = r^2 - D$ und wir sehen:

Zu jeder Determinante D gibt es mindestens eine reduzierte Zahl, nämlich

(17)
$$\{r^2 - D, -r, 1\} = r + \sqrt{D},$$

worin r die größte in $\sqrt{D}$ enthaltene ganze Zahl bedeutet, also

$$r < \sqrt{D} < r + 1.$$

6. Aus (16a) folgt

(18)
$$-\sqrt{D} < b < 0$$

und hieraus schließt man:

Für jede Determinante D gibt es nur eine endliche Anzahl reduzierter Zahlen.

Es können nämlich nach (18) bei gegebenem D für b nur die negativen ganzen Zahlen zwischen 0 und $-\sqrt{D}$ in Betracht kommen, also die Zahlen $-1, -2, \ldots, -r$. Nimmt man eine von ihnen, etwa $b = -m$, so können nach (16a) für c nur solche Teiler von $b^2 - D = m^2 - D$ genommen werden, die zwischen $\sqrt{D} + b$ und $\sqrt{D} - b$ liegen, also

(19)
$$r - m + 1 \leqq c \leqq r + m.$$

Mit b und c ist a bestimmt und es gelten für $-a$ dieselben Grenzen wie für c. Die Zahlen ω, bei denen a, b, c keinen gemeinsamen Teiler haben, sind die reduzierten Zahlen der Determinante D.

Nehmen wir z. B. $D = 189$, so ist $r = 13$ und wir haben folgende Tabelle:

b	$b^2 - D$	Schranken für $-a$ und c	a	c
— 1	— 188	13, 14	—	—
— 2	— 185	12, 15	—	—
— 3	— 180	11, 16	— 12 — 15	15 12
— 4	— 173	10, 17	—	—
— 5	— 164	9, 18	—	—
— 6	— 153	8, 19	— 9 — 17	17 9
— 7	— 140	7, 20	— 7 — 10 — 14 — 20	20 14 10 7
— 8	— 125	6, 21	—	—
— 9	— 108	5, 22	— 6 — 9 — 12 — 18	18 12 9 6
— 10	— 89	4, 23	—	—
— 11	— 68	3, 24	— 4 — 17	17 4
— 12	— 45	2, 25	— 3 — 5 — 9 — 15	15 9 5 3
— 13	— 20	1, 26	— 1 — 2 — 4 — 5 — 10 — 20	20 10 5 4 2 1

Lassen wir die Zahlen, bei denen a, b, c einen gemeinsamen Teiler besitzen, fort, so bleiben die folgenden 16 reduzierten Zahlen[1]) der Determinante 189:

$$\{- 9, - 6, 17\}\{-17, - 11, 4\}\{- 4, - 13, 5\}\{- 5, - 12, 9\};$$
$$\{-17, - 6, 9\}\{ - 9, - 12, 5\}\{- 5, - 13, 4\}\{- 4, - 11, 17\};$$
$$\{- 7, - 7, 20\}\{-20, - 13, 1\}\{- 1, - 13, 20\}\{-20, - 7, 7\};$$
$$\{-10, - 7, 14\}\{-14, - 7, 10\}\{-10, - 13, 2\}\{- 2, - 13, 10\}.$$

____

1) Die hier gewählte Reihenfolge wird im folgenden Paragraphen begründet.

§ 72*. Periodische Kettenbrüche.

1. Es sei $\omega = \{a, b, c\} = \dfrac{-b + \sqrt{D}}{c}$ eine quadratische Irrationalzahl der Determinante D und q eine ganze Zahl. Dann ist

$$(1) \qquad \omega_1 = \frac{1}{\omega - q}$$

ebenfalls eine quadratische Irrationalzahl derselben Determinante, denn es ist

$$\omega_1 = \frac{c}{-b - cq + \sqrt{D}} = \frac{c\,(\sqrt{D} + b + cq)}{D - b^2 - 2bcq - c^2 q^2}$$

oder wegen $D - b^2 = -ac$

$$(2) \qquad \omega_1 = \frac{b + cq + \sqrt{D}}{-a - 2bq - cq^2} = \frac{-b_1 + \sqrt{D}}{c_1},$$

folglich

$$(3) \qquad \omega_1 = \{a_1, b_1, c_1\}$$

worin

$$
\begin{aligned}
a_1 &= -c \\
(4) \qquad b_1 &= -b - cq \\
c_1 &= -a - 2bq - cq^2.
\end{aligned}
$$

Haben a, b, c keinen gemeinsamen Faktor, so haben auch a_1, b_1, c_1 keinen solchen, denn jeder gemeinsame Teiler von a_1, b_1, c_1 müßte nach der ersten Gleichung auch Teiler von c, dann nach der zweiten auch Teiler von b und nach der dritten Gleichung auch Teiler von a sein. Aus der Normalform für ω erhält man also auch ω_1 in der Normalform.

Zwei solche Zahlen ω und ω_1 derselben Determinante oder

$$\{a, b, c\} \quad \text{und} \quad \{a_1, b_1, c_1\},$$

bei denen (nach (4)) $a_1 = -c$ ist und $b_1 + b$ durch c teilbar, heißen **benachbart**, und zwar ω_1 **rechts benachbart** zu ω. Zwischen zwei benachbarten Zahlen besteht immer eine Beziehung, wie in (1); denn ist $b_1 + b = -qc$, so wird

$$\omega_1 = \frac{-b_1 + \sqrt{D}}{c_1} = \frac{D - b_1^2}{c_1\,(\sqrt{D} + b_1)} = \frac{-a_1}{\sqrt{D} + b_1} = \frac{c}{\sqrt{D} - b - qc}$$

oder $\omega_1 = \dfrac{1}{\omega - q}$.

2. Ist nun ω eine **reduzierte** Zahl und nimmt man für q die größte in ω enthaltene ganze Zahl, so ist ω_1 ebenfalls reduziert. Dann ist nämlich

$$(5) \qquad q < \omega < q + 1,$$

und da $-1 < \omega' < 0$ ist, auch

$$(6) \qquad q < q - \omega' < q + 1,$$

folglich ist $\omega_1 = \dfrac{1}{\omega - q} > 1$ und auch $-\dfrac{1}{\omega_1'} = q - \omega' > 1$, d. h. ω_1 reduziert, und es ist nach (6) auch q die größte in $-\dfrac{1}{\omega_1'}$ enthaltene ganze Zahl. Man sieht auch sofort, daß nur bei dieser Wahl von q die Zahlen ω und ω_1 gleichzeitig reduziert sind, denn nimmt man q größer, so wird $\omega - q$ und damit auch ω_1 negativ, nimmt man q kleiner, so wird $\omega - q > 1$, also $\omega_1 < 1$. Wir können also sagen:

Zu jeder reduzierten Zahl gibt es eine und nur eine nach rechts benachbarte reduzierte Zahl.

So kann man von einer reduzierten Zahl ω der Determinante D ausgehend eine Reihe von reduzierten Zahlen:

$$\omega, \ \omega_1, \ \omega_2, \ \omega_3, \ \ldots$$

bilden, von denen jede zur vorhergehenden nach rechts benachbart ist. Da aber die Anzahl der reduzierten Zahlen einer Determinante endlich ist, so muß man nach einer Zahl ω_{n-1} zu einer schon vorher dagewesenen Zahl gelangen, und da jede der Zahlen auch die vorhergehende Zahl bestimmt, so kann die zuerst wiederkehrende Zahl nur ω selbst sein, und dann wiederholen sich die Zahlen ω_1, ω_2, ... in derselben Reihenfolge. Man erhält also eine Periode von n reduzierten Zahlen: ·

$$(7) \qquad\qquad \omega, \ \omega_1, \ \omega_2, \ \ldots, \ \omega_{n-1}.$$

Sind durch eine solche Periode noch nicht alle reduzierten Zahlen der Determinante D erschöpft, so bildet man, von einer bisher noch nicht aufgetretenen reduzierten Zahl ausgehend, eine zweite Periode und fährt so fort, bis alle reduzierten Zahlen in Perioden untergebracht sind. So haben wir in dem obigen Beispiel für $D = 189$ alle reduzierten Zahlen in vier Perioden von je vier Zahlen angeordnet.

3. Zwischen den benachbarten reduzierten Zahlen ω, ω_1 besteht nach (1) der Zusammenhang

$$(8) \qquad\qquad \omega = q + \frac{1}{\omega_1}$$

und es ist dabei q die größte in ω enthaltene ganze Zahl. Ebenso bestehen zwischen je zwei aufeinanderfolgenden Zahlen der Periode (7) die Gleichungen:

$$(8) \qquad \begin{aligned} \omega_1 \ &= q_1 \ + \frac{1}{\omega_2} \\[2mm] \omega_2 \ &= q_2 \ + \frac{1}{\omega_3} \\[1mm] &\cdots\cdots\cdots \\[1mm] \omega_{n-1} &= q_{n-1} + \frac{1}{\omega} \end{aligned}$$

und von da ab wiederholen sich die Gleichungen in derselben Reihenfolge. Es sind darin $q, \ q_1, \ q_2, \ \ldots q_{n-1}$ die größten in $\omega, \ \omega_1, \ \omega_2, \ \ldots \omega_{n-1}$ enthaltenen ganzen Zahlen, und auch diese Zahlen wiederholen sich periodisch. Sie sind nach (4) bestimmt durch[1])

$$(9) \qquad q = -\frac{b + b_1}{c}, \ \ q_1 = -\frac{b_1 + b_2}{c_1}, \ \ q_2 = -\frac{b_2 + b_3}{c_2}, \ \ \ldots.$$

---

1) Alle Zahlen b sind negativ, alle c positiv, daher $q, \ q_1, \ q_2, \ \ldots$ positiv, wie es sein muß.

Die Gleichungen (8), die wir uns unendlich oft wiederholt denken müssen, liefern aber unmittelbar die Kettenbruchentwicklung der irrationalen Zahl ω. Wir erhalten für sie einen unendlichen Kettenbruch:

$$(10) \qquad \omega = \overline{(q, q_1, q_2, \ldots, q_{n-1}, \ldots)},$$

dessen Teilnenner sich periodisch wiederholen, und da die Periode $\overline{q, q_1, q_2, \ldots, q_{n-1}}$ sogleich bei dem ersten Teilnenner beginnt, nennt man den Kettenbruch **rein periodisch**.[1]) Wir haben somit den wichtigen Satz:

Jede reduzierte quadratische Irrationalzahl läßt sich in einen reinperiodischen Kettenbruch entwickeln.

Die Kettenbruchentwicklungen für $\omega_1, \omega_2, \ldots$ haben dieselbe Periode, nur mit verschobenem Anfang, also:

$$\omega_1 = \overline{(q_1, q_2, \ldots, q_{n-1}, q, \ldots)}$$
$$\omega_2 = \overline{(q_2, q_3, \ldots, q, q_1, \ldots)}$$
$$\cdots \cdots \cdots \cdots \cdots$$
$$\omega_{n-1} = \overline{(q_{n-1}, q, \ldots, q_{n-2}, \ldots)}.$$

Für die ersten Zahlen der in § 71, **6.** ermittelten Perioden der Determinante $189 = 9 \cdot 21$ erhalten wir so mit Hilfe der Formeln (9) die Kettenbruchentwicklungen:

$$\{-\ \ 9, -6, 17\} = \frac{6 + 3\sqrt{21}}{17} = \overline{(1, 6, 5, 2, \ldots)}$$

$$\{-17, -6, \ \ 9\} = \frac{6 + 3\sqrt{21}}{9} = \overline{(2, 5, 6, 1, \ldots)}$$

$$\{-\ \ 7, -7, 20\} = \frac{7 + 3\sqrt{21}}{20} = \overline{(1, 26, 1, 2, \ldots)}$$

$$\{-10, -7, 14\} = \frac{7 + 3\sqrt{21}}{14} = \overline{(1, 2, 13, 2, \ldots)}.$$

4. Wir wollen nicht ausführlicher auf die Theorie der periodischen Kettenbrüche[2]) eingehen, sondern nur noch die Kettenbruchentwickelung einer **Quadratwurzel** genauer betrachten, zuvor aber einen allgemeinen Satz beweisen, der uns dabei von Nutzen sein wird.

Aus den Gleichungen (8) ergeben sich, wenn wir sie in umgekehrter

---

1) Ein Kettenbruch, bei dem die Perioden nicht sogleich bei dem ersten Teilnenner beginnen, heißt **gemischt periodisch**.

2) Die Lehre von den periodischen Kettenbrüchen ist nach wichtigen Vorarbeiten von **Euler** im wesentlichen von **Lagrange** geschaffen worden (Mém. Berl. 24 (1770); Zusätze zu **Eulers** Algebra (1774), auch Ostwalds Klass. Nr. 103). Den Zusammenhang mit den quadratischen Formen hat **Gauß** (Disqu. arithm.) aufgedeckt. Wir sind mit einigen Modifikationen der Darstellung von H. **Weber**, Algebra 1 (1898), XI. Abschn., Arch. d. Math. u. Phys. (3), **4** (1903) gefolgt. Übrigens waren die ersten überhaupt betrachteten Kettenbrüche periodische, aber nicht reguläre (§ 22, **3**) Kettenbrüche (**Bombelli** 1572, **Cataldi** 1613).

Reihenfolge betrachten und zu den konjugierten Zahlen übergehen, die folgenden Gleichungen:

$$-\frac{1}{\omega'} = q_{n-1} - \omega'_{n-1}, \quad -\frac{1}{\omega'_{n-1}} = q_{n-2} - \omega'_{n-2}, \quad \ldots, \quad -\frac{1}{\omega'_1} = q - \omega'.$$

Hier sind die Zahlen auf der linken Seite sämtlich positiv und größer als 1. Wir führen für sie die Bezeichnungen

$$-\frac{1}{\omega'} = \overline{\omega}, \quad -\frac{1}{\omega'_1} = \overline{\omega}_1, \quad \ldots, \quad -\frac{1}{\omega'_{n-1}} = \overline{\omega}_{n-1}$$

ein und haben dann:

$$(11) \qquad \begin{aligned}
\overline{\omega} &= q_{n-1} + \frac{1}{\overline{\omega}_{n-1}} \\
\overline{\omega}_{n-1} &= q_{n-2} + \frac{1}{\overline{\omega}_{n-2}} \\
&\ \cdot \quad \cdot \quad \cdot \quad \cdot \quad \cdot \quad \cdot \\
\overline{\omega}_1 &= q \quad + \frac{1}{\overline{\omega}}.
\end{aligned}$$

Nun ist, wie in **2.** bemerkt wurde, q die größte in $\overline{\omega}_1$ enthaltene ganze Zahl; daher sind auch $q_1, q_2, \ldots, q_{n-1}$ die größten in $\overline{\omega}_2, \overline{\omega}_3, \ldots, \overline{\omega}$ enthaltenen ganzen Zahlen, und die Gleichungen (11) liefern uns also die Kettenbruchentwicklung von $\overline{\omega} = -\frac{1}{\omega'}$:

$$(12) \qquad -\frac{1}{\omega'} = \overline{(q_{n-1}, q_{n-2}, \ldots, q_1, q, \ldots)}.$$

Die Periode dieses Kettenbruchs hat dieselben Teilnenner, wie der Kettenbruch (10) für ω, aber in umgekehrter Reihenfolge. Wir nennen zwei solche Perioden **invers** und haben somit den Satz von Galois[1]):

Die Kettenbruchentwicklungen für die beiden reduzierten Zahlen ω und $-\frac{1}{\omega'}$ haben inverse Perioden.

Ein Beispiel hierfür haben wir oben in den Kettenbrüchen für die Zahlen

$$\frac{6 + 3\sqrt{21}}{17} = (\overline{1, 6, 5, 2}, \ldots) \quad \text{und} \quad \frac{6 + 3\sqrt{21}}{9} = (\overline{2, 5, 6, 1}, \ldots).$$

Es ist in der Tat, wenn die erste Zahl mit ω bezeichnet wird,

$$-\frac{1}{\omega'} = \frac{17}{3\sqrt{21} - 6} = \frac{17(3\sqrt{21} + 6)}{189 - 36} = \frac{6 + 3\sqrt{21}}{9}.$$

§ 73*. Quadratwurzeln aus ganzen Zahlen.
Die Fermatsche Gleichung.

1. Es sei D eine positive nicht quadratische ganze Zahl und r die größte in $\sqrt{D}$ enthaltene ganze Zahl. Dann ist, wie wir in § 71, **5.** gesehen haben, $r + \sqrt{D}$ eine reduzierte Zahl, sie besitzt also eine rein

---

[1]) Galois, Ann. de math. pures et appl. **19** (1828).

periodische Kettenbruchentwicklung. Diese muß mit dem Teilnenner $2r$ anfangen, also:

$$(1) \qquad r + \sqrt{D} = (\overline{2r,\ q_1,\ q_2,\ \ldots,\ q_{n-1},\ 2r},\ \ldots).$$

Hieraus folgt aber, wenn wir beiderseits r abziehen:

$$(2) \qquad \sqrt{D} = (r,\ \overline{q_1,\ q_2,\ \ldots,\ q_{n-1},\ 2r},\ \ldots).$$

Ist $r + \sqrt{D} = \omega$, so ist $-\dfrac{1}{\omega'} = \dfrac{1}{\sqrt{D}-r}$, folglich nach dem Satz von Galois:

$$\frac{1}{\sqrt{D}-r} = (\overline{q_{n-1},\ q_{n-2},\ \ldots,\ q_1,\ 2r},\ \ldots).$$

Andererseits folgt aus (2):

$$\frac{1}{\sqrt{D}-r} = (\overline{q_1,\ q_2,\ \ldots,\ q_{n-1},\ 2r},\ \ldots).$$

Da aber eine irrationale Zahl nur auf eine Weise in einen unendlichen Kettenbruch entwickelt werden kann (§ 32, 4.), so müssen die beiden letzten Kettenbrüche in den einzelnen Teilnennern übereinstimmen, d. h. es muß

$$q_{n-1} = q_1,\ q_{n-2} = q_2,\ q_{n-3} = q_3,\ \ldots$$

sein. Es sind also in der Reihe der Einzelnenner q_1, q_2, $\ldots$, q_{n-1} je zwei gleich weit von den Enden abstehende Elemente einander gleich, die Reihe ist **symmetrisch**. Der Kettenbruch (2) für $\sqrt{D}$ hat daher die Gestalt:

$$(3) \qquad \sqrt{D} = (r,\ \overline{q_1,\ q_2,\ \ldots,\ q_2,\ q_1,\ 2r},\ \ldots)$$

und wir haben den Satz:[1]

Der Kettenbruch für die Quadratwurzel aus einer ganzen Zahl ist gemischt periodisch. Der Periode geht *ein* Teilnenner voraus, welcher gleich der größten in der Quadratwurzel enthaltenen ganzen Zahl ist, und die Periode schließt mit dem Doppelten dieses Teilnenners. Der übrige Teil der Periode ist symmetrisch.

2. Als Beispiel wollen wir $\sqrt{59}$ in einen Kettenbruch entwickeln und bemerken, daß man in derselben Weise die Kettenbruchentwicklung für jede (reelle) quadratische Irrationalzahl findet. Es ist hier $r = 7$; wir setzen:

---

[1] **Legendre**, Théorie des nombres, deutsch von **Maser**, Leipzig 1893, 1 § 32. Der Satz gilt übrigens für die Quadratwurzel aus jeder rationalen Zahl.

$$\sqrt{59} = \omega = 7 + \frac{1}{\omega_1}, \text{ also } \omega_1 = \frac{1}{\sqrt{59}-7} = \frac{\sqrt{59}+7}{10}$$

$$\omega_1 = 1 + \frac{1}{\omega_2}, \qquad \omega_2 = \frac{10}{\sqrt{59}-3} = \frac{\sqrt{59}+3}{5}$$

$$\omega_2 = 2 + \frac{1}{\omega_3}, \qquad \omega_3 = \frac{5}{\sqrt{59}-7} = \frac{\sqrt{59}+7}{2}$$

$$\omega_3 = 7 + \frac{1}{\omega_4}, \qquad \omega_4 = \frac{2}{\sqrt{59}-7} = \frac{\sqrt{59}+7}{5}$$

$$\omega_4 = 2 + \frac{1}{\omega_5}, \qquad \omega_5 = \frac{5}{\sqrt{59}-3} = \frac{\sqrt{59}+3}{10}$$

$$\omega_5 = 1 + \frac{1}{\omega_6}, \qquad \omega_6 = \frac{10}{\sqrt{59}-7} = \sqrt{59} + 7$$

$$\omega_6 = 14 + \frac{1}{\omega_7},$$

und nun wird, wie man sogleich sieht, $\omega_7 = \omega_1$, womit sich dann die sechs Zahlen $\omega_1, \ldots, \omega_6$, welche alle reduziert sind, in derselben Reihenfolge unbegrenzt wiederholen. Es ergibt sich also die Kettenbruchentwicklung:

$$\sqrt{59} = (7, \overline{1, 2, 7, 2, 1, 14}, \ldots),$$

welche in der Tat die Form (3) besitzt.

3. Man kann mehrere Perioden zusammenfassen und als eine neue Periode betrachten, z. B. in $\sqrt{39} = (6, \overline{4, 12}, \ldots)$ die Periode $\overline{4, 12, 4, 12}$. Eine Periode, die sich nicht mehr in kleinere Perioden zerlegen läßt, heißt primitiv. Eine primitive Periode kann aus einer graden oder ungraden Anzahl von Teilnennern bestehen. Bei einer graden Anzahl von Teilnennern, wie bei $\sqrt{59}$ besitzt der symmetrische Teil ein unpaares mittleres Element, wir nennen ihn spitzsymmetrisch; bei einer ungraden Anzahl von Teilnennern hat der symmetrische Teil zwei gleiche mittlere Elemente, er heiße flachsymmetrisch, wie z. B. bei

$$\sqrt{61} = (7, \overline{1, 4, 3, 1, 2, 2, 1, 3, 4, 1, 14}, \ldots).$$

4. In dem Kettenbruch (3) betrachten wir die Näherungsbrüche bis zum Schluß des symmetrischen Teils einer Periode. Der den Kettenbruch abschließende vollständige Quotient ist

$$(2r, \overline{q_1, q_2, \ldots, q_1, 2r}, \ldots) = r + \sqrt{D},$$

und zwischen ihm und dem Wert $\sqrt{D}$ des Kettenbruchs (3) besteht nach § 22, 5. die Beziehung:

$$\sqrt{D} = \frac{A_\nu(r + \sqrt{D}) + A_{\nu-1}}{B_\nu(r + \sqrt{D}) + B_{\nu-1}},$$

wenn $\frac{A_\nu}{B_\nu}$ und $\frac{A_{\nu-1}}{B_{\nu-1}}$ die beiden letzten Näherungsbrüche des endlichen

Kettenbruchs $(r,\ q_1,\ q_2,\ \ldots,\ q_2,\ q_1)$ bedeuten. Multiplizieren wir hier beiderseits mit dem Nenner, so folgt:

$$(rB_\nu + B_{\nu-1})\sqrt{D} + DB_\nu = rA_\nu + A_{\nu-1} + A_\nu\sqrt{D},$$

und hier müssen die rationalen und die irrationalen Glieder auf beiden Seiten einzeln einander gleich sein, also:

$$(4) \qquad \begin{aligned} A_\nu &= rB_\nu + B_{\nu-1} \\ DB_\nu &= rA_\nu + A_{\nu-1}. \end{aligned}$$

Multiplizieren wir die erste Gleichung mit A_ν, die zweite mit B_ν und ziehen sie voneinander ab, so erhalten wir mit Rücksicht auf § 22, 8. den Satz:

Zwischen dem Zähler und dem Nenner eines Näherungsbruchs am Schluß des symmetrischen Teils der Kettenbruchentwicklung von $\sqrt{D}$ besteht die Beziehung:

$$(5) \qquad A_\nu{}^2 - DB_\nu{}^2 = (-1)^\nu.$$

Darin bedeutet ν die Anzahl der Teilnenner bis zu dem Schlußglied des symmetrischen Teils irgendeiner Periode. Ist also n die Anzahl der Teilnenner einer primitiven Periode, so kann ν irgendein Vielfaches kn von n sein und es bestehen die Gleichungen:

$$(6) \qquad A_{kn}^2 - DB_{kn}^2 = (-1)^{kn}, \qquad\qquad k = 1, 2, 3, \ldots$$

5. Diese Gleichungen enthalten die Lösung einer berühmten Aufgabe, welche Fermat im Jahre 1657 in einem Gelehrtenwettstreit den englischen Mathematikern gestellt hat, nämlich die Gleichung

$$(7) \qquad x^2 - Dy^2 = 1,$$

worin D eine positive nichtquadratische ganze Zahl ist, in ganzen Zahlen aufzulösen.[1])

------

1) Diese Aufgabe, die in der Theorie der quadratischen Formen und (was auf dasselbe hinausläuft) in der Lehre von den quadratischen Zahlenkörpern von fundamentaler Bedeutung ist, wird infolge eines Irrtums von Euler häufig auf den englischen Mathematiker Pell zurückgeführt, von dem man kaum etwas anderes weiß, als daß er mit der „Pellschen Gleichung" nichts zu tun hat. Es wäre endlich Zeit, daß diese gänzlich unbegründete Bezeichnung aus der Literatur verschwände, nachdem bereits Lagrange (Zusätze zu Eulers Algebra 1774) den Sachverhalt richtig dargestellt hat. Vgl. G. Wertheim, Abh. z. Gesch. d. math. Wiss. 9 (1899); H. Konen, Gesch. d. Gleichung $t^2 - Du^2 = 1$, Leipzig 1901. Übrigens ist die Aufgabe bereits von den Indern nach einem im wesentlichen mit der Kettenbruchmethode übereinstimmenden Verfahren (Zerstäubungsverfahren) gelöst worden (vgl. Colebrooke, Algebra with Arithmetic from the Sanscrit of Brahmagupta and Bhaskara; Hankel, Zur Gesch. d. Math. im Altert. u. Mittelalter). Ein Jahr nach Fermats Herausforderung gab Lord Brouncker eine von Wallis veröffentlichte Lösungsmethode, die aber nicht erkennen läßt, daß sie immer zu einer Lösung führt. Euler hat diese Methode in seiner Algebra (1770)

Zur Lösung der Aufgabe entwickelt man $\sqrt{D}$ in einen Kettenbruch. Hat die primitive Periode dieses Kettenbruchs eine grade Anzahl n von Teilnennern, also einen spitzsymmetrischen Teil, so wird die Gleichung gelöst durch die Zähler und Nenner der Näherungsbrüche bis zum vorletzten Element einer jeden Periode:

$$(8) \qquad x = A_{kn}, \quad y = B_{kn}, \qquad\qquad k = 1, 2, 3, \ldots$$

Ist aber n ungrade, besitzt also die Periode einen flachsymmetrischen Teil, so kommen nur die Näherungsbrüche bis zum vorletzten Element der zweiten, vierten, sechsten, ... Periode in Betracht, und man hat in (8) nur die graden Werte von k zu nehmen. Für die ungraden Werte von k dagegen sind x und y Lösungen der Gleichung

$$(9) \qquad x^2 - Dy^2 = -1.$$

Die Fermatsche Gleichung hat also für jedes positive nichtquadratische D unendlich viele Lösungen. Von diesen sind am wichtigsten die kleinsten Lösungen, die man durch (8) erhält und die, wie Lagrange gezeigt hat, überhaupt die kleinsten positiven Lösungen sind, nämlich wenn

$$n \text{ grade:} \quad x = A_n, \quad y = B_n$$
$$n \text{ ungrade:} \quad x = A_{2n}, \quad y = B_{2n}.$$

Aus ihnen kann man, wie Lagrange ebenfalls bewiesen hat, alle anderen Lösungen ableiten.

Für $D = 59$ sind die Näherungsbrüche des Kettenbruchs

$$\sqrt{59} = (7, \overline{1, 2, 7, 2, 1, 14}, \ldots)$$
$$\frac{7}{1}, \quad \frac{8}{1}, \quad \frac{23}{3}, \quad \frac{169}{22}, \quad \frac{361}{47}, \quad \frac{530}{69}, \ldots,$$

also sind, da n grade ist, $x = 530$, $y = 69$ die kleinsten Lösungen der Gleichung $x^2 - 59y^2 = 1$.

6. Die Gleichung (9) ist zum Unterschied von der Fermatschen Gleichung nicht für jedes positive nichtquadratische D lösbar, sondern nur dann, wenn die primitive Periode des Kettenbruchs von $\sqrt{D}$ aus einer

wiedergegeben. Die Auflösung der Fermatschen Gleichung mit Hilfe der Kettenbruchentwicklung von $\sqrt{D}$ geht bereits auf Euler zurück (Nov. Com. Petr. ad ann. 1765), aber Lagrange (Misc. Taurin. 4 (1768), Zusätze zu Eulers Algebra (1774)) gebührt das Verdienst, nachgewiesen zu haben, daß die Gleichung immer lösbar ist und daß man durch die Kettenbruchmethode sämtliche Lösungen erhält. Eine Tafel der kleinsten Lösungen der Fermatschen Gleichung bis $D = 1000$ mit den Kettenbruchentwicklungen von $\sqrt{D}$ ist von Degen, Canon Pellianus, Kopenhagen 1817, berechnet. Sie ist von Cayley (Collected math. papers 13) bis $D = 1500$, von Whitford, The Pell equation, New York (1912), bis $D = 1700$ (die Kettenbrüche für $\sqrt{D}$ bis $D = 2012$) fortgesetzt worden.

ungraden Anzahl von Teilnennern besteht. Welche Zahlen D aber diese Eigenschaft haben, ist bis jetzt noch nicht allgemein festgestellt. Jedenfalls muß D, da es ein Teiler von $x^2 + 1$, also einer Summe von zwei teilerfremden Quadraten ist, selbst eine solche Summe sein (§ 68, **9.**), aber diese Bedingung reicht zur Lösbarkeit der Gleichung (9) nicht hin, wie schon das Beispiel $D = 34 = 5^2 + 3^2$ zeigt, denn es ist $\sqrt{34} = (5, \overline{1, 4, 1, 10}, \ldots)$, also $n = 4$ und die Gleichung $x^2 - 34y^2 = -1$ nicht lösbar.

Ist die Gleichung (9) lösbar, so sind

$$\xi = A_n, \qquad \eta = B_n$$

ihre kleinsten positiven Lösungen, und dann sind

$$x = 2\xi^2 + 1, \quad y = 2\xi\eta$$

die kleinsten positiven Lösungen der Fermatschen Gleichung. Man braucht also auch bei ungradem n nur die Näherungsbrüche bis zum vorletzten Element der ersten Periode zu berechnen.

So sind z. B. für $D = 29$ die Näherungsbrüche von

$$\sqrt{29} = (5, \overline{2, 1, 1, 2, 10}, \ldots)$$
$$\frac{5}{1}, \ \frac{11}{2}, \ \frac{16}{3}, \ \frac{27}{5}, \ \frac{70}{13}, \ \ldots$$

also $\xi = 70$, $\eta = 13$ die kleinsten Lösungen der Gleichung

$$x^2 - 29y^2 = -1$$

und danach $x = 9801$, $y = 1820$ die kleinsten Lösungen der Gleichung

$$x^2 - 29y^2 = 1.$$

Zweites Buch.

Algebra.

Zwölfter Abschnitt.

Gleichungen ersten Grades. Determinanten.

§ 74. Gleichungen ersten Grades mit einer und mit zwei Unbekannten.

1. Wir haben im dritten Abschnitt die Division durch die folgende Aufgabe eingeführt:

Wenn a und b gegebene Zahlen sind, so soll eine Zahl x gefunden werden, die der Bedingung

$$(1) \qquad\qquad ax = b$$

genügt, und wir haben gesehen, daß es immer eine und nur eine Zahl $x = \dfrac{b}{a}$ gibt, die dieser Forderung genügt, ausgenommen, wenn $a = 0$ ist. Ist dann b nicht $= 0$, so gibt es keine Zahl x, ist aber zugleich $b = 0$, so genügt jede beliebige Zahl, für x gesetzt, der Bedingung (1).

Man nennt (1) eine Gleichung ersten Grades mit einer Unbekannten x, und jeden Wert der Zahl x, welcher die Gleichung befriedigt, eine Lösung dieser Gleichung.

In den Übungsbüchern finden sich zahlreiche Aufgaben, in denen es sich meistens darum handelt, eine Frage aus dem täglichen Leben oder aus irgendeiner Wissenschaft in die Form einer solchen Gleichung zu setzen. Diese Aufgaben haben zum Teil eine vieltausendjährige Geschichte. Alle Zeiten und alle Kulturvölker haben zu ihnen beigesteuert.[1])

---

1) Wir nennen hier nur das altägyptische Rechenbuch des Ahmes, die arithmetischen Epigramme der griechischen Anthologie, die Algebra des Muhammed ibn Musa, den Liber Abaci des Leonardo von Pisa, die Rechenbücher des Luca Paciuolo und der deutschen Cossisten. Die so überlieferten Aufgaben sind zum größten Teil reine Verstandesübungen und als solche von hohem Wert, sie entfernen sich aber häufig sehr weit von den Verhältnissen des wirklichen Lebens. Man legt deshalb mit Recht in neuerer Zeit mehr Gewicht auf Aufgaben, welche die große Bedeutung der Gleichungen für die tatsächlichen Bedürfnisse des praktischen Lebens und der Wissenschaft hervortreten lassen.

Auch die Regeldetriaufgaben der Rechenbücher führen, wenn man die gesuchte Anzahl mit x bezeichnet, auf Gleichungen ersten Grades.

2*. Wir wollen die Aufgabe **1.** unter einem anderen, allgemeineren Gesichtspunkte betrachten. Wir nehmen die linke Seite von (1) für sich und bezeichnen sie mit einem Buchstaben

$$(2) \qquad\qquad y = ax.$$

Hierin ist a eine gegebene feste Zahl, **dagegen wird x als veränderlich angesehen.** Wir nehmen für x irgendwelche verschiedene Werte; zu jedem Wert von x gehört ein bestimmter Wert von y. **Eine solche Größe y, deren Wert durch den Wert einer anderen Größe x bedingt ist, nennt man eine Funktion**[1]**) von** x. Insbesondere heißt in (2) y eine lineare Funktion von x. Mit x ist auch y veränderlich. **Man nennt x die unabhängige, y die abhängige Veränderliche.** Um anzudeuten, daß y eine Funktion von x ist, gebraucht man dafür auch die Bezeichnung $f(x)$ oder $\varphi(x)$, $\psi(x)$ u. dgl. Man kann nun die Aufgabe **1.** auch folgendermaßen formulieren:

Für welchen Wert der unabhängigen Veränderlichen x nimmt die lineare Funktion $y = ax$ einen gegebenen Wert $y = b$ an?

Behalten wir anstatt b den Buchstaben y bei, so haben wir als Lösung der Aufgabe

$$(3) \qquad\qquad x = \frac{y}{a}.$$

Wir können also sagen, die Auflösung einer Gleichung ist gleichbedeutend mit der **Umkehrung** einer gegebenen Funktion, wobei die ursprünglich unabhängige Veränderliche durch die abhängige Veränderliche ausgedrückt wird.

3*. Wiederum zu einer anderen Formulierung der Aufgabe gelangen wir, wenn wir in (1) auf beiden Seiten die feste Zahl b subtrahieren. Die Gleichung wird dann

$$(4) \qquad\qquad ax - b = 0.$$

---

1) Beispiele: Der Preis einer Fahrkarte eine Funktion der Entfernung; die Höhe der Steuer eine Funktion des Einkommens; die mittlere Temperatur eines Ortes eine Funktion der geogr. Breite sowie der Meereshöhe; der Druck eines Gases eine Funktion des Volumens und der Temperatur.

Wir wollen immer voraussetzen, daß eine Funktion durch einen bestimmten Ausdruck, eine Formel gegeben ist, mit der jeder Funktionswert y durch Einsetzen des Wertes von x berechnet werden kann. Das entspricht dem älteren auf Leibniz zurückgehenden, vor allem aber durch Johann Bernoulli und Euler in Aufnahme gekommenen Funktionsbegriffe. Die obige umfassendere Definition ist von Dirichlet, Repert. d. Phys. 1 (1837) (Ostwalds Klass. Nr. 116) gegeben worden, man kann sie aber ebenfalls bereits bei Euler finden (Instit. calc. diff., Petrop. 1755, pag. VI). Sie begreift auch Funktionen, die nicht durch eine bestimmte allgemeine Formel gegeben sind, wie z. B. eine Funktion, die für alle rationalen x den Wert 1, für alle irrationalen x den Wert 0 hat. Vgl. A. Pringsheim, Grundlagen d. allg. Funktionenlehre (Enzykl. d. math. Wiss. 2, 1).

Man hat damit, wie man sagt, die Gleichung auf Null gebracht. Die linke Seite

$$(5) \qquad y = ax - b,$$

ist, wenn wir x als veränderlich ansehen, wieder eine Funktion von x, die man ebenfalls eine **lineare Funktion** nennt.[1]) Die durch die Gleichung (1) oder (4) gestellte Aufgabe kann also auch so ausgesprochen werden:

Für welchen Wert der unabhängigen Veränderlichen x hat die lineare Funktion $y = ax - b$ den Wert Null?

Man nennt einen solchen Wert von x einen **Nullpunkt** der Funktion. Allgemein können wir also sagen:

Die Auflösung einer auf Null gebrachten Gleichung ist gleichbedeutend mit der Ermittelung der Nullpunkte einer gegebenen Funktion.

4*. Es seien nun **zwei Gleichungen ersten Grades mit zwei Unbekannten** vorgelegt. Sie lassen sich immer auf die Form

$$(6) \qquad \begin{aligned} a_1 x + b_1 y &= c_1 \\ a_2 x + b_2 y &= c_2 \end{aligned}$$

bringen, worin $a_1, b_1, c_1; a_2, b_2, c_2$ gegebene Zahlen sind. Wir können annehmen, daß mindestens eine der Zahlen b_1, b_2 von Null verschieden ist, denn sonst würde die Unbekannte y gar nicht auftreten. Sei also b_1 von Null verschieden, so findet man aus der ersten Gleichung:

$$(7) \qquad y = \frac{c_1 - a_1 x}{b_1},$$

d. h. y als (lineare) Funktion von x. Diesen Ausdruck setzt man für y in die zweite Gleichung ein und erhält:

$$a_2 x + \frac{b_2}{b_1}(c_1 - a_1 x) = c_2.$$

Dies ist eine Gleichung mit der einen Unbekannten x. Man sagt, man hat die Unbekannte y **eliminiert** (herausgeschafft). Aus dieser Gleichung folgt leicht:

$$x(a_1 b_2 - a_2 b_1) = c_1 b_2 - c_2 b_1$$

und es ergibt sich, sobald der Ausdruck $a_1 b_2 - a_2 b_1$ von Null verschieden ist, für x der Wert:

$$x = \frac{c_1 b_2 - c_2 b_1}{a_1 b_2 - a_2 b_1}.$$

Mit diesem Wert von x findet man dann aus (7) einen bestimmten Wert von y.

---

[1]) Die Funktion in (2) ist hierin als besonderer Fall für $b = 0$ enthalten.

5*. Das hier benutzte Verfahren, bei dem man eine Unbekannte mit Hilfe der einen Gleichung durch die andere Unbekannte ausdrückt und den gefundenen Wert in die zweite Gleichung einsetzt (substituiert), nennt man das **Substitutionsverfahren.** Hierbei werden die beiden Unbekannten nicht gleichmäßig behandelt. Ihm ist ein **symmetrisches Verfahren** vorzuziehen, worunter man ein solches versteht, bei dem mehrere gleichartig in der Aufgabe vorkommende Größen auch im weiteren Verlauf der Rechnung gleichmäßig behandelt werden. Ein derartiges Verfahren ist das folgende:

Man multipliziert die Gleichungen (6) einmal mit den Faktoren b_2, $-b_1$ und nachher mit $-a_2$, a_1 und addiert jedesmal die beiden Gleichungen. Dabei wird im ersten Fall y, im zweiten x eliminiert, und man erhält:

$$(8) \qquad \begin{aligned} x(a_1 b_2 - a_2 b_1) &= c_1 b_2 - c_2 b_1 \\ y(a_1 b_2 - a_2 b_1) &= a_1 c_2 - a_2 c_1 \end{aligned}$$

Der hier auftretende Faktor von x und y:

$$(9) \qquad a_1 b_2 - a_2 b_1 = D$$

heißt die **Determinante** des Gleichungssystems (6). Man schreibt dafür auch:

$$(10) \qquad a_1 b_2 - a_2 b_1 = \begin{vmatrix} a_1 & b_1 \\ a_2 & b_2 \end{vmatrix},$$

und nennt diese Verbindung der vier Zahlen a_1, b_1, a_2, b_2 eine **Determinante zweiten Grades.** Es lassen sich dann auch, wie man sieht, die Ausdrücke auf der rechten Seite der Gleichungen (8) als Determinanten schreiben, und man hat den Satz:

Wenn die Determinante D des Gleichungssystems (6) von Null verschieden ist, so gibt es ein und nur ein Zahlenpaar:

$$(11) \qquad x = \frac{1}{D} \begin{vmatrix} c_1 & b_1 \\ c_2 & b_2 \end{vmatrix}, \qquad y = \frac{1}{D} \begin{vmatrix} a_1 & c_1 \\ a_2 & c_2 \end{vmatrix},$$

welches den Gleichungen genügt.

6*. Ist aber $D = 0$, so können wir annehmen, daß keine der Zahlen a_1, b_1, a_2, b_2 Null ist, denn aus $b_1 = 0$ oder $a_2 = 0$ würde $a_1 b_2 = 0$, also $a_1 = 0$ oder $b_2 = 0$ folgen, es würde also in (6) entweder eine der beiden Gleichungen oder eine der beiden Unbekannten y oder x nicht vorhanden sein. Dann folgt aber aus $a_1 b_2 - a_2 b_1 = 0$

$$\frac{a_2}{a_1} = \frac{b_2}{b_1},$$

also, wenn man den Wert dieses Bruches mit λ bezeichnet:

$$a_2 = \lambda a_1, \quad b_2 = \lambda b_1.$$

Die beiden Gleichungen (6) sind dann:

$$a_1 x + b_1 y = c_1$$
$$\lambda(a_1 x + b_1 y) = c_2,$$

also muß, damit die Gleichungen miteinander verträglich sind, $c_2 = \lambda c_1$ oder

$$\frac{a_2}{a_1} = \frac{b_2}{b_1} = \frac{c_2}{c_1}$$

sein. Dann ist aber nicht nur $D = 0$, sondern es sind auch die andern Determinanten

$$(12) \qquad \begin{vmatrix} c_1 & b_1 \\ c_2 & b_2 \end{vmatrix} = 0, \qquad \begin{vmatrix} a_1 & c_1 \\ a_2 & c_2 \end{vmatrix} = 0$$

und die Gleichungen (6) sind nicht unabhängig voneinander, indem die zweite aus der ersten durch Multiplikation mit λ hervorgeht. Man kann dann für x einen beliebigen Wert annehmen und berechnet dazu y nach (7). Zusammenfassend haben wir den Satz:

Wenn die Determinante D des Gleichungssystems (6) verschwindet und es ist eine der Determinanten (12) von Null verschieden, so widersprechen sich die beiden Gleichungen (6) und es gibt keine Lösung. Sind aber mit D auch gleichzeitig die beiden Determinanten (12) Null, so ist eine der Gleichungen (6) eine Folge der andern und es gibt unendlich viele Lösungen.

7*. Wir wollen noch etwas näher auf die Determinanten zweiten Grades eingehen.

Die Zahlen a_1, b_1, a_2, b_2 heißen die Elemente der Determinante

$$\begin{vmatrix} a_1 & b_1 \\ a_2 & b_2 \end{vmatrix} = a_1 b_2 - a_2 b_1 .$$

Sie besteht aus zwei **Zeilen** (Horizontalreihen) und zwei **Spalten** (Vertikalreihen) von je zwei Elementen.

Der Wert der Determinante ändert sich nicht, wenn man b_1 und a_2 miteinander vertauscht; es ist

$$\begin{vmatrix} a_1 & b_1 \\ a_2 & b_2 \end{vmatrix} = \begin{vmatrix} a_1 & a_2 \\ b_1 & b_2 \end{vmatrix},$$

d. h.: **Der Wert einer Determinante bleibt ungeändert, wenn man die Spalten zu Zeilen und die Zeilen zu Spalten macht.**

8*. Bei Vertauschung der beiden Zeilen miteinander wird

$$\begin{vmatrix} a_2 & b_2 \\ a_1 & b_1 \end{vmatrix} = a_2 b_1 - a_1 b_2 = - \begin{vmatrix} a_1 & b_1 \\ a_2 & b_2 \end{vmatrix},$$

und dasselbe gilt, wenn man die beiden Spalten vertauscht, also:

Bei Vertauschung von zwei Zeilen oder von zwei Spalten ändert die Determinante nur ihr Vorzeichen.

9*. Es mögen die Elemente einer Zeile einen gemeinsamen Faktor besitzen, also $a_1 = m \alpha_1$, $b_1 = m \beta_1$. Dann ist:

$$\begin{vmatrix} m\alpha_1 & m\beta_1 \\ a_2 & b_2 \end{vmatrix} = m(\alpha_1 b_2 - \beta_1 a_2) = m \begin{vmatrix} \alpha_1 & \beta_1 \\ a_2 & b_2 \end{vmatrix}.$$

Das Entsprechende gilt, wenn die Elemente einer Spalte einen gemeinsamen Faktor haben, also:

Ein gemeinsamer Faktor der Elemente einer Zeile oder einer Spalte kann vor die Determinante genommen werden.

§ 75*. Gleichungen ersten Grades mit drei Unbekannten.

1. Ein System von drei Gleichungen ersten Grades mit drei Unbekannten x, y, z hat allgemein die Form:

$$\begin{aligned}
a_1 x + b_1 y + c_1 z &= d_1 \\
a_2 x + b_2 y + c_2 z &= d_2 \\
a_3 x + b_3 y + c_3 z &= d_3
\end{aligned}$$
(1)

mit gegebenen festen Zahlen a_i, b_i, c_i, d_i $\;(i=1,2,3)$.

Zur Auflösung der Gleichungen wollen wir ein von Bézout[1]) angegebenes Verfahren anwenden, durch welches zwei Unbekannte gleichzeitig eliminiert werden. Wir multiplizieren die Gleichungen der Reihe nach mit zunächst unbestimmten Zahlen u_1, u_2, u_3 und addieren die Gleichungen. Dann suchen wir u_1, u_2, u_3 so zu bestimmen, daß die Koeffizienten von y und z Null werden. Es soll also:

$$\begin{aligned}
b_1 u_1 + b_2 u_2 + b_3 u_3 &= 0 \\
c_1 u_1 + c_2 u_2 + c_3 u_3 &= 0
\end{aligned}$$
(2)

sein. Haben wir u_1, u_2, u_3 diesen Gleichungen entsprechend bestimmt, so sind y und z eliminiert und es bleibt eine Gleichung mit x allein:

$$(a_1 u_1 + a_2 u_2 + a_3 u_3)x = d_1 u_1 + d_2 u_2 + d_3 u_3.$$
(3)

Betrachten wir die Gleichungen (2) als Gleichungen für die Unbekannten u_2, u_3, so haben wir nach 5, 8 und 9 des vorigen Paragraphen:

$$\begin{vmatrix} b_2 & b_3 \\ c_2 & c_3 \end{vmatrix} u_2 = \begin{vmatrix} -b_1 u_1 & b_3 \\ -c_1 u_1 & c_3 \end{vmatrix} = \begin{vmatrix} b_3 & b_1 \\ c_3 & c_1 \end{vmatrix} u_1$$

$$\begin{vmatrix} b_2 & b_3 \\ c_2 & c_3 \end{vmatrix} u_3 = \begin{vmatrix} b_2 & -b_1 u_1 \\ c_2 & -c_1 u_1 \end{vmatrix} = \begin{vmatrix} b_1 & b_2 \\ c_1 & c_2 \end{vmatrix} u_1.$$

Wir schreiben zur Abkürzung:

---

1) **Bézout**, Théorie générale des équations algébriques. 1779.

(4)
$$\begin{vmatrix} b_2 & b_3 \\ c_2 & c_3 \end{vmatrix} = \alpha_1, \quad \begin{vmatrix} b_3 & b_1 \\ c_3 & c_1 \end{vmatrix} = \alpha_2, \quad \begin{vmatrix} b_1 & b_2 \\ c_1 & c_2 \end{vmatrix} = \alpha_3$$

und haben
$$\alpha_1 u_2 = \alpha_2 u_1, \quad \alpha_1 u_3 = \alpha_3 u_1.$$

Diese Gleichungen, mithin auch die Gleichungen (2) sind befriedigt, wenn wir
$$u_1 = \alpha_1, \quad u_2 = \alpha_2, \quad u_3 = \alpha_3$$

setzen[1]), und dann wird nach (3)

(5)
$$(a_1 \alpha_1 + a_2 \alpha_2 + a_3 \alpha_3)x = d_1 \alpha_1 + d_2 \alpha_2 + d_3 \alpha_3.$$

In derselben Weise können wir x und z eliminieren, wenn wir die Gleichungen (1) der Reihe nach mit v_1, v_2, v_3 multiplizieren und addieren, und dann v_1, v_2, v_3 durch

(6)
$$c_1 v_1 + c_2 v_2 + c_3 v_3 = 0$$
$$a_1 v_1 + a_2 v_2 + a_3 v_3 = 0$$

bestimmen. Wir erhalten dann eine Gleichung mit der einen Unbekannten y. Schreiben wir zur Abkürzung:

(7)
$$\begin{vmatrix} c_2 & c_3 \\ a_2 & a_3 \end{vmatrix} = \beta_1, \quad \begin{vmatrix} c_3 & c_1 \\ a_3 & a_1 \end{vmatrix} = \beta_2, \quad \begin{vmatrix} c_1 & c_2 \\ a_1 & a_2 \end{vmatrix} = \beta_3,$$

so sind die Gleichungen (6) durch
$$v_1 = \beta_1, \quad v_2 = \beta_2, \quad v_3 = \beta_3$$

befriedigt und wir haben für y die Gleichung

(8)
$$(b_1 \beta_1 + b_2 \beta_2 + b_3 \beta_3)y = d_1 \beta_1 + d_2 \beta_2 + d_3 \beta_3.$$

Schließlich multiplizieren wir die Gleichungen (1) mit den Größen w_1, w_2, w_3, für die

(9)
$$a_1 w_1 + a_2 w_2 + a_3 w_3 = 0$$
$$b_1 w_1 + b_2 w_2 + b_3 w_3 = 0$$

sein soll. Wir setzen:

(10)
$$\begin{vmatrix} a_2 & a_3 \\ b_2 & b_3 \end{vmatrix} = \gamma_1, \quad \begin{vmatrix} a_3 & a_1 \\ b_3 & b_1 \end{vmatrix} = \gamma_2, \quad \begin{vmatrix} a_1 & a_2 \\ b_1 & b_2 \end{vmatrix} = \gamma_3.$$

Dann sind die Gleichungen (9) durch
$$w_1 = \gamma_1, \quad w_2 = \gamma_2, \quad w_3 = \gamma_3$$

befriedigt und wir haben für z die Gleichung

(11)
$$(c_1 \gamma_1 + c_2 \gamma_2 + c_3 \gamma_3)z = d_1 \gamma_1 + d_2 \gamma_2 + d_3 \gamma_3.$$

2. Der Faktor von x in (5) ist, wenn wir darin die Werte der Determinanten $\alpha_1, \alpha_2, \alpha_3$ aus (4) einführen:

---

1) Allgemein können wir für u_1, u_2, u_3 ein beliebiges Vielfaches von α_1, α_2, α_3 nehmen, wir würden aber immer auf die Gleichung (5) kommen.

(12) $\qquad D = a_1 b_2 c_3 - a_1 b_3 c_2 + a_2 b_3 c_1 - a_2 b_1 c_3 + a_3 b_1 c_2 - a_3 b_2 c_1,$

und wenn wir ebenso die Faktoren von y und z in (8) und (11) ausrechnen, so sehen wir, daß diese eben denselben Wert D besitzen. Man nennt den Ausdruck D die Determinante des Gleichungssystems (1) und schreibt dafür auch:

$$(13) \qquad D = \begin{vmatrix} a_1 & b_1 & c_1 \\ a_2 & b_2 & c_2 \\ a_3 & b_3 & c_3 \end{vmatrix}.$$

Dies ist eine Determinante dritten Grades, gebildet aus $3 \cdot 3 = 9$ Elementen. Die Determinanten zweiten Grades $\alpha_i, \beta_i, \gamma_i$ $(i=1,2,3)$ heißen die Unterdeterminanten von D.

Die rechte Seite in (5) entsteht aus dem Faktor von x, wenn man darin a_1, a_2, a_3 durch d_1, d_2, d_3 ersetzt. Ebenso entstehen die rechten Seiten in (8) und (11) aus den Faktoren von y und z, wenn man in ihnen b_1, b_2, b_3 bzw. c_1, c_2, c_3 durch d_1, d_2, d_3 ersetzt. Es sind mithin diese Ausdrücke auf der rechten Seite in (5), (8) und (11) ebenfalls Determinanten dritten Grades, die aus der Determinante D entstehen, indem man darin die erste oder die zweite oder die dritte Spalte durch d_1, d_2, d_3 ersetzt. Wir bezeichnen diese Determinanten mit

$$(14) \qquad D_1 = \begin{vmatrix} d_1 & b_1 & c_1 \\ d_2 & b_2 & c_2 \\ d_3 & b_3 & c_3 \end{vmatrix}, \quad D_2 = \begin{vmatrix} a_1 & d_1 & c_1 \\ a_2 & d_2 & c_2 \\ a_3 & d_3 & c_3 \end{vmatrix}, \quad D_3 = \begin{vmatrix} a_1 & b_1 & d_1 \\ a_2 & b_2 & d_2 \\ a_3 & b_3 & d_3 \end{vmatrix},$$

und haben nunmehr den Satz:

Wenn die Determinante D des Gleichungssystems (1) von Null verschieden ist, so gibt es ein und nur ein Lösungssystem

$$(15) \qquad x = \frac{D_1}{D}, \quad y = \frac{D_2}{D}, \quad z = \frac{D_3}{D}.$$

3. Ist aber $D = 0$, so sind die Gleichungen (5), (8) und (11) nur erfüllbar, wenn auch gleichzeitig die anderen Determinanten $D_1 = 0$, $D_2 = 0$, $D_3 = 0$ sind. Man kann dann x willkürlich annehmen. Wenn nun nicht sämtliche Unterdeterminanten von D Null sind, sondern etwa $\alpha_1 = b_2 c_3 - b_3 c_2$ von Null verschieden, so sind y und z durch die Gleichungen

$$b_2 y + c_2 z = d_2 - a_2 x$$
$$b_3 y + c_3 z = d_3 - a_3 x$$

eindeutig bestimmt, so daß zu jedem willkürlich gewählten Wert von x ein bestimmter Wert von y und von z gehört. Wir sehen also:

Wenn die Determinante D des Gleichungssystems (1) verschwindet und es ist eine der Determinanten D_1, D_2, D_3 von Null verschieden, so widersprechen sich die Gleichungen (1) und es gibt keine Lösung. Sind aber mit D auch gleichzeitig

D_1, D_2, D_3 Null, während die Unterdeterminanten von D nicht sämtlich verschwinden, so bleibt eine Unbekannte willkürlich.

Wenn aber auch sämtliche Unterdeterminanten von D verschwinden, so können wir doch annehmen, daß nicht sämtliche Elemente von D Null sind, denn dann würde das Gleichungssystem (1) gar nicht existieren. Sei also c_3 von Null verschieden, so folgt aus der letzten Gleichung (1):

$$(16) \qquad z = \frac{d_3 - a_3 x - b_3 y}{c_3}$$

und dies, in die beiden ersten Gleichungen (1) eingesetzt, gibt:

$$(17) \qquad \begin{aligned} \beta_2 x - \alpha_2 y &= d_1 c_3 - d_3 c_1 \\ -\beta_1 x + \alpha_1 y &= d_2 c_3 - d_3 c_2, \end{aligned}$$

und wenn also $\alpha_1 = \beta_1 = \alpha_2 = \beta_2 = 0$ ist, so muß, wenn diese Gleichungen möglich sein sollen, auch $d_1 c_3 - d_3 c_1 = 0$, $d_2 c_3 - d_3 c_2 = 0$ sein, und dann sind die Gleichungen (17), mithin auch die Gleichungen (1) für beliebige x, y erfüllt. Zu jedem Wertepaar x, y erhält man aus (16) einen bestimmten Wert von z. Es bleiben also in diesem Falle zwei Unbekannte willkürlich.

§ 76*. Determinanten n^{ten} Grades. Gleichungen ersten Grades mit n Unbekannten.

1. Wir wollen uns das Bildungsgesetz der Determinante dritten Grades nach Formel (12) des vorigen Paragraphen genauer ansehen. Die Determinante

$$D = \begin{vmatrix} a_1 & b_1 & c_1 \\ a_2 & b_2 & c_2 \\ a_3 & b_3 & c_3 \end{vmatrix}$$

besteht aus neun Elementen, welche in drei Zeilen und drei Spalten quadratisch angeordnet sind. Die von der oberen linken Ecke ausgehende Diagonale des Quadrats heißt die Hauptdiagonale, das Produkt der Elemente in der Hauptdiagonale

$$a_1 b_2 c_3$$

heißt das Hauptglied der Determinante. In ihm treten sowohl die Buchstaben wie die Zahlen in der natürlichen Reihenfolge auf. Aus diesem Hauptglied erhält man nach (12) alle übrigen Glieder der Determinante, indem man die Buchstaben a, b, c in der natürlichen Reihenfolge beibehält und die Indizes 1, 2, 3 auf alle möglichen Weisen permutiert. Jedes Glied ist also ein Produkt

$$a_\alpha \, b_\beta \, c_\gamma,$$

wobei $\alpha \, \beta \, \gamma$ eine Permutation von 1 2 3 bedeutet, und dieses Glied wird nun mit dem positiven oder negativen Zeichen genommen, je nachdem $\alpha\,\beta\,\gamma$ eine grade oder ungrade Permutation von 1 2 3 ist (§ 49).

2. Dies kann man wörtlich auf eine beliebige Anzahl von Elementen übertragen und erhält so die Begriffsbestimmung einer Determinante n^{ten} Grades. Sie besteht aus n^2 Elementen, welche in n Zeilen und n Spalten quadratisch angeordnet sind. Um die Stelle eines Elements in der Determinante sogleich erkennen zu lassen, bezeichnen wir es durch einen Buchstaben a mit zwei Indizes[1]), von denen der erste die Zeile, der zweite die Spalte angibt, in der das Element steht. So bedeutet a_{23} das dritte Element in der zweiten Zeile (oder das zweite in der dritten Spalte), allgemein a_{ik} das k^{te} Element der i^{ten} Zeile und die Indizes i, k können unabhängig voneinander die Werte $1, 2, \ldots, n$ annehmen. Die Determinante n^{ten} Grades schreibt sich dann:

$$(1) \qquad D = \begin{vmatrix} a_{11} & a_{12} & \ldots & a_{1n} \\ a_{21} & a_{22} & \ldots & a_{2n} \\ \cdot & \cdot & \cdot & \cdot \\ a_{n1} & a_{n2} & \ldots & a_{nn} \end{vmatrix}.$$

Das Produkt der Elemente in der Hauptdiagonale

$$A = a_{11}\,a_{22}\,\ldots\,a_{nn}$$

heißt das Hauptglied der Determinante.

Unter dem Wert der Determinante versteht man ein Aggregat von Produkten, die sich aus dem Hauptglied in der Weise ableiten, daß man die ersten Indizes in ihrer natürlichen Reihenfolge beibehält und die zweiten Indizes auf alle möglichen Arten permutiert. Den so gebildeten Produkten

$$(2) \qquad A_\pi = a_{1k_1}\,a_{2k_2}\,\ldots\,a_{nk_n}$$

gibt man das positive oder negative Zeichen, je nachdem die Permutation $\pi = k_1\,k_2\,\ldots\,k_n$ von $1\,2\,\ldots\,n$ grade oder ungrade ist. Wir erhalten so $n!$ Glieder A_π (mit Einschluß von A) und der Wert der Determinante kann durch

$$(3) \qquad D = \Sigma \pm A_\pi$$

bezeichnet werden. So wird z. B. die Determinante dritten Grades

---

1) Diese Bezeichnung durch Doppelindizes und die Einführung der Determinanten geht auf Leibniz zurück (Brief an l'Hôpital 28. 4. 1693, Acta Erud. 1700). Sein Verfahren zur Auflösung linearer Gleichungen wurde durch G. Cramer aufs neue entdeckt, der zuerst die Lehre von den Permutationen auf die Determinanten anwandte (Introduction à l'analyse des courbes algébriques, Genf 1750), jedoch kamen die Determinanten erst durch die Arbeiten von Cauchy, Journ. de l'éc. polyt. cah. 17 (1812) und Jacobi, Journ. f. Math. 22 (1841) (auch Ostwalds Klass. Nr. 77 u. 78) zu allgemeiner Verwendung.

$$\begin{vmatrix} a_{11} & a_{12} & a_{13} \\ a_{21} & a_{22} & a_{23} \\ a_{31} & a_{32} & a_{33} \end{vmatrix} = \begin{aligned} &+ a_{11}\, a_{22}\, a_{33} - a_{11}\, a_{23}\, a_{32} \\ &+ a_{12}\, a_{23}\, a_{31} - a_{12}\, a_{21}\, a_{33} \\ &+ a_{13}\, a_{21}\, a_{32} - a_{13}\, a_{22}\, a_{31}, \end{aligned}$$

was mit Rücksicht auf die veränderte Bezeichnung mit § 75, (12) übereinstimmt.

Jedes der Glieder A_π hat n Faktoren und in diesen Faktoren kommt jeder erste und jeder zweite Index einmal vor. Es enthält also jedes Glied der Determinante ein Element aus jeder Zeile und aus jeder Spalte.

3. Wenn man innerhalb der Produkte A_π die Faktoren miteinander vertauscht, so ändern sich die einzelnen Produkte nicht; man kann also die Faktoren auch so anordnen, daß die zweiten Indizes in ihrer natürlichen Reihenfolge 1, 2, ..., n stehen. Dann haben die ersten Indizes die zu π reziproke Permutation π' erfahren. Da π und π' nach § 50, **11.** gleichzeitig grade oder ungrade sind, so können wir die Determinante auch dadurch berechnen, daß wir in dem Hauptglied A die ersten Indizes permutieren und die zweiten in ihrer natürlichen Reihenfolge lassen, während für die Bestimmung des Vorzeichens dieselbe Regel wie in **2.** gilt. Dies können wir auch so ausdrücken:

Der Wert einer Determinante bleibt ungeändert, wenn man die Spalten zu Zeilen und die Zeilen zu Spalten macht.

4. Wenn man in den Permutationen π irgend zwei der Ziffern miteinander vertauscht, so gehen die graden Permutationen in ungrade, die ungraden in grade über, also jedes Glied A_π in ein anderes, das in der Determinante D mit dem entgegengesetzten Zeichen vorkommt. Die Vertauschung zweier zweiten Indizes entspricht aber der Vertauschung zweier Spalten, und da nach **3.** das für die Spalten Gesagte auch für die Zeilen gilt, so besteht der Satz:

Bei Vertauschung von zwei Zeilen oder von zwei Spalten ändert die Determinante nur ihr Vorzeichen.

5. Wenn die entsprechenden Elemente von zwei parallelen Reihen einander gleich sind, so bleibt bei Vertauschung der beiden Reihen die Determinante ungeändert und ändert gleichzeitig nach **4.** ihr Vorzeichen. Das ist nur möglich, wenn die Determinante den Wert Null hat, also:

Wenn in einer Determinante die entsprechenden Elemente zweier Zeilen oder zweier Spalten einander gleich sind, so hat die Determinante den Wert Null.

6. Wir suchen unter den Gliedern der Determinante D alle diejenigen heraus, die den Faktor a_{11} enthalten. Um sie zu bilden, hat man die ersten Indizes 2, 3, ..., n in ihrer natürlichen Reihenfolge zu lassen und die zweiten Indizes 2, 3, ..., n unter Berücksichtigung der Vorzeichenregel zu permutieren. Bezeichnen wir den Inbegriff aller dieser Glieder mit $a_{11}\, A_{11}$, so ist also A_{11} eine Determinante $(n-1)^{\text{ten}}$ Grades, in welcher die 1 weder als erster noch als zweiter Index vorkommt. Man erhält sie aus der Determinante D, wenn man darin die beiden in a_{11} sich schneidenden Reihen streicht.

Nun kann man durch bloße Vertauschungen von Zeilen und Spalten ein beliebiges Element a_{ik} an den Platz von a_{11} bringen. Man braucht nur die i^{te} Zeile über die $i-1$ vorangehenden Zeilen und die k^{te} Spalte über die $k-1$ vorangehenden Spalten hinwegzuschieben Dabei multipliziert sich aber die Determinante mit dem Faktor $(-1)^{i+k-2} = (-1)^{i+k}$. Man hat also den Satz:

Setzt man den Inbegriff aller der Glieder von D, die den Faktor a_{ik} enthalten, gleich $a_{ik} A_{ik}$, so ist A_{ik} eine Determinante $(n-1)^{\text{ten}}$ Grades, die man aus D erhält, wenn man die beiden Reihen, die sich in a_{ik} schneiden, streicht und das Vorzeichen $(-1)^{i+k}$ hinzufügt.

Diese mit bestimmten Vorzeichen versehenen Determinanten A_{ik} heißen die Unterdeterminanten von D. In den Gliedern von A_{ik} kommt weder der erste Index i noch der zweite Index k vor.

7. Nach 2. enthält jedes Glied von D ein und nur ein Element aus jeder Zeile und jeder Spalte. Es muß sich also die Determinante, wenn man die mit den Elementen der i^{ten} Zeile oder der k^{ten} Spalte multiplizierten Glieder zusammennimmt, so darstellen lassen:

$$(4\text{a}) \qquad D = a_{i1} A_{i1} + a_{i2} A_{i2} + \cdots + a_{in} A_{in} \qquad (i=1,2,\ldots,n)$$

$$(4\text{b}) \qquad D = a_{1k} A_{1k} + a_{2k} A_{2k} + \cdots + a_{nk} A_{nk}. \qquad (k=1,2,\ldots,n)$$

Man nennt dies die Entwickelung der Determinante nach Elementen der i^{ten} Zeile bzw. k^{ten} Spalte.

Ersetzen wir die Elemente $a_{i1}, a_{i2}, \ldots, a_{in}$ durch die Elemente $a_{h1}, a_{h2}, \ldots, a_{hn}$ einer anderen Zeile, so verschwindet nach 5. die Determinante. Die Unterdeterminanten $A_{i1}, \ldots, A_{in}$ werden dabei nicht geändert, da sie kein Element der i^{ten} Zeile enthalten. Es ist also, sobald h, i zwei verschiedene der Indizes $1, 2, \ldots, n$ bedeuten:

$$(5\text{a}) \qquad a_{h1} A_{i1} + a_{h2} A_{i2} + \cdots + a_{hn} A_{in} = 0 \qquad (h \neq i)$$

und ebenso, wenn wir in (4b) die Elemente $a_{1k}, a_{2k}, \ldots, a_{nk}$ durch die Elemente $a_{1h}, a_{2h}, \ldots, a_{nh}$ einer anderen Spalte ersetzen, also h, k zwei verschiedene der Indizes $1, 2, \ldots, n$ bedeuten:

$$(5\text{b}) \qquad a_{1h} A_{1k} + a_{2h} A_{2k} + \cdots + a_{nh} A_{nk} = 0. \qquad (h \neq k)$$

Diesen Formeln entsprechen für die Determinanten dritten Grades die Formeln (2), (6) und (9) im vorigen Paragraphen.

8. Aus (4a) und (4b) ergibt sich sogleich der Satz:

Enthalten alle Elemente einer Zeile oder Spalte einen gemeinschaftlichen Faktor, so kann dieser Faktor vor die ganze Determinante genommen werden.

Auch der folgende Satz, den man sogleich aus den Formeln (4) abliest, wird häufig angewendet:

Wenn alle Elemente einer Zeile oder Spalte mit Ausnahme eines Elements Null sind, so ist der Wert der Determinante gleich diesem von Null verschiedenen Element, multipliziert mit der zugehörigen Unterdeterminante.

Multipliziert man (5a) mit einem unbestimmten Faktor λ und addiert dann zu (4a), so folgt:

$$D = (a_{i1} + \lambda a_{h1})\,A_{i1} + \cdots + (a_{in} + \lambda a_{hn})\,A_{in},$$

und da man dasselbe mit (5b) und (4b) machen kann, so können wir den folgenden Satz aussprechen, worin man unter „Reihe" nach Belieben Zeile oder Spalte verstehen kann:

Eine Determinante ändert sich nicht, wenn man die mit einem beliebigen Faktor multiplizierten Elemente einer Reihe zu den entsprechenden Elementen einer parallelen Reihe addiert.

9. Wir wollen diese Sätze anwenden, um eine gewisse Determinante n^{ten} Grades zu berechnen, die in der Algebra von Wichtigkeit ist.

Es seien $\alpha_1, \alpha_2, \ldots, \alpha_n$ irgendwelche Zahlen. Wir bilden mit ihnen die Determinante[1])

$$(6) \qquad \begin{vmatrix} 1 & 1 & \ldots & 1 \\ \alpha_1 & \alpha_2 & \ldots & \alpha_n \\ \alpha_1^2 & \alpha_2^2 & \ldots & \alpha_n^2 \\ \cdot & \cdot & \cdot & \cdot \\ \alpha_1^{n-1} & \alpha_2^{n-1} & \ldots & \alpha_n^{n-1} \end{vmatrix} = P(\alpha_1, \alpha_2, \ldots, \alpha_n).$$

Die Determinante ändert sich nicht, wenn man von den Elementen der i^{ten} Spalte die entsprechenden Elemente der k^{ten} Spalte subtrahiert, also ist:

$$P = \begin{vmatrix} 1 & 1 & \ldots & 0 & \ldots & 1 \\ \alpha_1 & \alpha_2 & \ldots & \alpha_i - \alpha_k & \ldots & \alpha_n \\ \alpha_1^2 & \alpha_2^2 & \ldots & \alpha_i^2 - \alpha_k^2 & \ldots & \alpha_n^2 \\ \cdot & \cdot & \cdot & \cdot & \cdot & \cdot \\ \alpha_1^{n-1} & \alpha_2^{n-1} & \ldots & \alpha_i^{n-1} - \alpha_k^{n-1} & \ldots & \alpha_n^{n-1} \end{vmatrix}.$$

Jetzt enthalten aber sämtliche Elemente der i^{ten} Spalte den Faktor $\alpha_i - \alpha_k$ (§ 20, **10.**), folglich ist P durch jede Differenz $\alpha_i - \alpha_k$ von irgend zwei der Zahlen $\alpha_1, \ldots, \alpha_n$ teilbar. Wir setzen daher:

$$P = C \cdot (\alpha_2 - \alpha_1)(\alpha_3 - \alpha_1) \ldots (\alpha_n - \alpha_1)$$
$$(\alpha_3 - \alpha_2) \ldots (\alpha_n - \alpha_2)$$
$$\cdot \quad \cdot \quad \cdot \quad \cdot$$
$$(\alpha_n - \alpha_{n-1})$$

---

1) Diese Determinante wurde für $n = 3$ zuerst von Vandermonde, Hist. de l'acad., Paris 1771, allgemein von Cauchy, Journ. de l'éc. polyt. cah. 17 (1812) betrachtet.

und haben jetzt noch C zu bestimmen. Denkt man sich die Klammern alle ausmultipliziert, so wird ein Glied

$$(7) \qquad C \cdot \alpha_2 \, \alpha_3{}^2 \alpha_4{}^3 \ldots \alpha_n{}^{n-1}$$

auftreten und kein anderes mit den gleichen Potenzen der α. Man sieht das am einfachsten, wenn man die übereinanderstehenden Klammern, von rechts beginnend, miteinander multipliziert. Das Glied (7) kann dann nur als Produkt der ersten Glieder in jeder Klammer erscheinen. Andererseits ist das Hauptglied der Determinante (6)

$$\alpha_2 \, \alpha_3{}^2 \alpha_4{}^3 \ldots \alpha_n{}^{n-1}$$

und es gibt kein anderes Glied mit den gleichen Potenzen der α. Hieraus folgt, daß $C = 1$ sein muß. Gewöhnlich nimmt man in den Differenzen $\alpha_i - \alpha_k$ die Zahl mit dem kleineren Index als Minuenden. Kehrt man also in P alle Differenzen um, so multipliziert sich P mit

$$(-1)^{1+2+3+\cdots+(n-1)} = (-1)^{\frac{n(n-1)}{2}},$$

und der Wert der Determinante (6) ist (vgl. § 49, 5.):

$$(8) \quad P(\alpha_1, \alpha_2, \ldots, \alpha_n) = (-1)^{\frac{n(n-1)}{2}} (\alpha_1 - \alpha_2)(\alpha_1 - \alpha_3) \ldots (\alpha_1 - \alpha_n)$$
$$(\alpha_2 - \alpha_3) \ldots (\alpha_2 - \alpha_n)$$
$$\cdots \cdots$$
$$(\alpha_{n-1} - \alpha_n).$$

10. Die Sätze (4b) und (5b) führen nun sehr einfach zur Auflösung eines Systems von n **Gleichungen ersten Grades mit n Unbekannten.** Wir schreiben sie am übersichtlichsten, wenn wir die Unbekannten mit $x_1, x_2, \ldots, x_n$ und die Koeffizienten mit doppelten Indizes bezeichnen:

$$(9) \quad \begin{aligned} a_{11}\, x_1 + a_{12}\, x_2 + \cdots + a_{1n}\, x_n &= c_1 \\ a_{21}\, x_1 + a_{22}\, x_2 + \cdots + a_{2n}\, x_n &= c_2 \\ \cdots \cdots \cdots \cdots \cdots \\ a_{n1}\, x_1 + a_{n2}\, x_2 + \cdots + a_{nn}\, x_n &= c_n. \end{aligned}$$

Die Determinante D der a_{ik} heißt die Determinante des Systems.

Multipliziert man diese Gleichungen der Reihe nach mit den Unterdeterminanten $A_{1k}, A_{2k}, \ldots, A_{nk}$ und addiert die Gleichungen, so verschwinden nach (4b) und (5b) die Koeffizienten aller x mit Ausnahme des Koeffizienten von x_k, der gleich D wird, also folgt:

$$(10) \qquad D x_k = c_1 A_{1k} + c_2 A_{2k} + \cdots + c_n A_{nk}.$$

Die rechte Seite ist wiederum eine Determinante n^{ten} Grades, die aus D entsteht, wenn man darin die k^{te} Spalte $a_{1k}, a_{2k}, \ldots, a_{nk}$ durch $c_1, c_2, \ldots, c_n$ ersetzt. Wir bezeichnen sie mit D_k und haben den Satz:

Wenn die Determinante D des Gleichungssystems (9) von Null verschieden ist, so gibt es ein und nur ein Lösungssystem

$$(11) \qquad x_1 = \frac{D_1}{D}, \quad x_2 = \frac{D_2}{D}, \quad \ldots, \quad x_n = \frac{D_n}{D}.$$

Ist aber $D = 0$, so bleiben eine oder mehrere Unbekannte willkürlich oder die Gleichungen können einander widersprechen. Wir gehen darauf nicht näher ein.

11. Ist in der ersten Gleichung (9) die rechte Seite $c_1 = 0$, so heißt die Gleichung **homogen**. Ein System von n homogenen Gleichungen

$$(12) \qquad \begin{aligned} a_{11}\,x_1 + a_{12}\,x_2 + \cdots + a_{1n}\,x_n &= 0 \\ a_{21}\,x_1 + a_{22}\,x_2 + \cdots + a_{2n}\,x_n &= 0 \\ \cdot\ \cdot\ \cdot\ \cdot\ \cdot\ \cdot\ \cdot\ \cdot\ \cdot\ \cdot\ \cdot\ \cdot\ \cdot \\ a_{n1}\,x_1 + a_{n2}\,x_2 + \cdots + a_{nn}\,x_n &= 0 \end{aligned}$$

ist natürlich befriedigt, wenn man alle Unbekannten $x_1, x_2, \ldots, x_n$ gleich Null annimmt und sobald die Determinante D des Systems von Null verschieden ist, gibt es nach (10) keine anderen Lösungen. Es besteht somit der Satz:

Damit ein System von homogenen Gleichungen Lösungen besitzt, die nicht sämtlich verschwinden, muß notwendig die Determinante des Systems

$$(13) \qquad D = 0$$

sein. Sei nun $D = 0$ und das System (12) durch Werte $x_1, \ldots, x_n$ befriedigt, die nicht sämtlich verschwinden, so sind durch die n Gleichungen nicht die Unbekannten selbst, sondern nur ihre Verhältnisse bestimmt. Man sieht nämlich sofort, daß für irgendein λ auch

$$\lambda x_1, \quad \lambda x_2, \quad \ldots, \quad \lambda x_n$$

Lösungen von (12) sind.

Ist $D = 0$ und ist wenigstens eine Unterdeterminante A_{ik} von Null verschieden, so erhält man nach (4a) und (5a) ein Lösungssystem, bei dem nicht sämtliche x verschwinden, wenn man setzt:

$$(14) \qquad x_1 = \lambda A_{i1}, \quad x_2 = \lambda A_{i2}, \quad \ldots, \quad x_n = \lambda A_{in}$$

mit einem willkürlichen Faktor λ, d. h. $x_1, x_2, \ldots, x_n$ sind proportional den Unterdeterminanten irgendeiner Zeile von D.

Sind aber außer D auch alle Unterdeterminanten $A_{ik} = 0$, so werden auch in (14) alle Lösungen $x_1 \ldots x_n$ Null. Es gibt aber auch in diesem Fall von Null verschiedene Lösungen, zu deren Darstellung man die Unterdeterminanten der Unterdeterminanten heranziehen muß. Hierauf wollen wir aber nicht eingehen.

§ 77*. Lineare Substitutionen und Matrizen. Multiplikation der Determinanten.

1. Es mögen jetzt $x_1, x_2, \ldots x_n$ irgendwelche unbestimmte oder veränderliche Größen bedeuten. Führt man an ihrer Stelle neue Größen $y_1, y_2, \ldots y_n$ mit Hilfe von n linearen Gleichungen

$$x_1 = a_{11}\, y_1 + a_{12}\, y_2 + \cdots a_{1n}\, y_n$$

(1)
$$x_2 = a_{21}\, y_1 + a_{22}\, y_2 + \cdots a_{2n}\, y_n$$

$$x_n = a_{n1}\, y_1 + a_{n2}\, y_2 + \cdots a_{nn}\, y_n$$

ein, worin die n^2 Koeffizienten a_{ik} bestimmte gegebene Zahlen (Konstanten) bedeuten, so nennt man dies eine lineare Substitution. Die Substitution ist durch Angabe der Koeffizienten bestimmt. An Stelle der Gleichungen (1) genügt daher ein Verzeichnis der Koeffizienten, das man in der Form

$$\mathfrak{A} = \begin{pmatrix} a_{11}\, a_{12} \cdots a_{1n} \\ a_{21}\, a_{22} \cdots a_{2n} \\ \cdot \quad \cdot \quad \cdot \quad \cdot \\ a_{n1}\, a_{n2} \cdots a_{nn} \end{pmatrix}$$

schreibt. Man nennt es eine Matrix und bezeichnet die Substitution einfach durch die Matrix ihrer Koeffizienten oder auch durch

(2)
$$x = \mathfrak{A}(y).$$

Diese Gleichung ist aufzufassen als eine symbolische Schreibweise, in der die Gleichungen (1) zusammengefaßt sind.

Die Matrix $\mathfrak{A}$ bedeutet keine Zahl, sondern ein quadratisch angeordnetes System von n^2 Zahlen. Aber jeder Matrix ist ein bestimmter Zahlenwert zugeordnet, nämlich die aus den n^2 Zahlen gebildete Determinante, die wir mit dem entsprechenden lateinischen Buchstaben bezeichnen, also

$$A = \begin{vmatrix} a_{11}\, a_{12} \cdots a_{1n} \\ a_{21}\, a_{22} \cdots a_{2n} \\ \cdot \quad \cdot \quad \cdot \quad \cdot \\ a_{n1}\, a_{n2} \cdots a_{nn} \end{vmatrix}.$$

2. Aus den Gleichungen (1) kann man auch umgekehrt die Größen $y_1, y_2, \ldots, y_n$ durch die $x_1, x_2, \ldots, x_n$ ausdrücken. Dabei muß man aber voraussetzen, daß die Determinante A nicht verschwindet. Dann ergibt sich, daß die $y_1, y_2, \ldots y_n$ wiederum durch eine lineare Substitution mit den $x_1, x_2, \ldots x_n$ zusammenhängen; wir schreiben sie:

$$y_1 = \alpha_{11}\, x_1 + \alpha_{12}\, x_2 + \cdots + \alpha_{1n}\, x_n$$

(3)
$$y_2 = \alpha_{21}\, x_1 + \alpha_{22}\, x_2 + \cdots + \alpha_{2n}\, x_n$$

$$y_n = \alpha_{n1}\, x_1 + \alpha_{n2}\, x_2 + \cdots + \alpha_{nn}\, x_n$$

und nach § 76, (10) ist darin [1])

(4)
$$\alpha_{ik} = \frac{A_{ki}}{A}.$$

Die Matrix des Gleichungssystems (3) bezeichnet man mit

---

1) Man beachte die Vertauschung der Indizes auf beiden Seiten.

$$\mathfrak{A}^{-1} = \begin{pmatrix} \alpha_{11} & \alpha_{12} & \cdots & \alpha_{1n} \\ \alpha_{21} & \alpha_{22} & \cdots & \alpha_{2n} \\ \cdot & \cdot & \cdots & \cdot \\ \alpha_{n1} & \alpha_{n2} & \cdots & \alpha_{nn} \end{pmatrix}$$

und nennt sie die zu $\mathfrak{A}$ reziproke Matrix. Dann kann man für die Gleichungen (3) symbolisch

(5)
$$y = \mathfrak{A}^{-1}(x)$$

schreiben.

3. Wir üben nun auf die Größen $y_1, y_2, \ldots, y_n$ wiederum eine lineare Substitution aus und ersetzen sie durch neue Größen $z_1, z_2, \ldots, z_n$ mit Hilfe der Gleichungen

(6)
$$\begin{aligned} y_1 &= b_{11} z_1 + b_{12} z_2 + \cdots + b_{1n} z_n \\ y_2 &= b_{21} z_1 + b_{22} z_2 + \cdots + b_{2n} z_n \\ &\cdot \quad \cdot \quad \cdot \quad \cdot \quad \cdot \quad \cdot \\ y_n &= b_{n1} z_1 + b_{n2} z_2 + \cdots + b_{nn} z_n \end{aligned}$$

oder symbolisch

(7)
$$y = \mathfrak{B}(z),$$

worin $\mathfrak{B}$ die Matrix

$$\mathfrak{B} = \begin{pmatrix} b_{11} & b_{12} & \cdots & b_{1n} \\ b_{21} & b_{22} & \cdots & b_{2n} \\ \cdot & \cdot & \cdots & \cdot \\ b_{n1} & b_{n2} & \cdots & b_{nn} \end{pmatrix}$$

bedeutet. Auch ihre Determinante

$$B = \begin{vmatrix} b_{11} & b_{12} & \cdots & b_{1n} \\ b_{21} & b_{22} & \cdots & b_{2n} \\ \cdot & \cdot & \cdots & \cdot \\ b_{n1} & b_{n2} & \cdots & b_{nn} \end{vmatrix}$$

sei von Null verschieden.

4. Übt man auf die $x_1, x_2, \ldots, x_n$ zuerst die Substitution (1) aus und dann auf die $y_1, y_2, \ldots, y_n$ die Substitution (6), so hat man die $x_1, x_2, \ldots, x_n$ durch die $z_1, z_2, \ldots, z_n$ ersetzt. Dies kann man in einem Schritt tun, indem man aus (6) die Ausdrücke für $y_1, y_2, \ldots, y_n$ in (1) einführt. Dann erhält man aber wiederum eine lineare Substitution und man sieht:

Zwei lineare Substitutionen hintereinander ausgeführt lassen sich durch eine einzige lineare Substitution ersetzen.

Dieser Satz spricht die Gruppeneigenschaft der linearen Substitutionen aus[1]) (vgl. § 52).

Wir schreiben die Substitution, welche die $x_1, x_2, \ldots, x_n$ durch die $z_1, z_2, \ldots, z_n$ ausdrückt:

---

1) Die exakte Definition der Gruppe erfordert außer dieser Eigenschaft die Gültigkeit des assoziativen Gesetzes (6.) und die Existenz der Einheitsmatrix (7.) und der reziproken Matrix (2.).

$$x_1 = c_{11} z_1 + c_{12} z_2 + \cdots + c_{1n} z_n$$
$$x_2 = c_{21} z_1 + c_{22} z_2 + \cdots + c_{2n} z_n$$

(8)

$$x_n = c_{n1} z_1 + c_{n2} z_2 + \cdots + c_{nn} z_n \qquad \text{oder}$$

(9)
$$x = \mathfrak{C}(z),$$

worin $\mathfrak{C}$ die Matrix der c_{ik} bedeutet.

Führt man aber in (1) die Ausdrücke der $y_1, \ldots, y_n$ aus (6) ein, so findet man leicht c_{ik} als Koeffizient von z_k in der i^{ten} Gleichung, nämlich

(10)
$$c_{ik} = a_{i1} b_{1k} + a_{i2} b_{2k} + \cdots + a_{in} b_{nk} \qquad \begin{matrix} i = 1, 2, \ldots n \\ k = 1, 2, \ldots n \end{matrix}$$

5. Man kann die Ersetzung der Variablen $y_1, \ldots, y_n$ durch die $z_1, \ldots, z_n$ auch an den symbolischen Gleichungen (2) und (7) vornehmen und erhält aus (2), indem man y durch $\mathfrak{B}(z)$ ersetzt die symbolische Gleichung:

$$x = \mathfrak{A}\mathfrak{B}(z).$$

Man schreibt deshalb auch:

(11)
$$\mathfrak{C} = \mathfrak{A}\mathfrak{B},$$

und nennt $\mathfrak{C}$ die aus $\mathfrak{A}$ und $\mathfrak{B}$ zusammengesetzte Matrix. Die Zusammensetzung von zwei Matrizen geschieht gemäß Formel (10). Wir schreiben auch wohl:

$$c_{ik} = (ab)_{ik}$$

und haben für die Bildungsweise dieser Elemente die Regel:

Irgendein Element $(ab)_{ik}$ der zusammengesetzten Matrix wird gebildet, indem man jedes Element der i^{ten} Zeile von $\mathfrak{A}$ mit dem entsprechenden Element der k^{ten} Spalte von $\mathfrak{B}$ multipliziert und alle diese Produkte addiert.

6. Entsprechend der Schreibweise (11) nennt man die Matrix $\mathfrak{C}$ auch das Produkt der Matrizen $\mathfrak{A}$ und $\mathfrak{B}$, muß aber wohl beachten, daß die Zusammensetzung der Matrizen im allgemeinen nicht kommutativ ist. Die Elemente der Matrix $\mathfrak{B}\mathfrak{A}$ sind

$$(ba)_{ik} = b_{i1} a_{1k} + b_{i2} a_{2k} + \cdots + b_{in} a_{nk},$$

und sie sind, wenn nicht die Elemente a_{ik} und b_{ik} besondere Bedingungen erfüllen, von $(ab)_{ik}$ verschieden.

Haben aber zwei Matrizen $\mathfrak{A}$ und $\mathfrak{B}$ die Eigenschaft, daß $(ab)_{ik} = (ba)_{ik}$ für alle i und k wird, so ist

$$\mathfrak{A}\mathfrak{B} = \mathfrak{B}\mathfrak{A}$$

und man nennt $\mathfrak{A}$ und $\mathfrak{B}$ vertauschbar.

Dagegen gilt für die Zusammensetzung der Matrizen das assoziative Gesetz, d. h. für irgend drei Matrizen $\mathfrak{A}$, $\mathfrak{B}$, $\mathfrak{C}$ ist

$$(\mathfrak{A}\mathfrak{B})\mathfrak{C} = \mathfrak{A}(\mathfrak{B}\mathfrak{C}).$$

Es ist nämlich das allgemeine Element von $(\mathfrak{A}\mathfrak{B})\mathfrak{C}$, wenn wir uns der Summenzeichen bedienen und die Summationsbuchstaben μ, ν die Werte $1, 2, \ldots, n$ durchlaufen lassen:

$$(ab)_{i1} c_{1k} + (ab)_{i2} c_{2k} + \cdots = \sum_{\mu} (ab)_{i\mu} c_{\mu k} = \sum_{\mu} \sum_{\nu} a_{i\nu} b_{\nu\mu} c_{\mu k},$$

und dies stimmt überein mit dem allgemeinen Element von $\mathfrak{A}(\mathfrak{B}\mathfrak{C})$:

$$a_{i1}(bc)_{1k} + a_{i2}(bc)_{2k} + \cdots = \sum_{\nu} a_{i\nu}(bc)_{\nu k} = \sum_{\mu} \sum_{\nu} a_{i\nu} b_{\nu\mu} c_{\mu k}.$$

7. Wir setzen die Matrix $\mathfrak{A}$ mit ihrer reziproken Matrix $\mathfrak{A}^{-1}$ zusammen und finden auf Grund der Formeln § 76, (4) und (5), daß die Elemente $(a\alpha)_{ik}$ nur die Werte 1 oder 0 besitzen, je nachdem die Indizes i, k einander gleich sind oder nicht. Wir erhalten also als Produkt der beiden Matrizen die Matrix

$$\begin{pmatrix} 1 & 0 & 0 & \dots & 0 \\ 0 & 1 & 0 & \dots & 0 \\ 0 & 0 & 1 & \dots & 0 \\ \cdot & \cdot & \cdot & & \cdot \\ 0 & 0 & 0 & \dots & 1 \end{pmatrix} = \mathfrak{E}.$$

Man nennt sie die **Einheitsmatrix** und es ist

(12) $$\mathfrak{A}\mathfrak{A}^{-1} = \mathfrak{E}.$$

Mit Hilfe der angegebenen Formeln in § 76 sieht man sofort, daß auch $\mathfrak{A}^{-1}\mathfrak{A} = \mathfrak{E}$ ist, d. h.:

Eine Matrix ist mit ihrer reziproken Matrix vertauschbar.

Die Matrix $\mathfrak{E}$ spielt bei der Zusammensetzung der Matrizen die Rolle der Einheit, denn es ist auf Grund von (10)

(13) $$\mathfrak{A}\mathfrak{E} = \mathfrak{E}\mathfrak{A} = \mathfrak{A}.$$

Die Formeln (12) und (13) ermöglichen es, wenn ein Produkt von zwei Matrizen und ein Faktor, d. h. eine der beiden Matrizen, gegeben ist, die andere Matrix eindeutig zu bestimmen.[1]) Aus $\mathfrak{A}\mathfrak{B} = \mathfrak{C}$ findet man, indem man **links** mit $\mathfrak{A}^{-1}$ zusammensetzt:

$$\mathfrak{B} = \mathfrak{A}^{-1}\mathfrak{C},$$

und wenn man **rechts** mit $\mathfrak{B}^{-1}$ zusammensetzt:

$$\mathfrak{A} = \mathfrak{C}\mathfrak{B}^{-1}$$

8. Wird eine Matrix mit sich selbst zusammengesetzt, so schreibt man $\mathfrak{A}\mathfrak{A} = \mathfrak{A}^2$. Setzt man dies wiederum mit $\mathfrak{A}$ zusammen, so ist nach dem assoziativen Gesetz

$$(\mathfrak{A}\mathfrak{A})\mathfrak{A} = \mathfrak{A}(\mathfrak{A}\mathfrak{A}),$$

d. h. $\mathfrak{A}$ und $\mathfrak{A}^2$ sind vertauschbar und man kann daher für ihr Produkt $\mathfrak{A}^3$ schreiben. So fortfahrend gelangt man zu den Potenzen der Matrix $\mathfrak{A}$. Je zwei von ihnen sind vertauschbar und es ist

$$\mathfrak{A}^m \mathfrak{A}^n = \mathfrak{A}^{m+n}.$$

---

1) Das Rechnen mit Matrizen ist vornehmlich durch Frobenius, Journ. f. Math. **84** (1878), ausgebildet worden.

Die reziproke Matrix zu $\mathfrak{A}^n$ ist die n^{te} Potenz von $\mathfrak{A}^{-1}$ und wird mit $\mathfrak{A}^{-n}$ bezeichnet.

9. Die reziproke Matrix zu $\mathfrak{C} = \mathfrak{A}\mathfrak{B}$ ist

$$\mathfrak{C}^{-1} = \mathfrak{B}^{-1}\mathfrak{A}^{-1},$$

denn durch Zusammensetzung dieses Produkts mit $\mathfrak{A}\mathfrak{B}$ ergibt sich die Einheitsmatrix $\mathfrak{E}$. Es ist also ein Element von $\mathfrak{C}^{-1}$

$$\gamma_{ik} = (\beta\alpha)_{ik} = \beta_{i1}\alpha_{1k} + \beta_{i2}\alpha_{2k} + \cdots + \beta_{in}\alpha_{nk},$$

oder, wenn man hier die Werte der α, β, γ nach (4)

$$\alpha_{ik} = \frac{A_{ki}}{A}, \quad \beta_{ik} = \frac{B_{ki}}{B}, \quad \gamma_{ik} = \frac{C_{ki}}{C}$$

einführt:

$$\frac{C_{ki}}{C} = \frac{A_{k1}B_{1i} + A_{k2}B_{2i} + \cdots + A_{kn}B_{ni}}{AB} = \frac{(AB)_{ki}}{AB}.$$

Hieraus folgt

$$C_{ik} = \lambda (AB)_{ik}$$
$$C = \lambda AB$$

mit einem von i und k unabhängigen Faktor λ. Uns interessiert vor allem die letzte Gleichung. Sie muß eine Identität sein, d. h. wenn man in der Determinante C die Elemente c_{ik} durch die a und b ausdrückt und die Determinante entwickelt, so muß sie Glied für Glied mit dem ausgerechneten Produkt auf der rechten Seite übereinstimmen. Nun liefert die Hauptdiagonale $c_{11} c_{22} \ldots c_{nn}$ von C, wenn man darin für die c_{ii} ihre Ausdrücke nach (10) einführt, ein Glied

$$a_{11}b_{11}a_{22}b_{22} \ldots a_{nn}b_{nn},$$

und sonst kann dies Glied in C nicht auftreten. Auf der rechten Seite aber erhält man durch das Produkt der Hauptdiagonalen von A und B das Glied

$$\lambda\, a_{11} a_{22} \ldots a_{nn} b_{11} b_{22} \ldots b_{nn},$$

also folgt, daß $\lambda = 1$ ist, mithin

(14) $$C = AB,$$

und wir haben den Satz:

Die Determinante des Produkts zweier Matrizen ist gleich dem Produkt der Determinanten der einzelnen Matrizen.

Dies ist gleichbedeutend mit dem Satz von der Multiplikation der Determinanten:

Das Produkt von zwei Determinanten gleichen Grades ist gleich einer Determinante desselben Grades, die man durch Zusammensetzung der Matrizen der gegebenen Determinanten erhält.

10. Als Beispiel wollen wir das Quadrat der § 76, 9. betrachteten Determinante $P(\alpha_1, \alpha_2, \ldots, \alpha_n)$ berechnen, und zwar multiplizieren wir die Determinante mit der durch Vertauschung der Zeilen und Spalten

entstehenden Determinante, welche denselben Wert hat. Es handelt sich also um das Produkt:

$$\begin{vmatrix} 1 & 1 & \ldots & 1 \\ \alpha_1 & \alpha_2 & \ldots & \alpha_n \\ \alpha_1^2 & \alpha_2^2 & \ldots & \alpha_n^2 \\ \cdot & \cdot & \cdot & \cdot \\ \alpha_1^{n-1} & \alpha_2^{n-1} & \ldots & \alpha_n^{n-1} \end{vmatrix} \cdot \begin{vmatrix} 1 & \alpha_1 & \alpha_1^2 & \ldots & \alpha_1^{n-1} \\ 1 & \alpha_2 & \alpha_2^2 & \ldots & \alpha_2^{n-1} \\ 1 & \alpha_3 & \alpha_3^2 & \ldots & \alpha_3^{n-1} \\ \cdot & \cdot & \cdot & \cdot & \cdot \\ 1 & \alpha_n & \alpha_n^2 & \ldots & \alpha_n^{n-1} \end{vmatrix}$$

Als Elemente der Produktdeterminante erhält man die Summen gleich hoher Potenzen der $\alpha_1, \alpha_2, \ldots, \alpha_n$, und wenn man

$$\alpha_1^k + \alpha_2^k + \cdots + \alpha_n^k = s_k \quad \text{für} \quad k = 0, 1, 2, \ldots$$

setzt, so ergibt sich mit Berücksichtigung des Wertes der Determinante $P(\alpha_1, \alpha_2, \ldots, \alpha_n)$ nach § 76, (8)

$$\underset{i<k}{\Pi}(\alpha_i - \alpha_k)^2 = \begin{vmatrix} s_0 & s_1 & s_2 & \ldots & s_{n-1} \\ s_1 & s_2 & s_3 & \ldots & s_n \\ \cdot & \cdot & \cdot & \cdot & \cdot \\ s_{n-1} & s_n & s_{n+1} & \ldots & s_{2n-2} \end{vmatrix},$$

worin auf der linken Seite das Produkt der Quadrate aller Differenzen $\alpha_i - \alpha_k$ für $\genfrac{}{}{0pt}{}{i=1,2,3,\ldots,n-1}{k=2,3,4,\ldots,n}$ und $i < k$ d. h. das Quadrat des alternierenden Produktes (§ 49, 5.) steht.

11. Bei der Ableitung des Multiplikationssatzes haben wir die Determinanten A und B von Null verschieden vorausgesetzt. Von dieser Voraussetzung können wir uns freimachen, wobei wir uns auf die einfachsten Eigenschaften der ganzen Funktionen stützen.[1]) Es ist also zu beweisen, daß, sobald eine der beiden Determinanten oder beide Null sind, auch die nach (10) gebildete Determinante C verschwindet.

Sei die Determinante $A = 0$, so können wir Zahlen t so wählen, daß die Determinante

$$A_t = \begin{vmatrix} a_{11} + t & a_{12} & \ldots & a_{1n} \\ a_{21} & a_{22} + t & \ldots & a_{2n} \\ \cdot & \cdot & \cdot & \cdot \\ a_{n1} & a_{n2} & \ldots & a_{nn} + t \end{vmatrix}$$

nicht verschwindet. Es ist nämlich A_t eine ganze Funktion n^{ten} Grades von t, und wenn sie für jeden Wert von t Null wäre, so müßte jeder Koeffizient Null sein. Das ist aber nicht der Fall, denn t^n hat den Koeffizienten 1. Das konstante Glied (d. h. das Glied ohne t) in der Entwicklung von A_t ist $A = 0$, also hat die Funktion A_t die Gestalt

$$A_t = D_1 t + D_2 t^2 + \cdots + D_n t^n, \quad D_n = 1.$$

Auf die Determinanten A_t und B kann man das Multiplikations-

----

1) Vgl. Abschnitt XIV.

gesetz anwenden, wenn $B \neq 0$ vorausgesetzt wird, und man sieht, daß irgendein Element der Produktdeterminante gleich $c_{ik} + t b_{ik}$ wird, also:

$$A_t B = C_t = \begin{vmatrix} c_{11} + t b_{11} & c_{12} + t b_{12} & \dots & c_{1n} + t b_{1n} \\ c_{21} + t b_{21} & c_{22} + t b_{22} & \dots & c_{2n} + t b_{2n} \\ \cdot & \cdot & \cdots & \cdot \\ c_{n1} + t b_{n1} & c_{n2} + t b_{n2} & \dots & c_{nn} + t b_{nn} \end{vmatrix}$$

oder nach Potenzen von t entwickelt:

$$C_t = C + E_1 t + E_2 t^2 + \cdots + E_n t^n, \quad E_n = B.$$

Andererseits ist

$$C_t = B D_1 t + B D_2 t^2 + \cdots + B D_n t^n,$$

und da diese beiden Ausdrücke für jedes t gelten, für das $A_t \neq 0$ ist, so müssen sie Glied für Glied übereinstimmen und es folgt in der Tat $C = 0$.

Sind aber beide Determinanten A und B gleich Null, so kann man wieder zunächst A durch eine nicht verschwindende Determinante A_t ersetzen. Dann ist, wie eben bewiesen, die Produktdeterminante $A_t B = C_t$ gleich Null, und zwar identisch für jedes t, für das $A_t \neq 0$ ist, folglich ist ihr konstantes Glied $C = 0$.

Dreizehnter Abschnitt.

Quadratische, kubische und biquadratische Gleichungen.

§ 78*. Quadratische Gleichungen mit reellen Koeffizienten.

1. Eine Gleichung zweiten Grades oder eine quadratische Gleichung mit einer Unbekannten hat allgemein die Form

$$(1) \qquad a x^2 + b x + c = 0.$$

Hierin mögen die Koeffizienten a, b, c zunächst gegebene reelle Zahlen sein. Auf der linken Seite der Gleichung steht eine quadratische Funktion von x:

$$(2) \qquad f(x) = a x^2 + b x + c,$$

und die Auflösung der Gleichung ist gleichbedeutend mit der Bestimmung der Nullpunkte der Funktion.

Das erste Glied $a x^2$ heißt das quadratische Glied, das zweite $b x$ das lineare Glied, das dritte c das konstante Glied der Gleichung.

Man kann immer annehmen, daß a nicht Null ist, sonst wäre die Gleichung nicht quadratisch.

Ist $b = 0$, so fehlt das lineare Glied und die Gleichung

$$a x^2 + c = 0$$

heißt **rein quadratisch**. Sie ist immer durch Ausziehen einer Quadratwurzel lösbar und besitzt, falls $c \neq 0$ ist, **zwei Lösungen**:

$$x_1 = + \sqrt{-\frac{c}{a}}, \quad x_2 = - \sqrt{-\frac{c}{a}}.$$

Sobald a und c **verschiedene Vorzeichen** haben, sind beide **Lösungen reell**, haben aber a und c **gleiche Vorzeichen**, so sind die **Lösungen imaginär**.

Ist $c = 0$, so lautet die Gleichung $ax^2 + bx = 0$ oder

$$x(ax + b) = 0.$$

Sie ist erfüllt, wenn 1.) $x = 0$ oder 2.) $ax + b = 0$ ist, d. h. sie zerfällt in zwei lineare Gleichungen und besitzt, falls $b \neq 0$ ist, die **zwei Lösungen**:

$$x_1 = 0, \quad x_2 = -\frac{b}{a}.$$

2. Ist b nicht Null, so heißt die Gleichung **gemischt quadratisch** Um sie zu lösen, multiplizieren wir sie mit $4a$; dann wird sie

$$4a^2x^2 + 4abx + 4ac = 0,$$

also, wenn man auf beiden Seiten $b^2 - 4ac$ addiert:

$$4a^2x^2 + 4abx + b^2 = b^2 - 4ac.$$

Die linke Seite ist gleich $(2ax + b)^2$, und wenn wir zur Abkürzung

$$(3) \qquad\qquad b^2 - 4ac = D$$

setzen, so folgt:

$$(4) \qquad\qquad (2ax + b)^2 = D.$$

Hierdurch ist die **Auflösung der gemischt quadratischen Gleichung auf die einer rein quadratischen Gleichung zurückgeführt.** Es ergibt sich aus (4):

$$2ax + b = \pm \sqrt{D}$$

und damit als Lösung von (1):

$$(5) \qquad\qquad x = \frac{-b \pm \sqrt{D}}{2a}.$$

Die durch (3) definierte Zahl D ist von entscheidender Bedeutung für die Lehre von den quadratischen Gleichungen. Sie heißt die **Diskriminante**[1]) der Gleichung oder besser der quadratischen Funktion $ax^2 + bx + c$. Von der Natur der Diskriminante hängt wesentlich die Natur der Lösungen der Gleichung ab. Man sieht, daß für alle Werte von D, mit Ausnahme von $D = 0$, die Gleichung zwei Lösungen[2]) be-

---

1) discriminare = entscheiden.

2) Die Lösungen einer Gleichung werden auch häufig als die **Wurzeln der Gleichung** bezeichnet. Gegen diesen Sprachgebrauch wendet sich F. Klein, Elementarmath. v. höh. Standpunkt 1, 316.

sitzt. Ist $D = 0$, so erhält man für x nur einen Wert $-\dfrac{b}{2a}$. Man sagt dann aber, die beiden Lösungen fallen zusammen oder die Gleichung besitzt eine Doppelwurzel und kann somit den allgemeinen Satz aussprechen:

Jede quadratische Gleichung mit reellen Koeffizienten hat zwei Lösungen:

$$(6) \qquad x_1 = \frac{-b + \sqrt{D}}{2a}, \quad x_2 = \frac{-b - \sqrt{D}}{2a},$$

und zwar besitzt sie, wenn die Diskriminante

$D > 0$: zwei (verschiedene) reelle Lösungen

$D = 0$:   „   zusammenfallende (reelle) Lösungen $x = -\dfrac{b}{2a}$

$D < 0$:   „   konjugiert komplexe   „

3. Häufig ist es vorteilhaft, das lineare Glied mit dem Faktor 2 anzunehmen, also die quadratische Gleichung in der Form

$$(7) \qquad Ax^2 + 2Bx + C = 0$$

anzusetzen. Die Diskriminante wird dann $D = 4B^2 - 4AC = 4\varDelta$, wobei

$$(8) \qquad \varDelta = B^2 - AC$$

(nach Gauß) die Determinante der quadratischen Funktion genannt wird. Die Lösungen der Gleichung (7) sind

$$(9) \qquad x = \frac{-B \pm \sqrt{\varDelta}}{A}$$

und die Natur der Lösungen ist durch das Vorzeichen von $\varDelta$ in derselben Weise wie oben durch das Vorzeichen von D bestimmt.

4. Da der Koeffizient von x^2 immer von Null verschieden ist, kann man die Gleichung durch ihn dividieren. Man kann daher jede quadratische Gleichung auf die Gestalt

$$(10) \qquad x^2 + px + q = 0$$

bringen, und diese nennt man die Normalform der quadratischen Gleichung. Bei ihr ist also wesentlich, daß das quadratische Glied den Koeffizienten 1 hat. Die Diskriminante ist:

$$D = p^2 - 4q = 4\left(\frac{p^2}{4} - q\right),$$

die Lösungen sind:

$$(11) \qquad x_1 = -\frac{p}{2} + \sqrt{\frac{p^2}{4} - q}, \quad x_2 = -\frac{p}{2} - \sqrt{\frac{p^2}{4} - q},$$

und für die Natur der Lösungen gilt:

$p^2 > 4q$: beide Lösungen reell und verschieden

$p^2 = 4q$:   „   „   „   zusammenfallend: $x = -\dfrac{p}{2}$

$p^2 < 4q$:   „   „   konjugiert komplex.

Im ersten Fall kann man auch über das Vorzeichen der Lösungen folgendes aussagen:

Beide Lösungen sind positiv, wenn $p < 0$, $q > 0$, sie sind negativ, wenn $p > 0$, $q > 0$, und es ist eine positiv, die andere negativ, wenn $q < 0$ (bei beliebigem Vorzeichen von p). Man kann dies in dem Satz zusammenfassen:

Bei positiver Diskriminante ist die Anzahl der positiven Lösungen der Gleichung $x^2 + px + q = 0$ gleich der Anzahl der Zeichenwechsel in der Reihe $1, p, q$.

§ 79*. Quadratische Gleichungen mit komplexen Koeffizienten.

1. Sind die Koeffizienten der quadratischen Gleichung komplexe Zahlen, so bleiben die Formeln des vorigen Paragraphen bestehen. Es wird dann aber auch die Diskriminante im allgemeinen eine komplexe Zahl sein:

$$D = m + ni,$$

und es erwächst die Aufgabe, die Quadratwurzel aus einer komplexen Zahl zu berechnen oder auch die rein quadratische Gleichung

$$z^2 = m + ni$$

aufzulösen. Sei $z = u + iv$, also $z^2 = u^2 - v^2 + 2iuv$, so hat man zur Bestimmung von u und v die beiden Gleichungen:

$$(1) \qquad \begin{aligned} u^2 - v^2 &= m \\ 2uv &= n \end{aligned}$$

Dies sind zwei Gleichungen zweiten Grades[1]) mit zwei Unbekannten. Um sie zu lösen, erheben wir jede von ihnen ins Quadrat, also

$$\begin{aligned} u^4 - 2u^2v^2 + v^4 &= m^2 \\ 4u^2v^2 &= n^2. \end{aligned}$$

Durch Addition dieser Gleichungen folgt $u^4 + 2u^2v^2 + v^4 = m^2 + n^2$ oder $(u^2 + v^2)^2 = m^2 + n^2$ und hieraus:

$$u^2 + v^2 = \sqrt{m^2 + n^2},$$

wobei die Quadratwurzel positiv zu nehmen ist. Diese Gleichung zusammen mit der ersten in (1) ergibt durch Addition und Subtraktion:

$$u^2 = \frac{m + \sqrt{m^2 + n^2}}{2}, \qquad v^2 = \frac{-m + \sqrt{m^2 + n^2}}{2},$$

und diese beiden Werte sind immer positiv, welche reellen Werte die Zahlen m, n auch haben mögen. Also ist

$$(2) \qquad u = \pm \sqrt{\frac{m + \sqrt{m^2 + n^2}}{2}}, \qquad v = \pm \sqrt{\frac{-m + \sqrt{m^2 + n^2}}{2}}.$$

---

[1]) Die zweite Gleichung ist ebenfalls vom zweiten Grad, denn der Grad einer Gleichung wird angegeben durch den größten Wert, den die Summe der Exponenten der Unbekannten in den einzelnen Gliedern der Gleichung besitzt.

Dies würde, je nach der Zahl der Vorzeichen, vier Wertepaare u, v liefern. Von diesen Kombinationen sind aber infolge der zweiten Gleichung (1) nur zwei zulässig, nämlich, sobald n positiv ist, die beiden Paare mit gleichen Vorzeichen, dagegen sobald n negativ ist, die mit entgegengesetzten Vorzeichen. Es hat also die Quadratwurzel aus einer komplexen Zahl zwei Werte, die sich nur durch das Vorzeichen unterscheiden.

2. Dieses letzte Ergebnis ist uns schon von § 46 her bekannt. Ist in Polarform
$$m + ni = r(\cos \varphi + i \sin \varphi),$$
so haben wir für die Quadratwurzel aus der komplexen Zahl die beiden Werte
$$\sqrt{r}\left(\cos \frac{\varphi}{2} + i \sin \frac{\varphi}{2}\right)$$
und
$$\sqrt{r}\left(\cos\left(\frac{\varphi}{2} + \pi\right) + i \sin\left(\frac{\varphi}{2} + \pi\right)\right) = -\sqrt{r}\left(\cos \frac{\varphi}{2} + i \sin \frac{\varphi}{2}\right),$$
also
$$(3) \qquad \sqrt{m + ni} = \pm \sqrt{r}\left(\cos \frac{\varphi}{2} + i \sin \frac{\varphi}{2}\right),$$

worin $\sqrt{r}$ den positiven Wert der Quadratwurzel bedeutet. Nach bekannten Formeln der Goniometrie ist aber
$$\cos \frac{\varphi}{2} = \sqrt{\frac{1 + \cos \varphi}{2}}, \quad \sin \frac{\varphi}{2} = \sqrt{\frac{1 - \cos \varphi}{2}}$$

und die Vorzeichen dieser Quadratwurzeln sind so zu wählen, daß ihr Produkt das Vorzeichen von $\sin \varphi$ oder von n besitzt.[1]) Führt man hier $\cos \varphi = \dfrac{m}{r} = \dfrac{m}{\sqrt{m^2 + n^2}}$ ein, so folgt:
$$\cos \frac{\varphi}{2} = \sqrt{\frac{m + \sqrt{m^2 + n^2}}{2r}}, \quad \sin \frac{\varphi}{2} = \sqrt{\frac{-m + \sqrt{m^2 + n^2}}{2r}},$$

und hieraus ergeben sich nach Multiplikation mit $\sqrt{r}$ dieselben Werte für u und v wie oben in (2).

§ 80*. Quadratische Funktionen.

1. Die quadratische Gleichung
$$(1) \qquad a x^2 + bx + c = 0$$
mit irgendwelchen reellen oder komplexen Koeffizienten hat, wie wir gesehen haben, immer zwei Lösungen x_1 und x_2, die dann und nur dann zusammenfallen, wenn die Diskriminante verschwindet.

Es bedeute nun x eine unbestimmte Zahl (Veränderliche), der wir

---

1) Wegen $2 \sin \dfrac{\varphi}{2} \cos \dfrac{\varphi}{2} = \sin \varphi$.

irgend beliebige Werte beilegen können. Es nimmt dann auch die quadratische Funktion

$$(2) \qquad f(x) = ax^2 + bx + c$$

je nach der Wahl von x verschiedene Werte an und sie wird nur Null, wenn man $x = x_1$ oder $x = x_2$ wählt. Wir wollen aber nur als bekannt annehmen, daß die Gleichung (1) eine Lösung $x = x_1$ besitzt. Dann ist

$$0 = ax_1^2 + bx_1 + c,$$

und wenn wir dies von (2) abziehen, so folgt:

$$f(x) = a(x^2 - x_1^2) + b(x - x_1)$$

oder wegen $x^2 - x_1^2 = (x + x_1)(x - x_1)$:

$$f(x) = (x - x_1)[a(x + x_1) + b].$$

Hier sind aber die beiden Faktoren auf der rechten Seite lineare Funktionen von x. Für den zweiten Faktor können wir schreiben:

$$a(x + x_1) + b = a(x - x_2)$$

worin $\qquad\qquad x_2 = -x_1 - \dfrac{b}{a} \qquad\qquad$ ist, so daß also

$$(3) \qquad f(x) = a(x - x_1)(x - x_2)$$

wird. Wir haben damit den Satz:

Jede quadratische Funktion läßt sich in ein Produkt von zwei linearen Funktionen zerlegen.

Die Zerlegung (3) ist eine identische Zerlegung, d. h. sie gilt für jeden beliebigen Wert von x. Um sie zu finden, hat man die Gleichung $f(x) = 0$ aufzulösen. Sei z. B.:

$$f(x) = 6x^2 + 19x - 42,$$

so ist die Diskriminante:

$$D = 19^2 + 4 \cdot 6 \cdot 42 = 1369 = 37^2,$$

folglich die Lösungen der Gleichung $f(x) = 0$:

$$x_1 = \frac{-19 + 37}{12} = \frac{3}{2}, \quad x_2 = \frac{-19 - 37}{12} = -\frac{14}{3}$$

und daher:

$$f(x) = 6\left(x - \frac{3}{2}\right)\left(x + \frac{14}{3}\right) = (2x - 3)(3x + 14).$$

2. Bei der Ableitung der Zerlegung (3) haben wir nur vorausgesetzt, daß die Gleichung $f(x) = 0$ eine Lösung besitzt; von der Gestalt dieser Lösung haben wir keinen Gebrauch gemacht. Wir können aber mit Hilfe der Ausdrücke für x_1 und x_2 Formel (3) verifizieren. Multiplizieren wir in (3) die Klammern aus, so folgt

$$f(x) = ax^2 + bx + c = a[x^2 - (x_1 + x_2)x + x_1 x_2],$$

und da dies für alle beliebigen Werte von x gelten soll, so müssen die Koeffizienten gleicher Potenzen von x einander gleich sein, also:

$$(4) \qquad x_1 + x_2 = -\frac{b}{a}, \qquad x_1 x_2 = \frac{c}{a},$$

und diese Beziehungen folgen auch in der Tat sofort aus den Ausdrücken § 78, (6) aus welchen sich außerdem noch

$$(5) \qquad x_1 - x_2 = -\frac{\sqrt{D}}{a},$$

also
$$D = a^2(x_1 - x_2)^2$$

ergibt; hierin zeigt sich unmittelbar, daß die Diskriminante dann und nur dann verschwindet, wenn $x_1 = x_2$ ist.

3. Hat die quadratische Gleichung die Normalform $x^2 + px + q = 0$ so ist

$$(6) \qquad x_1 + x_2 = -p, \quad x_1 x_2 = q, \quad (x_1 - x_2)^2 = D,$$

und wir haben den Satz:

Bei einer in Normalform gegebenen quadratischen Gleichung ist die Summe der Lösungen gleich dem negativen Koeffizienten des linearen Gliedes, das Produkt der Lösungen gleich dem konstanten Glied und die Diskriminante gleich dem Quadrat der Differenz der Lösungen.

Von der Umkehrung dieses Satzes wird häufig Gebrauch gemacht, nämlich:

Kennt man von zwei Zahlen u und v ihre Summe und ihr Produkt:

$$u + v = m, \quad uv = n,$$

so sind u und v die Lösungen der quadratischen Gleichung

$$x^2 - mx + n = 0,$$

und man kann nach Belieben die eine der Lösungen für u, die andere für v nehmen.

§ 81*. Allgemeine Auflösung der kubischen Gleichungen.

1. Eine Gleichung dritten Grades oder eine kubische Gleichung mit einer Unbekannten kann immer auf die Form

$$(1) \qquad x^3 + ax^2 + bx + c = 0$$

gebracht werden. Durch Einführung einer anderen Unbekannten kann man aber erreichen, daß das quadratische Glied wegfällt. Setzt man nämlich

$$(2) \qquad x = z - \frac{a}{3},$$

so wird
$$x^2 = z^2 - \frac{2a}{3}z + \frac{a^2}{9},$$

$$x^3 = z^3 - az^2 + \frac{a^2}{3}z - \frac{a^3}{27},$$

und wenn man diese Ausdrücke in (1) einsetzt, so heben sich die Glieder mit z^2, und man erhält eine Gleichung von der Form:

$$(3) \qquad z^3 + pz + q = 0,$$

worin $\qquad p = b - \dfrac{a^2}{3}, \qquad q = \dfrac{2a^3}{27} - \dfrac{ab}{3} + c.$

Diese Form (3), die immer herstellbar ist, nennt man die **Normalform der Gleichung dritten Grades**. Wir legen sie der Auflösung zugrunde und setzen z als Summe von zwei zunächst unbestimmt gelassenen Zahlen:

$$(4) \qquad z = u + v$$

an. Dann können wir noch den Größen u und v eine Bedingung auferlegen. Es ist

$$z^3 = u^3 + 3u^2v + 3uv^2 + v^3$$
$$= u^3 + v^3 + 3uv(u + v),$$

also wird die Gleichung (3):

$$u^3 + v^3 + (3uv + p)(u + v) + q = 0.$$

Schreiben wir nun für u und v die Bedingung

$$(5) \qquad 3uv = -p$$

vor, so reduziert sich die letzte Gleichung auf

$$(6) \qquad u^3 + v^3 = -q,$$

und wenn wir jetzt Gleichung (5) auf die dritte Potenz erheben, also:

$$(7) \qquad u^3 v^3 = -\frac{p^3}{27},$$

so haben wir in (6) und (7) die Summe und das Produkt der beiden Zahlen u^3, v^3. Es folgt also nach § 80, 3:

u^3 und v^3 sind die Lösungen der quadratischen Gleichung

$$(8) \qquad t^2 + qt - \frac{p^3}{27} = 0.$$

Diese Gleichung heißt die **quadratische Resolvente** der kubischen Gleichung. Sind t_1, t_2 ihre Lösungen, so hat man noch die beiden reinen kubischen Gleichungen:

$$(9) \qquad u^3 = t_1, \quad v^3 = t_2$$

aufzulösen, um u und v und damit z zu finden. Es genügt auch, aus der ersten Gleichung u zu bestimmen, und dann berechnet man nach (5): $v = -\dfrac{p}{3u}$. Es ist also die Lösung der kubischen Gleichung zurückgeführt auf die Lösung einer quadratischen und einer reinen kubischen Gleichung.

2. Man findet u durch Berechnung der Kubikwurzel aus t_1. Diese hat aber drei verschiedene Werte (vgl. § 46, 8.) und wenn wir unter u einen bestimmten, etwa den Hauptwert verstehen, so sind die beiden anderen

Werte εu und $\varepsilon^2 u$, worin ε und ε^2 die **komplexen dritten Einheitswurzeln** (vgl. § 46, 7.) bedeuten. Zu dem bestimmten Wert von u gehört entsprechend (5) ein ganz bestimmtes v, also ein bestimmter Wert der $\sqrt[3]{t_2}$ und dann gehört zu εu der Wert $\varepsilon^2 v$, zu $\varepsilon^2 u$ der Wert εv, so daß das Produkt der zusammengehörigen Werte immer dasselbe $uv = -\frac{p}{3}$ ist. Folglich erhalten wir für z die drei Werte:

$$(10) \qquad \begin{aligned} z_1 &= u + v \\ z_2 &= \varepsilon u + \varepsilon^2 v \\ z_3 &= \varepsilon^2 u + \varepsilon v \end{aligned}$$

und haben den Satz:

Jede Gleichung dritten Grades hat drei Lösungen.

Von diesen können unter Umständen zwei oder alle drei Lösungen zusammenfallen.

Setzt man in (10) die Werte von ε und ε^2 ein:

$$\varepsilon = -\frac{1}{2} + \frac{i}{2}\sqrt{3}, \quad \varepsilon^2 = -\frac{1}{2} - \frac{i}{2}\sqrt{3},$$

so erhält man für z_2 und z_3:

$$(11) \qquad z_2 = -\frac{u+v}{2} + \frac{i(u-v)}{2}\sqrt{3}, \quad z_3 = -\frac{u+v}{2} - \frac{i(u-v)}{2}\sqrt{3}.$$

3. Um die Lösungen der Gleichung (3) durch die Koeffizienten p und q auszudrücken, haben wir zunächst die Resolvente (8) aufzulösen. Ihre Diskriminante ist:

$$q^2 + \frac{4p^3}{27} = 4\varDelta, \qquad \text{worin}$$

$$(12) \qquad \varDelta = \frac{q^2}{4} + \frac{p^3}{27} = \left(\frac{q}{2}\right)^2 + \left(\frac{p}{3}\right)^3,$$

mithin sind die Lösungen von (8):

$$t_1 = -\frac{q}{2} + \sqrt{\varDelta}, \quad t_2 = -\frac{q}{2} - \sqrt{\varDelta}$$

und die Lösung der kubischen Gleichung (3):

$$(13) \qquad z = \sqrt[3]{-\frac{q}{2} + \sqrt{\varDelta}} + \sqrt[3]{-\frac{q}{2} - \sqrt{\varDelta}}.$$

Diese Formel umfaßt alle drei Lösungen, wenn wir das Zeichen $\sqrt[3]{}$ als dreiwertig ansehen und immer diejenigen Werte der beiden Kubikwurzeln einander zuordnen, deren Produkt gleich $-\frac{p}{3}$ ist. Sie ist zum erstenmal von **Cardano** in seiner Ars magna de rebus algebraicis, Nürnberg 1545, veröffentlicht und heißt deshalb die **Cardanische Formel**. Er hat sie von **Tartaglia** erfahren, jedoch hatte bereits um 1515 **Scipione del Ferro** die kubische Gleichung gelöst, seine Lösung aber nicht veröffentlicht, sondern sie mehreren Mathematikern ohne Beweis mitgeteilt.

4. Die Bedeutung der Cardanischen Formel liegt darin, daß sie die Lösung der kubischen Gleichung in Gestalt eines geschlossenen Ausdrucks mit einer endlichen Anzahl von algebraischen Operationen (§ 39, **6.**) liefert. Man sagt deshalb:

Die Gleichungen dritten Grades sind algebraisch auflösbar.

Dagegen ist für die wirkliche Berechnung der Lösungen einer vorgegebenen kubischen Gleichung mit numerischen Koeffizienten die Cardanische Formel von geringerer Bedeutung. Abgesehen davon, daß sie, wie wir sehen werden, für den Fall von drei reellen Lösungen versagt, werden bei rationalen p und q die beiden Kubikwurzeln im allgemeinen[1] irrational, auch wenn z rational ist, so daß eine rationale Lösung der Gleichung als Summe von zwei irrationalen Zahlen erscheint. Es wird daher ein Verfahren vorzuziehen sein, welches die Ermittlung rationaler Lösungen auf rationalem Wege gestattet (vgl. § 90, **1**). Hat man aber eine irrationale Lösung zu bestimmen, so wird man mit einem der gebräuchlichen Annäherungsverfahren (vgl. XVI. Abschnitt) mit geringerem Rechenaufwand dieselbe Annäherung erzielen, wie mit der Cardanischen Formel. Für die Bedürfnisse der Praxis kommt man in den meisten Fällen am schnellsten mit einem graphischen Verfahren zum Ziel.[2]

5. Sind die Koeffizienten der Gleichung reelle Zahlen, so kann man aus dem Vorzeichen von $\varDelta$ die Natur der Lösungen erkennen. Ist

1. $\varDelta$ positiv, so sind die Lösungen t_1, t_2 der Resolvente reell und verschieden; nimmt man für $u = \sqrt[3]{t_1}$ den reellen Wurzelwert, so wird auch v reell und von u verschieden, also folgt aus (10) und (11):

Für $\varDelta > 0$ hat die kubische Gleichung eine reelle und zwei konjugiert komplexe Lösungen.

2. Ist $\varDelta$ Null, so ist $t_1 = t_2$ reell, also auch $u = v$ reell $= -\sqrt[3]{\dfrac{q}{2}}$ und die Lösungen werden $z_1 = 2u$, $z_2 = z_3 = -u$. Es folgt:

Für $\varDelta = 0$ hat die kubische Gleichung eine reelle und zwei zusammenfallende reelle Lösungen.[3]

3. Ist $\varDelta$ negativ, so sind t_1 und t_2 konjugiert komplex. Dann werden aber auch u und v konjugiert komplex[4], $u + v$ also reell und

---

1) Jedenfalls immer wenn $\sqrt{\varDelta}$ irrational ist.

2) Vgl. etwa H. v. Sanden, PraktischeAnalysis, Leipzig 1914. R. Mehmke, Leitfaden zum graphischen Rechnen, Leipzig 1917.

3) Man sieht leicht, daß sich die Wurzeln rational durch die Koeffizienten ausdrücken lassen, nämlich $z_1 = \dfrac{3q}{p}$, $z_2 = z_3 = -\dfrac{3q}{2p}$. Vgl. Weltzien, Arch. d. Math. u. Phys. (3) **28** (1920).

4) Dies ergibt sich sofort, wenn man t_1 und t_2 in der Polarform
$$t_1 = \varrho(\cos \varphi + i \sin \varphi), \qquad t_2 = \varrho(\cos \varphi - i \sin \varphi)$$
annimmt. Von den drei Werten für $v = \sqrt[3]{t_2}$ ist der zu u konjugiert komplexe Wert zu nehmen, weil das Produkt uv reell sein muß.

$u - v$ rein imaginär, folglich alle drei Lösungen z_1, z_2, z_3 reell. Es folgt:

Für $\varDelta < 0$ hat die kubische Gleichung drei verschiedene reelle Lösungen.

Dieser Fall wird noch besonders zu behandeln sein.

Diese Sätze gelten nicht nur für die Gleichung (3), sondern auch für die allgemeine kubische Gleichung (1), da deren Lösungen aus denen der Gleichung (3) einfach durch Subtraktion von $\dfrac{a}{3}$ gefunden werden. Zusammenfassend haben wir den Satz:

Jede kubische Gleichung mit reellen Koeffizienten hat mindestens eine reelle Lösung. Die beiden anderen Lösungen sind entweder reell und verschieden ($\varDelta < 0$) oder reell und zusammenfallend ($\varDelta = 0$) oder konjugiert komplex ($\varDelta > 0$).

Alle drei Lösungen von (3) fallen, wie man leicht sieht, nur dann zusammen und sind Null, wenn $p = 0$ und $q = 0$ ist; dann reduziert sich die Gleichung auf $z^3 = 0$, die allgemeine Gleichung (1), da $z = x + \dfrac{a}{3}$ ist, auf $\left(x + \dfrac{a}{3}\right)^3 = 0$ oder $x^3 + ax^2 + \dfrac{a^2}{3}x + \dfrac{a^3}{27} = 0$ mit der Lösung $x = -\dfrac{a}{3}$.

6. Der eben abgeleitete Satz läßt erkennen, daß für die kubische Gleichung die aus den Koeffizienten der Gleichung zusammengesetzte Größe $\varDelta$ dieselbe Rolle spielt, wie bei der quadratischen Gleichung die **Diskriminante**. Wir wollen zeigen, daß sich $\varDelta$ in einfacher Weise durch die Lösungen der kubischen Gleichung ausdrücken läßt. Wir bilden nach (10) und (11) die Differenzen der Lösungen

$$z_1 - z_2 = \frac{3}{2}(u + v) - \frac{i\sqrt{3}}{2}(u - v), \quad z_1 - z_3 = \frac{3}{2}(u + v) + \frac{i\sqrt{3}}{2}(u - v).$$

Ihr Produkt ist

$$(z_1 - z_2)(z_1 - z_3) = \tfrac{9}{4}(u + v)^2 + \tfrac{3}{4}(u - v)^2$$
$$= 3(u^2 + uv + v^2).$$

Multipliziert man dies noch mit $z_2 - z_3 = i\sqrt{3}(u - v)$, so ergibt sich:

$$(z_1 - z_2)(z_1 - z_3)(z_2 - z_3) = \sqrt{-27}(u^3 - v^3) = 2\sqrt{-27\varDelta},$$

weil $u^3 - v^3 = t_1 - t_2 = 2\sqrt{\varDelta}$ ist.

Das Quadrat dieses Produkts

$$(14) \qquad D = (z_1 - z_2)^2(z_1 - z_3)^2(z_2 - z_3)^2$$

nennt man die **Diskriminante der kubischen Gleichung** und es ist also

$$(15) \qquad D = -108\varDelta = -4p^3 - 27q^2.$$

Die Differenzen der Lösungen der Normalgleichung (3) sind gleich den entsprechenden Differenzen der Lösungen der allgemeinen kubischen Gleichung, also ist auch

$$D = (x_1 - x_2)^2 (x_1 - x_3)^2 (x_2 - x_3)^2,$$

und wenn wir in (15) die Ausdrücke von p und q nach **1.** einführen, so erhalten wir nach leichter Rechnung die Diskriminante der allgemeinen kubischen Gleichung ausgedrückt durch die Koeffizienten[1]):

(16) $$D = a^2 b^2 + 18 abc - 4a^3 c - 4b^3 - 27 c^2.$$

Wir können jetzt in dem obigen Satz an Stelle von $\varDelta$ die Diskriminante D einführen. Er lautet dann:

Eine kubische Gleichung mit reellen Koeffizienten hat, wenn $D > 0$ ist, 3 reelle verschiedene Lösungen,

     „ $D = 0$ „   **3 reelle Lösungen, von denen zwei oder alle drei zusammenfallen,**

     „ $D < 0$ „   **1 reelle und 2 konjugiert komplexe Lösungen.**

§ 82*. Kubische Gleichungen mit drei reellen Lösungen.

1. Die kubische Gleichung

$$z^3 + pz + q = 0$$

hat dann und nur dann drei reelle Lösungen, wenn

(1) $$\varDelta = \frac{q^2}{4} + \frac{p^3}{27} \leqq 0$$

ist. Dann muß notwendig p negativ sein. Schreibt man $\varDelta = -R$, wo nun R positiv, so wird $u = \sqrt[3]{-\frac{q}{2} + i\sqrt{R}}$, man erhält also durch die Cardanische Formel die Lösungen der Gleichung als Summen von Kubikwurzeln aus konjugiert komplexen Zahlen. Man könnte daran denken, die Kubikwurzel aus einer komplexen Zahl in ähnlicher Weise zu finden, wie wir oben in § 78 die Quadratwurzel aus einer komplexen Zahl ermittelt haben. Setzen wir also allgemein:

(2) $$\sqrt[3]{m + ni} = \mu + vi,$$

so ergeben sich, wenn wir auf die dritte Potenz erheben und die reellen Teile und ebenso die imaginären auf beiden Seiten einander gleich setzen, zur Bestimmung von μ und v die Gleichungen:

(3) $$\mu^3 - 3\mu v^2 = m, \quad 3\mu^2 v - v^3 = n.$$

Hieraus findet man leicht $(\mu^2 + v^2)^3 = m^2 + n^2$, also

$$\mu^2 + v^2 = \varrho,$$

---

1) Vgl. auch § 96, (9) und § 99, (9).

wenn zur Abkürzung der positive reelle Wurzelwert

$$\sqrt[3]{m^2 + n^2} = \varrho$$

gesetzt wird. Führt man dann $v^2 = \varrho - \mu^2$ in die erste Gleichung (3) ein, so wird sie

$$4\mu^3 - 3\varrho\mu - m = 0$$

oder, wenn $2\mu = s$ ist:

$$(4) \qquad s^3 - 3\varrho s - 2m = 0.$$

Für diese kubische Gleichung in s ist aber nach § 81, (12):

$$\varDelta = m^2 - \varrho^3 = - n^2,$$

also negativ und die Lösung der Gleichung (4) erfordert wiederum die Berechnung einer Kubikwurzel aus einer komplexen Zahl.[1]) Wir kommen also auf diese Weise nicht weiter und eine tiefere Untersuchung zeigt, daß man die Kubikwurzel aus einer komplexen Zahl durch reelle algebraische Operationen nicht berechnen kann.[2]) Hierauf werden wir später (§ 112) näher eingehen.

2. Man ist daher zur Berechnung der Kubikwurzeln

$$u = \sqrt[3]{-\frac{q}{2} + i\sqrt{R}}, \qquad v = \sqrt[3]{-\frac{q}{2} - i\sqrt{R}}$$

auf den in § 46 angegebenen Weg mit Hilfe der Polarform angewiesen. Sei also in Polarform

$$(5) \qquad \begin{aligned} -\frac{q}{2} + i\sqrt{R} &= \varrho(\cos\varphi + i\sin\varphi), \\ -\frac{q}{2} - i\sqrt{R} &= \varrho(\cos\varphi - i\sin\varphi), \end{aligned}$$

so ist

$$\varrho^2 = \frac{q^2}{4} + R = -\frac{p^3}{27},$$

folglich, da p negativ ist und ϱ positiv reell sein muß:

$$(6) \qquad \varrho = -\frac{p}{3}\sqrt{-\frac{p}{3}}.$$

Den Richtungswinkel findet man dann aus

$$(7) \qquad \cos\varphi = -\frac{q}{2\varrho} = \frac{3q}{2p\sqrt{-\dfrac{p}{3}}},$$

und zwar, je nach dem Vorzeichen von $\cos\varphi$, im ersten oder zweiten Quadranten, da $\sin\varphi = \dfrac{\sqrt{R}}{\varrho}$ positiv ist.

Aus (6) folgt für die positive reelle Kubikwurzel:

---

1) Es wird einfach $s = 2\mu = \sqrt[3]{m + ni} + \sqrt[3]{m - ni}$.

2) Man hat deshalb den Fall der kubischen Gleichung mit negativem $\varDelta$ oder mit drei reellen Lösungen den casus irreducibis genannt. Diese Bezeichnung ist veraltet und sollte verschwinden, denn man versteht heutzutage unter irreduzibel etwas ganz anderes.

(8)
$$\sqrt[3]{\varrho} = \sqrt{-\frac{p}{3}}$$

und damit wird nach (5):

(9)
$$u = \sqrt[3]{-\frac{q}{2} + i\sqrt{R}} = \sqrt{-\frac{p}{3}}\left(\cos\frac{\varphi}{3} + i\sin\frac{\varphi}{3}\right)$$
$$v = \sqrt[3]{-\frac{q}{2} - i\sqrt{R}} = \sqrt{-\frac{p}{3}}\left(\cos\frac{\varphi}{3} - i\sin\frac{\varphi}{3}\right).$$

Das Produkt uv ist, wie es sein soll, gleich $-\frac{p}{3}$. Die andern Werte der Kubikwurzeln erhält man, indem man φ durch $\varphi + 2\pi$ und $\varphi + 4\pi$ ersetzt. Beachtet man dann, daß

$$\cos\frac{\varphi + 2\pi}{3} = -\cos\frac{\varphi - \pi}{3}, \quad \cos\frac{\varphi + 4\pi}{3} = -\cos\frac{\varphi + \pi}{3}$$

ist, so ergeben sich durch Addition der Gleichungen (9) die Lösungen der kubischen Gleichung in der Form

$$z_1 = 2\sqrt{-\frac{p}{3}}\cos\frac{\varphi}{3}$$

(10)
$$z_2 = -2\sqrt{-\frac{p}{3}}\cos\left(\frac{\varphi}{3} - \frac{\pi}{3}\right)$$
$$z_3 = -2\sqrt{-\frac{p}{3}}\cos\left(\frac{\varphi}{3} + \frac{\pi}{3}\right).$$

Hierzu gehört noch Formel (7) zur Bestimmung von φ oder anstatt ihrer die Formel:

(11)
$$\operatorname{tg}\varphi = -\frac{2\sqrt{R}}{q}.$$

Da die Summe der Lösungen, wie man sogleich aus § 81, (10) ersieht, Null ist, so muß von den drei reellen Lösungen immer mindestens eine positiv und eine negativ sein, und zwar wird nach unseren Formeln (10) immer z_1 positiv und z_2 negativ. Hiermit ergibt sich aus der sogleich (§ 83, 2.) zu beweisenden Formel $z_1 z_2 z_3 = -q$, daß immer z_3 das Vorzeichen von q hat.

3. Die eben behandelte Aufgabe der Kubikwurzel aus einer komplexen Zahl ist identisch mit der berühmten Aufgabe der **Dreiteilung des Winkels.**[1]) Ist $\angle AOB = \varphi$, AB der Bogen mit dem Radius 1, $OC = \cos\varphi$, so wird man den Winkel $AOB' = \frac{\varphi}{3}$ konstruieren können, wenn man die Strecke

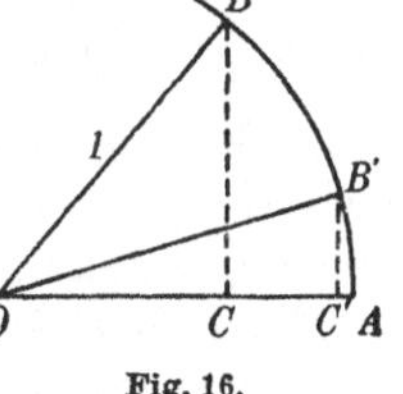

Fig. 16.

$$OC' = \cos\frac{\varphi}{3}$$

---

1) Über die Geschichte und die Lösungen dieses Problems vgl. A. Mitzscherling, Das Problem der Kreisteilung, Leipzig 1913. Th. Vahlen, Konstruktionen und Approximationen, Leipzig 1911. Den Zusammenhang zwischen der Auflösung der Gleichungen dritten Grades mit drei reellen Lösungen und der Dreiteilung des Winkels hat bereits Vieta erkannt. (De aequationum recognitione 1591, aus dem Nachlaß herausg. 1615 und Supplementum Geometriae 1593.)

konstruieren kann. Es kommt also die Aufgabe darauf hinaus, aus dem Wert von $\cos \varphi$ den Funktionswert $\cos \frac{\varphi}{3}$ zu berechnen. Zwischen diesen beiden Funktionen besteht aber eine kubische Gleichung, die wir schon in § 46 (9) aufgestellt haben.[1]) Wir haben nur $\frac{\varphi}{3}$ an Stelle von φ zu setzen und haben dann für $z = \cos \frac{\varphi}{3}$ die Gleichung

$$z^3 - \tfrac{3}{4} z - \tfrac{1}{4} \cos \varphi = 0$$

oder wenn wir $2z = u$ setzen:

$$u^3 - 3u - 2 \cos \varphi = 0.$$

Für sie ist $\varDelta = \cos^2 \varphi - 1 = -\sin^2 \varphi$ negativ, die Gleichung hat drei reelle Lösungen, die für $\sqrt{-\frac{p}{3}} = 1$ durch die Formeln (10) gegeben sind. Auf diesem Umstand, daß die Aufgabe auf eine Gleichung dritten Grades führt, beruht es, daß es (abgesehen von Ausnahmefällen) nicht möglich ist, einen Winkel mit Lineal und Zirkel in drei gleiche Teile zu teilen. Wir kommen hierauf später (§ 110) zurück.

§ 83*. Funktionen dritten Grades.

1. Die kubische Funktion

(1) $$f(x) = x^3 + ax^2 + bx + c$$

mit irgendwelchen reellen oder komplexen Koeffizienten verschwinde für $x = x_1$, also:

$$0 = x_1^3 + ax_1^2 + bx_1 + c.$$

Dann folgt, wenn wir dies von (1) abziehen:

$$f(x) = (x^3 - x_1^3) + a(x^2 - x_1^2) + b(x - x_1).$$

Hier enthält jede Klammer den Faktor $(x - x_1)$ und es ist

$$f(x) = (x - x_1)[x^2 + xx_1 + x_1^2 + a(x + x_1) + b] \quad \text{oder}$$

(2) $$f(x) = (x - x_1)[x^2 + (x_1 + a)x + x_1^2 + ax_1 + b].$$

Sobald also eine Lösung der Gleichung $f(x) = 0$ bekannt ist, läßt sich die kubische Funktion in ein Produkt aus einer linearen und einer quadratischen Funktion zerlegen. Die beiden Nullpunkte der quadratischen Funktion sind die anderen Lösungen x_2, x_3 der kubischen Gleichung. Man kann also, wenn man eine Lösung der Gleichung (1) kennt, die beiden anderen durch Lösung einer quadratischen Gleichung finden. Nach § 79 ist dann

$$x^2 + (x_1 + a)x + x_1^2 + ax_1 + b = (x - x_2)(x - x_3).$$

---

1) Dasselbe leistet die an demselben Ort gegebene Gleichung zwischen $\sin \varphi$ und $\sin \frac{\varphi}{3}$.

Führen wir dies in (2) ein, so ergibt sich der Satz:

Mit Hilfe der Lösungen x_1, x_2, x_3 der kubischen Gleichung $f(x) = 0$ läßt sich die Funktion $f(x)$ in ein Produkt aus drei linearen Faktoren zerlegen:

$$(3) \qquad f(x) = (x - x_1)(x - x_2)(x - x_3).$$

2. Multiplizieren wir in dieser Gleichung die Klammern aus und vergleichen in (1) und (3) die Koeffizienten gleich hoher Potenzen von x miteinander, so ergeben sich zwischen den Koeffizienten und den Lösungen der kubischen Gleichung die wichtigen Beziehungen (Vieta 1591):

$$(4) \qquad \begin{aligned} x_1 + x_2 + x_3 &= -a \\ x_2 x_3 + x_3 x_1 + x_1 x_2 &= b \\ x_1 x_2 x_3 &= -c. \end{aligned}$$

Diese Beziehungen, vor allem die erste und dritte, kann man bei der Auflösung numerischer Gleichungen als Probe für die Richtigkeit der berechneten Lösungen benutzen.

3. Auf Grund der Formeln (4) kann man bei reellen Koeffizienten a, b, c über die Vorzeichen der reellen Wurzeln entscheiden, ohne erst die Gleichung aufzulösen.[1]) Ist nämlich Δ positiv, also die Diskriminante D negativ, so sind zwei Lösungen, etwa x_2 und x_3 konjugiert komplex, $x_2 x_3$ ist positiv und x_1 hat das Vorzeichen von $-c$.

Ist aber D positiv oder Null, also alle drei Wurzeln reell, so ist, wenn x_1, x_2, x_3 positiv sind, nach (4):

$$a < 0, \quad b > 0, \quad c < 0.$$

Diese Bedingungen sind notwendig, damit alle drei Wurzeln positiv sind. Sie sind aber auch hinreichend, denn wenn keine der Wurzeln verschwindet und eine oder drei Wurzeln negativ sind, so ist $c > 0$. Sind aber zwei Wurzeln, etwa x_2, x_3 negativ und $x_1 > 0$, so ist $c < 0$ und entweder $a \geqq 0$ oder, wenn $a < 0$, mithin $x_1 > -(x_2 + x_3)$ ist

$$b = x_2 x_3 + x_1(x_2 + x_3) < x_2 x_3 - (x_2 + x_3)^2 = -x_2^2 - x_2 x_3 - x_3^2,$$

also $b < 0$. Ist endlich eine Lösung Null, so muß notwendig c verschwinden.

Ebenso schließt man, daß die notwendige und hinreichende Bedingung, damit alle drei Wurzeln negativ sind, in den Ungleichungen

$$a > 0, \quad b > 0, \quad c > 0$$

besteht. Wir erhalten daher unter Voraussetzung einer positiven oder verschwindenden Diskriminante die folgende Tabelle, worin π die Anzahl der positiven Wurzeln bedeutet:

---

1) Vgl. H. Weber, Lehrb. d. Algebra, Braunschweig (1898) **1**, § 83.

a	b	c	π
$-$	$+$	$-$	3
$-$	$+$	$+$	2
$-$	$-$	$+$	2
$+$	$-$	$+$	2
$+$	$+$	$-$	1
$+$	$-$	$-$	1
$-$	$-$	$-$	1
$+$	$+$	$+$	0

Das Resultat dieser Betrachtung können wir in dem Satz aussprechen[1]):

Ist die Diskriminante positiv oder Null und sind die Koeffizienten der kubischen Gleichung alle von Null verschieden, so ist die Anzahl der positiven Lösungen gleich der Anzahl der Zeichenwechsel in der Reihe 1, a, b, c.

Dieser Satz bleibt nach dem Schlußsatz in § 78, 4. auch für $c = 0$ bestehen. Man hat dann, wenn $a^2 \geqq 4b$ ist, nur die Anzahl der Zeichenwechsel in der Reihe 1, a, b zu betrachten.

Wenn aber einer der beiden Koeffizienten a oder b verschwindet und $c \neq 0$ ist, so ist entweder $x_1 + x_2 + x_3 = 0$ oder $\dfrac{1}{x_1} + \dfrac{1}{x_2} + \dfrac{1}{x_3} = 0$, also können für $D \geq 0$ nicht alle Wurzeln von gleichen Zeichen sein und wir haben eine oder zwei negative Lösungen, (die für $D = 0$ zusammenfallen), je nachdem c positiv oder negativ ist.

§ 84*. Eine wichtige kubische Gleichung.

1. Es seien:

$$a_{11} \quad a_{12} \quad a_{13}$$
$$a_{21} \quad a_{22} \quad a_{23}$$
$$a_{31} \quad a_{32} \quad a_{33}$$

reelle Zahlen, von denen je zwei symmetrisch zur Hauptdiagonale (a_{11}, a_{22}, a_{33}) geschriebene einander gleich sind, also:

$$(1) \qquad a_{12} = a_{21}, \quad a_{13} = a_{31}, \quad a_{23} = a_{32}.$$

Mit diesen Zahlen und einer Unbekannten ϱ bildet man die folgende Determinante dritter Ordnung und setzt sie gleich Null:

$$(2) \qquad \begin{vmatrix} a_{11} - \varrho & a_{12} & a_{13} \\ a_{21} & a_{22} - \varrho & a_{23} \\ a_{31} & a_{32} & a_{33} - \varrho \end{vmatrix} = 0.$$

---

1) Dieser Satz ist ein besonderer Fall der Zeichenregel von Descartes (§ 101), welche also für quadratische und kubische Gleichungen die genaue Anzahl der positiven Wurzeln liefert, während sie für Gleichungen höheren Grades im allgemeinen nur eine obere Grenze für diese Anzahl ergibt.

Dies gibt entwickelt und mit -1 multipliziert eine Gleichung dritten Grades für ϱ:

$$\varrho^3 - (a_{11} + a_{22} + a_{33})\,\varrho^2 + (A_{11} + A_{22} + A_{33})\,\varrho - A = 0,$$

worin A die aus den Zahlen a_{ik} gebildete Determinante und A_{11}, A_{22}, A_{33} ihre Hauptunterdeterminanten

$$A_{11} = a_{22}\,a_{33} - a^2_{23}, \quad A_{22} = a_{33}\,a_{11} - a^2_{31}, \quad A_{33} = a_{11}\,a_{22} - a^2_{12}$$

bedeuten.

Diese Gleichung und ihre Verallgemeinerung auf den n^{ten} Grad (gebildet mit n^2 reellen Größen a_{ik}, für die $a_{ik} = a_{ki}$ ist), ist in verschiedenen Gebieten der Mathematik von sehr großer Bedeutung. So dient sie in der analytischen Geometrie des Raumes zur Bestimmung der Hauptachsen einer Fläche zweiter Ordnung, ferner tritt sie in der Mechanik bei der Theorie der kleinen Schwingungen, in der Astronomie bei der Berechnung der Säkularstörungen auf.

2. Die wichtigste Eigenschaft dieser Gleichung (und der entsprechenden allgemeinen Gleichungen) wird durch den folgenden Satz ausgedrückt:

Die Gleichung (2) hat nur reelle Lösungen.

Zum Beweise dieses Satzes greifen wir auf die Ausführungen über homogene lineare Gleichungen in § 76, **11.** zurück. Das Bestehen der Gleichung (2) ist die Bedingung dafür, daß das Gleichungssystem:

$$\begin{aligned}
(a_{11} - \varrho)\,x_1 + a_{12}\,x_2 + a_{13}\,x_3 &= 0\\
a_{21}\,x_1 + (a_{22} - \varrho)\,x_2 + a_{23}\,x_3 &= 0\\
a_{31}\,x_1 + a_{32}\,x_2 + (a_{33} - \varrho)\,x_3 &= 0
\end{aligned}$$

oder

$$\begin{aligned}
\varrho\,x_1 &= a_{11}\,x_1 + a_{12}\,x_2 + a_{13}\,x_3\\
\varrho\,x_2 &= a_{21}\,x_1 + a_{22}\,x_2 + a_{23}\,x_3\\
\varrho\,x_3 &= a_{31}\,x_1 + a_{32}\,x_2 + a_{33}\,x_3
\end{aligned} \tag{3}$$

Lösungen x_1, x_2, x_3 besitzt, die nicht sämtlich verschwinden.

Zu jedem derartigen System von Lösungen x_1, x_2, x_3 kann man die konjugiert komplexen Werte $\bar{x}_1$, $\bar{x}_2$, $\bar{x}_3$ bilden. Mit ihnen multiplizieren wir der Reihe nach die Gleichungen (3) und addieren sie. Dann folgt mit Rücksicht auf (1):

$$\begin{aligned}
\varrho\,(x_1\bar{x}_1 + x_2\bar{x}_2 + x_3\bar{x}_3) = {}& a_{11}\,x_1\bar{x}_1 + a_{22}\,x_2\bar{x}_2 + a_{33}\,x_3\bar{x}_3\\
& + a_{23}(x_2\bar{x}_3 + x_3\bar{x}_2) + a_{31}(x_3\bar{x}_1 + x_1\bar{x}_3) + a_{12}(x_1\bar{x}_2 + x_2\bar{x}_1).
\end{aligned}$$

Hier ist der Faktor von ϱ eine positive reelle Zahl, die nur verschwinden könnte, wenn gleichzeitig $x_1 = 0$, $x_2 = 0$, $x_3 = 0$ wäre, was, wie eben erwähnt, ausgeschlossen ist. Die rechte Seite ist, wie man sich leicht überzeugt, ebenfalls reell, und daraus folgt, daß jedes mit einem Lösungssystem x_1, x_2, x_3 von (3) verträgliche ϱ, d. h. jede Lösung der Gleichung (2) reell sein muß.

§ 85*. Auflösung der biquadratischen Gleichung.

1. Die allgemeine Gleichung vierten Grades oder biquadratische Gleichung

$$(1) \qquad x^4 + ax^3 + bx^2 + cx + d = 0$$

läßt sich durch die Substitution

$$(2) \qquad x = z' - \frac{a}{4}$$

auf die einfachere Form

$$(3) \qquad z^4 + pz^2 + qz + r = 0$$

bringen, in der das Glied mit der dritten Potenz der Unbekannten fehlt. Die Koeffizienten p, q, r sind leicht zu bildende Verbindungen der Koeffizienten a, b, c, d.

Zur Auflösung der Gleichung (3) kann man nach einem Verfahren von Euler[1]) in ganz ähnlicher Weise zu Werke gehen wie bei der kubischen Gleichung. Man setzt:

$$(4) \qquad 2z = u + v + w$$

und bildet hiervon das Quadrat und die vierte Potenz:

$$4z^2 = u^2 + v^2 + w^2 + 2(uv + vw + wu)$$
$$16z^4 = (u^2 + v^2 + w^2)^2 + 4(u^2 + v^2 + w^2)(uv + vw + wu)$$
$$+ 4(u^2v^2 + v^2w^2 + w^2u^2) + 8uvw(u + v + w).$$

Führt man dies in die mit 16 multiplizierte Gleichung (3) ein, so folgt:

$$(5) \qquad (u^2 + v^2 + w^2)^2 + 4(uv + vw + wu)(u^2 + v^2 + w^2 + 2p)$$
$$+ 4p(u^2 + v^2 + w^2) + 8(uvw + q)(u + v + w)$$
$$+ 4(u^2v^2 + v^2w^2 + w^2u^2) + 16r = 0.$$

Man kann den Zahlen u, v, w noch zwei Bedingungen vorschreiben. Sei also:

$$(6) \qquad u^2 + v^2 + w^2 = -2p$$
$$(7) \qquad uvw = -q,$$

so wird aus (5):

$$(u^2 + v^2 + w^2)^2 + 4p(u^2 + v^2 + w^2) + 4(u^2v^2 + v^2w^2 + w^2u^2) + 16r = 0$$

und dies ergibt mit Benutzung von (6):

$$(8) \qquad u^2v^2 + v^2w^2 + w^2u^2 = p^2 - 4r.$$

---

1) L. Euler, Comm. Petrop. ad ann. 1732/33. Die erste Lösung der allgemeinen biquadratischen Gleichung gab Ludovico Ferrari, ein Schüler des Cardano, mitgeteilt in dessen Ars magna 1545. Für den Unterricht ist ein Verfahren von P. Epstein, Ztschr. f. math. u. naturw. Unt. **33** (1902), geeignet, welches die Auflösung der biquadratischen Gleichung mit den Formeln für den Inhalt, den umbeschriebenen und einbeschriebenen Kreis eines Dreiecks in Beziehung setzt.

Erhebt man nun noch (7) ins Quadrat, so sieht man zusammen mit (6) und (8) nach § 83, 2., daß u^2, v^2, w^2 die Lösungen der kubischen Gleichung

$$(9) \qquad t^3 + 2pt^2 + (p^2 - 4r)t - q^2 = 0$$

sind. Diese Gleichung heißt die kubische Resolvente der biquadratischen Gleichung. Sind t_1, t_2, t_3 ihre Lösungen, so kann man:

$$(10) \qquad u = \sqrt{t_1}, \quad v = \sqrt{t_2}, \quad w = \sqrt{t_3}$$

setzen. Die Vorzeichen dieser drei Quadratwurzeln sind nach (7) so zu wählen, daß ihr Produkt gleich $-q$ ist. Es sind daher nur vier Kombinationen dieser Quadratwurzeln zulässig, und wenn man unter $\sqrt{t_1}$, $\sqrt{t_2}$, $\sqrt{t_3}$ eine bestimmte Wertekombination versteht, die die Gleichung (7) erfüllt, so hat man als Lösungen der biquadratischen Gleichung:

$$(11) \qquad \begin{aligned}
z_1 &= \tfrac{1}{2}\left(\sqrt{t_1} + \sqrt{t_2} + \sqrt{t_3}\right) \\
z_2 &= \tfrac{1}{2}\left(\sqrt{t_1} - \sqrt{t_2} - \sqrt{t_3}\right) \\
z_3 &= \tfrac{1}{2}\left(-\sqrt{t_1} + \sqrt{t_2} - \sqrt{t_3}\right) \\
z_4 &= \tfrac{1}{2}\left(-\sqrt{t_1} - \sqrt{t_2} + \sqrt{t_3}\right).
\end{aligned}$$

Die Lösungen einer biquadratischen Gleichung lassen sich, wie wir sehen, durch eine endliche Anzahl algebraischer Operationen finden, daher sagt man:

Die Gleichungen vierten Grades sind algebraisch auflösbar.

Über die wirkliche numerische Berechnung der Lösungen gilt das bei den kubischen Gleichungen (§ 81, 4.) Gesagte in erhöhtem Maße.

2. Sind die Koeffizienten der Gleichung reell, so sind, da $t_1 t_2 t_3 = q^2$ positiv ist[1]), folgende drei Fälle möglich:

1. t_1, t_2, t_3 reell und positiv; dann hat die biquadratische Gleichung vier reelle Wurzeln.

2. Eine der Wurzeln von (9), etwa t_1 positiv, die anderen t_2, t_3 negativ. Sind dann t_2 und t_3 verschieden, so sind alle vier Wurzeln z_1, z_2, z_3, z_4 komplex, und zwar z_1 konjugiert mit z_2 und z_3 konjugiert mit z_4. Ist aber $t_2 = t_3$, so sind z_1 und z_2 konjugiert komplex und $z_3 = z_4$ reell.

3. Zwei Wurzeln von (9), etwa t_2, t_3 konjugiert komplex, t_1 positiv reell. Die Quadratwurzeln bestimmen wir so, daß $\sqrt{t_2}$ und $\sqrt{t_3}$ konjugiert komplex sind, womit dann das Vorzeichen von $\sqrt{t_1}$ entsprechend der Gleichung (7) festgelegt ist. Es werden dann z_1 und z_2 reell, z_3 und z_4 konjugiert komplex.

---

1) Von dem Fall, daß $q = 0$ ist, können wir absehen, weil sich dann die biquadratische Gleichung auf die in z^2 quadratische Gleichung $z^4 + pz^2 + r = 0$ reduziert.

§ 86*. Die Diskriminante der biquadratischen Gleichung.

1. Welcher von den eben angeführten drei Fällen stattfindet, läßt sich aus den Koeffizienten der gegebenen Gleichung erkennen, ohne daß man erst die Gleichung aufzulösen braucht. Zu diesem Zweck bildet man zunächst die Differenzen:

$$z_1 - z_2 = \sqrt{t_2} + \sqrt{t_3}, \quad z_3 - z_4 = \sqrt{t_2} - \sqrt{t_3},$$
$$z_1 - z_3 = \sqrt{t_1} + \sqrt{t_3}, \quad z_2 - z_4 = \sqrt{t_1} - \sqrt{t_3},$$
$$z_1 - z_4 = \sqrt{t_1} + \sqrt{t_2}, \quad z_2 - z_3 = \sqrt{t_1} - \sqrt{t_2},$$

und findet durch Multiplikation:

$$(1) \quad \begin{aligned} &(z_1 - z_2)(z_1 - z_3)(z_1 - z_4)(z_2 - z_3)(z_2 - z_4)(z_3 - z_4) \\ &\quad = (t_1 - t_2)(t_1 - t_3)(t_2 - t_3). \end{aligned}$$

Das Quadrat dieses Produkts heißt die Diskriminante der biquadratischen Gleichung und man sieht:

Das Verschwinden der Diskriminante ist die notwendige und hinreichende Bedingung dafür, daß die biquadratische Gleichung eine Doppelwurzel hat.

Ferner ergibt sich aus (1):

Die Diskriminante der biquadratischen Gleichung ist gleich der Diskriminante ihrer kubischen Resolvente.

Es läßt sich also entsprechend § 81, (16) die Diskriminante durch die Koeffizienten der Gleichung § 85, (9) und damit auch durch die Koeffizienten der biquadratischen Gleichung ausdrücken (vgl. § 99, 4.).

2. Hieraus folgt sofort nach § 85, **2.**, Fall 3:

Ist die Diskriminante D negativ, so hat die biquadratische Gleichung zwei reelle und zwei komplexe Lösungen.

Ist aber $D \geqq 0$, so ergibt sich, wenn wir § 83, **3.** auf die kubische Resolvente anwenden:

Damit die biquadratische Gleichung vier reelle Lösungen hat, von denen auch zwei (aber nicht mehr) zusammenfallen können, ist notwendig und hinreichend, daß

$$p < 0, \quad p^2 - 4r > 0.$$

In allen anderen Fällen hat die Gleichung bei positivem D vier komplexe Lösungen.

3. Soll die Gleichung zwei Paare gleicher Wurzeln, etwa $z_1 = z_2$ und $z_3 = z_4$ haben, so muß $t_2 = 0$ und $t_3 = 0$ sein. Das ist nur der Fall, wenn

$$q = 0, \quad p^2 - 4r = 0$$

ist, und je nachdem p negativ oder positiv ist, werden die beiden Paare reell oder komplex (und zwar rein imaginär) sein. Die Wurzeln sind dann $z_1 = z_2 = \frac{1}{2}\sqrt{-2p}, \; z_3 = z_4 = -\frac{1}{2}\sqrt{-2p}.$

Die Gleichung besitzt dann und nur dann **drei gleiche Wurzeln** $z_2 = z_3 = z_4$, die notwendig reell sind, wenn $t_1 = t_2 = t_3$ ist. Dann ist die kubische Resolvente identisch mit

$$\left(t + \frac{2p}{3}\right)^3 = t^3 + 2pt^2 + \frac{4p^2}{3}t + \frac{8p^3}{27} = 0$$

und dies mit § 85, (9) verglichen, ergibt $p^2 - 4r = \frac{4p^2}{3}$ und $-q^2 = \frac{8p^3}{27}$ oder:

Damit die biquadratische Gleichung drei gleiche Wurzeln besitzt, ist notwendig und hinreichend, daß

$$p^2 + 12r = 0 \quad \text{und} \quad 8p^3 + 27q^2 = 0$$

ist. Die Wurzeln sind $z_1 = \frac{3}{2}\sqrt{-\frac{2p}{3}}$, $z_2 = z_3 = z_4 = -\frac{1}{2}\sqrt{-\frac{2p}{3}}$.

Endlich sind alle vier Wurzeln einander gleich, und zwar alle Null, wenn $p = q = r = 0$ ist.

Vierzehnter Abschnitt.

Ganze Funktionen.

§ 87. Definition der ganzen Funktionen und ihrer Wurzeln.

1. Unter einer **ganzen Funktion** versteht man einen Ausdruck von der Form

$$(1) \qquad f(x) = a_0 x^n + a_1 x^{n-1} + a_2 x^{n-2} + \cdots + a_{n-1} x + a_n,$$

worin n eine ganze positive Zahl ist und die $a_0, a_1, a_2, \ldots, a_n$ bestimmte gegebene Zahlen bedeuten, die man die **Koeffizienten** der Funktion $f(x)$ nennt; x ist ein Zeichen für eine unbestimmte Zahl (**Veränderliche**), die jeden beliebigen Zahlenwert annehmen kann. Ist a_0 von Null verschieden, so heißt n der **Grad** der Funktion $f(x)$. Es kann auch $n = 0$ sein. Dann reduziert sich die Funktion auf eine von Null verschiedene feste Zahl a_0. Die Koeffizienten können, wenn nichts anderes bemerkt ist, irgendwelche reellen oder komplexen Zahlen sein.

Wir werden auch Funktionen von mehreren Veränderlichen $x_1, x_2, \ldots, x_n$ zu betrachten haben und verstehen unter einer **ganzen Funk**tion eine solche, die durch Addition, Subtraktion und Multiplikation aus den Veränderlichen und irgendwelchen festen Zahlen zusammengesetzt ist. Ein Quotient von zwei ganzen Funktionen heißt eine **rationale Funktion**. Die ganzen Funktionen sind als besondere Fälle unter den rationalen Funktionen enthalten.

In diesem Paragraphen sprechen wir nur von ganzen Funktionen einer Veränderlichen.

2. Ganze Funktionen können addiert, subtrahiert und multipliziert werden, wobei die Rechenregeln für Polynome angewandt werden. Das Resultat dieser Operationen ist wieder eine ganze Funktion. Man ordnet diese Funktionen, indem man alle Glieder, die die gleiche Potenz von x enthalten, in eines zusammenfaßt und diese Glieder von links nach rechts entweder nach aufsteigenden oder nach absteigenden Werten des Exponenten hinschreibt. So ist z. B.

$$(a_0 x^2 + a_1 x + a_2)(b_0 x^3 + b_1 x^2 + b_2 x + b_3)$$
$$= a_0 b_0 x^5 + (a_0 b_1 + a_1 b_0)x^4 + (a_0 b_2 + a_1 b_1 + a_2 b_0)x^3$$
$$+ (a_0 b_3 + a_1 b_2 + a_2 b_1)x^2 + (a_1 b_3 + a_2 b_2)x + a_2 b_3.$$

Wenn man zwei Funktionen n^{ten} und m^{ten} Grades $f(x) = a_0 x^n + \cdots$ und $\varphi(x) = b_0 x^m + \cdots$ miteinander multipliziert, so fängt das geordnete Produkt $f(x)\varphi(x)$ mit dem Gliede $a_0 b_0 x^{m+n}$ an, also:

Der Grad eines Produktes von zwei ganzen Funktionen ist gleich der Summe der Grade der Faktoren.

3. Zwei Funktionen $f(x)$ und $\varphi(x)$ heißen identisch gleich, wenn sie von gleichem Grade sind, und wenn die Koeffizienten gleicher Potenzen in beiden die nämlichen Werte haben; beide Funktionen haben dann für jeden beliebigen Zahlenwert von x denselben numerischen Wert und umgekehrt müssen, wie man leicht sieht zwei Funktionen, die für jeden beliebigen Wert von x gleiche Werte besitzen, identisch gleich sein. Die Funktion $f(x)$ ist demnach nur dann identisch Null, wenn die Koeffizienten a_0, a_1, ..., a_n alle gleich Null sind. Eine solche identisch verschwindende Funktion hat keinen bestimmten Grad.

Von der Identität hat man die Gleichheit zweier Funktionen $f(x) = \varphi(x)$ zu unterscheiden, die nur für einzelne besondere Werte von x stattfindet.

Während also die identische Gleichheit $f(x) = 0$ verlangt, daß die Koeffizienten a_0, a_1, ..., a_n alle den Wert Null haben, kann man andererseits nach solchen Werten von x fragen, für die $f(x)$ bei nicht durchweg verschwindenden Koeffizienten verschwindet. Ein solcher Wert x_1 heißt ein Nullpunkt oder eine Wurzel von $f(x)$ oder auch eine Wurzel der Gleichung $f(x) = 0$. Wenn die Frage so gestellt wird, heißt x auch die Unbekannte der Gleichung, für die der bestimmte Wert x_1 gesucht wird, wobei vorläufig noch offen bleibt, ob ein solcher Wert immer existiert.

4. Wenn die Koeffizienten a_0, a_1, ..., a_n reell sind, so heißt $f(x)$ eine reelle Funktion. Hat eine reelle Funktion eine komplexe Wurzel $x_1 = \alpha + \beta i$, so ist

$$(2) \qquad a_0(\alpha + \beta i)^n + a_1(\alpha + \beta i)^{n-1} + \cdots + a_{n-1}(\alpha + \beta i) + a_n = 0.$$

Daraus folgt, da man nach § 44, **13.** überall i durch $-i$ ersetzen kann daß auch

$$(3) \qquad a_0(\alpha - \beta i)^n + a_1(\alpha - \beta i)^{n-1} + \cdots + a_{n-1}(\alpha - \beta i) + a_n = 0$$

sein muß. Es ist also auch $\bar{x}_1 = \alpha - \beta i$ eine Wurzel von $f(x)$. Dieses wichtige Ergebnis sprechen wir als Satz aus:

Bei einer reellen Funktion $f(x)$ können komplexe Wurzeln nur paarweise vorkommen, und zwar so, daß je zwei Wurzeln konjugiert komplex sind.

§ 88. Division ganzer Funktionen. Die Derivierten.

1. Das Rechnen mit ganzen Funktionen hat mannigfache Analogie mit dem Rechnen im Gebiete der ganzen Zahlen. Von besonderer Wichtigkeit sind die Regeln für die Division.

Es seien

$$(1) \quad \begin{aligned} f(x) &= a_0 x^n + a_1 x^{n-1} + \cdots + a_{n-1} x + a_n, \\ \varphi(x) &= b_0 x^m + b_1 x^{m-1} + \cdots + b_{m-1} x + b_m \end{aligned}$$

zwei Funktionen von den Graden n und m, also a_0 und b_0 von Null verschieden; wir nehmen $n \geq m$ an.

Di Funktion $f(x)$ heißt teilbar durch $\varphi(x)$, wenn es eine ganze Funktion $Q(x)$ von der Art gibt, daß $f(x) = \varphi(x) Q(x)$ ist.

Nach § 87, 2. muß $Q(x)$ vom Grade $n - m$ sein. Sind $f(x)$ und $\varphi(x)$ von gleichem Grade $(n = m)$, so ist $Q(x)$ vom Grade Null, also eine feste Zahl, und $f(x)$ unterscheidet sich von $\varphi(x)$ nur um einen konstanten Faktor.

Ist $f(x)$ nicht durch $\varphi(x)$ teilbar, so kann man doch eine ganze Funktion $Q(x)$ vom Grade $n - m$ bestimmen, so daß das Produkt $\varphi(x) Q(x)$ in den ersten $n - m + 1$ Koeffizienten mit $f(x)$ übereinstimmt.

Sei nämlich

$$(2) \quad Q(x) = q_0 x^{n-m} + q_1 x^{n-m-1} + \cdots + q_{n-m-1} x + q_{n-m},$$

und setzen wir die Koeffizienten des Produktes $\varphi(x) Q(x)$, von a_0 aufsteigend, den Koeffizienten der Funktion $f(x)$ gleich, so ergeben sich die Gleichungen:

$$(3) \quad \begin{aligned} a_0 &= b_0 q_0, \\ a_1 &= b_0 q_1 + b_1 q_0, \\ a_2 &= b_0 q_2 + b_1 q_1 + b_2 q_0, \\ &\;\cdot\;\cdot\;\cdot\;\cdot\;\cdot\;\cdot\;\cdot\;\cdot\;\cdot \\ a_\nu &= b_0 q_\nu + b_1 q_{\nu-1} + b_2 q_{\nu-2} + \cdots, \\ &\;\cdot\;\cdot\;\cdot\;\cdot\;\cdot\;\cdot\;\cdot\;\cdot\;\cdot \\ a_{n-m} &= b_0 q_{n-m} + b_1 q_{n-m-1} + \cdots. \end{aligned}$$

Die Bildung dieser Gleichungen ist sehr leicht, weil man immer nur darauf zu sehen hat, daß in dem Ausdruck für a_ν die Summe der Indizes von $b_i q_k$, also $i + k$, gleich ν werde. Die Summe ist nur so weit fortzusetzen, daß der Index von b nicht größer als m wird.

Hier haben wir nun ein System von $n - m + 1$ Gleichungen ersten Grades, aus dem die $n - m + 1$ Unbekannten $q_0, q_1, \ldots, q_{n-m}$ bestimmt werden können. Es ist aber ein Gleichungssystem von besonders einfachem Bau; man findet nämlich aus der ersten dieser Gleichungen $q_0 = a_0/b_0$. Ist q_0 gefunden, so ergibt die zweite Gleichung:

$$q_1 = (a_1 - b_1 q_0)/b_0 = (a_1 b_0 - b_1 a_0)/b_0^2 \quad \text{usf.,}$$

und man erhält in den Nennern immer nur Potenzen von b_0, das nach Voraussetzung von Null verschieden ist.

Ist diese Bestimmung ausgeführt, so stimmt das Produkt $\varphi(x) Q(x)$ in den Koeffizienten von x^n, x^{n-1}, $\ldots$, x^m mit $f(x)$ überein, und die Differenz $f(x) - \varphi(x) Q(x)$ ist eine ganze Funktion

$$(4) \qquad R(x) = r_0 x^{m-1} + r_1 x^{m-2} + \cdots + r_{m-2} x + r_{m-1},$$

deren Grad höchstens $= m - 1$ ist. Er kann aber auch niedriger sein, wenn r_0 oder r_0 und r_1 usf. verschwinden. Wir haben dann also

$$(5) \qquad f(x) = \varphi(x) Q(x) + R(x).$$

Diese Operation heißt die **Division von** $f(x)$ **durch** $\varphi(x)$; $f(x)$ heißt der Dividendus, $\varphi(x)$ der Divisor, $Q(x)$ der Quotient, $R(x)$ der Rest. Ist $f(x)$ und $\varphi(x)$ gegeben, so sind $Q(x)$ und $R(x)$ eindeutig dadurch bestimmt, daß der Grad von $R(x)$ kleiner sein soll als der Grad von $\varphi(x)$.

Dies ist genau wie bei der Division ganzer Zahlen (§ 16, **1.**), nur daß beim Rest nicht der kleinere Zahlenwert, sondern der **niedrigere Grad** in Betracht kommt. Man kann auch die Rechnung ganz so anordnen, wie bei der Division dekadischer Zahlen, wie folgendes Beispiel zeigt, bei dem

$$f(x) = 3x^4 + 3x^3 - 5x^2 + 2x - 8, \quad \varphi(x) = x^2 + 2x - 5$$

angenommen ist:

$$
\begin{array}{l}
3x^4 + 3x^3 - 5x^2 + 2x - 8 : x^2 + 2x - 5 = 3x^2 - 3x + 16 \\
\underline{-\,3x^4 - 6x^3 + 15x^2} \\
\qquad \underline{-\,3x^3 + 10x^2 + 2x} \\
\qquad +\,3x^3 + 6x^2 - 15x \\
\qquad\qquad \underline{16x^2 - 13x - 8} \\
\qquad\qquad -\,16x^2 - 32x + 80 \\
\qquad\qquad\qquad \underline{-\,45x + 72.}
\end{array}
$$

Es ist also $Q(x) = 3x^2 - 3x + 16$, $R(x) = -45x + 72$.

2. Die Funktion $f(x)$ ist dann und nur dann durch $\varphi(x)$ teilbar, wenn der Rest $R(x)$ identisch Null ist, also wenn

$$r_0 = 0, \quad r_1 = 0, \ldots, r_{m-1} = 0.$$

Um auch hierfür ein Beispiel zu geben, nehmen wir

$$f(x) = x^4 + x^3 - 4x^2 - x + 1, \quad \varphi(x) = x^2 - x - 1,$$

und erhalten:

$$x^4 + x^3 - 4x^2 - x + 1 : x^2 - x - 1 = x^2 + 2x - 1,$$

$$
\begin{aligned}
&\underline{-x^4 + x^3 + x^2} \\
&\qquad 2x^3 - 3x^2 - x \\
&\qquad \underline{-2x^3 + 2x^2 + 2x} \\
&\qquad\qquad -x^2 + x + 1 \\
&\qquad\qquad \underline{+x^2 - x - 1} \\
&\qquad\qquad\qquad 0
\end{aligned}
$$

also $x^4 + x^3 - 4x^2 - x + 1 = (x^2 - x - 1)(x^2 + 2x - 1).$

3. Besonders einfach gestaltet sich die Division, wenn der Divisor vom ersten Grade oder eine lineare Funktion ist. Wir wollen ihn in der Form $\varphi(x) = x - \alpha$ annehmen und bezeichnen den Quotienten, um auch seine Abhängigkeit von α hervortreten zu lassen, mit $Q(x, \alpha)$. Man hat in (3) $b_0 = 1$, $b_1 = -\alpha$ zu setzen und erhält zur Bestimmung der q:

$$
\begin{aligned}
a_0 &= q_0, \\
a_1 &= q_1 - \alpha q_0, \\
a_2 &= q_2 - \alpha q_1, \\
&\;\cdot\;\cdot\;\cdot\;\cdot\;\cdot\;\cdot\;\cdot \\
a_{n-1} &= q_{n-1} - \alpha q_{n-2},
\end{aligned}
$$

und daraus findet man:

$$
\begin{aligned}
q_0 &= a_0, \\
q_1 &= a_0 \alpha + a_1, \\
q_2 &= a_0 \alpha^2 + a_1 \alpha + a_2, \\
&\;\cdot\;\cdot\;\cdot\;\cdot\;\cdot\;\cdot\;\cdot \\
q_{n-1} &= a_0 \alpha^{n-1} + a_1 \alpha^{n-2} + a_2 \alpha^{n-3} + \cdots + a_{n-1},
\end{aligned}
$$
(6)

und der Rest wird hier vom Grade Null, d. h. von x unabhängig. Wir können ihn leicht bestimmen, wenn wir in $f(x) = (x - \alpha) Q(x, \alpha) + R$ für x den Zahlenwert α setzen; dann wird $(x - \alpha) Q(x, \alpha) = 0$, und es folgt $R = f(\alpha)$, also

$$f(x) = (x - \alpha)\, Q(x, \alpha) + f(\alpha).$$
(7)

Ist $f(\alpha) = 0$, so ist $f(x)$ durch $x - \alpha$ teilbar, und wir haben den Satz:

Die Funktion $f(x)$ ist dann und nur dann durch $x - \alpha$ teilbar, wenn α eine Wurzel von $f(x)$ ist.

Man nennt dann $x - \alpha$ einen **Wurzelfaktor** von $f(x)$.

4. Soll $f(x)$ durch $(x - \alpha)^2$ teilbar sein, so muß $Q(x, \alpha)$ durch $(x - \alpha)$ teilbar, also $Q(\alpha, \alpha) = 0$ sein. Es ist aber nach (6):

$$Q(\alpha, \alpha) = q_0 \alpha^{n-1} + q_1 \alpha^{n-2} + \cdots + q_{n-1}$$

$$= n a_0 \alpha^{n-1} + (n-1) a_1 \alpha^{n-2} + (n-2) a_2 \alpha^{n-3} + \cdots + 2 a_{n-2} \alpha + a_{n-1}.$$

Man führt nun die Funktion

$$f'(x) = n a_0 x^{n-1} + (n-1) a_1 x^{n-2} + \cdots + 2 a_{n-2} x + a_{n-1}$$
(8)

ein und nennt sie die **derivierte** oder **abgeleitete Funktion** von $f(x)$. Dann ist

$$(9) \qquad Q(\alpha, \alpha) = f'(\alpha),$$

und als notwendige und hinreichende Bedingung dafür, daß $f(x)$ durch $(x - \alpha)^2$ teilbar ist, ergibt sich $f(\alpha) = 0, f'(\alpha) = 0$ oder in Worten:

Die Funktion $f(x)$ ist dann und nur dann durch $(x - \alpha)^2$ teilbar, wenn α eine gemeinsame Wurzel von $f(x)$ und seiner Derivierten $f'(x)$ ist.

5*. Ist bei der gegebenen Funktion $a_0 = 1$, $a_1 = a_2 = \cdots = a_n = 0$, so folgt nach (8):

Die Derivierte der Funktion $f(x) = x^n$ ist

$$(10) \qquad f'(x) = n x^{n-1}.$$

Hat die Funktion $f(x)$ einen konstanten Wert C, also

$$a_0 = a_1 = \cdots = a_{n-1} = 0, \quad a_n = C,$$

so ist $f'(x) = 0$, d. h.:

Die Derivierte einer Konstanten ist Null.

Haben $a_0, a_1, \ldots, a_n$ einen gemeinsamen Faktor c, so daß

$$f(x) = c \varphi(x)$$

geschrieben werden kann, so hat auch $f'(x)$ denselben Faktor und es wird

$$f'(x) = c \varphi'(x).$$

Ist $f(x)$ eine Summe von zwei Funktionen

$$f(x) = \varphi(x) + \psi(x),$$

also jeder Koeffizient von $f(x)$ die Summe entsprechender Koeffizienten von $\varphi(x)$ und $\psi(x)$, so wird

$$(11) \qquad f'(x) = \varphi'(x) + \psi'(x),$$

d. h. Die Derivierte einer Summe ist gleich der Summe der Derivierten.

6*. Ersetzen wir in (9) die Unbestimmte α durch x, so folgt:

$$f'(x) = Q(x, x),$$

d. h.: Man bildet die Derivierte von $f(x)$, indem man den Quotienten

$$(12) \qquad Q(x, \alpha) = \frac{f(x) - f(\alpha)}{x - \alpha}$$

ausrechnet und nachher $\alpha = x$ setzt. Wir schreiben:

$$f'(x) = \left(\frac{f(x) - f(\alpha)}{x - \alpha} \right)_{\alpha = x}$$

Ist z. B. $f(x) = (x - c)^n$, so erhält man $Q(x, \alpha)$, wenn man in der Formel § 20, (18):

$$\frac{a^n - b^n}{a - b} = a^{n-1} + a^{n-2} b + a^{n-3} b^2 + \cdots + b^{n-1}$$

$x - c$ für a und $\alpha - c$ für b setzt. Wird dann $\alpha = x$ genommen, so wird $a = b = x - c$ und es folgt:

Die Derivierte der Funktion $(x - c)^n$ ist

$$(13) \qquad f'(x) = n (x - c)^{n-1},$$

was für $c = 0$ mit (10) übereinstimmt.

7*. Setzt man in (12) $\alpha = x + h$, so wird der Quotient

$$\frac{f(x + h) - f(x)}{h},$$

und dies wird zur Derivierten von $f(x)$, wenn man nach der Ausrechnung $h = 0$ setzt, also:

$$(14) \qquad f'(x) = \left(\frac{f(x + h) - f(x)}{h} \right)_{h=0}$$

Es ist aber

$$(15) \quad f(x + h) = a_0(x + h)^n + a_1(x + h)^{n-1} + a_2(x + h)^{n-2} + \cdots + a_n,$$

und wenn man hier die Potenzen von $x + h$ nach dem binomischen Lehrsatz entwickelt und die Glieder mit gleich hohen Potenzen von h zusammenfaßt, so erhält man einen Ausdruck von der Form

$$(16) \qquad f(x + h) = f(x) + h f_1(x) + h^2 f_2(x) + \cdots + h^n f_n(x),$$

worin $f_1, f_2, \ldots, f_n$ Funktionen von x sind, die h nicht enthalten.

Es wird dann

$$\frac{f(x + h) - f(x)}{h} = f_1(x) + h f_2(x) + h^2 f_3(x) + \cdots + h^{n-1} f_n(x).$$

Setzt man hier rechter Hand $h = 0$, so folgt:

$$(17) \qquad f'(x) = f_1(x)$$

und wir haben den Satz:

Die Derivierte von $f(x)$ ist gleich dem Koeffizienten von h, wenn man $f(x + h)$ nach Potenzen von h entwickelt.

Man kann also schreiben:

$$(18) \qquad f(x + h) = f(x) + h f'(x) + h^2 F(x, h);$$

worin $F(x, h)$ eine ganze Funktion von x und h, und zwar in beiden vom Grade $n - 2$ bedeutet.

8*. Ist $f(x)$ ein Produkt von zwei Funktionen

$$f(x) = \varphi(x)\,\psi(x),$$

so ist

$$f(x + h) = \varphi(x + h)\,\psi(x + h).$$

Schreibt man hier nach (18):

$$\varphi(x + h) = \varphi(x) + h \varphi'(x) + h^2 \Phi(x, h)$$
$$\psi(x + h) = \psi(x) + h \psi'(x) + h^2 \Psi(x, h),$$

so wird $f(x + h) = f(x) + h[\varphi(x)\psi'(x) + \psi(x)\varphi'(x)] + h^2 F(x, h)$,

also folgt:

Die Derivierte eines Produkts $f(x) = \varphi(x)\psi(x)$ ist

$$(19) \qquad f'(x) = \varphi(x)\psi'(x) + \psi(x)\varphi'(x).$$

9*. Die Derivierte $f'(x)$ einer ganzen Funktion ist nach (8) ebenfalls eine ganze Funktion. Man kann daher von ihr wiederum die Derivierte bilden. Man nennt sie die **zweite Derivierte** von $f(x)$ und bezeichnet sie mit $f''(x)$, und in gleicher Weise fortfahrend gewinnt man die dritte, vierte ... Derivierte von $f(x)$. So erhält man unter wiederholter Anwendung der Formeln in **5.** eine Reihe von Funktionen von immer niedrigerem Grad:

$$f(x) = a_0 x^n + a_1 x^{n-1} + a_2 x^{n-2} + \cdots \qquad\qquad + a_n$$

$$f'(x) = n a_0 x^{n-1} + (n-1) a_1 x^{n-2} + (n-2) a_2 x^{n-3} + \cdots + a_{n-1}$$

$$(20)\; f''(x) = n(n-1) a_0 x^{n-2} + (n-1)(n-2) a_1 x^{n-3}$$
$$\qquad\qquad\qquad + (n-2)(n-3) a_2 x^{n-4} + \cdots + 2 a_{n-2}$$

$$\cdots \cdots \cdots \cdots \cdots \cdots \cdots \cdots \cdots \cdots$$

$$f^{(n)}(x) = n(n-1)(n-2) \cdots 2 \cdot 1 \cdot a_0.$$

Die n^{te} Derivierte ist eine Konstante; mit ihr kann man die Reihe abbrechen.

Sei z. B.
$$f(x) = x^4 \quad - 4x^2 + 3x + 5,$$
so ist
$$f'(x) = 4x^3 - 8x + 3$$
$$f''(x) = 12x^2 - 8$$
$$f'''(x) = 24x$$
$$f^{(4)}(x) = 24.$$

Setzt man in (20) überall $x = 0$, so folgt:

$$f(0) = a_n, \quad f'(0) = a_{n-1}, \quad f''(0) = 2 a_{n-2}, \quad f'''(0) = 3! \, a_{n-3}, \ldots,$$

allgemein $\qquad f^{(\nu)}(0) = \nu! \, a_{n-\nu}.$ $\qquad\qquad \nu = 0, 1, 2, \ldots, n$

Es drücken sich also die Koeffizienten von $f(x)$ durch die Werte der Derivierten für $x = 0$ aus und es ist

$$f(x) = f(0) + x f'(0) + \frac{x^2}{2!} f''(0) + \frac{x^3}{3!} f'''(0) + \cdots + \frac{x^n}{n!} f^{(n)}(0).$$

Dies ist ein besonderer Fall eines allgemeinen Satzes, den wir jetzt ableiten wollen.

10*. Wir multiplizieren die Gleichungen (20) der Reihe nach mit 1, h, $\dfrac{h^2}{1 \cdot 2}$, $\dfrac{h^3}{1 \cdot 2 \cdot 3}$, $\ldots$, $\dfrac{h^n}{1 \cdot 2 \cdots n}$ und addieren sie, indem wir die Glieder mit gleichen Faktoren a_k zusammenfassen. Dann erhalten wir:

$$f(x) + hf'(x) + \frac{h^2}{2!}f''(x) + \frac{h^3}{3!}f'''(x) + \cdots + \frac{h^n}{n!}f^{(n)}(x)$$

$$= a_0\left[x^n + nx^{n-1}h + \frac{n(n-1)}{1\cdot 2}x^{n-2}h^2 + \cdots + h^n\right]$$

$$+ a_1\left[x^{n-1} + (n-1)x^{n-2}h + \frac{(n-1)(n-2)}{1\cdot 2}x^{n-3}h^2 + \cdots + h^{n-1}\right]$$

$$+ a_2\left[x^{n-2} + (n-2)x^{n-3}h + \frac{(n-2)(n-3)}{1\cdot 2}x^{n-4}h^2 + \cdots + h^{n-2}\right]$$

$$\cdot \quad \cdot \quad \cdot \quad \cdot \quad \cdot \quad \cdot \quad \cdot \quad \cdot \quad \cdot \quad \cdot \quad \cdot \quad \cdot$$

$$+ a_{n-1}(x+h) + a_n.$$

Auf Grund des binomischen Lehrsatzes ist dies aber auch:

$$a_0(x+h)^n + a_1(x+h)^{n-1} + a_2(x+h)^{n-2} + \cdots + a_n$$

und dies ist, wie in (15), die ursprüngliche Funktion f, gebildet für den Wert $x + h$ der Veränderlichen. Es besteht also die wichtige Formel:[1]

$$(21) \quad f(x+h) = f(x) + hf'(x) + \frac{h^2}{2!}f''(x) + \frac{h^3}{3!}f'''(x) + \cdots + \frac{h^n}{n!}f^{(n)}(x)$$

und wir haben damit die Funktionen $f_1(x)$, $f_2(x)$, $\ldots$, $f_n(x)$ in (16) ermittelt.

Nehmen wir hier $x = 0$ und schreiben dann x an Stelle von h, so erhalten wir die Formel am Schluß von **9**.

11*. Man bezeichnet auch bisweilen die Derivierten durch den Buchstaben D mit beigefügtem Index, nämlich:

$$f'(x) = D_1 f(x); \; f''(x) = D_2 f(x); \; f'''(x) = D_3 f(x); \; \ldots, \; f^{(\nu)}(x) = D_\nu f(x).$$

Es ist also z. B. für $f(x) = x^n$:

$$D_1 x^n = nx^{n-1}; \quad D_2 x^n = n(n-1)x^{n-2}; \; \ldots,$$

allgemein $\quad D_\nu x^n = n(n-1) \ldots (n-\nu+1)x^{n-\nu} = \frac{n!}{(n-\nu)!}x^{n-\nu}.$

Diese Formel gilt natürlich nur, solange ν nicht größer als n ist. Für $\nu = n$ ist $D_n x^n = n!$, und wenn ν größer als n ist $D_\nu x^n = 0$.

12. Aus den in **5.** abgeleiteten Eigenschaften der ersten Derivierten ergeben sich sogleich die entsprechenden Sätze für die höheren Derivierten:

$$D_\nu(c) = 0; \quad D_\nu(cf(x)) = cD_\nu f(x)$$
$$D_\nu(\varphi(x) + \psi(x)) = D_\nu\varphi(x) + D_\nu\psi(x)$$

und allgemein, wenn $f_1(x)$, $f_2(x)$, $\ldots$ ganze Funktionen, c_0, c_1, c_2, $\ldots$ Konstanten sind:

$$D_\nu(c_0 + c_1 f_1(x) + c_2 f_2(x) + \cdots) = c_1 D_\nu f_1(x) + c_2 D_\nu f_2(x) + \cdots$$

13. Formel (19) führt zu einer Verschärfung des Satzes **4.** Es sei nämlich

$$f(x) = (x-\alpha)^m f_1(x),$$

---

1) Diese Formel stellt den berühmten Taylorschen Lehrsatz für den besonderen Fall einer ganzen Funktion n^{ten} Grades dar. (Brook Taylor, Methodus incrementorum, London 1715.)

und $f_1(x)$ nicht mehr durch $x - \alpha$ teilbar, also $x - \alpha$ ein genau m-facher Faktor von $f(x)$; es ergibt sich dann:

$$f'(x) = (x - \alpha)^{m-1}\{(x - \alpha)f_1'(x) + mf_1(x)\},$$

und daraus folgt:

Wenn $x - \alpha$ ein m-facher Wurzelfaktor von $f(x)$ ist, so ist $x - \alpha$ ein $(m - 1)$-facher Wurzelfaktor von $f'(x)$.

Damit folgt aber weiter, daß $x - \alpha$ ein $(m - 2)$-facher Wurzelfaktor von $f''(x)$, ein $(m - 3)$-facher von $f'''(x)$ ist usf., schließlich ein einfacher Wurzelfaktor von $f^{(m-1)}(x)$, und wir haben den Satz:

Ist $x - \alpha$ ein genau m-facher Wurzelfaktor von $f(x)$, so ist $f(\alpha) = f'(\alpha) = f''(\alpha) = \cdots = f^{(m-1)}(\alpha) = 0$, aber $f^{(m)}(\alpha) \neq 0$.

14. Ist x_1 eine Wurzel von $f(x)$, so können wir $f(x) = (x - x_1)f_1(x)$ setzen, wo $f_1(x)$ eine Funktion vom Grade $n - 1$ ist, und aus **3.** geht hervor, daß die höchste Potenz x^{n-1} von x in $f_1(x)$ denselben Koeffizienten a_0 hat, wie x^n in $f(x)$. Hat $f_1(x)$ eine Wurzel x_2, so können wir ebenso $f_1(x) = (x - x_2)f_2(x)$ setzen usf. Es ist also, wenn alle die so gebildeten Funktionen $f, f_1, f_2, \ldots$ Wurzeln haben, und die letzte $f_{n-1}(x) = a_0(x - x_n)$ ist,

$$(22) \qquad f(x) = a_0(x - x_1)(x - x_2)(x - x_3) \ldots (x - x_n).$$

Daraus folgt, daß eine Funktion n^{ten} Grades niemals mehr als n Wurzeln haben kann.

Denn wenn $f(x)$ die n Wurzeln $x_1, x_2, \ldots, x_n$ hat, so muß x_2' eine Wurzel von $f_1(x)$, x_3 eine Wurzel von $f_2(x)$ sein, usf., und die Zerlegung (22) ist möglich. Ist dann α irgendeine Wurzel von $f(x)$, so muß $(\alpha - x_1)(\alpha - x_2) \ldots (\alpha - x_n) = 0$, also α einer der Zahlen $x_1, x_2, \ldots, x_n$ gleich sein.

Wenn sich daher in einem besonderen Falle bei einer Funktion n^{ten} Grades,

$$f(x) = a_0 x^n + a_1 x^{n-1} + \cdots + a_n,$$

mehr als n Werte von x nachweisen lassen, für die $f(x)$ verschwindet, so bleibt nichts übrig, als daß die Koeffizienten $a_0, a_1, a_2, \ldots, a_n$ alle verschwinden, also $f(x)$ identisch (für jedes beliebige x) verschwindet. Wir können dem eben ausgesprochenen Satze auch die folgende Form geben, in der er in vielen Fällen ein wichtiges Beweismittel bietet:

Wenn eine Funktion n^{ten} Grades von x für mehr als n Werte von x verschwindet, so muß sie identisch verschwinden.

15. Hieraus folgt sogleich der Satz:

Wenn von zwei Funktionen n^{ten} Grades bekannt ist, daß sie für mehr als n Werte von x übereinstimmen, so stimmen sie für alle Werte von x überein, d. h. sie sind identisch.

Die Differenz der beiden Funktionen verschwindet nämlich für mehr als n Werte, muß also identisch verschwinden.

16. Unter den Zahlen $x_1, x_2, \ldots x_n$ der Zerlegung (22) kann aber ein und dieselbe Zahl mehrmals vorkommen. Immerhin ist dann $f(x)$

in n Faktoren ersten Grades zerlegt, aber die Anzahl der verschiedenen Wurzeln ist kleiner als n. Um die Übereinstimmung in der Ausdrucksweise herzustellen, spricht man in diesen Fällen trotzdem von n Wurzeln, indem man eine oder einige der Wurzeln mehrmals, nämlich so oft zählt, als der betreffende Faktor $(x - x_i)$ in (22) vorkommt. Man hat es dann mit sogenannten mehrfachen Wurzeln zu tun, und nach 4. ist x_i eine mehrfache Wurzel, wenn es eine gemeinschaftliche Wurzel von $f(x)$ und $f'(x)$ ist.

Ist x_1 eine ν_1-fache, x_2 eine ν_2-fache, allgemein x_i eine ν_i-fache Wurzel, und ist ϱ die Anzahl der verschiedenen Wurzeln, so ist

$$(23) \qquad f(x) = a_0 (x - x_1)^{\nu_1} (x - x_2)^{\nu_2} \ldots (x - x_\varrho)^{\nu_\varrho}$$

und

$$\nu_1 + \nu_2 + \cdots + \nu_\varrho = n.$$

§ 89. Größter gemeinschaftlicher Teiler.

1. Zwei ganze Funktionen $f(x)$ und $f_1(x)$, wofür wir bisweilen auch kürzer f und f_1 schreiben, die eine gemeinschaftliche Wurzel haben, haben auch einen gemeinschaftlichen Teiler. Denn ist x_1 eine gemeinschaftliche Wurzel, so sind beide Funktionen durch die lineare Funktion $x - x_1$ teilbar. Es können aber auch $f(x)$ und $f_1(x)$ gemeinschaftliche Teiler höheren Grades haben. Haben $f(x)$ und $f_1(x)$ keinen gemeinschaftlichen Teiler, also auch keine gemeinschaftliche Wurzel, so heißen sie teilerfremd oder relativ prim.

Da die Divisionsregeln der ganzen Funktionen dieselben sind wie die der ganzen Zahlen, so kann man wie dort den Euklidischen Algorithmus zur Ermittlung der gemeinschaftlichen Teiler zweier Funktionen anwenden (§ 17).

Es seien f und f_1 zwei gegebene Funktionen der Grade n und n_1, und es sei $n \gtreqless n_1$. Man kann dann durch Division nach § 88, **1.** eine Reihe von Quotienten Q, Q_1, Q_2, $\ldots$ und Funktionen $f_2, f_3, \ldots$ von abnehmenden Graden n_2, n_3, $\ldots$ bilden, so daß

$$(1) \qquad \begin{aligned} f &= Q f_1 + f_2, \\ f_1 &= Q_1 f_2 + f_3, \\ f_2 &= Q_2 f_3 + f_4, \\ &\cdots \cdots \cdots \cdots \end{aligned}$$

Diese Reihe von Gleichungen läßt sich so lange fortsetzen, wie die Division nicht aufgeht. Da aber die Grade der $f_2, f_3, \ldots$ immer kleiner werden, so muß die Division schließlich aufgehen. So kommt man zuletzt zu Gleichungen

$$(2) \qquad \begin{aligned} f_{\nu-2} &= Q_{\nu-2} f_{\nu-1} + f_\nu, \\ f_{\nu-1} &= Q_{\nu-1} f_\nu, \end{aligned}$$

und hieraus läßt sich, genau wie bei den Zahlen, schließen, daß f_ν ein Teiler aller vorangehenden Funktionen $f_{\nu-1}, f_{\nu-2}, \ldots, f_1, f$ ist, und daß jeder Teiler von f und f_1 zugleich Teiler von $f_2, f_3, \ldots, f_\nu$ sein muß. Es heißt darum f_ν der **größte gemeinschaftliche Teiler** von f und f_1 (wobei das größer oder kleiner sich auf den Grad bezieht).

Die letzte Funktion f_ν kann auch vom nullten Grade, d. h. von x unabhängig, eine von Null verschiedene Zahl sein, und durch eine Zahl ist jede Funktion teilbar; sie zählt nicht als Teiler. In diesem Falle sind f und f_1 **teilerfremd**.

Der größte gemeinschaftliche Teiler zweier Funktionen kann also durch rationale Operationen aus den Koeffizienten der gegebenen Funktionen abgeleitet werden.

2. Man kann nun auch durch rationale Rechnung entscheiden, ob eine ganze Funktion mehrfache Wurzeln hat, indem man die Funktion $f(x)$ und ihre Abgeleitete $f'(x)$ auf ihre gemeinsamen Teiler untersucht. Wir nehmen folgendes Beispiel:

$$f(x) = x^6 - 2x^5 + 2x + 1,$$
$$f'(x) = 6x^5 - 10x^4 + 2.$$

Da es bei dem größten gemeinschaftlichen Teiler nicht auf einen allen Gliedern gemeinsamen Zahlenfaktor ankommt, kann man, um Brüche zu vermeiden, bei Ausführung des Algorithmus (1) die Funktionen $f, f_1, f_2, \ldots$ mit beliebigen festen Zahlen multiplizieren oder dividieren. Wir multiplizieren in unserem Beispiel $f(x)$ mit 9 und dividieren $f'(x)$ durch 2, gehen also von den Funktionen

$$f = 9x^6 - 18x^5 + 18x + 9$$
$$f_1 = 3x^5 - 5x^4 + 1$$

aus. Die erste Division ergibt:

$$f = (3x - 1)f_1 - 5(x^4 - 3x - 2);$$

als zweiten Divisor f_2 kann man $x^4 - 3x - 2$ wählen und erhält:

$$f_1 = (3x - 5)f_2 + 9(x^2 - x - 1),$$

und die dritte Division mit $f_3 = x^2 - x - 1$ geht auf und ergibt:

$$f_2 = (x^2 + x + 2)f_3.$$

Es ist also $x^2 - x - 1$ der größte gemeinschaftliche Teiler von $f(x)$ und $f'(x)$, und man findet leicht:

$$f(x) = (x^2 + 1)(x^2 - x - 1)^2,$$
$$f'(x) = 2(3x^3 - 2x^2 + x - 1)(x^2 - x - 1).$$

Um die mehrfachen Wurzeln von $f(x)$ zum Vorschein zu bringen, hat man $x^2 - x - 1$ in lineare Faktoren zu zerlegen, also die Gleichung $x^2 - x - 1 = 0$ aufzulösen. Ihre Lösungen sind

$$\omega = -\frac{1}{2} + \frac{\sqrt{5}}{2}, \quad \omega' = -\frac{1}{2} - \frac{\sqrt{5}}{2},$$

also folgt:
$$f(x) = (x^2 + 1)(x - \omega)^2(x - \omega')^2.$$

3. Wenn man die Faktoren, die einfach, zweifach, dreifach, ... in einer Funktion $f(x)$ aufgehen, zusammenfaßt, so kann man setzen:

$$(3) \qquad f(x) = P_1 P_2^2 P_3^3 P_4^4 \ldots P_\nu^\nu,$$

worin die $P_1, P_2, P_3, \ldots$ ganze Funktionen sind, von denen keine einen mehrfachen Faktor und keine zwei einen gemeinschaftlichen Teiler haben. Es ist nicht ausgeschlossen, wird sogar meistens vorkommen, daß unter den $P_1, P_2, P_3, \ldots$ einige fehlen. Die Funktionen $P_1, P_2, P_3, \ldots$ kann man durch den Algorithmus des größten gemeinschaftlichen Teilers, also durch rationale Rechnung, aus den Koeffizienten von $f(x)$ ableiten. Es ist nämlich nach § 88, **13.**

$$f_1(x) = P_2 P_3^2 P_4^3 \ldots$$

der größte gemeinschaftliche Teiler von $f(x)$ und $f'(x)$, und daraus ergibt sich:

$$\frac{f(x)}{f_1(x)} = F(x) = P_1 P_2 P_3 P_4 \ldots$$

Der größte gemeinschaftliche Teiler von $F(x)$ und $f_1(x)$ ist daher

$$Q = P_2 P_3 P_4 \ldots,$$

und folglich ist $P_1 = \dfrac{f}{f_1 Q}$. Verfährt man ebenso mit $f_1(x)$, wie hier mit $f(x)$, so findet man P_2 usf.

Es ist hierbei zu bemerken, daß wir nur bei der Herleitung des Verfahrens vorausgesetzt haben, daß $f(x)$ in ein Produkt linearer Faktoren zerlegt sei. Die Anwendung des Verfahrens selbst setzt die Kenntnis dieser Faktoren nicht voraus. Da wir späterhin sehen werden, daß sich jede Funktion $f(x)$ in lineare Faktoren zerlegen läßt, so ist damit das Verfahren allgemein gerechtfertigt. Die Begründung des Verfahrens ohne die Zerlegung von $f(x)$ vorauszusetzen, ist schwieriger und kann nicht mehr zu den Elementen gerechnet werden.[1])

4. Aus dem Euklidischen Algorithmus läßt sich der Satz ableiten:

Sind $f(x)$ und $f_1(x)$ zwei gegebene teilerfremde Funktionen, so können zwei andere ebenfalls teilerfremde Funktionen $F(x)$, $F_1(x)$ so bestimmt werden, daß

$$(4) \qquad F(x)f(x) + F_1(x)f_1(x) = 1$$

wird. Wir bemerken zunächst, daß sich die Aufgabe nicht wesentlich ändert, wenn auf der rechten Seite von (4) statt 1 ein anderer von Null verschiedener Zahlenwert c steht; durch die Lösungen der einen Aufgabe hat man auch die der andern.

Um aber F und F_1 in (4) zu finden, hat man die Formeln (1) und (2) anzuwenden, in denen, wenn f und f_1 relativ prim sind, f_ν eine von Null verschiedene Zahl wird. Wenn man also aus der ersten der Gleichungen (1) f_2 entnimmt und in die zweite und dritte einsetzt, dann aus der zweiten f_3 entnimmt und in die folgenden einsetzt, und so fortfährt, so

---

1) Vgl. **W e b e r**, Lehrbuch der Algebra, 2. Aufl., **1**, § 20.

erhält man zuletzt aus der ersten Gleichung (2) eine Gleichung von der Form (4), und die Aufgabe ist gelöst.

Um ein einfaches Beispiel zu betrachten, nehmen wir:

$$f = x^2 - x - 1, \quad f_1 = x^2 + 1,$$

und erhalten: $\quad x^2 - x - 1 = (x^2 + 1) - (x + 2),$

$$x^2 + 1 = (x + 2)(x - 2) + 5.$$

Hieraus indem man die erste Gleichung mit $x - 2$ multipliziert und zur zweiten addiert:

$$(x^2 - x - 1)(x - 2) + (x^2 + 1)(3 - x) = 5.$$

Folglich ist $F(x) = x - 2, \quad F_1(x) = 3 - x.$

Unter der gleichen Voraussetzung über f und f_1, nämlich daß sie teilerfremd seien, kann man auch die Gleichung befriedigen:

$$(5) \qquad\qquad F(x)f(x) + F_1(x)f_1(x) = \Phi(x),$$

wenn $\Phi(x)$ eine beliebig gegebene ganze Funktion ist. Man hat nur die Gleichung (4) mit $\Phi(x)$ zu multiplizieren und dann für $F(x)\,\Phi(x)$ und $F_1(x)\,\Phi(x)$ wieder $F(x)$ und $F_1(x)$ zu schreiben.

§ 90. Reduzible und irreduzible Funktionen.

1. Wir nehmen jetzt an, daß in der ganzen Funktion n^{ten} Grades

$$(1) \qquad\qquad f(x) = a_0 x^n + a_1 x^{n-1} + \cdots + a_{n-1} x + a_n$$

die Koeffizienten **ganze Zahlen** seien. Eine solche Funktion heißt **ganzzahlig**.

Ist a_0 von Null verschieden, so können wir die Auffindung der Wurzeln von (1) auf den Fall zurückführen, daß $a_0 = 1$ ist. Wenn wir nämlich (1) mit a_0^{n-1} multiplizieren, so ergibt sich:

$$a_0^{n-1} f(x) = (a_0 x)^n + a_1 (a_0 x)^{n-1} + a_2 a_0 (a_0 x)^{n-2} + \cdots + a_n a_0^{n-1},$$

und wenn wir also

$$a_0 x = y, \quad a_1 = b_1, \quad a_2 a_0 = b_2, \quad \ldots, \quad a_n a_0^{n-1} = b_n, \quad a_0^{n-1} f(x) = \varphi(y)$$

setzen, so ist

$$(2) \qquad\qquad \varphi(y) = y^n + b_1 y^{n-1} + b_2 y^{n-2} + \cdots + b_n,$$

und die $b_1, b_2, \ldots, b_n$ sind **ganze Zahlen**.

Die Wurzeln von $f(x)$ erhält man, indem man die Wurzeln von $\varphi(y)$ durch a_0 dividiert.

Man wird nun zunächst nach den etwa vorhandenen **rationalen** Wurzeln von $f(x)$ oder $\varphi(y)$ fragen. Ist p/q eine Wurzel von $\varphi(y)$, worin p, q teilerfremde ganze Zahlen sind, von denen q positiv angenommen sei, so muß

$$p^n + b_1 p^{n-1} q + b_2 p^{n-2} q^2 + \cdots + b_n q^n = 0$$

sein. Hieraus folgt aber, daß p^n durch q teilbar sein müßte, was, da p und q relativ prim sein sollen, nur möglich ist, wenn $q = 1$ ist. Es folgt:

Eine rationale Wurzel von $\varphi(y)$ muß eine ganze Zahl sein. Ist aber p eine solche Wurzel, so ist

$$p^n + b_1 p^{n-1} + b_2 p^{n-2} + \cdots + b_{n-1} p + b_n = 0,$$

und daraus folgt, daß b_n durch p teilbar sein muß. Um also festzustellen, ob eine rationale Wurzel von $\varphi(y)$ vorhanden ist oder nicht, hat man die sämtlichen Divisoren von b_n zu ermitteln und jeden von ihnen, mit positivem und negativem Zeichen, versuchsweise für y in $\varphi(y)$ einzusetzen. Wenn p einer dieser Divisoren ist, für den $\varphi(p) = 0$ wird, so ist p eine rationale Wurzel von $\varphi(y)$ und $\dfrac{p}{a_0}$ eine rationale Wurzel von $f(x)$.

Es ist dann $\varphi(y)$ durch $y - p$ teilbar, und das Resultat der Division ist $\varphi(y) = (y - p)\varphi_1(y)$, worin $\varphi_1(y)$ eine ganzzahlige Funktion $(n-1)^{\text{ten}}$ Grades mit dem Anfangskoeffizienten 1 ist (vgl. § 88, **3**).

2. Eine Funktion mit rationalen, aber nicht ganzzahligen Koeffizienten kann durch Multiplikation mit einer ganzen Zahl, nämlich mit dem Hauptnenner der Koeffizienten, in eine ganzzahlige verwandelt werden. Der größte gemeinschaftliche Teiler aller Koeffizienten $a_0, a_1,$ $\ldots, a_n$ einer ganzzahligen Funktion $f(x)$ heißt der Teiler der Funktion. Eine Funktion, deren Teiler $= 1$ ist, heißt primitiv. Jede Funktion $f(x)$ mit rationalen ganzen oder gebrochenen Koeffizienten läßt sich in die Form $k f_1(x)$ bringen, worin $f_1(x)$ eine primitive ganzzahlige Funktion und k eine ganze oder gebrochene rationale Zahl ist. Soll der Koeffizient der höchsten Potenz von $f_1(x)$ positiv sein, so ist diese Darstellung nur auf eine Weise möglich.

3. Eine Funktion $f(x)$ mit rationalen Koeffizienten heißt reduzibel oder zerlegbar, wenn sie sich in zwei Faktoren $f_1(x)$, $f_2(x)$ mit rationalen Koeffizienten zerlegen läßt, deren jeder die Veränderliche x wirklich enthält. Ist eine solche Zerlegung nicht möglich, so heißt $f(x)$ irreduzibel oder unzerlegbar.

Der größte gemeinschaftliche Teiler zweier Funktionen $f(x)$ und $F(x)$ mit rationalen Koeffizienten hat, wie aus dem Algorithmus § 89 hervorgeht, ebenfalls rationale Koeffizienten. Wenn also $f(x)$ irreduzibel ist, so sind nur zwei Fälle möglich: entweder ist $F(x)$ durch $f(x)$ teilbar, oder $F(x)$ ist relativ prim zu $f(x)$. Im letzteren Falle haben $f(x)$ und $F(x)$ keine gemeinschaftliche Wurzel. Daraus folgt der für die Gleichungstheorie außerordentlich wichtige

Hauptsatz[1]): Hat die Funktion $F(x)$ mit der irreduzibeln Funktion $f(x)$ eine Wurzel gemeinsam, so ist $F(x)$ durch $f(x)$ teilbar, und es sind also alle Wurzeln von $f(x)$ zugleich Wurzeln von $F(x)$.

---

1) N. H. Abel, Sur une classe particulière d'équations résolubles algébriquement. Journ. f. Math. **4** (1829). Ostwalds Klass. Nr. 111.

Aus diesem Satz folgt:

Eine Wurzel einer irreduzibeln Gleichung kann nicht gleichzeitig einer Gleichung niedrigeren Grades mit rationalen Koeffizienten genügen.

4. Wenn eine ganzzahlige Funktion

$$(1) \qquad f(x) = a_0 x^n + a_1 x^{n-1} + \cdots + a_{n-1} x + a_n$$

zerlegbar ist, so kann man nach **2.** zwei ganze Zahlen h und m so bestimmen, daß

$$(2) \qquad hf(x) = m\varphi(x)\psi(x)$$

ist, worin $\varphi(x)$, $\psi(x)$ primitive ganzzahlige Funktionen sind. Außerdem können wir voraussetzen, daß h positiv und relativ prim zu m sei. Wir wollen nachweisen, daß unter dieser Voraussetzung $h = 1$ sein muß. Setzen wir zu diesem Zweck:

$$(3) \qquad \begin{aligned} \varphi(x) &= b_0 x^\mu + b_1 x^{\mu-1} + \cdots + b_{\mu-1} x + b_\mu, \\ \psi(x) &= c_0 x^\nu + c_1 x^{\nu-1} + \cdots + c_{\nu-1} x + c_\nu, \end{aligned}$$

worin $\mu + \nu = n$ ist, so ergibt sich aus (2) durch Ausführung der Multiplikation:

$$(4) \qquad \begin{aligned} ha_0 &= mb_0 c_0, \\ ha_1 &= m(b_0 c_1 + b_1 c_0), \\ ha_2 &= m(b_0 c_2 + b_1 c_1 + b_2 c_0), \\ ha_3 &= m(b_0 c_3 + b_1 c_2 + b_2 c_1 + b_3 c_0), \\ &\qquad \cdots \cdots \cdots \cdots \cdots \cdots \end{aligned}$$

Diese Gleichungen sind nach einem leicht ersichtlichen Gesetz zu bilden; es muß nämlich in jedem Gliede der rechten Seite die Summe der Indizes von b und c gleich dem Index von a auf der linken Seite sein. Rechts fallen natürlich alle die Glieder weg, in denen der Index von b größer als μ oder der von c größer als ν ist.

Ist nun p irgendein Primfaktor von h, so kann dieser nach der Voraussetzung, daß φ und ψ primitiv seien, weder in allen b noch in allen c aufgehen, und es sei b_r das erste der b und c_s das erste der c das durch p nicht teilbar ist. Es ist dann:

$$(5) \qquad \begin{aligned} b_0, b_1, \ldots, b_{r-1} \text{ teilbar,} \quad b_r \text{ nicht teilbar durch } p, \\ c_0, c_1, \ldots, c_{s-1} \quad \text{„} \quad , \quad c_s \quad \text{„} \quad \text{„} \quad \text{„} \quad p. \end{aligned}$$

Es kann vorkommen, daß schon b_0 oder c_0 durch p nicht teilbar sind; dann ist r oder s gleich 0 zu setzen.

Nun nehmen wir aus den Gleichungen (4) die $r + s + 1^{\text{te}}$ heraus und schreiben sie so:

$$(6) \qquad ha_{r+s} = m(b_r c_s + b_{r-1} c_{s+1} + b_{r-2} c_{s+2} + \cdots \\ + b_{r+1} c_{s-1} + b_{r+2} c_{s-2} + \cdots).$$

Es ist aber $b_r c_s$ nach (5) durch p nicht teilbar, während die anderen Glieder $b_{r-1} c_{s+1}, \ldots, b_{r+1} c_{s-1}, \cdots$ durch p teilbar sind, und folglich ist der Klammerausdruck durch p nicht teilbar. Da aber h und damit die linke Seite von (6) durch p teilbar ist, so müßte m durch p teilbar sein, was der Voraussetzung widerspricht, daß h und m relativ prim sind. Es kann also keine Primzahl p in h aufgehen, folglich muß $h = 1$ sein und wir bekommen aus (2):

$$(7) \qquad f(x) = m\,\varphi(x)\,\psi(x).$$

5. Setzt man demnach $h = 1$, so zeigen die Formeln (4), daß m in allen a und daher auch im Teiler von $f(x)$ aufgehen muß. Ist aber mk der Teiler von $f(x)$, so können wir wie oben aus (6) schließen, daß $k = 1$, also m der Teiler von $f(x)$ sein muß. Ist $f(x)$ primitiv, so ist $m = 1$, und wir haben den Satz:

Eine primitive reduzible ganzzahlige Funktion läßt sich in primitive ganzzahlige Faktoren zerlegen.

6. Wenn $\varphi(x)$ oder $\psi(x)$ selbst wieder reduzibel sind, so können sie nach dem gleichen Satze wieder zerlegt werden, da aber die Grade der Faktoren immer niedriger sind als der Grad des Produktes, so muß diese Zerlegung abbrechen, und wir gelangen zu dem Satze:

Eine primitive reduzible ganzzahlige Funktion läßt sich in eine endliche Anzahl irreduzibler primitiver Faktoren zerlegen:

$$(8) \qquad f(x) = \varphi_1(x)\,\varphi_2(x) \ldots \varphi_\nu(x).$$

Der Grad n von $f(x)$ ist gleich der Summe der Grade der Faktoren $\varphi_1, \varphi_2, \ldots, \varphi_\nu$, und daher ist ν höchstens gleich n, und dieser größte Wert wird nur erreicht, wenn die Faktoren alle vom ersten Grade sind.

7. Die irreduziblen Faktoren sind analog den Primzahlen im Gebiete der ganzen Zahlen, und es gilt wie dort der Satz:

Die Zerlegung (8) einer primitiven reduziblen Funktion $f(x)$ ist, abgesehen von dem Vorzeichen der Faktoren φ, nur auf eine Art möglich.

Denn aus dem in **3.** Gesagten schließt man wie bei den Zahlen (§ 18, **1.**), daß ein Produkt zweier (oder mehrerer) Funktionen nur dann durch eine unzerlegbare Funktion ψ teilbar ist, wenn wenigstens einer der Faktoren durch ψ teilbar ist. Ist also ψ ein unzerlegbarer Faktor, der in dem Produkt (8) aufgeht, so muß ψ in einer der Funktionen φ, etwa in φ_1, aufgehen und kann sich daher von φ_1 nur durch einen konstanten Faktor unterscheiden. Sind aber beide Funktionen ganzzahlig und primitiv, so muß dieser Faktor ± 1 sein.

8. Nehmen wir an, in der ganzzahligen Funktion $f(x)$ sei der Koeffizient $a_0 = 1$, und diese Funktion sei zerlegbar in zwei Faktoren φ_1, ψ_1, deren Koeffizienten rationale ganze oder gebrochene Zahlen sind, und in denen die höchsten Koeffizienten ebenfalls $= 1$ sind, so können wir zwei positive ganze Zahlen h_1, h_2 so bestimmen, daß $h_1 \varphi_1 = \varphi, h_2 \psi_1 = \psi$ ganzzahlig und primitiv werden. Dann folgt aber $h_1 h_2 f = \varphi \psi$, und wie in 4. ergibt sich $h_1 h_2 = 1$ und folglich $h_1 = h_2 = \pm 1$.

So bekommen wir den Satz von Gauß (Disq. arithm. Art. 42):

Ist die ganzzahlige Funktion

$$f(x) = x^n + a_1 x^{n-1} + a_2 x^{n-2} + \cdots + a_n$$

in die beiden Faktoren

$$\varphi(x) = x^\mu + b_1 x^{\mu-1} + \cdots + b_\mu,$$
$$\psi(x) = x^\nu + c_1 x^{\nu-1} + \cdots + c_\nu,$$

zerlegbar, so müssen die b_i, c_i ganze Zahlen sein.

9. Bei einer numerisch vorgelegten Gleichung kann man durch planmäßiges Probieren feststellen, ob sie reduzibel oder irreduzibel ist. Ein Verfahren hierfür ist von Kronecker angegeben und von Runge vereinfacht worden.[1]) Von Wichtigkeit ist ein Satz von Schoenemann[2]), der für eine ausgedehnte Klasse von Gleichungen die Irreduzibilität erkennen läßt. Er lautet:

Sind die ganzzahligen Koeffizienten $a_1, a_2, \ldots, a_n$ einer Funktion $f(x) = x^n + a_1 x^{n-1} + \cdots + a_n$ alle durch eine Primzahl p teilbar, der letzte a_n aber nicht durch p^2, wobei die Zahl 0 als durch jede Primzahl teilbar gilt, so ist $f(x)$ irreduzibel.

Um ihn zu beweisen, nehmen wir an, es sei

$$f(x) = x^n + a_1 x^{n-1} + a_2 x^{n-2} + \cdots + a_{n-1} x + a_n$$

zerlegbar in die beiden Funktionen:

$$\varphi(x) = x^\mu + b_1 x^{\mu-1} + b_2 x^{\mu-2} + \cdots + b_{\mu-1} x + b_\mu,$$
$$\psi(x) = x^\nu + c_1 x^{\nu-1} + c_2 x^{\nu-2} + \cdots + c_{\nu-1} x + c_\nu.$$

Es sind dann die $b_1, b_2, \ldots, b_\mu, c_1, c_2, \ldots, c_\nu$, wenn sie rational sein sollen, nach 8. ebenfalls ganze Zahlen, und die Ausführung der Multiplikation gibt das Formelsystem, das wir nun in umgekehrter Reihenfolge wie in 4. anordnen:

$$
\begin{aligned}
a_n &= b_\mu c_\nu, \\
a_{n-1} &= b_\mu c_{\nu-1} + b_{\mu-1} c_\nu, \\
(9) \quad a_{n-2} &= b_\mu c_{\nu-2} + b_{\mu-1} c_{\nu-1} + b_{\mu-2} c_\nu, \\
&\;\cdots\cdots\cdots\cdots\cdots \\
a_\nu &= b_\mu c_{\nu-\mu} + b_{\mu-1} c_{\nu-\mu+1} + \cdots + b_1 c_{\nu-1} + c_\nu.
\end{aligned}
$$

---

1) Kronecker, Journ. f. Math. **94** (1883), Runge, ebenda **99** (1886).

2) Schoenemann, Journ. f. Math. **32**, 100 (1846). Der Satz ist auch von Eisenstein, Journ. f. Math. **39** (1850) angegeben worden und wird daher trotz der Reklamation von Schoenemann, ebenda **40** (1850), gewöhnlich als Eisensteinscher Satz bezeichnet. Andere Kennzeichen der Irreduzibilität hat Perron, Journ. f. Math. **132** (1907) gegeben.

Zunächst gelten diese Formeln nur unter der Voraussetzung, daß $\nu > \mu$ ist; um sie aber auch für $\nu \gtrless \mu$ anwenden zu können, müssen wir $c_0 = 1$ und jedes c mit negativem Index $= 0$ setzen.

Ist nun a_n durch p, aber nicht durch p^2 teilbar, so folgt aus $a_n = b_\mu c_\nu$, daß von den beiden Faktoren der eine, etwa b_μ, durch p teilbar sein muß, der andere c_ν aber nicht. Da aber a_{n-1}, a_{n-2}, $\ldots$, a_ν alle auch durch p teilbar sind, so folgt aus (9), daß auch $b_{\mu-1}$, $b_{\mu-2}$, $\ldots$, b_1 durch p teilbar sein müssen; dann aber ergibt die letzte dieser Gleichungen, durch die a_ν bestimmt ist, den Widerspruch, daß auch c_ν durch p teilbar sein müßte. Es ist also eine Zerlegung von $f(x)$, wie wir sie angenommen haben, nicht möglich und damit ist der Satz bewiesen.

Hieraus folgt z. B. die Irreduzibilität der Funktion 5ten Grades:

$$f(x) = x^5 - 4x - 2.$$

10. Die vorzüglichste Anwendung dieses Satzes ist die auf die Kreisteilungsgleichung (§ 102).

Die Funktion $x^n - 1$ hat den Faktor $x - 1$, ist also reduzibel. Führt man aber die Division aus, so ergibt sich nach § 20, **11.**:

$$X = \frac{x^n - 1}{x - 1} = x^{n-1} + x^{n-2} + \cdots + x + 1.$$

Die Gleichung:

$$x^{n-1} + x^{n-2} + \cdots + x + 1 = 0$$

heißt die Kreisteilungsgleichung, und die Funktion X ist unter der Voraussetzung, daß n eine Primzahl ist, irreduzibel. Dieser wichtige Satz der Kreisteilungslehre ist zuerst von Gauß, später von mehreren anderen auf verschiedene Art bewiesen.[1] Der einfachste Beweis ist wohl der von Schoenemann.[2] Setzt man nämlich: $x = z + 1$, so ergibt sich nach dem binomischen Satz:

$$\frac{x^n - 1}{x - 1} = \frac{(z+1)^n - 1}{z} = z^{n-1} + \binom{n}{1} z^{n-2} + \binom{n}{2} z^{n-3} + \cdots + \binom{n}{n-1}.$$

Die Binomialkoeffizienten $\binom{n}{1}$, $\binom{n}{2}$, $\ldots$, $\binom{n}{n-1}$ sind aber nach § 60, **3.**, wenn, wie vorausgesetzt, n eine Primzahl ist, alle durch n teilbar, und der letzte $\binom{n}{n-1} = n$ ist nicht durch n^2 teilbar. Es folgt also nach dem Satz von Schoenemann:

X ist eine irreduzible Funktion von z und folglich auch von x.

11. Die Begriffe der Reduzibilität und Irreduzibilität werden noch in einem weiteren Sinne gebraucht.

---

1) Vgl. M. Ruthinger, Die Irreduzibilitätsbeweise der Kreisteilungsgleichung. Diss. Straßburg 1907.

2) Schoenemann, Journal f. Math. **32** (1846) § 61. Eisenstein, Ebda. **39** (1850).

Eine irreduzible Funktion kann nämlich in Faktoren zerfallen, die in ihren Koeffizienten außer rationalen Zahlen noch eine bestimmte irrationale Zahl, z. B. $\sqrt{-1}$ oder $\sqrt{2}$ oder irgendeine andere Irrationalität enthalten. Die Funktion ist dann irreduzibel **innerhalb des natürlichen Rationalitätsbereichs** $\Re$, dagegen reduzibel innerhalb eines Rationalitätsbereichs $\Re'$, der durch **Adjunktion** der betreffenden Irrationalität zu $\Re$ entsteht (vgl. § 71, **1.**). Andere Funktionen werden auch in dem erweiterten Rationalitätsbereich $\Re'$ noch irreduzibel sein. Sie können dann durch Adjunktion einer weiteren Irrationalität, also in einem neuen Rationalitätsbereich $\Re''$ reduzibel werden. Man muß also, wenn man von einer irreduziblen Funktion spricht, immer den Rationalitätsbereich angeben, innerhalb dessen die Funktion irreduzibel ist.

So ist z. B. $x^2 + 1$ irreduzibel im Gebiete der rationalen Zahlen, dagegen reduzibel nach Adjunktion von $i = \sqrt{-1}$; denn es ist $x^2 + 1 = (x + i)(x - i)$.

Die Funktion $x^4 - 8x^3 - 8x - 8$ ist reduzibel nach Adjunktion von $\sqrt{3}$, nämlich:

$$x^4 - 8x^3 - 8x - 8$$

$$= [x^2 - 4x - 2 + 2\sqrt{3}(x + 1)][x^2 - 4x - 2 - 2\sqrt{3}(x + 1)].$$

Dagegen bleibt $x^4 - 2x^2 + 2$ auch nach Adjunktion von $\sqrt{2}$ noch irreduzibel, wird aber reduzibel durch darauf folgende Adjunktion von $\sqrt{2 + 2\sqrt{2}}$:

$$x^4 - 2x^2 + 2 = \left(x^2 - x\sqrt{2 + 2\sqrt{2}} + \sqrt{2}\right)\left(x^2 + x\sqrt{2 + 2\sqrt{2}} + \sqrt{2}\right).$$

Auch bei dieser erweiterten Bedeutung der Irreduzibilität bleibt der Hauptsatz **3.** bestehen:

Sind die Koeffizienten von $F(x)$ **und** $f(x)$ **in dem erweiterten Rationalitätsbereich enthalten, und ist** $f(x)$ **in diesem erweiterten Bereiche irreduzibel, so ist, wenn** $F(x)$ **mit** $f(x)$ **eine Wurzel gemeinschaftlich hat,** $F(x)$ **durch** $f(x)$ **teilbar und alle Wurzeln von** $f(x)$ **sind daher gleichzeitig Wurzeln von** $F(x)$.

§ 91*. Interpolationsformeln von Lagrange und Newton.

1. Eine Funktion $y = \varphi(x)$ vom Grade n:

$$(1) \qquad y = a_0 x^n + a_1 x^{n-1} + \cdots + a_{n-1} x + a_n$$

hat $n + 1$ Koeffizienten $a_0, a_1, \ldots, a_n$. Diese lassen sich so bestimmen, daß die Funktion für $n + 1$ gegebene Werte $x_0, x_1, \ldots, x_n$ von x ebensoviel gegebene Werte $y_0, y_1, \ldots, y_n$ annimmt. Man sagt dann, man hat die Funktion $\varphi(x)$ aus den $n + 1$ gegebenen Funktionswerten **interpoliert**. Aus § 88, **15.** ergibt sich, daß es nur eine solche Funktion geben kann.

Zur Bestimmung der a_i hat man die $n + 1$ Gleichungen

$$(2) \qquad \varphi(x_0) = y_0, \quad \varphi(x_1) = y_1, \ldots, \varphi(x_n) = y_n.$$

Diese Gleichungen sind in den Koeffizienten $a_0, a_1, \ldots, a_n$ linear und die Koeffizienten sind durch sie eindeutig bestimmt, wenn die Determinante des Systems nicht Null ist. Es ist leicht zu zeigen, daß diese Determinante gleich dem Produkt aller Differenzen $x_i - x_k$ ist (vgl. § 76, 9.), daß sie also nicht Null ist, wenn, was selbstverständlich angenommen ist, die x_i alle voneinander verschieden sind. Wir können aber die Betrachtung der Determinante umgehen und die Funktion $\varphi(x)$ direkt herstellen.

2. Wir bilden eine Funktion $(n + 1)^{\text{ten}}$ Grades, welche die gegebenen Werte von x zu Nullpunkten hat, nämlich:

$$(3) \qquad f(x) = (x - x_0)(x - x_1) \ldots (x - x_n)$$

und setzen

$$(4) \qquad \frac{f(x)}{x - x_0} = f_0(x), \quad \frac{f(x)}{x - x_1} = f_1(x), \ldots \frac{f(x)}{x - x_n} = f_n(x).$$

Dies sind Funktionen n^{ten} Grades und es ist, wenn i nicht gleich k ist,

$$f_i(x_k) = 0$$

und nach § 88, 6. und 13.:

$$(5) \qquad f_i(x_i) = f'(x_i) \neq 0.$$

Setzen wir also

$$(6) \qquad \frac{f_i(x)}{f'(x_i)} = g_i(x), \qquad\qquad i = 0, 1, 2, \ldots, n$$

so ist für $i \neq k$:

$$g_i(x_k) = 0, \quad \text{dagegen} \quad g_i(x_i) = 1,$$

und es ist also

$$(7) \qquad y = y_0 g_0(x) + y_1 g_1(x) + \cdots + y_n g_n(x)$$

eine Funktion, die den Bedingungen (2) genügt.

Mit Benutzung von (3), (4), (5), (6) ergibt sich:

$$(8) \qquad y = y_0 \frac{(x - x_1)(x - x_2) \ldots (x - x_n)}{(x_0 - x_1)(x_0 - x_2) \ldots (x_0 - x_n)} + y_1 \frac{(x - x_0)(x - x_2) \ldots (x - x_n)}{(x_1 - x_0)(x_1 - x_2) \ldots (x_1 - x_n)}$$
$$+ \cdots + y_n \frac{(x - x_0)(x - x_1) \ldots (x - x_{n-1})}{(x_n - x_0)(x_n - x_1) \ldots (x_n - x_{n-1})},$$

und diesem Ausdruck sieht man sofort an, daß er die Aufgabe löst, nämlich eine ganze Funktion n^{ten} Grades darstellt, die in den Punkten $x_0, x_1, \ldots, x_n$ die Werte $y_0, y_1, \ldots, y_n$ annimmt.

Setzen wir in (7) für $g_i(x)$ die aus (4) und (6) folgenden Ausdrücke

$$g_i(x) = \frac{f(x)}{f'(x_i)(x - x_i)}$$

und für y_i die Bezeichnung $\varphi(x_i)$, so erhält man:

$$(9) \qquad \frac{\varphi(x)}{f(x)} = \sum_{i=0}^{n} \frac{\varphi(x_i)}{f'(x_i)(x - x_i)},$$

und diese Formel ist für jede ganze Funktion $\varphi(x)$ von niedrigerem Grad als $f(x)$ identisch erfüllt.

Jede der drei Formeln (7), (8), (9), die wesentlich dasselbe bedeuten, wird die Interpolationsformel von Lagrange[1]) genannt. Sie wird z. B. benutzt, um eine Funktion, von der man nicht das eigentliche Gesetz, sondern nur einzelne Werte, etwa durch Beobachtung kennt, angenähert durch eine ganze Funktion darzustellen.

3. Auf der linken Seite in (9) haben wir einen Quotienten von zwei ganzen Funktionen; man nennt ihn eine rationale Funktion. Auf der rechten Seite steht eine Summe von besonders einfachen Brüchen, indem jeder Bruch einen konstanten Zähler und als Nenner einen Wurzelfaktor der Funktion $f(x)$ hat. Diese Brüche heißen Partialbrüche und die Formel von Lagrange gibt also die Zerlegung einer rationalen Funktion in Partialbrüche, wenn die Zählerfunktion von niedrigerem Grad als die Nennerfunktion ist und die letztere nur einfache Wurzelfaktoren besitzt. Machen wir z. B. für $\varphi(x)$ die beiden Annahmen $\varphi(x) = 1$ und $\varphi(x) = f'(x)$, so erhalten wir die Partialbruchzerlegungen:

$$(10) \qquad \frac{1}{f(x)} = \sum_{i=0}^{n} \frac{1}{(x - x_i)f'(x_i)}; \quad \frac{f'(x)}{f(x)} = \sum_{i=0}^{n} \frac{1}{x - x_i}.$$

Nehmen wir

$$\varphi(x) = x^2 - 3x + 4$$
$$f(x) = x^3 + x^2 - 57x + 135 = (x-3)(x-5)(x+9),$$

so ist

$$f'(x) = 3x^2 + 2x - 57,$$
$$x_0 = 3, \quad x_1 = 5, \quad x_2 = -9,$$
$$f'(x_0) = -24, \quad \varphi(x_0) = 4$$
$$f'(x_1) = 28, \quad \varphi(x_1) = 14$$
$$f'(x_2) = 168, \quad \varphi(x_2) = 112,$$

mithin:

$$\frac{x^2 - 3x + 4}{x^3 + x^2 - 57x + 135} = -\frac{1}{6(x-3)} + \frac{1}{2(x-5)} + \frac{2}{3(x+9)}.$$

Ist $\varphi(x)$ von gleichem oder höherem Grad als $f(x)$, so kann man zuerst durch Division von $\varphi(x)$ durch $f(x)$ den Quotienten $Q(x)$ und einen Rest $\varphi_1(x)$ bestimmen, so daß

$$\varphi(x) = Q(x)f(x) + \varphi_1(x),$$

dann ist $\varphi_1(x)$ von niedrigerem Grad als $f(x)$ und

$$\frac{\varphi(x)}{f(x)} = Q(x) + \frac{\varphi_1(x)}{f(x)},$$

und hier kann man $\dfrac{\varphi_1(x)}{f(x)}$ in Partialbrüche zerlegen.

---

1) **Lagrange**, Nouv. Mém. de l'Acad. de Berl. 1792/93 (Œuvres 5, 627); Leçons élémentaires 1795 (V. leçon) (Œuvres 7, 285). Vorher aber schon bei E. **Waring**, Philos. Trans. 69 (1779).

4. Für den Fall, daß die Werte für die unabhängige Veränderliche
äquidistant sind, d. h. in gleichen Abständen aufeinanderfolgen, hat
bereits **Newton** eine Interpolationsformel aufgestellt. Dieser Fall ist
von besonderer Wichtigkeit für das praktische Rechnen, vor allem für
das Entwerfen und den Gebrauch mathematischer **Tabellen**. Man leitet
die **Newton**sche Formel am einfachsten aus der Formel für das allgemeine Glied einer arithmetischen Reihe k^{ter} Ordnung (§ 57, **2.**) ab.

Wir bezeichnen den konstanten Unterschied der aufeinander folgenden Werte von x mit $\varDelta x$, also:

$$x_1 - x_0 = x_2 - x_1 = x_3 - x_2 = \cdots = \varDelta x,$$

mithin:

(11) $x_1 = x_0 + \varDelta x, \quad x_2 = x_0 + 2\varDelta x, \ldots, x_n = x_0 + n\varDelta x.$

Wir bilden, wie in § 57, von den Funktionswerten $y_0, y_1, y_2, \ldots$ die
aufeinanderfolgenden Differenzenreihen und gebrauchen dabei die Bezeichnungen[1]):

$$y_{i+1} - y_i = \varDelta y_i; \quad \varDelta y_{i+1} - \varDelta y_i = \varDelta^2 y_i; \quad \varDelta^2 y_{i+1} - \varDelta^2 y_i = \varDelta^3 y_i \cdots$$

Wir haben also folgendes Schema:

$$
\begin{array}{ccccccc}
x_0 & x_1 & x_2 & x_3 & x_4 & \cdots & x_n \\
\hline
y_0 & y_1 & y_2 & y_3 & y_4 & \cdots & y_n \\
\varDelta y_0 & \varDelta y_1 & \varDelta y_2 & \varDelta y_3 & & & \\
\varDelta^2 y_0 & \varDelta^2 y_1 & \varDelta^2 y_2 & & & & \\
\varDelta^3 y_0 & \varDelta^3 y_1 & & & & & \\
\end{array}
$$

Irgendein Funktionswert y_m ist bestimmt durch den Anfangswert
y_0 und die Anfangsglieder der einzelnen Differenzenreihen, und zwar
ist[2]) nach § 57, **2.** für $m = 0, 1, 2, \ldots, n$:

$$y_m = y_0 + \frac{m}{1}\varDelta y_0 + \frac{m(m-1)}{1\cdot 2}\varDelta^2 y_0 + \cdots + \frac{m(m-1)\ldots(m-n+1)}{1\cdot 2\cdots n}\varDelta^n y_0.$$

Nach (11) können wir $m = \dfrac{x_m - x_0}{\varDelta x}$ setzen. Wir schreiben x und y
an Stelle von x_m und y_m. Dann ist

$$m = \frac{x - x_0}{\varDelta x}, \quad m - 1 = \frac{x - x_1}{\varDelta x}, \quad m - 2 = \frac{x - x_2}{\varDelta x}, \ldots$$

und es wird

$$
(12) \qquad y = y_0 + \frac{x - x_0}{1}\frac{\varDelta y_0}{\varDelta x} + \frac{(x - x_0)(x - x_1)}{1\cdot 2}\frac{\varDelta^2 y_0}{\varDelta x^2} + \cdots
$$

$$
+ \frac{(x - x_0)(x - x_1)\cdots(x - x_{n-1})}{1\cdot 2\cdots n}\frac{\varDelta^n y_0}{\varDelta x^n}.
$$

---

[1]) Die Schreibweise $\varDelta^2 y$ bedeutet soviel wie $\varDelta(\varDelta y)$, d. h. die Differenz der
ersten Differenzen. Ebenso $\varDelta^3 y$ soviel wie $\varDelta(\varDelta^2 y)$ usf. Man verwechsle nicht
$\varDelta^2 y$ mit $\varDelta y^2$, welches das Quadrat von $\varDelta y$ also $(\varDelta y)^2$ bedeutet.

[2]) Ist $m < n$, so schließt der Ausdruck mit $\varDelta^m y_0$, alle folgenden Glieder
werden Null.

Nehmen wir nun x als veränderlich an, so haben wir hier eine ganze Funktion n^{ten} Grades, die in den äquidistanten Punkten x_0, x_1, ..., x_n die Werte y_0, y_1, ..., y_n annimmt. Formel (12) löst also die vorliegende Aufgabe; sie heißt die Newtonsche Interpolationsformel.[1]

5. Im einfachsten Fall $n = 1$ ist y eine lineare Funktion. Sie ist durch zwei Funktionswerte y_0, y_1 bestimmt und es ist (wir schreiben für Δy_0 einfach Δy):

(13a)
$$y = y_0 + (x - x_0)\frac{\Delta y}{\Delta x}$$

oder

(13b)
$$y = y_0 + (x - x_0)\frac{y_1 - y_0}{x_1 - x_0}.$$

Das ist die aus der analytischen Geometrie bekannte Gleichung einer Geraden durch zwei gegebene Punkte, die sich auch aus nebenstehender

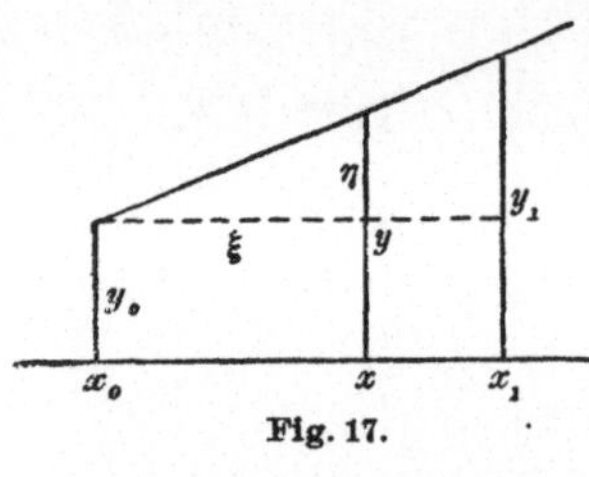
Fig. 17.

Figur ergibt. Sie ist die Grundformel für das Interpolieren beim Gebrauch mathematischer Tabellen (Logarithmentafeln, Tafeln trigonometrischer Funktionen usw.). Diese Tafeln enthalten die Werte einer Funktion auf eine bestimmte Anzahl von Dezimalstellen, und es folgen die Werte für die unabhängige Veränderliche (Argument) äquidistant so dicht aufeinander, daß die Funktionswerte auf längere Strecken konstante Differenzen zeigen. Man kann sagen: In einem genügend kleinen Bereich (dessen Größe von der Anzahl der beibehaltenen Dezimalstellen abhängt) verhält sich die Funktion wie eine lineare Funktion[2]) (vgl. hierzu § 103, 2.).

Geometrisch bedeutet dies, daß man die Kurve, durch welche die Funktion mit Hilfe rechtwinkliger Koordinaten dargestellt wird, zwischen zwei genügend benachbarten Punkten durch die Sehne zwischen diesen Punkten ersetzen kann.

Ändert sich das Argument von x_0 ausgehend um ξ, so ist nach (13a) oder nach der Figur die gleichzeitige Änderung der Funktion:

(14)
$$\eta = \xi\frac{\Delta y}{\Delta x}.$$

Gewöhnlich mißt man ξ in Zehnteln des festen Intervalls Δx, schreibt also dafür $\xi\frac{\Delta x}{10}$ und hat dann:

(15)
$$\eta = \xi\frac{\Delta y}{10}$$

und hier können Δy und η in Einheiten der letzten Dezimalstelle der Tafelwerte ausgedrückt sein.

---

1) Newton, Philos. nat. principia math. (1687), 3. Buch, Lemma V.

2) Notwendige Voraussetzung ist hierbei, daß die Funktion innerhalb des Bereichs stetig ist (vgl. § 92).

Solange $0 \leq \xi \leq \varDelta x$ ist, liegt eine eigentliche Interpolation vor. Läßt man aber für ξ auch negative Werte oder Werte $> \varDelta x$ zu, geht also über das Intervall $(x_0 x_1)$ hinaus, so handelt es sich um eine **Extrapolation**. Sie ist nur zulässig, soweit man sich überzeugt hat, daß die Kurve für die Funktion auch außerhalb des Intervalls mit genügender Annäherung durch die Gerade ersetzt werden kann.

6. Bei Tabellen mit vielen Dezimalstellen (z. B. 10- und mehrstelligen Logarithmentafeln) kann man öfters die Argumente nur in solchen Abständen aufeinanderfolgen lassen, daß nicht die ersten Differenzen, sondern erst die zweiten Differenzen der Funktionswerte streckenweise konstant werden; die Tafeln würden sonst zu umfangreich werden. Die Interpolationsformel für diesen Fall ist nach (12):

$$(16) \qquad y = y_0 + (x - x_0)\frac{\varDelta y}{\varDelta x} + \frac{(x - x_0)(x - x_1)}{2}\frac{\varDelta^2 y}{\varDelta x^2}.$$

Durch diese Formel wird die Funktion innerhalb eines Bereichs, in dem die zweiten Differenzen konstant sind, durch eine quadratische Funktion ersetzt. Geometrisch bedeutet das, daß die Kurve, durch welche die Funktion dargestellt wird, innerhalb eines entsprechenden Bereichs durch eine **Parabel** ersetzt werden kann.

Zum praktischen Gebrauch beim Interpolieren setzen wir in Formel (16) wieder $x - x_0 = \xi\frac{\varDelta x}{10}$, $y - y_0 = \eta$. Dann ist $x - x_1 = x - x_0 - \varDelta x$ $= -\dfrac{(10 - \xi)\varDelta x}{10}$ und die Formel liefert:

$$(17) \qquad \eta = \xi\frac{\varDelta y}{10} - \frac{\xi(10 - \xi)}{2}\frac{\varDelta^2 y}{100}.$$

7. Wir wollen dies auf ein Beispiel anwenden. Es soll der Logarithmus der Zahl
$$e = 2{,}71828182846$$
durch Interpolation aus dem zehnstelligen Thesaurus logarithmorum von **Vega** gefunden werden. Man findet darin die Logarithmen der fünf aufeinanderfolgenden Zahlen:

27 182	43428 14081	
3	29 73851	159 770
4	31 33615	764⁶
5	32 93373	758⁶
6	34 53126	753⁵

Es ist also
$$\varDelta y = 159770, \qquad \varDelta^2 y = -6$$
$$\xi = 8{,}182846, \qquad 10 - \xi = 1{,}817154.$$

Abgekürzte Multiplikation ergibt

$$\xi \frac{\varDelta y}{10} = 130\,737.32$$

$$-\frac{\xi\,(10 - \xi)}{2}\,\frac{\varDelta^2 y}{100} = 0.45$$

$$\overline{130737.8}$$
$$0.4342814081$$
$$\log e = \overline{0.4342944819}\,,$$

was auf 10 Dezimalstellen richtig ist.[1]) Der Einfluß der zweiten Differenzen macht also nur etwa eine halbe Einheit der zehnten Dezimalstelle aus.

§ 92*. Stetigkeit.

1. Es sei $f(x)$ eine für alle reellen Werte von x in einem Intervall (ab) erklärte Funktion und x durchlaufe irgendeine konvergente Folge von Werten $x_1, x_2, x_3, \ldots$ mit dem Grenzwert $\lim x_n = \xi$.

Wenn dann jedesmal die Folge der zugehörigen Funktionswerte $f(x_1), f(x_2), f(x_3), \ldots$ ebenfalls konvergiert und

$$\lim f(x_n) = f(\lim x_n) = f(\xi)$$

ist, so heißt die Funktion stetig für $x = \xi$.

Diese Eigenschaft kommt aber nach § 29, 6. den ganzen Funktionen zu, und wir haben den Satz:

Jede ganze Funktion ist stetig für alle endlichen Werte der unabhängigen Veränderlichen.

2. Da man jede reelle Zahl ξ als Grenzwert einer Folge von rationalen Zahlen $\{x_n\}$ auffassen kann, so sieht man:

Eine stetige Funktion ist für alle reellen Werte von x in einem Intervall bestimmt, wenn man nur ihre Werte für alle rationalen x im Intervall kennt.

Dieser Satz wird gewöhnlich in folgender Fassung angewendet[2]):

Hat man für alle rationalen Werte von x in einem Intervall einen Ausdruck $f(x)$ für eine stetige Funktion gefunden, so gilt dieser Ausdruck auch für alle irrationalen Werte von x in dem Intervall.

3. Für jede stetige Funktion gilt der Satz:

Sind a und b zwei Werte der unabhängigen Veränderlichen und ist $f(a) = \alpha$, $f(b) = \beta$, so nimmt die Funktion, während x von a nach b geht, jeden zwischen α und β liegenden Wert an.

Sei $\alpha < \beta$ und η irgendeine Zahl zwischen α und β:

$$\alpha < \eta < \beta,$$

---

[1]) Unter Umständen kann die letzte Dezimalstelle um eine Einheit unsicher ausfallen. Vgl. § 131, 6.

[2]) Vgl. § 26, 8., wo der Satz für rationale Funktionen von mehreren Veränderlichen ausgesprochen ist.

so wird also behauptet, daß es eine zwischen a und b liegende Zahl ξ gibt, so daß

$$f(\xi) = \eta$$

ist. Wir bilden den Funktionswert für die Mitte $\dfrac{a+b}{2}$ des Intervalls (ab) und setzen, falls[1])

$$1. \qquad f\left(\frac{a+b}{2}\right) < \eta : \qquad \frac{a+b}{2} = a_1, \qquad b = b_1$$

$$2. \qquad f\left(\frac{a+b}{2}\right) > \eta : \qquad a = a_1, \qquad \frac{a+b}{2} = b_1$$

und

$$f(a_1) = \alpha_1, \quad f(b_1) = \beta_1.$$

In beiden Fällen ist

$$\alpha_1 < \eta < \beta_1.$$

In dieser Weise fahren wir fort und erhalten Punkte $a_2, b_2; a_3, b_3; \ldots$ und die zugehörigen Funktionswerte $\alpha_2, \beta_2; \alpha_3, \beta_3; \ldots$, so daß η beständig zwischen jedem Paar dieser Funktionswerte liegt:

$$
\begin{aligned}
\alpha_2 &< \eta < \beta_2 \\
\alpha_3 &< \eta < \beta_3 \\
&\cdot \ \cdot \ \cdot \ \cdot \ \cdot
\end{aligned}
$$
(1)

Die Intervalle (ab), $(a_1 b_1)$, $(a_2 b_2)$, $\ldots$ bilden eine Intervallschachtelung; sie definieren also eine Zahl ξ und es ist

$$\lim a_n = \lim b_n = \xi.$$

Infolge der Stetigkeit der Funktion sind dann die Folgen $\{\alpha_n\}$ und $\{\beta_n\}$ ebenfalls konvergent und besitzen den gleichen Grenzwert:

$$\lim \alpha_n = \lim \beta_n = f(\xi),$$

und dieser Grenzwert muß wegen der Ungleichungen (1) notwendig gleich η sein.

4. Als besonderer Fall ist in dem eben bewiesenen Satz der folgende enthalten:

Zwischen zwei Werten der unabhängigen Veränderlichen, für die eine stetige Funktion entgegengesetzte Vorzeichen besitzt, gibt es wenigstens einen Wert, für den die Funktion verschwindet.

Stellt man die Funktion $y = f(x)$ geometrisch dar, indem man je zwei zusammengehörige Werte $(x \mid y)$ als rechtwinklige Koordinaten eines Punktes auffaßt, so erhält man als Bild der Funktion eine stetige Kurve, und der Satz ist gleichbedeutend mit der Aussage, daß eine Kurve, welche zwei auf verschiedenen Seiten der x-Achse liegende Punkte verbindet, mindestens einmal die x-Achse treffen muß. Man hat diesen Satz früher als selbstverständlich angesehen. Den ersten Beweis hat

---

[1]) Ist $f\left(\dfrac{a+b}{2}\right) = \eta$, so ist der Satz schon bewiesen.

Bolzano versucht.[1]) Er kam nicht ganz zum Ziele, weil der Begriff der stetigen Funktion zu damaliger Zeit noch nicht klar genug entwickelt war.

5. Liegt zwischen zwei Werten von x, für die $f(x)$ entgegengesetzte Vorzeichen besitzt, mehr als ein Nullpunkt von $f(x)$, so kann es nur eine ungrade Anzahl sein, denn nach je zwei einfachen Nullpunkten nimmt $f(x)$ wieder das gleiche Vorzeichen an. Dabei müssen aber Nullpunkte, in denen $f(x)$ sein Vorzeichen nicht ändert, eine grade Anzahl von Malen gezählt werden; in ihnen sind eben eine grade Anzahl von einfachen Nullpunkten zusammengefallen.

Entsprechend kann es zwischen zwei Werten von x, für die $f(x)$ das gleiche Vorzeichen hat, entweder keinen oder nur eine grade Anzahl von einfachen Nullpunkten geben.

6. In dem Satz § 29, 6. ist auch bereits der Begriff der Stetigkeit für Funktionen von mehreren Veränderlichen enthalten. Wir werden danach sagen:

Eine Funktion $F(x, y)$ von zwei Veränderlichen ist stetig für ein bestimmtes Wertepaar $x = \xi$, $y = \eta$, wenn zu irgend zwei konvergenten Folgen $\{x_n\}$, $\{y_n\}$ der Veränderlichen mit den Grenzwerten $\lim x_n = \xi$, $\lim y_n = \eta$ eine konvergente Folge von Funktionswerten $F(x_n, y_n)$ gehört und

$$\lim_{n \to \infty} F(x_n, y_n) = F(\xi, \eta) \quad \text{ist.}$$

Von einem Wertepaar (x_1, y_1) der Veränderlichen kann man auf unendlich viele Arten zu einem zweiten Paar (x_2, y_2) übergehen. Deutet man die Veränderlichen (x, y) als rechtwinklige Koordinaten in einer Ebene, so entspricht einem stetigen Übergang von einem Wertepaar zum andern irgendeine Kurve, welche die beiden Punkte (x_1, y_1) und (x_2, y_2) verbindet. Es besteht nun der Satz:

Sind (a, b) und (a', b') zwei Wertepaare der Veränderlichen x, y und ist $F(a, b) = \gamma$, $F(a', b') = \gamma'$, so nimmt die Funktion auf jeder die beiden Punkte (a, b) und (a', b') verbindenden Kurve jeden Wert zwischen γ und γ' an.

Irgendeine die beiden Punkte verbindende Kurve ist gegeben durch zwei stetige Funktionen einer Veränderlichen t (unter der man sich z. B. die Zeit vorstellen kann):

$$x = \varphi(t), \quad y = \psi(t),$$

wenn darin t alle Werte eines Intervalls etwa von τ nach τ' durchläuft und

$$\varphi(\tau) = a, \quad \psi(\tau) = b,$$
$$\varphi(\tau') = a', \quad \psi(\tau') = b'$$

ist. Zu jedem Wert von t gehört ein Punkt (x, y) der Kurve und da-

---

1) **Bolzano**, Rein analytischer Beweis des Lehrsatzes, daß zwischen zwei Werten, die ein entgegengesetztes Resultat gewähren, wenigstens eine reelle Wurzel der Gleichung liegt. Prag 1817 (Ostwalds Klass. Nr. 153).

mit ein bestimmter Wert der Funktion $F(x, y)$; es ist also die Funktion längs der Kurve als eine stetige Funktion von t anzusehen, die für $t = \tau$ den Wert γ, für $t = \tau'$ den Wert γ' besitzt. Damit ist aber unser Satz auf Satz **3.** zurückgeführt und die Funktion nimmt, während t von τ nach τ' geht, also während (x, y) auf der Kurve wandert, jeden Wert zwischen γ und γ' an.

7. Als besonderer Fall ist in diesem Satz der folgende enthalten:

Hat eine stetige Funktion $F(x, y)$ in zwei Punkten entgegengesetzte Vorzeichen, so liegt auf jeder die beiden Punkte verbindenden Kurve wenigstens ein Punkt, in dem die Funktion verschwindet.

§ 93*. Der Satz von Rolle.

1. Nach § 88, 7. ist die Derivierte $f'(x)$ einer ganzen Funktion gleich dem Wert des Quotienten:

$$\frac{f(x + h) - f(x)}{h},$$

wenn man darin nach der Ausrechnung $h = 0$ setzt. Dieser Quotient ist eine ganze, mithin stetige Funktion von h, folglich hat er für hinreichend kleine h das Vorzeichen von $f'(x)$ und es folgt:

Ist $f'(x)$ positiv, so ist für positive genügend kleine h immer

$$f(x - h) < f(x) < f(x + h),$$

ist $f'(x)$ negativ, so ist:

$$f(x - h) > f(x) > f(x + h).$$

Im ersten Fall nennt man die Funktion an der Stelle x **wachsend**, im zweiten Fall **abnehmend**, also:

Wo die Derivierte $f'(x)$ positiv ist, wächst die Funktion $f(x)$, wo $f'(x)$ negativ ist, nimmt $f(x)$ ab.

2. Es seien α und β zwei aufeinanderfolgende reelle Nullpunkte der Funktion $f(x)$ und $\alpha < \beta$. Dann ist zwischen α und β die Funktion entweder nur positiv oder nur negativ. Im ersten Fall ist sie, wenn δ eine genügend kleine positive Zahl ist, bei $\alpha + \delta$ wachsend, bei $\beta - \delta$ abnehmend, im zweiten Fall verhält sie sich umgekehrt. Jedenfalls ergibt sich, daß die Derivierte am Anfang des Intervalls $(\alpha\beta)$ das entgegengesetzte Vorzeichen wie am Ende hat.

Bezeichnen wir mit Kronecker das Vorzeichen (signum) einer Zahl a mit sg a, so können wir dies in der Form ausdrücken:

Ist δ eine genügend kleine positive Zahl, so ist:

$$(1) \qquad \operatorname{sg} f'(\alpha + \delta) = -\operatorname{sg} f'(\beta - \delta).$$

Hieraus folgt aber nach § 92, 3., da $f'(x)$ ebenso wie $f(x)$ eine stetige Funktion ist, unmittelbar der wichtige Satz von Rolle[1]):

Zwischen zwei aufeinanderfolgenden reellen Nullpunkten der Funktion liegt mindestens ein Nullpunkt der Derivierten.

Stellt man die Funktion $y = f(x)$ geometrisch dar, indem man jedes Paar zusammengehöriger Werte (x, y) als rechtwinklige Koordinaten in der Ebene deutet, so erhält man eine bestimmte Kurve, und der Rollesche Satz ist gleichbedeutend mit der anschaulich evidenten Aussage, daß es zwischen zwei Schnittpunkten der Kurve mit der x-Achse immer Punkte gibt, in denen die Kurventangente zur x-Achse parallel ist.

Eine direkte Folgerung aus dem Rolleschen Satz ist:

Zwischen zwei aufeinanderfolgenden reellen Nullpunkten von $f'(z)$ liegt höchstens ein Nullpunkt von $f(z)$.

3. Es möge $f(x) = 0$ nur reelle Wurzeln haben, nämlich, der Größe nach geordnet, $x_1, x_2, \ldots, x_\varrho$, und zwar sei x_1 eine ν_1-fache, x_2 eine ν_2-fache Wurzel usf. Dann hat $f'(x) = 0$ bei x_1 eine $(\nu_1 - 1)$-fache, bei x_2 eine $(\nu_2 - 1)$-fache, bei x_3 eine $(\nu_3 - 1)$-fache Wurzel usf. (§ 88, **13.**), und überdies zwischen x_1 und x_2, zwischen x_2 und x_3 usf., jedesmal mindestens eine reelle Wurzel. Das sind

$$\nu_1 + \nu_2 + \cdots \nu_\varrho - \varrho + (\varrho - 1) = n - 1$$

Wurzeln, und da $f'(x)$ vom $(n-1)^{\text{ten}}$ Grade ist, so sind das alle Wurzeln von $f'(x) = 0$. Es besteht also der Satz:

Hat $f(x) = 0$ nur reelle Wurzeln, so hat auch $f'(x) = 0$ nur reelle Wurzeln, und von diesen sind die, die nicht mit mehrfachen Wurzeln von $f(x)$ zusammenfallen, einfache Wurzeln, die durch die Wurzeln von $f(x)$ getrennt werden.

Bildet man die höheren Derivierten $f''(x)$, $f'''(x) \ldots$ von $f(x)$ und wendet auf $f'(x)$, $f''(x)$, dann auf $f''(x)$, $f'''(x)$ usw. den obigen Satz an, so folgt:

Hat $f(x)$ nur reelle Wurzeln, so haben auch $f'(x)$, $f''(x)$, $f'''(x), \ldots$ nur reelle Wurzeln, und bei jeder Derivierten sind die Wurzeln, soweit sie nicht mit den mehrfachen Wurzeln von $f(x)$ zusammenfallen, einfach und werden durch die Wurzeln der vorhergehenden Derivierten getrennt.

4. Wir wollen diesen Satz auf eine wichtige Klasse von Funktionen anwenden. Die Funktion $2n^{\text{ten}}$ Grades

$$(2) \qquad\qquad f(x) = (x^2 - 1)^n$$

hat nur die beiden reellen Nullpunkte $+1$ und -1 und beide sind n-fache Nullpunkte. Sie sind also für die erste Derivierte $(n-1)$-fache,

<hr>

1) **Rolle**, Traité d'algèbre 1690. Der Satz setzt, wie man sieht, nur die Stetigkeit von $f(x)$ und $f'(x)$ im Intervall (α, β) voraus; es brauchen nicht notwendig ganze Funktionen zu sein. Es genügt sogar, nur die Stetigkeit von $f(x)$ und die Existenz der Ableitung $f'(x)$ vorauszusetzen (vgl. z. B. **Kowalewski**, Grundzüge d. Differential- und Integralrechnung, 2. Aufl., Leipzig 1919).

für die zweite $(n-2)$-fache, ... für die $(n-1)^{\text{te}}$ Derivierte einfache Nullpunkte. Außerdem hat $f'(x)$ zwischen -1 und $+1$ einen einfachen Nullpunkt, $f''(x)$ zwei einfache Nullpunkte, $f'''(x)$ drei einfache Nullpunkte usw., die sich jeweils zwischen die Nullpunkte der vorhergehenden Funktion einschieben. Die n^{te} Derivierte $f^{(n)}(x)$ ist eine ganze Funktion n^{ten} Grades von x, die die Punkte -1 und $+1$ nicht mehr als Nullpunkte besitzt. Sie hat nur reelle und einfache Wurzeln, die sämtlich zwischen -1 und $+1$ liegen.

Wir führen die ganzen Funktionen

$$P_n(x) = \frac{1}{2^n \cdot n!} f^{(n)}(x)$$

ein und schreiben dafür auch nach § 88, **11.** mit Rücksicht auf die Bedeutung von $f(x)$:

$$(3) \qquad P_n(x) = \frac{1}{2^n \cdot n!} D_n\left[(x^2-1)^n\right] \qquad\qquad n = 1, 2, 3, \ldots$$

Diese Funktionen sind von sehr großer Bedeutung in verschiedenen Gebieten der Mathematik und mathematischen Physik und heißen **Kugelfunktionen.** Für sie besteht also der Satz:

Die Kugelfunktionen besitzen nur reelle und einfache Nullpunkte, welche sämtlich zwischen -1 und $+1$ liegen.

5. Um $P_n(x)$ als ganze Funktion von x darzustellen, entwickeln wir $f(x) = (x^2-1)^n$ nach dem binomischen Lehrsatz:

$$f(x) = (x^2-1)^n = x^{2n} - \binom{n}{1}x^{2n-2} + \binom{n}{2}x^{2n-4} - \cdots$$

Die Derivierten dieser Funktion sind:

$$f'(x) = 2nx^{2n-1} - \binom{n}{1}(2n-2)x^{2n-3} + \binom{n}{2}(2n-4)x^{2n-5} - \cdots$$

$$f''(x) = 2n(2n-1)x^{2n-2} - \binom{n}{1}(2n-2)(2n-3)x^{2n-4}$$
$$+ \binom{n}{2}(2n-4)(2n-5)x^{2n-6} - \cdots$$

$$\cdots\cdots\cdots\cdots\cdots\cdots\cdots\cdots\cdots\cdots\cdots$$

Es wird also $\dfrac{1}{n!}f^{(n)}(x)$ oder

$$(4) \qquad 2^n P_n(x) = \binom{2n}{n}x^n - \binom{n}{1}\binom{2n-2}{n}x^{n-2} + \binom{n}{2}\binom{2n-4}{n}x^{n-4} - \cdots$$

Für die ersten Werte von n finden wir hiernach:

$$P_1(x) = x,$$
$$P_2(x) = \tfrac{1}{2}(3x^2-1)$$
$$P_3(x) = \tfrac{1}{2}(5x^3-3x)$$
$$P_4(x) = \tfrac{1}{8}(35x^4-30x^2+3)$$
$$P_5(x) = \tfrac{1}{8}(63x^5-70x^3+15x)$$

§ 94. Der Fundamentalsatz der Algebra.

1*. Wir haben bei den Gleichungen ersten bis vierten Grades gesehen, daß sie immer Lösungen besitzen, und zwar jedesmal so viele (reelle oder komplexe) Lösungen, wie der Grad der Gleichung beträgt. Dasselbe hat sich bei den reinen Gleichungen jeden Grades, also bei den Gleichungen $x^n = A$ gezeigt, deren Lösungen die n verschiedenen Werte von $\sqrt[n]{A}$ sind. Wir beweisen nun den entsprechenden Satz für jede algebraische Gleichung, nämlich:

Jede Gleichung n^{ten} Grades besitzt n Wurzeln.

Hierbei ist jede Wurzel α von $f(x)$ so oft zu zählen, wie der Wurzelfaktor $x - \alpha$ in der Zerlegung von $f(x)$ auftritt.

Dieser Satz ist so wichtig, daß man ihn den Fundamentalsatz der Algebra genannt hat.

Zum Beweis des Satzes genügt es, zu zeigen, daß jede Gleichung n^{ten} Grades $f(x) = 0$ für jedes n wenigstens eine Wurzel hat. Denn ist α eine solche Wurzel, so hat die ganze Funktion $(n - 1)^{\text{ten}}$ Grades $\dfrac{f(x)}{x - \alpha}$ ebenfalls eine Wurzel β usf. und man schließt daraus, daß $f(x)$ in n Wurzelfaktoren zerlegbar ist.

Wir brauchen uns bei der Funktion $f(x)$ nicht auf reelle Koeffizienten zu beschränken. Wenn wir aber die Existenz einer Wurzel für jede Funktion mit reellen Koeffizienten nachgewiesen haben, so folgt sie auch für Funktionen mit komplexen Koeffizienten. Denn sind $f_1(x)$, $f_2(x)$ zwei Funktionen, deren Koeffizienten konjugiert komplex sind, so hat $f(x) = f_1(x) f_2(x)$ reelle Koeffizienten. Hat nun $f(x)$ eine Wurzel α, so ist entweder $f_1(\alpha) = 0$ oder $f_2(\alpha) = 0$. Nehmen wir an, es sei $f_1(\alpha) = 0$, so ist $f_2(\bar{\alpha}) = 0$, wenn $\bar{\alpha}$ die zu α konjugierte Zahl ist, und es hat also sowohl $f_1(x)$ als $f_2(x)$ eine Wurzel. Hiernach bleibt uns noch übrig, den Fundamentalsatz in der folgenden Fassung zu beweisen:

Jede ganze Funktion $f(x)$ mit reellen Koeffizienten hat wenigstens eine reelle oder komplexe Wurzel.

Wir können ohne Beschränkung der Allgemeinheit den Koeffizienten von x^n als 1 annehmen, setzen also die Funktion $f(x)$ in der Form

$$f(x) = x^n + a_1 x^{n-1} + a_2 x^{n-2} + \cdots + a_n \quad \text{voraus.}$$

Ist $a_n = 0$, so hat die Gleichung die Wurzel $x = 0$; wir können also $a_n \neq 0$ voraussetzen.

2*. Für ausgedehnte Klassen von Gleichungen läßt sich die Existenz einer Wurzel sehr leicht beweisen. Zunächst gilt der Satz:

Jede Gleichung ungraden Grades hat mindestens eine reelle Wurzel, deren Vorzeichen dem des konstanten Gliedes a_n entgegengesetzt ist.

Es gibt nämlich, sobald n ungrade ist, eine positive Zahl X, so daß für alle $x < -X$ die Funktion $f(x)$ negativ, für alle $x > X$ die Funktion

$f(x)$ positiv ist. Folglich gibt es nach § 92, **4.** mindestens einen Wert zwischen $- X$ und $+ X$, für den die Funktion verschwindet. Für $x = 0$ wird aber $f(x) = a_n$, ist also a_n positiv, so gibt es sicher eine Wurzel zwischen 0 und $- X$, ist a_n negativ, so gibt es eine Wurzel zwischen 0 und $+ X$. Weiter ist leicht zu zeigen:

Jede Gleichung graden Grades mit negativem konstantem Glied hat mindestens eine positive und eine negative reelle Wurzel.

Es gibt nämlich, sobald n grade ist, eine positive Zahl X, so daß sowohl für alle $x < - X$ wie auch für alle $x > X$ die Funktion $f(x)$ positiv ist. Für $x = 0$ ist $f(x) = a_n$, also negativ, folglich liegt mindestens eine reelle Wurzel zwischen 0 und $- X$ und eine zwischen 0 und $+ X$.

Um den Fundamentalsatz vollständig zu beweisen, wäre also nur noch die Existenz einer Wurzel für eine Gleichung graden Grades mit positivem konstanten Glied nachzuweisen, aber dieser Fall ist unvergleichlich viel schwieriger als die beiden obigen Fälle.[1]) Der erste, der den Satz allgemein bewiesen hat, war Gauß; er hat drei auf ganz verschiedenen Grundlagen beruhende Beweise des Fundamentalsatzes gegeben.[2]) Von diesen ist der erste, den Gauß mit 20 Jahren (1797) gefunden und als Doktordissertation (1799) veröffentlicht hat, 50 Jahre später aber (1849) wesentlich vereinfacht und verbessert hat, so einfach und anschaulich, daß es wohl möglich sein dürfte, ihn mit elementaren Kenntnissen zu verstehen. Bei dem Versuch, ihn in dieser Weise darzustellen, folgen wir der zweiten Fassung.[3])

3. Wir bezeichnen jetzt die Veränderliche in der ganzen Funktion n^{ten} Grades mit z, also

$$(1) \qquad f(z) = z^n + a_1 z^{n-1} + a_2 z^{n-2} + \cdots + a_n$$

mit gegebenen reellen Koeffizienten a_1, a_2, ..., a_n. Es ist nachzuweisen, daß es eine reelle oder komplexe Zahl gibt, die, für z gesetzt, $f(z)$ zu Null macht. Wir setzen $z = x + iy$ und stellen z nach § 45 durch die Punkte einer Ebene dar. Dann hat in jedem Punkte dieser Ebene die Funktion $f(z)$ einen bestimmten Wert, und es ist zu zeigen, daß es wenigstens einen Punkt gibt, in dem $f(z)$ den Wert Null hat. Ein solcher Punkt mag ein **Wurzelpunkt** von $f(z)$

---

1) Vgl. den zweiten Beweis von Gauß (1816) § 20 und den Beweis von Gordan, Math. Ann. **10** (1876).

2) Gauß, Werke Bd. **3.** Ostwalds Klassiker Nr. 14.

3) Der Fundamentalsatz wurde zuerst von Albert Girard (Invention nouvelle en l'algèbre 1629, Neudruck Leiden 1884) ausgesprochen. Die bedeutendsten Mathematiker des 18. Jahrhunderts, d'Alembert (1746), Euler (1749), Lagrange (1772) haben sich bemüht, ihn zu beweisen. Diese und andere Versuche hat Gauß in seiner Dissertation sehr klar und ausführlich besprochen. Vgl. G. Loria, Il teorema fondamentale, Rivista di mat. 1891; Bibl. math. 1891.

heißen. Trennen wir in $f(z)$ den reellen von dem imaginären Teil, so möge sich

$$(2) \qquad f(z) = X + iY$$

ergeben. Darin sind X und Y stetige Funktionen von x und y; man kann sie leicht bilden, indem man den binomischen Satz auf die Potenzen von $x + iy$ anwendet. Einfachere Formeln ergeben sich aber, wenn man Polarkoordinaten anwendet, aus dem Moivreschen Satz. Setzt man nämlich

$$z = r\,(\cos\varphi + i\sin\varphi),$$

so wird

$$z^k = r^k\,(\cos k\varphi + i\sin k\varphi), \qquad \text{und man erhält:}$$

$$(3) \quad \begin{aligned}
X &= r^n\cos n\varphi + a_1 r^{n-1}\cos(n-1)\varphi + a_2 r^{n-2}\cos(n-2)\varphi + \cdots + a_n, \\
Y &= r^n\sin n\varphi + a_1 r^{n-1}\sin(n-1)\varphi + a_2 r^{n-2}\sin(n-2)\varphi + \cdots + a_{n-1}r\sin\varphi.
\end{aligned}$$

4. Es soll hier noch ein anderer Ausdruck für X und Y gegeben werden, aus dem wir gleich einen Schluß ziehen werden, der für das Folgende wichtig ist.

Wir setzen $\operatorname{tg}\dfrac{\varphi}{2} = t$. Dann drücken sich $\cos\varphi$ und $\sin\varphi$ rational durch t aus:

$$\cos\varphi = \frac{1 - t^2}{1 + t^2}, \quad \sin\varphi = \frac{2t}{1 + t^2},$$

und es wird

$$z = r\,\frac{(1 + it)^2}{1 + t^2}.$$

Wenn wir dies in (1) einführen und mit $(1 + t^2)^n$ multiplizieren, so folgt:

$$(1 + t^2)^n(X + iY) = r^n(1 + it)^{2n} + a_1 r^{n-1}(1 + it)^{2n-2}(1 + t^2) + \cdots + a_n(1 + t^2)^n.$$

Wenn wir hier auf die einzelnen Glieder den binomischen Satz anwenden und nach t ordnen, so werden X und Y von der Form:

$$(4) \qquad X = \frac{F(t)}{(1 + t^2)^n}, \quad Y = \frac{\Phi(t)}{(1 + t^2)^n},$$

worin $F(t)$ und $\Phi(t)$ ganze Funktionen von t von den Graden $2n$ und $2n - 1$ (höchstens) sind. Außerdem sind $F(t)$, $\Phi(t)$ ganze Funktionen von r vom Grade n, die höchstens für eine endliche Anzahl von Werten r in bezug auf t identisch verschwinden können.

5. Alle Punkte der xy-Ebene, denen ein konstanter Wert von r entspricht, liegen auf einem Kreise mit dem Radius r, dessen Mittelpunkt im Koordinatenanfangspunkt liegt. Wir wollen diesen Kreis mit (r) bezeichnen. Will man die Punkte ermitteln, in denen eine der Funktionen X, Y auf einem solchen Kreise verschwindet, so hat man die Gleichungen $F(t) = 0$, $\Phi(t) = 0$ für ein gegebenes r zu lösen und zu beachten, daß zu jedem Wert von t ein Wert von $\cos\varphi$ und von $\sin\varphi$, also ein Punkt des Kreises gehört.

Die Funktion Y wird auch noch Null für $t = \infty$, d. h. $\varphi = \pi$, und dies gilt auch bei X, wenn der Grad von $F(t)$ niedriger als $2n$ sein sollte. Aus den Graden der Funktionen $F(t)$, $\Phi(t)$ schließen wir alsdann den Satz:

Jede der beiden Funktionen X, Y kann auf einem Kreise (r), auf dem sie nicht identisch verschwindet, höchstens in $2n$ Punkten Null werden.

Daraus folgt, daß keine der Funktionen X, Y in einem Flächenstück überall gleich Null sein kann.

Die Wurzelpunkte der Funktion $f(z)$ sind die Punkte, in denen gleichzeitig $X = 0$, $Y = 0$ wird.

6. Die ferneren Betrachtungen knüpfen wir zunächst an die Funktion Y an und stellen folgenden Satz auf:

Man kann r so groß annehmen, daß die Funktion Y auf dem Kreise (r) im Vorzeichen mit $\sin n\varphi$ übereinstimmt, wenigstens überall da, wo $\sin n\varphi$ dem absoluten Werte nach über einer beliebig kleinen gegebenen Zahl ϑ liegt.

Man sieht dies sofort ein, wenn man Y in die Form setzt:

$$Y = r^n \left(\sin n\varphi + \frac{a_1}{r} \sin (n-1)\varphi + \frac{a_2}{r^2} \sin (n-2)\varphi + \cdots \right),$$

worin man dann r so groß annehmen kann, daß die Summe aller auf das erste folgenden Glieder absolut kleiner ist als eine beliebige Größe, also auch kleiner als ϑ, und dann entscheidet das erste Glied über das Vorzeichen. Hieraus ergibt sich folgendes:

Wir markieren auf einer Kreisperipherie (r) die Punkte, in denen

$$\varphi = 0, \quad \frac{\pi}{n}, \quad \frac{2\pi}{n}, \quad \frac{3\pi}{n}, \quad \ldots, \quad \frac{(2n-1)\pi}{n}$$

ist und bezeichnen diese Punkte durch die Ziffern

$$0, 1, 2, \ldots, 2n - 1.$$

Wir erhalten dann auf der Kreisperipherie $2n$ Intervalle

$$(0\,1), \quad (1\,2), \quad (2\,3), \ldots, (2n-1,\,0)$$

in denen $\sin n\varphi$ abwechselnd positiv und negativ ist. (Fig. 18 zeigt diese Einteilung für den Fall $n = 5$.)

Schließen wir also die nächste Nachbarschaft der Teilpunkte aus und nehmen r hinlänglich groß, so ist in diesen Intervallen auch Y abwechselnd positiv und negativ.[1]

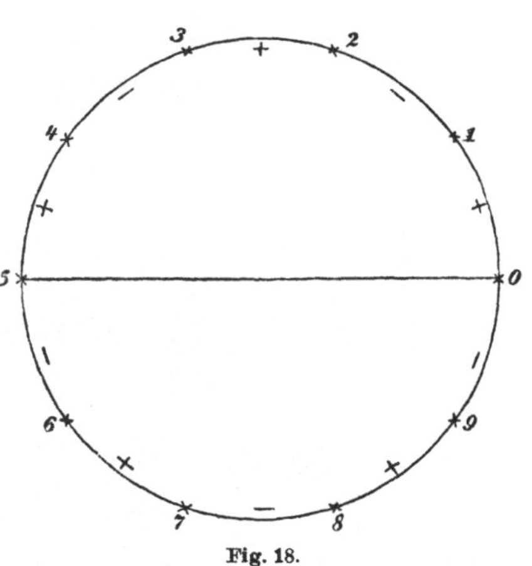

Fig. 18.

---

1) Was wir hier die Nachbarschaft der Teilpunkte nennen, sind die Strecken auf dem Kreise (r), in denen

$$\frac{k\pi}{n} - \frac{\eta}{n} < \varphi < \frac{k\pi}{n} + \frac{\eta}{n}$$

ist, wenn η durch $\vartheta = \sin \eta$ und $0 < \eta < \frac{\pi}{2}$ bestimmt ist.

Daraus folgt nach § 92, 7., daß Y in der Nachbarschaft eines jeden der $2n$ Teilpunkte durch Null gehen muß, und nach 5. kann es in keinem anderen Punkte der Kreisperipherie Null werden.

Da auch das Vorzeichen von X (bei hinlänglich großem r) durch das Vorzeichen des ersten Gliedes $r^n \cos n\varphi$ bestimmt wird, so ergibt sich weiter, daß X in der Nachbarschaft der graden Teilpunkte $0, 2, 4, \ldots, 2n - 2$ und in diesen Teilpunkten selbst positiv, in den ungraden Teilpunkten $1, 3, 5, \ldots, 2n - 1$ negativ ist.

7. Wie wir in 5. gesehen haben, ist es nicht möglich, daß Y in einem Flächenstück überall verschwindet. Folglich ist die Ebene in Felder geteilt, in denen Y positiv und negativ ist, und diese Felder sind voneinander getrennt durch Linien, in denen Y verschwindet.

Von einem der Intervalle $(2h, 2h + 1)$ des Kreises (r), in dem Y positiv ist, erstreckt sich nun zunächst ein Flächenstreifen, in dem Y positiv bleibt, außerhalb des Kreises (r), und dieser Streifen schließt sich um so mehr dem Sektor von $\varphi = 2h\pi/n$ bis $\varphi = (2h + 1)\pi/n$ an, je weiter er sich vom Mittelpunkt entfernt. Dieses Flächenstück, in dem Y positiv bleibt, muß sich aber noch ins Innere des Kreises fortsetzen. Den Teil, der im Innern des Kreises liegt, bezeichnen wir mit H. Hierbei sind mehrere Formen zu unterscheiden, wobei Flächenstücke, die sich nur in einzelnen Punkten berühren, als nicht zusammenhängend betrachtet werden:

Entweder H endigt im Innern des Kreises und hat also außer $(2h, 2h + 1)$ keinen Teil der Kreisperipherie zur Grenze, oder es erstreckt sich H bis zu einem andern Intervall $(2k, 2k + 1)$, oder es teilt sich H in zwei oder mehr Äste, deren jeder an einem Intervall $(2l, 2l + 1)$ endigt.[1]

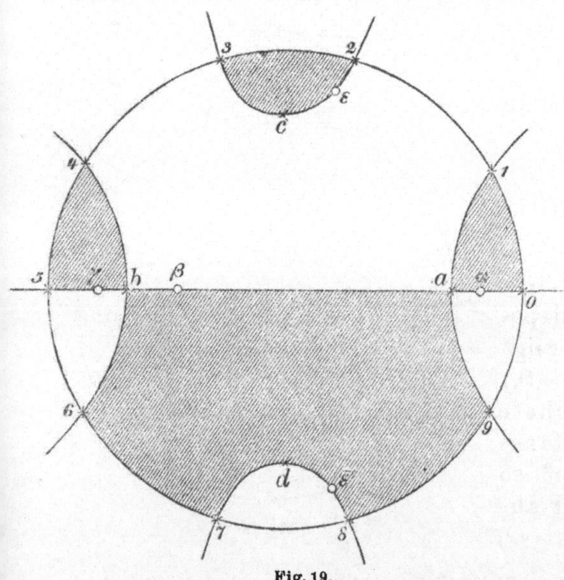

Fig. 19.

Ein Beispiel des ersten Verhaltens geben in unserer Figur 19 die Flächen $(0, 1, a)$ oder $(2, 3, c)$. Das zweite Verhalten zeigt $(8, 9, a,$

---

1) Diese geometrischen Betrachtungen über den Verlauf der Kurven im Innern des Kreises sind von A. Ostrowski, Gött. Nachr. 1920, Beiheft, arithmetisch vollständig streng dargestellt worden.

b, 6, 7). Die Teilung in mehrere Äste kommt in diesem einfachen Beispiel nicht vor.

Es wäre auch denkbar, daß im Innern einer der Flächen H ein Flächenstück wie eine Insel liegt, in dem Y wieder negativ wäre; ein solches Verhalten (was übrigens, nebenbei bemerkt, nicht vorkommen kann) würde· aber unsern Schluß auch nicht stören.

8. Wir denken uns nun die Begrenzung einer Fläche H in dem Sinne durchwandert, daß man das Innere von H immer zur Linken hat. Dann wird jedes Intervall des Kreises, das in dieser Begrenzung vorkommt, in dem also Y positiv sein muß, ebenfalls so durchwandert, daß das Kreis-Innere zur Linken liegt, d. h. von einem graden Teilpunkt nach dem nächstfolgenden ungraden. Der Weg um H herum verläßt also die Kreisperipherie bei ungraden Teilpunkten und trifft sie wieder bei graden Teilpunkten.

Betrachten wir einen Teil S dieses Weges, der von dem Punkte $2h + 1$ durch das Innere bis zu einem Punkte $2k$ führt, so ist längs S überall $Y = 0$. Im Punkte $2h + 1$ ist aber X negativ und im Punkte $2k$ ist X positiv. Folglich muß X auf dem Wege S wenigstens in einem Punkte gleich Null werden, und dieser Punkt ist ein Wurzelpunkt, dessen Existenz somit nachgewiesen ist. Zum bessern Verständnis vergleiche man die Figur 19, die ungefähr der Annahme

$$f(z) = z^5 - 4z - 2$$

entspricht. Die Gleichung hat drei reelle Wurzeln α, β, γ und zwei konjugiert komplexe ε und $\bar{\varepsilon}$.

Auf dem Wege $(1, a, 0)$ liegt der Wurzelpunkt α, auf $(9, a, b, 6)$ liegt β, auf $(5, b, 4)$ liegt γ, auf·$(3, c, 2)$ liegt ε, auf $(7, d, 8)$ liegt $\bar{\varepsilon}$.

Fünfzehnter Abschnitt.

Symmetrische Funktionen. Invarianten von Permutationsgruppen.

§ 95*. Symmetrische Funktionen.

1. Sind x_1, x_2, ..., x_n irgendwelche unbestimmten Größen, so können wir eine Funktion n^{ten} Grades von x bilden, deren Wurzeln diese n Größen sind, nämlich

$$(1) \qquad f(x) = (x - x_1)(x - x_2) \ldots (x - x_n).$$

Multiplizieren wir aus und ordnen nach Potenzen von x, so ergibt sich:

$$(2) \qquad f(x) = x^n + a_1 x^{n-1} + a_2 x^{n-2} + \cdots + a_n,$$

und darin ist $- a_1$ die Summe der x_i, a_2 die Summe der Produkte je zweier x_i, $-a_3$ die Summe der Produkte zu je dreien usf., endlich $\pm a_n$ das Produkt aller x_i. Wir schreiben, wie in § 55, **1.**:

$$-a_1 = S(x_1)$$
$$a_2 = S(x_1 x_2)$$
$$(3) \qquad -a_3 = S(x_1 x_2 x_3)$$
$$\cdots \cdots \cdots$$
$$\pm a_n = x_1 x_2 \ldots x_n.$$

Man kann also die Koeffizienten der Funktion $f(x)$ rational und ganz durch die Wurzeln der Funktion ausdrücken.[1]

Die Summen auf der rechten Seite von (3) bleiben ungeändert, wenn die $x_1, x_2, \ldots, x_n$ beliebig untereinander permutiert werden. Sie heißen die **symmetrischen Grundfunktionen**.

2. Allgemein definieren wir: Eine Funktion $S(x_1, x_2, \ldots, x_n)$ der n Größen $x_1, x_2, \ldots, x_n$ heißt eine **symmetrische Funktion**, wenn sie bei beliebigen Permutationen der $x_1, x_2, \ldots, x_n$ ungeändert bleibt. Da jede Permutation aus Vertauschungen von immer nur zwei Elementen zusammengesetzt werden kann (§ 48, **5.**) so ist eine symmetrische Funktion bereits dadurch gekennzeichnet, daß sie bei allen Vertauschungen von je zwei Größen x_i und x_k ungeändert bleibt. Wir werden immer nur ganze symmetrische Funktionen betrachten.

3. Irgendein Glied einer symmetrischen Funktion wird die Gestalt

$$A\, x_1^{\alpha_1} x_2^{\alpha_2} \cdots x_n^{\alpha_n}$$

haben, worin A ein konstanter (d. h. von den $x_1 \ldots x_n$ unabhängiger) Koeffizient ist und die Exponenten $\alpha_1 \ldots \alpha_n$ ganze positive Zahlen sind. Die Summe der Exponenten $\alpha_1 + \alpha_2 + \cdots + \alpha_n$ nennt man die **Dimension des Gliedes**. Ein Aggregat von Gliedern gleicher Dimension heißt **homogen**.[2] Faßt man in einer symmetrischen Funktion alle Glieder gleicher Dimension zusammen, so muß jeder homogene Bestandteil für sich symmetrisch sein, da durch Permutation der Variablen die Dimension nicht geändert wird. Hiernach ist es leicht, allgemein eine homogene symmetrische Funktion von gegebener Dimension aufzustellen. So ist z. B. der allgemeine Ausdruck für eine homogene symmetrische Funktion von drei Variablen und der Dimension 4:

---

1) Der Zusammenhang zwischen den Koeffizienten und den Wurzeln einer Gleichung ist zuerst von Vieta, De aequationum recognitione et emendatione 1591 (gedruckt 1615) aufgedeckt worden.

2) Die Grundeigenschaft einer homogenen Funktion $F(x_1, x_2, \ldots, x_n)$ von der Dimension λ ist diese: Ersetzt man die Variabeln durch $t x_1, t x_2, \ldots t x_n$, unter t eine beliebige Zahl verstanden, so multipliziert sich die Funktion mit t^λ, also

$$F(t x_1, t x_2, \ldots, t x_n) = t^\lambda F(x_1, x_2, \ldots, x_n).$$

$$(4) \quad \begin{aligned} &a(x_1^4 + x_2^4 + x_3^4) \\ &+ b(x_1^3x_2 + x_1^3x_3 + x_2^3x_1 + x_2^3x_3 + x_3^3x_1 + x_3^3x_2) \\ &+ c(x_1^2x_2^2 + x_1^2x_3^2 + x_2^2x_3^2) \\ &+ d(x_1^2x_2x_3 + x_2^2x_3x_1 + x_3^2x_1x_2), \end{aligned}$$

worin a, b, c, d konstante Koeffizienten bedeuten.

Hier ist jeder mit demselben Koeffizienten multiplizierte Bestandteil wiederum für sich eine symmetrische Funktion und er ist durch Angabe seines ersten Gliedes völlig bestimmt. Man kann, wenn man für diese einzelnen Bestandteile das Summenzeichen S verwendet, die obige symmetrische Funktion kurz so schreiben:

$$a S(x_1^4) + b S(x_1^3 x_2) + c S(x_1^2 x_2^2) + d S(x_1^2 x_2 x_3).$$

4. Von den symmetrischen Funktionen gilt der folgende für die ganze Algebra wichtige Satz von Waring[1]):

Jede symmetrische Funktion $S(x_1, x_2, \ldots, x_n)$ kann rational und ganz durch die symmetrischen Grundfunktionen ausgedrückt werden.

Dies bedeutet, daß man durch Addition, Subtraktion und Multiplikation einen Ausdruck $F(a_1, a_2, \ldots, a_n)$ zusammensetzen kann, so daß

$$S(x_1, x_2, \ldots, x_n) = F(a_1, a_2, \ldots, a_n)$$

eine Identität wird, wenn für $a_1, a_2, \ldots, a_n$ die Ausdrücke aus (3) eingesetzt werden.

Von diesem Satz hat Waring einen einfachen Beweis gegeben, mit dem der von Gauß in seinem zweiten Beweis des Fundamentalsatzes der Algebra (1816) gegebene seinem Wesen nach übereinstimmt.[2]) Er läßt zugleich den Aufbau einer jeden symmetrischen Funktion erkennen und liefert ihre Darstellung durch die symmetrischen Grundfunktionen.

Wir denken uns diejenigen Glieder der symmetrischen Funktion, die in sämtlichen Exponenten übereinstimmen, in ein Glied vereinigt und nennen von zwei Gliedern

$$\mathfrak{A} = A x_1^{\alpha_1} x_2^{\alpha_2} \ldots x_n^{\alpha_n}, \quad \mathfrak{B} = B x_1^{\beta_1} x_2^{\beta_2} \ldots x_n^{\beta_n}$$

$\mathfrak{A}$ das höhere, wenn unter den Differenzen

$$\alpha_1 - \beta_1, \quad \alpha_2 - \beta_2, \ldots, \alpha_n - \beta_n$$

die erste, die von Null verschieden ist, einen positiven Wert hat, wenn also entweder $\alpha_1 > \beta_1$ oder $\alpha_1 = \beta_1$, $\alpha_2 > \beta_2$ oder $\alpha_1 = \beta_1$, $\alpha_2 = \beta_2$, $\alpha_3 > \beta_3$ usf. Gleich hohe Glieder kann es nicht geben, sonst müßten sie in allen Exponenten übereinstimmen, folglich gibt es ein höchstes Glied:

$$(5) \quad \mathfrak{A} = A x_1^{\alpha_1} x_2^{\alpha_2} \ldots x_n^{\alpha_n}.$$

---

1) Waring, Miscellanea analytica. Cambridge 1762.

2) Gauß, Werke 3, 36 (auch Ostwalds Klassiker Nr. 14). In ganz anderer und ebenfalls sehr einfacher Weise hat Cauchy, Exercices de mathématiques 4 (1829); Œuvres (2) 9, 132, den Satz bewiesen.

In diesem bilden die Exponenten eine abnehmende oder wenigstens niemals zunehmende Zahlenreihe, d. h. es ist

$$\alpha_1 \geqq \alpha_2 \geqq \alpha_3 \ldots \geqq \alpha_n,$$

denn wäre etwa $\alpha_2 > \alpha_1$, so würde das durch Vertauschung von x_1 und x_2 aus $\mathfrak{A}$ entstehende Glied $A x_1^{\alpha_2} x_2^{\alpha_1} x_3^{\alpha_3} \ldots x_n^{\alpha_n}$, das gleichfalls in S als symmetrischer Funktion vorkommen muß, höher sein als $\mathfrak{A}$, und $\mathfrak{A}$ wäre nicht das höchste Glied. Es findet sich daher unter den Differenzen

$$\alpha_1 - \alpha_2, \quad \alpha_2 - \alpha_3, \ldots, \alpha_{n-1} - \alpha_n$$

keine negative Zahl.

Man sieht ferner, daß α_1 der höchste überhaupt in S vorkommende Exponent ist, denn gäbe es einen höheren Exponenten $\alpha > \alpha_1$, so gäbe es auch ein Glied mit x_1^α, und dieses Glied wäre höher als $\mathfrak{A}$. Alle Glieder, die in einer symmetrischen Funktion vorkommen können, sind, abgesehen von den Koeffizienten, durch das höchste Glied (5) oder durch die „Ordnung" $(\alpha_1, \alpha_2, \ldots, \alpha_n)$ vollständig bestimmt; es gibt nur eine endliche Anzahl und sie lassen sich in einer bestimmten Reihenfolge ordnen, so daß jedes Glied höher ist als das darauf folgende. So hat die obige symmetrische Funktion (4) die Ordnung $(4, 0, 0)$ und die Glieder sind in folgender Reihenfolge zu ordnen:

$$x_1^4, \quad x_1^3 x_2, \quad x_1^3 x_3, \quad x_1^2 x_2^2, \quad x_1^2 x_2 x_3, \quad x_1^2 x_3^2, \quad x_1 x_2^3, \quad x_1 x_2^2 x_3, \quad x_1 x_2 x_3^2,$$
$$x_1 x_3^3, \quad x_2^4, \quad x_2^3 x_3, \quad x_2^2 x_3^2, \quad x_2 x_3^3, \quad x_3^4.$$

Sind $A x_1^{\alpha_1} x_2^{\alpha_2} \ldots x_n^{\alpha_n}$ und $B x_1^{\beta_1} x_2^{\beta_2} \ldots x_n^{\beta_n}$ die höchsten Glieder von zwei symmetrischen Funktionen, so ist ihr Produkt höher als das Produkt von irgend zwei anderen Gliedern $A' x_1^{\alpha_1'} x_2^{\alpha_2'} \ldots x_n^{\alpha_n'}$ und $B' x_1^{\beta_1'} x_2^{\beta_2'} \ldots x_n^{\beta_n'}$ der beiden Funktionen, denn da die erste icht verschwindende Differenz der $\alpha_i - \alpha_i'$ und der $\beta_i - \beta_i'$ positiv ist, muß auch die erste nicht verschwindende Differenz der $(\alpha_i + \beta_i) - (\alpha_i' + \beta_i') = (\alpha_i - \alpha_i') + (\beta_i - \beta_i')$ positiv sein. Es folgt:

Das höchste Glied in einem Produkt von mehreren symmetrischen Funktionen ist gleich dem Produkt der höchsten Glieder der einzelnen Faktoren.

Nun sind die höchsten Glieder der symmetrischen Grundfunktionen $a_1, a_2, a_3, \ldots, a_n$ der Reihe nach:

$$x_1, \quad x_1 x_2, \quad x_1 x_2 x_3, \ldots, x_1 x_2 x_3 \ldots x_n.$$

Bilden wir also das Produkt

$$(6) \qquad P = \pm A a_1^{\alpha_1 - \alpha_2} a_2^{\alpha_2 - \alpha_3} \cdot \cdot a_{n-1}^{\alpha_{n-1} - \alpha_n} a_n^{\alpha_n},$$

so ist das eine symmetrische Funktion, deren höchstes Glied nach richtiger Bestimmung des Vorzeichens mit dem höchsten Glied $\mathfrak{A}$ von S übereinstimmt. Die Differenz

$$S - P = S'$$

ist wiederum eine symmetrische Funktion, deren höchstes Glied niedriger ist als das von S. Von dieser Funktion S' kann man ebenso ein Produkt P' von Potenzen der $a_1, \ldots, a_n$ (mit einem geeigneten konstanten Koeffizienten) abziehen, so daß das höchste Glied der Differenz $S' - P' = S''$ niedriger ist als das von S', und in dieser Weise fortfahrend, erhält man eine Reihe symmetrischer Funktionen mit immer niedriger werdenden höchsten Gliedern und gelangt endlich zu einer Funktion $S^{(m)}$, für welche die Differenz $S^{(n)} - P^{(n)} = 0$ wird. Dann stellt sich aber, wie man sofort sieht, die gegebene Funktion S in der Form

$$(7) \qquad S = P + P' + P'' + \cdots + P^{(n)}$$

dar, und damit ist der obige Hauptsatz bewiesen.

5. Nehmen wir als Beispiel die symmetrische Funktion

$$S = S(x_1^2 x_2^2 x_3),$$

d. h. die Summe aller Produkte $x_\alpha^2 x_\beta^2 x_\gamma$, die man mit irgend drei der Zahlen $x_1, x_2, \ldots, x_n$ bilden kann.

Nach (6) und (3) ist hier $\quad P = - a_2 a_3,$

also $\qquad\qquad\qquad\qquad\quad S = - a_2 a_3 + S'.$

Berechnet man nun $- a_2 a_3$, so ist[1]

$$(8)\quad \begin{aligned} - a_2 a_3 &= (x_1 x_2 + \cdots)(x_1 x_2 x_3 + \cdots) \\ &= S(x_1^2 x_2^2 x_3) + 3 S(x_1^2 x_2 x_3 x_4) + 10 S(x_1 x_2 x_3 x_4 x_5). \end{aligned}$$

Weiter ist $\qquad\qquad S(x_1^2 x_2 x_3 x_4) = - a_1 a_4 + S''$

und $\qquad\quad\; - a_1 a_4 = (x_1 + \cdots)(x_1 x_2 x_3 x_4 + \cdots)$
$$= S(x_1^2 x_2 x_3 x_4) + 5 S(x_1 x_2 x_3 x_4 x_5)$$

Führt man hier $S(x_1 x_2 x_3 x_4 x_5) = - a_5$ ein, so folgt:

$$S(x_1^2 x_2 x_3 x_4) = - a_1 a_4 + 5 a_5$$

und damit nach (8):

$$S(x_1^2 x_2^2 x_3) = 3 a_1 a_4 - a_2 a_3 - 5 a_5.$$

6. Das Produkt P in (6) ist in den $a_1, a_2, \ldots, a_n$ vom Grad α_1 und das ist auch der Grad der nach (7) durch die Koeffizienten dargestellten Funktion S, denn die Produkte $P', P'', \ldots$ sind alle von niedrigerem Grad.

Gehen wir an Stelle der Funktion (2), welche als ersten Koeffizienten 1 hat, von der Funktion

$$f(x) = a_0 x^n + a_1 x^{n-1} + \cdots + a_n$$

---

1) Es ist zu beachten, daß bei der Multiplikation der Klammern das Produkt $x_1^2 x_2^2 x_3$ nur einmal entsteht, dagegen das Produkt $x_1^2 x_2 x_3 x_4$ dreimal, nämlich aus $x_1 x_2 \cdot x_1 x_3 x_4$, $x_1 x_3 \cdot x_1 x_2 x_4$, $x_1 x_4 \cdot x_1 x_2 x_3$, und ebenso das Produkt $x_1 x_2 x_3 x_4 x_5$ zehnmal, nämlich durch Multiplikation von $x_\alpha x_\beta$ mit $x_a x_b x_c$, wo α, β irgend zwei der Zahlen 1, 2, 3, 4, 5 und a, b, c die drei übrigen Zahlen bedeuten.

aus, so besagt der Hauptsatz, daß sich jede symmetrische Funktion der Wurzeln von $\bar{f}(x)$ als ganze rationale Funktion von $\dfrac{a_1}{a_0}, \dfrac{a_2}{a_0}, \ldots, \dfrac{a_n}{a_0}$:

$$S = F\left(\frac{a_1}{a_0}, \frac{a_2}{a_0}, \ldots, \frac{a_n}{a_0}\right)$$

darstellen läßt. Sie ist in $a_0, a_1, \ldots, a_n$ homogen von der Dimension Null (vgl. S. 374, Fußnote 2). In ihr tritt als höchste Potenz im Nenner $a_0^{\alpha_1}$ auf, also folgt:

Ist α_1 der höchste Exponent, mit dem jede Wurzel in der symmetrischen Funktion S auftritt, so ist $a_0^{\alpha_1} S$ eine ganze homogene Funktion α_1^{ter} Dimension von $a_0, a_1, a_2, \ldots, a_n$.

§ 96*. Diskriminanten.

1. Zu den wichtigsten symmetrischen Funktionen gehören die Diskriminanten, deren Bedeutung für die Lehre von den Gleichungen wir schon im dreizehnten Abschnitt kennen gelernt haben. Die Diskriminante einer Funktion n^{ten} Grades mit den Wurzeln $x_1, x_2, \ldots, x_n$ wird definiert als das Produkt der Quadrate sämtlicher Wurzeldifferenzen:

$$
\begin{aligned}
D = (x_1 - x_2)^2 (x_1 - x_3)^2 (x_1 - x_4)^2 &\ldots (x_1 - x_n)^2 \\
(x_2 - x_3)^2 (x_2 - x_4)^2 &\ldots (x_2 - x_n)^2 \\
(x_3 - x_4)^2 &\ldots (x_3 - x_n)^2 \\
&\;\vdots \\
&(x_{n-1} - x_n)^2.
\end{aligned}
$$

(1)

Sie ist das Quadrat des bereits § 49, **5.** erwähnten Differenzenproduktes P.

Diese Produktdarstellung läßt die wichtigste Eigenschaft der Diskriminante erkennen, nämlich:

Die Diskriminante wird dann und nur dann Null, wenn zwei Wurzeln der Gleichung $f(x) = 0$ zusammenfallen.

Da man nun nach dem Satz von Waring die Diskriminante allein mit Hilfe rationaler Operationen durch die Koeffizienten der Gleichung darstellen kann, so kann man, ohne die Gleichung aufzulösen, erkennen, ob sie eine Doppelwurzel besitzt oder nicht. Für die quadratische, kubische und biquadratische Gleichung haben wir dies durchgeführt, wollte man aber für die Darstellung der Diskriminante das Waringsche Verfahren anwenden, so würde man schon in den einfachsten Fällen, z. B. bei der kubischen Gleichung, zu sehr umständlichen Rechnungen genötigt sein. Man schlägt daher einen anderen Weg ein.

2. Wenn die Gleichung $f(x) = 0$ eine Doppelwurzel x_i besitzt, so muß mit $f(x)$ gleichzeitig die Derivierte $f'(x)$ für $x = x_i$ verschwinden (§ 88, **4.**) d. h. es müssen für $x = x_i$ die Gleichungen

$$x^n + a_1 x^{n-1} + a_2 x^{n-2} + \cdots + a_{n-1}x + a_n = 0$$

(2)

$$nx^{n-1} + (n-1)a_1 x^{n-2} + \cdots + a_{n-1} = 0$$

gleichzeitig erfüllt sein. Wenn man aus diesen Gleichungen x eliminiert, so erhält man eine Beziehung zwischen den Koeffizienten

(3)
$$F(a_1, a_2, \ldots, a_n) = 0,$$

und diese muß erfüllt sein, wenn die beiden Gleichungen gleichzeitig bestehen sollen, d. h. wenn $f(x) = 0$ eine Doppelwurzel besitzen soll.

Die Elimination von x aus den Gleichungen (2) läßt sich rational ausführen und liefert für die Funktion F in (3) eine Determinante $(2n-1)^{\text{ten}}$ Grades, die sich unschwer auf eine solche $(n-1)^{\text{ten}}$ Grades zurückführen läßt.[1]) Wir wollen für die kubische Gleichung diese Determinante aufstellen.

3. Es handelt sich also darum, aus den beiden Gleichungen

$$f = x^3 + a_1 x^2 + a_2 x + a_3 = 0$$

(4)

$$f' = \quad\quad 3x^2 + 2a_1 x + a_2 = 0$$

x zu eliminieren. Wir multiplizieren die erste Gleichung mit 3, die zweite mit x und erhalten durch Subtraktion

(5)
$$3f - xf' = a_1 x^2 + 2a_2 x + 3a_3 = 0.$$

Aus den beiden quadratischen Gleichungen (4) und (5) leiten wir zwei lineare Gleichungen her, indem wir zuerst Gleichung (4) mit a_1, Gleichung (5) mit 3 multiplizieren und subtrahieren; es folgt

(6)
$$2(a_1^2 - 3a_2)x + a_1 a_2 - 9a_3 = 0.$$

Ferner multiplizieren wir Gleichung (4) mit $3a_3$, Gleichung (5) mit a_2. Wenn wir dann subtrahieren, so erhalten wir eine quadratische Gleichung ohne konstantes Glied, und da für allgemeine Werte der Koeffizienten a_2, a_3 keine Wurzel von $f = 0$ und $f' = 0$ Null ist, können wir die Gleichung durch x dividieren und erhalten

(7)
$$(a_1 a_2 - 9a_3)x + 2(a_2^2 - 3a_1 a_3) = 0.$$

Damit also die Gleichungen $f = 0$ und $f' = 0$ gleichzeitig bestehen sollen, müssen die beiden linearen Gleichungen (6) und (7) gleichzeitig erfüllt sein, und das ist der Fall, wenn die Bedingung

(8)
$$\begin{vmatrix} 2(a_1^2 - 3a_2) & a_1 a_2 - 9a_3 \\ a_1 a_2 - 9a_3 & 2(a_2^2 - 3a_1 a_3) \end{vmatrix} = 0$$

erfüllt ist. Dies ist im Fall der kubischen Gleichung die Beziehung (3), die bestehen muß, damit die Gleichung eine Doppelwurzel besitzt, folglich muß die Determinante (8) gleichzeitig mit der Diskriminante verschwinden. Die Ausrechnung der Determinante ergibt:

---

1) **Euler**, Introductio in anal. infinit. (1748), **2**, Cap. 19. **Bézout**, Mém. Acad. de Paris 1764; **Sylvester**, Phil. Mag. **16** (1840).

$$4 (a_1{}^2 - 3 a_2)(a_2{}^2 - 3 a_1 a_3) - (a_1 a_2 - 9 a_3)^2$$
$$= 3 a_1{}^2 a_2{}^2 + 54 a_1 a_2 a_3 - 12 a_1{}^3 a_3 - 12 a_2{}^3 - 81 a_3{}^2.$$

Nun ist aber nach (1) das höchste Glied der Diskriminante (im Sinne von § 95, 4.) $x_1{}^{2n-2} x_2{}^{2n-4} \ldots x_{n-1}{}^2$, folglich muß nach § 95, (6) das Produkt $a_1{}^2 a_2{}^2 a_3{}^2 \ldots a_{n-1}{}^2$, also im vorliegenden Fall $a_1{}^2 a_2{}^2$ ein Glied der Diskriminante sein, mithin erweist sich der obige Ausdruck als das Dreifache der Diskriminante, und die Diskriminante der kubischen Gleichung[1] wird übereinstimmend mit § 81, (16):

$$(9) \qquad D = a_1{}^2 a_2{}^2 + 18 a_1 a_2 a_3 - 4 a_1{}^3 a_3 - 4 a_2{}^3 - 27 a_3{}^2.$$

4. Der höchste Exponent, mit dem jede Wurzel in der Diskriminante auftritt, ist $2n - 2$, also folgt nach (1) und § 95, 6.:

Ist P das Differenzenprodukt der Wurzeln der ganzen Funktion

$$(10) \qquad f(x) = a_0 x^n + a_1 x^{n-1} + \cdots + a_n, \qquad \text{so ist}$$

$$(11) \qquad \varDelta = a_0{}^{2n-2} P^2$$

eine homogene Funktion $(2n-2)^{\text{ter}}$ Dimension von $a_0, a_1, \ldots, a_n$. Sie heißt die **homogene Diskriminante** der Funktion $f(x)$.

Für die kubische Funktion erhält man nach (9) als homogene Diskriminante:

$$\varDelta = a_1{}^2 a_2{}^2 + 18 a_0 a_1 a_2 a_3 - 4 a_1{}^3 a_3 - 4 a_0 a_2{}^3 - 27 a_0{}^2 a_3{}^2.$$

5. Wir wollen noch eine fundamentale Eigenschaft der Diskriminante ableiten. Wir ersetzen in (10) die Veränderliche x durch das Verhältnis $\dfrac{x}{y}$ von zwei Veränderlichen und multiplizieren die Funktion mit y^n. Dann erhalten wir eine homogene Funktion n^{ter} Dimension von x und y:

$$(12) \qquad f(x, y) = a_0 x^n + a_1 x^{n-1} y + a_2 x^{n-2} y^2 + \cdots + a_n y^n$$

Man nennt sie auch eine **binäre Form** n^{ten} Grades. Sie kann immer an Stelle der inhomogenen Funktion $f(x)$ verwendet werden; insbesondere wird sie in der ausgedehnten **Invariantentheorie der binären Formen** der Betrachtung zugrunde gelegt. Diese Theorie geht davon aus, daß man in der Form (12) an Stelle der Veränderlichen x, y neue Veränderliche ξ, η durch **eine lineare Substitution**

$$(13) \qquad x = \alpha \xi + \beta \eta, \quad y = \gamma \xi + \delta \eta$$

mit konstanten Koeffizienten $\alpha, \beta, \gamma, \delta$ einführt. Die **Determinante der Substitution**

$$(14) \qquad \alpha \delta - \beta \gamma = r$$

wird von Null verschieden vorausgesetzt. Durch die Substitution (13) geht $f(x, y)$ in eine binäre Form n^{ten} Grades von ξ und η:

$$(15) \qquad \varphi(\xi, \eta) = b_0 \xi^n + b_1 \xi^{n-1} \eta + b_2 \xi^{n-2} \eta^2 + \cdots + b_n \eta^n$$

---

[1] Vgl. auch § 99, (9).

über, worin sich die neuen Koeffizienten $b_0, \ldots, b_n$ aus den alten $a_0, \ldots, a_n$ und den Substitutionskoeffizienten $\alpha, \beta, \gamma, \delta$ zusammensetzen; z. B. wird, wie man sogleich sieht:
$$b_0 = f(\alpha, \gamma); \quad b_n = f(\beta, \delta).$$

6. Unter der Diskriminante der Form $f(x, y)$ versteht man die durch (11) definierte homogene Funktion $\varDelta$ von $a_0, a_1, \ldots, a_n$. Dieselbe Funktion, gebildet mit den $b_0, b_1, \ldots, b_n$ ist die Diskriminante $\varDelta'$ der transformierten Form $\varphi(\xi, \eta)$. Sie muß sich durch die $a_0, a_1, \ldots, a_n$ und die Substitutionskoeffizienten darstellen lassen, und wir wollen nun zeigen, daß zwischen $\varDelta$ und $\varDelta'$ ein sehr einfacher Zusammenhang besteht.

Die Funktion $f(x, y)$ stellt sich mit Hilfe der Wurzeln $x_1, x_2, \ldots, x_n$ als Produkt
$$f(x, y) = a_0 (x - y x_1) (x - y x_2) \ldots (x - y x_n)$$

dar. Ersetzt man aber auch die Wurzeln x_i durch Verhältnisse $\dfrac{x_i}{y_i}$ von je zwei Zahlen und schreibt zur Abkürzung die Determinanten zweiten Grades
$$x y_i - y x_i = (x y_i), \qquad\qquad i = 1, 2, \ldots, n$$

so wird
$$(16) \qquad f(x, y) = A (x y_1) (x y_2) \ldots (x y_n),$$

worin
$$A = \frac{a_0}{y_1 y_2 \ldots y_n} \quad \text{ist.}$$

Die Diskriminante von $f(x, y)$ ist nach (11)
$$\varDelta = a_0^{2n-2} \prod_{i < k} \left(\frac{x_i}{y_i} - \frac{x_k}{y_k} \right)^2. \qquad \begin{array}{l} i = 1, 2, \ldots, n-1 \\ k = 2, 3, \ldots, n. \end{array}$$

Hier tritt jedes y_i in $2(n-1)$ Faktoren der rechten Seite auf, also wird, wenn man die Bezeichnung
$$x_i y_k - y_i x_k = (x_i y_k) \qquad\qquad \text{einführt:}$$
$$(17) \qquad \varDelta = A^{2n-2} \prod_{i < k} (x_i y_k)^2.$$

Hier stehen unter dem Produktzeichen $2 \dfrac{n(n-1)}{2} = n(n-1)$ Faktoren.

Ersetzt man jetzt mit Hilfe der Substitution (13) x, y durch ξ, η und durch die entsprechende Substitution
$$x_i = \alpha \xi_i + \beta \eta_i, \qquad y_i = \gamma \xi_i + \delta \eta_i$$
x_i, y_i durch ξ_i, η_i, so wird zunächst auf Grund des Multiplikationsgesetzes der Determinanten (§ 77, **9.**):
$$(x y_i) = r(\xi \eta_i); \quad (x_i y_k) = r(\xi_i \eta_k).$$

Die Funktion $f(x, y)$ in (16) geht dann über in
$$\varphi(\xi, \eta) = A'(\xi \eta_1) (\xi \eta_2) \ldots (\xi \eta_n)$$
und darin ist $A' = r^n A$. Die Diskriminante von $\varphi(\xi, \eta)$ wird nach (17):
$$\varDelta' = A'^{2n-2} \prod_{i < k} (\xi_i \eta_k)^2 = \frac{r^{n(2n-2)}}{r^{n(n-1)}} A^{2n-2} \prod_{i < k} (x_i y_k)^2 \qquad \text{oder}$$
$$(18) \qquad \varDelta' = r^{n(n-1)} \varDelta.$$

Wir haben also den Satz:

Bei einer linearen Transformation der Form $f(x, y)$ von der Determinante r bleibt die Diskriminante bis auf einen Faktor $r^{n(n-1)}$ ungeändert.

Eine solche Funktion $\Im (a_0, a_1, \ldots, a_n)$ der Koeffizienten von $f(x, y)$, die bei einer linearen Transformation von f nur eine Potenz r^λ der Substitutionsdeterminante als Faktor ausscheidet, so daß also die transformierte Funktion

$$\Im' = r^\lambda \Im$$

ist, nennt man eine Invariante von f vom Gewicht λ. Wir sehen also:

Die Diskriminante einer binären Form n^{ten} Grades ist eine Invariante vom Gewicht $n(n-1)$.

§ 97. Potenzsummen der Wurzeln.

1. Wir wollen noch eine Gattung einfacher symmetrischer Funktionen betrachten, nämlich die Potenzsummen, d. h. die Summen gleich hoher Potenzen der Wurzeln:

$$(1) \qquad s_k = x_1^k + x_2^k + x_3^k + \cdots + x_n^k. \qquad (k=1, 2, 3 \ldots)$$

Um sie durch die symmetrischen Grundfunktionen auszudrücken, gehen wir auf die zweite Formel (10) in § 91 zurück, indem wir sie schreiben:

$$(2) \qquad f'(x) = \frac{f(x)}{x - x_1} + \frac{f(x)}{x - x_2} + \cdots + \frac{f(x)}{x - x_n}.$$

Die linke Seite ist

$$(3) \quad f'(x) = n x^{n-1} + (n-1) a_1 x^{n-2} + (n-2) a_2 x^{n-3} + \cdots + a_{n-1}.$$

Auf der rechten Seite haben wir

$$(4) \qquad \frac{f(x)}{x - x_1} = x^{n-1} + q_1 x^{n-2} + q_2 x^{n-3} + \cdots + q_{n-1},$$

und darin ist nach § 88, (6):

$$q_1 = x_1 + a_1$$
$$q_2 = x_1^2 + a_1 x_1 + a_2$$
$$q_3 = x_1^3 + a_1 x_1^2 + a_2 x_1 + a_3$$
$$\cdots \cdots \cdots \cdots \cdots$$
$$q_{n-1} = x_1^{n-1} + a_1 x_1^{n-2} + a_2 x_1^{n-3} + \cdots + a_{n-1}.$$

Behandelt man die übrigen Glieder in (2) in derselben Weise und nimmt dann die Summe aller Glieder, so werden die Koeffizienten von $x^{n-1}, x^{n-2}, x^{n-3}, \ldots$ der Reihe nach:

$$n; \quad s_1 + n a_1, \quad s_2 + a_1 s_1 + n a_2, \quad s_3 + a_1 s_2 + a_2 s_1 + n a_3, \ldots,$$

und durch Vergleichung mit den Koeffizienten in (3) erhalten wir das folgende System von Formeln:

$$(5) \qquad \begin{aligned} s_1 + a_1 &= 0 \\ s_2 + a_1 s_1 + 2 a_2 &= 0 \\ s_3 + a_1 s_2 + a_2 s_1 + 3 a_3 &= 0 \\ \cdots \cdots \cdots \cdots \cdots & \\ s_{n-1} + a_1 s_{n-2} + a_2 s_{n-3} + \cdots (n-1) a_{n-1} &= 0. \end{aligned}$$

Aus ihnen lassen sich die Potenzsummen $s_1, s_2, \ldots, s_{n-1}$ nacheinander als Funktionen der symmetrischen Grundfunktionen $a_1, a_2, \ldots, a_{n-1}$ berechnen. Man erhält so:

$$(6) \quad \begin{aligned} s_1 &= -a_1 \\ s_2 &= a_1{}^2 - 2a_2 \\ s_3 &= -a_1{}^3 + 3a_1 a_2 - 3a_3 \\ s_4 &= a_1{}^4 - 4a_1{}^2 a_2 + 4a_1 a_3 + 2a_2{}^2 - 4a_4 \end{aligned}$$

. . . .

2. Um auch die höheren Potenzsummen $s_n, s_{n+1}, s_{n+2}, \ldots$ zu finden, hat man nur zu beachten, daß für jede Wurzel x_i und einen beliebigen Exponenten k

$$x_i{}^k f(x_i) = 0 = x_i{}^{n+k} + a_1 x_i{}^{n+k-1} + a_2 x_i{}^{n+k-2} + \cdots + a_n x_i{}^k$$

ist. Bildet man die Summe über alle x_i, so erhält man für $k = 0, 1, 2, 3, \ldots$

$$(7) \quad \begin{aligned} s_n \quad\; &+ a_1 s_{n-1} + a_2 s_{n-2} + \cdots + n a_n = 0 \\ s_{n+1} &+ a_1 s_n \quad\; + a_2 s_{n-1} + \cdots + a_n s_1 = 0 \\ s_{n+2} &+ a_1 s_{n+1} + a_2 s_n \quad\; + \cdots + a_n s_2 = 0 \end{aligned}$$

. . . .

und hieraus kann man nacheinander $s_n, s_{n+1}, s_{n+2}, \ldots$ berechnen.[1])

Die Formeln (7) schließen sich unter der Annahme $a_{n+1} = a_{n+2} = a_{n+3} = \cdots = 0$ unmittelbar an die Formeln (5) an.

Aus den Formeln (5) und der ersten Formel (7) kann man auch umgekehrt die symmetrischen Grundfunktionen $a_1 \ldots a_n$ durch die $s_1 \ldots s_n$ ausdrücken, und man sieht dann weiterhin, daß sich jede symmetrische Funktion als ganze Funktion (aber nicht mit ganzzahligen Koeffizienten) der Potenzsummen darstellen läßt.

§ 98*. Invarianten einer Permutationsgruppe. Elemente der Galoisschen Theorie.

1. Es sei $f(x) = 0$ eine Gleichung n^{ten} Grades mit lauter verschiedenen Wurzeln $x_1, x_2, \ldots, x_n$. Wir nennen sie die Grundgleichung. Die symmetrischen Funktionen der Wurzeln bleiben bei allen Permutationen der Variablen $x_1, x_2, \ldots, x_n$ ungeändert. Diese $n!$ Permutationen bilden die im achten Abschnitt betrachtete Gruppe $\mathfrak{P}$. Wir nennen nun in Erweiterung des § 96, 6. eingeführten Begriffes eine ganze rationale Funktion[2]), die bei bestimmten Änderungen (Transformationen) der Va-

---

1) Die ersten Ausdrücke für Potenzsummen hat Albert Girard in seiner Invention nouvelle en l'algèbre (1629) gegeben. Die obigen Formeln stammen von Newton, Arithmetica universalis (1707).

2) In diesem Paragraphen sprechen wir nur von ganzen Funktionen.

riablen ungeändert bleibt, **invariant gegenüber diesen Transformationen** oder **eine Invariante derselben**. Wir können also sagen:

Die symmetrischen Funktionen der Wurzeln einer Gleichung n^{ten} Grades sind Invarianten der Gruppe aller Permutationen von n Elementen.

Sie lassen sich, wie wir gesehen haben, rational durch die Koeffizienten der Gleichung ausdrücken, und umgekehrt ist jede rationale Funktion der Koeffizienten eine symmetrische Funktion der Wurzeln.

Durch die Koeffizienten $a_1, a_2, \ldots, a_n$ der Gleichung ist ein **Zahlenkörper** oder **Rationalitätsbereich** definiert (vgl. § 90, **11.**), nämlich die Gesamtheit der Zahlen, die sich aus $a_1, \ldots, a_n$ durch rationale Operationen berechnen lassen. Wir bezeichnen diesen Zahlenkörper mit $\Omega(a_1, \ldots, a_n)$ oder kurz mit Ω und nennen ihn auch den **Grundkörper**. Dann können wir sagen:

Jede symmetrische Funktion der Wurzeln $x_1, x_2, \ldots, x_n$ ist eine Zahl des Grundkörpers Ω, und umgekehrt ist jede Zahl des Körpers eine symmetrische Funktion der Wurzeln, mithin eine Invariante der Gruppe $\mathfrak{P}$ aller Permutationen.

Man nennt deshalb die Gruppe $\mathfrak{P}$ auch die **Gruppe der allgemeinen Gleichung n^{ten} Grades** oder die **symmetrische Gruppe** oder auch nach dem Mathematiker, der zuerst ihre große Bedeutung für die Algebra erkannt hat, die **Galoissche Gruppe**[1]) **der Gleichung für den Körper Ω**.

2. Eine Invariante einer Gruppe ist auch gleichzeitig Invariante einer jeden Untergruppe. Wir wollen aber unter einer Invariante einer Untergruppe $\mathfrak{H}$ nur eine solche Funktion verstehen, die bei den Permutationen von $\mathfrak{H}$ und nur bei diesen Permutationen ungeändert bleibt. Wo es zur Vermeidung von Mißverständnissen nötig ist, nennen wir sie auch eine **eigentliche Invariante** von $\mathfrak{H}$. So ist z. B. das Differenzenprodukt P (vgl. § 49, **5.**), dessen Quadrat die Diskriminante ist[2]), eine eigentliche Invariante der Gruppe der graden Permutationen, denn es bleibt ungeändert bei allen graden Permutationen, ändert dagegen bei jeder ungraden Permutation sein Vorzeichen. Man nennt die Gruppe der graden Permutationen auch die **alternierende Gruppe** und jede Invariante dieser Gruppe eine **alternierende Funktion**. Es besteht der Satz:

Jede alternierende Funktion ist ganz und rational durch P und die Koeffizienten der Gleichung darstellbar.

---

1) Nur bei einer allgemeinen Gleichung mit unbestimmten voneinander unabhängigen Koeffizienten und bei besonderen Klassen von speziellen Gleichungen stimmt die Galoissche Gruppe mit der Gesamtgruppe $\mathfrak{P}$ aller Permutationen überein. Für alle anderen speziellen Gleichungen oder bei Adjunktion neuer Größen zum Körper Ω wird die Galoissche Gruppe eine Untergruppe von $\mathfrak{P}$ (vgl. **3.** und **4.**).

2) Durch Formel (1) in § 49 ist das Vorzeichen der Quadratwurzel $\sqrt{D} = P$ festgelegt.

Wenn nämlich eine solche Funktion Q durch irgendeine Transposition, etwa (x_1, x_2) in Q' übergeht, so geht Q' durch eine abermalige Transposition wieder in Q über, denn die Zusammensetzung von zwei Transpositionen entspricht einer graden Permutation; die Funktion kann aber überhaupt keinen andern Wert erhalten als Q und Q', weil jede ungrade Permutation aus einer graden durch nachträgliche Ausführung der Transposition (x_1, x_2) erzeugt werden kann. Demnach ist $Q + Q'$ eine symmetrische Funktion. Die Differenz $Q - Q'$ ändert bei der Vertauschung (x_1, x_2) ihr Vorzeichen, verschwindet also, wenn $x_1 = x_2$ ist. Es ist daher $Q - Q'$, als ganze Funktion von x_1 aufgefaßt, durch $x_1 - x_2$ teilbar und ebenso auch durch alle übrigen Differenzen $x_i - x_k$, also auch durch das Produkt $P = \sqrt{D}$. Der Quotient $\dfrac{Q - Q'}{P}$ ist aber wieder eine symmetrische Funktion. Setzt man also

$$Q + Q' = 2A, \quad Q - Q' = 2B\sqrt{D},$$

so sind A und B ganze rationale Funktionen der Koeffizienten und es wird

$$(1) \qquad Q = A + B\sqrt{D}.$$

3. Durch Adjunktion von $\sqrt{D}$ zu dem Grundkörper Ω entsteht ein neuer Körper Ω', und der obige Satz läßt sich auch so ausdrücken:

Jede alternierende Funktion ist eine Zahl des Körpers Ω' und jede Zahl dieses Körpers ist eine alternierende Funktion, d.h. invariant gegenüber der alternierenden Gruppe.

Wir nennen deshalb die alternierende Gruppe die Galoissche Gruppe der Gleichung für den durch Adjunktion von $\sqrt{D}$ aus dem Grundkörper entstehenden Körper Ω'.

Derselbe Körper Ω' entsteht, wenn wir statt $\sqrt{D}$ irgendeine eigentliche Invariante y der alternierenden Gruppe zu Ω adjungieren. Jede solche Invariante ist nach (1) Wurzel einer quadratischen Gleichung

$$(2) \qquad y^2 + \alpha y + \beta = 0$$

mit Koeffizienten aus Ω. Es reduziert sich also die Galoissche Gruppe der Grundgleichung (d. h. die Gruppe $\mathfrak{P}$ aller Permutationen) bei Adjunktion einer Wurzel der Gleichung (2) auf die alternierende Gruppe.

4. Wir wollen diese Betrachtungen auf beliebige Permutationsgruppen ausdehnen und gehen nun von einer Grundgleichung $f(x) = 0$ aus, deren Koeffizienten nicht mehr unbestimmte, voneinander unabhängige Zahlen zu sein brauchen, sondern irgendwelche spezielle numerische Werte haben können. Weiter verstehen wir jetzt unter einer Invariante einer Permutationsgruppe $\mathfrak{G}$ schon eine solche Funktion der Wurzeln, die bei den Permutationen von $\mathfrak{G}$ numerisch ungeändert bleibt. Es kann nämlich vorkommen, daß eine Funktion der Wurzeln bei gewissen Permutationen ihre Form ändert, aber infolge der Beziehungen, die auf Grund der Gleichung zwischen den Wurzeln bestehen, ihren numerischen Wert beibehält.[1])

Sei Θ der Rationalitätsbereich der Koeffizienten der Gleichung, dann definieren wir:

Eine Permutationsgruppe $\mathfrak{G}$ heißt die Galoissche Gruppe der Gleichung für den Körper Θ, wenn jede numerische Invariante von $\mathfrak{G}$ eine Zahl aus Θ und umgekehrt jede Zahl aus Θ, als Funktion der Wurzeln betrachtet, der Gruppe gegenüber numerisch invariant ist.

5. Sei $\mathfrak{H}$ eine Untergruppe der Gruppe $\mathfrak{G}$. Dann ist nach § 52, 4. die Ordnung g von $\mathfrak{G}$ ein Vielfaches der Ordnung h von $\mathfrak{H}$:

$$g = hk,$$

und k ist der Index der Untergruppe $\mathfrak{H}$. Die sämtlichen g Permutationen von $\mathfrak{G}$ lassen sich auf die k konjugierten Systeme $\mathfrak{H}, \mathfrak{A}_1, \ldots, \mathfrak{A}_{k-1}$ von je h Permutationen verteilen, und aus diesen erhält man wie in § 52, 5. die zu $\mathfrak{H}$ konjugierten Untergruppen $\mathfrak{H}_1, \ldots, \mathfrak{H}_{k-1}$.

Es sei nun y eine (eigentliche) Invariante der Untergruppe $\mathfrak{H}$, d. h. also y behalte bei allen Permutationen von $\mathfrak{H}$ seinen numerischen Wert, nehme aber bei jeder nicht zu $\mathfrak{H}$ gehörigen Permutation aus $\mathfrak{G}$ einen hiervon verschiedenen Wert an. Dann geht y durch alle Permutationen eines konjugierten Systems $\mathfrak{A}_i$ in einen bestimmten Wert y_i über, und überhaupt kann y durch alle Permutationen aus $\mathfrak{G}$ nur k Werte

$$y, \quad y_1, \quad y_2, \ldots, y_{k-1}$$

annehmen. Diese Werte y_i sind Invarianten der zu $\mathfrak{H}$ konjugierten Untergruppen und heißen konjugierte Werte. Sie sind alle verschieden. Bezeichnet man nämlich den durch eine Permutation P aus y hervorgehenden Wert mit y_P, so ist, wenn H eine Permutation aus $\mathfrak{H}$, A_i eine solche aus $\mathfrak{A}_i$ ist, $y = y_H$, $y_1 = y_{HA_1} = y_{A_1}$, $y_2 = y_{HA_2} = y_{A_2}$. Wäre etwa $y_1 = y_2$, so müßte $y_{A_1} = y_{A_2}$, also $y = y_{A_2 A_1^{-1}}$ sein, es wäre also $A_2 A_1^{-1}$ eine Permutation H der Untergruppe $\mathfrak{H}$ und $A_2 = HA_1$, d. h. es würde A_2 eine Permutation des konjugierten Systems $\mathfrak{A}_1$ sein, was bei der Bildung der konjugierten Systeme ausgeschlossen ist (§ 52, 4.).

Die symmetrischen Grundfunktionen der y:

$$y + y_1 + y_2 + \cdots + y_{k-1} = -b_1$$
$$yy_1 + yy_2 + \cdots \qquad = b_2$$
$$\cdots \cdots \cdots \cdots \cdots$$
$$yy_1y_2 \cdots y_{k-1} = \pm b_k$$

bleiben bei allen Permutationen aus $\mathfrak{G}$ ungeändert, folglich sind sie nach **4.** Zahlen des Rationalitätsbereichs Θ. Es besteht also der Satz:

---

1) So haben z. B. bei der Gleichung $x^3 - 2x - 5 = 0$ die Funktionen

$$x_1{}^2 - x_2 x_3, \quad x_2{}^2 - x_3 x_1, \quad x_3{}^2 - x_1 x_2$$

den gleichen numerischen Wert 2, mithin ist $x_1{}^2 - x_2 x_3$ eine numerische Invariante der zyklischen Gruppe (1 2 3).

Jede Invariante einer Untergruppe der Gruppe $\mathfrak{G}$ vom Index k ist Wurzel einer Gleichung k^{ten} Grades, deren Koeffizienten sich rational durch die Koeffizienten der Grundgleichung ausdrücken.

Diese Gleichung, der die k konjugierten Werte $y, y_1, \ldots, y_{k-1}$ genügen, heißt eine Resolvente der Gleichung $f(x) = 0$; sie lautet:

$$(3) \qquad \varphi(y) = y^k + b_1 y^{k-1} + \cdots + b_k = 0,$$

und wenn wir in φ die unbestimmte Variable t einführen, so ist

$$(4) \qquad \varphi(t) = (t - y)(t - y_1) \ldots (t - y_{k-1}).$$

6. Die Gleichung (3) ist in Θ irreduzibel. Denn wäre $\varphi(t)$ in zwei Faktoren $\psi(t)$ und $\chi(t)$ mit Koeffizienten aus Θ zerlegbar und wären etwa $y, y_1, \ldots, y_q$ die Wurzeln von $\psi(t) = 0$, so wären die symmetrischen Grundfunktionen dieser Wurzeln Zahlen aus Θ und blieben bei allen Permutationen von $\mathfrak{G}$ ungeändert. Man könnte aber auf diese Funktionen eine Permutation aus $\mathfrak{G}$ anwenden, durch die y in irgendeine nicht zu den $y_1 \ldots y_q$ gehörige Wurzel y_m überginge, also müßte auch y_m eine Wurzel von $\psi(t)$ sein. Folglich muß $\psi(t)$ alle Wurzeln von $\varphi(t)$ besitzen, d. h. $\varphi(t)$ ist irreduzibel.

7. Weiter besteht der Satz[1]), der eine Verallgemeinerung des in 2. bewiesenen Satzes darstellt:

Jede rationale Funktion der $x_1, \ldots, x_n$, die durch die Permutationen einer Untergruppe numerisch nicht geändert wird, läßt sich rational durch eine eigentliche Invariante der Untergruppe und die Koeffizienten der Grundgleichung darstellen.

Sei nämlich z eine solche Funktion, y eine Invariante der Untergruppe, so entsprechen den konjugierten Werten

$$y, y_1, \ldots, y_{k-1}$$

die Werte
$$z, z_1, \ldots, z_{k-1}.$$

Wendet man auf diese beiden Reihen von Werten irgendeine Permutation P aus $\mathfrak{G}$ an, so tritt eine gewisse Permutation der Werte ein, und zwar in beiden Reihen dieselbe Permutation, denn geht y_μ durch P in y_ν über, so geht gleichzeitig z_μ in z_ν über. Mit der auf der linken Seite der Gleichung (3) auftretenden Funktion bilden wir nun

$$\varphi(t)\left(\frac{z}{t-y} + \frac{z_1}{t-y_1} + \cdots + \frac{z_{k-1}}{t-y_{k-1}}\right) = \psi(t).$$

Dies ist eine ganze Funktion $(k-1)^{\text{ten}}$ Grades von t und zugleich eine rationale Funktion der $x_1 \ldots x_n$, die bei allen Permutationen aus $\mathfrak{G}$ ungeändert bleibt; folglich drücken sich ihre Koeffizienten rational durch die Koeffizienten der Gleichung n^{ten} Grades aus. Da $\varphi(t)$ keine gleichen

---

1) **Lagrange**, Réflexions sur la résolution algébrique des équations. Mém. de l'acad. de Berlin (1770/71).

Wurzeln hat, kann man auf $\dfrac{\psi(t)}{\varphi(t)}$ die Interpolationsformel von Lagrange (§ 91, (9)) anwenden und findet:

$$z = \frac{\psi(y)}{\varphi'(y)},$$

womit z in der Tat rational durch y und die Koeffizienten der Gleichung dargestellt ist.

8. Nach diesem Satz gehört also jede Funktion, die durch die Permutationen einer Untergruppe $\mathfrak{H}$ numerisch nicht geändert wird, einem Körper Θ' an, der durch Adjunktion einer eigentlichen Invariante von $\mathfrak{H}$ zum Grundkörper Θ entsteht. Umgekehrt ist natürlich jede Zahl aus Θ' invariant gegenüber $\mathfrak{H}$, und nach 4. ist also $\mathfrak{H}$ die Galoissche Gruppe der Gleichung für den Körper Θ'. Es besteht also der Satz:

Wenn man dem Grundkörper Θ eine eigentliche Invariante einer Untergruppe $\mathfrak{H}$ von $\mathfrak{G}$ adjungiert, so reduziert sich die Galoissche Gruppe auf die Gruppe $\mathfrak{H}$.

9. Ist $\mathfrak{H}$ eine ausgezeichnete Untergruppe, so sind alle konjugierten Untergruppen mit $\mathfrak{H}$ identisch (§ 52, 5.), folglich sind die konjugierten Werte $y, y_1, \ldots, y_{k-1}$ oder die Wurzeln der Gleichung (3) sämtlich Invarianten von $\mathfrak{H}$, und aus dem Satz 7. schließt man:

Ist $\mathfrak{H}$ eine ausgezeichnete Untergruppe, so ist jede Wurzel der Gleichung (3) rational durch eine von ihnen darstellbar.[1]

§ 99*. Anwendung der Permutationsgruppen auf die Auflösung der kubischen und biquadratischen Gleichungen.

1. Die Theorie der Permutationsgruppen gibt einen Einblick in das eigentliche Wesen der Methoden zur Auflösung von algebraischen Gleichungen. Der leitende Gedanke dabei ist, daß man die Gruppe der Gleichung stufenweise abbaut, indem man dem Grundkörper nacheinander Invarianten von Untergruppen adjungiert, die durch Resolventen von der Art wie Gleichung (3) bestimmt werden. Die Gleichung ist als gelöst zu betrachten, wenn man ihre Gruppe so weit erniedrigt hat, daß sie nur noch aus der identischen Transformation, d. h. aus der Hauptpermutation E besteht. Die Gruppe möge dann vollständig reduziert genannt werden. Jede Wurzel ist alsdann Invariante dieser Gruppe und es ist ein Rationalitätsbereich bekannt, dem die sämtlichen Wurzeln angehören. Wir wollen dies für die kubischen und biquadratischen Gleichungen durchführen.[2]

---

1) Eine durch Klarheit und Einfachheit ausgezeichnete Einführung in die Galoissche Theorie bietet die Abhandlung von O. Bolza, On the theory of substitutionsgroups and its applications to algebric equations. Amer. Journ. of Math. **13** (1891).

2) Die hier angedeutete Auffassung der Auflösung einer Gleichung stammt von Galois (1832) Die dieser Auffassung entsprechenden Methoden zur Auflösung der kubischen und biquadratischen Gleichungen sind aber schon von

2. Die Gruppe der allgemeinen kubischen Gleichung

$$x^3 + a_1 x^2 + a_2 x + a_3 = 0$$

ist die Gruppe der Permutationen von drei Elementen. Sie reduziert sich bei Adjunktion von $\sqrt{D}$ auf die alternierende Gruppe

(1) $$(1), \quad (123), \quad (132),$$

welche zugleich die einzige ausgezeichnete Untergruppe ist.

Bilden wir nun mit der komplexen dritten Einheitswurzel ε die Größen[1])

(2) $$3u = x_1 + \varepsilon x_2 + \varepsilon^2 x_3, \quad 3v = x_1 + \varepsilon^2 x_2 + \varepsilon x_3,$$

so gehen u und v bei Anwendung der drei Transpositionen über in (wir gebrauchen das Zeichen $\sim$ zur Abkürzung für „geht über in"):

$$\text{bei der Transposition } (x_2 x_3): \quad u \sim v, \quad\quad v \sim u$$
$$\text{„ „ „} \quad (x_1 x_2): \quad u \sim \varepsilon v, \quad v \sim \varepsilon^2 u$$
$$\text{„ „ „} \quad (x_1 x_3): \quad u \sim \varepsilon^2 v, \quad v \sim \varepsilon u.$$

Es bleibt also bei allen Transpositionen das Produkt uv ungeändert, während u^3 und v^3 ineinander übergehen, d. h. uv ist eine **symmetrische Funktion** und u^3 und v^3 sind **konjugierte alternierende Funktionen** von x_1, x_2, x_3. Wir können daher setzen:

(3) $$u^3 = A + B\sqrt{D}, \quad v^3 = A - B\sqrt{D},$$

worin A und B ganze rationale Funktionen von a_1, a_2, a_3 sein werden, und haben

(4) $$x_1 + \varepsilon x_2 + \varepsilon^2 x_3 = 3\sqrt[3]{A + B\sqrt{D}}$$
$$x_1 + \varepsilon^2 x_2 + \varepsilon x_3 = 3\sqrt[3]{A - B\sqrt{D}}.$$

Adjungieren wir eine der beiden Kubikwurzeln, so gehört die andere auch zum Rationalitätsbereich, weil uv eine symmetrische Funktion ist, und die Gruppe ist vollständig reduziert, weil u und v durch jede Permutation außer der Hauptpermutation E verändert werden. Nimmt man zu (4) noch die Gleichung

$$x_1 + x_2 + x_3 = -a_1$$

hinzu, so folgt:

$$x_1 = -\frac{a_1}{3} + \sqrt[3]{A + B\sqrt{D}} + \sqrt[3]{A - B\sqrt{D}}$$

(5) $$x_2 = -\frac{a_1}{3} + \varepsilon^2 \sqrt[3]{A + B\sqrt{D}} + \varepsilon \sqrt[3]{A - B\sqrt{D}}$$

$$x_3 = -\frac{a_1}{3} + \varepsilon \sqrt[3]{A + B\sqrt{D}} + \varepsilon^2 \sqrt[3]{A - B\sqrt{D}}.$$

Lagrange, Nouv. mém. de l'acad. de Berlin (1770/71), Œuvres **3** angegeben worden. Er hat damit die Grundlagen geschaffen, auf denen dann Abel und Galois das Gebäude der modernen Algebra errichtet haben.

1) Wir adjungieren also die Einheitswurzel ε oder, was auf dasselbe hinausläuft, die Irrationalität $\sqrt{-3}$.

Diese Ausdrücke haben den Bau der Cardanischen Lösung der kubischen Gleichung und wir haben also fast ohne Rechnung diese Form als notwendig für die Lösungen erkannt.

Es sind jetzt noch u und v als Funktionen von a_1, a_2, a_3 zu ermitteln. Zu diesem Zweck bilden wir die symmetrischen Funktionen uv und $u^3 + v^3$. Es ist, wie leicht zu sehen,

$$(6) \qquad 9uv = S(x_1^2) - S(x_1 x_2) = (a_1^2 - 2a_2) - a_2 = a_1^2 - 3a_2.$$

Ferner ist $\qquad u^3 + v^3 = (u + v)(u + \varepsilon v)(u + \varepsilon^2 v)$

und
$$\begin{aligned}
3(u + v) &= 2x_1 - x_2 - x_3 &= 3x_1 + a_1 \\
3(u + \varepsilon v) &= \varepsilon^2(-x_1 - x_2 + 2x_3) = (3x_3 + a_1)\varepsilon^2 \\
3(u + \varepsilon^2 v) &= \varepsilon(-x_1 + 2x_2 - x_3) = (3x_2 + a_1)\varepsilon,
\end{aligned}$$

folglich:

$$(7) \qquad 2A = u^3 + v^3 = \left(\frac{a_1}{3} + x_1\right)\left(\frac{a_1}{3} + x_2\right)\left(\frac{a_1}{3} + x_3\right)$$

$$= \left(\frac{a_1}{3}\right)^3 - a_1\left(\frac{a_1}{3}\right)^2 + a_2\frac{a_1}{3} - a_3 = -\frac{2a_1^3}{27} + \frac{a_1 a_2}{3} - a_3.$$

Aus (6) und (7) ergibt sich nun:

$27u^3$ und $27v^3$ sind die Lösungen der quadratischen Resolvente

$$(8) \qquad t^2 + (2a_1^3 - 9a_1 a_2 + 27a_3)t + (a_1^2 - 3a_2)^3 = 0,$$

also
$$u = \frac{1}{3}\sqrt[3]{t_1}, \qquad v = \frac{1}{3}\sqrt[3]{t_2},$$

und die Kubikwurzeln sind so zu wählen, daß $9uv = a_1^2 - 3a_2$ wird.

Man kann auch, ohne diese quadratische Gleichung aufzustellen, direkt u^3 und v^3 finden, wenn man neben (7) noch

$$u^3 - v^3 = (u - v)(u - \varepsilon v)(u - \varepsilon^2 v)$$

bildet. Man erhält:

$$27(u^3 - v^3) = (\varepsilon - \varepsilon^2)(1 - \varepsilon)(\varepsilon^2 - 1)(x_2 - x_3)(x_3 - x_1)(x_1 - x_2)$$
$$= \sqrt{-27D}.$$

Das Quadrat dieses Ausdrucks ist die Diskriminante der Gleichung (8), und es ist also die Diskriminante D der kubischen Gleichung gegeben durch

$$(9) \qquad -27D = (2a_1^3 - 9a_1 a_2 + 27a_3)^2 - 4(a_1^2 - 3a_2)^3.$$

3. Zur Auflösung der biquadratischen Gleichung

$$x^4 + a_1 x^3 + a_2 x^2 + a_3 x + a_4 = 0$$

gehen wir aus von der bereits § 52, 8. angegebenen Untergruppe achter Ordnung der Gruppe aller Permutationen von vier Elementen:

($\mathfrak{H}$)   (1); (12)(34); (13)(24); (14)(23); (12); (34); (1423); (1324).

Setzt man diese Permutationen mit zwei nicht zu ihnen gehörigen, z. B mit (14) und (13), zusammen, die man bei der Komposition an die zweite Stelle setzt, so erhält man die konjugierten Systeme:

$(\mathfrak{A}_1)$ (14); (1243); (1342); (23); (124); (143); (234); (132),

$(\mathfrak{A}_2)$ (13); (1234); (24); (1432); (123); (134); (142); (243),

die zusammen mit $\mathfrak{H}$ die ganze Gruppe von 24 Permutationen ausmachen.

Eine Invariante der Untergruppe $\mathfrak{H}$ ist

$$(10) \qquad\qquad y = x_1 x_2 + x_3 x_4.$$

Sie geht durch Anwendung von $\mathfrak{A}_1$ und $\mathfrak{A}_2$ in

$$y_1 = x_1 x_3 + x_2 x_4,$$
$$y_2 = x_1 x_4 + x_2 x_3$$

über und die drei konjugierten Werte y, y_1, y_2 sind Wurzeln einer kubischen Gleichung $\quad y^3 + b_1 y^2 + b_2 y + b_3 = 0,$

deren Koeffizienten symmetrische Funktionen der x_i sind. Man findet leicht:

$$-b_1 = S(y) = S(x_1 x_2) = a_2$$
$$b_2 = S(y y_1) = S(x_1^2 x_2 x_3) = S(x_1) S(x_1 x_2 x_3) - 4 x_1 x_2 x_3 x_4$$
$$= a_1 a_3 - 4 a_4$$
$$-b_3 = y y_1 y_2 = S(x_1^3 x_2 x_3 x_4) + S(x_1^2 x_2^2 x_3^2)$$
$$S(x_1^3 x_2 x_3 x_4) = x_1 x_2 x_3 x_4 S(x_1^2) = a_4(a_1^2 - 2 a_2)$$
$$S(x_1^2 x_2^2 x_3^2) = (S x_1 x_2 x_3)^2 - 2 S(x_1^2 x_2^2 x_3 x_4) = a_3^2 - 2 a_2 a_4,$$

folglich:

$$-b_3 = a_1^2 a_4 - 4 a_2 a_4 + a_3^2.$$

Die kubische Resolvente lautet also:

$$(11) \qquad y^3 - a_2 y^2 + (a_1 a_3 - 4 a_4)y - (a_1^2 a_4 - 4 a_2 a_4 + a_3^2) = 0.$$

Bilden wir jetzt die Größen

$$t_1 = \tfrac{1}{4}(x_1 + x_2 - x_3 - x_4)^2$$
$$(12) \qquad t_2 = \tfrac{1}{4}(x_1 - x_2 + x_3 - x_4)^2$$
$$t_3 = \tfrac{1}{4}(x_1 - x_2 - x_3 + x_4)^2,$$

so sieht man, daß t_1 ebenfalls eine Invariante der Untergruppe $\mathfrak{H}$ und t_2, t_3 die dazu konjugierten Werte (oder Invarianten der konjugierten Untergruppen) sind; es müssen sich also t_1, t_2, t_3 rational durch y bzw. y_1 und y_2 ausdrücken. Man findet leicht:

$$t_1 = \frac{a_1^2}{4} - a_2 + y$$
$$(13) \qquad t_2 = \frac{a_1^2}{4} - a_2 + y_1$$
$$t_3 = \frac{a_1^2}{4} - a_2 + y_2.$$

Adjungieren wir die Quadratwurzeln aus diesen Zahlen, so ist die Gruppe vollständig reduziert, denn $\sqrt{t_1}$, $\sqrt{t_2}$, $\sqrt{t_3}$ bleiben bei keiner Permutation außer der Hauptpermutation ungeändert. Von diesen drei Quadratwurzeln ist aber eine durch die beiden anderen bestimmt, so daß nur zwei von ihnen zu adjungieren sind, denn es ist

$$\sqrt{t_1}\,\sqrt{t_2}\,\sqrt{t_3} = \tfrac{1}{8}(x_1 + x_2 - x_3 - x_4)(x_1 - x_2 + x_3 - x_4)(x_1 - x_2 - x_3 + x_4)$$

eine symmetrische Funktion. Multipliziert man aus, so ergibt sich:

$$8\sqrt{t_1}\,\sqrt{t_2}\,\sqrt{t_3} = S(x_1{}^3) - S(x_1{}^2 x_2) + 2\,S(x_1 x_2 x_3)$$
$$(14)\qquad = (-a_1{}^3 + 3a_1 a_2 - 3a_3) + (a_1 a_2 - 3a_3) - 2a_3$$
$$= -a_1{}^3 + 4a_1 a_2 - 8a_3.$$

Zieht man in den drei Gleichungen (12) die Quadratwurzel und nimmt die Gleichung

$$-a_1 = x_1 + x_2 + x_3 + x_4$$

hinzu, so erhält man für die Wurzeln der biquadratischen Gleichung:

$$(15)\qquad
\begin{aligned}
x_1 &= \tfrac{1}{2}\left(\sqrt{t_1} + \sqrt{t_2} + \sqrt{t_3}\right) - \tfrac{a_1}{4}\\[4pt]
x_2 &= \tfrac{1}{2}\left(\sqrt{t_1} - \sqrt{t_2} - \sqrt{t_3}\right) - \tfrac{a_1}{4}\\[4pt]
x_3 &= \tfrac{1}{2}\left(-\sqrt{t_1} + \sqrt{t_2} - \sqrt{t_3}\right) - \tfrac{a_1}{4}\\[4pt]
x_4 &= \tfrac{1}{2}\left(-\sqrt{t_1} - \sqrt{t_2} + \sqrt{t_3}\right) - \tfrac{a_1}{4}.
\end{aligned}$$

Setzt man in der kubischen Gleichung (11)

$$y = t - \frac{a_1{}^2}{4} + a_2,$$

so erhält man die Resolvente der Eulerschen Auflösung der biquadratischen Gleichung; sie geht für $a_1 = 0$ in die § 85, **1.** gefundene Resolvente über.

4. Um die Gleichung (11) von der zweiten Potenz der Unbekannten zu befreien, macht man die Substitution

$$(16)\qquad 3y = u + a_2,$$

und es ergibt sich durch leichte Rechnung für u die Gleichung

$$(17)\qquad u^3 - 3Au - B = 0, \qquad\text{worin}$$

$$(18)\qquad
\begin{aligned}
A &= a_2{}^2 - 3a_1 a_3 + 12a_4\\[4pt]
B &= 27a_1{}^2 a_4 + 27a_3{}^2 + 2a_2{}^3 - 72a_2 a_4 - 9a_1 a_2 a_3.
\end{aligned}$$

Diese symmetrischen Funktionen A und B heißen die erste und zweite Invariante der biquadratischen Gleichung.[1])

---

1) Homogen gemacht lauten sie $a_2{}^2 - 3a_1 a_3 + 12a_0 a_4$ und $27a_1{}^2 a_4 + 27a_0 a_3{}^2 + 2a_2{}^3 - 72a_0 a_2 a_4 - 9a_1 a_2 a_3$. Sie sind im Sinn von § 96, **6.** Invarianten der binären Form vierten Grades vom Gewicht 4 bzw. 6.

Gleichung (17) ist die einfachste kubische Resolvente für die biquadratische Gleichung. Ihre Wurzeln u, u_1, u_2 sind konjugierte Werte für die gleiche Untergruppe $\mathfrak{H}$, wie y, y_1, y_2. Man kann sie leicht nach (16) durch die Wurzeln der biquadratischen Gleichung ausdrücken. Führt man die Größen

$$
\begin{aligned}
v &= y_1 - y_2 = (x_1 - x_2)(x_3 - x_4) \\
v_1 &= y_2 - y = (x_1 - x_3)(x_4 - x_2) \\
v_2 &= y - y_1 = (x_1 - x_4)(x_2 - x_3)
\end{aligned}
$$

(19)

ein, so wird

(20)
$$
u = v_2 - v_1, \quad u_1 = v - v_2, \quad u_2 = v_1 - v.
$$

Nach (19) ist die Diskriminante D der biquadratischen Gleichung gleich der Diskriminante der kubischen Resolvente (11). Da aber nach (16)

$$
u_1 - u_2 = 3(y_1 - y_2), \quad u_2 - u_1 = 3(y_2 - y_1), \quad u_1 - u = 3(y_1 - y).
$$

ist, so ist die Diskriminante der Resolvente (17) gleich $27^2 \cdot D$. Sie ist aber nach § 81, (15) (für $p = -3A$, $q = -B$) auch $4 \cdot 27 A^3 - 27 B^2$, also folgt:

Für die Diskriminante D der biquadratischen Gleichung gilt

(21)
$$
27 D = 4 A^3 - B^2.
$$

5. Anstatt von der Untergruppe $\mathfrak{H}$ kann man auch von der alternierenden Gruppe $\mathfrak{G}$, die eine ausgezeichnete Untergruppe ist, ausgehen, d. h. man adjungiert $\sqrt{D}$. In ihr ist die **Vierergruppe**

$$
(1); \quad (12)(34); \quad (13)(24); \quad (14)(23)
$$

wiederum eine ausgezeichnete Untergruppe vom Index 3 (vgl. § 52, 8.), von der die oben angeführten Größen v, v_1, v_2 konjugierte Invarianten sind. Sie müssen also einer kubischen Gleichung genügen, deren Koeffizienten sich rational durch die Koeffizienten der biquadratischen Gleichung und $\sqrt{D}$ ausdrücken. Man findet[1]):

$$
\begin{aligned}
v + v_1 + v_2 &= 0 \\
v v_1 v_2 &= - \sqrt{D},
\end{aligned}
$$

ferner:
$$
\begin{aligned}
v v_1 + v v_2 + v_1 v_2 &= y y_1 + y y_2 + y_1 y_2 - y^2 - y_1^2 - y_2^2 \\
&= 3(y y_1 + y y_2 + y_1 y_2) - (y + y_1 + y_2)^2,
\end{aligned}
$$

oder nach (11) und (18):

$$
v v_1 + v v_2 + v_1 v_2 = 3(a_1 a_3 - 4 a_4) - a_2^2 = - A.
$$

Wir haben also die kubische Resolvente

(22)
$$
v^3 - A v + \sqrt{D} = 0.
$$

---

[1]) Wegen des Vorzeichens der Quadratwurzel in der zweiten Formel vgl. die Fußnote S. 384.

Sie muß nach § 98, 8. die Eigenschaft haben, daß jede ihrer Wurzeln rational in $\mathfrak{G}$ durch eine von ihnen darstellbar ist. Man kann dies folgendermaßen bestätigen. Nach (20) und (17) ist

$$(v - v_1)(v - v_2)(v_1 - v_2) = u u_1 u_2 = B,$$

ferner
$$v_1 v_2 = -\frac{\sqrt{D}}{v} = v^2 - A,$$

also
$$(v - v_1)(v - v_2) = v^2 - (v_1 + v_2)v + v_1 v_2 = 3v^2 - A$$
$$(v_1 - v_2)^2 = (v_1 + v_2)^2 - 4 v_1 v_2 \qquad = 4A - 3v^2.$$

Multipliziert man die beiden letzten Formeln miteinander, so folgt mit Rücksicht auf (22):

$$B(v_1 - v_2) = (3v^2 - A)(4A - 3v^2)$$
$$= -9v^4 + 15 A v^2 - 4A^2$$
$$= 6Av^2 + 9v\sqrt{D} - 4A^2$$

und dies zusammen mit $v_1 + v_2 = -v$ zeigt in der Tat, daß sich v_1 und v_2 als quadratische Funktionen von v mit Koeffizienten aus $\mathfrak{G}$ darstellen lassen.

Man braucht also neben $\sqrt{D}$ nur die eine Wurzel v der Gleichung (22) zu adjungieren, findet dann nach (20) und (16) die Werte y, y_1, y_2, sodann nach (13) die Größen t_1, t_2, t_3 und hat damit nach (15) die Wurzeln der biquadratischen Gleichung.

Sechzehnter Abschnitt.

Auflösung numerischer Gleichungen durch Näherung.

§ 100*. Berechnung der Funktionswerte einer ganzen Funktion. Obere und untere Grenzen für die reellen Wurzeln.

1. Für den praktischen Rechner ist die Frage nach der algebraischen Auflösung der Gleichungen weniger wichtig als die angenäherte Berechnung der Wurzeln einer Gleichung, deren Koeffizienten numerisch gegeben sind. Man will also z. B. eine Wurzel auf fünf Dezimalstellen berechnen, d. h. man will zwei rationale Zahlen vom Unterschied $\frac{1}{10^5}$ finden, zwischen denen eine Wurzel liegt. Diese Aufgabe läßt sich immer lösen, und es gibt dafür so einfache und wirksame Methoden, daß man sie selbst bei Gleichungen dritten und vierten Grades der Berechnung der algebraischen Ausdrücke, wie sie z. B. die Cardanische Formel gibt, oft vorziehen wird. Es handelt sich dabei immer um

Gleichungen mit reellen Koeffizienten und in erster Linie um die Berechnung der reellen Wurzeln dieser Gleichungen.[1])

2. Die numerische Auflösung einer Gleichung beruht auf einem planmäßigen Probieren. Man setzt verschiedene Werte für x in die linke Seite $f(x)$ ein und sucht unter ihnen zwei solche Werte α und β, für die $f(\alpha)$ und $f(\beta)$ verschiedene Vorzeichen haben. Dann ist man sicher, daß zwischen α und β wenigstens eine Wurzel liegt (§ 92, **4.**) Man wird dann suchen, das Intervall $(\alpha\beta)$ so zu verengen, daß schließlich nur eine Wurzel darin liegt. Hat man für alle reellen Wurzeln solche Intervalle gefunden, so hat man, wie man sagt, die Wurzeln getrennt, und durch weitere Verkleinerung der Intervalle wird man die Wurzeln in immer engere Grenzen einschließen.

3. Es wird daher zunächst von Wichtigkeit sein, ein einfaches Verfahren zu haben, um zu gegebenen Werten von x die Funktionswerte von $f(x)$ zu berechnen. Sei

$$(1) \qquad f(x) = a_0 x^n + a_1 x^{n-1} + a_2 x^{n-2} + \cdots + a_n$$

mit positivem Koeffizienten a_0, den wir auch unbeschadet der Allgemeinheit gleich 1 annehmen können.

Wir führen die Funktionen ein:

$$(2) \qquad \begin{aligned} f_0(x) &= a_0 \\ f_1(x) &= a_0 x + a_1 \\ f_2(x) &= a_0 x^2 + a_1 x + a_2 \\ &\;\cdot\;\cdot\;\cdot\;\cdot\;\cdot\;\cdot\;\cdot\;\cdot \\ f_k(x) &= a_0 x^k + a_1 x^{k-1} + \cdots + a_k \qquad k=0,1,2,\ldots,n \end{aligned}$$

und nennen sie die **Partialfunktionen** von $f(x)$. Die letzte von ihnen $f_n(x)$ ist gleichbedeutend mit $f(x)$. Man berechnet die Partialfunktionen der Reihe nach sehr einfach durch die Rekursionsformeln

$$(3) \qquad f_k = x f_{k-1} + a_k.$$

4. Ist z. B.:

$$(4) \qquad f(x) = x^4 + 3x^3 - 7x^2 - 4x - 5,$$

so ist ($f_0 = 1$ können wir weglassen):

$$\begin{aligned} f_1 &= x + 3 \\ f_2 &= x f_1 - 7 \\ f_3 &= x f_2 - 4 \\ f = f_4 &= x f_3 - 5. \end{aligned}$$

------

[1]) Über die Geschichte der Näherungsmethoden vgl. F. Cajori, A history of the arithmetical methods of approximation to the roots of numerical equations. Colorado College Publ. 12 (1911). Viele Angaben über die ältere Geschichte der numerischen Gleichungen auch bei Fourier, Analyse des équations déterminées, Paris 1831, deutsche Ausgabe mit zahlreichen Zusätzen von A. Loewy, Ostwalds Klass. Nr. 127.

Damit erhält man für verschiedene Werte von x:

(5)

x	f_1	f_2	f_3	f
0	3	-7	-4	-5
1	4	-3	-7	-12
2	5	3	2	-1
3	6	11	29	82

Für $x = 3$ sind alle Partialfunktionen positiv.

5. Aus den Rekursionsformeln (3) erkennt man nun:

Wenn für einen bestimmten positiven Wert von x die k ersten Partialfunktionen $f_1, f_2, \ldots, f_k$ positiv werden, so bleiben sie positiv und wachsend für jeden größeren Wert von x.

Hieraus folgt der Satz von Laguerre[1]):

Wenn für einen positiven Wert α sämtliche Partialfunktionen

(6)
$$f_1(\alpha), \quad f_2(\alpha), \ldots, f_{n-1}(\alpha), \quad f(\alpha)$$

positiv sind, so wird für kein $x > \alpha$ die Funktion $f(x)$ Null, d. h. so ist α eine obere Grenze für die reellen Wurzeln der Gleichung $f(x) = 0$.

6. Wendet man diesen Satz auf die Funktion $f(-x)$ an, so erhält man auch eine untere Grenze für die Wurzeln. Wir setzen:

$$(-1)^n f(-x) = \bar{f}(x). \qquad \text{Dann ist}$$

(7)
$$\bar{f}(x) = a_0 x^n - a_1 x^{n-1} + a_2 x^{n-2} - \cdots$$

mit den Partialfunktionen

(8)
$$\bar{f}_1 = a_0 x - a_1$$
$$\bar{f}_2 = x\bar{f}_1 + a_2$$
$$\bar{f}_3 = x\bar{f}_2 - a_3$$
$$\cdots \cdots \cdots,$$

und es besteht der Satz:

Wenn für einen positiven Wert β sämtliche Partialfunktionen

(9)
$$\bar{f}_1(\beta), \quad \bar{f}_2(\beta), \ldots, \bar{f}_{n-1}(\beta), \quad \bar{f}(\beta)$$

positiv sind, so ist $-\beta$ eine untere Grenze für die reellen Wurzeln der Gleichung $f(x) = 0$.

7. In unserem Beispiel ist

$$\bar{f}(x) = x^4 - 3x^3 - 7x^2 + 4x - 5$$
$$\bar{f}_1 = x - 3$$
$$\bar{f}_2 = x\bar{f}_1 - 7$$
$$\bar{f}_3 = x\bar{f}_2 + 4$$
$$\bar{f} = \bar{f}_4 = x\bar{f}_3 - 5.$$

[1]) **Laguerre**, Nouv. Ann. de math. (2) 19 (1880).

Für verschiedene positive Werte von x wird:

(10)

x	$\bar{f}_1$	$\bar{f}_2$	$\bar{f}_3$	$\bar{f}$
0	-3	-7	4	-5
1	-2	-9	-5	-10
2	-1	-9	-14	-33
3	0	-7	-17	-56
4	1	-3	-8	-37
5	2	3	19	90

Die Tabellen (5) und (10) zeigen, daß **alle reellen Wurzeln der Gleichung (4) zwischen den Grenzen** -5 **und** $+3$ **liegen und daß zwischen** -5 **und** -4 **sowie zwischen** $+2$ **und** $+3$ **mindestens je eine Wurzel liegt.**

§ 101*. Die Zeichenregel von Descartes.

1. Bei dem eben behandelten Beispiel haben wir zwar Intervalle gefunden, in denen alle Wurzeln liegen müssen, wir wissen aber noch nicht, wie viele Wurzeln in jedem Intervall liegen. Die wichtige Frage nach der Anzahl der reellen Wurzeln in einem gegebenen Intervall wird durch den **Sturm**schen **Lehrsatz** (§ 102) genau beantwortet. Vor der Entdeckung dieses Satzes hat man verschiedene Regeln aufgestellt, die zwar keine ganz präzise und allgemeine Antwort geben, aber doch bei ihrer Einfachheit in vielen Fällen mit Nutzen angewandt werden. Der bekannteste und einfachste dieser Sätze ist die **Cartesische Zeichenregel**[1]). Sie **gibt eine obere Grenze für die Anzahl der positiven Wurzeln.**

2. Es sei $f(x) = 0$ eine Gleichung n^{ten} Grades mit reellen Koeffizienten. Das absolute Glied sei nicht Null, so daß also $x = 0$ nicht unter den Wurzeln enthalten ist. Man zählt in der nach absteigenden Potenzen von x geordneten Funktion $f(x)$, wie oft ein Wechsel in den Vorzeichen der Koeffizienten eintritt. Fehlende Potenzen von x werden nicht mitgerechnet, nicht etwa mit dem Koeffizienten Null in Ansatz gebracht. Dann besagt die Zeichenregel von **Descartes**:

Die Anzahl der positiven Wurzeln ist höchstens gleich oder um eine grade Zahl kleiner als die Anzahl der Zeichenwechsel in den Koeffizienten der Gleichung. Dabei werden mehrfache Wurzeln nach dem Grad ihrer Vielfachheit gezählt.

---

1) Der Satz findet sich andeutungsweise schon bei **Cardano** (1549), deutlich ausgesprochen, jedoch ohne Beweis bei **Descartes**, Géometrie (1637). In dem Treatise of Algebra von John **Wallis** (1685) wird die Entdeckung des Satzes mit Unrecht **Harriot** zugeschrieben, daher wurde er früher vielfach der **Harriot**sche Lehrsatz genannt. Vgl. **Gauß**, Beweis eines algebraischen Lehrsatzes, Werke 3, 67.

Wir geben für diesen Satz den schönen Beweis von Laguerre mit Hilfe der vollständigen Induktion[1]), und zwar wird zuerst der erste Teil des Satzes bewiesen, daß die Anzahl der positiven Wurzeln höchstens gleich der Anzahl der Zeichenwechsel ist.

3. Es sei V die Anzahl der Zeichenwechsel, π die Anzahl der positiven Wurzeln einer vorgelegten Gleichung. Sind alle Koeffizienten positiv, so kann die Gleichung keine positive Wurzel haben, d. h.

$$\text{für} \quad V = 0 \quad \text{ist} \quad \pi = 0.$$

In diesem Fall (wo $V < 1$ ist) erweist sich also die Descartessche Regel als richtig. Es wird nun gezeigt, daß der Satz, wenn er für $V < v$ als richtig erkannt ist, auch für $V = v$ richtig ist.

Es seien α, β zwei aufeinanderfolgende positive Wurzeln von $f(x) = 0$. Wir bilden mit der Abgeleiteten $f'(x)$ die Funktion

$$\varphi(x) = x f'(x) - k f(x),$$

worin k eine vorläufig noch unbestimmte reelle Zahl bedeutet. Dann ist

$$\varphi(\alpha) = \alpha f'(\alpha), \quad \varphi(\beta) = \beta f'(\beta),$$

also $\qquad$ sg $\varphi(\alpha) = $ sg $f'(\alpha), \quad$ sg $\varphi(\beta) = $ sg $f'(\beta)$,

folglich nach § 93, (1) für genügend kleine positive δ

$$\text{sg } \varphi(\alpha + \delta) = - \text{ sg } \varphi(\beta - \delta).$$

Hieraus schließt man, daß zwischen je zwei aufeinanderfolgenden positiven Wurzeln von $f(x) = 0$ mindestens eine Wurzel von $\varphi(x) = 0$ liegt.

Ist π' die Anzahl der positiven Wurzeln von $\varphi(x) = 0$, so ist also

$$(1) \qquad\qquad \pi' \geq \pi - 1,$$

und dies bleibt auch richtig, wenn $f(x) = 0$ mehrfache positive Wurzeln besitzt, denn jede m-fache Wurzel von $f(x) = 0$ ist eine $(m-1)$-fache Wurzel von $\varphi(x) = 0$.

Ist nun

$$f(x) = a_0 x^n + a_1 x^{n-1} + \cdots + a_{n-\mu} x^\mu + a_{n-\nu} x^\nu + \cdots + a_n,$$

so ist:

$$\varphi(x) = (n-k) a_0 x^n + (n-1-k) a_1 x^{n-1} + \cdots + (\mu-k) a_{n-\mu} x^\mu + (\nu-k) a_{n-\nu} x^\nu + \cdots$$
$$= b_0 x^n + b_1 x^{n-1} + \cdots + b_{n-\mu} x^\mu + b_{n-\nu} x^\nu + \cdots$$

x^μ und x^ν seien zwei aufeinanderfolgende Potenzen in $f(x)$ und es finde dort ein Zeichenwechsel statt, also sg $a_{n-\mu} = - $ sg $a_{n-\nu}$. Wir wählen jetzt für k irgendeine Zahl zwischen ν und μ:

$$\nu < k < \mu,$$

dann ist $\mu - k$ positiv, $\nu - k$ negativ, also ist bei $(b_{n-\mu}, b_{n-\nu})$ kein Zeichenwechsel und es haben in $\varphi(x)$ alle Koeffizienten $b_0, b_1, \ldots$ bis

---

1) **Laguerre**, Journ. de Math. (3), 9 (1883), Oeuvres 1, 3.

$b_{n-\mu}$ dasselbe Zeichen wie die entsprechenden Koeffizienten in $f(x)$, dagegen alle anderen von $b_{n-\nu}$ an das entgegengesetzte Zeichen, folglich bleiben alle übrigen Zeichenwechsel und -folgen außer dem einen ungeändert und es hat $\varphi(x)$ einen Zeichenwechsel weniger als $f(x)$. Ist v die Anzahl der Zeichenwechsel bei $f(x)$, v' die bei $\varphi(x)$, so ist

$$(2) \qquad\qquad v' = v - 1.$$

Nach Voraussetzung ist die Descartessche Regel für $V < v$ richtig, also ist sie für die Gleichung $\varphi(x) = 0$ richtig, d. h. es ist

$$\pi' \leqq v'$$

oder nach (1) und (2)

$$\pi - 1 \leqq v - 1, \qquad \text{folglich} \qquad \pi \leqq v,$$

d. h. die Regel ist auch für $V = v$ richtig.

4. Um nun auch den zweiten Teil des Satzes zu beweisen, beachte man, daß für genügend große $x > c$ die Funktion $f(x)$ beständig das Vorzeichen von a_0 hat, also liegen alle positiven Wurzeln im Intervall $(0, c)$. Ist sg $f(0) =$ sg $f(c)$ oder sg $a_n =$ sg a_0, so ist nach § 92, 5. die Anzahl π der positiven Wurzeln grade, ist sg $a_n = -$ sg a_0, so ist π ungrade, also können wir schreiben:

$$\text{sg }(a_0 a_n) = (-1)^\pi.$$

Andererseits ist, wenn a_0, a_λ, a_μ, a_ν, $\ldots$, a_ϱ, a_n die aufeinanderfolgenden Koeffizienten von $f(x)$ sind,

$$\text{sg }(a_0 a_n) = \text{sg }(a_0 a_\lambda)\, \text{sg }(a_\lambda a_\mu)\, \text{sg }(a_\mu a_\nu) \ldots \text{sg }(a_\varrho a_n) = (-1)^V,$$

folglich ist $\pi \equiv V \bmod 2$, und da $\pi \leqq V$ ist, so kann π nur um eine grade Zahl kleiner als V sein.

5. Der hiermit bewiesene Satz gibt nun auch sogleich eine obere Grenze für die Anzahl der negativen Wurzeln, denn jeder negativen Wurzel von $f(x)$ entspricht eine positive Wurzel von $f(-x)$. Wir brauchen also nur die Regel von Descartes auf die Funktion $f(-x)$ oder auf die Funktion $\bar{f}(x)$ (§ 100, 6.) anzuwenden und finden:

Die Anzahl der negativen Wurzeln von $f(x)$ ist höchstens gleich oder um eine grade Zahl kleiner als die Anzahl der Zeichenwechsel in den Koeffizienten von $\bar{f}(x)$.

6. Nehmen wir z. B. die oben behandelte Gleichung

$$f(x) = x^4 + 3x^3 - 7x^2 - 4x - 5 = 0,$$

so ist

$$\bar{f}(x) = x^4 - 3x^3 - 7x^2 + 4x - 5.$$

$f(x)$ hat einen, $\bar{f}(x)$ drei Zeichenwechsel, folglich hat die Gleichung sicher nur eine positive Wurzel, die nach § 100, 7. zwischen 2 und 3 liegt, und entweder eine oder drei negative Wurzeln. Diese müßten nach § 100, 7. alle zwischen -5 und -4 liegen, und dann würden nach dem Satz von Rolle im gleichen Intervall mindestens zwei Wurzeln von $f'(x)$ liegen. Es ist aber

$$f'(x) = 4x^3 + 9x^2 - 14x - 4 \quad \text{mit} \quad V = 1,$$
$$\bar{f}'(x) = 4x^3 - 9x^2 - 14x + 4 \quad \text{„} \quad V = 2,$$

also hat $f'(x) = 0$ eine positive und entweder keine oder zwei negative Wurzeln. Es ist aber

$$\text{für} \quad x = 0 \qquad f'(x) = -4$$
$$\text{„} \quad x = -1 \qquad f'(x) = +15,$$

also liegt eine Wurzel von $f'(x) = 0$ zwischen 0 und -1. Zwischen -5 und -4 können daher keine zwei Wurzeln von $f'(x) = 0$ liegen, folglich liegt in diesem Intervall nur eine Wurzel der gegebenen Gleichung $f(x) = 0$. Die Gleichung hat zwei reelle, mithin ein Paar konjugiert komplexe Wurzeln.

§ 102. Der Sturmsche Lehrsatz.

1. Die wissenschaftliche Grundlage für jede Näherungsmethode zur Auflösung algebraischer Gleichungen bildet der Sturmsche Lehrsatz[1]), der uns lehrt, mit Sicherheit zu ermitteln, wie viele Wurzeln einer gegebenen Gleichung zwischen zwei gegebenen Grenzen liegen. Der Satz, dessen Grundgedanke überaus einfach ist, beruht auf der Stetigkeit der ganzen Funktionen, nach der eine solche Funktion bei stetiger Veränderung von x nicht von positiven zu negativen Werten übergehen kann, ohne durch den Wert Null hindurchzugehen.

2. Wenn α eine Wurzel von $f(x)$ ist, so ist $f(x)$ durch $x - \alpha$ teilbar, und wenn wir

$$(1) \qquad f(x) = (x - \alpha)F(x)$$

setzen, und mit $\varphi_1(x)$ die Derivierte von $f(x)$ bezeichnen, so ist (§ 88, (9))

$$F(\alpha) = \varphi_1(\alpha).$$

Wir nehmen an, daß $f(x)$ und $\varphi_1(x)$ keine gemeinsame Wurzel haben, oder daß $f(x)$ zuvor von etwa vorhandenen mit $\varphi_1(x)$ gemeinsamen Faktoren befreit sei (§ 89). Dann ist $\varphi_1(\alpha)$ und folglich auch $F(\alpha)$ von Null verschieden und kann positiv oder negativ sein. Es wird dann $F(x)$ dasselbe Zeichen haben wie $\varphi_1(x)$, solange x nahe genug bei α liegt. Aus (1) ergibt sich dann:

Ist $\varphi_1(\alpha)$ positiv, und geht x wachsend durch α hindurch, so geht $f(x)$ wachsend durch 0, d. h. von negativen zu positiven Werten.

Ist aber $\varphi_1(\alpha)$ negativ, so geht $f(x)$ bei seinem Verschwinden immer von positiven zu negativen Werten.

Wir können beides zusammenfassen, indem wir sagen:

Wenn x wachsend durch eine Wurzel von $f(x)$ hindurch-

---

1) Ch. Sturm, Bull. des sciences mathém. **11** (1829). Mém. de l'acad. des sciences de Paris. Savants étrang. **6** (1835). Ostwalds Klassiker Nr. 143.

geht, so gehen die Funktionen $f(x)$, $\varphi_1(x)$ von verschiedenen
zu gleichen Zeichen über.

3. Wir führen nun eine Kette von Divisionen aus, wie wenn es sich
darum handelte, den größten gemeinschaftlichen Teiler der beiden Funktionen $f(x)$, $\varphi_1(x)$ zu finden, nur mit dem Unterschied in der Bezeichnung, daß wir die jedesmaligen Reste mit $-\varphi_2$, $-\varphi_3$, ... bezeichnen.
Sind dann Q, Q_1, Q_2, ... die Quotienten, so erhalten wir die Gleichungen:

$$f = Q\varphi_1 - \varphi_2,$$
$$\varphi_1 = Q_1\varphi_2 - \varphi_3,$$
$$\cdot\ \cdot\ \cdot\ \cdot\ \cdot\ \cdot\ \cdot\ \cdot\ \cdot$$
$$\varphi_{m-2} = Q_{m-2}\varphi_{m-1} - \varphi_m,$$

(2)

und da die Grade der Funktionen f, φ_1, φ_2, ... immer abnehmen, so
können wir den Algorithmus so lange fortsetzen, bis φ_m von x unabhängig
geworden ist. Nach der Voraussetzung, daß f und φ_1 keinen gemeinsamen
Teiler haben, ist φ_m **von Null verschieden.** Aus dieser Annahme
folgt auch, daß in der Reihe der Funktionen

(3) $$f,\ \varphi_1,\ \varphi_2,\ \ldots,\ \varphi_m$$

für keinen Wert von x zwei benachbarte Glieder φ_ν, $\varphi_{\nu+1}$ zugleich verschwinden können, da für einen solchen auch f und φ_1
verschwinden müßten. Man nennt diese Reihe (3) eine **Sturmsche Kette.**

4. Für irgendeinen Wert von x zählen wir in der Reihe (3) einen
Zeichenwechsel, wenn zwei aufeinanderfolgende Glieder verschiedene Zeichen haben, und eine **Zeichenfolge,** wenn sie dasselbe
Zeichen haben. Wenn dabei etwa eine der Funktionen $\varphi_1, \ldots, \varphi_{m-1}$
verschwindet, so wird sie bei der Zählung der Zeichenwechsel weggelassen.

Für jeden Wert von x haben wir also eine bestimmte Anzahl von
Zeichenwechseln. Der **Sturmsche** Satz hat dann folgenden Inhalt:

**Sind α und β zwei Werte von x, für die $f(x)$ nicht verschwindet, und $\alpha < \beta$, so ist die Anzahl der zwischen α und β
gelegenen Wurzeln**[1]) **von $f(x)$ gleich der Anzahl der beim Übergang von $x = \alpha$ zu $x = \beta$ verlorenen Zeichenwechsel der Sturmschen Kette (3).**

5. Der Beweis dieses Satzes ist jetzt sehr einfach: Ein Verlust oder
Gewinn an Zeichenwechseln kann nur dann eintreten, wenn eine der
Funktionen der **Sturm**schen Kette durch Null geht. Ist aber $0 < \nu < m$,
und ist $\varphi_\nu(x_0) = 0$, so ist nach (2) $\varphi_{\nu-1}(x_0) = -\varphi_{\nu+1}(x_0)$, und $\varphi_{\nu-1}$
und $\varphi_{\nu+1}$ haben also für $x = x_0$ und in der Nähe dieses Wertes
entgegengesetztes Zeichen. In der Reihe der drei benachbarten
Funktionen (worin für $\nu = 1$ als erste Funktion $f(x)$ zu setzen ist)

(4) $$\varphi_{\nu-1}(x),\ \ \varphi_\nu(x),\ \ \varphi_{\nu+1}(x)$$

---

1) Nach **2.** wird vorausgesetzt, daß $f(x)$ nur einfache Wurzeln besitzt, doch
hat **Sturm** seinen Satz auch auf Gleichungen mit mehrfachen Wurzeln ausgedehnt.

wird also vor wie nach dem Durchgang durch x_0 ein Zeichenwechsel gezählt, und es tritt also kein Verlust oder Gewinn von Zeichenwechseln ein. Dieses gilt auch, wenn etwa $\varphi_\nu(x)$ für $x = \alpha$ oder für $x = \beta$ verschwindet. Dann bieten $\varphi_{\nu-1}$, $\varphi_{\nu+1}$ bei α oder β einen Zeichenwechsel und diesen zeigen dann auch die drei Funktionen $\varphi_{\nu-1}$, φ_ν, $\varphi_{\nu+1}$ unmittelbar hinter α oder vor β.

Da φ_m überhaupt nicht durch Null geht, so kann also eine Änderung in der Anzahl der Zeichenwechsel nur dann eintreten, wenn x durch eine Wurzel von $f(x)$ hindurchgeht. Daß aber dabei jedesmal ein Zeichenwechsel verloren geht, haben wir schon in 2. gezeigt, und hiermit ist der Sturmsche Satz bewiesen.

6*. Bei näherer Prüfung der zum Beweis des Satzes erforderlichen Voraussetzungen sehen wir:

Es ist nicht grade notwendig, daß die Funktion $\varphi_1(x)$ die Derivierte von $f(x)$ ist, sondern nur, daß sie in den Nullpunkten von $f(x)$ innerhalb des Intervalls dasselbe Vorzeichen wie die Derivierte hat. Ferner sind wir für die Funktionen der Sturmschen Kette nicht an das Divisionsverfahren gebunden, sondern es wird nur vorausgesetzt:

1. Es sollen keine zwei aufeinanderfolgenden Funktionen im selben Punkt des Intervalls $(\alpha\beta)$ verschwinden.

, 2. In jedem Nullpunkt einer Funktion innerhalb des Intervalls sollen die vorangehende und die nachfolgende Funktion entgegengesetzte Vorzeichen haben.

3. Die letzte Funktion φ_m soll im Intervall ihr Vorzeichen nicht ändern.

Bei Anwendung des Divisionsverfahrens kann man bei der Bildung der aufeinanderfolgenden Funktionen der Kette positive Zahlenfaktoren zusetzen oder weglassen, weil dadurch an den Vorzeichen nichts geändert wird. Wenn man dabei zu einer Funktion φ_m kommt, die im Intervall ihr Vorzeichen nicht ändert, z. B. zu einer quadratischen Funktion mit negativer Diskriminante, so kann man die Rechnung abbrechen.

7*. Nehmen wir z. B. die Funktion:

$$f(x) = x^5 - 4x - 2,$$

so erhalten wir [1]):
$$\varphi_1(x) = 5x^4 - 4$$
$$\varphi_2(x) = 8x + 5$$
$$\varphi_3(x) \quad \text{positiv.}$$

Man hat folgende Vorzeichenverteilung ($V =$ Anzahl der Zeichenwechsel):

––––––––––––

1) Den Zahlenwert von φ_3 braucht man nicht zu berechnen; man weiß, daß er konstant ist, und da im Nullpunkt $x = -\frac{5}{8}$ von φ_2 die vorangehende Funktion φ_1 nicht verschwindet und negativ ist, so ist auch φ_3 von Null verschieden und positiv.

x	f	φ_1	φ_2	φ_3	V
$-\infty$	$-$	$+$	$-$	$+$	3
0	$-$	$-$	$+$	$+$	1
$+\infty$	$+$	$+$	$+$	$+$	0

Es gehen also beim Durchlaufen der negativen x zwei Zeichenwechsel, beim Durchlaufen der positiven x ein Zeichenwechsel verloren, folglich hat die Funktion zwei negative und eine positive Wurzel. Wir bilden weiter die Tabelle:

x	f	φ_1	φ_2	φ_3	V
-2	$-$	$+$	$-$	$+$	3
-1	$+$	$+$	$-$	$+$	2·
0	$-$	$-$	$+$	$+$	1
1	$-$	$+$	$+$	$+$	1
2	$+$	$+$	$+$	$+$	0

Hier haben wir bei $x = -2$ und $x = +2$ die nämliche Verteilung der Vorzeichen, wie vorher bei $-\infty$ und $+\infty$, also liegen sämtliche reellen Wurzeln in dem Intervall $(-2, +2)$, und zwar je eine im Intervall $(-2, -1)$, $(-1, 0)$, $(+1, +2)$. Die beiden anderen Wurzeln sind konjugiert komplex.

§ 103*. Regula falsi.

1. Hat man, wie in § 100, 4. zwei aufeinanderfolgende ganze Zahlen gefunden, zwischen denen eine Wurzel der Gleichung $f(x) = 0$ liegt, so liegt es am nächsten, zur genaueren Bestimmung der Wurzel die Tabelle der Funktionswerte $y = f(x)$ ausführlicher zu berechnen. So kann man, wenn man die Intervalle für x in der Tafel zuerst 0,1, dann 0,01, 0,001 usw. macht, die Wurzel nacheinander auf eine, zwei, drei ... Dezimalstellen bestimmen. Wir wollen dies gleich an einem Beispiel erläutern. Sei die Gleichung

$$(1) \qquad x^3 - 7x - 7 = 0$$

zu lösen. Aus der Zeichenregel von Descartes folgt, daß sie eine positive Wurzel hat. Es ist

$$\text{für} \quad x = 3 \qquad f(x) = -1$$
$$x = 4 \qquad f(x) = +29,$$

also liegt die Wurzel zwischen 3 und 4, und zwar vermutlich viel näher an 3. Wir berechnen:

x	x^3	$7x + 7$	$f(x)$
3,0	27,000	28,0	$-1,000$
3,1	29,791	28,7	$+1,091$

mithin liegt die Wurzel ungefähr in der Mitte zwischen 3,0 und 3,1.

Weiter haben wir:

x	x^3	$7x + 7$	$f(x)$
3,04	28,094	28,28	$-\,0,186$
3,05	28,373	28,35	$+\,0,023$

also x zwischen 3,04 und 3,05, und zwar vermutlich näher bei dem letzteren Wert. Wir nehmen nun das Intervall 0,001 und gehen von 3,05 aus rückwärts.

<table>
<tr><td></td><td>x</td><td>x^3</td><td>$7x + 7$</td><td>$f(x)$</td></tr>
<tr><td rowspan="4">(2)</td><td>3,050</td><td>28,3726</td><td>28,3500</td><td>$+\,0,0226$</td></tr>
<tr><td>3,049</td><td>3447</td><td>3430</td><td>$+\,0,0017$ [209]</td></tr>
<tr><td>3,048</td><td>3168</td><td>3360</td><td>$-\,0,0192$ [209]</td></tr>
<tr><td>3,047</td><td>2890</td><td>3290</td><td>$-\,0,0400$ [208]</td></tr>
</table>

Es liegt also x zwischen 3,048 und 3,049, und zwar vermutlich näher bei dem letzteren Wert.

2. Durch Interpolieren kann man den gefundenen Wert von x noch weiter verbessern. Wir sehen in (2), daß die Differenzen der Funktionswerte nahezu konstant sind. Dies kommt daher, daß wir nur auf vier Dezimalstellen genau gerechnet haben. In Wirklichkeit bilden die Funktionswerte, wenn wir alle Dezimalstellen berücksichtigen, also 9-stellig rechnen, eine arithmetische Reihe dritter Ordnung (§ 57, 3.). Für den hier vorliegenden Genauigkeitsgrad können wir also die Funktion $f(x)$ durch eine lineare Funktion oder — geometrisch gesprochen — die Kurve $y = f(x)$ zwischen zwei genügend benachbarten Punkten A, B durch die Sehne ersetzen. An Stelle des zu bestimmenden Schnittpunkts der Kurve mit der x-Achse tritt der Schnittpunkt der Sehne.

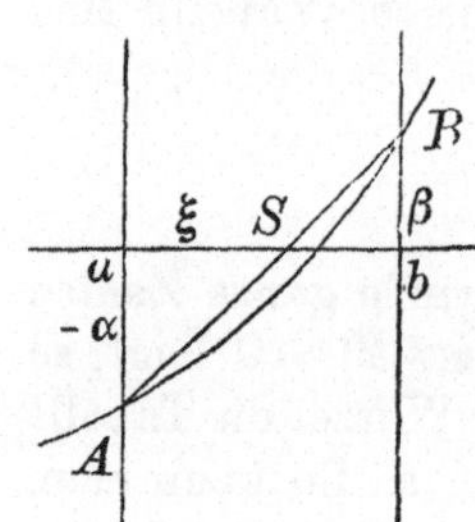

Fig. 20.

Dieser läßt sich aber leicht bestimmen.

Es seien a und b die Werte von x für die Punkte A und B; die zugehörigen Funktionswerte seien $-\alpha$ und β, also

$$f(a) = -\,\alpha, \qquad f(b) = \beta.$$

Die Veränderung von x zwischen A und B wird mit

$$\Delta x = b - a$$

bezeichnet. Die gleichzeitige Veränderung der Funktion ist

$$\Delta y = \alpha + \beta.$$

Im Schnittpunkt S der Sehne mit der x-Achse sei $x = a + \xi$. Dann gehört zu dem Zuwachs oder der Verbesserung ξ, die an den Näherungswert a anzubringen ist, die Veränderung α der Funktion, folglich ist nach § 91, (14) oder nach der Figur: $\alpha = \xi \dfrac{\Delta y}{\Delta x}$ und daher

$$(3) \qquad \xi = \alpha \frac{\Delta x}{\Delta y}.$$

Wollen wir für unser Beispiel ξ in Einheiten der vierten Dezimale haben, so ist $\varDelta x = 10$ zu nehmen; α und $\varDelta y$ können wir auch in Einheiten der vierten Dezimale messen. Dann ist nach Tabelle (2):

$$a = 3,048, \quad \alpha = 192, \quad \varDelta y = 209,$$

mithin
$$\xi = 1920 : 209 = 9,2,$$

folglich erhalten wir für die positive Wurzel der Gleichung (1) den Näherungswert:
$$x = 3,04892.$$

Auf sieben Stellen genau ist $x = 3,0489173$, wir haben also eine fünfstellige Genauigkeit erzielt.

3. Setzen wir in (3) die Werte von $\varDelta x$ und $\varDelta y$ ein, so folgt:

$$(4) \qquad \xi = \frac{\alpha(b - a)}{\alpha + \beta} = - f(a) \frac{b - a}{f(b) - f(a)}$$

und der verbesserte Wert von x wird

$$(5) \qquad a + \xi = \frac{a\beta + b\alpha}{\alpha + \beta} = \frac{af(b) - bf(a)}{f(b) - f(a)}.$$

Diese Formel ist unter der Bezeichnung „Methode des falschen Ansatzes" oder **Regula falsi** bekannt und schon seit dem Altertum in Gebrauch.[1]) Der Name rührt daher, daß man zuerst die „falschen" Werte a und b in die Gleichung einführt. Dann erhält man als Funktionswerte an Stelle von Null die „Fehler" $f(a)$ und $f(b)$ und setzt nun die Verbesserungen von a und b proportional diesen Fehlern, d. h. man bestimmt x aus $\dfrac{x - a}{x - b} = \dfrac{f(a)}{f(b)}$, woraus sich die Formel (5) ergibt.

§ 104*. Das Näherungsverfahren von Newton.

1. Die Formel (4) des vorigen Paragraphen, für die wir in der Bezeichnungsweise des § 88, 3. auch schreiben können

$$(1) \qquad \xi = - \frac{f(a)}{Q(a, b)},$$

gibt den Schnittpunkt der Sekante AB mit der x-Achse für jede Lage der Punkte A, B auf die Kurve. Wir halten nun den Punkt A fest und lassen B auf der Kurve nach A hinwandern. Fällt dann schließlich B mit A zusammen, so wird die Sekante zur **Tangente** der Kurve im Punkt A und aus (1) wird nach § 88, (9):

$$(2) \qquad \xi = - \frac{f(a)}{f'(a)}.$$

---

1) Das Verfahren läßt sich bis zu dem ägyptischen Rechenbuch des **Ahmes** (um 1800 v. Chr.) zurückverfolgen. Den **Indern** (Aryabhatta um 500 n. Chr.) und **Arabern** (Liber augmenti et diminutionis um 1100, vielleicht nach **Muhammed ibn Musa** um 825, **Ibn Albannâ** um 1300) war es ganz geläufig. Vgl. L. **Matthiessen**, Grundzüge der antiken und modernen Algebra, Leipzig 1878, § 84 ff. Über den Fehler bei Anwendung der Regula falsi vgl. **Lüroth**, Vorl. üb. num. Rechnen, Leipzig 1900.

Man erhält also durch

$$(3) \qquad a + \xi = a - \frac{f(a)}{f'(a)}$$

den **Schnittpunkt der Tangente im Punkt** A **mit der** x-**Achse.**
Ist a schon ein guter Näherungswert für die Wurzel, wie man ihn leicht
durch das eben geschilderte tabellarische Verfahren auf eine oder zwei
Dezimalstellen finden kann, so erhält man durch (3) in den meisten
Fällen eine größere Annäherung und kann durch wiederholte Anwendung der Formel die Wurzel recht schnell mit beliebiger Genauigkeit
berechnen.

Dieses Verfahren ist von Newton angegeben worden.[1]) Man gelangt
dazu auch leicht von der Formel § 88, (18) aus. Es ist, wenn $a + \xi$
eine Wurzel der Gleichung $f(x) = 0$ ist, $f(a + \xi) = 0$ oder

$$f(a) + \xi f'(a) + \xi^2 F(a, \xi) = 0$$

und hieraus folgt unter der Annahme, daß die Verbesserung ξ sehr klein
ist und daher nur die erste Potenz in Betracht kommt, übereinstimmend
mit (2):
$$f(a) + \xi f'(a) = 0.$$

2. Wir wollen das Verfahren auf die Gleichung

$$x^5 - 4x - 2 = 0$$

anwenden. Sie hat, wie wir § 102, 7. gesehen haben, eine positive Wurzel
zwischen 1 und 2.

Für $\qquad x = 1{,}5 \quad$ ist $\quad f(x) = -0{,}406.$

„ $\qquad x = 1{,}6 \quad$ „ $\quad f(x) = +2{,}086,$

wir gehen daher vom Näherungswert $a = 1{,}5$ aus. Es ist

$$f'(x) = 5x^4 - 4.$$

Die Rechnung verläuft folgendermaßen, wobei man sich mit Vorteil des Rechenschiebers bedienen wird:

a	$f(a)$	$f'(a)$	ξ
1,5	$-0{,}406$	21,31	$+0{,}019$
1,519	$+0{,}011$	22,62	$-0{,}00049$
1,51851	$-0{,}000048$	22,585	$+0{,}000002$

Die Zahlen der letzten Zeile sind mit siebenstelligen Logarithmen
gerechnet und es ist also mit der hierbei erreichbaren Genauigkeit

$$x = 1{,}518512.$$

---

1) Newton, Analysis per aequationes 1669 (gedruckt 1704). Der Grundgedanke findet sich bereits bei Vieta, De numerosa ... revolutione 1595 (gedruckt
1600). Über die Bedingungen, unter denen das Verfahren anwendbar ist, vgl.
Fourier, Analyse des équations déterminées, Paris 1831 (Ostwalds Klass. Nr. 127).
Weber, Algebra 1, Laguerre, Oeuvres 1, Faber, Journ. f. Math. **138** (1910),
146 (1916).

3. Man kann ohne nennenswerten Mehraufwand an Rechnung das Newtonsche Verfahren in vielen Fällen erheblich verschärfen. Sei a ein guter Näherungswert, den man z. B. durch einmalige Anwendung des Verfahrens gefunden hat, so ist $f(a) = f$ schon nahe an Null.[1] Wir nehmen an, daß die dritten und höheren Potenzen von f für unsere Rechnung nicht mehr in Betracht kommen. Das Newtonsche Verfahren liefert nun als nächsten Näherungswert:

$$a_1 = a - \frac{f}{f'}$$

und hieraus als weiteren Näherungswert:

$$a_2 = a_1 - \frac{f(a_1)}{f'(a_1)}.$$

Nun ist $f(a_1) = f\left(a - \frac{f}{f'}\right)$, folglich nach § 88, (21), wenn man dort a an Stelle von x und $-\frac{f}{f'}$ an Stelle von h setzt:

$$f(a_1) = f - \frac{f}{f'} \cdot f' + \frac{f^2}{2f'^2} f'' = \frac{f^2}{2f'^2} f'',$$

und nach derselben Formel ist, wenn wir sie auf die Funktion $f'(x + h) = f'\left(a - \frac{f}{f'}\right)$ anwenden:

$$f'(a_1) = f' - \frac{f}{f'} f'' + \cdots,$$

wovon wir nur das erste Glied brauchen. Es wird

$$\frac{f(a_1)}{f'(a_1)} = \frac{f^2 f''}{2f'^3}$$

und damit

$$a_2 = a - \frac{f}{f'} - \frac{f'' f^2}{2f'^3}.$$

Nehmen wir also als Verbesserung des Näherungswertes a

$$(4) \qquad \xi = - \frac{f}{f'} - \frac{f'' f^2}{2f'^3},$$

so erreichen wir damit ungefähr dasselbe wie durch zweimalige Anwendung des Newtonschen Verfahrens, aber mit geringerer Rechnung, denn für das zweite Glied in (4) genügt in den meisten Fällen eine einfache Überschlagsrechnung.

Nehmen wir z. B. die Gleichung[2]

$$x^3 - 2x - 5 = 0,$$

so ist

$$f'(x) = 3x^2 - 2, \quad f''(x) = 6x.$$

---

[1] Wir lassen bei $f(a)$ und weiterhin bei den Derivierten $f'(a)$, $f''(a)$ die Bezeichnung des Arguments a fort.

[2] Diese Gleichung ist schon von Newton und nach ihm von fast allen großen Algebraikern als Beispiel benutzt worden.

Für $\qquad x = 2 \quad$ wird $\quad f(x) = -1, \quad f'(x) = 10$

„ $\qquad\quad x = 3 \quad$ „ $\qquad f(x) = +16.$

Gehen wir also von dem Näherungswert $x = 2$ aus, so wird der folgende Näherungswert $a = 2,1$. Mit ihm berechnet man

$$f(a) = 0,061; \quad f'(a) = 11,23; \quad f''(a) = 12,6$$

und es wird $\quad \xi = -0,005432 - 0,000017 = -0,005449, \qquad$ mithin

$$x = 2,094551$$

mit sechs richtigen Dezimalstellen.

4. Wir wollen das Newtonsche Verfahren noch auf die reine Gleichung m^{ten} Grades

$$x^m = D,$$

anwenden, worin D eine positive reelle Zahl bedeuten möge. Hier ist $f(x) = x^m - D, f'(x) = mx^{m-1}$, also erhält man aus einem Näherungswert x_0 einen folgenden

$$x_1 = x_0 - \frac{x_0^m - D}{mx_0^{m-1}}$$

und entsprechend die weiteren Näherungswerte x_2, x_3, ..., allgemein:

$$(5) \qquad x_{n+1} = x_n - \frac{x_n^m - D}{mx_n^{m-1}}.$$

Für $m = 2$ ist das Verfahren identisch mit dem Verfahren des Heron zur Berechnung der Quadratwurzel (§ 23, **7.**)

Wir wollen zeigen, daß jede positive Zahl als Ausgangswert x_0 brauchbar ist, d. h. eine konvergente Folge x_1, x_2, ... mit dem positiven Wert von $\sqrt[m]{D}$ als Grenzwert liefert. Wir setzen diesen Wert $\sqrt[m]{D} = w$ und haben

$$x_1 - w = x_0 - w - \frac{x_0^m - w^m}{mx_0^{m-1}}$$

oder (§ 20, **10.**):

$$x_1 - w = (x_0 - w)\left[1 - \frac{x_0^{m-1} + wx_0^{m-2} + w^2x_0^{m-3} + \cdots + w^{m-1}}{mx_0^{m-1}}\right]$$

$$= (x_0 - w)\left[1 - \frac{\varphi(x_0, w)}{mx_0^{m-1}}\right],$$

indem wir den Zähler des Bruches abkürzend mit $\varphi(x_0, w)$ bezeichnen. Sei nun

1. $\qquad\qquad x_0 > w, \quad$ so ist $\quad 0 < \varphi(x_0, w) < mx_0^{m-1},$

mithin $\qquad\qquad\qquad 0 < x_1 - w < x_0 - w$

und $\qquad\qquad\qquad\qquad \sqrt[m]{D} < x_1 < x_0.$

Da also auch $x_1 > w$ ist, so folgt ebenso $\sqrt[m]{D} < x_2 < x_1$ usf., und man sieht (§ 28, **7.**):

Die Zahlen x_1, x_2, ... bilden eine **beschränkte monoton absteigende, also konvergente Folge.**

Ist aber

2. $\qquad\qquad 0 < x_0 < w, \quad$ so ist $\quad \varphi(x_0, w) > mx_0^{m-1},$

mithin $1 - \dfrac{\varphi(x_0, w)}{m\, x_0^{m-1}}$ negativ, und da $x_0 - w$ ebenfalls negativ ist, so wird $x_1 - w$ positiv, und wir haben von x_1 ab wieder den vorigen Fall. Der eben formulierte Satz gilt also, von welcher positiven Zahl x_0 man auch ausgehen mag.

Daß aber die Folge $\{x_n\}$ die positive $\sqrt[m]{D}$ als Grenzwert besitzt, ist unmittelbar aus (5) einzusehen, denn es ist danach

$$x_n{}^m - D = m\, x_n{}^{m-1}(x_n - x_{n+1}) < m\, x_1{}^{m-1}(x_n - x_{n+1}),$$

und hieraus folgt wegen der Konvergenz der Folge:

$$\lim_{n \to \infty} x_n{}^m = D,$$

womit der Beweis erbracht ist. Fügt man zu der Folge $x_1, x_2, x_3, \ldots$ eine zweite Folge

$$x_1{}' = \frac{D}{x_1{}^{m-1}}, \qquad x_2{}' = \frac{D}{x_2{}^{m-1}}, \qquad \ldots$$

hinzu, so zeigt man leicht, daß sie monoton aufsteigend ist, daß die Differenzen $x_n - x_n{}'$ sämtlich positiv sind und schließlich beliebig klein werden, und daraus schließt man[1])

Die Folgen $\begin{array}{l} x_1\ x_2\ x_3 \cdots \\ x_1{}'\ x_2{}'\ x_3{}' \cdots \end{array}$ sind verbundene Folgen, und sie bestimmen den positiven Wert der $\sqrt[m]{D}$:

$$\lim x_n = \lim x_n{}' = \sqrt[m]{D}.$$

Siebzehnter Abschnitt.

Kreisteilung.

§ 105*. Begriff und geometrische Bedeutung der Kreisteilungsgleichungen.

1. Bereits im siebenten Abschnitt haben wir gesehen, daß die Lösungen der Gleichung

$$(1) \qquad\qquad x^n - 1 = 0$$

oder die n^{ten} Einheitswurzeln geometrisch durch die Punkte dargestellt werden, die den Einheitskreis vom Punkte $x = 1$ aus in n gleiche Teile teilen. Deshalb heißt die Gleichung (1) die Kreisteilungsgleichung. Ihre Wurzeln sind (§ 46, 6.):

$$(2) \qquad \omega^k = \cos \frac{2k\pi}{n} + i \sin \frac{2k\pi}{n} \qquad\qquad k = 0, 1, 2, \ldots, n-1$$

oder

$$(3) \qquad 1,\ \omega,\ \omega^2,\ \omega^3,\ \cdots\ \omega^{n-1},$$

wenn

$$\omega = \cos \frac{2\pi}{n} + i \sin \frac{2\pi}{n}$$

---

[1]) Eine andere Behandlung dieser Folgen, wobei die Existenz der $\sqrt[m]{D}$ nicht vorausgesetzt wird, bei A. Loewy, Lehrbuch d. Algebra **1**, 196.

ist. Mit ω^k gehört auch die konjugiert komplexe Zahl ω^{n-k} oder

$$\omega^{-k} = \cos\frac{2k\pi}{n} - i\sin\frac{2k\pi}{n}$$

zu den n^{ten} Einheitswurzeln.

2. Da $\omega^{kn} = 1$ ist für jede ganze Zahl k, so können in (3) an Stelle der Exponenten $0, 1, 2, \cdots, n-1$ auch die Zahlen irgendeines **vollen Restesystems** mod n treten (vgl. § 58) und zwei n^{te} Einheitswurzeln ω^α und ω^β sind dann und nur dann einander gleich, wenn $\alpha \equiv \beta$ mod n ist.

Haben k und n einen von 1 verschiedenen größten gemeinschaftlichen Teiler d und ist $k = dk'$, $n = dn'$, so ist

$$\omega^k = \cos\frac{2k'\pi}{n'} + i\sin\frac{2k'\pi}{n'}$$

und dies ist zugleich eine Einheitswurzel vom Grade $n' < n$.

Ist aber k relativ prim zu n, so kann $(\omega^k)^h = \cos\dfrac{2kh\pi}{n} + i\sin\dfrac{2kh\pi}{n}$ nur gleich 1 sein, wenn $h = n$ oder ein Vielfaches von n ist, es ist also dann ω^k nicht zugleich Einheitswurzel von niedrigerem Grad als n. Man nennt in diesem Falle ω^k eine **primitive** n^{te} Einheitswurzel. Man erhält alle primitiven n^{ten} Einheitswurzeln, wenn man in ω^k den Exponenten k ein **reduziertes Restesystem** mod n durchlaufen läßt (vgl. § 60); ihre Anzahl ist also gleich $\varphi(n)$. Anstatt durch ω kann man alle n^{ten} Einheitswurzeln auch als Potenzen irgend einer anderen primitiven n^{ten} Einheitswurzel darstellen.

Ist n eine Primzahl p, so ist jede Potenz $\omega, \omega^2, \ldots, \omega^{p-1}$ eine primitive Einheitswurzel.

3. Durch Abspaltung des Wurzelfaktors $x - 1$ erhält man aus der Gleichung (1) eine Gleichung $(n-1)^{\text{ten}}$ Grades:

$$(4) \qquad x^{n-1} + x^{n-2} + \cdots + x + 1 = 0.$$

Ihre Lösungen sind die n^{ten} Einheitswurzeln $\omega, \omega^2, \ldots, \omega^{n-1}$. Setzt man also in (4) für x irgendeine Potenz ω^h, wo nur h nicht durch n teilbar sein darf, so ist

$$(5) \qquad 1 + \omega^h + \omega^{2h} + \cdots \omega^{(n-1)h} = 0.$$

Ist aber h durch n teilbar, so ist jedes Glied dieser Summe gleich 1 und die Summe hat den Wert n.

Die Gleichung (4) wird, wenn n eine Primzahl ist, im eigentlichen Sinn als **Kreisteilungsgleichung** bezeichnet.

4. In den Formeln (2) sind die Wurzeln der Kreisteilungsgleichung durch die trigonometrischen Funktionen, also in **transzendenter** (nicht algebraischer) Form dargestellt. Hiervon ist gänzlich verschieden die Aufgabe der **algebraischen** Auflösung, deren Wesen wir § 99, **1.** kurz erläutert haben. Sie besteht darin, die Lösung so weit wie möglich mit algebraischen Hilfsmitteln[1]), nämlich durch Zurückführung auf Gleichungen niedrigeren Grades durchzuführen. Hierin besteht das eigentliche Problem in der Theorie der Kreisteilungsgleichungen. Für die einfachsten Fälle ($n = 2, 3, 4$) haben wir sie bereits in § 46, 7. erledigt. Die Bewältigung des allgemeinen Problems stellt eine der größten Leistungen von Gauß dar.[2])

5. Ehe wir an die Auflösung der Kreisteilungsgleichungen herantreten, wollen wir kurz die geometrische Bedeutung der Theorie berühren. Wir nennen den der Einheitswurzel ω^k entsprechenden Punkt der Zahlenebene die k^{te} Ecke des regelmäßigen n-Ecks.

Aus dem n-Eck können wir durch geometrische Konstruktion (Winkelhalbieren) das $2n$-Eck, aus diesem das $4n$-Eck usw. ableiten. Algebraisch erhält man s_{2n} aus s_n durch Quadratwurzelausziehen:

$$(6) \qquad s_{2n} = \sqrt{1 + \tfrac{1}{2} s_n} - \sqrt{1 - \tfrac{1}{2} s_n}.$$

Wir können uns daher auf die Betrachtung von Vielecken mit ungrader Seitenzahl beschränken.

Für ein ungrades n läßt sich aber die Seite s_n direkt durch die n^{ten} Einheitswurzeln ausdrücken. Es ist

$$s_n = 2 \sin \frac{\pi}{n} = 2 \sin \left(\pi - \frac{\pi}{n} \right) = 2 \sin \left(\frac{n-1}{2} \cdot \frac{2\pi}{n} \right), \qquad \text{folglich}$$

$$(7) \qquad s_n = - i \left(\omega^{\frac{n-1}{2}} - \omega^{-\frac{n-1}{2}} \right).$$

Die Seite des regelmäßigen $2n$-Ecks ist

$$s_{2n} = 2 \sin \frac{\pi}{2n} = 2 \cos \left(\frac{\pi}{2} - \frac{\pi}{2n} \right) = 2 \cos \left(\frac{n-1}{4} \cdot \frac{2\pi}{n} \right)$$

$$= - 2 \cos \left(\frac{\pi}{2} + \frac{\pi}{2n} \right) = - 2 \cos \left(\frac{n+1}{4} \cdot \frac{2\pi}{n} \right),$$

also, je nachdem $n - 1$ oder $n + 1$ durch 4 teilbar, mithin n von der Form $4m + 1$ oder $4m - 1$ ist:

$$(8) \qquad
\begin{aligned}
n &= 4m + 1 & s_{2n} &= \omega^{\frac{n-1}{4}} + \omega^{-\frac{n-1}{4}} \\
n &= 4m - 1 & s_{2n} &= - \omega^{\frac{n+1}{4}} - \omega^{-\frac{n+1}{4}}.
\end{aligned}$$

6. Ist n ein Produkt von zwei teilerfremden Zahlen, $n = ab$, so lassen sich zwei positive ganze Zahlen k, l so bestimmen, daß

$$bk - al = 1$$

---

1) Gänzlich umgehen läßt sich die Verwendung der trigonometrischen Funktionen nur bei den Kreisteilungsgleichungen, die allein durch quadratische Gleichungen gelöst werden können (vgl. § 107, 12.).

2) Disquisitiones arithmeticae, Sectio septima. Gauß beschäftigte sich bereits 1795 in seinem ersten Semester im Alter von 18 Jahren mit den Kreisteilungsgleichungen. Die entscheidende Entdeckung der Konstruierbarkeit des Siebzehnecks gelang ihm am 29. März 1796 (Brief an Gerling vom 6. 1. 1819; Werke 10, 125). Über Vandermonde als Vorgänger von Gauß vgl. A. Loewy, Jahresb. d. Math.-Ver. 27 (1918).

wird (§ 61). Dann ist

$$\frac{2\pi}{n} = \frac{2k\pi}{a} - \frac{2l\pi}{b}$$

und man erhält die Seite des n-Ecks, wenn man den k^{ten} Punkt des a-Ecks mit dem l^{ten} Punkt des b-Ecks verbindet. So ergibt sich z. B. die Seite des 15-Ecks, wenn man die zweite Ecke des Fünfecks mit der ersten des Dreiecks verbindet.

Hiernach können wir uns im folgenden mit der Betrachtung solcher Polygone begnügen, deren Seitenzahl eine ungrade Primzahl oder eine Potenz einer solchen ist.

7. Durch die algebraische Auflösung der Kreisteilungsgleichungen wird die Frage der Konstruierbarkeit der regelmäßigen Vielecke entschieden. Die elementaren geometrischen Konstruktionen verwenden keine anderen Hilfsmittel als Lineal und Zirkel, sie bestehen also in dem Ziehen einer endlichen Anzahl von geraden Linien und Kreisen. Es sind aber die Schnittpunkte von Kreisen und ebenso von Kreisen und geraden Linien, wie in der analytischen Geometrie gezeigt wird, algebraisch durch die Wurzeln quadratischer Gleichungen bestimmt, und umgekehrt kann man Quadratwurzeln aus gegebenen Zahlen, wenn man diese Zahlen durch Strecken darstellt, geometrisch mit Lineal und Zirkel konstruieren. Es folgt also:

Wenn sich die Seite eines regelmäßigen Vielecks algebraisch durch eine Reihe von quadratischen Gleichungen bestimmen läßt, so ist die Konstruktion des Vielecks mit Lineal und Zirkel allein ausführbar, und umgekehrt: Wenn die Konstruktion eines regelmäßigen n-Ecks mit Lineal und Zirkel allein möglich ist, so führt die algebraische Bestimmung der n^{ten} Einheitswurzeln, also die Auflösung der entsprechenden Kreisteilungsgleichung, auf eine Kette von quadratischen Gleichungen.

§ 106*. Die Kreisteilungsgleichungen bis zum elften Grad.

1. Die Gleichung

$$(1) \qquad x^{n-1} + x^{n-2} + \cdots + x + 1 = 0,$$

worin $n - 1$ eine grade Zahl ist, gehört zu den reziproken Gleichungen. Darunter versteht man Gleichungen, deren Wurzeln paarweise reziprok sind, so daß mit α auch zugleich $\frac{1}{\alpha}$ eine Wurzel ist. Eine solche Gleichung kann auf eine quadratische und eine Gleichung von der halben Gradzahl zurückgeführt werden. Beachtet man nämlich, daß für die Lösungen der Kreisteilungsgleichung $x^{n-1} = \frac{1}{x}$, $x^{n-2} = \frac{1}{x^2}$, $\cdots x^{\frac{n+1}{2}} = \frac{1}{x^{\frac{n-1}{2}}}$ ist, und setzt $\frac{n-1}{2} = \nu$, so folgt, daß Gleichung (1) gleichbedeutend ist mit

$$(2) \quad \left(x^\nu + \frac{1}{x^\nu}\right) + \left(x^{\nu-1} + \frac{1}{x^{\nu-1}}\right) + \cdots + \left(x + \frac{1}{x}\right) + 1 = 0.$$

Man setzt nun:
$$(3) \qquad\qquad\qquad x + \frac{1}{x} = z$$

und findet leicht:
$$x^2 + \frac{1}{x^2} = z^2 - 2$$

$$x^3 + \frac{1}{x^3} = z^3 - 3z$$

$$(4) \qquad\qquad x^4 + \frac{1}{x^4} = z^4 - 4z^2 + 2$$

$$x^5 + \frac{1}{x^5} = z^5 - 5z^3 + 5z.$$

$$\cdots\cdots\cdots\cdots\cdots$$

So kann man allgemein $x^k + \frac{1}{x^k}$ als ganze Funktion k^{ten} Grades von z ausdrücken, und Gleichung (2) geht dadurch in eine Gleichung $\frac{n-1}{2}^{\text{ten}}$ Grades in z über. Die Lösungen dieser Gleichung sind:

$$\omega + \frac{1}{\omega}, \; \omega^2 + \frac{1}{\omega^2}, \; \cdots, \; \omega^\nu + \frac{1}{\omega^\nu} \qquad \text{oder}$$

$$(5) \qquad\qquad 2\cos\frac{2\pi}{n}, \; 2\cos\frac{4\pi}{n}, \; \cdots, \; 2\cos\frac{(n-1)\pi}{n}.$$

Denkt man sich diese Werte durch Auflösung der Gleichung in z bestimmt, so findet man die n^{ten} Einheitswurzeln durch die quadratische Gleichung (3).

Dieses Verfahren ist für manche Kreisteilungsgleichungen, insbesondere für die niedrigsten Grade (bis $n = 11$) mit Vorteil anwendbar.[1]

2. Für $n = 5$ lautet die Gleichung (2):

$$x^2 + \frac{1}{x^2} + x + \frac{1}{x} + 1 = 0.$$

Sie geht für $\qquad\qquad z = x + \frac{1}{x} \qquad\qquad$ nach (4) über in

$$(6) \qquad\qquad\qquad z^2 + z - 1 = 0$$

mit den Lösungen

$$z = \frac{-1 + \sqrt{5}}{2} = 2\cos\frac{2\pi}{5} = 2\sin\frac{\pi}{10}$$

$$(7)$$

$$z' = \frac{-1 - \sqrt{5}}{2} = 2\cos\frac{4\pi}{5} = -2\cos\frac{\pi}{5} = -2\sin\frac{3\pi}{10}.$$

Bei z ist das positive Vorzeichen der Quadratwurzel zu nehmen, weil $\cos\frac{2\pi}{5}$ positiv ist.

---

1) Genauer für die Kreisteilungsgleichungen von Primzahlgrad $p = 2q + 1$, worin $q = \frac{p-1}{2}$ wiederum eine Primzahl ist, z. B. $p = 5, 7, 11, 23, 47 \ldots$ und für $n = 9$.

Wie man sieht, ist z die **Zehneckseite**, $-z'$ die Seite eines überschlagenen Zehnecks, das man erhält, wenn man in dem einfachen Zehneck immer zwei Eckpunkte überspringt.

Aus Gleichung (6) folgt:

$$1 : z = z : (1 - z),$$

d. h. die Zehneckseite ist gleich dem größeren Abschnitt des nach dem goldenen Schnitt geteilten Radius (§ 38, 6.).

Aus (7) ergibt sich mit Rücksicht auf (6):

$$(8) \quad 2 \sin \frac{2\pi}{5} = \sqrt{4 - z^2} = \sqrt{z + 3} = \sqrt{\frac{5 + \sqrt{5}}{2}} = f',$$

$$2 \sin \frac{4\pi}{5} = \sqrt{4 - z'^2} = \sqrt{z' + 3} = \sqrt{\frac{5 - \sqrt{5}}{2}} = f$$

und f ist die Seite des regelmäßigen Fünfecks, f' die Seite des überschlagenen Fünfecks (**Pentagramm**).

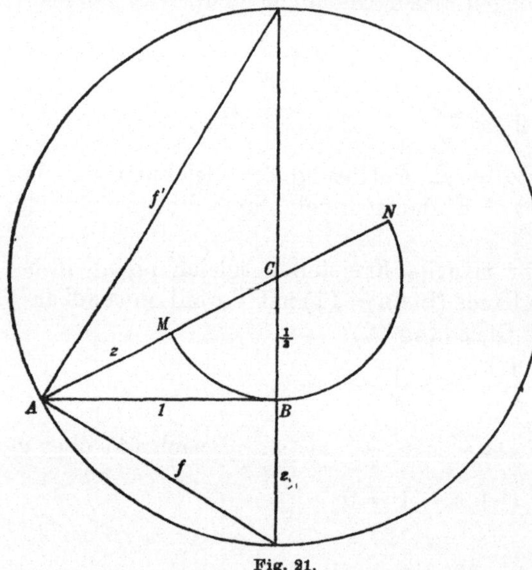

Fig. 21.

Die fünften Einheitswurzeln sind:

$$\omega = \cos \frac{2\pi}{5} + i \sin \frac{2\pi}{5}$$

$$= \frac{1}{2}(z + if')$$

$$\omega^2 = \cos \frac{4\pi}{5} + i \sin \frac{4\pi}{5}$$

$$= \frac{1}{2}(z' + if)$$

und die konjugiert komplexen Werte zu diesen Zahlen.

3. Um die Größen z und $-z'$ zu konstruieren, zeichne man ein rechtwinkliges Dreieck ABC mit den Katheten 1 und $\frac{1}{2}$; die Hypotenuse ist $\frac{1}{2}\sqrt{5}$. Wenn wir hiervon die Strecke $\frac{1}{2}$ abschneiden, so bleibt z, und wenn wir $\frac{1}{2}$ hinzufügen, so ergibt sich $-z'$. In der Figur ist also die Strecke $AM = z$ und $AN = -z'$.

Eine schöne Konstruktion des regelmäßigen Fünfecks, die gleichzeitig alle Eckpunkte gibt, hat v. Staudt angegeben.[1]

4. Für $n = 7$ haben wie zunächst die Gleichung

---

[1] v. Staudt, Journ. f. Math. **24** (1842). Schröter, ebda **75** (1873). Vgl. die sehr reichhaltige Schrift von Mitzscherling, Das Problem der Kreisteilung. Leipzig 1913, S. 24.

$$\left(x^3 + \frac{1}{x^3}\right) + \left(x^2 + \frac{1}{x^2}\right) + \left(x + \frac{1}{x}\right) + 1 = 0.$$

Sie geht für $\qquad z = x + \dfrac{1}{x} \qquad$ nach (4) über in

(9) $\qquad\qquad z^3 + z^2 - 2z - 1 = 0.$

Ihre Wurzeln sind $\qquad z = 2 \cos \dfrac{2\pi}{7}$

$$z_1 = 2 \cos \frac{4\pi}{7} = -2 \sin \frac{\pi}{14}$$

$$z_2 = 2 \cos \frac{6\pi}{7} = -2 \cos \frac{\pi}{7}.$$

Hier ist $-z_1$ die Seite des regelmäßigen 14-Ecks. Die Gleichung hat also drei reelle irrationale[1]) Wurzeln, folglich ist sie irreduzibel. In § 110 wird gezeigt, daß das Siebeneck nicht mit Lineal und Zirkel konstruierbar ist.

5. Für $n = 9$ gibt es nur 6 primitive Einheitswurzeln, nämlich ω, ω^2, ω^4, ω^5, ω^7, ω^8. Dagegen sind ω^3 und ω^6 zugleich dritte Einheitswurzeln. In der Gleichung der neunten Einheitswurzeln muß also die Gleichung der dritten Einheitswurzeln $x^2 + x + 1 = 0$ enthalten sein. In der Tat ist

$$x^8 + x^7 + x^6 + x^5 + x^4 + x^3 + x^2 + x + 1 = (x^2 + x + 1)(x^6 + x^3 + 1)$$

und die primitiven neunten Einheitswurzeln genügen der Gleichung

$$x^6 + x^3 + 1 = 0$$

oder $\qquad\qquad x^3 + \dfrac{1}{x^3} + 1 = 0.$

Für $\qquad\qquad x + \dfrac{1}{x} = 1$

ergibt sich nach (4) die irreduzible Gleichung[2])

(10) $\qquad\qquad z^3 - 3z + 1 = 0$

mit den Wurzeln $\qquad z = 2 \cos \dfrac{2\pi}{9}$

$$z_1 = 2 \cos \frac{4\pi}{9} = 2 \sin \frac{\pi}{18}$$

$$z_2 = 2 \cos \frac{8\pi}{9} = -2 \cos \frac{\pi}{9};$$

z_1 ist die Seite des regelmäßigen 18-Ecks. Auch das Neuneck ist nicht mit Lineal und Zirkel konstruierbar (§ 110).

---

1) Wäre eine Wurzel rational, so müßte sie eine ganze Zahl sein (§ 90, 1.) das ist sicher keine von den drei Wurzeln.

2) Diese Gleichung ist identisch mit der Gleichung für die Dreiteilung des Winkels von 120° (§ 82, 3).

Dasselbe gilt von dem **Elfeck**, bei dem wir für $z = x + \dfrac{1}{x}$ auf die Gleichung fünften Grades

$$z^5 + z^4 - 4z^3 - 3z^2 + 3z + 1 = 0$$

geführt werden.

§ 107*. Methode von Gauß zur Lösung der Kreisteilungsgleichungen.

1. Wir wollen die Methode von **Gauß** zur Lösung der Kreisteilungsgleichungen in ihren Grundzügen darstellen und beschränken uns dabei auf Gleichungen vom Primzahlgrad $n = p$.

Bereits in § 90, **10.** ist mit Hilfe des Satzes von **Schoenemann** gezeigt worden, daß die Kreisteilungsgleichung

$$(1) \qquad x^{p-1} + x^{p-2} + \cdots + x + 1 = 0$$

irreduzibel ist. Die Lösungen sind

$$(2) \qquad \omega, \omega^2, \omega^3 \cdots, \omega^{p-1}$$

und keine dieser Lösungen befriedigt eine Gleichung von niedrigerem Grad mit rationalen Koeffizienten (§ 90, **3**). Der Körper der Koeffizienten von (1) ist der natürliche Rationalitätsbereich $\Re$.

2. Die Grundlage für die Gaußsche Methode bildet der geniale Gedanke, die Lösungen (2) in anderer Reihenfolge anzuordnen. Wir können nämlich nach § 105, **2** an Stelle der Exponenten $1, 2, \cdots, p-1$ in (2) irgendein reduziertes Restesystem $r_1, r_2, \cdots r_{p-1}$ für den Modul p nehmen. Nach § 65 kann man aber ein reduziertes Restesystem mod p durch die Potenzen einer **primitiven Wurzel** von p

$$1, g, g^2, g^3, \cdots g^{p-2}$$

darstellen, und es sind daher die Lösungen (2) in anderer Anordnung auch durch

$$(3) \qquad \omega, \omega^g, \omega^{g^2}, \omega^{g^3}, \cdots \omega^{g^{p-2}}$$

gegeben. In dieser Reihenfolge ist jede Lösung die g^{te} Potenz der vorhergehenden Lösung. Die g^{te} Potenz der letzten Lösung führt wegen $g^{p-1} \equiv 1 \bmod p$ wieder zu der ersten: die Lösungen sind in einem Zyklus angeordnet.

3. Man kann in (3) die Potenzen g^α auch durch ihre kleinsten (positiven oder negativen) Reste mod p ersetzen. Wir schreiben zur Abkürzung[1]:

$$(4) \qquad g^\alpha \equiv [\alpha] \bmod p$$

und haben für die Lösungen in der Anordnung (3)

$$(5) \qquad \omega^{[0]}, \omega^{[1]}, \omega^{[2]}, \cdots \omega^{[p-2]}.$$

---

[1] Zur Vermeidung von Mißverständnissen sei bemerkt, daß **Gauß** das Zeichen $[\alpha]$ in anderer Bedeutung, nämlich für ω^α benutzt.

Für die Symbole $[\alpha]$ gelten die folgenden leicht zu erweisenden Regeln:

1. Es ist dann und nur dann $[\alpha] = [\alpha']$, wenn $\alpha \equiv \alpha' \bmod (p-1)$
2. Es ist $[\alpha]\,[\beta] = [\alpha + \beta]$.
3. Es ist $[p-1] = [0] \equiv 1 \bmod p$.

Die Summe der Lösungen (5) stimmt überein mit der Summe der Lösungen (2), und diese ist nach (1) gleich -1, also

$$(6) \qquad \omega^{[0]} + \omega^{[1]} + \omega^{[2]} + \cdots + \omega^{[p-2]} = -1.$$

4. Wir beweisen nun den Satz:

Jede ganze Funktion von ω mit rationalen Koeffizienten, die bei der Substitution $(\omega, \omega^{[1]})$ numerisch ungeändert bleibt[1]), hat einen rationalen Wert.

Jede ganze Funktion von ω kann unter Berücksichtigung von $\omega^p = 1$ und von Gleichung (1) auf die Form

$$(7) \qquad h(\omega) = a_1 \omega + a_2 \omega^2 + \cdots + a_{p-1} \omega^{p-1}$$

gebracht werden, mithin, da die Potenzen ω^μ abgesehen von der Reihenfolge mit den $\omega^{[\alpha]}$ übereinstimmen, als homogene lineare Funktion der letzteren dargestellt werden, also

$$h(\omega) = c_0 \omega^{[0]} + c_1 \omega^{[1]} + \cdots + c_{p-2} \omega^{[p-2]},$$

und wenn die Koeffizienten der ursprünglichen ganzen Funktion rational sind, so werden es auch die $a_1, a_2, \cdots, a_{p-1}$ und die $c_0, c_1, \cdots, c_{p-2}$ sein. Ersetzt man ω durch $\omega^{[1]}$, so soll $h(\omega)$ seinen Wert beibehalten, also ist auch

$$h(\omega) = c_0 \omega^{[1]} + c_1 \omega^{[2]} + \cdots c_{p-2} \omega^{[0]}, \qquad \text{mithin}$$

$$0 = (c_{p-2} - c_0)\,\omega^{[0]} + (c_0 - c_1)\omega^{[1]} + (c_1 - c_2)\,\omega^{[2]} + \cdots + (c_{p-3} - c_{p-2})\,\omega^{[p-2]}.$$

Dividieren wir hier durch ω, welches immer von Null verschieden ist, so würde eine Gleichung $(p-2)^{\text{ten}}$ Grades für ω mit rationalen Koeffizienten bleiben. Dies ist aber wegen der Irreduzibilität der Kreisteilungsgleichung nicht möglich, folglich müssen alle Koeffizienten der Gleichung Null sein; es folgt:

$$c_0 = c_1 = c_2 = \cdots = c_{p-2}$$

und die vorgelegte Funktion hat den Wert:

$$h(\omega) = c_0\,(\omega^{[0]} + \omega^{[1]} + \cdots + \omega^{[p-2]}) = -c_0.$$

Damit ist der Satz bewiesen.

Sind die Koeffizienten in der ursprünglichen Gestalt von $h(\omega)$ ganze Zahlen, so hat auch $h(\omega)$ einen ganzzahligen Wert.

5. Bei der Substitution $(\omega, \omega^{[1]})$ werden die Wurzeln $\omega^{[0]}, \omega^{[1]}, \cdots \omega^{[p-2]}$ durch $\omega^{[1]}, \omega^{[2]}, \cdots \omega^{[0]}$ ersetzt, d. h. die Substitution ist gleichbedeutend mit der zyklischen Permutation

$$\pi = (0, 1, 2, \cdots p - 2).$$

---

1) d. h. welche ungeändert bleibt, wenn man ω durch $\omega^{[1]} = \omega^g$ ersetzt.

Die wiederholte Anwendung dieser Permutation liefert die Periode (§ 52, 2)

$$(\mathfrak{C}) \qquad\qquad 1,\ \pi,\ \pi^2,\ \cdots\ \pi^{p-2}.$$

Sie bildet eine Permutationsgruppe $(p-1)^{\text{ter}}$ Ordnung und heißt die zyklische Gruppe $\mathfrak{C}$. Mit Benutzung der Begriffsbildungen aus § 98 können wir daher Satz 4 auch in der Form aussprechen:

Jede Invariante[1]) der zyklischen Gruppe (mit rationalen Koeffizienten) hat einen rationalen Wert.

Umgekehrt aber ist leicht zu sehen:

Jede ganze Funktion der Einheitswurzeln mit rationalen Koeffizienten, welche einen rationalen Wert besitzt, ist eine Invariante der zyklischen Gruppe.

Jede solche Funktion läßt sich nämlich auf die Form (7) bringen, und wenn sie den rationalen Wert c besitzt, so folgt aus der Irreduzibilität der Kreisteilungsgleichung, daß

$$a_1 = a_2 = \cdots = a_{p-1} = -c$$

sein muß. Folglich hat die Funktion die Form

$$-c(\omega + \omega^2 + \cdots + \omega^{p-1}) = -c(\omega^{[0]} + \omega^{[1]} + \cdots + \omega^{[p-2]})$$

und das ist eine Invariante der zyklischen Gruppe.

Aus den beiden letzten Sätzen folgt nunmehr auf Grund von § 98, 4.

Die zyklische Gruppe $\mathfrak{C}$ ist die Galoissche Gruppe der Kreisteilungsgleichung.

6. Zur Auflösung der Kreisteilungsgleichung gehen wir nun in der § 99, 1. angedeuteten Weise vor, indem wir Invarianten von Untergruppen der Gruppe $\mathfrak{C}$ durch Resolventen bestimmen und dem Rationalitätsbereich $\mathfrak{R}$ adjungieren.

Die Ordnung $p-1$ der Gruppe $\mathfrak{C}$ ist immer eine grade Zahl, also sicher keine Primzahl. Sei

$$(8) \qquad\qquad p-1 = ef$$

irgend eine Zerlegung von $p-1$ in zwei Faktoren, so ist

$$(\mathfrak{C}_e) \qquad\qquad 1,\ \pi^e,\ \pi^{2e},\ \cdots\ \pi^{(f-1)e}$$

eine zyklische Untergruppe f^{ter} Ordnung von $\mathfrak{C}$, und zwar, wie man auf Grund von § 52 leicht einsieht[2]), eine ausgezeichnete Untergruppe. Der Permutation π^e entspricht die Substitution $(\omega,\ \omega^{[e]})$ in den Einheitswurzeln.

Entsprechend der Zerlegung (8) kann man die Lösungen (5) der Kreisteilungsgleichung in e Gruppen von je f Lösungen einteilen, indem

---

1) Wir verstehen hier unter einer Invariante durchweg im Sinn von § 98, 4. eine numerische Invariante, also eine rationale Funktion der Gleichungswurzeln, die bei allen Permutationen einer Gruppe numerisch ungeändert bleibt.

2) Man beachte, daß für die Zusammensetzung der zyklischen Permutationen das kommutative Gesetz gilt.

man von einer Lösung ausgehend immer die e^{te} darauf folgende Lösung dazunimmt. Man bildet die Summe der Lösungen in jeder Gruppe und erhält damit die f-gliedrigen Perioden:

$$\eta_0 = \omega^{[0]} + \omega^{[e]} + \omega^{[2e]} + \cdots + \omega^{[(f-1)e]}$$

$$(9) \qquad \eta_1 = \omega^{[1]} + \omega^{[e+1]} + \omega^{[2e+1]} + \cdots \omega^{[(f-1)e+1]}$$

$$\cdot \quad \cdot \quad \cdot \quad \cdot \quad \cdot \quad \cdot \quad \cdot \quad \cdot \quad \cdot$$

$$\eta_{e-1} = \omega^{[e-1]} + \omega^{[2e-1]} + \omega^{[3e+1]} \cdots + \omega^{[p-2]}.$$

Diese sind alle voneinander verschieden[1]) und bilden, wie man leicht mit Hilfe der Regeln in **3.** erkennt, ein System konjugierter Invarianten der Untergruppe $\mathfrak{C}_e$. Hieraus folgt nach § 98, **5.** und **9.**:

Die e Perioden $\eta_0, \eta_1, \cdots, \eta_{e-1}$ sind die Lösungen einer irreduzibeln Gleichung e^{ten} Grades mit ganzzahligen Koeffizienten, und jede Periode ist rational durch eine von ihnen darstellbar.

7. Um diese Gleichung aufzustellen, braucht man nicht, entsprechend § 98, **5.** die symmetrischen Funktionen der $\eta_0 \cdots \eta_{e-1}$ zu berechnen. Man benutzt vielmehr den folgenden Satz:

Jede Invariante der Untergruppe $\mathfrak{C}_e$ läßt sich als homogene lineare Funktion der Perioden mit rationalen Koeffizienten darstellen.

Jede solche Invariante ist nämlich eine ganze Funktion von ω mit rationalen Koeffizienten und kann daher nach **4.** in der Form

$$\begin{aligned}
\varphi(\omega) = {} & c_0 \omega^{[0]} + c_1 \omega^{[1]} + \cdots + c_{e-1} \omega^{[e-1]} \\
& + c_e \omega^{[e]} + c_{e+1} \omega^{[e+1]} + \cdots + c_{2e-1} \omega^{[2e-1]} \\
& + c_{2e} \omega^{[2e]} + c_{2e+1} \omega^{[2e+1]} + \cdots + c_{3e-1} \omega^{[3e-1]} \\
& \cdot \quad \cdot \quad \cdot \quad \cdot \quad \cdot \quad \cdot \quad \cdot \quad \cdot \\
& + c_{(f-1)e} \omega^{[(f-1)e]} + \cdots + c_{p-2} \omega^{[p-2]}
\end{aligned}$$

angesetzt werden. Ersetzt man ω durch $\omega^{[e]}$, so wird

$$\begin{aligned}
\varphi(\omega^{[e]}) = {} & c_0 \omega^{[e]} + c_1 \omega^{[e+1]} + \cdots + c_{e-1} \omega^{[2e-1]} \\
& + c_e \omega^{[2e]} + c_{e+1} \omega^{[2e+1]} + \cdots + c_{2e-1} \omega^{[3e-1]} \\
& \cdot \quad \cdot \quad \cdot \quad \cdot \quad \cdot \quad \cdot \quad \cdot \\
& + c_{(f-1)e} \omega^{[e]} + \cdots + c_{p-2} \omega^{[e-1]},
\end{aligned}$$

und da $\varphi(\omega)$ bei der Substitution $(\omega, \omega^{[e]})$ seinen Wert nicht ändern soll, so folgt:

$$\varphi(\omega^{[e]}) - \varphi(\omega) = 0 = (c_0 - c_e)\omega^{[e]} + (c_1 - c_{e+1})\omega^{[e+1]} + \cdots$$
$$+ (c_e - c_{2e})\omega^{[2e]} + (c_{e+1} - c_{2e+1})\omega^{[2e+1]} + \cdots$$

Hieraus schließt man, wie in **4.** wegen der Irreduzibilität der Kreisteilungsgleichung, daß

$$c_0 = c_e = c_{2e} = \cdots = c_{(f-1)e}$$
$$c_1 = c_{e+1} = c_{2e+1} = \cdots = c_{(f-1)e+1}$$
$$\cdot \quad \cdot \quad \cdot \quad \cdot \quad \cdot \quad \cdot \quad \cdot \quad \cdot \quad \cdot$$

---

1) Das folgt aus der Irreduzibilität der Kreisteilungsgleichung.

allgemein $c_\alpha = c_{ke+\alpha}$ sein muß, und wenn man nun in dem Ausdruck für $\varphi(\omega)$ die Glieder mit gleichen Koeffizienten zusammenfaßt, so erhält man, entsprechend der Behauptung des Satzes

$$(10) \qquad \varphi(\omega) = c_0\eta_0 + c_1\eta_1 + \cdots + c_{e-1}\eta_{e-1}.$$

Hat $\varphi(\omega)$ ursprünglich ganzzahlige Koeffizienten, so sind auch die Koeffizienten der η_α ganze Zahlen.

8. Auf Grund dieses Satzes läßt sich das Produkt von je zwei Perioden in der Form (10) mit ganzzahligen Koeffizienten darstellen. So bilde man[1]):

$$
\begin{aligned}
\eta_0\eta_0 &= a_{00}\eta_0 + a_{01}\eta_1 + \cdots + a_{0,e-1}\eta_{e-1} \\
\eta_0\eta_1 &= a_{10}\eta_0 + a_{11}\eta_1 + \cdots + a_{1,e-1}\eta_{e-1}
\end{aligned}
$$

(11)

$$\cdots\cdots\cdots\cdots\cdots\cdots\cdots\cdots$$

$$\eta_0\eta_{e-1} = a_{e-1,0}\eta_0 + a_{e-1,1}\eta_1 + \cdots + a_{e-1,e-1}\eta_{e-1}$$

oder

$$
\begin{aligned}
(a_{00} - \eta_0)\eta_0 + a_{01}\eta_1 + \cdots + a_{0,e-1}\eta_{e-1} &= 0 \\
a_{10}\eta_0 + (a_{11} - \eta_0)\eta_1 + \cdots + a_{1,e-1}\eta_{e-1} &= 0
\end{aligned}
$$

$$\cdots\cdots\cdots\cdots\cdots\cdots\cdots\cdots$$

$$a_{e-1,0}\eta_0 + a_{e-1,1}\eta_1 + \cdots + (a_{e-1,e-1} - \eta_0)\eta_{e-1} = 0.$$

Da wegen der Irreduzibilität der Kreisteilungsgleichung keine der Perioden $\eta_0, \eta_1, \ldots \eta_{e-1}$ Null sein kann, so kann dieses System von homogenen linearen Gleichungen nur bestehen, wenn die Determinante des Systems verschwindet (§ 76, **11.**), also folgt:

Die Periode η_0 ist Lösung der Gleichung

$$(12) \qquad \begin{vmatrix} a_{00} - z & a_{01} & \cdots a_{0,e-1} \\ a_{10} & a_{11} - z \cdots a_{1,e-1} \\ \cdots\cdots\cdots\cdots\cdots\cdots \\ a_{e-1,0} & a_{e-1,1} & a_{e-1,e-1} - z \end{vmatrix} = 0,$$

und da dies eine Gleichung vom e^{ten} Grad ist, so hat sie wegen der Irreduzibilität alle Perioden $\eta_0, \eta_1, \ldots \eta_{e-1}$ zu Lösungen.

9. Hat man durch diese Gleichung die Perioden bestimmt, so kann man die Wurzeln der Kreisteilungsgleichung mit Hilfe des folgenden Satzes finden:

Die f Einheitswurzeln, aus denen eine Periode zusammengesetzt ist, genügen einer Gleichung f^{ten} Grades, deren Koeffizienten lineare ganzzahlige Funktionen der Perioden sind.

Dies folgt sofort auf Grund des Satzes **7.** aus dem Umstand, daß die symmetrischen Grundfunktionen der f Einheitswurzeln Invarianten der Untergruppe $\mathfrak{C}_e$ sind.

---

1) Bei der Bildung dieser Gleichungen hat man die Beziehung

$$\eta_0 + \eta_1 + \cdots + \eta_{e-1} = -1$$

zu berücksichtigen, die mit (6) gleichbedeutend ist.

Man hat also für die $p-1$ Einheitswurzeln e Gleichungen vom f^{ten} Grad:

$$F_1(z) = 0, \quad F_2(z) = 0, \ldots F_e(z) = 0, \qquad \text{und es muß}$$

$$z^{p-1} + z^{p-2} + \cdots + z + 1 = F_1(z) F_2(z) \ldots F_e(z)$$

sein, d. h. die Kreisteilungsgleichung, die im natürlichen Rationalitätsbereich irreduzibel ist, wird nach Adjunktion der Perioden reduzibel. Nach Satz **6.** genügt die Adjunktion einer Periode und zur Ermittlung der Einheitswurzeln genügt auch die Auflösung einer Gleichung $F_\alpha(z) = 0$, denn mit einer Einheitswurzel hat man durch Potenzieren derselben auch alle übrigen.

10. Die Gleichungen $F_\alpha(z) = 0$ lassen sich aber ebenso behandeln, wie die Gleichung (1). Es möge f weiter in Faktoren zerlegbar sein,

$$f = e'f'.$$

Dann ist

$$1, \ \pi^{ee'}, \ \pi^{2ee'}, \ \ldots \pi^{(f'-1)ee'} \qquad\qquad (\mathfrak{C}_{ee'})$$

eine ausgezeichnete Untergruppe f'^{ter} Ordnung von $\mathfrak{C}_e$ und jede Periode zerfällt in e' Unterperioden, welche konjugierte Invarianten von $\mathfrak{C}_{ee'}$ sind, z. B. η_0 in die Unterperioden

$$\eta_0{}' = \omega^{[0]} + \omega^{[ee']} + \omega^{[2ee']} + \cdots + \omega^{[(f'-1)ee']}$$

$$\eta_e{}' = \omega^{[e]} + \omega^{[e(e'+1)]} + \omega^{[e(2e'+1)]} + \cdots + \omega^{[e((f'-1)e'+1)]}$$

$$\cdots\cdots\cdots\cdots\cdots\cdots\cdots\cdots$$

$$\eta_{e(e'-1)}{}' = \omega^{[e(e'-1)]} + \omega^{[e(2e'-1)]} + \omega^{[e(3e'-1)]} + \cdots + \omega^{[e(f-1)]}.$$

Bei der Substitution $(\omega, \omega^{[e]})$ permutieren sich diese Unterperioden zyklisch; ihre symmetrischen Grundfunktionen sind also Invarianten der Untergruppe $\mathfrak{C}_e$ und daher nach Satz **7.** linear und homogen durch die Perioden $\eta_0, \ldots, \eta_{e-1}$ darstellbar. Es folgt:

Die e' Unterperioden, welche eine Periode η_α zusammensetzen, genügen einer Gleichung e'^{ten} Grades, deren Koeffizienten sich linear und ganzzahlig durch die Perioden $\eta_0, \ldots \eta_{e-1}$ ausdrücken.

Diese Gleichung ist nach § 98, **6.** im Rationalitätsbereich $\Re(\eta_\alpha)$ irreduzibel[1]), und nach § 98, **7.** ist jede der ee' Unterperioden rational durch eine von ihnen darstellbar.

Weiter schließt man dann, wie oben, daß die in einer Unterperiode auftretenden Einheitswurzeln Lösungen einer Gleichung f'^{ten} Grades sind, deren Koeffizienten sich linear und ganzzahlig aus den Unterperioden zusammensetzen.

11. Ist auch f' noch in Faktoren zerlegbar, so kann man in derselben Weise vorgehen und die Unterperioden η' weiter zerlegen, und dieses Verfahren kann man fortsetzen, solange noch eine Faktoren-

---

1) D. h. in dem Rationalitätsbereich, der durch Adjunktion von η_α zum natürlichen Rationalitätsbereich entsteht.

zerlegung möglich ist. So gelangt man schließlich zu der von Gauß angegebenen Lösungsvorschrift:[1])

Es sei in Primfaktoren zerlegt

$$p - 1 = \alpha \beta \gamma \ldots \nu$$

und man setze $\dfrac{p-1}{\alpha} = a,\qquad \dfrac{p-1}{\alpha\beta} = b,\qquad \dfrac{p-1}{\alpha\beta\gamma} = c \ldots$

Man wähle eine primitive Wurzel von p und verteile die $p-1$ Einheitswurzeln auf α Perioden η von a Gliedern, zerlege jede dieser Perioden in β Perioden η' von b Gliedern, jede dieser Unterperioden in γ Perioden η'' von c Gliedern usf.

1. Die Perioden η sind bestimmt durch eine Gleichung α^{ten} Grades mit ganzzahligen Koeffizienten.

2. Nach Adjunktion einer Wurzel η dieser Gleichung sind die Perioden η' bestimmt durch α Gleichungen β^{ten} Grades mit Koeffizienten aus $\Re(\eta)$.

3. Nach Adjunktion einer Wurzel η' von einer dieser Gleichungen sind die Perioden η'' bestimmt durch $\alpha\beta$ Gleichungen γ^{ten} Grades mit Koeffizienten aus $\Re(\eta, \eta')$.

In dieser Weise fortfahrend gelangt man schließlich zu einer Gleichung ν^{ten} Grades, welche nur Einheitswurzeln zu Lösungen hat.

12. Durch dieses Verfahren von Gauß wird die Auflösung der Kreisteilungsgleichung, sobald $p-1$ eine Potenz von 2 ist, lediglich auf die Lösung einer Reihe von quadratischen Gleichungen zurückgeführt. Nehmen wir hinzu, daß, sobald $p-1$ noch andere Primzahlen außer 2 enthält, die Auflösung der Kreisteilungsgleichung auf irreduzible Gleichungen von höherem als dem zweiten Grad führt, die sich, wie wir sehen werden, nicht durch eine Kette von Quadratwurzeln lösen lassen (vgl. § 109, 4.), so ergibt sich mit Rücksicht auf § 105, 7. der Satz:

Die Teilung des Kreises in n gleiche Teile oder die Konstruktion des regelmäßigen n-Ecks ist dann und nur dann mit Lineal und Zirkel ausführbar, wenn n entweder keine ungraden Primfaktoren oder nur solche von der Form $2^m + 1$ und jeden nur einfach enthält.

Dieser Satz von Gauß[2]) stellt einen der wichtigsten Fortschritte in der Elementarmathematik seit dem Altertum dar. Er fügte den mit der Dreiteilung und Fünfteilung zusammenhängenden, schon zu Euklids Zeiten bekannten Vielecken, zu denen 2000 Jahre hindurch keine anderen gekommen waren, eine Reihe von weiteren mit Lineal und Zirkel konstruierbaren Vielecken hinzu und zeigte, warum bei den andern Vielecken, dem 7-Eck, 9-Eck, 11-Eck, 13-Eck usw. die Konstruktion nicht möglich ist.

Damit $2^m + 1$ eine Primzahl ist, muß m eine Potenz von 2 sein,

---

1) Disqu. arithm. § 352.　　　　2) Disqu. arithm. § 365.

denn wenn m einen ungraden Faktor μ enthält, so daß $m = q\mu$, so ist $2^m + 1 = (2^q)^\mu + 1$ durch $2^q + 1$ teilbar. Es kommen also nur Zahlen von der Form $2^{2^\nu} + 1$ in Betracht, und in der Tat sind das für $\nu = 0$, 1, 2, 3, 4 Primzahlen, nämlich

$$
\begin{aligned}
\nu = 0 \qquad &2^1 \;+ 1 = 3\\
1 \qquad &2^2 \;+ 1 = 5\\
2 \qquad &2^4 \;+ 1 = 17\\
3 \qquad &2^8 \;+ 1 = 257\\
4 \qquad &2^{16} + 1 = 65537.
\end{aligned}
$$

Fermat vermutete, daß alle Zahlen von der Form $2^{2^\nu} + 1$ Primzahlen seien, aber Euler[1]) hat nachgewiesen, daß für $\nu = 5$:

$$2^{32} + 1 = 4294967297 = 641 \cdot 6700417$$

ist. Auch für $\nu = 6$ und $\nu = 7$ ergeben sich zusammengesetzte Zahlen[2]); es ist daher die Frage, ob die Anzahl der konstruierbaren Vielecke von ungrader Seitenzahl endlich sei oder nicht, noch offen.

§ 108*. Die Kreisteilungsgleichungen dreizehnten und siebzehnten Grades.

1. Für $p = 13$ ist $g = 2$ eine primitive Wurzel (vgl. § 65, **3.**). Die Reihe der Einheitswurzeln § 107 (5) wird also, wenn wir die Exponenten auf die absolut kleinsten Reste mod. 13 reduzieren:

$$\omega,\; \omega^2,\; \omega^4,\; \omega^{-5},\; \omega^3,\; \omega^6,\; \omega^{-1},\; \omega^{-2},\; \omega^{-4},\; \omega^5,\; \omega^{-3},\; \omega^{-6}.$$

Wir verteilen sie, entsprechend der Zerlegung $12 = 3 \cdot 4$ (also $e = 3$, $f = 4$) auf die drei Perioden:

$$
\text{(1)} \qquad
\begin{aligned}
\eta_0 &= \omega + \omega^{-5} + \omega^{-1} + \omega^5\\
\eta_1 &= \omega^2 + \omega^3 + \omega^{-2} + \omega^{-3}\\
\eta_2 &= \omega^4 + \omega^6 + \omega^{-4} + \omega^{-6}
\end{aligned}
$$

und bilden die Produkte $\eta_0\eta_0$, $\eta_0\eta_1$, $\eta_0\eta_2$. Wir erhalten dafür, wenn wir $\omega^k + \omega^{-k} = \gamma_k$ setzen, unschwer:

$$
\begin{aligned}
\eta_0\eta_0 &= \gamma_2 + \gamma_3 + 2\gamma_4 + 2\gamma_6 + 4\\
\eta_0\eta_1 &= \gamma_1 + 2\gamma_2 + 2\gamma_3 + \gamma_4 + \gamma_5 + \gamma_6\\
\eta_0\eta_2 &= 2\gamma_1 + \gamma_2 + \gamma_3 + \gamma_4 + 2\gamma_5 + \gamma_6
\end{aligned}
$$

oder, wenn wir in der ersten Gleichung $+ 4$ durch $- 4\,(\eta_0 + \eta_1 + \eta_2)$ ersetzen

$$
\text{(2)} \qquad
\begin{aligned}
\eta_0\eta_0 &= - 4\eta_0 - 3\eta_1 - 2\eta_2\\
\eta_0\eta_1 &= \eta_0 + 2\eta_1 + \eta_2\\
\eta_0\eta_2 &= 2\eta_0 + \eta_1 + \eta_2.
\end{aligned}
$$

---

1) Euler, Comm. Petrop. 1732/33.
2) Lucas, Comptes rendus 1877 (2) S. 136.

Hieraus folgt nach § 107, 8., daß η_0, η_1, η_2 Wurzeln der kubischen Gleichung

$$\begin{vmatrix} -4-z & -3 & -2 \\ 1 & 2-z & 1 \\ 2 & 1 & 1-z \end{vmatrix} = 0 \qquad \text{oder}$$

$$(3) \qquad\qquad z^3 + z^2 - 4z + 1 = 0 \qquad \text{sind.}$$

Führen wir in (1) für ω seinen Wert

$$\omega = \cos\frac{2\pi}{13} + i\sin\frac{2\pi}{13}$$

ein, so wird[1])

$$\eta_0 = 2\left(\cos\frac{2\pi}{13} + \cos\frac{10\pi}{13}\right) \qquad\qquad = 4\cos\frac{4\pi}{13}\cos\frac{6\pi}{13}$$

$$(4)\quad \eta_1 = 2\left(\cos\frac{4\pi}{13} + \cos\frac{6\pi}{13}\right) \qquad\qquad = 4\cos\frac{\pi}{13}\cos\frac{5\pi}{13}$$

$$\eta_2 = 2\left(\cos\frac{8\pi}{13} + \cos\frac{12\pi}{13}\right) = 4\cos\frac{2\pi}{13}\cos\frac{10\pi}{13} = -4\cos\frac{2\pi}{13}\cos\frac{3\pi}{13}.$$

Daraus folgt, daß Gleichung (3) nur reelle Lösungen, und zwar, da in den letzten Ausdrücken alle cos positiv sind, zwei positive und eine negative Lösung hat; der Größe nach geordnet, haben die Lösungen die Reihenfolge

$$\eta_2 < 0 < \eta_0 < \eta_1.$$

Nach § 107, 6. müssen sich η_1 und η_2 rational durch η_0 darstellen lassen. Es ist aber

$$\eta_1 + \eta_2 = -1 - \eta_0$$

und nach der ersten Gleichung (2)

$$3\eta_1 + 2\eta_2 = -4\eta_0 - \eta_0^2$$

Hieraus findet man:

$$(5)\qquad \begin{aligned} \eta_1 &= -\eta_0^2 - 2\eta_0 + 2 \\ \eta_2 &= \eta_0^2 + \eta_0 - 3. \end{aligned}$$

2. Wir adjungieren η_0 und zerlegen es in die Unterperioden

$$(6)\qquad \begin{aligned} \eta_0' &= \omega + \omega^{-1} = 2\cos\frac{2\pi}{13} \\[2mm] \eta_3' &= \omega^5 + \omega^{-5} = 2\cos\frac{10\pi}{13} = -2\cos\frac{3\pi}{13}. \end{aligned}$$

Dann ist

$$\eta_0' + \eta_3' = \eta_0, \qquad\qquad \eta_0'\eta_3' = \eta_2,$$

folglich sind η_0' und η_3' Lösungen der quadratischen Gleichung

---

1) Im folgenden wird wiederholt von der Formel

$$\cos\alpha + \cos\beta = 2\cos\frac{\alpha+\beta}{2}\cos\frac{\alpha-\beta}{2}$$

Gebrauch gemacht

$$t^2 - \eta_0 t + \eta_2 = 0 \qquad \text{oder nach (5)}$$

(7)
$$t^2 - \eta_0 t + \eta_0{}^2 + \eta_0 - 3 = 0.$$

Sie hat nach (6) eine positive und eine negative Lösung. Die erstere ist η_0'.

Adjungieren wir jetzt auch η_0', so ist die Einheitswurzel ω durch die quadratische Gleichung

(8)
$$\omega^2 - \eta_0' \omega + 1 = 0$$

bestimmt. Ihre Lösungen sind konjugiert komplex, und ω ist die Lösung mit positivem imaginären Bestandteil.

Es ist also in der Tat, wie es die allgemeine Theorie verlangt, die Kreisteilungsgleichung 13ten Grades entsprechend der Zerlegung $12 = 3 \cdot 2 \cdot 2$ auf eine kubische und zwei quadratische Gleichungen zurückgeführt.

3. Für $p = 17$ ist eine primitive Wurzel $g = 6$. Die Reihe der Einheitswurzeln ist

$$\omega,\ \omega^6,\ \omega^2,\ \omega^{-5},\ \omega^4,\ \omega^7,\ \omega^8,\ \omega^{-3},\ \omega^{-1},\ \omega^{-6},\ \omega^{-2},\ \omega^5,\ \omega^{-4},\ \omega^{-7},\ \omega^{-8},\ \omega^3.$$

Wir bilden aus ihnen die zwei Perioden

(9)
$$\eta_0 = \omega + \omega^2 + \omega^4 + \omega^8 + \omega^{-1} + \omega^{-2} + \omega^{-4} + \omega^{-8}$$
$$\eta_1 = \omega^6 + \omega^{-5} + \omega^7 + \omega^{-3} + \omega^{-6} + \omega^5 + \omega^{-7} + \omega^3.$$

Die Reihe der Exponenten in η_0 ist den **graden** Potenzen g^0, g^2, $g^4 \ldots$ von g, die der Exponenten in η_1 den **ungraden** Potenzen g^1, g^3, $g^5, \ldots$ mod 17 kongruent; daraus folgt (vgl. § 67, **2.**):

Die Exponenten in η_0 durchlaufen die quadratischen Reste, die Exponenten in η_1 die quadratischen Nichtreste von 17.

Dies gilt allgemein für die Perioden von $\dfrac{p-1}{2}$ Gliedern.

Bezeichnen wir die quadratischen Reste mit ϱ, die Nichtreste mit ν, so können wir schreiben:

$$\eta_0 = \sum_\varrho \omega^\varrho, \qquad \eta_1 = \sum_\nu \omega^\nu.$$

Die Summe der Perioden ist $\eta_0 + \eta_1 = -1$.

Ihr Produkt stellt sich in der Form

$$\eta_0 \eta_1 = \sum \omega^{\varrho + \nu}$$

dar. Dies ist eine Summe von 64 Gliedern, und wir zeigen, daß unter den 64 Exponenten $\varrho + \nu$ jede Zahl des reduzierten Restesystems mod 17 und jede gleich oft, also viermal vorkommt. Man sieht nämlich, daß bei der Multiplikation viermal der Exponent 1 auftritt ($\omega^4 \cdot \omega^{-3}$, $\omega^8 \cdot \omega^{-7}$, $\omega^{-2} \cdot \omega^3$, $\omega^{-4} \cdot \omega^5$). Ist also

$$1 \equiv \varrho + \nu \equiv \varrho' + \nu' \equiv \varrho'' + \nu'' \equiv \varrho''' + \nu''' \ \text{mod } 17,$$

so ist für eine beliebige zu 17 relativ prime Zahl k

$$k \equiv k\varrho + k\nu \equiv k\varrho' + k\nu' \equiv k\varrho'' + k\nu'' \equiv k\varrho''' + k\nu'''$$

und diese vier verschiedenen Darstellungen sind, da $k\varrho$ und $k\nu$ niemals beide gleichzeitig Reste oder gleichzeitig Nichtreste sein können, unter den $\varrho + \nu$ enthalten. Es kommt also in der Tat jeder Exponent k viermal vor, und es ist

$$\eta_0\eta_1 = 4\sum \omega^k = -4.$$

Wir haben also für die Perioden η_0, η_1 die quadratische Gleichung

$$(10) \qquad z^2 + z - 4 = 0$$

mit der Diskriminante $D = 17$. Nun ist, wenn wir in (9)

$$\omega = \cos \frac{2\pi}{17} + i \sin \frac{2\pi}{17}$$

einführen,

$$\eta_0 = 2\left(\cos \frac{2\pi}{17} + \cos \frac{4\pi}{17} + \cos \frac{8\pi}{17} + \cos \frac{16\pi}{17}\right)$$

$$= 4\left(\cos \frac{3\pi}{17} \cos \frac{\pi}{17} + \cos \frac{12\pi}{17} \cos \frac{4\pi}{17}\right)$$

$$= 4\left(\cos \frac{\pi}{17} \cos \frac{3\pi}{17} - \cos \frac{4\pi}{17} \cos \frac{5\pi}{17}\right) > 0.$$

Dagegen

$$\eta_1 = 2\left(\cos \frac{12\pi}{17} + \cos \frac{10\pi}{17} + \cos \frac{14\pi}{17} + \cos \frac{6\pi}{17}\right)$$

$$= 4\left(\cos \frac{\pi}{17} \cos \frac{11\pi}{17} + \cos \frac{10\pi}{17} \cos \frac{4\pi}{17}\right)$$

$$= -4\left(\cos \frac{\pi}{17} \cos \frac{6\pi}{17} + \cos \frac{4\pi}{17} \cos \frac{7\pi}{17}\right) < 0.$$

Es ist also η_0 die positive, η_1 die negative Lösung der Gleichung (10):

$$\eta_0 = \frac{-1 + \sqrt{17}}{2}, \qquad \eta_1 = \frac{-1 - \sqrt{17}}{2}.$$

4. Wir zerlegen weiter η_0 in die Unterperioden

$$\eta_0' = \omega + \omega^4 + \omega^{-1} + \omega^{-4} = 4 \cos \frac{3\pi}{17} \cos \frac{5\pi}{17}$$

$$(11)$$

$$\eta_2' = \omega^2 + \omega^8 + \omega^{-2} + \omega^{-8} = -4 \cos \frac{6\pi}{17} \cos \frac{7\pi}{17}$$

und haben $\qquad \eta_0' + \eta_2' = \eta_0$, $\eta_0'\eta_2' = \eta_0 + \eta_1 = -1$,

folglich sind η_0' und η_2' Lösungen der Gleichung

$$(12) \qquad z^2 - \eta_0 z - 1 = 0,$$

und zwar η_0' die positive, η_2' die negative Lösung.

Ebenso besteht für die Unterperioden

$$\eta_1' = \omega^6 + \omega^7 + \omega^{-6} + \omega^{-7} = -4 \cos \frac{\pi}{17} \cos \frac{4\pi}{17}$$

$$\eta_3' = \omega^{-5} + \omega^{-3} + \omega^5 + \omega^3 = 4 \cos \frac{2\pi}{17} \cos \frac{8\pi}{17}$$

die Gleichung

$$(13) \qquad z^2 - \eta_1 z - 1 = 0$$

und es ist $\eta_1{}'$ die negative, $\eta_3{}'$ die positive Lösung.

5. Diese vier Unterperioden müssen sich rational durch eine von ihnen (und η_0) darstellen lassen. Wir wollen $\eta_3{}'$ durch $\eta_0{}'$ darstellen, weil wir sogleich davon Gebrauch zu machen haben. Es ist

$$\eta_0{}'\eta_3{}' = 2(\omega + \omega^{-1} + \omega^4 + \omega^{-4}) + \omega^2 + \omega^{-2} + \omega^8 + \omega^{-8} + \omega^6 + \omega^{-6} + \omega^7 + \omega^{-7}$$

$$= 2\eta_0{}' + \eta_2{}' + \eta_1{}' = \eta_0{}' + \eta_0 + \eta_1{}' = \eta_0{}' + \eta_0 + \eta_1 - \eta_3{}'$$

$$= \eta_0{}' - 1 - \eta_3{}', \quad \text{mithin}$$

$$\eta_3{}' = \frac{\eta_0{}' - 1}{\eta_0{}' + 1}.$$

Diese gebrochene rationale Funktion von $\eta_0{}'$ läßt sich noch in eine ganze Funktion von $\eta_0{}'$ und η_0 umwandeln. Es ist mit Benutzung von (12) und (10)

$$\eta_3{}' = \frac{(\eta_0{}' - 1)^2}{\eta_0{}'^2 - 1} = \frac{\eta_0{}'^2 - 2\eta_0{}' + 1}{\eta_0\eta_0{}'} = \frac{\eta_0\eta_0{}' - 2\eta_0{}' + 2}{\eta_0\eta_0{}'}$$

$$= 1 - \frac{2}{\eta_0} + \frac{2}{\eta_0\eta_0{}'} = 1 - \frac{\eta_0 + 1}{2} + \frac{1}{2}(\eta_0 + 1)(\eta_0{}' - \eta_0)$$

$$= \frac{1}{2} - \frac{\eta_0}{2} + \frac{1}{2}\eta_0\eta_0{}' + \frac{\eta_0{}'}{2} - \frac{\eta_0}{2} - \frac{1}{2}(4 - \eta_0) \quad \text{oder}$$

$$(14) \qquad \eta_3{}' = \frac{1}{2}(\eta_0\eta_0{}' + \eta_0{}' - \eta_0 - 3).$$

6. Wir zerlegen nun weiter $\eta_0{}'$ in

$$(15) \qquad \begin{aligned} \eta_0{}'' &= \omega + \omega^{-1} = 2\cos\frac{2\pi}{17} \\[4pt] \eta_4{}'' &= \omega^4 + \omega^{-4} = 2\cos\frac{8\pi}{17} \end{aligned}$$

und haben $\qquad \eta_0{}'' + \eta_4{}'' = \eta_0{}', \quad \eta_0{}''\eta_4{}'' = \eta_3{}',$

folglich $\eta_0{}''$ und $\eta_4{}''$ Lösungen der Gleichung

$$(16\,\text{a}) \qquad z^2 - \eta_0{}' z + \eta_3{}' = 0$$

oder nach (14)

$$(16\,\text{b}) \qquad z^2 - \eta_0{}' z + \tfrac{1}{2}(\eta_0\eta_0{}' + \eta_0{}' - \eta_0 - 3) = 0,$$

und zwar $\eta_0{}''$ die größere der beiden Lösungen.

Schließlich finden wir jetzt die Einheitswurzel ω aus der Gleichung

$$(17) \qquad \omega^2 - \eta_0{}''\omega + 1 = 0.$$

Sie hat zwei konjugiert komplexe Lösungen, und ω ist die Lösung mit positivem imaginären Bestandteil.

7. Es ist also die Auflösung der Kreisteilungsgleichung siebzehnten Grades auf die Lösung von vier quadratischen Gleichungen, entsprechend der Zerlegung $16 = 2 \cdot 2 \cdot 2 \cdot 2$ zurückgeführt. Zur Konstruktion des Siebzehnecks braucht man nur bis zur Periode $\eta_0{}'' = 2\cos\frac{2\pi}{17}$ zu gehen.

Von den vielen elementargeometrischen Konstruktionen sei nur die von Staudt erwähnt, die außer dem Kreis, in dem das Siebzehneck eingeschrieben wird, nur grade Linien benutzt.[1])

Achtzehnter Abschnitt.

Unmöglichkeitsbeweise.

§ 109. Durch Quadratwurzeln auflösbare Gleichungen.

1. Es gibt eine Reihe berühmter geometrischer Konstruktionsaufgaben, um die man sich von altersher vergeblich bemüht hat, bis schließlich bei jeder der Beweis geführt wurde, daß ihre Lösung unmöglich sei, d. h. daß sie nicht mit Lineal und Zirkel gelöst werden könne.[2]) Hierhin gehört die Dreiteilung des Winkels, die Verdoppelung eines Würfels, die Konstruktion des regelmäßigen Siebenecks, die Quadratur des Kreises.

Die geometrische Konstruierbarkeit ist, wie wir gesehen haben (§ 105, 7.), mit der algebraischen Tatsache gleichbedeutend, daß die gesuchte Größe aus den gegebenen durch eine Reihe von Quadratwurzeln ableitbar sei. Einfacher läßt sich dies so ausdrücken:

Jede konstruierbare Größe x muß in einem Rationalitätsbereich enthalten sein, der aus dem der gegebenen Größen durch sukzessive Adjunktion einer Reihe von Quadratwurzeln abgeleitet ist.

Diese Quadratwurzeln können möglicherweise in mehrfach verschiedener Reihenfolge adjungiert werden. Wenn es sich z. B. um eine Summe $\sqrt{\alpha} + \sqrt{\beta}$ handelt, so ist es gleichgültig, welche der beiden Wurzeln zuerst ausgezogen wird; dagegen ist in einem Ausdruck wie $\sqrt{\alpha + \beta\sqrt{\gamma}}$ zuerst $\sqrt{\gamma}$ zu suchen, und dann kann erst $\sqrt{\alpha + \beta\sqrt{\gamma}}$ gefunden werden. Wir bezeichnen den ursprünglichen Rationalitätsbereich mit $\Re$ und denken uns eine Reihenfolge festgesetzt, in der wir die Quadratwurzeln adjungieren. Die letzte Quadratwurzel, die zu ad-

---

1) v. Staudt, Journ. f. Math. **24** (1842), Schröter, ebda **75** (1873). Eine vollständige Übersicht aller Konstruktionen hat R. Goldenring, Die elementargeometrischen Konstruktionen des regelmäßigen Siebzehnecks, Leipzig 1915, gegeben. Vgl. auch Enriques, Fragen der Elementargeometrie 2. Leipzig 1907; Mitzscherling, Das Problem der Kreisteilung, ebda 1913. Eine rein geometrische Analyse bei Vahlen, Konstruktionen und Approximationen, Leipzig 1911. Die Gleichung $x^{257} - 1 = 0$, die nächste nur durch Quadratwurzeln auflösbare Kreisteilungsgleichung von Primzahlgrad, ist von F. J. Richelot, Journ. f. Math. **9** (1833), A. Cayley, ebda **41** (1851) und J. Schumacher, Arch. d. Math. u. Phys. (3) **20** (1913) behandelt worden.

2) Schon Platon soll (nach dem Zeugnis von Plutarch) die Forderung aufgestellt haben, daß bei einer strengen geometrischen Konstruktion keine anderen Werkzeuge als Zirkel und Lineal angewendet werden dürften. Zur Theorie der mit Zirkel und Lineal ausführbaren Konstruktion vgl. Enriques, Fragen d. Elementargeom. 2, Leipzig 1907.

jungieren ist, bezeichnen wir mit $\sqrt{\theta}$. Der Rationalitätsbereich, in dem $\sqrt{\theta}$ noch nicht enthalten ist, heiße der **vorletzte Rationalitätsbereich**. Es ist dann $\sqrt{\theta}$ nicht in dem vorletzten Rationalitätsbereich enthalten, dagegen sind alle geraden Potenzen von $\sqrt{\theta}$ darin enthalten, und folglich kann jede konstruierbare Größe x in der Form dargestellt werden:

$$x = \frac{a + b\sqrt{\theta}}{c + d\sqrt{\theta}},$$

worin a, b, c, d Größen des vorletzten Rationalitätsbereiches sind. Erweitert man, wenn $d \neq 0$ ist, diesen Bruch mit $c - d\sqrt{\theta}$, so ergibt sich:

$$x = \frac{(a + b\sqrt{\theta})(c - d\sqrt{\theta})}{c^2 - d^2\theta},$$

und wenn man $\quad y = \dfrac{ac - bd\theta}{c^2 - d^2\theta}, \quad z = \dfrac{bc - ad}{c^2 - d^2\theta} \quad$ setzt, so folgt:

$$(1) \qquad\qquad x = y + z\sqrt{\theta},$$

worin y, z im vorletzten Rationalitätsbereich enthalten sind. Der Nenner $c^2 - d^2\theta$ kann nicht verschwinden, da θ nicht das Quadrat einer Größe des vorletzten Rationalitätsbereiches sein soll.

2*. Aus der Darstellung (1) folgt, daß eine Zahl x, die bei einem Vorzeichenwechsel von $\sqrt{\theta}$ ihren Wert nicht ändert, dem vorletzten Rationalitätsbereich angehören muß, denn aus $x = a + b\sqrt{\theta} = a - b\sqrt{\theta}$ folgt $b = 0$ und $x = a$. Daraus ergibt sich weiter, daß eine Zahl, die bei allen Vorzeichenwechseln aller adjungierten Quadratwurzeln ungeändert bleibt, dem ursprünglichen Rationalitätsbereich $\Re$ angehört, während umgekehrt eine Zahl, die bei gewissen Vorzeichenwechseln der Quadratwurzeln ihren Wert ändert, nicht rational in den ursprünglich gegebenen Größen sein kann.

3. Nach (1) ist x die Wurzel einer quadratischen Gleichung

$$f(x) = x^2 - 2yx + (y^2 - \theta z^2) = 0,$$

deren Koeffizienten im vorletzten Rationalitätsbereiche enthalten sind. Sie hat außer $x = y + z\sqrt{\theta}$ noch die Wurzel $x_1 = y - z\sqrt{\theta}$. Ist $\sqrt{\theta_1}$ die vorletzte der zu adjungierenden Quadratwurzeln, so können wir die Gleichung $f(x) = 0$ auch so darstellen:

$$f(x) = \varphi(x) + \sqrt{\theta_1}\,\psi(x) = 0.$$

Multiplizieren wir diese Gleichung mit $\varphi - \sqrt{\theta_1}\psi$, so erhalten wir eine Gleichung vierten Grades:

$$f_1(x) = \varphi(x)^2 - \theta_1\psi(x)^2 = 0,$$

in der auch die vorletzte Quadratwurzel $\sqrt{\theta_1}$ nicht mehr vorkommt. Bezeichnen wir die positiven Werte der Quadratwurzeln mit $\sqrt{\theta} = r$, $\sqrt{\theta_1} = r_1$ und deuten die Abhängigkeit der Wurzel x von diesen Werten durch $x(r, r_1)$ an, so sind die Wurzeln der Gleichung vierten Grades

$$x(r, r_1);\quad x(-r, r_1);\quad x(r, -r_1);\quad x(-r, -r_1).$$

Die Gleichung läßt sich in die Form

$$f_1(x) = \varphi_1(x) + \sqrt{\theta_2}\,\psi_1(x) = 0$$

bringen, worin $\sqrt{\theta_2}$ die vorvorletzte Quadratwurzel ist. Hieraus kann wieder die Gleichung 8ten Grades:

$$f_2(x) = \varphi_1(x)^2 - \theta_2\psi_1(x)^2 = 0$$

abgeleitet werden, und so können wir fortfahren, bis alle adjungierten Quadratwurzeln herausgeschafft sind.

4*. So kommen wir schließlich, wenn die Anzahl der adjungierten Quadratwurzeln m ist, zu einer Gleichung $F(x) = 0$ vom 2^m-ten Grad mit Koeffizienten aus $\Re$, welche außer x noch alle Werte $x_1, x_2, \ldots, x_\mu$ zu Wurzeln hat, die man aus x erhält, wenn man die Vorzeichen der darin vorkommenden Quadratwurzeln auf alle Weisen ändert, und nach der Art, wie die Gleichung gebildet wurde, kann sie auch keine anderen Wurzeln haben. In der Tat ist die Anzahl $\mu + 1$ der Wurzeln[1]) grade 2^m, aber ihre Werte sind nicht immer alle verschieden. So bleibt z. B. der Ausdruck $\sqrt{a + \sqrt{b}} + \sqrt{a - \sqrt{b}}$ bei einer Vorzeichenänderung von $\sqrt{b}$ ungeändert. Seien $x_1, x_2, \ldots, x_\nu$ die voneinander verschiedenen Wurzeln, und bedeute jetzt x eine unbestimmte Veränderliche, so sind nach 2. die Koeffizienten der Funktion

$$\Phi(x) = (x - x_1)(x - x_2) \ldots (x - x_\nu)$$

Zahlen aus $\Re$, denn die symmetrischen Funktionen von $x_1, x_2, \ldots, x_\nu$ bleiben bei allen Vorzeichenänderungen der Quadratwurzeln ungeändert.

Ferner aber ist $\Phi(x)$ irreduzibel in $\Re$, denn irgendein Faktor $\Phi_1(x)$, der nur einen Teil der Lösungen $x_1, x_2, \ldots, x_\nu$ zu Wurzeln hat, kann nicht Koeffizienten aus $\Re$ besitzen, da die symmetrischen Funktionen dieser Wurzeln nicht bei allen Vorzeichenänderungen der Quadratwurzeln ungeändert bleiben (vgl. § 98, 6.).

Weiter sieht man leicht, daß jede der verschiedenen Wurzeln $x_1, \ldots, x_\nu$ von $\Phi(x)$ in $F(x)$ gleich oft vorkommt, denn sonst würden wiederum die symmetrischen Funktionen der Wurzeln von $F(x)$ nicht bei allen Vorzeichenänderungen der Quadratwurzel ungeändert bleiben und würden also nicht zu $\Re$ gehören. Daraus folgt, daß die Funktion $F(x)$ gleich einer gewissen Potenz von $\Phi(x)$, mithin der Grad 2^m von

---

1) Es kommen nämlich zu der Wurzel x hinzu: $\binom{m}{1}$ Wurzeln, wenn je eine der Quadratwurzeln ihr Vorzeichen ändert, $\binom{m}{2}$ Wurzeln, wenn immer zwei Quadratwurzeln gleichzeitig ihre Vorzeichen ändern usf., im ganzen sind es also

$$1 + \binom{m}{1} + \binom{m}{2} + \binom{m}{3} + \cdots = 2^m \text{ Wurzeln.}$$

$F(x)$ ein Vielfaches des Grades von $\Phi(x)$ ist, und damit haben wir den Satz:[1])

Damit eine irreduzible Gleichung allein durch Quadratwurzeln aufgelöst werden kann, muß ihr Grad eine Potenz von 2 sein.

Natürlich ist dieser Satz nicht umkehrbar, denn schon eine allgemeine Gleichung vierten Grades erfordert zu ihrer Auflösung Kubikwurzeln, und eine Gleichung achten Grades läßt sich allgemein überhaupt nicht durch Wurzelzeichen auflösen.

Dagegen zeigt die Gaußsche Auflösungsmethode, daß für die Kreisteilungsgleichungen von Primzahlgrad p der Satz umkehrbar ist. Damit die Gleichung allein durch Quadratwurzeln auflösbar ist, ist notwendig und hinreichend, daß der Grad $p - 1$ der irreduzibeln Kreisteilungsgleichung eine Potenz von 2 sei.

§ 110. Eine kubische Gleichung ist nicht durch Quadratwurzeln lösbar.

1. Aus dem eben gefundenen Satz folgt unmittelbar, daß eine irreduzible kubische Gleichung mit rationalen Koeffizienten nicht durch eine Kette von Quadratwurzeln lösbar ist. Dies läßt sich auch sehr einfach direkt beweisen.

Wir können, wie schon früher gezeigt, eine kubische Gleichung durch rationale Rechnung auf die Form

$$(1) \qquad\qquad x^3 + px + q = 0$$

bringen und es seien p und q gegebene rationale Zahlen. Bezeichnen wir mit x_1, x_2, x_3 die drei Wurzeln dieser Gleichung, so ist

$$(2) \qquad\qquad x_1 + x_2 + x_3 = 0.$$

Es möge nun eine dieser Wurzeln, etwa x_1, durch eine Kette von Quadratwurzeln bestimmbar sein. Dann ist, wenn wir mit $\sqrt{\theta}$ die letzte Quadratwurzel bezeichnen, nach dem vorigen Paragraphen

$$(3) \qquad\qquad x_1 = y + z\sqrt{\theta},$$

worin y, z, θ dem vorletzten Rationalitätsbereiche angehören. Dagegen können wir annehmen, daß $\sqrt{\theta}$ nicht dem vorletzten Rationalitätsbereiche angehöre, und daß z von Null verschieden sei.

---

[1]) L. Wantzel, Journ. de math. 2 (1837), J. Petersen, Theorie d. algebr. Gleichungen, Kopenhagen 1878. Der Satz ist als besonderer Fall in dem folgenden enthalten, den A. Loewy, Jahresb. d deutsch. Math.-Ver. 26 (1917); 30 (1922) allein auf Grund der Fundamentaleigenschaft der irreduziblen Gleichungen (§ 90, 3.) bewiesen hat: Damit eine irreduzible Gleichung n^{ten} Grades durch eine Kette von Hilfsgleichungen der Grade $h_1, h_2, \ldots h_k$ aufgelöst werden kann, muß n ein Teiler von $h_1 h_2 \ldots h_k$ sein. Für

$$h_1 = h_2 = \cdots = h_k = 2$$

hat man den obigen Satz.

Setzen wir den Ausdruck (3) in (1) ein, so ergibt sich eine Gleichung von der Form

$$A + B\sqrt{\theta} = 0,$$

worin

$$A = y^3 + 3yz^2\theta + py + q, \qquad B = 3y^2z + z^3\theta + pz$$

rational durch die früheren Quadratwurzeln dargestellt sind. Da aber $\sqrt{\theta}$ durch diese nicht darstellbar sein soll, so muß $A = 0$ und $B = 0$ sein, und es folgt also, daß auch $y - z\sqrt{\theta}$ eine Wurzel von (1) ist, die, da z nicht Null ist, von der Wurzel x_1 verschieden ist; sie sei x_2. Aus (2) ergibt sich aber dann:

$$x_3 = -(x_1 + x_2) = -2y.$$

Es hängt also x_3 nur von den früheren Quadratwurzeln ab.

Da nun x_3 keine rationale Zahl ist, so muß noch eine der $\sqrt{\theta}$ vorangehende $\sqrt{\theta_1}$ vorhanden sein, und es ist

$$x_3 = y_1 + z_1\sqrt{\theta_1}.$$

Ebenso wie vorhin schließt man jetzt, daß eine der beiden andern Wurzeln, etwa x_1 gleich $-2y_1$, also von $\sqrt{\theta}$ (und von $\sqrt{\theta_1}$) unabhängig sein muß, was wegen (3) unserer Annahme widerspricht, daß $\sqrt{\theta}$ nicht durch die früheren Quadratwurzeln ausdrückbar sei. Wir haben also damit den Satz:

Eine kubische Gleichung mit rationalen Koeffizienten, die keine rationalen Wurzeln hat, ist niemals durch eine Kette von Quadratwurzeln lösbar.

2. Dieser Satz ist unmittelbar anwendbar auf die **Würfelverdoppelung**, die von der Gleichung $x^3 = 2$ abhängt (vgl. § 38, 5.), ebenso auf die Probleme des regelmäßigen **Siebenecks** und **Neunecks**. Denn die Gleichungen, von denen diese Probleme abhängen, sind nach § 106:

$$y^3 + y^2 - 2y - 1 = 0, \qquad y^3 - 3y + 1 = 0,$$

und diese Gleichungen haben keine rationalen Wurzeln.

3. Die **Trisektion des Winkels** hängt von der Gleichung ab (§ 82, 3.):

$$(4) \qquad x^3 - 3x = 2\cos\vartheta.$$

Setzen wir $\cos\vartheta = a$, so lautet diese Gleichung:

$$(5) \qquad x^3 - 3x - 2a = 0,$$

und die Aufgabe kann so gefaßt werden, daß aus zwei beliebig gegebenen Strecken, von denen die eine die Längeneinheit, die andere a ist, die Strecke $x = 2\cos\dfrac{\vartheta}{3}$ konstruiert werden soll. Für unendlich viele besondere Werte von a ist diese Aufgabe lösbar, z. B. für $a = 0$ (Dreiteilung des rechten Winkels) oder für $a = \frac{1}{2}\sqrt{2}$ (Dreiteilung des Winkels von 45°) oder $a = \cos\dfrac{2\pi}{17}$ (Dreiteilung des Zentriwinkels des regelmäßigen Siebzehnecks). **Man** braucht, um andere konstruierbare Fälle zu finden, nur irgendeine aus der Einheit durch Konstruktion ableitbare Strecke α zu nehmen und $2a = \alpha^3 - 3\alpha$ zu setzen. Dann ist $x = \alpha$ eine Wurzel unserer Gleichung.

Lassen wir aber a unbestimmt, so kann die Gleichung (5), wie oben bewiesen ist, nur dann durch Quadratwurzeln lösbar sein, wenn sie e i n e Wurzel hat, die rational durch a ausdrückbar ist.

Daß dies im allgemeinen unmöglich ist, schließt man daraus, daß man unendlich viele rationale Werte von a angeben kann, für die diese Gleichung keine rationale Wurzel hat. Ein solcher Wert ist z. B. $a = -\dfrac{1}{2}$, für den $\vartheta = \dfrac{2\pi}{3}$ und $x = 2\cos\dfrac{2\pi}{9}$ ist. Diese Annahme führt auf das reguläre Neuneck, das, wie wir gesehen haben, nicht konstruierbar ist.

Um andere Fälle dieser Art zu finden, setze man:

$$\cos\vartheta = \frac{m}{n}, \quad nx = y,$$

worin m, n ganze Zahlen ohne gemeinsamen Teiler sind. Dann wird die Gleichung (4):

$$(6) \qquad\qquad y^3 - 3n^2 y = 2mn^2,$$

und wenn (4) eine rationale Lösung hat, so muß (6) eine ganzzahlige Lösung haben. Dies ist aber z. B. unmöglich, wenn n durch eine ungrade Primzahl p, aber nicht durch deren Quadrat teilbar ist, weil dann y durch p und folglich die linke Seite von (6) durch p^3, die rechte nur durch p^2 teilbar wäre.[1])

§ 111. Reduktion einer irreduziblen Funktion durch Adjunktion.

1. Es sei $\varphi(x)$ eine im Rationalitätsbereich Ω irreduzible Funktion n^{ten} Grades und r eine ihrer Wurzeln. Ist dann $\chi(x)$ eine ganze Funktion im Rationalitätsbereich, so kann $\chi(r)$ nur dann verschwinden, wenn $\chi(x)$ durch $\varphi(x)$ teilbar ist (§ 90, **11.**). Ist $\chi(r)$ nicht gleich Null, also $\chi(x)$ und $\varphi(x)$ teilerfremd, und ist $\psi(x)$ irgendeine andere ganze Funktion im Rationalitätsbereich, so kann man nach § 89, **4.** die beiden ganzen Funktionen $F(x)$ und $F_1(x)$ so bestimmen, daß

$$F(x)\chi(x) + F_1(x)\varphi(x) = \psi(x),$$

und folglich ist, wenn wir $x = r$, also $\varphi(r) = 0$ setzen:

$$\frac{\psi(r)}{\chi(r)} = F(r).$$

Es ist also jede Zahl $\eta = \dfrac{\psi(r)}{\chi(r)}$, die durch rationale Operationen aus r und aus Zahlen des Rationalitätsbereiches abgeleitet werden kann, als g a n z e

---

1) Über die Geschichte des Problems der Trisektion und die große Anzahl der Lösungen mit Hilfe von Kurven und Näherungskonstruktionen vgl. E n r i q u e s, Fragen der Elementargeometrie 2; Mitzscherling, Das Problem der Kreisteilung.

Funktion $F(r)$ von r mit rationalen Koeffizienten darstellbar. Da man überdies die Potenzen r^k für $k \geq n$ vermöge der Gleichung $\varphi(x) = 0$ durch die niedrigeren Potenzen bis zur $(n-1)^{\text{ten}}$ ausdrücken kann, so folgt, daß jede Zahl η des durch Adjunktion von r erweiterten Rationalitätsbereichs in der Form

$$(1) \qquad \eta = \alpha_0 + \alpha_1 r + \alpha_2 r^2 + \cdots + \alpha_{n-1} r^{n-1}$$

dargestellt werden kann, worin $\alpha_0, \alpha_1, \ldots, \alpha_{n-1}$ dem ursprünglichen Rationalitätsbereich Ω angehören. Diese Darstellung ist nur auf eine Weise möglich, weil sich aus zwei solchen Darstellungen durch Subtraktion eine Gleichung $(n-1)^{\text{ten}}$ oder niedrigeren Grades für r ergeben würde, die wegen der Irreduzibilität von $\varphi(x)$ nicht existiert.

2. Wir wollen die Wurzeln von $\varphi(x)$ mit

$$r, r_1, r_2, \ldots, r_{n-1}$$

bezeichnen. Wenn wir r in (1) durch $r_1, r_2 \ldots, r_{n-1}$ ersetzen, so erhalten wir (η eingeschlossen) n Zahlen

$$(2) \qquad \eta, \eta_1, \eta_2, \ldots, \eta_{n-1},$$

die wir konjugierte Zahlen nennen. Jeder Permutation von $r, r_1, \ldots, r_{n-1}$ entspricht eine Permutation der $\eta, \eta_1, \ldots, \eta_{n-1}$ und umgekehrt. Daraus folgt, daß eine Funktion, die bei jeder Vertauschung der $\eta, \eta_1, \ldots, \eta_{n-1}$ ungeändert bleibt, also jede symmetrische Funktion der $\eta, \eta_1, \ldots, \eta_{n-1}$ auch eine symmetrische Funktion der $r, r_1, \ldots, r_{n-1}$ und folglich eine Zahl des Rationalitätsbereichs Ω ist. So ist insbesondere die Summe

$$S(\eta) = \eta + \eta_1 + \eta_2 + \cdots + \eta_{n-1},$$

welche man die Spur von η nennt und das Produkt

$$N(\eta) = \eta \eta_1 \eta_2 \ldots \eta_{n-1},$$

das die Norm von η genannt wird, im Rationalitätsbereich Ω enthalten.

3. Ist in einem besonderen Fall

$$\eta = \eta_1 = \eta_2 = \cdots = \eta_{n-1},$$

so ist $S(\eta) = n\eta$, also η selbst im Rationalitätsbereich enthalten. Umgekehrt sind auch für eine im Rationalitätsbereich enthaltene Zahl $\eta = \alpha_0$ die konjugierten Werte alle einander gleich. Es folgt:

Die notwendige und hinreichende Bedingung dafür, daß η selbst im Rationalitätsbereich Ω enthalten ist, ist die, daß die konjugierten Werte von η alle einander gleich sind.

4. Endlich sei hier an den Satz erinnert, der nach § 90, 11. aus der Irreduzibilität von $\varphi(x)$ folgt, daß, wenn irgendeine Gleichung $F(r) = 0$ mit Koeffizienten des Rationalitätsbereiches richtig ist, auch $F(r_1) = 0$, $F(r_2) = 0$, $\ldots$, $F(r_{n-1}) = 0$ sein muß.

5. Wir nehmen nun an, es sei irgendeine ganze Funktion $f(x)$ vom Primzahlgrad m im Rationalitätsbereich irreduzibel, sie werde aber

reduzibel durch Adjunktion einer Wurzel r von $\varphi(x)$. Den Koeffizienten der höchsten Potenz von x in $f(x)$ nehmen wir gleich 1 an.

Wir deuten die Zerlegung von $f(x)$ in zwei Faktoren des erweiterten Rationalitätsbereiches so an:

$$f(x) = f_1(x, r)f_2(x, r),$$

worin $f_1(x, r)$, $f_2(x, r)$ ganze Funktionen der Grade m_1, m_2 sind, deren Koeffizienten rational von r abhängen, also Zahlen der Form (1) sind. Auch in f_1 und f_2 seien die Koeffizienten der höchsten Potenz von x gleich 1.

Nach dem Satze 4. ist dann auch[1])

$$f(x) = f_1(x, r_1)f_2(x, r_1),$$
$$\cdot \ \cdot \ \cdot \ \cdot \ \cdot \ \cdot \ \cdot \ \cdot \ \cdot \ \cdot \ \cdot$$
$$f(x) = f_1(x, r_{n-1})f_2(x, r_{n-1}),$$

und wenn man alle diese Gleichungen multipliziert und

$$f_1(x, r)f_1(x, r_1) \ldots f_1(x, r_{n-1}) = Nf_1(x, r) = F_1(x),$$
$$f_2(x, r)f_2(x, r_1) \ldots f_2(x, r_{n-1}) = Nf_2(x, r) = F_2(x)$$

setzt, so ist

(3) $$\qquad\qquad f(x)^n = F_1(x)F_2(x)$$

Darin sind $F_1(x)$, $F_2(x)$ ganze Funktionen der Grade nm_1, nm_2, deren Koeffizienten als symmetrische Funktionen der Wurzeln von $\varphi(x)$ im Rationalitätsbereich enthalten sind.

Da $f(x)$ irreduzibel angenommen war, so muß nach (3) sowohl $F_1(x)$ als $F_2(x)$ eine Potenz von $f(x)$ sein. Sei also

$$F_1(x) = f(x)^{p_1}, \quad F_2(x) = f(x)^{p_2},$$

und folglich, durch Vergleichung der Grade:

$$mp_1 = nm_1, \quad mp_2 = nm_2, \quad m_1 + m_2 = m.$$

Da nun m_1 und m_2 kleiner als m und folglich nicht durch die Primzahl m teilbar sind, so muß n durch m teilbar sein und wir haben den Satz:[2])

Eine irreduzible Funktion $f(x)$ vom Primzahlgrad m kann nur reduzibel werden durch Adjunktion der Wurzel einer Gleichung, deren Grad durch m teilbar ist.

---

1) Es ist nämlich, wenn wir $f_1(x, r)f_2(x, r) - f(x) = F(r)$ setzen, zunächst identisch $F(r) = 0$ für alle Werte von x, mithin insbesondere für alle dem Rationalitätsbereich Ω angehörenden Werte. Folglich ist Satz 4. auf die Gleichung $F(r) = 0$ anwendbar, und es ist $F(r_i) = 0$ ($i = 1, 2, \ldots, n-1$) zunächst für alle Werte von x aus Ω. Dann bestehen aber diese Gleichungen nach § 92, 2. ebenfalls für jedes x.

2) Auch dieser Satz ist in dem Satz von Loewy (§ 109, 4.) als besonderer Fall enthalten.

§ 112. Kubische Gleichungen mit drei reellen Wurzeln.

Eine Gleichung von der Form $x^n - a = 0$ heißt eine reine Gleichung, jede ihrer Wurzeln $\sqrt[n]{a}$ heißt ein Radikal des Rationalitätsbereichs von a vom Grade n.

Bei einer kubischen Gleichung mit drei reellen Wurzeln gibt die Cardanische Formel diese Wurzeln nur als Summen von zwei komplexen Radikalen (§ 82). Aus den Sätzen des vorigen Paragraphen können wir jetzt den folgenden Satz ableiten:

Eine irreduzible Gleichung dritten Grades mit drei reellen Wurzeln und rationalen Koeffizienten kann nicht durch reelle Radikale gelöst werden.

Wenn eine irreduzible kubische Gleichung $f(x) = 0$, deren Koeffizienten wir rational annehmen, eine Wurzel hat, die durch eine Kette von reellen Radikalen darstellbar ist, so können wir die aufeinander folgenden Wurzelexponenten als Primzahlen annehmen. Denn eine Wurzel mit zusammengesetzten Exponenten $r = \sqrt[m]{\theta}$ kann, wenn $m = pq$ ist, ersetzt werden durch $r = \sqrt[p]{\sqrt[q]{\theta}}$, also durch mehrmals nacheinander ausgeführtes Radizieren mit Primzahlexponenten. Wir fügen dann der Reihe nach alle diese Radikale bis auf das letzte dem Rationalitätsbereich hinzu, wodurch die Gleichung noch nicht zerfällt. Erst durch Hinzufügung des letzten Radikals r, das nach § 111, 5. vom dritten Grade sein muß, tritt ein Zerfallen ein. Es erhält also eine Wurzel die Form

$$x_1 = a + br + cr^2,$$

worin a, b, c rational durch die früheren Radikale ausdrückbar sind, während $r = \sqrt[3]{\theta}$ nicht durch die früheren Radikale rational darstellbar ist. Hieraus folgt, daß θ nicht die dritte Potenz einer im Rationalitätsbereich enthaltenen Größe α sein kann; denn von den drei Werten α, $\varepsilon\alpha$, $\varepsilon^2\alpha$, die dann r haben könnte, wo ε eine komplexe dritte Einheitswurzel bedeutet, wäre nur α reell; also müßte das reelle r gegen die Voraussetzung gleich α sein. Daraus ergibt sich aber, daß auch

$$x_2 = a + \varepsilon rb + \varepsilon^2 r^2 c,$$
$$x_3 = a + \varepsilon^2 rb + \varepsilon r^2 c$$

Wurzeln der gegebenen kubischen Gleichung sein müssen; denn aus § 111, 4. folgt, daß mit $f(x_1)$ zugleich $f(x_2)$ und $f(x_3)$ verschwinden. Nun ist hier

$$\varepsilon = \frac{-1 + i\sqrt{3}}{2}, \qquad \varepsilon^2 = \frac{-1 - i\sqrt{3}}{2},$$

und da a, b, c reell sind, so können x_2 und x_3 nur dann reell sein, wenn

$$rb = r^2 c$$

ist. Wären b und c gleich 0, so wäre $x_1 = a$, also $f(x)$ durch $x - a$ teilbar, also gegen die Voraussetzung schon **vor** Adjunktion von r reduzibel. Daher müßte $r = \dfrac{b}{c}$, d. h. r rational durch die früheren Radikale ausdrückbar sein, was gleichfalls der Voraussetzung widerspricht.[1])

§ 113. Darstellung der Einheitswurzeln durch Radikale.

1. Ist a eine Zahl des Rationalitätsbereichs Ω und ist die reine Gleichung $x^n - a = 0$ in Ω **irreduzibel**, so kann natürlich keines der Radikale $\sqrt[n]{a}$ zum Rationalitätsbereich gehören. Umgekehrt aber ·gilt der folgende Satz von **Abel**[2]):

Ist n eine *Primzahl*, so ist $\varphi(x) = x^n - a$ nur dann in Ω reduzibel, wenn (wenigstens) eines der Radikale $\sqrt[n]{a}$ zum Rationalitätsbereich gehört, mithin wenn a die n^{te} Potenz einer Zahl des Rationalitätsbereichs ist.

Für $n = 2$ ist dieser Satz einleuchtend, denn für $n = 2$ wird $\varphi(x) = (x - \sqrt{a})(x + \sqrt{a})$, und diese Faktoren sind nur dann rational, wenn $\sqrt{a}$ rational ist.

Versteht man für ein ungrades n unter $\sqrt[n]{a} = r$ eine bestimmte der verschiedenen n^{ten} Wurzeln, z. B. wenn a reell ist, die reelle, unter ω die n^{te} Einheitswurzel $\cos\dfrac{2\pi}{n} + i\sin\dfrac{2\pi}{n}$, so sind die sämtlichen Wurzeln von $\varphi(x) = 0$:

$$(1) \qquad\qquad r, \; \omega r, \; \omega^2 r, \; \ldots, \; \omega^{n-1} r.$$

Wenn nun $\varphi(x)$ zerfällt, etwa in das Produkt $\varphi_1(x)\varphi_2(x)$, worin der Grad μ von $\varphi_1(x) = x^\mu + b_1 x^{\mu-1} + \cdots + b_\mu$ kleiner als n ist, so werden die Wurzeln von $\varphi_1(x)$ unter denen von $\varphi(x)$ zu suchen sein, und da $(-1)^\mu b_\mu = b$ dem Produkte der Wurzeln von $\varphi_1(x)$ gleich ist, so ist $b = \omega^k r^\mu$, worin k eine ganze Zahl ist und b dem Rationalitätsbereich angehört. Erhebt man diese Gleichung in die n^{te} Potenz, so folgt mit Rücksicht auf $r^n = a$:

$$(2) \qquad\qquad b^n = a^\mu.$$

Da nun aber μ kleiner als die Primzahl n und folglich μ und n relativ prim sind, so kann man die ganzen Zahlen p, q so bestimmen, daß $pn + q\mu = 1$ wird (§ 61). Wegen (2) ist dann:

$$a = a^{pn} a^{q\mu} = (a^p b^q)^n,$$

folglich a die n^{te} Potenz einer Zahl des Rationalitätsbereiches. Sobald also a nicht eine solche n^{te} Potenz ist, zerfällt $\varphi(x)$ nicht. In diesem Falle wollen wir jedes Radikal $\sqrt[n]{a}$ **irreduzibel** in Ω nennen.

---

1) Der hier gegebene Beweis·stimmt im wesentlichen mit dem von **Gegenbauer**, Monatsh. f. Math. **4** (1893) überein. Andere Beweise haben **Mollame**, Rend. Acc. Napoli (1890), **Hölder**, Math. Ann. **38** (1891) und **Kneser**, Math. Ann. **41** (1893) gegeben.

2) **N. H. Abel**, Journ. f Math. **1** (1826), Œuvres éd. Sylow et Lie **1**, 72.

2. Eine Zahl heißt durch Radikale darstellbar, wenn sie zu einem Rationalitätsbereich gehört, der aus dem Bereich der rationalen Zahlen durch sukzessive Adjunktion von irreduziblen Radikalen des jeweils vorangegangenen Rationalitätsbereiches abgeleitet ist.

Eine Gleichung, die durch eine endliche Anzahl von Radikalen lösbar, also auf **reine Gleichungen** zurückführbar ist, heißt **algebraisch auflösbar.**[1])

3. Zu den algebraisch auflösbaren Gleichungen gehören die **Kreisteilungsgleichungen**[2]), und zwar beweisen wir den Satz:

Mag m eine Primzahl oder zusammengesetzt sein, so sind alle m^{ten} Einheitswurzeln durch Radikale von niedrigerem Grad als m darstellbar.

Der Satz ist richtig in den ersten Fällen, denn für $m = 1$ und $m = 2$ haben wir nur die rationalen Einheitswurzeln $+ 1$, $- 1$, für $m = 3$ haben wir die Einheitswurzeln:

$$\frac{-1 + \sqrt{-3}}{2}, \quad \frac{-1 - \sqrt{-3}}{2},$$

die also aus der reinen Gleichung zweiten Grades $x^2 + 3 = 0$ abgeleitet werden. Die vierten Einheitswurzeln $+ i$, $- i$ ergeben sich aus der reinen Gleichung $x^2 + 1 = 0$.

Wir wollen nun die vollständige Induktion anwenden und annehmen, der Satz sei bewiesen für alle Einheitswurzeln, deren Grad m_1 kleiner als m ist. Können wir ihn unter dieser Voraussetzung beweisen, so ist er allgemein bewiesen. Hierbei sind zwei Fälle zu unterscheiden, je nachdem m eine **zusammengesetzte Zahl** oder eine **Primzahl** ist.

4. Sei m eine **zusammengesetzte Zahl,**

$$m = p m_1,$$

p eine in m aufgehende Primzahl und $m_1 > 1$, also $m_1 < m$, $p < m$.

Ist r eine m^{te} Einheitswurzel, so ist $r^p = a$ eine Einheitswurzel vom Grade m_1 und folglich nach der Voraussetzung durch Radikale von niedrigerem Grad als m_1 darstellbar. Es ist also r Wurzel der reinen Gleichung $x^p - a = 0$, und diese ist, wenn a in dem bis dahin gebildeten Rationalitätsbereiche nicht die p^{te} Potenz einer Größe des Bereichs ist, nach **1.** irreduzibel. Folglich ist r ein irreduzibles Radikal des Rationalitätsbereichs von a und durch Radikale von niedrigerem Grad als m darstellbar.

Ist aber $a = b^p$ die p^{te} Potenz einer Größe des Bereichs und ϱ eine p^{te} Einheitswurzel, so ist $r = \varrho b$, und nach der Voraussetzung ist, da $p < m$ ist, ϱ gleichfalls durch Radikale von niedrigerem Grad als m darstellbar.

---

1) H. **Weber** (Lehrb. d. Algebra 1) nennt die algebraisch auflösbaren Gleichungen auch **metazyklisch,** weil sich ihre Theorie unmittelbar an die der zyklischen Gleichungen anschließen läßt.

2) Wir verstehen hier unter der Kreisteilungsgleichung die Gleichung der **primitiven** m^{ten} Einheitswurzeln (§ 105, **2.**).

5. Es bleibt der Fall übrig, daß $m = p$ eine **Primzahl** ist. In diesem Falle sind alle p^{ten} Einheitswurzeln, mit Ausnahme von 1, **primitiv** (§ 105, 2.), und wenn man eine von ihnen mit ω bezeichnet, also etwa

$$\omega = \cos\frac{2\pi}{p} + i\sin\frac{2\pi}{p},$$

so sind die primitiven Einheitswurzeln vom Grade p:

$$\omega,\ \omega^2,\ \omega^3,\ \ \ldots,\ \omega^{p-1}.$$

Wir ordnen sie, wie in § 107, mit Hilfe einer primitiven Wurzel g von p in einem Zyklus:

$$(3) \qquad\qquad \omega^{[0]},\quad \omega^{[1]},\ \ldots,\ \omega^{[p-1]},$$

und es sei ε irgendeine $(p-1)^{\text{te}}$ Einheitswurzel, also da $p-1 < p$ ist, nach unserer Voraussetzung eine durch Radikale von niedrigerem Grad als $p-1$ darstellbare Zahl.

Wir adjungieren die Zahl ε dem Rationalitätsbereiche und betrachten die Funktion[1]:

$$(4) \qquad \psi(\omega) = \omega^{[0]} + \varepsilon\omega^{[1]} + \varepsilon^2\omega^{[2]} + \cdots + \varepsilon^{p-2}\omega^{[p-2]},$$

die eine ganze Funktion von ω ist.

Wenn wir hierin ω durch $\omega^{[1]}$ ersetzen, so geht $\psi(\omega)$ in

$$\psi(\omega^{[1]}) = \omega^{[1]} + \varepsilon\omega^{[2]} + \varepsilon^2\omega^{[3]} + \cdots + \varepsilon^{p-2}\omega^{[0]}$$

über und da $\varepsilon^{p-1} = 1$ ist, so ist $\psi(\omega) = \varepsilon\psi(\omega^{[1]})$ und ebenso

$$\psi(\omega^{[1]}) = \varepsilon\psi(\omega^{[2]}),\quad \psi(\omega^{[2]}) = \varepsilon\psi(\omega^{[3]}),\ldots \qquad \text{Daraus folgt:}$$

$$\psi(\omega)^{p-1} = \psi(\omega^{[1]})^{p-1} = \psi(\omega^{[2]})^{p-1} = \cdots = \psi(\omega^{[p-2]})^{p-1}$$

und es ergibt sich also:

$$\psi(\omega)^{p-1} = \frac{1}{p-1}\left[\psi(\omega)^{p-1} + \psi(\omega^{[1]})^{p-1} + \cdots + \psi(\omega^{[p-2]})^{p-1}\right].$$

Die rechte Seite dieses Ausdruckes ist aber eine **symmetrische Funktion** der Wurzeln ω, $\omega^{[1]}$, $\omega^{[2]}$, $\ldots$, $\omega^{[p-2]}$ und kann daher rational ausgedrückt werden. Dieser Ausdruck wird aber außer rationalen Zahlen noch ε enthalten. Bezeichnen wir mit A eine Größe des durch ε erweiterten Rationalitätsbereiches, so ist:

$$\psi(\omega)^{p-1} = A,$$

und die Bestimmung von $\psi(\omega)$ ist auf eine Reihe von Radikalen zurückgeführt, deren Grade die in $p-1$ aufgehenden Primzahlen q sind. Wenn bei den hierbei nacheinander auftretenden reinen Gleichungen

---

[1] Ausdrücke dieser Form hat zuerst **Lagrange** zur Auflösung von Gleichungen benutzt (Mém. de l'ac. de Berlin 1770/71). Man nennt sie deshalb **Lagrange**sche **Resolventen**. Es wird also die Bezeichnung „Resolvente" in doppelter Bedeutung gebraucht. Die zur Auflösung der kubischen und biquadratischen Gleichung dienenden Ausdrücke u, v in § 99, (2) und $\sqrt{t_1}$, $\sqrt{t_2}$, $\sqrt{t_3}$ in § 99, (12) sind **Lagrange**sche Resolventen.

$x^q - a = 0$ eine reduzible vorkommen sollte, also $a = b^q$ ist, so tritt nach **4.** an Stelle von $\sqrt[q]{a}$ eine q^{te} Einheitswurzel, die nach Voraussetzung durch Radikale darstellbar ist. Hieraus folgt:

Die Zahlen $\psi(\omega)$ sind durch Radikale von niedrigerem Grad als $p - 1$ darstellbar.[1])

6. Nach § 105, (5) bestehen für die Einheitswurzeln ε die Formeln

$$(5) \qquad \Sigma \varepsilon = 0, \quad \Sigma \varepsilon^2 = 0, \ldots, \Sigma \varepsilon^{p-2} = 0,$$

worin sich die Summen über alle ε erstrecken. Schreiben wir nun, um die Abhängigkeit von ε anzudeuten,

$$\omega + \varepsilon \omega^{[1]} + \varepsilon^2 \omega^{[2]} + \cdots + \varepsilon^{p-2} \omega^{[p-2]} = \psi(\omega, \varepsilon),$$

setzen hierin für ε seine $p - 1$ verschiedenen Werte, und bilden die Summe $\Sigma \psi(\omega, \varepsilon)$ aller dieser Funktionen, so folgt wegen (5):

$$(6) \qquad \omega = \frac{1}{p-1} \sum_\varepsilon \psi(\omega, \varepsilon)$$

und es ist also auch ω durch Radikale darstellbar, deren Grade die in $p - 1$ aufgehenden Primzahlen sind, und damit ist der Satz **3.** bewiesen.

7. Hiernach können wir die Definition **2.** so erweitern:

Eine Zahl heißt durch Radikale darstellbar, wenn sie durch sukzessive Adjunktion von Wurzeln reiner Gleichungen von Primzahlgrad ausdrückbar ist, mögen diese reduzibel oder irreduzibel sein.

Denn ist $a = b^n$ die n^{te} Potenz einer Größe des vorangehenden Rationalitätsbereiches, und setzen wir $x = by$, so geht die Gleichung $x^n - a = 0$ in $y^n - 1 = 0$ über und diese Gleichung ist durch Radikale lösbar.

§ 114. Die Gleichung fünften Grades ist im allgemeinen nicht algebraisch auflösbar. Erster Beweis.

1. Es sei jetzt $f(x)$ eine irreduzible Funktion von ungradem Primzahlgrad n mit rationalen Koeffizienten, von der wir voraussetzen wollen, daß sie durch eine Kette von Radikalen (die nicht reell vorausgesetzt zu werden brauchen) reduzibel wird. Der Koeffizient des höchsten Gliedes sei 1. Wir bilden einen Rationalitätsbereich, in den wir alle zur Reduktion von f nötigen Radikale mit Ausnahme des letzten aufnehmen, so daß also $f(x)$ auch in diesem Rationalitätsbereich noch irreduzibel ist. Wenn dieser Rationalitätsbereich die n^{te} Einheitswurzel ε noch nicht enthält, so fügen wir diese noch hinzu, wodurch abermals keine Zerfällung eintreten kann. Denn nach § 113 ist ε durch eine Kette von Radikalen darstellbar, deren Grad niedriger ist als n, und durch sie kann nach § 111, **5.** keine Reduktion der Funktion n^{ten}

---

1) Nur für $p = 3$ wird $\psi(\omega)$ ein Radikal vom Grade $p - 1$, weil hier $p - 1$ eine Primzahl ist.

Grades $f(x)$ bewirkt werden. Die Adjunktion eines möglicherweise überflüssigen Radikals ist ja immer gestattet.

Die ε rechnen wir also mit zu den „früheren Radikalen". Das letzte Radikal r, durch das die Zerfällung eintritt, muß nach § 111, **5.** vom Grade n sein. Es sei also $r = \sqrt[n]{\theta}$, und r sei nicht rational durch die früheren Radikale ausdrückbar. Dann kann θ nicht die n^{te} Potenz einer Größe α des Rationalitätsbereiches sein, weil sonst $r = \varepsilon^k \alpha$ ebenfalls im Rationalitätsbereiche enthalten wäre.

2. Da hiernach $x^n - \theta$ irreduzibel ist, so kann man nach § 111, **4.** in jeder Gleichung, die außer den Größen des Rationalitätsbereiches noch r enthält, r durch εr, $\varepsilon^2 r$, $\varepsilon^3 r$, ..., $\varepsilon^{n-1} r$ ersetzen.

Ist z. B. für irgendeine rationale Funktion ψ

$$\psi(r) = \psi(\varepsilon r),$$

so ist auch $\psi(\varepsilon r) = \psi(\varepsilon^2 r) = \psi(\varepsilon^3 r) = \cdots = \psi(\varepsilon^{n-1} r)$, und es ist also $\psi(r)$ selbst im Rationalitätsbereich enthalten (§ 111, **3.**).

3. Es werde jetzt also $f(x)$ durch Adjunktion von r reduzibel, und $f(x, r)$ sei ein Faktor von $f(x)$, der auch nach Adjunktion von r nicht weiter zerlegbar ist. Der Koeffizient der höchsten Potenz werde immer gleich 1 angenommen.

Wenn aber $f(x, r)$ ein Faktor von $f(x)$ ist, so gehen nach § 111, **4.** die n Faktoren

$$(1) \qquad f(x, r), \quad f(x, \varepsilon r), \quad f(x, \varepsilon^2 r), \quad f(x, \varepsilon^3 r), \ldots, f(x, \varepsilon^{n-1} r)$$

alle in $f(x)$ auf. Diese Faktoren sind alle zugleich mit $f(x, r)$ irreduzibel, und es sind keine zwei miteinander identisch, da sie sonst nach **2.** alle identisch und folglich rational sein müßten, was der Annahme widerspricht, daß $f(x)$ erst nach Adjunktion von r reduzibel werde. Es haben also auch keine zwei der Funktionen (1) einen gemeinschaftlichen Teiler, da ein solcher rational durch r darstellbar und doch in einer der irreduziblen Funktionen (1) enthalten wäre. Das Produkt

$$(2) \qquad F(x) = N f(x, r) = f(x, r) f(x, \varepsilon r) f(x, \varepsilon^2 r) f(x, \varepsilon^3 r) \ldots f(x, \varepsilon^{n-1} r)$$

ist aber rational und folglich durch die irreduzible Funktion $f(x)$ teilbar, und da es keine anderen Faktoren als solche, die auch in $f(x)$ aufgehen, enthalten kann, so ist es eine Potenz von $f(x)$.

Diese Potenz muß aber hier die erste sein, da ein linearer Faktor, der in $F(x)$ mehr als einmal vorkäme, ein gemeinsamer Faktor zweier Funktionen (1) sein müßte. Es ist also, wenn $\varepsilon^k r = r_k$ gesetzt wird:

$$(3) \qquad f(x) = f(x, r) f(x, r_1) f(x, r_2) f(x, r_3) \ldots f(x, r_{n-1}),$$

und die $f(x, r)$ sind in bezug auf x vom ersten Grade. Man erhält also die Wurzeln von $f(x)$, wenn man die Faktoren $f(x, r)$ gleich Null setzt, und sie haben nach § 111, **1.** sämtlich die Form:

$$(4) \qquad x_i = \alpha_0 + \alpha_1 r + \alpha_2 r^2 + \cdots + \alpha_{n-1} r^{n-1},$$

worin die α_0, α_1, α_2, ..., α_{n-1} Größen des vorletzten Rationalitätsbereiches sind.

4. Die Funktion n^{ten} Grades $f(x)$ muß immer mindestens eine reelle Wurzel haben, da n ungrade ist und die komplexen Wurzeln nur paarweise vorkommen können; es sind daher entweder alle Wurzeln reell, oder es sind zwei komplex und $n-2$ reell, oder es sind vier komplex und $n-4$ reell usf.

Wir wollen uns nun die sukzessive Adjunktion der Radikale in der Weise angeordnet denken, daß wir zu jedem komplexen Radikal ϱ, das noch keine Zerfällung von $f(x)$ bewirkt, gleichzeitig das konjugiert komplexe $\bar{\varrho}$ adjungieren. Das ist offenbar gestattet, da die Adjunktion eines möglicherweise überflüssigen Radikals nicht schadet.

Wenn nach dieser Anordnung $r = \sqrt[n]{\theta}$ das erste zerfällende Radikal ist, so sind nur folgende Fälle möglich:

1. Ist θ reell, so kann, da die n^{te} Einheitswurzel ε dem Rationalitätsbereich angehört, auch r reell angenommen werden.

Wenn dann x_1 eine reelle Wurzel von $f(x)$ ist, so sind die Koeffizienten α_0, α_1, α_2, α_3, ..., α_{n-1} in (4) gleichfalls reell; denn ihre konjugiert komplexen Zahlen $\bar{\alpha}_0$, $\bar{\alpha}_1$, $\bar{\alpha}_2$, $\bar{\alpha}_3$, ..., $\bar{\alpha}_{n-1}$ gehören nach unserer Voraussetzung gleichfalls zum Rationalitätsbereich, und es ist

$$x_1 = \bar{\alpha}_0 + \bar{\alpha}_1 r + \bar{\alpha}_2 r^2 + \cdots + \bar{\alpha}_{n-1} r^{n-1},$$

also

$$(\alpha_0 - \bar{\alpha}_0) + (\alpha_1 - \bar{\alpha}_1) r + (\alpha_2 - \bar{\alpha}_2) r^2 + \cdots + (\alpha_{n-1} - \bar{\alpha}_{n-1}) r^{n-1} = 0.$$

Dies ist aber, da $x^n - \theta$ irreduzibel ist, nur möglich, wenn

$$\alpha_0 - \bar{\alpha}_0 = 0, \; \alpha_1 - \bar{\alpha}_1 = 0, \; \alpha_2 - \bar{\alpha}_2 = 0, \; \alpha_3 - \bar{\alpha}_3 = 0, \ldots, \alpha_{n-1} - \bar{\alpha}_{n-1} = 0,$$

also die α_i reell sind.

Die $n-1$ anderen Wurzeln von $f(x)$ sind:

$$(5) \quad \begin{aligned} x_2 &= \alpha_0 + \varepsilon \alpha_1 r \quad\; + \varepsilon^2 \alpha_2 r^2 + \cdots \quad\quad + \varepsilon^{n-1} \alpha_{n-1} r^{n-1}, \\ x_3 &= \alpha_0 + \varepsilon^2 \alpha_1 r \quad + \varepsilon^4 \alpha_2 r^2 + \cdots \quad\quad + \varepsilon^{2(n-1)} \alpha_{n-1} r^{n-1}, \\ &\;\cdot\quad\cdot\quad\cdot\quad\cdot\quad\cdot\quad\cdot\quad\cdot\quad\cdot\quad\cdot\quad\cdot \\ x_n &= \alpha_0 + \varepsilon^{n-1} \alpha_1 r + \varepsilon^{2(n-1)} \alpha_2 r^2 + \cdots + \varepsilon^{(n-1)^2} \alpha_{n-1} r^{n-1}, \end{aligned}$$

die nach **3.** alle voneinander und von x_1 verschieden sind.

Nun sind

$$\varepsilon, \quad \varepsilon^2, \quad \ldots, \quad \varepsilon^{\frac{n-1}{2}}$$

konjugiert komplex mit

$$\varepsilon^{n-1}, \quad \varepsilon^{n-2}, \quad \ldots, \quad \varepsilon^{\frac{n+1}{2}}$$

und folglich

$$x_2, \quad x_3, \quad \ldots, \quad x_{\frac{n+1}{2}}$$

konjugiert komplex mit

$$x_n, \quad x_{n-1}, \quad \ldots, \quad x_{\frac{n+3}{2}}.$$

Wir sehen also:

Ist das zerfällende Radikal reell, so hat die Funktion $f(x)$ eine reelle und $n-1$ paarweise konjugiert komplexe Wurzeln.[1]

2. Ist θ komplex und $\bar{\theta}$ konjugiert komplex mit θ, so sind alle Wurzeln von $x^n = \theta$ komplex; zu jeder von ihnen, r, gibt es eine bestimmte Zahl $\bar{r}$, die eine Wurzel von $x^n - \bar{\theta} = 0$ ist und, es ist

$$(6) \qquad r\bar{r} = r_1\bar{r}_1 = r_2\bar{r}_2 = \cdots = r_{n-1}\bar{r}_{n-1} = \sqrt[n]{\theta\bar{\theta}} = R$$

reell. Setzen wir also in Polarform

$$\theta = a(\cos\alpha + i\sin\alpha), \qquad \bar{\theta} = a(\cos\alpha - i\sin\alpha)$$

mit positivem a, so wird

$$r = \sqrt[n]{a}\left(\cos\frac{\alpha}{n} + i\sin\frac{\alpha}{n}\right), \quad \bar{r} = \sqrt[n]{a}\left(\cos\frac{\alpha}{n} - i\sin\frac{\alpha}{n}\right),$$
$$R = \sqrt[n]{a^2}.$$

Wir wollen nun anstatt r zuerst die reelle Zahl R adjungieren, wenn sie nicht schon im Rationalitätsbereich enthalten ist, und haben nun wieder zwei Fälle zu unterscheiden:

2a. **Es tritt bereits durch Adjunktion von R eine Reduktion von $f(x)$ ein.** Dann ist die Adjunktion von r nicht mehr erforderlich, und da R ein reelles Radikal ist, so kommen wir auf den Fall 1. zurück.

2b. **Es tritt durch Adjunktion von R noch keine Reduktion von $f(x)$ ein,** wozu auch der Fall gehört, daß R rational ist (wie z. B. in der Cardanischen Formel bei den kubischen Gleichungen).

Dann ist die Adjunktion von r selbst noch notwendig zur Lösung der Gleichung. Mit r ist aber auch zugleich schon $\bar{r} = \dfrac{R}{r}$ adjungiert.

Ist dann $x_1 = \psi(r)$ reell, so ist

$$(7) \qquad \psi(r) = \bar{\psi}(\bar{r}) = \bar{\psi}\left(\frac{R}{r}\right),$$

worin $\bar{\psi}$ die Bedeutung hat, daß alle in ψ vorkommenden komplexen Zahlen des Rationalitätsbereiches durch ihre gleichfalls dem Rationalitätsbereich angehörigen konjugiert komplexen Zahlen zu ersetzen sind.

Die Gleichung (7) bleibt aber bestehen, wenn darin r durch jede der Wurzeln $r_1, r_2, r_3, \ldots, r_{n-1}$ von $x^n - \theta$ ersetzt wird, und da nach (6) auch $\dfrac{R}{r_1} = \bar{r}_1, \ldots$ ist, so ist:

$$\psi(r_1) = \bar{\psi}(\bar{r}_1), \quad \psi(r_2) = \bar{\psi}(\bar{r}_2), \ldots, \psi(r_{n-1}) = \bar{\psi}(\bar{r}_{n-1}),$$

d. h. alle n Zahlen $\psi(r), \psi(r_1), \psi(r_2), \psi(r_3), \ldots, \psi(r_{n-1})$ sind reell.

Es folgt:

Ist das zerfällende Radikal komplex, so hat die Funktion $f(x)$ lauter reelle Wurzeln

---

Nunmehr haben wir also den Satz:

Eine algebraisch auflösbare Gleichung vom Primzahlgrad n hat entweder nur eine oder n reelle Wurzeln.[1])

5. Für den Fall $n = 5$ gibt dies den folgenden Satz:

Eine irreduzible durch Radikale lösbare Gleichung fünften Grades mit rationalen Koeffizienten hat entweder fünf reelle Wurzeln oder eine reelle und vier komplexe Wurzeln, niemals drei reelle und zwei komplexe Wurzeln.

Um also nachzuweisen, daß nicht jede Gleichung fünften Grades durch Radikale gelöst werden kann, haben wir nur zu zeigen, daß es irreduzible Gleichungen fünften Grades mit rationalen Koeffizienten gibt, die drei reelle und zwei konjugiert komplexe Wurzeln haben. Dies kann aber durch unzählige leicht zu bildende Beispiele erhärtet werden.

So ist z. B., wie wir schon früher aus dem Schönemannschen Kriterium geschlossen haben (§ 90, 9.), die Funktion

$$f(x) = x^5 - 4x - 2$$

irreduzibel und sie hat nach § 102, 7. drei reelle und zwei konjugiert komplexe Wurzeln. Die Gleichung $f(x) = 0$ ist sonach nicht durch Radikale lösbar.

§ 115*. Zweiter Beweis.

1. Wir wollen von dem eben bewiesenen Satz einen zweiten Beweis geben, der deutlicher den inneren Grund erkennen läßt, weshalb die Gleichungen bis zum vierten Grad algebraisch auflösbar sind und die von höherem Grad allgemein nicht mehr.

Es sei

$$(1) \qquad f(x) = x^n + a_1 x^{n-1} + a_2 x^{n-2} + \cdots + a_n = 0$$

eine allgemeine Gleichung n^{ten} Grades, d. h. es mögen keine Beziehungen zwischen den Wurzeln $x_1, x_2, \ldots, x_n$ bestehen, so daß sie wie unabhängige Veränderliche angesehen werden können. Dem Rationalitätsbereich der Koeffizienten denken wir uns von vornherein die im Lauf der weiteren Entwicklung etwa notwendigen Einheitswurzeln hinzugefügt und bezeichnen ihn dann mit $\Re$.

2. Die Gleichung sei algebraisch auflösbar durch sukzessive Adjunktion von Radikalen $\varrho, \sigma, \tau, \ldots$ Die beiden letzten zu adjungierenden Radikale seien η und θ und es sei θ Lösung der reinen Gleichung von Primzahlgrad

$$(2) \qquad \theta^p = A.$$

Dann ist A eine Zahl des vorletzten Rationalitätsbereichs $\Re(\varrho, \sigma, \tau, \ldots, \eta)$,

---

1) Dieser Satz rührt von Kronecker her (Monatsber. Berl. Akad. 1856).

den wir kurz mit $\mathfrak{R}_\eta$ bezeichnen. Eine Lösung der Gleichung stellt sich dann nach § 111, **1.** in der Form

$$(3) \qquad x = \alpha_0 + \alpha_1\theta + \alpha_2\theta^2 + \cdots + \alpha_{p-1}\theta^{p-1}$$

dar und darin sind $\alpha_0, \ldots, \alpha_{p-1}$ Zahlen aus $\mathfrak{R}_\eta$.

Wir können an Stelle von θ immer ein anderes Radikal θ' bestimmen, so daß in der entsprechenden Darstellung von x durch θ' der Koeffizient von θ' gleich 1 wird. Sei nämlich α_μ ein von Null verschiedener Koeffizient in (3) und setzen wir

$$(4) \qquad \alpha_\mu\theta^\mu = \theta'$$

so ist $\theta'^p = \alpha_\mu^p A^\mu$, also θ' wiederum ein Radikal des Rationalitätsbereiches $\mathfrak{R}_\eta$.

Da μ zu p relativ prim ist, lassen sich zwei ganze Zahlen r und s bestimmen, so daß

$$\mu r + p s = 1$$

ist. Dann ist

$$(5) \qquad \theta = \theta^{\mu r} \cdot \theta^{ps} = \frac{\theta'^r}{\alpha_\mu^r} A^s = \alpha_r'\theta'^r,$$

worin $\alpha_r' = \alpha_\mu^{-r} A^s$ wiederum eine Zahl aus $\mathfrak{R}_\eta$ ist.

Durch Einführung von (5) in (3) erhält man nun in der Tat x in der Form

$$x = \beta_0 + \theta' + \beta_2\theta'^2 + \beta_3\theta'^3 + \cdots + \beta_{p-1}\theta'^{p-1}$$

3. Wir können uns das Radikal θ schon gleich so gewählt denken, daß in (3) der Koeffizient von θ gleich 1 ist. Die übrigen Lösungen der Gleichung (2) seien $\theta_1, \theta_2, \ldots \theta_{p-1}$, also

$$\theta_1 = \omega\theta, \quad \theta_2 = \omega^2\theta, \ldots \theta_{p-1} = \omega^{p-1}\theta,$$

worin ω eine p^{te} Einheitswurzel bedeutet. Denken wir uns den Ausdruck (3) für x in die Gleichung (1) eingesetzt, so geht $f(x)$ in eine Funktion $F(\theta)$ vom $(p-1)^{\text{ten}}$ Grad über mit Koeffizienten aus $\mathfrak{R}_\eta$. Es ist aber die Gleichung (2) nach § 113, **1.** in $\mathfrak{R}_\eta$ irreduzibel[1]), folglich bestehen nach § 111, **4.** gleichzeitig die Gleichungen

$$F(\theta) = 0, \quad F(\theta_1) = 0, \quad F(\theta_2) = 0, \ldots F(\theta_{p-1}) = 0.$$

Dies bedeutet aber, daß Gleichung (1) auch durch alle Werte x_i $(i = 1, 2, \ldots p-1)$ befriedigt wird, die man erhält, wenn man θ in (3) durch θ_i ersetzt. Wir haben also hiermit p Wurzeln von (1):

$$(6) \qquad \begin{aligned}
x &= \alpha_0 + \theta + \alpha_2\theta^2 + \cdots + \alpha_{p-1}\theta^{p-1} \\
x_1 &= \alpha_0 + \theta_1 + \alpha_2\theta_1^2 + \cdots + \alpha_{p-1}\theta_1^{p-1} \\
&\ \cdots \cdots \cdots \cdots \cdots \cdots \cdots \\
x_{p-1} &= \alpha_0 + \theta_{p-1} + \alpha_2\theta_{p-1}^2 + \cdots + \alpha_{p-1}\theta_{p-1}^{p-1}.
\end{aligned}$$

Wir multiplizieren diese Gleichungen der Reihe nach mit ω^p, ω^{p-1},

---

1) Der Fall, daß A die p^{te} Potenz einer Zahl aus $\mathfrak{R}_\eta$ ist, ist ausgeschlossen, denn dann wäre auch θ eine Zahl aus $\mathfrak{R}_\eta$.

$\omega^{p-2}, \ldots \omega$. Dann wird das zweite Glied in jeder Gleichung gleich θ und wenn wir addieren, so fallen nach § 105 (5) alle übrigen Glieder fort und es folgt (da $\omega^{p-\nu} = \omega^{-\nu}$ ist):

$$(7) \qquad \theta = \frac{1}{p} \sum_{\nu} \omega^{-\nu} x_{\nu},$$

d. h. das Radikal θ ist eine ganze rationale Funktion der Wurzeln von (1).

4. Wählen wir in (7) an Stelle der p Wurzeln $x, x_1, \ldots x_{p-1}$ alle möglichen Permutationen von je p Wurzeln der Gleichung (1), so erhalten wir andere ganze Funktionen $\theta', \theta'', \ldots$ der Wurzeln, und wenn wir die Funktion

$$(8) \qquad g(y) = (y - \theta^p)(y - \theta'^p)(y - \theta''^p) \ldots$$

bilden, so werden die Koeffizienten symmetrische Funktionen der Wurzeln von (1), mithin Zahlen aus $\Re$ sein. Eine Lösung der Gleichung $g(y) = 0$ ist $y = \theta^p = A$, eine Zahl aus $\Re_\eta$, und wenn für das vorletzte Radikal η die neue Gleichung

$$(9) \qquad \eta^q = B$$

besteht (q Primzahl), so kann y bei geeigneter Wahl von η in der Form

$$(10) \qquad y = \beta_0 + \eta + \beta_2 \eta^2 + \cdots + \beta_{q-1} \eta^{q-1}$$

angesetzt werden. Setzt man hier für η die anderen Wurzeln $\eta_1, \eta_2, \ldots \eta_{q-1}$ von (9) ein, so folgt ebenso, wie in 3., daß man an Stelle von y andere Wurzeln $y_1 = \theta'^p$, $y_2 = \theta''^p$, $\ldots$ von $g(y)$ erhält und daß η eine ganze Funktion der $y, y_1, y_2 \ldots$, mithin auch der Wurzeln von (1) ist.

So kann man fortfahren und hat schließlich den Satz:

Bei jeder algebraisch auflösbaren Gleichung sind sämtliche zur Auflösung erforderlichen Radikale ganze rationale Funktionen der Wurzeln.

5. Es sei jetzt ϱ das erste zu adjungierende Radikal und

$$(11) \qquad \varrho^a = M$$

die für ϱ bestehende reine Gleichung. Dann ist M eine Größe aus $\Re$ (noch vor Adjunktion einer Einheitswurzel), also eine symmetrische Funktion der Wurzeln. Der Exponent a kann als Primzahl angenommen werden.

Das Radikal ϱ wird, als Funktion der Wurzeln betrachtet, keine symmetrische Funktion sein, sonst würde es ebenfalls zu $\Re$ gehören und es wäre nicht nötig, es zu adjungieren. Es wird also Transpositionen, etwa $T = (x_1 x_2)$ geben, die eine a^{te} Wurzel ϱ in eine andere $\varrho' = \omega \varrho$ überführen, wo jetzt ω eine a^{te} Einheitswurzel bedeutet. Wir schreiben:

$$\varrho_T = \omega \varrho.$$

Wenden wir hierauf nochmals die Transposition T an, so kommt

$$\varrho_{T^2} = \omega\varrho_T = \omega^2\varrho.$$

Aber es ist $T^2 = E$, die Hauptpermutation, also $\varrho_{T^2} = \varrho$, und daher $\omega^2 = 1$, d. h. es muß $a = 2$ sein und es folgt:

Das erste zu adjungierende Radikal ist immer eine Quadratwurzel.

Drückt man die symmetrische Funktion M durch die Wurzeln aus, so muß sich nach **4.** die Quadratwurzel $\varrho = \sqrt{M}$ rational berechnen lassen und es muß ϱ bei jeder Transposition $(x_\alpha x_\beta)$ sein Zeichen wechseln, da das oben über x_1, x_2 Gesagte für jedes Paar x_α, x_β gilt. Hieraus folgt weiter (§ 98, **2.**):

Bei den algebraisch auflösbaren Gleichungen ist als erstes Radikal immer die Quadratwurzel aus der Diskriminante zu adjungieren.

6. Der durch Adjunktion von ϱ erweiterte Rationalitätsbereich werde mit $\Re(\varrho)$ bezeichnet. Die in ihm enthaltenen Größen sind die symmetrischen und die alternierenden Funktionen; sie bleiben bei allen Permutationen der alternierenden Gruppe, also bei einer graden Anzahl von Transpositionen, ungeändert. Es besteht aber der Satz:

Eine grade Anzahl von Transpositionen läßt sich immer durch eine Anzahl von dreigliedrigen Zyklen ersetzen.

Je zwei Transpositionen haben nämlich entweder eine oder keine Ziffer gemeinsam und in einem oder dem andern Falle ist

$$(\alpha\beta)(\alpha\gamma) = (\alpha\beta\gamma); \quad (\alpha\beta)(\gamma\delta) = (\beta\gamma\delta)(\alpha\beta\gamma).$$

Umgekehrt entspricht, wie die erste Formel zeigt, jeder dreigliedrige Zyklus einer graden Anzahl von Transpositionen. Hierbei ist natürlich Voraussetzung, daß mindestens drei Wurzeln vorhanden sind.

Ist nun σ das nächste zu adjungierende Radikal, welches die Gleichung

$$(12) \qquad\qquad\qquad \sigma^b = N$$

befriedigt, so ist N eine Größe aus $\Re(\varrho)$ und bleibt bei jeder dreigliedrigen zyklischen Permutation ungeändert, σ dagegen nicht, sonst würde σ auch zu $\Re(\varrho)$ gehören. Es gibt also einen dreigliedrigen Zyklus S, durch den σ in $\varepsilon\sigma$ übergeht, wo ε eine b^{te} Einheitswurzel bedeutet; dann ist

$$\sigma_S = \varepsilon\sigma; \qquad \sigma_{S^2} = \varepsilon^2\sigma; \qquad \sigma_{S^3} = \varepsilon^3\sigma,$$

und da $S^3 = E$ ist, so muß $\varepsilon^3 = 1$, also $b = 3$ sein   Es folgt:

Bei den allgemeinen auflösbaren Gleichungen dritten und höheren Grades ist als zweites Radikal eine Kubikwurzel zu adjungieren.

7. Gibt es nun mindestens fünf Wurzeln, so bleibt N in (12) auch bei jedem fünfgliedrigen Zyklus U ungeändert, denn es ist

$$(1\ 2\ 3\ 4\ 5) = (1\ 2\ 3)\ (1\ 4\ 5).$$

Dabei bleibt σ entweder ungeändert, oder es geht in $\varepsilon\sigma$ oder in $\varepsilon^2\sigma$ über. In den beiden letzten Fällen aber würde sich wegen $U^5 = E$ ganz entsprechend, wie oben, entweder $\varepsilon^5 = 1$ oder $\varepsilon^{10} = 1$ ergeben und das ist unmöglich, da ε komplexe dritte Einheitswurzel sein muß. Es bliebe also nur die Möglichkeit, daß σ bei jedem fünfgliedrigen Zyklus ungeändert bleibt. **Nun läßt sich aber jeder dreigliedrige Zyklus aus zwei fünfgliedrigen Zyklen zusammensetzen,** z. B.

$$(1\ 2\ 3) = (5\ 4\ 2\ 1\ 3)\ (1\ 3\ 2\ 4\ 5),$$

folglich müßte σ auch bei jedem dreigliedrigen Zyklus ungeändert bleiben und das ist nach **6.** ausgeschlossen. Es gibt also keine Funktion σ, die Gleichung (12) ist unmöglich und damit ist erwiesen, **daß eine allgemeine Gleichung von höherem als dem vierten Grad nicht durch Radikale auflösbar ist.**

Zugleich sieht man, **daß die Auflösbarkeit der kubischen und biquadratischen Gleichungen darauf beruht, daß es bei ihnen nicht alternierende Funktionen σ gibt, deren dritte Potenz eine alternierende Funktion ist.** Für die kubische Gleichung ist

$$\sigma = x_1 + \varepsilon x_2 + \varepsilon^2 x_3$$

eine solche Funktion (§ 99, **2.**), für die biquadratische Gleichung, wenn wir die Bezeichnungen von § 99, **3.** verwenden:

$$\sigma = y + \varepsilon y_1 + \varepsilon^2 y_2.$$

8. Hiermit ist der Beweis geführt, daß es nicht möglich ist, mit einer endlichen Anzahl von algebraischen Operationen eine Funktion x der n unbestimmten Größen $a_1, a_2, \ldots, a_n$ zu bilden, welche der Gleichung

$$x^n + a_1 x^{n-1} + \cdots + a_n = 0$$

identisch genügt. Damit ist aber noch nicht entschieden, ob nicht vielleicht für alle **rationalen** Werte von $a_1, a_2, \ldots, a_n$ Zahlen x durch Wurzelziehen aus rationalen Zahlen abgeleitet werden können, die die Gleichung befriedigen. Diese Frage wird durch den ersten Beweis in § 114 ebenfalls im verneinenden Sinn beantwortet.

9. Nachdem im 16. Jahrhundert die Auflösung der kubischen und biquadratischen Gleichungen geglückt war, war die algebraische Auflösung der Gleichungen fünften Grades eins der wichtigsten Probleme der mathematischen Forschung. Hervorragende Mathematiker des 17. und 18. Jahrhunderts, Leibniz, Tschirnhaus, Euler, Lagrange haben sich darum bemüht, und vorwiegend aus ihren Bemühungen sind in dieser Zeit die Fortschritte der Algebra hervorgegangen, das Problem aber blieb ungelöst. Erst gegen Ende des 18. Jahrhunderts begann man zu zweifeln, ob die Lösung überhaupt möglich sei. Gauß spricht sich in seiner Doktordissertation vom Jahre 1799 (vgl. § 94, 2.) deutlich hierüber aus. Er betont, daß die Auflösung in dem bisherigen Sinne nichts weiter sei als die Zurückführung auf reine Gleichungen und daß nichts zu der Annahme berechtige, daß diese Zurückführung allgemein möglich sei. Er kündigt sogar darüber weitere Untersuchungen an[1]), die sich indessen in seinem Nachlaß nicht vorgefunden haben, aber in demselben Jahr wurde in Italien ein ernstlicher Versuch gemacht, die Unmöglichkeit der Auflösung der Gleichungen fünften Grades zu beweisen. Dies geschah von Paolo Ruffini in seinem Lehrbuche: Teoria generale delle equazioni, Bologna 1799, welches vornehmlich diesem Beweis gewidmet ist, und weiterhin in noch fünf Abhandlungen, deren letzte 1813 erschien.[2]) Ruffinis Versuche sind sehr beachtenswert; er ist durch sie ein erster Begründer der Gruppentheorie geworden. Seinem Beweise von 1813 konnten wir in diesem Paragraphen von 5. an im wesentlichen folgen. Dagegen vermißt man bei ihm den Nachweis, daß die Radikale rationale Funktionen der Wurzeln sind. Diese Lücke wurde von Niels Hendrik Abel, Journ. f. Math. 1 (1826) ausgefüllt und damit war erst der Satz vollständig bewiesen. Seine Beweisführung haben wir oben (2, 3, 4) in einer von Kronecker[3]) vereinfachten Darstellung wiedergegeben. Erfordert dieser Teil des Beweises noch einige algebraische Rechnung, so beruht der Beweis in der Theorie von Galois ganz auf gruppentheoretischen Betrachtungen und ist damit auf die einfachsten Prinzipien zurückgeführt. Doch muß hierfür auf die Lehrbücher der Algebra verwiesen werden.[4])

---

1) Gauß, Disq. arithm. Art. 359. Vgl. auch Werke 10, 1, S. 505, 507.

2) Vgl. Burkhardt, Die Anfänge der Gruppentheorie und Paolo Ruffini, Zeitschr. f. Math. und Physik, Hist.-liter. Abt. 37 (1892).

3) Kronecker, Berl. Monatsber. 1879.

4) Vgl. Weber, Algebra, 2. Aufl. 1, § 183 ff.

Drittes Buch.

Analysis.

Neunzehnter Abschnitt.

Unendliche Reihen.

§ 116*. Begriff der Konvergenz und Divergenz.

1. Unter einer Reihe versteht man eine gesetzmäßige Aufeinanderfolge von Zahlen irgendwelcher Art:

$$a_1, a_2, a_3, \;\ldots$$

und man nennt diese Zahlen die **Glieder** der Reihe. Die Reihe heißt **unendlich**, wenn das Gesetz so beschaffen ist, daß es ohne Ende angewendet werden kann, daß also zu jedem Index n das entsprechende a_n berechnet werden kann. Wir betrachten zunächst nur Reihen mit reellen Gliedern.

Eine solche unendliche Reihe bilden z. B. die natürlichen Zahlen $1, 2, 3, \ldots$ und allgemeiner die Glieder einer arithmetischen Progression $a, a + b, a + 2b, a + 3b, \ldots$ oder die Glieder einer geometrischen Progression $1, a, a^2, a^3, \ldots$ oder die Zahlen $1^k, 2^k, 3^k \ldots$ mit beliebigem Exponenten k.

Allgemein kann man die Glieder einer Reihe auffassen als die Werte $f(v)$ einer Funktion, bei der die Variable die ganzzahligen Werte $v = 1, 2, 3, \ldots$ durchläuft.[1]) Den für irgendein ganzzahliges n gebildeten Ausdruck $f(n)$ oder a_n nennt man auch das **allgemeine Glied** der Reihe.

2. Aus einer Reihe

$$(1) \qquad\qquad a_1, a_2, a_3, \ldots$$

leiten wir eine zweite Reihe

$$s_1, s_2, s_3, \ldots$$

ab, indem wir setzen:

$$s_1 = a_1$$
$$s_2 = a_1 + a_2$$
$$s_3 = a_1 + a_2 + a_3$$
$$s_4 = a_1 + a_2 + a_3 + a_4$$
$$\cdots\cdots\cdots\cdots\cdots\cdots$$
$$s_n = a_1 + a_2 + a_3 + \cdots + a_n.$$

---

1) Es braucht also die Funktion für andere als ganzzahlige Werte der Variablen nicht definiert zu sein, z. B. $f(v)$ die v^{te} Primzahl.

Die Zahlen $s_1, s_2, s_3, \ldots$ heißen die **Partialsummen** der Reihe (1).

Wir definieren nun, indem wir uns auf die Begriffsbestimmungen in § 28 stützen:

Eine unendliche Reihe heißt konvergent, wenn ihre Partialsummen eine konvergente Folge bilden.[1])

Es ist also die Reihe (1) konvergent, wenn der Grenzwert

$$(2) \qquad \lim_{n \to \infty} s_n = S$$

existiert. Besitzt aber die Folge der Partialsummen keinen Grenzwert, so heißt die Reihe **divergent**.

Nach § 28, **1.** kann man also sagen:

Die unendliche Reihe (1) ist konvergent, wenn es eine bestimmte Zahl S und zu jeder gegebenen positiven Zahl ε einen Index n gibt, so daß

$$(3) \qquad |S - s_{n+\nu}| < \varepsilon \qquad \text{für} \qquad \nu = 1, 2, 3, \ldots$$

Bei einer konvergenten Reihe nennt man den Grenzwert S die **Summe** oder den **Wert** der Reihe (1) und schreibt:

$$S = a_1 + a_2 + a_3 + a_4 + \cdots$$

Diese Schreibweise soll bedeuten, daß man beim Summieren der Reihenglieder, wenn man nur genügend viele Glieder nimmt, dem Wert S so nahe kommen kann, wie man nur will. Man kann also die unendliche Reihe benutzen, um den Wert von S mit beliebiger Annäherung zu berechnen, und in der Tat bilden die Reihen, wie wir sehen werden, das wichtigste und manchmal das einzige Hilfsmittel zur Berechnung der Werte bestimmter Zahlen oder Funktionen.

3. Die durch Weglassung einer Anzahl von Anfangsgliedern aus der Reihe (1) entstehenden Reihen[2])

$$(4) \qquad a_{n+1} + a_{n+2} + a_{n+3} + \cdots$$

nennt man die **Restreihen** der Reihe (1). Sie sind gleichzeitig mit (1) konvergent oder divergent. Es sind nämlich die Partialsummen der Reihe (4)

$$\sigma_1 = s_{n+1} - s_n, \quad \sigma_2 = s_{n+2} - s_n, \ldots, \sigma_\nu = s_{n+\nu} - s_n, \ldots,$$

mithin existiert $\lim_{\nu \to \infty} \sigma_\nu$ dann und nur dann, wenn $\lim_{\nu \to \infty} s_{n+\nu}$ existiert, d. h. wenn die Reihe (1) konvergiert, und es ist in diesem Falle die Summe der Reihe (4) $\lim \sigma_\nu = S - s_n$. Diese Differenzen

$$\varrho_n = S - s_n \qquad\qquad n = 1, 2, 3, \ldots$$

---

1) **Waring**, Meditationes algebr. Cambridge 1770.

2) Man schreibt eine unendliche Reihe meistens schon in Form einer Summe, auch wenn ihre Konvergenz oder Divergenz noch nicht entschieden ist.

nennt man die **Reste** der konvergenten Reihe (1) und nach (3) gibt es zu jeder positiven Zahl ε einen Index n, so daß

$$|\varrho_{n+\nu}| < \varepsilon \quad \text{für} \quad \nu = 1, 2, 3, \ldots,$$

d. h.: **Bei einer konvergenten Reihe konvergieren die Reste gegen den Grenzwert Null.**

4. Durch den Satz § 28, 6. haben wir die Möglichkeit, die Konvergenz einer Reihe zu entscheiden, ohne eine Annahme über die Zahl S zu machen, nämlich:

Die unendliche Reihe (1) ist dann und nur dann konvergent, wenn es zu jeder positiven Zahl ε einen Index n gibt, so daß

$$(5) \qquad |s_{n+\nu} - s_n| < \varepsilon \quad \text{für} \quad \nu = 1, 2, 3 \ldots$$

Es sind aber $s_{n+\nu} - s_n = \sigma_\nu$ die Partialsummen der Restreihe (4):

$$s_{n+\nu} - s_n = a_{n+1} + a_{n+2} + a_{n+3} + \cdots + a_{n+\nu},$$

wir haben also den Satz:

Eine unendliche Reihe ist dann und nur dann konvergent, wenn es zu jeder positiven Zahl ε eine Restreihe gibt, deren Partialsummen, absolut genommen, sämtlich kleiner als ε bleiben.

5. Nehmen wir als erstes Beispiel die Reihe[1]

$$1 + \tfrac{1}{3} + \tfrac{1}{6} + \tfrac{1}{10} + \tfrac{1}{15} + \cdots,$$

worin die Nenner die Reihe der Dreieckszahlen (§ 56, 3.) durchlaufen. Man kann die Reihe auch schreiben:

$$\frac{2}{1 \cdot 2} + \frac{2}{2 \cdot 3} + \frac{2}{3 \cdot 4} + \frac{2}{4 \cdot 5} + \cdots$$

Das allgemeine Glied ist

$$a_n = \frac{2}{n(n+1)} = 2\left(\frac{1}{n} - \frac{1}{n+1}\right)$$

und die Partialsummen sind

$$s_1 = 1 = 2(1 - \tfrac{1}{2})$$
$$s_2 = \tfrac{4}{3} = 2(1 - \tfrac{1}{3})$$
$$s_3 = \tfrac{3}{2} = 2(1 - \tfrac{1}{4})$$
$$\cdots \cdots \cdots \cdots,$$

allgemein

$$s_n = 2\left(1 - \tfrac{1}{2}\right) + 2\left(\tfrac{1}{2} - \tfrac{1}{3}\right) + 2\left(\tfrac{1}{3} - \tfrac{1}{4}\right) + \cdots + 2\left(\tfrac{1}{n} - \frac{1}{n+1}\right)$$
$$= 2\left(1 - \frac{1}{n+1}\right).$$

Daraus sieht man, daß $\lim\limits_{n \to \infty} s_n$ existiert und daß

$$\lim s_n = 2$$

---

[1] Diese Reihe wurde als eines der ersten Beispiele für eine unendliche Reihe bereits von Lord **Brouncker**, Phil. Trans. 1668 betrachtet.

ist. Die Reihe konvergiert also und ihre Summe ist 2. Wir können schreiben:

$$1 + \tfrac{1}{3} + \tfrac{1}{6} + \tfrac{1}{10} + \tfrac{1}{15} + \cdots = 2.$$

Man sieht auch, daß die Reihe recht langsam konvergiert. Um die Summe auf drei Dezimalstellen genau, also mit einem Fehler von weniger als 0,0005 zu erhalten, müßte man, wie man aus dem Wert von s_n sieht, etwa 4000 Glieder addieren.

6. Weiter betrachten wir die Reihe

$$1 + \tfrac{1}{2} + \tfrac{1}{4} + \tfrac{1}{8} + \tfrac{1}{16} + \cdots$$

mit dem allgemeinen Glied[1] $a_n = \dfrac{1}{2^n}$.

Die Partialsummen sind

$$s_0 = 1 = 2 - 1$$
$$s_1 = \tfrac{3}{2} = 2 - \tfrac{1}{2}$$
$$s_2 = \tfrac{7}{4} = 2 - \tfrac{1}{4}$$
$$s_3 = \tfrac{15}{8} = 2 - \tfrac{1}{8},$$

allgemein (vgl. § 20, **11.**)

$$(6) \qquad s_n = 1 + \frac{1}{2} + \frac{1}{2^2} + \frac{1}{2^3} + \cdots + \frac{1}{2^n} = 2 - \frac{1}{2^n}.$$

Daraus folgt, daß $\lim s_n = 2$ ist, die Reihe konvergiert, und es ist

$$1 + \tfrac{1}{2} + \tfrac{1}{4} + \tfrac{1}{8} + \tfrac{1}{16} + \cdots = 2.$$

'Formel (6) zeigt den Grad der Annäherung, den man durch die Berechnung der Partialsummen erreicht. Um die Reihensumme mit einem geringeren Fehler als $\dfrac{1}{1\,000\,000}$ zu finden, muß man 21 Glieder ($n = 20$) summieren.

7. Die eben betrachtete Reihe ist ein besonderer Fall der **unendlichen geometrischen Reihe**

$$(7) \qquad 1 + x + x^2 + x^3 + x^4 + \cdots,$$

worin x irgendeine reelle Zahl bedeuten kann. Die Partialsumme s_n ist nach § 20, **11.**

$$(8) \qquad s_n = 1 + x + x^2 + \cdots + x^{n-1} = \frac{1 - x^n}{1 - x} = \frac{1}{1 - x} - \frac{x^n}{1 - x}.$$

Ist nun x ein (positiver oder negativer) echter Bruch, so ist $\lim\limits_{n \to \infty} x^n = 0$, folglich existiert der Grenzwert $\lim s_n$ und wir haben den Satz:

Die unendliche geometrische Reihe konvergiert, sobald $|x| < 1$ **ist und ihre Summe ist**

$$(9) \qquad 1 + x + x^2 + x^3 + \cdots = \frac{1}{1 - x}.$$

---

[1] Wir bezeichnen hier das Anfangsglied mit a_0 und entsprechend die Partialsummen mit $s_0, s_1, s_2, \ldots$

Die Reihe bleibt konvergent, wenn man $- x$ an Stelle von x schreibt und es ist

$$(9\,\mathrm{a}) \qquad 1 - x + x^2 - x^3 + x^4 - \cdots = \frac{1}{1+x}. \qquad |x| < 1.$$

Ist aber $x \geqq 1$, so gibt es bei der Reihe (7) keinen Grenzwert für die Partialsummen; sie wachsen über jeden noch so großen Betrag. Ebenso gibt es, wenn $x < -1$ ist, in (8) keine Grenze für die Potenzen x^n, also auch nicht für s_n, und bei $x = -1$, also bei der Reihe $1 - 1 + 1 - 1 + 1 - \cdots$ sind die Partialsummen abwechselnd 1 und 0, besitzen also auch keinen Grenzwert. Es folgt:

Sobald $|x| \geqq 1$ ist, divergiert die unendliche geometrische Reihe.

Zu den konvergenten geometrischen Reihen gehören auch die periodischen Dezimalbrüche. Ist nämlich

$$\gamma = \{ 0, \overline{z_1 z_2 \ldots z_f} \ldots \}$$

ein unendlicher Dezimalbruch mit der Periode $\overline{z_1 z_2 \ldots z_f}$ und wird die dekadische geschriebene Zahl

$$\{ z_1 z_2 \ldots z_f \} = m$$

gesetzt, so ist der Dezimalbruch gleichbedeutend mit der Reihe[1])

$$\gamma = \frac{m}{10^f} + \frac{m}{10^{2f}} + \frac{m}{10^{3f}} + \cdots$$

$$= \frac{m}{10^f} \left(1 + \frac{1}{10^f} + \frac{1}{10^{2f}} + \cdots \right)$$

Hier steht in der Klammer eine unendliche geometrische Reihe, bei der $x = \frac{1}{10^f} = 10^{-f}$ ist, folglich ist

$$\gamma = \frac{m}{10^f} \cdot \frac{1}{1 - 10^{-f}} = \frac{m}{10^f - 1},$$

wie wir schon § 31, 3 auf anderem Wege gefunden haben.

Auch ein nicht periodischer unendlicher Dezimalbruch läßt sich als eine unendliche Reihe auffassen:

$$\{ 0, z_1 z_2 z_3 \ldots \} = \frac{z_1}{10} + \frac{z_2}{10^2} + \frac{z_3}{10^3} + \cdots \qquad 0 \leqq z_i \leqq 9.$$

Die Reihe konvergiert; ihre Partialsummen sind die in § 30 mit A_1, A_2, A_3, … bezeichneten endlichen Dezimalbrüche und die durch den Dezimalbruch dargestellte reelle Zahl $\alpha = \lim A_n$ ist die Summe der Reihe.

---

1) Hier ist von dem Satz Gebrauch gemacht, daß eine konvergente Reihe konvergent bleibt, wenn man jedes Glied mit einer festen Zahl c multipliziert und daß sich dann die Summe der Reihe ebenfalls mit c multipliziert, denn jede Partialsumme s_n geht in $c s_n$ über und es ist (vgl. § 29, 1.):

$$\lim c s_n = c \lim s_n = c S.$$

8. Lange Zeit haben die Mathematiker sich mit den unendlichen Reihen beschäftigt, ohne sich eigentlich um ihre Konvergenz und Divergenz zu kümmern. Während des ganzen achtzehnten Jahrhunderts hat man unbedenklich mit divergenten Reihen gearbeitet. Indem man z. B. in der Formel (9a), die doch nur unter Voraussetzung der Konvergenz der Reihe, also für $|x| < 1$ abgeleitet ist, $x = 1$ oder $x = 2$ setzte, erhielt man für die Reihe $1 - 1 + 1 - 1 + \cdots$ als Summe $\frac{1}{2}$, für die Reihe $1 - 2 + 4 - 8 + 16 - \cdots$ als Summe $\frac{1}{3}$ und man bemühte sich, die unzureichende mathematische Begründung dieser merkwürdigen Resultate durch metaphysische oder theologische Gründe zu ersetzen (Leibniz 1696, Grandi 1703). In ähnlicher Weise (nämlich als Werte von Potenzreihen für $x = 1$) hat Euler Reihen wie $1^n - 2^n + 3^n - 4^n + \cdots$ oder $1! - 2! + 3! - 4! + \cdots$ summiert. Man schrieb also jeder Formel Allgemeingültigkeit und eine Art selbständigen Daseins unabhängig von ihrer Entstehung zu und glaubte sich berechtigt, für die Variablen ganz beliebige Werte einsetzen zu dürfen.[1]) Die Bedenken, welche hiergegen von Varignon (1712), Nikolaus II. Bernoulli (1743), d'Alembert (1768) geäußert wurden, blieben vereinzelt und hatten keinen Einfluß auf die Zeitrichtung. Erst zu Anfang des neunzehnten Jahrhunderts brach sich die Überzeugung Bahn, daß nur die konvergenten Reihen Existenzberechtigung haben und nur aus ihnen sich sichere Schlüsse ziehen lassen. Vor allem waren es die Arbeiten von Gauß, Abel und Cauchy, die dieser Anschauung zum Siege verhalfen[2]) und damit das Gefühl für logische Strenge und Exaktheit der Beweisführung weckten, das seitdem ein Kennzeichen der mathematischen Forschung bildet.

9. In neuerer Zeit ist es gelungen, auch große Klassen von divergenten Reihen einer strengen Behandlung zugänglich zu machen. Man hat verschiedene Methoden dabei angewandt, denen der gemeinsame Gedanke zugrunde liegt, daß man die divergente Reihe mit gewissen konvergenten Prozessen in Beziehung bringt und deren Grenzwert als Wert der Reihe ansieht.

---

1) Zu welchen Konsequenzen dies führt, zeigt ein Beispiel der binomischen Reihe (§ 124, 8.)

$$\sqrt{1 - z} = 1 - \frac{1}{2}z - \frac{1}{2 \cdot 4}z^2 - \frac{1 \cdot 3}{2 \cdot 4 \cdot 6}z^3 - \frac{1 \cdot 3 \cdot 5}{2 \cdot 4 \cdot 6 \cdot 8}z^4 - \cdots,$$

wenn man darin $z = 2$ einsetzt, wo dann die imaginäre Einheit als Summe reeller Zahlen erscheint. Für die Auffassung von Euler kommt vor allem die Abhandlung De seriebus divergentibus (Novi Comm. Ac. Petrop. 5 1754/55) in Betracht. Zur Geschichte der Benutzung divergenter Reihen vgl. Reiff, Gesch. d. unendl. Reihen, Tübingen 1889; Burkhardt, Math. Ann. **70** (1911).

2) Gauß, Abhandlung über die hypergeometrische Reihe 1812; Abel, Untersuchung der binomischen Reihe 1826 (Ostwalds Klass. No. 71); Cauchy, Cours d'analyse 1821. In der genannten Abhandlung Art. 3 (Werke **3**, 126) sagt Gauß: „Es ist klar, daß sich die Untersuchung naturgemäß auf die Fälle zu beschränken hat, in denen die Reihe konvergiert und daß die Frage nach dem Wert der Reihe für $x > 1$ keinen Sinn hat." Und vierzig Jahre später (1. September 1850) schreibt er an Schumacher: „Reihen haben eine klare Bedeutung, wenn sie konvergieren; diese Klarheit der Bedeutung fällt weg mit dieser Bedingung . . . Ich habe [die Gültigkeit des Gebrauchs der divergenten Reihen] nie anerkannt . . . und überall, wo eine Veranlassung war, die Zulässigkeit der Reihen nur unter der Bedingung der Konvergenz . . . entschieden ausgesprochen." Vgl. auch den Brief von Abel an Holmboe, 16. 1. 1826 (N. H. Abel, Mémorial. Leipzig 1902).

Solche divergente Reihen, bei denen dieses möglich ist, nennt man summierbar, und je nach der Art des konvergenten Prozesses unterscheidet man verschiedene Arten der Summierbarkeit. So kann man z. B. eine divergente Reihe unter Umständen mit einem konvergenten Kettenbruch in Beziehung setzen und der Wert des Kettenbruchs kann dann als Wert der Reihe gelten. Vor allem aber ist eine ausgedehnte Theorie divergenter Reihen entstanden, die auf der Bildung gewisser Mittelwerte beruht.[1]) Wir wollen nur den einfachsten Fall betrachten.

Die Reihe

$$(\mathfrak{A}) \qquad\qquad a_1 + a_2 + a_3 + a_4 + \cdots$$

konvergiert, wenn die Folge der Partialsummen

$$(\mathfrak{S}) \qquad\qquad s_1, \; s_2, \; s_3, \; s_4, \; \ldots$$

konvergent ist. Bildet man nun die **arithmetischen Mittel der Partialsummen**, also

$$(\mathfrak{S}') \qquad\qquad s_1, \; \frac{s_1 + s_2}{2}, \; \frac{s_1 + s_2 + s_3}{3}, \; \ldots,$$

so zeigt man leicht, daß mit $(\mathfrak{S})$ auch gleichzeitig die Folge $(\mathfrak{S}')$, und zwar zum selben Grenzwert konvergiert.[2]) Es kann aber vorkommen, daß $(\mathfrak{S}')$ konvergiert, ohne daß $(\mathfrak{S})$ konvergiert. Dann ist die Reihe $(\mathfrak{A})$ divergent, aber mit Hilfe der Folge $(\mathfrak{S}')$ wird sie summierbar und als ihren Wert definiert man

$$s = \lim_{n \to \infty} \frac{s_1 + s_2 + \cdots + s_n}{n}.$$

Nehmen wir z. B. die Reihe

$$1 - 1 + 1 - 1 + 1 - \cdots,$$

so ist die Folge $(\mathfrak{S})$:

$$1, \, 0, \, 1, \, 0, \, 1, \, \ldots,$$

mithin die Folge $(\mathfrak{S}')$:

$$1, \, \tfrac{1}{2}, \, \tfrac{2}{3} \; \tfrac{1}{2}, \, \tfrac{3}{5}, \, \tfrac{1}{2}, \, \tfrac{4}{7}, \, \ldots$$

Es ist also für ungerade n

$$\frac{s_1 + s_2 + \cdots + s_n}{n} = \frac{n+1}{2n} = \frac{1}{2} + \frac{1}{2n},$$

für grade n dagegen ist dieser Mittelwert gleich $\tfrac{1}{2}$, also folgt:

$$\lim \frac{s_1 + s_2 + \cdots + s_n}{n} = \frac{1}{2},$$

und dieses ist im oben angeführten Sinn der Wert der Reihe

$$1 - 1 + 1 - \cdots$$

10. Besonders wichtig und durch einfache Eigenschaften ausgezeichnet sind die **Reihen mit nur positiven Gliedern.** Bei ihnen bilden die Partialsummen eine **monoton aufsteigende Folge** (§ 27, **1.**) und aus § 28, **7.** folgt:

---

1) Hölder, Math. Ann. **20** (1882); Cesàro, Bull. d. sciences math. (2), **14** (1890); Borel, Leçons sur les séries divergentes, Paris 1901. Perron, Math. Zeitschr. **6** (1920).

2) Vgl. den Zusatz am Schluß dieses Bandes.

Eine Reihe mit nur positiven Gliedern ist dann und nur dann konvergent, wenn die Folge ihrer Partialsummen beschränkt ist, und die obere Schranke dieser Partialsummen ist gleich der Summe der Reihe.

Ist aber die Folge der Partialsummen nicht beschränkt, so läßt sich zu jeder Zahl N ein Index n angeben, so daß von s_n alle Partialsummen größer als N sind, und die Reihe ist divergent.

11. Die Reihe

$$(10) \qquad 1 + \tfrac{1}{2} + \tfrac{1}{3} + \tfrac{1}{4} + \tfrac{1}{5} + \cdots$$

mit dem allgemeinen Glied $a_n = \dfrac{1}{n}$ heißt die harmonische Reihe; wir wollen zeigen, daß sie divergiert. Es ist nämlich

$$1 > \tfrac{1}{2}$$
$$\tfrac{1}{2} + \tfrac{1}{3} > \tfrac{1}{2}$$
$$\tfrac{1}{4} + \tfrac{1}{5} + \tfrac{1}{6} + \tfrac{1}{7} > \tfrac{4}{8} \text{ oder } \tfrac{1}{2}$$
$$\tfrac{1}{8} + \tfrac{1}{9} + \cdots \qquad + \tfrac{1}{15} > \tfrac{8}{16} \text{ ,, } \tfrac{1}{2}$$
$$\cdots \qquad\qquad \cdots$$

Folglich ist $\quad s_1 > \tfrac{1}{2}, \; s_3 > \tfrac{2}{2}, \; s_7 > \tfrac{3}{2}, \; s_{15} > \tfrac{4}{2}, \quad \ldots,$

allgemein $\qquad\qquad s_{2^k - 1} > \dfrac{k}{2}.$

Nimmt man also bei gegebenem N den Index $n \geqq 2^{2N} - 1$, so sind von s_n ab alle Partialsummen $> N$. Folglich ist die Reihe divergent.

12. Aus einer konvergenten Reihe kann man durch den folgenden Satz beliebig viele andere konvergente Reihen ableiten.

Ist $\qquad\qquad a_1 + a_2 + a_3 + a_4 + \cdots$

eine konvergente Reihe mit nur positiven Gliedern und

$$k_1, \; k_2, \; k_3, \; k_4, \; \ldots$$

eine beschränkte Folge von positiven oder negativen Zahlen, so ist auch die Reihe

$$(11) \qquad\qquad k_1 a_1 + k_2 a_2 + k_3 a_3 + \cdots \qquad \text{konvergent.}$$

Bezeichnen wir nämlich die Partialsummen der Reihe (11) mit $\sigma_1, \sigma_2, \sigma_3, \ldots$, so ist

$$\sigma_{n+\nu} - \sigma_n = k_{n+1} a_{n+1} + k_{n+2} a_{n+2} + \cdots + k_{n+\nu} a_{n+\nu}.$$

Nach Voraussetzung können aber alle Zahlen k_i ihrem absoluten Werte nach eine endliche Schranke g nicht überschreiten:

$$|k_i| \leqq g,$$

also ist $\quad |\sigma_{n+\nu} - \sigma_n| \leqq g\, |a_{n+1} + a_{n+2} + \cdots + a_{n+\nu}| \qquad\qquad \text{oder}$

$$|\sigma_{n+\nu} - \sigma_n| \leqq g\, |s_{n+\nu} - s_n| < \varepsilon.$$

wenn — was wegen der Konvergenz der ersten Reihe immer möglich ist — der Index n so bestimmt wird, daß bei vorgegebener positiver Zahl ε

$$|s_{n+\nu} - s_n| < \frac{\varepsilon}{g} \quad \text{für} \quad \nu = 1, 2, 3, \ldots$$

Damit ist die Konvergenz der Reihe (11) erwiesen.[1]

Gibt man den Zahlen $k_1, k_2, k_3, \ldots$ nur die Werte 0 oder 1, so folgt:

Eine konvergente Reihe mit nur positiven Gliedern bleibt konvergent, wenn man beliebig viele Glieder fortläßt.

Nimmt man ferner für die $k_1, k_2, k_3, \ldots$ nach Belieben die Werte $+1$ oder -1, so erhält man den Satz:

Alle Reihen, die aus einer konvergenten Reihe mit nur positiven Gliedern dadurch hervorgehen, daß man die Vorzeichen der Glieder ganz beliebig abändert, sind konvergent.

§ 117*. Kennzeichen der Konvergenz.

1. Die bisher gegebenen Kennzeichen für die Konvergenz setzen die Kenntnis der Partialsummen voraus. In den meisten Fällen ist es aber nicht möglich, die Partialsummen in eine solche Form zu bringen, daß man direkt ihr Verhalten bei wachsendem n beurteilen kann. Es sind daher die obigen Kennzeichen (§ 116, **2.**, **4.**, **10.**) praktisch nur wenig anwendbar; man kann aber aus ihnen andere Kennzeichen gewinnen, durch die man schon aus den Gliedern der Reihe die Konvergenz oder Divergenz entscheiden kann.

Zunächst ist zur Konvergenz **notwendig**, daß die Glieder der Reihe den Grenzwert Null besitzen, d. h. zu jeder positiven Zahl δ muß es einen Index n geben, so daß für jeden größeren Index m

$$(1) \qquad\qquad |a_m| < \delta.$$

Setzt man nämlich in § 116, (5) $\varepsilon = \dfrac{\delta}{2}$, so gibt es einen Index n, so daß für alle $m > n$

$$|s_m - s_n| < \frac{\delta}{2} \quad \text{und} \quad |s_n - s_{m-1}| < \frac{\delta}{2}.$$

Nach § 14, **3.** ist aber

$$|s_m - s_{m-1}| = |(s_m - s_n) + (s_n - s_{m-1})| \leqq |s_m - s_n| + |s_n - s_{m-1}|,$$

folglich

$$|s_m - s_{m-1}| < \delta$$

und dies ist gleichbedeutend mit (1).

Diese Bedingung ist aber, wie das Beispiel der harmonischen Reihe in § 116, **11.** zeigt, nicht hinreichend zur Konvergenz.

2. Es gibt aber eine wichtige Klasse von Reihen, bei denen die Be-

---

1) Der Satz ist ein besonderer Fall eines allgemeinen Satzes, welcher § 119, **4.** bewiesen wird.

dingung (1) zur Konvergenz hinreicht, nämlich die alternierenden Reihen mit monoton abnehmenden Gliedern. Unter einer alternierenden Reihe versteht man eine Reihe, deren Glieder abwechselnd positiv und negativ sind, also eine Reihe von der Form

$$(2) \qquad a_1 - a_2 + a_3 - a_4 + \cdots,$$

wo alle a_n positiv sind. Für sie gilt der Satz von Leibniz[1]):

Eine alternierende Reihe, deren Glieder beständig abnehmen und schließlich beliebig klein werden, ist konvergent.

Es soll also
$$a_1 > a_2 > a_3 > a_4 > \cdots$$
und
$$\lim a_n = 0 \qquad \text{sein.}$$

Die Partialsummen der Reihe (2) sind

$$s_1 = a_1 \quad , \quad s_2 = a_1 - a_2 \quad = s_1 - a_2$$
$$s_3 = s_1 - (a_2 - a_3), \quad s_4 = s_2 + (a_3 - a_4) = s_3 - a_4$$
$$s_5 = s_3 - (a_4 - a_5). \quad s_6 = s_4 + (a_5 - a_6) = s_5 - a_6$$

Die eingeklammerten Differenzen sind alle positiv, also bilden die $s_1, s_3, s_5, \ldots$ eine monoton absteigende, die $s_2, s_4, s_6, \ldots$ eine monoton aufsteigende Folge. Weiter aber ist

$$s_1 > s_2, \quad s_3 > s_4, \quad s_5 > s_6, \quad \ldots$$
und
$$\lim (s_{2n-1} - s_{2n}) = \lim a_{2n} = 0.$$

Daraus folgt, daß die beiden Folgen verbundene Folgen sind (§ 27, **1.** und § 28, **4.**), folglich bestimmen sie eine Zahl

$$S = \lim s_{2n-1} = \lim s_{2n},$$

d. h. die Reihe ist konvergent.[2])

So ist also z. B. die Reihe

$$1 - \tfrac{1}{2} + \tfrac{1}{3} - \tfrac{1}{4} + \tfrac{1}{5} - \cdots$$

konvergent und ihre Summe liegt zwischen $\tfrac{1}{2}$ und 1, während dieselben Glieder, mit gleichen Vorzeichen genommen, eine divergente Reihe ergeben.

3. Der Satz von Leibniz ist als besonderer Fall in dem folgenden Satze enthalten[3]):

Es sei $c_1, c_2, c_3, \ldots$ eine monoton abnehmende Folge positiver Zahlen und
$$\lim c_n = 0,$$

---

1) **Leibniz** (um 1674), Math. Schriften **3**, 926 (Brief an Joh. Bernoulli 10. 1. 1714).

2) Man kann auch sagen, weil alle Zahlen der ersten Folge $> s_2$, alle Zahlen der zweiten Folge $< s_1$ sind, daß die erste nach unten, die zweite nach oben beschränkt ist, und wegen $\lim (s_{2n-1} - s_{2n}) = 0$ muß dann $\lim s_{2n-1} = \lim s_{2n}$ sein. Man mache sich die Entstehung des Grenzwertes durch Intervallschachtelung auch geometrisch klar, indem man die Partialsummen $s_1, s_2, s_3, \ldots$ auf der Zahlengeraden aufträgt.

3) **Abel**, Journ. f. Math. **1** (1826).

ferner $u_1, u_2, u_3, \ldots$ eine Folge positiver oder negativer Zahlen von der Eigenschaft, daß die Partialsummen

$$(3) \qquad U_n = u_1 + u_2 + u_3 + \cdots + u_n$$

beschränkt sind; dann ist die Reihe

$$(4) \qquad c_1 u_1 + c_2 u_2 + c_3 u_3 + \cdots$$

konvergent.

Zum Beweise drücken wir $u_1, u_2, \ldots, u_n$ durch die Partialsummen (3) aus, nämlich

$$u_1 = U_1, \quad u_2 = U_2 - U_1, \quad u_3 = U_3 - U_2, \quad \ldots, \quad u_n = U_n - U_{n-1},$$

und haben dann für die n^{te} Partialsumme der Reihe (4)

$$s_n = c_1 U_1 + c_2 (U_2 - U_1) + c_3 (U_3 - U_2) + \cdots + c_n (U_n - U_{n-1})$$
$$= U_1 (c_1 - c_2) + U_2 (c_2 - c_3) + \cdots + U_{n-1} (c_{n-1} - c_n) + U_n c_n.$$

Da nun die unendliche Reihe

$$(c_1 - c_2) + (c_2 - c_3) + (c_3 - c_4) + \cdots = c_1$$

aus lauter positiven Gliedern besteht und konvergiert, und da die $U_1, U_2, U_3, \ldots$ absolut genommen alle kleiner als eine endliche Zahl g bleiben, so ist nach § 116, **12.** auch die Reihe

$$(5) \qquad U_1 (c_1 - c_2) + U_2 (c_2 - c_3) + U_3 (c_3 - c_4) + \cdots$$

konvergent, und da sich $U_n c_n$ der Grenze Null nähert, so ist $\lim s_n$ gleich der Summe dieser Reihe, d. h. die Reihe (4) konvergiert zur selben Summe, wie die Reihe (5). Man nennt diese Umwandlung der ersten Reihe in die zweite die **Abelsche Umformung**.

Nimmt man für $u_1, u_2, u_3, u_4, \ldots$ die Zahlen $+1, -1, +1, -1, \ldots$, so erhält man den Leibnizschen Satz über die alternierenden Reihen. Eine Anwendung des allgemeinen Satzes werden wir § 134, **5.** kennen lernen.

4. Ein einfaches und oft benutztes Hilfsmittel zum Nachweis der Konvergenz bildet die **Reihenvergleichung**. Es sei

$$(\mathfrak{A}) \qquad a_1 + a_2 + a_3 + \cdots$$

eine Reihe von nur positiven Gliedern. Kann man nun eine zweite Reihe

$$(\mathfrak{B}) \qquad b_1 + b_2 + b_3 + \cdots$$

nachweisen, von der kein Glied kleiner ist als das entsprechende Glied der ersten Reihe, also[1])

$$a_1 \leqq b_1, \quad a_2 \leqq b_2, \quad a_3 \leqq b_3, \quad \ldots,$$

und weiß man, daß die Reihe $\mathfrak{B}$ konvergiert, so konvergiert auch die Reihe $\mathfrak{A}$ und die Summe von $\mathfrak{A}$ ist kleiner als die Summe von $\mathfrak{B}$.

Es sind nämlich die Partialsummen von $\mathfrak{A}$ kleiner (oder jedenfalls nicht größer) als die entsprechenden Partialsummen von $\mathfrak{B}$. Diese bilden

---

1) Hier soll nicht durchgängig das Gleichheitszeichen gelten, sonst wäre $\mathfrak{A}$ mit $\mathfrak{B}$ identisch.

aber eine beschränkte Folge, sind also sämtlich kleiner als eine endliche Zahl B, folglich sind auch alle Partialsummen von $\mathfrak{A}$ kleiner als B, sie sind also ebenfalls beschränkt, und die Reihe $\mathfrak{A}$ ist nach § 116, **10.** konvergent.

Man nennt die Reihe $\mathfrak{B}$ eine **Majorante** der Reihe $\mathfrak{A}$. Ist umgekehrt die Reihe $\mathfrak{A}$ divergent, so divergiert auch jede Majorante von $\mathfrak{A}$.

5. Nehmen wir z. B. für $\mathfrak{A}$ die Reihe

$$(6) \qquad 1 + \frac{1}{2^2} + \frac{1}{3^2} + \frac{1}{4^2} + \cdots,$$

so ist
$$1 = 1, \quad \frac{1}{2^2} < \frac{1}{1 \cdot 2}, \quad \frac{1}{3^2} < \frac{1}{2 \cdot 3}, \quad \frac{1}{4^2} < \frac{1}{3 \cdot 4}, \quad \cdots,$$

also ist
$$1 + \frac{1}{1 \cdot 2} + \frac{1}{2 \cdot 3} + \frac{1}{3 \cdot 4} + \frac{1}{4 \cdot 5} + \cdots$$

eine Majorante von (6). Diese Reihe konvergiert aber und ihr Wert ist gleich 2, denn ihre Glieder sind vom zweiten Glied ab die Hälfte der Glieder der Reihe § 116, (6), folglich konvergiert auch die Reihe (6) und ihre Summe ist kleiner als 2.

Mit der Reihe (6) konvergieren dann alle Reihen

$$(7) \qquad 1 + \frac{1}{2^k} + \frac{1}{3^k} + \frac{1}{4^k} + \cdots,$$

worin k irgendeine reelle Zahl ≥ 2 sein kann.

6. Man kann aber nachweisen, daß diese Reihen auch schon konvergieren, wenn nur $k > 1$ ist. Man verfährt dabei ähnlich wie § 116, **11.** Setzen wir:
$$u_0 = 1, \quad u_1 = \frac{1}{2^k} + \frac{1}{3^k}, \quad u_2 = \frac{1}{4^k} + \frac{1}{5^k} + \frac{1}{6^k} + \frac{1}{7^k}, \quad \cdots$$

allgemein
$$u_\nu = \frac{1}{2^{\nu k}} + \frac{1}{(2^\nu + 1)^k} + \frac{1}{(2^\nu + 2)^k} + \cdots + \frac{1}{(2^{\nu+1} - 1)^k},$$

so besteht u_ν aus 2^ν Gliedern, und es ist
$$u_\nu < \frac{2^\nu}{2^{\nu k}} = \frac{1}{2^{\nu(k-1)}}.$$

Nimmt man $\nu = 0, 1, 2, 3, \ldots$ so ist also, wie man sieht, die Reihe
$$1 + \frac{1}{2^{k-1}} + \frac{1}{2^{2(k-1)}} + \frac{1}{2^{3(k-1)}} + \cdots$$

eine Majorante der Reihe $u_0 + u_1 + u_2 + u_3 + \cdots$, die ihrerseits mit der Reihe (7) übereinstimmt. Diese Majorante ist aber eine unendliche geometrische Reihe, welche konvergiert, sobald $\frac{1}{2^{k-1}} < 1$, also $\frac{1}{2^k} < \frac{1}{2}$, mithin $k > 1$ ist. Es konvergiert also auch die Reihe (7), sobald $k > 1$ ist.

Ist aber $k < 1$, so ist
$$1 = 1, \quad \frac{1}{2^k} > \frac{1}{2}, \quad \frac{1}{3^k} > \frac{1}{3}, \quad \frac{1}{4^k} > \frac{1}{4}, \quad \cdots$$

d. h. die Reihe (7) ist in diesem Fall eine Majorante der harmonischen

Reihe, und da diese divergiert, so ist auch die Reihe (7) divergent. Wir haben also den Satz[1]):

Die Reihe $\qquad 1 + \dfrac{1}{2^k} + \dfrac{1}{3^k} + \dfrac{1}{4^k} + \cdots$

konvergiert, wenn $k > 1$ ist; sie divergiert, wenn $k \leq 1$ ist.

7. Mit Hilfe des Prinzips der Reihenvergleichung hat man Regeln abgeleitet, um aus dem Verhalten der Glieder die Konvergenz oder Divergenz einer vorgelegten Reihe zu entscheiden. Man nennt sie Konvergenzkriterien und unterscheidet Kriterien erster und zweiter Art, je nachdem in ihnen die einzelnen Glieder selbst oder Verbindungen mehrerer Glieder auftreten. Ein solches Kriterium, welches für alle Fälle anwendbar ist, gibt es nicht; es gibt aber einige einfache und doch weitreichende Kriterien[2]), die wir jetzt betrachten wollen. Wir beschränken uns dabei auf Reihen mit nur positiven Gliedern.

8. **Kriterium erster Art von Cauchy.**

Aus den Gliedern der Reihe

$$a_1 + a_2 + a_3 + a_4 + \cdots$$

bilden wir die Folge

$$(8) \qquad a_1, \ \sqrt{a_2}, \ \sqrt[3]{a_3}, \ \sqrt[4]{a_4}, \ \ldots, \ \sqrt[n]{a_n}, \ \ldots$$

Wenn fast alle[3]) Zahlen dieser Folge kleiner sind als ein bestimmter echter Bruch, so konvergiert die Reihe. Wenn aber unendlich viele Zahlen der Folge größer als 1 oder gleich 1 sind, so divergiert die Reihe.

Im ersten Fall gibt es eine positive Zahl $\theta < 1$, so daß von einem bestimmten n ab

$$\sqrt[\nu]{a_\nu} < \theta \quad \text{für jedes } \nu > n.$$

Dann sind also vom n^{ten} Glied ab alle Reihenglieder

$$a_\nu < \theta^\nu,$$

mithin ist die konvergente geometrische Reihe

$$\theta^n + \theta^{n+1} + \theta^{n+2} + \theta^{n+3} + \cdots$$

eine Majorante der Restreihe

$$a_n + a_{n+1} + a_{n+2} + a_{n+3} + \cdots,$$

folglich ist diese und damit auch die vorgelegte Reihe konvergent.

Sind aber unendlich viele Zahlen der Folge (5) $\sqrt[\nu]{a_\nu} \geq 1$, so sind unendlich viele Reihenglieder $a_\nu \geq 1$ und die Reihe divergiert.

---

1) **Waring**, Meditationes algebraicae. Cambridge 1770.
2) **Cauchy**, Analyse algébrique (1821), Cap. VI, § 2.
3) d. h. alle mit Ausnahme einer endlichen Anzahl (vgl. § 27, 1.).

9. Kriterium zweiter Art von Cauchy.

Wir bilden die Verhältnisse von je zwei aufeinanderfolgenden Gliedern der Reihe, also die Zahlenfolge

$$(9) \qquad \frac{a_2}{a_1},\ \frac{a_3}{a_2},\ \frac{a_4}{a_3},\ \frac{a_5}{a_4},\ \ldots,\ \frac{a_{n+1}}{a_n},\ \ldots$$

Wenn fast alle Zahlen dieser Folge kleiner sind als ein bestimmter echter Bruch, so konvergiert die Reihe. Wenn aber fast alle Zahlen größer als 1 oder gleich 1 sind, so divergiert die Reihe.

Im ersten Fall gibt es eine positive Zahl $\eta < 1$, so daß von einem bestimmten n ab

$$a_{n+1} < \eta\, a_n$$
$$a_{n+2} < \eta\, a_{n+1} < \eta^2 a_n$$
$$a_{n+3} < \eta\, a_{n+2} < \eta^3 a_n$$
$$\cdot\ \cdot\ \cdot\ \cdot\ \cdot\ \cdot\ \cdot\ \cdot$$

Es ist also die konvergente geometrische Reihe

$$a_n\,(\eta + \eta^2 + \eta^3 + \eta^4 + \cdots)$$

eine Majorante der Restreihe

$$a_{n+1} + a_{n+2} + a_{n+3} + a_{n+4} + \cdots,$$

folglich ist diese und damit auch die vorgelegte Reihe konvergent.

Im zweiten Fall ist

$$a_n \leqq a_{n+1} \leqq a_{n+2} \leqq a_{n+3} \leqq \cdots,$$

und die Reihe divergiert.

10. Die Zahlenfolgen (8) und (9) können mehrere Häufungswerte besitzen (§ 28, 8.), und es werden fast alle Zahlen der Folge kleiner als ein echter Bruch sein, wenn der größte Häufungswert kleiner als 1 ist; dagegen werden fast alle Zahlen größer als 1 sein, wenn der kleinste Häufungswert größer als 1 ist. Bei dem Kriterium erster Art findet aber Divergenz schon statt, wenn nur unendlich viele (also nicht „fast alle“) Zahlen der Folge größer als 1 sind, und dazu genügt es, daß der größte Häufungswert größer als 1 ist. Wir haben also:

	Kriterium erster Art	**Kriterium zweiter Art**
Konvergenz	$\lim\sup \sqrt[n]{a_n} < 1$	$\lim\sup \dfrac{a_{n+1}}{a_n} < 1$
Divergenz	$\lim\sup \sqrt[n]{a_n} > 1$	$\lim\inf \dfrac{a_{n+1}}{a_n} > 1.$

Wenn eine der beiden Folgen konvergiert, so fällt für sie der lim sup und der lim inf mit dem Grenzwert zusammen, und wenn insbesondere die Folge (9) konvergiert[1]), so besteht ein enger Zusammenhang zwischen den beiden Kriterien, der sich in folgendem Satz ausspricht[2]):

---

1) Unter dieser beschränkenden Annahme hat bereits Waring, Meditationes algebraicae (1770) das Konvergenzkriterium zweiter Art ausgesprochen.

2) Cauchy, Analyse algébrique (1821), Cap. II, § 3.

Wenn die Folge (9) konvergiert, so konvergiert auch die Folge (8) und beide Folgen haben denselben Grenzwert.

Sei nämlich $\lim \dfrac{a_{n+1}}{a_n} = \alpha$ und (p, q) ein beliebig kleines Intervall, in dem α liegt:

$$p < \alpha < q.$$

Dann werden von einem gewissen Index m ab alle Zahlen der Folge (9) in dem Intervall liegen und man erhält:

$$pa_m \quad < a_{m+1} < qa_m$$
$$pa_{m+1} < a_{m+2} < qa_{m+1}$$
$$pa_{m+2} < a_{m+3} < qa_{m+2}$$
$$\cdot \quad \cdot \quad \cdot \quad \cdot \quad \cdot \quad \cdot$$
$$pa_{n-1} < a_n \quad < qa_{n-1},$$

und indem man alle diese Ungleichungen multipliziert und den positiven Faktor $a_{m+1}a_{m+2}\cdots a_{n-1}$ weghebt:

$$p^{n-m}a_m < a_n < q^{n-m}a_m$$

und daraus

$$p^n < \frac{p^m}{a_m}a_n < \frac{\alpha^m}{a_m}a_n < \frac{q^m}{a_m}a_n < q^n.$$

Wir setzen zur Abkürzung die feste positive Zahl $\dfrac{\alpha^m}{a_m} = \beta$ und erhalten durch Ausziehen der n^{ten} Wurzel:

$$p < \sqrt[n]{\beta}\sqrt[n]{a_n} < q.$$

Es liegen also bei genügend großem m für alle Zahlen $n > m$ die Zahlen $\sqrt[n]{\beta}\sqrt[n]{a_n}$ in demselben beliebig kleinen Intervall wie der Grenzwert α, also folgt:

$$\lim_{n \to \infty} \sqrt[n]{\beta}\sqrt[n]{a_n} = \alpha.$$

Nach § 39, 5. ist aber $\lim \sqrt[n]{\beta} = 1$ und folglich nach § 29, 5. in der Tat, wie behauptet,

$$\lim \sqrt[n]{a_n} = \alpha = \lim \frac{a_{n+1}}{a_n}.$$

11. Anwendungen der beiden Konvergenzkriterien werden wir später kennen lernen. Hier wollen wir nur zeigen, daß die Kriterien nicht immer anwendbar sind. Nehmen wir z. B. die oben betrachteten Reihen

$$(10) \qquad 1 + \frac{1}{2^k} + \frac{1}{3^k} + \frac{1}{4^k} + \cdots,$$

so ist

$$\frac{a_{n+1}}{a_n} = \frac{n^k}{(n+1)^k} = \frac{1}{\left(1 + \dfrac{1}{n}\right)^k},$$

folglich ist für jedes k mit Benutzung von **10.**:

$$\lim \frac{a_{n+1}}{a_n} = \lim \sqrt[n]{a_n} = 1.$$

Hieraus läßt sich nichts über die Konvergenz schließen und es gibt ja auch unter den Reihen (10) sowohl konvergente wie divergente Reihen.

Ebenso versagen die Konvergenzkriterien bei der Reihe § 116, (6) mit dem allgemeinen Glied $a_n = \dfrac{2}{n(n+1)}$. Es ist

$$\frac{a_{n+1}}{a_n} = \frac{n}{n+2} = \frac{1}{1 + {}^2\!/_n},$$

folglich wiederum $\quad \lim \dfrac{a_{n+1}}{a_n} = \lim \sqrt[n]{a_n} = 1.$

Man kann aber grade aus den Reihen (10), deren Konvergenz und Divergenz wir direkt untersucht haben, ein neues Kriterium erster Art für solche Fälle herleiten, in denen die beiden ersten Kriterien im Stich lassen.

12. Wenn ein Exponent $k > 1$ gefunden werden kann von der Art, daß die Folge $\{n^k a_n\}$ beschränkt ist, so konvergiert die Reihe.

Es liegen dann nämlich die Zahlen $n^k a_n = c_n$ alle unter einer endlichen Grenze, und da nach **6.** die Reihe $1 + \dfrac{1}{2^k} + \dfrac{1}{3^k} + \dfrac{1}{4^k} + \cdots$ für $k > 1$ konvergiert, so konvergiert nach § 116, **12.** auch die Reihe

$$c_1 + \frac{c_2}{2^k} + \frac{c_3}{3^k} + \frac{c_4}{4^k} + \cdots = a_1 + a_2 + a_3 + a_4 + \cdots$$

So ist z. B. für die Reihe in § 116, **5.**

$$n^2 a_n = \frac{2n^2}{n(n+1)} = \frac{2n}{n+1},$$

also $\{n^2 a_n\}$ eine beschränkte Folge mit der oberen Schranke 2, folglich konvergiert die Reihe.

13. Wenn aber $n a_n$ mit n über alle Grenzen wächst oder einen von Null verschiedenen Grenzwert hat, so divergiert die Reihe.[1])

Denn es läßt sich dann eine positive Zahl c annehmen, so daß fast alle Produkte $n a_n > c$ sind, und es gibt also eine endliche Zahl m derart, daß für alle $n > m$

$$a_n > \frac{c}{n}$$

ist. Es ist also die Restreihe

$$a_{m+1} + a_{m+2} + a_{m+3} + \cdots$$

eine Majorante der Reihe

$$c\left(\frac{1}{m+1} + \frac{1}{m+2} + \frac{1}{m+3} + \cdots\right),$$

und da diese nach § 116, **11.** divergiert, so divergiert auch die Restreihe und damit auch die Reihe $a_1 + a_2 + a_3 + a_4 + \cdots$

Hiernach ist z. B. die Reihe

$$\frac{1}{\alpha + \beta} + \frac{1}{\alpha + 2\beta} + \frac{1}{\alpha + 3\beta} + \frac{1}{\alpha + 4\beta} + \cdots,$$

---

[1]) Die Kriterien in **12.** und **13.** rühren ebenfalls von **Cauchy** her (Anc. Exerc. de Math. 2 (1827), 221).

in der β eine positive Zahl ist, divergent, denn es ist

$$\lim n a_n = \lim \frac{n}{\alpha + \beta n} = \lim_{n \to \infty} \frac{1}{\dfrac{\alpha}{n} + \beta} = \frac{1}{\beta},$$

und dieser Grenzwert ist von Null verschieden.

§ 118*. Bedingte und unbedingte Konvergenz.

1. Es sei

$$(\mathfrak{A}) \qquad a_1 + a_2 + a_3 + a_4 + \cdots$$

eine Reihe mit irgendwelchen positiven oder negativen Gliedern. Wir nennen sie die Reihe $\mathfrak{A}$. Ersetzt man alle negativen Glieder durch die entgegengesetzten positiven, bildet also die Reihe der absoluten Werte

$$(\mathfrak{A}^*) \qquad |a_1| + |a_2| + |a_3| + |a_4| + \cdots,$$

so möge sie die Absolutreihe der Reihe $\mathfrak{A}$ heißen und mit $\mathfrak{A}^*$ bezeichnet werden. Wir können dann den Satz am Schluß von § 116 in der Form aussprechen:

Wenn $\mathfrak{A}^*$ konvergiert, dann konvergiert auch $\mathfrak{A}$.

Das Umgekehrte ist nicht richtig: es kann eine Reihe konvergieren, ohne daß ihre Absolutreihe konvergiert, wie das Beispiel

$$(1) \qquad 1 - \tfrac{1}{2} + \tfrac{1}{3} - \tfrac{1}{4} + \tfrac{1}{5} - \cdots$$

zeigt. Wir können also zwei Arten der Konvergenz unterscheiden:

1. Eine Reihe heißt **absolut konvergent**, wenn ihre Absolutreihe konvergiert.

2. Eine Reihe heißt **bedingt konvergent**, wenn sie selbst konvergiert, ihre Absolutreihe aber divergiert.

Man sieht leicht: Eine konvergente Reihe, die nur eine endliche Anzahl von Gliedern eines Vorzeichens besitzt, ist absolut konvergent. Es **muß also eine bedingt konvergente Reihe unendlich viele positive und unendlich viele negative Glieder besitzen.**

2. Um die beiden Arten von Reihen genauer zu untersuchen, wollen wir in der Reihe $\mathfrak{A}$ die positiven und negativen Glieder unterscheiden. Es seien

$$b_1, \; b_2, \; b_3, \; b_4, \; \cdots$$

die positiven,

$$- c_1, \; - c_2, \; - c_3, \; - c_4, \; \cdots$$

die negativen Glieder. Die mit den absoluten Werten dieser Glieder gebildeten Reihen werden mit $\mathfrak{B}$ und $\mathfrak{C}$ bezeichnet, also:

$$(\mathfrak{B}) \qquad b_1 + b_2 + b_3 + b_4 + \cdots$$

$$(\mathfrak{C}) \qquad c_1 + c_2 + c_3 + c_4 + \cdots$$

Die Partialsummen der Reihen $\mathfrak{A}, \mathfrak{B}, \mathfrak{C}$ seien

$$A_\nu = a_1 + a_2 + a_3 + \cdots + a_\nu$$
$$B_\nu = b_1 + b_2 + b_3 + \cdots + b_\nu \qquad \nu = 1, 2, 3, .$$
$$C_\nu = c_1 + c_2 + c_3 + \cdots + c_\nu.$$

Falls die Reihen konvergieren, seien A, B, C ihre Summen.

Die Partialsummen von $\mathfrak{A}$ setzen sich aus denen von $\mathfrak{B}$ und $\mathfrak{C}$ zusammen. Es ist

(2) $$A_\lambda = B_\mu - C_\nu$$

und λ, μ, ν wachsen gleichzeitig ins Unendliche. Wenn $\mathfrak{B}$ und $\mathfrak{C}$ konvergieren, so ist

$$\lim B_\mu - \lim C_\nu = \lim (B_\mu - C_\nu) = \lim A_\lambda,$$

d. h.: **Wenn beide Reihen $\mathfrak{B}$ und $\mathfrak{C}$ konvergieren, so konvergiert auch $\mathfrak{A}$ und es ist**

(3) $$A = B - C.$$

Unter dieser Voraussetzung ist auch die Absolutreihe von $\mathfrak{A}$ konvergent, denn ihre Partialsummen sind $B_\mu + C_\nu$, und umgekehrt kann $\mathfrak{A}^*$ nur konvergieren, wenn sowohl $\mathfrak{B}$ wie $\mathfrak{C}$ konvergieren. Es folgt:

Eine Reihe konvergiert dann und nur dann absolut, wenn die Reihe der positiven Glieder und ebenso die Reihe der negativen Glieder konvergiert.

3. Von den absolut konvergenten Reihen gilt der Satz:

Eine absolut konvergente Reihe bleibt konvergent und konvergiert stets zur selben Summe, wenn man auch die Glieder irgendwie umordnet.

Daß dieser Satz trotz des kommutativen Gesetzes der Addition nicht selbstverständlich ist, werden wir weiterhin bei den bedingt konvergenten Reihen erkennen.

Eine solche Reihe, deren Konvergenz und Summe unabhängig ist von der Anordnung der Glieder, heißt **unbedingt konvergent.** Wir behaupten also:

Jede absolut konvergente Reihe ist unbedingt konvergent.

Wir beweisen den Satz zunächst für eine Reihe mit **nur positiven** Gliedern:

($\mathfrak{D}$) $$d_1 + d_2 + d_3 + d_4 + \cdots$$

Sie sei konvergent und ihre Summe sei D. Durch irgendeine Umstellung der Glieder entstehe daraus die Reihe

($\mathfrak{D}'$) $$d_1' + d_2' + d_3' + d_4' + \cdots$$

Zu jeder Partialsumme D_μ' von $\mathfrak{D}'$ kann man eine größere Partialsumme D_ν von $\mathfrak{D}$ nachweisen, man braucht nur D_ν so weit zu erstrecken, daß alle Glieder von D_μ' darin vorkommen, also

$$D_\mu' < D_\nu.$$

Daraus folgt, daß die Reihe $\mathfrak{D}'$ ebenfalls konvergiert und daß ihre Summe D' nicht größer sein kann als die Summe D:

$$D' \leq D.$$

Ebenso aber läßt sich zu jeder Partialsumme von $\mathfrak{D}$ eine größere von $\mathfrak{D}'$ bilden und es ist daher auch

$$D \leq D'.$$

Die beiden Ungleichungen sind aber nur miteinander verträglich, wenn

$$D = D'$$

ist und damit ist der Satz für Reihen mit nur positiven Gliedern bewiesen.

Sei jetzt die Reihe $\mathfrak{A}$ in **1.** eine absolut konvergente Reihe mit positiven und negativen Gliedern. Dann sind nach **2.** auch $\mathfrak{B}$ und $\mathfrak{C}$ absolut konvergent. Jeder Umordnung der Glieder von $\mathfrak{A}$, durch die die Reihe $\mathfrak{A}'$ entsteht, entspricht eine bestimmte Umordnung in den Reihen $\mathfrak{B}$ und $\mathfrak{C}$. Dabei bleiben aber, wie eben bewiesen, die Summen B und C dieser Reihen ungeändert, folglich bleibt auch die Summe von $\mathfrak{A}'$ dieselbe wie die von $\mathfrak{A}$:

$$A = B - C.$$

Nehmen wir vorweg, daß der hiermit bewiesene Satz **3** bei einer bedingt konvergenten Reihe nicht gilt, so sehen wir, daß die Begriffe **absolute** und **unbedingte** Konvergenz sich decken und wir brauchen nur die letztere Bezeichnung beizubehalten.

4. Wenn von den beiden Reihen $\mathfrak{B}$ und $\mathfrak{C}$ in **2.** die eine konvergiert, die andere divergiert, dann folgt aus (2), daß die Reihe $\mathfrak{A}$ divergiert. Anders ist es aber, wenn die Reihen $\mathfrak{B}$ und $\mathfrak{C}$ beide divergieren. Dann wird zwar die Absolutreihe $\mathfrak{A}^*$ sicher divergieren, aber die Partialsummen A_λ von $\mathfrak{A}$ können einen Grenzwert besitzen und es liegt bedingte Konvergenz vor. Es folgt:

Bei einer bedingt konvergenten Reihe divergiert sowohl die Reihe der positiven Glieder wie auch die der negativen Glieder.

So sind z. B. bei der bedingt konvergenten Reihe

$$(4) \qquad L = 1 - \tfrac{1}{2} + \tfrac{1}{3} - \tfrac{1}{4} + \tfrac{1}{5} - \cdots$$

die Reihen

$$(\mathfrak{U}) \qquad 1 + \tfrac{1}{3} + \tfrac{1}{5} + \tfrac{1}{7} + \cdots$$

und

$$(\mathfrak{G}) \qquad \tfrac{1}{2} + \tfrac{1}{4} + \tfrac{1}{6} + \tfrac{1}{8} + \cdots$$

divergent, wie sich auch aus § 117, **13.** ergibt.

Hier zeigt sich nun eine eigentümliche Erscheinung. Die Partialsummen der Reihen $(\mathfrak{U})$ und $(\mathfrak{G})$ sind

$$U_n = 1 + \frac{1}{3} + \frac{1}{5} + \frac{1}{7} + \cdots + \frac{1}{2n-1},$$

$$G_n = \frac{1}{2} + \frac{1}{4} + \frac{1}{6} + \frac{1}{8} + \cdots + \frac{1}{2n}.$$

Dazu nehmen wir die Partialsumme der harmonischen Reihe

$$S_n = 1 + \frac{1}{2} + \frac{1}{3} + \frac{1}{4} + \cdots + \frac{1}{n}\,.$$

Dann ist $$S_n = 2\,G_n\,,$$

ferner die $2n^{\text{te}}$ Partialsumme der Reihe (4)

$$L_{2n} = U_n - G_n\,,$$

dagegen $\qquad\qquad S_{2n} = U_n + G_n = 2\,G_{2n}\,,$ folglich

(5) $$L_{2n} = 2\,(U_n - G_{2n})\,.$$

Es ist aber $U_n - G_{2n}$ die Summe der $3n$ ersten Glieder der Reihe

(6) $$1 - \tfrac{1}{2} - \tfrac{1}{4} + \tfrac{1}{3} - \tfrac{1}{6} - \tfrac{1}{8} + \tfrac{1}{5} - \tfrac{1}{10} - \tfrac{1}{12} + \cdots$$

und Gleichung (5) zeigt, daß auch diese Reihe konvergiert. Sie besteht
aus denselben Gliedern wie die Reihe (4), nur in anderer Anordnung,
indem auf ein positives Glied immer zwei negative Glieder folgen und
nach (5) ist ihre Summe nicht mehr gleich L, sondern

(7) $$L' = \tfrac{1}{2}\,L\,.$$

Dieses Resultat, daß die Summe einer Reihe von der Anordnung der
Glieder abhängen kann[1]), erscheint auf den ersten Blick paradox, weil
es dem kommutativen Gesetz der Addition zu widersprechen scheint.
Wir müssen uns aber vor Augen halten, daß die Gesetze der Arithmetik
durchaus auf der Voraussetzung beruhen, daß nur eine endliche Anzahl von Operationen ausgeführt wird, und daß sie daher hier, wo eine
unendliche Anzahl von Gliedern umgestellt wird, nicht ohne weiteres anwendbar sind.

Man kann sich das Resultat (7) durch die Überlegung klar machen,
daß in der Partialsumme L'_{3n} von (6) zwar alle Glieder von L_{2n} vorkommen, aber noch eine gewisse Anzahl negativer Glieder, die in (4)
erst später auftreten, und die Anzahl dieser Glieder wächst mit n ins
Unendliche.

5. Wollen wir dieses Verhalten der bedingt konvergenten Reihen
allgemein untersuchen, so haben wir also anzunehmen, daß die beiden
Reihen $\mathfrak{B}$ und $\mathfrak{C}$ mit nur positiven Gliedern divergieren. Damit durch
Zusammensetzung von $\mathfrak{B}$ und $\mathfrak{C}$ eine konvergente Reihe entsteht, muß
weiter angenommen werden, daß die Glieder der beiden Reihen gegen
Null konvergieren, also

(8) $$\lim b_n = 0 \qquad \lim c_n = 0\,.$$

Wir bilden nun die Reihe $\mathfrak{A}$ in der Weise, daß wir zunächst eine An-

---

1) Auf diese Erscheinung bei den bedingt konvergenten Reihen hat zuerst
Lejeune Dirichlet in seiner berühmten Abhandlung über die Primzahlen in

zahl[1]) positiver Glieder $b_1, b_2, \ldots$, dann eine Anzahl negativer Glieder $- c_1, - c_2, \ldots$, hierauf wieder einige positive Glieder b, dann wieder negative Glieder $- c$ nehmen usf., wobei jedoch zu beachten ist, daß die Glieder b sowohl als $- c$ in ihrer Reihenfolge zur Verwendung kommen, ohne daß eines übergangen wird. Es läßt sich dann zeigen[2]):

Man kann die Anordnung, in der die Glieder von $\mathfrak{B}$ und $\mathfrak{C}$ in der Reihe $\mathfrak{A}$ auftreten, so treffen, daß diese Reihe konvergiert und einen ganz beliebigen Wert A ergibt.

Nehmen wir A positiv an, so können wir, da die Reihe $\mathfrak{B}$ divergiert, zunächst so viele Glieder b summieren, daß durch das zuletzt hinzugefügte b die Summe größer als A wird. Dann ist der Überschuß über A sicher nicht größer als das zuletzt hinzugefügte b. Hierauf nimmt man so viele Glieder $- c$, bis die Summe eben wieder unter A heruntergesunken ist; der Unterschied ist dann nicht größer als das zuletzt abgezogene c. Darauf addiert man Glieder b, bis man wieder über A gekommen ist, und fährt so beliebig lange fort. Der Unterschied zwischen der Summe und der Zahl A ist immer höchstens gleich dem zuletzt beigefügten Glied b oder $- c$ und kann also wegen (8) unter jede Grenze heruntergebracht werden. Die so gebildete Reihe $\mathfrak{A}$ konvergiert also gegen A. Ist A negativ, so fangen wir mit Gliedern $- c$ an und verfahren ebenso. Damit ist der Satz bewiesen.[3])

Es lassen sich also aus irgend zwei divergenten Reihen mit nur positiven zum Grenzwert Null abnehmenden Gliedern bedingt konvergente Reihen bilden, die durch geeignete Anordnung der Glieder jede beliebige Summe ergeben.

§ 119*. Reihen mit komplexen Gliedern.

1. Wir wollen nun auch Reihen mit komplexen Gliedern betrachten und müssen zunächst definieren, was wir unter dem Grenzwert einer Folge von komplexen Zahlen verstehen wollen.

Wir erinnern an die geometrische Darstellung der komplexen Zahlen und an die Definition des absoluten Wertes einer komplexen Zahl

$$z = x + iy.$$

Man versteht darunter die positive Zahl

$$r = |z| = \sqrt{x^2 + y^2}.$$

Geometrisch bedeutet das den Abstand des Bildpunktes z vom Nullpunkt.

---

1) Diese Anzahl kann auch Null sein.

2) Dieser Satz stammt von Riemann (Habilitationsschrift über die Theorie der trigonometrischen Reihen 1854, veröffentlicht Gött. Abh. **14** (1867)).

3) Streng genommen ist nur gezeigt, daß A der Grenzwert bestimmter Partialsummen von $\mathfrak{A}$ ist. Es läßt sich aber leicht zeigen, daß A auch der Grenzwert aller Partialsummen ist, denn es liegen zwischen je zwei der nach dem obigen Verfahren gebildeten Partialsummen fast alle Partialsummen von $\mathfrak{A}$.

Der absolute Wert einer Differenz von zwei komplexen Zahlen $|a - b|$ ist gleichbedeutend mit dem Abstand der beiden Punkte a und b.

Ist ε irgendeine positive Zahl, so nennen wir die Gesamtheit der Punkte ζ, für die

(1) $$|z - \zeta| < \varepsilon$$

ist, eine **Umgebung** des Punktes z. Diese Punkte ζ erfüllen das Innere eines Kreises mit dem Radius ε um z.

Ist $z = x + iy$, $\zeta = \xi + i\eta$, so folgt aus der Ungleichung (1):

(2) $$|x - \xi| < \varepsilon \qquad |y - \eta| < \varepsilon.$$

Umgekehrt zieht das Bestehen dieser Ungleichungen die Ungleichung

(3) $$|z - \zeta| < \delta$$

nach sich, wo $\delta = \varepsilon \sqrt{2}$.

Fig. 22.

Man erkennt dies ohne weiteres aus Fig. 21 oder analytisch aus der Formel

$$|z - \zeta| = \sqrt{(x - \xi)^2 + (y - \eta)^2}.$$

Und nun definieren wir ganz entsprechend wie in § 28, 2:

Eine Folge von unendlich vielen komplexen Zahlen z_1, z_2, z_3, ... **heißt konvergent und ihr Grenzwert ist** z, **wenn in jeder Umgebung von** z **fast alle Zahlen der Folge liegen, wenn also zu jeder gegebenen Zahl** ε **ein Index** n **gefunden werden kann, so daß**

(4) $$|z - z_{n+\nu}| < \varepsilon \quad \text{für } \nu = 1, 2, 3 \ldots$$

Ist $$z_n = x_n + iy_n, \quad z = x + iy,$$

so bestehen nach (2) gleichzeitig mit (4) die Ungleichungen

(5) $$|x - x_{n+\nu}| < \varepsilon \quad \text{und} \quad |y - y_{n+\nu}| < \varepsilon$$

und daraus folgt die Existenz der Grenzwerte

(6) $$\lim x_n = x, \quad \lim y_n = y.$$

Umgekehrt folgt aus dem Bestehen der Ungleichungen (5), daß für jedes positive $\delta = \varepsilon\sqrt{2}$ bei genügend großem n

$$|z - z_{n+\nu}| < \delta$$

wird, und damit haben wir den Satz:

Eine Folge von komplexen Zahlen $z_n = x_n + iy_n$ $(n = 1, 2, 3, \ldots)$ **konvergiert dann und nur dann gegen einen Grenzwert** $z = x + iy$, **wenn die reellen Folgen** $\{x_n\}$ **und** $\{y_n\}$ **konvergieren und es ist dann** $x = \lim x_n$, $y = \lim y_n$.

2. Haben wir nun eine unendliche Reihe von komplexen Zahlen

($\mathfrak{C}$) $$c_1 + c_2 + c_3 + c_4 + \cdots$$

mit dem allgemeinen Glied

$$c_n = a_n + ib_n,$$

so werden wir sie als **konvergent** bezeichnen, wenn die Partialsummen

$$C_n = c_1 + c_2 + c_3 + \cdots + c_n$$

gegen einen Grenzwert $C = A + iB$ konvergieren. Es ist aber

$$C_n = A_n + iB_n,$$

worin A_n und B_n die Partialsummen der reellen Reihen

$$(\mathfrak{A}) \qquad a_1 + a_2 + a_3 + a_4 + \cdots$$

$$(\mathfrak{B}) \qquad b_1 + b_2 + b_3 + b_4 + \cdots$$

bedeuten und nach dem letzten Satz in **1.** können wir sagen:

Eine unendliche Reihe $\mathfrak{C}$ mit komplexen Gliedern konvergiert dann und nur dann, wenn die aus den reellen Bestandteilen und die aus den imaginären Bestandteilen gebildeten Reihen $\mathfrak{A}$ und $\mathfrak{B}$ für sich konvergieren, und wenn A und B die Summen dieser Reihen sind, so ist

$$C = A + iB$$

die Summe der Reihe $\mathfrak{C}$.

3. Ist $c = a + ib$, also $|c| = \sqrt{a^2 + b^2}$, so ist

$$|a| \leqq |c| \quad \text{und} \quad |b| \leqq |c|.$$

Es ist also die **Absolutreihe** von $\mathfrak{C}$

$$(\mathfrak{C}*) \qquad |c_1| + |c_2| + |c_3| + \cdots$$

eine Majorante der Absolutreihe $\mathfrak{A}*$ von $\mathfrak{A}$ und der Absolutreihe $\mathfrak{B}*$ von $\mathfrak{B}$. Wenn also $\mathfrak{C}*$ konvergiert, so konvergieren auch $\mathfrak{A}*$ und $\mathfrak{B}*$, mit diesen konvergieren aber auch $\mathfrak{A}$ und $\mathfrak{B}$, und zwar unbedingt, und damit konvergiert auch $\mathfrak{C}$ Es folgt:

Eine unendliche Reihe $\mathfrak{C}$ mit komplexen Gliedern konvergiert, wenn ihre Absolutreihe $\mathfrak{C}*$ konvergiert, und da dann $\mathfrak{A}$ und $\mathfrak{B}$ unbedingt konvergieren, so ist auch $\mathfrak{C}$ unbedingt konvergent.

Der Satz läßt sich ebensowenig wie der entsprechende Satz bei reellen Reihen umkehren. Es kann sehr wohl vorkommen, daß die Reihe $\mathfrak{C}$ konvergiert, während die Absolutreihe $\mathfrak{C}*$ divergiert, nämlich dann, wenn von den konvergenten Reihen $\mathfrak{A}$ und $\mathfrak{B}$ wenigstens eine bedingt konvergiert. Dann ist auch $\mathfrak{C}$ bedingt konvergent.[1])

4. Ist die Reihe

$$c_1 + c_2 + c_3 + c_4 + \cdots$$

unbedingt konvergent und ist

$$k_1, \; k_2, \; k_3, \; k_4, \; \ldots$$

---

1) Vgl. Steinitz, Journ. f. Math. 143 (1913).

irgend eine Folge komplexer Zahlen, deren absolute Werte sämtlich unter einer endlichen positiven Zahl g bleiben, so ist auch die Reihe

$$k_1 c_1 + k_2 c_2 + k_3 c_3 + \cdots$$

unbedingt konvergent.

Es ist nämlich

$$|\,k_1 c_1\,| < g\,|\,c_1\,|, \quad |\,k_2 c_2\,| < g\,|\,c_2\,|, \quad |\,k_3 c_3\,| < g\,|\,c_3\,|, \ldots,$$

sobald also

$$|\,c_1\,| + |\,c_2\,| + |\,c_3\,| + \cdots$$

konvergiert, so konvergiert auch die Reihe

$$|\,k_1 c_1\,| + |\,k_2 c_2\,| + |\,k_3 c_3\,| + \cdots$$

§ 120. Rechnen mit unendlichen Reihen.

1. Wir betrachten zwei konvergente Reihen mit reellen oder komplexen Gliedern[1])

$$\begin{aligned} A &= a_0 + a_1 + a_2 + a_3 + \cdots \\ (1) \qquad B &= b_0 + b_1 + b_2 + b_3 + \cdots \end{aligned}$$

Ihre Partialsummen seien A_n, B_n, für $n = 0, 1, 2, 3, \ldots$, also

$$A = \lim A_n, \quad B = \lim B_n.$$

Setzen wir

$$(2) \qquad a_0 \pm b_0 = c_0, \quad a_1 \pm b_1 = c_1, \quad a_2 \pm b_2 = c_2, \ldots,$$

worin überall gleichzeitig das obere oder das untere Zeichen genommen wird, und bilden die Reihe

$$c_0 + c_1 + c_2 + c_3 + \cdots$$

mit den Partialsummen C_n, so ist

$$C_n = A_n \pm B_n.$$

Lassen wir n ins Unendliche wachsen, so ergibt sich, daß auch C_n gegen einen Grenzwert C konvergiert und es ist

$$(3) \qquad C = A \pm B.$$

Damit ist bewiesen:

Wenn man bei zwei konvergenten Reihen je zwei entsprechende Glieder addiert (subtrahiert), so ist die entstehende Reihe wiederum konvergent und ihr Wert ist gleich der Summe (Differenz) der Werte der beiden Reihen.

Der Wert einer Reihe wird nicht geändert, wenn wir eine endliche Anzahl von Gliedern mit dem Werte Null voranstellen oder einschieben. Daraus folgt, daß man die Summe C auf sehr mannigfache Art bilden

---

[1]) Wir bezeichnen die ersten Glieder nicht mit a_1, b_1, sondern mit a_0, b_0, was nachher für die Multiplikation bequemer ist.

kann, indem man die Glieder $\dot{a}_n$, b_n auf verschiedene Arten einander zuordnet, z. B.

$$C = b_0 + (a_0 + b_1) + (a_1 + b_2) + a_2 + (a_3 + b_3) + \cdots$$

oder $\quad C = a_0 + a_1 + (a_2 + b_0) + (a_3 + b_1) + b_2 + (a_4 + b_3) + \cdots$

2. Nicht ganz so einfach liegen die Dinge bei der Multiplikation. Es seien zunächst

$$(4) \qquad \begin{aligned} A &= a_0 + a_1 + a_2 + a_3 + \cdots \\ B &= b_0 + b_1 + b_2 + b_3 + \cdots \end{aligned}$$

zwei reelle konvergente Reihen mit **nur positiven** Gliedern. Wenn wir bei der Multiplikation der beiden Reihen so verfahren, wie bei der Multiplikation zweier endlicher Polynome, so haben wir jedes Glied der einen Reihe mit jedem der anderen zu multiplizieren und dann die Summe aller Produkte zu nehmen. Wir ordnen diese Produkte so an, daß wir alle Produkte $a_\mu b_\nu$ mit demselben Wert $\mu + \nu$ der **Indexsumme** in ein Glied zusammenfassen, d. h. wir bilden die Zahlen:

$$(5) \qquad \begin{aligned} c_0 &= a_0 b_0 \\ c_1 &= a_0 b_1 + a_1 b_0 \\ c_2 &= a_0 b_2 + a_1 b_1 + a_2 b_0 \\ &\;\cdot\;\cdot\;\cdot\;\cdot\;\cdot\;\cdot\;\cdot\;\cdot\;\cdot \\ c_n &= a_0 b_n + a_1 b_{n-1} + a_2 b_{n-2} + \cdots + a_n b_0 \\ &\;\cdot\;\cdot\;\cdot\;\cdot\;\cdot\;\cdot\;\cdot\;\cdot\;\cdot \end{aligned}$$

Wir bilden die Summe

$$C_m = c_0 + c_1 + c_2 + \cdots + c_m$$

und wollen sie mit dem Produkt $A_n B_n$ von zwei Partialsummen der Reihen (4) vergleichen.

In dem Produkt $A_n B_n$ kommen alle Produkte $a_\mu b_\nu$ vor, in denen gleichzeitig $\mu \lessgtr n$ und $\nu \lessgtr n$ ist, aber keine anderen Glieder.

In C_m kommen alle Glieder $a_\mu b_\nu$ vor, in denen $\mu + \nu \leq m$ ist, und keine anderen. Nehmen wir also $m = 2n$, so enthält C_m gewiß alle Glieder von $A_n B_n$, aber außerdem noch andere, in denen μ oder ν größer als n ist. Da nun alle a_μ, b_ν positiv sind, so folgt

$$A_n B_n < C_{2n},$$

und wenn $n' > 2n$ ist, um so mehr

$$(6) \qquad A_n B_n < C_{n'}.$$

Andererseits kommen unter den Gliedern $a_\mu b_\nu$ von $A_n B_n$ neben anderen alle die vor, in denen $\mu + \nu \lessgtr n$ ist, denn in keinem dieser Glieder kann μ oder ν größer als n sein. Dies sind aber die Glieder von C_n, also folgt:

$$C_n < A_n B_n$$

oder, wenn wir n durch n' ersetzen:

(7) $$C_{n'} < A_{n'} B_{n'}.$$

Aus (6) uud (7) ergibt sich aber

(8) $$A_n B_n < C_{n'} < A_{n'} B_{n'}.$$

$A_n B_n$ und $A_{n'} B_{n'}$ konvergieren aber nach demselben Grenzwert AB, folglich konvergieren auch die Summen $C_{n'}$ gegen diesen Grenzwert, d. h.

    Die Reihe
$$c_0 + c_1 + c_2 + c_3 + \cdots$$

ist konvergent und ihre Summe ist
$$C = AB.$$

Für das Folgende ist noch zu bemerken, daß die Differenz

(9) $$D_n = A_n B_n - C_n$$

eine Summe von positiven Produkten $a_\mu b_\nu$ ist und bei **wachsendem** n gegen den Grenzwert Null konvergiert.

3. Nun seien allgemein
$$U = u_0 + u_1 + u_2 + u_3 + \cdots$$
$$V = v_0 + v_1 + v_2 + v_3 + \cdots$$

zwei **unbedingt konvergente** Reihen mit den Partialsummen U_n, V_n und es seien (4) ihre Absolutreihen. Wir bilden eine neue Reihe
$$w_0 + w_1 + w_2 + w_3 + \cdots$$

nach demselben Gesetz, wie wir aus den Reihen (4) die Reihe der c abgeleitet haben, also

(10)
$$
\begin{aligned}
w_0 &= u_0 v_0 \\
w_1 &= u_0 v_1 + u_1 v_0 \\
w_2 &= u_0 v_2 + u_1 v_1 + u_2 v_0 \\
&\ \cdot\ \cdot\ \cdot\ \cdot\ \cdot\ \cdot\ \cdot \\
w_n &= u_0 v_n + u_1 v_{n-1} + u_2 v_{n-2} + \cdots + u_n v_0 \\
&\ \cdot\ \cdot\ \cdot\ \cdot\ \cdot\ \cdot\ \cdot
\end{aligned}
$$

und es sei $$W_m = w_0 + w_1 + w_2 + \cdots + w_m.$$

Die Differenz $$\varDelta_n = U_n V_n - W_n$$

besteht aus einer Summe von Produkten $u_\mu v_\nu$, und wenn man diese durch ihre absoluten Werte $a_\mu b_\nu$ ersetzt, so geht $\varDelta_n$ in D_n über. Demnach haben wir nach dem Satze, daß der absolute Wert einer Summe nicht größer ist als die Summe der absoluten Werte (§ 45, 8.):

$$|\varDelta_n| \leq D_n$$

und mithin hat auch $|\varDelta_n|$ und damit auch $\varDelta_n$ den Grenzwert Null. Daraus folgt aber $$\lim W_n = \lim U_n \cdot \lim V_n,$$

d. h. auch die Reihe (10) ist konvergent und ihre Summe ist

$$W = UV.$$

Es ist aber $\quad | w_n | \gtreqless a_0 b_n + a_1 b_{n-1} + \cdots + a_n b_0 = c_n,$

und da die Reihe der c konvergent ist, so konvergiert auch die Reihe der $| w_n |$, d. h. die Reihe (10) ist unbedingt konvergent. Damit haben wir den Satz[1]):

Wenn man aus zwei unbedingt konvergenten Reihen mit den Summen U und V nach den Formeln (10) eine neue Reihe bildet, so ist auch diese unbedingt konvergent und ihre Summe ist

$$W = UV.$$

Zwanzigster Abschnitt.

Potenzreihen. Die Binomialreihe.

§ 121*. Konvergenz einer Potenzreihe.

1. Es sei $c_0, c_1, c_2, \ldots$ eine unendliche Folge von reellen oder komplexen Konstanten, z eine komplexe Veränderliche. Mit ihnen bildet man die Reihe

$$(\mathfrak{P}) \qquad c_0 + c_1 z + c_2 z^2 + c_3 z^3 + \cdots$$

und nennt sie eine **Potenzreihe** nach z.

Das einfachste Beispiel einer Potenzreihe bildet die unendliche geometrische Reihe

$$1 + z + z^2 + z^3 + \cdots$$

und es zeigt, daß eine Potenzreihe für gewisse Werte von z konvergieren, für andere divergieren kann.

2. Um die Konvergenz oder Divergenz einer Potenzreihe allgemein zu beurteilen, benutzen wir das Konvergenzkriterium erster Art von **Cauchy**, und zwar wenden wir es auf die Absolutreihe von $\mathfrak{P}$

$$(\mathfrak{P}^*) \qquad | c_0 | + | c_1 | r + | c_2 | r^2 + | c_3 | r^3 + \cdots$$

an, worin $r = | z |$ den absoluten Wert von z bedeutet. Wir haben also nach § 117, 8. die Folge

$$(1) \qquad | c_1 | r, \quad \sqrt{| c_2 |}\, r, \quad \sqrt[3]{| c_3 |}\, r, \ldots, \quad \sqrt[n]{| c_n |}\, r, \ldots$$

zu betrachten und die Reihe $\mathfrak{P}^*$ konvergiert oder divergiert, je nachdem der größte Häufungswert dieser Folge kleiner oder größer als 1 ist. Im ersten Fall konvergiert mit $\mathfrak{P}^*$ auch die Reihe $\mathfrak{P}$, und zwar unbedingt, im zweiten Fall divergiert mit $\mathfrak{P}^*$ auch $\mathfrak{P}$, denn aus $\sqrt[n]{| c_n |}\, r > 1$ folgt $| c_n | r^n > 1$ oder $| c_n z^n | > 1$, und dies soll für unendlich viele n gelten, es kann also die Reihe $\mathfrak{P}$ nicht konvergieren.

____

1) **Cauchy**, Cours d'analyse 1821.

Sei nun C der größte Häufungswert der Folge

$$(2) \qquad |c_1|, \quad \sqrt{|c_2|}, \quad \sqrt[3]{|c_3|}, \ldots, \quad \sqrt[n]{|c_n|}, \ldots,$$

so ist Cr der größte Häufungswert der Folge (1) und wir finden:

Die Potenzreihe $\mathfrak{P}$ konvergiert, wenn $r < \dfrac{1}{C}$, sie divergiert, wenn $r > \dfrac{1}{C}$.

Alle Punkte z, für die $r < \dfrac{1}{C}$ ist, liegen innerhalb eines Kreises um den Nullpunkt mit dem Radius $\dfrac{1}{C}$, alle Punkte, für die $r > \dfrac{1}{C}$ ist, liegen außerhalb dieses Kreises. Diesen Kreis nennt man den Konvergenzkreis von $\mathfrak{P}$ und wir haben also den Satz:

Die Potenzreihe konvergiert unbedingt für jeden Punkt im Innern des Konvergenzkreises. sie divergiert für jeden Punkt außerhalb des Konvergenzkreises. Der Radius des Konvergenzkreises ist

$$(3) \qquad \varrho = \frac{1}{C},$$

worin C den größten Häufungswert der Folge (2) bedeutet.[1]

3. Für den besonderen Fall, daß der Grenzwert $\lim\limits_{n \to \infty} \left| \dfrac{c_{n+1}}{c_n} \right|$ existiert, hat nach § 117, **10.** auch die Folge (2) einen Grenzwert, der mit jenem übereinstimmt, es ist also dann $C = \lim \left| \dfrac{c_{n+1}}{c_n} \right|$ und es folgt:

Der Konvergenzradius ist

$$(4) \qquad \varrho = \lim_{n \to \infty} \left| \frac{c_n}{c_{n+1}} \right|,$$

falls dieser Grenzwert existiert.

4. Für die unendliche geometrische Reihe ist, wie man sofort sieht, der Konvergenzradius gleich 1; die Reihe konvergiert in jedem Punkt innerhalb des Einheitskreises, sie divergiert in jedem Punkt außerhalb dieses Kreises.

Es kann vorkommen, daß man als Konvergenzradius $\varrho = 0$ erhält. Dann divergiert die Reihe für jedes z außer $z = 0$. Nehmen wir z. B.

$$1 + z + 2!\, z^2 + 3!\, z^3 + 4!\, z^4 + \cdots,$$

so ist

$$\frac{c_n}{c_{n+1}} = \frac{n!}{(n+1)!} = \frac{1}{n+1},$$

also existiert der Grenzwert

$$\lim \left| \frac{c_n}{c_{n+1}} \right| = 0,$$

die Reihe ist außer für $z = 0$ überall divergent.

<hr>

1) **Cauchy**, Cours d'analyse (1821), Cap. VI, § 4.

Betrachten wir aber die Reihe

$$(6) \qquad 1 + \frac{z}{1!} + \frac{z^2}{2!} + \frac{z^3}{3!} + \frac{z^4}{4!} + \cdots,$$

so ist jetzt

$$\left| \frac{c_{n+1}}{c_n} \right| = \frac{1}{n+1},$$

folglich $\lim \left| \frac{c_{n+1}}{c_n} \right| = \lim \sqrt[n]{|c_n|} = 0$, es wird $C = 0$ und der Konvergenzradius unendlich, d. h.:

Die Reihe (6) konvergiert für jeden Wert von z.

5. Über das Verhalten der Potenzreihe in den Punkten der Peripherie des Konvergenzkreises läßt sich allgemein nichts aussagen. Es kann hier je nach der Natur der Reihe Konvergenz oder Divergenz stattfinden, die Reihe kann auch in einzelnen Punkten auf dem Konvergenzkreis konvergieren, in andern divergieren.

Die geometrische Reihe z. B. divergiert auf dem ganzen Konvergenzkreis, da ja der absolute Wert aller Glieder gleich 1 ist.

Die Reihe $z - \frac{z^2}{2} + \frac{z^3}{3} - \frac{z^4}{4} + \cdots$ dagegen, welche ebenfalls den Einheitskreis zum Konvergenzkreis hat, konvergiert für $z = +1$ und divergiert für $z = -1$.

6. Wir wollen die Art der Konvergenz einer Potenzreihe noch etwas näher betrachten und eine bemerkenswerte Eigenschaft feststellen.

Eine Potenzreihe stellt in jedem Punkt z innerhalb ihres Konvergenzkreises eine Funktion von z

$$f(z) = c_0 + c_1 z + c_2 z^2 + c_3 z^3 + \cdots$$

dar. Eine solche durch eine Potenzreihe definierte Funktion nennt man eine **analytische Funktion.**

Die n^{te} Partialsumme der Reihe sei

$$f_n(z) = c_0 + c_1 z + c_2 z^2 + \cdots + c_n z^n \qquad\qquad \text{und}$$

$$(7) \qquad f(z) = f_n(z) + r_n(z).$$

Hier ist also $f_n(z)$ eine ganze Funktion n^{ten} Grades und $r_n(z)$ der n^{te} Rest:

$$(8) \qquad r_n(z) = c_{n+1} z^{n+1} + c_{n+2} z^{n+2} + \cdots$$

Ist wieder C der größte Häufungswert der Folge (2), so kann man bei festem $\delta > 0$, n so groß wählen, daß für alle $\nu > n$

$$(9) \qquad |c_\nu| < (C + \delta)^\nu$$

wird. Ferner sei $\mathfrak{K}(\varrho)$ der Konvergenzkreis, $\mathfrak{K}(\varrho_0)$ ein konzentrischer Kreis mit einem Radius $\varrho_0 < \varrho$, so ist nach (3)

$$C\varrho_0 = \theta < 1.$$

Man kann immer ϱ_0 so wählen, daß irgendein Punkt z innerhalb $\mathfrak{K}(\varrho)$ auch im Innern von $\mathfrak{K}(\varrho_0)$ liegt und dann ist, wenn $|z| = r$ und δ klein genug ist, sicher $(C + \delta)r < \theta$ und daher nach (9) für alle $\nu > n$:

$$|c_\nu z^\nu| = |c_\nu| r^\nu < (C + \delta)^\nu r^\nu < \theta^\nu.$$

Hiermit folgt aus (8):

$$|r_n(z)| < \theta^{n+1} + \theta^{n+2} + \theta^{n+3} + \cdots \qquad \text{oder}$$

$$(10) \qquad |r_n(z)| < \frac{\theta^{n+1}}{1-\theta},$$

mithin um so mehr für jeden Index $\nu > n$:

$$|r_\nu(z)| < \frac{\theta^{n+1}}{1-\theta}.$$

Die rechte Seite ist von z unabhängig, also gilt diese Ungleichung für jeden Punkt z im Innern von $\Re(\varrho_0)$. Ist ε eine beliebig gegebene positive Zahl, so kann man bei genügend großem n immer erreichen, daß $\frac{\theta^{n+1}}{1-\theta} < \varepsilon$ wird, und dann wird

$$|r_\nu(z)| < \varepsilon$$

für jedes $\nu > n$ und jedes z innerhalb $\Re(\varrho_0)$.

Sei nun allgemein

$$(11) \qquad a_0(z) + a_1(z) + a_2(z) + \cdots$$

eine Reihe, deren Glieder Funktionen einer Variablen z sind. Die Reihe konvergiere für jeden Wert von z innerhalb eines Gebietes $\mathfrak{A}$ der z-Ebene und es sei

$$r_n(z) = a_{n+1}(z) + a_{n+2}(z) + \cdots$$

der n^{te} Rest. Wenn dann zu jedem beliebigen positiven ε jedesmal ein n bestimmt werden kann, so daß für alle $\nu > n$ und für jedes z innerhalb des Gebietes $\mathfrak{A}$ beständig

$$(12) \qquad |r_\nu(z)| < \varepsilon$$

ist, so nennt man die Reihe (11) **gleichmäßig konvergent innerhalb $\mathfrak{A}$.**

Hiernach können wir also sagen:

Eine Potenzreihe konvergiert gleichmäßig innerhalb ihres Konvergenzkreises.

§ 122*. Stetigkeit einer Potenzreihe.

1. Für die gleichmäßig konvergenten Reihen besteht der wichtige Satz[1]):

---

[1]) Auf diesem Satz beruht vornehmlich die Bedeutung des Begriffes der gleichmäßigen Konvergenz für die Theorie der Funktionen. Die Einführung dieses Begriffes geht auf die Arbeiten von G. G. Stokes, Cambr. Trans. 7 (1847) und Ph. L. Seidel, Abh. Akad. München II Kl. 5 (1848) zurück. Stokes gab auch zuerst einfache Beispiele von ungleichmäßig konvergenten Reihen, so u. a. die Reihe

$$\frac{x}{1+x} + \frac{x}{(1+x)(1+2x)} + \frac{x}{(1+2x)(1+3x)} + \cdots$$

$$= \left(1 - \frac{1}{1+x}\right) + \left(\frac{1}{1+x} - \frac{1}{1+2x}\right) + \left(\frac{1}{1+2x} - \frac{1}{1+3x}\right) + \cdots$$

Die n^{te} Partialsumme ist $s_n(x) = 1 - \frac{1}{1+nx}$, die Reihe konvergiert also für alle Werte $x \geq 0$ und ihre Summe ist

$$\text{für } x > 0 \colon s(x) = 1, \quad \text{für } x = 0 \colon s(x) = 0,$$

Es sei $a_0(z)$, $a_1(z)$, $a_2(z)$, ... eine Folge von stetigen Funktionen in einem Gebiet $\mathfrak{A}$ der z-Ebene, und die mit ihnen gebildete Reihe

$$f(z) = a_0(z) + a_1(z) + a_2(z) + \cdots$$

konvergiere gleichmäßig in $\mathfrak{A}$. Dann ist auch ihre Summe $f(z)$ eine in $\mathfrak{A}$ stetige Funktion von z.

Beweis. Jede Partialsumme

$$f_n(z) = a_0(z) + a_1(z) + \cdots + a_n(z)$$

ist als Summe von endlich vielen stetigen Funktionen ebenfalls stetig, d. h. wenn ein veränderlicher Punkt ζ in $\mathfrak{A}$ eine konvergente Folge mit dem Grenzwerte z durchläuft, so durchläuft auch $f_n(\zeta)$ eine konvergente Folge mit dem Grenzwert $f_n(z)$, was wir durch

$$\lim_{\zeta \to z} f_n(\zeta) = f_n(z)$$

andeuten.[1]) Man kann also erreichen, daß bei gegebenem positiven ε für alle Punkte in einer gewissen Umgebung von z der Unterschied

(2) $$\left| f_n(z) - f_n(\zeta) \right| < \frac{\varepsilon}{3}$$

wird. Ist ferner

(3) $$f(z) = f_n(z) + r_n(z),$$

so kann man wegen der gleichmäßigen Konvergenz der Reihe (1) erreichen, daß bei genügend großem n für irgend zwei Punkte z und ζ innerhalb $\mathfrak{A}$

(4) $$\left| r_n(z) \right| < \frac{\varepsilon}{3}, \quad \left| r_n(\zeta) \right| < \frac{\varepsilon}{3}.$$

wird. Nun ist

$$\left| f(z) - f(\zeta) \right| = \left| f_n(z) - f_n(\zeta) + r_n(z) - r_n(\zeta) \right|$$
$$\leqq \left| f_n(z) - f_n(\zeta) \right| + \left| r_n(z) \right| + \left| r_n(\zeta) \right|,$$

und jetzt folgt nach (2) und (4), daß zu jedem positiven ε eine Umgebung von z gefunden werden kann, so daß für alle Punkte ζ in dieser Umgebung $\left| f(z) - f(\zeta) \right| < \varepsilon$

mithin ist $s(x)$ für $x \geqq 0$ eine unstetige Funktion, obgleich alle Reihenglieder stetig sind. Für $x > 0$ ist der n^{te} Rest $r_n(x) = \dfrac{1}{1 + nx}$, und man sieht, daß man bei gegebenem positiven $\varepsilon < 1$ keinen Wert n angeben kann, so daß für alle $x > 0$ beständig $r_n(x) < \varepsilon$ ist, denn für jedes $x < \dfrac{1}{n}\left(\dfrac{1}{\varepsilon} - 1\right)$ wird $r_n(x) > \varepsilon$. Die Reihe konvergiert also ungleichmäßig in jedem Intervall $0 < x \leqq a$.

1) Vgl. § 92, 1. Allerdings haben wir dort nur reelle Funktionen betrachtet, aber wenn $\zeta = \xi + i\eta$ ist, so ist $f_n(\zeta) = \varphi_n(\xi, \eta) + i\psi_n(\xi, \eta)$ und darin sind φ_n und ψ_n als Summen von endlich vielen reellen stetigen Funktionen von zwei Veränderlichen stetig, d. h. es ist

$$\lim_{\substack{\xi \to x \\ \eta \to y}} \varphi_n(\xi, \eta) = \varphi_n(x, y), \quad \lim_{\substack{\xi \to x \\ \eta \to y}} \psi_n(\xi, \eta) = \psi_n(x, y),$$

und daraus folgt nach § 119, 1. der obige Grenzwert.

ist. Dies bedeutet aber, daß $f(\zeta)$ für $\zeta \to z$ dem Grenzwert $f(z)$ zustrebt:

$$\lim_{\zeta \to z} f(\zeta) = f(z),$$

d. h. daß die Funktion an der Stelle z stetig ist.

Hiermit ist Satz 1. bewiesen, und wir sehen insbesondere:

Eine durch eine Potenzreihe dargestellte Funktion

$$f(z) = a_0 + a_1 z + a_2 z^2 + a_3 z^3 + \cdots$$

ist an jeder Stelle innerhalb ihres Konvergenzkreises stetig.[1]

2. Dieser Satz besagt nichts über das Verhalten der Funktion $f(\zeta)$, wenn ζ von Punkten im Innern des Konvergenzkreises in einen Punkt auf dem Kreis übergeht. Hierüber gibt ein Satz von Abel[2] Aufschluß, den wir in der folgenden speziellen Fassung beweisen, wie wir ihn später zu benutzen haben werden:

Die Potenzreihe

$$f(z) = a_0 + a_1 z + a_2 z^2 + a_3 z^3 + \cdots$$

möge den Einheitskreis zum Konvergenzkreis besitzen und für $z = 1$ gegen A konvergieren:

$$(5) \qquad A = a_0 + a_1 + a_2 + a_3 + \cdots$$

Wenn dann z von kleineren reellen Werten in den Punkt 1 übergeht, so geht $f(z)$ in den Wert A über, d. h. es ist

$$\lim_{x \to 1} f(z) = A.$$

Zum Beweise drücken wir die Koeffizienten der Potenzreihe wie in § 117, durch die Partialsummen der Reihe (5) aus. Es ist

$$a_0 = A_0, \; a_1 = A_1 - A_0, \; a_2 = A_2 - A_1, \ldots, \; a_n = A_n - A_{n-1}, \ldots$$

also

$$\begin{aligned}
f_n(z) &= a_0 + a_1 z + a_2 z^2 + \cdots + a_n z^n \\
&= A_0 + (A_1 - A_0)z + (A_2 - A_1)z^2 + \cdots + (A_n - A_{n-1})z^n \\
&= (1 - z)(A_0 + A_1 z + A_2 z^2 + \cdots + A_{n-1}z^{n-1}) + A_n z^n
\end{aligned}$$

Ist nun $0 < z < 1$, so hat z^n für $n \to \infty$ den Grenzwert 0, während A_n wegen der Konvergenz von (5) endlich bleibt. Demnach ist, so lange $z < 1$ ist

$$f(z) = (1 - z)(A_0 + A_1 z + A_2 z^2 + \cdots),$$

---

1) N. H. Abel, Untersuchungen über die Reihe $1 + \dfrac{m}{1}x + \dfrac{m(m-1)}{1 \cdot 2}x^2 + \cdots$, Journ. f. Math. 1 (1826). Ostwalds Klass. Nr. 71.

2) Der Satz findet sich ebenfalls in der berühmten Abhandlung von Abel über die binomische Reihe. Daß er nicht selbstverständlich ist, wie man vielleicht meinen könnte, sieht man daraus, daß die Potenzreihe für $z < 1$ unbedingt, dagegen die Reihe (5) unter Umständen nur bedingt konvergiert. Man kann also nicht von vornherein behaupten, daß der Wert der Potenzreihe für $z = 1$ mit dem Wert der Reihe (5) in dieser Anordnung übereinstimmt.

und die Reihe für $f(z)$ ist also in eine andere verwandelt, welche gleichfalls für $0 < z < 1$ konvergiert. Wir setzen nun für ein endliches n

$$F_n(z) = A_0 + A_1 z + A_2 z^2 + \cdots + A_n z^n$$
$$R_n(z) = A_{n+1} z^{n+1} + A_{n+2} z^{n+2} + \cdots$$

Dann wird

(6)
$$f(z) = (1 - z) F_n(z) + (1 - z) R_n(z).$$

Die Koeffizienten A_{n+1}, $A_{n+2}, \ldots$ von $R_n(z)$ unterscheiden sich bei genügend großem n beliebig wenig von der Summe A der Reihe (5), so daß bei gegebener positiver Zahl ε von einem bestimmten n ab

$$| A_{n+\nu} - A | < \varepsilon \quad \text{für} \quad \nu = 1, 2, 3, \ldots$$

Bildet man also

$$R_n(z) - A(z^{n+1} + z^{n+2} + \cdots) = (A_{n+1} - A) z^{n+1} + (A_{n+2} - A) z^{n+2} + \cdots,$$

so wird der absolute Wert dieser Differenz

(7)
$$\left| R_n(z) - \frac{A z^{n+1}}{1 - z} \right| < \frac{\varepsilon z^{n+1}}{1 - z}.$$

Nun ist nach (6):

$$f(z) - A = (1 - z) F_n(z) - A(1 - z^{n+1}) + (1 - z) R_n(z) - A z^{n+1},$$

mithin nach (7)

$$| f(z) - A | < | (1 - z) F_n(z) - A(1 - z^{n+1}) | + \varepsilon z^{n+1}.$$

Ist jetzt η eine beliebig gegebene positive Zahl, so wird bei genügend großem n

$$\varepsilon z^{n+1} < \tfrac{1}{2} \eta,$$

und wenn dies erreicht ist, kann man bei der Annäherung von z an 1 bewirken, daß auch

$$| (1 - z) F_n(z) - A(1 - z^{n+1}) | < \tfrac{1}{2} \eta$$

wird, und dann ist, wenn z genügend nahe an 1 gekommen ist

$$| f(x) - A | < \eta,$$

d. h. in der Tat
$$\lim_{x \to 1} f(z) = A$$

3. Es kommt häufig vor, daß die Koeffizienten einer Potenzreihe ihrerseits Funktionen einer Veränderlichen t sind. Dann stellt die Reihe überall da, wo sie konvergiert, eine Funktion von z und t

(8)
$$f(z, t) = c_0(t) + c_1(t) z + c_2(t) z^2 + \cdots$$

dar, aber das Konvergenzgebiet, also der Radius des Konvergenzkreises in der z-Ebene, wird im allgemeinen von dem jeweiligen Wert von t abhängen. Wir nehmen t als reelle Variable an und betrachten sie in einem Intervall (t_1, t_2), welches wir kurz mit $\mathfrak{T}$ bezeichnen. Für jeden Wert von t innerhalb $\mathfrak{T}$ möge die Reihe als Funktion von z konvergieren und es möge jedesmal der Konvergenzradius $\varrho(t)$ einen gewissen von t unabhängigen positiven Betrag ϱ_0 überschreiten. Wenn dann t das Intervall $\mathfrak{T}$ durchläuft, so gibt es für die Werte $\varrho(t)$ eine untere Schranke

$\geqq \varrho_0$ und diese ist der Radius eines Kreises, in dem die Reihe (8) als Funktion von z für alle Werte t des Intervalls konvergiert. Wir nennen ihn den zum Intervall $\mathfrak{T}$ gehörigen Konvergenzkreis und bezeichnen ihn mit $\mathfrak{K}_{\mathfrak{T}}$. Ist sein Radius gleich $\dfrac{1}{\Gamma}$, so hat Γ einen endlichen Wert und bedeutet die obere Schranke aller Zahlen

$$C(t) = \limsup \sqrt[n]{|\,c_n(t)\,|}$$

innerhalb $\mathfrak{T}$.

4. Wir beweisen nun den Satz:

Sind die Koeffizienten der Potenzreihe stetige Funktionen einer reellen Variablen t innerhalb eines Intervalls $\mathfrak{T}$, so ist innerhalb des zugehörigen Konvergenzkreises auch die Summe $f(z, t)$ eine stetige Funktion von t.

Schreiben wir nämlich wie in (3):

$$f(z, t) = f_n(z, t) + r_n(z, t),$$

so ist $f_n(z, t)$ eine Summe von endlich vielen stetigen Funktionen von t, also selbst eine stetige Funktion von t. Den Index n können wir so groß wählen, daß für alle $\nu > n$ und genügend kleines positives δ:

$$|\,c_\nu(t)\,| < (\Gamma + \delta)^\nu$$

wird. Darin hat Γ für alle t denselben Wert und für jedes z (vom absoluten Wert r) innerhalb $\mathfrak{K}_{\mathfrak{T}}$ ist $\Gamma r = \vartheta < 1$. Es wird daher wie in § 121, (10)

$$|\,r_n(z, t)\,| < \frac{\vartheta^{n+1}}{1-\vartheta}$$

und darin ist die rechte Seite von dem bestimmten Wert t unabhängig, und nun können wir bei beliebig gegebenem positiven ε die Zahl n so groß wählen, daß für jeden Index $\nu > n$ und jedes t innerhalb $\mathfrak{T}$:

$$|\,r_\nu(z, t)\,| < \varepsilon$$

wird. Dies bedeutet aber, daß die Reihe (8) nicht nur als Funktion von z, sondern innerhalb $\mathfrak{T}$ auch als Funktion von t gleichmäßig konvergiert, und hieraus folgt auf Grund von Satz **1.** unmittelbar der obige Satz.

Wenn also die Variable τ in $\mathfrak{T}$ eine konvergente Folge mit dem Grenzwert t durchläuft, so ist

$$\lim_{\tau \to t} f(z, \tau) = f(z, t).$$

Diese Formel ist gleichbedeutend mit

$$\lim_{\tau \to t} \sum_\nu c_\nu(\tau) z^\nu = \sum_\nu \lim_{\tau \to t} c_\nu(\tau) z^\nu,$$

sie spricht also die Vertauschbarkeit des limes- und des Summenzeichens aus und besagt, daß, um den Grenzwert der Reihe für $\tau \to t$ zu erhalten, man gliedweise zur Grenze übergehen kann.

§ 123*. Methode der unbestimmten Koeffizienten. Grade und ungrade Funktionen.

1. Wenn zwei Potenzreihen in einem Gebiet, welches den Nullpunkt enthält, konvergieren und in allen Punkten gleiche Werte besitzen, wenn also für jedes z innerhalb des Gebietes

$$a_0 + a_1 z + a_2 z^2 + a_3 z^3 + \cdots = b_0 + b_1 z + b_2 z^2 + b_3 z^3 + \cdots$$

ist, so sind die Reihen identisch, d. h. die Koeffizienten gleich hoher Potenzen von z müssen einander gleich sein:

$$a_0 = b_0, \quad a_1 = b_1, \quad a_2 = b_2, \ldots$$

Setzt man nämlich $z = 0$, so ergibt sich wegen der Stetigkeit $a_0 = b_0$; es ist also auch

$$a_1 z + a_2 z^2 + a_3 z^3 + \cdots = b_1 z + b_2 z^2 + b_3 z^3 + \cdots,$$

und da dies im ganzen Konvergenzgebiet, also auch für nicht verschwindende Werte von z gilt, so muß für solche z

$$a_1 + a_2 z + a_3 z^2 + \cdots = b_1 + b_2 z + b_3 z^2 + \cdots$$

sein. Wegen der Stetigkeit gilt dies auch für $z = 0$, also folgt ebenso wie vorhin, daß $a_1 = b_1$ sein muß usf.

Auf diesem Satz beruht die Methode der unbestimmten Koeffizienten, welche seit Descartes, vor allem aber seit Leibniz[1]) namentlich von den Mathematikern des achtzehnten Jahrhunderts mit Vorliebe benutzt wurde, um eine vorgelegte Funktion in eine Reihe zu entwickeln. Ein einfaches Beispiel mag dies erläutern.

Es sei die Aufgabe, die Funktion $\dfrac{1}{1-z}$ in eine Reihe zu entwickeln. Man setzt die Entwicklung an:

$$\frac{1}{1-z} = a_0 + a_1 z + a_2 z^2 + a_3 z^3 + \cdots$$

Wenn die Reihe in einem gewissen Gebiet konvergiert, so darf man sie mit $(1 - z)$ multiplizieren und das Produkt konvergiert dann ebenfalls (§ 120, **3.**). Man erhält dadurch:

$$1 = a_0 + (a_1 - a_0)z + (a_2 - a_1)z^2 + (a_3 - a_2)z^3 + \cdots$$

und dies soll für jeden Wert z innerhalb des Konvergenzgebietes richtig sein. Die linke Seite kann man als eine Potenzreihe auffassen, bei der außer dem ersten Glied alle Koeffizienten Null sind. Nach dem obigen Satz folgt also:

$$a_0 = 1, \quad a_1 - a_0 = 0, \quad a_2 - a_1 = 0, \quad a_3 - a_2 = 0, \ldots$$

mithin
$$a_0 = a_1 = a_2 = a_3 = \cdots = 1$$

---

1) **Descartes,** Géométrie, 1637 (Deutsch von L. Schlesinger, Berlin 1894); **Newton,** Brief an Leibniz 24. 10 1676; Leibniz, Manuskript von 1676, Math. Werke **5,** 106; Acta Erudit. 1693 (Ostwalds Klass. Nr. 162).

und die gesuchte Entwicklung lautet:

$$\frac{1}{1-z} = 1 + z + z^2 + z^3 + \cdots$$

Zur strengen Durchführung der Methode ist aber immer auch der Nachweis zu erbringen, daß die gefundene Reihe konvergiert. Das ist hier der Fall für alle Werte von z innerhalb des Einheitskreises.

2. Als besonderer Fall ist in dem obigen Satz der folgende enthalten:

Wenn eine Potenzreihe in einem gewissen Gebiet, in dem sie konvergiert, überall den Wert Null besitzt, so verschwindet sie identisch, d. h. alle Koeffizienten müssen Null sein.

3. Eine Funktion heißt eine grade Funktion, wenn zu entgegengesetzten Werten der Variablen gleiche Werte der Funktion gehören, wenn also

$$f(-x) = f(x)$$

ist. Dagegen heißt eine Funktion eine ungrade Funktion, wenn zu entgegengesetzten Werten der Variablen auch entgegengesetzte Werte der Funktion gehören, also

$$f(-x) = -f(x).$$

Es besteht der Satz:

Ist eine grade/ungrade Funktion in einem Gebiet, welches den Nullpunkt enthält, durch eine Potenzreihe darstellbar, so enthält die Reihe nur grade/ungrade Potenzen von x.

Ist nämlich $f(x) = a_0 + a_1 x + a_2 x^2 + a_3 x^3 + \cdots$, so gehört mit einem Wert x auch jedesmal $-x$ zum Konvergenzgebiet der Reihe, also ist

$$f(-x) = a_0 - a_1 x + a_2 x^2 - a_3 x^3 + \cdots$$

Ist nun $f(x)$ eine grade Funktion, so folgt durch Subtraktion, daß im ganzen Konvergenzgebiet

$$a_1 x + a_3 x^3 + a_5 x^5 + \cdots = 0$$

sein muß; das ist aber nur möglich, wenn alle Koeffizienten $a_1, a_3, a_5, \ldots$ Null sind. Ist aber $f(x)$ eine ungrade Funktion, so ergibt sich ebenso durch Addition, daß im ganzen Konvergenzgebiet

$$a_0 + a_2 x^2 + a_4 x^4 + \cdots = 0$$

sein muß und daraus folgt $a_0 = a_2 = a_4 = \cdots = 0$.

§ 124*. Die Binomialreihe.

1. Wir haben in § 55 den binomischen Lehrsatz für ganze positive Exponenten abgeleitet. Danach war, wenn n eine natürliche Zahl ist,

$$(1) \qquad (1+z)^n = 1 + \binom{n}{1} z + \binom{n}{2} z^2 + \binom{n}{3} z^3 + \cdots,$$

und darin sind die **Binomialkoeffizienten**

$$\binom{n}{1} = n, \qquad \binom{n}{2} = \frac{n(n-1)}{1\cdot 2}, \qquad \binom{n}{3} = \frac{n(n-1)(n-2)}{1\cdot 2\cdot 3}, \quad \dots,$$

allgemein

$$(2) \qquad \binom{n}{k} = \frac{n(n-1)(n-2)\dots(n-k+1)}{1\cdot 2\cdot 3\dots k}.$$

Für ganze positive n bricht die Reihe (1) mit dem Glied $\binom{n}{n}z^n = z^n$ ab; alle folgenden Binomialkoeffizienten werden Null.

Ist aber n keine ganze positive Zahl, so kann man, wie wir schon § 53, 7. bemerkt haben, die Binomialkoeffizienten für $k = 1, 2, 3, \dots$ berechnen, aber keiner von ihnen wird Null, man erhält eine unbegrenzte Folge, und die mit diesen Koeffizienten gebildete Reihe (1) wird eine **unendliche Reihe**.

So ist z. B. für

$$n = -1 \quad \binom{n}{1} = -1, \ \binom{n}{2} = +1, \quad \binom{n}{3} = -1, \quad \binom{n}{4} = +1, \ \dots$$

$$n = -2 \quad \binom{n}{1} = -2, \ \binom{n}{2} = +3, \quad \binom{n}{3} = -4, \quad \binom{n}{4} = +5, \ \dots$$

$$n = \tfrac{1}{2} \quad \binom{n}{1} = \tfrac{1}{2}, \ \binom{n}{2} = -\frac{1\cdot 1}{2\cdot 4}, \ \binom{n}{3} = +\frac{1\cdot 1\cdot 3}{2\cdot 4\cdot 6}, \ \binom{n}{4} = -\frac{1\cdot 1\cdot 3\cdot 5}{2\cdot 4\cdot 6\cdot 8}, \ \dots$$

$$n = -\tfrac{1}{2} \quad \binom{n}{1} = -\tfrac{1}{2}, \ \binom{n}{2} = \frac{1\cdot 3}{2\cdot 4}, \ \binom{n}{3} = -\frac{1\cdot 3\cdot 5}{2\cdot 4\cdot 6}, \ \binom{n}{4} = +\frac{1\cdot 3\cdot 5\cdot 7}{2\cdot 4\cdot 6\cdot 8}, \ \dots$$

Es erheben sich nun zwei Fragen:

1. Für welche Werte von z konvergiert die Reihe?

2. Welche Funktion von z stellt die Reihe dar, sobald sie konvergiert?

2. Die erste Frage ist sogleich zu beantworten. Das Verhältnis von zwei aufeinanderfolgenden Koeffizienten ist

$$\frac{c_{k+1}}{c_k} = \frac{n-k}{k+1} = \frac{n-1}{k+1} - 1,$$

mithin existiert der Grenzwert $\displaystyle\lim_{k\to\infty}\left|\frac{c_{k-1}}{c_k}\right| = 1$ und daraus folgt nach § 121, 3.:

Die Binomialreihe (1) konvergiert unbedingt in allen Punkten innerhalb des Einheitskreises, sie divergiert überall außerhalb des Kreises.

Es ist also der Konvergenzradius der Reihe ganz unabhängig vom Werte von n.

3. Zur Beantwortung der zweiten Frage benutzen wir das Additionstheorem der Binomialkoeffizienten

$$(3) \qquad \binom{m+n}{k} = \binom{m}{0}\binom{n}{k} + \binom{m}{1}\binom{n}{k-1} + \binom{m}{2}\binom{n}{k-2} + \dots + \binom{m}{k}\binom{n}{0}.$$

Wir haben es § 55, 4. unter der Voraussetzung ganzzahliger m, n abgeleitet, es läßt sich aber auch leicht allgemein durch vollständige Induktion beweisen. Offenbar ist für jedes reelle m und n

$$\binom{m+n}{0} = \binom{m}{0}\binom{n}{0}; \quad \binom{m+n}{1} = \binom{m}{0}\binom{n}{1} + \binom{m}{1}\binom{n}{0},$$

also Formel (3) richtig für $k=0$ und $k=1$. Wir nehmen sie für irgendein k als erwiesen an und beweisen, daß sie alsdann auch für $k+1$ gilt. Dazu führt die Formel

$$(4) \qquad (n-k)\binom{n}{k} = (k+1)\binom{n}{k+1},$$

die sich unmittelbar aus (2) ergibt.

Wir multiplizieren also Formel (3) mit $m+n-k$ und zerlegen diesen Multiplikator bei den einzelnen Gliedern der rechten Seite in der Weise:

$$\begin{aligned}
m + n - k &= (n - k) + m \\
&= (n - k + 1) + (m - 1) \\
&= (n - k + 2) + (m - 2)
\end{aligned}$$

$$\cdot \quad \cdot \quad \cdot \quad \cdot \quad \cdot \quad \cdot \quad \cdot \quad \cdot$$

Dadurch ergibt sich:

$$(m + n - k)\binom{m+n}{k} = \binom{m}{0}(n-k)\binom{n}{k} + \binom{m}{1}(n-k+1)\binom{n}{k-1}$$

$$+ \binom{m}{2}(n-k+2)\binom{n}{k-2} + \cdots + m\binom{m}{0}\binom{n}{k} + (m-1)\binom{m}{1}\binom{n}{k-1} + \cdots$$

oder nach (4):

$$(k+1)\binom{m+n}{k+1} = (k+1)\binom{m}{0}\binom{n}{k+1} + k\binom{m}{1}\binom{n}{k} + (k-1)\binom{m}{2}\binom{n}{k-1} + \cdots$$

$$+ \binom{m}{1}\binom{n}{k} + \quad 2\binom{m}{2}\binom{n}{k-1} + \cdots$$

Wenn man hier die untereinander stehenden Glieder addiert, so läßt sich der Faktor $(k+1)$ wegheben und es folgt:

$$\binom{m+n}{k+1} = \binom{m}{0}\binom{n}{k+1} + \binom{m}{1}\binom{n}{k} + \binom{m}{2}\binom{n}{k-1} + \cdots$$

was nun in der Tat nichts anderes ist als die Formel (3), wenn man darin k in $k+1$ verwandelt.

4. Die Summe der Binomialreihe (1) wollen wir nun unter der Voraussetzung, daß die Reihe konvergiert, also $|z| < 1$ ist, mit $\varphi(n)$ bezeichnen. Sie ist eine stetige Funktion von n (§ 122, 4.). Wir multiplizieren zwei solche Reihen:

$$\varphi(m) = \binom{m}{0} + \binom{m}{1}z + \binom{m}{2}z^2 + \binom{m}{3}z^3 + \cdots,$$

$$(5)$$

$$\varphi(n) = \binom{n}{0} + \binom{n}{1}z + \binom{n}{2}z^2 + \binom{n}{3}z^3 + \cdots,$$

nach der Vorschrift des § 120, 3. und erhalten für die Glieder der Produktreihe:

$$\binom{m}{0}\binom{n}{0} = \binom{m+n}{0}$$

$$\left[\binom{m}{0}\binom{n}{1} + \binom{m}{1}\binom{n}{0}\right]z = \binom{m+n}{1}z$$

$$\left[\binom{m}{0}\binom{n}{2} + \binom{m}{1}\binom{n}{1} + \binom{m}{2}\binom{n}{0}\right]z^2 = \binom{m+n}{2}z^2,$$

. . . .

also folgt:

Für $|z| < 1$ und beliebige Werte von m und n ist

(6) $$\varphi(m)\,\varphi(n) = \varphi(m+n).$$

Eine solche Beziehung zwischen den Werten einer Funktion für verschiedene Werte des Arguments nennt man eine **Funktionalgleichung** und wir haben jetzt die Aufgabe, eine stetige Funktion zu finden, die diese Funktionalgleichung befriedigt.[1])

5. Die Gleichung (6) spricht die charakteristische Eigenschaft der **Potenzen** aus und wir können in der Tat nachweisen, daß die Funktion $\varphi(n)$ als eine n^{te} Potenz aufgefaßt werden muß.

Setzt man in (6) nacheinander $m = n, 2n, 3n, \ldots$, so folgt:

$$\varphi(2n) = \varphi(n)\,\varphi(n) = \varphi(n)^2,$$
$$\varphi(3n) = \varphi(2n)\,\varphi(n) = \varphi(n)^3,$$
$$\varphi(4n) = \varphi(3n)\,\varphi(n) = \varphi(n)^4,$$

. . . .,

allgemein für positives ganzzahliges k:

(7) $$\varphi(kn) = \varphi(n)^k.$$

Daraus folgt für $n = 1$, da nach (5): $\varphi(1) = 1 + z$ ist:

$$\varphi(k) = \varphi(1)^k = (1 + z)^k.$$

Damit ist zunächst der binomische Lehrsatz für ganze positive Exponenten von neuem bewiesen.[2])

6. Nehmen wir ferner in (6): $m = -n$ und beachten, daß nach (5): $\varphi(0) = 1$ ist, so folgt:

(8) $$\varphi(-n) = \frac{1}{\varphi(n)}.$$

Dies gibt für ganze negative Exponenten

$$\varphi(-k) = \frac{1}{(1+z)^k} = (1 + z)^{-k},$$

d. h. der binomische Lehrsatz bleibt richtig für negative ganzzahlige Exponenten, sobald $|z| < 1$ ist. So ist für die Exponenten $-1, -2, -3$:

---

1) **Cauchy**, Cours d'analyse 1821.
2) Natürlich kann hier die Beschränkung $|z| < 1$ wegfallen, da $\varphi(k)$ eine abbrechende Reihe darstellt.

$$\frac{1}{1+z} = 1 - z + z^2 - z^3 + z^4 - \cdots$$

$$\frac{1}{(1+z)^2} = 1 - 2z + 3z^2 - 4z^3 + 5z^4 - \cdots$$

$$\frac{1}{(1+z)^3} = 1 - 3z + 6z^2 - 10z^3 + 15z^4 - \cdots$$

7. Sei jetzt p eine positive oder negative ganze Zahl, q eine positive ganze Zahl. Wir setzen in (7): $k = q$, $n = \dfrac{p}{q}$, also $kn = p$ und haben

$$\varphi(p) = \varphi\left(\frac{p}{q}\right)^q = (1+z)^p,$$

folglich

$$\varphi\left(\frac{p}{q}\right) = (1+z)^{\frac{p}{q}}.$$

Es ist also für alle rationalen Werte von n

$$(9) \qquad\qquad \varphi(n) = (1+z)^n,$$

und wegen der Stetigkeit der Funktion $\varphi(n)$ gilt diese Gleichung nach § 92, 2. für jeden reellen Exponenten n. Damit haben wir den allgemeinen binomischen Lehrsatz, der für die ganze Analysis von fundamentaler Bedeutung ist:

Für jeden positiven oder negativen reellen Exponenten n und für jedes z innerhalb des Einheitskreises ist

$$(1+z)^n = 1 + \binom{n}{1}z + \binom{n}{2}z^2 + \binom{n}{3}z^3 + \cdots$$

Hierzu ist aber zu bemerken, daß die Potenz $(1+z)^n$ für nichtganzzahlige Exponenten mehrdeutig ist; so wissen wir, daß es für rationale Exponenten $n = \dfrac{p}{q}$ im ganzen q Werte für die Potenz gibt. Auf Grund der Stetigkeit können wir aber sagen:

Die binomische Reihe stellt denjenigen Wert der Potenz $(1+z)^n$ dar, der für $z \to 0$ stetig in den Wert 1 übergeht.

Damit ist also die Potenz $(1+z)^n$ für $|z| < 1$ und jedes reelle n als einwertige Funktion von z definiert.

Wir wollen die Theorie der Binomialreihe hier nicht weiter verfolgen; wir verweisen hierfür auf die berühmte Abhandlung von N. H. Abel[1]), in der auch der Fall komplexer Exponenten in Betracht gezogen und insbesondere das Verhalten der Reihe auf dem Konvergenzkreis, also für $|z| = 1$ untersucht wird.

---

[1]) Untersuchungen über die Reihe $1 + \dfrac{m}{1}x + \dfrac{m(m-1)}{1\cdot 2}x^2 + \cdots$, Journ. I. Math. **1** (1826). Ostwalds Klassiker Nr. 71.

Der allgemeine binomische Lehrsatz wurde von Newton um 1666 aufgefunden (Analysis per aequationes, 1669 der Akademie eingereicht, aber erst 1704 zum erstenmal gedruckt). Den ersten durchaus einwandfreien Beweis für reelle z und n hat Euler, Comm. Petrop. **19** (1775) geführt.

8. Wir wollen die Binomialreihe zur Berechnung einer Quadratwurzel benutzen. Es ist für $n = \frac{1}{2}$ (vgl. 1.)

$$(10) \quad \sqrt{1+z} = 1 + \tfrac{1}{2}z - \frac{1\cdot 1}{2\cdot 4}z^2 + \frac{1\cdot 1\cdot 3}{2\cdot 4\cdot 6}z^3 - \frac{1\cdot 1\cdot 3\cdot 5}{2\cdot 4\cdot 6\cdot 8}z^4 + \cdots$$

Ist nun z. B. $\sqrt{2}$ zu berechnen, so dürfen wir natürlich nicht einfach $z = 1$ setzen, weil ja die Konvergenz der Reihe nur für $|z| < 1$ bewiesen ist.[1]) Man geht so vor, daß man eine Quadratzahl q^2 sucht, durch deren Multiplikation mit 2 man in die Nähe einer anderen Quadratzahl kommt, also etwa $2q^2 = p^2 + 1$ oder $2q^2 = p^2 - 1$, d. h. man nimmt für p und q Lösungen der unbestimmten Gleichungen $p^2 - 2q^2 = -1$ oder $p^2 - 2q^2 = +1$ (vgl. § 73). Dann ist im einen oder anderen Falle

$$q\sqrt{2} = \sqrt{p^2+1} = p\sqrt{1+\frac{1}{p^2}} \quad \text{oder} \quad q\sqrt{2} = p\sqrt{1-\frac{1}{p^2}},$$

man nimmt $z = \dfrac{1}{p^2}$ oder $z = -\dfrac{1}{p^2}$ und berechnet die Quadratwurzel auf der rechten Seite mit Hilfe der Reihe (10). Durch Multiplikation mit $\dfrac{p}{q}$ erhält man dann $\sqrt{2}$.

So gehört z. B. zu $q = 5$ der Wert $p = 7$ und es ist $z = \frac{1}{49}$ und $\sqrt{2} = \frac{7}{5}\sqrt{1 + \frac{1}{49}}$. Zur bequemeren Berechnung der Reihe bezeichnet man jedes Glied durch einen Buchstaben, also

$$\sqrt{1+z} = 1 + A_1 - A_2 + A_3 - A_4 + \cdots$$

und hat　　　　　1,0

$$A_1 = \frac{z}{2} = \frac{1}{98} = 0{,}010204081633; \quad A_2 = \frac{z}{4}A_1 = \frac{A_1}{196} = 0{,}000052061641$$

$$A_3 = \frac{z}{2}A_2 = \frac{A_2}{98} = \qquad\qquad 531242; \quad A_4 = \frac{5z}{8}A_3 = \frac{10\,A_3}{784} = \qquad\qquad 6776$$

$$A_5 = \frac{7z}{10}A_4 = \frac{A_4}{70} = \qquad\qquad 97; \quad A_6 = \frac{3z}{4}A_5 = \frac{A_5}{65} = \qquad\qquad 1$$

$$\begin{array}{ll}
\underline{\qquad\quad 1{,}010204612972\qquad\quad} & \underline{\quad 0{,}000052068418}\\
\quad -0{,}000052068418 & \\
\hline
\quad 1{,}010152544554 = \sqrt{1+\tfrac{1}{49}}. &
\end{array}$$

Hiermit erhält man $\sqrt{2} = 1{,}414213562376$ und dieser Wert ist nur um 3 Einheiten der letzten Stelle zu groß.

Dieselbe Rechnung kann man benutzen, um $\sqrt{3}$ zu finden, denn es ist $16\cdot 3 = 49 - 1$, also $\sqrt{3} = \frac{7}{4}\sqrt{1 - \frac{1}{49}}$ und die Quadratwurzel auf der rechten Seite ist

$$\sqrt{1-z} = 1 - A_1 - A_2 - A_3 - A_4 - \cdots$$

---

1) Allerdings konvergiert in diesem Fall die Reihe auch für $z = 1$, was man sofort auf Grund des Satzes von Leibniz über alternierende Reihen (§ 117, 2.) erkennt, aber die Konvergenz ist so schwach, daß die Reihe praktisch nicht verwendbar ist.

mit den oben berechneten Werten der $A_1, A_2, \ldots$ Es ist also zu nehmen

$$0{,}010204612972$$
$$+\,0{,}000052068418$$
$$\overline{0{,}010256681390}$$
$$0{,}989743318610 = \sqrt{1 - \tfrac{1}{49}},$$

und es wird $\sqrt{3} = 1{,}732050807567$, um 2 Einheiten der letzten Stelle zu klein.

<h3 style="text-align:center">Einundzwanzigster Abschnitt.</h3>

<h1 style="text-align:center">Die Exponentialfunktion und die trigonometrischen Funktionen.</h1>

<h2 style="text-align:center">§ 125*. Die Zahl e.</h2>

1. Im sechsten Abschnitt haben wir gesehen, daß der Begriff des Logarithmus ursprünglich aus der Vergleichung einer arithmetischen und einer geometrischen Reihe erwachsen ist und daß den ersten Logarithmentafeln von Bürgi und Neper der Gedanke zugrunde liegt, die geometrische Reihe so weit wie möglich zu verdichten. Dies kommt darauf hinaus, als Basis für die Logarithmen eine Zahl von der Form

$$(1) \qquad e_n = \left(1 + \frac{1}{n}\right)^n$$

zu wählen, worin n eine sehr große Zahl ist, und es werden die Zahlen der geometrischen Reihe, d. h. die Numeri um so dichter aufeinander folgen, je größer man n nimmt. Man wird also naturgemäß dazu geführt, diese Zahlen e_n bei wachsendem n zu untersuchen. Wir nehmen dabei zunächst n als ganze Zahl an und entwickeln (1) nach dem binomischen Lehrsatz, also:

$$e_n = 1 + n \cdot \frac{1}{n} + \frac{n(n-1)}{1 \cdot 2} \cdot \frac{1}{n^2} + \cdots + \frac{n(n-1)(n-2)\cdots(n-(n-1))}{1 \cdot 2 \cdot 3 \cdots n} \cdot \frac{1}{n^n}$$

oder

$$(2) \qquad e_n = 2 + \left(1 - \frac{1}{n}\right) \cdot \frac{1}{2!} + \left(1 - \frac{1}{n}\right)\left(1 - \frac{2}{n}\right) \cdot \frac{1}{3!} + \cdots$$
$$+ \left(1 - \frac{1}{n}\right)\left(1 - \frac{2}{n}\right)\left(1 - \frac{3}{n}\right) \cdots \left(1 - \frac{n-1}{n}\right)\frac{1}{n!}.$$

Daraus ist zunächst zu schließen, daß alle Zahlen $e_n > 2$ sind, da alle Glieder positiv sind. Andererseits erhalten wir, wenn wir für alle Differenzen $1 - \frac{1}{n}, 1 - \frac{2}{n}, \ldots 1 - \frac{n-1}{n}$ die größere Zahl 1 setzen:

$$(3) \qquad e_n < 2 + \frac{1}{2!} + \frac{1}{3!} + \cdots + \frac{1}{n!}.$$

Nun ist $2! = 2$, $3! > 2^2$, $4! > 2^3$, .., $n! > 2^{n-1}$, also folgt aus (2) um so mehr (vgl. § 20, **11.**)

$$e_n < 2 + \frac{1}{2} + \frac{1}{2^2} + \frac{1}{2^3} + \cdots \frac{1}{2^{n-1}} = 3 - \frac{1}{2^{n-1}}.$$

Es sind also alle Zahlen $e_n < 3$, sie bilden eine beschränkte Folge und müssen daher eine **obere Schranke** besitzen (§ 25). Diese Schranke, welche **die wichtigste Konstante der reinen Mathematik** darstellt, wollen wir bestimmen; sie wird allgemein mit dem Buchstaben e bezeichnet.

2. Wir beweisen weiter, daß die Zahlen e_n mit n zugleich **wachsen.** Zu dem Ende bemerken wir, daß die Summanden auf der rechten Seite von (2) alle positiv sind, und daß wir also den Ausdruck verkleinern, wenn wir einen Teil der Glieder weglassen. Ist also $m < n$, so ist

$$(4) \quad e_n > 2 + \left(1 - \frac{1}{n}\right) \cdot \frac{1}{2!} + \cdots + \left(1 - \frac{1}{n}\right)\left(1 - \frac{2}{n}\right) \cdots \left(1 - \frac{m-1}{n}\right) \cdot \frac{1}{m!}.$$

Ferner ist $\quad 1 - \frac{1}{n} > 1 - \frac{1}{m}, \quad 1 - \frac{2}{n} > 1 - \frac{2}{m}, \quad \ldots$ und mithin um so mehr

$$e_n > 2 + \left(1 - \frac{1}{m}\right)\frac{1}{2!} + \left(1 - \frac{1}{m}\right)\left(1 - \frac{2}{m}\right)\frac{1}{3!} + \cdots$$
$$+ \left(1 - \frac{1}{m}\right)\left(1 - \frac{2}{m}\right) \cdots \left(1 - \frac{m-1}{m}\right)\frac{1}{m!}.$$

Die rechte Seite ist aber, wie Formel (2) zeigt, gleich e_m, also folgt in der Tat:

$$c_n > e_m, \quad \text{wenn} \quad n > m.$$

Die Zahlen e_n bilden also eine **monoton aufsteigende Folge,** und da sie beschränkt ist, so konvergiert sie und besitzt die obere Schranke als Grenzwert[1]), d. h. es ist $\lim e_n = e$ oder

$$(5) \qquad \lim_{n \to \infty} \left(1 + \frac{1}{n}\right)^n = e.$$

3. Man kann in (4) für jedes gegebene m die Zahl n so groß annehmen, daß die Faktoren $1 - \frac{1}{n}$, $1 - \frac{2}{n}$, $\ldots$ $1 - \frac{m-1}{n}$ der Einheit beliebig nahekommen, und da $e > e_n$ ist, so folgt zusammen mit (3) für jedes beliebige m:

$$e > 2 + \frac{1}{2!} + \frac{1}{3!} + \cdots + \frac{1}{m!} > e_m.$$

Da nun $e = \lim e_m$ ist, so ist e auch der Grenzwert der Summen $2 + \frac{1}{2!} + \cdots + \frac{1}{m!}$ und daraus folgt:

Die Zahl e ist die Summe der unendlichen Reihe

---

[1]) Dieser Grenzwert ist zum erstenmal wohl von **Daniel Bernoulli** (Brief an Goldbach 30. I. 1728) bemerkt worden.

$$(6) \qquad e = 1 + \frac{1}{1!} + \frac{1}{2!} + \frac{1}{3!} + \frac{1}{4!} + \cdots$$

Hiermit ist die Konvergenz dieser Reihe bereits nachgewiesen. Sie folgt aber auch aus dem Cauchyschen Kriterium zweiter Art (§ 117), denn es ist

$$\frac{a_{n+1}}{a_n} = \frac{n!}{(n+1)!} = \frac{1}{n+1},$$

also $\lim \frac{a_{n+1}}{a_n} = 0$.

4. Um eine Schätzung für die Größe des Fehlers zu gewinnen, den man begeht, wenn man bei der Berechnung von e die Reihe bis zu einem bestimmten Glied $\frac{1}{m!}$ summiert, setzen wir:

$$e = 1 + \frac{1}{1!} + \frac{1}{2!} + \cdots + \frac{1}{m!} + \varDelta_m.$$

Dann ist $\varDelta_m$ die Restreihe

$$\varDelta_m = \frac{1}{(m+1)!} + \frac{1}{(m+2)!} + \frac{1}{(m+3)!} + \cdots$$

$$= \frac{1}{m!}\left(\frac{1}{m+1} + \frac{1}{(m+1)(m+2)} + \frac{1}{(m+1)(m+2)(m+3)} + \cdots\right),$$

und wenn wir in den Nennern die Faktoren $m+2$, $m+3$, ... alle durch $m+1$ ersetzen, so folgt:

$$\varDelta_m < \frac{1}{m!}\left[\frac{1}{m+1} + \frac{1}{(m+1)^2} + \frac{1}{(m+1)^3} + \cdots\right] = \frac{1}{m!}\,\frac{1}{(m+1)\left(1 - \frac{1}{m+1}\right)}$$

oder

$$(7) \qquad \varDelta_m < \frac{1}{m \cdot m!}$$

Wir haben also den Satz:

Bricht man die Reihe (6) für e mit dem Glied $\frac{1}{m!}$ ab, so ist der Fehler, den man begeht, kleiner als der m^{te} Teil des letzten Gliedes.

Geht man z. B. bis zum Glied $\frac{1}{10!}$, so ist, da $10! = 3628800$ ist, der Fehler kleiner als $3 \cdot 10^{-8}$.

Die Berechnung der Reihe (6) ist einfach, denn man hat, um ein Glied $\frac{1}{m!}$ zu erhalten, nur das vorangehende Glied durch m zu dividieren. Bis auf 32 Dezimalstellen ist

$$e = 2{,}71828\,18284\,59045\,23536\,02874\,71352\,66 \ldots$$

5. Wir machen uns jetzt von der Voraussetzung ganzzahliger n in dem Ausdruck $\left(1 + \frac{1}{n}\right)^n$ frei und beweisen den Satz:

Die Zahlen $\qquad\qquad e_\nu = \left(1 + \frac{1}{\nu}\right)^\nu$

besitzen, wenn ν irgendeine unbegrenzt wachsende Folge

reeller Zahlen durchläuft, einen Grenzwert und dieser ist gleich der Zahl e.

Jede Zahl v liegt zwischen zwei aufeinanderfolgenden ganzen Zahlen

$$n \leqq v < n + 1.$$

Dann ist

$$\left(1 + \frac{1}{n+1}\right)^n < \left(1 + \frac{1}{v}\right)^n \leqq \left(1 + \frac{1}{v}\right)^v < \left(1 + \frac{1}{v}\right)^{n+1} \leqq \left(1 + \frac{1}{n}\right)^{n+1},$$

mithin

$$\frac{1}{1 + \frac{1}{n+1}}\left(1 + \frac{1}{n+1}\right)^{n+1} < \left(1 + \frac{1}{v}\right)^v < \left(1 + \frac{1}{n}\right)\left(1 + \frac{1}{n}\right)^n \quad \text{oder}$$

$$\frac{e_{n+1}}{1 + \frac{1}{n+1}} < e_v < e_n\left(1 + \frac{1}{n}\right),$$

und daraus folgt, da mit v auch n unbegrenzt wächst:

$$\lim e_v = \lim e_n = e.$$

6. Wir können den Satz **5** noch dahin erweitern, daß e_v auch dann noch die Grenze e hat, wenn v durch eine Folge von negativen Zahlen hindurch gegen $-\infty$ geht. Sei nämlich $v = -\mu$ und μ positiv,

$$e_{-\mu} = \left(1 + \frac{1}{-\mu}\right)^{-\mu},$$

so ist

$$\frac{1}{e_{-\mu}} = \left(1 - \frac{1}{\mu}\right)\left(1 - \frac{1}{\mu}\right)^{\mu-1} = \frac{1 - \frac{1}{\mu}}{\left(1 + \frac{1}{\mu-1}\right)^{\mu-1}},$$

also

$$e_{-\mu} = \frac{e_{\mu-1}}{1 - \frac{1}{\mu}} \quad \text{und} \quad \lim_{\mu \to \infty} e_{-\mu} = \lim e_{\mu-1} = e.$$

§ 126*. Die Exponentialfunktion.

1. Sei z irgendeine reelle Zahl, aber nicht Null. Wir setzen in § 125, 5.: $v = \frac{\mu}{z}$. Dann geht μ gleichzeitig mit v gegen ∞ (unter Umständen gegen $-\infty$, was mit Rücksicht auf § 125, 6. an den folgenden Betrachtungen nichts ändert) und es ist

$$\lim_{\mu \to \infty} \left(1 + \frac{z}{\mu}\right)^{\frac{\mu}{z}} = e.$$

Welches auch der Wert von z sein mag, so werden von einem gewissen μ ab sicher alle Grundzahlen $\left(1 + \frac{z}{\mu}\right)$ positiv sein. Dann kann man aber nach § 40, 9. auf beiden Seiten, und zwar links unter dem lim-Zeichen, mit z potenzieren und findet[1]):

---

1) **Euler**, Misc. Berol. 7 (1743). Eine elementare Einführung der Exponentialfunktion auf Grund des Zinseszinsbegriffes in Fortführung eines Gedankens

$$(1) \qquad \lim_{\mu \to \infty} \left(1 + \frac{z}{\mu}\right)^{\mu} = e^{z},$$

und dies bleibt, wie man sieht, richtig für $z = 0$, gilt also für alle reellen Werte von z. Dabei kann μ irgendeine unbegrenzte wachsende Folge reeller Zahlen durchlaufen.

Betrachtet man z als Veränderliche, so ist e^z eine Funktion von z; man nennt sie die **Exponentialfunktion**.

2. Man kann diese Funktion durch eine unendliche Reihe darstellen. Für ein ganzzahliges positives n ist

$$\left(1 + \frac{z}{n}\right)^{n} = 1 + z + \left(1 - \frac{1}{n}\right)\frac{z^2}{2!} + \left(1 - \frac{1}{n}\right)\left(1 - \frac{2}{n}\right)\frac{z^3}{3!} + \cdots$$
$$+ \left(1 - \frac{1}{n}\right)\left(1 - \frac{2}{n}\right) \cdots \left(1 - \frac{n-1}{n}\right)\frac{z^n}{n!}.$$

Wir zerlegen diesen Ausdruck in zwei Bestandteile $Z_1 + Z_2$, indem wir für $m < n$ setzen:

$$Z_1 = 1 + z + \left(1 - \frac{1}{n}\right)\frac{z^2}{2!} + \cdots + \left(1 - \frac{1}{n}\right)\left(1 - \frac{2}{n}\right) \cdots \left(1 - \frac{m-1}{n}\right)\frac{z^m}{m!}$$

$$Z_2 = \left(1 - \frac{1}{n}\right)\left(1 - \frac{2}{n}\right) \cdots \left(1 - \frac{m}{n}\right)\frac{z^{m+1}}{(m+1)!} + \cdots$$
$$+ \left(1 - \frac{1}{n}\right)\left(1 - \frac{2}{n}\right) \cdots \left(1 - \frac{n-1}{n}\right)\frac{z^n}{n!}.$$

Ist r der absolute Wert von z, so ist, da alle Faktoren $\left(1 - \frac{1}{n}\right)$, $\left(1 - \frac{2}{n}\right)$, $\left(1 - \frac{3}{n}\right)$, ... kleiner als 1 sind

$$|Z_2| < \frac{r^{m+1}}{(m+1)!} + \frac{r^{m+2}}{(m+2)!} + \cdots + \frac{r^n}{n!}.$$

Setzen wir daher

$$(2) \qquad e_n(z) = 1 + z + \frac{z^2}{2!} + \frac{z^3}{3!} + \cdots + \frac{z^n}{n!}$$

und führen die unendliche Reihe ein:

$$(3) \qquad e(z) = 1 + z + \frac{z^2}{2!} + \frac{z^3}{3!} + \cdots,$$

welche nach § 121, 4. für jeden Wert von z konvergiert, so ist

$$(4) \qquad - |Z_2| < e_n(r) - e_m(r) < e(r) - e_m(r).$$

Hält man m fest, so lassen sich bei genügend großen n die in Z_1 auftretenden Faktoren $\left(1 - \frac{1}{n}\right)$, $\left(1 - \frac{2}{n}\right)$, ... $\left(1 - \frac{m-1}{n}\right)$ dem Wert 1 beliebig nahe bringen, folglich kann man durch genügende Vergrößerung von n den Unterschied $|Z_1 - e_m(z)|$ kleiner als eine beliebige positive Größe machen.

---

von **Jakob Bernoulli** bei Loewy, Algebra (1915), S. 391 und eingehender in dess. Verf. Mathematik des Geld- und Zahlungsverkehrs, Leipzig 1920, S. 215 u. 226.

Es ist nun

$$\left(1+\frac{z}{n}\right)^n - e(z) = (Z_1 - e_m(z)) - (e(z) - e_m(z)) + Z_2,$$

also mit Rücksicht auf (4):

$$\left|\left(1+\frac{z}{n}\right)^n - e(z)\right| < \left|Z_1 - e_m(z)\right| + \left|e(z) - e_m(z)\right| + \left|e(r) - e_m(r)\right|.$$

Man nehme nun zunächst m so groß, daß

$$\left|e(z) - e_m(z)\right| \quad \text{und} \quad \left|e(r) - e_m(r)\right|$$

beide kleiner werden als eine beliebige positive Größe $\frac{\varepsilon}{3}$, was wegen der Konvergenz der Reihe (3) möglich ist, und darauf n so groß, daß auch $\left|Z_1 - e_m(z)\right| < \frac{\varepsilon}{3}$ werde; dann wird

$$\left|\left(1+\frac{z}{n}\right)^n - e(z)\right| < \varepsilon.$$

Dieser Unterschied kann also bei genügend großem n unter jede beliebig kleine Größe gebracht werden, folglich ist

$$\lim_{n \to \infty} \left(1+\frac{z}{n}\right)^n = e(z),$$

und nach (1) hat man nun für die **Exponentialfunktion die Reihenentwicklung**[1]):

$$(5) \qquad e^z = 1 + \frac{z}{1!} + \frac{z^2}{2!} + \frac{z^3}{3!} + \frac{z^4}{4!} + \cdots$$

Es hat also diese unendliche Reihe für alle reellen Werte von z die Potenz e^z zur Summe. Dies wollen wir durch die Reihe selbst bestätigen. Zunächst ist, wenn wir die Reihe wieder mit $e(z)$ bezeichnen:

$$(6) \qquad e(0) = 1, \qquad e(1) = e.$$

Wir bilden die Reihe für irgend zwei Werte x und y und multiplizieren die beiden Reihen $e(x)$ und $e(y)$ nach der § 120, **3.** angegebenen Regel. Mit Benutzung der dortigen Bezeichnungen haben wir für $n = 1, 2, 3, \ldots$

$$u_n = \frac{x^n}{n!}, \qquad v_n = \frac{y^n}{n!}, \qquad u_0 = v_0 = 1$$

und es wird $\quad w_n = \frac{x^n}{n!} + \frac{x^{n-1}}{(n-1)!}\frac{y}{1!} + \frac{x^{n-2}}{(n-2)!}\frac{y^2}{2!} + \cdots + \frac{y^n}{n!} \quad$ oder, da

$$\frac{n!}{(n-k)!\,k!} = \binom{n}{k} \text{ ist (§ 53, 4.):}$$

$$w_n = \frac{1}{n!}\left(x^n + \binom{n}{1}x^{n-1}y + \binom{n}{2}x^{n-2}y^2 + \cdots + y^n\right) = \frac{(x+y)^n}{n!}.$$

Nimmt man dazu $w_0 = 1$, so sieht man, daß die Reihe der w_n nichts anderes ist als $e(x+y)$ und es folgt

$$(7) \qquad e(x)\,e(y) = e(x+y).$$

Das ist aber die charakteristische Funktionalgleichung der Potenzen,

---

1) **Newton**, Analysis per aequationes (um 1666).

wie wir sie schon § 124 betrachtet haben, und durch eine ganz entsprechende Überlegung, wie dort, ergibt sich[1]), daß in der Tat, unter Berücksichtigung der Bedingungen (6), für jedes reelle x

$$e(x) = e^x$$

sein muß.

3. Beachten wir aber jetzt, daß die Reihe $e(z)$ auch für jedes komplexe z konvergiert, so können wir sie benutzen, um die Potenzen von e mit komplexen Exponenten zu definieren. Wir sagen:

Unter der Potenz e^z mit irgendeinem komplexen Exponenten z verstehen wir die analytische Funktion (§ 121, **6.**)

$$e^z = 1 + \frac{z}{1!} + \frac{z^2}{2!} + \frac{z^3}{3!} + \cdots$$

Für sie bleibt die in (7) ausgedrückte fundamentale Eigenschaft der Potenzen, bei der wir über x und y nichts vorausgesetzt haben, bestehen.

Nach § 122 sehen wir:

Die Exponentialfunktion e^z ist eine in der ganzen Zahlenebene stetige Funktion von z.

4. Nehmen wir in der Exponentialreihe $-z$ an Stelle von z, so wird

$$(8) \qquad e^{-z} = \frac{1}{e^z} = 1 - \frac{z}{1!} + \frac{z^2}{2!} - \frac{z^3}{3!} + \frac{z^4}{4!} - \cdots$$

Auch diese Reihe konvergiert für jeden Wert von z; es wird also e^{-z} für keinen endlichen Wert von z unendlich und daraus folgt:

Die Exponentialfunktion bleibt für jeden endlichen Wert der Variablen von Null verschieden.

Durchläuft aber z eine unbegrenzt abnehmende Folge reeller Werte, so konvergiert e^z gegen Null; man schreibt dies:

$$\lim_{z \to -\infty} e^z = 0$$

und sagt auch: e^z wird Null für $z = -\infty$.

5. Wenn die reelle Variable x alle positiven Werte von 0 nach ∞ durchläuft, so geht die Exponentialfunktion beständig wachsend (wie die Reihe unmittelbar zeigt) von 1 nach ∞. Geht $x = -x'$ durch alle negativen Werte von 0 nach $-\infty$, (also x' von 0 nach $+\infty$), so nimmt $e^x = e^{-x'} = \dfrac{1}{e^{x'}}$ beständig ab von 1 bis 0. Es folgt:

Wenn die Variable alle reellen Werte von $-\infty$ bis $+\infty$ durchläuft, so nimmt die Exponentialfunktion beständig wachsend alle positiven Werte von 0 bis ∞ an.

Eine anschauliche Vorstellung von dem Gesamtverlauf der Funktion $y = e^x$ für reelle Werte der Variablen gewinnt man durch die graphische Darstellung, indem man zu möglichst vielen Werten x als Abszissen die zugehörigen Werte y als Ordinaten aufträgt. Die Ge-

---

1) Es handelt sich hier, wie in § 124, um die Ermittlung stetiger Lösungen der Funktionalgleichung.

samtheit der Punkte, die man so erhalten kann, bildet eine stetige Kurve, die von dem Punkte 1 auf der y-Achse aus sich nach der Seite der positiven x immer weiter von der x-Achse entfernt, nach der Seite der negativen x sich der x-Achse immer mehr nähert, ohne sie jedoch im Endlichen jemals zu erreichen.

§ 127*. Die Funktionen $\sin x$ und $\cos x$.

1. Setzen wir in der Exponentialfunktion $z = ix$, worin x eine reelle Variable bedeutet, und führen in der Reihe die schon in § 46, **1.** angegebenen Werte der Potenzen von i ein, so erhalten wir:

$$e^{ix} = 1 + \frac{ix}{1!} - \frac{x^2}{2!} - \frac{ix^3}{3!} + \frac{x^4}{4!} + \frac{ix^5}{5!} - \frac{x^6}{6!} - \cdots$$

Da die Reihe unbedingt konvergiert, können wir die Reihenfolge der Glieder beliebig abändern, ohne den Wert der Reihe zu ändern. Wir führen daher zwei neue Funktionen durch die folgenden Reihen ein, welche für jedes x unbedingt konvergieren:

$$c(x) = 1 - \frac{x^2}{2!} + \frac{x^4}{4!} - \frac{x^6}{6!} + \cdots$$

(1)

$$s(x) = \frac{x}{1!} - \frac{x^3}{3!} + \frac{x^5}{5!} - \frac{x^7}{7!} + \cdots$$

und haben dann

(2)
$$e^{ix} = c(x) + is(x).$$

2. Von diesen Funktionen $c(x)$ und $s(x)$ können wir sogleich folgende Eigenschaften feststellen:

(I)
$$c(0) = 1; \qquad s(0) = 0$$

(II)
$$\lim_{x \to 0} \frac{s(x)}{x} = 1.$$

(III)
$$c(-x) = c(x); \qquad s(-x) = -s(x),$$

also $c(x)$ eine grade Funktion, $s(x)$ eine ungrade Funktion.

Weiter ist die Produktgleichung

$$e^{i(x+y)} = e^{ix} \cdot e^{iy}$$

gleichbedeutend mit

$$c(x+y) + is(x+y) = (c(x) + is(x))(c(y) + is(y))$$

und durch Trennung des reellen Teils vom imaginären folgt:

(IV)
$$c(x+y) = c(x)c(y) - s(x)s(y)$$
$$s(x+y) = s(x)c(y) + c(x)s(y).$$

Setzen wir hier in der ersten Formel $y = -x$, so folgt mit Rücksicht auf (I) und (III):

(3)
$$c(x)^2 + s(x)^2 = 1.$$

3. Diese Formeln stimmen, wie man sieht, vollständig mit den Grundformeln für die trigonometrischen Funktionen $\cos x$ und $\sin x$ überein.

Wir wollen dies insbesondere nur für die Formel II zeigen, für die anderen verweisen wir auf die Elemente der Trigonometrie.

Es sei AB ein Kreisbogen mit dem Radius gleich der Längeneinheit und dem spitzen Winkel x, den wir in Bogenmaß messen, so daß also auch die Länge des Bogens AB gleich x ist. Wir fällen von B die Senkrechte BE auf CA und errichten in A die Senkrechte AD bis zum Schnitt D mit dem Radius CB. Dann ist

$$\overline{BE} = \sin x, \quad \overline{AD} = \operatorname{tg} x, \quad \overline{CE} = \cos x.$$

Der Flächeninhalt des Dreiecks CEB ist aber, wie die Figur zeigt, kleiner als der des Sektors CAB, und dieser ist wiederum kleiner als das Dreieck CAD, und es ist

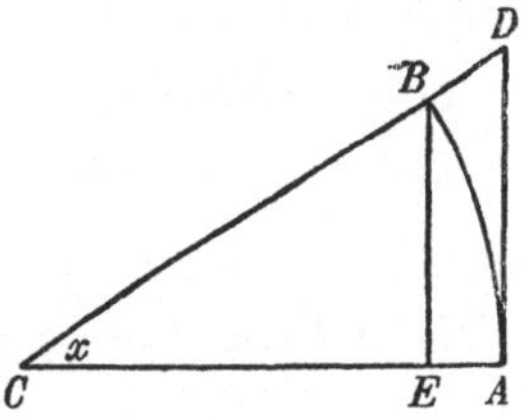

$$\text{Dreieck } CEB = \tfrac{1}{2} \sin x \cos x,$$
$$\text{Sektor } CAB = \tfrac{1}{2} x,$$
$$\text{Dreieck } CAD = \tfrac{1}{2} \operatorname{tg} x,$$

Fig. 23.

woraus sich wegen $\operatorname{tg} x = \dfrac{\sin x}{\cos x}$ die Ungleichung ergibt:

$$\sin x \cos x < x < \frac{\sin x}{\cos x},$$

und hieraus kann man ableiten:

$$\cos x < \frac{\sin x}{x} < \frac{1}{\cos x}.$$

Da nun, wenn x hinlänglich verkleinert wird, $\cos x$ der Einheit beliebig nahe gebracht werden kann, so folgt:

Wenn x sich dem Werte 0 nähert, so nähert sich der Quotient $\dfrac{\sin x}{x}$ dem Werte 1 und es ist

$$(4) \qquad\qquad \lim_{x \to 0} \frac{\sin x}{x} = 1.$$

4. Wir beweisen nun den wichtigen Satz, daß durch die Eigenschaften I, II, III, IV die Funktionen $\cos x$ und $\sin x$ unzweideutig definiert sind, daß also zwei stetige Funktionen $c(x)$ und $s(x)$, welche diesen Formeln genügen, mit $\cos x$ und $\sin x$ identisch sein müssen.

Zufolge der Gleichung (3), welche aus den Formeln I, III, IV abgeleitet ist, liegen die reellen Werte von $c(x)$ und $s(x)$ sämtlich zwischen -1 und $+1$. Wir können also

$$(5\,\text{a}) \qquad\qquad c(x) = \cos \varphi$$

und dann entsprechend (3)

$$(5\,\text{b}) \qquad\qquad s(x) = \sin \varphi$$

setzen. Darin ist φ eine von x abhängende Veränderliche, also eine Funktion $\varphi(x)$, die wir uns in gewohnter Weise als Winkel deuten mögen. Eine Änderung von φ um Vielfache von 2π läßt die Funktionen $\cos\varphi$ und $\sin\varphi$, mithin auch $c(x)$ und $s(x)$ ungeändert, wir dürfen also noch eine Festsetzung über einen Anfangswert von $\varphi(x)$ treffen.

Nach I soll für $x = 0 : \cos\varphi = 1$, $\sin\varphi = 0$ sein, also können wir

$$(6) \qquad\qquad \varphi(0) = 0$$

annehmen.

Wir setzen jetzt für drei Werte x, y und $(x + y)$ der ursprünglichen Variablen

$$\varphi(x) = \varphi_1, \qquad \varphi(y) = \varphi_2, \qquad \varphi(x + y) = \varphi_3$$

und haben nach IV:

$$c(x + y) = \cos\varphi_3 = \cos\varphi_1\cos\varphi_2 - \sin\varphi_1\sin\varphi_2 = \cos(\varphi_1 + \varphi_2)$$

$$s(x + y) = \sin\varphi_3 = \sin\varphi_1\cos\varphi_2 + \cos\varphi_1\sin\varphi_2 = \sin(\varphi_1 + \varphi_2),$$

folglich muß $\varphi_3 = \varphi_1 + \varphi_2$ sein[1]) oder:

Die Funktion φ muß die Funktionalgleichung

$$(7) \qquad\qquad \varphi(x + y) = \varphi(x) + \varphi(y)$$

befriedigen. Hieraus wollen wir φ bestimmen.[2]) Es folgt sofort für n Veränderliche $x_1, x_2, \ldots, x_n$:

$$\varphi(x_1 + x_2 + \cdots + x_n) = \varphi(x_1) + \varphi(x_2) + \cdots + \varphi(x_n)$$

und daraus, wenn $x_1 = x_2 = \cdots = x_n = x$ ist:

$$(8) \qquad\qquad \varphi(nx) = n\varphi(x),$$

also für $x = 1$

$$(9) \qquad\qquad \varphi(n) = na,$$

worin $\qquad\qquad \varphi(1) = a \qquad\qquad$ gesetzt ist.

Ferner folgt aus (8) und (9) für $x = \dfrac{m}{n}$:

$$\varphi(m) = n\varphi\left(\frac{m}{n}\right) = am,$$

mithin $\qquad\qquad \varphi\left(\dfrac{m}{n}\right) = a\,\dfrac{m}{n}\,.$

Es ist also für jedes rationale x und dann wegen der Stetigkeit auch für jedes irrationale:[3])

$$\varphi(x) = ax.$$

Jetzt ist nur noch a zu bestimmen und dazu dient die Formel II. Es ist

$$\frac{s(x)}{x} = \frac{\sin\varphi}{x} = a\,\frac{\sin\varphi}{\varphi}$$

---

1) Infolge der Festsetzung (6) können hier keine Vielfachen von 2π hinzukommen, wie man aus (7) sieht, wenn man darin $y = 0$ setzt.

2) Cauchy, Cours d'analyse 1821.

3) Dieses Resultat gilt auch für negative x, denn nach (6) und (7) ist, wenn man $y = -x$ setzt: $\varphi(-x) = -\varphi(x)$.

und daher wegen (6) und (4)

$$1 = \lim_{x \to 0} \frac{s(x)}{x} = a \lim_{\varphi \to 0} \frac{\sin \varphi}{\varphi} = a.$$

Es ist also einfach $\varphi = x$ und damit gezeigt, daß in der **Tat** auf Grund der Eigenschaften I, II, III, IV

$$c(x) = \cos x, \qquad s(x) = \sin x$$

sein muß.

5. Gehen wir nun auf 1. zurück, so sehen wir:

Für die Funktionen $\cos x$ und $\sin x$ bestehen die überall konvergenten Reihenentwicklungen[1]):

$$(10) \qquad \begin{aligned} \cos x &= 1 - \frac{x^2}{2!} + \frac{x^4}{4!} - \frac{x^6}{6!} + \cdots \\ \sin x &= x - \frac{x^3}{3!} + \frac{x^5}{5!} - \frac{x^7}{7!} + \cdots \end{aligned}$$

und es ist[2]):

$$(11) \qquad e^{ix} = \cos x + i \sin x.$$

Ersetzt man hier x durch $-x$, so folgt:

$$(12) \qquad e^{-ix} = \cos x - i \sin x.$$

Wir können jetzt die Funktionen $\cos x$ und $\sin x$ durch die Reihen (10) oder — was dasselbe ist — durch die Eulersche Beziehung (11) definieren und sind sicher, daß wir damit dieselben Funktionen haben, die in der Trigonometrie durch geometrische Betrachtungen eingeführt werden.

Die in (11) und (12) auftretenden Verbindungen dieser Funktionen sind uns bereits im siebenten Abschnitt bei der Theorie der komplexen Zahlen begegnet, und wir sehen jetzt, daß die dort eingeführte Richtungsfunktion $E(\varphi)$ nichts anderes ist als die Exponentialfunktion $e^{i\varphi}$. Daraus ergeben sich ohne weiteres alle Eigenschaften der Richtungsfunktionen, insbesondere folgt aus der Formel

$$(e^{ix})^n = e^{inx}$$

der **Satz von Moivre**:

$$(13) \qquad (\cos x + i \sin x)^n = \cos nx + i \sin nx,$$

und zwar nunmehr für jeden reellen Wert von n.

6. Aus (11) und (12) erhält man die Funktionen $\cos x$ und $\sin x$ durch die Exponentialfunktion ausgedrückt:

---

1) **Newton**, Analysis per aequationes (um 1666). Bei der Verwendung dieser Reihen zur Berechnung der Funktionen bestimmter Winkel ist zu beachten, daß die Winkel in **Bogenmaß** zu messen sind.

2) Dies ist die berühmte Formel von **Euler** (um 1740), Misc. Berol. **7** (1743). Introductio in anal. infinit. (1748). Als Vorläufer von Euler ist **Roger Cotes** anzusehen, der in seiner Harmonia mensurarum, Cambridge 1722, einen Satz gibt, der inhaltlich mit $ix = \log(\cos x + i \sin x)$ übereinstimmt. Vgl. Bibl. math. (3), **2** (1901).

$$(14) \qquad \cos x = \frac{e^{ix} + e^{-ix}}{2}, \qquad \sin x = \frac{e^{ix} - e^{-ix}}{2\,i}.$$

Hierdurch oder durch die Reihen (10) sind aber die Funktionen nicht nur für reelle Werte, sondern für jeden komplexen Wert von x definiert und es bleiben für sie die Eigenschaften I, II, III, IV bestehen. Für die Funktionen mit rein imaginärem Argument hat man besondere Bezeichnungen eingeführt. Man setzt

$$(15) \qquad \begin{aligned} \cos(ix) &= \frac{e^{x} + e^{-x}}{2} = \mathrm{Cos}\, x \\[2ex] \frac{1}{i}\sin(ix) &= \frac{e^{x} + e^{-x}}{2} = \mathrm{Sin}\, x \end{aligned}$$

und nennt diese Funktionen den hyperbolischen Cosinus und Sinus, denn sie hängen in ähnlicher Weise mit der gleichseitigen Hyperbel zusammen, wie die Funktionen cos und sin mit dem Kreise. Für diese Funktionen besteht nämlich die Beziehung

$$\mathrm{Cos}^2\, x - \mathrm{Sin}^2\, x = 1,$$

und man kann daher die Koordinaten ξ, η irgendeines Punktes einer gleichseitigen Hyperbel mit der Gleichung $\xi^2 - \eta^2 = a^2$ in der Form

$$\xi = a\,\mathrm{Cos}\,\varphi, \qquad \eta = a\,\mathrm{Sin}\,\varphi$$

darstellen. Mit Benutzung der hyperbolischen Funktionen hat man als Werte der Funktionen cos und sin für das komplexe Argument $z = x + iy$

$$(16) \qquad \begin{aligned} \cos(x + iy) &= \cos x\,\mathrm{Cos}\,y - i\sin x\,\mathrm{Sin}\,y \\ \sin(x + iy) &= \sin x\,\mathrm{Cos}\,y + i\cos x\,\mathrm{Sin}\,y. \end{aligned}$$

7. **Durch die Eulersche Formel (11)** wird auch ein Zusammenhang zwischen den beiden wichtigen Zahlen e und π hergestellt. Die Zahl π kann dadurch definiert werden, daß $\frac{\pi}{2}$ die kleinste positive Zahl ist, für die $\cos x = 0$ und dann nach (3) $\sin x = 1$ ist.[1]) Nach (11) ist dann

$$(17) \qquad e^{\frac{\pi i}{2}} = i.$$

---

1) Daß es eine solche Zahl gibt, kann man so erkennen: Es ist $\cos 0 = 1$ und, wie man leicht aus der Reihe sieht, $\cos 2$ negativ, also gibt es eine kleinste positive Zahl $\frac{\pi}{2} < 2$, so daß $\cos\frac{\pi}{2} = 0$ ist. Dann ist nach (3) $\sin\frac{\pi}{2}$ entweder $+1$ oder -1. Nun ist nach IV, wenn man $x = \frac{\pi}{2}$ und $-y$ an Stelle von y setzt

$$\cos\left(\frac{\pi}{2} - y\right) = \sin\frac{\pi}{2}\sin y.$$

Geht y von 0 bis $\frac{\pi}{2}$, so ist die linke Seite beständig positiv, $\sin y$ ist aber für kleine positive y jedenfalls auch positiv, also muß $\sin\frac{\pi}{2} = +1$ sein.

Damit folgt weiter:

(18) $$e^{\pi i} = -1, \qquad e^{2\pi i} = +1.$$

Es ist also

(19) $$e^{z+2\pi i} = e^z,$$

d. h. die Exponentialfunktion e^z ändert sich nicht, wenn z um $2\pi i$ oder um ein Vielfaches von $2\pi i$ vermehrt wird. Man nennt deshalb e^z eine periodische Funktion mit der Periode $2\pi i$.

Aus (19) ergibt sich für $z = xi$:

$$\cos x + i\sin x = \cos(x + 2\pi) + i\sin(x + 2\pi),$$

also $\qquad \cos x = \cos(x + 2\pi); \qquad \sin x = \sin(x + 2\pi).$

Die trigonometrischen Funktionen sind periodische Funktionen mit der reellen Periode 2π.

8. Nach der ersten Formel (18) ist

$$e^{z+\pi i} = -e^z,$$

also folgt für $z = xi$:

$$\cos(x + \pi) = -\cos x, \qquad \sin(x + \pi) = -\sin x.$$

Dies zeigt, wenn wir uns auf die Sinusfunktion beschränken, daß $\sin x$ für alle Vielfachen von π Null wird, also für

$$x = k\pi \quad (k = 0, \pm 1, \pm 2, \ldots)$$

Wir beweisen, daß $\sin x$ keine anderen Nullpunkte als diese besitzt.

Schreiben wir, um anzudeuten, daß die Variable auch komplexe Werte haben kann, z an Stelle von x und sei $\sin z = 0$, so ist $\cos z = \pm 1$, also $e^{iz} = \pm 1$.

Ist nun $z = x + iy$, so ist also $e^{-y} \cdot e^{ix} = \pm 1$, mithin

$$e^{-y}\cos x = \pm 1, \qquad e^{-y}\sin x = 0.$$

Durch Quadrieren und Addition dieser Gleichungen ergibt sich $e^{-2y} = 1$, also $y = 0$ und $z = x$, d. h. die Sinusfunktion hat nur reelle Nullpunkte. Hätte nun $\sin x$ einen Nullpunkt, der nicht ein Vielfaches von π wäre, etwa $x = \xi$ und $k\pi < \xi < (k+1)\pi$, so wäre auch $\xi - k\pi$ ein Nullpunkt, d. h. es gäbe einen Nullpunkt im Intervall $(0, \pi)$. Dann würde aber aus $\sin x = \cos\left(\dfrac{\pi}{2} - x\right)$ folgen, daß die Kosinusfunktion einen Nullpunkt im Intervall $\left(-\dfrac{\pi}{2}, +\dfrac{\pi}{2}\right)$ hätte. Das ist aber nach **7.** ausgeschlossen.[1])

---

1) Von Tafeln für die Exponentialfunktion und die trigonometrischen Funktionen nennen wir: F. Becker und C. E. van Orstrand, Hyperbolic Functions. Washington 1909 (Smithsonian Inst.); K. Hayashi, Fünfstellige Tafeln der Kreis- und Hyperbelfunktionen sowie der Funktionen e^x und e^{-x}. Berlin 1921.

§ 128*. Die Bernoullischen Zahlen. Die Reihen für $\operatorname{tg} x$ und $\operatorname{ctg} x$.

1. Wir wollen nun auch Reihenentwicklungen für die Funktionen $\operatorname{tg} x$ und $\operatorname{ctg} x$ finden. Betrachten wir zunächst die letztere Funktion, so ist nach § 127, (14):

$$\operatorname{ctg} x = \frac{\cos x}{\sin x} = i\,\frac{e^{ix} + e^{-ix}}{e^{ix} + e^{-ix}}$$

oder, wenn wir den Bruch mit e^{ix} erweitern,

$$(1) \qquad \operatorname{ctg} x = i\,\frac{e^{2ix} + 1}{e^{2ix} - 1}.$$

Wir führen nun die Funktion

$$(2) \qquad f(z) = \frac{z}{2}\,\frac{e^z + 1}{e^z - 1}$$

ein und suchen sie in eine Potenzreihe zu entwickeln. Dann ist

$$(3) \qquad \operatorname{ctg} x = \frac{1}{x}\,f(2\,ix).$$

Zur Reihenentwicklung von $f(z)$ benutzen wir die Methode der unbestimmten Koeffizienten (§ 123). Setzt man $-z$ an Stelle von z und erweitert mit e^z, so ist:

$$f(-z) = -\frac{z}{2}\,\frac{e^{-z} + 1}{e^{-z} - 1} = -\frac{z}{2}\,\frac{1 + e^z}{1 - e^z} = f(z),$$

also $f(z)$ eine grade Funktion.

Führt man ferner in (2) für e^z die Reihe ein, so ist

$$(4) \qquad f(z) = \frac{1}{2}\,\frac{2 + z + \dfrac{z^2}{2!} + \cdots}{1 + \dfrac{z}{2!} + \dfrac{z^2}{3!} + \cdots},$$

und dies ergibt für $z = 0$: $f(0) = 1$.

Wir setzen deshalb entsprechend § 123, **3.** eine Reihenentwicklung von der Form

$$(5) \qquad \frac{z}{2}\,\frac{e^z + 1}{e^z - 1} = 1 + \frac{B_1}{2!}\,z^2 + \frac{B_2}{4!}\,z^4 + \frac{B_3}{6!}\,z^6 + \cdots$$

an und haben die Koeffizienten $B_1, B_2, B_3, \ldots$ zu bestimmen.

2. Wir denken uns links den Ausdruck (4) eingesetzt, multiplizieren auf beiden Seiten mit der Reihe im Nenner: $1 + \dfrac{z}{2!} + \dfrac{z^2}{3!} + \cdots$, und setzen die Koeffizienten gleich hoher Potenzen auf beiden Seiten einander gleich. Dann liefern die Koeffizienten von z^{2n}:

$$\frac{1}{2\cdot(2\,n)!} = \frac{1}{(2\,n+1)!} + \frac{B_1}{2!\,(2\,n-1)!} + \frac{B_2}{4!\,(2\,n-3)!} + \cdots + \frac{B_n}{(2\,n)!\,1!}.$$

Wir multiplizieren beiderseits mit $(2\,n+1)!$ und bringen das erste Glied rechts auf die linke Seite. Dann folgt mit Rücksicht auf § 53, (4):

$$(6) \quad \binom{2n+1}{2} B_1 + \binom{2n+1}{4} B_2 + \binom{2n+1}{6} B_3 + \cdots + \binom{2n+1}{2n} B_n = n - \frac{1}{2}.$$

Das sind für $n = 1, 2, 3, \ldots$ Rekursionsformeln, durch die man die Zahlen $B_1, B_2, B_3, \ldots$ der Reihe nach berechnen kann.

Vergleicht man aber die Koeffizienten von z^{2n+1} miteinander, so erhält man:

$$\frac{1}{2(2n+1)!} = \frac{1}{(2n+2)!} + \frac{B_1}{2!\,(2n)!} + \frac{B_2}{4!\,(2n-2)!} + \cdots + \frac{B_n}{(2n)!\,2!},$$

und wenn man hier mit $(2n+2)!$ multipliziert und wieder das erste Glied nach links bringt:

$$(7) \quad \binom{2n+2}{2} B_1 + \binom{2n+2}{4} B_2 + \binom{2n+2}{6} B_3 + \cdots + \binom{2n+2}{2n} B_n = n.$$

Zieht man hiervon die Formel (6) ab, so wird der Koeffizient von B_k (vgl. § 53, (8^b))

$$\binom{2n+2}{2k} - \binom{2n+1}{2k} = \binom{2n+1}{2k-1},$$

also folgt:

$$(8) \quad \binom{2n+1}{1} B_1 + \binom{2n+1}{3} B_2 + \binom{2n+1}{5} B_3 + \cdots + \binom{2n+1}{2n-1} B_n = \frac{1}{2}.$$

Jede der Formelgruppen (6), (7), (8) — am besten wohl die letzte — kann zur Berechnung der Zahlen $B_1, B_2, B_3, \ldots$ dienen. So erhält man nacheinander für $n = 1, 2, 3$:

$$3 B_1 = \tfrac{1}{2} \qquad B_1 = \tfrac{1}{6}$$
$$5 B_1 + 10 B_2 = \tfrac{1}{2} \qquad B_2 = -\tfrac{1}{30}$$
$$7 B_1 + 35 B_2 + 21 B_3 = \tfrac{1}{2} \qquad B_3 = \tfrac{1}{42}.$$

Diese rationalen Zahlen $B_1, B_2, B_3, \ldots$ heißen die **Bernoullischen Zahlen**, denn sie treten zuerst in dem nachgelassenen Werk von Jakob Bernoulli, Ars conjectandi (1713) (Ostwalds Klassiker Nr. 107, 108) auf. Sie spielen in verschiedenen Gebieten der Mathematik (Analysis, Zahlentheorie, Wahrscheinlichkeitsrechnung) eine wichtige Rolle. Die Zahlen sind (in der von uns gewählten Bezeichnungsweise) abwechselnd positiv und negativ.[1]) Sie nehmen — absolut genommen — anfangs mit wachsendem Index ab, wachsen aber später sehr rasch ins Ungeheure. Die sieben ersten Zahlen sind

$$\tfrac{1}{6}, \; -\tfrac{1}{30}, \; \tfrac{1}{42}, \; -\tfrac{1}{30}, \; \tfrac{5}{66}, \; -\tfrac{691}{2730}, \; \tfrac{7}{6}.$$

Die 62 ersten Zahlen hat Adams, Journ. f. Math. **85** (1878) berechnet. Die letzte von diesen ist von der Größenordnung $3{,}2 \cdot 10^{108}$ (vgl. § 136, **5.**).

3. Wir werden später (§ 136, **4.**) zeigen, daß die mit den Bernoullischen Zahlen gebildete Reihe (5) in einem gewissen Gebiet konvergiert

---

1) Dies wird durch die Formel § 136, (8) bewiesen.

und damit ist dann die Berechtigung der Entwicklung nachgewiesen. Setzen wir in ihr $z = 2ix$, so erhalten wir nach (3) die Reihe

$$(9) \qquad \operatorname{ctg} x = \frac{1}{x} - 2\,\frac{B_1}{2!}\,(2x) + 2\,\frac{B_2}{4!}\,(2x)^3 - 2\,\frac{B_3}{6!}\,(2x)^5 + \cdots.$$

4. Um auch für $\operatorname{tg} x$ eine Entwicklung zu finden, bilden wir

$$\varphi(z) = \frac{z}{2}\,\frac{e^z - 1}{e^z + 1} = z\,\frac{e^{2z} + 1}{e^{2z} - 1} - \frac{z}{2}\,\frac{e^z + 1}{e^z - 1}$$

oder $\qquad\qquad\qquad \varphi(z) = f(2z) - f(z).$

Führt man hier rechts die Reihe (5), gebildet für $2z$ und für z, ein und multipliziert noch mit 2, so folgt:

$$(10) \qquad z\,\frac{e^z - 1}{e^z + 1} = A_1\,\frac{z^2}{2!} + A_2\,\frac{z^4}{4!} + A_3\,\frac{z^6}{6!} + \cdots, \qquad \text{worin}$$

$$(11) \qquad\qquad A_n = 2\,(2^{2n} - 1)\,B_n \qquad\qquad n = 1, 2, 3, \ldots$$

ist. Diese Zahlen A_n sind, was wir hier nicht beweisen wollen, sämtlich ganze Zahlen. Die ersten sind

$$1, -1, 3, -17, 155, -2073, 38227.$$

Für diese Zahlen leiten wir aus (10) ganz ähnlich wie in 2. Rekursionsformeln ab, indem wir nach Division der Formel durch z für $e^z - 1$ und $e^z + 1$ ihre Reihen einführen und die erstere Reihe Glied für Glied dem .Produkt der zweiten Reihe mit der rechten Seite gleichsetzen. Dann liefern die Koeffizienten von z^{2n} nach Multiplikation mit $(2n + 1)!$:

$$(12) \qquad \binom{2n+1}{2} A_1 + \binom{2n+1}{4} A_2 + \binom{2n+1}{6} A_3 + \cdots$$

$$+ \binom{2n+1}{2n} A_n = 2n + 1,$$

durch die man für $n = 1, 2, 3, \ldots$ nacheinander die Zahlen A_1, A_2, $A_3, \ldots$ direkt ohne Benutzung der Bernoullischen Zahlen berechnen kann.

Addieren wir hierzu das Doppelte der Formel (6) und berücksichtigen, daß

$$A_k + 2B_k = 2 \cdot 2^{2k} B_k$$

ist, so erhalten wir neue Rekursionsformeln für die Bernoullischen Zahlen

$$(13) \qquad \binom{2n+1}{2} \cdot 2^2 B_1 + \binom{2n+1}{4} \cdot 2^4 B_2 + \cdots + \binom{2n+1}{2n} 2^{2n} B_n = 2n,$$

von denen wir noch Gebrauch zu machen haben.

5. Setzt man in (10): $z = 2ix$, so wird die Funktion

$$2ix\,\frac{e^{2ix} - 1}{e^{2ix} + 1} = 2ix\,\frac{e^{ix} - e^{-ix}}{e^{ix} + e^{-ix}} = -2x\,\operatorname{tg} x,$$

und man erhält die Reihenentwicklung:

$$(14) \qquad \operatorname{tg} x = A_1\,\frac{(2x)}{2!} - A_2\,\frac{(2x)^3}{4!} + A_3\,\frac{(2x)^5}{6!} - \cdots.$$

Die praktische Bedeutung der Reihen (9) und (14) ist nicht eben groß, da sie nur für kleine Werte von x genügend schnell konvergieren.

6. Die Bernoullischen Zahlen treten auch, wie ebenfalls bereits Jak. Bernoulli erkannt hat, bei der Berechnung der **Summen gleich hoher Potenzen der natürlichen Zahlen von 1 bis n** auf. Wir setzen

$$(15) \qquad S_k = 1^k + 2^k + 3^k + \cdots + n^k \quad \text{für} \quad k = 0,1,2,3,\ldots$$

also $S_0 = n$, und bilden die Summe von Exponentialfunktionen:

$$(16) \qquad e^z + e^{2z} + e^{3z} + \cdots e^{nz} = e^z \frac{e^{nz} - 1}{e^z - 1}.$$

Führen wir links die Reihen für die Funktionen e^z ein, so wird die Summe

$$(17) \qquad S_0 + S_1 \frac{z}{1!} + S_2 \frac{z^2}{2!} + S_3 \frac{z^3}{3!} + \cdots.$$

Diese Reihe konvergiert für jedes z, denn sie ist eine Summe von endlich vielen überall konvergenten Reihen.

Wir entwickeln nun auch die rechte Seite von (16) in eine Potenzreihe. Es ist

$$\frac{e^{nz} - 1}{z} = n + \frac{n^2 z}{2!} + \frac{n^3 z^2}{3!} + \frac{n^4 z^3}{4!} + \cdots$$

und nach (5)

$$\frac{z e^z}{e^z - 1} = \frac{z}{2} \frac{e^z + 1}{e^z - 1} + \frac{z}{2} = 1 + \frac{z}{2} + \frac{B_1}{2!} z^2 + \frac{B_2}{4!} z^4 + \frac{B_3}{6!} z^6 + \cdots.$$

Das Produkt der beiden Reihen konvergiert mindestens im Konvergenzgebiet der zweiten Reihe, also können wir es nach § 123, 1. mit der Reihe (17) vergleichen, und das Glied mit z^k liefert uns, wenn wir noch mit $k!$ multiplizieren:

$$(18) \qquad S_k = \frac{n^{k+1}}{k+1} + \frac{n^k}{2} + \binom{k}{1} \frac{B_1}{2} n^{k-1} + \binom{k}{3} \frac{B_2}{4} n^{k-3} + \binom{k}{5} \frac{B_3}{6} n^{k-5} + \cdots$$

Dieser Ausdruck schließt für grade $k = 2m$ mit $B_m \cdot n$, für ungrade $k = 2m + 1$ (abgesehen von $k = 1$) mit $\frac{2m+1}{2} B_m \cdot n^2$.

So erhält man für die ersten Werte von k:

$$S_1 = \frac{n^2}{2} + \frac{n}{2} \qquad\qquad = \frac{n(n+1)}{2}$$

$$S_2 = \frac{n^3}{3} + \frac{n^2}{2} + \frac{n}{6} \qquad = \frac{n(n+1)(2n+1)}{6}$$

$$(19) \qquad S_3 = \frac{n^4}{4} + \frac{n^3}{2} + \frac{n^2}{4} \qquad = \frac{n^2(n+1)^2}{4}$$

$$S_4 = \frac{n^5}{5} + \frac{n^4}{2} + \frac{n^3}{3} - \frac{n}{30} = \frac{n(n+1)(2n+1)(3n^2 + 3n - 1)}{30}$$

$$S_5 = \frac{n^6}{6} + \frac{n^5}{2} + \frac{5n^4}{12} - \frac{n^2}{12} = \frac{n^2(n+1)^2(2n^2 + 2n - 1)}{12}.$$

Aus (18) kann man noch einen vornehmlich von den Mathematikern des 17. Jahrhunderts[1]) oft benutzten Grenzwert entnehmen, nämlich:

$$(20) \qquad \lim_{n \to \infty} \frac{1^k + 2^k + 3^k + \cdots + n^k}{n^{k+1}} = \frac{1}{k+1}.$$

§ 129. Darstellung des Sinus und Kosinus durch unendliche Produkte.

1. Neben der Darstellung der Funktionen durch unendliche Reihen ist auch die Entwicklung in **unendliche Produkte** von Wichtigkeit.

$q_1, q_2, q_3, \ldots$ sei eine unendliche Folge von Zahlen vom absoluten Wert < 1. Das unendliche Produkt

$$Q = (1 + q_1)(1 + q_2)(1 + q_3) \cdots$$

heißt **konvergent**, wenn die Partialprodukte

$$Q_n = (1 + q_1)(1 + q_2) \cdots (1 + q_n)$$

einen endlichen, von Null verschiedenen Grenzwert Q besitzen.

Wenn aber kein endlicher Grenzwert für die Q_n existiert oder wenn $\lim Q_n = 0$ ist, so heißt das unendliche Produkt **divergent**.[2])

Das Produkt Q_n schreibt man auch kurz:

$$Q_n = \prod_{\nu=1}^{n} (1 + q_\nu)$$

und entsprechend das unendliche Produkt:

$$Q = \prod_{\nu=1}^{\infty} (1 + q_\nu).$$

Wir wollen nur Produkte betrachten, bei denen alle Zahlen $q_1, q_2, q_3, \ldots$ reell sind und gleiche Vorzeichen haben, und sie seien zunächst sämtlich **negativ**. Wir schreiben deshalb:

$$(1) \qquad \begin{aligned} Q &= (1 - q_1)(1 - q_2)(1 - q_3) \cdots \\ Q_n &= (1 - q_1)(1 - q_2) \cdots (1 - q_n) \end{aligned}$$

mit positiven $q_1, q_2, q_3, \ldots$

---

1) **Cavalieri, Fermat, Roberval, Torricelli.** Gewöhnlich wird die Bestimmung dieses Grenzwertes **Wallis** (Arithmetica infinitorum 1655) zugeschrieben, doch hat dieser nur aus den ersten Fällen für $k = 1, 2, 3$ durch (unvollständige) Induktion auf die allgemeine Formel geschlossen. Für $k = 1, 2$ hat bereits **Archimedes** den Grenzwert bei der Inhaltsbestimmung von Flächen und Körpern benutzt. Vgl. Bd. 2, § 84. Man kann diesen Grenzwert auch auf verschiedene andere Arten, und zwar für beliebiges reelles $k > -1$, z. B. sehr einfach auf Grund eines allgemeinen Satzes von **Cauchy** über Grenzwerte bestimmen (vgl. E. Cesàro, Element. Lehrb. d. algebr. Analysis, Leipzig 1904, S. 110).

2) Würden wir ein unendliches Produkt, bei dem $\lim Q_n = 0$ ist, konvergent nennen, so könnte ein konvergentes Produkt Q verschwinden, ohne daß ein Faktor Null wäre, z. B. $Q = \frac{1}{2} \cdot \frac{1}{3} \cdot \frac{1}{4} \cdot \frac{1}{5} \cdots$

Neben dem Produkt betrachten wir die unendliche Reihe

$$(2) \qquad q_1 + q_2 + q_3 + \cdots$$

mit den Partialsummen $s_n = q_1 + q_2 + q_3 + \cdots + q_n$. Dann besteht der Satz: Für jedes n ist

$$(3) \qquad 1 - s_n < Q_n < 1.$$

Daß $Q_n < 1$ ist, ersieht man unmittelbar, da alle Faktoren $1 - q_1$, $1 - q_2$, ... positive Zahlen < 1 sind.

Für $n = 2$ ist

$$Q_2 = 1 - (q_1 + q_2) + q_1 q_2 > 1 - s_2,$$

also die Ungleichung (3) richtig. Wir nehmen sie für irgendein n als erwiesen an und bilden:

$$Q_{n+1} = Q_n (1 - q_{n+1}) > 1 - (s_n + q_{n+1}) + s_n q_{n+1} > 1 - s_{n+1},$$

also ist sie auch für $n + 1$ richtig und damit (3) allgemein bewiesen.

2. Wir nehmen jetzt an, daß die Reihe (2) konvergiert und es sei zunächst ihre Summe $s < 1$. Dann gilt für alle Partialsummen:

$$0 < s_n < s < 1,$$

und nach (3) liegen alle Produkte Q_n zwischen den beiden positiven Werten $1 - s$ und 1. Andererseits bilden die Q_n eine monoton abnehmende Folge, also besitzen sie eine positive untere Schranke $Q \geq 1 - s$ und es existiert ein von Null verschiedener Grenzwert

$$\lim Q_n = Q,$$

d. h. das unendliche Produkt (1) ist konvergent.

Von der Annahme, daß die Summe s der Reihe (2) kleiner als Eins sei, können wir uns jetzt freimachen. Denn wenn die Reihe überhaupt konvergiert, so kann man ν so groß annehmen, daß die Summe $q_{\nu+1} + q_{\nu+2} + \cdots < 1$ ist. Dann konvergiert aber, wie eben bewiesen ist, das Produkt $(1 - q_{\nu+1})(1 - q_{\nu+2}) \cdots$, folglich auch das Produkt (1), das sich hiervon nur durch eine endliche Anzahl Faktoren unterscheidet.

3. Betrachten wir jetzt unter denselben Voraussetzungen über die Größen $q_1, q_2, q_3, \ldots$ die Produkte

$$(4) \qquad Q_n' = (1 + q_1)(1 + q_2) \cdots (1 + q_n),$$

so sind sie sämtlich > 1 und bilden eine monoton zunehmende Folge. Dagegen ist das Produkt

$$Q_n Q_n' = (1 - q_1^2)(1 - q_2^2) \cdots (1 - q_n^2) < 1,$$

folglich ist

$$(5) \qquad 1 < Q_n' < \frac{1}{Q_n} < \frac{1}{Q}$$

Die Q'_n haben daher eine obere Schranke Q', und es existiert ein von Null verschiedener Grenzwert

$$\lim Q'_n = Q',$$

d. h. das unendliche Produkt

(6) $$(1 + q_1)(1 + q_2)(1 + q_3)\cdots$$

ist konvergent.

4.* Sei jetzt aber die Reihe (2) divergent, dann wachsen ihre Partialsummen s_n über jede beliebige noch so große Zahl, und da $Q'_n > 1 + s_n$ ist, so wachsen auch die Partialprodukte Q'_n über jede Grenze und das Produkt (6) divergiert. Dagegen gilt für die Partialprodukte Q_n beständig

$$0 < Q_n < \frac{1}{Q'_n},$$

folglich ist dann $\lim Q_n = 0$, d. h. auch das Produkt (1) ist divergent.

5*. Damit haben wir den wichtigen Satz:

Ein unendliches Produkt von einer der Formen

$$(1 - q_1)(1 - q_2)(1 - q_3)\ldots \quad \text{oder} \quad (1 + q_1)(1 + q_2)(1 + q_3)\ldots,$$

worin die $q_1, q_2, q_3, \ldots$ **positive Zahlen bedeuten**[1]**), konvergiert oder divergiert, je nachdem die Reihe**

$$q_1 + q_2 + q_3 + \cdots$$

konvergiert oder divergiert.

Man beweist auch leicht ganz entsprechend wie § 118, 3., daß diese Produkte **unbedingt** konvergieren, d. h. daß ihr Wert von der Anordnung der Faktoren unabhängig ist.

6. Wir wollen nun eine Produktentwicklung für die Sinusfunktion ableiten. Wir gehen aus von der Moivreschen Formel:

$$(\cos z + i \sin z)^n = \cos nz + i \sin nz$$

für irgendein positives ganzzahliges n, und wenden auf die linke Seite den binomischen Lehrsatz an. Dann ergibt sich:

$$\cos nz + i \sin nz = \cos^n z + i \binom{n}{1} \cos^{n-1}z \sin z - \binom{n}{2} \cos^{n-2}z \sin^2 z$$
$$- i \binom{n}{3} \cos^{n-3}z \sin^3 z + \binom{n}{4} \cos^{n-4}z \sin^4 z + \cdots,$$

folglich, wenn wir die imaginären Teile auf beiden Seiten einander gleich setzen und durch $\sin z$ dividieren[2]):

(7) $$\frac{\sin nz}{\sin z} = \binom{n}{1} \cos^{n-1}z - \binom{n}{3} \cos^{n-3}z \sin^2 z + \binom{n}{5} \cos^{n-5}z \sin^4 z - \cdots$$

---

1) Bei dem ersten Produkt haben wir noch anzunehmen, daß keine der Zahlen $q = 1$ ist. Die Voraussetzung, daß die $q_1, q_2, q_3, \ldots$ sämtlich < 1 sein sollen, dürfen wir fallen lassen, da im Fall der Konvergenz der Reihe (2) sicher nur eine endliche Anzahl der $q_\nu > 1$ sein kann.

2) Diese Formel und die entsprechende für $\cos nz$ wurde schon 1590 von **Vieta** (Opera ed. Schooten, S. 295) angegeben.

Sei jetzt $n = 2m + 1$ eine **ungrade Zahl**. Setzen wir zur Abkürzung
$$\sin^2 z = t,$$
also $\cos^2 z = 1 - t$, so wird (7):

$$(8) \qquad \frac{\sin nz}{\sin z} = \binom{n}{1}(1-t)^m - \binom{n}{3}(1-t)^{m-1}t + \binom{n}{5}(1-t)^{m-2}t^2 - \cdots,$$

mithin die rechte Seite eine ganze Funktion vom Grade m.   Schreiben wir:
$$\frac{\sin nz}{\sin z} = F(t),$$

und sind $t_1, t_2, \ldots t_m$ die Wurzeln von $F(t)$, so können wir also setzen

$$(9) \qquad \frac{\sin nz}{\sin z} = a_0(t_1 - t)(t_2 - t)\ldots(t_m - t),$$

worin a_0 von t unabhängig ist.   Durch Vergleichung des Koeffizienten von t^m mit dem in (8) erhalten wir (§ 55, **3**.):

$$(10) \qquad a_0 = \binom{n}{1} + \binom{n}{3} + \binom{n}{5} + \cdots + \binom{n}{n} = 2^{n-1}.$$

Andererseits ist nach (9) für $t = 0$, also auch für $z = 0$:

$$\lim_{z \to 0} \frac{\sin nz}{\sin z} = a_0 t_1 t_2 \ldots t_m,$$

aber mit Benutzung von § 127, **3**.:

$$\lim_{z \to 0} \frac{\sin nz}{\sin z} = \lim_{z \to 0} \frac{\sin nz}{nz} \cdot \frac{z}{\sin z} \cdot n = n,$$

was mit (7) übereinstimmt, wenn man dort $z = 0$ setzt.   Es ist also

$$(11) \qquad a_0 t_1 t_2 \ldots t_m = n$$

und aus (9) erhält man:

$$(12) \qquad \sin nz = n \sin z \left(1 - \frac{t}{t_1}\right)\left(1 - \frac{t}{t_2}\right)\ldots\left(1 - \frac{t}{t_m}\right).$$

Nun verschwindet $\sin nz$ außer für $z = 0$ dann und nur dann, wenn $nz = k\pi$, ein Vielfaches von π ist; folglich sind die Wurzeln von $F(t)$ alle in der Form

$$(13) \qquad t_k = \left(\sin \frac{\pi k}{n}\right)^2$$

enthalten, wenn k eine ganze Zahl ist. $k = 0$ führt aber nicht zu einer Wurzel, weil nach (11) $F(0) = n$ ist.   Ferner ist

$$t_k = t_{-k} = t_{n-k} = t_{n+k},$$

also erhalten wir alle voneinander verschiedenen Werte von t_k, wenn wir in (13) $k = 1, 2, 3, \ldots, m$ setzen.

7. Wir setzen jetzt $z = \dfrac{\pi x}{n}$, also $t = \sin^2 \dfrac{\pi x}{n}$ und haben nach (12) und (13) die Produktentwicklung[1])

---

1) **Euler**, Introductio, Lausanne 1748. Die Verwendung dieses endlichen Produkts zur Ableitung der unendlichen Produktentwicklung der Sinusfunktion geht auf **Cauchy**, Cours d'analyse 1821 zurück.

$$(14) \qquad \sin \pi x = n \sin \frac{\pi x}{n} \prod_{k=1}^{m} \left(1 - \frac{\sin^2 \frac{\pi x}{n}}{\sin^2 \frac{\pi k}{n}} \right).$$

Außerdem liefert (11) in Verbindung mit (10):

$$2^{n-1} \prod_{k=1}^{\frac{n-1}{2}} \sin^2 \frac{\pi k}{n} = n.$$

Wir wollen in (14) zur Grenze für $n \to \infty$ übergehen. Zunächst ist $\left(\text{nach} \right.$ § 127, 3. oder mit Hilfe der Reihe für $\left. \sin \frac{\pi x}{n} \right)$

$$(15) \qquad \lim_{n \to \infty} n \sin \frac{\pi x}{n} = \pi x.$$

Weniger einfach ist das Verhalten der weiteren Faktoren in (14) bei wachsendem n zu beurteilen, denn in den späteren Faktoren wird k in $\sin \frac{\pi k}{n}$ mit n unendlich groß. Wir haben aber für ein festes k

$$\lim_{n \to \infty} \frac{\sin \frac{\pi x}{n}}{\sin \frac{\pi k}{n}} = \lim_{n \to \infty} \frac{\sin \frac{\pi x}{n}}{\frac{\pi x}{n}} \cdot \frac{\frac{\pi k}{n}}{\sin \frac{\pi k}{n}} \cdot \frac{x}{k} = \frac{x}{k},$$

$$(16) \qquad \lim_{n \to \infty} \left(1 - \frac{\sin^2 \frac{\pi x}{n}}{\sin^2 \frac{\pi k}{n}} \right) = 1 - \frac{x^2}{k^2}.$$

Wir werden also dazu geführt, das Produkt

$$(17) \qquad Q_\mu(x) = \prod_{k=1}^{\mu} \left(1 - \frac{\sin^2 \frac{\pi x}{n}}{\sin^2 \frac{\pi k}{n}} \right),$$

worin μ zunächst eine feste Zahl bedeutet, für wachsende n mit dem Produkt

$$P_\mu(x) = \left(1 - \frac{x^2}{1} \right)\left(1 - \frac{x^2}{4} \right)\left(1 - \frac{x^2}{9} \right) \cdots \left(1 - \frac{x^2}{\mu^2} \right)$$

zu vergleichen. Diese $P_\mu(x)$ sind Partialprodukte des unendlichen Produkts

$$P(x) = \left(1 - \frac{x^2}{1} \right)\left(1 - \frac{x^2}{4} \right)\left(1 - \frac{x^2}{9} \right) \cdots,$$

welches konvergiert, da die Reihe

$$1 + \frac{1}{4} + \frac{1}{9} + \frac{1}{16} + \cdots$$

nach § 117, 5. konvergent ist.

8. Wir setzen noch

$$(18) \qquad R_\mu(x) = \left(1 - \frac{x^2}{(\mu + 1)^2} \right)\left(1 - \frac{x^2}{(\mu + 2)^2} \right) \cdots$$

Dann konvergiert auch dieses unendliche Produkt und kommt wegen der Konvergenz von $P(x)$ für hinlänglich großes μ der Einheit beliebig nahe.

Halten wir in (17) zuerst μ fest und lassen n ins Unendliche wachsen, so wird nach (16)

$$(19) \qquad \lim_{n \to \infty} Q_\mu(x) = P_\mu(x),$$

und wenn wir jetzt auch μ ins Unendliche wachsen lassen, so wird

$$(20) \qquad \lim_\mu P_\mu(x) = P(x).$$

Andererseits ist nach (14)

$$(21) \qquad \sin \pi x = n \sin \frac{\pi x}{n} \, Q_\mu(x) R_\mu{}'(x),$$

wenn wir

$$R_\mu'(x) = \prod_{k=\mu+1}^{m} \left(1 - \frac{\sin^2 \frac{\pi x}{n}}{\sin^2 \frac{\pi k}{n}} \right)$$

setzen. Dieses Produkt ist sicher kleiner als 1. Wir können es mit dem Produkt R_μ in Verbindung bringen.

9*. Nach § 127, 3. ist, wenn z zwischen 0 und $\frac{\pi}{2}$ liegt,

$$\sin z < z < \operatorname{tg} z.$$

Ferner kann man leicht zeigen, daß gleichzeitig

$$\frac{z}{2} < \sin z$$

ist. Aus der Ungleichung $z < \operatorname{tg} z$ folgt nämlich:

$$z \cos z < \sin z$$

und für $0 < z < \frac{\pi}{3}$ ist $\frac{1}{2} < \cos z$, also $\frac{z}{2} < \sin z$. Dies bleibt aber auch richtig, wenn $\frac{\pi}{3} \leqq z \leqq \frac{\pi}{2}$, denn $\frac{z}{2}$ wächst nur noch bis $\frac{\pi}{4} = 0{,}785\ldots$ und $\sin z$ ist schon bei $z = \frac{\pi}{3}$ gleich $0{,}866\ldots$ und wächst von da beständig bis $z = \frac{\pi}{2}$.

Es ist demnach, wenn $k < \frac{1}{2} n = m + \frac{1}{2}$ ist, was in (14) zutrifft:

$$\sin \frac{\pi x}{n} < \frac{\pi x}{n}, \qquad \sin \frac{\pi k}{n} > \frac{\pi k}{2n},$$

folglich:

$$\frac{\sin \frac{\pi x}{n}}{\sin \frac{\pi k}{n}} < \frac{2x}{k} \qquad \text{und} \qquad 1 - \frac{\sin^2 \frac{\pi x}{n}}{\sin^2 \frac{\pi k}{n}} > 1 - \frac{4x^2}{k^2}$$

Damit wird aber

$$1 > R_\mu'(x) > \left(1 - \frac{4x^2}{(\mu+1)^2} \right)\left(1 - \frac{4x^2}{(\mu+2)^2} \right) \cdots \left(1 - \frac{4x^2}{m^2} \right),$$

also nach (18) um so mehr:

$$1 > R_\mu'(x) > R_\mu(2x).$$

Da nun R_μ bei genügend großem μ beliebig nahe an 1 gebracht werden kann, so gilt das gleiche von R'_μ und aus (21) und (15) folgt nun, daß $Q_\mu(x)$, wenn n und μ genügend groß gewählt werden, dem Werte $\dfrac{\sin \pi x}{\pi x}$ beliebig nahe kommt. Nach (19) und (20) kommt aber $Q_\mu(x)$ bei hinlänglich großem n und μ auch dem Werte $P(x)$ beliebig nahe, also folgt

$$\frac{\sin \pi x}{\pi x} = P(x).$$

Damit ist die wichtige Produktentwicklung gefunden[1]):

$$\sin \pi x = \pi x \left(1 - \frac{x^2}{1}\right)\left(1 - \frac{x^2}{4}\right)\left(1 - \frac{x^2}{9}\right)\cdots$$

oder

(22)
$$\sin \pi x = \pi x \prod_{k=1}^{\infty}\left(1 - \frac{x^2}{k^2}\right),$$

und dieses Produkt konvergiert für jeden reellen und komplexen Wert von x.

Diese Produktdarstellung entspricht ganz genau der Zerlegung einer ganzen Funktion in ihre Wurzelfaktoren. Sie läßt sofort die unendlich vielen Nullpunkte der Funktion $\sin \pi x$, nämlich $x = 0$, ± 1, ± 2, ± 3, ... erkennen.[2])

10*. Wir können jetzt auch leicht für die Kosinusfunktion eine Produktentwicklung ableiten. Dazu dient uns die Formel

(23)
$$\sin 2\pi x = 2 \sin \pi x \cos \pi x.$$

Es ist
$$\sin 2\pi x = 2\pi x \prod_{k=1}^{\infty}\left(1 - \frac{4x^2}{k^2}\right).$$

Die Partialprodukte

$$\Pi_{2n} = \left(1 - \frac{4x^2}{1}\right)\left(1 - \frac{4x^2}{4}\right)\left(1 - \frac{4x^2}{9}\right)\cdots\left(1 - \frac{4x^2}{(2n)^2}\right)$$

zerlegen wir in zwei Faktoren:

$$\Pi_{2n} = P_n Q_n,$$

indem wir in P_n die Faktoren mit ungraden Nennern, in Q_n die mit graden Nennern zusammenfassen, also

$$P_n = \left(1 - \frac{4x^2}{1}\right)\left(1 - \frac{4x^2}{9}\right)\left(1 - \frac{4x^2}{25}\right)\cdots\left(1 - \frac{4x^2}{(2n-1)^2}\right),$$

$$Q_n = \left(1 - \frac{4x^2}{4}\right)\left(1 - \frac{4x^2}{16}\right)\left(1 - \frac{4x^2}{36}\right)\cdots\left(1 - \frac{4x^2}{(2n)^2}\right)$$

oder
$$Q_n = \left(1 - \frac{x^2}{1}\right)\left(1 - \frac{x^2}{4}\right)\left(1 - \frac{x^2}{9}\right)\cdots\left(1 - \frac{x^2}{n^2}\right).$$

---

1) Euler um 1742 (Opera posthuma, Petersb. 1862, S. 521), Introductio 1748.
2) Will man statt $\sin \pi x$ die Funktion $\sin z$ haben, so hat man natürlich nur $\pi x = z$, also $x = \dfrac{z}{\pi}$ zu setzen.

Dann ist $\qquad 2\pi x \lim \Pi_{2n} = 2\pi x \lim P_n \lim Q_n.$

Die linke Seite ist $\sin 2\pi x$. Auf der rechten ist $\pi x \lim Q_n = \sin \pi x$, also folgt nach (23): $\qquad \cos \pi x = \lim P_n \qquad$ oder[1])

$$(24) \qquad \cos \pi x = \prod_{k=1}^{\infty} \left(1 - \frac{4x^2}{(2k-1)^2}\right).$$

Diese Produktentwicklung läßt sogleich die Nullpunkte der Funktion $\cos \pi x$, nämlich $x = \pm \frac{1}{2}, \pm \frac{3}{2}, \pm \frac{5}{2}, \ldots$ erkennen.

Zweiundzwanzigster Abschnitt.

Der natürliche Logarithmus und die zyklometrischen Funktionen. Trigonometrische Reihen.

§ 130*. Der natürliche Logarithmus und die allgemeine Potenz.

1. Wir wollen, den Gedankengang von Bürgi und Neper weiter verfolgend, die Zahl e als Basis eines Logarithmensystems wählen (§ 125, **1.**). Diese Logarithmen zur Grundzahl e nennt man **natürliche Logarithmen.** Ist also

$$(1) \qquad w = e^z,$$

so ist z der natürliche Logarithmus (log nat) von w. Man schreibt:

$$(2) \qquad z = \ln w$$

und liest: logarithmus naturalis von w.

2. Hat man allgemein eine Funktion

$$(3) \qquad w = f(z),$$

so daß also zu jedem Wert von z ein bestimmter Wert von w gehört, so kann man sich auch umgekehrt die Aufgabe stellen, zu gegebenen Werten von w die entsprechenden Werte von z zu ermitteln. Man faßt also (3) als eine Gleichung auf, durch deren Auflösung man z als Funktion von w erhält:

$$(4) \qquad z = \varphi(w).$$

Diese Funktion φ nennt man die **Umkehrung** der Funktion f oder die zu f **inverse** Funktion. Wir können also sagen:

Der natürliche Logarithmus ist die Umkehrung der Exponentialfunktion.

Die Beziehung zwischen den Funktionen f und φ ist gegenseitig: es ist auch f die Umkehrung der Funktion φ.

3. Nach § 41, **4.** besteht zwischen dem log nat einer Zahl und dem Logarithmus für irgendeine Basis der Zusammenhang

$$(5) \qquad \overset{b}{\log} u = \overset{b}{\log} e \cdot \ln u = \frac{\ln u}{\ln b}.$$

---

1) Euler um 1742.

Man erhält also aus den natürlichen Logarithmen die gewöhnlichen (Briggsschen) Logarithmen durch Multiplikation mit der festen Zahl

$$\mu = \log e = 0{,}43429\,44819\,03251\,82765\,11289\ldots$$

Diese Zahl heißt der **Modul** der gewöhnlichen Logarithmen.

Umgekehrt hat man, um die natürlichen Logarithmen zu erhalten, die gewöhnlichen Logarithmen mit

$$\frac{1}{\mu} = \ln 10 = 2{,}30258\,50929\,94045\,68401\,79914\ldots$$

zu multiplizieren.

4. Bezeichnen wir wieder die unabhängige Variable mit z, so ist die Funktion $\ln z$ durch die Beziehung

$$(6) \qquad\qquad z = e^{\ln z}.$$

definiert. Hierdurch ist aber nicht ein bestimmter Wert für $\ln z$ festgelegt, denn die rechte Seite bleibt ungeändert, wenn man zu dem Exponenten ein beliebiges Vielfaches von $2\pi i$ addiert (§ 127, 7.). Bedeutet also $\operatorname{Ln} z$ einen bestimmten Wert des log nat von z, so sind alle Werte, welche der Beziehung (6) entsprechen, durch

$$(7) \qquad\qquad \operatorname{Ln} z + 2k\pi i \qquad\qquad k = 0, \pm 1, \pm 2, \pm 3, \ldots$$

gegeben. Jeder von ihnen ist als natürlicher Logarithmus von z zu betrachten, mit anderen Worten:

Der natürliche Logarithmus ist eine unendlich vielwertige Funktion, und man erhält die zu einem Wert z gehörigen Funktionswerte, indem man zu einem der Funktionswerte beliebige Vielfache von $2\pi i$ hinzufügt.

Jede der Wertereihen (7) für ein bestimmtes k nennt man einen **Zweig** der Funktion log nat.

Ist z eine positive reelle Zahl, so gibt es immer einen reellen Wert $\operatorname{Ln} z$, welcher der Beziehung (6) entspricht, und wenn z von 0 nach ∞ geht, so durchläuft $\operatorname{Ln} z$ alle reellen Werte von $-\infty$ bis $+\infty$. Man nennt $\operatorname{Ln} z$ den **Hauptwert** des natürlichen Logarithmus.

5. Man kann nun aber auch den Logarithmus einer **komplexen Zahl** erklären. Es sei in Polarform

$$(8) \qquad\qquad z = r(\cos\varphi + i\sin\varphi) = re^{i\varphi} = e^{\ln r + i\varphi}.$$

Dann ist r eine positive reelle Zahl und φ kann man in den Grenzen

$$(9) \qquad\qquad -\pi < \varphi \leq \pi$$

annehmen. Die unendlich vielen Werte des natürlichen Logarithmus sind dann durch

$$(10) \qquad\qquad \ln z = \ln r + i\varphi + 2k\pi i \qquad\qquad k = 0, \pm 1, \pm 2, \ldots$$

gegeben, und hierin kann man für $\ln r$ den Hauptwert nehmen. Man nennt

$$(11) \qquad\qquad \operatorname{Ln} z = \operatorname{Ln} r + i\varphi, \qquad\qquad -\pi < \varphi \leq \pi$$

den Hauptwert des log nat von z und hat

$$\ln z = \operatorname{Ln} z + 2k\pi i.$$

Ist z. B. $z = -1 = e^{\pi i}$, so ist $\ln(-1) = (2k+1)\pi i$, und für irgendeine reelle negative Zahl $-a$ ist,

$$(12) \qquad \ln(-a) = \operatorname{Ln} a + (2k+1)\pi i \qquad\qquad k = 0, \pm 1, \pm 2, \ldots$$

Der log nat einer negativen Zahl ist eine komplexe Zahl, deren imaginärer Bestandteil ein ungrades Vielfaches von πi ist.[1])

6. In der elementaren Logarithmenrechnung (§ 41), wo es sich nur um Logarithmen positiver reeller Zahlen handelt, kann man sich auf die Hauptwerte beschränken. Wollte man das auch bei den Logarithmen negativer oder komplexer Zahlen tun, so würde schon das Gesetz über den Logarithmus eines Produkts nicht mehr allgemein gelten. Wenn nämlich bei den Hauptwerten

$$\operatorname{Ln} u_1 = \operatorname{Ln} r_1 + i\varphi_1, \quad \operatorname{Ln} u_2 = \operatorname{Ln} r_2 + i\varphi_2$$

die Summe

$$\varphi_1 + \varphi_2 > \pi$$

ist, so ist

$$\operatorname{Ln}(u_1 u_2) = \operatorname{Ln} u_1 + \operatorname{Ln} u_2 - 2\pi i.$$

7. Nunmehr sind wir auch in der Lage, **die allgemeine Potenz** für irgendeine komplexe Grundzahl und einen komplexen Exponenten zu definieren.

Wir verstehen unter der allgemeinen Potenz $\{a^z\}$ die Exponentialfunktion

$$(13) \qquad \{a^z\} = e^{z\ln a}.$$

Hier hat man für $\ln a$ die unendlich vielen Werte der Funktion einzusetzen und es ist also

$$\{a^z\} = e^{z(\operatorname{Ln} a + 2k\pi i)}$$

Wir schreiben:

$$(14) \qquad a^z = e^{z\operatorname{Ln} a}$$

und nennen dies den **Hauptwert** der Potenz. Nach § 126, (5) haben wir für ihn die überall konvergente Reihe:

$$(15) \qquad a^z = 1 + z\operatorname{Ln} a + \frac{z^2(\operatorname{Ln} a)^2}{2!} + \frac{z^3(\operatorname{Ln} a)^3}{3!} + \cdots$$

Die allgemeine Potenz ist also

$$(16) \qquad \{a^z\} = a^z \cdot e^{2kz\pi i} \qquad\qquad k = 0, \pm 1, \pm 2, \pm 3, \ldots$$

---

1) Über die Logarithmen negativer Zahlen wurde im achtzehnten Jahrhundert lebhaft gestritten. Leibniz (Acta Erudit. 1712) vermutete, daß $\log(-1)$ imaginär sei, während Joh. Bernoulli im gleichen Jahr zu beweisen versuchte, daß $\log(-x) = \log x$ sei. Der Streit wurde erst von Euler, Hist. de l'Acad. de Berlin 5 (1749) auf Grund der von ihm entdeckten Unendlichvieldeutigkeit der Logarithmen entschieden, aber noch 1761 vertrat d'Alembert den Standpunkt von Joh. Bernoulli.

Zu einem bestimmten k gehört ein bestimmter Wert $\{a^z\}_k$. Ist z eine ganze Zahl, so ist $e^{2ks\pi i} = 1$ für jedes k, es gibt also nur einen Wert a^z für die Potenz; ist $z = \dfrac{m}{n}$ eine gebrochene Zahl, so gibt es n Werte. Für alle übrigen (irrationalen oder komplexen) Werte von z sind alle $\{a^z\}_k$ voneinander verschieden und $\{a^z\}$ hat unendlich viele Werte. Die allgemeine Potenz zeigt also, während z die Reihe der reellen Zahlen durchläuft, ein sehr kompliziertes Verhalten; sie ist bald einwertig, bald endlich vielwertig, bald unendlich vielwertig und zeigt diesen ihren wechselnden Charakter in unendlich benachbarten Punkten. Auch sind die Gesetze der elementaren Potenzrechnung nicht ohne weiteres auf die allgemeinen Potenzen übertragbar. So ist z. B. das Produkt zweier Potenzen mit gleicher Grundzahl

$$\{a^u\}_k\{a^v\}_l = e^{(u+v)\operatorname{Ln}a + 2(ku+lv)\pi i}$$
$$= a^{u+v} \cdot e^{2(ku+lv)\pi i}.$$

Es ist also bei allgemeinen u und v nur für $k = l$

$$\{a^u\}_k\{a^v\}_k = \{a^{u+v}\}_k.$$

8. Man operiert deshalb vorwiegend mit dem Hauptwert der Potenz, von dem man ja durch (16) jederzeit zur allgemeinen Potenz übergehen kann, und versteht unter einer Potenz schlechtweg immer den Hauptwert. Er ist durch die Reihe (15) definiert und ist eine **einwertige** analytische Funktion des Exponenten z. Für ihn gelten, wie in der elementaren Potenzrechnung, die Gesetze:

$$a^u \cdot a^v = a^{u+v}; \quad a^u : a^v = a^{u-v}$$
$$a^0 = 1 \quad \cdot; \qquad 1^z = 1.$$

Dagegen sind die Sätze über das Produkt zweier Potenzen mit gleichen Exponenten und über das Potenzieren einer Potenz nicht mehr unbeschränkt gültig. Wir wollen dies nur für den **Fall reeller** Exponenten zeigen. Es sei wie in **6.**

$$\operatorname{Ln}a_1 = \operatorname{Ln}r_1 + i\varphi_1, \quad \operatorname{Ln}a_2 = \operatorname{Ln}r_2 + i\varphi_2,$$

so ist
$$a_1{}^z a_2{}^z = e^{z(\operatorname{Ln}a_1 + \operatorname{Ln}a_2)}.$$

Ist jetzt $\varphi_1 + \varphi_2 > \pi$, so ist

$$(a_1 a_2)^z = e^{z\operatorname{Ln}(a_1 a_2)} = e^{z(\operatorname{Ln}a_1 + \operatorname{Ln}a_2 - 2\pi i)}, \qquad \text{mithin}$$

$$a_1{}^z a_2{}^z = (a_1 a_2)^z \cdot e^{2z\pi i}.$$

Ist ferner $\qquad\qquad \operatorname{Ln}a = \operatorname{Ln}r + i\varphi, \qquad\qquad$ so ist

$$\operatorname{Ln}(a^z) = \operatorname{Ln}(e^{z\operatorname{Ln}a}) = z\operatorname{Ln}a + 2m\pi i,$$

und darin ist die ganze Zahl m so zu bestimmen, daß

$$-\pi < z\varphi + 2m\pi \leqq \pi$$

ist. Es wird dann, wenn auch u ein reeller Exponent ist

$$(a^z)^u = e^{u\,\mathrm{Ln}\,(a^z)} = e^{uz\,\mathrm{Ln}\,a + 2\,mu\pi i},$$

also
$$(a^z)^u = a^{uz} \cdot e^{2\,mu\pi i}.$$

9. Außer der Reihe (15) haben wir auch in der Binomialreihe eine Darstellung einer Potenz mit beliebigen (reellen) Exponenten. Es ist aber die Frage, ob die Binomialreihe denselben Wert der Potenz liefert wie die Reihe (15). Die Antwort ergibt sich sofort, wenn wir daran denken, daß die binomische Reihe nach § 124, 7. denjenigen Wert der Potenz $(1+z)^n$ darstellt, der für $z \to 0$ stetig in den Wert 1 übergeht. Dasselbe gilt aber für die Reihe (15), wenn wir darin a durch $1+z$ und z durch n ersetzen, also finden wir:

Durch die binomische Reihe

$$(1+z)^n = 1 + \binom{n}{1} z + \binom{n}{2} z^2 + \binom{n}{3} z^3 + \cdots$$

wird der Hauptwert der Potenz dargestellt.

§ 131*. Die logarithmische Reihe.

1. Aus der Reihe § 130, (15) leiten wir die neue Reihe

$$\frac{a^z - 1}{z} = \mathrm{Ln}\,a + \frac{z\,(\mathrm{Ln}\,a)^2}{2!} + \frac{z^2\,(\mathrm{Ln}\,a)^3}{3!} + \cdots$$

ab. Sie gilt für jedes reelle oder komplexe a und ist eine stetige Funktion von z, also ist ihr Wert für $z = 0$ gleich dem Grenzwert der linken Seite für $z \to 0$ und wir sehen:

Der Hauptwert des natürlichen Logarithmus irgendeiner Zahl kann durch den Grenzwert

$$(1) \qquad\qquad \lim_{z \to 0} \frac{a^z - 1}{z} = \mathrm{Ln}\,a$$

definiert werden.[1])

---

1) Dieser Grenzwert, der als solcher erst bei Euler (Comm. Petrop. 5 ad ann. 1730/31) auftritt, liegt bereits der Keplerschen Berechnung der Logarithmen zugrunde. Kepler (Chilias logarithmorum 1624) berechnet, um den Logarithmus einer Zahl a zu finden, eine Folge von mittleren Proportionalen mit festgehaltenem vierten Element $M = 100000$, nämlich

$$x_1 = \sqrt{a\,M}, \quad x_2 = \sqrt{x_1\,M}, \quad x_3 = \sqrt{x_2\,M}, \quad \ldots$$

Für die n^{te} Zahl findet man $x_n^{2^n} = a\,M^{2^n - 1} = \dfrac{a}{M}\,M^{2^n}$, also $x_n = M\sqrt[2^n]{\dfrac{a}{M}}$. Kepler geht bis $n = 30$, also $2^n = 1\,073\,741\,824$, berechnet $M - x_n = \xi_n$ und nennt $2^n \xi_n$ den Logarithmus der Zahl a. Nach heutiger Anschauung wäre also dieser Keplersche Logarithmus durch den Grenzwert

$$\lambda(a) = \lim_{m \to \infty} M\,m \left(1 - \sqrt[m]{\frac{a}{M}} \right)$$

Diese Definition hat nur dann einen Sinn, wenn wir die Potenz a^z nicht durch die Reihe § 130, (15), die ja selbst den log nat voraussetzt, definieren, sondern etwa durch die binomische Reihe. Wir wissen dann nach § 130, **9.**, daß wir durch die Binomialreihe denselben Wert der Potenz erhalten wie durch die Reihe § 130, (15). Wir haben also, wenn wir in (1) $1 + z$ an Stelle von a und μ an Stelle von z schreiben:

$$(2) \qquad \lim_{\mu \to 0} \frac{(1 + z)^\mu - 1}{\mu} = \mathrm{Ln}\,(1 + z)$$

und hierin ist

$$(1 + z)^\mu = 1 + \binom{\mu}{1} z + \binom{\mu}{2} z^2 + \binom{\mu}{3} z^3 + \cdots$$

für alle Werte z innerhalb des Einheitskreises, also sobald

$$(3) \qquad\qquad | z | < 1.$$

Hieraus ergibt sich nun:

$$\frac{(1 + z)^\mu - 1}{\mu} = z + \frac{\mu - 1}{2} z^2 + \frac{(\mu - 1)(\mu - 2)}{2 \cdot 3} z^3 + \frac{(\mu - 1)(\mu - 2)(\mu - 3)}{2 \cdot 3 \cdot 4} z^4 + \cdots$$

und dies ist nach § 122, **4.** eine stetige Funktion von μ, also können wir beiderseits zur Grenze für $\mu \to 0$ übergehen und finden nach (2) die wichtige **logarithmische Reihe**:

$$(4) \qquad \mathrm{Ln}\,(1 + z) = z - \frac{z^2}{2} + \frac{z^3}{3} - \frac{z^4}{4} + \cdots,$$

gültig für jedes z innerhalb des Einheitskreises.[1]

2. Die Reihe konvergiert auch noch für $z = 1$ und nach dem Satz von **Abel** (§ 122, **2.**) ist dann ihr Wert gleich $\mathrm{Ln}\,2$, also

$$(5) \qquad\qquad \mathrm{Ln}\,2 = 1 - \tfrac{1}{2} + \tfrac{1}{3} - \tfrac{1}{4} + \cdots$$

---

zu definieren oder, wenn wir M zur Einheit nehmen,

$$\lambda\,(a) = \lim_{m \to \infty} m\left(1 - \sqrt[m]{a}\right) = -\lim_{\mu \to 0} \frac{a^\mu - 1}{\mu} = -\,\mathrm{Ln}\,a.$$

Es stimmt also der Keplersche Logarithmus, wie es sein Urheber beabsichtigt hatte, mit dem Neperschen Logarithmus (zur Grundzahl $\frac{1}{e}$, vgl. § 43, **3.**) überein. Dieselbe Berechnungsweise wie Kepler hat **Hurwitz**, Math. Ann. **70** (1911) einer elementaren Theorie des Logarithmus zugrunde gelegt. Über das Verfahren von **Briggs** (Arithmetica logarithmica 1624), welches ebenfalls auf der Berechnung mittlerer Proportionalen beruht (§ 42, **1.**), vgl. **Lagrange**, Leçons sur le calcul des fonctions, 1806, IV. leçon. H. G. **Zeuthen**, Gesch. d. Math. im 16. u. 17. Jahrh. Leipzig 1903, S. 138.

[1] Diese Reihe war neben der geometrischen das erste Beispiel einer unendlichen Reihe. Sie wurde von **Nicolaus Mercator** (Logarithmotechnia, London 1668) durch gliedweise Integration der geometrischen Reihe abgeleitet. Die Reihe (5) wurde gleichzeitig von **Lord Brouncker**, Phil. Trans. 1668 durch Quadratur der Hyperbel gefunden. Die Ableitung der Reihe (4) aus der Binomialreihe geht auf **Halley**, Phil. Trans. **19** (1695) zurück.

Wir haben damit die Summe dieser bereits § 118 betrachteten bedingt konvergenten Reihe gefunden. Zur wirklichen Berechnung von Ln2 ist sie wegen ihrer überaus langsamen Konvergenz nicht geeignet.

3. Überhaupt ist die Reihe (4) nur für kleine Werte von z praktisch anwendbar. Man kann aber aus ihr andere Reihen gewinnen, die für die Berechnung der Logarithmen von großer Wichtigkeit sind.

Ersetzen wir z durch $-z$, so folgt:

$$(6) \qquad \mathrm{Ln}\,(1-z) = -z - \frac{z^2}{2} - \frac{z^3}{3} - \frac{z^4}{4} - \cdots,$$

und wenn wir diese Reihe von (4) subtrahieren:

$$(7) \qquad \frac{1}{2}\,\mathrm{Ln}\,\frac{1+z}{1-z} = z + \frac{z^3}{3} + \frac{z^5}{5} + \frac{z^7}{7} + \cdots$$

Seien nun $p,\,q$ zwei positive Zahlen und setzen wir

$$z = \frac{p-q}{p+q}, \qquad \text{so wird} \qquad \frac{1+z}{1-z} = \frac{p}{q}$$

und man erhält:

$$(8) \qquad \mathrm{Ln}\,p - \mathrm{Ln}\,q = 2\left(\frac{p-q}{p+q} + \frac{1}{3}\left(\frac{p-q}{p+q}\right)^3 + \frac{1}{5}\left(\frac{p-q}{p+q}\right)^5 + \cdots\right).$$

Hieraus ergibt sich für $q = x$, $p = x+1$:

$$(9) \qquad \mathrm{Ln}\,(x+1) - \mathrm{Ln}\,x = 2\,\lambda(2x+1),$$

worin $\lambda(2x+1)$ die Reihe

$$(10) \qquad \lambda(2x+1) = \frac{1}{2x+1} + \frac{1}{3(2x+1)^3} + \frac{1}{5(2x+1)^5} + \cdots$$

bedeutet. Diese Reihe konvergiert für jedes positive x (und für alle negativen $x < -1$), und wenn man für x der Reihe nach die Werte 1, 2, 3, ... nimmt, so erhält man nach (9) die natürlichen Logarithmen von 2, 3, 4, ... So wird für $x = 1$

$$\mathrm{Ln}\,2 = 2\left(\frac{1}{3} + \frac{1}{3\cdot 3^3} + \frac{1}{5\cdot 3^5} + \frac{1}{7\cdot 3^7} + \cdots\right)$$

und diese Reihe konvergiert viel schneller als die Reihe (5).

4. Noch viel besser konvergierende Reihen zur Berechnung von Ln 2 und zugleich von Ln 3 und Ln 5 erhält man auf folgende Weise: Man setzt in (9):

1.) $x = 15 = 3\cdot 5$, also $x+1 = 16 = 2^4$, $\quad 2x+1 = 31$

2.) $x = 24 = 2^3\cdot 3$, $\qquad x+1 = 25 = 5^2$, $\quad 2x+1 = 49$

3.) $x = 80 = 2^4\cdot 5$, $\qquad x+1 = 81 = 3^4$, $\quad 2x+1 = 161.$

Dann folgt: $\qquad 4\,\mathrm{Ln}\,2 - \mathrm{Ln}\,3 - \mathrm{Ln}\,5 = 2\,\lambda(31)$

$$\qquad\qquad\qquad -\,3\,\mathrm{Ln}\,2 - \mathrm{Ln}\,3 + 2\,\mathrm{Ln}\,5 = 2\,\lambda(49)$$

$$\qquad\qquad\qquad -\,4\,\mathrm{Ln}\,2 + 4\,\mathrm{Ln}\,3 - \mathrm{Ln}\,5 = 2\,\lambda(161).$$

Auf der rechten Seite stehen außerordentlich schnell konvergierende

Reihen. Nimmt man nur drei Glieder, so wird bei der ersten Reihe der Fehler kleiner als

$$\frac{2}{7 \cdot 31^7}\left(1 + \frac{1}{31^2} + \frac{1}{31^4} + \cdots\right) = \frac{2}{7 \cdot 31^5(31^2 - 1)}$$

und dies ist $< \frac{1}{10^{11}}$. Bei den andern Reihen ist der Fehler noch bedeutend kleiner.

Hat man die Werte der Reihen auf eine bestimmte Anzahl Dezimalstellen berechnet, so findet man aus den drei Gleichungen:

$$\mathrm{Ln}\,2 = 14\,\lambda\,(31) + 10\,\lambda\,(49) + \;6\,\lambda\,(161)$$
$$\mathrm{Ln}\,3 = 22\,\lambda\,(31) + 16\,\lambda\,(49) + 10\,\lambda\,(161)$$
$$\mathrm{Ln}\,5 = 32\,\lambda\,(31) + 24\,\lambda\,(49) + 14\,\lambda\,(161).$$

Man kann dann auch $\mathrm{Ln}\,10 = \mathrm{Ln}\,2 + \mathrm{Ln}\,5$ berechnen und hat damit nach § 130, **3.** auch den Modul μ. Setzt man ferner in (9)

$$x = 4374 = 2 \cdot 3^7, \text{ also } x + 1 = 4375 = 5^4 \cdot 7, \quad 2x + 1 = 8749,$$

so ergibt sich:

$$\mathrm{Ln}\,7 = \mathrm{Ln}\,2 + 7\,\mathrm{Ln}\,3 - 4\,\mathrm{Ln}\,5 + 2\,\lambda\,(8749),$$

und hier hat schon das zweite Glied der Reihe keinen Einfluß auf die 11te Dezimalstelle. Damit kennt man dann die natürlichen Logarithmen aller ganzen Zahlen von 2 bis 10.

5. Wir kommen noch einmal auf die Reihe (4) zurück und setzen darin $z = \frac{h}{x}$. Dann wird

$$(11) \qquad \mathrm{Ln}\,(x + h) - \mathrm{Ln}\,x = \frac{h}{x} - \frac{h^2}{2x^2} + \cdots$$

Wenn h sehr klein ist im Vergleich zu x, so werden wir nur das erste Glied der Reihe zu berücksichtigen haben. Wir wollen zu gewöhnlichen Logarithmen übergehen und haben also[1])

$$(12) \qquad \log(x + h) - \log x \approx \frac{h\,\mu}{x}.$$

Hieraus wollen wir eine Formel für die Differenz der Tafelwerte an einer Stelle der Logarithmentafel ableiten. In einer fünfstelligen Tafel sind die Numeri x vierstellige ganze Zahlen, ihre Unterschiede $h = 1$, also wird die obige Differenz

$$(13) \qquad \varDelta \log x = \log(x + 1) - \log x = \frac{\mu}{x}.$$

Um sie in Einheiten der fünften Dezimalstelle auszudrücken, hat man diesen Bruch mit 10^5 zu multiplizieren, also ist die Differenz der Logarithmen an der Stelle x der Tafel

$$\varDelta \log x = \frac{43429}{x} \text{ Einheiten der fünften Dezimale.}$$

---

1) Das Zeichen $\approx$ bedeutet so viel wie „annähernd gleich".

So ist z. B. bei $x = 2000 : \varDelta \log x = 21{,}7$, also die Tafeldifferenz an dieser Stelle gleich 22.

6. Die Näherungsformel (12) zeigt, daß für kleine Änderungen h des Numerus die Änderungen des Logarithmus zu h proportional sind. Hierauf beruht das **Interpolieren** beim Gebrauch der Logarithmentafel (vgl. § 91). Wir wollen sehen, welchen Fehler man dabei begehen kann. Es sei x ein in der Tafel enthaltener Numerus, also bei fünfstelligen Tafeln eine vierstellige ganze Zahl; der zugehörige Wert in der Tafel (Tafellogarithmus) sei $\log^* x$, der richtige Logarithmus sei

$$(14) \qquad \log x = \log^* x + \lambda_0.$$

Dann ist λ_0 der Fehler, der durch das Verkürzen des Wertes von $\log x$ auf fünf Dezimalstellen entsteht; wir können ihn in Einheiten der fünften Stelle ausdrücken und es ist

$$|\lambda_0| < 0{,}5.$$

Entsprechend ist für den in der Tafel unmittelbar folgenden Numerus $x + 1$:

$$\log (x + 1) = \log^* (x + 1) + \lambda_1 \text{ und } |\lambda_1| < 0{,}5.$$

Die Tafeldifferenz ist $\varDelta^* = \log^* (x + 1) - \log^* x$, die Differenz der wahren Logarithmen:

$$(15) \qquad \varDelta = \log (x + 1) - \log x = \varDelta^* + \lambda_1 - \lambda_0.$$

Nach (11) ist

$$(16) \qquad \varDelta = \frac{\mu}{x} - \frac{\mu}{2 x^2} + \frac{\mu}{3 x^3} - \cdots$$

Ist nun $x + h$ ein Numerus zwischen x und $x + 1$, so ist nach (11):

$$\varDelta_h = \log (x + h) - \log x = \frac{\mu h}{x} - \frac{\mu h^2}{2 x^2} + \frac{\mu h^3}{3 x^3} - \cdots$$

$$= h \varDelta + \mu h \left(\frac{1 - h}{2 x^2} - \frac{1 - h^2}{3 x^3} + \frac{1 - h^3}{4 x^4} - \cdots \right)$$

Schreiben wir $\varDelta_h = h \varDelta + \eta$, so wird also

$$\eta = h (1 - h) \left(\frac{\mu}{2 x^2} - \mu \frac{1 + h}{3 x^3} + \mu \frac{1 + h + h^2}{4 x^4} - \cdots \right).$$

Hier ist die Reihe auf der rechten Seite für $0 < h < 1$ und $x > 1$ unbedingt konvergent; man kann also ihre Glieder beliebig umstellen. Wir fassen die Glieder mit gleichen Potenzen von h zusammen und erhalten

$$(17) \qquad \eta = h (1 - h) (\varrho_1 - h \varrho_2 + h^2 \varrho_3 - \cdots).$$

Darin sind
$$\varrho_1 = \frac{\mu}{2 x^2} - \frac{\mu}{3 x^3} + \cdots = \frac{\mu}{x} - \varDelta,$$

$$\varrho_2 = \frac{\mu}{3 x^3} - \frac{\mu}{4 x^4} + \cdots = \varDelta - \frac{\mu}{x} + \frac{\mu}{2 x^2},$$

$$\varrho_3 = \frac{\mu}{4 x^4} - \frac{\mu}{5 x^5} - \cdots = \frac{\mu}{x} - \frac{\mu}{2 x^2} + \frac{\mu}{3 x^3} - \varDelta,$$

die **Restreihen** der Reihe (16). Diese ist aber eine alternierende Reihe mit abnehmenden Gliedern, mithin sind ihre Partialsummen abwechselnd größer und kleiner als $\varDelta$ und die $\varrho_1, \varrho_2, \varrho_3. \ldots$ sind positive, zum Grenzwert 0 abnehmende Zahlen (§ 117, 2.). Daher ist auch die Reihe in (17) eine alternierende Reihe mit abnehmenden Gliedern und infolgedessen ist

$$\eta < h(1-h)\varrho_1 < \mu\,\frac{h(1-h)}{2\,x^2}.$$

Der Zähler $h(1-h) = \frac{1}{4} - (h - \frac{1}{2})^2$ hat seinen größten Wert für $h = \frac{1}{2}$ und wird dann gleich $\frac{1}{4}$; der kleinste Numerus in der Tafel ist $x = 1000$, mithin wird

$$|\eta| < \frac{\mu}{8\cdot 10^6} < 0,06 \cdot 10^{-6},$$

d. h. weniger als 0,006 Einheiten der fünften Stelle.

7. Zu dem Numerus $x + h$ findet man aus der Tafel durch Interpolation den Logarithmus

$$\log^*(x+h) = \log^* x + [h\varDelta^*],$$

worin $[h\varDelta^*]$ die nächste ganze Zahl bei $h\varDelta^*$ bedeutet. Schreiben wir

$$\log^*(x+h) = \log^* x + h\varDelta^* + \theta, \quad \text{so ist} \quad |\theta| \leqq 0,5.$$

Nach (14) und (15) wird jetzt

$$\begin{aligned}
\log^*(x+h) &= \log x - \lambda_0 + h(\varDelta - \lambda_1 + \lambda_0) + \theta \\
&= \log x + h\varDelta - (1-h)\lambda_0 - h\lambda_1 + \theta \\
&= \log(x+h) - \eta - (1-h)\lambda_0 - h\lambda_1 + \theta.
\end{aligned}$$

Setzen wir $\log^*(x+h) = \log(x+h) - \lambda_h$, so ist λ_h der gesamte Aufschlagsfehler und wir erhalten

$$|\lambda_h| \leqq (1-h)|\lambda_0| + h|\lambda_1| + |\theta| + |\eta| < 1,006.$$

Wir sehen also, daß der Fehler beim Gebrauch der Logarithmentafeln unter Umständen eine Einheit der letzten Dezimalstelle erreichen kann.[1]) Dies gilt sowohl für fünfstellige, wie für siebenstellige Tafeln, welche als Numeri die fünfstelligen ganzen Zahlen enthalten.

Nehmen wir z. B. $x + h = 65\,765,46 = N$, so liefert die siebenstellige Tafel durch Interpolation $\log N = 4.8179978$. Auf zehn Stellen ist aber

$$\log N = 4.8179978622,$$

also müßte der siebenstellige Logarithmus lauten: 4.8179979.

§ 132*. Die zyklometrischen Funktionen.

1. **Die zyklometrischen Funktionen sind die Umkehrungen der trigonometrischen Funktionen.** Ist

(1) $$z = \sin \varphi,$$

---

1) Vgl. hierzu Lüroth, Vorles. über numerisches Rechnen. Leipzig 1900. Loewy, Lehrb. d. Algebra, S. 364 ff.

so nennt man φ, als Funktion von z betrachtet, den **Arcussinus von** z und schreibt:

$$(2) \qquad \varphi = \arcsin z.$$

Man deutet also φ, wie in der elementaren Trigonometrie, als Winkel und die Bezeichnung $\arcsin z$ bedeutet **den Arcus, dessen Sinus gleich** z **ist.** Es ist also z. B.

$$\arcsin 0 = 0, \quad \arcsin \frac{1}{2} = \frac{\pi}{6}, \quad \arcsin 1 = \frac{\pi}{2}$$

und die Länge des Viertelkreisbogens zum Radius 1 ist daher gleich $\arcsin 1$. Wegen dieser engen Beziehung zur Kreismessung bezeichnet man den $\arcsin$ und die verwandten Funktionen als zyklometrische Funktionen.

Von den Formeln (1) und (2) zieht immer die eine die andere nach sich.

2. Zu einem Wert z des Sinus gehört aber nicht nur ein Wert des Arcus. Es ist $\sin\varphi = \sin(\varphi + 2k\pi)$, und $\sin\varphi = \sin(\pi - \varphi)$, deshalb gehören zu einem bestimmten Wert z einmal alle Werte des Arcus, die aus einem durch Addition beliebiger Vielfacher von 2π hervorgehen, ferner diejenigen Werte, welche die eben genannten zu π ergänzen, mit anderen Worten:

Die Funktion $\arcsin$ **ist eine unendlich vielwertige Funktion,** und wenn einer ihrer Werte für ein bestimmtes z mit $\operatorname{Arc\,sin} z$ bezeichnet wird, so erhält man alle Werte der Funktion für dieses z durch

$$(3) \qquad \arcsin z = \quad \operatorname{Arc\,sin} z + 2k\pi$$

und

$$\arcsin z = -\operatorname{Arc\,sin} z + (2k+1)\pi.$$

$$k = 0, \pm 1, \pm 2, \ldots$$

3. Für reelle φ ist immer

$$-1 \leqq z \leqq 1,$$

also gehören auch nur zu diesen Werten von z reelle Werte der $\arcsin$-Funktion, und zwar durchläuft z alle diese Werte, wenn φ von $-\frac{\pi}{2}$ bis $+\frac{\pi}{2}$ geht. Man kann daher unter den zu einem bestimmten z gehörenden Werten der $\arcsin$-Funktion einen auswählen, der zwischen $-\frac{\pi}{2}$ und $+\frac{\pi}{2}$ gelegen ist:

$$(4) \qquad -\frac{\pi}{2} \leqq \operatorname{Arc\,sin} z \leqq \frac{\pi}{2}$$

Diesen Wert nennt man den **Hauptwert** der $\arcsin$-Funktion.

4. Ebenso kann man die Funktion

$$z = \cos\varphi$$

umkehren und erhält die Funktion

$$\varphi = \arccos z,$$

z. B. $\arccos 0 = \dfrac{\pi}{2}, \quad \arccos 1 = 0, \quad \arccos(-1) = \pi.$

Da aber
$$\cos \varphi = \sin\left(\frac{\pi}{2} - \varphi\right)$$
ist, so ist

$$\text{arc}\cos z = \frac{\pi}{2} - \text{arc}\sin z$$

und daher ist es nicht notwendig, die arc cos-Funktion einzuführen.

5. Ist aber

(5)
$$z = \text{tg}\,\varphi,$$

so ist umgekehrt

(6)
$$\varphi = \text{arc tg}\,z,$$

d. h. φ ist der Arcus, dessen Tangens gleich z ist. So z. B.

$$\text{arc tg}\,0 = 0, \quad \text{arc tg}\,1 = \frac{\pi}{4}, \quad \text{arc tg}\,\infty = \frac{\pi}{2}.$$

Es ist
$$\text{tg}\,\varphi = \text{tg}\,(\varphi + \pi),$$

also gehören zu einem bestimmten Wert z der tg-Funktion unendlich viele Werte des Arcus, die aus einem von ihnen durch Addition beliebiger Vielfacher von π hervorgehen:

Die Funktion arctg ist unendlich vielwertig und es ist

$$\text{arc tg}\,z = \text{Arc tg}\,z + k\pi. \qquad k = 0, \pm 1, \pm 2, \ldots$$

Darin kann der Hauptwert Arctg z für reelle z durch

$$-\frac{\pi}{2} < \text{Arc tg}\,z \leqq \frac{\pi}{2}$$

festgelegt werden.

6. Schließlich haben wir als Umkehrung der Funktion

$$z = \text{ctg}\,\varphi$$

die arc ctg-Funktion $\qquad \varphi = \text{arc ctg}\,z, \qquad$ sie läßt sich aber wegen

$$\text{ctg}\,\varphi = \text{tg}\left(\frac{\pi}{2} - \varphi\right)$$

auf die arc tg-Funktion zurückführen:

$$\text{arc ctg}\,z = \frac{\pi}{2} - \text{arc tg}\,z.$$

§ 133*. Die Arc tg-Reihe und die Berechnung der Zahl π.

1. Von den Reihen, die man für die zyklometrischen Funktionen aufstellen kann, wollen wir nur die für die arc tg-Funktion ableiten. Wir gehen aus von dem Ausdruck der Funktion tg φ durch die Exponentialfunktion (§ 128):

$$\text{tg}\,\varphi = \frac{1}{i}\,\frac{e^{2i\varphi} - 1}{e^{2i\varphi} + 1} = z$$

und finden daraus:
$$e^{2i\varphi} = \frac{1 + iz}{1 - iz}.$$

Es ist mithin φ oder, was dasselbe ist,

$$(1)\qquad \operatorname{arc\,tg} z = \frac{1}{2\,i}\ln\frac{1+iz}{1-iz},$$

d. h. die arc tg-Funktion läßt sich auf den natürlichen Logarithmus zurückführen. Den unendlich vielen Zweigen der Funktion ln (vgl. § 130, 4.) entsprechen die unendlich vielen Zweige der arc tg-Funktion. Nehmen wir für diese den Hauptwert, also

$$-\frac{\pi}{2} < \operatorname{Arc\,tg} z \leqq \frac{\pi}{2},$$

so folgt für die Funktion ln

$$-\pi < \frac{1}{i}\ln\frac{1+iz}{1-iz} \leqq \pi.$$

Nun ist $\ln\dfrac{1+iz}{1-iz}$ nach (1) für reelle z rein imaginär[1]) und wir sehen also nach § 130, 5.:

Dem Hauptwert der arctg-Funktion entspricht der Hauptwert des log nat.

2. Wir haben daher nach § 131, (7) unmittelbar die Reihenentwicklung

$$(2)\qquad \operatorname{Arc\,tg} z = z - \frac{z^3}{3} + \frac{z^5}{5} - \frac{z^7}{7} + \cdots,$$

welche für jedes z innerhalb des Einheitskreises konvergiert.[2])

Sie konvergiert auch für $z = \pm 1$ und nach dem Satz von **Abel** (§ 122, 2.) ist ihr Wert für $z = 1$ gleich $\operatorname{Arc\,tg} 1 = \dfrac{\pi}{4}$ und wir erhalten die berühmte Reihe:

$$(3)\qquad \frac{\pi}{4} = 1 - \frac{1}{3} + \frac{1}{5} - \frac{1}{7} + \cdots,$$

die allerdings zur praktischen Berechnung von π nicht geeignet ist.

3. Besser konvergierende Entwicklungen zur Berechnung von π findet man auf Grund des **Additionstheorems** der arc tg-Funktion.

---

1) Man zeigt dies auch so: Sei

$$\ln\frac{1+iz}{1-iz} = a + ib$$

mit reellen a und b, so ist

$$\frac{1+iz}{1-iz} = e^{a+ib} = e^{a}(\cos b + i\sin b).$$

Hieraus folgt, wenn man den Bruch mit $1 + iz$ erweitert und die reellen und imaginären Teile auf beiden Seiten einander gleich setzt:

$$e^{a}\cos b = \frac{1-z^2}{1+z^2},\quad e^{a}\sin b = \frac{2z}{1+z^2}.$$

Die Summe der Quadrate ergibt $e^{2a} = 1$, folglich muß $a = 0$ sein.

2) Diese Reihe wurde von **James Gregory** (Brief an Collins 15. II. 1671) gefunden. Die Reihe (3) hat dann auch **Leibniz** 1674 selbständig entdeckt.

Ist $\qquad\qquad x = \operatorname{tg}\varphi, \qquad\qquad y = \operatorname{tg}\psi,$ also

$$\varphi = \operatorname{arc\,tg} x, \qquad \psi = \operatorname{arc\,tg} y,$$

so ist nach der Additionsformel für die Tangensfunktion

$$\operatorname{tg}(\varphi + \psi) = \frac{\operatorname{tg}\varphi + \operatorname{tg}\psi}{1 - \operatorname{tg}\varphi\,\operatorname{tg}\psi} = \frac{x+y}{1-xy},$$

mithin $\qquad\qquad \varphi + \psi = \operatorname{arc\,tg}\dfrac{x+y}{1-xy}$ oder

$$(4) \qquad\qquad \operatorname{arc\,tg} x + \operatorname{arc\,tg} y = \operatorname{arc\,tg}\frac{x+y}{1-xy}.$$

Diese Formel gilt auch für die Hauptwerte, nur ist, wenn die Summe links aus dem Intervall $\left(-\dfrac{\pi}{2}, +\dfrac{\pi}{2}\right)$ heraustritt, auf dieser Seite noch π hinzuzusetzen oder abzuziehen.

4. Bestimmt man nun x und y als echte Brüche, so daß $\dfrac{x+y}{1-xy} = 1$ wird, so ist nach (4)

$$\frac{\pi}{4} = \operatorname{Arc\,tg} x + \operatorname{Arc\,tg} y.$$

Nimmt man z. B. $x = \tfrac{1}{2}$, so wird $y = \tfrac{1}{3}$ und es ergibt sich die Formel von **Euler**[1]):

$$(5) \qquad\qquad \frac{\pi}{4} = \operatorname{Arc\,tg}\frac{1}{2} + \operatorname{Arc\,tg}\frac{1}{3},$$

welche, wenn man darin nach (2) die Reihen einsetzt, viel schneller konvergiert als die Reihe (3).

5. Wenn man in (4) noch eine dritte Funktion $\operatorname{arc\,tg} z$ addiert und die Formel nochmals anwendet, so ergibt sich:

$$\operatorname{arc\,tg} x + \operatorname{arc\,tg} y + \operatorname{arc\,tg} z = \operatorname{arc\,tg}\frac{x+y+z-xyz}{1-xy-xz-yz},$$

und wenn man x, y, z als echte Brüche so bestimmt, daß

$$\frac{x+y+z-xyz}{1-xy-xz-yz} = 1$$

wird, so erhält man:

$$\frac{\pi}{4} = \operatorname{Arc\,tg} x + \operatorname{Arc\,tg} y + \operatorname{Arc\,tg} z.$$

So kann man z. B. $x = \tfrac{1}{2}$, $y = \tfrac{1}{5}$, $z = \tfrac{1}{8}$ wählen und es wird

$$(6) \qquad\qquad \frac{\pi}{4} = \operatorname{Arc\,tg}\frac{1}{2} + \operatorname{Arc\,tg}\frac{1}{5} + \operatorname{Arc\,tg}\frac{1}{8}.$$

Nach dieser Formel hat **Dase**[2]) die Zahl π bis auf 200 Dezimalstellen berechnet.

---

1) Briefe an Goldbach 9. April 1743 und 28. Mai 1746.
2) Journ. f. Math. 27 (1844).

6. Eine noch bessere Formel ist bereits 1706 von John Machin[1]) angegeben und zur Berechnung von π auf 100 Dezimalstellen angewandt worden. Er geht von einem spitzen Winkel α aus, für den

$$\operatorname{tg} \alpha = \tfrac{1}{5}$$

ist, also

$$\alpha = \operatorname{Arc\,tg} \tfrac{1}{5}.$$

Dann ist $\quad \operatorname{tg} 2\alpha = \dfrac{2 \operatorname{tg} \alpha}{1 - \operatorname{tg}^2 \alpha} = \dfrac{5}{12}, \quad \operatorname{tg} 4\alpha = \dfrac{2 \operatorname{tg} 2\alpha}{1 - \operatorname{tg}^2 (2\alpha)} = \dfrac{120}{119},$

also $\operatorname{tg} 4\alpha$ sehr nahe an 1 und daher 4α nur wenig größer als $\dfrac{\pi}{4} = \operatorname{arc\,tg} 1$. Es ist aber

$$4\alpha = \operatorname{Arc\,tg} \tfrac{120}{119} = 4\operatorname{Arc\,tg} \tfrac{1}{5}.$$

Wir setzen in (4) $\quad x = 1, \quad \dfrac{x+y}{1-xy} = \dfrac{120}{119},\qquad$ also

$$\dfrac{1+y}{1-y} = \dfrac{120}{119} \quad \text{und finden} \quad y = \dfrac{1}{239}.$$

Folglich ist $\qquad \dfrac{\pi}{4} = \operatorname{Arc\,tg} \dfrac{120}{119} - \operatorname{Arc\,tg} \dfrac{1}{239} \qquad$ oder

$$(7) \qquad \dfrac{\pi}{4} = 4\operatorname{Arc\,tg} \dfrac{1}{5} - \operatorname{Arc\,tg} \dfrac{1}{239}.$$

Mit Hilfe dieser Formel hat Shanks die Berechnung von π bis auf 707 Stellen fortgeführt.[2]) Auf 32 Stellen ist

$$\pi = 3{,}14159\,26535\,89793\,23846\,26433\,83279\,50 \ldots$$

7. Die in den beiden letzten Abschnitten betrachteten Funktionen, auf der einen Seite die Exponentialfunktion und die trigonometrischen Funktionen, auf der anderen Seite ihre Umkehrungen, Logarithmus und zyklometrische Funktionen werden **die elementaren transzendenten Funktionen** genannt. Im Mittelpunkt ihrer Theorie steht die **Eulersche Formel** (§ 127, 5.), durch die der innere Zusammenhang zwischen trigonometrischen Funktionen und Exponentialfunktion, sowie zwischen zyklometrischen Funktionen und Logarithmus gegeben ist.

§ 134. Trigonometrische Reihen.

1*. Es sei

$$(1) \qquad f(z) = a_0 + a_1 z + a_2 z^2 + a_3 z^3 + \cdots$$

eine Potenzreihe mit reellen Koeffizienten und dem Konvergenzradius R. Führen wir darin für die komplexe Variable z ihre Polarform

$$(2) \qquad z = r(\cos \varphi + i \sin \varphi)$$

ein, so konvergiert also die Reihe für $r < R$.

---

1) Veröffentlicht in der Synopsis von W. Jones, London 1706. Daß in ihr das Zeichen π zum erstenmal auftritt, ist nicht zutreffend. Es findet sich bereits bei Oughtred, The key of the Mathematics, London 1647. Auch Barrow gebraucht es schon vor 1669 in seinen Vorlesungen (Mathematicae lectiones, London 1684). Vgl. W. Rouse Ball, Récréations mathématiques 2, 282. Paris 1908.

2) Shanks, Proc. Roy. soc. London 21 (1872), 22 (1873). Vgl. Ztschr. f. math. u. naturw. Unterr. 26 (1895).

Durch Einführung der Potenzen

$$z^n = r^n (\cos n\varphi + i \sin n\varphi)$$

und Trennung der reellen und imaginären Bestandteile zerfällt die Reihe (1) in zwei Reihen:

$$(3) \quad \begin{aligned} A(r, \varphi) &= a_0 + a_1 r \cos \varphi + a_2 r^2 \cos 2\varphi + a_3 r^3 \cos 3\varphi + \cdots \\ B(r, \varphi) &= \phantom{a_0 +{}} a_1 r \sin \varphi + a_2 r^2 \sin 2\varphi + a_3 r^3 \sin 3\varphi + \cdots \end{aligned}$$

und diese konvergieren nach § 119, 4. unter derselben Bedingung wie die Reihe (1), also für $r < R$ und jeden Wert von φ.

Wir haben also hier Reihen, die nach Kosinus und Sinus der Vielfachen eines Winkels fortschreiten. Derartige Reihen nennt man **trigonometrische** oder — nach dem Mathematiker, der vor allem ihre Theorie begründet hat — **Fouriersche Reihen.**

2*. Wir wollen hier nur die aus der Binomialreihe hervorgehenden trigonometrischen Reihen etwas näher betrachten und führen also in der Reihe

$$(4) \quad (1 + z)^\mu = 1 + \binom{\mu}{1} z + \binom{\mu}{2} z^2 + \binom{\mu}{3} z^3 + \cdots$$

auf beiden Seiten für z die Polarform (2) ein. Ist dann

$$(5) \quad 1 + z = \varrho (\cos \theta + i \sin \theta),$$

so wird $\varrho^2 = (1 + r \cos \varphi)^2 + r^2 \sin^2 \varphi = 1 + 2 r \cos \varphi + r^2$, also ϱ die positive Quadratwurzel

$$(6) \quad \varrho = \sqrt{1 + 2 r \cos \varphi + r^2}.$$

Der Richtungswinkel θ ist bestimmt durch

$$\cos \theta = \frac{1 + r \cos \varphi}{\varrho}, \qquad \sin \theta = \frac{r \sin \varphi}{\varrho}$$

oder auch durch

$$(7) \quad \operatorname{tg} \theta = \frac{r \sin \varphi}{1 + r \cos \varphi}.$$

Hierdurch ist θ zunächst nur bis auf Vielfache von π bestimmt. Wir können also

$$\theta = \theta_0 + k\pi \quad \text{und darin} \quad -\frac{\pi}{2} < \theta_0 \leqq \frac{\pi}{2}$$

setzen. Nun ist aber nach (5)

$$(8) \quad (1 + z)^\mu = \varrho^\mu (\cos \mu\theta + i \sin \mu\theta)$$

und dies soll für $z = 0$ gleich 1 werden (§ 124, 7.). Für $z = 0$ ist $r = 0$, also nach (6) und (7) $\varrho = 1$, $\operatorname{tg} \theta = 0$. Es ergibt sich also $\theta = k\pi$ und nun folgt aus (8): $\qquad \sin \mu k\pi = 0.$

Soll dieses für jedes beliebige μ stattfinden, so muß die ganze Zahl $k = 0$ sein. Denn wäre k nicht Null, so würde z. B. für $\mu = \frac{1}{2k}$ sich $\sin \mu k\pi = 1$ ergeben. Damit ist θ eindeutig bestimmt. Es ist immer der aus (7) sich ergebende Wert im Intervall $\left(-\frac{\pi}{2}, +\frac{\pi}{2} \right)$ zu nehmen,

und daraus folgt nach § 133, **1.**, daß θ der Hauptwert der arc tg-
Funktion:

$$(9) \qquad \theta = \operatorname{Arc\,tg} \frac{r \sin \varphi}{1 + r \cos \varphi} \qquad \text{ist.}$$

3*. Führen wir nun auf der rechten Seite von (4) die Potenzen von
z nach **1.** ein und setzen dann auf beiden Seiten die reellen und ebenso
die imaginären Teile einander gleich, so erhalten wir die trigonometrischen
Reihen

$$\varrho^\mu \cos \mu\,\theta = 1 + \binom{\mu}{1} r \cos \varphi + \binom{\mu}{2} r^2 \cos 2\varphi + \binom{\mu}{3} r^3 \cos 3\varphi + \cdots$$
$$(10)$$
$$\varrho^\mu \sin \mu\,\theta = \qquad \binom{\mu}{1} r \sin \varphi + \binom{\mu}{2} r^2 \sin 2\varphi + \binom{\mu}{3} r^3 \sin 3\varphi + \cdots$$

und hierin sind ϱ und θ durch (6) und (9) bestimmt. Diese Reihen
konvergieren ebenso wie die Reihe (4) für $r < 1$.

4*. Nach (10) ist

$$\frac{\varrho^\mu \cos \mu\,\theta - 1}{\mu} = r \cos \varphi + \frac{\mu - 1}{2} r^2 \cos 2\varphi + \frac{(\mu - 1)(\mu - 2)}{2 \cdot 3} r^3 \cos 3\varphi + \cdots$$

$$\frac{\varrho^\mu \sin \mu\,\theta}{\mu} = r \sin \varphi + \frac{\mu - 1}{2} r^2 \sin 2\varphi + \frac{(\mu - 1)(\mu - 2)}{2 \cdot 3} r^3 \sin 3\varphi + \cdots$$

Die Reihen auf der rechten Seite sind (als Potenzreihen nach r)
stetige Funktionen von μ (§ 122, **4.**); wir können also beiderseits zur
Grenze für $\mu \longrightarrow 0$ übergehen. Setzen wir aber auf der linken Seite für
$\cos \mu\,\theta$ die Reihe

$$\cos \mu\,\theta = 1 - \frac{\mu^2 \theta^2}{2!} + \cdots,$$

so wird

$$\frac{\varrho^\mu \cos \mu\,\theta - 1}{\mu} = \frac{\varrho^\mu - 1}{\mu} - \frac{\mu}{2} \varrho^\mu \theta^2 + \cdots,$$

folglich nach § 131, **1.**:

$$\lim_{\mu \to 0} \frac{\varrho^\mu \cos \mu\,\theta - 1}{\mu} = \operatorname{Ln} \varrho = \frac{1}{2} \operatorname{Ln}(1 + 2r \cos \varphi + r^2).$$

Ferner ist nach § 127, **3.**

$$\lim_{\mu \to 0} \frac{\varrho^\mu \sin \mu\,\theta}{\mu} = \lim_{\mu \to 0} \frac{\sin \mu\,\theta}{\mu} = \theta = \operatorname{Arc\,tg} \frac{r \sin \varphi}{1 + r \cos \varphi}$$

und wir erhalten also, wenn wir in den obigen Reihen $\mu = 0$ setzen:

$$\frac{1}{2} \operatorname{Ln}(1 + 2r \cos \varphi + r^2) = r \cos \varphi - \frac{r^2}{2} \cos 2\varphi + \frac{r^3}{3} \cos 3\varphi - \cdots$$
$$(11)$$
$$\operatorname{Arc\,tg} \frac{r \sin \varphi}{1 + r \cos \varphi} = r \sin \varphi - \frac{r^2}{2} \sin 2\varphi + \frac{r^3}{3} \sin 3\varphi - \cdots$$

Die erste Reihe geht für $\varphi = 0$ in die Reihe für $\operatorname{Ln}(1 + r)$, die
zweite für $\varphi = \frac{\pi}{2}$ in die Reihe für $\operatorname{Arc\,tg} r$ über.

5. Die interessantesten Resultate ergeben sich aber, wenn **wir be-**

merken, daß nach dem Satz § 117, **3.** diese Reihen auch noch für $r = 1$ konvergieren. Wir haben nur in dem Satz

$$c_1 = 1, \quad c_2 = \tfrac{1}{2}, \quad c_3 = \tfrac{1}{3}, \quad c_4 = \tfrac{1}{4}, \quad \ldots$$

zu nehmen und dann noch zu zeigen, daß die Summen

$$U_n = \cos\varphi - \cos 2\varphi + \cos 3\varphi - \cdots \pm \cos n\varphi,$$
$$V_n = \sin\varphi - \sin 2\varphi + \sin 3\varphi - \cdots \pm \sin n\varphi$$

in endlichen Grenzen bleiben. Dies ergibt sich leicht aus den Formeln

$$2\cos\frac{\varphi}{2}\cos n\varphi = \cos\left(n - \frac{1}{2}\right)\varphi + \cos\left(n + \frac{1}{2}\right)\varphi,$$

$$2\cos\frac{\varphi}{2}\sin n\varphi = \sin\left(n - \frac{1}{2}\right)\varphi + \sin\left(n + \frac{1}{2}\right)\varphi.$$

Wendet man diese Formeln auf die einzelnen Glieder der Summen an, so ergibt sich:

$$2U_n \cos\frac{\varphi}{2} = \left(\cos\frac{\varphi}{2} + \cos\frac{3}{2}\varphi\right) - \left(\cos\frac{3}{2}\varphi + \cos\frac{5}{2}\varphi\right) + \cdots$$

$$\pm \left(\cos\frac{2n-1}{2}\varphi + \cos\frac{2n+1}{2}\varphi\right)$$

$$= \cos\frac{\varphi}{2} \pm \cos\frac{2n+1}{2}\varphi,$$

$$2V_n \cos\frac{\varphi}{2} = \left(\sin\frac{\varphi}{2} + \sin\frac{3}{2}\varphi\right) - \left(\sin\frac{3}{2} + \sin\frac{5}{2}\varphi\right) + \cdots$$

$$\pm \left(\sin\frac{2n-1}{2}\varphi + \sin\frac{2n+1}{2}\varphi\right)$$

$$= \sin\frac{\varphi}{2} \pm \sin\frac{2n+1}{2}\varphi.$$

Wir müssen nur den Fall ausnehmen, daß $\cos\frac{\varphi}{2} = 0$, also $\varphi = \pm\pi$ ist. Abgesehen von diesem Fall zeigen aber die vorstehenden Formeln, da $\sin\left(n + \frac{1}{2}\right)\varphi$ und $\cos\left(n + \frac{1}{2}\right)\varphi$ bei wachsendem n nur zwischen -1 und $+1$ schwanken, daß U_n und V_n niemals über bestimmte Grenzen hinausgehen.

In dem ausgeschlossenen Fall $\varphi = \pm\pi$ werden alle Glieder der Reihe U_n gleich -1, und U_n wird also bei wachsendem n negativ unendlich. Die Glieder von V_n aber werden alle gleich Null und folglich V_n selbst ebenfalls.

6. Nachdem also die Konvergenz festgestellt ist, können wir nach § 122, **2.** den Wert der Summen (11) für $r = 1$ ermitteln, wenn wir auf der linken Seite r in 1 übergehen lassen. Dadurch wird

$$\sqrt{1 + 2r\cos\varphi + r^2} = \sqrt{2(1 + \cos\varphi)} = 2\cos\frac{\varphi}{2},$$

$$\text{Arc tg } \frac{r\sin\varphi}{1 + r\cos\varphi} = \text{Arc tg } \frac{\sin\varphi}{1 + \cos\varphi} = \text{Arc tg }\left(\text{tg }\frac{\varphi}{2}\right) = \frac{\varphi}{2}.$$

In diesen Formeln ist $-\pi < \varphi < \pi$ und folglich $\cos \frac{\varphi}{2}$ positiv, $\frac{\varphi}{2}$ zwischen $-\frac{\pi}{2}$ und $+\frac{\pi}{2}$ gelegen.

Damit erhalten wir also aus (11) die Entwicklungen:

$$(12) \qquad \operatorname{Ln}\left(2 \cos \frac{\varphi}{2}\right) = \cos \varphi - \frac{1}{2} \cos 2\varphi + \frac{1}{3} \cos 3\varphi - \frac{1}{4} \cos 4\varphi + \cdots,$$

$$\frac{\varphi}{2} = \sin \varphi - \frac{1}{2} \sin 2\varphi + \frac{1}{3} \sin 3\varphi - \frac{1}{4} \sin 4\varphi + \cdots.$$

Was den ausgeschlossenen Fall $\varphi = \pi$ betrifft, so hört in der ersten dieser Reihen die Konvergenz auf, und ebenso wird die linke Seite unendlich. In der zweiten Formel bleibt die Konvergenz zwar bestehen, der Wert der Summe ist aber nicht gleich $\frac{\pi}{2}$, sondern Null.

7. Setzen wir in der zweiten Formel (12) $\varphi = x$ und $\varphi = \pi - x$, so erhalten wir zwei Formeln:

$$(13) \qquad \frac{x}{2} = \sin x - \frac{1}{2} \sin 2x + \frac{1}{3} \sin 3x - \frac{1}{4} \sin 4x + \cdots,$$

$$\frac{\pi - x}{2} = \sin x + \frac{1}{2} \sin 2x + \frac{1}{3} \sin 3x + \frac{1}{4} \sin 4x + \cdots,$$

von denen die erste in dem Intervall

$$(14) \qquad\qquad -\pi < x < +\pi,$$

die zweite in dem Intervall $\qquad 0 < x < 2\pi$

gültig ist. Die beiden Formeln haben also einen gemeinsamen Gültigkeitsbereich:

$$(15) \qquad\qquad 0 < x < \pi.$$

Wenn wir sie addieren, so folgt für dieses Intervall

$$(16) \qquad \frac{\pi}{4} = \sin x + \frac{1}{3} \sin 3x + \frac{1}{5} \sin 5x + \frac{1}{7} \sin 7x + \cdots,$$

und es zeigt sich hier das merkwürdige Resultat, daß die konvergente Reihe der rechten Seite, deren Glieder stetige Funktionen von x sind, eine von x unabhängige Summe hat. Für $x = \frac{\pi}{2}$ geht sie in die Leibnizsche Reihe über (§ 133, **2.**).

8. Von dem Verhalten dieser Reihen kann man sich eine geometrische Anschauung bilden. Wir setzen:

$$(17) \qquad f(x) = \sin x - \frac{1}{2} \sin 2x + \frac{1}{3} \sin 3x - \frac{1}{4} \sin 4x + \cdots,$$

$$\varphi(x) = \sin x + \frac{1}{3} \sin 3x + \frac{1}{5} \sin 5x + \frac{1}{7} \sin 7x + \cdots,$$

und da die Reihen auf der rechten Seite dieser Formeln nicht bloß in den Intervallen (14) und (15), sondern nach **5.** für alle x konvergieren, so sind durch (17) zwei Funktionen von x definiert, deren Werte in dem Intervall (15) durch die Formeln (13) und (16) bestimmt sind.

Nun ist aber für jedes ganzzahlige n

$$\sin(-nx) = -\sin nx, \quad \sin n(x + 2\pi) = \sin nx,$$

und folglich genügen die Funktionen $f(x)$, $\varphi(x)$ den Bedingungen

$$f(-x) = -f(x), \quad \varphi(-x) = -\varphi(x),$$
$$f(x + 2\pi) = f(x), \quad \varphi(x + 2\pi) = \varphi(x).$$

Außerdem ist

$$f(0) = 0, \quad \varphi(0) = 0, \quad f(\pi) = 0, \quad \varphi(\pi) = 0$$

und für $0 < x < \pi$: $f(x) = \dfrac{x}{2}, \quad \varphi(x) = \dfrac{\pi}{4}.$

Hierdurch sind aber die Werte von $f(x)$, $\varphi(x)$ für alle Werte von x bestimmt.

Trägt man den Wert von x als Abszisse auf und $y = f(x)$ oder $y = \varphi(x)$ als die zugehörige Ordinate, so erhält man eine graphische Darstellung dieser Funktionen, die durch die stark ausgezogenen Linien in Fig. 24 für $f(x)$ und in Fig. 25 für $\varphi(x)$ gegeben ist.

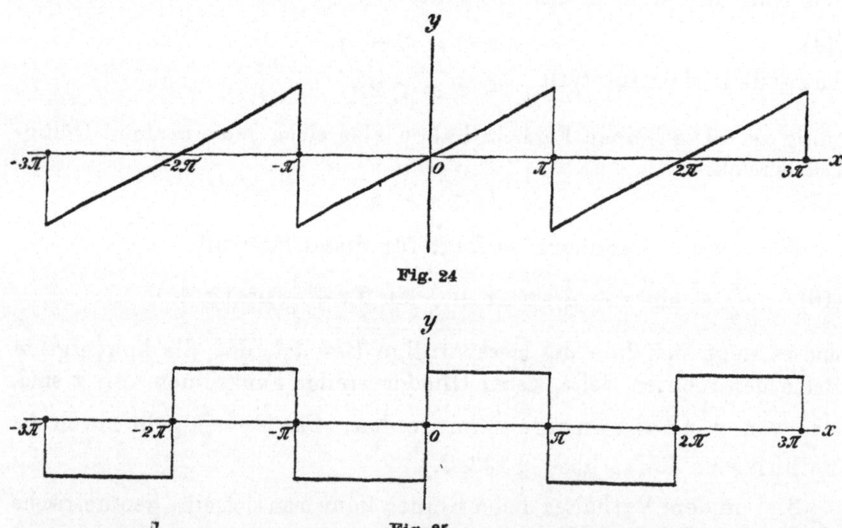

Fig. 24

Fig. 25.

Man sieht, daß $f(x)$ und $\varphi(x)$ unstetige Funktionen sind, obwohl die Glieder der Reihen, durch die sie definiert sind, stetige Funktionen sind (vgl. Fußnote S. 479).

9. Eine klare Vorstellung von dem Zustandekommen solcher Unstetigkeiten gibt Fig. 26, in deren vier Teilen die ausgezogenen Kurven durch die Gleichungen

$$y = \sin x, \quad y = \sin x + \frac{1}{3} \sin 3x, \quad y = \sin x + \frac{1}{3} \sin 3x + \frac{1}{5} \sin 5x,$$

$$y = \sin x + \frac{1}{3} \sin 3x + \frac{1}{5} \sin 5x + \frac{1}{7} \sin 7x$$

dargestellt sind, während die punktierten Kurven die einzelnen Glieder dieser Summen darstellen. Alle diese Kurven gehen durch die Punkte 0, $\pm \pi$, $\pm 2\pi$, ...; sie sind stetige Kurven, aber jede folgende steigt in den Stellen $x = k\pi$ steiler auf als die vorhergehende, und sie nähern sich sehr merklich unter wellenförmigen Schwankungen der in Fig. 26 dargestellten Gestalt an.[1])

10*. Auf die trigonometrischen Reihen wurde man schon um die Mitte des achtzehnten Jahrhunderts durch Probleme der mathematischen Physik

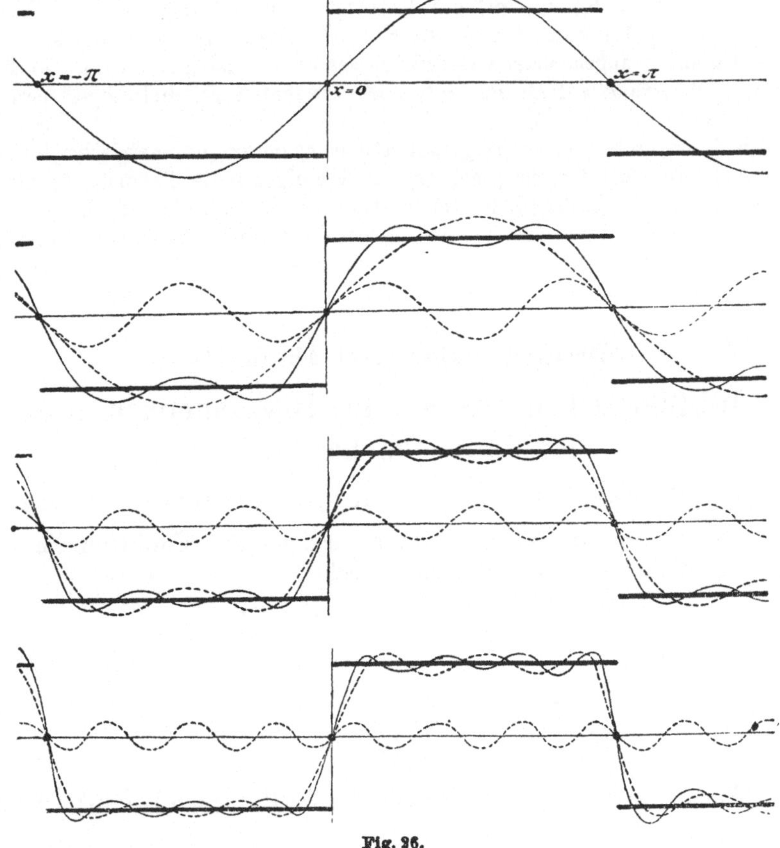

Fig. 26.

____

1) Figuren dieser Art sind in großem Maßstabe und in mannigfacher Gestalt unter F. Kleins Leitung ausgeführt. Die Figur 26 ist dem Werke von W. E. Byerly, An elementary treatise on Fouriers series (Boston 1893) entnommen und findet sich auch in dem Werke von R. Fricke, Analytisch-funktionentheoretische Vorlesungen (Leipzig 1900).

geführt und schon damals wurde die Aufmerksamkeit auf die merkwürdigen Erscheinungen gelenkt, die wir zum Teil oben kennen gelernt haben, daß nämlich eine Reihe von stetigen Funktionen eine unstetige Funktion darstellen kann, ferner, daß ein Ausdruck für die Reihe, der in einem Intervall gilt, unter Umständen in einem andern Intervall nicht mehr gültig ist, endlich daß man auch Funktionen, die nur durch eine Vorschrift und nicht durch eine Formel gegeben sind (sogenannte willkürliche Funktionen) durch eine trigonometrische Reihe darstellen kann. Diese Reihen sind dann bis heute ein wichtiger Gegenstand mathematischer Forschung geblieben, und sie sind für die reine wie für die angewandte Mathematik von gleicher Bedeutung. Im achtzehnten Jahrhundert haben sich Daniel Bernoulli, Clairaut, Euler, d'Alembert, Lagrange mit ihnen beschäftigt und dann hat Fourier in seinem großen Werk Théorie analytique de la chaleur (1822) eine umfassende Theorie ausgebildet. Die strenge Behandlung der trigonometrischen Reihen beginnt mit der berühmten Abhandlung von Dirichlet, Journ. f. Math. 4 (1828), (Ostwalds Klass. Nr. 116). In ihr findet sich die heute allgemein angenommene Definition des Funktionsbegriffs (vgl. § 74, **2.**), wie er sich grade auf Grund der oben erwähnten Erscheinungen herausgebildet hat.

Wir konnten hier nur die Begriffsbestimmung der trigonometrischen Reihen und die allereinfachsten Beispiele geben. Die eigentliche Theorie, vor allem die Ermittlung der Reihe (d. h. die Bestimmung der Koeffizienten), wenn die darzustellende Funktion gegeben ist, ferner die Untersuchung, welche Funktionen durch Fouriersche Reihen darstellbar sind, gehört vollständig der Integralrechnung an.

Dreiundzwanzigster Abschnitt.

Produktdarstellung für π. Die Potenzsummen $\zeta(2n)$. Die Eulersche Konstante.

§ 135*. Produktdarstellung für π. Die Stirlingsche Formel.

1. Setzt man in der Produktentwicklung der Funktion $\sin \pi x$ (§ 129, (22)) $x = \tfrac{1}{2}$, so ergibt sich zunächst:

$$(1) \qquad \frac{2}{\pi} = \left(1 - \frac{1}{2^2}\right)\left(1 - \frac{1}{4^2}\right)\left(1 - \frac{1}{6^2}\right)\cdots$$

$$= \frac{1 \cdot 3}{2 \cdot 2} \cdot \frac{3 \cdot 5}{4 \cdot 4} \cdot \frac{5 \cdot 7}{6 \cdot 6} \cdots, \qquad \text{also}$$

$$(2) \qquad \frac{4}{\pi} = \frac{3 \cdot 3}{2 \cdot 4} \cdot \frac{5 \cdot 5}{4 \cdot 6} \cdot \frac{7 \cdot 7}{6 \cdot 8} \cdots$$

Dieser Ausdruck ist unter dem Namen des Wallisschen Produkts[1] bekannt.

---

[1] John Wallis, Arithmetica infinitorum, Oxford 1655. Die Produkte (1) und (2) sind bei dieser Schreibweise unbedingt konvergent. Schreibt man aber

$$\frac{2}{\pi} = \frac{1}{2} \cdot \frac{3}{2} \cdot \frac{3}{4} \cdot \frac{5}{4} \cdot \frac{5}{6} \cdot \frac{7}{6} \cdots \quad \text{und} \quad \frac{4}{\pi} = \frac{3}{2} \cdot \frac{3}{4} \cdot \frac{5}{4} \cdot \frac{5}{6} \cdot \frac{7}{6} \cdot \frac{7}{8} \cdots,$$

so sind sie nur bedingt konvergent.

Für (1) können wir auch schreiben

$$\frac{2}{\pi} = \lim_{n \to \infty} P_n,$$

worin
$$P_n = \frac{1 \cdot 3 \cdot 3 \cdot 5 \ldots (2n-1)(2n+1)}{2 \cdot 2 \cdot 4 \cdot 4 \ldots \quad 2n \quad \cdot \quad 2n}.$$

Es ist also

$$(3) \qquad \frac{\pi}{2} = \lim \frac{2 \cdot 2 \cdot 4 \cdot 4 \cdot 6 \cdot 6 \ldots \quad 2n \quad \cdot \quad 2n}{1 \cdot 3 \cdot 3 \cdot 5 \cdot 5 \cdot 7 \ldots (2n-1)(2n+1)}$$

und daraus folgt

$$(4) \qquad \frac{\pi}{4} = \left(1 - \frac{1}{3^2}\right)\left(1 - \frac{1}{5^2}\right)\left(1 - \frac{1}{7^2}\right)\cdots$$

Formel (3) kann man auch schreiben:

$$\frac{\pi}{2} = \lim \frac{2^2 \cdot 4^2 \cdot 6^2 \, \mathfrak{2} \cdot \quad (2n)^2}{3^2 \cdot 5^2 \cdot 7^2 \ldots (2n-1)^2} \cdot \frac{1}{2n+1},$$

und wenn man rechts mit $\lim \dfrac{2n+1}{2n} = 1$ multipliziert:

$$\frac{\pi}{2} = \lim \frac{2^2 \cdot 4^2 \cdot 6^2 \ldots \quad (2n)^2}{3^2 \cdot 5^2 \cdot 7^2 \ldots (2n-1)^2} \cdot \frac{1}{2n}.$$

Dividiert man hier durch $\frac{\pi}{2}$ und zieht die Quadratwurzel, so folgt:

$$\lim \frac{2 \cdot 4 \cdot 6 \ldots \quad 2n}{3 \cdot 5 \cdot 7 \ldots (2n-1)} \cdot \frac{1}{\sqrt{n\pi}} = 1$$

oder auch wenn man den Bruch mit $2 \cdot 4 \cdot 6 \ldots 2n = 2^n \cdot n!$ erweitert:

$$(5) \qquad \lim \frac{(n!)^2 \cdot 2^{2n}}{(2n)! \sqrt{n\pi}} = 1.$$

2. Diesen Grenzwert können wir zur Ableitung einer wichtigen Formel benutzen, welche die Fakultät

$$1 \cdot 2 \cdot 3 \ldots n = n!$$

für große n näherungsweise darstellt.

Wir gehen aus von der Formel § 131, (9), indem wir darin $x = n$ setzen:
$$\ln\left(1 + \frac{1}{n}\right) = \frac{2}{2n+1} + \frac{2}{3(2n+1)^3} + \frac{2}{5(2n+1)^5} + \cdots$$

Sie ergibt:

$$\left(n + \frac{1}{2}\right)\ln\left(1 + \frac{1}{n}\right) = 1 + \frac{1}{3(2n+1)^2} + \frac{1}{5(2n+1)^4} + \cdots$$

$$< 1 + \frac{1}{3(2n+1)^2}\left[1 + \frac{1}{(2n+1)^2} + \frac{1}{(2n+1)^4} + \cdots\right].$$

Es ist aber

$$\frac{1}{(2n+1)^2}\left[1 + \frac{1}{(2n+1)^2} + \cdots\right] = \frac{1}{(2n+1)^2 - 1} = \frac{1}{4n(n+1)} = \frac{1}{4}\left(\frac{1}{n} - \frac{1}{n+1}\right),$$

also folgt:

$$1 < \left(n + \frac{1}{2}\right)\ln\left(1 + \frac{1}{n}\right) < 1 + \frac{1}{12n} - \frac{1}{12(n+1)},$$

und wenn man diese drei wachsenden Zahlen als Exponenten von e nimmt:

$$(6) \qquad e < \left(1 + \frac{1}{n}\right)^{n + \frac{1}{2}} < e^{\,1 + \frac{1}{12\,n} - \frac{1}{12\,(n+1)}}.$$

Wir führen nun eine Folge von Zahlen

$$(7) \qquad a_n = \frac{n!\, e^n}{n^{\,n + \frac{1}{2}}}$$

ein. Dann ist.

$$\frac{a_n}{a_{n+1}} = \frac{1}{e}\left(1 + \frac{1}{n}\right)^{n + \frac{1}{2}}$$

also nach (6)

$$1 < \frac{a_n}{a_{n+1}} < e^{\,\frac{1}{12\,n} - \frac{1}{12\,(n+1)}}.$$

Hieraus leitet man zwei Reihen von Ungleichungen ab:

$$a_n > a_{n+1} > a_{n+2} > \cdots$$

und

$$a_n e^{-\frac{1}{12\,n}} < a_{n+1} e^{-\frac{1}{12\,(n+1)}} < \cdots$$

Es bilden also die Zahlen a_n eine abnehmende, die Zahlen $a_n e^{-\frac{1}{12\,n}}$ eine wachsende Folge und die Differenz zwischen zwei entsprechenden Zahlen $a_n - a_n e^{-\frac{1}{12\,n}}$ sinkt bei wachsendem n unter jeden beliebigen positiven Betrag. Mithin haben wir hier zwei verbundene Folgen (§ 27) und es existiert der Grenzwert

$$(8) \qquad \lim a_n = \alpha,$$

so daß beständig

$$a_n e^{-\frac{1}{12\,n}} < \alpha < a_n$$

ist. Wir können also

$$a_n = \alpha e^{\frac{\theta}{12\,n}} \qquad\qquad \text{setzen, worin}$$

$$0 < \theta < 1$$

ist. Dann wird nach (7)

$$(9) \qquad n! = \alpha\, n^{\,n + \frac{1}{2}}\, e^{\,-n + \frac{\theta}{12\,n}}$$

und hierin ist noch der von n unabhängige Faktor α zu bestimmen.

    3. Führen wir $2n$ an Stelle von n ein, so wird

$$(2n)! = \alpha\,(2n)^{\,2n + \frac{1}{2}}\, e^{\,-2n + \frac{\theta'}{24\,n}},$$

worin auch

$$0 < \theta' < 1.$$

Ferner ist

$$(n!)^2 = \alpha^2\, n^{\,2n + 1}\, e^{\,-2n + \frac{\theta}{6\,n}}, \qquad\qquad \text{mithin}$$

$$\frac{(n!)^2}{(2n)!} = \alpha\, \frac{n^{\frac{1}{2}}}{2^{\,2n + \frac{1}{2}}} \cdot e^{\,\frac{\theta}{6\,n} - \frac{\theta'}{24\,n}},$$

folglich $$\alpha = \lim \frac{(n!)^2 2^{2n+\frac{1}{2}}}{(2n)! \sqrt{n}}$$ oder nach (5)

$$\alpha = \sqrt{2\pi}.$$

Damit haben wir das Ergebnis:

Es ist

(10) $$n! = \sqrt{2\pi}\, n^{n+\frac{1}{2}} e^{-n+\frac{\theta}{12n}},$$

worin θ eine nicht näher bestimmte positive Zahl < 1 bedeutet, also kann für große n näherungsweise gesetzt werden:

(11) $$n! = \sqrt{2\pi} \cdot n^{n+\frac{1}{2}} e^{-n}.$$

Dies ist die berühmte Formel von Stirling[1]), welche in Funktionentheorie, Wahrscheinlichkeitsrechnung und mathematischer Physik fast überall da angewendet wird, wo es sich um Abschätzung großer Zahlen handelt. Eine eingehendere Untersuchung, die der Theorie der Gammafunktion angehört, zeigt, daß die Größe θ in (10) mit wachsendem n gegen 1 konvergiert. Man hat daher an Stelle von (11) mit größerer Annäherung

(12) $$n! = \sqrt{2\pi}\, n^{n+\frac{1}{2}} e^{-n+\frac{1}{12n}}.$$

Diese Formel gibt schon für kleine n recht genaue Ergebnisse. Nehmen wir z. B. $n = 10$, so ist

	log
$\sqrt{2\pi}$	0.3990899
$n^{n+\frac{1}{2}}$	10.5
e^{-n}	$-$ 4.3429448
$e^{\frac{1}{12n}}$	0.0036191
	6.5597642

Der Numerus hiervon ist 3628810, dagegen $10! = 3628800$.

§ 136*. Die Potenzsummen $\zeta(2n)$.

1. Wir haben die Produktentwicklung der Sinusfunktion (§ 129) mit der Zerlegung einer ganzen Funktion in ihre Wurzelfaktoren verglichen. Diese Analogie wollen wir weiter verfolgen und auf die Berechnung der Potenzsummen der Wurzeln ausdehnen.

---

1) Stirling, Methodus differentialis 1730. Die hier gegebene schöne Ableitung der Formel stammt von Cesàro, Elementares Lehrb. d. algebr. Analysis, Leipzig 1904, S. 154, 395.

Wenn wir das Produkt

$$(1) \qquad P_n(x) = \left(1 - \frac{x^2}{1}\right)\left(1 - \frac{x^2}{4}\right) \cdots \left(1 - \frac{x^2}{n^2}\right)$$

ausmultiplizieren, so wird sich eine ganze Funktion $2n^{\text{ten}}$ Grades:

$$(2) \qquad P_n = 1 + a_1 x^2 + a_2 x^4 + \cdots + a_n x^{2n}$$

ergeben und darin sind $- a_1,\ a_2,\ - a_3,\ a_4,\ \cdots \pm a_n$ die symmetrischen Grundfunktionen der n Wurzeln:

$$1,\ \frac{1}{4},\ \frac{1}{9},\ \frac{1}{16},\ \cdots \frac{1}{n^2}.$$

Nach § 97 bestehen daher zwischen den Potenzsummen

$$s_k = 1 + \frac{1}{2^{2k}} + \frac{1}{3^{2k}} + \frac{1}{4^{2k}} + \cdots + \frac{1}{n^{2k}}$$

und den symmetrischen Grundfunktionen die Beziehungen

$$(3) \qquad \begin{aligned} s_1 + a_1 &= 0 \\ s_2 + a_1 s_1 + 2a_2 &= 0 \\ s_3 + a_1 s_2 + a_2 s_1 + 3a_3 &= 0 \end{aligned}$$

$$\cdots \cdots \cdots \cdots \cdots$$

2. Lassen wir n ins Unendliche wachsen, so geht P_n in $\dfrac{\sin \pi x}{\pi x}$ über. Hierfür haben wir nach § 127, 5. die Reihenentwicklung

$$1 - \frac{\pi^2 x^2}{3!} + \frac{\pi^4 x^4}{5!} - \frac{\pi^6 x^6}{7!} + \cdots$$

und es ist also

$$(4) \qquad \lim a_1 = - \frac{\pi^2}{3!},\quad \lim a_2 = \frac{\pi^4}{5!},\quad \lim a_3 = - \frac{\pi^6}{7!},\ \cdots$$

Andererseits gehen die s_k in die unendlichen Reihen

$$\lim s_k = 1 + \frac{1}{2^{2k}} + \frac{1}{3^{2k}} + \frac{1}{4^{2k}} + \cdots \qquad k = 1, 2, 3, \ldots$$

über, die, wie wir § 117, 5. gesehen haben, sämtlich konvergieren und bestimmte numerische Werte haben. Man kann diese Summen als Werte einer gewissen Funktion einer komplexen Variablen u ansehen[1]):

$$(5) \qquad \zeta(u) = 1 + \frac{1}{2^u} + \frac{1}{3^u} + \frac{1}{4^u} + \cdots$$

Sie ist durch diese Reihe für jedes u, dessen reeller Bestandteil > 1 ist, definiert und es ist

$$\lim s_k = \zeta(2k) \qquad k = 1, 2, 3, \ldots$$

---

1) Diese Reihe ist als Funktion einer komplexen Variablen zuerst von Riemann in seiner berühmten Arbeit über die Anzahl der Primzahlen unter einer gegebenen Größe (Berl. Monatsb. 1859) betrachtet worden und heißt deshalb auch die Riemannsche Zetafunktion. Sie ist für die Fragen, die mit der Verteilung der Primzahlen zusammenhängen, von der größten Bedeutung.

Die numerischen Werte von $\zeta(k)$ finden sich auf 8 Stellen bei Serret-Scheffers, Lehrb. d. Diff. u. Int.-Rechg. 2. Kap. IV, auf 32 Stellen bei Stieltjes, Acta Math. 10 (1887) und Glaisher, Quart. Journ. 45 (1914).

Hierfür schreiben wir vorübergehend zur Abkürzung ζ_{2k} und haben nun, wenn wir in (3) zur Grenze für $n \longrightarrow \infty$ übergehen, nach (4)

$$\zeta_2 - \frac{\pi^2}{3!} = 0$$

(6)
$$\zeta_4 - \frac{\pi^2}{3!}\zeta_2 + \frac{2\pi^4}{5!} = 0$$

$$\zeta_6 - \frac{\pi^2}{3!}\zeta_4 + \frac{\pi^4}{5!}\zeta_2 - \frac{3\pi^6}{7!} = 0 .$$

Hieraus kann man die Summen ζ_2, ζ_4, ζ_6, ... nacheinander berechnen und erhält so[1]):

$$\zeta(2) = 1 + \frac{1}{2^2} + \frac{1}{3^2} + \frac{1}{4^2} + \cdots = \frac{\pi^2}{6}$$

(7)
$$\zeta(4) = 1 + \frac{1}{2^4} + \frac{1}{3^4} + \frac{1}{4^4} + \cdots = \frac{\pi^4}{90}$$

$$\zeta(6) = 1 + \frac{1}{2^6} + \frac{1}{3^6} + \frac{1}{4^6} + \cdots = \frac{\pi^6}{945} .$$

3. Zwischen diesen Summen und den Bernoullischen Zahlen besteht ein enger Zusammenhang.

Dividieren wir die n^{te} Gleichung in (6) durch π^{2n}, so lautet sie:

$$\frac{1}{(2n-1)!}\frac{\zeta_2}{\pi^2} - \frac{1}{(2n-3)!}\frac{\zeta_4}{\pi^4} + \frac{1}{(2n-5)!}\frac{\zeta_6}{\pi^6} - \cdots + (-1)^{n-1}\frac{\zeta_{2n}}{\pi^{2n}} = \frac{n}{(2n+1)!} .$$

Wir multiplizieren sie mit $(2n+1)!$ und setzen:

$$\frac{\zeta_2}{\pi^2} = \frac{C_1}{2!}, \quad \frac{\zeta_4}{\pi^4} = -\frac{C_2}{4!}, \quad \frac{\zeta_6}{\pi^6} = \frac{C_3}{6!}, \cdots, \frac{\zeta_{2n}}{\pi^{2n}} = (-1)^{n-1}\frac{C_n}{(2n)!} .$$

Dann erhalten wir:

$$\binom{2n+1}{2} C_1 + \binom{2n+1}{4} C_2 + \binom{2n+1}{6} C_3 + \cdots + \binom{2n+1}{2n} C_n = n .$$

Hieraus können wir für $n = 1, 2, 3, \ldots$ der Reihe nach die Zahlen C_n berechnen. Multiplizieren wir aber beiderseits mit 2, so haben wir hier genau die Rekursionsformeln § 128, (13), und da nach der ersten Reihe (7) $C_1 = \frac{1}{3} = 2B_1$ ist, so ist allgemein

$$C_n = 2^{2n-1} B_n .$$

Wir haben also für die Summen

$$\zeta(2n) = 1 + \frac{1}{2^{2n}} + \frac{1}{3^{2n}} + \frac{1}{4^{2n}} + \cdots$$

die Darstellung[2])

(8)
$$\zeta(2n) = (-1)^{n-1}\frac{(2\pi)^{2n}}{2(2n)!} B_n .$$

---

1) Euler, Comm. Acad. Petrop. ad ann. 1734/35. Vgl. Stäckel, Bibl. math. (3), 8 (1907).

2) Euler hat sich sehr bemüht, auch die Zetafunktion für ungrade Werte des Arguments durch bekannte Konstanten auszudrücken, dies ist aber bis heute nicht gelungen.

4. Wir können jetzt auch die Frage nach dem Konvergenzgebiet der Reihe § 128, (5)

$$(9) \qquad \frac{z}{2}\,\frac{e^z+1}{e^z-1} = 1 + \frac{B_1}{2!}\,z^2 + \frac{B_2}{4!}\,z^4 + \frac{B_3}{6!}\,z^6 + \cdots$$

erledigen, die dort noch offen geblieben war. Aus (8) folgt nämlich:

$$\lim \sqrt[2n]{\left|\frac{B_n}{(2n)!}\right|} = \frac{1}{2\pi}$$

und damit ergibt sich nach § 121, 2.:

Die Reihe (9) konvergiert innerhalb eines Kreises um den Nullpunkt mit dem Radius 2π.

Dieser Wert des Konvergenzradius hängt damit zusammen, daß die durch die Reihe dargestellte Funktion $\dfrac{z}{2}\dfrac{e^z+1}{e^z-1}$ für $z = 2\pi i$ und keinen näher am Nullpunkt gelegenen Punkt unendlich wird.

5. Ferner gibt uns die Formel (8) Aufschluß über die Werte der Bernoullischen Zahlen für große Werte von n. Wir erhalten nämlich, da $\zeta(2n)$ für genügend große n dem Wert 1 beliebig nahe kommt, mit Benutzung der Formel § 135, (12) angenähert:

$$(10) \qquad (-1)^{n-1}B_n = 4\sqrt{\pi n}\left(\frac{n}{\pi e}\right)^{2n} e^{\frac{1}{24n}}.$$

Dies ergibt z. B. für $n = 62$ mit Benutzung siebenstelliger Logarithmen
$$\log(-B_{62}) = 108.50459,$$
also B_{62} in Übereinstimmung mit der Adamsschen Tafel eine 109-stellige Zahl, welche mit den Ziffern 31958... beginnt.

6. Mit den Reihen $\zeta(2n)$ hängen andere Reihen zusammen, deren Summen sich jetzt auch leicht angeben lassen. Zunächst die alternierenden Potenzsummen

$$1 - \frac{1}{2^{2n}} + \frac{1}{3^{2n}} - \frac{1}{4^{2n}} + \cdots \qquad n = 1, 2, 3, \ldots$$

Da sie und ebenso die Reihen $\zeta(2n)$ unbedingt konvergieren, können wir für sie schreiben:

$$1 + \frac{1}{2^{2n}} + \frac{1}{3^{2n}} + \cdots - \frac{2}{2^{2n}}\left(1 + \frac{1}{2^{2n}} + \frac{1}{3^{2n}} + \cdots\right) = \left(1 - \frac{1}{2^{2n-1}}\right)\zeta(2n)$$

und aus (8) ergibt sich:

$$(11) \qquad 1 - \frac{1}{2^{2n}} + \frac{1}{3^{2n}} - \frac{1}{4^{2n}} + \cdots = (-1)^{n-1}\frac{\pi^{2n}(2^{2n-1}-1)B_n}{(2n)!}.$$

Nehmen wir ferner die Summen der reziproken Potenzen der ungraden Zahlen

$$1 + \frac{1}{3^{2n}} + \frac{1}{5^{2n}} + \frac{1}{7^{2n}} + \cdots,$$

so ist diese Reihe identisch mit

$$1 + \frac{1}{2^{2n}} + \frac{1}{3^{2n}} + \frac{1}{4^{2n}} + \cdots - \frac{1}{2^{2n}}\left(1 + \frac{1}{2^{2n}} + \frac{1}{3^{2n}} + \cdots\right) = \left(1 - \frac{1}{2^{2n}}\right)\zeta(2n),$$

mithin ergibt sich mit Rücksicht auf § 128, (11):

$$1 + \frac{1}{3^{2n}} + \frac{1}{5^{2n}} + \frac{1}{7^{2n}} + \cdots = (-1)^{n-1} \frac{\pi^{2n}(2^{2n}-1)}{2 \cdot (2n)!} B_n$$

(12)

$$= (-1)^{n-1} \frac{\pi^{2n}}{4\,(2n)!} A_n.$$

Für $n = 1$ geben (11) und (12):

$$1 - \frac{1}{2^2} + \frac{1}{3^2} - \frac{1}{4^2} + \cdots = \frac{\pi^2}{12}$$

$$1 + \frac{1}{3^2} + \frac{1}{5^2} + \frac{1}{7^2} + \cdots = \frac{\pi^2}{8}.$$

§ 137*. Die Eulersche Konstante.

1. Die Potenzsummen

(1)
$$\zeta(n) = 1 + \frac{1}{2^n} + \frac{1}{3^n} + \frac{1}{4^n} + \cdots$$

stehen in engem Zusammenhang mit einem gewissen Grenzwert, der in der Integralrechnung und in der höheren Zahlentheorie eine wichtige Rolle spielt.

Wir wissen, daß die harmonische Reihe

$$1 + \frac{1}{2} + \frac{1}{3} + \frac{1}{4} + \cdots$$

divergiert. Über die Art dieser Divergenz gibt nun der folgende Satz Aufschluß:

Die Partialsummen der harmonischen Reihe wachsen in der Weise, daß die Differenzen

(2)
$$D_q = 1 + \frac{1}{2} + \frac{1}{3} + \cdots \frac{1}{q} - \ln q$$

für $q \to \infty$ gegen einen endlichen Grenzwert konvergieren.

Wir können also sagen, die Partialsummen wachsen in demselben Maße wie der natürliche Logarithmus.

2. Zum Beweise bilden wir:

$$D_q - D_{q-1} = \frac{1}{q} - \ln q + \ln(q-1) = \frac{1}{q} + \ln\left(1 - \frac{1}{q}\right),$$

oder mit Benutzung der Reihenentwicklung für $\ln\left(1 - \frac{1}{q}\right)$ (§ 131, (6))

(3)
$$D_q - D_{q-1} = -\frac{1}{2q^2} - \frac{1}{3q^3} - \frac{1}{4q^4} - \cdots$$

Hieraus folgt: $\qquad\qquad D_q - D_{q-1} < 0, \qquad\qquad$ mithin:

(4)
$$D_{q-1} > D_q > D_{q+1} > \cdots$$

Die D_q bilden also eine absteigende Folge.

3. Betrachten wir aber andererseits die Zahlen

(5)
$$D_q' = D_{q+1} - \frac{1}{q+1} = 1 + \frac{1}{2} + \frac{1}{3} + \cdots + \frac{1}{q} - \ln(q+1),$$

so ist $\quad D_q' - D_{q-1}' = \dfrac{1}{q} - \ln (q+1) + \ln q = \dfrac{1}{q} - \ln \left(1 + \dfrac{1}{q}\right), \quad$ oder

$$(6) \qquad D_q' - D_{q-1}' = \frac{1}{2\,q^2} - \frac{1}{3\,q^3} + \frac{1}{4\,q^4} - \cdots$$

Folglich ist $\qquad\qquad D_q' - D_{q-1}' > 0 \qquad\qquad$ und daher

$$(7) \qquad D_{q-1}' < D_q' < D_{q+1}' < \cdots$$

Die D_q' bilden also eine **aufsteigende Folge**.

Beachten wir weiter, daß die Zahlen D_q' beständig kleiner bleiben als die Zahlen D_q, daß aber ihr Unterschied $D_q - D_q' = \ln \left(1 + \dfrac{1}{q}\right)$ gegen Null konvergiert, so sehen wir, daß wir in (4) und (7) zwei verbundene Folgen haben und daß also durch sie eine bestimmte Zahl

$$\gamma = \lim D_q = \lim D_q'$$

definiert ist, für die beständig

$$(8) \qquad D_q - \frac{1}{q} < \gamma < D_q$$

ist. Damit ist die Behauptung in **1.** bewiesen. Die Zahl

$$(9) \qquad \gamma = \lim_{q \to \infty} \left(1 + \frac{1}{2} + \frac{1}{3} + \cdots + \frac{1}{q} - \ln q\right)$$

heißt die **Eulersche Konstante**.[1]

4. Aus den Formeln (3) und (6) können wir Reihenentwicklungen zur Berechnung von γ ableiten. Wir bilden die **Formel** (3) für $q = 2, 3, 4, \ldots, q$:

$$D_2 - D_1 = - \frac{1}{2 \cdot 2^2} - \frac{1}{3 \cdot 2^3} - \frac{1}{4 \cdot 2^4} - \cdots$$

$$D_3 - D_2 = - \frac{1}{2 \cdot 3^2} - \frac{1}{3 \cdot 3^3} - \frac{1}{4 \cdot 3^4} - \cdots$$

$$\cdot \ \cdot \ \cdot \ \cdot \ \cdot \ \cdot \ \cdot \ \cdot \ \cdot \ \cdot \ \cdot$$

$$D_q - D_{q-1} = - \frac{1}{2 \cdot q^2} - \frac{1}{3 \cdot q^3} - \frac{1}{4 \cdot q^4} - \cdots$$

und finden durch Addition, wenn wir zur Abkürzung

$$\frac{1}{2^k} + \frac{1}{3^k} + \cdots + \frac{1}{q^k} = S_k(q)$$

setzen und $D_1 = 1$ einführen:

$$(10) \qquad D_q = 1 - \tfrac{1}{2} S_2(q) - \tfrac{1}{3} S_3(q) - \tfrac{1}{4} S_4(q) - \cdots$$

Als Summe einer endlichen Anzahl von konvergenten Reihen ist auch diese Reihe konvergent. Nach (8) ist also für jedes q:

$$1 - \frac{1}{q} - \frac{1}{2}\, S_2(q) - \frac{1}{3}\, S_3(q) - \cdots < \gamma < 1 - \frac{1}{2}\, S_2(q) - \frac{1}{3}\, S_3(q) - \cdots$$

---

1) **Euler**, Comm. Ac. Petrop. **7** ad ann. 1734/35.

Für $q \longrightarrow \infty$ wird $\lim\limits_{q \to \infty} S_k(q) = \zeta(k) - 1 = \zeta_k - 1$, geht man also in der Reihe (10) gliedweise zur Grenze über, so erhält man eine Reihe:

$$(11) \qquad \delta = 1 - \tfrac{1}{2}(\zeta_2 - 1) - \tfrac{1}{3}(\zeta_3 - 1) - \tfrac{1}{4}(\zeta_4 - 1) - \cdots$$

Wir beweisen, daß $\delta = \lim D_q$, also $\delta = \gamma$ ist. Zunächst sieht man leicht, daß die Reihe konvergiert, denn nach § 117, **6.** ist:

$$\zeta_k < \frac{1}{1 - \dfrac{1}{2^{k-1}}} = \frac{2^{k-1}}{2^{k-1} - 1}, \quad \text{mithin} \quad \zeta_k - 1 < \frac{1}{2^{k-1} - 1} \quad \text{und}$$

$$\tfrac{1}{2}(\zeta_2 - 1) + \tfrac{1}{3}(\zeta_3 - 1) + \cdots < \frac{1}{2(2-1)} + \frac{1}{3(2^2 - 1)} + \frac{1}{4(2^3 - 1)} + \cdots,$$

und hier konvergiert die Reihe auf der rechten Seite stärker als die Reihe $1 + \dfrac{1}{2^2} + \dfrac{1}{3^2} + \dfrac{1}{4^2} + \cdots$

Bilden wir jetzt mit (10) und (11) die Differenz $D_q - \delta$ und setzen

$$(\zeta_k - 1) - S_k(q) = \frac{1}{(q+1)^k} + \frac{1}{(q+2)^k} + \frac{1}{(q+3)^k} + \cdots = \sigma_k(q),$$

so wird
$$D_q - \delta = \tfrac{1}{2}\sigma_2(q) + \tfrac{1}{3}\sigma_3(q) + \cdots$$

Nun ist
$$\frac{1}{(q+1)^2} < \frac{1}{q(q+1)} = \frac{1}{q} - \frac{1}{q+1}; \qquad \text{ebenso}$$

$$\frac{1}{(q+2)^2} < \frac{1}{q+1} - \frac{1}{q+2}, \quad \cdots$$

also $\sigma_2(q) < \dfrac{1}{q}$, und da offenbar $\sigma_k(q) < \dfrac{1}{q^{k-2}}\sigma_2(q)$ ist, so ist

$$\sigma_k(q) < \frac{1}{q^{k-1}}.$$

Hiermit ergibt sich
$$D_q - \delta < \frac{1}{2q} + \frac{1}{3q^2} + \frac{1}{4q^3} + \cdots < \frac{1}{q} + \frac{1}{q^2} + \frac{1}{q^3} + \cdots = \frac{1}{q-1},$$

d. h. in der Tat $\lim D_q = \delta$. Wir haben also für die Eulersche Konstante die Entwicklung

$$(12) \qquad \gamma = 1 - \tfrac{1}{2}(\zeta_2 - 1) - \tfrac{1}{3}(\zeta_3 - 1) - \tfrac{1}{4}(\zeta_4 - 1) - \cdots$$

5. In derselben Weise finden wir aus der Gleichung (6), wenn wir sie für $q = 2, 3, 4, \ldots, q$ bilden und addieren:

$$D_q' - D_1' = \tfrac{1}{2}S_2(q) - \tfrac{1}{3}S_3(q) + \tfrac{1}{4}S_4(q) - \cdots$$

oder, da nach (5) $D_1' = 1 - \ln 2$ ist:

$$D_q' = 1 - \ln 2 + \tfrac{1}{2}S_2(q) - \tfrac{1}{3}S_3(q) + \tfrac{1}{4}S_4(q) - \cdots,$$

und nun folgt durch eine ganz ähnliche Überlegung, wie oben, aus den für alle q geltenden Ungleichungen

$$D_q' < \gamma < D_q' + \frac{1}{q+1},$$

wenn wir zur Grenze für $q \to \infty$ übergehen: .

$$(13) \qquad \gamma = 1 - \ln 2 + \tfrac{1}{2}(\xi_2 - 1) - \tfrac{1}{3}(\xi_3 - 1) + \tfrac{1}{4}(\xi_4 - 1) - \cdots$$

Schließlich ergeben sich aus den Reihen (12) und (13) durch Addition und Subtraktion die Entwicklungen:

$$(14) \qquad \gamma = 1 - \tfrac{1}{2}\ln 2 - \tfrac{1}{3}(\xi_3 - 1) - \tfrac{1}{5}(\xi_5 - 1) - \tfrac{1}{7}(\xi_7 - 1) - \cdots$$

$$\ln 2 = (\xi_2 - 1) + \tfrac{1}{2}(\xi_4 - 1) + \tfrac{1}{3}(\xi_6 - 1) + \cdots$$

Von diesen Reihen ist die Reihe (14) zur Berechnung von γ am besten geeignet, vorausgesetzt, daß man $\ln 2$ genügend genau kennt. Es gibt auch viel schneller konvergierende Entwicklungen, mit denen man γ auf viele Dezimalstellen berechnet hat. Es ist

$$\gamma = 0{,}57721\ 56649\ 01532\ 86060\ 65120\ 90 \ldots$$

Vierundzwanzigster Abschnitt.

Transzendenz von e und π.

§ 138*. Problemstellung. Geschichtliches.

1. Bereits im vierten Abschnitt (§ 33, 9.) haben wir den Begriff der **algebraischen Zahl** erläutert. Man versteht darunter eine Zahl ω, welche Wurzel einer Gleichung

$$(1) \qquad C_0 + C_1 \omega + C_2 \omega^2 + \cdots + C_n \omega^n = 0$$

mit **rationalen Koeffizienten** ist. Darin kann man immer C_0 und C_n von Null verschieden und überdies $C_0, C_1, \ldots, C_n$ als **ganze Zahlen ohne gemeinsamen Teiler** voraussetzen.

Von den reellen algebraischen Zahlen haben wir nachgewiesen, daß sie die Zahlenreihe überall dicht erfüllen, aber daß sie sie nicht erschöpfen. Die Menge der algebraischen Zahlen ist abzählbar, dagegen die Menge aller reellen Zahlen ist nicht abzählbar, es muß also außer den algebraischen Zahlen noch andere Zahlen geben.

Eine nicht algebraische Zahl heißt eine **transzendente Zahl**. Man versteht also darunter eine Zahl, welche **keiner Gleichung von der Art wie die Gleichung** (1) **genügt.** Die Menge der transzendenten Zahlen ist nicht abzählbar.

Unser Ziel ist, nachzuweisen, daß die Zahlen e und π transzendent sind.

2. Wenn eine Zahl, als Strecke aufgefaßt, aus der Einheitsstrecke mit Lineal und Zirkel konstruiert werden kann, so ist sie gewiß algebraisch, und zwar noch von besonderer Natur, denn sie muß dann durch eine Kette von **quadratischen Gleichungen** bestimmt sein (§ 109). Mit dem Beweis der Transzendenz von π ist also auch das alte berühmte Problem der **Quadratur des Kreises** erledigt, indem gezeigt ist, daß die Seite eines mit dem Kreise inhaltsgleichen Quadrates in keiner Weise mit Lineal und Zirkel aus dem Durchmesser des Kreises konstruiert werden kann.[1])

3. Von der Zahl e läßt sich auf Grund der Reihe

$$e = 1 + \frac{1}{1!} + \frac{1}{2!} + \cdots + \frac{1}{n!} + \frac{1}{(n+1)!} + \cdots$$

sehr einfach beweisen, daß sie eine **irrationale** Zahl ist.[2]) Wäre nämlich e eine rationale Zahl, $e = \frac{p}{q}$, so gäbe es unter den Fakultäten $1!, 2!, 3!, \ldots$ sicher eine $n!$, die durch q teilbar wäre. Dann wäre also $n!e$ eine ganze Zahl. Andererseits ist aber

$$n!e = N + \frac{1}{n+1} + \frac{1}{(n+1)(n+2)} + \cdots,$$

worin N eine ganze Zahl ist. Der Rest ist

$$\frac{1}{n+1} + \frac{1}{(n+1)(n+2)} + \cdots < \frac{1}{n+1} + \frac{1}{(n+1)^2} + \frac{1}{(n+1)^3} + \cdots = \frac{1}{n},$$

also
$$N < n!e < N + \frac{1}{n},$$

mithin kann $n!e$ keine ganze Zahl sein. Wir kommen also durch die Annahme, daß e rational sei, zu einem Widerspruch.

Weiterhin hat dann Liouville[3]) bewiesen, daß e auch nicht Lösung einer quadratischen Gleichung mit ganzzahligen Koeffizienten sein kann, und schließlich hat Hermite[4]) den Beweis der Transzendenz geführt.

4. Für die Zahl π hat Lambert[5]) zum erstenmal nachgewiesen, daß sie **irrational** ist. Er benutzte dabei die Kettenbruchentwicklung der Tangensfunktion. Der erste Beweis für die Transzendenz von π ist Lindemann gelungen. Weierstraß hat ihn vereinfacht, und in der Folgezeit wurde der Beweis sowohl für e wie für π durch Hilbert, Hurwitz, Gordan, Vahlen[6]) so elementar gestaltet, daß wir ihn hier

---

1) F. Rudio, Geschichte des Problems von der Quadratur des Zirkels. Leipzig 1892.

2) J. B. Fourier in Stainville, Mélanges d'analyse algébrique (1815). Dasselbe ergibt sich auch sofort aus der schon von Euler, Com. Ac. Petr. 9 (1737) gefundenen unendlichen Kettenbruchentwicklung

$$\frac{e+1}{e-1} = (2, 6, 10, 14, 18, \ldots).$$

3) Journ. de math. 5 (1840).   4) Comptes rendus 77 (1873).

5) J. H. Lambert, Beiträge zum Gebrauche der Mathematik, Berlin (1770), 2, 140. (Wieder abgedruckt in der oben erwähnten Schrift von Rudio.)

6) Lindemann, Berl. Sitzungsber. 1882, Weierstraß, ebda. 1885. Hilbert, Hurwitz, Gordan, Math. Ann. 43 (1893). Vahlen, ebda. 53 (1900). Vgl. des letztgenannten Verfassers Konstruktionen und Approximationen, Leipzig 1911. Eine vergleichende Darstellung aller Beweise bietet die Monographie von Hessenberg, Transzendenz von e und π, Leipzig 1912.

ohne alle Hilfsmittel aus der höheren Mathematik führen können. Unsere Darstellung schließt sich eng an den Beweis von Gordan an, vermeidet aber die dort benutzte Symbolik.

§ 139. Eigenschaften der Exponentialfunktion.

1. Im folgenden werden wir von dem Begriff der Derivierten einer ganzen Funktion (§ 88, **9.**) Gebrauch machen und werden für die höheren Derivierten die Schreibweise aus § 88, **11.** benutzen.

Wir verstehen unter ν irgendeine positive ganze Zahl und multiplizieren die für jedes reelle oder komplexe x geltende Exponentialreihe

$$e^x = 1 + x + \frac{x^2}{2!} + \frac{x^3}{3!} + \cdots + \frac{x^{\nu-1}}{(\nu-1)!} + \cdots$$

mit $\nu!$ Dann ergibt sich:

$$(1) \qquad \nu!\,e^x = \nu x^{\nu-1} + \nu(\nu-1)x^{\nu-2} + \cdots + \nu! + U_\nu,$$

und darin bedeutet U_ν die unendliche Reihe

$$(2) \qquad U_\nu = x^\nu + \frac{x^{\nu+1}}{\nu+1} + \frac{x^{\nu+2}}{(\nu+1)(\nu+2)} + \cdots$$

Die Glieder der ganzen Funktion, welche in (1) der Reihe U_ν voraufgeht, sind die aufeinanderfolgenden Derivierten von x^ν und wir können schreiben:

$$\nu!\,e^x = D_1 x^\nu + D_2 x^\nu + \cdots + D_\nu x^\nu + U_\nu$$

oder

$$(3) \qquad \nu!\,e^x = \sum_{\alpha=1}^{m} D_\alpha x^\nu + U_\nu.$$

Hierin kann der Summationsbuchstabe α von 1 bis zu irgendeiner ganzen Zahl $m \geq \nu$ gehen, da alle Abgeleiteten $D_\alpha x^\nu$, bei denen $\alpha > \nu$ ist, Null sind.

2. Wir stellen jetzt die Gleichung (3) für $\nu = 1, 2, \ldots, m$ auf, multiplizieren der Reihe nach mit unbestimmten Faktoren $\gamma_1, \gamma_2, \ldots, \gamma_m$ und addieren. Dann ergibt sich:

$$e^x(1!\gamma_1 + 2!\gamma_2 + 3!\gamma_3 + \cdots + m!\gamma_m)$$

$$(4) \qquad = \sum_{\alpha=1}^{m} D_\alpha(\gamma_1 x + \gamma_2 x^2 + \cdots + \gamma_m x^m)$$

$$+ \gamma_1 U_1 + \gamma_2 U_2 + \cdots + \gamma_m U_m.$$

Führen wir die Bezeichnung ein:

$$\varphi(x) = \gamma_1 x + \gamma_2 x^2 + \cdots + \gamma_m x^m,$$

so ist $\varphi(x)$ eine der Bedingung $\varphi(0) = 0$ genügende, sonst aber willkürliche ganze Funktion von x, und wird dann

$$(5) \qquad \varphi'(x) + \varphi''(x) + \varphi'''(x) + \cdots + \varphi^{(m)}(x) = \Phi(x)$$

gesetzt, so ist

$$\Phi(0) = \gamma_1 + 2!\gamma_2 + 3!\gamma_3 + \cdots + m!\gamma_m,$$

und wenn endlich noch

$$U(x) = \gamma_1 U_1 + \gamma_2 U_2 + \cdots + \gamma_m U_m$$

ist, so läßt sich die Gleichung (4) so darstellen:

$$(6) \qquad e^x \Phi(0) = \Phi(x) + U(x).$$

In dieser Formel, die das Fundament für alles Folgende bietet, ist $\Phi(0)$ von x unabhängig, $\Phi(x)$ eine ganze Funktion von x vom Grade $m-1$, und U eine durch eine unendliche Reihe ausgedrückte Funktion von x.

3. Für den absoluten Wert $|U|$ dieser Funktion können wir aber eine obere Grenze angeben. Es ist nämlich für jedes positive ν

$$\frac{1}{\nu+1} < \frac{1}{1}, \quad \frac{1}{(\nu+1)(\nu+2)} < \frac{1}{1\cdot 2}, \quad \frac{1}{(\nu+1)(\nu+2)(\nu+3)} < \frac{1}{3!}, \quad \cdots,$$

und wenn wir also mit r den absoluten Wert von x bezeichnen, so folgt aus (2):

$$|U_\nu| < r^\nu \left(1 + \frac{r}{1!} + \frac{r^2}{2!} + \frac{r^3}{3!} + \cdots\right)$$

oder

$$|U_\nu| < r^\nu e^r.$$

Bezeichnen wir daher mit

$$c_1, \; c_2, \; \ldots, \; c_m$$

die absoluten Werte von

$$\gamma_1, \gamma_2, \ldots, \gamma_m,$$

so ergibt sich aus der Definition von $U(x)$:

$$|U(x)| < (c_1 r + c_2 r^2 + \cdots + c_m r^m)e^r,$$

oder wenn wir

$$(7) \qquad F(r) = c_1 r + c_2 r^2 + \cdots + c_m r^m$$

setzen:

$$(8) \qquad |U(x)| < F(r)e^r.$$

Hierin geht $F(r)$ aus $\varphi(x)$ dadurch hervor, daß man für die Veränderliche x und die Koeffizienten $\gamma_1, \gamma_2, \ldots, \gamma_m$ die absoluten Werte $r, c_1, c_2, \ldots c_m$ setzt.

§ 140. Transzendenz von e.

1. Um nun zu beweisen, daß e eine transzendente Zahl ist, gehen wir indirekt zu Werke. Wir nehmen an, e sei Wurzel einer algebraischen Gleichung n^{ten} Grades,

$$(1) \qquad C_0 + C_1 e + C_2 e^2 + \cdots + C_n e^n = 0,$$

worin die $C_0, C_1, C_2, \ldots, C_n$ ganze Zahlen sind, von denen die erste C_0 und die letzte C_n von Null verschieden sind; wäre nämlich $C_0 = 0$, so brauchte man nur die Gleichung (1) durch eine Potenz von e zu dividieren, um eine Gleichung von derselben Form zu erhalten, in der das von e unabhängige Glied von Null verschieden ist.

2. Setzen wir in der Grundformel § 139, (6) $x = 1, 2, \ldots, n$, so ergibt sich:

$$e\,\Phi(0) = \Phi(1) + U(1),$$
$$e^2\,\Phi(0) = \Phi(2) + U(2),$$
$$\cdots \cdots \cdots$$
$$e^n\,\Phi(0) = \Phi(n) + U(n),$$

und wenn wir diese Gleichungen mit $C_1, C_2, \ldots, C_n$ multiplizieren, addieren und beiderseits $C_0\,\Phi(0)$ zufügen, so erhalten wir wegen (1):

$$
\begin{aligned}
& C_0\,\Phi(0) + C_1\,\Phi(1) + C_2\,\Phi(2) + \cdots + C_n\,\Phi(n) \\
(2) \qquad & \quad + C_1\,U(1) + C_2\,U(2) + \cdots + C_n\,U(n) \\
& = (C_0 + C_1 e + C_2 e^2 + \cdots + C_n e^n)\,\Phi(0) = 0,
\end{aligned}
$$

oder auch so geschrieben:

$$(3) \qquad \sum_{\nu=0}^{n} C_\nu\,\Phi(\nu) + \sum_{\nu=1}^{n} C_\nu\,U(\nu) = 0.$$

Hierin ist nach § 139, (5)

$$(4) \qquad \Phi(\nu) = \sum_{\mu=1}^{m} \varphi^{(\mu)}(\nu),$$

wobei $\varphi(x)$ eine der Bedingung $\varphi(0) = 0$ genügende, sonst aber willkürliche ganze Funktion von x und $\varphi^{(\mu)}(x)$ die μ^{te} Ableitung von $\varphi(x)$ ist.

3. Wenn wir nun zeigen können, daß bei irgendeiner Annahme über die noch ganz willkürlichen Koeffizienten $\gamma_1, \gamma_2, \ldots, \gamma_m$, d. h. über die willkürliche Funktion $\varphi(x)$ die Gleichung (3) unmöglich ist, so folgt, daß die Annahme einer Gleichung (1) unzulässig war, daß also e eine transzendente Zahl ist.

Dies wird aber erwiesen sein, wenn wir über $\varphi(x)$ so verfügen können, daß

1. die erste Summe $\Sigma C_\nu\,\Phi(\nu)$ eine nicht verschwindende ganze Zahl ist,

2. die zweite Summe $\Sigma C_\nu\,U(\nu)$ dem absoluten Werte nach kleiner als 1 ist; dann können die beiden Summen zusammen nicht Null ergeben.

4. Wir nehmen, was immer möglich ist, eine Primzahl p an, die größer ist als n und setzen:

$$\varphi(x) = \frac{x^{p-1}(x-1)^p(x-2)^p \cdots (x-n)^p}{(p-1)!},$$

wodurch die Bedingung $\varphi(0) = 0$ befriedigt ist.

Der Grad m dieser Funktion ist $np + p - 1$. Wir wollen uns diese Funktion entwickelt denken nach aufsteigenden Potenzen von x oder von $x-1, x-2, \ldots, x-n$. Wir erhalten dann folgende verschiedene Darstellungen:

$$(p-1)!\,\varphi(x) = x^{p-1}(x-1)^p(x-2)^p \ldots (x-n)^p$$

$$= a_{p-1}x^{p-1} + a_p x^p + \cdots + a_m x^m$$

$$(5) \qquad = b_p(x-\nu)^p + b_{p+1}(x-\nu)^{p+1} + \cdots + b_m(x-\nu)^m,$$

$$(\nu = 1, 2, 3, \ldots, n).$$

Niedrigere Potenzen von x und von $x-\nu$ kommen nicht darin vor, da $\varphi(x)$ durch x^{p-1} und durch $(x-1)^p, \ldots, (x-n)^p$ teilbar ist. Es sind darin $a_{p-1}, a_p, \ldots, a_m, b_p, b_{p+1}, \ldots, b_m$ ganze **Zahlen**.

5. Aus (5) ergibt sich durch Division mit x^{p-1}:

$$(x-1)^p(x-2)^p \cdots (x-n)^p = a_{p-1} + a_p x + \cdots + a_m x^{m-p+1},$$

und wenn man in dieser identischen Gleichung $x = 0$ setzt:

$$a_{p-1} = \pm\, 1^p \cdot 2^p \ldots n^p = \pm\, (n!)^p.$$

Dies ist, weil p eine Primzahl und größer als n ist, also in keinem der Faktoren $1, 2, \ldots, n$ aufgeht, eine durch p nicht teilbare ganze Zahl.

Weiter aber ist, weil $\varphi(x)$ erst mit der $(p-1)^{\text{ten}}$ Potenz von x anfängt:

$$\gamma_1 = 0, \ldots, \gamma_{p-2} = 0,$$

$$\gamma_{p-1} = \frac{a_{p-1}}{(p-1)!}, \quad \gamma_p = \frac{a_p}{(p-1)!}, \ldots, \gamma_m = \frac{a_m}{(p-1)!},$$

und demnach, wenn man die Abgeleiteten von $\varphi(x)$ für $x = 0$ nach § 88, (20) bildet:

$$\varphi(0) = 0, \quad \varphi'(0) = 0, \quad \varphi''(0) = 0, \ldots, \varphi^{(p-2)}(0) = 0,$$

$$\varphi^{(p-1)}(0) = a_{p-1},$$

$$\varphi^{(p)}(0) = \frac{p!\,a_p}{(p-1)!} = p\,a_p,$$

$$\varphi^{(p+1)}(0) = p(p+1)a_{p+1},$$

$$\cdot \quad \cdot \quad \cdot \quad \cdot \quad \cdot \quad \cdot \quad \cdot \quad \cdot \quad \cdot \quad \cdot$$

$$\varphi^{(m)}(0) = p(p+1) \ldots m\,a_m.$$

Es sind also alle Derivierten $\varphi^{(\mu)}(0)$ ganze **Zahlen**, $\varphi^{(p-1)}(0)$ nicht durch p teilbar, und alle andern $\varphi^{(\mu)}(0)$ entweder gleich Null oder durch p teilbar, und folglich ist auch die Summe $\Phi(0) = \Sigma \varphi^{(\mu)}(0)$ eine durch p nicht teilbare ganze **Zahl**.

6. Wenn wir in der Formel § 88, (21)

$$\varphi(x+h) = \varphi(x) + h\varphi'(x) + \frac{h^2}{2!}\varphi''(x) + \cdots + \frac{h^m}{m!}\varphi^{(m)}(x)$$

$x = \nu$, $h = x - \nu$ setzen, so ergibt sich:

$$\varphi(x) = \varphi(\nu) + (x-\nu)\varphi'(\nu) + \frac{(x-\nu)^2}{2!}\varphi''(\nu) + \cdots + \frac{(x-\nu)^m}{m!}\varphi^{(m)}(\nu),$$

und aus der dritten Darstellung (5) folgt für $\nu = 1, 2, \ldots, n$:

$$\varphi(v) = 0, \quad \varphi'(v) = 0, \ldots, \varphi^{(p-1)}(v) = 0,$$
$$\varphi^{(p)}(v) = p\,b_p,$$
$$\varphi^{(p+1)}(v) = p(p+1)b_{p+1},$$
$$\cdot \quad \cdot \quad \cdot \quad \cdot \quad \cdot \quad \cdot \quad \cdot$$
$$\varphi^{(m)}(v) = p(p+1)\ldots m\,b_m,$$

folglich sind alle $\varphi^{(\mu)}(v)$ entweder Null oder durch p teilbare ganze Zahlen. Es sind also auch die Summen $\Phi(1)$, $\Phi(2)$, ..., $\Phi(n)$ durch p teilbare ganze Zahlen.

7. Hieraus folgt, daß auch

$$\sum_{\nu=0}^{n} C_\nu \Phi(\nu) = C_0 \Phi(0) + C_1 \Phi(1) + C_2 \Phi(2) + \cdots + C_n \Phi(n)$$

eine ganze Zahl ist, und wenn wir p so groß annehmen, daß die (von Null verschiedene) Zahl C_0 nicht durch p teilbar ist, so ist auch diese Summe nicht durch p teilbar, also von Null verschieden.

Dies ist nach 3. der erste Teil des zu führenden Beweises.

8. Der zweite Teil, der sich auf das Verhalten von U bezieht, ist nun einfach nach der Ungleichung § 139, (8) zu führen. Es kommt hier zunächst darauf an, die Funktion $F(r)$ zu bilden, die sich aus $\varphi(x)$ ergibt, wenn man $x, \gamma_1, \gamma_2, \ldots, \gamma_m$ durch ihre absoluten Werte $r, c_1,$ ..., c_m ersetzt.

Wenn man eine Funktion

$$x^k - a_1 x^{k-1} + a_2 x^{k-2} - \cdots,$$

deren Glieder alternierende Vorzeichen haben, mit $x - b$ multipliziert, so erhält man wieder eine Funktion mit alternierenden Vorzeichen:

$$x^{k+1} - (a_1 + b)x^k + (a_2 + b a_1)x^{k-1} - \cdots,$$

und wenn man die Vorzeichen in beiden Faktoren gleich macht, also $x^k + a_1 x^{k-1} + a_2 x^{k-2} + \cdots$ und $x + b$ miteinander multipliziert, so erhält man ein Produkt:

$$x^{k+1} + (a_1 + b)x^k + (a_2 + b a_1)x^{k-1} + \cdots,$$

das aus dem ersten dadurch entsteht, daß man darin ebenfalls alle Vorzeichen gleich macht.

9. Wenn man diesen einfachen Satz wiederholt anwendet, so folgt, daß das ausgerechnete und geordnete Produkt

$$\varphi(x) = \frac{x^{p-1}(x-1)^p(x-2)^p \ldots (x-n)^p}{(p-1)!}$$

alternierende Vorzeichen hat und in das Produkt

$$F(x) = \frac{x^{p-1}(x+1)^p(x+2)^p \ldots (x+n)^p}{(p-1)!}$$

übergeht, wenn man allen Koeffizienten das positive Vorzeichen gibt, mit anderen Worten, daß die gesuchte Funktion

$$F(r) = \frac{r^{p-1}(r+1)^p(r+2)^p \ldots (r+n)^p}{(p-1)!}$$

ist, und daß also nach § 139, (8)

(6) $\qquad\qquad |U(x)| < F(r)e^r$ ist.

10. Setzen wir zur Abkürzung

$$\nu(\nu+1)(\nu+2)\ldots(\nu+n) = \varrho_\nu,$$

so ist nach (6) $\qquad\qquad |U(\nu)| < \dfrac{\varrho_\nu^p}{\nu(p-1)!}\,e^\nu.$

Nun nähert sich aber, da die Reihe für e^x für alle x konvergiert, ihr allgemeines Glied $x^m:m!$ mit unendlich wachsendem m für jedes x der Grenze Null (vgl. auch § 48, **3.**). Man kann also auch die Primzahl p so groß nehmen, daß

$$\frac{\varrho_\nu^{p-1}}{(p-1)!}$$

beliebig klein wird, und da $e^\nu \varrho_\nu : \nu$ endlich ist, so kann auch $|U(\nu)|$ und folglich auch die Summe $\Sigma C_\nu U(\nu)$ beliebig klein, also insbesondere auch kleiner als 1 gemacht werden.

Dies ist nach **3.** der zweite Teil des Beweises, und es ist also bewiesen:

Die Zahl e ist eine transzendente Zahl.

§ 141. Transzendenz von π.

1. Auf den gleichen Grundlagen beruht der Beweis, daß die Zahl π eine transzendente Zahl ist, und zwar stützt er sich auf die durch die Gleichung

(1) $\qquad\qquad 1 + e^{i\pi} = 0$

ausgedrückte Beziehung zwischen e und π.

Wenn π eine algebraische Zahl ist, so ist auch $i\pi$ eine algebraische Zahl. Denn ist $\xi(\pi) = 0$ eine rationale Gleichung, der die Zahl π genügt, so ist auch $\xi(\pi)\xi(-\pi) = 0$. Ist nun $y = i\pi$, so ist $\xi(iy)\xi(-iy) = \psi(y) = 0$, und die Koeffizienten von $\psi(y)$ sind reelle rationale Zahlen.

2. Es sei ψ vom ν^{ten} Grade und

(2) $\qquad\qquad y_1,\, y_2,\, y_3,\, \ldots,\, y_\nu$

seien die Wurzeln von ψ, unter denen die Zahl πi vorkommt. Demnach ist wegen (1) $\quad (1 + e^{y_1})(1 + e^{y_2})(1 + e^{y_3}) \ldots (1 + e^{y_\nu}) = 0$

oder, wenn wir ausmultiplizieren:

(3) $\qquad 1 + \Sigma e^{y_i} + \Sigma e^{y_i + y_k} + \Sigma e^{y_i + y_k + y_l} + \cdots = 0,$

worin die erste Summe Σe^{y_i} sich auf alle Wurzeln (2) erstreckt, die zweite $\Sigma e^{y_i + y_k}$ auf alle Kombinationen je zweier $y_i + y_k$ (ohne Wiederholung), die dritte $\Sigma e^{+y_k + y_l}$ auf alle Kombinationen zu dreien usf

3. Die symmetrischen Funktionen der ν Größen y_i sind nach unserer Voraussetzung rationale Zahlen (ganz oder gebrochen), und die ν Größen y_i genügen der rationalen Gleichung $\psi(x) = 0$.

Die symmetrischen Funktionen der $\frac{1}{2}\nu(\nu-1)$ Größen $y_i + y_k$ (z. B. ihre Potenzsummen) sind zugleich symmetrische Funktionen der y_i, also ebenfalls rationale Zahlen, und es sind also die $y_i + y_k$ ebenfalls die Wurzeln einer rationalen Gleichung $\psi_1(x) = 0$.

Das gleiche gilt von den Summen $y_i + y_k + y_l$, deren Anzahl $\frac{1}{6}\nu(\nu-1)(\nu-2)$ ist; auch diese sind die Wurzeln einer rationalen Gleichung $\psi_2(x) = 0$ usf.

Das Produkt

$$(4) \qquad \psi(x)\psi_1(x)\psi_2(x) \ldots$$

ist also eine ganze Funktion von x, die verschwindet, wenn für x eine der Zahlen

$$(5) \qquad y_i, \quad y_i + y_k, \quad y_i + y_k + y_l, \quad \ldots \quad \text{gesetzt wird.}$$

4. Unter diesen Zahlen (5) kann die Zahl Null ein oder mehrmals enthalten sein. Wenn wir annehmen, daß $C-1$ mal die Zahl Null darunter vorkomme, so ist C eine positive ganze Zahl, mindestens $=1$. Sie wird nur dann $=1$, wenn die Null unter den Größen (5) nicht vorkommt.

Das Produkt (4) enthält dann $C-1$ mal den Faktor x, und wenn wir diesen absondern und die Koeffizienten dahn durch Multiplikation mit dem Hauptnenner N zu ganzen Zahlen machen, so ergibt sich eine Funktion mit ganzen rationalen Koeffizienten:

$$(6) \qquad \chi(x) = Nx^{1-C}\,\psi(x)\psi_1(x)\psi_2(x) \ldots,$$

deren Grad wir gleich n setzen, deren Wurzeln

$$(7) \qquad x_1, \; x_2, \; x_3, \; \ldots, \; x_n$$

die von Null verschiedenen unter den Größen (5) sind und nach (3) der Gleichung genügen:

$$(8) \qquad C + e^{x_1} + e^{x_2} + e^{x_3} + \cdots + e^{x_n} = 0.$$

Da Null unter den Wurzeln (7) nicht vorkommt, so ist $\chi(0)$ von Null verschieden.

Es kommt nicht darauf an, ob unter den Größen (7) dieselbe Zahl mehrmals vorkommt; jedenfalls kommt aber die Zahl πi darunter vor.

5. Nun gehen wir zurück auf die Gleichung § 139, (6):

$$(9) \qquad e^x \Phi(0) = \Phi(x) + U(x),$$

setzen darin nacheinander $x = x_1, x_2, \ldots, x_n$, addieren und fügen beiderseits $C\Phi(0)$ hinzu. So erhalten wir nach (8):

$$(10) \qquad \begin{aligned} &C\Phi(0) + \Phi(x_1) + \Phi(x_2) + \cdots + \Phi(x_n) \\ &\qquad + U(x_1) + U(x_2) + \cdots + U(x_n) \\ &= \Phi(0)(C + e^{x_1} + e^{x_2} + \cdots + e^{x_n}) = 0, \end{aligned}$$

und der Grundgedanke des Beweises ist nun ganz derselbe wie in § 140, 3. Wir beweisen, daß man über die Funktion $\varphi(x)$ so verfügen kann, daß

1) $C\,\Phi(0) + \sum_{\nu=1}^{n} \Phi(x_\nu)$ eine nicht verschwindende ganze Zahl,

2) $\sum_{\nu=1}^{n} U(x_\nu)$ kleiner als 1 wird.

Dann erweist sich die Gleichung (10) als unmöglich, und die Annahme, π sei eine algebraische Zahl, ist widerlegt.

6. Die Funktion $\chi(x)$ in (6) hat die Form

$$\chi(x) = ax^n + a_1 x^{n-1} + a_2 x^{n-2} + \cdots + a_n,$$

worin die Koeffizienten $a, a_1, a_2, \ldots, a_n$ ganzzahlig, a und a_n von Null verschieden sind und a positiv angenommen werden kann; multiplizieren wir mit a^{n-1} und setzen:

$$ax = z, \quad a_1 = b_1, \quad aa_2 = b_2, \quad a^2 a_3 = b_3, \quad \ldots, \quad a^{n-1} a_n = b_n,$$

so ergibt sich eine Funktion:

$$(11) \qquad a^{n-1}\chi(x) = \theta(z) = z^n + b_1 z^{n-1} + b_2 z^{n-2} + \cdots + b_n,$$

deren Koeffizienten ganze Zahlen, und deren Wurzeln

$$(12) \qquad\qquad z_1, \quad z_2, \quad z_3 \cdots \ldots, \quad z_n$$

die Produkte

$$(13) \qquad\qquad ax_1, \quad ax_2, \quad ax_3, \ldots, ax_n \qquad\qquad \text{sind.}$$

7. Wir machen jetzt über die zur Bildung von $\Phi(x)$ in der Formel (10) verwendete Funktion $\varphi(x)$ die Annahme:

$$(14) \qquad \varphi(x) = \frac{z^{p-1}(\theta(z))^p}{(p-1)!} = \frac{a^{np-1}x^{p-1}(\chi(x))^p}{(p-1)!},$$

worin p eine hinlänglich große Primzahl ist. Der Grad m von $\varphi(x)$ ist gleich $np + p - 1$ und es ist $\varphi(0) = 0$.

Nach Potenzen von z geordnet, sei:

$$\begin{aligned}
(\theta(z))^p &= A_0 + A_1 z + A_2 z^2 + \cdots \\
&= A_0 + A_1 ax + A_2 a^2 x^2 + \cdots,
\end{aligned}$$

worin die $A_0, A_1, A_2, \ldots$ ganze Zahlen sind, und wenn man $z = 0$ setzt, so folgt

$$A_0 = b_n^p,$$

also A_0 von Null verschieden. Ferner wird

$$(p-1)!\,\varphi(x) = A_0 a^{p-1} x^{p-1} + A_1 a^p x^p + A_2 a^{p+1} x^{p+1} + \cdots$$

und folglich

$$\varphi'(0) = 0, \quad \varphi''(0) = 0, \ldots, \quad \varphi^{(p-2)}(0) = 0,$$
$$\varphi^{(p-1)}(0) = A_0 a^{p-1} = b_n^p a^{p-1},$$
$$\varphi^{(p)}(0) = p A_1 a^p,$$
$$\varphi^{(p+1)}(0) = p(p+1) A_2 a^{p+1},$$
$$\cdot \ \cdot \ \cdot \ \cdot \ \cdot \ \cdot \ \cdot \ \cdot \ \cdot \ \cdot$$

Nehmen wir also p größer als die größere der beiden Zahlen a, b_n, so ist $\varphi^{(p-1)}(0)$ nicht durch p teilbar, während alle übrigen $\varphi^{(\mu)}(0)$ entweder gleich Null oder durch p teilbar sind. Folglich ist

$$\Phi(0) = \sum_{\nu=1}^{m} \varphi^{(\nu)}(0)$$

eine durch p nicht teilbare ganze Zahl.

8. Nach § 88, (21) ist wegen $\theta(z_1) = 0$:

$$\theta(z_1 + h) = h\theta'(z_1) + \frac{h^2}{2!}\theta''(z_1) + \cdots + \frac{h^n}{n!}\theta^{(n)}(z_1),$$

also wenn wir $h = z - z_1$ setzen:

$$\theta(z) = (z - z_1)\theta'(z_1) + \frac{(z - z_1)^2}{2!}\theta''(z_1) + \cdots + \frac{(z - z_1)^n}{n!}\theta^{(n)}(z_1),$$

worin die Koeffizienten $\theta'(z_1), \ldots \theta^{(n)}(z_1)$ ganze Funktionen von z_1 mit ganzzahligen Koeffizienten sind. Hiervon nehmen wir die p^{te} Potenz, multiplizieren mit $\quad z^{p-1} = (z_1 + (z - z_1))^{p-1},$

welches wir nach dem binomischen Lehrsatz entwickeln können und ordnen dann nach aufsteigenden Potenzen von $z - z_1$; so erhalten wir nach (14) eine Entwicklung von der Form

$$(p - 1)! \, \varphi(x) = (z - z_1)^p B_1(z_1) + (z - z_1)^{p+1} B_2(z_1) + \cdots$$
$$= a^p(x - x_1)^p B_1(z_1) + a^{p+1}(x - x_1)^{p+1} B_2(z_1) + \cdots,$$

worin die Koeffizienten $B_1(z_1)$, $B_2(z_1)$, $\ldots$ ganze Funktionen von z_1 mit ganzzahligen Koeffizienten sind.

Daraus folgt nun wie oben:

$$\varphi'(x_1) = 0, \quad \varphi''(x_1) = 0, \ldots, \quad \varphi^{(p-1)}(x_1) = 0,$$
$$\varphi^{(p)}(x_1) = p a^p B_1(z_1),$$
$$\varphi^{(p+1)}(x_1) = p(p+1) a^{p+1} B_2(z_1),$$
$$\cdot \ \cdot \ \cdot \ \cdot \ \cdot \ \cdot \ \cdot \ \cdot \ \cdot$$

und folglich, wenn wir

$$Q(z_1) = a^p B_1(z_1) + (p+1) a^{p+1} B_2(z_1) + \cdots$$

setzen:

$$(15) \qquad \Phi(x_1) = \sum_{\nu=1}^{m} \varphi^{(\nu)}(x_1) = p \, Q(z_1),$$

worin $$Q(z_1) = Q_0 + Q_1 z_1 + Q_2 z_1{}^2 + Q_3 z_1{}^3 + \cdots$$

eine ganze Funktion von z_1 ist, deren Koeffizienten $Q_0, Q_1, Q_2, \ldots$ ganze Zahlen sind.

Diese Formeln gelten unverändert, wenn x_1, z_1 durch $x_2, z_2, \ldots, x_n, z_n$ ersetzt werden.

9. Wenn man dann die aus (15) sich ergebenden Formeln addiert, so folgt:

$$\sum_{\nu=1}^{n} Q(z_\nu) = n Q_0 + Q_1 s_1 + Q_2 s_2 + Q_3 s_3 + \cdots,$$

worin $s_1 = \Sigma z_\nu$, $s_2 = \Sigma z_\nu{}^2$, $s_3 = \Sigma z_\nu{}^3$, $\ldots$ die Potenzsummen der z sind. Diese werden aber aus (11) nach den Newtonschen Formeln (§ 97, (5)) bestimmt:

$$\begin{aligned}
s_1 + b_1 &= 0, \\
s_2 + s_1 b_1 + 2 b_2 &= 0, \\
s_3 + s_2 b_1 + s_1 b_2 + 3 b_3 &= 0, \\
\cdot \quad \cdot \quad \cdot \quad & \cdot \quad \cdot \quad \cdot
\end{aligned}$$

und ergeben sich also als ganze Zahlen. Daraus folgt:

Die Summe $\displaystyle\sum_{\nu=1}^{n} \Phi(x_\nu) = p \sum_{\nu=1}^{n} Q(z_\nu)$ ist eine durch p teilbare ganze Zahl.

Nehmen wir daher p größer an als die (von Null verschiedene) Zahl C, so ergibt sich mit Rücksicht auf 7.:

Die Summe

$$C \Phi(0) + \Phi(x_1) + \Phi(x_2) + \cdots + \Phi(x_n)$$

ist eine durch p nicht teilbare ganze Zahl, also sicher nicht Null.

Damit ist nach 5. der erste Teil des Beweises geführt.

10. Um auch den zweiten Teil zu erledigen, müssen wir die Funktion $F(r)$ betrachten, die man erhält, wenn man in der geordneten Funktion $\varphi(x)$ die Variable x und die Koeffizienten durch ihre absoluten Werte ersetzt.

Zu diesem Zwecke setzen wir:

$$\chi(x) = a(x - x_1)(x - x_2) \ldots (x - x_n),$$

und erhalten für $\varphi(x)$ nach (14) die Formel:

$$(p-1)! \, \varphi(x) = a^{np+p-1} x^{p-1} (x - x_1)^p (x - x_2)^p \ldots (x - x_n)^p.$$

Die Koeffizienten dieses Ausdruckes entstehen durch Multiplikation und Addition aus den Größen:

$$a, \quad -x_1, \quad -x_2, \quad \ldots \quad -x_n,$$

und die absoluten Werte dieser Koeffizienten sind daher kleiner (oder jedenfalls nicht größer) als die Zahlen, die man erhält, wenn man diese Größen durch ihre absoluten Werte

$$a, \quad r_1, \quad r_2, \quad \ldots, \quad r_n$$

ersetzt, d. h. sie sind nicht größer als die Koeffizienten der Funktion:

$$a^{np+p-1}x^{p-1}(x + r_1)^p(x + r_2)^p \ldots (x + r_n)^p.$$

Setzen wir also

$$f(r) = a^{n+1}r(r + r_1)(r + r_2) \ldots (r + r_n),$$

so ist für jedes positive r

$$F(r) \leqq \frac{(f(r))^p}{a\,r\,(p-1)!}$$

und kann daher durch hinlängliche Vergrößerung von p beliebig klein gemacht werden.

Es kann also auch nach § 139, (8) der absolute Wert von $U(x_\nu)$ und damit der absolute Wert der Summe $\sum\limits_{\nu=1}^{n} U(x_\nu)$ beliebig klein, also auch kleiner als 1 gemacht werden, und damit ist auch der zweite Punkt in 5. erledigt und vollständig nachgewiesen:

Die Zahl π ist eine transzendente Zahl.

Das altberühmte und vielumworbene Problem der Quadratur des Kreises ist hierdurch endgültig erledigt.

Register.

Abacisten 19
Abacus 16, 19
Abbildung 10
Abel, N. H. (1802—1829) 241, 278, 351, 389, 437, 449, 455, 459, 481, 489
—scher Satz von der Stetigkeit einer Potenzreihe 481
—sche Umformung 460
abgekürzte Dezimalbrüche 66
abgeleitete Funktion 342 ff.
Abschnitt, oberer und unterer A. einer endlichen Menge 6
absoluter Wert 35, 165, 168
— einer Summe 38. 169
absolut kleinste Reste 46, 219, 228, 256
absolut konvergente Reihen 466 ff.
Absolutreihe 466, 472
abzählbare Mengen 116
Abzählungsmenge 116
Adams, J. C. (1819—1892) 505, 542
Addition 21
— von Brüchen 57
— von Reihen 473
— von Vektoren 167
— irrationaler Zahlen 88
— komplexer Zahlen 152
Additionstheorem der Binomialkoeffizienten 210, 486
— der arctg-Funktion 528
— der Sinus- und Kosinusfunktion 498
Adjunktion von Irrationalitäten 280, 356, 421, 433 ff.
Aggregat 40
Ahmes, Rechenbuch des 65, 295, 405
Ähnlichkeitstransformation 171

d'Alembert, J. L. (1717 bis 1783) 369, 455, 517, 536
Algebra (Ursprung des Wortes —) 19
algebraisch auflösbare Gleichungen 325, 335, 438 ff.
algebraische Operationen 135
— Zahlen 118, 546
Algorithmiker 19
Algorithmus 19
Alkarchi (um 1000) 216
allgemeine Potenz 517
alternierende Funktion 384, 447
— Gruppe 384
— Reihen 459
—s Produkt 186, 307 f., 315, 378, 384
Äquivalenz 10, 116
Archimedes (287—212 v. Chr.) 18, 74, 100, 146
— Axiom des 125
Argand, J. R. (1768—1822) 181
arithmetische Reihe 185, 210
— und geometrische Reihe als Ursprung der Logarithmen 146 ff.
—n höherer Ordnung 213 ff.
—s Mittel 130, 456
Arneth, A. 16
Arnold, E. 19
Aryabhatta (geb. 476 n. Chr.) 76, 227, 405
Ascoli, G. (1843—1896) 82
assoziatives Gesetz der Addition 21, 38, 152
— der Multiplikation 24, 41, 156
— bei der Zusammensetzung von Permutationen 189

assoziatives Gesetz bei der Zusammensetzung von Matrizen 312
ausgezeichnete Untergruppe 198, 388, 418
Außenzahl, obere und untere 86
Axiomatik 4, 182

Bachet de Méziriac, C. G. (1581—1638) 227, 277
Bachmann, P. (1837 bis 1920) 95, 260, 278
Baire, R. 123
Baltzer, R. (1818—1887) 17
Barrow, J. (1630—1677) 529
Basis einer Potenz 28
— der Logarithmen 139
— der gewöhnlichen Logarithmen 141
— der Bürgischen Logarithmen 147
— der Neperschen Logarithmen 148
— der natürlichen Logarithmen 491, 515
Baumgart, O. 260
Bauschinger, J. 150
bedingt konvergente Reihen 466 ff.
benachbarte quadratische Irrationalzahlen 286
Bernoulli, Daniel (1700 bis 1782) 492, 536
— Jakob (1654—1705) 10, 182, 296, 495, 505, 507
— Joh. (1667—1748) 459, 517
— Nik. II. (1695—1726) 455
—sche Zahlen 505 ff., 541
Bernstein, F. 123
beschränkte Punktmenge 86
— Folgen 102
Bessel, F W. (1784—1846) 2, 33, 181

Bézout, E. (1730—1783) 180, 300, 379

Bhâskara (geb. 1114) 37, 179, 182

Bieberbach, L. 82, 99, 154

binär 264

—e Form 380

Binom 23

Binomialkoeffizienten 202, 208

— Additionstheorem der 210, 486

Binomialreihe 485 ff.

binomisch. Lehrsatz 207 ff.

biquadratische Gleichungen 334 ff., 390 ff.

Boehm, K. 4

Bolza, O. 388

Bolzano, B. (1781—1848) 101, 115, 123, 364

—-Weierstraß, Satz von 103

Bombelli, R. (um 1570) 30, 180, 288

Borel, E. 123, 149, 456

Börgen, C. 151

Bork, H. 251

Brahmagupta (geb. 598 n. Chr.) 216, 273

Braunmühl, A. v. (1853 bis 1908) 17, 145

Bretschneider, C. A. (1808 bis 1878) 17

Briggs, H. (1556—1630) 141, 143, 150, 520

Brouncker, W. (1620? bis 1684) 292, 452, 520

Brouwer, L. E. J. 123, 567

Brüche 53 ff.

— Erweitern, Kürzen der 54

— echte 56

— Rechnen mit 57 ff.

— reduzierte 54, 81

Bubnow, N. 18

Buffon, G. L. (1707—1788) 2

Burckhardt, J. Ch. (1773 bis 1825) 53

Bürgi, J. (1552—1632) 65, 145, 146, 491

Burkhardt, H. (1861 bis 1914) 18, 142, 449

Byerly, W. E. 535

Cajori, F. 18, 395

Callet, F. (1744—1789) 144

Cantor, Georg (1845—1918) 82, 95, 115 ff., 122, 180 f.

—sches Axiom 82, 86, 117, 127, 163

— Moritz (1829—1920) 10, 16

Capelli, A. 14

Carathéodory, C. 4

Cardano, G. (1501—1576) 179. 324, 397

Carlebach, J. 182

casus irreducibilis 328

Cataldi, P. (gest. 1626) 288

Cauchy, A. (1789—1857) 101, 179 f., 278, 304, 307, 375, 455, 462 f., 465, 476 f., 488, 500, 508, 511

Cavalieri, B. (1598—1647) 508

Cayley, A. (1821—1895) 1, 293, 428

Cesàro, E. 456, 508, 539

Charakteristik eines Logarithmus 142

Chasles, M. (1793—1880) 17

Chernac, L. 53

Chuquet, N. (um 1480) 37, 146

Clairaut, A. C. (1713 bis 1765) 536

Colebrooke, H. T. (1765 bis 1837) 227, 292

Coß 30

Coßisten 30, 295

Cotes, R. (1682—1716) 501

Couturat, L. 10, 17, 152

Cramer, G. (1704—1752) 304

Darstellung von Zahlen durch quadratische Formen 265

— von Primzahlen durch Formen $x^2 + m y^2$ 266 ff.

Dase, Z. (1824—1861) 53, 528

Dedekind, R. (1831—1916) 3, 10, 17, 33, 81, 82, 95, 116, 122, 162, 181, 260

—sches Axiom 82, 127

definite Formen 264

Degen, C. F. (1766—1825) 293

Dekadisches Zahlensystem 29

Delisches Problem 131, 432

Derivierte einer ganzen Funktion 342 ff., 548

Descartes, R. (1596—1650) 20, 30, 332, 397, 484

Determinante einer quadratischen Form 264, 318

Determinante einer quadratischen Irrationalzahl 282

— einer Substitution 310, 380

—n zweiten Grades 298

— dritten Grades 302

— n^{ten} Grades 304 ff.

— Multiplikation der 314

Dezimalbrüche, endliche 64 ff.

— periodische 110 ff., 246 ff., 454

— unendliche 106 ff.

Diagonalverfahren 120

Dickson, L. E. 278, 568

Differenz 31

Differenzenprodukt 186, 307 f.. 315, 378, 384

Differenzenreihen 213

— von Funktionswerten 359

Dimension 374

Diophant (vermutlich um 250 n. Chr.) 30, 213, 273, 277

diophantische Aufgaben 225

Dirichlet, G. L. (1805 bis 1859) 278, 296, 536

Diskriminante eines Systems komplexer Zahlen 157

— einer quadratischen Form 264

— einer quadratischen Gleichung 317

— einer kubischen Gleichung 326, 379, 390

— einer biquadratischen Gleichung 336, 393

Diskriminanten 378 ff.

distributives Gesetz der Multiplikation 26, 155

divergente Reihen 450 ff., 455

Division 42

— ganzer Funktionen 339

— von Brüchen 59

— von irrationalen Zahlen 89

— von komplexen Zahlen 161

Doppelindizes 304

Drehstreckung 170

Dreieckszahlen 212, 217

Dreiteilung des Winkels 329, 432

Du Bois Reymond, Paul (1831—1889) 124

dyadisches System 30

e, Zahl 148, 491 ff.
— Transzendenz 549 ff.
Eichenberg, S. 266 ff.
eineindeutige Zuordnung 115
Einheitsmatrix 313
Einheitspermutation 189
Einheitsvektor 166
Einheitswurzeln 177, 409 ff.
— dritte 178, 324
— primitive 410
— Darstellung durch Radikale 437 ff.
Eisenstein, G. (1823 bis 1852) 262, 354
elementare transzendente Funktionen 529
Elferprobe 219
eliminieren 297
Ellis, A. J. 151
Eneström, G. 17
Engel, F. 17
Enriques, F. 132, 428
entgegengesetzte Zahlen 35
Epstein, P. 246, 334
Eratosthenes (275—194 v. Chr.) 52
Eudoxus (390—337 v. Chr.) 125, 127
Euklid (um 330 v. Chr.) 1, 10, 23, 44 ff.. 122, 125, 127, 422
Euklidischer Algorithmus 44, 228, 238, 347, 353
Euler Leonhard (1707 bis 1783) 20, 142, 143, 149, 160, 179, 180, 210, 221, 224, 227, 233 ff., 259, 266, 278, 288, 292 f., 296, 334, 369, 379, 423, 448, 455, 489, 494, 501, 511, 514 f., 517, 519, 528, 536, 541, 544, 547
—sche Formel für e^{ix} 501
—sche Konstante 543 ff.
—sches Kriterium 253
Eutokios (um 500 n. Chr.) 81
Exponent 28
Exponentialfunktion 494 ff.

Faber, G. 406
Fakultät 183, 537 ff.
Färber, C. (1863—1912) 205
„fast alle" 94
Fermat, P. (1601—1665) 221, 255, 266, 277 f., 292, 423, 508

Fermatsche Gleichung 292 ff.
—s Problem 277 ff.
—r Satz 221, 224, 236, 241, 253
Ferrari, Ludovico (1522 bis 1565) 334
Ferro, Scipione del (gest. 1526) 324
Fibonacci s. Leonardo von Pisa
figurierte Zahlen 216
Folgen von Zahlen 92, 117
— von komplexen Zahlen 470
— verbundene 94
Förstemann, A. 205
Förster, W. (1832–1921) 16
Fourier, J. B. (1768—1830) 395, 406, 536, 547
—sche Reihen 529 ff.
Frank, E. 567
Fraenkel, A. 123, 181, 568
Frege, G. 17
„freie Schöpfungen unseres Geistes" 33, 81, 181
Frénicle, B. (1602—1675) 221
Friedlein, G. (1828—1875) 19
Fricke, R. 535
Frobenius, G. (1849—1917) 260, 313
Fundamentalsatz der Algebra 368 ff.
Fünfeckszahlen 212
Funktion, Begriff der 296, 536
— abgeleitete 342 ff.
—en alternierende 384
— analytische 478
— dritten Grades 330 ff.
— elementare transzendente 529
— Exponentialfunktion 494
— ganze 208, 337 ff.
— grade und ungrade 485
— homogene 374
— hyperbolische 502
— inverse 515
— lineare 297
— logarithmische 515
— primitive 351
— quadratische 320 ff.
— rationale 337
— reduzible, irreduzible 351 ff.
— stetige 362 ff.
— symmetrische 373 ff.
— trigonometrische 498
— zerlegbare 351

Funktionen, zyklometrische 524
Funktionalgleichung
$\varphi(m)\varphi(n) = \varphi(m+n)$ 488, 496
— $\varphi(m)+\varphi(n)=\varphi(m+n)$ 500

Galilei, G. (1564—1642) 115
Galois, E. (1811—1832) 289 f., 388 f., 449
—sche Gruppe 384 ff., 418
ganze Funktion 208, 337 ff.
ganze Zahlen 35
ganzzahlige Funktionen 350
Gauß, Carl Friedrich (1777 bis 1855) 2, 20, 33, 53, 142, 149, 161, 163, 180 f., 211, 221, 232, 234, 251, 253, 256, 259 f., 278, 288, 318, 354, 369, 375, 397, 411, 416, 422, 449, 455
—sches Lemma 256, 261
Gebhardt, M. 16
Gegenbauer, L. (1849 bis 1903) 437
Gemma, Frisius (1508 bis 1555) 76
geometrische Darstellung der ganzen Zahlen 36
— der rationalen Zahlen 56
— der reellen Zahlen 81
— der komplexen Zahlen 163 ff., 180
geometrische Reihen 64, 146
— unendliche 453
geometrisches Mittel 130
Gerbert, (Papst Silvester II. 940—1003) 20
Gerhardt, C. J. (1816—1899) 17
Gewicht einer Invariante 382
Girard, A. (gest. 1632) 180, 204, 369, 383
Glaisher, W. L. 53, 150, 540
Gleichungen ersten Grades 295 ff.
— mit n Unbekannten 308
— homogene 309
Gleichungen zweiten Grades 316 ff.
— mit komplexen Koeffizienten 319
Gleichungen dritten Grades 322 ff., 389 f., 431

Gleichungen dritten Grades, Normalform 323
— mit drei reellen Lösungen 326 ff., 436, 442
Gleichungen vierten Grades 334 ff., 390 ff.
— fünften Grades 440 ff.
— n^{ten} Grades 338 ff.
— mit rationalen Wurzeln 350
— reine 368, 408, 436
— durch Quadratwurzeln auflösbare 428 ff.
— algebraisch auflösbare 438 ff.
Glieder eines Aggregats 40
Gmeiner, J. A. 18, 162
Goldbach, Chr. (1690 bis 1764) 192, 528
goldener Schnitt 131, 414
Goldenring, R. 428
Gordan, P. (1837—1912) 369, 547
Grad einer Gleichung 319
— einer ganzen Funktion 337
grade und ungrade Zahlen 15
— Permutationen 185
— Funktionen 485
Grandi, G. (1671—1742) 455
Graßmann, H. (1809—1877) 18, 23
Gregory, J. (1638—1675) 100, 527
Grelling, K. 4
Grenzwerte 96 ff.
— Rechnen mit 103 ff., 138
Greve 151
Größencharakter 5
größter gemeinschaftlicher Teiler 44
— von zwei ganzen Funktionen 347
Grundfunktionen, symmetrische 374
Grundzahl 28
Gruppe 194, 311
— alternierende 384
— Galoissche 384 ff., 418
— symmetrische 384
— zyklische 418
Günther, S. 16, 18
Güntsche, R. (1861—1913) 277
Gutzmer, A. 146

Hadamard, J. 149
Hahn, H. 115
Hamilton, W. R. (1805 bis 1865) 1, 151, 162, 182

Hankel, H. (1839—1873) 1, 17, 19, 33, 162, 292
Haentzschel, E. 277
harmonische Reihe 457, 543
Harriot, Th. (1560—1621) 20, 397
Harzer, P. 74
Häufungspunkt 102
Hauptachsengleichung 332
Hauptdiagonale einer Determinante 303
Hauptglied einer Determinante 303
Hauptnenner 55
Hauptpermutation 184, 195
Hauptwert einer Wurzel 179
— des natürlichen Logarithmus 516
— einer Potenz 517
— einer zyklometrischen Funktion 525 f.
Hausdorff, F. 123
Hayashi, K. 503
Hegel, G. F. W. (1770 bis 1831) 180
Heiberg, J. L. 16
Helmholtz, R. von (1821 bis 1894) 14
Hensel, K. 278
Herbart, J. F. (1776—1841) 1
Hermite, Ch. (1822—1901) 150, 547
Heron (um 120 v. Chr.) 79, 274 f.
Hertzer, H. 251
Hessenberg, G. 123, 547
Hilbert, D. 4, 82, 122, 125, 181, 547, 567
Höfler, A. 115
Hölder, O. 15, 18, 23, 125, 142, 437, 456
homogene Funktion 374
Hoppe, R. (1816—1900) 151
Humboldt, A. v. (1769 bis 1859) 19
Huntington, E. V. 4
Hurwitz, A. (1859—1919) 520, 547
Husserl, E. G. 14, 17
Huygens, Chr. (1629—1695) 74
hyperbolische Funktionen 502

Ibn Albannâ (um 1300) 405
Identität ganzer Funktionen 338

imaginäre Einheit 160
immanente Realität 180
indefinite Formen 264, 283
Index 27, 304
— einer Untergruppe 196, 386
— einer Zahl für eine primitive Wurzel 245
inkommensurabel 122, 126
Interpolation 356 ff.
— lineare 360, 404
— quadratische 361
— bei Logarithmentafeln 523 ff.
Interpolationsformel von Lagrange 358
— von Newton 359
Intervall 98
Intervallschachtelung 82, 99, 104, 127
Invarianten 382
— einer Permutationsgruppe 383 ff.
— numerische 386, 417 f.
— der biquadratischen Gleichung 392
inverse Operation 31, 43, 75, 132
— Funktion 515
Inversion (Transformation durch reziproke Radien) 172
— (bei einer Permutation) 185
Irrationalzahlen 80 ff., 93 ff.
— Rechnen mit 87
irreduzible Funktionen 351 ff.

Jacobi, C. G. J. (1804 bis 1851) 245, 271, 304
Jacobsthal, W. 14
Jahnke, E. (1863—1921) 163
Jones, W. (1675—1749) 529
Jordanus Nemorarius (gest. 1237) 20
Junge, G. 122

Kant, Immanuel (1724 bis 1804) 1, 3
Kardinalzahl 13, 116
Katz, D. 2
Kennzahl 142
Kepler, Joh. (1571—1630) 141, 146, 519
Kerry, B. 99
Keßler, F. 251
Kettenbrüche endliche 67 ff.
— unendliche 112 ff
— periodische 288 ff.
Klein, F. 149, 163, 317, 535

kleinstes gemeinschaft-
liches Vielfache 47
Kneser, A. 437
Koeffizient 25
—en einer ganzen Funk-
tion 337
  Methode der unbe-
stimmten 484
Kombinationen 200 ff.
—mit Wiederholung 204 ff.
Kombinatorik 182 ff.
kommensurabel 122, 125
Kommerell, K. 143
kommutatives Gesetz der
Addition 21, 152
— der Multiplikation 24,
155
komplexe Einheiten 153
— Zahlen 151 ff.
Komposition von Substi-
tutionen 188
— von Matrizen 312
Konen, H. 292
kongruente Zahlen 217
Kongruenzen 217 ff.
— Rechnen mit 219
— ersten Grades 224 ff.
— höheren Grades 234 ff.
konjugierte quadratische
Irrationalzahlen 282
konjugiert komplexe Zah-
len 161
konjugierte Systeme 197
— Untergruppen 197
— Zahlen 434
Konstruktionen mit Lineal
und Zirkel 330, 412,
422, 428, 546
Kontinuum 121
konvergente Folgen 97
— von komplexen Zahlen
471
Konvergenz einer Reihe
450 ff.
— bedingte 466 ff.
— unbedingte 467 ff.
— gleichmäßige 479
Konvergenzkreis 477
Konvergenzkriterien 462 ff.
Koordinaten 163
Koppe, M. 149. 151
Korkine, A. 245
Kowalewski, G. 94, 366
Krazer, A. 37
Kreisberechnung 100
Kreisteilung 409 ff.
Kreisteilungsgleichungen
177, 355, 409 ff., 438 ff.
— bis zum elften Grad
412 ff.
— dreizehnten und sieb-
zehnten Grades 423 ff.

Kreisverwandtschaft 173
Kronecker, L. (1823—1891)
14, 354, 365, 444, 449
Kubikwurzel 133
Kubikzahlen, Reihe der
214, 216
kubische Gleichungen
322 ff., 389 f.
Kugelfunktionen 367
Kummer, E. E. (1810 bis
1893) 49, 223, 277 f

Lagrange, J. L. (1736 bis
1813) 74, 227 ff., 232,
266, 288, 292 f., 358,
369, 387 ff., 439, 448,
520, 536
Laguerre, E. (1834—1886)
396, 398, 406
Lambert, J. H. (1728 bis
1777) 547
Lange, G. 182
Legendre, A. M. (1752 bis
1833) 253, 259, 278, 290
—sches Symbol 253, 261
Lehmer 53
Leibniz, G. W. (1646 bis
1716) 20, 30, 121, 179,
182, 221, 296, 304, 448,
455, 459, 484, 517, 527
Leonardo da Vinci (1452
bis 1519) 132
Leonardo von Pisa (Fibo-
nacci) (um 1200) 20, 30,
37, 295
Levi ben Gerson (1288 bis
etwa 1350) 182
limes superior, — inferior
103
Lindemann. F. 547
lineare Funktion 297
— Gruppe 200
— Substitutionen 309 ff.,
380
— Transformation 170 ff.
Liouville, J. (1809—1882)
120, 121, 547
Löffler, E. 18, 19, 30
Logarithmen 132, 139 ff.
— Briggssche 141
— Nepersche 147, 520
— natürliche 148, 515 ff.
— negativer Zahlen 517
logarithmische Reihen
519 ff.
Lorey, W. 10
Loria, G. 17, 369
Loewy, A. 4, 18, 23, 40,
95 f., 123, 143, 205, 362,
395, 409, 411, 431, 435,
495, 524

Lucas, E. (1842—1891)
423, 567
Lüroth, J. (1844—1910)
67, 151, 405, 524

Machin, J. (gest. 1751) 529
Mächtigkeit 116
Maillet 121
Majorante 461
Mantisse 142, 247
Matrizen 310 ff.
— reziproke 311
— vertauschbare 312
— Zusammensetzung 312
Matthiessen, L. (1830 bis
1906) 17
Maurolycus (1494—1575)
10
Maximum und Minimum
87
Maya-Indianer, Ziffern-
system der 18
Mayer, J. 251
Mehmke, R. 325
Meissel, E. (1826--1895) 53
Menge der rationalen Zah-
len 118
— der algebraischen Zah-
len 119
— der reellen Zahlen 120
Mengen 2
— abzählbare 116
— endliche 3, 6
— geordnete 4
— stetige 85
— unendliche 3, 116
Méray, Ch. 122
Mercator, N. (1620—1687)
520
Meßbarkeit 124
Methode der unbestimm-
ten Koeffizienten 484
Metius, Adriaen (1527 bis
1607) 74
Michaelis 1
Milliarde 18
Million 18
Minimalexponent 240
Minuend 31
Mittag-Leffler, G. 123
mittlere Proportionale 130
Mitzscherling, A. (1879 bis
1912) 17, 329, 414, 428
Möbius, A. F. (1790—1868)
173
Modul einer Kongruenz
217
— der gewöhnlichen Lo-
garithmen 516
Moivre, A. (1667—1754)
174, 501.
Mollame, V. 437

Möller, M. 67
monotone Folge 91, 102
Monotonieeigenschaft der Addition 23, 38
— der Multiplikation 26, 40
— der Subtraktion 33, 38
Montucla, J. E. (1725 bis 1799) 16
Muhammed ibn Mûsâ (um 820) 19, 295, 405
Müller, J. H. T. 18
Multiplikation 23
— von Brüchen 58
— irrationaler Zahlen 89
— komplexer Zahlen 169
— der Determinanten 314
- absolut konvergenter Reihen 475

Näherungsbrüche eines Kettenbruchs 71
— für π 74
Näherungswerte für eine Quadratwurzel 77
Namur 147
natürliche Logarithmen 148, 515 ff.
— Zahlen 13
negative Zahlen 33
Neiß, F. 277
Nenner 54
Neper, John (1550—1617) 141, 143, 147
Nesselmann, G. H. T. (1811 bis 1881) 1, 17
Netto, E. (1846—1919) 182
Neuendorff 67
Neunerprobe 219
Newton, Isaac (1643—1727) 2, 122, 135, 180, 359 f., 383, 406, 484, 489, 496, 501
—sches Näherungsverfahren 405 ff.
Nikomachus (um 100 n. Chr.) 216
nirgends dicht 118
Norm 434
Null als Ziffer 16, 18, 29
— als Zahl 34, 36
Nullmenge 7
Nullpunkte einer ganzen Funktion 338
Numerus 140

Olbers, H. (1758—1840) 278
Operationen, direkte und inverse 31
— rationale 60
— algebraische 135
Opus Palatinum 145

Ordinalzahl 14
Ordnung einer Gruppe 194
— einer symmetrischen Funktion 376
Oresme, N. (um 1350) 37, 135
Ostrowski, A. 372
Otho, V. (um 1580) 74
Oughtred, W. (1574—1660) 20, 529

π, Zahl 66, 74, 101, 121
— Reihen für 527 ff.
— Produktdarstellung 536 f.
— Transzendenz 553 ff.
Paciuolo, Luca (etwa 1445 bis 1514) 132, 295
Padé, H. 151
Paradoxien der Mengenlehre 3, 123
— des Unendlichen 115
Partialfunktionen 395
—summen 451
Pascal, Blaise (1623—1662) 10, 182, 567
—sches Dreieck 204, 209, 216
Pasch, M. 17, 86
Peano, G. 4
Pell, J. (1610—1685) 292
Perioden der Kreisteilungsgleichung 419 ff.
periodische Dezimalbrüche 111 ff., 246 ff., 454
— Kettenbrüche 288 ff.
Permanenzprinzip 33
Permutationen 182 ff., 187
— mit Wiederholung 184
— zyklische 193
Permutationsgruppen 194 ff., 383 ff.
Perron, O. 96, 123, 354, 456
Pervuschin, J. 567
Peters, J. 150, 151
Petersen, J. 431
Pfeifer, F. X. 132
Platon (429—348) 122, 132, 428
Plutarch (46—120 n. Chr.) 428
Poincaré, Henri (1854 bis 1912) 2, 10, 121, 123, 567
Polarform einer komplexen Zahl 165
Polygonalzahlen 213
Polynom 23
polynomischer Lehrsatz 210
Positionsprinzip 18
positive Zahlen 35
Posse, C. 245

Potenzen mit positiven ganzen Exponenten 28
— mit negativen ganzen Exponenten 61
— mit rationalen Exponenten 135
— mit irrationalen Exponenten 137
— von komplexen Zahlen 174
— allgemeine 517
Potenzen einer Permutation 190
— Gruppe der 194
Potenzierung 28
Potenzreihen 476 ff.
— Stetigkeit 479 ff.
— gleichmäßige Konvergenz 479
Potenzreste 239 ff.
— für einen Primzahlmodul 242 ff.
Potenzsummen der Wurzeln einer Gleichung 382
— der natürlichen Zahlen 507
— $\zeta(2n)$ 539 ff.
Pott, A. F. 19
Powers 53
Praetorius, J. (1537 bis 1616) 74
primitive Funktion 351
— Wurzeln 244, 252
Primzahlen 48 ff.
— unendliche Anzahl der 49, 223
Pringsheim, A. 18, 296, 567
Produkt 24
Proportion 129
Prosthaphaeresis 145
Ptolemaeus (um 150 n. Chr.) 65
Punktmenge 86
Pyramidalzahlen 217
Pythagoras (um 550 v. Chr.) 1, 121
pythagoreische Dreiecke 272 ff.

quadratische Formen 263 ff.
— Funktionen 320 ff.
— Gleichungen 316 ff.
— — Normalform 318
— Irrationalzahlen 280 ff.
— — konjugierte 282
— — reduzierte 283
— — benachbarte 286
— Reste 251 ff.
—r Restcharakter 253
Quadratur des Kreises 547
Quadratwurzel 75 ff.

Quadratwurzel aus negativen Zahlen 161
— Kettenbruchentwicklung 288 ff.
— aus einer komplexen Zahl 319
Quadratzahlen 212
Quadratzahlen, Reihe der 214, 216
Quersumme 50
Quotient 42

Radikal 133, 436 ff.
Radikand 75. 133
Radizieren 75, 132 ff.
rationale Dreiecke 274 ff.
— Operationen 60
— Zahlen 56
Rationalitätsbereich 60 280, 356, 384, 428
— natürlicher 280
reduzible Funktionen 351 ff.
reduzierte quadratische Irrationalzahl 283 ff.
regelmäßiges n-Eck 177, 409 ff.
— Fünfeck und Zehneck 414
— Siebeneck und Neuneck 415, 432
— Siebzehneck 428
Regula falsi 403 ff.
Reiff, R. 455
Reihe, binomische 485 ff.
— für e 493
— für die Exponentialfunktion 496
— für $\sin x$, $\cos x$ 501
— für $\operatorname{tg} x$, $\operatorname{ctg} x$ 504 ff.
— logarithmische 519 ff.
— für $\operatorname{arctg} z$ 526
—n arithmetische 185, 210 ff.
— geometrische 64
— unendliche 450 ff.
— mit nur positiven Gliedern 456, 462 ff.
— absolut konvergente 466 ff.
— bedingt konvergente 466 ff.
— unbedingt konvergente 467
— mit komplexen Gliedern 470 ff.
— Rechnen mit 473 ff.
— trigonometrische 529 ff.
Reihenvergleichung 460
reine Gleichungen 368, 408
Rekursionsformeln 71
relativ prime Zahlen 46

relativer Wert 36
Resolventen der kubischen Gleichung 323, 390
— der biquadratischen Gleichung 335, 391 ff.
— einer Gleichung 387
— Lagrangesche 439
Restcharakter, quadratischer 253
Rest 42
Reste einer unendlichen Reihe 452
Restesystem, volles 218
— reduziertes 220
Restklasse 218
Restreihe 451
Reuschle, C. G. (1812 bis 1875) 251
reziproke Permutation 190
— Zahlen 60
Reziprozitätsgesetz der quadratischen Reste 259 ff.
Rhaeticus. G. J. (1514 bis 1576) 145, 147
Richard 123
Richtungsfunktion 165, 501
Richelot, F. J. (1808 1875) 428
Riemann, B. (1826—1866) 470, 540
Riese, Adam (1492—1559) 20, 30
Roberval, G. (1602—1675) 508
Rolle, M. (1652—1719) 366
— Satz von 365 ff.
Rudio, F. 17, 547
Rudolff, Chr. (um 1530) 30
Ruffini, P. (1765—1822) 449
Runge, C. 354
Ruska 19
Russel, B. 3, 123

Sachs, J. 251, 275
Sanden, H. v. 325
Sandrechnung des Archimedes 18
Scherk, H. F. (1798—1885) 205
Schluß von n auf $n + 1$ 10
Schmidt, M. 17
Schnitt in einer geordneten Menge 6
— im Gebiete der rationalen Zahlen 82
— im Gebiete der reellen Zahlen 85
— begrenzter 84, 89

Schoenflies, A. 3, 4, 123, 182
Schoenemann, Th. (1812 bis 1868) 354 f., 416
Schranke, obere und untere 86, 102. 104
Schröder, E. (1841—1902) 18
Schrön, L. 151
Schröter, H. (1829—1892) 414, 428
Schubert, H. (1848—1911) 277
Schülke, A. 16
Schulz, O. 277
Schumacher, H. Chr. (1780 bis 1850) 455
— J. 428
Schur, F. 82
Schwenter, D. (1585—1636) 74
Schwering, K. 277
Seelhoff 53
Senkereh, Tafeln von 30, 65
Sexagesimalsystem 30, 65
Shanks, W. 529
Sieb des Eratosthenes 52
Simon, M. (1844—1918) 17, 21
Sommerfeld, A. 163
Spengler, O. 567
Spinoza, B. (1632—1677) 180
Spur 434
Stäckel, P. (1862—1919) 6, 17, 23, 52, 149
Staudt, Chr. v. (1798 bis 1867) 414, 428
Stein, J. 151
Steinhauser, A. 151
Steinitz, E. 472
Stellenwert 29
stetige Menge 85, 127
Stetigkeit 362 ff.
— Satz von der 90, 107
— einer Potenzreihe 479 ff.
Stetigkeitsaxiom 82, 86, 127
Stevin, S. (1548—1620) 65
Stieltjes, Th. J. (1856 bis 1894) 540
Stifel, Michael (1487 bis 1567) 30, 37, 122, 146, 204
Stirling, J. (1692—1770) 539
—sche Formel 539
Stolz, O. (1842—1905) 18, 125, 162
Study, E. 162
Sturm, J. C. F. (1803—1855) 400

Sturmscher Lehrsatz 400ff.
Substitution 187, 298
— lineare 309ff.
Substitutionsgruppe 311
Subtrahend 31
Subtraktion 30
summierbare Reihen 456
Suter, H. 17
Sylvester, J. J. (1814—1897) 379
symmetrische Funktionen 373ff.
— Grundfunktionen 374
— Gruppe 384
System komplexer Zahlen 154
Szász, O. 49

Tannery, J. 152
Tartaglia, N. (1501—1557) 30, 324
Taylor, B. (1685—1731) 345
Teilbarkeitsregeln 50ff.
Teiler einer Zahl 43
— einer ganzen Funktion 351
teilerfremde Zahlen 46
— ganze Funktionen 347
Teilmenge 117
Tetraederzahlen 217
Theodor von Kyrene (um 400 v. Chr.) 121
Theon von Smyrna (um 130 n. Chr.) 2
Timerding, H. E. 17, 132
Torricelli, E. (1608—1647) 508
Transformation 169
— durch reziproke Radien 172
— ganze lineare 170
— gebrochene lineare 173
transiente Realität 180
Translation 109
Transposition 184
transzendente Funktionen, elementare 529
— Zahlen 121, 546ff.
Trigonalzahlen 212
trigonometrische Funktionen 498ff.
— Reihen 529ff.
Trinom 23
Tropfke, J. 7. 16, 143
Tschirnhaus, E. W. v. (1651 bis 1708) 448
Tycho Brahe (1546—1601) 145

überall dicht 57, 85, 118
Umgebung 98
Umkehrung einer Funktion 515, 524

unbedingt konvergente Reihen 467
unendliche Produkte 508ff.
— für $\sin \pi x$ 514
— für $\cos \pi x$ 515
unendliche Produkte für π 536
unendliche Reihen 450ff.
— mit nur positiven Gliedern 456, 462ff.
— mit komplexen Gliedern 470ff.
unendlich vielwertige Funktionen 516f., 525f.
ungleichartige Zahlen 273
Unmöglichkeitsbeweise 428ff.
Unterdeterminanten 302, 306
Untergruppen 194
— ausgezeichnete oder invariante 198, 388, 418
Ursinus, B. (1587—1633) 149

Vacca, G. 10
Vahlen, Th. 132, 329, 428, 547
Valson, A. 180
Vandermonde, A. T. (1735 bis 1796) 307, 411
Variationen 201
— mit Wiederholung 207
Varignon, P. (1654—1722) 455
Vega, G. von (1756—1802) 53, 149
Vektor 166
Veränderliche 320, 337
verbundene Folgen 94
Verhältnis 125
Verwandlung gewöhnlicher Brüche in Dezimalbrüche 108ff., 246ff.
Viereckszahlen 212, 217
Vierergruppe 199, 393
Vieta, F. (1540—1603) 20, 30, 65, 329, 331, 374, 406, 510
Vlacq, A. (gest. 1655) 143, 149
Vogt, H. 122
vollständige Induktion 9
Voß, A. 1, 17

Wachsen der Potenz mit dem Exponenten 62
— der Fakultäten 183
Wallis, J. (1616—1703) 74, 97, 142, 182, 292, 397, 508, 536

Waring, E. (1734—1798) 232, 358, 375, 451, 462f.
Weber, H. (1842—1913) 150, 288, 331, 349, 406, 438, 449
Weierstraß, K. (1815 bis 1897) 103, 122, 151, 162, 547
Weltzien, C. 325
Werner, J. (1468—1528) 145
Wertheim, G. (1843 bis 1902) 213, 245, 248, 277, 292
Wessel, C. (1745—1818) 180
Weyl, H. 2, 10, 17, 181, 567
Whitford 293
Wieleitner, H. 16, 19, 37
Wilhelm IV., Landgraf von Hessen (1532 bis 1592) 145, 146
Wilson, J. (1741—1793) 232
—scher Satz 231ff., 236, 254
Wittich, P. (gest. 1587) 397
Wolfram 149
Wolf, R. (1816—1893) 17
Wolfskehl, P. (1856—1906) 278
Würfelverdoppelung 131, 432
Wurzelexponent 133
Wurzeln 132ff.
— aus einer komplexen Zahl 175ff.
— Berechnung der m^{ten} 408
Wurzeln einer Gleichung oder einer ganzen Funktion 317, 338
— komplexe 339
— mehrfache 346
— Anzahl der 346
— Existenz der 368ff.
— rationale 350
Wurzelfaktor einer ganzen Funktion 341

Zahlen, natürliche 13
— gerade und ungerade 15
— negative 33
— ganze 35
— positive 35
— entgegengesetzte 35
— rationale 56
— reziproke 60
— irrationale 80, 121

Zahlen reelle 85
— komplexe 160
— algebraische 118, 546
— transzendente 121, 546
Zahlenkörper 60, 280, 384
Zahlenpaar 151, 182
Zähler 54
Zeichenregel von Descartes 332, · 397 ff.
Zeising, A. (1810—1876) 132

Zeller, Chr. (gest. 1899) 260
zerlegbare Funktionen 351
Zermelo, E. 3, 10, 123, 568
Zetafunktion 540
Zeuthen, H. G. (1839 bis 1920) 17, 122, 520
Ziffernsystem, indisches 18
— der Maya-Indianer 18
Züge, H. (1851—1902) 51

Zusammensetzung der Permutationen 187
Zusammensetzung von Matrizen 312
Zweige einer analytischen Funktion 516
Zyklen 191
zyklische Gruppe 418
zyklische Permutation 193
zyklometrische Funktionen 524 ff.

Ergänzungen und Zusätze.

Zu Seite 2, Fußnote 3) vgl. Pascal, Pensées (1670) Ausg. Firmin-Didot 1877, S. 25.

Zu § 1, 5. Die Grundlegung der Arithmetik ist neuerdings Gegenstand lebhafter Erörterung geworden. Einen sehr radikalen, fast nihilistischen Standpunkt nehmen Brouwer und Weyl ein, indem sie die bisherigen Definitionen der reellen Zahlen und die üblichen Beweismethoden angreifen und vor allem die Verwendung des Satzes vom Widerspruch verwerfen (vgl. besonders Weyl, Über die neue Grundlagenkrise der Mathematik. Math. Zeitschr. 10 (1921)). Demgegenüber hat Hilbert seine schon 1900 in Angriff genommene axiomatische Begründung nunmehr durch Aufstellung eines vollständigen Systems von Axiomen und Nachweis ihrer Widerspruchslosigkeit fertig ausgebaut (wobei der Satz vom Widerspruch in positiver Wendung zur Geltung kommt), zu dem ausgesprochenen Zweck, der Mathematik den alten Ruf der unanfechtbaren Wahrheit bei voller Erhaltung ihres Besitzstandes wiederherzustellen (vgl. Hilbert, Neubegründung der Mathematik. Abhandl. aus dem math. Seminar d. Hamburgischen Universität I (1922)).

Zu § 4 und § 34, 2 vgl. auch H. Poincaré, Wissenschaft und Methode, Leipzig 1914, S. 128—180.

Zu § 7, 1. und § 34, 1. Eine schöne Darstellung der Entwicklung und Bedeutung der griechischen Mathematik und ihres Zusammenhangs mit der antiken Philosophie im Rahmen einer Widerlegung der willkürlichen Geschichtskonstruktionen in dem vielbesprochenen Buche von O. Spengler, Der Untergang des Abendlandes bietet E. Frank, Mathematik und Musik und der griechische Geist, Logos 9. (1921).

Zu § 7, 2. Die Vorlesungen über Zahlenlehre von A. Pringsheim sind inzwischen mit dem Erscheinen der dritten Abteilung vollendet worden und geben eine umfassende Darstellung der Lehre von den reellen und komplexen Zahlen und den unendlichen Prozessen (Reihen, Produkte, Kettenbrüche).

Zu Seite 53, Zeile 17 v. o. Diese Zahl ist schon 1883 von dem russischen Geistlichen J. Pervuschin als Primzahl erkannt und ziffernmäßig ausgerechnet worden (Verh. d. ersten internat. Math.-Kongresses. Leipzig 1898, S. 165). Nach E. Lucas, C. R. 82 (1876) ist auch $2^{127} - 1$ eine Primzahl. Sie stellt eine 39-ziffrige Zahl vor, die aber noch nicht ausgerechnet ist.

Zu Seite 83, Zeile 14 ff. Der Schluß von 4 ist besser folgendermaßen zu gestalten: Es sei D eine positive rationale Zahl, aber nicht das Quadrat einer solchen Zahl. Man nehme alle positiven Zahlen, deren Quadrat größer als D ist, in A' auf, alle übrigen Zahlen in A. Dann sind alle rationalen Zahlen untergebracht, und jede Zahl aus A ist kleiner als jede Zahl aus A', man hat also einen Schnitt $(A \mid A')$. Es gibt aber in A keine größte Zahl und in A' keine kleinste. Denn ist x eine positive Zahl aus A, x eine Zahl aus A', also $x^2 < D$, $x'^2 > D$, und berechnet man aus ihnen die Zahlen

$$y = x + \frac{x(D - x^2)}{x^2 + D} = \frac{2Dx}{x^2 + D}, \qquad y' = x' - \frac{x'^2 - D}{2x'} = \frac{x'^2 + D}{2x'},$$

so sieht man, daß mit x und x' auch y und y' rational und $y > x$, $0 < y' < x$ ist, und man zeigt leicht, daß $y^2 < D$ und $y'^2 > D$ ist. Mithin gehört y zu A und y' zu A', und man kann also zu jeder Zahl aus A eine größere finden, die noch zu A gehört, und zu jeder Zahl aus A' eine kleinere, die noch zu A' gehört. Folglich gibt es in A keine größte und in A' keine kleinste Zahl.

Zu Seite 94, Zeile 17 v. o. An Stelle der indirekten Schlußweise besser: Für $i < k$ ist nach 1. und 3. $a_i \leq a_k \leq a'_k$, dagegen für $i > k$ nach 2. und 3. $a_i \leq a'_i \leq a'_k$.

Zu Seite 123, Zeile 25 v. o. Das Axiomensystem von Zermelo wurde auf seine Unabhängigkeit untersucht und vervollständigt von A. Fraenkel, Jahresb. d. deutsch. Math.-Ver. 30 (1921) S. 97, Math. Ann. 86 (1922).

Zu Seite 133, Zeile 4 ff. Anstatt des begrenzten Schnittes bildet man besser einen Schnitt $(X \mid X')$ im Bereich aller reellen Zahlen, indem man alle positiven Zahlen, deren n^{te} Potenz größer als c ist zu X', alle übrigen reellen Zahlen zu X rechnet.

Zu Abschnitt X und XI. In dem großen Werk von L. E. Dickson, History of the theory of numbers, Publications of the Carnegie Inst. Bd. 1 und 2 Washington 1919/20 (ein dritter Band in Vorbereitung) ist die Entwicklung der Zahlentheorie mit nicht zu überbietender Sachkenntnis und Vollständigkeit dargestellt. Es enthält die gesamte Literatur mit Inhaltsangabe einer jeden Arbeit.

Seite 349, Zeile 4 v. u. statt „f_1 eine von Null verschiedene Zahl" lies: f_v eine von Null verschiedene Zahl.

Zum XIX. und XX. Abschnitt. Die Lehre von den Reihen ist in dem kürzlich erschienenen Werk von K. Knopp, Theorie und Anwendung der unendlichen Reihen, Berlin 1922 eingehend dargestellt worden.

Zu Seite 456, Zeile 16. Der Vollständigkeit halber sei der Beweis dieser Behauptung nachgetragen. Setzen wir

$$S_n = \frac{s_1 + s_2 + \cdots + s_n}{n},$$

so ist zu zeigen, daß mit $\lim s_n = s$ auch gleichzeitig $\lim S_n$ existiert und daß beide Grenzwerte einander gleich sind.

Zu jedem positiven ε gibt es ein n, so daß für jeden Index $m > n$:

$$|s_m - s| < \varepsilon$$

ist. Aus der leicht zu erweisenden Identität

$$S_m - s = \frac{n}{m}(S_n - s) + \frac{(s_{n+1} - s) + (s_{n+2} - s) + \cdots + (s_m - s)}{m}$$

folgt also $\qquad |S_m - s| < \frac{n}{m}|S_n - s| + \frac{m - n}{m}\varepsilon < \frac{n}{m}|S_n - s| + \varepsilon.$

Man kann nun immer eine Zahl $n' > n$ so bestimmen, daß für jedes $m > n$

$$\frac{n}{m}|S_n - s| < \varepsilon$$

wird; dann wird $\qquad |S_m - s| < 2\varepsilon$

für jedes $m > n'$, d. h. es ist in der Tat $\lim S_m = s$.

Elemente der Mathematik. Von *J. Tannery*, Prof. an der Univ. Paris. Mit einem geschichtlichen Anhang von *P. Tannery*. Autorisierte deutsche Ausgabe von Prof. Dr. *P. Klaeß* in Echternach. Mit einem Einführungswort von Geh. Reg.-Rat Dr. *F. Klein*, Prof. an der Universität Göttingen. 2. Aufl. Mit 184 Fig. [XII u. 339 S.] gr. 8. 1921. Geh. M. 6.—, geb. M. 7.—

„Das Buch bietet schon stofflich sehr viel, da es neben der Elementarmathematik auch die zur Lektüre naturwissenschaftlicher Bücher heute unerläßlichen Grundbegriffe der höheren Mathematik vermittelt; aber sein Hauptreiz liegt in der Darstellungsform. Selten ist wohl ein mathematisches Lehrbuch geschrieben worden, das so frei ist von leerem Formelwesen, das so mutig allen unnötigen Ballast preisgibt, wie das vorliegende Werk.“
(Naturwissenschaftliche Rundschau.)

Lehrbuch der Mathematik und Sammlung von Aufgaben. Zum Selbstunterricht und für die Vorbereitung auf die Mittelschullehrerprüfung und auf die Reifeprüfung am Realgymnasium. Im Anschluß an die Baltin-Maiwaldsche Seminarausgabe des mathematischen Unterrichtswerkes von Prof. *H. Müller*, weil. Gymnasialdirektor in Berlin, bearb. von Dr. *J. Plath*, Geh. Reg.- und Schulrat in Lüneburg. Lehrbuch der Mathematik. Mit 184 (zum Teil farbigen) Fig. 3. Aufl. [VIII u. 294 S.] gr. 8. 1919. Geb. M. 8.—. Sammlung von Aufgaben. 2 Aufl. [VIII u. 296 S.] gr. 8. 1911. Geh. M. 6.—, geb. M. 8.—. Ergebnisse hierzu. 3. Aufl [61 S.] gr. 8. 1920. Geh M. 2.80

„Man mag das Werk aufschlagen, wo man will, überall dieselbe Abrundung des reichhaltig bemessenen Pensums und vor allen Dingen überall dieselbe Anpassung an die Eigentümlichkeiten des Selbstunterrichts. Zahlreiche schöne Figuren kommen dem Verlangen nach Anschauung entgegen. ‘
(Deutsche Schule.)

Elementarmathematik vom höheren Standpunkte aus. Von Geh. Reg.-Rat Dr. *F. Klein*, Prof. a. d. Univ. Göttingen. Ausarb. von Dr. *E. Hellinger*, Prof. a. d. Univ. Frankfurt. gr. 8. 2. Aufl. I. Teil: Arithmetik, Algebra, Analysis. [VIII u. 614 S.] 1911. II. Teil: Geometrie. [VIII u. 547 S.] 1914. Geh. je M. 7.50

„Es ist ganz unmöglich, von dem reichen Inhalt des Buches eine auch nur einigermaßen zutreffende Vorstellung zu geben; ein jeder möge es selber lesen. Die Darstellung im einzelnen ist glänzend und geistreich.“
(Südwestdeutsche Schulblätter.)

Einführung in die höhere Mathematik. Von Hofrat Dr. *E. Czuber*, Prof. an der Technischen Hochschule Wien. 2., durchg. Aufl. Mit 114 Fig. [X u. 382 S.] gr. 8. 1921. Geb. M. 12.20

Das Buch umfaßt eine recht eingehende Entwicklung des Zahlbegriffs, die Darstellung von Zahlen durch unendliche arithmetische Prozesse, eine Einführung in die Funktionentheorie, im Anschlusse daran die Elemente der Differentialrechnung, weiter die Determinantentheorie, endlich die analytische Geometrie der Ebene und des Raumes.

Kurzgefaßte Vorlesungen über verschiedene Gebiete der höheren Mathematik mit Berücksichtigung der Anwendungen. Von Geh. Hofrat Dr. *R. Fricke*, Prof. an der Techn. Hochschule in Braunschweig, Analytisch-funktionentheoretischer Teil. Mit 102 Fig. [IX u. 520 S.] gr. 8. 1900. Geb. M. 17.—

Dieses analytisch-funktionentheoretische Kompendium soll für die Studierenden der Mathematik zur Einführung in eine Reihe von Disziplinen der höheren Analysis und Funktionentheorie dienen, deren Studium sich unmittelbar an die grundlegenden Vorlesungen über Differential- und Integralrechnung anschließen kann.

Repertorium der höheren Mathematik. 2., völlig umgearbeitete Aufl. der deutschen Ausgabe. Unter Mitwirkung zahlreicher Mathematiker hrsg. von Dr. *P. Epstein*, Prof. an der Universität Frankfurt a. M., und Dr. *H. E. Timerding*, Prof. an der Techn. Hochschule Braunschweig. 2 Bände in 4 Teilen. 8. I. Band: Analysis. Hrsg. von *P. Epstein* und *R. Rothe*. I. Hälfte: Algebra, Differential- und Integralrechnung. 3. Aufl. [In Vorb. 22.] [II. Hälfte in Vorb.] II. Band: Geometrie. Hrsg. v. *H. E. Timerding*. I. Hälfte: Grundlagen und ebene Geometrie. Mit 54 Fig. [XVI u. 524 S.] 1910. Geb. M. 16.—. II. Hälfte: Raumgeometrie. 2. Aufl. Mit 12 Fig. im Text. [XII u. 628 S.] 8. 1922. Geh. M. 12.—, geb. M. 15.—

Verlag von B. G. Teubner in Leipzig und Berlin

Aus Natur und Geisteswelt
Jeder Band kart. M. 1.20, geb. M. 1.60

Mathematik

Naturwissenschaften, Mathematik und Medizin im klassischen Altertum. Von Prof. Dr.
J. L. Heiberg. 2. Aufl. Mit 2 Figuren. (Bd. 370.)

Einführung in die Mathematik. Von Oberl. W. Mendelssohn. Mit 42 Fig. im Text. (Bd. 503.)

Mathematische Formelsammlung. Ein Wiederholungsbuch der Elementarmathematik. I. Arithmetik und Algebra. II. Geometrie. Von Prof. Dr. S. Jakobi. (Bd. 646/47.)

Arithmetik und Algebra zum Selbstunterricht. Von Geh. Studienrat P. Crantz. Mit zahlr. Fig.
I. Teil: Die Rechnungsarten. Gleichungen ersten Grades mit einer und mehreren Unbekannten.
Gleichungen zweiten Grades. 7. Aufl. Mit 9 Fig. im Text. (Bd. 120.) II. Teil: Gleichungen.
Arithmetische und geometrische Reihen. Zinseszins- und Rentenrechnung. Komplexe Zahlen. Bino-
mischer Lehrsatz. 5. Aufl. Mit 21 Textfiguren. (Bd. 205.)

Lehrbuch der Rechenvorteile. Schnellrechnen und Rechenkunst. Von Ing. Dr. J. Bojko. Mit
zahlreichen Übungsbeispielen. (Bd. 739.)

Graphisches Rechnen. Von Prof. O. Prölß. Mit 164 Fig. i. Text. (Bd. 708.)

Die graphische Darstellung. Eine allgemeinverständliche, durch zahlreiche Beispiele aus allen
Gebieten der Wissenschaft und Praxis erläuterte Einführung in den Sinn und den Gebrauch der
Methode. Von Hofrat Prof. Dr. F. Auerbach. .. Aufl. Mit 139 Fig. i. Text. (Bd. 437.)

Praktische Mathematik. Von Prof. Dr. R. Neuendorff.
I. Teil: Graph. Darstellungen. Verkürzt. Rechnen. Das Rechn. m. Tabellen. Mech. Rechenhilfsmittel.
Kaufm. Rechnen im tägl. Leben. Wahrscheinlichkeits-rechnung. 2. verb. Aufl. Mit 24 Fig. u. 1 Taf. (Bd. 341.)
II. Teil: Geom. Zeichnen, Projektionslehre, Flächenmessung, Körpermessung. Mit 133 Fig. (Bd. 526.)

Kaufmännisches Rechnen zum Selbstunterricht. Von Studienrat K. Dröll. (Bd. 724.)

Die Rechenmaschinen u. d. Maschinenrechnen. Von Reg.-Rat Dipl.-Ing. K. Lenz. Mit 43 Abb. (490.)

Maße und Messen. Von Dr. W. Block. Mit 34 Abbildungen. (Bd. 385.)

Einführung in die Vektorrechnung. Von Prof. Dr. F. Jung. (Bd. 668.) [In Vorb. 1922.]

Einführung in die Infinitesimalrechnung mit einer histor. Übersicht. Von Prof. Dr.
G. Kowalewski. 3., verb. Aufl. Mit 19 Fig. (Bd. 197.)

Differentialrechnung unter Berücksichtigung der prakt. Anw. in der Technik, mit zahlr. Beisp. u. Aufg.
versehen. Von Studienrat Dr. M. Lindow. 3. Aufl. Mit 15 Fig. im Text u. 161 Aufg. (Bd. 387.)

Integralrechnung unter Berücksichtigung d. prakt. Anw. in der Technik, mit zahlr. Beispielen u. Aufgaben
versehen. Von Studienrat Dr. M. Lindow. 2. Aufl. Mit 43 Fig. im Text u. 200 Aufg. (Bd 673.)

Differentialgleichungen, unter Berücksichtigung der praktischen Anwendung in der Technik mit
zahlreichen Beispielen und Aufgaben versehen. Von Studienrat Dr. M. Lindow. Mit 38 Figuren
im Text und 160 Aufgaben. (Bd. 589.)

Ausgleichungsrechnung nach der Methode der kleinsten Quadrate. Von Geh. Reg.-Rat
Prof. E. Hegemann. Mit 11 Figuren im Text. (Bd. 609.)

Planimetrie zum Selbstunterricht. Von Geh. Studienrat P. Crantz. 3. Aufl. Mit 94 Fig. (Bd. 340.)

Ebene Trigonometrie z. Selbstunterr. Von Geh. Studienrat P. Crantz. 3. Aufl. Mit 50 Fig. (Bd. 431.)

Sphärische Trigonometrie z. Selbstunterricht. V. Geh. Studienr. P. Crantz. Mit 27 Fig. (Bd. 605.)

Analytische Geometrie der Ebene zum Selbstunterricht. Von Geh. Studienrat P. Crantz.
3. Aufl. Mit 55 Figuren. (Bd. 504.)

Geometrisches Zeichnen. Von Zeichenl. A. Schudeisky. Mit 172 Abb. im Text u. a. 12 Taf. (Bd. 568.)

Darstellende Geometrie. Von Prof. P. B. Fischer. Mit 59 Fig. i. Text. (Bd. 541.)

Projektionslehre. Die rechtwinkelige Parallelprojektion und ihre Anwendung auf die Darstellung
technischer Gebilde nebst Anh. über d. schiefwinkelige Parallelprojektion, in kurzer leichtfaßl. Darst. f.
Selbstunterr. u. Schulgebrauch. Von Zeichenlehrer A. Schudeisky. Mit 208 Fig. i. Text. (Bd. 564.)

Grundzüge der Perspektive nebst Anwendungen. Von Prof. Dr. K. Doehlemann. 2., verb.
Auflage. Mit 91 Figuren und 11 Abbildungen. (Bd. 510.)

Photogrammetrie. Von Dr.-Ing. H. Lüscher. Mit 78 Fig. im Text u. a. 2 Tafeln. (Bd 612.)

Mathematische Spiele. Von Dr. W. Ahrens. 4., verb. Aufl. Mit 1 Titelbild u. 78 Fig. (Bd. 170.)

Das Schachspiel und seine strategischen Prinzipien. Von Dr. M. Lange. 3. Aufl. Mit 2 Bild-
nissen, 1 Schachbrettafel und 43 Diagrammen. (Bd. 281.)

Verlag von B. G. Teubner in Leipzig und Berlin